Cohen-Tannoudji / Diu / Laloë

Quantenmechanik
Band 2

Claude Cohen-Tannoudji
Bernard Diu
Franck Laloë

Quantenmechanik

Band 2

4., durchgesehene und verbesserte Auflage

Aus dem Französischen übersetzt
von Joachim Streubel und Jochen Balla

Walter de Gruyter · Berlin · New York

Titel der Originalausgabe
Claude Cohen-Tannoudji/Bernard Diu/Franck Laloë
Mécanique Quantique
Tome I et Tome II
Collection Enseignement des Sciences n° 16

Übersetzer der deutschsprachigen Ausgabe
Joachim Streubel, Professor im Ruhestand
Jochen Balla, Professor an der Hochschule Bochum

Das Buch enthält 149 Abbildungen.

∞ Gedruckt auf säurefreiem Papier,
das die US-ANSI-Norm über Haltbarkeit erfüllt.

ISBN 978-3-11-022460-3

Bibliografische Information der Deutschen Nationalbibliothek

Die Deutsche Nationalbibliothek verzeichnet diese Publikation in der Deutschen Nationalbibliografie; detaillierte bibliografische Daten sind im Internet über http://dnb.d-nb.de abrufbar.

Printed in Germany.
Bearbeitung der LaTeX-Dateien: Da-TeX Gerd Blumenstein, Leipzig, www.da-tex.de.
Einbandgestaltung: Martin Zech, Bremen.
Druck und buchbinderische Verarbeitung: Hubert & Co. GmbH & Co. KG, Göttingen.

Wichtiger Hinweis

Dieses Buch besteht aus zwei Bänden mit insgesamt 14 Kapiteln. Zu jedem Kapitel gehören Ergänzungen.

Die Kapitel bilden für sich eine Einheit und können unabhängig von den Ergänzungen gelesen werden.

Die Ergänzungen schließen jeweils an das entsprechende Kapitel an und sind in der Kopfzeile durch das Zeichen • gesondert gekennzeichnet. Sie beginnen mit einer kurzen Inhaltsübersicht, die als Leseanleitung verstanden werden kann.

Die Abschnitte in den Ergänzungen sind von verschiedener Art: Einige erleichtern das Verständnis des zugehörigen Kapitels oder dienen der weiteren Präzisierung; andere befassen sich mit konkreten physikalischen Anwendungen oder verweisen auf bestimmte Teilgebiete der Physik. Ein Abschnitt enthält schließlich die Aufgaben zum betreffenden Kapitel. Es wird nicht erwartet und ist auch nicht immer zweckmäßig, die Ergänzungen in der angegebenen Reihenfolge zu erarbeiten.

In beiden Bänden wird gelegentlich auf die Anhänge I bis III verwiesen. Diese befinden sich am Ende des zweiten Bands.

Inhaltsübersicht zu Band 1 und 2

Band 1

Band 2

Inhaltsverzeichnis

7 Teilchen in einem Zentralpotential. Das Wasserstoffatom

In diesem Kapitel sollen die quantenmechanischen Eigenschaften eines Teilchens untersucht werden, das sich in einem Zentralpotential, d. h. in einem Potential $V(r)$, welches nur vom radialen Abstand r abhängt, befindet. Dieses Problem ist eng verbunden mit den Überlegungen zum Drehimpuls, die in den vorangegangenen Kapiteln angestellt wurden. In Abschnitt 7.1 werden wir zunächst aus der Invarianz von $V(r)$ unter beliebigen Drehungen um den Ursprung folgern, dass der Hamilton-Operator H des Teilchens mit den drei Komponenten des Drehimpulsoperators $\boldsymbol{L}$ vertauscht. Das vereinfacht die Bestimmung der Eigenfunktionen und -werte von H beträchtlich, da diese Funktionen gleichzeitig als Eigenfunktionen zu $\boldsymbol{L}^2$ und L_z gewählt werden können; diese Wahl legt sofort ihre Winkelabhängigkeit fest, und die Eigenwertgleichung von H kann durch eine Differentialgleichung ersetzt werden, die nur noch die Radialvariable r enthält.

Von besonderem physikalischen Interesse ist das Problem zusätzlich wegen einer in Abschnitt 7.2 angesprochenen Eigenschaft: Ein System aus zwei Teilchen, deren Wechselwirkung durch eine potentielle Energie beschrieben wird, die nur von der relativen Lage der beiden Teilchen zueinander abhängt, lässt sich auf das einfachere Problem der Bewegung nur eines fiktiven Teilchens reduzieren. Ist darüber hinaus das Wechselwirkungspotential nur eine Funktion des relativen Abstands, so befindet sich bei dem reduzierten Problem das fiktive Teilchen in einem Zentralpotential. Das erklärt, warum die in diesem Kapitel behandelte Fragestellung von allgemeinem Interesse ist, da sie immer zum Tragen kommt, wenn es um die quantenmechanischen Eigenschaften isolierter Zweiteilchensysteme geht.

In Abschnitt 7.3 werden die zuvor entwickelten allgemeinen Methoden auf den speziellen Fall, in dem es sich bei $V(r)$ um ein Coulomb-Potential handelt, angewandt. Das Wasserstoffatom, bestehend aus einem Elektron und einem Proton, die sich elektrostatisch anziehen, ist das einfachste Beispiel eines solchen Systems. Natürlich ist es nicht das einzige: Neben den Wasserstoffisotopen (Deuterium, Tritium) lassen sich die wasserstoffartigen Ionen He^+, Li^{++} usw. angeben (weitere Beispiele können Abschnitt 7.4 entnommen werden). Für diese Systeme werden wir die Energien der gebundenen Zustände und die zugehörigen Wellenfunktionen explizit berechnen. Ursprünglich war die Quantenmechanik ja gerade eingeführt worden, um atomare Eigenschaften (insbesondere des einfachsten Elements, des Wasserstoffs) zu beschreiben, denen mit der klassischen Mechanik nicht Rechnung getragen werden konnte. Die bemerkenswerte Übereinstimmung zwischen den theoretischen Vorhersagen und den experimentellen Beobachtungen ist einer der spektakulärsten Erfolge auf diesem Gebiet der Physik. Schließlich soll darauf hingewiesen werden, dass die exakten Lösungen des Wasserstoffproblems die Grundlage für alle Näherungsrechnungen darstellen, die komplexere Atome, d. h. Systeme mit mehreren Elektronen, beschreiben.

7.1 Stationäre Zustände in einem Zentralpotential

In diesem Abschnitt betrachten wir ein spinloses Teilchen mit der Masse μ, das sich unter dem Einfluss einer aus einem Zentralpotential $V(r)$ abgeleiteten Kraft befindet (das Kraftzentrum wird als Koordinatenursprung gewählt).

7.1.1 Problemstellung

Wiederholung einiger klassischer Resultate

Die Kraft, die auf ein klassisches Teilchen am Punkt M wirkt, ist gegeben durch ($\boldsymbol{r}$ ist der Ortsvektor von M)

$$\boldsymbol{F} = -\nabla V(r) = -\frac{\mathrm{d}V}{\mathrm{d}r}\frac{\boldsymbol{r}}{r}. \tag{7.1}$$

Die Kraft $\boldsymbol{F}$ ist also immer in Richtung des Ursprungs O gerichtet, und das Drehmoment in Bezug auf diesen Punkt verschwindet. Für den Drehimpuls

$$\boldsymbol{\mathcal{L}} = \boldsymbol{r} \times \boldsymbol{p} \tag{7.2}$$

des Teilchens in Bezug auf O folgt mit dem Drehimpulserhaltungssatz

$$\frac{\mathrm{d}\boldsymbol{\mathcal{L}}}{\mathrm{d}t} = 0. \tag{7.3}$$

Der Drehimpuls $\boldsymbol{\mathcal{L}}$ ist also eine *Erhaltungsgröße*, und die Bahn des Teilchens verläuft in der Ebene durch O, die senkrecht auf $\boldsymbol{\mathcal{L}}$ steht.

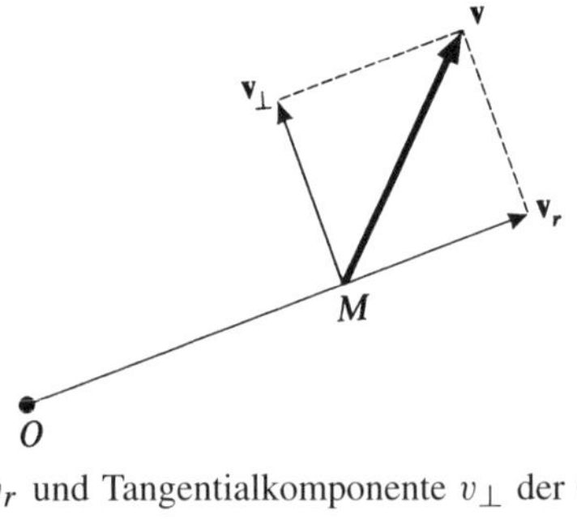

Abb. 7.1 Radialkomponente v_r und Tangentialkomponente $v_\perp$ der Geschwindigkeit v eines Teilchens.

Wir betrachten nun (Abb. 7.1) den Ort, gegeben durch $\boldsymbol{r} = OM$, und die Geschwindigkeit $\boldsymbol{v}$ eines Teilchens zu einem festen Zeitpunkt t. Die beiden Vektoren $\boldsymbol{r}$ und $\boldsymbol{v}$ liegen in der Bahnebene, und die Geschwindigkeit $\boldsymbol{v}$ kann in eine Radialkomponente $\boldsymbol{v}_r$ (in der Richtung von $\boldsymbol{r}$) und eine Tangentialkomponente $\boldsymbol{v}_\perp$ (senkrecht zu $\boldsymbol{r}$) zerlegt werden. Die Radialgeschwindigkeit, d. h. der Betrag des Vektors $\boldsymbol{v}_r$, ist die zeitliche Ableitung des Abstands r des Teilchens vom Ursprung:

$$v_r = \frac{\mathrm{d}r}{\mathrm{d}t}. \tag{7.4}$$

Die Tangentialgeschwindigkeit kann in Abhängigkeit von r und $\boldsymbol{\mathcal{L}}$ angegeben werden: Mit

$$|\boldsymbol{r} \times \boldsymbol{v}| = r|\boldsymbol{v}_\perp| \tag{7.5}$$

erhält man für den Betrag des Bahndrehimpulses

$$|\boldsymbol{\mathcal{L}}| = |\boldsymbol{r} \times \mu\boldsymbol{v}| = \mu r|\boldsymbol{v}_\perp|. \tag{7.6}$$

Die Gesamtenergie des Teilchens

$$E = \frac{1}{2}\mu\boldsymbol{v}^2 + V(r) = \frac{1}{2}\mu\boldsymbol{v}_r^2 + \frac{1}{2}\mu\boldsymbol{v}_\perp^2 + V(r) \tag{7.7}$$

kann jetzt geschrieben werden als

$$E = \frac{1}{2}\mu\boldsymbol{v}_r^2 + \frac{\boldsymbol{\mathcal{L}}^2}{2\mu r^2} + V(r). \tag{7.8}$$

Damit lässt sich die klassische Hamilton-Funktion des Systems angeben:

$$\mathcal{H} = \frac{p_r^2}{2\mu} + \frac{\boldsymbol{\mathcal{L}}^2}{2\mu r^2} + V(r), \tag{7.9}$$

wobei

$$p_r = \mu\frac{\mathrm{d}r}{\mathrm{d}t} \tag{7.10}$$

der kanonische Impuls zu r ist und $\boldsymbol{\mathcal{L}}^2$ als Funktion der Variablen r, θ, φ und der zugehörigen Impulse p_r, p_θ, p_φ ausgedrückt werden muss; man findet (s. Anhang, Abschnitt III.4)

$$\boldsymbol{\mathcal{L}}^2 = p_\theta^2 + \frac{1}{\sin^2\theta}\,p_\varphi^2. \tag{7.11}$$

In Gl. (7.9) ist die kinetische Energie in zwei Terme aufgeteilt: die radiale kinetische Energie und die kinetische Energie der Rotation um O. Aufgrund dieser Zerlegung lässt sich die folgende Überlegung anstellen: Da das Potential $V(r)$ in dem hier betrachteten Fall von θ und φ unabhängig ist, treten die Winkelvariablen und ihre konjugierten Impulse nur in dem $\boldsymbol{\mathcal{L}}^2$-Term auf. Interessiert man sich daher für die zeitliche Entwicklung von r, so kann man die Tatsache verwenden, dass $\boldsymbol{\mathcal{L}}$ eine Erhaltungsgröße ist, und $\boldsymbol{\mathcal{L}}^2$ in Gl. (7.9) durch eine Konstante ersetzen. Die Hamilton-Funktion $\mathcal{H}$ ist dann nur eine

Funktion der Variablen r und p_r – während $\mathcal{L}^2$ die Rolle eines Parameters spielt – und man erhält eine Differentialgleichung mit der einzigen Variablen r:

$$\frac{\mathrm{d}p_r}{\mathrm{d}t} = \mu\frac{\mathrm{d}^2 r}{\mathrm{d}t^2} = -\frac{\partial \mathcal{H}}{\partial r} = \frac{\mathcal{L}^2}{\mu r^3} - \frac{\mathrm{d}V}{\mathrm{d}r}. \tag{7.12}$$

Es handelt sich jetzt also um ein eindimensionales Problem (mit einer Variablen r, die nur zwischen 0 und $+\infty$ läuft), bei dem sich ein Teilchen mit der Masse μ in einem *effektiven Potential*

$$V_{\text{eff}}(r) = V(r) + \frac{\mathcal{L}^2}{2\mu r^2} \tag{7.13}$$

bewegt. Wie wir sehen werden, liegt in der Quantenmechanik eine ganz analoge Situation vor.

Der Hamilton-Operator

In der Quantenmechanik soll die Eigenwertgleichung des Hamilton-Operators H, d. h. der mit der Gesamtenergie korrespondierenden Observablen, gelöst werden. Diese Gleichung wird in der Ortsdarstellung gegeben durch

$$\left[-\frac{\hbar^2}{2\mu}\Delta + V(r)\right]\varphi(\boldsymbol{r}) = E\varphi(\boldsymbol{r}). \tag{7.14}$$

Da das Potential V nur vom Abstand r des Teilchens vom Ursprung abhängt, sind Kugelkoordinaten (s. Abschnitt 6.4.1) dem Problem am besten angepasst; daher drücken wir den Laplace-Operator Δ in diesen Koordinaten aus:[1]

$$\Delta = \frac{1}{r}\frac{\partial^2}{\partial r^2}r + \frac{1}{r^2}\left(\frac{\partial^2}{\partial\theta^2} + \frac{1}{\tan\theta}\frac{\partial}{\partial\theta} + \frac{1}{\sin^2\theta}\frac{\partial^2}{\partial\varphi^2}\right) \tag{7.15}$$

und suchen nach den Eigenfunktionen $\varphi(\boldsymbol{r})$ als Funktionen der Variablen r, θ und φ.

Vergleichen wir den Ausdruck (7.15) mit der Form des Operators $\boldsymbol{L}^2$ in Kugelkoordinaten (s. Abschnitt 6.4.1, Gl. (6.86)), so können wir den Hamilton-Operator der Quantenmechanik in einer zu Gl. (7.9) völlig analogen Weise schreiben:

$$H = -\frac{\hbar^2}{2\mu}\frac{1}{r}\frac{\partial^2}{\partial r^2}r + \frac{1}{2\mu r^2}\boldsymbol{L}^2 + V(r). \tag{7.16}$$

Die Winkelabhängigkeit des Hamilton-Operators ist nur im $\boldsymbol{L}^2$-Term enthalten, der hier als Operator zu verstehen ist. Man könnte übrigens die Analogie zwischen Gl. (7.16) und Gl. (7.9) noch deutlicher zum Ausdruck bringen, indem man einen Operator P_r definiert, mit dem man den ersten Term in Gl. (7.16) wie in Gl. (7.9) schreibt.

Im Folgenden werden wir zeigen, wie die Eigenwertgleichung

$$\left[-\frac{\hbar^2}{2\mu}\frac{1}{r}\frac{\partial^2}{\partial r^2}r + \frac{1}{2\mu r^2}\boldsymbol{L}^2 + V(r)\right]\varphi(r,\theta,\varphi) = E\varphi(r,\theta,\varphi) \tag{7.17}$$

gelöst werden kann.

[1]Die Gl. (7.15) liefert den Laplace-Operator nur für nichtverschwindende r und ist auch nur für solche definiert, da der Ursprung $r = 0$ in Kugelkoordinaten eine Sonderrolle einnimmt.

7.1.2 Separation der Variablen

Winkelabhängigkeit der Eigenfunktionen

Wie wir wissen (s. Abschnitt 6.4.1, Gl. (6.83) bis Gl. (6.85)), wirken die drei Komponenten des Drehimpulsoperators $\boldsymbol{L}$ nur auf die Winkelvariablen θ und φ; sie vertauschen daher mit jedem Operator, der nur auf die Radialvariable r wirkt; dasselbe gilt natürlich auch für $\boldsymbol{L}^2$. Mit einem Blick auf den Hamilton-Operator Gl. (7.16) ist damit klar, dass die drei Komponenten von $\boldsymbol{L}$ Konstanten der Bewegung im quantenmechanischen Sinne sind,[2] d. h. dass gilt

$$[H, \boldsymbol{L}] = 0; \tag{7.18}$$

ebenso vertauscht H mit $\boldsymbol{L}^2$.

Nach unseren bisherigen Überlegungen haben wir also vier Konstanten der Bewegung (L_x, L_y, L_z und $\boldsymbol{L}^2$), die jedoch, weil sie teilweise untereinander nicht vertauschen, nicht alle zur Lösung von Gl. (7.17) herangezogen werden können. Wir werden nur $\boldsymbol{L}^2$ und L_z benutzen: Die drei Observablen H, $\boldsymbol{L}^2$ und L_z vertauschen paarweise untereinander, und es ist möglich, eine Basis des Zustandsraums $\mathscr{H}_{\boldsymbol{r}}$ des Teilchens zu finden, deren Elemente gleichzeitig Eigenfunktionen zu diesen drei Observablen sind. Deshalb können wir verlangen, ohne dass dies die Allgemeinheit des Problems einschränkt, dass die in der Eigenwertgleichung (7.17) enthaltenen Funktionen $\varphi(r, \theta, \varphi)$ ebenfalls Eigenfunktionen zu $\boldsymbol{L}^2$ und L_z sind. Es ist also das folgende System von Differentialgleichungen zu lösen:

$$\begin{aligned} H\varphi(\boldsymbol{r}) &= E\,\varphi(\boldsymbol{r}), \\ \boldsymbol{L}^2\varphi(\boldsymbol{r}) &= l(l+1)\hbar^2\varphi(\boldsymbol{r}), \\ L_z\varphi(\boldsymbol{r}) &= m\hbar\,\varphi(\boldsymbol{r}). \end{aligned} \tag{7.19}$$

Die allgemeine Form der Eigenfunktionen zu $\boldsymbol{L}^2$ und L_z aber kennen wir bereits (s. Abschnitt 6.4.1): Die Lösungen $\varphi(\boldsymbol{r})$ der Gleichungen (7.19), die zu festen Werten von l und m gehören, müssen sich notwendigerweise als Produkt einer nur von r abhängigen Funktion und einer Kugelflächenfunktion $Y_l^m(\theta, \varphi)$ darstellen lassen:

$$\varphi(\boldsymbol{r}) = R(r) Y_l^m(\theta, \varphi). \tag{7.20}$$

Unabhängig von der Form der Radialfunktion $R(r)$ ist $\varphi(\boldsymbol{r})$ in dieser Form sicher eine Lösung der letzten beiden Gleichungen von (7.19). Das verbleibende Problem also ist, $R(r)$ so zu bestimmen, dass $\varphi(\boldsymbol{r})$ ebenfalls Eigenfunktion zu H ist (vgl. die erste Gleichung von (7.19)).

Die Radialgleichung

Um die Form der Radialfunktion $R(r)$ bestimmen zu können, werden wir nun Gl. (7.16) und Gl. (7.20) in die erste der Gleichungen (7.19) einsetzen. Da $\varphi(\boldsymbol{r})$ Eigenfunktion zu

[2]Gleichung (7.18) drückt die Tatsache aus, dass $\boldsymbol{H}$ in Bezug auf Rotationen um den Ursprung ein Skalar ist (s. Abschnitt 6.6); die potentielle Energie ist unter diesen Transformationen invariant.

$\boldsymbol{L}^2$ mit dem Eigenwert $l(l+1)\hbar^2$ ist, ist $Y_l^m(\theta,\varphi)$ ein beiden Seiten der Gleichung gemeinsamer Faktor. Nach Vereinfachung erhält man die folgende Radialgleichung:

$$\left[-\frac{\hbar^2}{2\mu}\frac{1}{r}\frac{\mathrm{d}^2}{\mathrm{d}r^2}r + \frac{l(l+1)\hbar^2}{2\mu r^2} + V(r)\right]R(r) = ER(r). \tag{7.21}$$

Eine Lösung von Gl. (7.21), eingesetzt in Gl. (7.20), ergibt allerdings nicht automatisch auch eine Lösung der Eigenwertgleichung (7.14) des Hamilton-Operators. Wie oben bereits festgestellt, ist der Ausdruck (7.15) für den Laplace-Operator bei $r = 0$ nicht definiert. Um sicherzustellen, dass $\varphi(\boldsymbol{r})$ tatsächlich Eigenfunktion des Hamilton-Operators unter Einschluss des Ursprungs ist, werden wir uns daher unten davon zu überzeugen haben, dass sich $R(r)$ im Ursprung ausreichend regulär verhält.

An Stelle der partiellen Differentialgleichung (7.17), die die drei Variablen r, θ und φ enthält, müssen wir mit der Radialgleichung eine Differentialgleichung in nur einer Variablen r, dafür aber abhängig von dem Parameter l, lösen; wir suchen also die Eigenwerte und -funktionen eines Operators H_l, der sich mit dem Wert von l verändert.

Anders ausgedrückt betrachten wir getrennt voneinander die Unterräume $\mathcal{H}(l,m)$ des Zustandsraums $\mathcal{H}_{\boldsymbol{r}}$, die jeweils zu einem festen Paar (l,m) gehören (vgl. Abschnitt 6.3.3), indem wir in jedem dieser Unterräume die Eigenwertgleichung lösen; das ist möglich, weil H mit $\boldsymbol{L}^2$ und L_z vertauscht. Die jeweils zu lösende Gleichung hängt von l, aber nicht von m ab, d. h. sie ist dieselbe in den $2l+1$ zu einem Wert von l gehörenden Unterräumen. Die Eigenwerte von H_l, also die Eigenwerte von H in einem gegebenen Unterraum $\mathcal{H}(l,m)$, wollen wir mit $E_{k,l}$ bezeichnen. Der zusätzliche Index k, der sowohl diskrete als auch kontinuierliche Werte annehmen kann, steht für die zahlreichen möglichen Eigenwerte, die zu einem Wert von l gefunden werden können. Analog bezeichnen wir die entsprechenden Eigenfunktionen von H_l mit $R_{k,l}(r)$. Es ist nicht von vornherein klar, dass diese zwei Indizes auch für die eindeutige Bezeichnung der Eigenfunktionen ausreichen; es ist denkbar, dass mehrere Radialfunktionen als Eigenfunktionen zu einem Operator H_l und einem Eigenwert $E_{k,l}$ gehören. Wir werden allerdings in Abschnitt 7.1.3 sehen, dass dies nicht der Fall ist und dass die zwei Indizes k und l demnach auch für die Radialfunktionen ausreichend sind. Wir schreiben also die Radialgleichung (7.21) in der Form

$$\left[-\frac{\hbar^2}{2\mu}\frac{1}{r}\frac{\mathrm{d}^2}{\mathrm{d}r^2}r + \frac{l(l+1)\hbar^2}{2\mu r^2} + V(r)\right]R_{k,l}(r) = E_{k,l}R_{k,l}(r). \tag{7.22}$$

Der in dieser Gleichung enthaltene Differentialoperator kann vereinfacht werden: Wir führen eine neue Funktion $u_{k,l}(r)$ ein, indem wir

$$R_{k,l}(r) = \frac{1}{r}u_{k,l}(r) \tag{7.23}$$

setzen. Multipliziert man Gl. (7.22) mit r, so ergibt sich die folgende äquivalente Radialgleichung für $u_{k,l}(r)$:

$$\left[-\frac{\hbar^2}{2\mu}\frac{\mathrm{d}^2}{\mathrm{d}r^2} + \frac{l(l+1)\hbar^2}{2\mu r^2} + V(r)\right]u_{k,l}(r) = E_{k,l}u_{k,l}(r). \tag{7.24}$$

Diese Gleichung ist völlig analog zu der eines *eindimensionalen* Problems, bei dem sich ein Teilchen mit der Masse μ in einem *effektiven Potential* $V_{\text{eff}}(r)$ der Form

$$V_{\text{eff}}(r) = V(r) + \frac{l(l+1)\hbar^2}{2\mu r^2} \tag{7.25}$$

bewegt; allerdings darf nicht außer Acht gelassen werden, dass die Variable r nur nicht-negative Werte annehmen kann. Der Term $l(l+1)\hbar^2/2\mu r^2$, der zu dem Potential $V(r)$ addiert wird, ist positiv oder gleich null; die diesem Term entsprechende Kraft (gleich dem negativen Gradienten des Terms) weist daher immer vom Kraftzentrum im Ursprung radial nach außen. Deshalb spricht man bei diesem Term vom *Zentrifugalpotential* (oder von Zentrifugalbarriere). In Abb. 7.2 ist die Form des effektiven Potentials $V_{\text{eff}}(r)$ für verschiedene Werte von l für den Fall eines anziehenden Coulomb-Potentials $V(r) = -e^2/r$ dargestellt. Für $l \geq 1$ erzeugt die Anwesenheit des für kleine r dominierenden Zentrifugalterms bei kleinen Abständen ein abstoßendes Gesamtpotential.

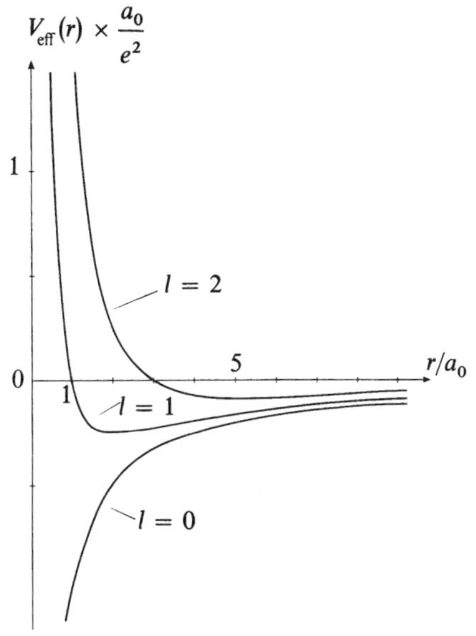

Abb. 7.2 Form des effektiven Potentials $V_{\text{eff}}(r)$ für die ersten Werte von l für ein Coulomb-Potential $V(r) = -\frac{e^2}{r}$. Für $l = 0$ entspricht $V_{\text{eff}}(r)$ einfach dem Coulomb-Potential. Für $l = 1, 2$, etc. erhält man $V_{\text{eff}}(r)$, indem man das Zentrifugalpotential $\frac{l(l+1)\hbar^2}{2\mu r^2}$, das für $r \to 0$ wie $\frac{1}{r^2}$ gegen $+\infty$ läuft, zu $V(r)$ addiert.

Verhalten der Lösungen der Radialgleichung im Ursprung

Wie wir in den obigen Überlegungen bereits erwähnt haben, ist es nötig, das Verhalten der Lösungen der Radialgleichung (7.21) im Ursprung gesondert zu untersuchen, um festzustellen, ob sie tatsächlich auch die Schrödinger-Gleichung (7.14) erfüllen.

Wir wollen annehmen, dass das Potential $V(r)$ für $r \to 0$ endlich bleibt oder zumindest nicht schneller als $1/r$ gegen unendlich strebt (diese Annahme ist in den meisten Fällen erfüllt, insbesondere für das in Abschnitt 7.3 zu untersuchende Coulomb-Potential). Wir betrachten eine Lösung von Gl. (7.22), die sich in der Nähe des Ursprungs wie r^s verhalte,

$$R_{k,l}(r) \overset{r\to 0}{\sim} C r^s. \tag{7.26}$$

Verwendet man diesen Ansatz in Gl. (7.22) und setzt in der sich ergebenden Gleichung den dominierenden Anteil gleich null, so ergibt sich die Bedingung

$$-s(s+1) + l(l+1) = 0 \tag{7.27}$$

und damit

$$\begin{aligned} &\text{entweder} \quad s = l \\ &\text{oder} \qquad\;\; s = -(l+1). \end{aligned} \tag{7.28}$$

Für einen gegebenen Wert von $E_{k,l}$ kann man somit zwei linear unabhängige Lösungen der Differentialgleichung zweiter Ordnung (7.22) finden, die sich in der Nähe des Ursprungs wie r^l bzw. wie $1/r^{l+1}$ verhalten. Die Lösungen des zweiten Typs müssen jedoch ausgeschlossen werden; es lässt sich zeigen, dass $\frac{1}{r^{l+1}} Y_l^m(\theta, \varphi)$ keine Lösung der Eigenwertgleichung (7.14) für $r = 0$ ist.[3] Wir erkennen also, dass physikalisch sinnvolle Lösungen von Gl. (7.24) im Ursprung für alle l verschwinden müssen, da

$$u_{k,l}(r) \overset{r\to 0}{\sim} C r^{l+1}. \tag{7.29}$$

Der Differentialgleichung (7.24) muss daher die zusätzliche Bedingung

$$u_{k,l}(0) = 0 \tag{7.30}$$

beigefügt werden.

Bemerkung
In Gl. (7.24) variiert r, der Abstand des Teilchens vom Ursprung, nur zwischen 0 und $+\infty$. Aufgrund der Bedingung (7.30) können wir auch annehmen, es handle sich um ein eindimensionales Problem, bei dem sich das Teilchen theoretisch entlang der gesamten Achse bewegen kann, das effektive Potential jedoch für negative Werte von r unendlich groß ist. Wir wissen, dass in diesem Fall die Wellenfunktion auf der negativen Halbachse identisch verschwinden muss; die Bedingung (7.30) stellt die Stetigkeit der Wellenfunktion bei $r = 0$ sicher.

7.1.3 Stationäre Zustände in einem Zentralpotential

Quantenzahlen

Die Ergebnisse des Abschnitts 7.1.2 können wir wie folgt zusammenfassen: Aus der Forderung, dass das Potential $V(r)$ unabhängig von θ und φ ist, ergeben sich die beiden Bedingungen:

[3] Der Grund dafür ist darin zu suchen, dass bei der Anwendung des Laplace-Operators auf $\frac{1}{r^{l+1}} Y_l^m(\theta, \varphi)$ die l-te Ableitung von $\delta(\boldsymbol{r})$ auftritt (s. Anhang II.4).

1. Die Eigenfunktionen von H sind gleichzeitig Eigenfunktionen zu $\boldsymbol{L}^2$ und L_z, wodurch ihre Winkelabhängigkeit festgelegt ist:

$$\varphi_{k,l,m}(\boldsymbol{r}) = R_{k,l}(r)Y_l^m(\theta,\varphi) = \frac{1}{r}u_{k,l}(r)Y_l^m(\theta,\varphi). \tag{7.31}$$

2. Die Eigenwertgleichung von H, die eine Differentialgleichung mit partiellen Ableitungen nach r, θ und φ ist, ist durch eine Differentialgleichung zu ersetzen, die nur die Variable r enthält und vom Parameter l abhängt (Gl. (7.24)), mit der zusätzlichen Forderung (7.30).

Diese Ergebnisse können verglichen werden mit denen, an die in Abschnitt 7.1.1 erinnert wurde; sie stellen deren quantenmechanisches Analogon dar.

Die Funktionen $\varphi_{k,l,m}(r,\theta,\varphi)$ müssen grundsätzlich quadratisch integrierbar, d. h. normierbar sein:

$$\int |\varphi_{k,l,m}(r,\theta,\varphi)|^2 \, r^2 \mathrm{d}r \, \mathrm{d}\Omega = 1. \tag{7.32}$$

Ihre Form (7.31) erlaubt es, Radial- und Winkelintegration zu trennen,

$$\int |\varphi_{k,l,m}(r,\theta,\varphi)|^2 \, r^2 \mathrm{d}r \, \mathrm{d}\Omega = \int_0^\infty r^2 \mathrm{d}r \, |R_{k,l}(r)|^2 \int \mathrm{d}\Omega \, |Y_l^m(\theta,\varphi)|^2. \tag{7.33}$$

Die Kugelflächenfunktionen $Y_l^m(\theta,\varphi)$ aber sind hinsichtlich der Winkelvariablen bereits normiert, so dass sich die Bedingung (7.32) tatsächlich reduziert auf

$$\int_0^\infty r^2 \mathrm{d}r \, |R_{k,l}(r)|^2 = \int_0^\infty \mathrm{d}r \, |u_{k,l}(r)|^2 = 1. \tag{7.34}$$

In der Praxis ist es allerdings oft von Vorteil, auch nichtquadratintegrable Eigenfunktionen des Hamilton-Operators zuzulassen. Wenn das Spektrum von H einen kontinuierlichen Teil enthält, werden wir nur verlangen, dass die entsprechenden Eigenfunktionen in einem erweiterten Sinn orthonormiert sind, d. h. dass sie einer Bedingung der Form

$$\int_0^\infty r^2 \mathrm{d}r \, R_{k',l}^*(r) R_{k,l}(r) = \int_0^\infty \mathrm{d}r \, u_{k',l}^*(r) u_{k,l}(r) = \delta(k'-k) \tag{7.35}$$

genügen, wobei k ein kontinuierlicher Index ist.

Aufgrund der Bedingung (7.30) ist klar, dass die Integrale in Gl. (7.34) und Gl. (7.35) an ihrer unteren Grenze bei $r = 0$ konvergieren. Das ist vom physikalischen Standpunkt aus befriedigend, da so die Wahrscheinlichkeit, das Teilchen in einem endlichen Volumen zu finden, stets endlich ist. Außerdem ist es ausschließlich dem Verhalten der Wellenfunktionen für $r \to \infty$ zuzuschreiben, dass die Normierungsintegrale im Fall des kontinuierlichen Spektrums für $k = k'$ divergieren.

Die Wellenfunktionen des Hamilton-Operators H eines Teilchens in einem Zentralpotential $V(r)$ hängen von mindestens drei Indizes ab (vgl. Gl. (7.31)): Die Funktion $\varphi_{k,l,m}(r,\theta,\varphi) = R_{k,l}(r)Y_l^m(\theta,\varphi)$ ist gleichzeitig Eigenfunktion von H, $\boldsymbol{L}^2$ und L_z zu den entsprechenden Eigenwerten $E_{k,l}$, $l(l+1)\hbar^2$ bzw. $m\hbar$. Der Index k heißt *radiale Quantenzahl*, l ist die *azimutale Quantenzahl* und m die *magnetische Quantenzahl*. Der radiale Anteil $R_{k,l}(r) = \frac{1}{r}u_{k,l}(r)$ der Eigenfunktionen und der Eigenwert $E_{k,l}$ von H sind unabhängig von der magnetischen Quantenzahl und werden durch die Radialgleichung (7.24) gegeben. Der Winkelanteil der Eigenfunktionen hängt nur von l und m und nicht von k ab; die Form des Potentials hat auf ihn keinen Einfluss.

Entartung der Energieniveaus

Abschließend wollen wir die Entartung der Energieniveaus, d. h. der Eigenwerte des Hamilton-Operators H betrachten. Die $2l + 1$ Funktionen $\varphi_{k,l,m}(r, \theta, \varphi)$ mit festem k und l, während m zwischen $-l$ und $+l$ läuft, sind alle Eigenfunktionen von H zum selben Eigenwert $E_{k,l}$ (sie sind offensichtlich paarweise orthogonal, da sie zu unterschiedlichen Eigenwerten von L_z gehören). Das Energieniveau $E_{k,l}$ ist also mindestens $(2l + 1)$-fach entartet. Diese Entartung existiert für alle Formen des Potentials $V(r)$ und wird *wesentliche Entartung* genannt; sie entsteht als Folge davon, dass der Hamilton-Operator H zwar $\boldsymbol{L}^2$, aber nicht L_z enthält.[4] Das bedeutet, dass die magnetische Quantenzahl m nicht in der Radialgleichung enthalten ist. Außerdem ist es möglich, dass ein Eigenwert $E_{k,l}$ der Radialgleichung zu einem gegebenen Wert von l noch einmal als Eigenwert $E_{k',l'}$ der durch $l' \neq l$ charakterisierten Radialgleichung vorkommt. Dies tritt nur für bestimmte Potentialformen auf, und die resultierenden Entartungen heißen *zufällige Entartungen* (wir werden in Abschnitt 7.3 sehen, dass die Energiezustände des Wasserstoffatoms solche zufälligen Entartungen enthalten).

Es bleibt zu zeigen, dass die Radialgleichung für einen gegebenen Wert von l höchstens eine physikalisch akzeptable Lösung für jeden Eigenwert $E_{k,l}$ besitzt. Das folgt aus Bedingung (7.30): Die Radialgleichung hat *a priori* als Differentialgleichung zweiter Ordnung zwei linear unabhängige Lösungen zu jedem Wert von $E_{k,l}$. Die Bedingung (7.30) schließt eine von ihnen aus, so dass höchstens eine Lösung für jeden Wert von $E_{k,l}$ übrig bleibt. Zusätzlich müssen wir das Verhalten der Lösungen für $r \to \infty$ beachten: Wenn $V(r) \to 0$ für $r \to \infty$ gilt, dann bilden die negativen Werte von $E_{k,l}$ eine diskrete Menge und die entsprechenden Lösungen der Radialgleichung, in der eben beschriebenen Form ausgewählt, sind auch im Unendlichen akzeptabel (d. h. beschränkt) (s. Beispiele in Abschnitt 7.3 und Abschnitt 7.5).

Aus den vorhergehenden Überlegungen folgt, dass H, $\boldsymbol{L}^2$ *und* L_z *einen vollständigen Satz kommutierender Observablen bilden.*[5] Wenn wir drei Eigenwerte $E_{k,l}$, $l(l + 1)\hbar^2$ und $m\hbar$ festlegen, so ist damit auch eindeutig eine Funktion $\varphi_{k,l,m}(\boldsymbol{r})$ bestimmt. Mit dem Eigenwert von $\boldsymbol{L}^2$ wird die Gleichung für die Radialfunktion gegeben; der Eigenwert von H legt diese Radialfunktion $R_{k,l}(r)$ eindeutig fest; schließlich existiert zu einem gegebenen Paar (l, m) nur eine Kugelflächenfunktion $Y_l^m(\theta, \varphi)$.

7.2 Massenmittelpunkts- und Relativbewegung

Wir betrachten ein System aus zwei Teilchen ohne Spin, mit den Massen m_1, m_2 und den Ortsvektoren $\boldsymbol{r}_1, \boldsymbol{r}_2$. Die Kraft zwischen beiden Teilchen sei abgeleitet aus einer potentiellen Energie $V(\boldsymbol{r}_1 - \boldsymbol{r}_2)$, die nur vom *relativen Abstand* $\boldsymbol{r}_1 - \boldsymbol{r}_2$ der Teilchen abhängt. Das ist immer dann der Fall, wenn keine Kräfte wirken, deren Ursprung außerhalb des

[4] Wesentliche Entartung tritt immer dann auf, wenn der Hamilton-Operator rotationsinvariant ist (s. Abschnitt 6.6). Sie ist also in zahlreichen physikalischen Problemen enthalten.

[5] Tatsächlich haben wir nicht bewiesen, dass die Operatoren Observablen sind, d. h. dass die Menge der $\varphi_{k,l,m}(\boldsymbol{r})$ eine Basis des Zustandsraums $\mathcal{H}_r$ bildet.

Systems liegt (d. h. wenn das System isoliert ist) und wenn die Wechselwirkung zwischen den beiden Teilchen aus einem Potential abgeleitet werden kann, das nur von $\boldsymbol{r}_1 - \boldsymbol{r}_2$, also nur vom relativen Abstand der Teilchen abhängt. Wir werden zeigen, dass ein solches System auf das Problem eines einzelnen Teilchens in einem Potential $V(\boldsymbol{r})$ zurückgeführt werden kann.

7.2.1 Klassische Behandlung

In der klassischen Mechanik wird ein Zwei-Teilchen-System durch die Lagrange-Funktion (s. Anhang III)

$$\mathcal{L}(\boldsymbol{r}_1, \dot{\boldsymbol{r}}_1; \boldsymbol{r}_2, \dot{\boldsymbol{r}}_2) = T - V = \frac{1}{2}m_1\dot{\boldsymbol{r}}_1^2 + \frac{1}{2}m_2\dot{\boldsymbol{r}}_2^2 - V(\boldsymbol{r}_1 - \boldsymbol{r}_2) \tag{7.36}$$

beschrieben; die konjugierten Impulse der sechs freien Koordinaten der zwei Teilchen sind die Komponenten der mechanischen Impulse

$$\begin{aligned} \boldsymbol{p}_1 &= m_1\dot{\boldsymbol{r}}_1, \\ \boldsymbol{p}_2 &= m_2\dot{\boldsymbol{r}}_2. \end{aligned} \tag{7.37}$$

Die Untersuchung der Bewegung der beiden Teilchen wird vereinfacht, indem man die Koordinaten $\boldsymbol{r}_i$ durch die drei *Koordinaten des Massenmittelpunkts*

$$\boldsymbol{r}_G = \frac{m_1\boldsymbol{r}_1 + m_2\boldsymbol{r}_2}{m_1 + m_2} \tag{7.38}$$

und die drei *relativen Koordinaten*[6]

$$\boldsymbol{r} = \boldsymbol{r}_1 - \boldsymbol{r}_2 \tag{7.39}$$

ersetzt. Gleichung (7.38) und Gl. (7.39) können invertiert werden und ergeben

$$\begin{aligned} \boldsymbol{r}_1 &= \boldsymbol{r}_G + \frac{m_2}{m_1 + m_2}\boldsymbol{r}, \\ \boldsymbol{r}_2 &= \boldsymbol{r}_G - \frac{m_1}{m_1 + m_2}\boldsymbol{r}. \end{aligned} \tag{7.40}$$

Die Lagrange-Funktion kann damit in den neuen Variablen $\boldsymbol{r}_G$ und $\boldsymbol{r}$ ausgedrückt werden:

$$\begin{aligned} \mathcal{L}(\boldsymbol{r}_G, \dot{\boldsymbol{r}}_G; \boldsymbol{r}, \dot{\boldsymbol{r}}) &= \frac{1}{2}m_1\left[\dot{\boldsymbol{r}}_G + \frac{m_2}{m_1 + m_2}\dot{\boldsymbol{r}}\right]^2 + \frac{1}{2}m_2\left[\dot{\boldsymbol{r}}_G - \frac{m_1}{m_1 + m_2}\dot{\boldsymbol{r}}\right]^2 \\ &\quad -V(\boldsymbol{r}) \\ &= \frac{1}{2}M\dot{\boldsymbol{r}}_G^2 + \frac{1}{2}\mu\dot{\boldsymbol{r}}^2 - V(\boldsymbol{r}), \end{aligned} \tag{7.41}$$

wobei

$$M = m_1 + m_2 \tag{7.42}$$

[6] Die Definition (7.39) zeigt eine leichte Asymmetrie zwischen den beiden Teilchen.

die *Gesamtmasse* und

$$\mu = \frac{m_1 m_2}{m_1 + m_2} \tag{7.43}$$

die *reduzierte Masse* des Systems ist, die auch gegeben wird durch

$$\frac{1}{\mu} = \frac{1}{m_1} + \frac{1}{m_2}. \tag{7.44}$$

Die konjugierten Impulse der Variablen $\boldsymbol{r}_G$ und $\boldsymbol{r}$ erhält man durch Ableitung des Ausdrucks (7.41) nach den Komponenten von $\dot{\boldsymbol{r}}_G$ und $\dot{\boldsymbol{r}}$. Unter Verwendung der Gleichungen (7.38), (7.39) und (7.37) finden wir

$$\boldsymbol{p}_G = M\dot{\boldsymbol{r}}_G = m_1\dot{\boldsymbol{r}}_1 + m_2\dot{\boldsymbol{r}}_2 = \boldsymbol{p}_1 + \boldsymbol{p}_2, \tag{7.45}$$

$$\boldsymbol{p} = \mu\dot{\boldsymbol{r}} = \frac{m_2\boldsymbol{p}_1 - m_1\boldsymbol{p}_2}{m_1 + m_2} \tag{7.46}$$

oder

$$\frac{\boldsymbol{p}}{\mu} = \frac{\boldsymbol{p}_1}{m_1} - \frac{\boldsymbol{p}_2}{m_2}; \tag{7.47}$$

$\boldsymbol{p}_G$ ist der *Gesamtimpuls* des Systems, während $\boldsymbol{p}$ den *Relativimpuls* der beiden Teilchen bezeichnet.

Wir können jetzt die klassische Hamilton-Funktion des Systems in den neuen dynamischen Variablen ausdrücken:

$$\mathcal{H}(\boldsymbol{r}_G, \boldsymbol{p}_G; \boldsymbol{r}, \boldsymbol{p}) = \frac{\boldsymbol{p}_G^2}{2M} + \frac{\boldsymbol{p}^2}{2\mu} + V(\boldsymbol{r}). \tag{7.48}$$

Daraus lassen sich die Bewegungsgleichungen unmittelbar ableiten (s. Abschnitt III.3, Gleichungen (III.29)):

$$\dot{\boldsymbol{p}}_G = 0, \tag{7.49}$$

$$\dot{\boldsymbol{p}} = -\boldsymbol{\nabla} V(\boldsymbol{r}). \tag{7.50}$$

Der erste Term von Gl. (7.48) stellt die kinetische Energie eines fiktiven Teilchens dar, das sich im Massenmittelpunkt des Systems befindet (Gl. (7.38)) und dessen Masse M gleich der Summe $m_1 + m_2$ der Massen der realen Teilchen ist. Der Impuls dieses Teilchens $\boldsymbol{p}_G$ ist gleich dem Gesamtimpuls $\boldsymbol{p}_1 + \boldsymbol{p}_2$ des Systems. Gleichung (7.49) drückt aus, dass sich dieses fiktive Teilchen geradlinig gleichförmig, d. h. wie ein freies Teilchen, bewegt. Diese Resultate sind aus der klassischen Mechanik wohlbekannt: Der Massenmittelpunkt eines Systems von Teilchen bewegt sich wie ein einzelnes Teilchen mit der Gesamtmasse des Systems unter dem Einfluss der Summe aller Kräfte auf die einzelnen Teilchen. In unserem Fall ist diese resultierende Gesamtkraft gleich null, da nur innere Kräfte zwischen den Teilchen wirken und diese dem Prinzip von actio et reactio (Kraft = Gegenkraft) unterliegen.

Da sich der Massenmittelpunkt in Bezug auf ein ursprünglich gewähltes Koordinatensystem geradlinig gleichförmig bewegt, ist auch das Ruhesystem, definiert durch $\boldsymbol{p}_G = 0$, ein Inertialsystem. In diesem *Ruhesystem des Massenmittelpunkts* verschwindet der erste Term in Gl. (7.48). Die klassische Hamilton-Funktion, d. h. die Gesamtenergie des Systems, reduziert sich dann auf

$$\mathcal{H}_r = \frac{\boldsymbol{p}^2}{2\mu} + V(\boldsymbol{r}); \tag{7.51}$$

$\mathcal{H}_r$ ist die Energie, die sich aus der *Relativbewegung* der beiden Teilchen ergibt. Offenbar ist gerade diese Relativbewegung von Interesse, wenn es um die Eigenschaften zweier wechselwirkender Teilchen geht. Sie kann durch ein neues fiktives Teilchen beschrieben werden, das *Relativteilchen*: Seine Masse ist die reduzierte Masse μ der beiden realen Teilchen, seine Lage wird durch die Relativkoordinaten $\boldsymbol{r}$ und sein Impuls durch den Relativimpuls $\boldsymbol{p}$ gegeben. Da seine Bewegung durch Gl. (7.50) festgelegt wird, verhält es sich wie unter dem Einfluss eines Potentials $V(\boldsymbol{r})$, das gleich der potentiellen Energie der Wechselwirkung zwischen den beiden realen Teilchen ist.

Wir haben somit die Untersuchung der Relativbewegung zweier wechselwirkender Teilchen auf die der Bewegung eines einzelnen fiktiven Teilchens zurückgeführt, das durch Gl. (7.39), Gl. (7.43) und Gl. (7.47) charakterisiert wird. Die letzte dieser Gleichungen bringt zum Ausdruck, dass die Geschwindigkeit $\boldsymbol{p}/\mu$ des Relativteilchens tatsächlich gleich der Differenz der Geschwindigkeiten der beiden Teilchen, d. h. der Relativgeschwindigkeit, ist.

7.2.2 Separation der Variablen in der Quantenmechanik

Wie wir nun zeigen werden, können die Überlegungen des vorhergehenden Abschnitts leicht auf die Quantenmechanik übertragen werden.

Observable des Massenmittelpunkts und des Relativteilchens

Die Operatoren $\boldsymbol{R}_1$, $\boldsymbol{P}_1$ und $\boldsymbol{R}_2$, $\boldsymbol{P}_2$, die den Ort und den Impuls der beiden Teilchen des Systems beschreiben, erfüllen die kanonischen Vertauschungsrelationen

$$\begin{aligned}[X_1, P_{1x}] &= \mathrm{i}\hbar, \\ [X_2, P_{2x}] &= \mathrm{i}\hbar\end{aligned} \tag{7.52}$$

mit analogen Ausdrücken für die y- bzw. z-Komponenten. Alle mit 1 indizierten Observablen vertauschen mit den mit 2 indizierten, und ebenso vertauschen die Observablen bezüglich verschiedener Achsen.

Wir definieren die Observablen $\boldsymbol{R}_G$ und $\boldsymbol{R}$ analog zu den Ausdrücken (7.38) und (7.39),

$$\boldsymbol{R}_G = \frac{m_1\boldsymbol{R}_1 + m_2\boldsymbol{R}_2}{m_1 + m_2}, \tag{7.53}$$

$$\boldsymbol{R} = \boldsymbol{R}_1 - \boldsymbol{R}_2 \tag{7.54}$$

und die Observablen $\boldsymbol{P}_G$ und $\boldsymbol{P}$ analog zu Gl. (7.45) und Gl. (7.46),

$$\boldsymbol{P}_G = \boldsymbol{P}_1 + \boldsymbol{P}_2, \tag{7.55}$$

$$\boldsymbol{P} = \frac{m_2 \boldsymbol{P}_1 - m_1 \boldsymbol{P}_2}{m_1 + m_2}. \tag{7.56}$$

Es ist leicht, die Kommutatorrelationen dieser neuen Observablen zu bestimmen; man findet

$$\begin{aligned} [X_G, P_{Gx}] &= \mathrm{i}\hbar, \\ [X, P_x] &= \mathrm{i}\hbar \end{aligned} \tag{7.57}$$

und analoge Ausdrücke für die anderen Komponenten. Alle anderen Kommutatoren verschwinden. Also erfüllen auch $\boldsymbol{R}$ und $\boldsymbol{P}$ ebenso wie $\boldsymbol{R}_G$ und $\boldsymbol{P}_G$ die kanonischen Vertauschungsrelationen. Darüber hinaus vertauscht jede Observable der Menge $\{\boldsymbol{R}, \boldsymbol{P}\}$ mit jeder der Menge $\{\boldsymbol{R}_G, \boldsymbol{P}_G\}$.

Wir können also $\boldsymbol{R}$ und $\boldsymbol{P}$ auf der einen und $\boldsymbol{R}_G$ und $\boldsymbol{P}_G$ auf der anderen Seite als Orts- und Impulsobservablen von zwei verschiedenen fiktiven Teilchen interpretieren.

Eigenwerte und Eigenfunktionen des Hamilton-Operators

Den Hamilton-Operator des Systems erhält man aus Gl. (7.36) und den Beziehungen (7.37) in Verbindung mit den Quantisierungsregeln, die in Kapitel 3 angegeben wurden:

$$H = \frac{\boldsymbol{P}_1^2}{2m_1} + \frac{\boldsymbol{P}_2^2}{2m_2} + V(\boldsymbol{R}_1 - \boldsymbol{R}_2). \tag{7.58}$$

Da die Definitionen (7.53), (7.54) und (7.55), (7.56) formal identisch sind mit (7.38), (7.39) bzw. (7.45), (7.46) und weil alle Impulsoperatoren untereinander vertauschen, ergibt eine einfache algebraische Rechnung den Gl. (7.48) entsprechenden Ausdruck

$$H = \frac{\boldsymbol{P}_G^2}{2M} + \frac{\boldsymbol{P}^2}{2\mu} + V(\boldsymbol{R}). \tag{7.59}$$

Der Hamilton-Operator H erscheint in dieser Form also als Summe aus zwei Termen,

$$H = H_G + H_r, \tag{7.60}$$

mit

$$H_G = \frac{\boldsymbol{P}_G^2}{2M}, \tag{7.61}$$

$$H_r = \frac{\boldsymbol{P}^2}{2\mu} + V(\boldsymbol{R}); \tag{7.62}$$

diese beiden Anteile kommutieren nach den Ergebnissen des vorhergehenden Abschnitts:

$$[H_G, H_r] = 0. \tag{7.63}$$

Also vertauschen H_G und H_r auch mit H selbst. Es existiert daher eine Basis aus Eigenvektoren zu H, die gleichzeitig Eigenvektoren zu H_G und H_r sind. Wir werden deshalb nach Lösungen des Systems

$$H_G|\varphi\rangle = E_G|\varphi\rangle, \tag{7.64}$$

$$H_r|\varphi\rangle = E_r|\varphi\rangle \tag{7.65}$$

suchen, woraus nach Gl. (7.60) unmittelbar auch

$$H|\varphi\rangle = E|\varphi\rangle \tag{7.66}$$

mit

$$E = E_G + E_r \tag{7.67}$$

folgt.

Wir betrachten die $\{|\boldsymbol{r}_G, \boldsymbol{r}\rangle\}$-Darstellung, deren Basisvektoren die Eigenvektoren der Observablen $\boldsymbol{R}_G$ und $\boldsymbol{R}$ sind: In dieser Darstellung wird ein Zustand durch eine Wellenfunktion $\varphi(\boldsymbol{r}_G, \boldsymbol{r})$ gegeben, die von sechs Variablen abhängt. Die Wirkung der Operatoren $\boldsymbol{R}_G$ und $\boldsymbol{R}$ besteht dann aus der Multiplikation der Wellenfunktion mit den Variablen $\boldsymbol{r}_G$ bzw. $\boldsymbol{r}$. Die Operatoren $\boldsymbol{P}_G$ und $\boldsymbol{P}$ werden zu den Differentialoperatoren $\frac{\hbar}{\mathrm{i}}\nabla_G$ und $\frac{\hbar}{\mathrm{i}}\nabla$ (dabei steht ∇_G für die drei Operatoren $\partial/\partial x_G$, $\partial/\partial y_G$ und $\partial/\partial z_G$). Der Zustandsraum $\mathcal{H}$ des Systems kann als Tensorprodukt $\mathcal{H}_{\boldsymbol{r}_G} \otimes \mathcal{H}_{\boldsymbol{r}}$ des zu der Observablen $\boldsymbol{R}_G$ gehörenden Raums $\mathcal{H}_{\boldsymbol{r}_G}$ und des zu $\boldsymbol{R}$ gehörenden Raums $\mathcal{H}_{\boldsymbol{r}}$ verstanden werden; die Operatoren H_G und H_r, deren Wirkung ursprünglich nur in den Unterräumen $\mathcal{H}_{\boldsymbol{r}_G}$ bzw. $\mathcal{H}_{\boldsymbol{r}}$ definiert ist, werden dann als Erweiterungen auf ganz $\mathcal{H}$ verstanden. Wir können daher, wie wir in Abschnitt 2.6 gesehen haben, eine Basis von Eigenvektoren $|\varphi\rangle$ finden, die Gl. (7.64) und Gl. (7.65) erfüllen und sich in der Form

$$|\varphi\rangle = |\chi_G\rangle \otimes |\omega_r\rangle \tag{7.68}$$

mit

$$\begin{aligned} &H_G|\chi_G\rangle = E_G|\chi_G\rangle, \\ &|\chi_G\rangle \in \mathcal{H}_{\boldsymbol{r}_G} \end{aligned} \tag{7.69}$$

und

$$\begin{aligned} &H_r|\omega_r\rangle = E_r|\omega_r\rangle, \\ &|\omega_r\rangle \in \mathcal{H}_{\boldsymbol{r}} \end{aligned} \tag{7.70}$$

schreiben lassen. Drückt man diese Gleichungen in der $\{|\boldsymbol{r}_G\rangle\}$- bzw. $\{|\boldsymbol{r}\rangle\}$-Darstellung aus, so ergibt sich

$$-\frac{\hbar^2}{2M}\Delta_G \chi_G(\boldsymbol{r}_G) = E_G \chi_G(\boldsymbol{r}_G), \tag{7.71}$$

$$\left[-\frac{\hbar^2}{2\mu}\Delta + V(\boldsymbol{r})\right]\omega_r(\boldsymbol{r}) = E_r \omega_r(\boldsymbol{r}). \tag{7.72}$$

Gleichung (7.71) zeigt, dass sich der Massenmittelpunkt wie in der klassischen Mechanik frei bewegt. Wir kennen die Lösungen einer solchen Bewegungsgleichung: Es handelt sich dabei z. B. um ebene Wellen

$$\chi_G(\boldsymbol{r}_G) = \frac{1}{(2\pi\hbar)^{3/2}} \mathrm{e}^{\frac{\mathrm{i}}{\hbar}\boldsymbol{p}_G\cdot\boldsymbol{r}_G} \tag{7.73}$$

mit der Energie

$$E_G = \frac{\boldsymbol{p}_G^2}{2M}; \tag{7.74}$$

E_G kann jeden positiven Wert oder den Wert null annehmen; es ist die kinetische Energie der Bewegung des Gesamtsystems.

Die vom physikalischen Standpunkt aus interessantere Gleichung ist die zweite, Gl. (7.72), die die Bewegung des Relativteilchens bestimmt. Sie beschreibt das Verhalten des Systems der zwei wechselwirkenden Teilchen im Ruhesystem des Massenmittelpunkts. Wenn das Wechselwirkungspotential der zwei realen Teilchen nur von deren Abstand voneinander, d. h. von $|\boldsymbol{r}_1 - \boldsymbol{r}_2|$, abhängt, und nicht von der Richtung des Vektors $\boldsymbol{r}_1 - \boldsymbol{r}_2$, so kann die Bewegung des Relativteilchens durch ein Zentralpotential $V(r)$ beschrieben werden; wir haben das Problem dann auf den in Abschnitt 7.1 behandelten Fall reduziert.

Bemerkung
Der Gesamtdrehimpuls des Systems der zwei realen Teilchen ist

$$\boldsymbol{J} = \boldsymbol{L}_1 + \boldsymbol{L}_2 \tag{7.75}$$

mit

$$\begin{aligned} \boldsymbol{L}_1 &= \boldsymbol{R}_1 \times \boldsymbol{P}_1, \\ \boldsymbol{L}_2 &= \boldsymbol{R}_2 \times \boldsymbol{P}_2. \end{aligned} \tag{7.76}$$

Man kann leicht zeigen, dass sich ebenso die folgende Zerlegung vornehmen lässt:

$$\boldsymbol{J} = \boldsymbol{L}_G + \boldsymbol{L}, \tag{7.77}$$

wobei

$$\boldsymbol{L}_G = \boldsymbol{R}_G \times \boldsymbol{P}_G, \tag{7.78}$$

$$\boldsymbol{L} = \boldsymbol{R} \times \boldsymbol{P} \tag{7.79}$$

die Drehimpulse der fiktiven Teilchen sind (den Resultaten am Anfang dieses Abschnitts folgend erfüllen $\boldsymbol{L}_G$ und $\boldsymbol{L}$ die Vertauschungsrelationen, die Drehimpulse charakterisieren, und die Komponenten von $\boldsymbol{L}$ vertauschen mit denen von $\boldsymbol{L}_G$).

7.3 Das Wasserstoffatom

7.3.1 Einleitung

Das Wasserstoffatom besteht aus einem Proton der Masse

$$m_p = 1.7 \times 10^{-27}\ \text{kg} \tag{7.80}$$

und der Ladung

$$q = 1.6 \times 10^{-19}\,\mathrm{C} \tag{7.81}$$

und einem Elektron der Masse

$$m_e = 0.91 \times 10^{-30}\,\mathrm{kg} \tag{7.82}$$

und der Ladung $-q$. Die Wechselwirkung zwischen diesen beiden Teilchen ist im Wesentlichen elektrostatisch, und die zugehörige potentielle Energie wird durch

$$V(r) = -\frac{q^2}{4\pi\varepsilon_0}\frac{1}{r} = -\frac{e^2}{r} \tag{7.83}$$

gegeben, wobei r für den Abstand zwischen den Teilchen steht; es ist

$$\frac{q^2}{4\pi\varepsilon_0} = e^2. \tag{7.84}$$

Den Ergebnissen des vorhergehenden Abschnitts 7.2 folgend, beschränken wir uns auf die Untersuchung im Ruhesystem des Massenmittelpunkts. Die klassische Hamilton-Funktion, die die Relativbewegung der beiden Teilchen beschreibt, ist dann[7]

$$\mathcal{H}(\boldsymbol{r}, \boldsymbol{p}) = \frac{\boldsymbol{p}^2}{2\mu} - \frac{e^2}{r}. \tag{7.85}$$

Da $m_p \gg m_e$ gilt (vgl. Gl. (7.80) und Gl. (7.82)), ist die reduzierte Masse des Systems fast m_e,

$$\mu = \frac{m_e m_p}{m_e + m_p} \approx m_e\left(1 - \frac{m_e}{m_p}\right) \tag{7.86}$$

(der Korrekturterm m_e/m_p ist von der Größenordnung $1/1800$). Das bedeutet, dass der Massenmittelpunkt praktisch mit dem Proton zusammenfällt, und das Relativteilchen kann in sehr guter Näherung mit dem Elektron identifiziert werden. Wir werden deshalb etwas ungenau das Relativteilchen als Elektron und den Massenmittelpunkt als Proton bezeichnen.

7.3.2 Das Bohrsche Atommodell

Wir wollen kurz einige Resultate des Bohrschen Atommodells für das Wasserstoffatom wiederholen. Dieses Modell, das sich noch auf das Konzept einer wohldefinierten Bahn des Elektrons stützt, lässt sich mit den Grundideen der Quantenmechanik nicht vereinbaren. Dennoch erlaubt es uns, auf sehr einfache Weise fundamentale Größen wie die Ionisierungsenergie E_I des Wasserstoffatoms oder einen Parameter, der die typische Größe des Atoms angibt (den Bohr-Radius a_0), einzuführen. Zusätzlich stimmen die Energien E_n, die die Bohrsche Theorie liefert, mit den Eigenwerten des Hamilton-Operators

[7] Wir lassen den Index r, der in Abschnitt 7.2 die mit der Relativbewegung zusammenhängenden Größen bezeichnete, im Folgenden weg.

überein, die wir in Abschnitt 7.3.3 berechnen werden. Und schließlich befindet sich die Quantenmechanik im Einklang mit einigen intuitiven Vorstellungen, die das Bohrsche Atommodell liefert (s. Abschnitt 7.3.4).

Das halbklassische Bohrsche Modell stützt sich auf die Hypothese, dass sich das Elektron auf einer Kreisbahn mit dem Radius r um das Proton bewegt; diese Bewegung gehorcht den folgenden Gleichungen:

$$E = \frac{1}{2}\mu v^2 - \frac{e^2}{r}, \tag{7.87}$$

$$\frac{\mu v^2}{r} = \frac{e^2}{r^2}, \tag{7.88}$$

$$\mu v r = n\hbar; \quad n \text{ ist eine positive ganze Zahl.} \tag{7.89}$$

Die ersten beiden Gleichungen sind rein klassisch. Gleichung (7.87) besagt, dass die Gesamtenergie des Elektrons gleich der Summe der kinetischen Energie $\mu v^2/2$ und der potentiellen Energie $-e^2/r$ ist. Bei Gl. (7.88) handelt es sich um nichts anderes als die fundamentale Gleichung der Newtonschen Mechanik (e^2/r^2 ist die Coulomb-Kraft, die auf das Elektron wirkt, und v^2/r ist seine Beschleunigung aufgrund der gleichförmigen Kreisbewegung). Die dritte Gleichung stellt eine Quantisierungsbedingung dar, die von Bohr rein empirisch eingeführt wurde, um die Existenz von diskreten Energieniveaus zu erklären: Er nahm an, nur Kreisbahnen, die diese Bedingung erfüllen, seien erlaubte Bahnen für das Elektron. Diese unterschiedlichen Bahnen werden, ebenso wie die zugehörigen Werte zahlreicher physikalischer Größen, mit dem ganzzahligen Index n beziffert.

Eine einfache algebraische Rechnung ergibt dann die Ausdrücke für E_n, r_n und v_n:

$$E_n = -\frac{1}{n^2}E_{\text{I}}, \tag{7.90}$$

$$r_n = n^2 a_0, \tag{7.91}$$

$$v_n = \frac{1}{n}v_0 \tag{7.92}$$

mit

$$E_{\text{I}} = \frac{\mu e^4}{2\hbar^2}, \tag{7.93}$$

$$a_0 = \frac{\hbar^2}{\mu e^2}, \tag{7.94}$$

$$v_0 = \frac{e^2}{\hbar}. \tag{7.95}$$

Als das Modell von Bohr vorgeschlagen wurde, stellte es einen wichtigen Schritt auf dem Weg zum Verständnis atomarer Phänomene dar, da es die korrekten Werte für die Energieniveaus des Wasserstoffatoms ergab. Diese Werte zeigen tatsächlich die $1/n^2$-Abhängigkeit (Balmer-Formel) der Gl. (7.90). Darüber hinaus stimmte die experimentell gemessene *Ionisierungsenergie* (das ist die Energie, die dem Atom im Grundzustand zugeführt werden muss, um das Elektron aus dem Atomverband zu entfernen) mit dem numerischen Wert von E_{I} überein:

$$E_{\mathrm{I}} \approx 13.6\,\mathrm{eV}. \tag{7.96}$$

Schließlich charakterisiert der *Bohr-Radius* a_0 tatsächlich die räumliche Ausdehnung von Atomen,

$$a_0 \approx 0.52\,\text{Å}. \tag{7.97}$$

Bemerkung
Abschnitt 1.7 zeigt, dass die Unschärferelation für das Wasserstoffatom die Existenz eines stabilen Grundzustands erklären kann und die Berechnung der Größenordnung der Grundzustandsenergie und der räumlichen Ausdehnung des Atoms erlaubt.

7.3.3 Quantenmechanik des Wasserstoffatoms

Wir wenden uns nun dem Problem zu, die Eigenwerte und Eigenfunktionen des Hamilton-Operators H, der die Relativbewegung des Protons und des Elektrons im Ruhesystem des Massenmittelpunkts beschreibt (Gl. (7.85)), zu bestimmen. In der $\{|\boldsymbol{r}\rangle\}$-Darstellung schreibt sich die Eigenwertgleichung des Hamilton-Operators als

$$\left[-\frac{\hbar^2}{2\mu}\Delta - \frac{e^2}{r}\right]\varphi(\boldsymbol{r}) = E\varphi(\boldsymbol{r}). \tag{7.98}$$

Da es sich bei dem Potential $-e^2/r$ um ein Zentralpotential handelt, können wir die Ergebnisse aus Abschnitt 7.1 verwenden: Die Eigenfunktionen $\varphi(\boldsymbol{r})$ sind von der Form

$$\varphi_{k,l,m}(\boldsymbol{r}) = \frac{1}{r}u_{k,l}(r)Y_l^m(\theta,\varphi), \tag{7.99}$$

und die Funktion $u_{k,l}(r)$ wird von der Radialgleichung (7.24), d. h.

$$\left[-\frac{\hbar^2}{2\mu}\frac{\mathrm{d}^2}{\mathrm{d}r^2} + \frac{l(l+1)\hbar^2}{2\mu r^2} - \frac{e^2}{r}\right]u_{k,l}(r) = E_{k,l}\,u_{k,l}(r), \tag{7.100}$$

festgelegt. Wir fügen dieser Gleichung wieder die Bedingung (7.30) bei,

$$u_{k,l}(0) = 0. \tag{7.101}$$

Man kann zeigen, dass das Spektrum von H einen diskreten (negative Eigenwerte) und einen kontinuierlichen Teil (positive Eigenwerte) enthält. Man beachte Abb. 7.3: Sie zeigt das effektive Potential für einen gegebenen Wert von l (die abgebildete Kurve zeigt den Fall $l \neq 0$, die Argumentation bleibt aber auch für $l = 0$ gültig).

Für positive Werte von E ist die klassische Bewegung räumlich nicht beschränkt: Für den in Abb. 7.3 gewählten Wert $E > 0$ ist sie linksseitig zwar begrenzt durch die Abszisse des Punkts A, rechtsseitig aber ist sie unbeschränkt.[8] Daher (vgl. Abschnitt 3.17)

[8] Für ein Potential der Form $(-1/r)$ erfolgt die klassische Bewegung auf Kegelschnitten; eine unbeschränkte Bewegung verläuft auf einer Hyperbel- oder Parabelbahn.

hat Gl. (7.100) für jeden positiven Wert von E eine Lösung; das Spektrum von H ist also kontinuierlich für $E > 0$, und die zugehörigen Eigenfunktionen sind nicht quadratintegrabel.

Für negative Werte von E hingegen ist die klassische Bewegung beschränkt: Für den in Abb. 7.3 gewählten Wert $E < 0$ verläuft sie zwischen den Abszissen der Punkte B und C.[9] Wie wir später sehen werden, hat Gl. (7.100) jetzt nur für bestimmte diskrete Werte von E akzeptable Lösungen. Das Spektrum von H ist also diskret für $E < 0$, und die Eigenfunktionen sind quadratintegrabel.

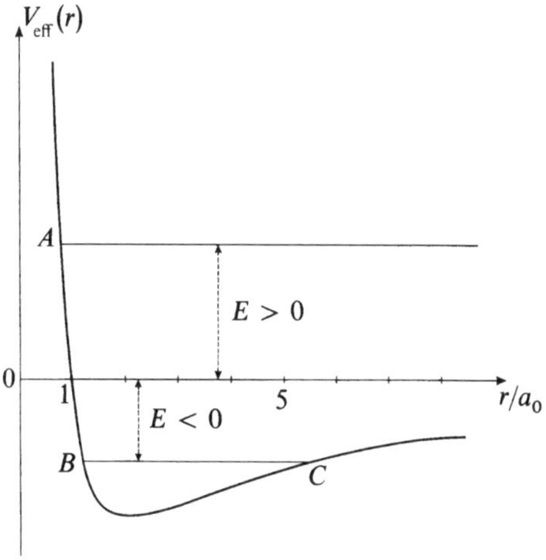

Abb. 7.3 Für positive Werte der Energie E ist die klassische Bewegung nicht gebunden. Das Spektrum des quantenmechanischen Hamilton-Operators H ist daher für $E > 0$ kontinuierlich, und die zugehörigen Eigenfunktionen sind nicht normierbar. Für negative Werte von E hingegen ist die klassische Bewegung auf das Intervall BC beschränkt. Das Spektrum von H ist also diskret für $E < 0$, und die Eigenfunktionen sind normierbar.

Wechsel der Variablen

Zur Vereinfachung wollen wir a_0 und E_{I} (Gl. (7.94), Gl. (7.93)) als Einheiten für die Länge bzw. die Energie verwenden; wir führen also die Größen mit der Dimension eins

$$\rho = r/a_0, \tag{7.102}$$

$$\lambda_{k,l} = \sqrt{-E_{k,l}/E_{\text{I}}} \tag{7.103}$$

ein (die Größe unter der Wurzel ist positiv, da wir gebundene Zustände betrachten).

[9] Die klassische Trajektorie ist eine Ellipse oder ein Kreis.

Verwenden wir die neuen Variablen in der Radialgleichung (7.100) und setzen die expliziten Ausdrücke (7.94) und (7.93) für a_0 und E_I ein, so vereinfacht sie sich zu

$$\left[\frac{\mathrm{d}^2}{\mathrm{d}\rho^2} - \frac{l(l+1)}{\rho^2} + \frac{2}{\rho} - \lambda_{k,l}^2\right] u_{k,l}(\rho) = 0. \tag{7.104}$$

Lösung der Radialgleichung

Zur Lösung der Radialgleichung (7.104), werden wir die in Abschnitt 5.7 vorgestellte Methode verwenden, indem wir die Funktion $u_{k,l}(\rho)$ in eine Potenzreihe entwickeln.

Asymptotisches Verhalten. Das asymptotische Verhalten der Funktion $u_{k,l}(\rho)$ kann man qualitativ zeigen: Wenn ρ gegen unendlich läuft, werden die $1/\rho$- und $1/\rho^2$-Terme im Vergleich mit dem konstanten Term $\lambda_{k,l}^2$ vernachlässigbar, so dass sich Gl. (7.104) effektiv reduziert auf

$$\left[\frac{\mathrm{d}^2}{\mathrm{d}\rho^2} - \lambda_{k,l}^2\right] u_{k,l}(\rho) = 0; \tag{7.105}$$

Lösungen dieser Gleichung sind die Funktionen $\mathrm{e}^{\pm\rho\lambda_{k,l}}$. Dies ist nicht in aller Strenge gültig, da wir die $1/\rho$- und $1/\rho^2$-Terme vollständig vernachlässigt haben; genauer lässt sich zeigen, dass $u_{k,l}(\rho)$ gleich dem Produkt von $\mathrm{e}^{\pm\rho\lambda_{k,l}}$ mit einer Potenz von ρ ist.

Wir werden später durch physikalische Überlegungen darauf geführt werden, von der Funktion $u_{k,l}(\rho)$ zu verlangen, dass sie im Unendlichen beschränkt ist; das wird die Lösungen von Gl. (7.104), die sich wie $\mathrm{e}^{+\rho\lambda_{k,l}}$ verhalten, ausschließen. Wir werden deshalb den folgenden Wechsel der Funktion durchführen:

$$u_{k,l}(\rho) = \mathrm{e}^{-\rho\lambda_{k,l}} y_{k,l}(\rho). \tag{7.106}$$

Obwohl dieser Wechsel $\mathrm{e}^{-\rho\lambda_{k,l}}$ auswählt, sind die Lösungen mit $\mathrm{e}^{+\rho\lambda_{k,l}}$ dadurch noch nicht eliminiert; sie müssen am Ende der Rechnung identifiziert und ausgeschlossen werden. Die Differentialgleichung für $y_{k,l}(\rho)$ kann leicht aus Gl. (7.104) abgeleitet werden:

$$\left\{\frac{\mathrm{d}^2}{\mathrm{d}\rho^2} - 2\lambda_{k,l}\frac{\mathrm{d}}{\mathrm{d}\rho} + \left[\frac{2}{\rho} - \frac{l(l+1)}{\rho^2}\right]\right\} y_{k,l}(\rho) = 0. \tag{7.107}$$

Die Bedingung (7.101) drückt sich in der neuen Funktion aus als

$$y_{k,l}(0) = 0. \tag{7.108}$$

Lösungen in Form einer Potenzreihe. Betrachten wir die Entwicklung der Funktion $y_{k,l}(\rho)$ in Potenzen von ρ in der Form

$$y_{k,l}(\rho) = \rho^s \sum_{q=0}^{\infty} c_q \rho^q. \tag{7.109}$$

Der erste nichtverschwindende Koeffizient der Entwicklung werde als ungleich null vorausgesetzt,

$$c_0 \neq 0. \tag{7.110}$$

Gleichung (7.108) verlangt dann, dass s nur positiv sein kann.

Wir berechnen die Ableitungen $\frac{\mathrm{d}}{\mathrm{d}\rho} y_{k,l}(\rho)$ und $\frac{\mathrm{d}^2}{\mathrm{d}\rho^2} y_{k,l}(\rho)$ des durch (7.109) gegebenen Ausdrucks:

$$\frac{\mathrm{d}}{\mathrm{d}\rho} y_{k,l}(\rho) = \sum_{q=0}^{\infty} (q+s) c_q \rho^{q+s-1}, \tag{7.111}$$

$$\frac{\mathrm{d}^2}{\mathrm{d}\rho^2} y_{k,l}(\rho) = \sum_{q=0}^{\infty} (q+s)(q+s-1) c_q \rho^{q+s-2}. \tag{7.112}$$

Um die linke Seite von Gl. (7.107) zu erhalten, multiplizieren wir die Ausdrücke (7.109), (7.111) und (7.112) mit den Faktoren $\left[\frac{2}{\rho} - \frac{l(l+1)}{\rho^2}\right]$, $(-2\lambda_{k,l})$ und 1 und bilden anschließend die Summe. Die entstehende Potenzreihe muss nach Gl. (7.107) identisch verschwinden, d. h. aber, dass alle ihre Koeffizienten gleich null sein müssen.

Der Term niedrigster Ordnung in ρ ist ρ^{s-2}. Setzt man seinen Koeffizienten gleich null, so wird

$$[-l(l+1) + s(s-1)]\, c_0 = 0. \tag{7.113}$$

Beachten wir Gl. (7.110), so sehen wir, dass s einen der folgenden Werte annehmen kann:

$$\begin{aligned} s &= l+1, \\ s &= -l \end{aligned} \tag{7.114}$$

(in Übereinstimmung mit dem allgemeinen Ergebnis in Abschnitt 7.1.2). Wir haben bereits gesehen, dass nur die erste Möglichkeit, das ist $s = l+1$, aufgrund des Verhaltens im Ursprung akzeptable Lösungen liefern kann (Bedingung (7.108)). Setzen wir allgemein den Koeffizienten vor ρ^{q+s-2} gleich null, so erhalten wir (mit $s = l+1$) die Rekursionsformel

$$q(q+2l+1)c_q = 2\left[(q+l)\lambda_{k,l} - 1\right] c_{q-1}. \tag{7.115}$$

Für einen vorgegebenen Wert von c_0 kann man aus dieser Beziehung c_1, dann c_2 und weiter rekursiv alle Koeffizienten c_q berechnen. Da das Verhältnis c_q/c_{q-1} für $q \to \infty$ gegen null geht, konvergiert die zugehörige Reihe für alle ρ. Wir haben also für einen beliebigen Wert von $\lambda_{k,l}$ eine Lösung von Gl. (7.107) konstruiert, die die Bedingung (7.108) erfüllt.

Quantisierung der Energie. Radialfunktionen

Wir wollen nun verlangen, dass die oben konstruierte Lösung ein physikalisch sinnvolles asymptotisches Verhalten aufweist, was auf eine Quantisierung der möglichen Werte von $\lambda_{k,l}$ führt.

Wenn der Term in den eckigen Klammern auf der rechten Seite von Gl. (7.115) für keinen Wert der ganzen Zahl q verschwindet, handelt es sich bei dem Ausdruck (7.109) um eine echte unendliche Reihe, für die gilt

$$\frac{c_q}{c_{q-1}} \overset{q\to\infty}{\sim} \frac{2\lambda_{k,l}}{q}. \tag{7.116}$$

Die Potenzreihenentwicklung der Funktion $e^{2\rho\lambda_{k,l}}$ lautet

$$\begin{aligned} e^{2\rho\lambda_{k,l}} &= \sum_{q=0}^{\infty} d_q \rho^q, \\ d_q &= \frac{(2\lambda_{k,l})^q}{q!}, \end{aligned} \tag{7.117}$$

woraus

$$\frac{d_q}{d_{q-1}} = \frac{2\lambda_{k,l}}{q} \tag{7.118}$$

folgt. Wenn man die Ausdrücke (7.116) und (7.118) vergleicht, sieht man leicht,[10] dass sich die betrachtete Reihe für große ρ wie $e^{2\rho\lambda_{k,l}}$ verhält. Die zugehörige Funktion $u_{k,l}$ (Gl. (7.106)) ist dann proportional zu $e^{+\rho\lambda_{k,l}}$, was physikalisch nicht sinnvoll ist.

Wir müssen daher alle Fälle ausschließen, in denen die Reihe (7.109) nicht abbricht. Die einzig möglichen Werte von $\lambda_{k,l}$ sind diejenigen, für die Gl. (7.109) nur eine endliche Anzahl von Termen hat, d. h. für die sich $y_{k,l}$ auf ein Polynom reduziert. Die zugehörige Funktion $u_{k,l}$ ist dann aus physikalischer Sicht erlaubt, da ihr asymptotisches Verhalten durch $e^{-\rho\lambda_{k,l}}$ bestimmt wird. Wir müssen also eine ganze Zahl k suchen, so dass der Term in eckigen Klammern auf der rechten Seite von Gl. (7.115) für $q = k$ gleich null wird; der Koeffizient c_k verschwindet dann und mit ihm alle Koeffizienten höherer Ordnung, da mit c_k auch c_{k+1} gleich null ist usw. Für gegebenes l bezeichnen wir die entsprechenden Werte von $\lambda_{k,l}$ mit dieser ganzen Zahl k (k ist sicher größer oder gleich eins, da c_0 nicht null sein kann). Wir erhalten dann aus Gl. (7.115)

$$\lambda_{k,l} = \frac{1}{k+l}. \tag{7.119}$$

Für gegebenes l sind die einzig möglichen negativen Energiewerte also (Gl. (7.103))

$$E_{k,l} = \frac{-E_I}{(k+l)^2}\,; \qquad k = 1, 2, 3, \ldots \tag{7.120}$$

(wir werden dieses Ergebnis in Abschnitt 7.3.4 diskutieren). Die Funktion $y_{k,l}$ ist also ein Polynom, dessen Term kleinster Ordnung ρ^{l+1} und dessen Term höchster Ordnung ρ^{k+l} ist. Die verschiedenen Koeffizienten können in Abhängigkeit von c_0 aus der Rekursionsbeziehung (7.115) berechnet werden, die mit Gl. (7.119) wie folgt geschrieben werden kann:

$$c_q = -\frac{2(k-q)}{q(q+2l+1)(k+l)} c_{q-1}. \tag{7.121}$$

[10] Ein analoges Problem ist ausführlicher in Abschnitt 5.7 diskutiert worden.

Daraus findet man leicht

$$c_q = (-1)^q \left(\frac{2}{k+l}\right)^q \frac{(k-1)!}{(k-q-1)!} \frac{(2l+1)!}{q!(q+2l+1)!} c_0. \tag{7.122}$$

Die Funktion $u_{k,l}(\rho)$ wird dann durch Gl. (7.106) gegeben und c_0 (bis auf einen Phasenfaktor) durch die Normierungsbedingung (7.34) festgelegt (natürlich muss man zuerst über Gl. (7.102) zur Variablen r zurückkehren). Schließlich erhalten wir die eigentlichen Radialfunktionen $R_{k,l}(r)$, indem wir $u_{k,l}(r)$ durch r teilen. Die folgenden drei Beispiele geben einen Eindruck von ihrer Form:

$$\begin{aligned} R_{k=1,l=0}(r) &= 2(a_0)^{-3/2} \mathrm{e}^{-r/a_0}, \\ R_{k=2,l=0}(r) &= 2(2a_0)^{-3/2} \left(1 - \frac{r}{2a_0}\right) \mathrm{e}^{-r/2a_0}, \\ R_{k=1,l=1}(r) &= (2a_0)^{-3/2} \frac{1}{\sqrt{3}} \frac{r}{a_0} \mathrm{e}^{-r/2a_0}. \end{aligned} \tag{7.123}$$

7.3.4 Diskussion der Ergebnisse

Größenordnung der atomaren Parameter

Die Beziehungen (7.120) und (7.123) zeigen, dass für das Wasserstoffatom die Ionisierungsenergie E_I (Gl. (7.93)) und der Bohrsche Radius a_0 (Gl. (7.94)) eine wichtige Rolle spielen. Sie geben die Größenordnungen der Energien und der räumlichen Ausdehnungen der Wellenfunktionen der gebundenen Zustände des Wasserstoffatoms an.

Die Ausdrücke (7.93) und (7.94) können in der Form

$$E_\mathrm{I} = \frac{1}{2}\alpha^2 \mu c^2, \tag{7.124}$$

$$a_0 = \frac{1}{\alpha}\lambda_c \tag{7.125}$$

geschrieben werden; die *Feinstrukturkonstante* α ist eine Konstante mit der Dimension eins, die in der Physik eine wichtige Rolle spielt,

$$\alpha = \frac{e^2}{\hbar c} = \frac{q^2}{4\pi\varepsilon_0 \hbar c} \approx \frac{1}{137}, \tag{7.126}$$

während λ_c durch

$$\lambda_c = \frac{\hbar}{\mu c} \tag{7.127}$$

definiert ist. Da sich μ nur wenig von der Elektronenmasse m_e unterscheidet, ist λ_c praktisch gleich der *Compton-Wellenlänge*

$$\frac{\hbar}{m_e c} \approx 3.8 \times 10^{-3}\ \text{Å} \tag{7.128}$$

des Elektrons.

Gleichung (7.125) besagt also, dass a_0 etwa einhundertmal größer als die Compton-Wellenlänge des Elektrons ist, während Gl. (7.124) ausdrückt, dass sich die Bindungsenergie des Elektrons zwischen $10^{-4}\mu c^2$ und $10^{-5}\mu c^2$ bewegt, wobei μc^2 ungefähr gleich der Ruheenergie des Elektrons

$$m_e c^2 \approx 0.51 \times 10^6 \, \text{eV} \tag{7.129}$$

ist. Daraus folgt die Abschätzung

$$E_\text{I} \ll m_e c^2. \tag{7.130}$$

Das rechtfertigt unseren Ansatz, bei der Beschreibung des Wasserstoffatoms mit der nichtrelativistischen Schrödinger-Gleichung zu arbeiten. Trotzdem treten natürlich, wenn auch kleine, relativistische Effekte auf; ihre Geringfügigkeit erlaubt es, sie mit Hilfe der Störungstheorie zu behandeln (s. Kapitel 11 und 12).

Energieniveaus

Mögliche Werte der Quantenzahlen. Entartungen. Für festes l existiert eine unendliche Anzahl von möglichen Energiewerten (Gl. (7.120)). Jeder von ihnen ist mindestens $(2l + 1)$-fach entartet: Dies ist die *wesentliche Entartung*, die damit zusammenhängt, dass die Radialgleichung nur von der Quantenzahl l, nicht aber von m abhängt (s. Abschnitt 7.1.3). Zusätzlich kommen auch *zufällige Entartungen* vor: Aus Gl. (7.120) erkennt man, dass zwei zu unterschiedlichen Radialgleichungen ($l \neq l'$) gehörende Energieeigenwerte $E_{k,l}$ und $E_{k',l'}$ gleich sind, wenn gilt $k+l = k'+l'$. Abbildung 7.4, die die ersten zu $l = 0$, 1, 2 und 3 gehörenden Eigenwerte auf einer gemeinsamen Energieskala zeigt, sind deutlich mehrere zufällige Entartungen zu entnehmen.

In dem speziellen Fall des Wasserstoffatoms hängt $E_{k,l}$ nicht von k und l separat ab, sondern nur von ihrer Summe. Wir setzen

$$n = k + l. \tag{7.131}$$

Die Energiezustände werden mit der ganzen Zahl n (die größer oder gleich eins ist) indiziert, und Gl. (7.120) wird zu

$$E_n = -\frac{1}{n^2} E_\text{I}. \tag{7.132}$$

Nach der Definition (7.131) können die Eigenfunktionen entweder durch Angabe von k und l oder von n und l festgelegt werden. Der Konvention folgend werden wir die Quantenzahlen n und l verwenden. Die Energie wird dann durch n, die *Hauptquantenzahl*, bestimmt; ein Wert von n legt eine sogenannte (Elektronen-)*Schale* fest.

Da k notwendig eine ganze Zahl größer oder gleich eins ist (s. Abschnitt 7.3.3), existiert nur eine endliche Anzahl möglicher Werte l zu einem Wert von n. Nach Gl. (7.131) sind für ein festes n nur

$$l = 0, 1, 2, \ldots, n-1 \tag{7.133}$$

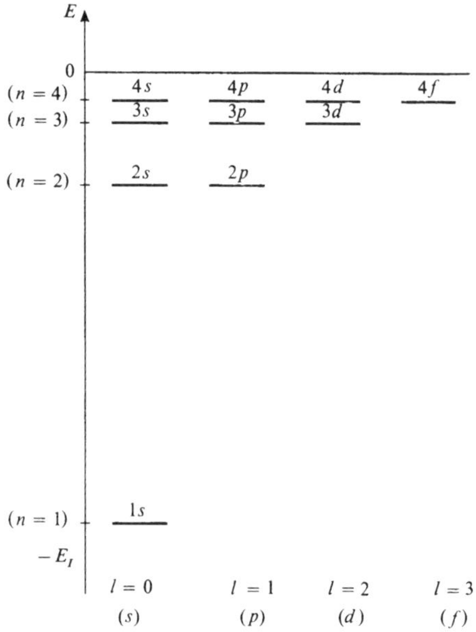

Abb. 7.4 Energieniveaus des Wasserstoffatoms. Die Energie E_n eines Niveaus hängt nur von n ab. Für einen Wert n sind mehrere Werte von l möglich: $l = 0, 1, 2, \ldots, n-1$. Zu jedem l gehören $2l+1$ Werte von m: $m = -l, -l+1, \ldots, +l$. Das Energieniveau E_n ist also n^2-fach entartet.

möglich. Man sagt, die durch n bestimmte Schale enthalte n *Unterschalen*[11], je eine für jeden in Gl. (7.133) gegebenen möglichen Wert von l. Schließlich enthält jede Unterschale $2l+1$ verschiedene Zustände, die zu den $2l+1$ möglichen Werten von m gehören.

Die Gesamtentartung eines Energieniveaus E_n ist also

$$g_n = \sum_{l=0}^{n-1}(2l+1) = 2\frac{(n-1)n}{2} + n = n^2. \tag{7.134}$$

Wir werden in Kapitel 9 sehen, dass diese Zahl wegen der Existenz des Elektronspins mit zwei multipliziert werden muss (wenn wir auch den Spin des Protons mit in Betracht ziehen, erhalten wir einen weiteren Faktor zwei).

Spektroskopische Notation. Aus historischen Gründen (sie reichen zurück in die Zeit vor der Entwicklung der Quantenmechanik, als die Untersuchung der Spektren zu einer empirischen Klassifikation der zahlreichen beobachteten Linien führte) werden Buchsta-

[11]Das Konzept der Unterschalen kann sogar in dem halbklassischen Modell von Sommerfeld gefunden werden. Dieses Modell ordnet jedem Wert n der Bohrschen Quantenzahl n elliptische Bahnen derselben Energie, aber unterschiedlichen Drehimpulses zu. Eine dieser Bahnen ist eine Kreisbahn; sie entspricht dem maximalen möglichen Wert des Drehimpulses.

ben des Alphabets zur Bezeichnung der Zustände mit gleichem Wert von l verwendet; die folgende Zuordnung wurde vorgenommen:

$$\begin{aligned} l = 0 &\longleftrightarrow s, \\ l = 1 &\longleftrightarrow p, \\ l = 2 &\longleftrightarrow d, \\ l = 3 &\longleftrightarrow f, \\ l = 4 &\longleftrightarrow g, \\ &\vdots \\ &\text{alphabetische Reihenfolge.} \end{aligned} \tag{7.135}$$

Die *spektroskopische Notation* bezeichnet eine Unterschale mit dem entsprechenden Wert von n, gefolgt von dem Buchstaben für den Wert von l. So enthält der Grundzustand (der Gl. (7.134) zufolge nicht entartet ist), manchmal auch „K-Schale" genannt, nur die $1s$-Unterschale; das erste angeregte Niveau oder die „L-Schale" enthält die $2s$- und $2p$-Unterschale; das zweite angeregte Niveau („M-Schale") enthält die $3s$-, $3p$- und $3d$-Unterschale usw. (Die Großbuchstaben zur Bezeichnung der Schalen folgen alphabetisch aufeinander und beginnen mit K).

Wellenfunktionen

Die Wellenfunktionen, die zu den gemeinsamen Eigenzuständen von $\boldsymbol{L}^2$, L_z und dem Hamilton-Operator H des Wasserstoffatoms gehören, werden im Allgemeinen nicht wie bisher mit den drei Quantenzahlen k, l und m, sondern stattdessen mit n, l und m beziffert (der Übergang zwischen beiden Möglichkeiten erfolgt einfach mit Gl. (7.131)). Da die Operatoren H, $\boldsymbol{L}^2$ und L_z ein vollständiges System kommutierender Observabler bilden (vgl. Abschnitt 7.1.3), legen die drei ganzen Zahlen n, l, m – mit denen auch die Eigenwerte der Operatoren H, $\boldsymbol{L}^2$ und L_z bestimmt sind – die Wellenfunktionen eindeutig fest.

Winkelabhängigkeit. Wie für jedes beliebige Zentralpotential sind die Funktionen $\varphi_{n,l,m}(\boldsymbol{r})$ Produkte einer Radialfunktion mit einer Kugelflächenfunktion $Y_l^m(\theta, \varphi)$. Um deren Winkelabhängigkeit zu verdeutlichen, können wir bei *festem* r die Länge einer Strecke proportional zu $|\varphi_{n,l,m}(r, \theta, \varphi)|^2$ entlang der durch die Winkel θ und φ im Raum festgelegten Achse messen; damit ist diese Länge auch proportional zu $|Y_l^m(\theta, \varphi)|^2$, da r konstant ist. Markieren wir die Endpunkte der Strecken im Raum, so erhalten wir eine um die z-Achse rotationssymmetrische Fläche, da $Y_l^m(\theta, \varphi)$ von φ nur über einen Faktor $e^{im\varphi}$ abhängt (s. Abschnitt 6.4.1) und demnach $|Y_l^m(\theta, \varphi)|^2$ unabhängig von φ ist. Die Form dieser Flächen kann durch einen ebenen Schnitt, der die z-Achse enthält, sichtbar gemacht werden.

Das Ergebnis dieser Konstruktion ist in Abb. 7.5 für $m = 0$ und $l = 0$, 1 und 2 gezeigt (die zugehörigen Kugelflächenfunktionen können Abschnitt 6.5.1 entnommen werden, Gleichungen (6.207) bis (6.209)): Y_0^0 ist eine Konstante und daher kugelsymmetrisch; $|Y_1^0|^2$ ist proportional zu $\cos^2\theta$, und $|Y_2^0|^2$ zu $(3\cos^2\theta - 1)^2$.

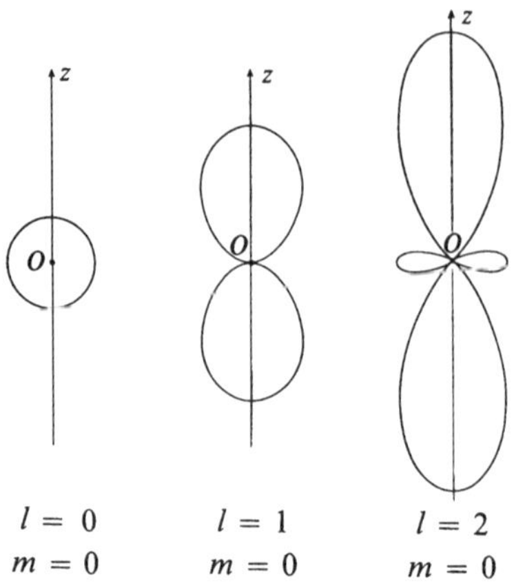

Abb. 7.5 Winkelabhängigkeit einiger stationärer Wellenfunktionen des Wasserstoffatoms, abhängig von den Werten für l und m. Für jede Richtung der Polarwinkel θ, φ ist der Wert von $|Y_l^m(\theta,\varphi)|^2$ aufgetragen; das ergibt eine um die z-Achse rotationssymmetrische Fläche. Für $l = 0$ erhält man eine Kugel mit dem Mittelpunkt O; für höhere Werte von l wird die Fläche komplizierter.

Radialabhängigkeit. Die Radialfunktionen $R_{n,l}(r)$, die jeweils eine Unterschale charakterisieren, können mit Hilfe der Ergebnisse des Abschnitts 7.3.3 berechnet werden, wobei auf den Wechsel der Notation in Gl. (7.131) zu achten ist. Abbildung 7.6 stellt die drei Radialfunktionen (7.123) in Abhängigkeit von r dar:

$$R_{k=1,l=0} \equiv R_{n=1,l=0}, \quad R_{k=2,l=0} \equiv R_{n=2,l=0}, \quad R_{k=1,l=1} \equiv R_{n=2,l=1}. \tag{7.136}$$

Das Verhalten von $R_{n,l}(r)$ in der Nähe des Ursprungs wird durch r^l bestimmt (s. Abschnitt 7.1.2). Daher ergeben nur Zustände, die zu den s-Unterschalen ($l = 0$) gehören, eine nichtverschwindende Aufenthaltswahrscheinlichkeit im Ursprung. Je größer l ist, desto größer ist auch das Gebiet um das Proton, in dem die Aufenthaltswahrscheinlichkeit des Elektrons vernachlässigbar ist. Das hat einige physikalische Konsequenzen, insbesondere bei dem Phänomen des Elektroneneinfangs bestimmter Atomkerne und bei der Hyperfeinstruktur der Linien (s. Abschnitt 12.2.2).

Abschließend wollen wir Gl. (7.91), die die verschiedenen Bohr-Radien in Abhängigkeit von n angibt, ableiten. Dazu betrachten wir die speziellen Niveaus, für die $l = n - 1$ gilt.[12] Wir berechnen die r-Abhängigkeit der Wahrscheinlichkeitsdichte für jedes Niveau in einem infinitesimalen Raumwinkel $\mathrm{d}\Omega$, dessen Orientierung durch die Polarwinkel θ und φ bestimmt ist. Allgemein ist die Aufenthaltswahrscheinlichkeit des Elektrons im Volumenelement $d^3r = r^2\mathrm{d}r\,\mathrm{d}\Omega$ um den Punkt (r,θ,φ) gegeben durch

$$\begin{aligned} d^3\mathcal{P}_{n,l,m}(r,\theta,\varphi) &= |\varphi_{n,l,m}(r,\theta,\varphi)|^2 r^2\mathrm{d}r\,\mathrm{d}\Omega \\ &= |R_{n,l}(r)|^2 r^2\mathrm{d}r\,|Y_l^m(\theta,\varphi)|^2\mathrm{d}\Omega. \end{aligned} \tag{7.137}$$

[12]Das sind gerade diejenigen, denen die Theorie von Sommerfeld Kreisbahnen zuordnet.

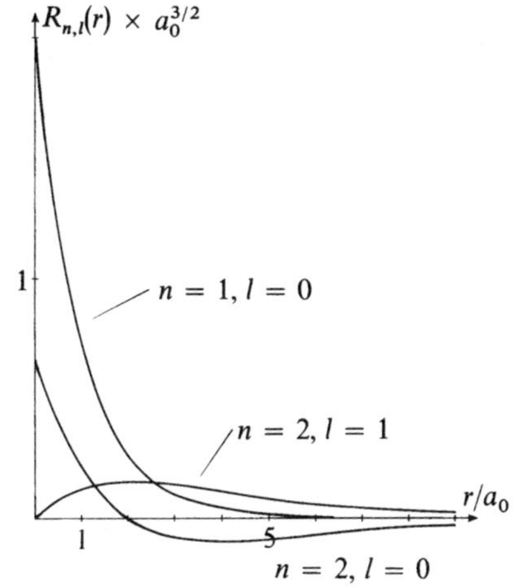

Abb. 7.6 Radiale Abhängigkeit $R_{n,l}(r)$ der Wellenfunktionen für die ersten Zustände des Wasserstoffatoms. Für $r \to 0$ verhält sich $R_{n,l}(r)$ wie r^l; nur die s-Zustände haben eine nichtverschwindende Aufenthaltswahrscheinlichkeit im Ursprung.

Bisher sind θ, φ und $\mathrm{d}\Omega$ festgelegt. Die Wahrscheinlichkeit, das Elektron innerhalb des betrachteten Raumwinkels zwischen r und $r + \mathrm{d}r$ zu finden, ist dann proportional zu $r^2|R_{n,l}(r)|^2\mathrm{d}r$; die entsprechende Dichte ist daher bis auf einen Vorfaktor gleich $r^2|R_{n,l}(r)|^2$ (der Faktor r^2 stammt vom Volumenelement in Kugelkoordinaten). In den Fällen, die wir hier betrachten, ist $l = n - 1$, d. h. $k = n - l = 1$; aus Abschnitt 7.3.3 folgt dann, dass das in $R_{n,l}(r)$ enthaltene Polynom nur einen Term mit $(r/a_0)^{n-1}$ enthält. Die gesuchte Wahrscheinlichkeitsdichte ist deshalb proportional zu

$$\begin{aligned} f_n(r) &= \frac{r^2}{a_0^2}\left[\left(\frac{r}{a_0}\right)^{n-1} \mathrm{e}^{-r/na_0}\right]^2 \\ &= \left(\frac{r}{a_0}\right)^{2n} \mathrm{e}^{-2r/na_0}. \end{aligned} \tag{7.138}$$

Diese Funktion hat ein Maximum bei

$$r = r_n = n^2 a_0, \tag{7.139}$$

was gerade gleich dem Radius der zur Energie E_n gehörenden Bohrschen Bahn ist.

Schließlich geben wir in der folgenden Tabelle die ersten Wellenfunktionen explizit an:

1s-Niveau: $$\varphi_{n=1,l=0,m=0} = \frac{1}{\sqrt{\pi a_0^3}} \mathrm{e}^{-r/a_0},$$

2s-Niveau: $$\varphi_{n=2,l=0,m=0} = \frac{1}{\sqrt{8\pi a_0^3}} \left(1 - \frac{r}{2a_0}\right) \mathrm{e}^{-r/2a_0},$$

$2p$-Niveau:
$$\varphi_{n=2,l=1,m=1} = -\frac{1}{8\sqrt{\pi a_0^3}}\frac{r}{a_0}\mathrm{e}^{-r/2a_0}\sin\theta\mathrm{e}^{\mathrm{i}\varphi},$$
$$\varphi_{n=2,l=1,m=0} = \frac{1}{4\sqrt{2\pi a_0^3}}\frac{r}{a_0}\mathrm{e}^{-r/2a_0}\cos\theta,$$
$$\varphi_{n=2,l=1,m=-1} = \frac{1}{8\sqrt{\pi a_0^3}}\frac{r}{a_0}\mathrm{e}^{-r/2a_0}\sin\theta\mathrm{e}^{-\mathrm{i}\varphi}.$$

Ergänzungen zu Kapitel 7

In Abschnitt 7.4 werden einige wasserstoffartige Systeme vorgestellt, auf die die Überlegungen dieses Kapitels sofort übertragen werden können. Den Schwerpunkt bildet hierbei die Diskussion physikalischer Ergebnisse; insbesondere wird auf die Auswirkungen der unterschiedlichen Massen der am System beteiligten Teilchen eingegangen. (*Leicht, auch für das erste Lesen geeignet*)

Abschnitt 7.5 betrachtet ein weiteres System (den dreidimensionalen harmonischen Oszillator), bei dem es möglich ist, die Energieniveaus eines Teilchens in einem Zentralpotential mit der in diesem Kapitel entwickelten Methode (Lösung der Radialgleichung) exakt zu berechnen. (*Weist keine prinzipiellen Schwierigkeiten auf; kann als zum Haupttext gehörendes Beispiel angesehen werden*)

Abschnitt 7.6 vervollständigt die Ergebnisse aus Abschnitt 7.3.4, wo mit Hilfe der Berechnung der Wahrscheinlichkeitsströme Aussagen über Eigenschaften der stationären Zustände des Wasserstoffatoms gemacht wurden. (*Leicht und kurz, hilfreich für Abschnitt 7.7*)

Abschnitte 7.7 bis 7.9 diskutieren auf der Grundlage der Ergebnisse dieses Kapitels eine Reihe physikalischer Phänomene:

Abschnitt 7.7 untersucht die Eigenschaften eines Atoms in einem Magnetfeld (Diamagnetismus, Paramagnetismus, Zeeman-Effekt). (*Von mittlerer Schwierigkeit, wichtig aufgrund der zahlreichen Anwendungen*)

Abschnitt 7.8 führt das Konzept der Hybridorbitale ein, das wesentlich ist für das Verständnis einiger Eigenschaften der chemischen Bindung. (*Weist keine prinzipiellen Schwierigkeiten auf; betont die geometrischen Aspekte der Wellenfunktionen*)

Abschnitt 7.9 stellt eine direkte Anwendung der in diesem Kapitel entwickelten Theorie dar: Es werden die Schwingungs- und Rotationsspektren eines heteropolaren zweiatomigen Moleküls untersucht. (*Setzt die Überlegungen der Abschnitte 5.5.1 und 6.7 fort; von mittlerer Schwierigkeit*)

Abschnitt 7.10 enthält die Aufgaben zu diesem Kapitel. Aufgabe 2 betrachtet den Einfluss eines homogenen Magnetfelds auf die Energieniveaus eines einfachen physikalischen Systems, für das eine exakte Lösung möglich ist. Sie stellt damit eine konkrete Anwendung der theoretischen Überlegungen der Abschnitte 7.6 und 7.7 dar, die sich mit den Auswirkungen paramagnetischer und diamagnetischer Terme im Hamilton-Operator befassen.

7.4 Wasserstoffartige Systeme

Die Bestimmung zahlreicher physikalischer Eigenschaften des Wasserstoffatoms (Energieniveaus, räumliche Ausdehnung der Wellenfunktionen usw.) in diesem Kapitel stützen sich auf die Tatsache, dass das untersuchte System aus zwei Teilchen (einem Elektron und einem Proton) aufgebaut ist, deren gegenseitige Wechselwirkungsenergie umgekehrt proportional zum Abstand ist. Es existieren zahlreiche andere Systeme, für die das Gleiche gilt: Deuterium oder Tritium, Myonium, Positronium, Myonenatome usw. Die Ergebnisse dieses Kapitels können daher direkt auf diese Systeme übertragen werden; es müssen lediglich die in den Rechnungen enthaltenen Konstanten (Massen und Ladungen der beiden Teilchen) geändert werden. Im vorliegenden Abschnitt wollen wir insbesondere untersuchen, wie sich der Bohr-Radius und die Ionisierungsenergie E_{I} für die betrachteten Systeme ändern. Die Wellenfunktionen der stationären Zustände mit den zugehörigen Energien werden erhalten, indem wir die in den Funktionen (7.123) und in Gl. (7.132) (Abschnitt 7.3) auftretenden Konstanten a_0 und E_{I} durch ihre neuen Werte ersetzen, die wiederum die Größenordnungen der räumlichen Ausdehnung der Wellenfunktionen und der Bindungsenergien der neuen Systeme widerspiegeln.

Wir erinnern an die Ausdrücke für a_0 und E_{I}:

$$a_0 = \frac{1}{\alpha}\lambda_c = \frac{\hbar^2}{\mu e^2}, \tag{7.140}$$

$$E_{\mathrm{I}} = \frac{1}{2}\mu c^2\alpha^2 = \frac{\mu e^4}{2\hbar^2}, \tag{7.141}$$

worin μ die reduzierte Masse des Elektron-Proton-Systems ist,

$$\mu = \mu(\mathrm{H}) = \frac{m_e m_p}{m_e + m_p} \approx m_e\left(1 - \frac{m_e}{m_p}\right), \tag{7.142}$$

und e^2 die Stärke des anziehenden Potentials $V(r)$ bestimmt,

$$V(r) = -\frac{e^2}{|\boldsymbol{r}_1 - \boldsymbol{r}_2|}. \tag{7.143}$$

Im Fall des Wasserstoffatoms finden wir

$$a_0(\mathrm{H}) \approx 0.52 \times 10^{-8}\,\mathrm{cm}, \tag{7.144}$$

$$E_{\mathrm{I}}(\mathrm{H}) \approx 13.6\,\mathrm{eV} = 22 \times 10^{-18}\,\mathrm{J}. \tag{7.145}$$

Wie können wir nun die entsprechenden Werte für ein System von zwei beliebigen Teilchen mit den Massen m_1 und m_2 finden, deren Wechselwirkungsenergie durch

$$V'(r) = -\frac{Ze^2}{|\boldsymbol{r}_1 - \boldsymbol{r}_2|} \tag{7.146}$$

gegeben ist (Z ist ein Parameter mit der Dimension eins)? Wir müssen nur die reduzierte Masse μ berechnen, indem wir in Gl. (7.142) m_e und m_p durch m_1 und m_2 ersetzen,

$$\mu = \frac{m_1 m_2}{m_1 + m_2}, \tag{7.147}$$

und das Ergebnis in Gl. (7.140) und Gl. (7.141) einsetzen, wobei zusätzlich die Ersetzung

$$e^2 \to Ze^2 \tag{7.148}$$

vorzunehmen ist. Wir werden dies für eine Reihe von physikalischen Beispielen durchführen.

7.4.1 Wasserstoffartige Systeme mit einem Elektron

Elektrisch neutrale Systeme

Schwere Isotope des Wasserstoffs. Zwei Systeme, die unmittelbar mit dem Wasserstoffatom verwandt sind, sind die Wasserstoffisotope Deuterium und Tritium; bei ihnen ist das Proton durch andere Atomkerne ersetzt, die zwar dieselbe Ladung tragen, aber neben dem Proton ein bzw. zwei zusätzliche Neutronen enthalten. Die Masse des Deuteriumkerns ist daher ungefähr $2m_p$ und die des Tritiumkerns ungefähr $3m_\text{p}$. Die reduzierten Massen sind also in diesen beiden Fällen:

$$\mu(\text{Deuterium}) \approx m_e \left(1 - \frac{m_e}{2m_p}\right), \tag{7.149}$$

$$\mu(\text{Tritium}) \approx m_e \left(1 - \frac{m_e}{3m_p}\right). \tag{7.150}$$

Da die Abschätzung

$$\frac{m_e}{m_p} \approx \frac{1}{1836} \ll 1 \tag{7.151}$$

gilt, sind die reduzierten Massen von Deuterium und Tritium fast so groß wie die von Wasserstoff und können ohne großen Fehler durch m_e ersetzt werden.

Wenn wir also entweder Gl. (7.142), Gl. (7.149) oder Gl. (7.150) in Gl. (7.140) und Gl. (7.141) einsetzen, werden wir praktisch identische Bohr-Radien und Energien für die drei Wasserstoffisotope erhalten. Eine kleine Differenz jedoch bleibt bestehen – von der relativen Größenordnung eines Tausendstels –, die sich auch experimentell nachweisen lässt. Zum Beispiel kann man mit einem optischen Spektrographen ausreichender Auflösung feststellen, dass die von einem Wasserstoffatom emittierten Wellenlängen (der Linien) etwas größer sind als die des Deuteriums, und diese wiederum sind etwas größer als die des Tritiums. Die Verschiebung der emittierten Wellenlängen tritt auf, weil die Atomkerne nicht unendlich schwer sind und sich deshalb aufgrund der Bewegung des Elektrons auch ein wenig bewegen; diesen Effekt nennt man den „Effekt der endlichen Kernmasse". Experimentell ist sehr genau bestätigt worden, dass Gl. (7.147), Gl. (7.140) und Gl. (7.141) diesen Effekt korrekt beschreiben.

Myonium. Das Myon ist ein (Elementar-)Teilchen, dessen fundamentale Eigenschaften sich im Wesentlichen mit denen des Elektrons decken, wobei es allerdings eine Masse m_μ besitzt, die etwa 207 m_e ist. Insbesondere reagiert das Myon wie das Elektron nicht auf die Kernkräfte (starke Wechselwirkung). Es gibt zwei verschiedene Arten von Myonen, μ^+ und μ^-, deren Ladungen gleich denen des Elektrons e^- bzw. des Positrons e^+ sind; auch bei ihnen handelt es sich um ihre jeweiligen Antiteilchen. Wie alle geladenen Teilchen unterliegen die Myonen der elektromagnetischen Wechselwirkung.

Wir können deshalb ein physikalisches System betrachten, das von einem Myon μ^+ und einem Elektron e^- gebildet wird, wobei die elektrostatische Anziehung dieselbe ist wie zwischen Proton und Elektron. Es existieren daher gebundene Zustände. Man kann sozusagen von einem „leichten Isotop" des Wasserstoffs sprechen, bei dem das Proton durch ein Myon ersetzt wurde. Dieses „Isotop“ heißt Myonium (seine Atommasse ist von der Größe $m_\mu/m_p \approx 0.1$).

Es fällt nicht schwer, die Ergebnisse dieses Kapitels auf das Myonium zu übertragen: Für die Ionisierungsenergie und den Bohr-Radius ergibt sich mit Gl. (7.140), Gl. (7.141), Gl. (7.147) und mittels (7.148)

$$a_0(\text{Myonium}) = a_0(\text{H})\frac{1+m_e/m_\mu}{1+m_e/m_p} \approx a_0(\text{H})\left(1+\frac{1}{200}\right), \qquad (7.152)$$

$$E_\text{I}(\text{Myonium}) = E_\text{I}(\text{H})\frac{1+m_e/m_p}{1+m_e/m_\mu} \approx E_\text{I}(\text{H})\left(1-\frac{1}{200}\right). \qquad (7.153)$$

Da das Myon ungefähr zehnmal leichter ist als ein Proton, ist der Effekt der endlichen Kernmasse für das Myonium etwa zehnmal stärker als für das Wasserstoffatom; dieser Effekt bleibt aber auch hier klein (etwa in einer Größenordnung von 0.5 %), da das Elektron noch wesentlich leichter als das Myon ist. So sollten z. B. die vom Myonium emittierten optischen Linien sehr dicht an den entsprechenden Linien des Wasserstoffs liegen. Beobachtet werden konnte allerdings das optische Emissionsspektrum des Myoniums bisher noch nicht.

Experimentell konnte die Existenz des Myoniums aufgrund seiner Instabilität gezeigt werden. Das μ^+-Myon zerfällt mit einer Lebensdauer von $2.2\cdot 10^{-6}$ s in ein Positron und zwei Neutrinos. Das so entstehende Positron kann beobachtet werden, es wird vorzugsweise in die Richtung des μ^+-Spins[13] emittiert (Paritätsverletzung der schwachen Wechselwirkung); der Nachweis des Positrons ermöglicht so die Bestimmung dieser Richtung. Da außerdem der Spin des μ^+-Myons eines Myonium-Atoms mit dem Spin des Elektrons koppelt (Hyperfeinstrukturkopplung, s. Kapitel 12 und zugehörige Ergänzungen), unterscheidet sich die Präzessionsfrequenz dieses Myons von der eines freien Myons. Die Messung dieser Frequenz lässt also auf die Existenz des Myoniums schließen.

Die Untersuchung des Myoniums ist sowohl experimentell als auch theoretisch von großem Interesse. Die beiden Teilchen, die dieses System bilden, reagieren nicht auf die starke Wechselwirkung, so dass die Energieniveaus (insbesondere die Hyperfeinstruktur des $1s$-Zustandes) mit großer Präzision ohne jede „Kernkorrektur“ berechnet werden können (beim Wasserstoffatom hingegen muss die innere Struktur und die Polarisierbarkeit des Protons mit einbezogen werden, beides Effekte der starken Wechselwirkung). Der Vergleich zwischen theoretischen Vorhersagen und experimentellen Messungen ermöglicht so einen sehr strengen Test der Quantenelektrodynamik. Tatsächlich kann aus Messungen der Hyperfeinstruktur des Myoniums einer der genauesten Werte für die Feinstrukturkonstante $\alpha = e^2/\hbar c$ gewonnen werden.

Positronium. Das Positronium ist ein gebundenes System aus einem Elektron e^- und einem Positron e^+. Wie beim Myonium kann man auch hier im erweiterten Sinn von einem Isotop des Wasserstoffs sprechen, bei dem das Proton durch ein Positron ersetzt ist. Allerdings bestehen auch wichtige Unterschiede: Beim Wasserstoffatom bewegt sich das

[13] Wie das Elektron hat das Myon den Spin $1/2$, und dieser ist mit einem magnetischen Moment $\boldsymbol{M}_\mu = q_\mu \boldsymbol{S}/m_\mu$ verknüpft.

Proton (das sehr viel schwerer als das Elektron ist) fast gar nicht, während das Positron, das Antiteilchen des Elektrons, im Positronium dieselbe Masse und demzufolge auch dieselbe Geschwindigkeit wie das Elektron hat, wenn man den Massenmittelpunkt festhält (s. Abb. 7.7).

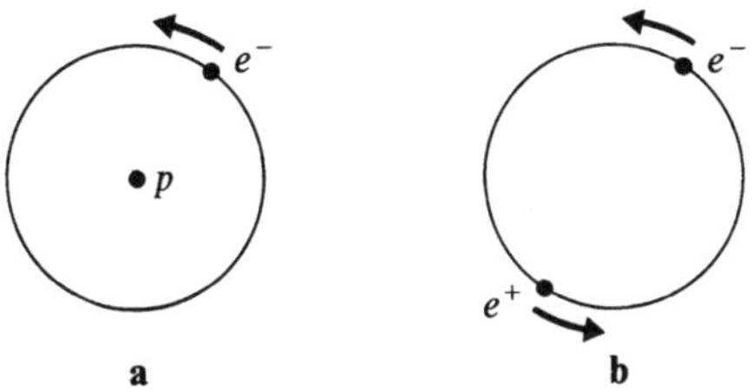

Abb. 7.7 Schematische Darstellung des Wasserstoff- (Elektron+Proton-System) und des Positroniumatoms (Elektron+Positron-System). Da das Proton sehr viel schwerer ist als das Elektron, ruht es praktisch im Massenmittelpunkt des Wasserstoffatoms; das Elektron „kreist" im Abstand $a_0(\mathrm{H})$ um das Proton. Das Positron hingegen hat dieselbe Masse wie das Elektron; beide Teilchen kreisen daher gemeinsam um ihren Massenmittelpunkt, bei einem gegenseitigen Abstand von $a_0(\text{Positronium}) = 2a_0(\mathrm{H})$.

Die reduzierte Masse des Positroniums ergibt sich aus Gl. (7.147):

$$\mu(\text{Positronium}) = \frac{m_e}{2}. \tag{7.154}$$

Damit ist

$$a_0(\text{Positronium}) \approx 2a_0(\mathrm{H}), \tag{7.155}$$

$$E_\mathrm{I}(\text{Positronium}) \approx \frac{1}{2}E_\mathrm{I}(\mathrm{H}). \tag{7.156}$$

Für einen gegebenen Zustand des Positroniums ist also der durchschnittliche Elektron-Positron-Abstand doppelt so groß wie der entsprechende Elektron-Proton-Abstand im Wasserstoffatom (s. Abb. 7.7). Der Abstand der Energiestufen der stationären Zustände hingegen ist halb so groß, und das vom Positronium emittierte optische Linienspektrum erhält man, indem man die Wellenlängen des Wasserstoffspektrums verdoppelt.

Bemerkung

Man sollte aus Gl. (7.155) nicht schließen, dass der Radius des Positroniums zweimal so groß ist wie der des Wasserstoffatoms: Der Bohr-Radius gibt einen Eindruck von der räumlichen Ausdehnung der zu dem „Relativteilchen" gehörenden Wellenfunktion (s. Abschnitt 7.2), dessen Lage $\boldsymbol{r}_1 - \boldsymbol{r}_2$ mit dem Abstand der beiden Teilchen zusammenhängt und nicht mit deren Abstand vom Massenmittelpunkt G. Abbildung 7.7 zeigt deutlich, dass das Wasserstoffatom und das Positronium gleich groß sind. Generell haben alle wasserstoffartigen Systeme, deren anziehendes Potential durch Gl. (7.146) mit $Z = 1$ gegeben ist, genau denselben Radius; das folgt aus den Ergebnissen in Abschnitt 7.2.1 (erste Gleichung (7.40)):

$$\boldsymbol{r}_1 - \boldsymbol{r}_G = \frac{m_2}{m_1 + m_2}\boldsymbol{r} = \frac{\mu}{m_1}\boldsymbol{r}. \tag{7.157}$$

Unter Verwendung von Gl. (7.140), die die Größenordnung der räumlichen Ausdehnung der Wellenfunktion $\varphi_{100}(\boldsymbol{r})$ des Grundzustands angibt, können wir den „Radius" ρ des Atoms definieren durch

$$\rho = \frac{\hbar^2}{m_1 Z e^2}, \tag{7.158}$$

wobei m_1 die Masse des leichteren Teilchens ist (das schwerere Teilchen befindet sich dichter am Massenmittelpunkt). In allen bisher betrachteten Systemen ist $Z = 1$ und $m_1 = m_e$; ihre Radien stimmen somit überein. Wir werden später auch Fälle betrachten, in denen der Radius ρ kleiner ist, entweder wegen $m_1 \neq m_e$ oder wegen $Z \neq 1$.

Das optische Spektrum des Positroniums konnte inzwischen beobachtet werden. Die (Hyperfein-)Struktur des Grundzustands (infolge der Wechselwirkung zwischen den magnetischen Momenten des Elektrons und des Protons) war exakt vorhergesagt worden (s. Abschnitt 12.8).

Die Tatsache, dass es sich beim Positronium wie beim Myonium um ein rein elektrodynamisches System handelt (weder das Elektron noch das Positron unterliegen der starken Wechselwirkung), erklärt die Bedeutung dieser theoretischen und experimentellen Untersuchungen.

Schließlich ist auch das Positronium kein stabiles System: Da der Grundzustand ein $1s$-Zustand ist, kommen das Elektron und das Positron in Kontakt miteinander und zerstrahlen in zwei oder drei Photonen, abhängig vom ursprünglichen Hyperfeinzustand. Auch das Studium der entsprechenden Zerfallsrate ist von großem Interesse in der Quantenelektrodynamik.

Wasserstoffartige Systeme in der Festkörperphysik. Die Atomphysik ist nicht das einzige Anwendungsgebiet der in diesem Kapitel entwickelten Theorie. Die sich in einem Festkörper befindenden Donatoren bilden z. B. näherungsweise wasserstoffartige Systeme. Betrachten wir einen Siliciumkristall: Im Siliciumgitter bilden die vier Valenzelektronen der Atome tetraedisch die vier Bindungen zu den Nachbaratomen aus. Wenn ein fünfbindiges Atom wie z. B. Phosphor (Donator) anstelle eines Siliciumatoms in das Gitter eingebaut wird, muss es ein Valenzelektron verlieren, und seine Gesamtladung wird positiv; es verhält sich dann wie ein Kraftzentrum, das ein Elektron einfangen und ein wasserstoffartiges System bilden kann. Die auf das Elektron wirkende Kraft kann allerdings nicht direkt aus dem Coulomb-Gesetz im Vakuum berechnet werden, weil Silicium eine große Dielektrizitätskonstante $\varepsilon \approx 12$ hat, so dass Gl. (7.143) durch

$$V(r) = -\frac{e^2}{\varepsilon|\boldsymbol{r}_1 - \boldsymbol{r}_2|} \tag{7.159}$$

zu ersetzen ist. Um exakt zu rechnen, müsste man außerdem die Elektronmasse durch die „effektive Masse" m^* des Elektrons im Silicium ersetzen, die sich wegen der Wechselwirkungen mit den Ladungen der Atomkerne im Gitter von der Masse des freien Elektrons unterscheidet. Wir wollen uns allerdings auf eine qualitative Diskussion beschränken und stellen fest, dass der große Wert für ε in Gl. (7.159) e^2 verkleinert, was nach Gl. (7.140) eine Vergrößerung des Bohr-Radius etwa um den Faktor 10 bedeutet. Die Verunreinigung durch das Donatoratom entspricht daher einem sehr großen Wasserstoffatom, dessen Wellenfunktionen sich über einen weit größeren Bereich als den der Einheitszelle des Siliciums erstrecken.

Wir wollen noch kurz ein anderes wasserstoffartiges System der Festkörperphysik diskutieren: das Exziton. Wir betrachten einen Halbleiterkristall. Ohne äußere Störungen befinden sich die äußeren Elektronen der Atome des Kristalls in Zuständen, die zum *Valenzband* gehören (die Temperatur sei ausreichend niedrig; s. Abschnitt 14.7). Wird der Kristall nun in bestimmter Weise bestrahlt, so kann ein Elektron durch Absorption eines Photons in das *Leitungsband* (das aus Energieniveaus gebildet wird, die über dem Valenzband liegen) springen; dem Valenzband fehlt dann ein Elektron. Wir können uns vorstellen, es enthalte ein Teilchen entgegengesetzter Ladung, ein *Loch*. Dieses Loch kann ein Elektron des Valenzbands anziehen und so ein gebundenes System bilden: das Exziton. Das Exziton besitzt wie das Wasserstoffatom eine Reihe von Energieniveaus, zwischen denen Übergänge stattfinden können; seine Existenz kann durch Messungen der Absorption von Licht im Kristall nachgewiesen werden.

Wasserstoffartige Ionen

Ein elektrisch neutrales Heliumatom besteht aus zwei Elektronen und einem positiv geladenen Atomkern der Ladung $-2q_e$; dieses aus drei Teilchen bestehende System kann mit der Theorie dieses Kapitels nicht beschrieben werden. Wenn jedoch ein Elektron von dem Heliumatom entfernt wird, so entsteht ein He^+-Ion, das dem Wasserstoffatom sehr ähnlich ist. Der einzige Unterschied besteht in der Ladung des Atomkerns, die gleich der zweifachen Protonladung ist (die Gesamtladung des Ions ist positiv und gleich $-q_e$), und in der Masse (die für ^4He etwa gleich der vierfachen Masse des Protons ist). Es gibt natürlich noch andere wasserstoffartige Ionen: das Li^{++}-Ion (das nicht ionisierte Lithiumatom hat $Z = 3$ Elektronen), das Be^{+++}-Ion ($Z = 4$) usw.

Wir betrachten also ein System, das aus einem Atomkern mit der Masse M und der positiven Ladung $-Zq_e$ und aus einem Elektron besteht. Wir verwenden (7.148) in Gl. (7.140) und Gl. (7.141) und finden

$$a_0(Z) \approx \frac{a_0(\mathrm{H})}{Z}, \tag{7.160}$$

$$E_\mathrm{I}(Z) \approx Z^2 E_\mathrm{I}(\mathrm{H}) \tag{7.161}$$

(da $M \gg m_e$ gilt, haben wir den Unterschied zwischen den reduzierten Massen des Wasserstoffatoms und denen der betrachteten wassertoffartigen Ionen vernachlässigt; die Auswirkungen der endlichen Kernmasse auf a_0 und E_I sind tatsächlich im Vergleich zum Einfluss der veränderten Ladungen vernachlässigbar). Wasserstoffartige Ionen sind also kleiner als das Wasserstoffatom, was natürlich aufgrund der stärkeren Bindung zwischen Atomkern und Elektron zu erwarten ist. Außerdem steigt ihre Energie mit Z schnell an (quadratisch): Zum Beispiel ist die Energie, die einem Li^{++}-Ion zugeführt werden muss, um das letzte Elektron zu entfernen, größer als 100 eV. Aus diesem Grund fallen die elektromagnetischen Frequenzen, die von einem wasserstoffartigen Ion emittiert oder absorbiert werden können, in den ultravioletten Bereich oder für große Z sogar in den Bereich der Röntgen-Strahlung.

7.4.2 Wasserstoffartige Systeme ohne Elektronen

Alle von uns bisher behandelten Systeme enthielten ein Elektron. Es existieren aber auch zahlreiche andere Teilchen mit derselben Ladung q_e, die zusammen mit einem Atomkern der Ladung $-Zq_e$ ein wasserstoffartiges System bilden können. Wir werden einige Beispiele angeben. Die „Atome“, die wir dabei betrachten, sind natürlich weniger geläufig als die „üblichen“ Atome, die in Mendelejews Klassifikation auftreten. Sie sind nicht stabil, und für ihre Untersuchung müssen sie erst in Hochenergie-Teilchenbeschleunigern erzeugt werden. Sie werden deswegen manchmal als „exotische Atome“ bezeichnet.

Myonenatome

Wir haben bereits einige grundlegende Eigenschaften der Myonen erwähnt, wobei auch auf die Existenz des μ^--Myons hingewiesen wurde. Wenn dieses Teilchen von einem positiv geladenen Atomkern angezogen wird, kann sich ein gebundenes System, das sogenannte *Myonenatom*, bilden.[14]

Betrachten wir z. B. das einfachste Myonenatom, das aus einem μ^--Myon und einem Proton besteht: Es handelt sich offensichtlich um ein neutrales System mit dem Bohr-Radius

$$a_0(\mu^-, p^+) \approx \frac{\hbar^2}{m_\mu e^2} \approx \frac{a_0(\mathrm{H})}{200} \tag{7.162}$$

und der Ionisierungsenergie

$$E_\mathrm{I}(\mu^-, p^+) \approx \frac{m_\mu e^4}{2\hbar^2} \approx 200 E_\mathrm{I}(\mathrm{H}). \tag{7.163}$$

Die Größe dieses Myonenatoms bewegt sich also bei einigen 10^{-5} cm, und das Spektrum ergibt sich aus dem Wasserstoffspektrum, indem man die entsprechenden Wellenlängen durch 200 teilt; es liegt im Bereich der Röntgen-Strahlung.

Was geschieht nun, wenn das μ^--Myon, anstatt um ein Proton zu kreisen, von einem Atomkern N eingefangen wird, dessen Ladung Z-mal größer ist als z. B. Blei mit der Ordnungszahl $Z = 82$?[15] Gleichung (7.140) bzw. (7.141) ergeben dann

$$a_0(\mu^-, N) \approx \frac{a_0(\mathrm{H})}{200Z}, \tag{7.164}$$

$$E_\mathrm{I}(\mu^-, N) \approx 200 Z^2 E_\mathrm{I}(\mathrm{H}). \tag{7.165}$$

Setzen wir in diesen Gleichungen $Z = 82$, so finden wir für die Übergänge des myonischen Bleiatoms Energien von mehreren MeV (1 MeV $= 10^6$ Elektronenvolt); wir

[14] Ebenso könnte man sich ein gebundenes System vorstellen, das etwa aus einem Myon μ^+ und einem Myon μ^- gebildet würde; mit den geringen Intensitäten der Myonenstrahlen, die sich technisch realisieren lassen, ist ein solches Atom jedoch nur schwer zu realisieren und konnte bisher nicht beobachtet werden.

[15] Ein solches System kann z. B. erzeugt werden, wenn man einen μ^--Strahl auf ein Blei-Target richtet. Wird ein μ^- von einem Blei-Atomkern eingefangen, umkreist es diesen in einem Abstand, der etwa 200 mal kleiner ist als der Abstand der Elektronen der innersten Schale vom Kern. Die Kernladung wirkt daher praktisch allein auf das Myon; die Elektronen können für die Zustände des Myons einfach vernachlässigt werden.

müssen allerdings feststellen, dass Gl. (7.140) und Gl. (7.141) für den hier betrachteten Fall nicht mehr gültig sind; Gl. (7.164) ergäbe mit

$$a_0(\mu^-, \mathrm{Pb}) \approx 3 \text{ Fermi} \tag{7.166}$$

eine Länge, die kleiner ist als der Radius des Bleiatomkerns. Die Rechnungen dieses Kapitels verlieren daher ihre Gültigkeit. Der Grund liegt darin, dass sie auf der in Gl. (7.146) gegebenen Form des Potentials $V(r)$ basieren. Man kann sie nur dann anwenden,[16] wenn die Dimensionen der behandelten Teilchen sehr viel kleiner als ihre gegenseitigen Abstände sind, sie also als Massenpunkte betrachtet werden können. Diese Bedingung, die für das Wasserstoffatom sehr gut erfüllt ist, gilt hier nicht mehr.

Trotzdem ergeben Gl. (7.164) und Gl. (7.165) die richtige Größenordnung der Energien und der Radien des myonischen Bleiatoms. Die physikalischen Auswirkungen einer endlichen räumlichen Ausdehnung des Atomkerns („Volumeneffekt") werden ausführlicher in Abschnitt 11.7 diskutiert. Wir weisen an dieser Stelle nur darauf hin, dass ein Grund für das Interesse an myonischen Atomen gerade mit diesem Effekt zusammenhängt: Das μ^--Myon „spürt" die innere Struktur des Atomkerns,[17] und die Energieniveaus des Myonenatoms hängen von der elektrischen Ladungsverteilung und dem Magnetismus innerhalb des Kerns ab (man erinnere sich, dass das Myon nicht der Kernkraft unterliegt). Auf diese Weise kann man mit der Untersuchung der Zustände Informationen gewinnen, die in der Kernphysik sehr nützlich sind.

Hadronenatome

Mit *Hadronen* bezeichnet man Teilchen, die im Gegensatz zu *Leptonen* der starken Wechselwirkung unterliegen. Elektronen und Myonen, deren gebundene Zustände in einem Coulomb-Potential von uns bisher untersucht wurden, sind Leptonen; Protonen, Neutronen und Mesonen wie das π-Meson usw. sind Hadronen. Negativ geladene Hadronen können mit einem Atomkern ein wasserstoffartiges gebundenes System bilden, ein *Hadronenatom*. Zum Beispiel bildet ein Atomkern-π^--System ein *Pionenatom*, ein Atomkern-Σ^--System ein *Sigmaatom*[18]; ein Atomkern-K^--Meson-System ein *Kaonenatom*, ein Atomkern-Antiproton-System ein *Antiprotonenatom* usw. Jedes der soeben aufgeführten Systeme ist tatsächlich untersucht worden. Sie sind nicht stabil, aber ihre Lebensdauern reichen aus, um einige Spektrallinien beobachten zu können. Die Theorie des Wasserstoffatoms, die nur die elektromagnetische Wechselwirkung der beiden beteiligten Teilchen berücksichtigt, kann natürlich solche Systeme, in denen die starke Wechselwirkung eine entscheidende Rolle spielt, nicht angemessen beschreiben. Allerdings kann für angeregte Zustände von Hadronenatomen (außer s-Zuständen), bei denen der Abstand der beiden Teilchen groß ist, die starke Wechselwirkung mit sehr kurzer Reichweite vernachlässigt werden. Dann kann die Theorie dieses Kapitels angewandt werden, und Gl. (7.140)

---

[16] Innerhalb des Atomkerns ist das Potential näherungsweise parabolisch (s. Abschnitte 5.5.4 und 11.7).

[17] Die Vorstellung, dass sich zwei massive Körper nicht durchdringen können, ist makroskopischer Natur. In der Quantenmechanik können sich die Wellenfunktionen von zwei Teilchen gegenseitig überlappen.

[18] Der Ausdruck „Mesonenatom" wird manchmal zur Bezeichnung eines Systems mit einem Meson verwandt. Entsprechend nennt man das Sigmaatom auch *Hyperonenatom*, da das Σ^- ein Hyperon (ein Teilchen schwerer als das Proton) ist.

und Gl. (7.141) führen zu sehr viel kleineren Bohr-Radien und sehr viel größeren Energien im Vergleich zum Wasserstoff. Messungen der Frequenzen der von einem Pionenatom emittierten Spektrallinien führen so z. B. auf eine sehr genaue Bestimmung der Masse des π^--Mesons.

7.5 Der dreidimensionale isotrope harmonische Oszillator

In diesem Abschnitt werden wir den Spezialfall eines Zentralpotentials untersuchen, für den die Radialgleichung exakt lösbar ist: den isotropen dreidimensionalen harmonischen Oszillator. Wir haben dieses Problem bereits behandelt (Abschnitt 5.9), indem wir den Zustandsraum $\mathcal{H}_{\boldsymbol{r}}$ als Tensorprodukt $\mathcal{H}_x \otimes \mathcal{H}_y \otimes \mathcal{H}_z$ auffassten; das ist in der $\{|\boldsymbol{r}\rangle\}$-Darstellung gleichbedeutend damit, die Variablen in kartesischen Koordinaten zu separieren. Wir erhielten auf diese Weise drei Differentialgleichungen, eine in x, eine in y und eine dritte in z. Hier wollen wir stationäre Zustände suchen, die gleichzeitig Eigenzustände von $\boldsymbol{L}^2$ und L_z sind, und separieren dazu die Variablen in Polarkoordinaten; wir werden dann sehen, wie sich diese beiden auf verschiedene Arten erhaltenen Basen von $\mathcal{H}_{\boldsymbol{r}}$ zueinander verhalten.

In Abschnitt 8.4 sehen wir uns darüber hinaus die stationären Zustände eines freien Teilchens mit wohldefiniertem Drehimpuls an. Man kann dies als einen weiteren Spezialfall eines Zentralpotentials betrachten [$V(r) \equiv 0$], der auf eine exakt lösbare Radialgleichung führt.

Der dreidimensionale harmonische Oszillator besteht aus einem (spinlosen) Teilchen der Masse μ, das sich in einem Potential

$$V(x, y, z) = \frac{1}{2}\mu\left[\omega_x^2 x^2 + \omega_y^2 y^2 + \omega_z^2 z^2\right] \tag{7.167}$$

befindet, wobei ω_x, ω_y und ω_z reelle positive Konstanten sind. Der Oszillator heißt isotrop, wenn gilt

$$\omega_x = \omega_y = \omega_z = \omega. \tag{7.168}$$

Da das Potential (7.167) die Summe einer nur von x, einer nur von y und einer nur von z abhängigen Funktion ist, können wir die Eigenwertgleichung des Hamilton-Operators,

$$H = \frac{\boldsymbol{P}^2}{2\mu} + V(\boldsymbol{R}), \tag{7.169}$$

durch Separieren der Variablen x, y und z in der $\{|\boldsymbol{r}\rangle\}$-Darstellung lösen; das wurde in Abschnitt 5.9 vorgeführt. Es ergeben sich dann die Energieniveaus des isotropen Oszillators in der Form

$$E_n = \left(n + \frac{3}{2}\right)\hbar\omega, \tag{7.170}$$

worin n eine positive ganze Zahl oder null ist. Die Entartung g_n des Niveaus E_n ist gleich

$$g_n = \frac{1}{2}(n+1)(n+2) \tag{7.171}$$

und die zugehörigen Eigenfunktionen lauten

$$\varphi_{n_x,n_y,n_z}(x,y,z) = \left(\frac{\beta^2}{\pi}\right)^{3/4} \frac{1}{\sqrt{2^{n_x+n_y+n_z} n_x! n_y! n_z!}} e^{-\frac{\beta^2}{2}(x^2+y^2+z^2)} \cdot H_{n_x}(\beta x) H_{n_y}(\beta y) H_{n_z}(\beta z) \tag{7.172}$$

mit

$$\beta = \sqrt{\frac{\mu\omega}{\hbar}} \tag{7.173}$$

($H_p(u)$ steht für das hermitesche Polynom p-ten Grades; s. Abschnitt 5.6). Die Funktion φ_{n_x,n_y,n_z} ist eine Eigenfunktion von H mit dem Eigenwert E_n, so dass gilt

$$n = n_x + n_y + n_z. \tag{7.174}$$

Wenn der betrachtete Oszillator isotrop ist,[19] hängt das Potential (7.167) nur vom Abstand r des Teilchens vom Ursprung ab:

$$V(r) = \frac{1}{2}\mu\omega^2 r^2. \tag{7.175}$$

Folglich sind die drei Komponenten des Bahndrehimpulses $\boldsymbol{L}$ Konstanten der Bewegung. Wir suchen die gemeinsamen Eigenzustände von H, $\boldsymbol{L}^2$ und L_z. Dazu könnten wir wie in Abschnitt 6.8 Operatoren einführen, die zu rechts- und linkszirkularen Quanten und entsprechend dem dritten Freiheitsgrad in z-Richtung zu „longitudinalen“ Quanten gehören (eine Skizze dieser Methode geben wir am Ende dieses Abschnitts). An dieser Stelle wollen wir dagegen die Radialgleichung mit Hilfe des Polynom-Ansatzes lösen, s. Abschnitt 7.1.

7.5.1 Lösung der Radialgleichung

Für einen festen Wert der Quantenzahl l werden die Radialfunktionen $R_{k,l}(r)$ und die zugehörigen Energien $E_{k,l}$ durch die Gleichung

$$\left[-\frac{\hbar^2}{2\mu}\frac{1}{r}\frac{\mathrm{d}^2}{\mathrm{d}r^2} + \frac{1}{2}\mu\omega^2 r^2 + \frac{l(l+1)\hbar^2}{2\mu r^2}\right] R_{k,l}(r) = E_{k,l} R_{k,l}(r) \tag{7.176}$$

[19] Die Separation der polaren Variablen r, θ, φ ist nur für einen isotropen Oszillator möglich.

gegeben. Setzen wir

$$R_{k,l}(r) = \frac{1}{r} u_{k,l}(r), \tag{7.177}$$

$$\varepsilon_{k,l} = \frac{2\mu E_{k,l}}{\hbar^2}, \tag{7.178}$$

so wird aus Gl. (7.176)

$$\left[\frac{\mathrm{d}^2}{\mathrm{d}r^2} - \beta^4 r^2 - \frac{l(l+1)}{r^2} + \varepsilon_{k,l} \right] u_{k,l}(r) = 0 \tag{7.179}$$

(β ist die in Gl. (7.173) definierte Konstante). Wir müssen die Bedingung im Ursprung hinzufügen:

$$u_{k,l}(0) = 0. \tag{7.180}$$

Für große r reduziert sich Gl. (7.179) auf

$$\left[\frac{\mathrm{d}^2}{\mathrm{d}r^2} - \beta^4 r^2 \right] u_{k,l}(r) \overset{r \to \infty}{\approx} 0. \tag{7.181}$$

Die Lösungen von Gl. (7.179) verhalten sich daher asymptotisch wie $\mathrm{e}^{\beta^2 r^2/2}$ oder $\mathrm{e}^{-\beta^2 r^2/2}$; nur die zweite dieser Möglichkeiten ist physikalisch sinnvoll, und wir werden zum folgenden Funktionenwechsel geführt:

$$u_{k,l}(r) = \mathrm{e}^{-\beta^2 r^2/2}\, y_{k,l}(r). \tag{7.182}$$

Man sieht leicht, dass $y_{k,l}(r)$ die folgenden Gleichungen erfüllen muss:

$$\frac{\mathrm{d}^2}{\mathrm{d}r^2} y_{k,l} - 2\beta^2 r \frac{\mathrm{d}}{\mathrm{d}r} y_{k,l} + \left[\varepsilon_{k,l} - \beta^2 - \frac{l(l+1)}{r^2} \right] y_{k,l} = 0, \tag{7.183}$$

$$y_{k,l}(0) = 0. \tag{7.184}$$

Wir wollen die Funktion $y_{k,l}(r)$ als Potenzreihe in r ansetzen,

$$y_{k,l}(r) = r^s \sum_{q=0}^{\infty} a_q r^q, \tag{7.185}$$

worin per Definition a_0 der erste nichtverschwindende Koeffizient ist:

$$a_0 \neq 0. \tag{7.186}$$

Setzen wir die Entwicklung (7.185) in Gl. (7.183) ein, so verhält sich der Term kleinster Ordnung im Ursprung wie r^{s-2}; sein Koeffizient verschwindet, wenn gilt

$$[s(s-1) - l(l+1)]a_0 = 0. \tag{7.187}$$

Beachten wir die Bedingungen (7.186) und (7.184), so erkennen wir, dass Gl. (7.187) nur durch die Wahl

$$s = l + 1 \tag{7.188}$$

erfüllt werden kann (dieses Ergebnis war vorauszusehen; s. Abschnitt 7.1.2). Der nächste Term in der Entwicklung von Gl. (7.183) verhält sich wie r^{s-1} und hat den Koeffizienten

$$[s(s+1) - l(l+1)]a_1 . \tag{7.189}$$

Da s bereits durch Gl. (7.188) festgelegt ist, kann er nur für

$$a_1 = 0 \tag{7.190}$$

verschwinden. Schließlich setzen wir den Koeffizienten des allgemeinen Termes in r^{q+s} gleich null:

$$\begin{aligned}[(q+s+2)(q+s+1) - l(l+1)]a_{q+2} \\ +[\varepsilon_{k,l} - \beta^2 - 2\beta^2(q+s)]a_q = 0,\end{aligned} \tag{7.191}$$

d. h. mit Gl. (7.188)

$$(q+2)(q+2l+3)a_{q+2} = [(2q+2l+3)\beta^2 - \varepsilon_{k,l}]a_q ; \tag{7.192}$$

wir haben somit eine Rekursionsbeziehung für die Koeffizienten a_q der Entwicklung (7.185) erhalten.

Als Erstes stellen wir fest, dass sich daraus zusammen mit dem Ergebnis (7.190) ergibt, dass *alle* Koeffizienten a_q von *ungeradem* Grad q *verschwinden*. Die Koeffizienten geraden Grades müssen hingegen proportional zu a_0 sein. Wenn der Wert von $\varepsilon_{k,l}$ für keine ganze Zahl q den Term in Klammern auf der rechten Seite von Gl. (7.192) verschwinden lässt, finden wir die Lösung $y_{k,l}$ von Gl. (7.183) und Gl. (7.184) in Form einer unendlichen Potenzreihe, für die gilt

$$\frac{a_{q+2}}{a_q} \overset{q\to\infty}{\sim} \frac{2\beta^2}{q} . \tag{7.193}$$

Dieses Verhalten deckt sich mit dem der Koeffizienten der Entwicklung der Funktion $e^{\beta^2 r^2}$, die durch

$$e^{\beta^2 r^2} = \sum_{p=0}^{\infty} c_{2p} r^{2p} \tag{7.194}$$

mit

$$c_{2p} = \frac{\beta^{2p}}{p!} \tag{7.195}$$

gegeben wird; es ist also

$$\frac{c_{2p+2}}{c_{2p}} \overset{p\to\infty}{\sim} \frac{\beta^2}{p} . \tag{7.196}$$

Da $2p$ der geraden Zahl q in der Entwicklung von $y_{k,l}$ entspricht, sind die Beziehungen (7.196) und (7.193) tatsächlich identisch. Wenn Gl. (7.185) wirklich eine unendliche Anzahl von Termen enthält, so wird das asymptotische Verhalten von $y_{k,l}$ durch $\mathrm{e}^{\beta^2 r^2}$ bestimmt, was diese Funktion als physikalisch nicht sinnvoll ausschließt (s. Gl. (7.182)).

Die vom physikalischen Standpunkt aus einzig interessanten Fälle sind daher diejenigen, für die eine gerade nichtnegative ganze Zahl k existiert, so dass gilt

$$\varepsilon_{k,l} = (2k + 2l + 3)\beta^2. \tag{7.197}$$

Die Rekursionsbeziehung (7.192) besagt dann, dass alle Koeffizienten von geradem Grad größer als k verschwinden. Da die Koeffizienten ungeraden Grades ohnehin gleich null sind, reduziert sich die Entwicklung (7.185) auf ein Polynom, und die Radialfunktion $u_{k,l}(r)$ aus Gl. (7.182) fällt für r gegen unendlich exponentiell ab.

7.5.2 Energieniveaus und stationäre Wellenfunktionen

Unter Verwendung der Definitionen (7.173) und (7.178) ergeben sich aus Gl. (7.197) die Energien $E_{k,l}$ zu einem Wert von l:

$$E_{k,l} = \hbar\omega\left(k + l + \frac{3}{2}\right), \tag{7.198}$$

wobei k eine beliebige nichtnegative gerade ganze Zahl ist. Da $E_{k,l}$ nur von der Summe

$$n = k + l \tag{7.199}$$

abhängt, treten zufällige Entartungen auf. Die Energieniveaus des dreidimensionalen isotropen harmonischen Oszillators sind von der Form

$$E_n = \hbar\omega\left(n + \frac{3}{2}\right); \tag{7.200}$$

l ist eine positive ganze Zahl oder null und k eine positive gerade ganze Zahl oder null; n kann daher alle positiven ganzzahligen Werte oder den Wert null annehmen. Das stimmt mit dem Ergebnis (7.170) überein.

Wir betrachten einen gegebenen Energiewert E_n, d. h. einen nichtnegativen Wert von n. Zu dieser Zahl können nach Gl. (7.199) die folgenden Werte von k und l gehören:

$$\begin{aligned} &(k,l) = (0,n),\ (2,n-2),\ldots,\ (n-2,2),\ (n,0) && \text{für gerade } n, \\ &(k,l) = (0,n),\ (2,n-2),\ldots,\ (n-3,3),\ (n-1,1) && \text{für ungerade } n. \end{aligned} \tag{7.201}$$

Daraus lassen sich unmittelbar die möglichen Werte von l zu den ersten Werten von n ablesen:

$$\begin{aligned} n &= 0 \quad : \quad l = 0; \\ n &= 1 \quad : \quad l = 1; \\ n &= 2 \quad : \quad l = 0,2; \\ n &= 3 \quad : \quad l = 1,3; \\ n &= 4 \quad : \quad l = 0,2,4. \end{aligned} \tag{7.202}$$

In Abb. 7.8 sind die niedrigsten Energieniveaus des isotropen dreidimensionalen Oszillators dargestellt, wobei dieselben Konventionen wie beim Wasserstoffatom verwendet werden (s. Abb. 7.4).

Zu jedem Paar (k, l) gibt es genau eine Radialfunktion $u_{k,l}(r)$ und damit insgesamt $2l + 1$ gemeinsame Eigenfunktionen zu H, $\boldsymbol{L}^2$ und L_z:

$$\varphi_{k,l,m}(\boldsymbol{r}) = \frac{1}{r} u_{k,l}(r) Y_l^m(\theta, \varphi). \tag{7.203}$$

Die Entartung des betrachteten Energieniveaus E_n ergibt sich also zu

$$\begin{aligned} g_n &= \sum_{l=0,2,\ldots,n} (2l+1) \qquad \text{für gerade } n, \\ g_n &= \sum_{l=1,3,\ldots,n} (2l+1) \qquad \text{für ungerade } n. \end{aligned} \tag{7.204}$$

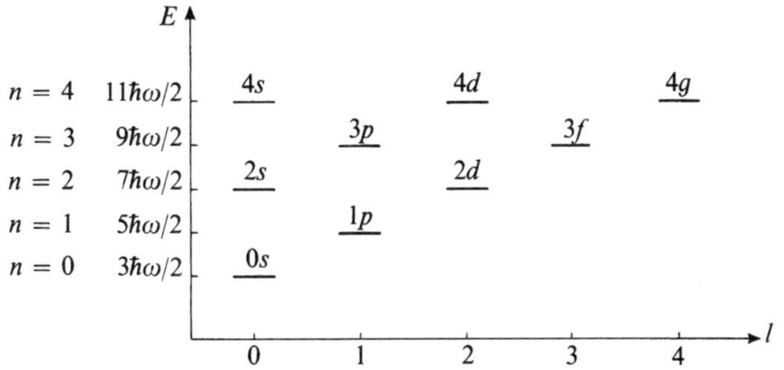

Abb. 7.8 Erste Energieniveaus des dreidimensionalen harmonischen Oszillators. Für gerade n kann l die Werte $(n/2) + 1$ annehmen: $l = n, n-2, \ldots, 0$, für ungerade n die Werte $(n+1)/2$: $l = n, n-2, \ldots, 1$. Beachtet man die möglichen Werte von m $(-l \le m \le l)$, so ergibt sich die Entartung des Energieniveaus E_n zu $(n+1)(n+2)/2$.

Diese Summen können leicht berechnet werden, und wir erhalten wieder das Ergebnis (7.171):

$$\begin{aligned} &\text{für gerades } n: \quad g_n = \sum_{p=0}^{n/2} (4p+1) = \frac{1}{2}(n+1)(n+2), \\ &\text{für ungerades } n: \quad g_n = \sum_{p=0}^{(n-1)/2} (4p+3) = \frac{1}{2}(n+1)(n+2). \end{aligned} \tag{7.205}$$

Für jedes in Gl. (7.201) gegebene Paar (k, l) können wir aufgrund der Ergebnisse aus Abschnitt 7.5.1 die zugehörige Radialfunktion $u_{k,l}(r)$ bestimmen (bis auf den Faktor a_0) und damit auch die $2l + 1$ gemeinsamen Eigenfunktionen von H und $\boldsymbol{L}^2$ zu den Eigenwerten E_n und $l(l+1)\hbar^2$. Als Beispiel wollen wir die zu den drei ersten Energieniveaus gehörenden Wellenfunktionen explizit berechnen.

Für den Grundzustand mit der Energie $E_0 = \frac{3}{2}\hbar\omega$ muss

$$k = l = 0 \tag{7.206}$$

sein; $y_{0,0}(r)$ reduziert sich dann auf $a_0 r$. Wählen wir a_0 reell und positiv, so kann die normierte Funktion $\varphi_{k=l=m=0}$

$$\varphi_{0,0,0}(\boldsymbol{r}) = \left(\frac{\beta^2}{\pi}\right)^{3/4} \mathrm{e}^{-\beta^2 r^2/2} \tag{7.207}$$

geschrieben werden. Da der Grundzustand nicht entartet ist ($g_0 = 1$), ist $\varphi_{0,0,0}$ gleich der Funktion $\varphi_{n_x=n_y=n_z=0}$, die durch Separation der kartesischen Variablen x, y, z gefunden wurde (s. Gl. (7.172)).

Zum ersten angeregten Zustand ($E_1 = \frac{5}{2}\hbar\omega$), der dreifach entartet ist, gehört wieder nur ein einziges Paar (k, l):

$$\begin{aligned} k &= 0, \\ l &= 1, \end{aligned} \tag{7.208}$$

und damit $y_{0,1} = a_0 r^2$. Die drei Funktionen der durch $\boldsymbol{L}^2$ und L_z definierten Basis sind daher

$$\varphi_{0,1,m}(\boldsymbol{r}) = \sqrt{\frac{8}{3}} \frac{\beta^{3/2}}{\pi^{1/4}} \beta r \, \mathrm{e}^{-\beta^2 r^2/2} \, Y_1^m(\theta, \varphi), \quad m = 1, 0, -1. \tag{7.209}$$

Wir wissen (s. Abschnitt 6.5.1, Gleichungen (6.208)), dass die Kugelflächenfunktionen die folgenden Relationen erfüllen:

$$\begin{aligned} r Y_1^0(\theta, \varphi) &= \sqrt{\frac{3}{4\pi}} \, z, \\ \frac{r}{\sqrt{2}} \left[Y_1^{-1} - Y_1^1\right] &= \sqrt{\frac{3}{4\pi}} \, x, \\ \frac{r}{\sqrt{2}} \left[Y_1^{-1} + Y_1^1\right] &= -\mathrm{i}\sqrt{\frac{3}{4\pi}} \, y \end{aligned} \tag{7.210}$$

und dass das hermitesche Polynom erster Ordnung durch (s. Abschnitt 5.6.1, Beziehungen (5.188))

$$H_1(u) = 2u \tag{7.211}$$

gegeben wird. Es ist daher klar, dass die drei Funktionen $\varphi_{0,1,m}$ mit den Funktionen φ_{n_x,n_y,n_z} der Basis (7.172) durch die folgenden Relationen verknüpft sind:

$$\begin{aligned} \varphi_{n_x=0,n_y=0,n_z=1} &= \varphi_{k=0,l=1,m=0}, \\ \varphi_{n_x=1,n_y=0,n_z=0} &= \frac{1}{\sqrt{2}} \left[\varphi_{k=0,l=1,m=-1} - \varphi_{k=0,l=1,m=1}\right], \\ \varphi_{n_x=0,n_y=1,n_z=0} &= \frac{\mathrm{i}}{\sqrt{2}} \left[\varphi_{k=0,l=1,m=-1} + \varphi_{k=0,l=1,m=1}\right]. \end{aligned} \tag{7.212}$$

Schließlich behandeln wir den zweiten angeregten Zustand mit der Energie $E_2 = 7\hbar\omega/2$. Er ist sechsfach entartet, und die Quantenzahlen k und l können die folgenden Werte annehmen:

$$k = 0, \qquad l = 2; \tag{7.213}$$

$$k = 2, \qquad l = 0. \tag{7.214}$$

Die zu den Werten (7.213) gehörende Funktion $y_{0,2}(r)$ ist gleich $a_0 r^3$. Für die Werte (7.214) enthält die Funktion $y_{2,0}$ zwei Terme; mit Gl. (7.192) und Gl. (7.197) finden wir leicht

$$y_{2,0}(r) = a_0 r \left[1 - \frac{2}{3}\beta^2 r^2\right]. \tag{7.215}$$

Die sechs Funktionen der Basis des Eigenunterraums zu E_2 sind also von der Form

$$\begin{aligned} \varphi_{0,2,m}(\boldsymbol{r}) &= \sqrt{\frac{16}{15}\frac{\beta^{3/2}}{\pi^{1/4}}}\, \beta^2 r^2\, \mathrm{e}^{-\beta^2 r^2/2}\, Y_2^m(\theta,\varphi), \quad m = 2,1,0,-1,-2; \\ \varphi_{2,0,0}(\boldsymbol{r}) &= \sqrt{\frac{3}{2}\frac{\beta^{3/2}}{\pi^{3/4}}} \left(1 - \frac{2}{3}\beta^2 r^2\right) \mathrm{e}^{-\beta^2 r^2/2}. \end{aligned} \tag{7.216}$$

Da wir die expliziten Ausdrücke für die Kugelflächenfunktionen (Abschnitt 6.5.1, Gleichungen (6.209)) und die hermiteschen Polynome (Abschnitt 5.6.1, Gleichungen (5.188)) kennen, können wir leicht die folgenden Relationen zeigen:

$$\varphi_{k=2,l=0,m=0} = -\frac{1}{\sqrt{3}}\left[\varphi_{n_x=2,n_y=0,n_z=0} + \varphi_{n_x=0,n_y=2,n_z=0} + \varphi_{n_x=0,n_y=0,n_z=2}\right],$$

$$\frac{1}{\sqrt{2}}\left[\varphi_{k=0,l=2,m=2} + \varphi_{k=0,l=2,m=-2}\right] = \frac{1}{\sqrt{2}}\left[\varphi_{n_x=2,n_y=0,n_z=0} - \varphi_{n_x=0,n_y=2,n_z=0}\right],$$

$$\frac{1}{\sqrt{2}}\left[\varphi_{k=0,l=2,m=2} - \varphi_{k=0,l=2,m=-2}\right] = \mathrm{i}\varphi_{n_x=1,n_y=1,n_z=0},$$

$$\frac{1}{\sqrt{2}}\left[\varphi_{k=0,l=2,m=1} - \varphi_{k=0,l=2,m=-1}\right] = -\varphi_{n_x=1,n_y=0,n_z=1},$$

$$\frac{1}{\sqrt{2}}\left[\varphi_{k=0,l=2,m=1} + \varphi_{k=0,l=2,m=-1}\right] = -\mathrm{i}\varphi_{n_x=0,n_y=1,n_z=1},$$

$$\varphi_{k=0,l=2,m=0} = \sqrt{\frac{2}{3}}\left[\varphi_{n_x=0,n_y=0,n_z=2} - \frac{1}{2}\varphi_{n_x=2,n_y=0,n_z=0} - \frac{1}{2}\varphi_{n_x=0,n_y=2,n_z=0}\right].$$

Bemerkung
Wie wir bereits zu Beginn dieses Abschnitts bemerkt haben, kann man auf den isotropen dreidimensionalen Oszillator eine Methode analog zu der in Abschnitt 6.8 anwenden. Für die Vernichtungsoperatoren a_x, a_y und a_z, die in den Zustandsräumen $\mathcal{H}_x$, $\mathcal{H}_y$ bzw. $\mathcal{H}_z$ wirken, definieren wir

$$a_d = \frac{1}{\sqrt{2}}\left(a_x - \mathrm{i}a_y\right), \tag{7.217}$$

$$a_g = \frac{1}{\sqrt{2}}\left(a_x + \mathrm{i}a_y\right). \tag{7.218}$$

Man kann zeigen, dass sich a_d und a_g wie unabhängige Vernichtungsoperatoren verhalten (Abschnitt 6.8.3). Der Hamilton-Operator H und der Drehimpulsoperator können in Abhängigkeit von a_d, a_g, a_z und ihren hermitesch Konjugierten ausgedrückt werden:

$$H = \hbar\omega\left(N_d + N_g + N_z + \frac{3}{2}\right), \tag{7.219}$$

$$L_z = \hbar(N_d - N_g), \tag{7.220}$$

$$L_+ = \hbar\sqrt{2}(a_z{}^\dagger a_g - a_d{}^\dagger a_z), \tag{7.221}$$

$$L_- = \hbar\sqrt{2}(a_g{}^\dagger a_z - a_z{}^\dagger a_d). \tag{7.222}$$

Die gemeinsamen Eigenvektoren $|\chi_{n_d,n_g,n_z}\rangle$ der Observablen N_d, N_g und N_z kann man erhalten, indem man die Erzeugungsoperatoren $a_d{}^\dagger$, $a_g{}^\dagger$ und $a_z{}^\dagger$ auf den Grundzustand $|0,0,0\rangle$ des Hamilton-Operators anwendet (dieser Zustand ist eindeutig bis auf einen konstanten Faktor; s. Gl. (7.172) und Gl. (7.207)),

$$|\chi_{n_d,n_g,n_z}\rangle = \frac{1}{\sqrt{n_d!n_g!n_z!}}(a_d{}^\dagger)^{n_d}(a_g{}^\dagger)^{n_g}(a_z{}^\dagger)^{n_z}|0,0,0\rangle. \tag{7.223}$$

Nach Gl. (7.219) und Gl. (7.220) ist $|\chi_{n_d,n_g,n_z}\rangle$ Eigenvektor zu H und L_z mit den Eigenwerten $(n_d + n_g + n_z + 3/2)\hbar\omega$ und $(n_d - n_g)\hbar$. Der Eigenunterraum $\mathcal{H}_n$ zu einer gegebenen Energie E_n wird daher durch die Menge der Vektoren $|\chi_{n_d,n_g,n_z}\rangle$ mit

$$n_d + n_g + n_z = n \tag{7.224}$$

aufgespannt. Unter diesen ist der Eigenvektor zu L_z mit dem größtmöglichen, mit der Energie E_n verträglichen Eigenwert $n\hbar$ durch $|\chi_{n,0,0}\rangle$ gegeben. Für diesen Ketvektor gilt nach Gl. (7.221)

$$L_+|\chi_{n,0,0}\rangle = 0. \tag{7.225}$$

Es handelt sich daher um einen Eigenvektor zu $\boldsymbol{L}^2$ mit dem Eigenwert $n(n+1)\hbar^2$,[20] und man kann ihn mit dem Ketvektor aus der Basis $\{|\varphi_{k,l,m}\rangle\}$ identifizieren, für den

$$\begin{aligned} k + l &= n, \\ l = m &= n \end{aligned} \tag{7.226}$$

[20]Das folgt direkt aus Abschnitt 6.3.7; man findet für die Wirkung von $\boldsymbol{L}^2$ auf $|\chi_{n,0,0}\rangle$:

$$\boldsymbol{L}^2|\chi_{n,0,0}\rangle = \hbar^2(n^2+n)|\chi_{n,0,0}\rangle.$$

gilt. Also ist

$$|\varphi_{k=0,l=n,m=n}\rangle = |\chi_{n_d=n,n_g=0,n_z=0}\rangle. \tag{7.227}$$

Die Anwendung des Operators L_- (Gl. (7.222)) auf beide Seiten von Gl. (7.227) ergibt

$$|\varphi_{0,n,n-1}\rangle = -|\chi_{n-1,0,1}\rangle. \tag{7.228}$$

Der Eigenwert $(n-2)\hbar$ von L_z ist, anders als die beiden vorhergehenden, in $\mathcal{H}_n$ zweifach entartet: Zu ihm gehören die orthogonalen Vektoren $|\chi_{n-2,0,2}\rangle$ und $|\chi_{n-1,1,0}\rangle$. Wenden wir wieder mit Gl. (7.222) L_- auf Gl. (7.228) an, so finden wir

$$|\varphi_{0,n,n-2}\rangle = \sqrt{\frac{2(n-1)}{2n-1}}|\chi_{n-2,0,2}\rangle - \frac{1}{\sqrt{2n-1}}|\chi_{n-1,1,0}\rangle. \tag{7.229}$$

Man kann zeigen, dass die Wirkung von L_+ auf die Linearkombination orthogonal zu Gl. (7.229) den Nullvektor ergibt; diese Linearkombination muss also ein Eigenvektor zu $\boldsymbol{L}^2$ mit dem Eigenwert $(n-2)(n-1)\hbar^2$ sein. Das ergibt bis auf einen Phasenfaktor

$$|\varphi_{2,n-2,n-2}\rangle = \frac{1}{\sqrt{2n-1}}|\chi_{n-2,0,2}\rangle + \sqrt{\frac{2(n-1)}{2n-1}}|\chi_{n-1,1,0}\rangle. \tag{7.230}$$

Wir können auf diese Weise durch Iteration[21] die beiden Basen $\{|\chi_{n_d,n_g,n_z}\rangle\}$ und $\{|\varphi_{k,l,m}\rangle\}$ miteinander in Verbindung setzen. Und natürlich ist es auch möglich, indem man $a_d{}^\dagger$ und $a_g{}^\dagger$ in Gl. (7.223) durch Funktionen von $a_x{}^\dagger$ und $a_y{}^\dagger$ ersetzt, die Zustände $|\chi_{n_d,n_g,n_z}\rangle$ als Linearkombinationen der Vektoren $|\varphi_{n_x,n_y,n_z}\rangle$, deren Wellenfunktionen durch Gl. (7.172) gegeben werden, zu schreiben.

7.6 Wahrscheinlichkeitsströme der stationären Zustände des Wasserstoffatoms

Die normierten Wellenfunktionen $\varphi_{n,l,m}(\boldsymbol{r})$ der stationären Zustände des Wasserstoffatoms wurden in diesem Kapitel bestimmt: $\varphi_{n,l,m}(\boldsymbol{r})$ ist das Produkt aus der Kugelflächenfunktion $Y_l^m(\theta,\varphi)$ und der Funktion $R_{n,l}(r)$, die in Abschnitt 7.3.3 berechnet wurde:

$$\varphi_{n,l,m}(\boldsymbol{r}) = R_{n,l}(r)Y_l^m(\theta,\varphi). \tag{7.231}$$

Dann wurde die räumliche Verteilung der Wahrscheinlichkeitsdichte

$$\rho_{n,l,m}(\boldsymbol{r}) = |\varphi_{n,l,m}(\boldsymbol{r})|^2 \tag{7.232}$$

zumindest für die niedrigsten Energieniveaus untersucht.

Man muss beachten, dass ein stationärer Zustand durch die Angabe der Wahrscheinlichkeitsdichte $\rho_{n,l,m}(\boldsymbol{r})$ an jedem Ort noch nicht vollständig charakterisiert ist; wir müssen zusätzlich den Wahrscheinlichkeitsstrom betrachten, der wie folgt ausgedrückt werden kann:

$$\boldsymbol{J}_{n,l,m}(\boldsymbol{r}) = \frac{\hbar}{2\mathrm{i}\mu}\varphi^*_{n,l,m}(\boldsymbol{r})\nabla\varphi_{n,l,m}(\boldsymbol{r}) + \text{k.k.}, \tag{7.233}$$

[21] Eine analoge Überlegung werden wir in Kapitel 10 bei der Addition von zwei Drehimpulsen anstellen.

wobei „k.k.“ wieder die Abkürzung für den konjugiert komplexen Ausdruck ist (wir nehmen hier an, dass das Vektorpotential $\boldsymbol{A}(\boldsymbol{r},t)$ verschwindet; μ steht für die Masse des Teilchens).

Auf diese Weise können wir dem Quantenzustand eines Teilchens ein *Fluid* (die sogenannte Wahrscheinlichkeitsflüssigkeit) mit der Dichte $\rho(\boldsymbol{r})$ zuordnen. Die Fließbewegung wird durch die Stromdichte $\boldsymbol{J}$ charakterisiert. In einem stationären Zustand sind ρ und $\boldsymbol{J}$ zeitunabhängig.

Um die Ergebnisse aus Abschnitt 7.3 in Bezug auf die physikalischen Eigenschaften der stationären Zustände des Wasserstoffatoms zu vervollständigen, wollen wir im Folgenden die Wahrscheinlichkeitsströme $\boldsymbol{J}_{n,l,m}(\boldsymbol{r})$ untersuchen.

7.6.1 Allgemeiner Ausdruck

Wir betrachten eine beliebige normierte Wellenfunktion $\psi(\boldsymbol{r})$ und führen reelle Größen $\alpha(\boldsymbol{r})$ (den Betrag von $\psi(\boldsymbol{r})$) und $\xi(\boldsymbol{r})$ (das Argument von $\psi(\boldsymbol{r})$) ein, indem wir schreiben

$$\psi(\boldsymbol{r}) = \alpha(\boldsymbol{r})\,\mathrm{e}^{\mathrm{i}\xi(\boldsymbol{r})}, \tag{7.234}$$

wobei

$$\alpha(\boldsymbol{r}) \geq 0; \quad 0 \leq \xi(\boldsymbol{r}) < 2\pi. \tag{7.235}$$

Setzen wir Gl. (7.234) in die Ausdrücke für die Wahrscheinlichkeitsdichte $\rho(\boldsymbol{r})$ und den Strom $\boldsymbol{J}(\boldsymbol{r})$ ein, erhalten wir (wir setzen immer noch verschwindendes Vektorpotential $\boldsymbol{A}(\boldsymbol{r})$ voraus)

$$\rho(\boldsymbol{r}) = \alpha^2(\boldsymbol{r}), \tag{7.236}$$

$$\boldsymbol{J}(\boldsymbol{r}) = \frac{\hbar}{\mu}\alpha^2(\boldsymbol{r})\nabla\xi(\boldsymbol{r}); \tag{7.237}$$

$\rho(\boldsymbol{r})$ hängt also nur vom Betrag der Wellenfunktion ab, während in $\boldsymbol{J}(\boldsymbol{r})$ auch die Phase eingeht (z. B. verschwindet $\boldsymbol{J}(\boldsymbol{r})$, wenn die Phase räumlich konstant ist).

Bemerkung

Für eine vorgegebene Wellenfunktion $\psi(\boldsymbol{r})$ ist klar, dass $\rho(\boldsymbol{r})$ und $\boldsymbol{J}(\boldsymbol{r})$ wohlbestimmt sind. Gibt es aber umgekehrt auch nur genau eine Funktion $\psi(\boldsymbol{r})$ zu vorgegebenen Werten von $\rho(\boldsymbol{r})$ und $\boldsymbol{J}(\boldsymbol{r})$?

Nach Gl. (7.236) kann der Betrag $\alpha(\boldsymbol{r})$ einer Wellenfunktion direkt aus $\rho(\boldsymbol{r})$ bestimmt werden;[22] das Argument $\xi(\boldsymbol{r})$ muss die folgende Gleichung erfüllen:

$$\nabla\xi(\boldsymbol{r}) = \frac{\mu}{\hbar}\frac{\boldsymbol{J}(\boldsymbol{r})}{\rho(\boldsymbol{r})}. \tag{7.238}$$

Wir wissen, dass eine solche Gleichung nur eine Lösung hat, wenn

$$\nabla \times \frac{\boldsymbol{J}(\boldsymbol{r})}{\rho(\boldsymbol{r})} = \boldsymbol{0} \tag{7.239}$$

[22] Natürlich muss $\rho(\boldsymbol{r})$ als Wahrscheinlichkeitsdichte überall positiv sein.

ist. Es gibt dann eine unendliche Anzahl von Lösungen, die sich durch einen konstanten Term voneinander unterscheiden. Da diese Konstante einem globalen Phasenfaktor entspricht, ist die Wellenfunktion des Teilchens mit der Festlegung von $\rho(\boldsymbol{r})$ und $\boldsymbol{J}(\boldsymbol{r})$ wohlbestimmt, wenn Gl. (7.239) erfüllt ist. Anderenfalls gibt es keine Wellenfunktion zu den betrachteten Werten von $\rho(\boldsymbol{r})$ und $\boldsymbol{J}(\boldsymbol{r})$.

7.6.2 Anwendung auf die stationären Zustände

Struktur des Wahrscheinlichkeitsstroms

Für die mit Gl. (7.231) gegebene Form der Wellenfunktion, worin $R_{n,l}(r)$ eine reelle Funktion und $Y_l^m(\theta, \varphi)$ ein Produkt von $\mathrm{e}^{\mathrm{i}m\varphi}$ mit einer reellen Funktion sind, erhalten wir

$$\alpha_{n,l,m}(\boldsymbol{r}) = |R_{n,l}(r)|\,|Y_l^m(\theta, \varphi)|, \tag{7.240}$$

$$\xi_{n,l,m}(\boldsymbol{r}) = m\varphi. \tag{7.241}$$

Benutzen wir Gl. (7.237) und verwenden den Ausdruck für den Gradienten in Kugelkoordinaten, folgt weiter

$$\boldsymbol{J}_{n,l,m}(\boldsymbol{r}) = \frac{\hbar}{\mu} m \frac{\rho_{n,l,m}(\boldsymbol{r})}{r \sin\theta}\, \boldsymbol{e}_\varphi(\boldsymbol{r}), \tag{7.242}$$

worin $\boldsymbol{e}_\varphi(\boldsymbol{r})$ der Einheitsvektor ist, der mit der z-Achse und $\boldsymbol{r}$ ein rechtshändiges Koordinatensystem bildet.

Die Bewegung des Wahrscheinlichkeitsstroms in einer Ebene senkrecht zur z-Achse ist in Abb. 7.9 dargestellt.

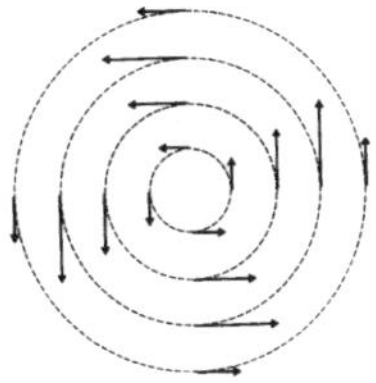

Abb. 7.9 Struktur des Wahrscheinlichkeitsstroms in einem stationären Zustand $|\varphi_{n,l,m}\rangle$ des Wasserstoffatoms (einer zur z-Achse senkrechten Ebene). Der Index m gehört zum Eigenwert $m\hbar$ von L_z. Für $m > 0$ rotiert der Wahrscheinlichkeitsstrom im Gegenuhrzeigersinn um die z-Achse, für $m < 0$ im Uhrzeigersinn. Für $m = 0$ verschwindet der Wahrscheinlichkeitsstrom in allen Raumpunkten.

Nach Gl. (7.242) verläuft der Strom an jedem Punkt M senkrecht zu der durch M und die z-Achse definierten Ebene: Das Wahrscheinlichkeitsfluid rotiert um die z-Achse. Da $|\boldsymbol{J}|$ nicht proportional zu $r \sin\theta\, \rho(\boldsymbol{r})$ ist, handelt es sich nicht um eine Drehung „en bloc“.

Der Eigenwert $m\hbar$ der Observablen L_z kann als klassischer Drehimpuls der Rotationsbewegung des Wahrscheinlichkeitsstroms gedeutet werden. Der Beitrag des Volumenelements d^3r am Punkt $\boldsymbol{r}$ zum Drehimpuls um den Ursprung kann geschrieben werden als

$$\mathrm{d}\mathcal{L} = \mu \boldsymbol{r} \times \boldsymbol{J}_{n,l,m}(\boldsymbol{r})\mathrm{d}^3 r. \tag{7.243}$$

Wegen der Symmetrie verläuft die Resultierende dieser elementaren Drehmomente entlang der z-Achse; sie ist gleich

$$\mathcal{L}_z = \mu \int \mathrm{d}^3 r\, \boldsymbol{e}_z \cdot \left[\boldsymbol{r} \times \boldsymbol{J}_{n,l,m}(\boldsymbol{r})\right]. \tag{7.244}$$

Mit Gl. (7.242) für $\boldsymbol{J}_{n,l,m}(\boldsymbol{r})$ ergibt sich daraus leicht

$$\begin{aligned} \mathcal{L}_z &= \mu \int \mathrm{d}^3 r\, r |\boldsymbol{J}_{n,l,m}(\boldsymbol{r})| \sin\theta \\ &= m\hbar \int \mathrm{d}^3 r\, \rho_{n,l,m}(\boldsymbol{r}) \\ &= m\hbar. \end{aligned} \tag{7.245}$$

Wirkung eines magnetischen Felds

Die bisher erhaltenen Ergebnisse sind nur gültig, wenn das Vektorpotential $\boldsymbol{A}(\boldsymbol{r})$ gleich null ist; wir wollen jetzt untersuchen, was sich für ein endliches Vektorpotential ergibt. Betrachten wir z. B. ein Wasserstoffatom, das sich in einem homogenen Magnetfeld $\boldsymbol{B}$ befindet. Ein solches Feld kann durch das Vektorpotential

$$\boldsymbol{A}(\boldsymbol{r}) = -\frac{1}{2}\boldsymbol{r} \times \boldsymbol{B} \tag{7.246}$$

beschrieben werden. Wie sieht jetzt der zum Grundzustand gehörende Wahrscheinlichkeitsstrom aus?

Der Einfachheit halber nehmen wir an, dass die Wellenfunktion des Grundzustands durch das magnetische Feld $\boldsymbol{B}$ nicht verändert wird.[23] Der Wahrscheinlichkeitsstrom kann dann aus dem allgemeinen Ausdruck für $\boldsymbol{J}$ (s. Abschnitt 3.4.1, Gl. (3.128)) berechnet werden; es ergibt sich

$$\begin{aligned} \boldsymbol{J}_{n,l,m}(\boldsymbol{r}) &= \frac{1}{2\mu}\left\{\varphi^*_{n,l,m}(\boldsymbol{r})\left[\frac{\hbar}{\mathrm{i}}\nabla - q\boldsymbol{A}(\boldsymbol{r})\right]\varphi_{n,l,m}(\boldsymbol{r}) + \text{k.k.}\right\} \\ &= \frac{1}{\mu}\rho_{n,l,m}(\boldsymbol{r})\left[\hbar\nabla\xi_{n,l,m}(\boldsymbol{r}) - q\boldsymbol{A}(\boldsymbol{r})\right]. \end{aligned} \tag{7.247}$$

[23] Da der Hamilton-Operator H von $\boldsymbol{B}$ abhängt, ist dies offenbar nicht in Strenge richtig. Man kann jedoch (vgl. Gl. (7.255), Gl. (7.256) bis Gl. (7.258)) zeigen, dass für die in Gl. (7.246) gewählte Eichung und für ein in z-Richtung orientiertes $\boldsymbol{B}$-Feld die Funktionen $\varphi_{n,l,m}(\boldsymbol{r})$ bis auf einen Term zweiter Ordnung in $\boldsymbol{B}$ Eigenfunktionen zu H sind. Wendet man die in Kapitel 11 entwickelte Störungstheorie an, so sieht man, dass dieser Term zweiter Ordnung für die in einem Labor normalerweise erzeugten Feldstärken vernachlässigbar ist.

Für den Grundzustand und ein in z-Richtung zeigendes Magnetfeld $\boldsymbol{B}$ erhalten wir mit Gl. (7.246)

$$\boldsymbol{J}_{1,0,0}(\boldsymbol{r}) = \frac{\omega_c}{2} \rho_{1,0,0}(\boldsymbol{r}) \, \boldsymbol{e}_z \times \boldsymbol{r}, \tag{7.248}$$

wobei die Zyklotronfrequenz ω_c definiert ist durch

$$\omega_c = -\frac{qB}{\mu}. \tag{7.249}$$

Der Wahrscheinlichkeitsstrom des Grundzustands verschwindet also im Gegensatz zum Fall $\boldsymbol{B} = 0$ in Anwesenheit eines Magnetfelds nicht. Gleichung (7.248) besagt, dass der Wahrscheinlichkeitsstrom als Ganzes mit der Winkelgeschwindigkeit $\omega_c/2$ um $\boldsymbol{B}$ rotiert. Physikalisch ist das so zu verstehen, dass mit dem Einschalten des Magnetfelds $\boldsymbol{B}$ vorübergehend ein elektrisches Feld $\boldsymbol{E}(t)$ existieren muss; unter dessen Einfluss führt das Elektron, während es im Grundzustand bleibt, eine Rotationsbewegung um das Proton aus, wobei die Winkelgeschwindigkeit nur von der Stärke des $\boldsymbol{B}$-Felds abhängt (und nicht vom exakten Verhalten des Felds in der Übergangsperiode des Einschaltvorgangs).

Bemerkung
Die spezielle Wahl der Eichung in Gl. (7.246) erlaubte es, dieselben Wellenfunktionen wie in Abwesenheit des Felds mit nur vernachlässigbarem Fehler zu verwenden (s. Fußnote). Bei anderer Eichung wären die Wellenfunktionen verändert worden (s. Abschnitt 3.13), und in Gl. (7.247) wäre der $\boldsymbol{A}(\boldsymbol{r})$ enthaltende Term nicht der einzige gewesen, der in erster Ordnung in $\boldsymbol{B}$ zu $\boldsymbol{J}(\boldsymbol{r})$ beigetragen hätte. Am Ende der Rechnung hätten wir jedoch wiederum Gl. (7.248) gefunden, da das physikalische Ergebnis von der Eichung nicht abhängen darf.

7.7 Das Wasserstoffatom im homogenen Magnetfeld. Paramagnetismus und Diamagnetismus. Der Zeeman-Effekt

In diesem Kapitel haben wir die quantenmechanischen Eigenschaften des freien Wasserstoffatoms untersucht, d. h. eines Systems aus einem Elektron und einem Proton, die sich elektrostatisch anziehen, aber mit keinem externen Feld wechselwirken. In diesem Abschnitt wollen wir die neuen Effekte betrachten, die beim Wasserstoffatom unter dem Einfluss eines statischen Magnetfeldes auftreten. Dabei werden wir uns auf den Fall eines homogenen Felds beschränken, was in der Praxis immer erfüllt ist, da für die im Labor erzeugten Magnetfelder die relativen Schwankungen über atomare Distanzen sehr klein sind.

Wir haben bereits das Verhalten eines Elektrons unter dem Einfluss entweder nur eines elektrischen (in diesem Kapitel) oder nur eines magnetischen (s. Abschnitt 6.9) Felds untersucht und werden jetzt diese Überlegungen verallgemeinern, indem wir die Energieniveaus eines Elektrons sowohl unter dem Einfluss des internen elektrischen Felds des Atoms als auch unter dem eines externen magnetischen Felds berechnen. Unter diesen Bedingungen ist die exakte Lösung der Schrödinger-Gleichung sehr kompliziert; wie wir jedoch sehen werden, kann das Problem unter Verwendung gewisser Näherungen beträchtlich vereinfacht werden: Zunächst werden wir den Einfluss der endlichen Kernmasse vernachlässigen.[24] Dann werden wir die Tatsache ausnutzen, dass in der Praxis der Einfluss des externen magnetischen Felds sehr viel kleiner ist als der des internen elektrischen Felds des Atoms: Die Verschiebung der atomaren Niveaus aufgrund des Magnetfelds sind sehr viel kleiner als ihre energetischen Abstände im verschwindenden Feld.

In diesem Abschnitt werden wir für die Atomphysik wichtige Effekte einführen und erklären; insbesondere werden wir sehen, wie atomarer Paramagnetismus und Diamagnetismus im quantenmechanischen Formalismus auftreten. Zusätzlich werden wir in der Lage sein, die Veränderungen des optischen Spektrums des Wasserstoffatoms vorherzusagen, die sich in einem statischen Magnetfeld ergeben (Zeeman-Effekt).

7.7.1 Hamilton-Operator. Paramagnetischer und diamagnetischer Anteil

Hamilton-Operator

Wir betrachten ein spinloses Teilchen mit der Masse m_e und der Ladung q, das sich gleichzeitig unter dem Einfluss eines Skalarpotentials $V(r)$ und eines Vektorpotentials $\boldsymbol{A}(\boldsymbol{r})$ befindet. Sein Hamilton-Operator lautet

$$H = \frac{1}{2m_e}\left[\boldsymbol{P} - q\boldsymbol{A}(\boldsymbol{R})\right]^2 + V(\boldsymbol{R}). \tag{7.250}$$

Wenn das magnetische Feld $\boldsymbol{B} = \nabla \times \boldsymbol{A}(\boldsymbol{r})$ homogen ist, kann das Vektorpotential $\boldsymbol{A}$ in der folgenden Form geschrieben werden:

$$\boldsymbol{A}(\boldsymbol{r}) = -\frac{1}{2}\boldsymbol{r} \times \boldsymbol{B}. \tag{7.251}$$

Um diesen Ausdruck in Gl. (7.250) einzusetzen, berechnen wir die Größe

$$\left[\boldsymbol{P} - q\boldsymbol{A}(\boldsymbol{R})\right]^2 = \boldsymbol{P}^2 + \frac{q}{2}\left[\boldsymbol{P}\cdot(\boldsymbol{R}\times\boldsymbol{B}) + (\boldsymbol{R}\times\boldsymbol{B})\cdot\boldsymbol{P}\right] + \frac{q^2}{4}(\boldsymbol{R}\times\boldsymbol{B})^2. \tag{7.252}$$

[24] Für das Wasserstoffatom ist diese Näherung durch die sehr viel größere Masse des Protons im Vergleich zum Elektron gerechtfertigt. Für das Myonium (s. Abschnitt 7.4) ist sie bereits weniger gut erfüllt und für das Positronium schließlich ist sie gar nicht mehr anwendbar. Darüber hinaus weisen wir darauf hin, dass es in Gegenwart eines magnetischen Felds nicht mehr in Strenge möglich ist, die Bewegung des Massenmittelpunkts zu separieren; wollte man den Einfluss der endlichen Kernmasse in die Überlegungen mit einbeziehen, würde es nicht ausreichen, die Masse m_e des Elektrons durch die reduzierte Masse μ des Elektron-Proton-Systems zu ersetzen.

Da es sich bei $\boldsymbol{B}$ in Wirklichkeit um eine Konstante und nicht um einen Operator handelt, vertauschen alle Observablen mit $\boldsymbol{B}$, so dass wir nach den Regeln der Vektorrechnung erhalten

$$[\boldsymbol{P} - q\boldsymbol{A}(\boldsymbol{R})]^2 = \boldsymbol{P}^2 + \frac{q}{2}[\boldsymbol{B} \cdot (\boldsymbol{P} \times \boldsymbol{R}) - (\boldsymbol{R} \times \boldsymbol{P}) \cdot \boldsymbol{B}] + \frac{q^2}{4}\left[\boldsymbol{R}^2\boldsymbol{B}^2 - (\boldsymbol{R} \cdot \boldsymbol{B})^2\right]. \quad (7.253)$$

Auf der rechten Seite dieser Gleichung tritt der Drehimpuls $\boldsymbol{L}$ des Teilchens auf,

$$\boldsymbol{L} = \boldsymbol{R} \times \boldsymbol{P} = -\boldsymbol{P} \times \boldsymbol{R}. \quad (7.254)$$

Wir können daher H in der Form

$$H = H_0 + H_1 + H_2 \quad (7.255)$$

schreiben, wobei H_0, H_1 und H_2 definiert werden durch

$$H_0 = \frac{\boldsymbol{P}^2}{2m_e} + V(\boldsymbol{R}), \quad (7.256)$$

$$H_1 = -\frac{\mu_{\mathrm{B}}}{\hbar}\boldsymbol{L} \cdot \boldsymbol{B}, \quad (7.257)$$

$$H_2 = \frac{q^2\boldsymbol{B}^2}{8m_e}\boldsymbol{R}_\perp^2. \quad (7.258)$$

In diesen Gleichungen steht μ_{B} für das Bohr-Magneton (mit der Dimension eines magnetischen Moments),

$$\mu_{\mathrm{B}} = \frac{q\hbar}{2m_e}, \quad (7.259)$$

und der Operator $\boldsymbol{R}_\perp$ ist die Projektion von $\boldsymbol{R}$ auf eine Ebene senkrecht zu $\boldsymbol{B}$,

$$\boldsymbol{R}_\perp^2 = \boldsymbol{R}^2 - \frac{(\boldsymbol{R} \cdot \boldsymbol{B})^2}{\boldsymbol{B}^2}. \quad (7.260)$$

Wählen wir ein orthonormales x, y, z-System so, dass $\boldsymbol{B}$ parallel zur z-Achse ist, dann gilt

$$\boldsymbol{R}_\perp^2 = X^2 + Y^2. \quad (7.261)$$

Bemerkung

Wenn das $\boldsymbol{B}$-Feld gleich null ist, wird H gleich H_0, also gleich der Summe der kinetischen Energie $\boldsymbol{P}^2/2m_e$ und der potentiellen Energie $V(\boldsymbol{R})$. Wir dürfen daraus aber nicht schließen, dass $\boldsymbol{P}^2/2m_e$ immer noch die kinetische Energie des Elektrons ist, wenn das $\boldsymbol{B}$-Feld nicht gleich null ist. Wir haben gesehen (s. Abschnitt 3.13), dass sich die physikalische Bedeutung von im Zustandsraum wirkenden Operatoren mit einem nichtverschwindenden Vektorpotential ändert. Zum Beispiel stellt der Impuls $\boldsymbol{P}$ nicht mehr den mechanischen Impuls $\boldsymbol{\Pi} = m_e\boldsymbol{V}$ dar, und die kinetische Energie ist gleich

$$\frac{\boldsymbol{\Pi}^2}{2m_e} = \frac{1}{2m_e}[\boldsymbol{P} - q\boldsymbol{A}(\boldsymbol{R})]^2. \quad (7.262)$$

Nimmt man den Term $\boldsymbol{P}^2/2m_e$ für sich, so hängt seine Bedeutung von der gewählten Eichung ab. In der in Gl. (7.251) definierten Eichung kann leicht gezeigt werden, dass er der „relativen“ kinetischen Energie $\boldsymbol{\Pi}_R^2/2m_e$ entspricht, wobei $\boldsymbol{\Pi}_R$ der mechanische Impuls des Teilchens in Bezug auf das *Larmor-System* ist, das mit der Winkelgeschwindigkeit $\omega_\mathrm{L} = -qB/2m_e$ um $\boldsymbol{B}$ rotiert. Der Term H_2 beschreibt dann die kinetische Energie $\boldsymbol{\Pi}_E^2/2m_e$, die mit der Bewegung des Koordinatensystems zusammenhängt; H_1 hingegen entspricht dem Mischterm $\boldsymbol{\Pi}_E \cdot \boldsymbol{\Pi}_R/m_e$.

Größenordnung der einzelnen Terme

In Gegenwart eines magnetischen Felds $\boldsymbol{B}$ erscheinen im Hamilton-Operator H zwei neue Terme H_1 und H_2. Bevor wir deren physikalische Bedeutung genauer betrachten, wollen wir die Größenordnung der zu ihnen gehörenden Energieverschiebungen ΔE (oder der Frequenzverschiebungen $\Delta E/h$) ermitteln.

Für H_0 kennen wir bereits die entsprechenden Energiedifferenzen ΔE_0. Die zugehörigen Frequenzen sind von der Größenordnung

$$\frac{\Delta E_0}{h} \approx 10^{14} \text{ bis } 10^{15}\,\text{Hz}. \tag{7.263}$$

Mit Gl. (7.257) sehen wir, dass ΔE_1 näherungsweise durch

$$\frac{\Delta E_1}{h} \approx \frac{1}{h}\left(\frac{\mu_\mathrm{B}}{\hbar}\hbar B\right) = \frac{\omega_\mathrm{L}}{2\pi} \tag{7.264}$$

gegeben ist, worin ω_L die Larmor-Frequenz[25]

$$\omega_\mathrm{L} = -\frac{qB}{2\mu} \tag{7.265}$$

ist. Eine kurze Rechnung ergibt die Larmor-Frequenz für ein Elektron:

$$\frac{\nu_\mathrm{L}}{B} = \frac{\omega_\mathrm{L}}{2\pi B} \approx 1.40 \times 10^{10}\,\text{Hz/Tesla} = 1.40\text{MHz/Gauß}. \tag{7.266}$$

Bei den üblichen Feldstärken (die selten 100 000 Gauß überschreiten) ist

$$\frac{\omega_\mathrm{L}}{2\pi} \lesssim 10^{11}\,\text{Hz}. \tag{7.267}$$

Ein Vergleich von Gl. (7.263) mit der Ungleichung (7.267) ergibt

$$\Delta E_1 \ll \Delta E_0. \tag{7.268}$$

Nun wollen wir zeigen, dass gilt

$$\Delta E_2 \ll \Delta E_1. \tag{7.269}$$

Dafür werden wir die Größenordnung ΔE_2 der zu H_2 gehörenden Energien berechnen. Die Matrixelemente des Operators $\boldsymbol{R}_\perp^2 = X^2 + Y^2$ sind von der gleichen Größenordnung wie a_0^2. Wir erhalten also

$$\Delta E_2 \approx \frac{q^2B^2}{m_e}a_0^2 \tag{7.270}$$

---

[25] Die Larmor-Frequenz $\omega_\mathrm{L}/2\pi$ ist gleich der halben Zyklotronfrequenz.

und damit das Verhältnis

$$\frac{\Delta E_2}{\Delta E_1} \approx \frac{q^2 B^2}{m_e} a_0^2 \frac{1}{\hbar\omega_{\mathrm{L}}} = 2\hbar \frac{qB}{m_e} \frac{m_e a_0^2}{\hbar^2}. \tag{7.271}$$

Nun gilt Abschnitt 7.3.2 (Gl. (7.93) und Gl. (7.94)) zufolge

$$\Delta E_0 \approx \frac{\hbar^2}{m_e a_0^2}, \tag{7.272}$$

so dass Gl. (7.271) in Verbindung mit Gl. (7.264) ergibt

$$\frac{\Delta E_2}{\Delta E_1} \approx \frac{\Delta E_1}{\Delta E_0}, \tag{7.273}$$

womit nach Ungleichung (7.268) die Beziehung (7.269) bewiesen ist.

Somit bleiben die Einflüsse des Magnetfelds in der Praxis sehr viel kleiner als die des internen Felds des Atoms. Darüber hinaus ist es im Allgemeinen ausreichend, wenn wir uns auf die Auswirkungen des Terms H_1 beschränken, demgegenüber H_2 vernachlässigbar ist (H_2 wird nur in den speziellen Fällen berücksichtigt, in denen der Beitrag von H_1 gleich null ist).[26]

Interpretation des paramagnetischen Terms

Wir betrachten zuerst den Term H_1 (Gl. (7.257)), und werden sehen, dass er als Kopplungsenergie $-\boldsymbol{M}_1 \cdot \boldsymbol{B}$ des $\boldsymbol{B}$-Felds und des zur Rotation des Elektrons auf seiner Bahn gehörenden magnetischen Moments $\boldsymbol{M}_1$ interpretiert werden kann.

Dazu berechnen wir zunächst das magnetische Moment $\mathcal{M}$, das klassisch zu einer Ladung q auf einer Kreisbahn mit dem Radius r gehört (Abb. 7.10). Wenn v die Geschwindigkeit des Teilchens ist, entspricht seine Bewegung einem Strom

$$i = q\frac{v}{2\pi r}. \tag{7.274}$$

Die durch diesen Strom definierte Fläche ist

$$S = \pi r^2, \tag{7.275}$$

so dass das magnetische Moment $\mathcal{M}$ wie folgt gegeben ist:

$$|\mathcal{M}| = iS = \frac{q}{2} rv. \tag{7.276}$$

Führen wir den Drehimpuls $\mathcal{L}$ ein, der wegen der tangential verlaufenden Geschwindigkeit den Betrag

$$|\mathcal{L}| = m_e r v \tag{7.277}$$

---

[26] Der Zeeman-Effekt des dreidimensionalen harmonischen Oszillators kann ohne Näherungen berechnet werden (s. Aufgabe 2 von Abschnitt 7.10), weil $V(\boldsymbol{R})$ und H_2 dann eine analoge Form haben. Dieses Beispiel ist deshalb interessant, weil es ermöglicht, die Beiträge von H_1 und H_2 für einen lösbaren Fall zu untersuchen.

hat, können wir Gl. (7.276) in der Form schreiben

$$\mathcal{M} = \frac{q}{2m_e}\mathcal{L} \tag{7.278}$$

(es handelt sich um eine Vektorgleichung, weil $\mathcal{L}$ und $\mathcal{M}$, die beide senkrecht auf der Ebene der klassischen Bahn stehen, parallel sind).

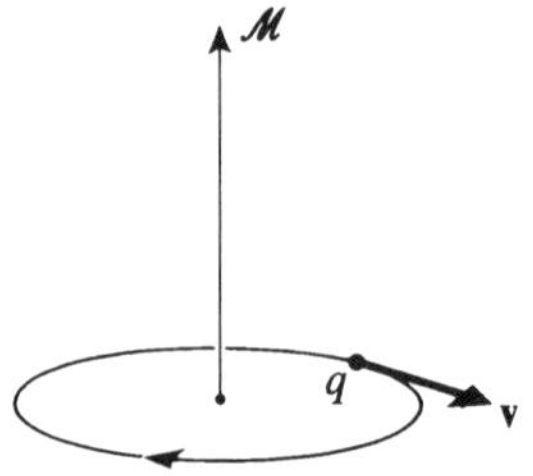

Abb. 7.10 Klassisch kann die Bewegung des Elektrons auf seiner Bahn als Stromschleife mit dem magnetischen Moment $\mathcal{M}$ angesehen werden.

Quantenmechanisch entspricht Gl. (7.278) die Operatorgleichung

$$\boldsymbol{M}_1 = \frac{q}{2m_e}\boldsymbol{L}. \tag{7.279}$$

Wir können daher H_1 in der Form

$$H_1 = -\boldsymbol{M}_1 \cdot \boldsymbol{B} \tag{7.280}$$

schreiben, wodurch die oben gegebene Interpretation bestätigt wird: H_1 entspricht der Kopplung zwischen dem magnetischen Feld $\boldsymbol{B}$ und dem atomaren magnetischen Moment ($\boldsymbol{M}_1$ ist unabhängig von $\boldsymbol{B}$); H_1 wird daher als paramagnetischer Kopplungsterm bezeichnet.

Bemerkungen

1. Nach Gl. (7.279) sind die Eigenwerte einer jeden Komponente des magnetischen Moments von der Form

$$\left(\frac{q}{2m_e}\right)(m\hbar) = m\mu_B, \tag{7.281}$$

wobei m eine ganze Zahl ist. Das Bohr-Magneton μ_B gibt daher die Größenordnung des zu der Bahnbewegung gehörenden magnetischen Moments an; die Definition (7.259) ist somit sinnvoll. Es ist

$$\mu_B \approx -9.27 \times 10^{-24}\,\text{Joule/Tesla}. \tag{7.282}$$

2. Wie wir in Kapitel 9 sehen werden, besitzt das Elektron neben dem Bahndrehimpuls $\boldsymbol{L}$ auch einen inneren Spin $\boldsymbol{S}$. Mit dieser Observablen ist ein magnetisches Moment $\boldsymbol{M}_S$ proportional zu $\boldsymbol{S}$ verbunden,

$$\boldsymbol{M}_S = 2\frac{\mu_B}{\hbar}\boldsymbol{S}. \tag{7.283}$$

Obwohl die magnetischen Effekte infolge des Spins wichtig sind, berücksichtigen wir sie im Augenblick nicht (und kommen in Abschnitt 12.9 auf sie zurück).

3. Die oben verwendete klassische Darstellung ist nicht ganz korrekt: Wir haben den Drehimpuls

$$\boldsymbol{\mathcal{L}} = \boldsymbol{r} \times \boldsymbol{p} \tag{7.284}$$

mit dem Drehimpuls des mechanischen Impulses

$$\boldsymbol{\lambda} = \boldsymbol{r} \times m_e \boldsymbol{v} = \boldsymbol{\mathcal{L}} - q\boldsymbol{r} \times \boldsymbol{A}(\boldsymbol{r}) \tag{7.285}$$

vertauscht. Allerdings ist der Fehler klein. Wie wir im nächsten Abschnitt sehen werden, läuft er lediglich auf das Vernachlässigen von H_2 im Vergleich zu H_1 hinaus.

Interpretation des diamagnetischen Terms

Betrachten wir einen Zustand des Wasserstoffatoms mit dem Drehimpuls null (z. B. den Grundzustand). Die von H_1 stammenden Korrekturen zur Energie dieses Zustands sind dann ebenfalls gleich null. Um also die Wirkung des $\boldsymbol{B}$-Felds zu bestimmen, müssen wir jetzt H_2 betrachten. Wie kann die zugehörige Energie interpretiert werden?

Wir haben gesehen (s. Abschnitt 7.6.2), dass in Gegenwart eines homogenen Magnetfelds der zum Elektron gehörende Wahrscheinlichkeitsstrom modifiziert wird. Dieser Strom ist in Bezug auf $\boldsymbol{B}$ rotationssymmetrisch, ihm entspricht eine einheitliche Rotation des Wahrscheinlichkeitsflusses, die für positives q im Uhrzeigersinn und für negatives q im Gegenuhrzeigersinn verläuft. Mit dem zugehörigen elektrischen Strom ist dann ein magnetisches Moment $\langle \boldsymbol{M}_2 \rangle$ antiparallel zu $\boldsymbol{B}$ verbunden, und damit ergibt sich eine positive Kopplungsenergie, was den physikalischen Ursprung des Terms H_2 erklärt.

Für ein genaueres Verständnis kehren wir zur klassischen Überlegung des vorhergehenden Abschnitts zurück und beachten (s. Bemerkung 3), dass das magnetische Moment $\boldsymbol{\mathcal{M}}$ proportional zu $\boldsymbol{\lambda} = \boldsymbol{r} \times m_e \boldsymbol{v}$ ist (und nicht zu $\boldsymbol{\mathcal{L}} = \boldsymbol{r} \times \boldsymbol{p}$):

$$\boldsymbol{\mathcal{M}} = \frac{q}{2m_e}\boldsymbol{\lambda} = \frac{q}{2m_e}\left[\boldsymbol{\mathcal{L}} - q\boldsymbol{r} \times \boldsymbol{A}(\boldsymbol{r})\right]. \tag{7.286}$$

Wenn $\boldsymbol{\mathcal{L}}$ gleich null ist, reduziert sich $\boldsymbol{\mathcal{M}}$ in der Eichung von Gl. (7.251) auf

$$\boldsymbol{\mathcal{M}}_2 = \frac{q^2}{4m_e}\boldsymbol{r} \times (\boldsymbol{r} \times \boldsymbol{B}) = \frac{q^2}{4m_e}\left[(\boldsymbol{r}\cdot\boldsymbol{B})\boldsymbol{r} - \boldsymbol{r}^2\boldsymbol{B}\right]; \tag{7.287}$$

$\boldsymbol{\mathcal{M}}_2$ ist proportional zur Größe des magnetischen Felds.[27] Es handelt sich daher um das durch $\boldsymbol{B}$ *induzierte Moment* im Atom. Seine Kopplungsenergie mit $\boldsymbol{B}$ ist

$$\begin{aligned} W_2 &= -\int_{\boldsymbol{0}}^{\boldsymbol{B}} \boldsymbol{\mathcal{M}}_2(\boldsymbol{B}')\cdot \mathrm{d}\boldsymbol{B}' = -\frac{1}{2}\boldsymbol{\mathcal{M}}_2(\boldsymbol{B})\cdot\boldsymbol{B} \\ &= \frac{q^2}{8m_e}\left[\boldsymbol{r}^2\boldsymbol{B}^2 - (\boldsymbol{r}\cdot\boldsymbol{B})^2\right] \\ &= \frac{q^2}{8m_e}\boldsymbol{r}_\perp^2\boldsymbol{B}^2, \end{aligned} \tag{7.288}$$

[27] $\boldsymbol{\mathcal{M}}_2$ ist nicht kollinear mit $\boldsymbol{B}$. Allerdings kann gezeigt werden, dass im Grundzustand des Wasserstoffatoms der Erwartungswert $\langle \boldsymbol{M}_2 \rangle$ des zu $\boldsymbol{\mathcal{M}}_2$ gehörenden Operators antiparallel zu $\boldsymbol{B}$ ist. Das stimmt mit den obigen Resultaten über die Struktur des Wahrscheinlichkeitsstroms überein.

wie wir bereits in Gl. (7.258) gefunden haben. Unsere Interpretation wird somit bestätigt: H_2 beschreibt die Kopplung zwischen dem $\boldsymbol{B}$-Feld und dem im Atom induzierten magnetischen Moment $\boldsymbol{M}_2$. Da das induzierte Moment nach der Lenzschen Regel dem angelegten Feld entgegenwirkt, ist die Kopplungsenergie positiv. Daher wird H_2 diamagnetischer Term des Hamilton-Operators genannt.

Bemerkung

Wir haben bereits darauf hingewiesen (s. Ungleichung (7.269)), dass der Effekt des atomaren Diamagnetismus relativ klein ist und vom Paramagnetismus überlagert wird, wenn beide Effekte gleichzeitig auftreten. Wie Gl. (7.288) (mit den Rechnungen dieses Abschnitts) zeigt, hängt dies mit der kleinen Größe des atomaren Radius zusammen: Mit den üblichen Magnetfeldern ist der von einem Atom aufgefangene magnetische Fluss sehr klein. Man darf nicht davon ausgehen, dass H_2 im Vergleich zu H_1 immer, d. h. für jedes physikalische Problem, vernachlässigt werden kann. Zum Beispiel zeigten wir in Abschnitt 6.9 für ein freies Elektron (für das der Radius der klassischen Kreisbahn in einem verschwindenden Magnetfeld unendlich groß wäre), dass der Beitrag des diamagnetischen Terms genauso wichtig ist wie der des paramagnetischen Terms.

7.7.2 Der Zeeman-Effekt

Nachdem wir die physikalische Bedeutung der verschiedenen im Hamilton-Operator auftretenden Terme erklärt haben, wollen wir nun ihre Auswirkungen auf das Spektrum des Wasserstoffatoms näher betrachten. Wir werden untersuchen, wie sich die Emission einer optischen Linie, der sogenannten *Resonanzlinie* ($\lambda \approx 1.2 \cdot 10^{-5}$ cm) verändert, wenn das Atom in ein Magnetfeld gebracht wird. Dabei werden wir sehen, dass nicht nur die Frequenz verschoben wird, sondern dass sich auch die Polarisation der Linien ändert: Das ist der *Zeeman-Effekt*.

Wichtige Bemerkung

In Wirklichkeit enthält die Resonanzlinie des Wasserstoffatoms infolge des Elektronen- und Protonenspins eine Reihe von begleitenden Linien (Fein- und Hyperfeinstruktur; s. Kapitel 12). Darüber hinaus modifizieren die Spinfreiheitsgrade wesentlich den Einfluss des Magnetfelds auf die einzelnen Komponenten der Resonanzlinie (der Zeeman-Effekt des Wasserstoffatoms wird manchmal als „anomal“ bezeichnet). Da wir an dieser Stelle die Spineffekte vernachlässigen, entsprechen die folgenden Überlegungen nicht genau den wirklichen physikalischen Gegebenheiten. Sie können jedoch leicht verallgemeinert werden, so dass Spineffekte mit einbezogen werden (s. Abschnitt 12.9). Außerdem bleiben die Ergebnisse (das Entstehen mehrerer Zeeman-Komponenten verschiedener Frequenzen und Polarisationen) qualitativ gültig.

Energieniveaus des Atoms in Gegenwart eines Magnetfelds

Die Resonanzlinie des Wasserstoffatoms entspricht einem atomaren Übergang zwischen dem Grundzustand $1s$ ($n = 1; l = m = 0$) und dem angeregten Zustand $2p$ ($n = 2;$ $l = 1; m = +1, 0, -1$). Während der Drehimpuls im Grundzustand null ist, stimmt das für den angeregten Zustand nicht mehr; wenn wir die Modifikationen einer optischen Linie in Gegenwart eines Magnetfelds $\boldsymbol{B}$ berechnen, machen wir daher mit der Vernachlässigung des diamagnetischen Terms H_2 einen kleinen Fehler, den wir mit der Wahl von $H_0 + H_1$ als Hamilton-Operator in Kauf nehmen müssen.

Wir bezeichnen mit $|\varphi_{n,l,m}\rangle$ die gemeinsamen Eigenzustände von H_0 (Eigenwert $E_n = -E_\mathrm{I}/n^2$), $\boldsymbol{L}^2$ (Eigenwert $l(l+1)\hbar^2$) und L_z (Eigenwert $m\hbar$). Die Wellenfunktionen dieser Zustände haben wir in diesem Kapitel berechnet:

$$\varphi_{n,l,m}(r,\theta,\varphi) = R_{n,l}(r)Y_l^m(\theta,\varphi). \tag{7.289}$$

Legen wir die z-Achse parallel zu $\boldsymbol{B}$, so sehen wir, dass die Zustände $|\varphi_{n,l,m}\rangle$ dann auch Eigenzustände von $H_0 + H_1$ sind:

$$\begin{aligned}(H_0 + H_1)|\varphi_{n,l,m}\rangle &= \left(H_0 - \frac{\mu_\mathrm{B}}{\hbar}BL_z\right)|\varphi_{n,l,m}\rangle \\ &= (E_n - m\mu_\mathrm{B}B)|\varphi_{n,l,m}\rangle.\end{aligned} \tag{7.290}$$

Vernachlässigen wir also den diamagnetischen Term, sind die stationären Zustände des Atoms im Magnetfeld $\boldsymbol{B}$ immer noch durch $|\varphi_{n,l,m}\rangle$ gegeben; lediglich die zugehörigen Energien sind verändert.

Insbesondere gilt für die zur Resonanzlinie gehörenden Zustände

$$\begin{aligned}(H_0 + H_1)|\varphi_{1,0,0}\rangle &= -E_\mathrm{I}|\varphi_{1,0,0}\rangle, \\ (H_0 + H_1)|\varphi_{2,1,m}\rangle &= [-E_\mathrm{I} + \hbar(\Omega + m\omega_\mathrm{L})]\,|\varphi_{2,1,m}\rangle,\end{aligned} \tag{7.291}$$

worin

$$\Omega = \frac{E_2 - E_1}{\hbar} = \frac{3E_\mathrm{I}}{4\hbar} \tag{7.292}$$

die Kreisfrequenz der Resonanzlinie ohne Feld ist.

Oszillationen des elektrischen Dipols

Matrixelemente des Dipoloperators. Es sei

$$\boldsymbol{D} = q\boldsymbol{R} \tag{7.293}$$

der elektrische Dipoloperator des Atoms. Zur Bestimmung des Erwartungswerts $\langle\boldsymbol{D}\rangle$ dieses Dipols beginnen wir mit der Berechnung der Matrixelemente von $\boldsymbol{D}$.

Bei Spiegelungen am Ursprung wechselt $\boldsymbol{D}$ nach $-\boldsymbol{D}$: Der elektrische Dipol ist also ein ungerader Operator (s. Abschnitt 2.12). Auch die Zustände $|\varphi_{n,l,m}\rangle$ haben wohldefinierte Parität: Da ihre Winkelabhängigkeit durch $Y_l^m(\theta,\varphi)$ gegeben ist, haben sie die Parität $+1$ für gerade l und -1 für ungerade l (s. Abschnitt 6.5). Daraus folgt insbesondere (für alle m, m')

$$\begin{aligned}\langle\varphi_{1,0,0}\,|\,\boldsymbol{D}\,|\,\varphi_{1,0,0}\rangle &= 0, \\ \langle\varphi_{2,1,m'}\,|\,\boldsymbol{D}\,|\,\varphi_{2,1,m}\rangle &= 0.\end{aligned} \tag{7.294}$$

Die nichtverschwindenden Matrixelemente von $\boldsymbol{D}$ sind also notwendig nichtdiagonal. Um die Matrixelemente $\langle \varphi_{2,1,m} \,|\, \boldsymbol{D} \,|\, \varphi_{1,0,0} \rangle$ zu berechnen, erinnern wir uns an die Ausdrücke für x, y und z in Abhängigkeit von den Kugelflächenfunktionen:

$$\begin{aligned} x &= \sqrt{\frac{2\pi}{3}}\, r\left[Y_1^{-1}(\theta,\varphi) - Y_1^1(\theta,\varphi)\right], \\ y &= \mathrm{i}\sqrt{\frac{2\pi}{3}}\, r\left[Y_1^{-1}(\theta,\varphi) + Y_1^1(\theta,\varphi)\right], \\ z &= \sqrt{\frac{4\pi}{3}}\, r Y_1^0(\theta,\varphi)\,. \end{aligned} \tag{7.295}$$

In den Ausdrücken für die gesuchten Matrixelemente finden wir daher auf der einen Seite ein Radialintegral, das wir gleich χ setzen,

$$\chi = \int_0^\infty R_{2,1}(r) R_{1,0}(r) r^3 \,\mathrm{d}r\,, \tag{7.296}$$

und auf der anderen Seite ein Winkelintegral, das sich aufgrund der Beziehungen (7.295) auf Skalarprodukte von Kugelflächenfunktionen reduziert, die direkt aus deren Orthogonalitätsbedingungen berechnet werden können. So erhalten wir schließlich

$$\begin{aligned} \langle \varphi_{2,1,1} \,|\, D_x \,|\, \varphi_{1,0,0} \rangle &= -\langle \varphi_{2,1,-1} \,|\, D_x \,|\, \varphi_{1,0,0} \rangle = -\frac{q\chi}{\sqrt{6}}, \\ \langle \varphi_{2,1,0} \,|\, D_x \,|\, \varphi_{1,0,0} \rangle &= 0, \end{aligned} \tag{7.297}$$

$$\begin{aligned} \langle \varphi_{2,1,1} \,|\, D_y \,|\, \varphi_{1,0,0} \rangle &= \langle \varphi_{2,1,-1} \,|\, D_y \,|\, \varphi_{1,0,0} \rangle = \frac{\mathrm{i}q\chi}{\sqrt{6}}, \\ \langle \varphi_{2,1,0} \,|\, D_y \,|\, \varphi_{1,0,0} \rangle &= 0, \end{aligned} \tag{7.298}$$

$$\begin{aligned} \langle \varphi_{2,1,1} \,|\, D_z \,|\, \varphi_{1,0,0} \rangle &= \langle \varphi_{2,1,-1} \,|\, D_z \,|\, \varphi_{1,0,0} \rangle = 0, \\ \langle \varphi_{2,1,0} \,|\, D_z \,|\, \varphi_{1,0,0} \rangle &= \frac{q\chi}{\sqrt{3}}. \end{aligned} \tag{7.299}$$

Berechnung des Erwartungswerts des Dipols. Die Ergebnisse des vorstehenden Abschnitts zeigen, dass der Erwartungswert des Operators $\boldsymbol{D}$ gleich null ist, wenn sich das System in einem stationären Zustand befindet. Nehmen wir nun an, dass der Zustandsvektor des Systems zu Anfang eine lineare Überlagerung des Grundzustands $1s$ mit einem der $2p$-Zustände ist,

$$|\psi_m(0)\rangle = \cos\alpha\, |\varphi_{1,0,0}\rangle + \sin\alpha\, |\varphi_{2,1,m}\rangle \tag{7.300}$$

mit $m = +1$, 0 oder -1 (α ist ein reeller Parameter). Daraus erhalten wir sofort den Zustandsvektor

$$|\psi_m(t)\rangle = \cos\alpha\, |\varphi_{1,0,0}\rangle + \sin\alpha\, \mathrm{e}^{-\mathrm{i}(\Omega + m\omega_\mathrm{L})t}\, |\varphi_{2,1,m}\rangle \tag{7.301}$$

zur Zeit t (wir haben den globalen Phasenfaktor $\mathrm{e}^{\mathrm{i}E_\mathrm{I}t/\hbar}$ fortgelassen, da er keine physikalische Bedeutung hat).

Um den Erwartungswert des Dipolmoments

$$\langle \boldsymbol{D} \rangle_m(t) = \langle \psi_m(t) \,|\, \boldsymbol{D} \,|\, \psi_m(t) \rangle \tag{7.302}$$

zu berechnen, verwenden wir die Gleichungen (7.297) bis (7.299) und Gl. (7.301) und unterscheiden drei Fälle:

1. Wenn $m = 1$ ist, erhalten wir

$$\begin{aligned} \langle D_x \rangle_1 &= -\frac{q\chi}{\sqrt{6}} \sin 2\alpha \, \cos\left[(\Omega + \omega_\mathrm{L})t\right], \\ \langle D_y \rangle_1 &= -\frac{q\chi}{\sqrt{6}} \sin 2\alpha \, \sin\left[(\Omega + \omega_\mathrm{L})t\right], \\ \langle D_z \rangle_1 &= 0. \end{aligned} \tag{7.303}$$

Der Vektor $\langle \boldsymbol{D} \rangle_1(t)$ rotiert also in der x, y-Ebene im Gegenuhrzeigersinn und mit der Winkelgeschwindigkeit $\Omega + \omega_\mathrm{L}$ um die z-Achse.

2. Für $m = 0$ ist

$$\begin{aligned} \langle D_x \rangle_0 &= \langle D_y \rangle_0 = 0, \\ \langle D_z \rangle_0 &= \frac{q\chi}{\sqrt{3}} \sin 2\alpha \, \cos \Omega t. \end{aligned} \tag{7.304}$$

Die Bewegung von $\langle \boldsymbol{D} \rangle_0(t)$ ist eine lineare Oszillation entlang der z-Achse mit der Kreisfrequenz Ω.

3. Für $m = -1$ ist

$$\begin{aligned} \langle D_x \rangle_{-1} &= \frac{q\chi}{\sqrt{6}} \sin 2\alpha \, \cos\left[(\Omega - \omega_\mathrm{L})t\right], \\ \langle D_y \rangle_{-1} &= -\frac{q\chi}{\sqrt{6}} \sin 2\alpha \, \sin\left[(\Omega - \omega_\mathrm{L})t\right], \\ \langle D_z \rangle_{-1} &= 0. \end{aligned} \tag{7.305}$$

Der Vektor $\langle \boldsymbol{D} \rangle_{-1}(t)$ rotiert also wieder in der x, y-Ebene um die z-Achse, diesmal aber im Uhrzeigersinn und mit der Winkelgeschwindigkeit $\Omega - \omega_\mathrm{L}$.

Frequenz und Polarisation der emittierten Strahlung

In allen drei Fällen ($m = +1$, 0 und -1) ist der Erwartungswert des elektrischen Dipols eine oszillierende Funktion der Zeit, und es ist klar, dass dieser Dipol elektromagnetische Energie abstrahlt.

Da die atomaren Dimensionen im Vergleich zur optischen Wellenlänge vernachlässigbar klein sind, kann die atomare Strahlung in großen Abständen als Dipolstrahlung angesehen werden. Wir wollen annehmen[28], die Eigenschaften des vom Atom während des Übergangs zwischen dem $|\varphi_{2,1,m}\rangle$-Zustand und dem Grundzustand emittierten oder

[28] Wollten wir das Problem gänzlich quantenmechanisch behandeln, müssten wir die Quantentheorie der Strahlung anwenden. Insbesondere das Zurückkehren des Atoms in den Grundzustand durch spontane Emission eines Photons könnte nur im Rahmen dieser Theorie verstanden werden. Trotzdem bleiben die halbklassischen Resultate, solang sie die Strahlung betreffen, im Wesentlichen gültig.

absorbierten Lichts würden mit der klassischen Berechnung der Strahlung eines Dipols, der durch den quantenmechanischen Erwartungswert $\langle \boldsymbol{D} \rangle_m(t)$ gegeben wird, richtig beschrieben.

Um die Fragestellung zu präzisieren, nehmen wir an, dass Strahlung von einer Probe emittiert wird, die eine große Anzahl von Atomen enthält, die auf irgendeine Weise in den $2p$-Zustand angeregt wurden. In den meisten durchgeführten Experimenten ist die Anregung isotrop, und die drei Zustände $|\varphi_{2,1,1}\rangle$, $|\varphi_{2,1,0}\rangle$ und $|\varphi_{2,1,-1}\rangle$ treten mit gleicher Wahrscheinlichkeit auf. Wir beginnen daher, indem wir die Strahlungsverteilung für jeden der in den vorhergehenden Abschnitten behandelten Fälle berechnen. Daraus erhalten wir dann die tatsächlich vom Atom emittierte Strahlung, wenn wir für jede Raumrichtung die Summe der Intensitäten des in den einzelnen Fällen emittierten Lichts bilden.

1. Für $m = 1$ ist die Kreisfrequenz der emittierten Strahlung gleich $\Omega + \omega_\mathrm{L}$. Die Frequenz der optischen Linie ist also durch das Magnetfeld leicht verschoben. In Übereinstimmung mit den Gesetzen der klassischen Elektrodynamik, angewandt auf einen rotierenden Dipol wie $\langle \boldsymbol{D} \rangle_1(t)$, ist die in z-Richtung emittierte Strahlung zirkular polarisiert (die zugehörige Polarisation wird mit σ_+ bezeichnet). Die in Richtung der x, y-Ebene emittierte Strahlung ist linear polarisiert (parallel zu dieser Ebene). In andere Richtungen liegt elliptische Polarisation vor.

2. Für $m = 0$ müssen wir einen mit der Frequenz Ω linear in z-Richtung oszillierenden Dipol betrachten, wie er auch im verschwindenden Magnetfeld existiert. Die Wellenlänge der Strahlung wird daher durch das Magnetfeld $\boldsymbol{B}$ nicht verändert. Sie ist in allen Richtungen linear polarisiert. So ist z. B. für die Ausbreitung in eine Richtung der x, y-Ebene die Polarisation parallel zur z-Achse (π-Polarisation). In Richtung der z-Achse wird keine Strahlung emittiert (ein oszillierender linearer Dipol strahlt nicht entlang seiner Achse).

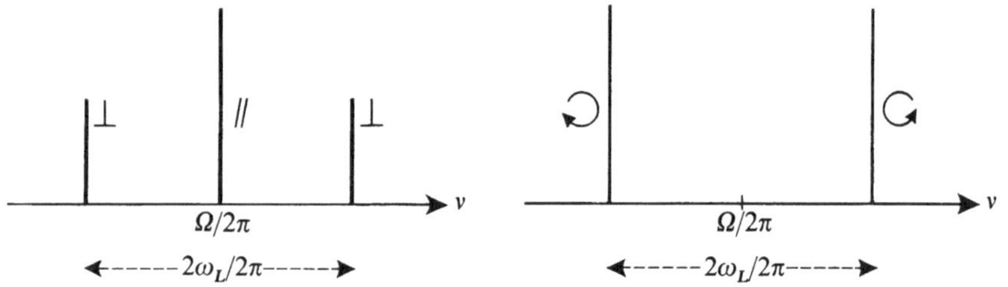

Abb. 7.11 Links: Die Zeeman-Komponenten der Resonanzlinie des Wasserstoffatoms bei Beobachtung in einer Richtung senkrecht zum $\boldsymbol{B}$-Feld (ohne Elektronenspin). Wir erhalten eine nicht verschobene Frequenz ν, die parallel zu $\boldsymbol{B}$ polarisiert ist, und zwei um $\pm\omega_\mathrm{L}/2\pi$ verschobene Komponenten, die senkrecht zu $\boldsymbol{B}$ polarisiert sind. Rechts: Bei Beobachtung in Richtung des $\boldsymbol{B}$-Felds erhält man nur zwei Zeeman-Komponenten, die zirkular mit unterschiedlichem Umlaufsinn polarisiert und um $\pm\omega_\mathrm{L}/2\pi$ verschoben sind.

3. Für $m = -1$ sind die Ergebnisse analog zu denen für $m = 1$. Der einzige Unterschied besteht darin, dass die Kreisfrequenz der Strahlung jetzt $\Omega - \omega_\mathrm{L}$ anstelle von $\Omega + \omega_\mathrm{L}$ ist und dass der Dipol in entgegengesetzter Richtung rotiert; dadurch wird z. B. der Umlaufsinn der zirkularen Polarisation verändert (σ_--Polarisation).

Nehmen wir nun an, die Anzahl der angeregten Atome in den drei Zuständen zu $m = +1$, 0 und -1 sei gleich groß, so folgt:

– in jede beliebige Raumrichtung werden drei optische Frequenzen emittiert: $\Omega/2\pi$, $(\Omega \pm \omega_{\mathrm{L}})/2\pi$. Die Polarisation zur ersten Frequenz ist linear, die zu den anderen ist im Allgemeinen elliptisch;

– in einer Richtung senkrecht zum $\boldsymbol{B}$-Feld sind die drei Polarisationen linear (s. Abb. 7.11 links); die erste ist parallel zu $\boldsymbol{B}$. Die Intensität der zentralen Linie ist doppelt so groß wie die der verschobenen Linien (s. Gleichungssysteme (7.303), (7.304) und (7.305)). In Richtung parallel zu $\boldsymbol{B}$ werden nur die zwei verschobenen Frequenzen $(\Omega \pm \omega_{\mathrm{L}})/2\pi$ emittiert, die zugehörigen Polarisationen sind beide zirkular, aber mit entgegengesetztem Umlaufsinn (s. Abb. 7.11 rechts).

Bemerkung

Das Atom emittiert also σ_+-polarisierte Strahlung beim Übergang vom Zustand $|\varphi_{2,1,1}\rangle$ nach $|\varphi_{1,0,0}\rangle$, σ_--polarisierte beim Übergang von $|\varphi_{2,1,-1}\rangle$ nach $|\varphi_{1,0,0}\rangle$ und π-polarisierte beim Übergang von $|\varphi_{2,1,0}\rangle$ nach $|\varphi_{1,0,0}\rangle$. Gleichungen (7.297) bis (7.299) liefern eine einfache Regel, um diese Polarisationen zu bestimmen: Betrachten wir die Operatoren $D_x + \mathrm{i}D_y$, $D_x - \mathrm{i}D_y$ und D_z; die einzigen nichtverschwindenden Matrixelemente dieser Kombinationen zwischen den $2p$- und $1s$-Zuständen sind

$$\langle\varphi_{2,1,1} \,|\, D_x + \mathrm{i}D_y \,|\, \varphi_{1,0,0}\rangle, \; \langle\varphi_{2,1,-1} \,|\, D_x - \mathrm{i}D_y \,|\, \varphi_{1,0,0}\rangle \text{ und } \langle\varphi_{2,1,0} \,|\, D_z \,|\, \varphi_{1,0,0}\rangle.$$

Zu den σ_+-, σ_-- und π-Polarisationen gehören daher die Operatoren $D_x + \mathrm{i}D_y$, $D_x - \mathrm{i}D_y$ bzw. D_z. Das ist eine allgemeine Regel: Emission elektrischer Dipolstrahlung tritt auf, wenn der Operator $\boldsymbol{D}$ ein nichtverschwindendes Matrixelement zwischen dem Anfangs- und Endzustand hat. Die Polarisation dieser Strahlung ist σ_+, σ_- oder π, je nachdem, ob das nichtverschwindende Matrixelement[29] das von $D_x + \mathrm{i}D_y$, $D_x - \mathrm{i}D_y$ oder D_z ist.

7.8 Einige Atomorbitale. Hybridorbitale

7.8.1 Einleitung

In Abschnitt 7.3 haben wir eine Orthonormalbasis der stationären Zustände des Elektrons im Wasserstoffatom bestimmt. Die entsprechenden Wellenfunktionen sind

$$\varphi_{n,l,m}(\boldsymbol{r}) = R_{n,l}(r) Y_l^m(\theta, \varphi), \tag{7.306}$$

und die Quantenzahlen n, l, m gehören zur Energie $E_n = -E_{\mathrm{I}}/n^2$, zum Quadrat des Drehimpulses $l(l+1)\hbar^2$ bzw. zur z-Komponente $m\hbar$ des Drehimpulses.

Durch lineare Superposition von stationären Zuständen derselben Energie, d. h. mit derselben Quantenzahl n, können wir neue stationäre Zustände konstruieren, denen nicht notwendig wieder wohldefinierte Werte von l und m zugeordnet werden können. In diesem Abschnitt wollen wir die Eigenschaften einiger dieser neuen stationären Zustände, insbesondere die Winkelabhängigkeit der zugehörigen Wellenfunktionen untersuchen.

[29] Die Reihenfolge der Zustände im Matrixelement darf nicht vertauscht werden, damit man nicht σ_+ und σ_- verwechselt.

Die Wellenfunktionen (7.306) werden oft *Atomorbitale* genannt, und eine lineare Superposition von Orbitalen mit gleichem n, aber unterschiedlichen l und m, heißt *Hybridorbital*. Wie wir sehen werden, kann sich ein Hybridorbital in bestimmte Richtungen des Raums weiter ausdehnen als die (reinen) Orbitale, aus denen es gebildet ist; diese Eigenschaft, die wichtig ist bei der Ausbildung chemischer Bindungen, motiviert die Einführung von Hybridorbitalen.

Obwohl die in diesem Abschnitt durchgeführten Rechnungen in Strenge nur für das Wasserstoffatom gelten, werden wir auch die geometrische Struktur der verschiedenen Bindungen, die von einem Atom mit mehreren Valenzelektronen gebildet werden, qualitativ erklären können.

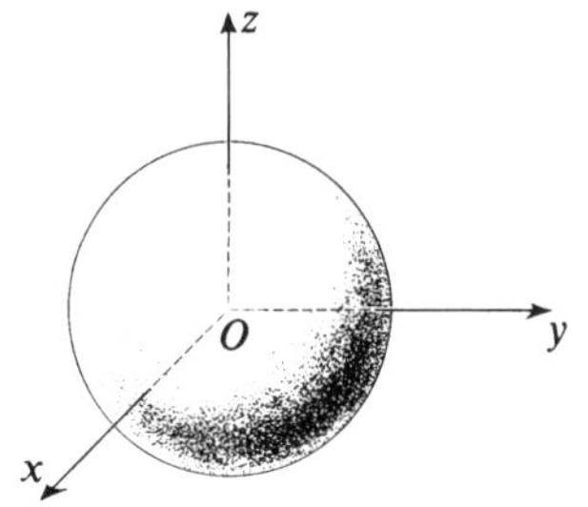

Abb. 7.12 Ein s-Orbital ist kugelsymmetrisch: Die Wellenfunktion hängt weder von θ noch von φ ab.

7.8.2 Atomorbitale zu reellen Wellenfunktionen

Die Radialfunktion $R_{n,l}(r)$ in Ausdruck (7.306) ist reell, $Y_l^m(\theta, \varphi)$ jedoch außer für $m = 0$ eine komplexe Funktion von φ, da

$$Y_l^m(\theta, \varphi) = F_l^m(\theta)\, \mathrm{e}^{\mathrm{i}m\varphi}, \tag{7.307}$$

worin $F_l^m(\theta)$ eine reelle Funktion von θ ist.

Atomorbitale sind also im Allgemeinen komplexe Funktionen. Indem man die Orbitale $\varphi_{n,l,m}(\boldsymbol{r})$ und $\varphi_{n,l,-m}(\boldsymbol{r})$ überlagert, kann man jedoch reelle Orbitale konstruieren, deren Vorteil in ihrer einfachen Winkelabhängigkeit liegt; Letztere kann grafisch dargestellt werden, ohne dass man das Quadrat des Betrags der Wellenfunktion bilden muss (wie wir es in Abschnitt 7.3.4 getan haben).

s-Orbital ($l = 0$)

Für $l = m = 0$ ist die Wellenfunktion $\varphi_{n,0,0}(\boldsymbol{r})$ reell, und wir sprechen von einem *s-Orbital*; wir wollen den zugehörigen stationären Zustand mit $|\varphi_{ns}\rangle$ bezeichnen. Um die Winkelabhängigkeit des ns-Orbitals darzustellen, legen wir r fest und tragen in jede Richtung mit den Polarwinkeln θ, φ die Länge von $\varphi_{ns}(r, \theta, \varphi)$ auf. Die mit der Variation von θ und φ erhaltene Oberfläche ist eine Kugel mit dem Zentrum im Koordinatenursprung (Abb. 7.12).

p-Orbital ($l = 1$)

p_x, p_y, p_z-Orbitale. Wenn wir den in Abschnitt 6.5.1 (System (6.208)) gegebenen Ausdruck für die drei Kugelflächenfunktionen $Y_1^m(\theta, \varphi)$ verwenden, erhalten wir für die drei zu $l = 1$ gehörenden Atomorbitale $\varphi_{n,1,m}(\boldsymbol{r})$

$$\begin{aligned} \varphi_{n,1,1}(\boldsymbol{r}) &= -\sqrt{\frac{3}{8\pi}}\, R_{n,1}(r)\, \sin\theta\, \mathrm{e}^{\mathrm{i}\varphi}, \\ \varphi_{n,1,0}(\boldsymbol{r}) &= \sqrt{\frac{3}{4\pi}}\, R_{n,1}(r)\, \cos\theta, \\ \varphi_{n,1,-1}(\boldsymbol{r}) &= \sqrt{\frac{3}{8\pi}}\, R_{n,1}(r)\, \sin\theta\, \mathrm{e}^{-\mathrm{i}\varphi}. \end{aligned} \tag{7.308}$$

Daraus bilden wir die drei linearen Überlagerungen

$$\begin{aligned} &\varphi_{n,1,0}(\boldsymbol{r}), \\ &-\frac{1}{\sqrt{2}}\left[\varphi_{n,1,1}(\boldsymbol{r}) - \varphi_{n,1,-1}(\boldsymbol{r})\right], \\ &\frac{\mathrm{i}}{\sqrt{2}}\left[\varphi_{n,1,1}(\boldsymbol{r}) + \varphi_{n,1,-1}(\boldsymbol{r})\right]. \end{aligned} \tag{7.309}$$

Man sieht leicht, dass diese drei Wellenfunktionen auch in der Form

$$\sqrt{\frac{3}{4\pi}}\, R_{n,1}(r)\, \frac{z}{r}, \qquad \sqrt{\frac{3}{4\pi}}\, R_{n,1}(r)\, \frac{x}{r}, \qquad \sqrt{\frac{3}{4\pi}}\, R_{n,1}(r)\, \frac{y}{r} \tag{7.310}$$

geschrieben werden können. Es handelt sich um reelle Funktionen von r, θ, φ, die wie die Funktionen $\varphi_{n,1,m}(\boldsymbol{r})$ orthonomiert sind und eine Basis des Unterraums $\mathcal{H}_{n,l=1}$ bilden; sie heißen p_z-, p_x- bzw. *p_y-Orbital*, und wir wollen die Wellenfunktionen (7.310) mit $\varphi_{np_z}(\boldsymbol{r})$, $\varphi_{np_x}(\boldsymbol{r})$ und $\varphi_{np_y}(\boldsymbol{r})$ bezeichnen.

Zwei unterschiedliche geometrische Darstellungen erlauben es, die Form eines Orbitals $\psi(r, \theta, \varphi)$ zu verdeutlichen. Zunächst sind wir an der Winkelabhängigkeit des Orbitals interessiert: Wir legen einen Wert von r fest und tragen in jeder durch die Polarwinkel θ und φ gegebenen Richtung eine Strecke mit der Länge $|\psi(r, \theta, \varphi)|$ auf. Die Winkelabhängigkeit des $2p_z$-Orbitals ist dann die von $z/r = \cos\theta$. Da φ zwischen 0 und 2π und θ zwischen 0 und π variiert, beschreibt das Ende der Strecke mit der Länge $|\cos\theta|$, die in Richtung der Polarwinkel θ und φ eingezeichnet wird, zwei rotationssymmetrisch um die z-Achse angeordnete Kugelflächen, die am Ursprung tangential zur x, y-Ebene liegen und sich zu dieser spiegelsymmetrisch verhalten (Abb. 7.13a). Das in der Abbildung eingezeichnete Vorzeichen ist das der reellen Wellenfunktion. Eine andere mögliche Darstellung des Orbitals $\psi(r, \theta, \varphi)$ ergibt sich, wenn man sich eine Familie von Oberflächen ansieht, die jeweils zu einem gegebenen Wert von $|\psi(r, \theta, \varphi)|$ gehören (Oberflächen gleicher Wahrscheinlichkeitsdichte). Das ist in Abb. 7.13b für das $2p_z$-Orbital vorgeführt (wieder ist das eingezeichnete Vorzeichen das der reellen Wellenfunktion). Im weiteren Verlauf dieses Abschnitts werden wir mal die eine und mal die andere Darstellung verwenden.

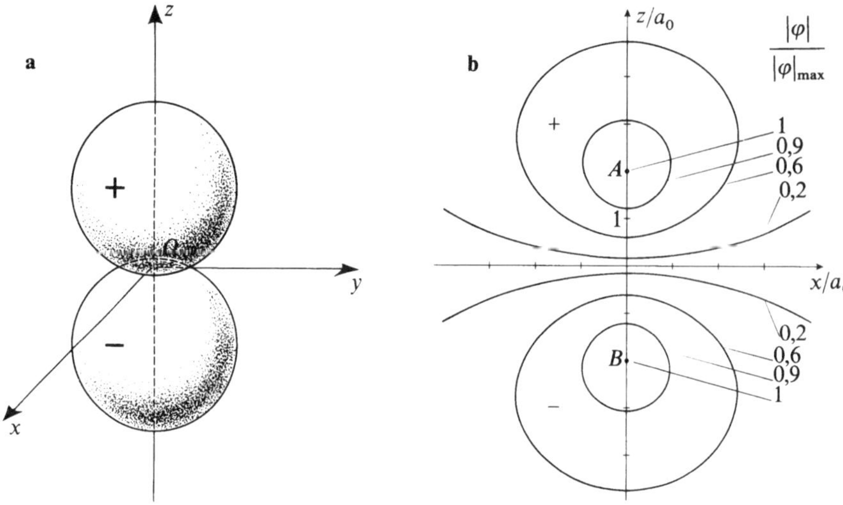

Abb. 7.13 Zwei mögliche Darstellungen eines p_z-Orbitals ($l = 1, m = 0$). **a**) Winkelabhängigkeit dieses Orbitals. Mit festem r tragen wir $|\varphi_{n,l=1,m=0}(r, \theta, \varphi)|$ für jede Richtung θ, φ auf. Wir erhalten zwei Kugeloberflächen, die im Ursprung tangential an der x, y-Ebene liegen. Das ihnen jeweils zugeordnete Vorzeichen ist das Vorzeichen der (reellen) Wellenfunktion. **b**) Schnitte in der x, z-Ebene zeigen eine Familie von Oberflächen, von denen jede zu einem gegebenen Wert von $|\varphi_{n,l=1,m=0}(r, \theta, \varphi)|$ gehört (wir haben Werte gleich dem 0.2-, 0.6- und 0.9-fachen des Maximalwerts von $|\varphi|$ an den Punkten A und B gewählt). Diese Flächen liegen rotationssymmetrisch um die z-Achse. Das eingezeichnete Vorzeichen ist das der (reellen) Wellenfunktion. Anders als in Abb. 7.13a hängt die Darstellung in Abb. 7.13b vom Radialteil der Wellenfunktion ab (hier wurde der Zustand des Wasserstoffatoms zu $n = 2$ gewählt).

Die p_x- und p_y-Orbitale erhält man aus dem p_z-Orbital, indem man Rotationen um die y-Achse und die x-Achse mit den Winkeln $+\pi/2$ bzw. $-\pi/2$ ausführt (s. Abb. 7.14a und 7.14b, die eine zur Abb. 7.13a identische Darstellung verwenden). Anders als das s-Orbital, das kugelsymmetrisch ist, zeigen die p_x-, p_y- und p_z-Orbitale in Richtung der x-, y- bzw. z-Achse.

p_u-Orbital. Die Wahl der x-, y- und z-Achsen erfolgt offensichtlich willkürlich. Durch lineare Superposition der p_x-, p_y- und p_z-Orbitale sollte sich daher ein Orbital p_u konstruieren lassen, das dieselbe Form hat, jedoch in Richtung einer beliebigen u-Achse orientiert ist.

Eine solche u-Achse sei gegeben, und sie schließe mit den x-, y-, z-Achsen die Winkel α, β bzw. γ ein. Offensichtlich gilt

$$\cos^2\alpha + \cos^2\beta + \cos^2\gamma = 1. \tag{7.311}$$

Wir betrachten nun den Gl. (7.311) zufolge normierten Zustand

$$\cos\alpha\,|np_x\rangle + \cos\beta\,|np_y\rangle + \cos\gamma\,|np_z\rangle. \tag{7.312}$$

Mit den Ausdrücken (7.310) können wir die zugehörige Wellenfunktion in der Form schreiben

$$\sqrt{\frac{3}{4\pi}}\, R_{n,l}(r)\, \frac{x\cos\alpha + y\cos\beta + z\cos\gamma}{r} = \sqrt{\frac{3}{4\pi}}\, R_{n,l}(r)\, \frac{u}{r}, \tag{7.313}$$

worin

$$u = x\cos\alpha + y\cos\beta + z\cos\gamma \tag{7.314}$$

die Projektion von $\boldsymbol{r}$ auf die u-Achse ist. Der Vergleich mit den Termen (7.310) zeigt, dass das auf diese Weise konstruierte Orbital tatsächlich ein p_u-Orbital ist.

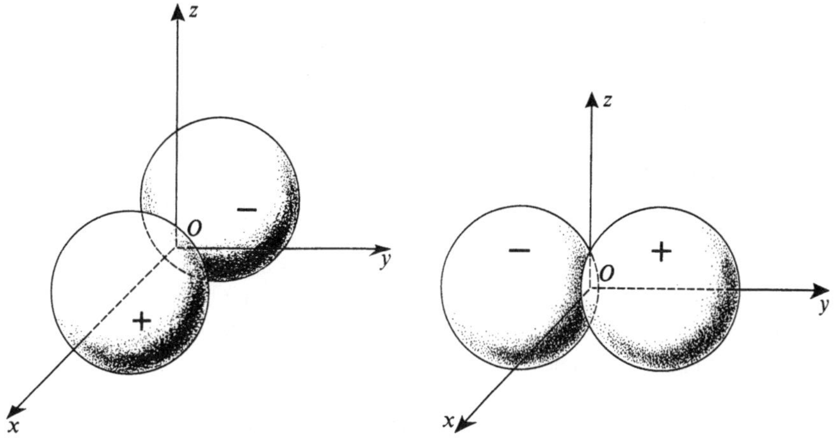

Abb. 7.14 a) Winkelabhängigkeit eines p_x-Orbitals (in der Darstellung von Abb. 7.13a); **b**) Winkelabhängigkeit eines p_y-Orbitals.

Daher kann jede reelle und normierte Linearkombination von p_x-, p_y- und p_z-Orbitalen,

$$\lambda\varphi_{np_x}(\boldsymbol{r}) + \mu\varphi_{np_y}(\boldsymbol{r}) + \nu\varphi_{np_z}(\boldsymbol{r}), \tag{7.315}$$

als ein in u-Richtung orientiertes p_u-Orbital betrachtet werden, wobei die u-Richtung definiert wird durch

$$\cos\alpha = \lambda, \qquad \cos\beta = \mu, \qquad \cos\gamma = \nu. \tag{7.316}$$

Beispiel: Struktur der H_2O- und H_3N-Moleküle. In erster Näherung (s. Abschnitt 14.5) kann man in einem Mehrelektronenatom jedes Elektron so betrachten, als bewege es sich unabhängig von den anderen in einem Zentralpotential $V_c(r)$, das die Summe ist aus dem anziehenden elektrostatischen Potential des Atomkerns und einem „mittleren Potential“ aufgrund der Abstoßung der anderen Elektronen. Jedes Elektron kann dann durch einen Zustand beschrieben werden, der durch die drei Quantenzahlen n, l, m charakterisiert wird. Da sich das Potential $V_c(r)$ nicht mehr wie $1/r$ verhält, hängt die Energie

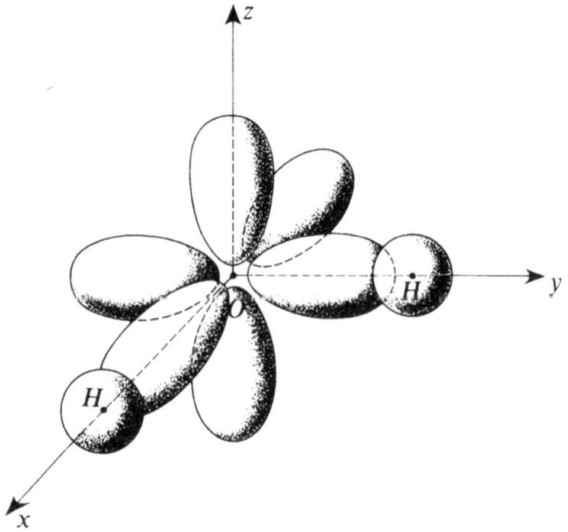

Abb. 7.15 Schematische Struktur des Wassermoleküls H_2O. Die $2p_x$- und $2p_y$-Orbitale ergeben Bindungen unter einem Winkel von ungefähr 90° (der reale Winkel beträgt wegen der elektrostatischen Abstoßung der beiden Protonen 104°).

nicht mehr nur von n, sondern auch von l ab. Wir werden in Abschnitt 14.5 sehen, dass sich die Energie des $2s$-Zustands gegenüber der des $2p$-Zustands leicht verringert; auch der $3s$-Zustand liegt tiefer als der $3p$-Zustand, dieser wiederum tiefer als der $3d$-Zustand usw.

Aus der Existenz des Spins und dem Pauli-Prinzip (worauf wir in Kapitel 9 und 14 eingehen werden) folgt, dass die $1s$-, $2s$-, ... Unterschalen jeweils nur zwei Elektronen enthalten können; die $2p$-, $3p$-, ... Unterschalen sechs Elektronen, ...; die nl-Unterschalen $2(2l + 1)$ Elektronen (der Faktor $2l + 1$ stammt von der L_z-Entartung und der Faktor 2 vom Elektronenspin).

In einem Sauerstoffatom, das acht Elektronen enthält, sind also die $1s$- und $2s$-Unterschalen gefüllt und enthalten zusammen vier Elektronen. Die vier verbleibenden Elektronen befinden sich in der $2p$-Unterschale: Zwei von ihnen (mit entgegengesetztem Spin) können eins der drei $2p$-Orbitale, z. B. das $2p_z$-Orbital, füllen; die anderen beiden verteilen sich dann auf die verbleibenden $2p_x$- und $2p_y$-Orbitale. Diese letzten beiden Elektronen sind die Valenzelektronen: Sie sind „ungepaart", d. h. die Orbitale, in denen sie sich befinden, können ein weiteres Elektron aufnehmen. Die $2p_x$- und $2p_y$-Wellenfunktionen der Valenzelektronen des Sauerstoffs zeigen daher in zwei senkrecht aufeinander stehende Richtungen. Es kann nun gezeigt werden: Je größer die Überlappung der Wellenfunktionen der beiden an einer chemischen Bindung beteiligten Elektronen ist, desto stabiler ist diese Bindung. Die beiden Wasserstoffatome, die sich zur Bildung eines Wassermoleküls mit dem Sauerstoffatom verbinden, müssen sich deshalb auf der x- bzw. der y-Achse befinden. Dann wird das kugelsymmetrische $1s$-Orbital des Valenzelektrons der beiden Wasserstoffatome maximal mit den $2p_x$- und $2p_y$-Orbitalen der Valenzelektronen des Sauerstoffatoms überlappen. Abbildung 7.15 zeigt die Form der Wahrscheinlichkeitsverteilungen für die Valenzelektronen des Sauerstoffatoms und der Wasserstoffatome im

Wassermolekül. Die verwendete grafische Darstellung ist analog zu der in Abb. 7.13b; wir haben für jedes Elektron die wie folgt definierte Fläche eingezeichnet: Die Wahrscheinlichkeitsdichte hat in allen Punkten der (Ober-)Fläche denselben Wert; er ist so gewählt, dass die gesamte innerhalb der Fläche eingeschlossene Wahrscheinlichkeit nahe bei eins liegt (z. B. bei 0.9).

Die vorstehende Überlegung ermöglicht uns, die Form des H_2O-Moleküls zu verstehen: Der Winkel zwischen den beiden OH-Bindungen sollte dicht bei 90° liegen. Der experimentell gefundene Winkel beträgt dagegen 104°. Die Differenz kommt teilweise durch die elektrostatische Abstoßung der beiden Protonen der Wasserstoffatome zustande und kann als Ergebnis einer leichten sp^3-Hybridisierung des $2p$- und $2s$-Orbitals verstanden werden (s. Abschnitt 7.8.5).

Eine ähnliche Überlegung erklärt die Pyramidenform des NH_3-Moleküls. Die drei Valenzelektronen des Stickstoffatoms besetzen die $2p_x$-, $2p_y$- und $2p_z$-Orbitale, die jeweils senkrecht zueinander orientiert sind. Wieder bewirkt die elektrostatische Abstoßung der Protonen der drei Wasserstoffatome eine Vergrößerung des Bindungswinkels von 90° auf 108° (durch leichte Hybridisierung des $2p$- und $2s$-Orbitals).

Andere Werte von l

Bisher haben wir uns auf die Betrachtung der s- und p-Orbitale beschränkt; eine Orthonormalbasis von reellen Orbitalen kann jedoch für jeden Wert von l konstruiert werden. Wenn wir (s. Abschnitt 6.4.1, Gl. (6.112)) die Beziehung

$$\left[Y_l^m(\theta,\varphi)\right]^* = (-1)^m Y_l^{-m}(\theta,\varphi) \tag{7.317}$$

beachten, so erkennen wir unmittelbar, dass (für $m \neq 0$) die beiden komplexen Funktionen $\varphi_{n,l,m}(\boldsymbol{r})$ und $\varphi_{n,l,-m}(\boldsymbol{r})$ durch die beiden Funktionen

$$\begin{aligned}&\frac{1}{\sqrt{2}}\left[\varphi_{n,l,m}(\boldsymbol{r}) + (-1)^m \varphi_{n,l,-m}(\boldsymbol{r})\right],\\ &\frac{\mathrm{i}}{\sqrt{2}}\left[\varphi_{n,l,m}(\boldsymbol{r}) - (-1)^m \varphi_{n,l,-m}(\boldsymbol{r})\right]\end{aligned} \tag{7.318}$$

ersetzt werden können, die reell und orthonormal zueinander sind.

So können wir für $l = 2$ (d-Orbitale) fünf reelle Orbitale konstruieren, deren Winkelabhängigkeit gegeben wird durch

$$\begin{aligned}&\sqrt{\frac{1}{2}}\,(3\cos^2\theta - 1),\ \sqrt{6}\sin\theta\cos\theta\cos\varphi,\ \sqrt{6}\sin\theta\cos\theta\sin\varphi,\\ &\sqrt{\frac{3}{2}}\,\sin^2\theta\cos 2\varphi,\ \sqrt{\frac{3}{2}}\,\sin^2\theta\sin 2\varphi\end{aligned}$$

($d_{3z^2-r^2}$-, d_{zx}-, d_{zy}-, $d_{x^2-y^2}$-, d_{xy}-Orbitale). Ihre Form ist etwas komplizierter als die der s- und p-Orbitale, und wir wollen uns auf Letztere beschränken; es ist jedoch möglich, auch im komplizierteren Fall in analoger Weise wie im Folgenden vorzugehen.

7.8.3 *sp*-Hybridisierung

Einführung von *sp*-Hybridorbitalen

Wir kehren zum Wasserstoffatom zurück und betrachten den Unterraum $\mathcal{H}_{ns} \oplus \mathcal{H}_{np}$, der durch die vier reellen Orbitale $\varphi_{ns}(\boldsymbol{r})$, $\varphi_{np_x}(\boldsymbol{r})$, $\varphi_{np_y}(\boldsymbol{r})$ und $\varphi_{np_z}(\boldsymbol{r})$ (die alle zur selben Energie gehören) aufgespannt wird. Wie wir nun zeigen werden, können wir durch lineare Überlagerung der ns- und np-Orbitale andere reelle Orbitale konstruieren, die eine Orthonormalbasis in $\mathcal{H}_{ns} \oplus \mathcal{H}_{np}$ bilden und die einige interessante Eigenschaften aufweisen.

Wir beginnen mit einer linearen Überlagerung der Orbitale $\varphi_{ns}(\boldsymbol{r})$ und $\varphi_{np_z}(\boldsymbol{r})$ allein, also ohne $\varphi_{np_x}(\boldsymbol{r})$ und $\varphi_{np_y}(\boldsymbol{r})$ zu benutzen. Wir ersetzen die beiden Funktionen $\varphi_{ns}(\boldsymbol{r})$ und $\varphi_{np_z}(\boldsymbol{r})$ durch die zwei orthonormalen Linearkombinationen

$$\begin{aligned} &\cos\alpha\, \varphi_{ns}(\boldsymbol{r}) + \sin\alpha\, \varphi_{np_z}(\boldsymbol{r}), \\ &\sin\alpha\, \varphi_{ns}(\boldsymbol{r}) - \cos\alpha\, \varphi_{np_z}(\boldsymbol{r}). \end{aligned} \tag{7.319}$$

Außerdem verlangen wir, dass die zwei Orbitale (7.319) dieselbe geometrische Form haben; da diese Form nur von den relativen Anteilen der s- und p-Orbitale in der Linearkombination abhängt, ist klar, dass dies für $\sin\alpha = \cos\alpha$ erfüllt ist, d. h. für $\alpha = \pi/4$. Die zwei neu eingeführten Orbitale sind daher von der Form

$$\begin{aligned} \varphi_{n,s,p_z}(\boldsymbol{r}) &= \frac{1}{\sqrt{2}}\left[\varphi_{ns}(\boldsymbol{r}) + \varphi_{np_z}(\boldsymbol{r})\right], \\ \varphi'_{n,s,p_z}(\boldsymbol{r}) &= \frac{1}{\sqrt{2}}\left[\varphi_{ns}(\boldsymbol{r}) - \varphi_{np_z}(\boldsymbol{r})\right], \end{aligned} \tag{7.320}$$

und wir sprechen hier von der *sp-Hybridisierung*. Wir haben also eine neue Orthonormalbasis von $\mathcal{H}_{ns} \oplus \mathcal{H}_{np}$ konstruiert, bestehend aus $\varphi_{n,s,p_z}(\boldsymbol{r})$, $\varphi'_{n,s,p_z}(\boldsymbol{r})$, $\varphi_{np_x}(\boldsymbol{r})$ und $\varphi_{np_y}(\boldsymbol{r})$.

Eigenschaften der *sp*-Hybridorbitale

Um die Winkelabhängigkeit der $\varphi_{n,s,p_z}(\boldsymbol{r})$- und $\varphi'_{n,s,p_z}(\boldsymbol{r})$-Hybridorbitale zu untersuchen, wählen wir einen festen Wert von r, r_0, und setzen

$$\begin{aligned} \lambda &= \sqrt{\frac{1}{4\pi}}\, R_{n,0}(r_0), \\ \mu &= \sqrt{\frac{3}{4\pi}}\, R_{n,1}(r_0). \end{aligned} \tag{7.321}$$

So erhalten wir mit den Ausdrücken (7.310) und (7.320) die Winkelfunktionen

$$\begin{aligned} &\frac{1}{\sqrt{2}}\,(\lambda + \mu\cos\theta), \\ &\frac{1}{\sqrt{2}}\,(\lambda - \mu\cos\theta), \end{aligned} \tag{7.322}$$

die wir mit derselben Methode wie in Abschnitt 7.8.2 (s. Abb. 7.13a) darstellen: Wir tragen in jede Richtung der Polarwinkel θ und φ eine Strecke der Länge $\frac{1}{\sqrt{2}}\,|\lambda + \mu\cos\theta|$

oder $\frac{1}{\sqrt{2}}\,|\lambda - \mu\cos\theta|$ auf und zeigen durch ein Minus- oder Pluszeichen an, ob die Wellenfunktion negativ oder positiv ist. Abbildung 7.16 zeigt die Schnitte in der x, z-Ebene der so erhaltenen Oberflächen, die in Bezug auf die z-Achse zylindersymmetrisch sind (wir haben $\mu > \lambda > 0$ angenommen). Das $\varphi_{n,s,p_z}(\boldsymbol{r})$-Orbital kann durch Spiegelung am Ursprung O in das $\varphi'_{n,s,p_z}(\boldsymbol{r})$-Orbital überführt werden. Wie man sieht, weist das $\varphi_{n,s,p_z}(\boldsymbol{r})$-Orbital in Bezug auf den Ursprung keine einfache Symmetrie auf; diese Asymmetrie tritt auf, weil die $\varphi_{np_z}(\boldsymbol{r})$- und $\varphi_{ns}(\boldsymbol{r})$-Orbitale, aus denen es gebildet ist (und die in Abb. 7.16c abgebildet sind), entgegengesetzte Parität haben. In der Region $z > 0$ haben $\varphi_{np_z}(\boldsymbol{r})$ und $\varphi_{ns}(\boldsymbol{r})$ gleiche Vorzeichen und addieren sich, während sie für $z < 0$ ungleiche Vorzeichen haben und sich somit voneinander subtrahieren. Für $\varphi'_{n,s,p_z}(\boldsymbol{r})$ kehren sich die Argumente um.

Die $\varphi_{n,s,p_z}(\boldsymbol{r})$-Orbitale dehnen sich daher in die positive Richtung der z-Achse weiter aus als in die negative Richtung, da für festes r die Werte, die es annehmen kann, für $\theta = 0$ (absolut betrachtet) größer sind als für $\theta = \pi$. Allgemein sind für große r, λ und μ die Werte des $\varphi_{n,s,p_z}(\boldsymbol{r})$-Orbitals in positiver z-Richtung größer als die jeweils von den $\varphi_{ns}(\boldsymbol{r})$- und $\varphi_{np_z}(\boldsymbol{r})$-Orbitalen angenommenen Werte (dasselbe gilt für das $\varphi'_{n,s,p_z}(\boldsymbol{r})$-Orbital in negativer z-Richtung).

Diese Eigenschaft spielt bei der Untersuchung chemischer Bindungen eine wichtige Rolle. Um sie qualitativ zu verstehen, nehmen wir an, in einem Atom A sei eines der Valenzelektronen entweder im ns-Orbital oder in einem np-Orbital. Dann nehmen wir an, in der Nachbarschaft des Atoms befinde sich ein anderes Atom B, und wir nennen die Verbindungsachse zwischen beiden die z-Achse. Das $\varphi_{n,s,p_z}(\boldsymbol{r})$-Orbital von A wird dann mehr mit den Orbitalen der Valenzelektronen von B überlappen als die $\varphi_{ns}(\boldsymbol{r})$- oder $\varphi_{np_z}(\boldsymbol{r})$-Orbitale. So sehen wir, dass die Hybridisierung der Orbitale von A zu einer größeren Stabilität der chemischen Bindung führt, da diese Stabilität, wie wir bereits ausgeführt haben, mit der Größe der Überlappung der an der Bindung beteiligten Elektronenorbitale von A und B wächst.

Beispiel: Die Struktur von Acetylen

Das Kohlenstoffatom besitzt sechs Elektronen. Wenn das Atom frei ist, befinden sich zwei davon in der $1s$-Unterschale, zwei in der $2s$-Unterschale und zwei in der $2p$-Unterschale. Nur die letzten beiden sind ungepaart, und Kohlenstoff sollte daher zweiwertig sein; das wird auch tatsächlich in einigen seiner Verbindungen beobachtet. Üblicherweise liegt Kohlenstoff jedoch in vierwertiger Form vor. Denn wenn das Kohlenstoffatom an andere Atome gebunden ist, so kann eines der $2s$-Elektronen seine Unterschale verlassen und in das dritte $2p$-Orbital wechseln, das im freien Kohlenstoffatom nicht besetzt ist. Es entstehen so vier ungepaarte Elektronen, deren Wellenfunktionen das Ergebnis einer Hybridisierung der vier Orbitale $2s$, $2p_x$, $2p_y$ und $2p_z$ sind.

Im Acetylenmolekül C_2H_2 sind daher die vier Valenzelektronen jedes Kohlenstoffatoms wie folgt verteilt: Zwei Elektronen befinden sich in den gerade eingeführten $\varphi_{2,s,p_z}(\boldsymbol{r})$- und $\varphi'_{2,s,p_z}(\boldsymbol{r})$-Hybridorbitalen und die anderen beiden in den in Abschnitt 7.8.2 behandelten $\varphi_{2p_x}(\boldsymbol{r})$- und $\varphi_{2p_y}(\boldsymbol{r})$-Orbitalen. Nach Abb. 7.16a und 7.16.b bilden die beiden Elektronen jedes Kohlenstoffatoms, die die $\varphi_{2,s,p_z}(\boldsymbol{r})$- und $\varphi'_{2,s,p_z}(\boldsymbol{r})$-Hybridorbitale besetzen, Bindungen unter einem Winkel von 180° zueinander aus: die erste mit

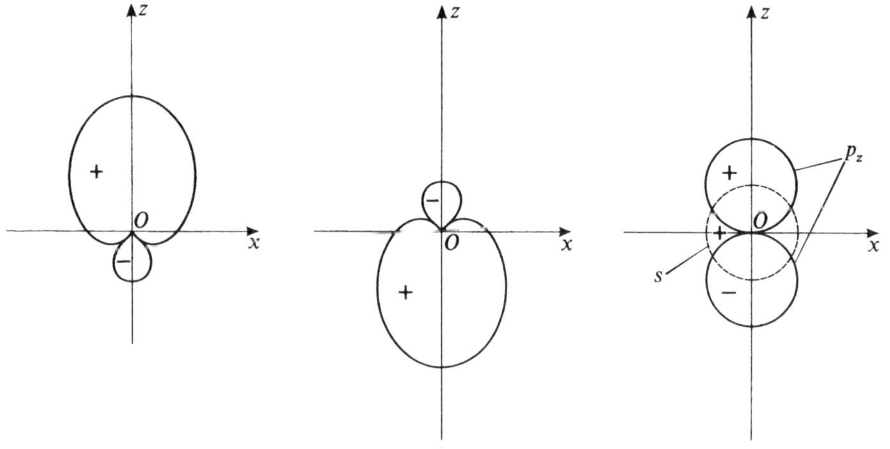

Abb. 7.16 Winkelabhängigkeit der $\varphi_{n,s,p_z}(\boldsymbol{r})$-Hybridorbitale (**a**) und der $\varphi'_{n,s,p_z}(\boldsymbol{r})$-Hybridorbitale (**b**), die aus den $\varphi_{ns}(\boldsymbol{r})$- und $\varphi_{np_z}(\boldsymbol{r})$-Orbitalen mit entgegengesetzter Parität hervorgehen (**c**). Ein Hybridorbital kann sich in bestimmte Raumrichtungen weiter ausdehnen als die reinen Orbitale, aus denen es gebildet wird.

dem anderen Kohlenstoffatom, und die zweite mit einem der beiden Wasserstoffatome (deren Valenzelektronen $1s$-Orbitale besetzen). So verstehen wir die lineare Struktur des C_2H_2-Moleküls (s. Abb. 7.17, in der wir dieselbe Art der grafischen Darstellung wie in Abb. 7.15 verwenden).

Für die beiden $2p_x$-Orbitale in jedem Kohlenstoffatom stellt sich eine seitliche Überlappung ein, genau wie bei den beiden $2p_y$-Orbitalen, wie in Abb. 7.17 durch die durchgezogenen Linien angedeutet ist. Sie tragen zu einer Verstärkung der chemischen Stabilität des Moleküls bei. Die beiden Kohlenstoffatome bilden also eine *Dreifachbindung* zwischen sich aus. Eine Bindung wird durch die $\varphi_{2,s,p_z}(\boldsymbol{r})$- und $\varphi'_{2,s,p_z}(\boldsymbol{r})$-Hybridorbitale erzeugt, die sich jeweils an einem der beiden Atome befinden und die in Bezug auf die z-Achse zylindersymmetrisch sind (σ-Bindung). Die zwei weiteren Bindungen kommen aufgrund der $\varphi_{2p_x}(\boldsymbol{r})$- und $\varphi_{2p_y}(\boldsymbol{r})$-Orbitale zustande, die symmetrisch sind in Bezug auf die x, z- und y, z-Ebenen (π-Bindung).

Bemerkung

Wir haben bereits darauf hingewiesen, dass die $2p$-Unterschale in einem Mehrelektronenatom eine höhere Energie als die $2s$-Unterschale hat. Der Wechsel eines Elektrons aus der $2s$-Unterschale in die $2p$-Unterschale ist deshalb energetisch nicht ohne Weiteres möglich. Die für diese Anregung benötigte Energie wird jedoch durch die Erhöhung der Stabilität aufgrund der an den C–H- und C–C-Bindungen beteiligten Hybridorbitalen kompensiert.

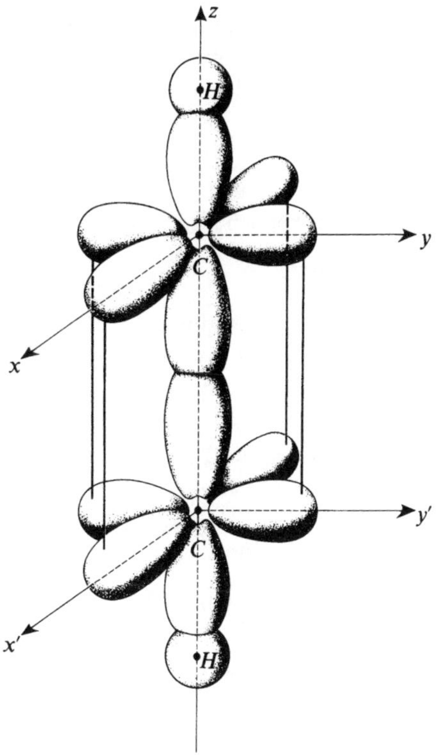

Abb. 7.17 Schematische Struktur des Acetylenmoleküls C_2H_2. Für jedes Kohlenstoffatom befinden sich zwei Elektronen in den sp_z-Hybridorbitalen (s. Abb. 7.16) und tragen zu der C–H- und C–C-Bindung bei (σ-Bindungen). Außerdem befinden sich zwei Elektronen in den p_x- und p_y-Orbitalen und bilden zusätzliche Bindungen zwischen den beiden Kohlenstoffatomen aus (π-Bindungen, schwächer als σ-Bindungen), in der Abbildung durch vertikale Linien dargestellt. Die C–C-Bindung ist daher eine *Dreifachbindung*.

7.8.4 sp^2-Hybridisierung

Einführung von sp^2-Hybridorbitalen

Wir kehren zurück zu den vier Orbitalen $\varphi_{ns}(\boldsymbol{r})$, $\varphi_{np_x}(\boldsymbol{r})$, $\varphi_{np_y}(\boldsymbol{r})$, $\varphi_{np_z}(\boldsymbol{r})$ und ersetzen die ersten drei durch die folgenden reellen Kombinationen:

$$\begin{aligned}
\varphi_{n,s,p_x,p_y}(\boldsymbol{r}) &= a\varphi_{ns}(\boldsymbol{r}) + b\varphi_{np_x}(\boldsymbol{r}) + c\varphi_{np_y}(\boldsymbol{r}),\\
\varphi'_{n,s,p_x,p_y}(\boldsymbol{r}) &= a'\varphi_{ns}(\boldsymbol{r}) + b'\varphi_{np_x}(\boldsymbol{r}) + c'\varphi_{np_y}(\boldsymbol{r}),\\
\varphi''_{n,s,p_x,p_y}(\boldsymbol{r}) &= a''\varphi_{ns}(\boldsymbol{r}) + b''\varphi_{np_x}(\boldsymbol{r}) + c''\varphi_{np_y}(\boldsymbol{r}).
\end{aligned} \tag{7.323}$$

Wir verlangen, dass die drei Wellenfunktionen (7.323) äquivalent sind, d. h. durch Rotationen um die z-Achse ineinander überführt werden können. Der Anteil der $\varphi_{ns}(\boldsymbol{r})$-Orbitale muss daher in allen Funktionen gleich sein:

$$a = a' = a''. \tag{7.324}$$

Es ist immer möglich, die Achsen so zu legen, dass das erste Orbital (7.323) symmetrisch in Bezug auf die x, z-Ebene ist; wir können also

$$c = 0 \tag{7.325}$$

wählen. Indem wir verlangen, dass die drei Orbitale (7.323) normiert und orthogonal sind, erhalten wir sechs Beziehungen, mit denen wir die sechs Koeffizienten a, b, b', b'', c', c'' bestimmen[30] können. Eine einfache Rechnung ergibt

$$\begin{aligned}
\varphi_{n,s,p_x,p_y}(\boldsymbol{r}) &= \frac{1}{\sqrt{3}}\,\varphi_{ns}(\boldsymbol{r}) + \sqrt{\frac{2}{3}}\,\varphi_{np_x}(\boldsymbol{r}),\\
\varphi'_{n,s,p_x,p_y}(\boldsymbol{r}) &= \frac{1}{\sqrt{3}}\,\varphi_{ns}(\boldsymbol{r}) - \frac{1}{\sqrt{6}}\,\varphi_{np_x}(\boldsymbol{r}) + \frac{1}{\sqrt{2}}\,\varphi_{np_y}(\boldsymbol{r}),\\
\varphi''_{n,s,p_x,p_y}(\boldsymbol{r}) &= \frac{1}{\sqrt{3}}\,\varphi_{ns}(\boldsymbol{r}) - \frac{1}{\sqrt{6}}\,\varphi_{np_x}(\boldsymbol{r}) - \frac{1}{\sqrt{2}}\,\varphi_{np_y}(\boldsymbol{r}).
\end{aligned} \tag{7.326}$$

Das ist die sogenannte „sp^2-Hybridisierung“. Die drei Hybridorbitale (7.326) und das $\varphi_{np_z}(\boldsymbol{r})$-Orbital bilden eine neue Orthonormalbasis des Raums $\mathcal{H}_{ns} \oplus \mathcal{H}_{np}$.

Eigenschaften der sp^2-Hybridorbitale

Wir werden dieselbe grafische Darstellung wie in Abb. 7.16 benutzen.

Das $\varphi_{n,s,p_x,p_y}(\boldsymbol{r})$-Orbital ist zylindrisch symmetrisch um die x-Achse. Abbildung 7.18 zeigt den Schnitt in der x, y-Ebene durch die Fläche, die die Winkelabhängigkeit für festes r wiedergibt. Die Form der erhaltenen Kurve ist völlig analog zu der in Abb. 7.16a: Das Orbital zeigt in die positive x-Richtung.

Indem wir die zweite der Gleichungen (7.309) für $\varphi_{np_x}(\boldsymbol{r})$ verwenden, können wir leicht die Wirkung des Operators, der eine Drehung um den Winkel α um die z-Achse ausführt, $\mathrm{e}^{-\mathrm{i}\alpha L_z/\hbar}$, auf $|\varphi_{np_x}\rangle$ erhalten:

$$\mathrm{e}^{-\mathrm{i}\alpha L_z/\hbar}\,|\varphi_{np_x}\rangle = \cos\alpha|\varphi_{np_x}\rangle + \sin\alpha|\varphi_{np_y}\rangle. \tag{7.327}$$

Ebenso gilt offensichtlich

$$\mathrm{e}^{-\mathrm{i}\alpha L_z/\hbar}\,|\varphi_{ns}\rangle = |\varphi_{ns}\rangle. \tag{7.328}$$

Mit den Gleichungen (7.326) folgt dann

$$|\varphi'_{n,s,p_x,p_y}\rangle = \mathrm{e}^{-2\mathrm{i}\pi L_z/3\hbar}|\varphi_{n,s,p_x,p_y}\rangle, \tag{7.329}$$

$$|\varphi''_{n,s,p_x,p_y}\rangle = \mathrm{e}^{2\mathrm{i}\pi L_z/3\hbar}|\varphi_{n,s,p_x,p_y}\rangle. \tag{7.330}$$

[30]Die Vorzeichen von a, b und c' können beliebig gewählt werden.

Die beiden durch die zweite und dritte Gleichung von (7.326) gegebenen Orbitale können daher durch eine Rotation mit den Winkeln $2\pi/3$ und $-2\pi/3$ um die z-Achse aus dem ersten erhalten werden. In Abb. 7.18b und 7.18c sind die Schnitte in der x, y-Ebene dargestellt, die ihre Winkelabhängigkeit darstellen.

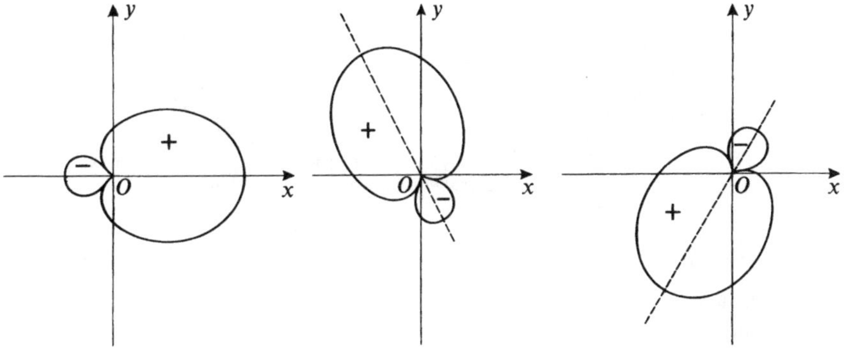

Abb. 7.18 Winkelabhängigkeit der drei orthogonalen sp^2-Orbitale. Die $\varphi_{n,s,p_x,p_y}(\boldsymbol{r})$-, $\varphi'_{n,s,p_x,p_y}(\boldsymbol{r})$- und $\varphi''_{n,s,p_x,p_y}(\boldsymbol{r})$-Orbitale können durch Rotationen um 120° um die z-Achse ineinander überführt werden.

Beispiel: Die Struktur von Ethylen

Wie im Acetylenmolekül haben auch die beiden Kohlenstoffatome des Ethylenmoleküls C_2H_4 jeweils vier Valenzelektronen (ein Elektron in der $2s$-Unterschale und drei in der $2p$-Unterschale).

Drei dieser vier Elektronen besetzen sp^2-Hybridorbitale vom gerade besprochenen Typ; es sind diejenigen, die für jedes Kohlenstoffatom die Bindungen mit dem benachbarten Kohlenstoffatom und den zwei Wasserstoffatomen einer CH_2-Gruppe ausbilden. Auf diese Weise sehen wir, warum die drei Bindungen C–C, C–H, C–H eines Kohlenstoffatoms in einer Ebene liegen und zueinander Winkel von 120° bilden (s. Abb. 7.19, in der wir die grafische Darstellung von Abb. 7.15 und 7.17 verwenden). Das verbleibende Elektron der Kohlenstoffatome besetzt das $2p_z$-Orbital. Die $2p_z$-Orbitale der beiden Kohlenstoffatome überlappen sich teilweise seitlich, was durch die durchgezogenen Linien in Abb. 7.19 angedeutet wird.

Die beiden Kohlenstoffatome des Ethylenmoleküls sind daher durch eine *Doppelbindung* miteinander verbunden: Eine Bindung wird entlang der Verbindungslinie der beiden Kohlenstoffatome durch die beiden sp^2-Hybridorbitale, die zylindersymmetrisch um die x-Achse liegen (σ-Bindung), und eine Bindung aufgrund der beiden $2p_z$-Orbitale symmetrisch zur x, z-Ebene (π-Bindung) gebildet. Letztere verhindert eine Verdrehung einer CH_2-Gruppe in Bezug auf die andere; würde man eine CH_2-Gruppe um die Verbindungsachse der beiden Kohlenstoffatome drehen, wären die Achsen der beiden Orbitale $2p_z$ und $2p_{z'}$ nicht mehr parallel zueinander (Abb. 7.19). Es würde ihre gegenseitige seitliche

Überlappung verringert und damit auch die Stabilität des Systems. So wird klar, warum die sechs Atome des Moleküls in einer Ebene liegen.

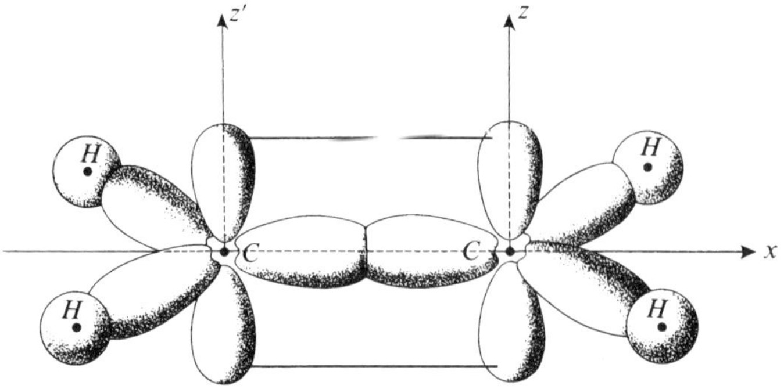

Abb. 7.19 Schematische Struktur des Ethylenmoleküls C_2H_4. Die beiden Kohlenstoffatome bilden eine Doppelbindung zueinander aus: eine σ-Bindung von der Art wie in Abb. 7.18 (die anderen beiden sp^2-Hybridorbitale unter einem Winkel von 120° bilden die C–H-Bindungen), und eine π-Bindung aufgrund der Überlappung der p_z-Orbitale.

7.8.5 sp^3-Hybridisierung

Einführung von sp^3-Hybridorbitalen

Wir werden jetzt die vier Orbitale $\varphi_{ns}(\boldsymbol{r})$, $\varphi_{np_x}(\boldsymbol{r})$, $\varphi_{np_y}(\boldsymbol{r})$, $\varphi_{np_z}(\boldsymbol{r})$ überlagern, um die folgenden vier Hybridorbitale zu erhalten:

$$\begin{aligned}
\varphi_{n,s,p_x,p_y,p_z}(\boldsymbol{r}) &= a\varphi_{ns}(\boldsymbol{r}) + b\varphi_{np_x}(\boldsymbol{r}) + c\varphi_{np_y}(\boldsymbol{r}) + d\varphi_{np_z}(\boldsymbol{r}),\\
\varphi'_{n,s,p_x,p_y,p_z}(\boldsymbol{r}) &= a'\varphi_{ns}(\boldsymbol{r}) + b'\varphi_{np_x}(\boldsymbol{r}) + c'\varphi_{np_y}(\boldsymbol{r}) + d'\varphi_{np_z}(\boldsymbol{r}),\\
\varphi''_{n,s,p_x,p_y,p_z}(\boldsymbol{r}) &= a''\varphi_{ns}(\boldsymbol{r}) + b''\varphi_{np_x}(\boldsymbol{r}) + c''\varphi_{np_y}(\boldsymbol{r}) + d''\varphi_{np_z}(\boldsymbol{r}),\\
\varphi'''_{n,s,p_x,p_y,p_z}(\boldsymbol{r}) &= a'''\varphi_{ns}(\boldsymbol{r}) + b'''\varphi_{np_x}(\boldsymbol{r}) + c'''\varphi_{np_y}(\boldsymbol{r}) + d'''\varphi_{np_z}(\boldsymbol{r}).
\end{aligned} \tag{7.331}$$

Wir verlangen wieder, dass die vier Orbitale dieselbe geometrische Form haben. Das bedeutet

$$a = a' = a'' = a'''. \tag{7.332}$$

Die Symmetrieachse eines Orbitals kann beliebig gewählt werden, ebenso wie die Lage der Fläche, die diese Achse und die Symmetrieachse eines zweiten Orbitals enthält. Dadurch wird die Anzahl der freien Parameter auf 10 reduziert; wir können sie festlegen, indem wir die vier Orbitale (7.331) orthonormiert wählen.

Wir begnügen uns an dieser Stelle damit, einen möglichen Satz solcher Hybridorbitale anzugeben:

$$
\begin{aligned}
& a = b = c = d = \frac{1}{2}, \\
& a' = -b' = -c' = d' = \frac{1}{2}, \\
& a'' = -b'' = c'' = -d'' = \frac{1}{2}, \\
& a''' = b''' = -c''' = -d''' = \frac{1}{2},
\end{aligned}
\tag{7.333}
$$

von dem sofort gezeigt werden kann, dass er orthonormal und von der verlangten geometrischen Form ist. Alle anderen möglichen Sätze können aus diesem durch Rotationen erhalten werden.

Auf diese Weise haben wir die sogenannte sp^3*-Hybridisierung* durchgeführt. Die vier Orbitale (7.331) mit den Koeffizienten (7.333) bilden eine neue Orthonormalbasis im Raum $\mathcal{H}_{ns} \oplus \mathcal{H}_{np}$.

Eigenschaften der sp^3-Hybridorbitale

Die vier in Abschnitt 7.8.5 konstruierten Orbitale sind in der Form analog zu den in den Abschnitten 7.8.3 und 7.8.4 betrachteten Orbitalen. Sie zeigen in Richtung der Vektoren mit den folgenden Komponenten:

$$
\begin{aligned}
& (1, 1, 1), \\
& (-1, -1, -1), \\
& (-1, 1, -1), \\
& (1, -1, -1).
\end{aligned}
\tag{7.334}
$$

Die Achsen der vier sp^3-Orbitale sind daher wie die Verbindungslinien vom Mittelpunkt zu den vier Eckpunkten eines regelmäßigen Tetraeders angeordnet; der Winkel zwischen zwei Achsen beträgt $109°28'$.

Beispiel: Die Struktur von Methan

Im Methanmolekül CH_4 besetzen die vier Valenzelektronen des Kohlenstoffatoms je eins der vier oben untersuchten sp^3-Hybridorbitale. Das erklärt sofort, warum die vier Wasserstoffatome die Ecken eines regelmäßigen Tetraeders mit dem Kohlenstoffatom im Zentrum bilden (Abb. 7.20).

Im Ethanmolekül C_2H_6 ist ein Wasserstoffatom des Methans durch eine CH_3-Gruppe ersetzt. Die beiden Kohlenstoffatome sind dann durch eine Einfachbindung von zwei sp^3-Hybridorbitalen verknüpft, die zylindersymmetrisch zur Verbindungslinie der Kohlenstoffatome ist. Die Abwesenheit einer zweiten Bindung erlaubt die freie Rotation einer CH_3-Gruppe in Bezug auf die andere.

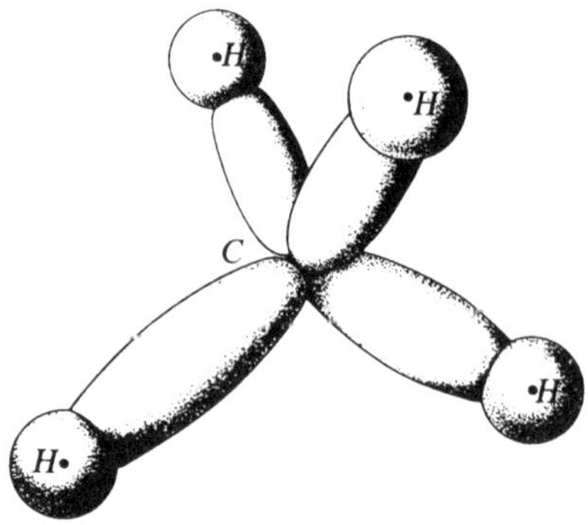

Abb. 7.20 Schematische Struktur des Methanmoleküls. Die sp^3-Orbitale erzeugen Bindungen, die wie die Verbindungslinien des Zentrums eines Tetraeders zu den vier Eckpunkten angeordnet sind (Winkel von $109°28'$).

7.9 Vibrations- und Rotationsniveaus zweiatomiger Moleküle

7.9.1 Einleitung

In diesem Abschnitt wollen wir die Ergebnisse dieses Kapitels verwenden, um die stationären Zustände eines aus den zwei Kernen eines zweiatomigen Moleküls bestehenden Systems quantenmechanisch zu untersuchen. Dabei werden wir alle Freiheitsgrade dieses Systems gleichzeitig berücksichtigen: einerseits die Schwingungen der beiden Atomkerne um ihre Gleichgewichtslage und andererseits die Rotation des Gesamtsystems um seinen Massenmittelpunkt. Wir werden zeigen, dass die Ergebnisse der Abschnitte 5.5 und 6.7, die für nur einen Freiheitsgrad erhalten wurden, in erster Näherung auch hier ihre Gültigkeit behalten. Zusätzlich werden wir eine Reihe von Korrekturen, die sich aus der „zentrifugalen Verzerrung“ des Moleküls und der Kopplung von Vibration und Rotation ergeben, berechnen und interpretieren.

Wir sahen in Abschnitt 5.5.1 (Born-Oppenheimer-Näherung), dass die potentielle Energie $V(r)$ der Wechselwirkung zwischen den beiden Atomkernen nur von ihrem gegenseitigen Abstand r abhängt und die in Abb. 7.21 gezeigte Form hat: Das Potential $V(r)$ wirkt bei großen Abständen anziehend, bei kleinen Abständen abstoßend und hat bei $r = r_e$ ein Minimum der Tiefe V_0. Wir bezeichnen nun mit m_1 und m_2 die Massen der beiden Atomkerne. Da das Wechselwirkungspotential $V(r)$ dieser beiden Teilchen nur von r abhängt, können wir nach Abschnitt 7.2 die Bewegung des Massenmittelpunkts (die derjenigen eines freien Teilchens der Masse $M = m_1 + m_2$ entspricht) und die relative Bewegung der Teilchen im Ruhesytem des Massenmittelpunkts getrennt voneinander betrachten. Die Relativbewegung ist äquivalent zur Bewegung eines fiktiven Teilchens der Masse

$$\mu = \frac{m_1 m_2}{m_1 + m_2}, \tag{7.335}$$

das sich in einem Potential $V(r)$ (s. Abb. 7.21) befindet.

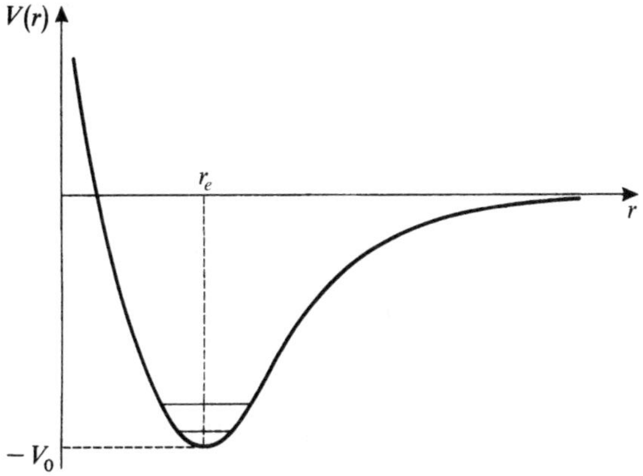

Abb. 7.21 Wechselwirkungsenergie $V(r)$ zwischen den Atomkernen eines zweiatomigen Moleküls in Abhängigkeit vom Abstand r; $V(r)$ nimmt seinen minimalen Wert $-V_0$ bei $r = r_e$ an. Die ersten Vibrationszustände werden durch die horizontalen Linien in der Potentialmulde dargestellt.

Wenn wir uns nur für diese Relativbewegung interessieren, werden die stationären Zustände des Systems nach Abschnitt 7.1 durch die Wellenfunktionen

$$\varphi_{v,l,m}(r,\theta,\varphi) = \frac{1}{r} u_{v,l}(r) Y_l^m(\theta,\varphi) \tag{7.336}$$

beschrieben, wobei die entsprechenden Energien $E_{v,l}$ und die Radialfunktionen $u_{v,l}(r)$ durch die Gleichung

$$\left[-\frac{\hbar^2}{2\mu}\frac{\mathrm{d}^2}{\mathrm{d}r^2} + V(r) + \frac{l(l+1)\hbar^2}{2\mu r^2}\right] u_{v,l}(r) = E_{v,l} u_{v,l}(r) \tag{7.337}$$

gegeben werden.

Bemerkung
Streng genommen gehen wir in diesem ganzen Abschnitt (wie in den Abschnitten 5.5 und 6.7) davon aus, dass die Projektion des Gesamtbahndrehimpulses der Elektronen auf die Verbindungsachse der beiden Atomkerne gleich null ist, ebenso wie ihr Gesamtspin. Der Gesamtdrehimpuls des Moleküls stammt dann nur von der Rotation der Atomkerne. Diese Bedingung ist bei nahezu allen zweiatomigen Molekülen im Grundzustand erfüllt. Im allgemeinen Fall treten auch Terme in der Wechselwirkungsenergie der Atomkerne auf, die nicht nur vom Abstand r abhängen.

7.9.2 Näherungslösung der Radialgleichung

Die Radialgleichung ist von derselben Form wie die Eigenwertgleichung des Hamilton-Operators eines eindimensionalen Problems, bei dem sich ein Teilchen der Masse μ unter dem Einfluss des effektiven Potentials

$$V_{\text{eff}}(r) = V(r) + \frac{l(l+1)\hbar^2}{2\mu r^2} \tag{7.338}$$

befindet.

Die Zustände mit dem Drehimpuls null ($l = 0$)

Für $l = 0$ ist das „Zentrifugalpotential" $l(l+1)\hbar^2/2\mu r^2$ gleich null und $V_{\text{eff}}(r)$ gleich $V(r)$. In der Nähe des Minimums bei $r = r_e$ kann $V(r)$ in Potenzen von $r - r_e$ entwickelt werden,

$$V(r) = -V_0 + f(r - r_e)^2 - g(r - r_e)^3 + \cdots; \tag{7.339}$$

f und g sind positiv, da $r = r_e$ ein Minimum ist und die potentielle Energie für $r < r_e$ schneller wächst als für $r > r_e$.

Zunächst vernachlässigen wir den $(r - r_e)^3$-Term und Terme höherer Ordnung. Das Potential ist dann rein parabolisch und wir kennen die Eigenzustände und Eigenwerte des Hamilton-Operators. Wenn wir

$$\omega = \sqrt{\frac{2f}{\mu}} \tag{7.340}$$

setzen, erhalten wir Niveaus mit der Energie

$$E_{v,0} = -V_0 + \left(v + \frac{1}{2}\right)\hbar\omega \qquad (v = 0, 1, 2, \ldots) \tag{7.341}$$

und den zugehörigen Wellenfunktionen (s. Kapitel 5, Abschnitt 5.6)

$$u_v(r) = \left(\frac{\beta^2}{\pi}\right)^{1/4} \frac{1}{\sqrt{2^v v!}}\, \mathrm{e}^{-\beta^2(r-r_e)^2/2}\, H_v\left[\beta(r - r_e)\right], \tag{7.342}$$

wobei

$$\beta = \sqrt{\frac{\mu\omega}{\hbar}} \tag{7.343}$$

ist (H_v ist ein hermitesches Polynom). In Abb. 7.21 haben wir die ersten beiden Energieniveaus durch horizontale Linien dargestellt. Die Länge dieser Linien ist ein Maß für die Ausdehnung $(\Delta r)_v$ der zu diesen Zuständen gehörenden Wellenfunktionen; wir erinnern uns (Abschnitt 5.4.1, Gl. (5.109)):

$$(\Delta r)_v \approx \sqrt{\left(v + \frac{1}{2}\right)\frac{\hbar}{\mu\omega}}. \tag{7.344}$$

Für die Richtigkeit der vorliegenden Rechnung ist notwendig, dass in einer Umgebung der Breite $(\Delta r)_v$ um $r = r_e$ der $(r - r_e)^3$-Term in Gl. (7.339) im Vergleich zum $(r - r_e)^2$-Term immer vernachlässigbar ist; es muss daher gelten

$$f \gg g(\Delta r)_v = g(\Delta r)_0\sqrt{v + \frac{1}{2}}, \tag{7.345}$$

worin $(\Delta r)_0$ die Ausdehnung des Grundzustands ist:

$$(\Delta r)_0 = \sqrt{\frac{\hbar}{\mu\omega}}. \tag{7.346}$$

Daraus folgt insbesondere

$$f \gg g(\Delta r)_0. \tag{7.347}$$

Die Bedingung (7.347) ist in der Praxis immer erfüllt. Wir wollen uns im Folgenden auf Quantenzahlen v beschränken, die klein genug sind, damit auch Gl. (7.345) erfüllt ist.

Bemerkung
Die Entwicklung (7.339) gilt offensichtlich nicht für $r = 0$, wo $V(r)$ unendlich wird. Die durchgeführte Beweisführung setzt

$$(\Delta r)_v \ll r_e \tag{7.348}$$

voraus. Für diesen Fall sind die Wellenfunktionen (7.342) im Ursprung praktisch gleich null und entsprechen fast den exakten Lösungen der Radialgleichung (7.337), die bei $r = 0$ exakt verschwinden müssen (s. Abschnitt 7.1.2).

Allgemeiner Fall (l beliebige ganze Zahl)

Einfluss des Zentrifugalpotentials. An der Stelle $r = r_e$ ist das Zentrifugalpotential

$$\frac{l(l+1)\hbar^2}{2\mu r_e^2} = Bh\,l(l+1)\,, \tag{7.349}$$

worin

$$B = \frac{\hbar}{4\pi\mu r_e^2} \tag{7.350}$$

die in Abschnitt 6.7 eingeführte Rotationskonstante ist; in der genannten Ergänzung (Abschnitt 6.7.4) haben wir bereits dargelegt, dass die Energie $2Bh$ (der Abstand zwischen zwei benachbarten Linien im reinen Rotationsspektrum) immer sehr viel kleiner ist als $\hbar\omega$ (das Vibrationsquant):

$$2Bh \ll \hbar\omega. \tag{7.351}$$

Wir beschränken uns hier auf Rotationsquantenzahlen l, die klein genug bleiben, um die folgende Abschätzung zu erfüllen:

$$Bh\,l(l+1) \ll \hbar\omega. \tag{7.352}$$

In einer Umgebung schmaler Breite Δr um $r = r_e$ ist die Änderung des Zentrifugalpotentials von der Größe

$$\frac{l(l+1)\hbar^2}{\mu r_e^3}\Delta r = 2Bh\,l(l+1)\frac{\Delta r}{r_e}. \tag{7.353}$$

Die Änderung des Potentials $V(r)$ beträgt ungefähr

$$f(\Delta r)^2 = \frac{1}{2}\mu\omega^2(\Delta r)^2 = \frac{1}{2}\hbar\omega\frac{(\Delta r)^2}{(\Delta r)_0^2}, \tag{7.354}$$

wobei wir Gl. (7.346) benutzt haben. Wie wir aus dem vorhergehenden Abschnitt wissen, ist die Ausdehnung Δr der Wellenfunktionen klein gegen r_e, aber natürlich mindestens von der Größenordnung $(\Delta r)_0$. Daher ist in den Gebieten mit bedeutenden Amplituden der Wellenfunktionen die Änderung des Zentrifugalpotentials (7.353) nach Ungleichung (7.352) sehr viel kleiner als die in Gl. (7.354) angegebene Änderung von $V(r)$. Wir können dann in erster Näherung das Zentrifugalpotential in Gl. (7.338) durch den Wert (7.349) bei $r = r_e$ ersetzen, so dass sich für das effektive Potential ergibt

$$V_{\text{eff}}(r) \approx V(r) + Bh\,l(l+1). \tag{7.355}$$

Energieniveaus und stationäre Wellenfunktionen. Wenn wir Gl. (7.355) verwenden und Terme höherer als zweiter Ordnung in der Entwicklung (7.339) vernachlässigen, können wir die Radialgleichung (7.337) in der Form

$$\left[-\frac{\hbar^2}{2\mu}\frac{\mathrm{d}^2}{\mathrm{d}r^2} + \frac{1}{2}\mu\omega^2(r-r_e)^2\right]u_{v,l}(r) = \left[E_{v,l} + V_0 - Bhl(l+1)\right]u_{v,l}(r) \tag{7.356}$$

schreiben, die völlig analog zur Eigenwertgleichung des eindimensionalen harmonischen Oszillators ist.

Daraus schließen wir sofort, dass der Term in Klammern auf der rechten Seite gleich $(v + 1/2)\hbar\omega$ sein muss, mit $v = 0, 1, 2, \ldots$; daraus ergeben sich die möglichen Energieniveaus $E_{v,l}$ des Moleküls:

$$E_{v,l} = -V_0 + \left(v + \frac{1}{2}\right)\hbar\omega + Bh\,l(l+1) \tag{7.357}$$

mit $v = 0, 1, 2, \ldots$ und $l = 0, 1, 2, \ldots$ Wie die Radialfunktionen hängen sie nicht von l ab, da der Differentialoperator auf der rechten Seite von Gl. (7.356) nicht von l abhängt. Wir haben also

$$u_{v,l}(r) = u_v(r), \tag{7.358}$$

wobei $u_v(r)$ durch Gl. (7.342) gegeben wird. Die Wellenfunktionen der stationären Zustände (7.336) lauten dann in dieser Näherung

$$\varphi_{v,l,m}(r,\theta,\varphi) = \frac{1}{r}u_v(r)Y_l^m(\theta,\varphi). \tag{7.359}$$

Wir sehen also, dass die Energien der stationären Zustände die Summen der in den Abschnitten 5.5 und 6.7 berechneten Energien sind, bei denen jeweils nur ein Freiheitsgrad (Vibration oder Rotation) berücksichtigt wurde. Außerdem sind die Wellenfunktionen bis auf einen Faktor $1/r$ die Produkte der in diesen beiden Abschnitten gefundenen Wellenfunktionen.

In Abb. 7.22 sind die ersten beiden Rotationsniveaus $v = 0$ und $v = 1$ mit ihrer Rotationsstruktur aufgrund des Terms $Bh\,l(l+1)$ dargestellt.

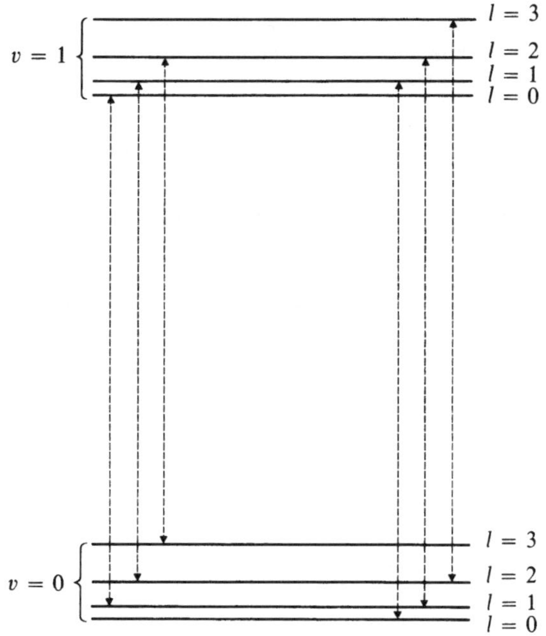

Abb. 7.22 Die Abbildung stellt die beiden ersten Vibrationsniveaus ($v = 0$ und $v = 1$) eines zweiatomigen Moleküls mit deren Rotationsstruktur ($l = 0, 1, \ldots$) dar. Innerhalb der Näherung ist diese Rotationsstruktur für die verschiedenen Vibrationsniveaus gleich. Für ein heteropolares Molekül ergeben die durch vertikale Pfeile angegebenen Übergänge die Linien des Vibrations-Rotations-Spektrums des Moleküls. Diese Linien liegen im Infrarotbereich. Die Übergänge erfüllen die Auswahlregel $\Delta l = l' - l = \pm 1$.

Das Vibrations-Rotations-Spektrum

Wir beschränken uns auf die Untersuchung des infraroten Absorptions- oder Emissionsspektrums und gehen von heteropolaren Molekülen aus (wir könnten Rechnungen analog zu denen in den Abschnitten 5.5.1 und 6.7.4 durchführen, wenn wir homöopolare Moleküle und den Raman-Effekt betrachten würden).

Auswahlregeln. Wir erinnern uns, dass das Dipolmoment $D(r)$ des Moleküls die Richtung der Verbindungsachse der beiden Atomkerne hat und um r_e in Potenzen von $r - r_e$ entwickelt werden kann:

$$D(r) = d_0 + d_1(r - r_e) + \cdots . \tag{7.360}$$

Die Projektion dieses Dipolmoments auf die z-Achse ist gleich $D(r)\cos\theta$ (wobei θ der Winkel zwischen der Molekülachse und der z-Achse ist).

Wir wollen die Frequenzen des Spektrums der elektromagnetischen Wellen bestimmen, die entlang der z-Achse polarisiert sind und die das Molekül als Folge der Änderungen seines Dipolmoments absorbieren oder emittieren kann. Wie schon einige Male zuvor suchen wir die Bohr-Frequenzen, die in der zeitlichen Entwicklung des Erwartungswerts von $D(r)\cos\theta$ auftreten können. Wir müssen daher nur herausfinden, für welche Werte von v', l', m' und v, l, m das Matrixelement

$$\langle \varphi_{v',l',m'} \,|\, D(r)\cos\theta \,|\, \varphi_{v,l,m} \rangle = \int r^2\,\mathrm{d}r\,\mathrm{d}\Omega\, \varphi^*_{v',l',m'}\, D(r)\cos\theta\, \varphi_{v,l,m} \tag{7.361}$$

nicht verschwindet. Mit dem Ausdruck (7.359) für die Wellenfunktionen bringen wir das Matrixelement in die Form

$$\left[\int_0^\infty \mathrm{d}r\, u^*_{v'}(r) D(r) u_v(r)\right] \times \left[\int \mathrm{d}\Omega\, Y_{l'}^{m'*}(\theta,\varphi)\cos\theta\, Y_l^m(\theta,\varphi)\right]. \tag{7.362}$$

Auf diese Weise erhalten wir ein Produkt von zwei Integralen, mit denen wir uns bereits in den Abschnitten 5.5 und 6.7 beschäftigt haben: Das zweite Integral ist nur von null verschieden für

$$l' - l = +1,\ -1; \tag{7.363}$$

auch das erste Integral ist, wenn wir uns auf die Terme in d_0 und d_1 in Gl. (7.360) beschränken, nur ungleich null für

$$v' - v = 0,\ +1,\ -1. \tag{7.364}$$

Die Linien, die zu $v - v' = 0$ gehören, stellen das in Abschnitt 6.7 untersuchte reine Rotationsspektrum dar (die Intensität der Linien ist proportional zu d_0^2). Zusammen mit den Linien zu $v' - v = \pm 1$, $l' - l = \pm 1$ (mit einer Intensität proportional zu d_1^2) bilden sie das Vibrations-Rotations-Spektrum, das wir jetzt kurz beschreiben wollen.

Bemerkung

Die Auswahlregel $l' - l = \pm 1$ stammt von der Winkelabhängigkeit der Wellenfunktionen; sie ist daher unabhängig von der zur Lösung der Radialgleichung (7.337) verwendeten Näherung, während Gl. (7.364) nur in der harmonischen Näherung gilt.

Die Form des Spektrums. Sei v' die größere der beiden Vibrationsquantenzahlen ($v' = v + 1$). Die Vibrations-Rotations-Linien können in zwei Gruppen aufgeteilt werden:

– die Linien $v' = v + 1, l' = l + 1 \longleftrightarrow v, l$ mit den Frequenzen

$$\frac{\omega}{2\pi} + B(l+1)(l+2) - Bl(l+1) = \frac{\omega}{2\pi} + 2B(l+1) \tag{7.365}$$

mit $l = 0, 1, 2, \ldots$ (die durch die Pfeile angedeuteten Übergänge finden sich auf der rechten Seite von Abb. 7.22 wieder);

– die Linien $v' = v + 1, l' = l - 1 \longleftrightarrow v, l$ mit den Frequenzen

$$\frac{\omega}{2\pi} + Bl'(l'+1) - B(l'+1)(l'+2) = \frac{\omega}{2\pi} - 2B(l'+1) \tag{7.366}$$

mit $l' = 0, 1, 2, \ldots$ (die durch die Pfeile angedeuteten Übergänge finden sich auf der linken Seite von Abb. 7.22 wieder).

Das Vibrations-Rotations-Spektrum besitzt also die in Abb. 7.23 dargestellte Form. Es enthält zwei Gruppen von äquidistanten Linien, die symmetrisch sind in Bezug auf die Vibrationsfrequenz $\omega/2\pi$. Alle Linien zusammen bilden ein *Band*. Die Gruppe von Linien mit den Frequenzen (7.365) bilden den sogenannten *R-Zweig*, und entsprechend diejenigen zu (7.366) den *P-Zweig*. In jedem Zweig beträgt der Abstand zwischen zwei benachbarten Linien $2B$. Das zentrale Intervall, das die beiden Zweige voneinander trennt, hat die Breite $4B$; es gibt keine Linie mit der reinen Vibrationsfrequenz $\omega/2\pi$ (man sagt oft, das Spektrum enthalte eine „fehlende Linie").

Bemerkung
Das „reine Vibrationsspektrum", das in Abschnitt 5.5 untersucht wurde und das eine einzige Linie bei $\omega/2\pi$ besitzt, existiert also in der Praxis gar nicht. Nur wenn man spektroskopische Untersuchungen mit niedriger Auflösung benutzt, kann man die Rotationsstruktur der Vibrations-Rotations-Linie vernachlässigen und das in Abb. 7.23 dargestellte Band als eine Linie bei $\omega/2\pi$ ansehen (wir erinnern uns an $\omega/2\pi \gg 2B$).

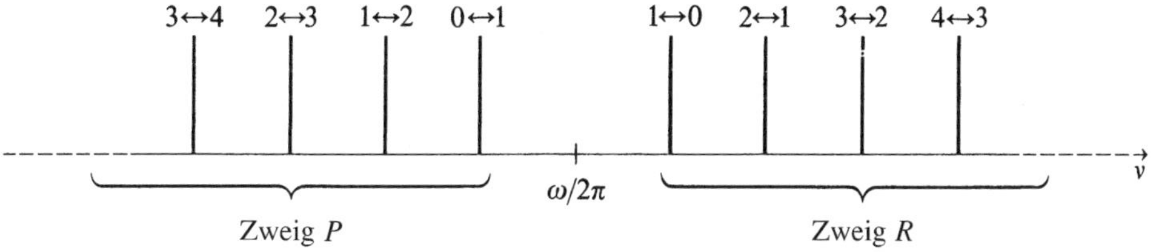

Abb. 7.23 Das Vibrations-Rotations-Spektrum eines heteropolaren Moleküls. Da Übergänge zwischen Zuständen in Abb. 7.22 mit gleichem Wert von l nicht erlaubt sind, gibt es keine Linie mit der reinen Vibrationsfrequenz $\omega/2\pi$. Übergänge, bei denen das Molekül aus dem Zustand (v', l') in den Zustand $(v = v' - 1, l = l' - 1)$ wechselt, gehören zu den Frequenzen $(\omega/2\pi) + 2B(l + 1)$ (Linien des R-Zweigs). Übergänge, bei denen das Molekül aus dem Zustand (v', l') in den Zustand $(v = v' - 1, l = l' + 1)$ wechselt, gehören zu den Frequenzen $(\omega/2\pi) - 2B(l' + 1)$ (Linien des P-Zweigs). Die verschiedenen Linien sind in der Abbildung mit $l' \longleftrightarrow l$ bezeichnet.

7.9.3 Berechnung einiger Korrekturen

Die Rechnungen dieses Abschnitts stützen sich auf die Näherung, das Zentrifugalpotential in der Radialgleichung durch seinen Wert bei $r = r_e$ zu ersetzen. Das effektive Potential $V_{\text{eff}}(r)$ kann dann aus $V(r)$ durch eine einfache vertikale Verschiebung erhalten werden (Gl. (7.355)).

Im vorliegenden Abschnitt untersuchen wir die Korrekturen, die sich für die Ergebnisse aus Abschnitt 7.9.2 ergeben, wenn wir die leichten Variationen des Zentrifugalpotentials in der Nähe von $r = r_e$ berücksichtigen. Dazu entwickeln wir in Potenzen von $r - r_e$:

$$\frac{l(l+1)\hbar^2}{2\mu r^2} = \frac{l(l+1)\hbar^2}{2\mu r_e^2} - \frac{l(l+1)\hbar^2}{\mu r_e^3}(r - r_e) + \frac{3l(l+1)\hbar^2}{2\mu r_e^4}(r - r_e)^2 + \cdots . \quad (7.367)$$

Genauere Untersuchung der Form des effektiven Potentials $V_{\text{eff}}(r)$

Wenn wir Gl. (7.339) und Gl. (7.367) verwenden, können wir die Entwicklung des effektiven Potentials (7.338) in der Nähe von $r = r_e$ wie folgt schreiben:

$$\begin{aligned} V_{\text{eff}}(r) &= -V_0 + f(r-r_e)^2 - g(r-r_e)^3 + \cdots \\ &\quad + \frac{l(l+1)\hbar^2}{2\mu r_e^2} - \frac{l(l+1)\hbar^2}{\mu r_e^3}(r-r_e) + \frac{3l(l+1)\hbar^2}{2\mu r_e^4}(r-r_e)^2 + \cdots . \end{aligned} \tag{7.368}$$

Wir werden sehen, dass die Variation des Zentrifugalpotentials in der Nähe von $r = r_e$ für nichtverschwindendes l die folgenden Auswirkungen hat:

1. Der Ort $\tilde{r}_e$ des Minimums von $V_{\text{eff}}(r)$ fällt nicht exakt mit r_e zusammen.
2. Der Wert $V_{\text{eff}}(\tilde{r}_e)$ unterscheidet sich etwas von $-V_0 + Bh\,l(l+1)$.
3. Die Krümmung von $V_{\text{eff}}(r)$ an der Stelle $r = \tilde{r}_e$ (die wie in Gl. (7.340) die Kreisfrequenz des äquivalenten harmonischen Oszillators festlegt) wird nicht länger exakt durch den Koeffizienten f gegeben.

Wir wollen diese verschiedenen Effekte unter Verwendung der Entwicklung (7.368) berechnen. Was die ersten beiden betrifft, können wir Terme von höherer als zweiter Ordnung für $V(r)$ und solche von höherer als erster Ordnung für das Zentrifugalpotential vernachlässigen, da der Abstand $\tilde{r}_e - r_e$, den wir finden werden, sehr klein ist (er ist sogar im Vergleich mit $(\Delta r)_0$ klein). Wir werden in der Lage sein, *a posteriori* die folgenden Abschätzungen nachzuweisen:

$$g(\tilde{r}_e - r_e) \ll f \tag{7.369}$$

$$\frac{3l(l+1)\hbar^2}{2\mu r_e^4}(\tilde{r}_e - r_e) \ll \frac{l(l+1)\hbar^2}{\mu r_e^3} . \tag{7.370}$$

Lage und Wert des Minimums von $V_{\text{eff}}(r)$. Wenn wir in Gl. (7.368) nur die ersten beiden Terme für $V(r)$ und für das Zentrifugalpotential mitnehmen, wird $\tilde{r}_e$ gegeben durch

$$2f(\tilde{r}_e - r_e) \approx \frac{l(l+1)\hbar^2}{\mu r_e^3}, \tag{7.371}$$

d. h.

$$\tilde{r}_e - r_e \approx \frac{l(l+1)\hbar^2}{2\mu f r_e^3} = \frac{Bh\,l(l+1)}{f r_e}. \tag{7.372}$$

Nach Gl. (7.340) und Gl. (7.346) haben wir somit

$$\frac{\tilde{r}_e - r_e}{(\Delta r)_0} \approx \frac{2Bh\,l(l+1)}{\hbar\omega}\frac{(\Delta r)_0}{r_e} \ll 1, \tag{7.373}$$

womit bei Berücksichtigung der Relationen (7.347) und (7.348) die Abschätzungen (7.369) und (7.370) bewiesen sind.

Setzen wir diesen Wert für $\tilde{r}_e$ in die Entwicklung von $V_{\text{eff}}(r)$ ein, so finden wir

$$V_{\text{eff}}(\tilde{r}_e) \approx -V_0 + Bh\,l(l+1) - Gh\,[l(l+1)]^2 \tag{7.374}$$

mit

$$G = \frac{\hbar^3}{8\pi\mu^2 r_e^6 f}. \tag{7.375}$$

Krümmung von $V_{\text{eff}}(r)$ im Minimum. In der Nähe von $r = \tilde{r}_e$ können wir also $V_{\text{eff}}(r)$ in der folgenden Form schreiben:

$$V_{\text{eff}}(r) = V_{\text{eff}}(\tilde{r}_e) + f'(r - \tilde{r}_e)^2 - g'(r - \tilde{r}_e)^3 + \cdots. \tag{7.376}$$

Der Koeffizient f' hängt mit der Krümmung von $V_{\text{eff}}(r)$ in $r = \tilde{r}_e$ zusammen:

$$f' = \frac{1}{2}\left[\frac{\mathrm{d}^2}{\mathrm{d}r^2} V_{\text{eff}}(r)\right]_{r=\tilde{r}_e}. \tag{7.377}$$

Um die Differenz zwischen f' und f zu berechnen, müssen wir den $(r - r_e)^3$-Term von $V(r)$ in der Entwicklung (7.368) und damit auch den $(r - r_e)^2$-Term des Zentrifugalpotentials berücksichtigen. Eine einfache Rechnung ergibt dann unter Verwendung von Gl. (7.372)

$$2f' \approx 2f + \frac{3l(l+1)\hbar^2}{\mu r_e^4} - \frac{3g\, l(l+1)\hbar^2}{\mu r_e^3 f}. \tag{7.378}$$

Die in Gl. (7.340) definierte Kreisfrequenz ω muss daher durch

$$\omega' = \sqrt{\frac{2f'}{\mu}} \tag{7.379}$$

ersetzt werden. Entwickeln wir die Quadratwurzel, so finden wir leicht

$$\omega' = \omega - 2\pi\alpha_e\, l(l+1) \tag{7.380}$$

mit

$$\alpha_e = \frac{3\hbar^2\omega}{8\pi\mu r_e^3 f}\left[\frac{g}{f} - \frac{1}{r_e}\right]. \tag{7.381}$$

Wir könnten nun mit einer analogen Rechnung auch den Koeffizienten g' bestimmen; da der $(r - \tilde{r}_e)^3$-Term von Gl. (7.376) die Ergebnisse, die man mit den ersten beiden Termen erhält, nur unwesentlich modifiziert, wollen wir den entstehenden Fehler in $\frac{\mathrm{d}^3}{\mathrm{d}r^3} V_{\text{eff}}(r)$ beim Übergang von r_e nach $\tilde{r}_e$ vernachlässigen und also $g' \approx g$ verwenden.

Zusammenfassend können wir daher $V_{\text{eff}}(r)$ in der Nähe des Minimums in der Form

$$V_{\text{eff}}(r) \approx V_{\text{eff}}(\tilde{r}_e) + \frac{1}{2}\mu\omega'^2(r - \tilde{r}_e)^2 - g(r - \tilde{r}_e)^3 \tag{7.382}$$

schreiben, worin $\tilde{r}_e$, $V_{\text{eff}}(\tilde{r}_e)$ und ω' durch Gl. (7.372), Gl. (7.374) und Gl. (7.380) gegeben sind.

Energieniveaus und Wellenfunktionen der stationären Zustände

Mit Gl. (7.382) für $V_{\text{eff}}(r)$ lautet die Radialgleichung

$$\left[-\frac{\hbar^2}{2\mu}\frac{\mathrm{d}^2}{\mathrm{d}r^2} + \frac{1}{2}\mu\omega'^2(r-\tilde{r}_e)^2 - g(r-\tilde{r}_e)^3\right]u_{v,l}(r) = \left[E_{v,l} - V_{\text{eff}}(\tilde{r}_e)\right]u_{v,l}(r). \tag{7.383}$$

Wenn wir wie im vorhergehenden Abschnitt 7.9.2 den Term $g(r-\tilde{r}_e)^3$ vernachlässigen, erkennen wir die Eigenwertgleichung eines eindimensionalen harmonischen Oszillators der Kreisfrequenz ω', dessen Ruhelage sich bei $r = \tilde{r}_e$ befindet. Daraus schließen wir, dass der Term in eckigen Klammern auf der rechten Seite nur die Werte $(v + 1/2)\hbar\omega'$, $v = 0, 1, 2, \ldots$ annehmen kann. Mit Gl. (7.374) erhalten wir daher

$$E_{v,l} = -V_0 + \left(v + \frac{1}{2}\right)\hbar\omega' + Bh\,l(l+1) - Gh\,[l(l+1)]^2\,. \tag{7.384}$$

Die Wellenfunktionen stationärer Zustände haben die Form wie in Gl. (7.359). Wir müssen nur im Ausdruck für die Radialfunktionen, Gl. (7.342), r_e durch $\tilde{r}_e$ und β durch

$$\beta' = \sqrt{\frac{\mu\omega'}{\hbar}} \tag{7.385}$$

ersetzen.

Bei der Berechnung der neuen Kreisfrequenz ω' haben wir den $g(r-r_e)^3$-Term berücksichtigt und müssen daher folgerichtig die Korrekturen der Eigenwerte und Eigenfunktionen der Radialgleichung berechnen, die aufgrund dieses Terms auf der linken Seite von Gl. (7.383) entstehen. Wir werden dies in Abschnitt 11.4 im Rahmen der Störungstheorie durchführen; an dieser Stelle beschränken wir uns darauf, das Ergebnis für die Eigenwerte anzugeben: Zu Gl. (7.384) für die Energie muss der Term

$$\xi\hbar\omega'\left(v + \frac{1}{2}\right)^2 + \frac{7}{60}\xi\hbar\omega' \tag{7.386}$$

addiert werden, worin

$$\xi = -\frac{15}{4}\frac{g^2\hbar}{\mu^3\omega'^5} \tag{7.387}$$

eine Größe mit der Dimension eins sehr viel kleiner als 1 ist (deshalb kann ω' in diesem Korrekturterm durch ω ersetzt werden).

Interpretation der verschiedenen Korrekturen

Zentrifugale Verzerrung des Moleküls. Wie die Diskussion im vorletzten Abschnitt zeigte, vergrößert sich der Abstand der beiden Atomkerne, wenn das Molekül rotiert. Nach Gl. (7.372) nimmt diese Vergrößerung mit $l(l+1)$, d. h. für ein schneller rotierendes Molekül, zu. Dieses Verhalten ist leicht zu verstehen: Klassisch gesprochen zieht die „Zentrifugalkraft“ die beiden Atomkerne auseinander, bis sie von der Anziehungskraft $2f(\tilde{r}_e - r_e)$ aufgrund des Potentials $V(r)$ ausgeglichen wird.

Das Molekül ist also in Wirklichkeit kein rotierender „starrer“ Körper. Die Änderung $\tilde{r}_e - r_e$ des mittleren Abstands zwischen den Atomkernen bewirkt eine Vergrößerung des Trägheitsmoments des Moleküls und damit eine Verminderung (bei konstantem Drehimpuls) der Rotationsenergie. Diese Verminderung wird nur zum Teil durch den Anstieg der potentiellen Energie $V(\tilde{r}_e) - V(r_e)$ kompensiert; das ist der physikalische Grund für die in Gl. (7.384) auftretende Energiekorrektur $-Gh\, l^2(l+1)^2$. Ihr Vorzeichen ist negativ, und sie wächst sehr viel schneller mit l als die Rotationsenergie $Bh\, l(l+1)$. Man kann diesen Effekt experimentell beobachten: Die Linien des reinen Rotationsspektrums sind nicht genau äquidistant, der Abstand der Linien wächst mit l.

Vibrations-Rotations-Kopplung. Wir betrachten nun den zweiten und den dritten Term von Gl. (7.384) und setzen für ω' den Ausdruck (7.380) ein:

$$\left(v+\frac{1}{2}\right)\hbar\omega' + Bh\, l(l+1) = \left(v+\frac{1}{2}\right)\hbar\omega + Bh\, l(l+1) - \alpha_e h\, l(l+1)\left(v+\frac{1}{2}\right). \tag{7.388}$$

Die ersten beiden Terme auf der rechten Seite von Gl. (7.388) sind gleich der Vibrations- bzw. Rotationsenergie, die in den Abschnitten 5.5 und 6.7 berechnet wurden. Der dritte Term, der von den beiden Quantenzahlen v und l abhängt, beschreibt die Effekte aufgrund der Kopplung der Vibrations- und Rotationsfreiheitsgrade.

Wir können die rechte Seite von Gl. (7.388) in der Form schreiben

$$\left(v+\frac{1}{2}\right)\hbar\omega + B_v h\, l(l+1) \tag{7.389}$$

mit

$$B_v = B - \alpha_e\left(v+\frac{1}{2}\right). \tag{7.390}$$

Jedes Vibrationsniveau erscheint dann mit einer effektiven Rotationskonstante B_v, die vom zugehörigen Wert von v abhängt.

Um diese Kopplung der Vibration und der Rotation des Moleküls zu erklären, wollen wir klassische Argumente verwenden. Die Rotationskonstante B ist proportional zu $1/r^2$ (Gl. (7.350)). Wenn das Molekül schwingt, variiert r und damit auch B. Da die Vibrationsfrequenzen viel größer sind als die der Rotation, können wir eine effektive Rotationskonstante des Moleküls in einem gegebenen Vibrationszustand definieren: Sie wird gleich dem mittleren Wert von B in einem Zeitintervall sein, das viel größer ist als die Periodendauer der Vibration. Wir müssen also das zeitliche Mittel von $1/r^2$ in dem betrachteten Vibrationszustand nehmen.

Auf diese Weise können wir die beiden Terme mit unterschiedlichen Vorzeichen, die in Gl. (7.381) für α_e auftreten, interpretieren: Der erste, zu g proportionale Term besagt, dass das Potential $V(r)$ nicht harmonisch ist; dieser Effekt wächst mit der Amplitude der Vibration (d. h. mit v). Mit der gegebenen asymmetrischen Form von $V(r)$ (Abb. 7.21) „verbringt“ das Molekül „mehr Zeit“ in der Region mit $r > r_e$ als in der mit $r < r_e$;

daraus folgt, dass der mittlere Wert von $1/r^2$ kleiner als der von $1/r_e^2$ ist: Die nichtharmonische Form des Potentials verringert die effektive Rotationskonstante. Das spiegelt sich in Gl. (7.390) und Gl. (7.381) wider. Tatsächlich würde auch dann, wenn die Vibrationsbewegung vollkommen symmetrisch in Bezug auf r_e verlaufen würde (d. h. wenn g gleich null wäre), der mittlere Wert von $1/r^2$ nicht gleich $1/r_e^2$ sein, da

$$\left\langle\frac{1}{r^2}\right\rangle \neq \frac{1}{\langle r\rangle^2}. \tag{7.391}$$

Das ist der Grund für den zweiten Term von Gl. (7.381): Nimmt man den mittleren Wert von $1/r^2$, werden kleine Werte von r bevorzugt, so dass $\langle 1/r^2\rangle$ größer ist als $1/\langle r\rangle^2$; so erklärt sich das Vorzeichen der zweiten Korrektur.

Das gesamte Vorzeichen von α_e ergibt sich aus dem Vergleich der beiden oben betrachteten Effekte. im Allgemeinen dominiert der anharmonische Term, so dass α_e positiv und B_v kleiner als B ist.

Bemerkungen
1. Vibrations-Rotations-Kopplung tritt auch im Vibrationsgrundzustand $v = 0$ auf,

$$B_0 = B - \frac{1}{2}\alpha_e. \tag{7.392}$$

An dieser Stelle wird ein weiteres Mal die endliche Ausdehnung $(\Delta r)_0$ der Wellenfunktion des Zustands mit $v = 0$ sichtbar.

2. Experimentell macht sich die Vibrations-Rotations-Kopplung in der folgenden Weise bemerkbar: Wenn α_e positiv ist, ist die Rotationsstruktur in den höheren Vibrationszuständen v' etwas kompakter als in den niedrigeren $v = v' - 1$. Man kann leicht zeigen, dass die P- und R-Zweige in Abb. 7.23 in unterschiedlicher Weise beeinflusst werden. Benachbarte Linien haben nicht mehr exakt den gleichen Abstand voneinander und liegen im Mittel im R-Zweig dichter als im P-Zweig.

Zusammenfassend also ist die Energie eines Vibrations-Rotations-Niveaus eines zweiatomigen Moleküls mit den Quantenzahlen v und l gegeben durch

$$\begin{aligned} E_{v,l} &= -V_0 + \left(v + \frac{1}{2}\right)\hbar\omega + \left[B - \alpha_e\left(v + \frac{1}{2}\right)\right] h\,l(l+1) \\ &\quad -Gh\,l^2(l+1)^2 + \xi\left(v + \frac{1}{2}\right)^2 \hbar\omega + \frac{7}{60}\xi\hbar\omega. \end{aligned} \tag{7.393}$$

Dabei sind V_0 die Dissoziationsenergie des Moleküls, $\omega/2\pi$ die Vibrationsfrequenz, B die Rotationskonstante, gegeben durch Gl. (7.350), G, α_e, ξ Konstanten mit der Dimension eins, gegeben durch Gl. (7.375), Gl. (7.381) und Gl. (7.387).

7.10 Aufgaben zu Kapitel 7

1. Teilchen in einem zylindersymmetrischen Potential
Es seien ρ, φ, z die Zylinderkoordinaten eines spinlosen Teilchens:

$$x = \rho\cos\varphi,\ y = \rho\sin\varphi,\ \rho \geq 0,\ 0 \leq \varphi < 2\pi.$$

Die potentielle Energie dieses Teilchens hänge nur von ρ und nicht von φ und z ab. Es ist

$$\frac{\partial^2}{\partial x^2} + \frac{\partial^2}{\partial y^2} = \frac{\partial^2}{\partial \rho^2} + \frac{1}{\rho}\frac{\partial}{\partial \rho} + \frac{1}{\rho^2}\frac{\partial^2}{\partial \varphi^2}.$$

a) Man gebe den zum Hamilton-Operator gehörenden Differentialoperator in Zylinderkoordinaten an. Weiter zeige man, dass H mit L_z und P_z vertauscht und schließe daraus, dass die Wellenfunktionen der stationären Zustände des Teilchens in der Form

$$\varphi_{n,m,k}(\rho, \varphi, z) = f_{n,m}(\rho)\, \mathrm{e}^{\mathrm{i}m\varphi}\, \mathrm{e}^{\mathrm{i}kz}$$

gewählt werden können, wobei die möglichen Werte der Indizes m und k angegeben werden sollen.

b) Man gebe die Eigenwertgleichung des Hamilton-Operators H des Teilchens in Zylinderkoordinaten an und leite daraus die Differentialgleichung für $f_{n,m}(\rho)$ ab.

c) Es sei Σ_y der Operator, dessen Wirkung in der $\{|r\rangle\}$-Darstellung darin besteht, y nach $-y$ zu transformieren (Spiegelung an der x, z-Ebene). Vertauscht Σ_y mit H? Man zeige, dass Σ_y mit L_z antivertauscht, und folgere daraus, dass $\Sigma_y|\varphi_{n,m,k}\rangle$ Eigenvektor von L_z ist. Welches ist der zugehörige Eigenwert? Was kann man über die Entartung der Energieniveaus des Teilchens aussagen? Hätte man das Ergebnis auch direkt mit der in b) angegebenen Differentialgleichung vorhersagen können?

2. Dreidimensionaler harmonischer Oszillator in einem homogenen Magnetfeld

Bemerkung: Gegenstand dieser Übung ist die Untersuchung eines einfachen physikalischen Systems, für das der Einfluss eines homogenen Magnetfelds exakt berechnet werden kann. Für diesen Fall ist es möglich, die relative Größe des paramagnetischen und des diamagnetischen Terms zu bestimmen und den Einfluss des diamagnetischen Terms auf die Wellenfunktion des Grundzustands anzugeben. (Es sei an dieser Stelle auf die Abschnitte 6.8 und 7.5 hingewiesen.)

Man betrachte ein Teilchen der Masse μ, dessen Hamilton-Operator gegeben ist durch

$$H_0 = \frac{\boldsymbol{P}^2}{2\mu} + \frac{1}{2}\mu\omega_0^2\boldsymbol{R}^2$$

(isotroper dreidimensionaler harmonischer Oszillator), worin ω_0 eine vorgegebene positive Konstante ist.

a) Man bestimme die Energieniveaus des Teilchens und deren Entartungen. Ist es möglich, eine Basis aus gemeinsamen Eigenzuständen zu H_0, $\boldsymbol{L}^2$ und L_z zu konstruieren?

b) Man nehme nun an, dass sich das Teilchen mit der Ladung q in einem homogenen Magnetfeld $\boldsymbol{B}$ parallel zur z-Achse befindet. Wir setzen $\omega_\mathrm{L} = -qB/2\mu$. Der Hamilton-Operator H des Teilchens wird dann, wenn wir die Eichung $\boldsymbol{A} = -\boldsymbol{r} \times \boldsymbol{B}/2$ wählen, zu

$$H = H_0 + H_1(\omega_\mathrm{L}).$$

Dabei ist H_1 die Summe aus einem Operator, der linear von ω_L abhängt (der paramagnetische Term), und einem Operator, der quadratisch von ω_L abhängt (der diamagnetische Term). Man zeige, dass die neuen stationären Zustände des Systems und ihre Entartungen exakt bestimmt werden können.

c) Man zeige, dass der Effekt des diamagnetischen Terms gegen den des paramagnetischen Terms vernachlässigt werden kann, wenn ω_L sehr viel kleiner als ω_0 ist.

d) Wir betrachten jetzt den ersten angeregten Zustand des Oszillators, das ist der Zustand, dessen Energie für $\omega_L \to 0$ den Wert $5\hbar\omega_0/2$ annimmt. Wie lauten die Energiezustände und ihre Entartungen in Gegenwart des Magnetfelds in erster Ordnung in ω_L/ω_0? Wie sieht es für den zweiten angeregten Zustand aus?

e) Man betrachte den Grundzustand. Wie ändert sich seine Energie als Funktion von ω_L (diamagnetischer Effekt auf den Grundzustand)? Man berechne die magnetische Suszeptibilität χ dieses Zustands. Ist der Grundzustand in Gegenwart des Magnetfelds ein Eigenvektor von $\boldsymbol{L}^2$, von L_z, von L_x? Man gebe die Form seiner Wellenfunktion und des zugehörigen Wahrscheinlichkeitsstroms an. Man zeige, dass die Wirkung des $\boldsymbol{B}$-Felds eine Stauchung der Wellenfunktion in z-Richtung (um den Faktor $[1 + (\omega_L/\omega_0)^2]^{1/4}$) und die Induktion eines Stroms ist.

8 Elementare Streutheorie

8.1 Einleitung

8.1.1 Die Bedeutung der Streuphänomene

In der Physik und insbesondere in der Hochenergiephysik bestehen viele Experimente darin, einen Strahl von Teilchen (1) (der z. B. von einem Beschleuniger produziert wird) auf ein Target aus Teilchen (2) zu richten und die auftretende Streuung zu untersuchen: Die verschiedenen Teilchen[1], die den Endzustand des Systems – das ist der Zustand nach der Streuung (s. Abb. 8.1) – bilden, werden ermittelt und ihre Eigenschaften (Emissionsrichtung, Energie usw.) gemessen. Das Ziel solcher Untersuchungen ist natürlich, etwas über die Wechselwirkungen zwischen den verschiedenen an der Reaktion beteiligten Teilchen zu erfahren.

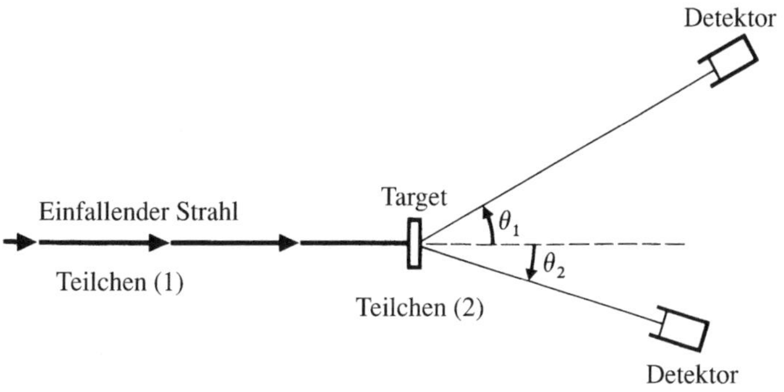

Abb. 8.1 Prinzip eines Streuexperiments zwischen den Teilchen (1) des einfallenden Strahls und den Teilchen (2) des Targets. Die beiden in der Abbildung gezeigten Detektoren messen die Anzahl der Teilchen, die unter einem Winkel θ_1 bzw. θ_2 zum einfallenden Strahl gestreut wurden.

Die beobachtbaren Phänomene sind zum Teil äußerst verwickelt. Setzen sich z. B. die Teilchen (1) und (2) aus noch elementareren Komponenten zusammen (wie Protonen und Neutronen in einem Atomkern), so können sich diese während der Streuung zu zwei oder mehreren zusammengesetzten Endteilchen verbinden, die nicht mehr mit den Anfangsteilchen übereinstimmen. Darüber hinaus besteht bei ausreichend hohen Energien die relativistische Möglichkeit der *Materialisation* eines Teils der Energie: Es werden

[1] In der Praxis kann man nicht immer alle emittierten Teilchen entdecken und muss sich oft mit nur unvollständigen Informationen über das Endsystem zufriedengeben.

neue Teilchen erzeugt, und im Endzustand können viele solcher Teilchen enthalten sein (je größer die Energie des einfallenden Strahls ist, desto größer die Anzahl). Man spricht davon, dass die Streuung zu *Reaktionen*[2] führt, und beschreibt die Vorgänge wie in der Chemie durch Reaktionsgleichungen der Art

$$(1) + (2) \longrightarrow (3) + (4) + (5) + \cdots . \tag{8.1}$$

Bestehen Anfangs- und Endzustand einer Reaktion aus denselben Teilchen (1) und (2), so nennt man sie eine *Streureaktion*. Sie heißt elastisch, wenn während der Reaktion die inneren Zustände der Teilchen unverändert bleiben.

8.1.2 Potentialstreuung

Wir beschränken uns in diesem Kapitel auf die Untersuchung der elastischen Streuung der einfallenden Teilchen (1) an den Targetteilchen (2). Wenn die Gesetze der klassischen Mechanik anwendbar wären, würde man zur Lösung dieses Problems die Änderungen der Bahnkurven der einlaufenden Teilchen aufgrund der von den Teilchen (2) ausgeübten Kräfte bestimmen. Für Prozesse, die in atomaren oder nuklearen Bereichen auftreten, kann die klassische Mechanik natürlich nicht angewandt werden; vielmehr müssen wir die Entwicklung der Wellenfunktionen der einlaufenden Teilchen unter dem Einfluss ihrer Wechselwirkungen mit den Targetteilchen betrachten (weshalb wir von der „Streuung" der Teilchen (1) durch die Teilchen (2) sprechen). Zur Vereinfachung treffen wir die folgenden Voraussetzungen:

1. Wir nehmen an, dass die Teilchen (1) und (2) keinen Spin besitzen. Dadurch wird die Theorie beträchtlich vereinfacht, besagt jedoch nicht, dass der Spin der Teilchen für Streuprozesse grundsätzlich ohne Bedeutung wäre.

2. Wir werden die innere Struktur der Teilchen (1) und (2) nicht berücksichtigen. Die folgende Diskussion ist daher auf *inelastische* Streuphänomene, bei denen ein Teil der kinetischen Energie von (1) durch die inneren Freiheitsgrade der Teilchen (1) und (2) im Endzustand absorbiert wird (s. z. B. den Franck-Hertz-Versuch), nicht anwendbar. Wir beschränken uns somit auf die *elastische Streuung*.

3. Wir nehmen an, das Target sei so dünn, dass wir Mehrfachstreuprozesse – das sind Prozesse, in denen ein einfallendes Teilchen mehrere Male gestreut wird, bevor es das Target verlässt – vernachlässigen können.

4. Wir vernachlässigen jede Möglichkeit der Kohärenz zwischen den an den verschiedenen Targetteilchen gestreuten Wellen. Diese Vereinfachung ist gerechtfertigt, wenn die räumliche Ausdehnung der zu den Teilchen (1) gehörenden Wellenpakete klein ist gegenüber dem mittleren Abstand der Teilchen (2). Wir befassen uns also nur mit dem elementaren Prozess der Streuung eines Teilchens (1) des einlaufenden Strahls an einem Teilchen (2) des Targets. Dadurch wird eine Reihe von Phänomenen wie z. B. die kohärente Streuung an einem Kristall (Bragg-Streuung) oder die Streuung langsamer Neutronen an den

[2] Da die betrachteten Prozesse quantenmechanischer Natur sind, ist es nicht allgemein möglich, den Endzustand einer gegebenen Reaktion mit Sicherheit vorherzusagen; es können nur die Wahrscheinlichkeiten für das Auftreten verschiedener möglicher Zustände bestimmt werden.

Phononen eines Kristalls ausgeschlossen, obwohl sich durch sie wichtige Informationen über die Struktur und Dynamik von Kristallgittern gewinnen lassen. Wenn diese Kohärenzeffekte vernachlässigt werden können, ist der Fluss der vom Detektor nachgewiesenen Teilchen gleich der Summe der Flüsse der an jedem einzelnen der $\mathcal{N}$ Targetteilchen gestreuten Teilchen (die genaue Lage des Streuteilchens im Target ist unwichtig, da die Ausdehnungen des Targets sehr viel geringer als der Abstand zwischen Target und Detektor sind).

5. Wir nehmen an, dass die Wechselwirkung zwischen den Teilchen (1) und (2) durch die potentielle Energie $V(\boldsymbol{r}_1 - \boldsymbol{r}_2)$ beschrieben werden kann, die nur von der relativen Lage $\boldsymbol{r} = \boldsymbol{r}_1 - \boldsymbol{r}_2$ der Teilchen abhängt. Folgen wir der Darstellung aus Abschnitt 7.2, so reduziert sich das Problem im Ruhesystem des Massenmittelpunkts[3] der beiden Teilchen (1) und (2) auf die Untersuchung der Streuung eines *einzelnen* Teilchens am *Potential* $V(\boldsymbol{r})$. Die Masse μ dieses „Relativteilchens“ hängt mit den Massen m_1 und m_2 von (1) und (2) über die Beziehung

$$\frac{1}{\mu} = \frac{1}{m_1} + \frac{1}{m_2} \tag{8.2}$$

zusammen.

8.1.3 Definition des Streuquerschnitts

Die z-Achse sei die Richtung der einfallenden Teilchen mit der Masse μ (Abb. 8.2). Das Potential $V(\boldsymbol{r})$ wirkt in der Umgebung des Ursprungs O des Koordinatensystems (der der Massenmittelpunkt der beiden realen Teilchen (1) und (2) ist). Mit F_i bezeichnen wir den Fluss der einfallenden Teilchen, das ist die Anzahl der Teilchen durch Zeit, die die Flächeneinheit senkrecht zur Einfallsrichtung bei großen negativen Werten von z passieren. (Der Fluss F_i wird als ausreichend klein angenommen, so dass wir Wechselwirkungen zwischen verschiedenen Teilchen des einfallenden Strahls vernachlässigen können.)

In großer Entfernung vom Wirkungsbereich des Potentials stellen wir in der durch die Polarwinkel θ und φ festgelegten Richtung einen Detektor auf, der in Richtung des Ursprungs O zeigt und den Raumwinkel $\mathrm{d}\Omega$ abdeckt (die Entfernung des Detektors von O ist groß verglichen mit der räumlichen Ausdehnung des Wirkungsbereichs des Potentials). Auf diese Weise können wir die Anzahl $\mathrm{d}n$ der Teilchen bestimmen, die pro Zeiteinheit in den Raumwinkel $\mathrm{d}\Omega$ mit der Richtung (θ, φ) gestreut werden. Die Zahl $\mathrm{d}n$ ist offensichtlich proportional zu $\mathrm{d}\Omega$ und dem einfallenden Strom F_i. Den Proportionalitätsfaktor zwischen $\mathrm{d}n$ und $F_\text{i}\mathrm{d}\Omega$ bezeichnen wir mit $\sigma(\theta, \varphi)$:

$$\mathrm{d}n = F_\text{i}\, \sigma(\theta, \varphi)\, \mathrm{d}\Omega\,. \tag{8.3}$$

Die Dimensionen von $\mathrm{d}n$ und F_i sind T^{-1} bzw. $(\mathrm{L}^2\mathrm{T})^{-1}$; $\sigma(\theta, \varphi)$ hat daher die Dimension einer Fläche. Man bezeichnet $\sigma(\theta, \varphi)$ als *differentiellen Streuquerschnitt* oder

[3] Um die in Streuexperimenten gewonnenen Ergebnisse auszuwerten, ist es natürlich notwendig, ins Laborsystem zurückzukehren. Der Wechsel von einem Bezugssystem in ein anderes ist ein einfaches kinematisches Problem, auf das wir hier nicht eingehen wollen.

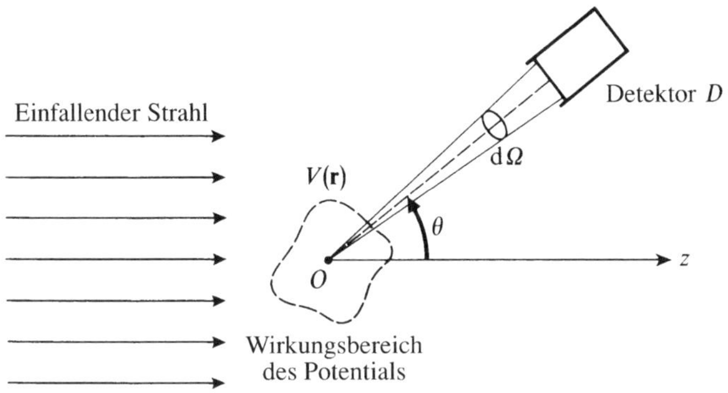

Abb. 8.2 Der einfallende Strahl, dessen Teilchenfluss gleich F_i ist, ist parallel zur z-Achse gerichtet; er wird als viel breiter als der Wirkungsbereich des Potentials $V(\boldsymbol{r})$ in der Umgebung des Ursprungs O angenommen. Weit von diesem Bereich entfernt misst ein Detektor D die Anzahl $\mathrm{d}n$ der Teilchen, die pro Zeiteinheit in den Raumwinkel $\mathrm{d}\Omega$ gestreut werden. Seine Richtung wird durch die Polarwinkel θ und φ gegeben. Die Zahl $\mathrm{d}n$ ist proportional zu F_i und $\mathrm{d}\Omega$; der Proportionalitätskoeffizient $\sigma(\theta, \varphi)$ ist per Definition der *Streuquerschnitt* oder *Wirkungsquerschnitt* in der (θ, φ)-Richtung.

differentiellen Wirkungsquerschnitt in Richtung (θ, φ). Querschnitte werden oft in Barn angegeben:

$$1\,\mathrm{Barn} = 10^{-24}\,\mathrm{cm}^2. \tag{8.4}$$

Die Definition (8.3) kann in folgender Weise interpretiert werden: Die Anzahl der Teilchen durch Zeit, die den Detektor erreichen, ist gleich der Anzahl der einfallenden Teilchen, die eine Fläche $\sigma(\theta, \varphi)\,\mathrm{d}\Omega$ senkrecht zur z-Achse passiert hätten.

Der *totale Streuquerschnitt* σ oder *totale Wirkungsquerschnitt* ist dann

$$\sigma = \int \sigma(\theta, \varphi)\,\mathrm{d}\Omega. \tag{8.5}$$

Bemerkungen

1. Bei der Definition (8.3), in der $\mathrm{d}n$ proportional zu $\mathrm{d}\Omega$ ist, geht man davon aus, dass nur gestreute Teilchen betrachtet werden. Der Fluss dieser Teilchen, die einen gegebenen Detektor D (mit bestimmter Fläche und in Richtung (θ, φ)) erreichen, ist umgekehrt proportional zum Quadrat des Abstands zwischen D und O (diese Eigenschaft ist für einen Streufluss charakteristisch). Praktisch ist der einfallende Strahl räumlich begrenzt (trotzdem bleibt seine Breite viel größer als der Wirkungsbereich von $V(\boldsymbol{r})$), und der Detektor befindet sich außerhalb dieses Strahls, so dass er nur die gestreuten Teilchen auffängt. Natürlich kann man mit einer solchen Anordnung nicht den Querschnitt in der Richtung $\theta = 0$ (Vorwärtsrichtung) messen; dieser kann nur durch Extrapolation aus den Werten von $\sigma(\theta, \varphi)$ für kleine θ erhalten werden.

2. Der Begriff des Querschnitts ist nicht auf den Fall der elastischen Streuung beschränkt: Reaktions- oder Wirkungsquerschnitte werden analog definiert.

8.1.4 Kapitelüberblick

Abschnitt 8.2 befasst sich kurz mit der Streuung an einem beliebigen Potential $V(\boldsymbol{r})$ (das jedoch für r gegen unendlich schneller als $1/r$ abfallen soll): Zunächst führen wir in Abschnitt 8.2.1 die grundlegenden Begriffe des stationären Streuzustands und der Streuamplitude ein; dann zeigen wir in Abschnitt 8.2.2, wie sich aus dem asymptotischen Verhalten der Wellenfunktionen der stationären Streuzustände die Streuquerschnitte erhalten lassen. In Abschnitt 8.2.3 diskutieren wir die stationären Streuzustände genauer, indem wir von einer Integralgleichung ausgehen. Schließlich leiten wir in Abschnitt 8.2.4 für schwache Potentiale eine Näherungslösung dieser Gleichung her, die Bornsche Näherung, bei der der Streuquerschnitt in sehr einfacher Weise mit der Fourier-Transformierten des Potentials zusammenhängt.

Für ein Zentralpotential $V(r)$ bleiben die allgemeinen in Abschnitt 8.2 beschriebenen Methoden anwendbar, doch bevorzugt man in diesem Fall meist die Streuphasenmethode (Abschnitt 8.3). Sie basiert (Abschnitt 8.3.1) auf dem Vergleich der stationären Zustände mit wohldefiniertem Drehimpuls im Potential $V(r)$ (*Partialwellen*) mit den zugehörigen Funktionen bei Abwesenheit des Potentials (*freie Kugelwellen*). Deshalb beginnen wir in Abschnitt 8.3.2 mit der Untersuchung der stationären Zustände eines freien Teilchens und insbesondere der freien Kugelwellen. Danach zeigen wir (Abschnitt 8.3.3), dass der Unterschied zwischen einer Partialwelle im Potential $V(r)$ und einer freien Kugelwelle mit demselben Drehimpuls l durch eine *Phasenverschiebung* δ_l charakterisiert wird. Man muss also nur wissen, wie die stationären Streuzustände aus den Partialwellen konstruiert werden können, um den Ausdruck für die Streuquerschnitte in Abhängigkeit von den Phasenverschiebungen zu erhalten (Abschnitt 8.3.4).

8.2 Stationäre Streuzustände. Streuquerschnitt

Um den Streuprozess eines einfallenden Teilchens am Potential $V(\boldsymbol{r})$ quantenmechanisch zu beschreiben, müssen wir die zeitliche Entwicklung des zugehörigen Wellenpakets untersuchen. Befindet sich das Teilchen genügend weit im negativen Bereich der z-Achse und noch nicht unter dem Einfluss des Potentials $V(\boldsymbol{r})$ (die Zeit t ist negativ), so wird sein Zustand als bekannt vorausgesetzt. Seine weitere Entwicklung erhält man unmittelbar als eine Überlagerung stationärer Zustände. Deshalb untersuchen wir zunächst die Eigenwertgleichung des Hamilton-Operators

$$H = H_0 + V(\boldsymbol{r}), \tag{8.6}$$

worin

$$H_0 = \frac{\boldsymbol{P}^2}{2\mu} \tag{8.7}$$

die kinetische Energie des Teilchens ist.

Zur Vereinfachung der Rechnung verwenden wir die stationären Zustände selbst und keine Wellenpakete. In dieser Weise sind wir bereits in Kapitel 1 bei der Behandlung von eindimensionalen Rechteckpotentialen (Abschnitte 1.4.2 und 1.12) vorgegangen. Wir sehen also einen stationären Zustand als eine (stationäre) „Wahrscheinlichkeitsflüssigkeit“ an und untersuchen die Struktur des zugehörigen Wahrscheinlichkeitsstroms. Das Vorgehen ist nicht streng. Man müsste vielmehr zeigen, dass man dabei zu denselben Ergebnissen wie bei der korrekten Behandlung des Problems gelangt, bei der man von Wellenpaketen ausgehen muss.[4] Es ermöglicht uns aber ein leichteres Verständnis allgemeiner Zusammenhänge, ohne dass diese von verwickelten Rechnungen verdeckt werden.

8.2.1 Definition der stationären Streuzustände

Eigenwertgleichung des Hamilton-Operators

Die Schrödinger-Gleichung, die die zeitliche Entwicklung eines Teilchens im Potential $V(\boldsymbol{r})$ beschreibt, erlaubt Lösungen mit wohldefinierter Energie (stationäre Zustände)

$$\psi(\boldsymbol{r}, t) = \varphi(\boldsymbol{r})\, \mathrm{e}^{-\mathrm{i}Et/\hbar}, \tag{8.8}$$

worin $\varphi(\boldsymbol{r})$ eine Lösung der Eigenwertgleichung

$$\left[-\frac{\hbar}{2\mu}\Delta + V(\boldsymbol{r})\right]\varphi(\boldsymbol{r}) = E\varphi(\boldsymbol{r}) \tag{8.9}$$

ist.

Wir nehmen an, dass das Potential $V(\boldsymbol{r})$ für r gegen unendlich schneller als $1/r$ fällt. Dies schließt das Coulomb-Potential aus.

Wir betrachten nur Lösungen von Gl. (8.9) mit positiver Energie E; sie ist gleich der kinetischen Energie des einfallenden Teilchens, bevor es den Wirkungsbereich des Potentials erreicht. Definieren wir

$$E = \frac{\hbar^2 k^2}{2\mu}, \tag{8.10}$$

$$V(\boldsymbol{r}) = \frac{\hbar^2}{2\mu} U(\boldsymbol{r}), \tag{8.11}$$

so können wir Gl. (8.9) in der Form schreiben

$$\left[\Delta + k^2 - U(\boldsymbol{r})\right]\varphi(\boldsymbol{r}) = 0. \tag{8.12}$$

Für jeden Wert von k (d. h. der Energie E) besitzt Gl. (8.12) eine unendliche Anzahl von Lösungen (die positiven Eigenwerte des Hamilton-Operators H sind unendlichfach entartet). Wie bei der Behandlung von eindimensionalen Rechteckpotentialen (s. Abschnitte 1.4.2 und 1.12) müssen wir eine Lösung suchen, die dem betrachteten Problem entspricht (wenn wir z. B. die Wahrscheinlichkeit bestimmen wollen, mit der ein Teilchen gegebener Energie eine eindimensionale Potentialbarriere durchläuft, wählen wir den stationären Zustand, der in der Region hinter der Barriere nur aus der transmittierten Welle

[4] Für ein spezielles eindimensionales Problem ist dies in Abschnitt 1.13 bewiesen worden.

besteht). Hier ist die Wahl der richtigen Zustände natürlich schwieriger, weil sich das Teilchen im dreidimensionalen Raum bewegt und die Form des Potentials $V(\boldsymbol{r})$ zunächst einmal beliebig ist. Wir werden daher auf heuristische Weise die Bedingungen präzisieren, denen die Lösungen von Gl. (8.12) zur Beschreibung eines Streuprozesses genügen müssen. Die entsprechenden Eigenzustände des Hamilton-Operators nennen wir *stationäre Streuzustände*, und die zugehörigen Wellenfunktionen bezeichnen wir mit $v_k^{(\text{diff})}(\boldsymbol{r})$.

Asymptotische Form der stationären Streuzustände. Streuamplitude

Für große negative Werte von t ist das einlaufende Teilchen frei ($V(\boldsymbol{r})$ ist praktisch gleich null, wenn man weit genug vom Ursprung O entfernt ist), und sein Zustand wird durch ein ebenes Wellenpaket beschrieben. Die gesuchte stationäre Wellenfunktion muss also einen Term der Form $\mathrm{e}^{\mathrm{i}kz}$ enthalten, worin k die Konstante aus Gl. (8.12) ist. Wenn das Wellenpaket den Wirkungsbereich des Potentials $V(\boldsymbol{r})$ erreicht, wird seine Struktur grundlegend verändert und seine zeitliche Entwicklung kompliziert. Für große positive Werte von t verlässt es aber den Wirkungsbereich wieder und nimmt eine einfache Form an: Es ist jetzt aufgeteilt in ein transmittiertes Wellenpaket, das sich weiter in Richtung der z-Achse bewegt (und daher von der Form $\mathrm{e}^{\mathrm{i}kz}$ ist) und ein gestreutes Wellenpaket. Die Wellenfunktion $v_k^{(\text{diff})}(\boldsymbol{r})$, die den stationären Streuzustand zu einer bestimmten Energie $E = \hbar^2 k^2/2\mu$ beschreibt, ergibt sich also aus der Überlagerung einer ebenen Welle $\mathrm{e}^{\mathrm{i}kz}$ und einer gestreuten Welle (wir lassen hier das Problem der Normierung beiseite).

Die Struktur der gestreuten Welle hängt natürlich vom Potential $V(\boldsymbol{r})$ ab. Seine asymptotische Form (weit weg vom Wirkungsbereich des Potentials) bleibt aber einfach; in Analogie zur Wellenoptik sehen wir, dass die gestreute Welle für große r die folgenden Eigenschaften aufweisen muss:

1. In einer gegebenen Richtung ist die Radialabhängigkeit von der Form $\mathrm{e}^{\mathrm{i}kr}/r$. Es handelt sich um eine gestreute (oder auslaufende) Welle mit derselben Energie wie die einlaufende Welle. Der Faktor $1/r$ resultiert aus den drei räumlichen Dimensionen: $(\Delta + k^2)\mathrm{e}^{\mathrm{i}kr}$ verschwindet nicht, während

$$(\Delta + k^2)\frac{\mathrm{e}^{\mathrm{i}kr}}{r} = 0 \quad \text{für } r \geq r_0,\, r_0 > 0 \text{ beliebig} \tag{8.13}$$

gilt (in der Optik wird durch den Faktor $1/r$ der Energiefluss durch eine Kugeloberfläche vom Radius r für große r unabhängig von r; in der Quantenmechanik hängt der Wahrscheinlichkeitsfluss durch diese Fläche nicht von r ab).

2. Da die Streuung im Allgemeinen nicht isotrop ist, ist die Amplitude der auslaufenden Welle von der betrachteten Richtung (θ, φ) abhängig.

Nach Definition ist schließlich die Wellenfunktion $v_k^{(\text{diff})}(\boldsymbol{r})$ des stationären Streuzustands die Lösung von Gl. (8.12), deren asymptotisches Verhalten von der Form

$$v_k^{(\text{diff})}(\boldsymbol{r}) \overset{r\to\infty}{\sim} \mathrm{e}^{\mathrm{i}kz} + f_k(\theta, \varphi)\,\frac{\mathrm{e}^{\mathrm{i}kr}}{r} \tag{8.14}$$

ist. In diesem Ausdruck hängt nur die Funktion $f_k(\theta, \varphi)$, die sogenannte *Streuamplitude*, vom Potential $V(\boldsymbol{r})$ ab. Man kann zeigen (s. Abschnitt 8.2.3), dass Gl. (8.12) tatsächlich für jeden Wert von k nur genau eine Lösung hat, die die Bedingung (8.14) erfüllt.

Bemerkungen

1. Wir haben bereits darauf hingewiesen, dass man das Wellenpaket des einlaufenden Teilchens nach Eigenfunktionen des vollständigen Hamilton-Operators H und nicht nach ebenen Wellen entwickeln muss, um seine zeitliche Entwicklung angeben zu können. Wir betrachten also eine Wellenfunktion der Form[5]

$$\psi(\boldsymbol{r},t) = \int_0^\infty \mathrm{d}k\, g(k)\, v_k^{(\mathrm{diff})}(\boldsymbol{r})\, \mathrm{e}^{-\mathrm{i}E_k t/\hbar} \tag{8.15}$$

mit

$$E_k = \frac{\hbar^2 k^2}{2\mu} \tag{8.16}$$

und mit einer der Einfachheit halber reell gewählten Funktion $g(k)$, die bei $k = k_0$ ein ausgeprägtes Maximum hat und an den anderen Stellen praktisch verschwindet. Die Funktion $\psi(\boldsymbol{r},t)$ ist eine Lösung der Schrödinger-Gleichung und beschreibt daher die zeitliche Entwicklung des Teilchens richtig. Es bleibt zu zeigen, dass diese Funktion die Randbedingungen des Problems erfüllt. Gemäß der Beziehung (8.14) geht sie asymptotisch in die Summe aus einem ebenen Wellenpaket und einem gestreuten Wellenpaket über,

$$\psi(\boldsymbol{r},t) \overset{r\to\infty}{\sim} \int_0^\infty \mathrm{d}k\, g(k)\, \mathrm{e}^{\mathrm{i}kz}\, \mathrm{e}^{-\mathrm{i}E_k t/\hbar} + \int_0^\infty \mathrm{d}k\, g(k)\, f_k(\theta,\varphi)\, \frac{\mathrm{e}^{\mathrm{i}kr}}{r}\, \mathrm{e}^{-\mathrm{i}E_k t/\hbar}. \tag{8.17}$$

Die Lage des Maximums dieser Wellenpakete kann man aus der Bedingung der stationären Phase erhalten (s. Abschnitt 1.3.2). Eine einfache Rechnung ergibt dann für das ebene Wellenpaket

$$z_{\mathrm{M}}(t) = v_{\mathrm{G}} t \tag{8.18}$$

mit

$$v_{\mathrm{G}} = \frac{\hbar k_0}{\mu}. \tag{8.19}$$

Für das Maximum des gestreuten Wellenpakets in der (θ,ϕ)-Richtung findet man den folgenden Abstand von O:

$$r_{\mathrm{M}}(\theta,\varphi;t) = -\alpha'_{k_0}(\theta,\varphi) + v_{\mathrm{G}} t, \tag{8.20}$$

worin $\alpha'_k(\theta,\varphi)$ die Ableitung des Arguments der Streuamplitude $f_k(\theta,\varphi)$ nach k ist. Zu beachten ist, dass Gl. (8.18) und Gl. (8.20) nur im asymptotischen Bereich gelten (d. h. für große $|t|$).

Für große negative Werte von t existiert kein gestreutes Wellenpaket, wie man aus Gl. (8.20) sieht. Die Wellen, aus denen es zusammengesetzt ist, interferieren nur für negative Werte von r konstruktiv, also in einem Bereich, der für r gar nicht erlaubt ist. Wir finden also hier nur das ebene Wellenpaket, das sich nach Gl. (8.18) mit der Gruppengeschwindigkeit v_{G} auf den Bereich der Wechselwirkung zubewegt. Für große positive Werte von t existieren beide Wellenpakete: Das erste bewegt sich entlang der positiven z-Achse und setzt den Weg des einlaufenden Wellenpakets fort, das zweite wird in alle Richtungen gestreut. Der Streuprozess wird demnach durch die asymptotische Bedingung (8.14) korrekt beschrieben.

[5] Eigentlich muss man auch die ebenen Wellen mit Wellenvektoren $\boldsymbol{k}$ mit leicht abweichenden Orientierungen überlagern, weil das einlaufende Wellenpaket in der Richtung senkrecht zur z-Achse beschränkt ist. Der Einfachheit halber beschäftigen wir uns hier nur mit der Streuung der Energie (die die Ausdehnung des Wellenpakets in z-Richtung beschränkt).

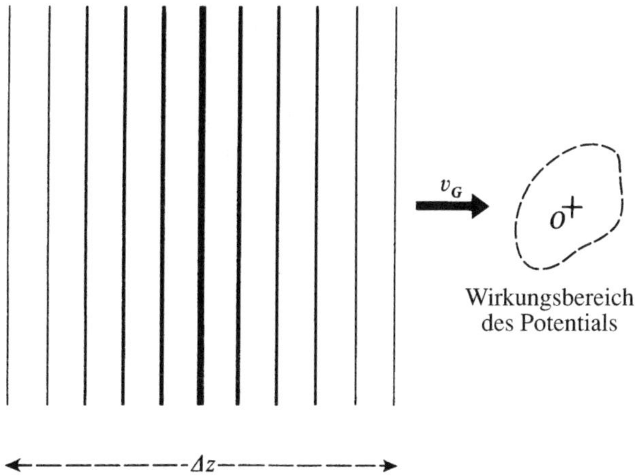

Abb. 8.3 Das einfallende Wellenpaket der Länge Δz bewegt sich mit der Geschwindigkeit v_G auf das Potential $V(\boldsymbol{r})$ zu; es tritt mit dem Potential während einer Zeitspanne $\Delta T = \Delta z / v_\text{G}$ in Wechselwirkung (wenn man annimmt, der Wirkungsbereich des Potentials sei klein gegen Δz).

2. Die räumliche Ausdehnung Δz des Wellenpakets (8.15) hängt mit der Streuung des Impulses $\hbar \Delta k$ über die Beziehung

$$\Delta z \approx \frac{1}{\Delta k} \tag{8.21}$$

zusammen. Wir wollen annehmen, dass Δk klein genug ist, damit Δz sehr viel größer als die räumliche Ausdehnung des Wirkungsbereichs des Potentials wird. Unter dieser Bedingung benötigt das Wellenpaket, das sich mit der Geschwindigkeit v_G auf O zubewegt (Abb. 8.3), zur Durchquerung dieses Bereichs die Zeit

$$\Delta T \approx \frac{\Delta z}{v_\text{G}} \approx \frac{1}{v_\text{G} \Delta k}. \tag{8.22}$$

Wir wählen als Nullpunkt der Zeitachse den Augenblick, in dem das Zentrum des einlaufenden Wellenpakets den Punkt O erreicht: Gestreute Wellen existieren nur für $t \geq -\Delta T/2$, d. h. nachdem der vordere Rand des Wellenpakets den Wirkungsbereich des Potentials erreicht hat. Für $t = 0$ befindet sich der am weitesten entfernte Teil der Streuwelle in einem Abstand der Größe $\Delta z/2$ von O. Wir betrachten jetzt ein zunächst anderes Problem mit einem zeitabhängigen Potential, das wir durch Multiplikation von $V(\boldsymbol{r})$ mit einer Funktion $f(t)$ erhalten, die zwischen $t = -\Delta T/2$ und $t = 0$ langsam von null auf eins wächst. Für t sehr viel kleiner als $-\Delta T/2$ ist das Potential gleich null, und wir können annehmen, dass der Zustand des Teilchens durch eine ebene Welle gegeben ist (und den gesamten Raum ausfüllt). Diese wird ab $t \approx -\Delta T/2$ verändert, und zum Zeitpunkt $t = 0$ verhält sie sich wie die gestreuten Wellen im vorhergehenden Fall.

Wir sehen also, dass zwischen den beiden Problemen eine gewisse Analogie besteht. Auf der einen Seite haben wir die Streuung eines einfallenden Wellenpakets, dessen Amplitude zwischen $t = -\Delta T/2$ und $t = 0$ langsam wächst, an einem konstanten Potential; auf der anderen Seite haben wir die Streuung einer ebenen Welle konstanter Amplitude an einem Potential, das während desselben Zeitintervalls $[-\Delta T/2, 0]$ langsam „angeschaltet" wird.

Für $\Delta k \to 0$ geht das Wellenpaket (8.15) in einen stationären Streuzustand über ($g(k)$ geht in $\delta(k-k_0)$ über); zusätzlich wird nach Gl. (8.22) ΔT unendlich groß, und der mit der Funktion $f(t)$ zusammenhängende Anschaltvorgang des Potentials verläuft unendlich langsam (er wird deshalb oft „adiabatisch" genannt). Unsere Überlegungen sind im Wesentlichen qualitativ; trotzdem erlauben sie es, einen stationären Streuzustand als das Ergebnis des adiabatischen Einschaltens eines Streupotentials zu beschreiben, das auf eine freie ebene Welle wirkt. Man kann diese Interpretation präzisieren, indem man die zeitliche Entwicklung der ebenen Welle unter dem Einfluss des Potentials $f(t)V(\boldsymbol{r})$ im Detail untersucht.

8.2.2 Berechnung des Streuquerschnitts

Stationärer Zustand und Wahrscheinlichkeitsfluid

Zur Bestimmung des Streuquerschnitts müsste man die Streuung eines einlaufenden Wellenpakets am Potential $V(\boldsymbol{r})$ untersuchen. Man kann das Ergebnis jedoch sehr viel einfacher erhalten, wenn man den Begriff der stationären Streuzustände verwendet; man betrachtet einen derartigen Zustand als ein stationäres *Wahrscheinlichkeitsfluid* und berechnet den Streuquerschnitt aus dem einlaufenden und dem gestreuten Strom. Wir wiesen bereits darauf hin, dass diese Methode analog zu der ist, die wir im Zusammenhang mit der Behandlung eindimensionaler Rechteckstufen verwendet haben: In diesen Problemen ergab sich der Reflexions- (oder Transmissions-) Koeffizient sofort aus dem Verhältnis des reflektierten (oder transmittierten) Stroms zum einfallenden Strom.

Wir berechnen daher die Beiträge der einfallenden und der gestreuten Welle zum Wahrscheinlichkeitsstrom eines stationären Streuzustands. Wir erinnern an den Ausdruck für den zu einer Wellenfunktion $\varphi(\boldsymbol{r})$ gehörenden Strom $\boldsymbol{J}(\boldsymbol{r})$:

$$\boldsymbol{J}(\boldsymbol{r}) = \frac{1}{\mu}\,\mathrm{Re}\left[\varphi^*(\boldsymbol{r})\frac{\hbar}{\mathrm{i}}\nabla\varphi(\boldsymbol{r})\right]. \tag{8.23}$$

Einfallender und gestreuter Strom

Der einfallende Strom $\boldsymbol{J}_\mathrm{i}$ ergibt sich aus Gl. (8.23), indem wir $\varphi(\boldsymbol{r})$ durch die ebene Welle $\mathrm{e}^{\mathrm{i}kz}$ ersetzen; $\boldsymbol{J}_\mathrm{i}$ zeigt also in die positive z-Richtung und hat den Betrag

$$|\boldsymbol{J}_\mathrm{i}| = \frac{\hbar k}{\mu}. \tag{8.24}$$

Da die gestreute Welle in der Beziehung (8.14) in Kugelkoordinaten angegeben ist, berechnen wir die Komponenten des gestreuten Stroms $\boldsymbol{J}_\mathrm{d}$ (Index „d" für Diffusion) in Richtung der Achsen des lokalen Dreibeins. Die entsprechenden Komponenten des Operators ∇ lauten

$$\begin{aligned}(\nabla)_r &= \frac{\partial}{\partial r},\\ (\nabla)_\theta &= \frac{1}{r}\frac{\partial}{\partial\theta},\\ (\nabla)_\varphi &= \frac{1}{r\sin\theta}\frac{\partial}{\partial\varphi}.\end{aligned} \tag{8.25}$$

Ersetzen wir $\varphi(\boldsymbol{r})$ in Gl. (8.23) durch die Funktion $f_k(\theta,\varphi)\mathrm{e}^{\mathrm{i}kr}/r$, so können wir den gestreuten Strom im asymptotischen Bereich leicht angeben:

$$\begin{aligned}
(\boldsymbol{J}_\mathrm{d})_r &= \frac{\hbar k}{\mu}\frac{1}{r^2}\,|f_k(\theta,\varphi)|^2,\\
(\boldsymbol{J}_\mathrm{d})_\theta &= \frac{\hbar}{\mu}\frac{1}{r^3}\,\mathrm{Re}\left[\frac{1}{\mathrm{i}}f_k^*(\theta,\varphi)\frac{\partial}{\partial\theta}f_k(\theta,\varphi)\right],\\
(\boldsymbol{J}_\mathrm{d})_\varphi &= \frac{\hbar}{\mu}\frac{1}{r^3\sin\theta}\,\mathrm{Re}\left[\frac{1}{\mathrm{i}}f_k^*(\theta,\varphi)\frac{\partial}{\partial\varphi}f_k(\theta,\varphi)\right].
\end{aligned} \tag{8.26}$$

Da r groß ist, sind $(\boldsymbol{J}_\mathrm{d})_\theta$ und $(\boldsymbol{J}_\mathrm{d})_\varphi$ im Vergleich zu $(\boldsymbol{J}_\mathrm{d})_r$ vernachlässigbar und der gestreute Strom verläuft praktisch radial.

Streuquerschnitt

Der einfallende Strahl besteht aus unabhängigen Teilchen, die alle in derselben Weise präpariert sein sollen; lässt man eine große Anzahl dieser Teilchen einfallen, so entspricht das der vielfachen Wiederholung eines Experiments, bei dem ein Teilchen immer im selben Zustand ist. Wird dieser Zustand durch $v_k^{(\mathrm{diff})}(\boldsymbol{r})$ beschrieben, so ist klar, dass der einfallende Fluss F_i, also die Anzahl der Teilchen des einfallenden Strahls, die eine Flächeneinheit senkrecht zur z-Achse pro Zeiteinheit passieren, proportional zum Fluss des Vektors $\boldsymbol{J}_\mathrm{i}$ durch diese Fläche ist. Nach Gl. (8.24) ist daher

$$F_\mathrm{i} = C|\boldsymbol{J}_\mathrm{i}| = C\frac{\hbar k}{\mu}. \tag{8.27}$$

Entsprechend ist die Anzahl $\mathrm{d}n$ der Teilchen, die auf die Detektoröffnung treffen (Abb. 8.2), proportional zum Fluss des Vektors $\boldsymbol{J}_\mathrm{d}$ durch die Fläche $\mathrm{d}S$ dieser Öffnung (die Proportionalitätskonstante ist dieselbe wie in Gl. (8.27)):

$$\begin{aligned}
\mathrm{d}n &= C\,\boldsymbol{J}_\mathrm{d}\cdot\mathrm{d}\boldsymbol{S} = C(\boldsymbol{J}_\mathrm{d})_r r^2\mathrm{d}\Omega\\
&= C\frac{\hbar k}{\mu}\,|f_k(\theta,\varphi)|^2\mathrm{d}\Omega.
\end{aligned} \tag{8.28}$$

Wir sehen, dass $\mathrm{d}n$ für genügend große r unabhängig von r ist.

Setzen wir Gl. (8.27) und Gl. (8.28) in die Definition (8.3) des differentiellen Querschnitts $\sigma(\theta,\varphi)$ ein, so erhalten wir

$$\sigma(\theta,\varphi) = |f_k(\theta,\varphi)|^2. \tag{8.29}$$

Der differentielle Querschnitt ist also gleich dem Quadrat des Betrags der Streuamplitude.

Interferenz zwischen einfallender und gestreuter Welle

In den vorhergehenden Abschnitten haben wir einen Beitrag zu dem zu $v_k^{(\mathrm{diff})}(\boldsymbol{r})$ im asymptotischen Bereich gehörenden Strom vernachlässigt. Dieser rührt von der Interferenz zwischen der ebenen Welle $\mathrm{e}^{\mathrm{i}kz}$ und der gestreuten Welle her und ergibt sich, wenn man $\varphi^*(\boldsymbol{r})$ in Gl. (8.23) durch $\mathrm{e}^{-\mathrm{i}kz}$ und $\varphi(\boldsymbol{r})$ durch $f_k(\theta,\varphi)\mathrm{e}^{\mathrm{i}kr}/r$ und umgekehrt ersetzt.

Wir können uns jedoch davon überzeugen, dass diese Interferenzterme nicht auftreten, solange wir die Streuung in einer anderen als der Vorwärtsrichtung ($\theta = 0$) betrachten: Dazu greifen wir auf die Beschreibung der Streuung mit Hilfe von Wellenpaketen (Abb. 8.4) zurück und beachten die Tatsache, dass das Wellenpaket in der Praxis stets eine endliche Breite hat. Zunächst bewegt sich das einfallende Wellenpaket auf den Wirkungsbereich von $V(\boldsymbol{r})$ zu (Abb. 8.4a). Nach dem Stoß (Abb. 8.4b) finden wir zwei Wellenpakete: ein ebenes, das sich aus der Fortbewegung des einfallenden Wellenpakets ergibt (so, als ob kein Potentialstreuer vorhanden wäre) und ein gestreutes, das sich von O aus in alle Richtungen entfernt. Die transmittierte Welle resultiert aus der Interferenz dieser beiden Wellentypen. Im Allgemeinen jedoch platzieren wir den Detektor außerhalb des Strahls, so dass er von den ungestreuten Teilchen nicht getroffen wird; wir beobachten also nur das gestreute Wellenpaket und brauchen den angesprochenen Interferenzterm nicht zu beachten.

Allerdings ersieht man aus Abb. 8.4b, dass die Interferenz zwischen der ebenen und der gestreuten Welle in Vorwärtsrichtung, in der beide denselben Raumbereich einnehmen, nicht vernachlässigt werden kann. Das transmittierte Wellenpaket ergibt sich aus dieser Interferenz. Es muss eine kleinere Amplitude als die des einfallenden Pakets haben, weil die Gesamtwahrscheinlichkeit erhalten bleibt (die Gesamtzahl der Teilchen darf sich nicht ändern): Die nicht in Vorwärtsrichtung gestreuten Teilchen verlassen den Strahl, dessen Intensität sich somit nach dem Durchgang durch das Target verringert. Die destruktive Interferenz zwischen dem ebenen und dem nach vorn gestreuten Wellenpaket sichert gerade die Erhaltung der Gesamtteilchenzahl.

8.2.3 Integralgleichung für die gestreute Welle

Wir wollen nun genauer als in Abschnitt 8.2.1 zeigen, wie man sich von der Existenz stationärer Wellenfunktionen mit dem in der Beziehung (8.14) vorgegebenen asymptotischen Verhalten überzeugen kann. Dazu stellen wir eine Integralgleichung auf, deren Lösungen gerade die Wellenfunktionen sind, die zu den stationären Streuzuständen gehören.

Wir gehen zurück zur Eigenwertgleichung von H (Gl. (8.12)) und schreiben sie in der Form

$$(\Delta + k^2)\varphi(\boldsymbol{r}) = U(\boldsymbol{r})\varphi(\boldsymbol{r}). \tag{8.30}$$

Wir nehmen an (wir werden später sehen, dass das tatsächlich der Fall ist), es existiere eine Funktion $G(\boldsymbol{r})$, so dass

$$(\Delta + k^2)G(\boldsymbol{r}) = \delta(\boldsymbol{r}) \tag{8.31}$$

($G(\boldsymbol{r})$ heißt *Greensche Funktion* des Operators $\Delta + k^2$). Dann erfüllt jede Funktion $\varphi(\boldsymbol{r})$, für die

$$\varphi(\boldsymbol{r}) = \varphi_0(\boldsymbol{r}) + \int \mathrm{d}^3r'\, G(\boldsymbol{r} - \boldsymbol{r}')U(\boldsymbol{r}')\varphi(\boldsymbol{r}') \tag{8.32}$$

gilt und worin $\varphi_0(\boldsymbol{r})$ eine Lösung der homogenen Gleichung

$$(\Delta + k^2)\varphi_0(\boldsymbol{r}) = 0 \tag{8.33}$$

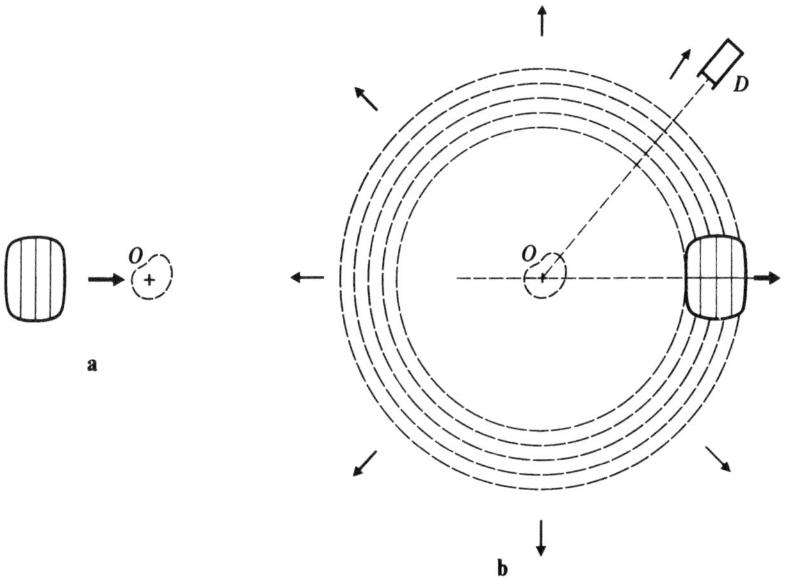

Abb. 8.4 a) Vor der Streuung bewegt sich das einfallende Wellenpaket auf den Wirkungsbereich des Potentials zu. **b**) Nach der Streuung beobachten wir ein ebenes Wellenpaket und ein vom Potential gestreutes kugelförmiges Wellenpaket (gestrichelte Linien). Die ebene und die gestreute Welle interferieren in der Vorwärtsrichtung destruktiv (Erhaltung der Gesamtwahrscheinlichkeit); der Detektor D befindet sich in seitlich verschobener Richtung und registriert nur die gestreuten Wellen.

ist, die Differentialgleichung (8.30). Um das zu sehen, wenden wir den Operator $\Delta + k^2$ auf beide Seiten von Gl. (8.32) an; mit Gl. (8.33) erhalten wir

$$(\Delta + k^2)\varphi(\boldsymbol{r}) = (\Delta + k^2) \int \mathrm{d}^3r'\, G(\boldsymbol{r} - \boldsymbol{r}')U(\boldsymbol{r}')\varphi(\boldsymbol{r}'). \tag{8.34}$$

Wir gehen davon aus, dass wir den Operator in das Integral ziehen können. Er wirkt dann nur auf die Variable $\boldsymbol{r}$, und wir finden mit Gl. (8.31)

$$\begin{aligned}(\Delta + k^2)\varphi(\boldsymbol{r}) &= \int \mathrm{d}^3r'\, \delta(\boldsymbol{r} - \boldsymbol{r}')U(\boldsymbol{r}')\varphi(\boldsymbol{r}') \\ &= U(\boldsymbol{r})\varphi(\boldsymbol{r}). \end{aligned} \tag{8.35}$$

Umgekehrt kann gezeigt werden, dass jede Lösung von Gl. (8.30) die Gl. (8.32) erfüllt.[6] Die Differentialgleichung (8.30) kann also durch die Integralgleichung (8.32) ersetzt werden.

Oft ist es einfacher, die Integralgleichung zu verwenden. Ihr prinzipieller Vorteil besteht darin, dass mit der richtigen Wahl von $\varphi_0(\boldsymbol{r})$ und $G(\boldsymbol{r})$ das asymptotische Verhalten

[6]Dies erkennt man, wenn man $U(\boldsymbol{r})\varphi(\boldsymbol{r})$ als Inhomogenitätsglied einer Differentialgleichung ansieht: Man erhält dann eine allgemeine Lösung von Gl. (8.30), indem man zur allgemeinen Lösung der homogenen Gleichung eine spezielle Lösung der vollständigen Gleichung addiert (zweiter Term von Gl. (8.32)).

in die Gleichung mit eingebaut wird. Es besteht also Äquivalenz zwischen der Integralgleichung (8.32) einerseits und der Differentialgleichung (8.30) zusammen mit der asymptotischen Bedingung (8.14) andererseits.

Wir betrachten zunächst Gl. (8.31). Danach muss $(\Delta + k^2)G(\boldsymbol{r})$ in jedem Gebiet, das den Ursprung nicht enthält, identisch verschwinden (was nach Gl. (8.13) für $G(\boldsymbol{r})$ gleich $\mathrm{e}^{\mathrm{i}kr}/r$ erfüllt ist). Darüber hinaus muss sich $G(\boldsymbol{r})$ nach Anhang II.4 (Gl. (II.61)) für r gegen null wie $-1/4\pi r$ verhalten. Tatsächlich lässt sich zeigen, dass die Funktionen

$$G_{\pm}(\boldsymbol{r}) = -\frac{1}{4\pi}\frac{\mathrm{e}^{\pm\mathrm{i}kr}}{r} \tag{8.36}$$

Lösungen von Gl. (8.31) sind. Dazu können wir schreiben

$$\Delta G_{\pm}(\boldsymbol{r}) \;=\; \mathrm{e}^{\pm\mathrm{i}kr}\Delta\left(-\frac{1}{4\pi r}\right) - \frac{1}{4\pi r}\Delta\left(\mathrm{e}^{\pm\mathrm{i}kr}\right) + 2\left[\nabla\left(-\frac{1}{4\pi r}\right)\right]\left[\nabla\mathrm{e}^{\pm\mathrm{i}kr}\right]; \tag{8.37}$$

eine einfache Rechnung ergibt dann (s. Anhang II)

$$\Delta G_{\pm}(\boldsymbol{r}) = -k^2 G_{\pm}(\boldsymbol{r}) + \delta(\boldsymbol{r}), \tag{8.38}$$

was wir zeigen wollten. Die Funktionen G_+ und G_- heißen *auslaufende* bzw. *einlaufende* Greensche Funktionen.

Die Bedingung (8.14) führt hier auf die Wahl einer einfallenden ebenen Welle $\mathrm{e}^{\mathrm{i}kz}$ für $\varphi_0(\boldsymbol{r})$ und auf die Wahl der auslaufenden Greenschen Funktion $G_+(\boldsymbol{r})$ für $G(\boldsymbol{r})$; wir werden zeigen, dass die integrale Streugleichung, deren Lösungen das durch Beziehung (8.14) gegebene asymptotische Verhalten aufweisen, als

$$v_k^{(\mathrm{diff})}(\boldsymbol{r}) = \mathrm{e}^{\mathrm{i}kz} + \int \mathrm{d}^3r'\, G_+(\boldsymbol{r}-\boldsymbol{r}')U(\boldsymbol{r}')v_k^{(\mathrm{diff})}(\boldsymbol{r}') \tag{8.39}$$

geschrieben werden kann.

Dazu begeben wir uns an einen Punkt M (Ortsvektor $\boldsymbol{r}$), der sich weit entfernt von den Punkten P (Ortsvektor $\boldsymbol{r}'$) im Wirkungsbereich des Potentials mit der räumlichen Ausdehnung von der Größenordnung L befindet (Abb. 8.5):[7]

$$\begin{aligned} r &\gg L, \\ r' &\geq L. \end{aligned} \tag{8.40}$$

Da der Winkel zwischen MO und MP sehr klein ist, ist die Strecke MP (das ist die Länge $|\boldsymbol{r}-\boldsymbol{r}'|$) in guter Näherung gleich der Projektion von MP auf MO,

$$|\boldsymbol{r}-\boldsymbol{r}'| \approx r - \boldsymbol{u}\cdot\boldsymbol{r}', \tag{8.41}$$

worin $\boldsymbol{u}$ der Einheitsvektor in $\boldsymbol{r}$-Richtung ist. Für große r folgt

$$G_+(\boldsymbol{r}-\boldsymbol{r}') = -\frac{1}{4\pi}\frac{\mathrm{e}^{\mathrm{i}k|\boldsymbol{r}-\boldsymbol{r}'|}}{|\boldsymbol{r}-\boldsymbol{r}'|} \underset{\sim}{\overset{r\to\infty}{}} -\frac{1}{4\pi}\frac{\mathrm{e}^{\mathrm{i}kr}}{r}\,\mathrm{e}^{-\mathrm{i}k\boldsymbol{u}\cdot\boldsymbol{r}'}. \tag{8.42}$$

[7] Man beachte, dass wir ausdrücklich voraussetzen, dass $U(\boldsymbol{r})$ für r gegen unendlich schneller fällt als $1/r$.

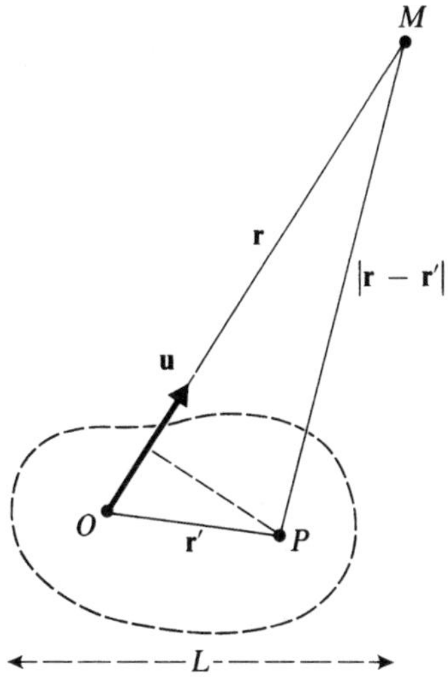

Abb. 8.5 Näherungsweise Bestimmung des Abstands $|\boldsymbol{r}-\boldsymbol{r}'|$ zwischen einem weit von O entfernten Punkt M und einem Punkt P, der sich im Wirkungsbereich des Potentials befindet (die räumliche Ausdehnung dieses Bereichs ist von der Größenordnung L).

Setzen wir diesen Ausdruck wieder in Gl. (8.39) ein, erhalten wir das asymptotische Verhalten von $v_k^{(\text{diff})}(\boldsymbol{r})$:

$$v_k^{(\text{diff})}(\boldsymbol{r}) \overset{r\to\infty}{\sim} \mathrm{e}^{\mathrm{i}kz} - \frac{1}{4\pi}\frac{\mathrm{e}^{\mathrm{i}kr}}{r}\int \mathrm{d}^3r'\,\mathrm{e}^{-\mathrm{i}k\boldsymbol{u}\cdot\boldsymbol{r}'}U(\boldsymbol{r}')v_k^{(\text{diff})}(\boldsymbol{r}'); \tag{8.43}$$

darin erkennen wir die Form (8.14) wieder, da das Integral nicht länger eine Funktion des Abstands $r = OM$ ist, sondern (über den Einheitsvektor $\boldsymbol{u}$) nur noch der Polarwinkel θ und φ die Richtung des Vektors $\boldsymbol{OM}$ angeben. Wir erhalten also, indem wir

$$f_k(\theta,\varphi) = -\frac{1}{4\pi}\int \mathrm{d}^3r'\,\mathrm{e}^{-\mathrm{i}k\boldsymbol{u}\cdot\boldsymbol{r}'}U(\boldsymbol{r}')v_k^{(\text{diff})}(\boldsymbol{r}') \tag{8.44}$$

setzen, einen zu (8.14) identischen Ausdruck.

Damit ist gezeigt, dass die Lösungen der Integralgleichung (8.39) tatsächlich stationäre Streuzustände sind.[8]

Bemerkung

Es erweist sich oft als zweckmäßig, den Wellenvektor $\boldsymbol{k}_i$ des einfallenden Strahls als einen Vektor der Länge k in Richtung der z-Achse zu definieren, so dass

$$\mathrm{e}^{\mathrm{i}kz} = \mathrm{e}^{\mathrm{i}\boldsymbol{k}_\mathrm{i}\cdot\boldsymbol{r}} \tag{8.45}$$

[8] Um die Existenz stationärer Streuzustände zu beweisen, genügt es daher zu zeigen, dass Gl. (8.39) eine Lösung besitzt.

gilt. Ebenso heißt der Vektor $\boldsymbol{k}_{\mathrm{d}}$ mit der gleichen Länge k wie der Wellenvektor der einfallenden Welle, aber mit einer durch die Winkel θ und φ gegebenen Richtung, Wellenvektor der in (θ, φ)-Richtung

$$\boldsymbol{k}_{\mathrm{d}} = k\boldsymbol{u} \tag{8.46}$$

gestreuten Welle. Schließlich ist der *Streuwellenvektor* in (θ, φ)-Richtung die Differenz zwischen $\boldsymbol{k}_{\mathrm{d}}$ und $\boldsymbol{k}_{\mathrm{i}}$ (Abb. 8.6):

$$\boldsymbol{K} = \boldsymbol{k}_{\mathrm{d}} - \boldsymbol{k}_{\mathrm{i}}. \tag{8.47}$$

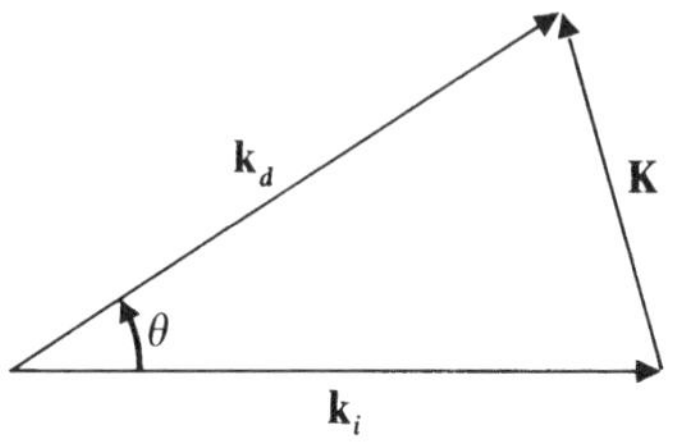

Abb. 8.6 Wellenvektor der einfallenden Welle $\boldsymbol{k}_{\mathrm{i}}$, Wellenvektor $\boldsymbol{k}_{\mathrm{d}}$ der gestreuten Welle und Streuwellenvektor $\boldsymbol{K}$.

8.2.4 Die Bornsche Näherung

Näherungsweise Lösung der Integralgleichung

Unter Verwendung von Gl. (8.45) können wir die Integralgleichung in der Form schreiben

$$v_k^{(\mathrm{diff})}(\boldsymbol{r}) = \mathrm{e}^{\mathrm{i}\boldsymbol{k}_i \cdot \boldsymbol{r}} + \int \mathrm{d}^3 r'\, G_+(\boldsymbol{r} - \boldsymbol{r}')U(\boldsymbol{r}')v_k^{(\mathrm{diff})}(\boldsymbol{r}'); \tag{8.48}$$

wir werden versuchen, diese Gleichung durch Iteration zu lösen.

Eine einfache Umbenennung der Variablen ($\boldsymbol{r} \longrightarrow \boldsymbol{r}'; \boldsymbol{r}' \longrightarrow \boldsymbol{r}''$) ergibt

$$v_k^{(\mathrm{diff})}(\boldsymbol{r}') = \mathrm{e}^{\mathrm{i}\boldsymbol{k}_i \cdot \boldsymbol{r}'} + \int \mathrm{d}^3 r''\, G_+(\boldsymbol{r}' - \boldsymbol{r}'')U(\boldsymbol{r}'')v_k^{(\mathrm{diff})}(\boldsymbol{r}''). \tag{8.49}$$

Setzen wir diesen Ausdruck in Gl. (8.48) ein, so erhalten wir

$$\begin{aligned} v_k^{(\mathrm{diff})}(\boldsymbol{r}) &= \mathrm{e}^{\mathrm{i}\boldsymbol{k}_i \cdot \boldsymbol{r}} + \int \mathrm{d}^3 r'\, G_+(\boldsymbol{r} - \boldsymbol{r}')U(\boldsymbol{r}')\mathrm{e}^{\mathrm{i}\boldsymbol{k}_i \cdot \boldsymbol{r}'} \\ &\quad + \int \mathrm{d}^3 r' \int \mathrm{d}^3 r''\, G_+(\boldsymbol{r} - \boldsymbol{r}')U(\boldsymbol{r}')G_+(\boldsymbol{r}' - \boldsymbol{r}'')U(\boldsymbol{r}'')v_k^{(\mathrm{diff})}(\boldsymbol{r}''). \end{aligned} \tag{8.50}$$

Die ersten beiden Terme der rechten Seite von Gl. (8.50) sind bekannt, nur der dritte enthält die unbekannte Funktion $v_k^{(\mathrm{diff})}(\boldsymbol{r})$. Der obige Schritt kann wiederholt werden:

Wenn wir in Gl. (8.48) $\boldsymbol{r}$ in $\boldsymbol{r}''$ und $\boldsymbol{r}'$ in $\boldsymbol{r}'''$ umbenennen, erhalten wir $v_k^{(\mathrm{diff})}(\boldsymbol{r}'')$, das wiederum in Gl. (8.50) eingesetzt werden kann. Damit wird

$$\begin{aligned} v_k^{(\mathrm{diff})}(\boldsymbol{r}) &= \mathrm{e}^{\mathrm{i}\boldsymbol{k}_i\cdot\boldsymbol{r}} + \int \mathrm{d}^3r'\, G_+(\boldsymbol{r}-\boldsymbol{r}')U(\boldsymbol{r}')\mathrm{e}^{\mathrm{i}\boldsymbol{k}_i\cdot\boldsymbol{r}'} \\ &+ \int \mathrm{d}^3r' \int \mathrm{d}^3r''\, G_+(\boldsymbol{r}-\boldsymbol{r}')U(\boldsymbol{r}')G_+(\boldsymbol{r}'-\boldsymbol{r}'')U(\boldsymbol{r}'')\mathrm{e}^{\mathrm{i}\boldsymbol{k}_i\cdot\boldsymbol{r}''} \\ &+ \int \mathrm{d}^3r' \int \mathrm{d}^3r'' \int \mathrm{d}^3r'''\, G_+(\boldsymbol{r}-\boldsymbol{r}')U(\boldsymbol{r}')G_+(\boldsymbol{r}'-\boldsymbol{r}'')U(\boldsymbol{r}'') \\ &\qquad \times G_+(\boldsymbol{r}''-\boldsymbol{r}''')U(\boldsymbol{r}''')v_k^{(\mathrm{diff})}(\boldsymbol{r}'''), \end{aligned} \tag{8.51}$$

worin die ersten drei Terme bekannt sind; die unbekannte Funktion $v_k^{(\mathrm{diff})}(\boldsymbol{r})$ wurde in den vierten Term geschoben.

Auf diese Weise können wir Schritt für Schritt die *Bornsche Reihe* der stationären Streuwellenfunktion konstruieren. Mit jedem Term dieser Entwicklung wird eine weitere Potenz des Potentials eingebracht; für schwache Potentiale ist also der folgende Term jeweils kleiner als der vorhergehende. Wenn wir die Entwicklung weit genug treiben, können wir den letzten Term auf der rechten Seite vernachlässigen und so $v_k^{(\mathrm{diff})}(\boldsymbol{r})$ in Abhängigkeit von bekannten Größen erhalten.

Setzen wir diese Entwicklung für $v_k^{(\mathrm{diff})}(\boldsymbol{r})$ in Gl. (8.44) ein, so erhalten wir die Bornsche Reihe für die Streuamplitude. Beschränken wir uns insbesondere auf die erste Ordnung in U, brauchen wir nur auf der rechten Seite von Gl. (8.44) $v_k^{(\mathrm{diff})}(\boldsymbol{r}')$ durch $\mathrm{e}^{\mathrm{i}\boldsymbol{k}_i\cdot\boldsymbol{r}'}$ zu ersetzen; das ist die *Bornsche Näherung*:

$$\begin{aligned} f_k^{(\mathrm{B})}(\theta,\varphi) &= -\frac{1}{4\pi}\int \mathrm{d}^3r'\, \mathrm{e}^{-\mathrm{i}k\boldsymbol{u}\cdot\boldsymbol{r}'}\, U(\boldsymbol{r}')\mathrm{e}^{\mathrm{i}\boldsymbol{k}_i\cdot\boldsymbol{r}'} \\ &= -\frac{1}{4\pi}\int \mathrm{d}^3r'\, \mathrm{e}^{-\mathrm{i}(\boldsymbol{k}_\mathrm{d}-\boldsymbol{k}_\mathrm{i})\cdot\boldsymbol{r}'}\, U(\boldsymbol{r}') \\ &= -\frac{1}{4\pi}\int \mathrm{d}^3r'\, \mathrm{e}^{-\mathrm{i}\boldsymbol{K}\cdot\boldsymbol{r}'}\, U(\boldsymbol{r}'), \end{aligned} \tag{8.52}$$

worin $\boldsymbol{K}$ der in Gl. (8.47) definierte Streuwellenvektor ist. Der Streuquerschnitt hängt so in der Bornschen Näherung in sehr einfacher Weise mit der Fourier-Transformierten des Potentials zusammen, da aus Gl. (8.29), Gl. (8.11) und Gl. (8.52) folgt

$$\sigma_k^{(\mathrm{B})}(\theta,\varphi) = \frac{\mu^2}{4\pi^2\hbar^4}\left|\int \mathrm{d}^3r\, \mathrm{e}^{-\mathrm{i}\boldsymbol{K}\cdot\boldsymbol{r}}\, V(\boldsymbol{r})\right|^2. \tag{8.53}$$

Nach Abb. 8.6 hängen Richtung und Betrag des Streuwellenvektors $\boldsymbol{K}$ sowohl vom Betrag k von $\boldsymbol{k}_\mathrm{i}$ und $\boldsymbol{k}_\mathrm{d}$ als auch von der Streurichtung (θ,φ) ab. Für eine gegebene Richtung (θ,φ) ändert sich also der Bornsche Streuquerschnitt mit k, d. h. mit der Energie des einfallenden Strahls; ebenso ändert sich $\sigma^{(\mathrm{B})}$ für eine gegebene Energie mit θ und φ. Die Bornsche Näherung zeigt also, wie sich aus der Untersuchung der Abhängigkeiten des differentiellen Querschnitts von der Streurichtung und der Einfallsenergie Rückschlüsse auf das Potential $V(\boldsymbol{r})$ ziehen lassen.

Interpretation der Gleichungen

Wir können Gl. (8.50) eine physikalische Bedeutung geben, die die formale Analogie zwischen der Quantenmechanik und der Wellenoptik deutlich werden lässt.

Wir betrachten den Wirkungsbereich des Potentials als ein Streumedium, dessen Dichte proportional zu $U(\boldsymbol{r})$ ist. Die Funktion $G_+(\boldsymbol{r}-\boldsymbol{r}')$ (Gl. (8.36)) stellt die Amplitude einer Welle am Punkt $\boldsymbol{r}$ dar, die von einer Punktquelle am Ort $\boldsymbol{r}'$ ausgestrahlt wird. Die ersten beiden Terme von Gl. (8.50) beschreiben daher die Gesamtwelle am Punkt $\boldsymbol{r}$ als das Ergebnis der Überlagerung der einlaufenden Welle $\mathrm{e}^{\mathrm{i}\boldsymbol{k}_\mathrm{i}\cdot\boldsymbol{r}}$ und einer unendlichen Anzahl von Wellen, die von *Sekundärquellen* herrühren, die im Streumedium von der einlaufenden Welle induziert werden. Die Amplitude dieser Quellen ist proportional zur einlaufenden Welle ($\mathrm{e}^{\mathrm{i}\boldsymbol{k}_\mathrm{i}\cdot\boldsymbol{r}'}$) und zur Dichte des Streumaterials ($U(\boldsymbol{r}')$) am jeweiligen Punkt $\boldsymbol{r}'$. Diese (in Abb. 8.7 schematisch veranschaulichte) Interpretation ist mit dem *Huygensschen Prinzip* der Wellenoptik zu vergleichen.

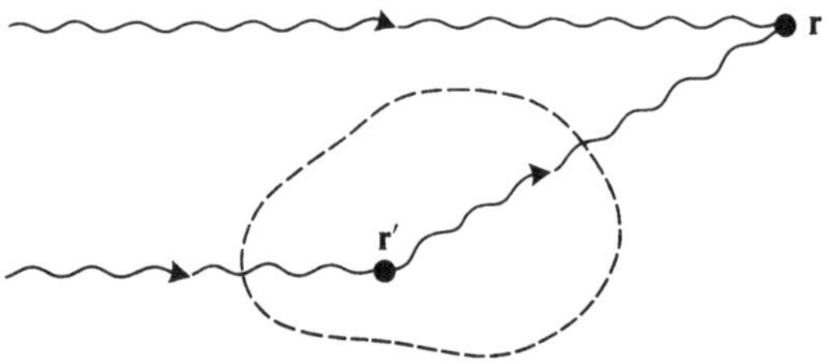

Abb. 8.7 Schematische Darstellung der Bornschen Näherung: Wir betrachten nur die einlaufende Welle und die durch einmalige Wechselwirkung mit dem Potential gestreuten Wellen.

Tatsächlich enthält Gl. (8.50) noch einen dritten Term. Wir können jedoch auch die weiteren Terme der Bornschen Reihe in analoger Weise interpretieren: Da das Streumedium sich über einen gewissen Bereich erstreckt, kann eine Sekundärquelle nicht nur von der einlaufenden Welle, sondern auch von gestreuten Wellen anderer Sekundärquellen angeregt werden. Abbildung 8.8 stellt symbolisch den dritten Term der Bornschen Reihe dar (s. Gl. (8.51)). Hat das Streumedium eine sehr geringe Dichte ($U(\boldsymbol{r})$ sehr klein), so können wir den gegenseitigen Einfluss von Sekundärquellen aufeinander vernachlässigen.

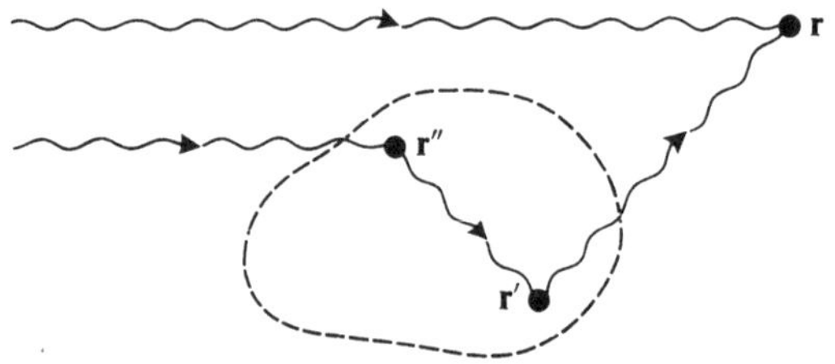

Abb. 8.8 Schematische Darstellung des Terms zweiter Ordnung in U in der Bornschen Näherung: Hier betrachten wir Wellen, die zweimal am Potential gestreut werden.

Bemerkung
Die Interpretation, die wir soeben für Terme höherer Ordnung in der Bornschen Reihe gegeben haben, hat nichts mit Vielfachstreuprozessen zu tun, die in einem dichten Medium auftreten können; wir betrachten hier nur die Streuung eines einfallenden Teilchens an einem Targetteilchen, während Vielfachstreuung die mehrmalige Wechselwirkung desselben einlaufenden Teilchens an mehreren verschiedenen Targetteilchen bedeutet.

8.3 Streuung am Zentralpotential. Partialwellenmethode

8.3.1 Prinzip der Partialwellenmethode

Für den Fall eines Zentralpotentials $V(r)$ ist der Bahndrehimpuls $\boldsymbol{L}$ des Teilchens eine Konstante der Bewegung. Es gibt daher stationäre Zustände mit wohldefiniertem Drehimpuls, d. h. gemeinsame Eigenzustände zu H, $\boldsymbol{L}^2$ und L_z. Wir wollen die zu diesen Zuständen gehörenden Wellenfunktionen *Partialwellen* nennen und sie $\varphi_{k,l,m}(\boldsymbol{r})$ schreiben. Die entsprechenden Eigenwerte zu H, $\boldsymbol{L}^2$ und L_z sind $\hbar^2k^2/2\mu$, $l(l+1)\hbar^2$ bzw. $m\hbar$. Ihre Winkelabhängigkeit wird allein durch die Kugelflächenfunktionen $Y_l^m(\theta,\varphi)$ gegeben; das Potential $V(r)$ beeinflusst nur die Radialabhängigkeit.

Wir erwarten für große r, dass sich die Partialwellen den gemeinsamen Eigenfunktionen zu H_0, $\boldsymbol{L}^2$ und L_z annähern, wobei H_0 der freie Hamilton-Operator (8.7) ist. Deshalb werden wir in Abschnitt 8.3.2 zunächst die stationären Zustände eines freien Teilchens und insbesondere solche mit wohldefiniertem Drehimpuls untersuchen. Die zugehörigen Wellenfunktionen $\varphi^{(0)}_{k,l,m}(\boldsymbol{r})$ sind *freie Kugelwellen*: Ihre Winkelabhängigkeit wird durch die Kugelflächenfunktionen gegeben, und wir werden zeigen, dass der asymptotische Ausdruck für ihre Radialfunktion die Überlagerung einer einlaufenden Welle $\mathrm{e}^{-\mathrm{i}kr}/r$ und einer auslaufenden Welle $\mathrm{e}^{\mathrm{i}kr}/r$ mit wohlbestimmter Phasendifferenz ist.

Der asymptotische Ausdruck für die Partialwelle $\varphi_{k,l,m}(\boldsymbol{r})$ im Potential $V(r)$ ist ebenfalls (Abschnitt 8.3.3) die Überlagerung einer einlaufenden und einer auslaufenden Welle. Ihre Phasendifferenz unterscheidet sich jedoch von derjenigen, die die entsprechende freie Welle charakterisiert: Das Potential $V(r)$ bewirkt eine zusätzliche *Phasenverschiebung* δ_l. Sie macht den einzigen Unterschied im asymptotischen Verhalten von $\varphi_{k,l,m}$ und $\varphi^{(0)}_{k,l,m}$ aus. Für festes k brauchen wir daher nur die Phasenverschiebungen δ_l für alle l zu kennen, um den Querschnitt berechnen zu können.

Für die Rechnung drücken wir (Abschnitt 8.3.4) die stationären Streuzustände $v_k^{(\mathrm{diff})}(\boldsymbol{r})$ als Linearkombination von Partialwellen $\varphi_{k,l,m}(\boldsymbol{r})$ aus, die dieselbe Energie bei unterschiedlichem Drehimpuls haben. Einfache physikalische Überlegungen ergeben, dass die Koeffizienten dieser Linearkombination dieselben sein sollten wie die der Entwicklung der ebenen Welle $\mathrm{e}^{\mathrm{i}kz}$ nach freien Kugelwellen; das wollen wir explizit bestätigen.

Mit der Verwendung von Partialwellen können wir die Streuamplitude und damit auch den Querschnitt in Abhängigkeit von den Phasenverschiebungen δ_l ausdrücken. Diese Methode ist besonders vorteilhaft, wenn die Ausdehnung des Potentials nicht viel größer als die zu der Bewegung des Teilchens gehörende Wellenlänge ist, weil in diesem Fall nur eine geringe Anzahl von Phasenverschiebungen einen Beitrag liefert (Abschnitt 8.3.3).

8.3.2 Stationäre Zustände eines freien Teilchens

In der klassischen Mechanik bewegt sich ein freies Teilchen mit der Masse μ gleichförmig entlang einer geradlinigen Bahn. Sein Impuls $\boldsymbol{p}$, seine Energie $E = \boldsymbol{p}^2/2\mu$ und sein Drehimpuls $\boldsymbol{\mathcal{L}} = \boldsymbol{r} \times \boldsymbol{p}$ in Bezug auf den Koordinatenursprung sind Konstanten der Bewegung.

In der Quantenmechanik vertauschen die Observablen $\boldsymbol{P}$ und $\boldsymbol{L} = \boldsymbol{R} \times \boldsymbol{P}$ nicht. Sie stellen also inkompatible Größen dar: Es ist unmöglich, Impuls und Drehimpuls eines Teilchens gleichzeitig scharf zu messen.

Der Hamilton-Operator H_0 lautet

$$H_0 = \frac{1}{2\mu}\boldsymbol{P}^2; \tag{8.54}$$

H_0 allein stellt noch keinen vollständigen Satz kommutierender Observabler (v. S. k. O.) dar: Seine Eigenwerte sind unendlichfach entartet (s. unten). Die vier Observablen

$$H_0,\ P_x,\ P_y,\ P_z \tag{8.55}$$

hingegen bilden einen v. S. k. O. Ihre gemeinsamen Eigenzustände sind stationäre Zustände mit wohldefiniertem Impuls.

Ein freies Teilchen kann auch als Teilchen in einem Zentralpotential null angesehen werden. Die Ergebnisse aus Kapitel 7 sagen dann aus, dass die drei Observablen

$$H_0,\ \boldsymbol{L}^2,\ L_z \tag{8.56}$$

einen v. S. k. O. bilden. Die zugehörigen Eigenzustände sind stationäre Zustände mit wohldefiniertem Drehimpuls (genauer gesagt haben $\boldsymbol{L}^2$ und L_z wohldefinierte Werte, L_x und L_y jedoch nicht).

Die Basen des Zustandsraums, die durch die vollständigen Sätze kommutierender Observabler (8.55) und (8.56) definiert werden, sind verschieden, weil $\boldsymbol{P}$ und $\boldsymbol{L}$ inkompatible Größen sind. Wir werden beide Basen untersuchen und zeigen, wie man von der einen zur anderen gelangen kann.

Stationäre Zustände mit wohldefiniertem Impuls. Ebene Wellen

Wir wissen bereits (s. Abschnitt 2.5.2), dass die drei Observablen P_x, P_y, P_z einen v. S. k. O. definieren (für ein spinloses Teilchen). Die gemeinsamen Eigenzustände bilden eine Basis der Impulsdarstellung:

$$\boldsymbol{P}|\boldsymbol{p}\rangle = \boldsymbol{p}|\boldsymbol{p}\rangle. \tag{8.57}$$

Da H_0 mit diesen drei Observablen vertauscht, sind die Zustände $|\boldsymbol{p}\rangle$ notwendig Eigenzustände von H_0:

$$H_0|\boldsymbol{p}\rangle = \frac{\boldsymbol{p}^2}{2\mu}|\boldsymbol{p}\rangle. \tag{8.58}$$

Das Spektrum von H_0 ist daher kontinuierlich und umfasst alle nichtnegativen Zahlen. Jeder Eigenwert ist unendlichfach entartet: Zu einer gegebenen positiven Energie E gehört eine unendliche Anzahl von Ketvektoren $|\boldsymbol{p}\rangle$, weil es unendlich viele Vektoren $\boldsymbol{p}$ gibt, für deren Betrag gilt

$$|\boldsymbol{p}| = \sqrt{2\mu E}. \tag{8.59}$$

Die zu den Ketvektoren $|\boldsymbol{p}\rangle$ gehörenden Wellenfunktionen sind die ebenen Wellen (s. Abschnitt 2.5.1)

$$\langle \boldsymbol{r}|\boldsymbol{p}\rangle = \left(\frac{1}{2\pi\hbar}\right)^{3/2} \mathrm{e}^{\mathrm{i}\boldsymbol{p}\cdot\boldsymbol{r}/\hbar}. \tag{8.60}$$

Wir wollen hier den Wellenvektor $\boldsymbol{k}$ zur Beschreibung einer ebenen Welle einführen,

$$\boldsymbol{k} = \frac{\boldsymbol{p}}{\hbar}, \tag{8.61}$$

und wir definieren

$$|\boldsymbol{k}\rangle = \hbar^{3/2}|\boldsymbol{p}\rangle. \tag{8.62}$$

Die Ketvektoren $|\boldsymbol{k}\rangle$ sind stationäre Zustände mit wohldefiniertem Impuls:

$$H_0|\boldsymbol{k}\rangle = \frac{\hbar^2\boldsymbol{k}^2}{2\mu}|\boldsymbol{k}\rangle, \tag{8.63}$$

$$\boldsymbol{P}|\boldsymbol{k}\rangle = \hbar\boldsymbol{k}|\boldsymbol{k}\rangle. \tag{8.64}$$

Sie sind im erweiterten Sinne orthonormal,

$$\langle\boldsymbol{k}|\boldsymbol{k}'\rangle = \delta(\boldsymbol{k}-\boldsymbol{k}'), \tag{8.65}$$

und bilden eine Basis des Zustandsraums:

$$\int \mathrm{d}^3k\, |\boldsymbol{k}\rangle\langle\boldsymbol{k}| = 1. \tag{8.66}$$

Die zugehörigen Wellenfunktionen sind die ebenen Wellen, die in leicht veränderter Weise normiert sind:

$$\langle \boldsymbol{r}|\boldsymbol{k}\rangle = \left(\frac{1}{2\pi}\right)^{3/2} \mathrm{e}^{\mathrm{i}\boldsymbol{k}\cdot\boldsymbol{r}}. \tag{8.67}$$

Zustände mit wohldefiniertem Drehimpuls. Freie Kugelwellen

Um die gemeinsamen Eigenfunktionen zu H_0, $\boldsymbol{L}^2$ und L_z zu erhalten, brauchen wir nur die Radialgleichung für ein identisch verschwindendes Zentralpotential zu lösen. Die detaillierte Lösung dieses Problems findet sich in Abschnitt 8.4; hier wollen wir uns darauf beschränken, die Ergebnisse anzugeben.

Freie Kugelwellen sind die Wellenfunktionen, die zu den stationären Zuständen

$|\varphi^{(0)}_{k,l,m}\rangle$ eines freien Teilchens mit wohldefiniertem Drehimpuls gehören; sie lauten

$$\varphi^{(0)}_{k,l,m}(\boldsymbol{r}) = \sqrt{\frac{2k^2}{\pi}}\, j_l(kr)\, Y_l^m(\theta,\varphi), \tag{8.68}$$

worin j_l eine sphärische Bessel-Funktion ist:

$$j_l(\rho) = (-1)^l \rho^l \left(\frac{1}{\rho}\frac{\mathrm{d}}{\mathrm{d}\rho}\right)^l \frac{\sin\rho}{\rho}. \tag{8.69}$$

Die entsprechenden Eigenwerte zu H_0, $\boldsymbol{L}^2$ und L_z sind $\hbar^2 k^2/2\mu$, $l(l+1)\hbar^2$ bzw. $m\hbar$.

Die freien Kugelwellen (8.68) sind in erweitertem Sinne orthonormal,

$$\begin{aligned}\langle\varphi^{(0)}_{k,l,m}|\varphi^{(0)}_{k',l',m'}\rangle &= \frac{2}{\pi}kk' \int_0^\infty j_l(kr)\, j_{l'}(k'r)\, r^2 \mathrm{d}r \times \int \mathrm{d}\Omega\, Y_l^{m*}(\theta,\varphi) Y_{l'}^{m'}(\theta,\varphi)\\ &= \delta(k-k')\delta_{ll'}\delta_{mm'},\end{aligned} \tag{8.70}$$

und bilden eine Basis des Zustandsraums:

$$\int_0^\infty \mathrm{d}k \sum_{l=0}^{\infty} \sum_{m=-l}^{+l} |\varphi^{(0)}_{k,l,m}\rangle\langle\varphi^{(0)}_{k,l,m}| = 1. \tag{8.71}$$

Physikalische Eigenschaften freier Kugelwellen

Winkelabhängigkeit. Die Winkelabhängigkeit einer freien Kugelwelle $\varphi^{(0)}_{k,l,m}(\boldsymbol{r})$ ist vollständig durch die Kugelflächenfunktion $Y_l^m(\theta,\varphi)$ gegeben. Sie ist also durch die Eigenwerte von $\boldsymbol{L}^2$ und L_z (d. h. durch die Indizes l und m) festgelegt, und nicht durch die Energie. Zum Beispiel ist eine freie $s(l=0)$-Welle immer isotrop.

Verhalten um den Ursprung. Wir betrachten einen infinitesimalen Raumwinkel $\mathrm{d}\Omega_0$ in (θ_0,φ_0)-Richtung: Ist das Teilchen im Zustand $|\varphi^{(0)}_{k,l,m}\rangle$, so ist die Wahrscheinlichkeit, das Teilchen in diesem Raumwinkel zwischen r und $r+\mathrm{d}r$ zu finden, proportional zu

$$r^2\, j_l^2(kr) |Y_l^m(\theta_0,\varphi_0)|^2\, \mathrm{d}r\, \mathrm{d}\Omega_0. \tag{8.72}$$

Man kann zeigen (Abschnitt 8.4.2), dass für ρ gegen null

$$j_l(\rho) \overset{\rho\to 0}{\sim} \frac{\rho^l}{(2l+1)!!} \tag{8.73}$$

gilt. Dieses Ergebnis (s. die Diskussion in Abschnitt 7.1.2) bedeutet, dass sich die Wahrscheinlichkeit (8.72) in der Nähe des Ursprungs wie r^{2l+2} verhält; je größer also l ist, umso langsamer steigt sie an.

Der Verlauf von $\rho^2 j_l^2(\rho)$ ist in Abb. 8.9 gezeigt. Wir sehen, dass die Funktion klein bleibt, solange

$$\rho < \sqrt{l(l+1)}. \tag{8.74}$$

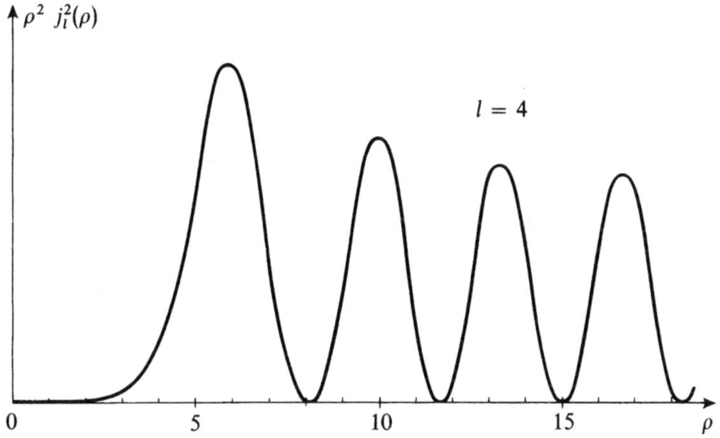

Abb. 8.9 Der Graph der Funktion $\rho^2 j_l^2(\rho)$, die die Radialabhängigkeit der Wahrscheinlichkeit dafür angibt, ein Teilchen im Zustand $|\varphi_{k,l,m}^{(0)}\rangle$ zu finden. Am Ursprung verhält sich die Funktion wie ρ^{2l+2}; sie bleibt für $\rho < \sqrt{l(l+1)}$ praktisch gleich null.

Wir können daher annehmen, dass die Wahrscheinlichkeit (8.72) für

$$r < \frac{1}{k}\sqrt{l(l+1)} \tag{8.75}$$

praktisch gleich null ist. Diese Aussage ist physikalisch sehr wichtig, weil sie bedeutet, dass ein Teilchen im Zustand $|\varphi_{k,l,m}^{(0)}\rangle$ von den Ereignissen innerhalb einer Kugel vom Radius

$$b_l(k) = \frac{1}{k}\sqrt{l(l+1)} \tag{8.76}$$

um O praktisch nicht beeinflusst wird. Wir werden darauf in Abschnitt 8.3.3 zurückkommen.

Bemerkung
In der klassischen Mechanik bewegt sich ein freies Teilchen mit dem Impuls $\boldsymbol{p}$ und dem Drehimpuls $\boldsymbol{\mathcal{L}}$ entlang einer Geraden, deren Abstand b von O (Abb. 8.10) gegeben wird durch

$$b = \frac{|\boldsymbol{\mathcal{L}}|}{|\boldsymbol{p}|}. \tag{8.77}$$

b heißt *Stoßparameter* des Teilchens in Bezug auf O; je größer $|\boldsymbol{\mathcal{L}}|$ und je kleiner der Impuls (d. h. die Energie) ist, desto größer ist b. Wird in Gl. (8.77) $|\boldsymbol{\mathcal{L}}|$ durch $\hbar\sqrt{l(l+1)}$ und $|\boldsymbol{p}|$ durch $\hbar k$ ersetzt, finden wir wieder den Ausdruck (8.76) für $b_l(k)$, den wir daher als halbklassische Aussage verstehen können.

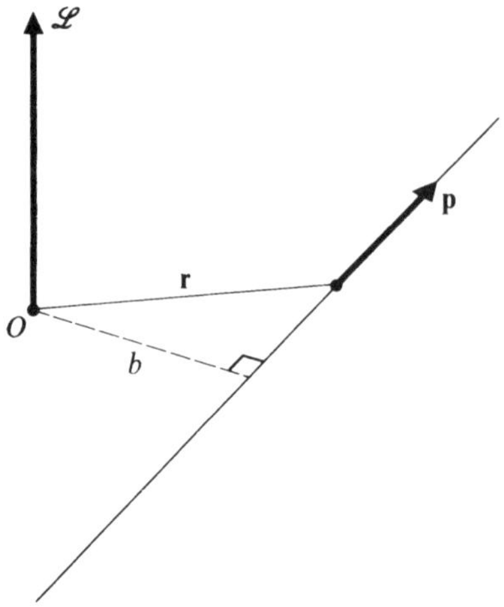

Abb. 8.10 Definition des klassischen Stoßparameters b eines Teilchens mit Impuls $\boldsymbol{p}$ und Drehimpuls $\boldsymbol{\mathscr{L}}$ relativ zu O.

Asymptotisches Verhalten. Man kann zeigen (Abschnitt 8.4.2), dass für ρ gegen unendlich gilt

$$j_l(\rho) \overset{\rho\to\infty}{\sim} \frac{1}{\rho}\sin\left(\rho - l\frac{\pi}{2}\right). \tag{8.78}$$

Das asymptotische Verhalten der freien Kugelwelle $\varphi^{(0)}_{k,l,m}(\boldsymbol{r})$ wird daher gegeben durch

$$\varphi^{(0)}_{k,l,m}(r,\theta,\varphi) \overset{\rho\to\infty}{\sim} -\sqrt{\frac{2k^2}{\pi}}\, Y_l^m(\theta,\varphi)\,\frac{\mathrm{e}^{-\mathrm{i}kr}\mathrm{e}^{\mathrm{i}l\frac{\pi}{2}} - \mathrm{e}^{\mathrm{i}kr}\mathrm{e}^{-\mathrm{i}l\frac{\pi}{2}}}{2\mathrm{i}kr}. \tag{8.79}$$

Im Unendlichen entsteht $\varphi^{(0)}_{k,l,m}$ also aus der *Überlagerung* einer *einlaufenden* Welle $\mathrm{e}^{-\mathrm{i}kr}/r$ und einer *auslaufenden* Welle $\mathrm{e}^{\mathrm{i}kr}/r$, deren Amplituden eine Phasenverschiebung von $l\pi$ aufweisen.

Bemerkung

Wir haben ein Paket aus freien Kugelwellen konstruiert, die alle zu denselben Werten von l und m gehören. Wir können dann ähnlich wie bei der Bemerkung 1 in Abschnitt 8.2.1 argumentieren und zu folgendem Schluss gelangen: Für große negative Werte von t existiert nur ein einlaufendes Wellenpaket, während es für große positive Werte von t nur ein auslaufendes Wellenpaket gibt. Eine freie Kugelwelle kann man sich daher in der folgenden Weise vorstellen: Zunächst haben wir eine einfallende Welle, die in O zusammenläuft; mit Erreichen dieses Punkts wird sie verzerrt, in einem Abstand von der Größe $b_l(k)$ (Gl. (8.76)) kehrt sich ihre Bewegung um, und es entsteht eine auslaufende Welle mit einer Phasenverschiebung von $l\pi$.

Entwicklung einer ebenen Welle in freie Kugelwellen

Wir haben somit zwei verschiedene Basen, die jeweils aus Eigenzuständen zu H_0 aufgebaut sind: die $\{|\boldsymbol{k}\rangle\}$-Basis der ebenen Wellen und die $\{|\varphi^{(0)}_{k,l,m}\rangle\}$-Basis der freien Kugelwellen. Man kann jeden Ketvektor der einen Basis in Vektoren der anderen Basis entwickeln.

Wir betrachten insbesondere den speziellen Vektor $|0,0,k\rangle$, der zu einer ebenen Welle mit dem Wellenvektor $\boldsymbol{k}$ in z-Richtung gehört:

$$\langle \boldsymbol{r}|0,0,k\rangle = \left(\frac{1}{2\pi}\right)^{3/2} \mathrm{e}^{\mathrm{i}kz}; \tag{8.80}$$

$|0,0,k\rangle$ stellt einen Zustand mit wohldefinierter Energie und wohldefiniertem Impuls dar ($E = \hbar^2 k^2/2\mu$; $\boldsymbol{p}$ zeigt in z-Richtung und hat den Betrag $\hbar k$). Der Term

$$\mathrm{e}^{\mathrm{i}kz} = \mathrm{e}^{\mathrm{i}kr\cos\theta} \tag{8.81}$$

ist unabhängig von φ; da in der Ortsdarstellung der Operator L_z wie der Operator $\frac{\hbar}{\mathrm{i}}\frac{\partial}{\partial\varphi}$ wirkt, ist $|0,0,k\rangle$ ebenfalls Eigenvektor von L_z, und zwar mit dem Eigenwert null:

$$L_z\,|0,0,k\rangle = 0. \tag{8.82}$$

Mit der Vollständigkeitsrelation (8.71) können wir schreiben

$$|0,0,k\rangle = \int \mathrm{d}k' \sum_{l=0}^{\infty} \sum_{m=-l}^{+l} |\varphi^{(0)}_{k',l,m}\rangle\langle\varphi^{(0)}_{k',l,m}|0,0,k\rangle. \tag{8.83}$$

Da $|0,0,k\rangle$ und $|\varphi^{(0)}_{k',l,m}\rangle$ beide Eigenzustände von H_0 sind, sind sie orthogonal, wenn die entsprechenden Eigenwerte verschieden sind; ihr Skalarprodukt ist daher proportional zu $\delta(k'-k)$. Ebenso sind sie beide Eigenzustände von L_z und ihr Skalarprodukt ist proportional zu δ_{m0} (s. Gl. (8.82)). Gleichung (8.83) nimmt daher die Form an

$$|0,0,k\rangle = \sum_{l=0}^{\infty} c_{k,l}\,|\varphi^{(0)}_{k,l,0}\rangle. \tag{8.84}$$

Die Koeffizienten $c_{k,l}$ können explizit berechnet werden (Abschnitt 8.4.3). So erhalten wir

$$\mathrm{e}^{\mathrm{i}kz} = \sum_{l=0}^{\infty} \mathrm{i}^l \sqrt{4\pi(2l+1)}\, j_l(kr)\, Y_l^0(\theta). \tag{8.85}$$

Ein Zustand mit wohldefiniertem linearem Impuls ist also eine Überlagerung von Zuständen zu allen möglichen Drehimpulsen.

Bemerkung
Die Kugelflächenfunktion $Y_l^0(\theta)$ ist proportional zum Legendre-Polynom $P_l(\cos\theta)$ (s. Abschnitt 6.5.2),

$$Y_l^0(\theta) = \sqrt{\frac{2l+1}{4\pi}}\, P_l(\cos\theta). \tag{8.86}$$

Die Entwicklung (8.85) wird daher oft in der folgenden Form geschrieben:

$$\mathrm{e}^{\mathrm{i}kz} = \sum_{l=0}^{\infty} \mathrm{i}^l (2l+1)\, j_l(kr)\, P_l(\cos\theta). \tag{8.87}$$

8.3.3 Partialwellen im Potential $V(r)$

Wir wollen nun die gemeinsamen Eigenfunktionen von H (dem vollständigen Hamilton-Operator), $\boldsymbol{L}^2$ und L_z, d. h. die Partialwellen $\varphi_{k,l,m}(\boldsymbol{r})$ untersuchen.

Die Radialgleichung. Phasenverschiebungen

Die Partialwellen $\varphi_{k,l,m}(\boldsymbol{r})$ sind für ein beliebiges Zentralpotential $V(r)$ von der Form

$$\varphi_{k,l,m}(\boldsymbol{r}) = R_{k,l}(r)Y_l^m(\theta,\varphi) = \frac{1}{r}u_{k,l}(r)Y_l^m(\theta,\varphi), \tag{8.88}$$

worin $u_{k,l}(r)$ die Lösung der Radialgleichung

$$\left[-\frac{\hbar^2}{2\mu}\frac{\mathrm{d}^2}{\mathrm{d}r^2} + \frac{l(l+1)\hbar^2}{2\mu r^2} + V(r)\right]u_{k,l}(r) = \frac{\hbar^2k^2}{2\mu}u_{k,l}(r) \tag{8.89}$$

ist, die im Ursprung die Bedingung erfüllt

$$u_{k,l}(0) = 0. \tag{8.90}$$

Die Differentialgleichung (8.89) kann man interpretieren als die zeitunabhängige Schrödinger-Gleichung für ein Teilchen mit der Masse μ im Potential (Abb. 8.11),

$$V_{\text{eff}}(r) = \begin{cases} V(r) + \dfrac{l(l+1)\hbar^2}{2\mu r^2} & \text{für } r > 0, \\ \infty & \text{für } r < 0. \end{cases} \tag{8.91}$$

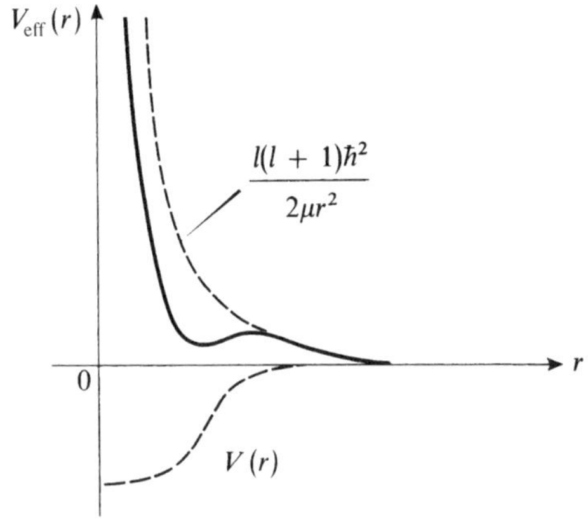

Abb. 8.11 Das effektive Potential $V_{\text{eff}}(r)$ ist die Summe des Potentials $V(r)$ und des Zentrifugalterms $\frac{l(l+1)\hbar^2}{2\mu r^2}$.

Für große r reduziert sich Gl. (8.89) auf

$$\left[\frac{\mathrm{d}^2}{\mathrm{d}r^2} + k^2\right]u_{k,l}(r) \overset{r\to\infty}{\approx} 0 \tag{8.92}$$

mit der allgemeinen Lösung

$$u_{k,l}(r) \overset{r\to\infty}{\approx} A\mathrm{e}^{\mathrm{i}kr} + B\mathrm{e}^{-\mathrm{i}kr}. \tag{8.93}$$

Weil $u_{k,l}(r)$ die Bedingung (8.90) erfüllen muss, sind die Konstanten A und B nicht frei wählbar. Beim äquivalenten eindimensionalen Problem (8.91) hängt die Bedingung (8.90) damit zusammen, dass das Potential für negative r unendlich ist, und Gl. (8.93) ist die Überlagerung aus einer einlaufenden, von rechts kommenden ebenen Welle e^{-ikr} (auf der Achse, entlang der sich das fiktive Teilchen bewegt) und einer reflektierten ebenen Welle e^{ikr}, die sich von links nach rechts bewegt. Da es keine transmittierte Welle geben kann (weil $V(r)$ auf der negativen Achse unendlich ist), muss der reflektierte Strom gleich dem einlaufenden Strom sein. Wir sehen also, dass aus der Bedingung (8.90) für den asymptotischen Ausdruck (8.93) folgt

$$|A| = |B|. \tag{8.94}$$

Daher ist

$$u_{k,l}(r) \overset{r\to\infty}{\approx} |A| \left[\mathrm{e}^{\mathrm{i}kr}\mathrm{e}^{\mathrm{i}\varphi_A} + \mathrm{e}^{-\mathrm{i}kr}\mathrm{e}^{\mathrm{i}\varphi_B}\right], \tag{8.95}$$

was wir in der Form

$$u_{k,l}(r) \overset{r\to\infty}{\approx} C\sin(kr - \beta_l) \tag{8.96}$$

schreiben können. Die reelle Phase β_l wird vollständig bestimmt, wenn wir verlangen, dass der Ausdruck (8.96) und die Lösung von Gl. (8.89), die im Ursprung gegen null geht, stetig anschließen. Für den Fall des identisch verschwindenden Potentials $V(r)$ sahen wir in Abschnitt 8.3.2, dass β_l gleich $l\pi/2$ ist. Es ist zweckmäßig, diesen Wert als Bezugspunkt zu nehmen und

$$u_{k,l}(r) \overset{r\to\infty}{\approx} C\sin\left(kr - l\frac{\pi}{2} + \delta_l\right) \tag{8.97}$$

zu setzen. Die so definierte Phasenverschiebung δ_l heißt *Streuphase* der Partialwelle $\varphi_{k,l,m}(\boldsymbol{r})$; sie hängt offensichtlich von k, d. h. von der Energie, ab.

Physikalische Bedeutung der Streuphasen

Vergleich von Partialwellen und freien Kugelwellen. Den Ausdruck für das asymptotische Verhalten von $\varphi_{k,l,m}(\boldsymbol{r})$ können wir mit Gl. (8.88) und Gl. (8.97) in der Form schreiben

$$\begin{aligned}\varphi_{k,l,m}(\boldsymbol{r}) &\overset{r\to\infty}{\approx} C\frac{\sin(kr - l\pi/2 + \delta_l)}{r}Y_l^m(\theta,\varphi)\\ &\overset{r\to\infty}{\approx} -CY_l^m(\theta,\varphi)\frac{\mathrm{e}^{-\mathrm{i}kr}\mathrm{e}^{\mathrm{i}(l\frac{\pi}{2}-\delta_l)} - \mathrm{e}^{\mathrm{i}kr}\mathrm{e}^{-\mathrm{i}(l\frac{\pi}{2}-\delta_l)}}{2\mathrm{i}r}.\end{aligned} \tag{8.98}$$

Wir sehen, dass die Partialwelle $\varphi_{k,l,m}(\boldsymbol{r})$ wie die freie Kugelwelle aus der Überlagerung einer einlaufenden Welle und einer auslaufenden Welle entsteht.

Um die Partialwelle und die freie Kugelwelle genau vergleichen zu können, modifizieren wir die einlaufende Welle in Gl. (8.98) so, dass sie gleich der Funktion in Gl. (8.79) ist. Dazu definieren wir eine neue Partialwelle $\tilde{\varphi}_{k,l,m}(\boldsymbol{r})$, indem wir $\varphi_{k,l,m}(\boldsymbol{r})$ mit $\mathrm{e}^{\mathrm{i}\delta_l}$ multiplizieren (ein globaler Phasenfaktor ist physikalisch ohne Bedeutung) und die Konstante C so wählen, dass gilt

$$\tilde{\varphi}_{k,l,m}(\boldsymbol{r}) \overset{r\to\infty}{\approx} -Y_l^m(\theta,\varphi)\frac{\mathrm{e}^{-\mathrm{i}kr}\mathrm{e}^{\mathrm{i}l\pi/2} - \mathrm{e}^{\mathrm{i}kr}\mathrm{e}^{-\mathrm{i}l\pi/2}\mathrm{e}^{2\mathrm{i}\delta_l}}{2\mathrm{i}kr}. \tag{8.99}$$

Dieser Ausdruck kann dann in der folgenden Weise interpretiert werden (s. Bemerkung in Abschnitt 8.3.2): Zu Anfang haben wir dieselbe einlaufende Welle wie im Fall eines freien Teilchens (abgesehen vom Normierungsfaktor $\sqrt{2k^2/\pi}$). Wenn sie den Wirkungsbereich des Potentials erreicht, wird sie mehr und mehr von diesem Potential gestört. Bei ihrer Umkehr wird sie in eine auslaufende Welle transformiert, sie erlangt gegenüber der freien auslaufenden Welle, die bei identisch verschwindendem Potential $V(r)$ entstanden wäre, eine *Phasenverschiebung von* $2\delta_l$. Der Faktor $\mathrm{e}^{2\mathrm{i}\delta_l}$ (der sowohl von l als auch von k abhängt) erfasst also die Gesamtwirkung des Potentials auf das Teilchen mit Drehimpuls l.

Bemerkung

Tatsächlich ist die obige Diskussion nur richtig, wenn wir unsere Überlegungen auf ein Wellenpaket anwenden, das sich aus Partialwellen $\varphi_{k,l,m}(\boldsymbol{r})$ mit gleichem l und m und nur leicht verschiedenem k zusammensetzt. Für große negative Werte von t haben wir nur ein einfallendes Wellenpaket; es ist die nachfolgende Entwicklung dieses Wellenpakets in Richtung des Wirkungsbereichs des Potentials, die wir oben untersucht haben.

Wir könnten auch die Sichtweise aus Bemerkung 2 in Abschnitt 8.2.1 anwenden, d. h. wir könnten den Effekt eines langsamen „Einschaltens“ des Potentials $V(r)$ auf eine stationäre freie Kugelwelle untersuchen. Dieselbe Beweisführung würde dann zeigen, dass die Partialwelle $\varphi_{k,l,m}(\boldsymbol{r})$ durch adiabatisches Einschalten des Potentials $V(r)$ aus einer freien Kugelwelle $\varphi^{(0)}_{k,l,m}(\boldsymbol{r})$ erhalten werden kann.

Potentiale endlicher Reichweite. Wir nehmen an, dass das Potential $V(r)$ eine endliche Reichweite r_0 habe, d. h. es gelte

$$V(r) = 0 \qquad \text{für } r > r_0. \tag{8.100}$$

Wir wiesen bereits darauf hin (Abschnitt 8.3.2), dass eine freie Kugelwelle praktisch nicht in eine Kugel mit dem Radius $b_l(k)$ um O (Gl. (8.76)) eindringt. Kehren wir nun zur gerade gegebenen Interpretation von Gl. (8.99) zurück, so sehen wir, dass ein Potential mit der Bedingung (8.100) so gut wie keinen Einfluss auf Wellen hat, für die

$$b_l(k) \gg r_0 \tag{8.101}$$

gilt, da die zugehörige einlaufende Welle umkehrt, bevor sie den Wirkungsbereich von $V(r)$ erreicht. Es gibt also für jeden Wert der Energie einen kritischen Wert l_M des Drehimpulses, der nach Gl. (8.76) näherungsweise gegeben wird durch

$$\sqrt{l_M(l_M+1)} \approx kr_0. \tag{8.102}$$

Die Phasenverschiebungen δ_l machen sich nur für Werte von l, die kleiner oder gleich der Größe l_M sind, bemerkbar.

Je kleiner die Reichweite des Potentials und je kleiner die Einfallsenergie ist, desto kleiner ist l_M.[9] Man kann dadurch erreichen, dass nur die zu den ersten Partialwellen gehörenden Phasenverschiebungen nicht verschwinden: das sind die $s(l = 0)$-Welle mit sehr kleiner Energie und die s- und p-Wellen mit etwas höheren Energien usw.

8.3.4 Streuquerschnitt als Funktion der Streuphasen

Die Streuphasen beschreiben die Änderungen im asymptotischen Verhalten stationärer Zustände mit wohldefiniertem Drehimpuls, wie sie vom Potential hervorgerufen werden. Aus ihnen sollten wir daher den Streuquerschnitt bestimmen können. Dafür brauchen wir nur die stationären Streuzustände $v_k^{(\text{diff})}(\boldsymbol{r})$ in Abhängigkeit von den Partialwellen auszudrücken[10] und die Streuamplitude auf diese Weise auszurechnen.

Konstruktion der stationären Streuzustände aus Partialwellen

Wir müssen eine lineare Überlagerung von Partialwellen finden, deren asymptotisches Verhalten durch die Beziehung (8.14) gegeben ist. Da der stationäre Streuzustand Eigenzustand des Hamilton-Operators H ist, enthält die Entwicklung von $v_k^{(\text{diff})}(\boldsymbol{r})$ nur Partialwellen mit derselben Energie $\hbar^2 k^2/2\mu$. Zu beachten ist ebenfalls, dass bei einem Zentralpotential $V(r)$ das Streuproblem in Bezug auf Drehungen um die durch den einfallenden Strahl definierte z-Achse symmetrisch ist. Die stationäre Streuwellenfunktion $v_k^{(\text{diff})}(\boldsymbol{r})$ ist daher unabhängig vom Azimutalwinkel φ, so dass ihre Entwicklung nur Partialwellen mit $m = 0$ enthält. So haben wir schließlich einen Ausdruck der Form

$$v_k^{(\text{diff})}(\boldsymbol{r}) = \sum_{l=0}^{\infty} c_l \, \tilde{\varphi}_{k,l,0}(\boldsymbol{r}). \tag{8.103}$$

Das Problem besteht darin, die Koeffizienten c_l zu bestimmen.

Intuitive Beweisführung. Wenn $V(r)$ identisch verschwindet, reduziert sich die Funktion $v_k^{(\text{diff})}(\boldsymbol{r})$ auf die ebene Welle $\mathrm{e}^{\mathrm{i}kz}$, und die Partialwellen sind freie Kugelwellen $\varphi_{k,l,m}^{(0)}(\boldsymbol{r})$. Für diesen Fall kennen wir die Entwicklung (8.103) bereits: Sie wird durch Gl. (8.85) gegeben.

Für nichtverschwindendes $V(r)$ enthält $v_k^{(\text{diff})}(\boldsymbol{r})$ neben der ebenen auch eine divergierende gestreute Welle. Weiter sahen wir, dass sich die Funktion $\tilde{\varphi}_{k,l,0}(\boldsymbol{r})$ von $\varphi_{k,l,0}^{(0)}(\boldsymbol{r})$ in

[9] Der kritische Wert l_M ist von der Größe kr_0 und gleich dem Verhältnis zwischen der Reichweite des Potentials und der Wellenlänge des einlaufenden Teilchens.

[10] Wenn im Potential $V(r)$ gebundene Zustände des Teilchens existieren (stationäre Zustände negativer Energie), bildet das System der Partialwellen keine Basis des Zustandsraums; um eine solche Basis zu konstruieren, muss man die Wellenfunktionen der gebundenen Zustände und die Partialwellen zusammennehmen.

ihrem asymptotischen Verhalten nur durch das Auftreten der auslaufenden Welle unterscheidet, die dieselbe Radialabhängigkeit wie die gestreute Welle hat. Wir sollten daher erwarten, dass die Koeffizienten c_l der Entwicklung (8.103) dieselben wie in Gl. (8.85)[11] sind, d. h.

$$v_k^{(\text{diff})}(\boldsymbol{r}) = \sum_{l=0}^{\infty} \mathrm{i}^l \sqrt{4\pi(2l+1)}\, \tilde{\varphi}_{k,l,0}(\boldsymbol{r}). \tag{8.104}$$

Bemerkung

Wir können Gl. (8.104) auch durch die Interpretation aus Bemerkung 2 in Abschnitt 8.2.1 und der Bemerkung in Abschnitt 8.3.3 verstehen. Betrachten wir eine ebene Welle, deren Entwicklung durch Gl. (8.85) gegeben ist, und schalten das Potential $V(r)$ adiabatisch ein, dann wird die Welle in einen stationären Streuzustand überführt: Die linke Seite von Gl. (8.85) muss durch $v_k^{(\text{diff})}(\boldsymbol{r})$ ersetzt werden. Außerdem wird jede freie Kugelwelle auf der rechten Seite von Gl. (8.85) in die Partialwelle $\tilde{\varphi}_{k,l,0}(\boldsymbol{r})$ überführt, wenn das Potential eingeschaltet wird. Wegen der Linearität der Schrödinger-Gleichung erhalten wir schließlich Gl. (8.104).

Explizite Herleitung. Wir betrachten nun Gl. (8.104), die wir durch physikalische Überlegung erhalten haben, und zeigen, dass es sich dabei tatsächlich um die gesuchte Entwicklung handelt.

Zunächst stellen wir fest, dass die rechte Seite von Gl. (8.104) eine Überlagerung von Eigenzuständen zu H mit derselben Energie $\hbar^2 k^2/2\mu$ ist; auch die Überlagerung bleibt daher ein stationärer Zustand.

Wir müssen daher nur sicher sein, dass das asymptotische Verhalten der Summe (8.104) tatsächlich durch die Beziehung (8.14) beschrieben wird. Dazu verwenden wir Gl. (8.99):

$$\sum_{l=0}^{\infty} \mathrm{i}^l \sqrt{4\pi(2l+1)}\, \tilde{\varphi}_{k,l,0}(\boldsymbol{r}) \overset{r\to\infty}{\sim} -\sum_{l=0}^{\infty} \mathrm{i}^l \sqrt{4\pi(2l+1)}\, Y_l^0(\theta) \times \frac{1}{2\mathrm{i}kr}\left[\mathrm{e}^{-\mathrm{i}kr}\mathrm{e}^{\mathrm{i}l\pi/2} - \mathrm{e}^{\mathrm{i}kr}\mathrm{e}^{-\mathrm{i}l\pi/2}\mathrm{e}^{2\mathrm{i}\delta_l}\right]. \tag{8.105}$$

Um das asymptotische Verhalten der Entwicklung (8.85) zu bestimmen, schreiben wir

$$\mathrm{e}^{2\mathrm{i}\delta_l} = 1 + 2\mathrm{i}\,\mathrm{e}^{\mathrm{i}\delta_l}\sin\delta_l \tag{8.106}$$

und erhalten, indem wir die von δ_l unabhängigen Terme umgruppieren,

$$\sum_{l=0}^{\infty} \mathrm{i}^l \sqrt{4\pi(2l+1)}\, \tilde{\varphi}_{k,l,0}(\boldsymbol{r}) \overset{r\to\infty}{\sim} -\sum_{l=0}^{\infty} \mathrm{i}^l \sqrt{4\pi(2l+1)}\, Y_l^0(\theta) \times \left[\frac{\mathrm{e}^{-\mathrm{i}kr}\mathrm{e}^{\mathrm{i}l\pi/2} - \mathrm{e}^{\mathrm{i}kr}\mathrm{e}^{-\mathrm{i}l\pi/2}}{2\mathrm{i}kr} - \frac{\mathrm{e}^{\mathrm{i}kr}}{r}\frac{1}{k}\,\mathrm{e}^{-\mathrm{i}l\pi/2}\mathrm{e}^{\mathrm{i}\delta_l}\sin\delta_l\right]. \tag{8.107}$$

[11] Die Entwicklung (8.85) enthält $j_l(kr)Y_l^0(\theta)$, also die freie Kugelwelle $\varphi_{k,l,0}^{(0)}$, geteilt durch den Normierungsfaktor $\sqrt{2k^2/\pi}$; das ist der Grund, warum wir $\tilde{\varphi}_{k,l,m}(\boldsymbol{r})$ (Gl. (8.99)) definierten, indem wir Beziehung (8.79) durch diesen Faktor dividierten.

Beachten wir nun Beziehung (8.79) und Gl. (8.85), so erkennen wir im ersten Term auf der rechten Seite die asymptotische Entwicklung der ebenen Welle e^{ikz} und gelangen schließlich zu

$$\sum_{l=0}^{\infty} i^l \sqrt{4\pi(2l+1)}\, \tilde{\varphi}_{k,l,0}(\boldsymbol{r}) \overset{r\to\infty}{\sim} e^{ikz} + f_k(\theta)\frac{e^{ikr}}{r} \tag{8.108}$$

mit[12]

$$f_k(\theta) = \frac{1}{k}\sum_{l=0}^{\infty} \sqrt{4\pi(2l+1)}\, e^{i\delta_l} \sin\delta_l\, Y_l^0(\theta). \tag{8.109}$$

Damit ist gezeigt, dass die Entwicklung (8.104) richtig ist, und gleichzeitig haben wir den Ausdruck für die Streuamplitude als Funktion der Streuphasen δ_l gefunden.

Berechnung des Streuquerschnitts

Der differentielle Streuquerschnitt wird nun durch Gl. (8.29) gegeben,

$$\sigma(\theta) = |f_k(\theta)|^2 = \frac{1}{k^2}\left|\sum_{l=0}^{\infty} \sqrt{4\pi(2l+1)}\, e^{i\delta_l} \sin\delta_l\, Y_l^0(\theta)\right|^2, \tag{8.110}$$

woraus wir den totalen Streuquerschnitt durch Integration über die Winkel erhalten:

$$\begin{aligned}\sigma &= \int d\Omega\, \sigma(\theta) = \frac{1}{k^2}\sum_{l,l'} 4\pi \sqrt{(2l+1)(2l'+1)}\, e^{i(\delta_l-\delta_{l'})} \sin\delta_l \sin\delta_{l'} \\ &\qquad \times \int d\Omega\, Y_{l'}^{0*}(\theta) Y_l^0(\theta).\end{aligned} \tag{8.111}$$

Da die Kugelflächenfunktionen orthonormal sind (s. Abschnitt 6.4.1, Gl. (6.106)), ergibt sich schließlich

$$\sigma = \frac{4\pi}{k^2}\sum_{l=0}^{\infty}(2l+1)\sin^2\delta_l. \tag{8.112}$$

Die Terme, die sich aus der Interferenz zwischen Wellen unterschiedlicher Drehimpulse ergeben, treten also im totalen Streuquerschnitt nicht mehr auf. Für jedes Potential $V(r)$ ist der zu einem Wert von l gehörende Beitrag $\frac{4\pi}{k^2}(2l+1)\sin^2\delta_l$ positiv und hat für eine gegebene Energie die obere Schranke von $\frac{4\pi}{k^2}(2l+1)$.

Prinzipiell benötigt man für Gl. (8.110) und Gl. (8.112) die Kenntnis aller Streuphasen δ_l. Sie können für ein bekanntes Potential $V(r)$ aus der Radialgleichung berechnet werden (s. Abschnitt 8.3.3); die Gleichung muss separat für jeden Wert von l gelöst werden (wozu in den meisten Fällen numerische Verfahren erforderlich sind). Die Partialwellenmethode ist also aus praktischer Sicht nur dann günstig, wenn die Anzahl der nichtverschwindenden Streuphasen gering ist. Für Potentiale $V(r)$ endlicher Reichweite sahen wir

[12] Der Faktor i^l wird durch $e^{-il\pi/2} = (-i)^l = (1/i)^l$ kompensiert.

in Abschnitt 8.3.3, dass die Streuphasen δ_l für $l > l_M$ vernachlässigbar sind, wobei der kritische Wert l_M durch Gl. (8.102) definiert wird.

Ist das Potential $V(r)$ zunächst nicht bekannt, so versucht man, die experimentellen Ergebnisse, die den differentiellen Streuquerschnitt bei einer bestimmten Energie ergeben, durch Einführung einer kleinen Anzahl von nichtverschwindenden Streuphasen zu reproduzieren. Aus der genauen Form der θ-Abhängigkeit lässt sich oft die minimale Anzahl der benötigten Streuphasen erschließen. Beschränken wir uns z. B. auf eine s-Welle, so ergibt Gl. (8.110) einen isotropen differentiellen Querschnitt (Y_0^0 ist eine Konstante). Wenn die experimentellen Ergebnisse also zeigen, dass $\sigma(\theta)$ von θ abhängig ist, müssen neben der Streuphase der s-Welle noch andere ungleich null sein. Hat man aus dem Experiment für verschiedene Energien die zum Querschnitt effektiv beitragenden Streuphasen bestimmt, kann man nach theoretischen Modellen für Potentiale suchen, die gerade diese Streuphasen mit ihrer Energieabhängigkeit ergeben.

Bemerkung

Die Abhängigkeit der Streuquerschnitte von der Energie $E = \hbar^2 k^2/2\mu$ des einlaufenden Teilchens ist ebenso wichtig wie ihre θ-Abhängigkeit. So beobachtet man in gewissen Fällen in der Nähe bestimmter Energiewerte rasche Änderungen des totalen Streuquerschnitts σ. Nimmt z. B. eine der Streuphasen δ_l für $E = E_0$ den Wert $\pi/2$ an, erreicht der entsprechende Beitrag zu σ seine obere Schranke und der Streuquerschnitt kann für $E = E_0$ ein scharfes Maximum aufweisen. Dieses Phänomen heißt *Streuresonanz*. Man kann es mit dem in Abschnitt 1.4.2 beschriebenen Verhalten des Transmissionskoeffizienten eines eindimensionalen Rechteckpotentials vergleichen.

Ergänzungen zu Kapitel 8

Kapitel 8 stellt nur die Grundlagen der Streutheorie vor. Für die Anwendungen (z. B. in der Kernphysik) verweisen wir auf die einschlägige Literatur.

Abschnitt 8.4 befasst sich mit der formalen Untersuchung der stationären Wellenfunktionen eines freien Teilchens mit wohldefiniertem Drehimpuls. Die Verwendung der L_+- und L_--Operatoren erlaubt die Einführung der sphärischen Bessel-Funktionen, wobei wir einige ihrer Eigenschaften, die wir in Abschnitt 8.3 benutzt haben, zeigen können.

Abschnitt 8.5 verallgemeinert den bisher entwickelten Formalismus auf Streuvorgänge, bei denen zusätzlich Absorption auftritt, unter einem phänomenologischen Gesichtspunkt, wie wir ihn in Abschnitt 3.15 kennengelernt haben. Ferner wird das *optische Theorem* aufgestellt. (*Nicht schwierig bei guter Kenntnis der Abschnitte 8.1 bis 8.3.*)

Abschnitt 8.6 illustriert die Ergebnisse der Abschnitte 8.1 bis 8.3 durch einige spezielle Beispiele. Abschnitt 8.6.1 ist auch für das erste Lesen ratsam, da in einfacher Weise wichtige physikalische Resultate abgeleitet werden (Rutherford-Formel). Abschnitt 8.6.2 kann als ausgearbeitete Aufgabe angesehen werden, und in Abschnitt 8.6.3 finden sich die Aufgaben zu diesem Kapitel.

8.4 Freies Teilchen: Drehimpulseigenzustände

Wir haben in Abschnitt 8.3.2 zwei verschiedene Basen für die stationären Zustände eines freien Teilchens (ohne Spin) eingeführt, dessen Hamilton-Operator gegeben wird durch

$$H_0 = \frac{\boldsymbol{P}^2}{2\mu}. \tag{8.113}$$

Die erste Basis besteht aus gemeinsamen Eigenzuständen von H_0 und den drei Komponenten des Impulses $\boldsymbol{P}$; die zugehörigen Wellenfunktionen sind die ebenen Wellen. Die zweite wird aus stationären Zuständen mit wohldefiniertem Drehimpuls gebildet, d. h. es handelt sich um gemeinsame Eigenzustände zu H_0, $\boldsymbol{L}^2$ und L_z, deren grundlegende Eigenschaften wir in Abschnitt 8.3.2 angegeben haben. Hier werden wir die zweite Basis genauer untersuchen; insbesondere wollen wir einige der in Abschnitt 8.3 verwendeten Resultate herleiten.

8.4.1 Die Radialgleichung

Der Hamilton-Operator (8.113) vertauscht mit den drei Komponenten des Bahndrehimpulses $\boldsymbol{L}$ des Teilchens:

$$[H_0, \boldsymbol{L}] = 0. \tag{8.114}$$

Daher können wir die in Abschnitt 7.1 entwickelte allgemeine Theorie auf dieses spezielle Problem anwenden. Wir wissen also, dass die freien Kugelwellen (gemeinsame Eigenfunktionen von H_0, $\boldsymbol{L}^2$ und L_z) notwendig von der Form sind

$$\varphi^{(0)}_{\kappa,l,m}(\boldsymbol{r}) = R^{(0)}_{\kappa,l}(r)\, Y_l^m(\theta,\varphi). \tag{8.115}$$

Die Radialfunktion $R^{(0)}_{\kappa,l}(r)$ ist eine Lösung der Gleichung

$$\left[-\frac{\hbar^2}{2\mu}\frac{1}{r}\frac{\mathrm{d}^2}{\mathrm{d}r^2}r + \frac{l(l+1)\hbar^2}{2\mu r^2}\right] R^{(0)}_{\kappa,l}(r) = E_{\kappa,l}\, R^{(0)}_{\kappa,l}(r), \tag{8.116}$$

worin $E_{\kappa,l}$ der zu $\varphi^{(0)}_{\kappa,l,m}(\boldsymbol{r})$ gehörende Eigenwert von H_0 ist. Setzen wir

$$R^{(0)}_{\kappa,l}(r) = \frac{1}{r}\, u^{(0)}_{\kappa,l}(r), \tag{8.117}$$

so wird die Funktion $u^{(0)}_{\kappa,l}$ durch die Gleichung

$$\left[\frac{\mathrm{d}^2}{\mathrm{d}r^2} - \frac{l(l+1)}{r^2} + \frac{2\mu E_{\kappa,l}}{\hbar^2}\right] u^{(0)}_{\kappa,l}(r) = 0 \tag{8.118}$$

gegeben, wobei wir die Bedingung hinzufügen müssen

$$u^{(0)}_{\kappa,l}(0) = 0. \tag{8.119}$$

Zunächst kann man zeigen, dass mit Hilfe von Gl. (8.118) und Gl. (8.119) das Spektrum des Hamilton-Operators H_0 bestimmt werden kann, das wir bereits aus der Untersuchung der ebenen Wellen kennen (Abschnitt 8.3.2, Gl. (8.58)). Dazu beachten wir, dass der minimale Wert des Potentials null ist (da es ja identisch verschwindet) und dass es daher keinen stationären Zustand mit negativer Energie geben kann (s. Abschnitt 3.17). Betrachten wir also im Folgenden einen beliebigen positiven Wert der in Gl. (8.118) auftretenden Konstanten $E_{\kappa,l}$ und setzen

$$k = \frac{1}{\hbar}\sqrt{2\mu E_{\kappa,l}}. \tag{8.120}$$

Für r gegen unendlich kann der Zentrifugalterm $l(l+1)/r^2$ gegen den konstanten Term in Gl. (8.118) vernachlässigt werden, der daher näherungsweise lautet

$$\left[\frac{\mathrm{d}^2}{\mathrm{d}r^2} + k^2\right] u^{(0)}_{\kappa,l}(r) \overset{r\to\infty}{\approx} 0. \tag{8.121}$$

Alle Lösungen von Gl. (8.118) haben darum ein physikalisch vernünftiges asymptotisches Verhalten (Linearkombination von $\mathrm{e}^{\mathrm{i}kr}$ und $\mathrm{e}^{-\mathrm{i}kr}$). Die einzige Einschränkung stammt daher von der Bedingung (8.119): Wir wissen, dass es zu einem gegebenen Wert von $E_{\kappa,l}$ nur genau eine Funktion (bis auf einen konstanten Faktor) gibt, die Gl. (8.118) und Gl. (8.119) erfüllt (s. Abschnitt 7.1.3). Für jedes positive $E_{\kappa,l}$ hat die Radialgleichung (8.118) also genau eine sinnvolle Lösung.

Folglich enthält das Spektrum von H_0 alle positiven Energien. Darüber hinaus sehen wir, dass die Menge möglicher Werte von $E_{\kappa,l}$ nicht von l abhängt; wir werden daher den Index l fortlassen. Den Index κ identifizieren wir mit der in Gl. (8.120) definierten Konstanten und können daher schreiben

$$E_k = \frac{\hbar^2 k^2}{2\mu}; \quad k \geq 0. \tag{8.122}$$

Diese Energien sind unendlichfach entartet. Für festes k gibt es zu jedem nichtnegativen ganzzahligen Wert von l eine zur Energie E_k gehörende passende Lösung $u_{k,l}^{(0)}(r)$ der Radialgleichung. Ferner ordnet Gl. (8.115) jeder Radialfunktion $u_{k,l}^{(0)}(r)$ $(2l+1)$ unabhängige Wellenfunktionen $\varphi_{k,l,m}^{(0)}(\boldsymbol{r})$ zu. Wir finden also für diesen speziellen Fall noch einmal das in Abschnitt 7.1.3 erhaltene allgemeine Ergebnis: H_0, $\boldsymbol{L}^2$ und L_z bilden einen v. S. k. O. in $\mathscr{H}_{\boldsymbol{r}}$, und die Angabe der drei Indizes k, l und m ist ausreichend, um eine bestimmte Funktion der entsprechenden Basis festzulegen.

8.4.2 Freie Kugelwellen

Die Radialfunktionen $R_{k,l}^{(0)}(r) = u_{k,l}^{(0)}(r)/r$ können als Lösung von Gl. (8.118) oder direkt aus Gl. (8.116) bestimmt werden. Letztere lässt sich leicht auf die als „Gleichung der sphärischen Bessel-Funktionen“ bekannte Differentialgleichung reduzieren (s. die Bemerkung am Ende dieses Abschnitts), deren Lösungen bekannt sind. Anstatt diese Ergebnisse direkt zu verwenden, werden wir zeigen, wie sich die verschiedenen gemeinsamen Eigenfunktionen von H_0, $\boldsymbol{L}^2$ und L_z aus den Eigenfunktionen von $\boldsymbol{L}^2$ zum Eigenwert null erhalten lassen.

Rekursionsbeziehungen

Wir definieren den Operator

$$P_+ = P_x + \mathrm{i} P_y \tag{8.123}$$

als Funktion der Komponenten P_x und P_y des Impulses $\boldsymbol{P}$. Wie wir wissen, ist $\boldsymbol{P}$ eine vektorielle Variable (s. Abschnitt 6.6.5), woraus die folgenden Vertauschungsrelationen[13] zwischen ihren Komponenten und denen des Drehimpulses $\boldsymbol{L}$ folgen:

$$\begin{aligned} [L_x, P_x] &= 0, \\ [L_x, P_y] &= \mathrm{i}\hbar P_z, \\ [L_x, P_z] &= -\mathrm{i}\hbar P_y, \end{aligned} \tag{8.124}$$

[13] Diese Relationen kann man direkt aus der Definition $\boldsymbol{L} = \boldsymbol{R} \times \boldsymbol{P}$ und den kanonischen Vertauschungsrelationen ableiten.

sowie die daraus durch zyklisches Vertauschen der Indizes x, y, z hervorgehenden Relationen. Mit Hilfe dieser Beziehungen erhält man durch eine einfache algebraische Rechnung die Kommutatoren von L_z und $\boldsymbol{L}^2$ mit dem Operator P_+:

$$[L_z, P_+] = \hbar P_+,$$

$$\left[\boldsymbol{L}^2, P_+\right] = 2\hbar(P_+ L_z - P_z L_+) + 2\hbar^2 P_+. \tag{8.125}$$

Wir betrachten also eine beliebige gemeinsame Eigenfunktion $\varphi^{(0)}_{k,l,m}(\boldsymbol{r})$ von H_0, $\boldsymbol{L}^2$ und L_z mit den zugehörigen Eigenwerten E_k, $l(l+1)\hbar^2$ und $m\hbar$. Durch Anwendung der Operatoren L_+ und L_- können wir die $2l$ anderen zur selben Energie E_k und zum selben Wert l gehörenden Eigenfunktionen erhalten. Weil H_0 mit $\boldsymbol{L}$ vertauscht, ergibt sich z. B.

$$H_0 L_+ \varphi^{(0)}_{k,l,m}(\boldsymbol{r}) = L_+ H_0 \varphi^{(0)}_{k,l,m}(\boldsymbol{r}) = E_k L_+ \varphi^{(0)}_{k,l,m}(\boldsymbol{r}), \tag{8.126}$$

und $L_+ \varphi^{(0)}_{k,l,m}(\boldsymbol{r})$ (die für m ungleich l nicht null ist) ist Eigenfunktion von H_0 mit demselben Eigenwert wie der von $\varphi^{(0)}_{k,l,m}(\boldsymbol{r})$. Somit ist

$$L_\pm \varphi^{(0)}_{k,l,m}(\boldsymbol{r}) \propto \varphi^{(0)}_{k,l,m\pm1}(\boldsymbol{r}). \tag{8.127}$$

Was die Wirkung von P_+ auf $\varphi^{(0)}_{k,l,m}(\boldsymbol{r})$ betrifft, so können wir die obige Überlegung für $P_+\varphi^{(0)}_{k,l,m}$ wiederholen, da H_0 mit $\boldsymbol{P}$ vertauscht. Weiter folgt aus der ersten Gl. (8.125)

$$\begin{aligned} L_z P_+ \varphi^{(0)}_{k,l,m}(\boldsymbol{r}) &= P_+ L_z \varphi^{(0)}_{k,l,m}(\boldsymbol{r}) + \hbar P_+ \varphi^{(0)}_{k,l,m}(\boldsymbol{r}) \\ &= (m+1)\hbar\, P_+ \varphi^{(0)}_{k,l,m}(\boldsymbol{r})\,; \end{aligned} \tag{8.128}$$

$P_+ \varphi^{(0)}_{k,l,m}$ ist also Eigenfunktion von L_z mit dem Eigenwert $(m+1)\hbar$. Verwenden wir die zweite Gl. (8.125) in derselben Weise, so sehen wir, dass wegen des $P_z L_+$-Terms $P_+ \varphi^{(0)}_{k,l,m}$ im Allgemeinen nicht auch Eigenfunkion zu $\boldsymbol{L}^2$ ist; für $l = m$ verschwindet jedoch der Beitrag dieses Terms :

$$\begin{aligned} \boldsymbol{L}^2 P_+ \varphi^{(0)}_{k,l,l} &= P_+ \boldsymbol{L}^2 \varphi^{(0)}_{k,l,l} + 2\hbar P_+ L_z \varphi^{(0)}_{k,l,l} + 2\hbar^2 P_+ \varphi^{(0)}_{k,l,l} \\ &= [l(l+1) + 2l + 2]\,\hbar^2 P_+ \varphi^{(0)}_{k,l,l} \\ &= (l+1)(l+2)\hbar^2 P_+ \varphi^{(0)}_{k,l,l}. \end{aligned} \tag{8.129}$$

Die Funktion $P_+ \varphi^{(0)}_{k,l,l}$ ist also gemeinsame Eigenfunktion zu H_0, $\boldsymbol{L}^2$ und L_z mit den Eigenwerten E_k, $(l+1)(l+2)\hbar^2$ bzw. $(l+1)\hbar$. Da diese drei Observablen einen v. S. k. O. bilden (Abschnitt 8.4.1), gibt es nur eine Eigenfunktion (bis auf einen konstanten Faktor[14]), die zu diesem Satz von Eigenwerten gehört:

$$P_+ \varphi^{(0)}_{k,l,l}(\boldsymbol{r}) \propto \varphi^{(0)}_{k,l+1,l+1}(\boldsymbol{r}). \tag{8.130}$$

---

[14] Im nächsten Abschnitt bestimmen wir die Koeffizienten, die die Orthonormierung der $\{\varphi^{(0)}_{k,l,m}(\boldsymbol{r})\}$-Basis (im erweiterten Sinne, da k ein kontinuierlicher Index ist) sicherstellen.

Wir werden die Rekursionsbeziehungen (8.127) und (8.130) verwenden, um die $\{\varphi^{(0)}_{k,l,m}(\boldsymbol{r})\}$-Basis aus den zu verschwindenden Eigenwerten von $\boldsymbol{L}^2$ und L_z gehörenden Funktionen $\varphi^{(0)}_{k,0,0}(\boldsymbol{r})$ zu konstruieren.[15]

Berechnung freier Kugelwellen

Lösung der Radialgleichung für $l = 0$. Um die Funktionen $\varphi^{(0)}_{k,0,0}(\boldsymbol{r})$ zu bestimmen, kehren wir zur Radialgleichung (8.118) zurück, wobei wir $l = 0$ setzen; unter Verwendung der Definition (8.122) lautet diese Gleichung dann

$$\left[\frac{\mathrm{d}^2}{\mathrm{d}r^2} + k^2\right] u^{(0)}_{k,0}(r) = 0. \tag{8.131}$$

Die Lösungen, die im Ursprung gegen null gehen (Bedingung (8.119)), sind von der Form

$$u^{(0)}_{k,0}(r) = a_k \sin kr. \tag{8.132}$$

Wir wählen die Konstante a_k so, dass die Funktionen $\varphi^{(0)}_{k,0,0}(\boldsymbol{r})$ im erweiterten Sinne orthonormal sind, d. h. es gilt

$$\int \mathrm{d}^3 r\, \varphi^{(0)*}_{k,0,0}(\boldsymbol{r}) \varphi^{(0)}_{k',0,0}(\boldsymbol{r}) = \delta(k - k'). \tag{8.133}$$

Es ist leicht zu zeigen (s. unten), dass die Bedingung (8.133) für

$$a_k = \sqrt{\frac{2}{\pi}} \tag{8.134}$$

erfüllt ist, woraus sich ergibt (Y_0^0 ist gleich $1/\sqrt{4\pi}$)

$$\varphi^{(0)}_{k,0,0}(\boldsymbol{r}) = \sqrt{\frac{2k^2}{\pi}} \frac{1}{\sqrt{4\pi}} \frac{\sin kr}{kr}. \tag{8.135}$$

Nun überprüfen wir, ob die Funktionen (8.135) tatsächlich die Bedingung (8.133) erfüllen. Dazu reicht es, den folgenden Ausdruck zu berechnen:

$$\begin{aligned}\int \mathrm{d}^3 r\, \varphi^{(0)*}_{k,0,0}(\boldsymbol{r}) \varphi^{(0)}_{k',0,0}(\boldsymbol{r}) &= \frac{2}{\pi} kk' \frac{1}{4\pi} \int_0^\infty r^2 \mathrm{d}r\, \frac{\sin kr}{kr} \frac{\sin k'r}{k'r} \int \mathrm{d}\Omega \\ &= \frac{2}{\pi} \int_0^\infty \mathrm{d}r\, \sin kr \sin k'r. \end{aligned} \tag{8.136}$$

[15] Man darf nicht glauben, dass der Operator $P_- = P_x - \mathrm{i} P_y$ das „Absteigen" von einem beliebigen Wert von l auf 0 ermöglicht. Mit einer ähnlichen Überlegung wie oben kann man nämlich zeigen, dass gilt

$$P_- \varphi^{(0)}_{k,l,-l}(\boldsymbol{r}) \propto \varphi^{(0)}_{k,l+1,-(l+1)}(\boldsymbol{r}).$$

Ersetzen wir die Sinusfunktionen durch komplexe Exponentialfunktionen und erweitern das Integrationsintervall auf die gesamte r-Achse, so erhalten wir

$$\frac{2}{\pi}\int_0^\infty \mathrm{d}r\ \sin kr \sin k'r = \frac{2}{\pi}\left(-\frac{1}{4}\right)\int_{-\infty}^\infty \mathrm{d}r\ \left[\mathrm{e}^{\mathrm{i}(k+k')r} - \mathrm{e}^{\mathrm{i}(k-k')r}\right]. \tag{8.137}$$

Weil sowohl k als auch k' positiv sind, kann $k+k'$ nicht null werden und der Beitrag vom ersten Term in der Klammer verschwindet immer. Mit der Beziehung (II.34) aus Anhang II ergibt dann der zweite Term schließlich

$$\begin{aligned}\int \mathrm{d}^3 r\ \varphi^{(0)*}_{k,0,0}(\boldsymbol{r})\varphi^{(0)}_{k',0,0}(\boldsymbol{r}) &= \frac{2}{\pi}\left(-\frac{1}{4}\right)(-2\pi)\delta(k-k') \\ &= \delta(k-k').\end{aligned} \tag{8.138}$$

Konstruktion der anderen Wellen durch Rekursion. Wenden wir nun auf die eben bestimmte Funktion $\varphi^{(0)}_{k,0,0}(\boldsymbol{r})$ den in Gl. (8.123) definierten Operator P_+ an, so folgt mit dem Ausdruck (8.130)

$$\begin{aligned}\varphi^{(0)}_{k,1,1}(\boldsymbol{r}) &\propto P_+\,\varphi^{(0)}_{k,0,0}(\boldsymbol{r}) \\ &\propto P_+\,\frac{\sin kr}{kr}.\end{aligned} \tag{8.139}$$

In der hier verwendeten Ortsdarstellung wird P_+ durch den Differentialoperator gegeben

$$P_+ = \frac{\hbar}{\mathrm{i}}\left(\frac{\partial}{\partial x} + \mathrm{i}\frac{\partial}{\partial y}\right). \tag{8.140}$$

In der Beziehung (8.139) wirkt er auf eine nur von r abhängige Funktion; es ist

$$\begin{aligned}P_+\,f(r) &= \frac{\hbar}{\mathrm{i}}\left(\frac{x}{r} + \mathrm{i}\frac{y}{r}\right)\frac{\mathrm{d}}{\mathrm{d}r}\,f(r) \\ &= \frac{\hbar}{\mathrm{i}}\sin\theta\,\mathrm{e}^{\mathrm{i}\varphi}\,\frac{\mathrm{d}}{\mathrm{d}r}\,f(r).\end{aligned} \tag{8.141}$$

So erhalten wir

$$\varphi^{(0)}_{k,1,1}(\boldsymbol{r}) \propto \sin\theta\,\mathrm{e}^{\mathrm{i}\varphi}\left[\frac{\cos kr}{kr} - \frac{\sin kr}{(kr)^2}\right]. \tag{8.142}$$

Wir erkennen die Winkelabhängigkeit der Funktion $Y_1^1(\theta,\varphi)$ (Abschnitt 6.5.1, Gleichungen (6.208)); durch Anwendung von L_- können $\varphi^{(0)}_{k,1,0}(\boldsymbol{r})$ und $\varphi^{(0)}_{k,1,-1}(\boldsymbol{r})$ berechnet werden.

Obwohl $\varphi^{(0)}_{k,1,1}(\boldsymbol{r})$ von θ und φ abhängt, bleibt die Anwendung von P_+ auf diese Funktion sehr einfach. Aus den kanonischen Vertauschungsrelationen folgt unmittelbar

$$[P_+, X + \mathrm{i}Y] = 0. \tag{8.143}$$

Daher wird $\varphi^{(0)}_{k,2,2}(\boldsymbol{r})$ durch

$$\begin{aligned}\varphi^{(0)}_{k,2,2}(\boldsymbol{r}) &\propto P_+^2\,\frac{\sin kr}{kr}\\ &\propto P_+\,\frac{x+\mathrm{i}y}{r}\frac{\mathrm{d}}{\mathrm{d}r}\frac{\sin kr}{kr}\\ &\propto (x+\mathrm{i}y)P_+\,\frac{1}{r}\frac{\mathrm{d}}{\mathrm{d}r}\frac{\sin kr}{kr}\\ &\propto (x+\mathrm{i}y)^2\frac{1}{r}\frac{\mathrm{d}}{\mathrm{d}r}\left[\frac{1}{r}\frac{\mathrm{d}}{\mathrm{d}r}\frac{\sin kr}{kr}\right]\end{aligned}\tag{8.144}$$

gegeben oder allgemein durch

$$\varphi^{(0)}_{k,l,l}(\boldsymbol{r}) \propto (x+\mathrm{i}y)^l\left(\frac{1}{r}\frac{\mathrm{d}}{\mathrm{d}r}\right)^l\frac{\sin kr}{kr}.\tag{8.145}$$

Die Winkelabhängigkeit von $\varphi^{(0)}_{k,l,l}$ ist in dem Faktor

$$(x+\mathrm{i}y)^l = r^l(\sin\theta)^l\mathrm{e}^{\mathrm{i}l\varphi}\tag{8.146}$$

enthalten, der proportional zu $Y_l^l(\theta,\varphi)$ ist.

Wir definieren

$$j_l(\rho) = (-1)^l\rho^l\left(\frac{1}{\rho}\frac{\mathrm{d}}{\mathrm{d}\rho}\right)^l\frac{\sin\rho}{\rho}.\tag{8.147}$$

Diese Funktion j_l ist die *sphärische Bessel-Funktion l-ter Ordnung*. Wie die folgende Rechnung zeigt, ist $\varphi^{(0)}_{k,l,l}$ proportional zum Produkt aus $Y_l^l(\theta,\varphi)$ und $j_l(kr)$. Wir haben (s. unten zum Problem der Normierung)

$$R^{(0)}_{k,l}(r) = \sqrt{\frac{2k^2}{\pi}}\,j_l(kr).\tag{8.148}$$

Die freien Kugelwellen werden dann geschrieben

$$\varphi^{(0)}_{k,l,m}(\boldsymbol{r}) = \sqrt{\frac{2k^2}{\pi}}\,j_l(kr)\,Y_l^m(\theta,\varphi).\tag{8.149}$$

Sie erfüllen die Orthonormierungsbedingungen

$$\int \mathrm{d}^3r\,\varphi^{(0)*}_{k,l,m}(\boldsymbol{r})\varphi^{(0)}_{k',l',m'}(\boldsymbol{r}) = \delta(k-k')\delta_{ll'}\delta_{mm'}\tag{8.150}$$

und die Vollständigkeitsrelation

$$\int_0^\infty \mathrm{d}k\sum_{l=0}^{\infty}\sum_{m=-l}^{+l}\varphi^{(0)}_{k,l,m}(\boldsymbol{r})\varphi^{(0)*}_{k,l,m}(\boldsymbol{r}') = \delta(\boldsymbol{r}-\boldsymbol{r}').\tag{8.151}$$

Wir fragen jetzt nach der Normierung der Funktionen (8.149): Zunächst bestimmen wir die Proportionalitätsfaktoren, die in den Rekursionsbeziehungen (8.127) und (8.130) auftreten. Für die erste Gleichung kennen wir den Faktor bereits aus den Eigenschaften der Kugelflächenfunktionen (s. Abschnitt 6.5):

$$L_\pm \, \varphi^{(0)}_{k,l,m}(\boldsymbol{r}) = \hbar\sqrt{l(l+1) - m(m\pm 1)}\, \varphi^{(0)}_{k,l,m\pm 1}(\boldsymbol{r}). \tag{8.152}$$

Für (8.130) kann man leicht zeigen, indem man die expliziten Ausdrücke für $Y_l^l(\theta,\varphi)$ (Abschnitt 6.5.1, Gl. (6.180) und (6.190)), die Gleichungen (8.143), (8.141), die Definition (8.147) und Gl. (8.149) verwendet, dass sie lautet

$$P_+ \, \varphi^{(0)}_{k,l,l}(\boldsymbol{r}) = \frac{\hbar k}{\mathrm{i}}\sqrt{\frac{2l+2}{2l+3}}\, \varphi^{(0)}_{k,l+1,l+1}(\boldsymbol{r}). \tag{8.153}$$

Die Faktoren $\delta_{ll'}$ und $\delta_{mm'}$ auf der rechten Seite der Orthonormierungsbedingung (8.150) stammen aus der Winkelintegration und der Orthonormalität der Kugelflächenfunktionen. Um Gl. (8.150) zu überprüfen, müssen wir daher nur zeigen, dass das Integral

$$I_l(k,k') = \int \mathrm{d}^3 r \, \varphi^{(0)*}_{k,l,l}(\boldsymbol{r}) \varphi^{(0)}_{k',l,l}(\boldsymbol{r}) \tag{8.154}$$

gleich $\delta(k-k')$ ist. Aus Gl. (8.138) wissen wir bereits, dass $I_0(k,k')$ dieser Bedingung genügt. Wenn

$$I_l(k,k') = \delta(k-k') \tag{8.155}$$

erfüllt ist, gilt dasselbe auch für $I_{l+1}(k,k')$. Mit Gl. (8.153) können wir $I_{l+1}(k,k')$ in folgender Weise schreiben:

$$\begin{aligned} I_{l+1}(k,k') &= \frac{1}{\hbar^2 k k'} \frac{2l+3}{2l+2} \int \mathrm{d}^3 r \left[P_+ \, \varphi^{(0)}_{k,l,l}(\boldsymbol{r})\right]^* \left[P_+ \, \varphi^{(0)}_{k',l,l}(\boldsymbol{r})\right] \\ &= \frac{1}{\hbar^2 k k'} \frac{2l+3}{2l+2} \int \mathrm{d}^3 r \, \varphi^{(0)*}_{k,l,l}(\boldsymbol{r}) \, P_- P_+ \, \varphi^{(0)}_{k',l,l}(\boldsymbol{r}), \end{aligned} \tag{8.156}$$

worin $P_- = P_x - \mathrm{i}P_y$ der zu P_+ konjugierte Operator ist. Dann ist

$$P_- P_+ = P_x^2 + P_y^2 = \boldsymbol{P}^2 - P_z^2; \tag{8.157}$$

$\varphi^{(0)}_{k',l,l}$ ist eine Eigenfunktion zu $\boldsymbol{P}^2$. Da außerdem P_z hermitesch ist, folgt

$$\begin{aligned} I_{l+1}(k,k') &= \frac{1}{\hbar^2 k k'} \frac{2l+3}{2l+2} \\ &\quad \times \left\{ \hbar^2 k'^2 I_l(k,k') - \int \mathrm{d}^3 r \left[P_z \, \varphi^{(0)}_{k,l,l}(\boldsymbol{r})\right]^* \left[P_z \, \varphi^{(0)}_{k',l,l}(\boldsymbol{r})\right] \right\}. \end{aligned} \tag{8.158}$$

Jetzt müssen wir $P_z \, \varphi^{(0)}_{k,l,l}(\boldsymbol{r})$ berechnen. Wir verwenden die Proportionalität von $Y_l^l(\theta,\varphi)$ zu $(x+\mathrm{i}y)^l/r^l$ und finden nach Abschnitt 6.5.2, Gl. (6.211)

$$\begin{aligned} P_z \, \varphi^{(0)}_{k,l,l}(\boldsymbol{r}) &= -\frac{\hbar k}{\mathrm{i}} \sqrt{\frac{2k^2}{\pi}} \cos\theta \, Y_l^l(\theta,\varphi) \, j_{l+1}(kr) \\ &= -\frac{\hbar k}{\mathrm{i}} \frac{1}{\sqrt{2l+3}} \, \varphi^{(0)}_{k,l+1,l}(\boldsymbol{r}). \end{aligned} \tag{8.159}$$

Wir setzen dieses Ergebnis in Gl. (8.158) ein und erhalten schließlich

$$I_{l+1}(k,k') = \frac{2l+3}{2l+2}\frac{k'}{k}\, I_l(k,k') - \frac{1}{2l+2}\, I_{l+1}(k,k'). \tag{8.160}$$

Aus der Annahme (8.155) folgt daher

$$I_{l+1}(k,k') = \delta(k-k'), \tag{8.161}$$

womit der Beweis durch vollständige Induktion geführt ist.

Eigenschaften

Verhalten am Ursprung. Für ρ gegen null verhält sich (s. unten) die Funktion $j_l(\rho)$ wie

$$j_l(\rho) \overset{\rho\to 0}{\sim} \frac{\rho^l}{(2l+1)!!}; \tag{8.162}$$

$\varphi^{(0)}_{k,l,m}(\boldsymbol{r})$ ist daher in der Nähe des Ursprungs proportional zu r^l:

$$\varphi^{(0)}_{k,l,m}(\boldsymbol{r}) \overset{r\to 0}{\sim} \sqrt{\frac{2k^2}{\pi}}\, Y_l^m(\theta,\varphi)\frac{(kr)^l}{(2l+1)!!}. \tag{8.163}$$

Um zu zeigen, dass die Beziehung (8.162) aus der Definition (8.147) folgt, entwickeln wir $\sin\rho/\rho$ in eine Potenzreihe von ρ:

$$\frac{\sin\rho}{\rho} = \sum_{p=0}^{\infty}(-1)^p \frac{\rho^{2p}}{(2p+1)!}. \tag{8.164}$$

Dann wenden wir den Operator $\left(\frac{1}{\rho}\frac{\mathrm{d}}{\mathrm{d}\rho}\right)^l$ an und erhalten

$$\begin{aligned} j_l(\rho) &= (-1)^l\rho^l\left(\frac{1}{\rho}\frac{\mathrm{d}}{\mathrm{d}\rho}\right)^{l-1}\sum_{p=0}^{\infty}(-1)^p\frac{2p}{(2p+1)!}\,\rho^{2p-1-1} \\ &= (-1)^l\rho^l\sum_{p=0}^{\infty}(-1)^p\frac{2p(2p-2)(2p-4)\ldots[2p-2(l-1)]}{(2p+1)!}\rho^{2p-2l}. \end{aligned} \tag{8.165}$$

Die ersten l Terme der Summe ($p=0$ bis $p=l-1$) verschwinden, und für den $(l+1)$-ten Term haben wir

$$j_l(\rho) \overset{\rho\to 0}{\sim} (-1)^l\rho^l(-1)^l\frac{2l(2l-2)(2l-4)\ldots 2}{(2l+1)!}, \tag{8.166}$$

womit die Relation (8.162) bewiesen ist.

Asymptotisches Verhalten. Für ein gegen unendlich strebendes Argument hängen die Bessel-Funktionen in der folgenden Weise mit den trigonometrischen Funktionen zusammen:

$$j_l(\rho) \overset{\rho\to\infty}{\sim} \frac{1}{\rho}\sin\left(\rho - l\frac{\pi}{2}\right). \tag{8.167}$$

Das asymptotische Verhalten der freien Kugelwelle lautet also

$$\varphi^{(0)}_{k,l,m}(\boldsymbol{r}) \overset{r\to\infty}{\sim} \sqrt{\frac{2k^2}{\pi}}\, Y_l^m(\theta,\varphi)\frac{\sin(kr - l\pi/2)}{kr}. \tag{8.168}$$

Wenden wir den Operator $\frac{1}{\rho}\frac{\mathrm{d}}{\mathrm{d}\rho}$ einmal auf $\frac{\sin\rho}{\rho}$ an, so können wir $j_l(\rho)$ schreiben

$$j_l(\rho) = (-1)^l \rho^l \left(\frac{1}{\rho}\frac{\mathrm{d}}{\mathrm{d}\rho}\right)^{l-1}\left[\frac{\cos\rho}{\rho^2} - \frac{\sin\rho}{\rho^3}\right]. \tag{8.169}$$

Der zweite Term in der Klammer ist für ρ gegen unendlich gegenüber dem ersten vernachlässigbar; darüber hinaus rührt auch dann, wenn wir $\frac{1}{\rho}\frac{\mathrm{d}}{\mathrm{d}\rho}$ ein zweites Mal anwenden, der dominante Term immer noch von der Ableitung des Kosinus her. Wir sehen also, dass

$$j_l(\rho) \overset{\rho\to\infty}{\sim} (-1)^l \rho^l \frac{1}{\rho^l}\frac{1}{\rho}\left(\frac{\mathrm{d}}{\mathrm{d}\rho}\right)^l \sin\rho. \tag{8.170}$$

Wegen

$$\left(\frac{\mathrm{d}}{\mathrm{d}\rho}\right)^l \sin\rho = (-1)^l \sin\left(\rho - l\frac{\pi}{2}\right) \tag{8.171}$$

erhalten wir tatsächlich die Beziehung (8.167).

Bemerkung
Setzen wir

$$kr = \rho \tag{8.172}$$

(k ist durch Gl. (8.122) definiert), so wird aus der Radialgleichung (8.116)

$$\left[\frac{\mathrm{d}^2}{\mathrm{d}\rho^2} + \frac{2}{\rho}\frac{\mathrm{d}}{\mathrm{d}\rho} + \left(1 - \frac{l(l+1)}{\rho^2}\right)\right] R_l(\rho) = 0. \tag{8.173}$$

Das ist die Differentialgleichung für die sphärischen Bessel-Funktionen l-ter Ordnung. Sie besitzt zwei linear unabhängige Lösungen, die sich z. B. durch ihr Verhalten am Ursprung unterscheiden. Eine von ihnen ist die sphärische Bessel-Funktion $j_l(\rho)$, die die Beziehungen (8.162) und (8.167) erfüllt. Als zweite Lösung können wir die „sphärische Neumann-Funktion l-ter Ordnung" $n_l(\rho)$ mit den folgenden Eigenschaften wählen:

$$n_l(\rho) \overset{\rho\to 0}{\sim} \frac{(2l-1)!!}{\rho^{l+1}}, \tag{8.174}$$

$$n_l(\rho) \overset{\rho\to\infty}{\sim} \frac{1}{\rho}\cos\left(\rho - l\frac{\pi}{2}\right). \tag{8.175}$$

8.4.3 Freie Kugelwellen und ebene Wellen

Wir kennen bereits zwei verschiedene Basen aus Eigenzuständen von H_0: Die ebenen Wellen $v_{\boldsymbol{k}}^{(0)}(\boldsymbol{r})$ sind Eigenzustände der drei Komponenten des Impulses $\boldsymbol{P}$; die freien Kugelwellen $\varphi_{k,l,m}^{(0)}(\boldsymbol{r})$ sind Eigenfunktionen von $\boldsymbol{L}^2$ und L_z. Beide Basen sind verschieden, weil $\boldsymbol{P}$ nicht mit $\boldsymbol{L}^2$ und L_z vertauscht.

Eine gegebene Funktion in der einen Basis kann natürlich nach der anderen Basis entwickelt werden. Wir werden als Beispiel eine ebene Welle $v_{\boldsymbol{k}}^{(0)}(\boldsymbol{r})$ als Linearkombination von Kugelwellen ausdrücken. Weil bei festem Vektor $\boldsymbol{k}$ die ebene Welle $v_{\boldsymbol{k}}^{(0)}(\boldsymbol{r})$ als Eigenfunktion von H_0 mit dem Eigenwert $\hbar^2\boldsymbol{k}^2/2\mu$ aufgefasst werden kann, enthält ihre Entwicklung nur die Funktionen $\varphi_{k,l,m}^{(0)}$, die zu dieser Energie gehören, für die also

$$k = |\boldsymbol{k}| \tag{8.176}$$

ist. Die Entwicklung lautet darum

$$v_{\boldsymbol{k}}^{(0)}(\boldsymbol{r}) = \sum_{l=0}^{\infty}\sum_{m=-l}^{+l} c_{l,m}(\boldsymbol{k})\,\varphi_{k,l,m}^{(0)}(\boldsymbol{r}). \tag{8.177}$$

Berücksichtigt man die Eigenschaften der Kugelflächenfunktionen (Abschnitt 6.5) und der sphärischen Bessel-Funktionen, so kann man zeigen, dass

$$\mathrm{e}^{\mathrm{i}\boldsymbol{k}\cdot\boldsymbol{r}} = 4\pi\sum_{l=0}^{\infty}\sum_{m=-l}^{+l} \mathrm{i}^l Y_l^{m*}(\theta_k,\varphi_k)\,j_l(kr)Y_l^m(\theta,\varphi), \tag{8.178}$$

worin θ_k und φ_k die Polarwinkel sind, die die Richtung des Vektors $\boldsymbol{k}$ festlegen. Wenn $\boldsymbol{k}$ in z-Richtung zeigt, reduziert sich diese Beziehung auf

$$\begin{aligned}\mathrm{e}^{\mathrm{i}kz} &= \sum_{l=0}^{\infty}\mathrm{i}^l\sqrt{4\pi(2l+1)}\,j_l(kr)\,Y_l^0(\theta)\\ &= \sum_{l=0}^{\infty}\mathrm{i}^l(2l+1)\,j_l(kr)\,P_l(\cos\theta);\end{aligned} \tag{8.179}$$

darin ist P_l das Legendre-Polynom l-ter Ordnung (Abschnitt 6.5.2, Gl. (6.234)).

Wir beweisen zuerst Gl. (8.179). Dazu nehmen wir an, dass der gewählte Vektor $\boldsymbol{k}$ in z-Richtung weist. Dann ist

$$k_x = k_y = 0. \tag{8.180}$$

Für diesen Fall wird aus Gl. (8.176)

$$k_z = k. \tag{8.181}$$

Dann entwickeln wir die Funktion

$$\mathrm{e}^{\mathrm{i}kz} = \mathrm{e}^{\mathrm{i}kr\cos\theta} \tag{8.182}$$

in der $\{\varphi^{(0)}_{k,l,m}(\boldsymbol{r})\}$-Basis. Da die Funktion nicht vom Winkel φ abhängt, ist sie eine Linearkombination aus den Basisfunktionen mit $m = 0$:

$$\begin{aligned} \mathrm{e}^{\mathrm{i}kr\cos\theta} &= \sum_{l=0}^{\infty} a_l\, \varphi^{(0)}_{k,l,0}(\boldsymbol{r}) \\ &= \sum_{l=0}^{\infty} c_l\, j_l(kr)\, Y_l^0(\theta). \end{aligned} \tag{8.183}$$

Zur Berechnung der Zahlen c_l können wir $\mathrm{e}^{\mathrm{i}kr\cos\theta}$ als Funktion der Variablen θ ansehen und r als Parameter betrachten. Weil die Kugelflächenfunktionen eine Orthonormalbasis aller Funktionen von θ und φ bilden, kann der „Koeffizient" $c_l\, j_l(kr)$ ausgedrückt werden als

$$c_l\, j_l(kr) = \int \mathrm{d}\Omega\, Y_l^{0*}(\theta)\, \mathrm{e}^{\mathrm{i}kr\cos\theta}. \tag{8.184}$$

Ersetzen wir Y_l^0 durch den entsprechenden Ausdruck in $Y_l^l(\theta,\varphi)$ (Abschnitt 6.5.1, Gl. (6.201)), so erhalten wir

$$\begin{aligned} c_l\, j_l(kr) &= \frac{1}{\sqrt{(2l)!}} \int \mathrm{d}\Omega \left[\left(\frac{L_-}{\hbar}\right)^l Y_l^l(\theta,\varphi) \right]^* \mathrm{e}^{\mathrm{i}kr\cos\theta} \\ &= \frac{1}{\sqrt{(2l)!}} \int \mathrm{d}\Omega\, Y_l^{l*}(\theta,\varphi) \left[\left(\frac{L_+}{\hbar}\right)^l \mathrm{e}^{\mathrm{i}kr\cos\theta} \right], \end{aligned} \tag{8.185}$$

da L_+ der zu L_- adjungierte Operator ist. Mit den Ergebnissen aus Abschnitt 6.5.1 (Gl. (6.192)) ergibt sich dann

$$\begin{aligned} \left(\frac{L_+}{\hbar}\right)^l \mathrm{e}^{\mathrm{i}kr\cos\theta} &= (-1)^l \mathrm{e}^{\mathrm{i}l\varphi} (\sin\theta)^l \frac{\mathrm{d}^l}{\mathrm{d}(\cos\theta)^l}\, \mathrm{e}^{\mathrm{i}kr\cos\theta} \\ &= (-1)^l \mathrm{e}^{\mathrm{i}l\varphi} (\sin\theta)^l (\mathrm{i}kr)^l\, \mathrm{e}^{\mathrm{i}kr\cos\theta}. \end{aligned} \tag{8.186}$$

Nun ist $(\sin\theta)^l \mathrm{e}^{\mathrm{i}l\varphi}$ bis auf einen konstanten Faktor gerade gleich $Y_l^l(\theta,\varphi)$ (Abschnitt 6.5.1, Gl. (6.180) und Gl. (6.190)). Also wird

$$c_l\, j_l(kr) = (\mathrm{i}kr)^l \frac{2^l l!}{\sqrt{(2l)!}} \sqrt{\frac{4\pi}{(2l+1)!}} \int \mathrm{d}\Omega\, |Y_l^l(\theta,\varphi)|^2\, \mathrm{e}^{\mathrm{i}kr\cos\theta}. \tag{8.187}$$

Um c_l zu berechnen, müssen wir einen bestimmten Wert von kr wählen, für den wir den Wert von $j_l(kr)$ kennen. Wir betrachten z. B. den Fall kr gegen null: Wir wissen, dass sich $j_l(kr)$ wie $(kr)^l$ verhält, und das stimmt auch für die rechte Seite von Gl. (8.187). Genauer erhalten wir gemäß (8.162)

$$c_l \frac{1}{(2l+1)!!} = \mathrm{i}^l \frac{2^l l!}{\sqrt{(2l)!}} \sqrt{\frac{4\pi}{(2l+1)!}} \int \mathrm{d}\Omega\, |Y_l^l(\theta,\varphi)|^2, \tag{8.188}$$

d. h. also, weil Y_l^l auf eins normiert ist,

$$c_l = \mathrm{i}^l \sqrt{4\pi(2l+1)}. \tag{8.189}$$

Die allgemeine Beziehung (8.178) erhält man jetzt aus dem Additionstheorem für Kugelflächenfunktionen (Abschnitt 6.5.2, Gl. (6.246)): Für jede beliebige Richtung von $\boldsymbol{k}$ (definiert durch die Polarwinkel θ_k und φ_k) ist es möglich, durch eine Rotation des Achsensystems zum eben betrachteten Fall zurückzukehren. Die Entwicklung (8.179) bleibt also gültig, wobei wir kz durch $\boldsymbol{k} \cdot \boldsymbol{r}$ und $\cos\theta$ durch $\cos\alpha$ ersetzen (α ist der Winkel zwischen $\boldsymbol{k}$ und $\boldsymbol{r}$):

$$\mathrm{e}^{\mathrm{i}\boldsymbol{k}\cdot\boldsymbol{r}} = \sum_{l=0}^{\infty} \mathrm{i}^l (2l+1)\, j_l(kr)\, P_l(\cos\alpha). \tag{8.190}$$

Mit dem Additionstheorem für Kugelflächenfunktionen kann man $P_l(\cos\alpha)$ in Abhängigkeit von den Winkeln (θ, φ) und (θ_k, φ_k) ausdrücken, woraus sich wieder Gl. (8.178) ergibt.

Wie die Entwicklungen (8.178) und (8.179) zeigen, gehören zu einem Zustand mit *wohldefiniertem* linearem Impuls *alle möglichen* Bahndrehimpulse.

Um die Entwicklung einer gegebenen Funktion $\varphi_{k,l,m}^{(0)}(\boldsymbol{r})$ in ebene Wellen zu erhalten, müssen wir lediglich Gl. (8.178) invertieren, indem wir die Orthonormierungsbedingungen der Kugelflächenfunktionen, die Funktionen von θ_k und φ_k sind, benutzen. Das ergibt

$$\int \mathrm{d}\Omega_k\, Y_l^{m*}(\theta_k, \varphi_k)\, \mathrm{e}^{\mathrm{i}\boldsymbol{k}\cdot\boldsymbol{r}} = 4\pi \mathrm{i}^l\, j_l(kr)\, Y_l^{m*}(\theta, \varphi) \tag{8.191}$$

und damit

$$\varphi_{k,l,m}^{(0)}(\boldsymbol{r}) = \frac{(-1)^l}{4\pi} \mathrm{i}^l \sqrt{\frac{2k^2}{\pi}} \int \mathrm{d}\Omega_k\, Y_l^m(\theta_k, \varphi_k)\, \mathrm{e}^{\mathrm{i}\boldsymbol{k}\cdot\boldsymbol{r}}. \tag{8.192}$$

Eine Eigenfunktion von $\boldsymbol{L}^2$ und L_z ist also eine Linearkombination aller ebenen Wellen mit derselben Energie: Zu einem Zustand mit *wohldefiniertem* Drehimpuls gehören *alle möglichen Richtungen* des linearen Impulses.

8.5 Inelastische Streuung

In diesem Kapitel beschränkten wir uns bisher auf die Untersuchung elastischer[16] Streuung von Teilchen an einem Potential. In der Einleitung haben wir jedoch bereits darauf hingewiesen, dass die Streuung zwischen Teilchen inelastisch erfolgen kann und dass dann unter bestimmten Bedingungen zahlreiche andere Reaktionen (wie z. B. die Erzeugung oder Vernichtung von Teilchen) insbesondere dann auftreten können, wenn die

[16] Eine Streuung heißt elastisch, wenn weder die Natur noch der interne Zustand der beteiligten Teilchen verändert werden; andernfalls heißt sie inelastisch.

Energie der einlaufenden Teilchen groß ist. Wenn solche Reaktionen möglich sind und man nur die elastisch gestreuten Teilchen beobachtet, so stellt man fest, dass bestimmte Teilchen des einfallenden Strahls „verschwinden", d. h. man findet sie weder im transmittierten Strahl noch unter den elastisch gestreuten Teilchen. Man sagt, diese Teilchen werden während der Wechselwirkung „absorbiert"; in Wirklichkeit haben sie an anderen Reaktionen als der einfachen elastischen Streuung teilgenommen. Interessiert man sich nur für die elastische Streuung, so versucht man, die „Absorption" global zu beschreiben, ohne die möglichen Reaktionen genauer zu betrachten. Wir werden zeigen, dass die Partialwellenmethode für eine phänomenologische Beschreibung gut geeignet ist.

8.5.1 Methodisches

Wir wollen annehmen, die für das Verschwinden der einfallenden Teilchen verantwortliche Wechselwirkung sei gegenüber Drehungen um den Ursprung invariant. Die Streuamplitude kann daher immer in Partialwellen zerlegt werden, von denen jede zu einem festen Wert des Drehimpulses gehört.

In diesem Abschnitt werden wir sehen, wie die Partialwellenmethode modifiziert werden muss, damit eine mögliche Absorption von Teilchen berücksichtigt werden kann. Dazu kehren wir zu der in Abschnitt 8.3.3 gegebenen Interpretation der Partialwellen zurück: Eine freie einlaufende Welle trifft auf den Einflussbereich des Potentials, und es entsteht eine auslaufende Welle. Die Wirkung des Potentials besteht in der Multiplikation dieser auslaufenden Welle mit $e^{2i\delta_l}$. Da der Betrag dieses Faktors eins ist (die Phasenverschiebung δ_l ist reell), ist die Amplitude der auslaufenden Welle gleich der der einlaufenden Welle. Daher (s. die Rechnung in Abschnitt 8.5.2) ist der Gesamtfluss der einlaufenden Welle gleich dem der auslaufenden Welle; während der Streuung wird die Wahrscheinlichkeit erhalten, d. h. die Gesamtzahl der Teilchen bleibt konstant. Diese Überlegungen legen nahe, Absorptionsphänomene einfach dadurch zu beschreiben, dass man bei der Phasenverschiebung einen nichtverschwindenden Imaginärteil zulässt, so dass gilt

$$|e^{2i\delta_l}| < 1. \tag{8.193}$$

Die Amplitude der auslaufenden Welle mit dem Drehimpuls l ist dann kleiner als die der sie erzeugenden einlaufenden Welle. Die Tatsache, dass der auslaufende Wahrscheinlichkeitsfluss kleiner ist als der einlaufende drückt das „Verschwinden" einer gewissen Anzahl von Teilchen aus.

Wir werden dies im Folgenden genauer ausführen und die Ausdrücke für die Streu- und Absorptionsquerschnitte herleiten. Es handelt sich hier, und darauf weisen wir noch einmal ausdrücklich hin, nur um einen rein phänomenologischen Ansatz; die Parameter, mit denen wir die Absorption beschreiben (der Betrag von $e^{2i\delta_l}$ für jede Partialwelle), verschleiern einen oft sehr komplizierten Sachverhalt. Ebenfalls zu beachten ist, dass sich die Wechselwirkung nicht mehr durch ein einfaches Potential beschreiben lässt, wenn die Gesamtwahrscheinlichkeit nicht erhalten bleibt. Eine korrekte Beschreibung aller Phänomene, die während einer Streuung auftreten können, erfordert einen sehr viel aufwendigeren Formalismus.

8.5.2 Berechnung der Wirkungsquerschnitte

Wir kehren zurück zu den Rechnungen in Abschnitt 8.3.4 und setzen

$$\eta_l = \mathrm{e}^{2\mathrm{i}\delta_l}. \tag{8.194}$$

Da andere Reaktionen neben der elastischen Streuung immer eine Verringerung der Anzahl der elastisch gestreuten Teilchen bewirken, muss gelten

$$|\eta_l| \leq 1 \tag{8.195}$$

(das Gleichheitszeichen gilt für rein elastische Streuung). Die asymptotische Form der Wellenfunktionen, die elastische Streuung beschreiben, lautet daher jetzt (s. Abschnitt 8.3.4, Beziehung (8.105))

$$v_k^{(\mathrm{diff})}(\boldsymbol{r}) \overset{r\to\infty}{\sim} -\sum_{l=0}^{\infty} \mathrm{i}^l \sqrt{4\pi(2l+1)}\, Y_l^0(\theta) \frac{\mathrm{e}^{-\mathrm{i}kr}\mathrm{e}^{\mathrm{i}l\pi/2} - \eta_l \mathrm{e}^{\mathrm{i}kr}\mathrm{e}^{-\mathrm{i}l\pi/2}}{2\mathrm{i}kr}. \tag{8.196}$$

Elastischer Streuquerschnitt

Die Aussage von Abschnitt 8.3.4 bleibt gültig und ergibt die Streuamplitude $f_k(\theta)$ in der Form

$$f_k(\theta) = \frac{1}{k}\sum_{l=0}^{\infty} \sqrt{4\pi(2l+1)}\, Y_l^0(\theta)\, \frac{\eta_l - 1}{2\mathrm{i}}. \tag{8.197}$$

Daraus können wir den elastischen differentiellen Streuquerschnitt

$$\sigma_{\mathrm{el}}(\theta) = \frac{1}{k^2}\left|\sum_{l=0}^{\infty} \sqrt{4\pi(2l+1)}\, Y_l^0(\theta)\, \frac{\eta_l - 1}{2\mathrm{i}}\right|^2 \tag{8.198}$$

und den totalen elastischen Streuquerschnitt

$$\sigma_{\mathrm{el}} = \frac{\pi}{k^2}\sum_{l=0}^{\infty}(2l+1)|1-\eta_l|^2 \tag{8.199}$$

ableiten.

Bemerkung
Nach den in Abschnitt 8.5.1 angestellten Überlegungen erreicht die Absorption der Welle (l) ein Maximum, wenn

$$\eta_l = 0; \tag{8.200}$$

Gl. (8.199) sagt jedoch aus, dass selbst für diesen Grenzfall der Beitrag der Welle (l) zum elastischen Streuquerschnitt nicht verschwindet.[17] Mit anderen Worten tritt selbst dann elastische Streuung auf,

[17] Dieser Beitrag verschwindet nur für $\eta_l = 1$, d. h. wenn die Phasenverschiebung reell und gleich einem ganzzahligen Vielfachen von π ist.

wenn der Einflussbereich des Potentials vollständig absorbiert. Dieses wichtige Phänomen ist ein rein quantenmechanischer Effekt. Der Vorgang entspricht dem Verhalten einer Lichtwelle, die auf ein absorbierendes Medium trifft: Selbst bei vollständiger Absorption (wie bei einer vollkommen schwarzen Kugel oder Scheibe) lässt sich eine gestreute Welle beobachten (die übrigens auf einen Raumwinkel beschränkt ist, der umso kleiner wird, je größer die Oberfläche der Kugel bzw. Scheibe ist). Daher wird die bei einer Wechselwirkung mit totaler Absorption auftretende elastische Streuung *Schattenstreuung* genannt.

Absorptionsquerschnitt

Wir definieren den Absorptionsquerschnitt σ_{abs} analog zu Abschnitt 8.1.3: Er ist gleich der Anzahl der absorbierten Teilchen geteilt durch Zeit und Einfallsstrom.

Um diesen Querschnitt zu berechnen, betrachten wir wie in Abschnitt 8.2.2 den Gesamtbetrag der pro Zeiteinheit „verschwindenden" Wahrscheinlichkeit $\Delta\mathcal{P}$. Man erhält sie aus dem zur Wellenfunktion (8.196) gehörenden Strom $\boldsymbol{J}$; $\Delta\mathcal{P}$ ist gleich der Differenz zwischen dem Fluss der einlaufenden Wellen und dem der auslaufenden Wellen durch eine Kugelschale (S) von sehr großem Radius R_0, also gleich dem Negativen des diese Fläche verlassenden Nettoflusses:

$$\Delta\mathcal{P} = -\int_{(S)} \boldsymbol{J}\cdot \mathrm{d}\boldsymbol{S} \tag{8.201}$$

mit

$$\boldsymbol{J} = \operatorname{Re}\left[v_k^{(\text{diff})*}(\boldsymbol{r})\frac{\hbar}{\mathrm{i}\mu}\nabla\, v_k^{(\text{diff})}(\boldsymbol{r})\right]. \tag{8.202}$$

Nur die Radialkomponente J_r des Stroms trägt zum Integral (8.201) bei:

$$\Delta\mathcal{P} = -\int_{r=R_0} J_r\, r^2\,\mathrm{d}\Omega \tag{8.203}$$

mit

$$J_r = \operatorname{Re}\left[v_k^{(\text{diff})*}(\boldsymbol{r})\frac{\hbar}{\mathrm{i}\mu}\frac{\partial}{\partial r}\, v_k^{(\text{diff})}(\boldsymbol{r})\right]. \tag{8.204}$$

Die Differentiation in Gl. (8.204) verändert die Radialabhängigkeit der verschiedenen in $v_k^{(\text{diff})}(\boldsymbol{r})$ enthaltenen Terme nicht (Beziehung (8.196)). Daher liefern wegen der Orthogonalität der Kugelflächenfunktionen die gekreuzten Terme zwischen einer Partialwelle (l) in $v_k^{(\text{diff})}(\boldsymbol{r})$ und einer anderen Welle (l') in $v_k^{(\text{diff})*}(\boldsymbol{r})$ im Integral (8.203) keinen Beitrag; wir haben also

$$\Delta\mathcal{P} = -\sum_{l=0}^{\infty}\int_{r=R_0} J_r^{(l)}\, r^2\,\mathrm{d}\Omega\,, \tag{8.205}$$

worin $J_r^{(l)}$ die Radialkomponente des Stroms zur Partialwelle (l) ist. Eine einfache Rechnung ergibt

$$J_r^{(l)} \underset{}{\overset{r\to\infty}{\sim}} -\frac{\hbar k}{\mu}\frac{\pi(2l+1)}{k^2r^2}\left[1-|\eta_l|^2\right]\,|Y_l^0(\theta)|^2, \tag{8.206}$$

d. h. schließlich, weil $Y_l^0(\theta)$ normiert ist,

$$\Delta\mathcal{P} = \frac{\hbar k}{\mu}\frac{\pi}{k^2}\sum_{l=0}^{\infty}(2l+1)\left[1-|\eta_l|^2\right]. \tag{8.207}$$

Der Absorptionsquerschnitt σ_{abs} ist gleich der Wahrscheinlichkeit $\Delta\mathcal{P}$ dividiert durch den einlaufenden Strom $\hbar k/\mu$:

$$\sigma_{\text{abs}} = \frac{\pi}{k^2}\sum_{l=0}^{\infty}(2l+1)\left[1-|\eta_l|^2\right]. \tag{8.208}$$

Offensichtlich verschwindet σ_{abs}, wenn alle η_l den Betrag eins haben, d. h. nach Gl. (8.194), wenn alle Phasenverschiebungen reell sind. Für diesen Fall liegt nur elastische Streuung vor und der die Kugelschale von großem Radius R_0 verlassende Nettofluss verschwindet immer. Die von den einlaufenden Wellen getragene Gesamtwahrscheinlichkeit wird vollständig auf die auslaufenden Wellen übertragen. Wenn hingegen η_l verschwindet, ist der Beitrag der Welle (l) zum Absorptionsquerschnitt maximal.

Bemerkung
Wie die Berechnung des Ausdrucks (8.207) zeigt, ist $\frac{\hbar k}{\mu}\frac{\pi}{k^2}(2l+1)$ der von der Partialwelle (l) stammende Teil der pro Zeiteinheit einlaufenden Wahrscheinlichkeit. Teilen wir diese Größe durch den einlaufenden Strom $\hbar k/\mu$, so erhalten wir eine Fläche, die als „Einfallsquerschnitt der Partialwelle (l)" bezeichnet werden kann:

$$\sigma_l = \frac{\pi}{k^2}(2l+1). \tag{8.209}$$

Dieser Ausdruck kann klassisch interpretiert werden: Wir betrachten eine einfallende ebene Welle als einen homogenen Teilchenstrahl mit dem Impuls $\hbar k$ parallel zur z-Achse. Welcher Bruchteil dieser Teilchen erreicht das Streupotential mit dem Drehimpuls $\hbar\sqrt{l(l+1)}$? Wir haben bereits auf den Zusammenhang zwischen dem Drehimpuls und dem Stoßparameter in der klassischen Mechanik hingewiesen (s. Abschnitt 8.3.2, Gl. (8.77)):

$$|\boldsymbol{\mathcal{L}}| = b|\boldsymbol{p}| = \hbar k\, b. \tag{8.210}$$

Wir zeichnen nun in der Ebene durch O und senkrecht zur z-Achse einen um O zentrierten Kreisring (Abb. 8.12) mit einem mittleren Radius b_l, so dass

$$\hbar\sqrt{l(l+1)} = \hbar k\, b_l, \tag{8.211}$$

und einer Dicke Δb_l, die in Gl. (8.211) $\Delta l = 1$ entspricht. Alle Teilchen, die diese Fläche passieren, erreichen das Streupotential mit dem Drehimpuls $\hbar\sqrt{l(l+1)}$ bis auf eine Genauigkeit von $\hbar$. Aus Gl. (8.211) erhalten wir

$$b_l = \frac{1}{k}\sqrt{l(l+1)} \approx \frac{1}{k}\left(l+\frac{1}{2}\right) \tag{8.212}$$

für $l \gg 1$ und daher

$$\Delta b_l = \frac{1}{k}. \tag{8.213}$$

Die Fläche des Kreisrings in Abb. 8.12 ist dann

$$2\pi\, b_l\,\Delta b_l \approx \frac{\pi}{k^2}(2l+1), \tag{8.214}$$

also wieder σ_l.

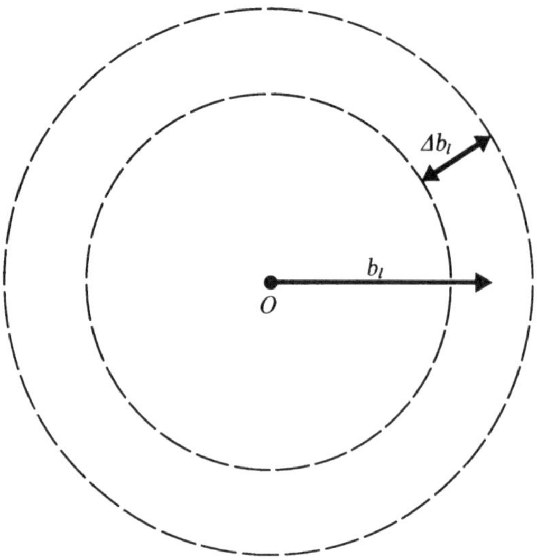

Abb. 8.12 Wenn die einlaufenden Teilchen das Potential mit dem Stoßparameter b_l bis auf eine Genauigkeit Δb_l erreichen, haben sie bis auf $\hbar$ einen klassischen Drehimpuls von $\hbar\sqrt{l(l+1)}$.

Totaler Streuquerschnitt. Optisches Theorem

Wenn bei einer Streuung verschiedene Reaktions- oder Streuphänomene auftreten, so ist der totale Streuquerschnitt σ_{tot} als die Summe der einzelnen, zu den verschiedenen Prozessen gehörenden und über alle Raumrichtungen integrierten Wirkungsquerschnitte definiert. Er gibt also die Anzahl der Teilchen an, die pro Zeiteinheit an einer der möglichen Reaktionen teilnehmen, normiert auf den einlaufenden Fluss.

Wenn wir alle Reaktionen außer der elastischen Streuung pauschal zusammenfassen, ist

$$\sigma_{\text{tot}} = \sigma_{\text{el}} + \sigma_{\text{abs}}. \tag{8.215}$$

Mit Gl. (8.199) und Gl. (8.208) ergibt das

$$\sigma_{\text{tot}} = \frac{2\pi}{k^2}\sum_{l=0}^{\infty}(2l+1)(1-\operatorname{Re}\eta_l). \tag{8.216}$$

Nun ist $1-\operatorname{Re}\eta_l$ der Realteil des Ausdrucks $1-\eta_l$, der in der elastischen Streuamplitude auftaucht (Gl. (8.197)). Außerdem kennen wir den Wert von $Y_l^0(\theta)$ für $\theta = 0$:

$$Y_l^0(0) = \sqrt{\frac{2l+1}{4\pi}} \tag{8.217}$$

(s. Abschnitt 6.5.2, Gl. (6.234) und Gl. (6.236)). Berechnen wir daher aus Gl. (8.197) den Imaginärteil der elastischen Streuamplitude in Vorwärtsrichtung, so finden wir

$$\operatorname{Im} f_k(0) = \frac{1}{k}\sum_{l=0}^{\infty}(2l+1)\frac{1-\operatorname{Re}\eta_l}{2}. \tag{8.218}$$

Vergleichen wir diesen Ausdruck mit Gl. (8.216), wird schließlich

$$\sigma_{\text{tot}} = \frac{4\pi}{k} \operatorname{Im} f_k(0). \tag{8.219}$$

Dieser Zusammenhang zwischen dem totalen Streuquerschnitt und dem Imaginärteil der elastischen Streuamplitude in Vorwärtsrichtung ist ganz allgemein gültig; man bezeichnet ihn als das *optische Theorem*.

Bemerkung
Das optische Theorem ist offensichtlich für den Fall der rein elastischen Streuung richtig ($\sigma_{\text{abs}} = 0$; $\sigma_{\text{tot}} = \sigma_{\text{el}}$). Die Tatsache, dass $f_k(0)$ – das ist die in Vorwärtsrichtung gestreute Welle – mit dem totalen Streuquerschnitt in Verbindung steht, hätte man schon aus den Überlegungen in Abschnitt 8.2.2 ersehen können. Die Ausdünnung des transmittierten Strahls aufgrund der Teilchenstreuung in alle Raumrichtungen wird durch die Interferenz zwischen der einlaufenden ebenen Welle und der gestreuten Welle in Vorwärtsrichtung hervorgerufen.

8.6 Beispiele zur Streutheorie

Es gibt kein Potential, für das das Streuproblem durch eine einfache analytische Rechnung exakt[18] gelöst werden kann. Wir werden uns daher mit der Anwendung der in diesem Kapitel eingeführten Näherungen zufrieden geben.

8.6.1 Die Bornsche Näherung für ein Yukawa-Potential

Wir betrachten ein Potential der Form

$$V(\boldsymbol{r}) = V_0 \frac{\mathrm{e}^{-\alpha r}}{r}, \tag{8.220}$$

wobei V_0 und α reelle Konstanten sind, α positiv. Dieses Potential ist anziehend oder abstoßend, je nachdem ob V_0 negativ oder positiv ist. Je größer $|V_0|$ ist, desto stärker ist das Potential. Seine Reichweite wird durch

$$r_0 = \frac{1}{\alpha} \tag{8.221}$$

charakterisiert, da (s. Abb. 8.13) $V(r)$ praktisch gleich null ist, wenn r den Wert $2r_0$ oder $3r_0$ erreicht.

Das Potential (8.220) trägt den Namen von Yukawa, der mit dieser Potentialform Kernkräfte mit einer Reichweite von etwa einem Fermi beschrieb. Zur Erklärung dieses Potentials postulierte er die Existenz des π-Mesons, das später auch entdeckt wurde. Für $\alpha = 0$ reduziert sich dieses Potential auf das Coulomb-Potential, das man somit als ein Yukawa-Potential unendlicher Reichweite ansehen kann.

[18] Der Fall des Coulomb-Potentials lässt sich exakt behandeln, erfordert jedoch die Anwendung einer speziellen Methode.

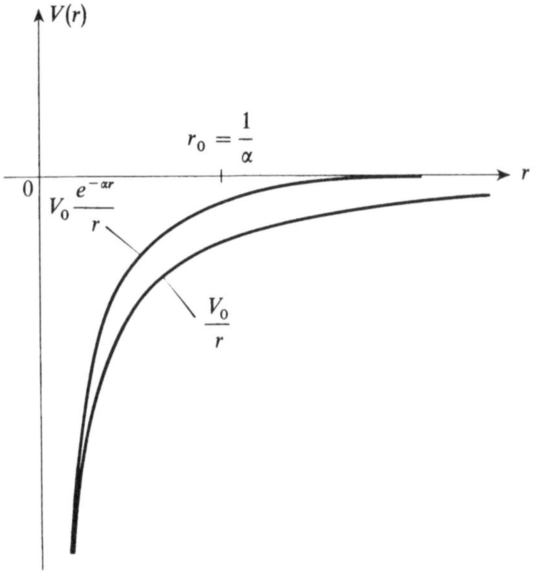

Abb. 8.13 Yukawa-Potential und Coulomb-Potential. Der $e^{-\alpha r}$-Term lässt das Yukawa-Potential für $r \gg r_0 = 1/\alpha$ (Reichweite des Potentials) sehr viel schneller den Wert null erreichen.

Berechnung der Streuamplitude und des Streuquerschnitts

Wir nehmen an, $|V_0|$ sei ausreichend klein, um die Bornsche Näherung (Abschnitt 8.2.4) anwenden zu können. Nach Abschnitt 8.2.4, Gl. (8.52) wird die Streuamplitude $f_k^{(B)}(\theta, \varphi)$ dann gegeben durch

$$f_k^{(B)}(\theta, \varphi) = -\frac{1}{4\pi} \frac{2\mu V_0}{\hbar^2} \int d^3r \, e^{-i\boldsymbol{K}\cdot\boldsymbol{r}} \, \frac{e^{-\alpha r}}{r}, \tag{8.222}$$

worin $\boldsymbol{K}$ für den in die (θ, φ)-Richtung übertragenen Impuls steht, wie er in Abschnitt 8.2.3, Gl. (8.47) definiert ist.

Gleichung (8.222) enthält die Fourier-Transformierte des Yukawa-Potentials. Weil es nur von der Variablen r abhängt, können die Winkelintegrationen leicht ausgeführt werden (s. Anhang, Abschnitt I.2). Damit ist die Streuamplitude

$$f_k^{(B)}(\theta, \varphi) = -\frac{1}{4\pi} \frac{2\mu V_0}{\hbar^2} \frac{4\pi}{|\boldsymbol{K}|} \int_0^\infty r \, dr \, \sin|\boldsymbol{K}|r \, \frac{e^{-\alpha r}}{r}. \tag{8.223}$$

Nach einer einfachen Rechnung erhalten wir

$$f_k^{(B)}(\theta, \varphi) = -\frac{2\mu V_0}{\hbar^2} \frac{1}{\alpha^2 + |\boldsymbol{K}|^2}. \tag{8.224}$$

Der Abb. 8.6 entnimmt man, dass

$$|\boldsymbol{K}| = 2k \sin\frac{\theta}{2}, \tag{8.225}$$

worin k der Betrag des Einfallswellenvektors und θ der Streuwinkel ist.

Wir erhalten daher den differentiellen Streuquerschnitt in der Bornschen Näherung zu

$$\sigma^{(\mathrm{B})}(\theta) = \frac{4\mu^2 V_0^2}{\hbar^4} \frac{1}{\left[\alpha^2 + 4k^2 \sin^2\theta/2\right]^2}. \tag{8.226}$$

Er hängt nicht vom Azimutalwinkel φ ab, was man bereits aus der Tatsache vorhersehen konnte, dass die Streuung an einem Zentralpotential gegenüber Drehungen um die Richtung des einfallenden Strahls symmetrisch ist. Auf der anderen Seite hängt er aber bei gegebener Energie (d. h. für festes k) vom Streuwinkel ab; insbesondere ist der Querschnitt in Vorwärtsrichtung ($\theta = 0$) größer als in Rückwärtsrichtung ($\theta = \pi$). Schließlich ist $\sigma^{(\mathrm{B})}$ für festes θ eine fallende Funktion der Energie. Darüber hinaus ist, zumindest in der Bornschen Näherung, das Vorzeichen von V_0 für die Streuung ohne Belang.

Den totalen Streuquerschnitt erhält man leicht durch Integration:

$$\sigma^{(\mathrm{B})} = \int \mathrm{d}\Omega\, \sigma^{(\mathrm{B})}(\theta) = \frac{4\mu^2 V_0^2}{\hbar^4} \frac{4\pi}{\alpha^2(\alpha^2 + 4k^2)}. \tag{8.227}$$

Der Grenzfall unendlicher Reichweite

Wir stellten fest, dass das Yukawa-Potential für α gegen null in das Coulomb-Potential übergeht. Wie sehen nun für diesen Grenzfall die oben abgeleiteten Beziehungen aus?

Um das Potential der Coulomb-Wechselwirkung zwischen zwei Teilchen der Ladungen $Z_1 q$ bzw. $Z_2 q$ (q ist die Ladung eines Elektrons) zu erhalten, setzen wir

$$\begin{aligned} \alpha &= 0, \\ V_0 &= Z_1 Z_2 e^2 \end{aligned} \tag{8.228}$$

mit

$$e^2 = \frac{q^2}{4\pi\varepsilon_0}. \tag{8.229}$$

Gleichung (8.226) ergibt dann

$$\begin{aligned} \sigma^{(\mathrm{C})}(\theta) &= \frac{4\mu^2}{\hbar^4} \frac{Z_1^2 Z_2^2 e^4}{16k^4 \sin^4\theta/2} \\ &= \frac{Z_1^2 Z_2^2 e^4}{16E^2 \sin^4\theta/2} \end{aligned} \tag{8.230}$$

(für k wurde sein Zusammenhang mit der Energie eingesetzt).

Bei Gl. (8.230) handelt es sich tatsächlich um den Ausdruck für den Coulomb-Streuquerschnitt (*Rutherford-Formel*). Natürlich kann diese Herleitung keinen Beweis darstellen; die zugrundeliegende Theorie ist auf das Coulomb-Potential nicht anwendbar.

Bemerkung
Der totale Streuquerschnitt für ein Coulomb-Potential ist unendlich, weil das entsprechende Integral für kleine Werte von θ divergiert (der Ausdruck (8.227) wird unendlich, wenn α gegen null geht). Das resultiert aus der unendlichen Reichweite des Coulomb-Potentials: Das Teilchen wird auch dann beeinflusst, wenn es den Potentialbereich weit entfernt vom Punkt O passiert. In der Realität beobachtet man allerdings nie eine reine Coulomb-Wechselwirkung mit unendlicher Ausdehnung. Das von einem geladenen Teilchen erzeugte Potential wird immer durch andere Teilchen mit entgegengesetzter Ladung modifiziert, die sich in der Umgebung befinden (Screening-Effekt).

8.6.2 Niederenergiestreuung an einer harten Kugel

Wir betrachten ein Zentralpotential der Form

$$V(r) = \begin{cases} 0 & \text{für } r > r_0, \\ \infty & \text{für } r < r_0. \end{cases} \tag{8.231}$$

Man spricht in diesem Fall von einer „harten Kugel“ mit dem Radius r_0. Wir wollen annehmen, die Energie der einfallenden Teilchen sei ausreichend klein, so dass kr_0 sehr viel kleiner als eins ist. Dann können wir (Abschnitt 8.3.3 und Aufgabe 1) alle Phasenverschiebungen bis auf die der s-Welle ($l = 0$) vernachlässigen. Die Streuamplitude $f_k(\theta)$ lautet dann

$$f_k(\theta) = \frac{1}{k}\,\mathrm{e}^{\mathrm{i}\delta_0(k)}\,\sin\delta_0(k) \tag{8.232}$$

(da $Y_0^0 = 1/\sqrt{4\pi}$); der differentielle Streuquerschnitt ist isotrop,

$$\sigma(\theta) = |f_k(\theta)|^2 = \frac{1}{k^2}\sin^2\delta_0(k), \tag{8.233}$$

so dass der totale Streuquerschnitt

$$\sigma = \frac{4\pi}{k^2}\sin^2\delta_0(k) \tag{8.234}$$

wird.

Zur Berechnung der Phasenverschiebung $\delta_0(k)$ muss die Radialgleichung für $l = 0$ gelöst werden. Diese Gleichung lautet (s. Abschnitt 8.3.3, Gl. (8.89))

$$\left[\frac{\mathrm{d}^2}{\mathrm{d}r^2} + k^2\right] u_{k,0}(r) = 0 \qquad \text{für } r > r_0, \tag{8.235}$$

was durch die Bedingung

$$u_{k,0}(r_0) = 0 \tag{8.236}$$

vervollständigt werden muss, da das Potential für $r = r_0$ unendlich wird. Die Lösung $u_{k,0}(r)$ von Gl. (8.235) und Gl. (8.236) ist bis auf einen konstanten Faktor eindeutig:

$$u_{k,0}(r) = \begin{cases} C\sin k(r - r_0) & \text{für } r > r_0, \\ 0 & \text{für } r < r_0. \end{cases} \tag{8.237}$$

Die Phasenverschiebung δ_0 wird ihrer Definition nach durch die asymptotische Form von $u_{k,0}(r)$ gegeben:

$$u_{k,0}(r) \overset{r\to\infty}{\sim} \sin(kr + \delta_0). \tag{8.238}$$

Mit der Lösung (8.237) erhalten wir also

$$\delta_0(k) = -kr_0. \tag{8.239}$$

Setzen wir diesen Wert in Gl. (8.234) für den totalen Wirkungsquerschnitt ein, so ergibt sich

$$\sigma = \frac{4\pi}{k^2}\sin^2 kr_0 \approx 4\pi r_0^2, \tag{8.240}$$

da nach Annahme kr_0 sehr viel kleiner als 1 ist. Der totale Streuquerschnitt σ ist also unabhängig von der Energie und gleich dem Vierfachen der von den Teilchen des einfallenden Strahls gesehenen scheinbaren Oberfläche der harten Kugel. Die entsprechende Rechnung in der klassischen Mechanik ergäbe für den Querschnitt die scheinbare Oberfläche; nur die Teilchen, die elastisch an der Oberfläche abprallen, würden abgelenkt. In der Quantenmechanik hingegen betrachtet man die Entwicklung der zu den einfallenden Teilchen gehörenden Welle, und die plötzliche Veränderung von $V(r)$ bei $r = r_0$ erzeugt ein Phänomen analog zur Beugung einer Lichtwelle.

Bemerkung

Selbst dann, wenn die Wellenlänge der einlaufenden Teilchen im Vergleich zu r_0 vernachlässigbar wird ($kr_0 \gg 1$), erreicht der quantenmechanische Querschnitt nicht den Wert πr_0^2. Für sehr große Werte von k ist es möglich, die Reihe, die den totalen Streuquerschnitt in Abhängigkeit von den Phasenverschiebungen ergibt (s. Abschnitt 8.3.4, Gl. (8.112)), aufzusummieren, und man erhält

$$\sigma \overset{k\to\infty}{\sim} 2\pi r_0^2. \tag{8.241}$$

Welleneffekte bleiben daher auch im Grenzfall sehr kleiner Wellenlängen erhalten. Das liegt daran, dass das betrachtete Potential bei $r = r_0$ nicht stetig ist: Es variiert in jedem Intervall merklich, das kleiner als die Wellenlänge der Teilchen ist (s. Abschnitt 1.4.2).

8.7 Aufgaben zu Kapitel 8

1. Streuung der p-Welle an der harten Kugel

Wir wollen die Phasenverschiebung $\delta_1(k)$ untersuchen, die die Streuung an einer harten Kugel bei einer p-Welle ($l = 1$) erzeugt. Insbesondere wollen wir dabei überprüfen, dass sie im Vergleich mit $\delta_0(k)$ bei niedrigen Energien vernachlässigbar wird.

a) Man schreibe die Radialgleichung für die Funktion $u_{k,1}(r)$ für $r > r_0$ auf. Man zeige, dass ihre allgemeine Lösung von der Form

$$u_{k,1}(r) = C\left[\frac{\sin kr}{kr} - \cos kr + a\left(\frac{\cos kr}{kr} + \sin kr\right)\right]$$

ist, wobei C und a Konstanten sind.

b) Man zeige, dass aus der Definition von $\delta_1(k)$ folgt

$$a = \tan\delta_1(k).$$

c) Man bestimme die Konstante a aus der bei $r = r_0$ an $u_{k,1}(r)$ gestellten Bedingung.

d) Man zeige, dass sich für k gegen null $\delta_1(k)$ wie $(kr_0)^3$ verhält,[19] weshalb $\delta_1(k)$ im Vergleich mit $\delta_0(k)$ vernachlässigbar ist.

2. Kugelförmiger Potentialtopf: Gebundene Zustände und Streuresonanzen
Wir betrachten ein Potential $V(r)$ von der folgenden Form:

$$V(r) = \begin{cases} -V_0 & \text{für } r < r_0, \\ 0 & \text{für } r > r_0, \end{cases}$$

worin V_0 eine positive Konstante ist, und definieren

$$k_0 = \sqrt{\frac{2\mu V_0}{\hbar^2}}.$$

Wir beschränken uns auf die Untersuchung der s-Welle.

a) Gebundene Zustände ($E < 0$):

α) Man schreibe die Radialgleichung für die zwei Gebiete mit $r > r_0$ bzw. $r < r_0$ und die Bedingung im Ursprung nieder. Man zeige, dass für

$$\rho = \sqrt{\frac{-2\mu E}{\hbar^2}},$$

$$K = \sqrt{k_0^2 - \rho^2}$$

die Funktion $u_0(r)$ notwendig die Form hat

$$u_0(r) = \begin{cases} A\,\mathrm{e}^{-\rho r} & \text{für } r > r_0, \\ B\,\sin Kr & \text{für } r < r_0. \end{cases}$$

β) Man stelle die Anschlussbedingungen bei $r = r_0$ auf und folgere daraus, dass die einzig möglichen Werte für ρ die folgende Gleichung erfüllen müssen:

$$\tan Kr_0 = -\frac{K}{\rho}.$$

γ) Man diskutiere diese Gleichung: Man bestimme die Anzahl der gebundenen s-Zustände als Funktion der Tiefe des Topfs (für festes r_0) und zeige insbesondere, dass es keine Bindungszustände gibt, wenn diese Tiefe zu klein ist.

---

[19] Dieses Ergebnis ist allgemein gültig: Für ein beliebiges Potential der Reichweite r_0 verhält sich die Phasenverschiebung $\delta_l(k)$ für niedrige Energien wie $(kr_0)^{2l+1}$.

b) Streuresonanzen ($E > 0$):

α) Man schreibe ein weiteres Mal die Radialgleichung nieder, diesmal sei

$$k = \sqrt{\frac{2\mu E}{\hbar^2}},$$

$$K' = \sqrt{k_0^2 + k^2}.$$

Man zeige, dass $u_{k,0}(r)$ die folgende Form hat:

$$u_{k,0}(r) = \begin{cases} A \sin(kr + \delta_0) & \text{für } r > r_0, \\ B \sin K'r & \text{für } r < r_0. \end{cases}$$

β) Man wähle $A = 1$ und zeige mit Hilfe der Stetigkeitsbedingungen bei $r = r_0$, dass die Konstante B und die Phasenverschiebung δ_0 durch

$$B^2 = \frac{k^2}{k^2 + k_0^2 \cos^2 K'r_0},$$

$$\delta_0 = -kr_0 + \alpha(k)$$

mit

$$\tan\alpha(k) = \frac{k}{K'} \tan K'r_0$$

gegeben werden.

γ) Man zeichne den Graphen für B^2 als Funktion von k. Es sind deutlich Resonanzen sichtbar, bei denen B^2 ein Maximum erreicht. Welche Werte von k gehören zu diesen Maxima? Wie groß ist $\alpha(k)$ bei diesen Resonanzen? Man zeige, dass der zugehörige Beitrag der s-Welle zum totalen Querschnitt praktisch maximal ist, wenn es eine solche Resonanz für eine kleine Energie ($kr_0 \ll 1$) gibt.

c) Die Beziehung zwischen gebundenen Zuständen und Streuzuständen: Man nehme an, $k_0 r_0$ sei fast $(2n + 1)\pi/2$, worin n eine ganze Zahl ist, und setze

$$k_0 r_0 = (2n + 1)\frac{\pi}{2} + \varepsilon \qquad \text{mit } |\varepsilon| \ll 1.$$

α) Man zeige, dass es für positives ε einen gebundenen Zustand gibt, dessen Bindungsenergie $E = -\hbar^2\rho^2/2\mu$ gegeben ist durch

$$\rho \approx \varepsilon k_0.$$

β) Man zeige andererseits, dass für negatives ε eine Streuresonanz bei der Energie $E = \hbar^2 k^2/2\mu$ existiert, wobei gilt

$$k^2 \approx -\frac{2k_0\varepsilon}{r_0}.$$

γ) Man schließe daraus, dass bei allmählicher Verringerung der Tiefe des Topfs (bei festem r_0) der Bindungszustand, der verschwindet, wenn $k_0 r_0$ ein ungerades Vielfaches von $\pi/2$ durchläuft, eine niederenergetische Streuresonanz erzeugt.

9 Der Spin des Elektrons

Bis jetzt haben wir ein Elektron stets als ein punktförmiges Teilchen angesehen, das drei Koordinaten x, y und z entsprechend seinen drei Freiheitsgraden besitzt. Wir entwickelten daher eine Quantentheorie auf der Annahme, dass der Zustand eines Elektrons zu einem gegebenen Zeitpunkt durch eine Wellenfunktion beschrieben werden kann, die nur von x, y und z abhängt. In diesem Rahmen untersuchten wir eine Reihe von physikalischen Systemen: Neben anderen auch das Wasserstoffatom (in Kapitel 7), das besonders wichtig ist, weil an ihm sehr genaue Experimente durchgeführt werden können. Die in Kapitel 7 gefundenen Ergebnisse beschreiben in der Tat die Emissions- und Absorptionsspektren des Wasserstoffatoms sehr genau. Sie liefern die richtigen Energieniveaus und ermöglichen es mit Hilfe der entsprechenden Wellenfunktionen, die Auswahlregeln (die angeben, welche Frequenzen aus der Reihe der Bohr-Frequenzen, die *a priori* möglich sind, tatsächlich im Spektrum auftreten) zu erklären. Auch Atome mit mehreren Elektronen können in analoger Weise behandelt werden (wenn auch unter Verwendung von Näherungen, weil die Komplexität der Schrödinger-Gleichung selbst schon für das Heliumatom mit zwei Elektronen eine genaue analytische Lösung unmöglich macht). Für diesen Fall ist die Übereinstimmung zwischen Theorie und Experiment ebenfalls befriedigend.

Wenn jedoch atomare Spektren im Detail untersucht werden, treten bestimmte Phänomene auf, die im Rahmen der bisher entwickelten Theorie nicht erklärt werden können. Diese Aussage ist nicht überraschend; vielmehr ist klar, dass die bisherige Theorie durch eine bestimmte Anzahl von *relativistischen Korrekturen* vervollständigt werden muss: Es müssen die Modifikationen aufgrund der *relativistischen Kinematik* (Veränderung der Masse mit der Geschwindigkeit usw.) und vernachlässigte *magnetische Effekte* zusätzlich berücksichtigt werden. Wir wissen, dass diese Korrekturen klein sind (Abschnitt 7.3.4), aber sie treten auf und können gemessen werden.

Die *Dirac-Gleichung* ist eine relativistische quantenmechanische Beschreibung des Elektrons. Sie weist zur Schrödinger-Gleichung einen grundlegenden Unterschied auf: Zusätzlich zu den bereits angesprochenen, die Ortsvariablen betreffenden Korrekturen tritt eine neue charakteristische Eigenschaft des Elektrons auf: sein *Spin*. Allgemeiner ausgedrückt erweist sich der Spin aufgrund der Struktur der Lorentz-Gruppe (die Gruppe der relativistischen Raum-Zeit-Transformationen) als eine intrinsische Eigenschaft zahlreicher Teilchen, ähnlich wie etwa ihre Ruhemasse (dies bedeutet nicht, dass der Spin rein relativistischen Ursprungs ist: Er kann ebenso aus der Struktur der nichtrelativistischen Transformationsgruppe, der Galilei-Gruppe, abgeleitet werden).

Der Elektronenspin wurde experimentell entdeckt, bevor die Dirac-Gleichung aufgestellt wurde. Wofgang Pauli entwickelte eine Theorie, die es ermöglichte, den Spin einfach in die nichtrelativistische Quantenmechanik aufzunehmen, indem einige zusätzliche

Postulate hinzugefügt wurden.[1] Die auf diese Weise erhaltenen theoretischen Vorhersagen stimmen glänzend mit den experimentellen Daten überein.[2]

In diesem Kapitel wollen wir die Pauli-Theorie entwickeln, die sehr viel einfacher als die Dirac-Theorie ist. Wir beginnen in Abschnitt 9.1 damit, einige experimentelle Ergebnisse zu beschreiben, die die Existenz des Elektronenspins zeigen. Dann geben wir die Postulate an, auf die sich Paulis Theorie stützt, und untersuchen in Abschnitt 9.2 die speziellen Eigenschaften eines Drehimpulses $1/2$. Schließlich zeigen wir in Abschnitt 9.3, wie man die Ortsvariablen und den Spin eines Teilchens wie des Elektrons gleichzeitig berücksichtigen kann.

9.1 Einführung des Elektronenspins

9.1.1 Experimentelle Nachweise

Die experimentellen Nachweise für die Existenz des Elektronenspins sind zahlreich und zeigen sich in vielen bedeutenden physikalischen Phänomenen. So können z. B. die magnetischen Eigenschaften zahlreicher Stoffe, insbesondere die ferromagnetischer Metalle, nur unter Berücksichtigung des Spins erklärt werden. Wir wollen uns hier jedoch auf einfache Phänomene beschränken, die in der Atomphysik experimentell beobachtet werden: die Feinstruktur der Spektrallinien, den Zeeman-Effekt und schließlich das Verhalten von Silberatomen im Stern-Gerlach-Versuch.

Feinstruktur der Spektrallinien

Die genaue experimentelle Untersuchung von atomaren Spektrallinien (z. B. des Wasserstoffatoms) deckt eine *Feinstruktur* auf: Jede Linie besteht aus mehreren Komponenten mit annähernd gleichen Frequenzen, die jedoch mit ausreichender Auflösung klar unterschieden werden können.[3] Es gibt also Gruppen von atomaren Zuständen, die sehr dicht benachbart, aber verschieden sind. Die Rechnungen in Abschnitt 7.3 ergeben nur die durchschnittlichen Energien der verschiedenen Gruppen von Zuständen, während sie die Aufspaltung innerhalb einer Gruppe nicht erklären können.

Der anomale Zeeman-Effekt

Bringt man ein Atom in ein homogenes Magnetfeld, so spaltet sich jede Linie (d. h. jede Komponente der Feinstruktur) in eine gewisse Anzahl äquidistanter Linien auf, wobei

---

[1] Man erhält Paulis Theorie als Grenzfall der Dirac-Theorie, wenn die Geschwindigkeit des Elektrons im Vergleich zur Lichtgeschwindigkeit klein ist.

[2] Wir werden z. B. in Kapitel 12 bei der Anwendung der allgemeinen Störungstheorie sehen, wie es relativistische Korrekturen und die Berücksichtigung des Spins ermöglichen, die Details des atomaren Wasserstoffspektrums quantitativ zu erklären (was bei einer Beschränkung auf die Theorie in Kapitel 7 unmöglich wäre).

[3] Zum Beispiel setzt sich die Resonanzlinie des Wasserstoffatoms ($2p \leftrightarrow 1s$-Übergang) aus zwei Linien zusammen: Die beiden Komponenten sind durch eine Lücke von der Größe 10^{-4} eV getrennt (das ist etwa 10^5 mal kleiner als die durchschnittliche $2p \leftrightarrow 1s$-Übergangsenergie von 10.2 eV).

der Abstand proportional zur Stärke des Magnetfelds ist; das ist der *Zeeman-Effekt*. Die Ursache des Zeeman-Effekts lässt sich mit den Ergebnissen der Kapitel 6 und 7 (Abschnitt 7.7) leicht verstehen. Die theoretische Erklärung stützt sich auf die Tatsache, dass mit dem Bahndrehimpuls $\boldsymbol{L}$ des Elektrons ein magnetisches Moment $\boldsymbol{M}$ verbunden ist,

$$\boldsymbol{M} = \frac{\mu_{\mathrm{B}}}{\hbar}\boldsymbol{L}, \tag{9.1}$$

wobei μ_{B} das *Bohr-Magneton*

$$\mu_{\mathrm{B}} = \frac{q\hbar}{2m_e} \tag{9.2}$$

bedeutet. Während jedoch die Theorie in bestimmten Fällen experimentell bestätigt wird (*normaler* Zeeman-Effekt), vermag sie in anderen Fällen die Beobachtungen quantitativ nicht zu erklären (*anomaler* Zeeman-Effekt). Die auffallendste „Anomalie“ tritt für Atome mit ungerader Ordnungszahl Z (insbesondere für das Wasserstoffatom) auf: Ihre Zustände spalten sich in eine *gerade Anzahl von Zeeman-Unterzuständen* auf, während der Theorie nach diese Anzahl immer ungerade sein sollte, nämlich gleich $2l + 1$ mit ganzzahligen l.

Existenz halbzahliger Drehimpulse

Wir stehen vor derselben Schwierigkeit wie im Zusammenhang mit dem in Kapitel 4 (Abschnitt 4.1.1) beschriebenen Stern-Gerlach-Versuch, bei dem sich der Strahl von Silberatomen symmetrisch in zwei Teile aufspaltet. Diese Ergebnisse legen nahe, dass *halbzahlige Werte von j* (die nach Abschnitt 6.3.2 *a priori* möglich sind) tatsächlich existieren. Die Aussage stellt ein Problem dar, da wir in Abschnitt 6.4.1 zeigten, dass der Bahndrehimpuls eines Teilchens wie des Elektrons nur ganzzahlig sein kann (genauer gesagt kann die Quantenzahl l nur ganzzahlige Werte annehmen). Auch in Atomen mit mehreren Elektronen besitzen alle einen ganzzahligen Bahndrehimpuls, und wir werden in Kapitel 10 zeigen, dass dann auch der Gesamtbahndrehimpuls des Atoms notwendig ganzzahlig ist. Die Existenz halbzahliger Drehimpulse kann also ohne zusätzliche Annahmen nicht erklärt werden.

Bemerkung
Es ist nicht möglich, den Drehimpuls des Elektrons mit Hilfe der Stern-Gerlach-Apparatur direkt zu messen. Im Unterschied zu den Silberatomen besitzen Elektronen eine elektrische Ladung q, und die Wechselwirkung zwischen ihrem magnetischen Moment und dem inhomogenen Magnetfeld würde von der Lorentz-Kraft $q\,\boldsymbol{v} \times \boldsymbol{B}$ vollständig überdeckt.

9.1.2 Die Postulate der Pauli-Theorie

Zur Lösung der obigen Probleme schlugen Uhlenbeck und Goudsmit (1925) die folgende Hypothese vor: Das Elektron „dreht sich um sich selbst“ (englisch: „to spin“), was einen inneren Drehimpuls erzeugt, den Spin. Um die oben beschriebenen experimentellen Ergebnisse zu erklären, muss man zusätzlich annehmen, dass mit diesem Drehimpuls $\boldsymbol{S}$ ein magnetisches Moment $\boldsymbol{M}_{\mathrm{S}}$ verbunden ist:[4]

$$\boldsymbol{M}_{\mathrm{S}} = 2\,\frac{\mu_{\mathrm{B}}}{\hbar}\,\boldsymbol{S}\,. \tag{9.3}$$

Man beachte, dass der Proportionalitätsfaktor zwischen dem Drehimpuls und dem magnetischen Moment in Gl. (9.3) zweimal so groß ist wie in Gl. (9.1); man sagt, das *gyromagnetische Verhältnis* des *Spins* ist zweimal so groß wie das der Bahnbewegung.

Pauli präzisierte diese Annahme später und lieferte eine quantenmechanische Beschreibung des Spins, die im nichtrelativistischen Grenzfall gültig ist. Den in Kapitel 3 eingeführten, allgemeinen Postulaten der Quantenmechanik müssen nun einige neue, den Spin betreffende Postulate hinzugefügt werden.

Bisher haben wir die Quantisierung von *Bahnvariablen* untersucht. Dem Ort $\boldsymbol{r}$ und dem Impuls $\boldsymbol{p}$ eines Teilchens wie des Elektrons ordneten wir die Observablen $\boldsymbol{R}$ und $\boldsymbol{P}$ zu, die im Zustandsraum $\mathcal{H}_{\boldsymbol{r}}$ wirken, der zum Raum der Wellenfunktionen $\mathcal{F}$ isomorph ist. Alle physikalischen Größen sind Funktionen der fundamentalen Variablen $\boldsymbol{r}$ und $\boldsymbol{p}$, und mit Hilfe der Quantisierungsregeln können ihnen in $\mathcal{H}_{\boldsymbol{r}}$ wirkende Observablen zugeordnet werden. Wir wollen $\mathcal{H}_{\boldsymbol{r}}$ den *Bahnzustandsraum* nennen.

Den Bahnvariablen fügen wir *Spinvariablen* hinzu, die die folgenden Postulate erfüllen:

1. Der *Spinoperator* $\boldsymbol{S}$ ist ein *Drehimpuls*. Seine drei Komponenten sind Observablen (s. Abschnitt 6.2.2), die die Vertauschungsregel

$$\left[S_x, S_y\right] = \mathrm{i}\hbar S_z \tag{9.4}$$

und die beiden entsprechenden Regeln, die sich durch zyklisches Vertauschen der Indizes x, y und z ergeben, erfüllen.

2. Die Spinoperatoren wirken in einem neuen Raum, dem *Spinzustandsraum* $\mathcal{H}_{\mathrm{S}}$, in dem $\boldsymbol{S}^2$ und S_z einen v. S. k. O. bilden. Der Raum $\mathcal{H}_{\mathrm{S}}$ wird also durch die Menge der gemeinsamen Eigenzustände $|s,m\rangle$ von $\boldsymbol{S}^2$ und S_z aufgespannt:

$$\boldsymbol{S}^2\,|s,m\rangle = s(s+1)\hbar^2\,|s,m\rangle, \tag{9.5}$$

$$S_z\,|s,m\rangle = m\hbar\,|s,m\rangle. \tag{9.6}$$

Der allgemeinen Theorie des Drehimpulses (Abschnitt 6.3) zufolge wissen wir, dass s ganz- oder halbzahlig sein muss und m alle Werte zwischen $-s$ und $+s$, die sich von diesen um eine ganze Zahl (auch null) unterscheiden, annimmt. Ein gegebenes Teilchen ist durch einen bestimmten Wert von s charakterisiert; man sagt, es habe den Spin s. Der Spinzustandsraum hat daher stets die (endliche) Dimension $(2s+1)$, und alle Spinzustände sind Eigenvektoren von $\boldsymbol{S}^2$ mit demselben Eigenwert $s(s+1)\hbar^2$.

---

[4]Tatsächlich findet man, wenn man die Kopplung des Elektrons mit dem quantisierten elektromagnetischen Feld (Quantenelektrodynamik) beachtet, dass der Proportionalitätsfaktor zwischen $\boldsymbol{M}_{\mathrm{S}}$ und $\boldsymbol{S}$ nicht genau gleich $2\mu_{\mathrm{B}}/\hbar$ ist. Die Differenz von der relativen Größe 10^{-3} kann experimentell leicht beobachtet werden; sie wird oft das *anomale magnetische Moment* des Elektrons genannt.

3. Der *Zustandsraum* $\mathcal{H}$ des betrachteten Teilchens ist das *Tensorprodukt* von $\mathcal{H}_{\boldsymbol{r}}$ und $\mathcal{H}_{\mathrm{S}}$,

$$\mathcal{H} = \mathcal{H}_{\boldsymbol{r}} \otimes \mathcal{H}_{\mathrm{S}}. \tag{9.7}$$

Daher (s. Abschnitt 2.5) *vertauschen* alle Spinobservablen mit allen Bahnobservablen.

Außer in dem speziellen Fall $s = 0$ reicht es zur Beschreibung des Zustands des Teilchens also nicht aus, einen Ketvektor aus $\mathcal{H}_{\boldsymbol{r}}$ (d. h. eine quadratintegrable Wellenfunktion) anzugeben. Anders ausgedrückt bilden die Observablen X, Y und Z keinen vollständigen Satz kommutierender Observabler (v. S. k. O.) im Zustandsraum $\mathcal{H}$ des Teilchens (ebenso wenig wie P_x, P_y, P_z oder jeder andere v. S. k. O. von $\mathcal{H}_{\boldsymbol{r}}$). Vielmehr ist es zusätzlich nötig, den Spinzustand des Teilchens zu kennen, d. h. dem v. S. k. O. von $\mathcal{H}_{\boldsymbol{r}}$ einen v. S. k. O. von $\mathcal{H}_{\mathrm{S}}$ zuzufügen, das sich aus Spinobservablen wie z. B. $\boldsymbol{S}^2$ und S_z (oder $\boldsymbol{S}^2$ und S_x) zusammensetzt. Jeder Teilchenzustand ist eine Linearkombination von Vektoren, die ihrerseits Tensorprodukte je eines Ketvektors aus $\mathcal{H}_{\boldsymbol{r}}$ und aus $\mathcal{H}_{\mathrm{S}}$ sind (s. Abschnitt 9.3).

4. Das *Elektron* ist ein *Spin-1/2-Teilchen* ($s = 1/2$) und sein *inneres magnetisches Moment* ist durch Gl. (9.3) gegeben. Für das Elektron ist der Raum $\mathcal{H}_{\mathrm{S}}$ daher zweidimensional.

Bemerkungen

1. Das Proton und das Neutron, beides Kernbausteine, sind ebenfalls Spin-1/2-Teilchen, aber ihre gyromagnetischen Verhältnisse unterscheiden sich von dem des Elektrons. Zur Zeit kennt man Teilchen mit dem Spin 0, 1/2, 1, 3/2, 2, ... bis hin zu höheren Werten wie 11/2.

2. Um die Existenz des Spins zu erklären, könnten wir uns vorstellen, dass ein Teilchen wie das Elektron eine gewisse räumliche Ausdehnung besitzt. Die Rotation des Elektrons um seine Achse würde dann den inneren Drehimpuls ergeben. Dabei ist jedoch zu bedenken, dass es zur Beschreibung einer komplizierteren Struktur als dem Massenpunkt erforderlich ist, mehr als drei Ortsvariablen einzuführen. Verhielte sich das Elektron z. B. wie ein Festkörper, wären sechs Variablen nötig: drei Koordinaten zur Bestimmung der Lage eines einmal gewählten Punkts des Körpers, wie z. B. des Massenmittelpunkts, und drei Winkel zur Festlegung seiner Orientierung im Raum. Die hier betrachtete Theorie ist grundlegend anders: Wir behandeln das Elektron weiter als einen Massenpunkt (dessen Lage durch drei Koordinaten bestimmt ist), und der Spindrehimpuls wird nicht aus irgendeiner Orts- oder Impulsvariablen abgeleitet[5]. Der Spin besitzt daher *kein klassisches Analogon*.

9.2 Die Eigenschaften eines Drehimpulses 1/2

Wir beschränken uns von nun an auf Elektronen, also Teilchen mit dem Spin 1/2. In den vorhergehenden Kapiteln haben wir uns mit den Bahnvariablen befasst und wollen nun die Spinfreiheitsgrade genauer untersuchen.

[5] Wenn das so wäre, müsste er darüber hinaus ganzzahlig sein.

Der Spinzustandsraum $\mathcal{H}_S$ ist zweidimensional. Als Basis nehmen wir das Orthonormalsystem $\{|+\rangle, |-\rangle\}$, das aus gemeinsamen Eigenvektoren von $\boldsymbol{S}^2$ und S_z besteht, die die folgenden Gleichungen erfüllen:

$$\begin{aligned} \boldsymbol{S}^2\,|\pm\rangle &= \frac{3}{4}\,\hbar^2\,|\pm\rangle, \\ S_z\,|\pm\rangle &= \pm\frac{1}{2}\,\hbar\,|\pm\rangle, \end{aligned} \tag{9.8}$$

$$\begin{aligned} \langle+|-\rangle &= 0, \\ \langle+|+\rangle &= \langle-|-\rangle = 1, \end{aligned} \tag{9.9}$$

$$|+\rangle\langle+| \,+\, |-\rangle\langle-| = 1. \tag{9.10}$$

Der allgemeinste Spinzustand wird durch einen beliebigen Vektor aus $\mathcal{H}_S$ beschrieben,

$$|\chi\rangle = c_+\,|+\rangle + c_-\,|-\rangle, \tag{9.11}$$

worin c_+ und c_- komplexe Zahlen sind. Gleichung (9.8) zufolge sind alle Ketvektoren aus $\mathcal{H}_S$ Eigenvektoren von $\boldsymbol{S}^2$ zum selben Eigenwert $3\hbar^2/4$, was bedeutet, dass $\boldsymbol{S}^2$ proportional zum Einheitsoperator von $\mathcal{H}_S$ ist:

$$\boldsymbol{S}^2 = \frac{3}{4}\,\hbar^2. \tag{9.12}$$

Da $\boldsymbol{S}$ per Definition ein Drehimpuls ist, besitzt er alle in Abschnitt 6.3 abgeleiteten allgemeinen Eigenschaften. Die Wirkung der Operatoren

$$S_\pm = S_x \pm \mathrm{i}S_y \tag{9.13}$$

auf die Basisvektoren wird daher (indem man jetzt $j = s = 1/2$ setzt) gegeben durch

$$\begin{aligned} S_+\,|+\rangle &= 0, \qquad & S_+\,|-\rangle &= \hbar\,|+\rangle, \\ S_-\,|+\rangle &= \hbar\,|-\rangle, \qquad & S_-\,|-\rangle &= 0. \end{aligned} \tag{9.14}$$

Jeder Operator in $\mathcal{H}_S$ kann in der $\{|+\rangle, |-\rangle\}$-Basis durch eine 2×2-Matrix dargestellt werden. Insbesondere finden wir mit Hilfe der Systeme (9.8) und (9.14) für die Matrizen der Operatoren S_x, S_y und S_z die Form

$$(\boldsymbol{S}) = \frac{\hbar}{2}\,\boldsymbol{\sigma}, \tag{9.15}$$

worin $\boldsymbol{\sigma}$ die Menge der drei *Pauli-Matrizen* bezeichnet:

$$\sigma_x = \begin{pmatrix} 0 & 1 \\ 1 & 0 \end{pmatrix}, \quad \sigma_y = \begin{pmatrix} 0 & -\mathrm{i} \\ \mathrm{i} & 0 \end{pmatrix}, \quad \sigma_z = \begin{pmatrix} 1 & 0 \\ 0 & -1 \end{pmatrix}. \tag{9.16}$$

Die Pauli-Matrizen besitzen folgende Eigenschaften, die sich leicht aus ihrer expliziten Form (9.16) ableiten lassen (s. auch Abschnitt 4.4):

$$\begin{aligned} &\sigma_x^2 = \sigma_y^2 = \sigma_z^2 = 1, \\ &\sigma_x\sigma_y + \sigma_y\sigma_x = 0, \\ &\left[\sigma_x, \sigma_y\right] = 2\mathrm{i}\,\sigma_z, \\ &\sigma_x\sigma_y = \mathrm{i}\sigma_z \end{aligned} \tag{9.17}$$

(den letzten drei Gleichungen müssen jeweils die durch zyklisches Vertauschen der Indizes x, y, z entstehenden hinzugefügt werden). Ebenso folgt aus den Identitäten (9.16)

$$\begin{aligned} &\mathrm{Tr}\,\sigma_x = \mathrm{Tr}\,\sigma_y = \mathrm{Tr}\,\sigma_z = 0, \\ &\mathrm{Det}\,\sigma_x = \mathrm{Det}\,\sigma_y = \mathrm{Det}\,\sigma_z = -1. \end{aligned} \tag{9.18}$$

Jede beliebige 2×2-Matrix lässt sich als Linearkombination (mit komplexen Koeffizienten) der drei Pauli-Matrizen und der Einheitsmatrix schreiben. Das folgt daraus, dass eine 2×2-Matrix nur vier Elemente hat. Schließlich zeigt man leicht (s. Abschnitt 4.4) die folgende Identität:

$$(\boldsymbol{\sigma} \cdot \boldsymbol{A})(\boldsymbol{\sigma} \cdot \boldsymbol{B}) = \boldsymbol{A} \cdot \boldsymbol{B} + \mathrm{i}\,\boldsymbol{\sigma} \cdot (\boldsymbol{A} \times \boldsymbol{B}), \tag{9.19}$$

wobei $\boldsymbol{A}$ und $\boldsymbol{B}$ zwei beliebige Vektoren oder zwei Vektoroperatoren sind, deren Komponenten mit denen des Spins vertauschen. Wenn $\boldsymbol{A}$ und $\boldsymbol{B}$ untereinander nicht vertauschen, so bleibt die Identität gültig, solange $\boldsymbol{A}$ und $\boldsymbol{B}$ auf der rechten Seite in derselben Reihenfolge wie auf der linken stehen.

Die Operatoren des Elektronenspins besitzen zunächst alle Eigenschaften, wie sie sich unmittelbar aus der allgemeinen Theorie des Drehimpulses ergeben. Zusätzlich weisen sie einige spezielle Eigenschaften auf. Sie rühren daher, dass s den kleinstmöglichen Wert annimmt (vom Wert null abgesehen) und ergeben sich sofort aus Gl. (9.15) und den Gleichungen (9.17):

$$\begin{aligned} &S_x^2 = S_y^2 = S_z^2 = \frac{\hbar^2}{4}, \\ &S_x S_y + S_y S_x = 0, \\ &S_x S_y = \frac{\mathrm{i}}{2}\hbar S_z, \\ &S_+^2 = S_-^2 = 0. \end{aligned} \tag{9.20}$$

9.3 Nichtrelativistische Beschreibung eines Spin-1/2-Teilchens

Wir wissen nun, wie die äußeren (Bahn-) und die inneren (Spin-) Freiheitsgrade eines Elektrons separat beschrieben werden. In diesem Abschnitt wollen wir diese beiden verschiedenen Konzepte zu einem Formalismus zusammenfügen.

9.3.1 Observable und Zustandsvektoren

Der Zustandsraum

Unter Beachtung aller Freiheitsgrade wird der quantenmechanische Zustand eines Elektrons durch einen Ketvektor aus dem Raum $\mathcal{H}$ gegeben, der gleich dem Tensorprodukt aus $\mathcal{H}_{\boldsymbol{r}}$ und $\mathcal{H}_{\mathrm{S}}$ ist (Abschnitt 9.1.2).

Wir erweitern nach der in Abschnitt 2.6.2 beschriebenen Methode sowohl die ursprünglich in $\mathscr{H}_{\boldsymbol{r}}$ wirkenden als auch die in $\mathscr{H}_S$ definierten Operatoren auf $\mathscr{H}$ (und verwenden für diese erweiterten Operatoren weiterhin dieselbe Notation wie für die Operatoren, aus denen sie abgeleitet sind). Wir erhalten so einen v. S. k. O. in $\mathscr{H}$ durch das Zusammenfügen je eines v. S. k. O. aus $\mathscr{H}_{\boldsymbol{r}}$ und aus $\mathscr{H}_S$. Aus $\mathscr{H}_S$ können wir z. B. $\boldsymbol{S}^2$ und S_z (oder $\boldsymbol{S}^2$ und eine beliebige andere Komponente von $\boldsymbol{S}$) wählen, aus $\mathscr{H}_{\boldsymbol{r}}$ die Sätze $\{X, Y, Z\}$, $\{P_x, P_y, P_z\}$ oder wenn H den zu einem Zentralpotential gehörenden Hamilton-Operator bezeichnet, $\{H, \boldsymbol{L}^2, L_z\}$ usw. Daraus erhalten wir verschiedene v. S. k. O. in $\mathscr{H}$:

$$\begin{aligned} &\{X, Y, Z, \boldsymbol{S}^2, S_z\}, \\ &\{P_x, P_y, P_z, \boldsymbol{S}^2, S_z\}, \\ &\{H, \boldsymbol{L}^2, L_z, \boldsymbol{S}^2, S_z\} \end{aligned} \tag{9.21}$$

usw. Da alle Ketvektoren aus $\mathscr{H}$ Eigenvektoren von $\boldsymbol{S}^2$ zum selben Eigenwert sind (Gl. (9.12)), können wir $\boldsymbol{S}^2$ in den Mengen von Observablen weglassen.

Wir wollen hier den ersten v. S. k. O. (9.21) verwenden: Als Basis von $\mathscr{H}$ nehmen wir die Menge der Vektoren, die sich als Tensorprodukt der Ketvektoren $|\boldsymbol{r}\rangle \equiv |x, y, z\rangle$ aus $\mathscr{H}_{\boldsymbol{r}}$ und der Vektoren $|\varepsilon\rangle$ aus $\mathscr{H}_S$ ergeben,

$$|\boldsymbol{r}, \varepsilon\rangle \equiv |x, y, z, \varepsilon\rangle = |\boldsymbol{r}\rangle \otimes |\varepsilon\rangle, \tag{9.22}$$

wobei x, y, z, die Komponenten des Vektors $\boldsymbol{r}$, von $-\infty$ bis $+\infty$ laufen (kontinuierliche Indizes) und ε gleich $+$ oder $-$ ist (diskrete Indizes). Seiner Definition nach ist $|\boldsymbol{r}, \varepsilon\rangle$ gemeinsamer Eigenvektor von X, Y, Z, $\boldsymbol{S}^2$ und S_z:

$$\begin{aligned} X\,|\boldsymbol{r}, \varepsilon\rangle &= x\,|\boldsymbol{r}, \varepsilon\rangle, \\ Y\,|\boldsymbol{r}, \varepsilon\rangle &= y\,|\boldsymbol{r}, \varepsilon\rangle, \\ Z\,|\boldsymbol{r}, \varepsilon\rangle &= z\,|\boldsymbol{r}, \varepsilon\rangle, \\ \boldsymbol{S}^2\,|\boldsymbol{r}, \varepsilon\rangle &= \frac{3}{4}\hbar^2\,|\boldsymbol{r}, \varepsilon\rangle, \\ S_z\,|\boldsymbol{r}, \varepsilon\rangle &= \varepsilon\frac{\hbar}{2}\,|\boldsymbol{r}, \varepsilon\rangle. \end{aligned} \tag{9.23}$$

Jeder Ketvektor $|\boldsymbol{r}, \varepsilon\rangle$ ist bis auf einen konstanten Faktor vollständig bestimmt, da X, Y, Z, $\boldsymbol{S}^2$ und S_z einen v. S. k. O. bilden. Das $|\boldsymbol{r}, \varepsilon\rangle$-System ist orthonormal (im erweiterten Sinne), weil die Mengen $\{|\boldsymbol{r}\rangle\}$ und $\{|+\rangle, |-\rangle\}$ in $\mathscr{H}_{\boldsymbol{r}}$ bzw. $\mathscr{H}_S$ jeweils orthonormal sind:

$$\langle \boldsymbol{r}', \varepsilon' \,|\, \boldsymbol{r}, \varepsilon\rangle = \delta_{\varepsilon'\varepsilon}\delta(\boldsymbol{r}' - \boldsymbol{r}) \tag{9.24}$$

($\delta_{\varepsilon'\varepsilon}$ ist gleich 1 oder 0, je nachdem, ob ε' und ε gleich oder verschieden sind). Schließlich erfüllt es die Vollständigkeitsrelation in $\mathscr{H}$:

$$\sum_{\varepsilon} \int \mathrm{d}^3r\,|\boldsymbol{r}, \varepsilon\rangle\langle\boldsymbol{r}, \varepsilon| = \int \mathrm{d}^3r\,|\boldsymbol{r}, +\rangle\langle\boldsymbol{r}, +| + \int \mathrm{d}^3r\,|\boldsymbol{r}, -\rangle\langle\boldsymbol{r}, -| = 1. \tag{9.25}$$

Die $\{|\mathbf{r}, \varepsilon\rangle\}$-Darstellung

Zustandsvektoren. Ein beliebiger Zustand $|\psi\rangle$ des Raums $\mathcal{H}$ kann in der $\{|\boldsymbol{r}, \varepsilon\rangle\}$-Basis entwickelt werden; dazu verwendet man die Vollständigkeitsrelation (9.25)

$$|\psi\rangle = \sum_{\varepsilon} \int \mathrm{d}^3 r \, |\boldsymbol{r}, \varepsilon\rangle \langle \boldsymbol{r}, \varepsilon|\psi\rangle . \tag{9.26}$$

Der *Vektor* $|\psi\rangle$ kann also durch die Menge seiner Koordinaten in der $\{|\boldsymbol{r}, \varepsilon\rangle\}$-Basis dargestellt werden, d. h. durch die *Zahlen*

$$\langle \boldsymbol{r}, \varepsilon|\psi\rangle = \psi_\varepsilon(\boldsymbol{r}), \tag{9.27}$$

die von den drei kontinuierlichen Indizes x, y, z (oder kürzer $\boldsymbol{r}$) und dem diskreten Index ε ($+$ oder $-$) abhängen. Um den Zustand eines Elektrons vollständig zu beschreiben, ist daher die Angabe von zwei Funktionen der Raumvariablen x, y und z erforderlich:

$$\begin{aligned} \psi_+(\boldsymbol{r}) &= \langle \boldsymbol{r}, + \,|\, \psi\rangle , \\ \psi_-(\boldsymbol{r}) &= \langle \boldsymbol{r}, - \,|\, \psi\rangle . \end{aligned} \tag{9.28}$$

Diese beiden Funktionen schreibt man oft in der Form eines *zweikomponentigen Spinors*, den wir mit $[\psi](\boldsymbol{r})$ bezeichnen wollen,

$$[\psi](\boldsymbol{r}) = \begin{pmatrix} \psi_+(\boldsymbol{r}) \\ \psi_-(\boldsymbol{r}) \end{pmatrix} . \tag{9.29}$$

Der zum Ketvektor $|\psi\rangle$ gehörende Bravektor $\langle\psi|$ wird durch die Adjungierte des Ausdrucks (9.26) gegeben,

$$\langle\psi| = \sum_{\varepsilon} \int \mathrm{d}^3 r \, \langle\psi|\boldsymbol{r}, \varepsilon\rangle \langle \boldsymbol{r}, \varepsilon| , \tag{9.30}$$

woraus sich unter der Verwendung von Gl. (9.27)

$$\langle\psi| = \sum_{\varepsilon} \int \mathrm{d}^3 r \, \psi_\varepsilon^*(\boldsymbol{r}) \, \langle \boldsymbol{r}, \varepsilon| \tag{9.31}$$

ergibt. Der Bravektor $\langle\psi|$ wird also durch die beiden Funktionen $\psi_+^*(\boldsymbol{r})$ und $\psi_-^*(\boldsymbol{r})$ dargestellt, die in der Form des zu Gl. (9.29) adjungierten Spinors geschrieben werden können

$$[\psi]^\dagger(\boldsymbol{r}) = \left(\psi_+^*(\boldsymbol{r}), \psi_-^*(\boldsymbol{r})\right) . \tag{9.32}$$

In dieser Notation kann das Skalarprodukt zweier Zustandsvektoren $|\psi\rangle$ und $|\varphi\rangle$, das nach Gl. (9.25)

$$\begin{aligned} \langle\psi|\varphi\rangle &= \sum_{\varepsilon} \int \mathrm{d}^3 r \, \langle\psi|\boldsymbol{r}, \varepsilon\rangle \langle \boldsymbol{r}, \varepsilon|\varphi\rangle \\ &= \int \mathrm{d}^3 r \left[\psi_+^*(\boldsymbol{r}) \, \varphi_+(\boldsymbol{r}) + \psi_-^*(\boldsymbol{r}) \, \varphi_-(\boldsymbol{r})\right] \end{aligned} \tag{9.33}$$

ist, geschrieben werden

$$\langle\psi|\varphi\rangle = \int \mathrm{d}^3r\,[\psi]^\dagger(\boldsymbol{r})\,[\varphi](\boldsymbol{r}). \tag{9.34}$$

Diese Formel ist der für die Berechnung des Skalarprodukts zweier Ketvektoren in $\mathcal{H}_{\boldsymbol{r}}$ aus den entsprechenden Wellenfunktionen ähnlich. Wichtig ist jedoch, dass hier die Matrixmultiplikation der Spinoren $[\psi]^\dagger(\boldsymbol{r})$ und $[\psi](\boldsymbol{r})$ vor der Raumintegration ausgeführt werden muss. Die Normierung des Vektors $|\psi\rangle$ wird durch

$$\langle\psi|\psi\rangle = \int \mathrm{d}^3r\,[\psi]^\dagger(\boldsymbol{r})\,[\psi](\boldsymbol{r}) = \int \mathrm{d}^3r\,\left[|\psi_+(\boldsymbol{r})|^2 + |\psi_-(\boldsymbol{r})|^2\right] = 1 \tag{9.35}$$

ausgedrückt.

Einige Vektoren aus $\mathcal{H}$ sind Tensorprodukte je eines Ketvektors aus $\mathcal{H}_{\boldsymbol{r}}$ und aus $\mathcal{H}_\mathrm{S}$ (z. B. der Basisvektoren). Wenn der betrachtete Zustandsvektor von diesem Typ ist,

$$|\psi\rangle = |\varphi\rangle \otimes |\chi\rangle \tag{9.36}$$

mit

$$\begin{aligned} |\varphi\rangle &= \int \mathrm{d}^3r\,\varphi(\boldsymbol{r})\,|\boldsymbol{r}\rangle \in \mathcal{H}_{\boldsymbol{r}}, \\ |\chi\rangle &= c_+\,|+\rangle + c_-\,|-\rangle \in \mathcal{H}_\mathrm{S}, \end{aligned} \tag{9.37}$$

nimmt der zugehörige Spinor die einfache Form an

$$[\psi](\boldsymbol{r}) = \begin{pmatrix} \varphi(\boldsymbol{r})\,c_+ \\ \varphi(\boldsymbol{r})\,c_- \end{pmatrix} = \varphi(\boldsymbol{r}) \begin{pmatrix} c_+ \\ c_- \end{pmatrix}. \tag{9.38}$$

Das folgt aus der Definition des Skalarprodukts in $\mathcal{H}$, und für den obigen Fall haben wir

$$\begin{aligned} \psi_+(\boldsymbol{r}) &= \langle\boldsymbol{r},+|\psi\rangle = \langle\boldsymbol{r}|\varphi\rangle\langle+|\chi\rangle = \varphi(\boldsymbol{r})\,c_+, \\ \psi_-(\boldsymbol{r}) &= \langle\boldsymbol{r},-|\psi\rangle = \langle\boldsymbol{r}|\varphi\rangle\langle-|\chi\rangle = \varphi(\boldsymbol{r})\,c_-. \end{aligned} \tag{9.39}$$

Das Quadrat der Norm von $|\psi\rangle$ lautet dann

$$\langle\psi|\psi\rangle = \langle\varphi|\varphi\rangle\langle\chi|\chi\rangle = \left(|c_+|^2 + |c_-|^2\right)\int \mathrm{d}^3r\,|\varphi(\boldsymbol{r})|^2. \tag{9.40}$$

Operatoren. Es sei $|\psi'\rangle$ der Ketvektor, der sich aus der Wirkung des linearen Operators A auf den Vektor $|\psi\rangle$ aus $\mathcal{H}$ ergibt. Nach den Ergebnissen des vorherigen Abschnitts können $|\psi'\rangle$ und $|\psi\rangle$ durch die zweikomponentigen Spinoren $[\psi'](\boldsymbol{r})$ und $[\psi](\boldsymbol{r})$ dargestellt werden. Wir wollen nun zeigen, dass sich dem Operator A eine 2×2-Matrix $[A]$ so zuordnen lässt, dass gilt

$$[\psi'](\boldsymbol{r}) = [A]\,[\psi](\boldsymbol{r}), \tag{9.41}$$

wobei die Matrixelemente im Allgemeinen wieder Differentialoperatoren in Bezug auf die Variable $\boldsymbol{r}$ sind.

1. *Spinoperatoren.* Diese waren ursprünglich in $\mathscr{H}_S$ definiert; sie wirken daher nur auf den ε-Index der Basisvektoren $|\boldsymbol{r},\varepsilon\rangle$, und ihre Matrixform wurde bereits in Abschnitt 9.2 angegeben. Wir beschränken uns hier auf ein Beispiel, und zwar auf den Operator S_+. Seine Wirkung auf einen Vektor $|\psi\rangle$, der nach Gl. (9.26) entwickelt wird, ergibt den Vektor

$$|\psi'\rangle = \hbar\int \mathrm{d}^3r\,\psi_-(\boldsymbol{r})\,|\boldsymbol{r},+\rangle, \tag{9.42}$$

da S_+ alle Vektoren $|\boldsymbol{r},+\rangle$ vernichtet und die Vektoren $|\boldsymbol{r},-\rangle$ in $\hbar|\boldsymbol{r},+\rangle$ überführt. Die Komponenten von $|\psi'\rangle$ in der $\{|\boldsymbol{r},\varepsilon\rangle\}$-Basis lauten nach Gl. (9.42)

$$\begin{aligned}\langle\boldsymbol{r},+|\psi'\rangle &= \psi'_+(\boldsymbol{r}) = \hbar\psi_-(\boldsymbol{r}),\\ \langle\boldsymbol{r},-|\psi'\rangle &= \psi'_-(\boldsymbol{r}) = 0.\end{aligned} \tag{9.43}$$

Der den Vektor $|\psi'\rangle$ darstellende Spinor ist also

$$[\psi'](\boldsymbol{r}) = \hbar\begin{pmatrix}\psi_-(\boldsymbol{r})\\ 0\end{pmatrix}. \tag{9.44}$$

Zum selben Ergebnis gelangt man durch die Multiplikation von $[\psi](\boldsymbol{r})$ mit

$$[S_+] = \frac{\hbar}{2}(\sigma_x + \mathrm{i}\sigma_y) = \hbar\begin{pmatrix}0 & 1\\ 0 & 0\end{pmatrix}. \tag{9.45}$$

2. *Bahnoperatoren.* Im Unterschied zu den vorhergehenden Operatoren lassen die Bahnoperatoren den Index ε des Basisvektors $|\boldsymbol{r},\varepsilon\rangle$ ungeändert; die zugehörigen 2×2-Matrizen sind immer proportional zur Einheitsmatrix. Andererseits wirken sie auf die $\boldsymbol{r}$-Abhängigkeit der Spinoren in derselben Weise wie auf die üblichen Wellenfunktionen. Betrachten wir z. B. die Ketvektoren $|\psi'\rangle = X|\psi\rangle$ und $|\psi''\rangle = P_x|\psi\rangle$. Ihre Komponenten lauten in der $\{|\boldsymbol{r},\varepsilon\rangle\}$-Basis

$$\begin{aligned}\psi'_\varepsilon(\boldsymbol{r}) &= \langle\boldsymbol{r},\varepsilon\,|\,X\,|\,\psi\rangle = x\,\psi_\varepsilon(\boldsymbol{r}),\\ \psi''_\varepsilon(\boldsymbol{r}) &= \langle\boldsymbol{r},\varepsilon\,|\,P_x\,|\,\psi\rangle = \frac{\hbar}{\mathrm{i}}\frac{\partial}{\partial x}\,\psi_\varepsilon(\boldsymbol{r}).\end{aligned} \tag{9.46}$$

Die Spinoren $[\psi'](\boldsymbol{r})$ und $[\psi''](\boldsymbol{r})$ ergeben sich also aus $[\psi](\boldsymbol{r})$ über die folgenden 2×2-Matrizen:

$$\begin{aligned}[X] &= \begin{pmatrix}x & 0\\ 0 & x\end{pmatrix},\\ [P_x] &= \frac{\hbar}{\mathrm{i}}\begin{pmatrix}\dfrac{\partial}{\partial x} & 0\\ 0 & \dfrac{\partial}{\partial x}\end{pmatrix}.\end{aligned} \tag{9.47}$$

3. *Gemischte Operatoren.* Der allgemeinste in $\mathscr{H}$ wirkende Operator wird in Matrixnotation durch eine 2×2-Matrix dargestellt, deren Elemente Differentialoperatoren in Bezug auf die $\boldsymbol{r}$-Variablen sind. So ist z. B.

$$[L_zS_z] = \frac{\hbar}{2}\begin{pmatrix}\dfrac{\hbar}{\mathrm{i}}\dfrac{\partial}{\partial\varphi} & 0\\ 0 & -\dfrac{\hbar}{\mathrm{i}}\dfrac{\partial}{\partial\varphi}\end{pmatrix} \tag{9.48}$$

oder

$$[\boldsymbol{S}\cdot\boldsymbol{P}] = \frac{\hbar}{2}\left(\sigma_x P_x + \sigma_y P_y + \sigma_z P_z\right)$$
$$= \frac{\hbar^2}{2\mathrm{i}}\begin{pmatrix} \dfrac{\partial}{\partial z} & \dfrac{\partial}{\partial x} - \mathrm{i}\dfrac{\partial}{\partial y} \\ \dfrac{\partial}{\partial x} + \mathrm{i}\dfrac{\partial}{\partial y} & -\dfrac{\partial}{\partial z} \end{pmatrix}. \tag{9.49}$$

Bemerkungen

1. Die Spinordarstellung $\{|\boldsymbol{r},\varepsilon\rangle\}$ entspricht der $\{|\boldsymbol{r}\rangle\}$-Darstellung von $\mathcal{H}_{\boldsymbol{r}}$: Das Matrixelement $\langle\psi|A|\varphi\rangle$ eines beliebigen Operators A in $\mathcal{H}$ wird durch die Gleichung

$$\langle\psi|A|\varphi\rangle = \int \mathrm{d}^3r\,[\psi]^\dagger(\boldsymbol{r})\,[A]\,[\varphi](\boldsymbol{r}) \tag{9.50}$$

gegeben, worin $[A]$ die 2×2-Matrix bezeichnet, die den Operator A darstellt (zuerst führt man die Matrixmultiplikation aus und integriert dann über den ganzen Raum). Diese Darstellung werden wir nur dann verwenden, wenn die Rechnungen dadurch vereinfacht werden; wie in $\mathcal{H}_{\boldsymbol{r}}$ werden wir soweit wie möglich die Vektoren und Operatoren selbst benutzen.

2. Natürlich gibt es auch eine $\{|\boldsymbol{p},\varepsilon\rangle\}$-Darstellung, deren Basisvektoren gemeinsame Eigenzustände zum v. S. k. O. $\{P_x, P_y, P_z, \boldsymbol{S}^2, S_z\}$ sind. Die Definition des Skalarprodukts in $\mathcal{H}$ ergibt

$$\langle\boldsymbol{r},\varepsilon\,|\,\boldsymbol{p},\varepsilon'\rangle = \langle\boldsymbol{r}\,|\boldsymbol{p}\rangle\langle\varepsilon|\varepsilon'\rangle = \frac{1}{(2\pi\hbar)^{3/2}}\,\mathrm{e}^{\mathrm{i}\boldsymbol{p}\cdot\boldsymbol{r}/\hbar}\,\delta_{\varepsilon\varepsilon'}. \tag{9.51}$$

In der $\{|\boldsymbol{p},\varepsilon\rangle\}$-Darstellung ordnet man jedem Vektor $|\psi\rangle$ aus $\mathcal{H}$ einen zweikomponentigen Spinor zu,

$$[\bar{\psi}](\boldsymbol{p}) = \begin{pmatrix} \bar{\psi}_+(\boldsymbol{p}) \\ \bar{\psi}_-(\boldsymbol{p}) \end{pmatrix} \tag{9.52}$$

mit

$$\bar{\psi}_+(\boldsymbol{p}) = \langle\boldsymbol{p},+\,|\,\psi\rangle,$$
$$\bar{\psi}_-(\boldsymbol{p}) = \langle\boldsymbol{p},-\,|\,\psi\rangle; \tag{9.53}$$

Gl. (9.51) zufolge sind $\bar{\psi}_+(\boldsymbol{p})$ und $\bar{\psi}_-(\boldsymbol{p})$ die Fourier-Transformierten von $\psi_+(\boldsymbol{r})$ und $\psi_-(\boldsymbol{r})$:

$$\bar{\psi}_\varepsilon(\boldsymbol{p}) = \langle\boldsymbol{p},\varepsilon\,|\,\psi\rangle = \sum_{\varepsilon'}\int \mathrm{d}^3r\,\langle\boldsymbol{p},\varepsilon\,|\,\boldsymbol{r},\varepsilon'\rangle\langle\boldsymbol{r},\varepsilon'\,|\,\psi\rangle$$
$$= \frac{1}{(2\pi\hbar)^{3/2}}\int \mathrm{d}^3r\,\mathrm{e}^{-\mathrm{i}\boldsymbol{p}\cdot\boldsymbol{r}/\hbar}\,\psi_\varepsilon(\boldsymbol{r}). \tag{9.54}$$

Die Operatoren werden wieder durch 2×2-Matrizen dargestellt, und die zu den Spinoperatoren gehörigen Matrizen bleiben dieselben wie in der $\{|\boldsymbol{r},\varepsilon\rangle\}$-Darstellung.

9.3.2 Berechnung von Vorhersagen

Auf der Grundlage des gerade beschriebenen Formalismus können wir die Postulate aus Kapitel 3 anwenden, um für verschiedene Messungen an einem Elektron Vorhersagen zu erhalten. Wir geben mehrere Beispiele an.

Wir präzisieren zunächst die Wahrscheinlichkeitsinterpretation der Komponenten $\psi_+(\boldsymbol{r})$ und $\psi_-(\boldsymbol{r})$ des Zustandsvektors $|\psi\rangle$, den wir als normiert voraussetzen (Gl. (9.35)). Wir stellen uns vor, dass wir gleichzeitig den Ort des Elektrons und die z-Komponente seines Spins messen. Da X, Y, Z und S_z einen v. S. k. O. bilden, gibt es zu einem bestimmten Ergebnis x, y, z und $\pm\hbar/2$ genau einen Zustandsvektor. Die Wahrscheinlichkeit $\mathrm{d}^3\mathscr{P}(\boldsymbol{r},+)$, das Elektron mit dem Spin *aufwärts* (z-Komponente gleich $+\hbar/2$) im Volumenelement d^3r um den Punkt $\boldsymbol{r}\,(x,y,z)$ zu finden, ist gleich

$$\mathrm{d}^3\mathscr{P}(\boldsymbol{r},+) = |\langle\boldsymbol{r},+\mid\psi\rangle|^2\,\mathrm{d}^3r = |\psi_+(\boldsymbol{r})|^2\,\mathrm{d}^3r. \tag{9.55}$$

Entsprechend ist

$$\mathrm{d}^3\mathscr{P}(\boldsymbol{r},-) = |\langle\boldsymbol{r},-\mid\psi\rangle|^2\,\mathrm{d}^3r = |\psi_-(\boldsymbol{r})|^2\,\mathrm{d}^3r \tag{9.56}$$

die Wahrscheinlichkeit, das Elektron im selben Volumen, aber jetzt mit dem Spin *abwärts* (z-Komponente gleich $-\hbar/2$) zu finden.

Messen wir gleichzeitig mit dem Ort des Elektrons die x-Komponente des Spins, so brauchen wir nur den Überlegungen in Abschnitt 4.1.2 (Gl. (4.20)) zu folgen: Die Operatoren X, Y, Z und S_x bilden ebenfalls einen v. S. k. O.; zum Messergebnis $\{x, y, z, \pm\hbar/2\}$ gehört ein einziger Zustandsvektor, nämlich

$$|\boldsymbol{r}\rangle|\pm\rangle_x = \frac{1}{\sqrt{2}}\left[|\boldsymbol{r},+\rangle \pm |\boldsymbol{r},-\rangle\right]. \tag{9.57}$$

Die Wahrscheinlichkeit, das Elektron im Volumenelement d^3r um den Punkt $\boldsymbol{r}$ mit einem Spin in positiver x-Richtung zu finden, ist dann

$$\mathrm{d}^3r\left|\frac{1}{\sqrt{2}}\left[\langle\boldsymbol{r},+\mid\psi\rangle + \langle\boldsymbol{r},-\mid\psi\rangle\right]\right|^2 = \frac{1}{2}|\psi_+(\boldsymbol{r}) + \psi_-(\boldsymbol{r})|^2\,\mathrm{d}^3r. \tag{9.58}$$

Natürlich kann man auch den Impuls des Elektrons anstelle seines Orts messen. Man verwendet dann die Komponenten von $|\psi\rangle$ in Bezug auf die Vektoren $|\boldsymbol{p},\varepsilon\rangle$ (s. obige Bemerkung 2), d. h. die Fourier-Transformierten $\bar{\psi}_\pm(\boldsymbol{p})$ von $\psi_\pm(\boldsymbol{r})$. Die Wahrscheinlichkeit $\mathrm{d}^3\mathscr{P}(\boldsymbol{p},\pm)$, den Impuls innerhalb d^3p um $\boldsymbol{p}$ und die z-Komponente des Spins als $\pm\hbar/2$ zu finden, ist

$$\mathrm{d}^3\mathscr{P}(\boldsymbol{p},\pm) = |\langle\boldsymbol{p},\pm\mid\psi\rangle|^2\,\mathrm{d}^3p = |\bar{\psi}_\pm(\boldsymbol{p})|^2\,\mathrm{d}^3p. \tag{9.59}$$

Die verschiedenen bisher betrachteten Messungen sind *vollständig* in dem Sinne, dass sie jeweils zu einem v. S. k. O. gehören. Bei *unvollständigen* Messungen tragen mehrere orthogonale Zustände zum gleichen Messergebnis bei, und es müssen die Betragsquadrate der entsprechenden Wahrscheinlichkeitsamplituden summiert werden.

Verzichtet man z. B. auf die Messung des Spins, so ist die Wahrscheinlichkeit, ein Elektron im Volumen d^3r um den Punkt $\boldsymbol{r}$ zu finden, gleich

$$\mathrm{d}^3\mathscr{P}(\boldsymbol{r}) = \left[|\psi_+(\boldsymbol{r})|^2 + |\psi_-(\boldsymbol{r})|^2\right]\mathrm{d}^3r, \tag{9.60}$$

weil zu dem Messergebnis $\{x, y, z\}$ zwei orthogonale Zustandsvektoren $|\boldsymbol{r},+\rangle$ und $|\boldsymbol{r},-\rangle$ gehören, deren Wahrscheinlichkeitsamplituden gleich $\psi_+(\boldsymbol{r})$ bzw. $\psi_-(\boldsymbol{r})$ sind.

Schließlich wollen wir die Wahrscheinlichkeit $\mathcal{P}_+$ dafür bestimmen, dass die z-Komponente des Spins gleich $+\hbar/2$ ist (ohne die Bahnvariablen zu messen). Zu diesem Ergebnis gehört eine unendliche Anzahl von Zuständen wie z. B. alle Vektoren $|\boldsymbol{r}, +\rangle$ mit beliebigem $\boldsymbol{r}$. Wir müssen daher die Betragsquadrate der Amplituden $\langle \boldsymbol{r}, + \mid \psi \rangle = \psi_+(\boldsymbol{r})$ über alle möglichen Werte von $\boldsymbol{r}$ summieren, also ist

$$\mathcal{P}_+ = \int \mathrm{d}^3 r \, |\psi_+(\boldsymbol{r})|^2 . \tag{9.61}$$

Sind wir an der x-Komponente des Spins anstelle der z-Komponente interessiert, so integrieren wir natürlich das Ergebnis (9.58) über den gesamten Raum. Diese Darstellung ist eine Verallgemeinerung von Abschnitt 4.2.2, in dem wir nur die Spinobservablen betrachteten, da die Bahnvariablen klassisch behandelt werden konnten.

Ergänzungen zu Kapitel 9

Mehrere Ergänzungen über die Eigenschaften des Spins $1/2$ finden sich bereits im Anschluss an Kapitel 4. Aus diesem Grund hat Kapitel 9 nur zwei Ergänzungen.

Abschnitt 9.4 ist eine Fortsetzung von Abschnitt 6.6. Der Zusammenhang zwischen Spin-$1/2$-Drehimpulsen und den geometrischen Drehungen dieses Spins wird im Detail untersucht. (*Von mittlerer Schwierigkeit, kann beim ersten Lesen übersprungen werden*)

Abschnitt 9.5 enthält die Aufgaben zu diesem Kapitel. Die Aufgabe 4 wird ausführlich behandelt; es wird die Polarisation eines Strahls von Spin-$1/2$-Teilchen untersucht, wie sie durch die Reflexion an einem magnetisierten ferromagnetischen Körper verursacht wird. Diese Methode findet bei verschiedenen Experimenten ihre Anwendung.

9.4 Drehoperatoren für ein Spin-1/2-Teilchen

Wir wollen die in Abschnitt 6.6 angestellten Überlegungen auf ein Spin-$1/2$-Teilchen anwenden. Zuerst betrachten wir die Form der Drehoperatoren für diesen speziellen Fall. Dann untersuchen wir das Verhalten des Zustandsvektors und des zugehörigen zweikomponentigen Spinors bei Drehungen.

9.4.1 Drehoperatoren im Zustandsraum

Gesamtdrehimpuls

Ein Spin-$1/2$-Teilchen besitzt einen Bahndrehimpuls $\boldsymbol{L}$ und einen Spindrehimpuls $\boldsymbol{S}$. Seinen Gesamtdrehimpuls definiert man als die Summe dieser Drehimpulse:

$$\boldsymbol{J} = \boldsymbol{L} + \boldsymbol{S}. \tag{9.62}$$

Das stimmt mit den allgemeinen Betrachtungen in Abschnitt 6.6 überein. Es stellt sicher, dass nicht nur $\boldsymbol{R}$ und $\boldsymbol{P}$, sondern auch $\boldsymbol{S}$ eine vektorielle Observable ist (Zur Überprüfung muss man die Kommutatoren zwischen den Komponenten dieser Observablen und denen von $\boldsymbol{J}$ berechnen; s. Abschnitt 6.6.5.)

Zerlegung von Drehoperatoren in Tensorprodukte

Der geometrischen Drehung $\mathcal{R}_{\boldsymbol{u}}(\alpha)$ mit einem Winkel α um den Einheitsvektor $\boldsymbol{u}$ wird der Drehoperator $R_{\boldsymbol{u}}(\alpha)$ im Zustandsraum des untersuchten Teilchens zugeordnet ($\boldsymbol{J}$ ist der Gesamtdrehimpuls (9.62)), s. Abschnitt 6.6.4):

$$R_{\boldsymbol{u}}(\alpha) = \mathrm{e}^{-\mathrm{i}\alpha \boldsymbol{J}\cdot\boldsymbol{u}/\hbar}. \tag{9.63}$$

Da $\boldsymbol{L}$ nur in $\mathcal{H}_{\boldsymbol{r}}$ und $\boldsymbol{S}$ nur in $\mathcal{H}_{\mathrm{S}}$ wirkt (was insbesondere bedeutet, dass alle Komponenten von $\boldsymbol{L}$ mit allen Komponenten von $\boldsymbol{S}$ vertauschen), können wir $R_{\boldsymbol{u}}(\alpha)$ in Form eines Tensorprodukts schreiben,

$$R_{\boldsymbol{u}}(\alpha) = {}^{(\boldsymbol{r})}R_{\boldsymbol{u}}(\alpha) \otimes {}^{(\mathrm{S})}R_{\boldsymbol{u}}(\alpha), \tag{9.64}$$

worin

$${}^{(\boldsymbol{r})}R_{\boldsymbol{u}}(\alpha) = \mathrm{e}^{-\mathrm{i}\alpha \boldsymbol{L}\cdot\boldsymbol{u}/\hbar} \tag{9.65}$$

und

$${}^{(\mathrm{S})}R_{\boldsymbol{u}}(\alpha) = \mathrm{e}^{-\mathrm{i}\alpha \boldsymbol{S}\cdot\boldsymbol{u}/\hbar} \tag{9.66}$$

die in $\mathcal{H}_{\boldsymbol{r}}$ bzw. $\mathcal{H}_{\mathrm{S}}$ zu $\mathcal{R}_{\boldsymbol{u}}(\alpha)$ gehörenden Drehoperatoren sind.

Wenn man also die Drehung $\mathcal{R}_{\boldsymbol{u}}(\alpha)$ auf ein Spin-1/2-Teilchen anwendet, dessen Zustand durch einen Ketvektor gegeben wird, der selbst ein Tensorprodukt ist,

$$|\psi\rangle = |\varphi\rangle \otimes |\chi\rangle \tag{9.67}$$

mit

$$\begin{aligned} |\varphi\rangle &\in \mathcal{H}_{\boldsymbol{r}}, \\ |\chi\rangle &\in \mathcal{H}_{\mathrm{S}}, \end{aligned} \tag{9.68}$$

so wird sein Zustand nach der Drehung gegeben sein durch

$$|\psi'\rangle = R_{\boldsymbol{u}}(\alpha)\,|\psi\rangle = \left[{}^{(\boldsymbol{r})}R_{\boldsymbol{u}}(\alpha)\,|\varphi\rangle\right] \otimes \left[{}^{(\mathrm{S})}R_{\boldsymbol{u}}(\alpha)\,|\chi\rangle\right]. \tag{9.69}$$

Auch der Spinzustand des Teilchens wird also durch die Rotation geändert, was wir im nächsten Abschnitt genauer zeigen werden.

9.4.2 Drehung von Spinzuständen

Die Drehoperatoren ${}^{(\boldsymbol{r})}R$ im Raum $\mathcal{H}_{\boldsymbol{r}}$ haben wir bereits untersucht (Abschnitt 6.6.3). Hier interessieren wir uns nun für die Operatoren ${}^{(\mathrm{S})}R$, die im Spinzustandsraum $\mathcal{H}_{\mathrm{S}}$ wirken.

Berechnung der Drehoperatoren in $\mathcal{H}_{\mathrm{S}}$

Wir setzen

$$\boldsymbol{S} = \frac{\hbar}{2}\boldsymbol{\sigma}. \tag{9.70}$$

Wir wollen den Operator

$${}^{(\mathrm{S})}R_{\boldsymbol{u}}(\alpha) = \mathrm{e}^{-\mathrm{i}\alpha \boldsymbol{S}\cdot\boldsymbol{u}/\hbar} = \mathrm{e}^{-\mathrm{i}\alpha\boldsymbol{\sigma}\cdot\boldsymbol{u}/2} \tag{9.71}$$

berechnen. Dazu verwenden wir die Definition eines Exponentialoperators,

$$\begin{aligned} {}^{(S)}R_{\boldsymbol{u}}(\alpha) &= 1 - \frac{\mathrm{i}\alpha}{2}\boldsymbol{\sigma}\cdot\boldsymbol{u} + \frac{1}{2!}\left(-\mathrm{i}\frac{\alpha}{2}\right)^2 (\boldsymbol{\sigma}\cdot\boldsymbol{u})^2 + \cdots \\ &\qquad + \frac{1}{n!}\left(-\mathrm{i}\frac{\alpha}{2}\right)^n (\boldsymbol{\sigma}\cdot\boldsymbol{u})^n + \cdots . \end{aligned} \tag{9.72}$$

Jetzt sehen wir mit der Identität (9.19) aus Abschnitt 9.2, dass

$$(\boldsymbol{\sigma}\cdot\boldsymbol{u})^2 = \boldsymbol{u}^2 = 1 \tag{9.73}$$

gilt, was auf

$$(\boldsymbol{\sigma}\cdot\boldsymbol{u})^n = \begin{cases} 1 & \text{für } n \text{ gerade,} \\ \boldsymbol{\sigma}\cdot\boldsymbol{u} & \text{für } n \text{ ungerade} \end{cases} \tag{9.74}$$

führt. Wenn wir die geraden und die ungeraden Terme zusammenfassen, können wir den Ausdruck (9.72) schreiben

$$\begin{aligned} {}^{(S)}R_{\boldsymbol{u}}(\alpha) &= \left[1 - \frac{1}{2!}\left(\frac{\alpha}{2}\right)^2 + \cdots + \frac{(-1)^p}{(2p)!}\left(\frac{\alpha}{2}\right)^{2p} + \cdots\right] \\ &\quad - \mathrm{i}\boldsymbol{\sigma}\cdot\boldsymbol{u}\left[\frac{\alpha}{2} - \frac{1}{3!}\left(\frac{\alpha}{2}\right)^3 + \cdots + \frac{(-1)^p}{(2p+1)!}\left(\frac{\alpha}{2}\right)^{2p+1} + \cdots\right], \end{aligned} \tag{9.75}$$

d. h. also

$${}^{(S)}R_{\boldsymbol{u}}(\alpha) = \cos\frac{\alpha}{2} - \mathrm{i}\boldsymbol{\sigma}\cdot\boldsymbol{u}\sin\frac{\alpha}{2}. \tag{9.76}$$

In dieser Form kann man die Wirkung des Operators auf einen beliebigen Spinzustand sehr einfach bestimmen.

Die Darstellungsmatrizen der Operatoren σ_x, σ_y und σ_z in der $\{|+\rangle, |-\rangle\}$-Basis kennen wir bereits (s. Abschnitt 9.2). Darum erhalten wir mit der Beziehung (9.76) sofort die Darstellungsmatrix des Drehoperators $R_{\boldsymbol{u}}^{(1/2)}(\alpha)$:

$$R_{\boldsymbol{u}}^{(1/2)}(\alpha) = \begin{pmatrix} \cos\frac{\alpha}{2} - \mathrm{i}u_z\sin\frac{\alpha}{2} & (-\mathrm{i}u_x - u_y)\sin\frac{\alpha}{2} \\ (-\mathrm{i}u_x + u_y)\sin\frac{\alpha}{2} & \cos\frac{\alpha}{2} + \mathrm{i}u_z\sin\frac{\alpha}{2} \end{pmatrix}, \tag{9.77}$$

worin u_x, u_y und u_z die kartesischen Komponenten des Vektors $\boldsymbol{u}$ sind.

Operator für die Drehung um den Winkel 2π

Nehmen wir für den Drehwinkel α den Wert 2π, so entspricht die räumliche Drehung $\mathcal{R}_{\boldsymbol{u}}(2\pi)$ für jeden beliebigen Vektor $\boldsymbol{u}$ der Identität. Setzen wir jedoch in Gl. (9.76) $\alpha = 2\pi$, so finden wir

$${}^{(S)}R_{\boldsymbol{u}}(2\pi) = -1, \tag{9.78}$$

während

$${}^{(S)}R_{\boldsymbol{u}}(0) = 1 \tag{9.79}$$

gilt. Der zu einer Drehung um den Winkel 2π gehörende Operator ist nicht der Identitätsoperator, sondern sein Negatives. Beim Zusammenhang zwischen den geometrischen Drehungen und den Drehoperatoren in $\mathcal{H}_\text{S}$ bleibt die Gruppeneigenschaft daher nur lokal erhalten (s. die Diskussion in Abschnitt 6.6.3). Dies ist eine Folge des halbzahligen Spindrehimpulses.

Die Tatsache, dass der Spinzustand bei einer Drehung um den Winkel 2π sein Vorzeichen wechselt, ist nicht problematisch, da zwei Zustandsvektoren, die sich nur um einen globalen Phasenfaktor unterscheiden, dieselben physikalischen Eigenschaften haben. Wichtiger ist die Untersuchung, wie sich eine Observable A bei einer solchen Drehung verhält. Es ist leicht zu zeigen, dass gilt

$$A' = {}^{(\text{S})}R_{\boldsymbol{u}}(2\pi)\, A\, {}^{(\text{S})}R_{\boldsymbol{u}}^{\dagger}(2\pi) = A. \tag{9.80}$$

Dieses Ergebnis ist zufriedenstellend, da eine Drehung um 2π die zu A gehörige Messvorrichtung nicht verändern kann. Das Spektrum von A' bleibt also dasselbe wie das von A.

Bemerkung
Wir zeigten in Abschnitt 6.6.3, dass gilt

$${}^{(\boldsymbol{r})}R_{\boldsymbol{u}}(2\pi) = 1. \tag{9.81}$$

Im gesamten Zustandsraum $\mathcal{H} = \mathcal{H}_{\boldsymbol{r}} \otimes \mathcal{H}_\text{S}$ gilt daher wie in $\mathcal{H}_\text{S}$

$$R_{\boldsymbol{u}}(2\pi) = {}^{(\boldsymbol{r})}R_{\boldsymbol{u}}(2\pi) \otimes {}^{(\text{S})}R_{\boldsymbol{u}}(2\pi) = -1. \tag{9.82}$$

Vektorcharakter von $\boldsymbol{S}$ und Spinzustand bei Drehungen

Wir betrachten einen beliebigen Spinzustand $|\chi\rangle$. In Abschnitt 4.2.1 zeigten wir, dass es Winkel θ und φ so geben muss, dass $|\chi\rangle$ (bis auf einen globalen Phasenfaktor, der ohne physikalische Bedeutung ist) als

$$|\chi\rangle = \mathrm{e}^{-\mathrm{i}\varphi/2} \cos\frac{\theta}{2}\,|+\rangle + \mathrm{e}^{\mathrm{i}\varphi/2} \sin\frac{\theta}{2}\,|-\rangle \tag{9.83}$$

geschrieben werden kann; $|\chi\rangle$ erscheint dann als Eigenvektor mit dem Eigenwert $+\hbar/2$ zur Komponente $\boldsymbol{S}\cdot\boldsymbol{v}$ des Spins $\boldsymbol{S}$ in Richtung des durch die Polarwinkel θ und φ definierten Einheitsvektors $\boldsymbol{v}$. Wir führen nun eine beliebige Drehung des Zustands $|\chi\rangle$ aus; $\boldsymbol{v}'$ sei das Ergebnis der Anwendung dieser Drehung auf $\boldsymbol{v}$. Da $\boldsymbol{S}$ eine vektorielle Observable ist, muss der Zustand $|\chi'\rangle$ nach der Drehung Eigenvektor mit dem Eigenwert $+\hbar/2$ zur Komponente $\boldsymbol{S}\cdot\boldsymbol{v}'$ von $\boldsymbol{S}$ entlang dem Einheitsvektor $\boldsymbol{v}'$ sein (s. Abschnitt 6.6.5),

$$|\chi\rangle = |+\rangle_v \implies |\chi'\rangle = R\,|\chi\rangle \propto |+\rangle_{v'} \tag{9.84}$$

mit

$$\boldsymbol{v}' = \mathcal{R}\,\boldsymbol{v}. \tag{9.85}$$

Wir beschränken uns auf einen speziellen Fall (s. Abb. 9.1). Für $\boldsymbol{v}$ wählen wir den Einheitsvektor $\boldsymbol{e}_z$ der z-Achse und für $\boldsymbol{v}'$ einen beliebigen Einheitsvektor mit den Polar-

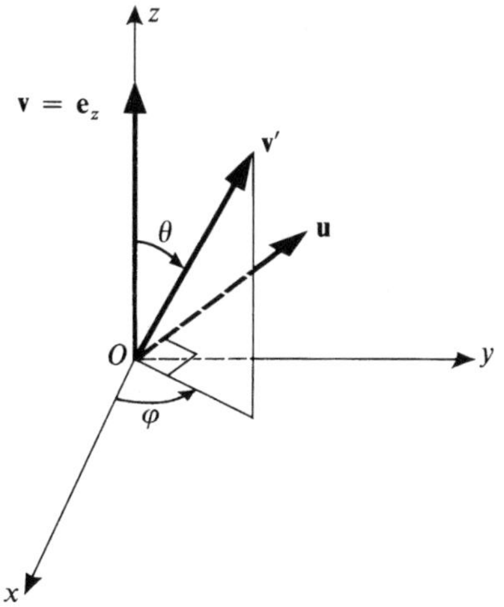

Abb. 9.1 Eine Drehung mit dem Winkel θ um $\boldsymbol{u}$ überführt den Vektor $\boldsymbol{v} = \boldsymbol{e}_z$ in den Einheitsvektor $\boldsymbol{v}'$ mit den Polarwinkeln θ und φ.

winkeln θ und φ. Man erhält $\boldsymbol{v}'$ aus $\boldsymbol{v} = \boldsymbol{e}_z$ durch eine Drehung mit dem Winkel θ um den Einheitsvektor $\boldsymbol{u}$, der durch die Polarwinkel

$$\begin{aligned} \theta_u &= \frac{\pi}{2}, \\ \varphi_u &= \varphi + \frac{\pi}{2} \end{aligned} \tag{9.86}$$

festgelegt ist. Wir müssen also zeigen, dass gilt

$${}^{(S)}R_{\boldsymbol{u}}(\theta)\,|+\rangle \propto |+\rangle_{v'}. \tag{9.87}$$

Die kartesischen Komponenten des Vektors $\boldsymbol{u}$ sind

$$u_x = -\sin\varphi, \quad u_y = \cos\varphi, \quad u_z = 0, \tag{9.88}$$

so dass der Operator ${}^{(S)}R_{\boldsymbol{u}}(\theta)$ mit Hilfe von Gl. (9.76) wie folgt geschrieben werden kann:

$$\begin{aligned} {}^{(S)}R_{\boldsymbol{u}}(\theta) &= \cos\frac{\theta}{2} - \mathrm{i}\boldsymbol{\sigma}\cdot\boldsymbol{u}\,\sin\frac{\theta}{2} \\ &= \cos\frac{\theta}{2} - \mathrm{i}(-\sigma_x\sin\varphi + \sigma_y\cos\varphi)\sin\frac{\theta}{2} \\ &= \cos\frac{\theta}{2} - \frac{1}{2}\left(\sigma_+\,\mathrm{e}^{-\mathrm{i}\varphi} - \sigma_-\,\mathrm{e}^{\mathrm{i}\varphi}\right)\sin\frac{\theta}{2} \end{aligned} \tag{9.89}$$

mit

$$\sigma_\pm = \sigma_x \pm \mathrm{i}\sigma_y. \tag{9.90}$$

Wir wissen nun, dass gilt (s. Abschnitt 9.2, Ausdrücke (9.14))

$$\begin{aligned} \sigma_+\,|+\rangle &= 0, \\ \sigma_-\,|+\rangle &= 2\,|-\rangle. \end{aligned} \tag{9.91}$$

Das Ergebnis der Transformation des Ketvektors $|+\rangle$ durch den Operator ${}^{(\mathrm{S})}R_{\boldsymbol{u}}(\theta)$ ist daher

$$ {}^{(\mathrm{S})}R_{\boldsymbol{u}}(\theta)\,|+\rangle = \cos\frac{\theta}{2}\,|+\rangle + \mathrm{e}^{\mathrm{i}\varphi}\,\sin\frac{\theta}{2}\,|-\rangle, \tag{9.92} $$

und wir erkennen bis auf einen Phasenfaktor den Ketvektor $|+\rangle_{v'}$ (s. Gl. (9.83)),

$$ {}^{(\mathrm{S})}R_{\boldsymbol{u}}(\theta)\,|+\rangle = \mathrm{e}^{\mathrm{i}\varphi/2}\,|+\rangle_{v'}. \tag{9.93} $$

9.4.3 Drehung zweikomponentiger Spinoren

Wir sind nun in der Lage, das globale Verhalten eines Spin-1/2-Teilchens unter Drehungen zu untersuchen, d. h. wir wollen sowohl die externen als auch die internen Freiheitsgrade berücksichtigen.

Wir betrachten ein Spin-1/2-Teilchen, dessen Zustand durch den Ketvektor $|\psi\rangle$ des Zustandsraums $\mathcal{H} = \mathcal{H}_{\boldsymbol{r}} \otimes \mathcal{H}_{\mathrm{S}}$ gegeben ist; $|\psi\rangle$ kann durch den Spinor $[\psi](\boldsymbol{r})$ mit den beiden Komponenten

$$ \psi_{\varepsilon}(\boldsymbol{r}) = \langle \boldsymbol{r}, \varepsilon \,|\, \psi \rangle \tag{9.94} $$

dargestellt werden. Führen wir eine beliebige geometrische Drehung $\mathcal{R}$ mit diesem Teilchen aus, so transformiert sich sein Zustand in

$$ |\psi'\rangle = R\,|\psi\rangle, \tag{9.95} $$

worin

$$ R = {}^{(\boldsymbol{r})}R \otimes {}^{(\mathrm{S})}R \tag{9.96} $$

der in $\mathcal{H}$ zu der geometrischen Drehung $\mathcal{R}$ gehörende Operator ist. Wie erhält man nun aus $[\psi](\boldsymbol{r})$ den zum Zustand $|\psi'\rangle$ gehörenden Spinor $[\psi'](\boldsymbol{r})$?

Um diese Frage zu beantworten, sehen wir uns die Komponenten $\psi'_{\varepsilon}(\boldsymbol{r})$ von $[\psi']$ an:

$$ \psi'_{\varepsilon}(\boldsymbol{r}) = \langle \boldsymbol{r}, \varepsilon \,|\, \psi' \rangle = \langle \boldsymbol{r}, \varepsilon \,|\, R \,|\, \psi \rangle. \tag{9.97} $$

Wir können die Komponenten von $[\psi](\boldsymbol{r})$ erhalten, indem wir die Vollständigkeitsrelation der $\{|\boldsymbol{r}', \varepsilon'\rangle\}$-Basis zwischen R und $|\psi\rangle$ einfügen:

$$ \psi'_{\varepsilon}(\boldsymbol{r}) = \sum_{\varepsilon'} \int \mathrm{d}^3r'\, \langle \boldsymbol{r}, \varepsilon \,|\, R \,|\, \boldsymbol{r}', \varepsilon' \rangle \langle \boldsymbol{r}', \varepsilon' \,|\, \psi \rangle. \tag{9.98} $$

Da die Vektoren der $\{|\boldsymbol{r}, \varepsilon\rangle\}$-Basis Tensorprodukte sind, können jetzt die Matrixelemente des Operators R in dieser Basis in der folgenden Weise zerlegt werden:

$$ \langle \boldsymbol{r}, \varepsilon \,|\, R \,|\, \boldsymbol{r}', \varepsilon' \rangle = \langle \boldsymbol{r} \,|\, {}^{(\boldsymbol{r})}R \,|\, \boldsymbol{r}' \rangle \langle \varepsilon \,|\, {}^{(\mathrm{S})}R \,|\, \varepsilon' \rangle. \tag{9.99} $$

Wir wissen bereits (s. Abschnitt 6.6.3, Gl. (6.281)), dass gilt

$$ \langle \boldsymbol{r} \,|\, {}^{(\boldsymbol{r})}R \,|\, \boldsymbol{r}' \rangle = \langle \mathcal{R}^{-1}\boldsymbol{r} \,|\, \boldsymbol{r}' \rangle = \delta\left[\boldsymbol{r}' - (\mathcal{R}^{-1}\boldsymbol{r})\right]. \tag{9.100} $$

Setzen wir

$$\langle \varepsilon \mid {}^{(S)}R \mid \varepsilon' \rangle = R^{(1/2)}_{\varepsilon\varepsilon'}, \tag{9.101}$$

so lautet Gl. (9.98) schließlich

$$\psi'_\varepsilon(\boldsymbol{r}) = \sum_{\varepsilon'} R^{(1/2)}_{\varepsilon\varepsilon'}\, \psi_{\varepsilon'}(\mathcal{R}^{-1}\boldsymbol{r}), \tag{9.102}$$

das ist ausgeschrieben

$$\begin{pmatrix} \psi'_+(\boldsymbol{r}) \\ \psi'_-(\boldsymbol{r}) \end{pmatrix} = \begin{pmatrix} R^{(1/2)}_{++} & R^{(1/2)}_{+-} \\ R^{(1/2)}_{-+} & R^{(1/2)}_{--} \end{pmatrix} \begin{pmatrix} \psi_+(\mathcal{R}^{-1}\boldsymbol{r}) \\ \psi_-(\mathcal{R}^{-1}\boldsymbol{r}) \end{pmatrix}. \tag{9.103}$$

Wir erhalten somit das folgende Ergebnis: Jede Komponente des neuen Spinors $[\psi']$ im Punkt $\boldsymbol{r}$ ist eine Linearkombination der beiden Komponenten des ursprünglichen Spinors $[\psi]$ im Punkt $\mathcal{R}^{-1}\boldsymbol{r}$ (das ist der Punkt, den die Drehung auf $\boldsymbol{r}$ abbildet)[6]. Die Koeffizienten dieser Linearkombinationen sind die Elemente der 2×2-Matrix, die ${}^{(S)}R$ in der $\{|+\rangle, |-\rangle\}$-Basis von $\mathcal{H}_S$ darstellt (s. Gl. (9.77)).

9.5 Aufgaben zu Kapitel 9

1. Wir betrachten ein Spin-1/2-Teilchen mit dem Spin $\boldsymbol{S}$, dem Bahndrehimpuls $\boldsymbol{L}$ und dem Zustandsvektor $|\psi\rangle$. Die beiden Funktionen $\psi_+(\boldsymbol{r})$ und $\psi_-(\boldsymbol{r})$ werden definiert durch

$$\psi_\pm(\boldsymbol{r}) = \langle \boldsymbol{r}, \pm \mid \psi \rangle.$$

Man nehme an, dass gilt

$$\begin{aligned} \psi_+(\boldsymbol{r}) &= R(r)\left[Y_0^0(\theta,\varphi) + \frac{1}{\sqrt{3}}\, Y_0^1(\theta,\varphi) \right], \\ \psi_-(\boldsymbol{r}) &= \frac{R(r)}{\sqrt{3}} \left[Y_1^1(\theta,\varphi) - Y_0^1(\theta,\varphi) \right], \end{aligned}$$

worin r, θ, φ die Koordinaten des Teilchens und $R(r)$ eine gegebene Funktion sind.

a) Welche Bedingung muss $R(r)$ erfüllen, damit $|\psi\rangle$ normiert ist?

b) An dem Teilchen im Zustand $|\psi\rangle$ wird S_z gemessen. Welche Ergebnisse werden mit welchen Wahrscheinlichkeiten erhalten? Dieselbe Frage beantworte man für L_z und S_x.

c) Eine Messung von $\boldsymbol{L}^2$ am Teilchen im Zustand $|\psi\rangle$ ergibt den Wert null. In welchem Zustand befindet sich das Teilchen unmittelbar nach dieser Messung? Man beantworte dieselbe Frage, wenn die Messung für $\boldsymbol{L}^2$ den Wert $2\hbar^2$ ergeben hätte.

[6] Man beachte die enge Analogie zwischen diesem Verhalten und dem eines Vektorfeldes bei Drehungen.

2. Wir betrachten ein Spin-1/2-Teilchen. Mit $\boldsymbol{P}$ und $\boldsymbol{S}$ werden die Observablen bezeichnet, die zu seinem Impuls und seinem Spin gehören. Als Basis des Zustandsraums wählen wir die Orthonormalbasis $\{|p_x, p_y, p_z, \pm\rangle\}$ von gemeinsamen Eigenvektoren zu P_x, P_y, P_z und S_z (mit den Eigenwerten p_x, p_y, p_z bzw. $\pm\hbar/2$). Wir wollen die Eigenwertgleichung des Operators A lösen, der definiert ist durch

$$A = \boldsymbol{S} \cdot \boldsymbol{P}.$$

a) Ist A hermitesch?

b) Man zeige, dass es eine Basis von Eigenvektoren von A gibt, die ebenfalls Eigenvektoren von P_x, P_y, P_z sind. Wie lautet die A darstellende Matrix in dem Unterraum, der durch die Ketvektoren $|p_x, p_y, p_z, \pm\rangle$ mit den festen Werten p_x, p_y, p_z aufgespannt wird?

c) Wie lauten die Eigenwerte von A, und wie sind sie entartet? Man suche ein System von gemeinsamen Eigenvektoren zu A und P_x, P_y, P_z.

3. Der Pauli-Hamilton-Operator

Der Hamilton-Operator eines Elektrons mit der Masse m, der Ladung q und dem Spin $\frac{\hbar}{2}\boldsymbol{\sigma}$ ($\sigma_x, \sigma_y, \sigma_z$: Pauli-Matrizen), das sich in einem durch das Vektorpotential $\boldsymbol{A}(\boldsymbol{r}, t)$ und das skalare Potential $U(\boldsymbol{r}, t)$ beschriebenen elektromagnetischen Feld befindet, lautet

$$H = \frac{1}{2m}[\boldsymbol{P} - q\boldsymbol{A}(\boldsymbol{R}, t)]^2 + qU(\boldsymbol{R}, t) - \frac{q\hbar}{2m}\boldsymbol{\sigma} \cdot \boldsymbol{B}(\boldsymbol{R}, t).$$

Der letzte Term stellt die Wechselwirkung zwischen dem magnetischen Moment $\frac{q\hbar}{2m}\boldsymbol{\sigma}$ des Spins und dem magnetischen Feld $\boldsymbol{B}(\boldsymbol{R}, t) = \nabla \times \boldsymbol{A}(\boldsymbol{R}, t)$ dar.

Man zeige unter Verwendung der Eigenschaften der Pauli-Matrizen, dass dieser Hamilton-Operator auch in der Form (*Pauli-Hamilton-Operator*)

$$H = \frac{1}{2m}\{\boldsymbol{\sigma} \cdot [\boldsymbol{P} - q\boldsymbol{A}(\boldsymbol{R}, t)]\}^2 + qU(\boldsymbol{R}, t)$$

geschrieben werden kann.

4. Wir wollen die Reflexion eines monoenergetischen Neutronenstrahls untersuchen, der senkrecht auf ein ferromagnetisches Material trifft. Die x-Achse liege in Richtung des Einfallsstrahls, und die y, z-Ebene bilde die Oberfläche des ferromagnetischen Materials, das die gesamte $x > 0$-Region ausfülle (s. Abb. 9.2). Jedes einfallende Neutron habe die Energie E und die Masse m. Der Spin der Neutronen sei $s = 1/2$ und ihr magnetisches Moment $\boldsymbol{M} = \gamma\boldsymbol{S}$ (γ ist das gyromagnetische Verhältnis und $\boldsymbol{S}$ der Spin-Operator).

Die potentielle Energie des Neutrons ist die Summe aus zwei Termen:

– Der erste beschreibt die Wechselwirkung mit den Atomkernen des Materials. Er wird phänomenologisch dargestellt durch ein Potential $V(x)$, das durch $V(x) = 0$ für $x \leq 0$, $V(x) = V_0 > 0$ für $x > 0$ definiert ist.

– Der zweite Term entspricht der Wechselwirkung des magnetischen Moments eines Elektrons mit dem inneren Magnetfeld $\boldsymbol{B}_0$ des Materials ($\boldsymbol{B}_0$ wird als homogen und par-

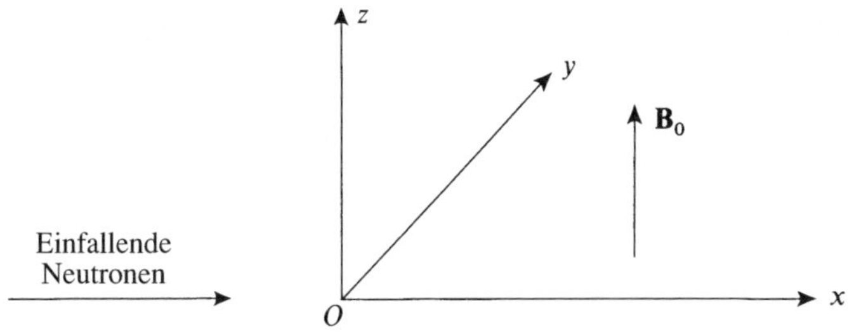

Abb. 9.2

allel zur z-Achse angenommen). Es ist also $W = 0$ für $x \leq 0$, $W = \omega_0 S_z$ für $x > 0$ (mit $\omega_0 = -\gamma B_0$). Wir beschränken uns in dieser Aufgabe auf den Fall

$$0 < \frac{\hbar\omega_0}{2} < V_0.$$

a) Man bestimme die stationären Zustände des Teilchens, die zu einem positiven Einfallsimpuls und einem Spin gehören, der entweder parallel oder antiparallel zur z-Achse ist.

b) Wir nehmen in dieser Frage an, dass $V_0 - \hbar\omega_0/2 < E < V_0 + \hbar\omega_0/2$ gilt. Der einfallende Neutronenstrahl sei unpolarisiert. Man berechne den Polarisationsgrad des reflektierten Strahls. Kann man sich eine Anwendung dieses Effekts vorstellen?

c) Man betrachte nun den allgemeinen Fall, dass E einen beliebigen positiven Wert hat. Der Spin des einlaufenden Neutrons zeige in x-Richtung. Welche Richtung hat der Spin der reflektierten Teilchen (es gibt drei Fälle, abhängig von den relativen Werten von E und $V_0 \pm \hbar\omega_0/2$)?

Lösung zu Aufgabe 4

a) Der Hamilton-Operator H des Teilchens lautet

$$H = \frac{\boldsymbol{P}^2}{2m} + V(X) + W. \tag{9.104}$$

Der Operator $V(X)$, der nur auf die Bahnvariablen wirkt, vertauscht mit S_z. Da W proportional zu S_z ist, vertauscht er ebenfalls mit diesem Operator. Außerdem vertauscht $V(X)$ mit P_y und P_z und auch mit W (da W nur auf die Spinvariablen wirkt). Wir können also eine Basis von gemeinsamen Eigenvektoren zu H, S_z, P_y, P_z finden, die lautet

$$|\varphi^{\pm}_{E,p_y,p_z}\rangle = |\varphi^{\pm}_E\rangle \otimes |p_y\rangle \otimes |p_z\rangle \otimes |\pm\rangle \tag{9.105}$$

mit

$$\begin{aligned}
&|\varphi^{\pm}_E\rangle \in \mathcal{H}_x, \\
&|p_y\rangle \in \mathcal{H}_y\,; \quad P_y\,|p_y\rangle = p_y\,|p_y\rangle, \\
&|p_z\rangle \in \mathcal{H}_z\,; \quad P_z\,|p_z\rangle = p_z\,|p_z\rangle, \\
&|\pm\rangle \in \mathcal{H}_S\,; \quad S_z\,|\pm\rangle = \pm\frac{\hbar}{2}\,|\pm\rangle,
\end{aligned} \tag{9.106}$$

wobei der Ketvektor $|\varphi_E^{\pm}\rangle$ eine Lösung der Eigenwertgleichung ist:

$$\left[\frac{P_x^2}{2m} + V(X) + \frac{1}{2m}\left(p_y^2 + p_z^2\right) \pm \frac{\hbar\omega_0}{2}\right] |\varphi_E^{\pm}\rangle = E\,|\varphi_E^{\pm}\rangle. \tag{9.107}$$

In der Aufgabenstellung nehmen wir an, der Neutronenstrahl falle senkrecht ein, so dass wir $p_y = p_z = 0$ setzen können. Es sei $\varphi_E^{\pm}(x) = \langle x \mid \varphi_E^{\pm}\rangle$ die zu $|\varphi_E^{\pm}\rangle$ gehörige Wellenfunktion; sie erfüllt die Gleichung

$$\left[-\frac{\hbar^2}{2m}\frac{\mathrm{d}^2}{\mathrm{d}x^2} + V(x) \pm \frac{\hbar\omega_0}{2}\right] \varphi_E^{\pm}(x) = E\,\varphi_E^{\pm}(x). \tag{9.108}$$

So haben wir das Problem auf das eines klassischen eindimensionalen Rechteckpotentials reduziert (Reflexion an einer Potentialstufe, s. Abschnitt 1.12).

In der $x < 0$-Region ist $V(x)$ gleich null und die (positive) Gesamtenergie E ist größer als die potentielle Energie. Wir wissen, dass in diesem Fall die Wellenfunktion eine Überlagerung von Exponentialfunktionen mit imaginären Argumenten ist:

$$\varphi_E^{\pm}(x) = A_{\pm}\,\mathrm{e}^{\mathrm{i}kx} + B_{\pm}\,\mathrm{e}^{-\mathrm{i}kx} \quad \text{für } x < 0 \tag{9.109}$$

mit

$$k = \sqrt{\frac{2mE}{\hbar^2}}. \tag{9.110}$$

Dabei ist $A_{\pm}$ die Amplitude der zu den einlaufenden Teilchen mit einem Spin entweder parallel oder antiparallel zur z-Richtung gehörenden Welle, während $B_{\pm}$ die Amplitude für die auslaufenden Teilchen mit den entsprechenden Spinrichtungen darstellt.

In der $x > 0$-Region ist $V(x)$ gleich V_0, und die Wellenfunktionen verhalten sich, abhängig von den relativen Werten von E und $V_0 \pm \hbar\omega_0/2$, wie oszillierende oder fallende Exponentialfunktionen. Wir betrachten drei Fälle:

1. Für $E > V_0 + \hbar\omega_0/2$ setzen wir

$$k'_{\pm} = \sqrt{\frac{2m}{\hbar^2}\left(E - V_0 \mp \frac{\hbar\omega_0}{2}\right)}, \tag{9.111}$$

und die transmittierte Welle verhält sich wie eine oszillierende Exponentialfunktion,

$$\varphi_E^{\pm}(x) = C_{\pm}\,\mathrm{e}^{\mathrm{i}k'_{\pm}x} \quad \text{für } x > 0. \tag{9.112}$$

Aus den Stetigkeitsbedingungen für die Wellenfunktion und deren Ableitung folgt außerdem (s. Abschnitt 1.12.2, Gl. (1.185) und Gl. (1.186))

$$\frac{B_{\pm}}{A_{\pm}} = \frac{k - k'_{\pm}}{k + k'_{\pm}}, \qquad \frac{C_{\pm}}{A_{\pm}} = \frac{2k}{k + k'_{\pm}}. \tag{9.113}$$

2. Für $E < V_0 - \hbar\omega_0/2$ müssen wir die Größen $\rho_{\pm}$ einführen:

$$\rho_{\pm} = \sqrt{\frac{2m}{\hbar^2}\left(V_0 \pm \frac{\hbar\omega_0}{2} - E\right)}, \tag{9.114}$$

und die Welle in der $x > 0$-Region ist eine reelle, fallende Exponentialfunktion,

$$\varphi_E^{\pm}(x) = D_{\pm}\,\mathrm{e}^{-\rho_{\pm}x} \quad \text{für } x > 0, \tag{9.115}$$

wobei in diesem Fall (s. Abschnitt 1.12.2, Gl. (1.194) und Gl. (1.195))

$$\frac{B_{\pm}}{A_{\pm}} = \frac{k - \mathrm{i}\rho_{\pm}}{k + \mathrm{i}\rho_{\pm}}, \qquad \frac{D_{\pm}}{A_{\pm}} = \frac{2k}{k + \mathrm{i}\rho_{\pm}}. \tag{9.116}$$

3. Für den dazwischen liegenden Fall $V_0 - \hbar\omega_0/2 < E < V_0 + \hbar\omega_0/2$ erhalten wir schließlich

$$\begin{aligned} \varphi_E^{+}(x) &= D_{+}\,\mathrm{e}^{-\rho_{+}x} && \text{für } x > 0, \\ \varphi_E^{-}(x) &= C_{-}\,\mathrm{e}^{\mathrm{i}k'_{-}x} && \text{für } x > 0 \end{aligned} \tag{9.117}$$

(k'_{-} und ρ_{+} werden weiter durch die Definitionen (9.111) und (9.114) gegeben). Abhängig von der Orientierung des Spins ist die Welle entweder eine abfallende oder eine oszillierende Exponentialfunktion. Wir erhalten dann

$$\begin{aligned} \frac{B_{+}}{A_{+}} &= \frac{k - \mathrm{i}\rho_{+}}{k + \mathrm{i}\rho_{+}}, & \frac{D_{+}}{A_{+}} &= \frac{2k}{k + \mathrm{i}\rho_{+}}, \\ \frac{B_{-}}{A_{-}} &= \frac{k - k'_{-}}{k + k'_{-}}, & \frac{C_{-}}{A_{-}} &= \frac{2k}{k + k'_{-}}. \end{aligned} \tag{9.118}$$

b) Die Voraussetzung $V_0 - \hbar\omega_0/2 < E < V_0 + \hbar\omega_0/2$ entspricht dem vorstehenden Fall 3. Wenn für das einfallende Neutron die Spinprojektion auf die z-Achse gleich $\hbar/2$ ist, so ist der zugehörige Reflexionskoeffizient gleich

$$R_{+} = \left|\frac{B_{+}}{A_{+}}\right|^2 = \left|\frac{k - \mathrm{i}\rho_{+}}{k + \mathrm{i}\rho_{+}}\right|^2 = 1. \tag{9.119}$$

Wenn hingegen die Projektion des Spins auf die z-Achse gleich $-\hbar/2$ ist, hat der Reflexionskoeffizient nicht länger den Wert eins, da er gegeben wird durch

$$R_{-} = \left|\frac{B_{-}}{A_{-}}\right|^2 = \left(\frac{k - k'_{-}}{k + k'_{-}}\right)^2 < 1. \tag{9.120}$$

Wir sehen also, wie der reflektierte Strahl polarisiert sein kann, wird doch das Neutron je nach seiner Spinrichtung mit unterschiedlicher Wahrscheinlichkeit reflektiert. Einen unpolarisierten einfallenden Strahl kann man sich aus Neutronen gebildet denken, deren Spins sich mit der Wahrscheinlichkeit $1/2$ im Zustand $|+\rangle$ und mit der Wahrscheinlichkeit $1/2$ im Zustand $|-\rangle$ befinden. Mit Gl. (9.119) und Gl. (9.120) sehen wir, dass die Wahrscheinlichkeit, ein Teilchen des reflektierten Strahls im Spinzustand $|+\rangle$ zu finden, gleich $\frac{1}{1+R_{-}}$, bzw. es im Zustand $|-\rangle$ zu finden, $\frac{R_{-}}{1+R_{-}}$ ist. Der Polarisationsgrad des reflektierten Strahls ist daher

$$T = \frac{1 - R_{-}}{1 + R_{-}} = \frac{2kk'_{-}}{k^2 + k'^2_{-}}. \tag{9.121}$$

In der Praxis wird die Reflexion an einer gesättigten ferromagnetischen Substanz tatsächlich benutzt, um polarisierte Neutronenstrahlen zu erzeugen. Um den erhaltenen Polarisationsgrad zu vergrößern, lässt man den Strahl schräg auf die Oberfläche des ferromagnetischen Spiegels fallen; unsere Resultate sind daher nicht unmittelbar anwendbar, das Versuchsprinzip ist aber dasselbe. Als ferromagnetische Substanz wird oft Cobalt gewählt. Wird dies bis zur Sättigung magnetisiert, so lassen sich hohe Polarisationsgrade T erreichen ($T \sim 80\%$). Darüber hinaus ist zu bemerken, dass dieselbe Anordnung zur Neutronenstrahlreflexion sowohl als Analysator wie als Polarisator verwendet werden kann. Diese Möglichkeit wurde bei Präzisionsmessungen des magnetischen Moments des Neutrons ausgenutzt.

c) Wir betrachten ein Neutron, dessen Impuls vom Betrag $p = \hbar k$ parallel zur x-Achse gerichtet ist und nehmen an, die Projektion $\langle S_x \rangle$ des Spins sei gleich $\hbar/2$. Sein Zustand lautet dann (s. Abschnitt 4.1.2, Gl. (4.20))

$$|\psi\rangle = |p\rangle \otimes \frac{1}{\sqrt{2}} \left[|+\rangle + |-\rangle\right] \tag{9.122}$$

mit

$$\langle \boldsymbol{r} \,|\, p\rangle = \frac{1}{(2\pi\hbar)^{3/2}} \, \mathrm{e}^{\mathrm{i}px/\hbar}. \tag{9.123}$$

Wie können wir einen stationären Zustand des Teilchens konstruieren, in dem die einlaufende Welle die Form (9.122) hat? Wir betrachten den Zustand

$$|\psi_{\mathrm{S}}\rangle = \frac{1}{\sqrt{2}} \left[|\varphi^{+}_{E,0,0}\rangle + |\varphi^{-}_{E,0,0}\rangle\right], \tag{9.124}$$

der eine Linearkombination der beiden in Gl. (9.105) definierten Eigenvektoren von H ist, die zu demselben Eigenwert $E = p^2/2m$ gehören. Der Anteil des Ketvektors $|\psi_{\mathrm{S}}\rangle$, der die reflektierte Welle beschreibt, ist dann

$$|-p\rangle \otimes \frac{1}{\sqrt{2}} \left[B_+ \,|+\rangle + B_- \,|-\rangle\right], \tag{9.125}$$

worin B_+ und B_-, abhängig vom jeweiligen Fall, durch die Ausdrücke (9.113), (9.116) oder (9.118) gegeben werden (A_+ und A_- sind durch 1 ersetzt). Wir berechnen für einen Zustand wie Term (9.125) den Mittelwert $\langle \boldsymbol{S} \rangle$: Da dieser Zustand ein Tensorprodukt ist, hängen seine Spin- und Bahnvariablen nicht zusammen. Daher erhält man $\langle \boldsymbol{S} \rangle$ einfach aus dem Spinzustandsvektor $B_+ \,|+\rangle + B_- \,|-\rangle$, und wir finden

$$\begin{aligned}
\langle S_x \rangle &= \frac{\hbar}{2} \frac{B_+^* B_- + B_-^* B_+}{|B_+|^2 + |B_-|^2}, \\
\langle S_y \rangle &= \frac{\hbar}{2} \frac{\mathrm{i}(B_-^* B_+ - B_+^* B_-)}{|B_+|^2 + |B_-|^2}, \\
\langle S_z \rangle &= \frac{\hbar}{2} \frac{|B_+|^2 - |B_-|^2}{|B_+|^2 + |B_-|^2}.
\end{aligned} \tag{9.126}$$

Es können drei Fälle unterschieden werden:

1. Für $E > V_0 + \hbar\omega_0/2$ sehen wir aus (9.113), dass B_+ und B_- reell sind. Die Gleichungen (9.126) zeigen dann, dass $\langle S_x \rangle$ und $\langle S_z \rangle$ nicht verschwinden, wohl aber $\langle S_z \rangle = 0$ gilt. Bei der Reflexion des Neutrons ist der Spin daher um die y-Achse gedreht worden. Physikalisch erklärt der unterschiedliche Reflexionsgrad von Neutronen mit Spin parallel oder antiparallel zur z-Richtung, warum die Komponente $\langle S_z \rangle$ positiv wird.

2. Für $E < V_0 - \hbar\omega_0/2$ zeigen die Gleichungen (9.116), dass B_+ und B_- nicht reell sind; vielmehr sind es zwei komplexe Zahlen mit unterschiedlichen Phasen aber gleichem Betrag. Mit den Ausdrücken (9.126) erhalten wir in diesem Fall $\langle S_z \rangle = 0$, aber $\langle S_x \rangle \neq 0$ und $\langle S_y \rangle \neq 0$. Bei der Reflexion des Neutrons wird der Spin daher um die z-Achse gedreht. Der physikalische Grund für diese Rotation ist folgender: Aufgrund der Existenz der abfallenden, in das Material eindringenden Welle hält sich das Neutron eine gewisse Zeitspanne in der $x > 0$-Region auf; die Larmor-Präzession um $\boldsymbol{B}_0$, die es während dieser Zeit erfährt, verursacht die Drehung seines Spins.

3. Für $V_0 - \hbar\omega_0/2 < E < V_0 + \hbar\omega_0/2$ ist B_+ komplex, während B_- reell ist, auch ihre Beträge sind verschieden. Keine Spinkomponente $\langle S_x \rangle$, $\langle S_y \rangle$ oder $\langle S_z \rangle$ verschwindet dann. Die Drehung des Spins bei der Reflexion des Neutrons ist somit eine Kombination der in Fall 1 und 2 erläuterten Effekte.

10 Addition von Drehimpulsen

10.1 Einleitung

10.1.1 Gesamtdrehimpuls in der klassischen Mechanik

Wir betrachten ein System von N klassischen Teilchen. Der Gesamtdrehimpuls $\boldsymbol{\mathcal{L}}$ dieses Systems in Bezug auf einen festen Punkt O ist gleich der Vektorsumme der einzelnen Drehimpulse der N Teilchen in Bezug auf diesen Punkt O:

$$\boldsymbol{\mathcal{L}} = \sum_{i=1}^{N} \boldsymbol{\mathcal{L}}_i \tag{10.1}$$

mit

$$\boldsymbol{\mathcal{L}}_i = \boldsymbol{r}_i \times \boldsymbol{p}_i \,. \tag{10.2}$$

Die Zeitableitung von $\boldsymbol{\mathcal{L}}$ ist gleich dem von den äußeren Kräften in Bezug auf O erzeugten Drehmoment. Wenn also die äußeren Kräfte verschwinden (isoliertes System) oder wenn sie alle auf ein Zentrum hin gerichtet sind, ist der Gesamtdrehimpuls des Systems (bezogen auf einen beliebigen Punkt im ersten und bezogen auf das Kraftzentrum im zweiten Fall) eine Konstante der Bewegung. Für die einzelnen Drehmomente $\boldsymbol{\mathcal{L}}_i$ trifft das beim Vorhandensein innerer Kräfte, d. h. wenn die verschiedenen Teilchen des Systems miteinander wechselwirken, nicht zu.

Wir wollen uns dies an einem Beispiel klarmachen: Betrachten wir ein System aus zwei Teilchen (1) und (2), die dem gleichen zentralen Kraftfeld unterliegen (das man sich durch ein drittes Teilchen mit so großer Masse erzeugt denken kann, dass es im Ursprung ruht). Wenn die beiden Teilchen keine Kraft aufeinander ausüben, sind ihre Drehimpulse $\boldsymbol{\mathcal{L}}_1$ und $\boldsymbol{\mathcal{L}}_2$ in Bezug auf das Kraftzentrum O Konstanten der Bewegung. Die einzige Kraft, der dann z. B. Teilchen (1) ausgesetzt ist, wirkt in Richtung von O; ihr Drehmoment in Bezug auf diesen Punkt ist daher null und somit auch $\frac{\mathrm{d}}{\mathrm{d}t}\boldsymbol{\mathcal{L}}_1$. Unterliegt jedoch Teilchen (1) auch einer von Teilchen (2) ausgehenden Kraft, deren Drehmoment bezüglich O im Allgemeinen nicht verschwindet, so ist $\boldsymbol{\mathcal{L}}_1$ keine Konstante der Bewegung. Weil aber die Wechselwirkung zwischen den beiden Teilchen dem Prinzip von Aktion und Reaktion genügt, kompensiert das Drehmoment der von (1) auf (2) wirkenden Kraft bezüglich O gerade das Drehmoment der von (2) auf (1) wirkenden: Der Gesamtdrehimpuls $\boldsymbol{\mathcal{L}}$ bleibt erhalten.

In einem System wechselwirkender Teilchen ist daher nur der *Gesamtdrehimpuls* eine *Konstante der Bewegung*; Kräfte innerhalb des Systems bewirken einen Übertrag des Drehimpulses von einem Teilchen auf das andere. Wir sehen also, warum eine Untersuchung der Eigenschaften des Gesamtdrehimpulses sinnvoll ist.

10.1.2 Gesamtdrehimpuls in der Quantenmechanik

Wir behandeln nun das vorhergehende Beispiel quantenmechanisch: Im Fall von zwei nicht wechselwirkenden Teilchen wird der Hamilton-Operator des Systems in der $\{|\boldsymbol{r}_1, \boldsymbol{r}_2\rangle\}$-Darstellung durch

$$H = H_1 + H_2 \tag{10.3}$$

gegeben mit

$$\begin{aligned} H_1 &= -\frac{\hbar^2}{2\mu_1}\Delta_1 + V(r_1), \\ H_2 &= -\frac{\hbar^2}{2\mu_2}\Delta_2 + V(r_2) \end{aligned} \tag{10.4}$$

(μ_1 und μ_2 sind die Massen der beiden Teilchen, $V(r)$ ist das Zentralpotential, dem sie unterliegen, und Δ_1 und Δ_2 bezeichnen die Laplace-Operatoren, bezogen auf die Koordinaten des Teilchens (1) bzw. (2)). Wie wir aus Abschnitt 7.1.2 wissen, vertauschen die drei Komponenten des Operators $\boldsymbol{L}_1$, der dem Drehimpuls $\boldsymbol{\mathcal{L}}_1$ des Teilchens (1) zugeordnet ist, mit H_1:

$$[\boldsymbol{L}_1, H_1] = 0. \tag{10.5}$$

Außerdem vertauschen alle Observablen des einen Teilchens mit allen Observablen des anderen Teilchens; insbesondere ist

$$[\boldsymbol{L}_1, H_2] = 0. \tag{10.6}$$

Gleichung (10.5) und Gl. (10.6) entnehmen wir, dass die drei Komponenten von $\boldsymbol{L}_1$ Konstanten der Bewegung sind. Natürlich gilt eine entsprechende Argumentation auch für $\boldsymbol{L}_2$.

Wir nehmen nun an, dass die beiden Teilchen miteinander wechselwirken und dass die zugehörige potentielle Energie $v(|\boldsymbol{r}_1 - \boldsymbol{r}_2|)$ nur von ihrem relativen Abstand $|\boldsymbol{r}_1 - \boldsymbol{r}_2|$ abhängt:[1]

$$|\boldsymbol{r}_1 - \boldsymbol{r}_2| = \sqrt{(x_1 - x_2)^2 + (y_1 - y_2)^2 + (z_1 - z_2)^2}. \tag{10.7}$$

In diesem Fall lautet der Hamilton-Operator des Systems

$$H = H_1 + H_2 + v(|\boldsymbol{r}_1 - \boldsymbol{r}_2|), \tag{10.8}$$

wobei H_1 und H_2 durch die Gleichungen (10.4) gegeben sind. Nach Gl. (10.5) und Gl. (10.6) reduziert sich der Kommutator von $\boldsymbol{L}_1$ und H auf

$$[\boldsymbol{L}_1, H] = [\boldsymbol{L}_1, v(|\boldsymbol{r}_1 - \boldsymbol{r}_2|)], \tag{10.9}$$

was z. B. für die Komponente L_{1z} heißt

$$[L_{1z}, H] = [L_{1z}, v(|\boldsymbol{r}_1 - \boldsymbol{r}_2|)] = \frac{\hbar}{\mathrm{i}}\left(x_1\frac{\partial v}{\partial y_1} - y_1\frac{\partial v}{\partial x_1}\right). \tag{10.10}$$

[1] Die zugehörige klassische Kraft erfüllt dann automatisch das Prinzip von Aktion gleich Reaktion.

Der Ausdruck (10.10) verschwindet im Allgemeinen nicht; $\boldsymbol{L}_1$ ist keine Konstante der Bewegung mehr. Definieren wir allerdings den *Gesamtdrehimpulsoperator* $\boldsymbol{L}$ durch einen Ausdruck ähnlich Gl. (10.1),

$$\boldsymbol{L} = \boldsymbol{L}_1 + \boldsymbol{L}_2, \tag{10.11}$$

so erhalten wir einen Operator, dessen drei Komponenten Konstanten der Bewegung sind. Zum Beispiel haben wir

$$[L_z, H] = [L_{1z} + L_{2z}, H]. \tag{10.12}$$

Nach Gl. (10.10) ist dieser Kommutator gleich

$$\begin{aligned} [L_z, H] &= [L_{1z} + L_{2z}, H] \\ &= \frac{\hbar}{\mathrm{i}}\left(x_1\frac{\partial v}{\partial y_1} - y_1\frac{\partial v}{\partial x_1} + x_2\frac{\partial v}{\partial y_2} - y_2\frac{\partial v}{\partial x_2}\right). \end{aligned} \tag{10.13}$$

Da aber v nur von $|\boldsymbol{r}_1 - \boldsymbol{r}_2|$ abhängt (Gl. (10.7)), finden wir

$$\begin{aligned} \frac{\partial v}{\partial x_1} &= v'\,\frac{\partial|\boldsymbol{r}_1 - \boldsymbol{r}_2|}{\partial x_1} = v'\,\frac{x_1 - x_2}{|\boldsymbol{r}_1 - \boldsymbol{r}_2|}, \\ \frac{\partial v}{\partial x_2} &= v'\,\frac{\partial|\boldsymbol{r}_1 - \boldsymbol{r}_2|}{\partial x_2} = v'\,\frac{x_2 - x_1}{|\boldsymbol{r}_1 - \boldsymbol{r}_2|} \end{aligned} \tag{10.14}$$

und analoge Ausdrücke für $\frac{\partial v}{\partial y_1}$, $\frac{\partial v}{\partial y_2}$, $\frac{\partial v}{\partial z_1}$ und $\frac{\partial v}{\partial z_2}$ (v' ist die gewöhnliche Ableitung von v). Setzen wir diese Werte in Gl. (10.13) ein, so erhalten wir

$$\begin{aligned} [L_z, H] &= \frac{\hbar}{\mathrm{i}}\frac{v'}{|\boldsymbol{r}_1 - \boldsymbol{r}_2|}\{x_1(y_1 - y_2) - y_1(x_1 - x_2) \\ &\qquad + x_2(y_2 - y_1) - y_2(x_2 - x_1)\} \\ &= 0, \end{aligned} \tag{10.15}$$

also dasselbe Ergebnis wie in der klassischen Mechanik.

Bis jetzt haben wir der Einfachheit halber angenommen, dass die betrachteten Teilchen keinen Spin haben. Wir untersuchen nun ein anderes wichtiges Beispiel: ein einzelnes Teilchen mit Spin. Zunächst nehmen wir an, dass es nur einem Zentralpotential $V(r)$ unterliegt. Sein Hamilton-Operator entspricht dann dem bereits in Abschnitt 7.1 untersuchten; wir wissen, dass die drei Komponenten des Bahndrehimpulses $\boldsymbol{L}$ mit diesem Hamilton-Operator vertauschen. Außerdem sind, da die Spinoperatoren mit den Bahnobservablen kommutieren, auch die drei Komponenten des Spins $\boldsymbol{S}$ Konstanten der Bewegung. Wie wir jedoch in Kapitel 12 sehen werden, führen relativistische Korrekturen auf einen Zusatzterm im Hamilton-Operator, einen *Spin-Bahn-Kopplungsterm* von der Form

$$H_{\mathrm{SB}} = \xi(r)\boldsymbol{L}\cdot\boldsymbol{S}, \tag{10.16}$$

worin $\xi(r)$ eine bekannte Funktion nur der Variablen r ist (die physikalische Bedeutung dieser Kopplung werden wir in Kapitel 12 erläutern). Zieht man diesen Term mit in Betracht, so vertauschen $\boldsymbol{L}$ und $\boldsymbol{S}$ nicht mehr mit dem vollständigen Hamilton-Operator. Zum Beispiel gilt[2]

$$\begin{aligned}[L_z, H_{\text{SB}}] &= \xi(r)\left[L_z, L_x S_x + L_y S_y + L_z S_z\right] \\ &= \xi(r)(\text{i}\hbar L_y S_x - \text{i}\hbar L_x S_y) \end{aligned} \tag{10.17}$$

und analog

$$\begin{aligned}[S_z, H_{\text{SB}}] &= \xi(r)\left[S_z, L_x S_x + L_y S_y + L_z S_z\right] \\ &= \xi(r)(\text{i}\hbar L_x S_y - \text{i}\hbar L_y S_x). \end{aligned} \tag{10.18}$$

Setzen wir jedoch

$$\boldsymbol{J} = \boldsymbol{L} + \boldsymbol{S}, \tag{10.19}$$

so sind die *drei Komponenten* von $\boldsymbol{J}$ *Konstanten der Bewegung*. Um das zu sehen, addieren wir Gl. (10.17) und Gl. (10.18):

$$[J_z, H_{\text{SB}}] = [L_z + S_z, H_{\text{SB}}] = 0 \tag{10.20}$$

(ein analoger Beweis kann für die anderen Komponenten von $\boldsymbol{J}$ gegeben werden). Der in Gl. (10.19) definierte Operator wird als der Gesamtdrehimpuls eines Teilchens mit Spin bezeichnet.

In den beiden gerade beschriebenen Fällen hatten wir jeweils zwei Teildrehimpulse $\boldsymbol{J}_1$ und $\boldsymbol{J}_2$, die miteinander vertauschen. Wir kennen eine Basis des Zustandsraums, die von gemeinsamen Eigenzuständen von $\boldsymbol{J}_1^2, J_{1z}, \boldsymbol{J}_2^2, J_{2z}$ gebildet wird; $\boldsymbol{J}_1$ und $\boldsymbol{J}_2$ sind jedoch keine Konstanten der Bewegung, während die Komponenten des Gesamtdrehimpulses

$$\boldsymbol{J} = \boldsymbol{J}_1 + \boldsymbol{J}_2 \tag{10.21}$$

mit dem Hamilton-Operator des Systems vertauschen. Wir werden daher versuchen, aus der alten Basis eine *neue Basis* von Eigenvektoren von $\boldsymbol{J}^2$ *und* J_z zu konstruieren. Das Problem, das dabei auftritt, ist die *Addition* (oder Zusammensetzung) von *zwei Drehimpulsen* $\boldsymbol{J}_1$ und $\boldsymbol{J}_2$.

Die Bedeutung dieser aus Eigenvektoren von $\boldsymbol{J}^2$ und J_z gebildeten Basis ist leicht einzusehen: Um die stationären Zustände eines Systems, d. h. die Eigenzustände von H, zu bestimmen, fällt es leichter, die Matrix zu diagonalisieren, die H in dieser neuen Basis darstellt. Weil H mit $\boldsymbol{J}^2$ und J_z vertauscht, kann diese Matrix in so viele Blöcke zerlegt werden, wie es Eigenräume zu den verschiedenen Sätzen von Eigenwerten von $\boldsymbol{J}^2$ und J_z gibt (s. Abschnitt 2.4.3). Ihre Struktur ist sehr viel einfacher als die der Matrix, die H in der Basis der gemeinsamen Eigenzustände von $\boldsymbol{J}_1^2, J_{1z}, \boldsymbol{J}_2^2, J_{2z}$ darstellt, da im Allgemeinen weder J_{1z} noch J_{2z} mit H vertauschen.

Für den Augenblick lassen wir das Problem der Diagonalisierung von H in der Basis von $\boldsymbol{J}^2$ und J_z (ob exakt oder näherungsweise) beiseite und konzentrieren uns stattdessen auf die Konstruktion der neuen Basis aus den Eigenzuständen von $\boldsymbol{J}_1^2, J_{1z}, \boldsymbol{J}_2^2, J_{2z}$. Wir

[2]Um Gl. (10.17) und Gl. (10.18) zu erhalten, benutzt man die Vertauschbarkeit von $\boldsymbol{L}$, das nur auf die Winkelvariablen θ und φ wirkt, mit $\xi(r)$, das nur von r abhängt.

werden einige physikalische Anwendungen (Vielelektronen-Atome, Fein- und Hyperfeinstruktur usw.) behandeln, nachdem wir uns mit der Störungstheorie befasst haben (s. Ergänzungen zu Kapitel 11 und 12).

Wir beginnen (Abschnitt 10.2) mit der elementaren Behandlung eines einfachen Falls, in dem die beiden zu addierenden Teildrehimpulse jeweils 1/2-Spins sind. Das erlaubt mit verschiedenen Aspekten des Problems vertraut zu werden, bevor wir in Abschnitt 10.3 die Addition von zwei beliebigen Drehimpulsen behandeln.

10.2 Addition zweier Spins 1/2. Elementare Methode

10.2.1 Problemstellung

Wir wollen ein System aus zwei Spin-1/2-Teilchen (z. B. Elektronen oder Silberatome im Grundzustand) betrachten und uns nur mit ihren Spinfreiheitsgraden befassen; $\boldsymbol{S}_1$ und $\boldsymbol{S}_2$ sind die Spinoperatoren dieser beiden Teilchen.

Zustandsraum

Den Zustandsraum eines solchen Systems haben wir bereits definiert: Es handelt sich um einen vierdimensionalen Raum, der sich aus dem Tensorprodukt der einzelnen Spinzustände der beiden Teilchen ergibt. Eine Orthonormalbasis dieses Raums, die wir mit $\{|\varepsilon_1, \varepsilon_2\rangle\}$ bezeichnen wollen, kennen wir bereits; sie lautet explizit

$$\{|\varepsilon_1, \varepsilon_2\rangle\} = \{|+,+\rangle, |+,-\rangle, |-,+\rangle, |-,-\rangle\}. \tag{10.22}$$

Diese Vektoren sind Eigenzustände der vier Observablen $\boldsymbol{S}_1^2$, S_{1z}, $\boldsymbol{S}_2^2$, S_{2z} (bei denen es sich um Erweiterungen auf den Tensorproduktraum von ursprünglich in den einzelnen Spinräumen definierten Operatoren handelt),

$$\begin{aligned}
\boldsymbol{S}_1^2\,|\varepsilon_1, \varepsilon_2\rangle &= \boldsymbol{S}_2^2\,|\varepsilon_1, \varepsilon_2\rangle = \frac{3}{4}\hbar^2\,|\varepsilon_1, \varepsilon_2\rangle, \\
S_{1z}\,|\varepsilon_1, \varepsilon_2\rangle &= \varepsilon_1 \frac{\hbar}{2}\,|\varepsilon_1, \varepsilon_2\rangle, \\
S_{2z}\,|\varepsilon_1, \varepsilon_2\rangle &= \varepsilon_2 \frac{\hbar}{2}\,|\varepsilon_1, \varepsilon_2\rangle.
\end{aligned} \tag{10.23}$$

Die Operatoren $\boldsymbol{S}_1^2$, S_{1z}, $\boldsymbol{S}_2^2$ und S_{2z} bilden einen v. S. k. O. (die ersten beiden Observablen sind dabei Vielfache des Einheitsoperators, und das System bleibt auch ohne sie vollständig).

Gesamtspin S. Vertauschungsrelationen

Der Gesamtspin $\boldsymbol{S}$ des Systems wird definiert durch

$$\boldsymbol{S} = \boldsymbol{S}_1 + \boldsymbol{S}_2. \tag{10.24}$$

Da $\boldsymbol{S}_1$ und $\boldsymbol{S}_2$ Drehimpulse sind, kann man dasselbe auch für $\boldsymbol{S}$ zeigen. Zum Beispiel können wir den Kommutator von S_x und S_y berechnen:

$$\begin{aligned}
\left[S_x, S_y\right] &= \left[S_{1x} + S_{2x}, S_{1y} + S_{2y}\right] \\
&= \left[S_{1x}, S_{1y}\right] + \left[S_{2x}, S_{2y}\right] \\
&= \mathrm{i}\hbar\, S_{1z} + \mathrm{i}\hbar\, S_{2z} \\
&= \mathrm{i}\hbar\, S_z .
\end{aligned} \tag{10.25}$$

Den Operator $\boldsymbol{S}^2$ erhält man, indem man das (skalare) Quadrat von Gl. (10.24) bildet,

$$\boldsymbol{S}^2 = (\boldsymbol{S}_1 + \boldsymbol{S}_2)^2 = \boldsymbol{S}_1^2 + \boldsymbol{S}_2^2 + 2\boldsymbol{S}_1 \cdot \boldsymbol{S}_2, \tag{10.26}$$

da $\boldsymbol{S}_1$ und $\boldsymbol{S}_2$ vertauschen. Das Skalarprodukt $\boldsymbol{S}_1 \cdot \boldsymbol{S}_2$ kann mit Hilfe der Operatoren $S_{1\pm}$, S_{1z} und $S_{2\pm}$, S_{2z} ausgedrückt werden; man zeigt leicht

$$\begin{aligned}
\boldsymbol{S}_1 \cdot \boldsymbol{S}_2 &= S_{1x}S_{2x} + S_{1y}S_{2y} + S_{1z}S_{2z} \\
&= \frac{1}{2}(S_{1+}S_{2-} + S_{1-}S_{2+}) + S_{1z}S_{2z} .
\end{aligned} \tag{10.27}$$

Da $\boldsymbol{S}_1$ und $\boldsymbol{S}_2$ beide mit $\boldsymbol{S}_1^2$ und $\boldsymbol{S}_2^2$ vertauschen, gilt dies auch für die drei Komponenten von $\boldsymbol{S}$. Insbesondere vertauschen $\boldsymbol{S}^2$ und S_z mit $\boldsymbol{S}_1^2$ und $\boldsymbol{S}_2^2$:

$$\begin{aligned}
\left[\boldsymbol{S}^2, \boldsymbol{S}_1^2\right] &= \left[\boldsymbol{S}^2, \boldsymbol{S}_2^2\right] = 0, \\
\left[S_z, \boldsymbol{S}_1^2\right] &= \left[S_z, \boldsymbol{S}_2^2\right] = 0 .
\end{aligned} \tag{10.28}$$

Außerdem vertauscht S_z offensichtlich mit S_{1z} und S_{2z},

$$[S_z, S_{1z}] = [S_z, S_{2z}] = 0 . \tag{10.29}$$

Dagegen *vertauscht* $\boldsymbol{S}^2$ *weder mit* S_{1z} *noch mit* S_{2z}, da nach Gl. (10.26) gilt

$$\begin{aligned}
\left[\boldsymbol{S}^2, S_{1z}\right] &= \left[\boldsymbol{S}_1^2 + \boldsymbol{S}_2^2 + 2\boldsymbol{S}_1 \cdot \boldsymbol{S}_2, S_{1z}\right] \\
&= 2\left[\boldsymbol{S}_1 \cdot \boldsymbol{S}_2, S_{1z}\right] \\
&= 2\left[S_{1x}S_{2x} + S_{1y}S_{2y}, S_{1z}\right] \\
&= 2\mathrm{i}\hbar(-S_{1y}S_{2x} + S_{1x}S_{2y})
\end{aligned} \tag{10.30}$$

(diese Rechnung entspricht der in Gl. (10.17) und Gl. (10.18)). Der Kommutator von $\boldsymbol{S}^2$ und S_{2z} ist natürlich entgegengesetzt gleich dem obigen, so dass $S_z = S_{1z} + S_{2z}$ mit $\boldsymbol{S}^2$ vertauscht.

Basiswechsel

Die Basis (10.22) ist, wie wir gesehen haben, aus gemeinsamen Eigenvektoren des v. S. k. O.

$$\{\boldsymbol{S}_1^2, \boldsymbol{S}_2^2, S_{1z}, S_{2z}\} \tag{10.31}$$

aufgebaut. Daneben haben wir gerade gezeigt, dass auch die vier Observablen

$$\boldsymbol{S}_1^2, \boldsymbol{S}_2^2, \boldsymbol{S}^2, S_z \tag{10.32}$$

paarweise vertauschen, und wir werden im Folgenden sehen, dass auch sie einen v. S. k. O. bilden.

Die Zusammensetzung der beiden Spins $\boldsymbol{S}_1$ und $\boldsymbol{S}_2$ bedeutet, ein Orthonormalsystem von gemeinsamen Eigenvektoren zur Observablenmenge (10.32) zu konstruieren. Dieses System wird von der Basis (10.22) verschieden sein, weil $\boldsymbol{S}^2$ nicht mit S_{1z} und S_{2z} vertauscht. Wir wollen die Vektoren der neuen Basis $|S, M\rangle$ nennen, wobei die Eigenwerte von $\boldsymbol{S}_1^2$ und $\boldsymbol{S}_2^2$ (die sich nicht verändern) implizit enthalten sind. Die Vektoren $|S, M\rangle$ erfüllen also die Gleichungen

$$\begin{aligned} \boldsymbol{S}_1^2\,|S,M\rangle &= \boldsymbol{S}_2^2\,|S,M\rangle = \frac{3}{4}\hbar^2\,|S,M\rangle, \\ \boldsymbol{S}^2\,|S,M\rangle &= S(S+1)\hbar^2\,|S,M\rangle, \\ S_z\,|S,M\rangle &= M\hbar\,|S,M\rangle. \end{aligned} \tag{10.33}$$

Wie wir wissen, ist $\boldsymbol{S}$ ein Drehimpuls. Also muss S positiv ganz oder halbzahlig sein und M in ganzzahligen Schritten zwischen $-S$ und $+S$ laufen. Man muss daher die Werte von S und M finden, die tatsächlich auftreten können, und die entsprechenden Basisvektoren $|S, M\rangle$ in der bekannten Basis ausdrücken.

In diesem Abschnitt wollen wir uns darauf beschränken, diese Aufgabe durch die elementare Methode der Berechnung und Diagonalisierung der 4×4-Matrizen zu lösen, die die Operatoren $\boldsymbol{S}^2$ und S_z in der $\{|\varepsilon_1, \varepsilon_2\rangle\}$-Basis darstellen. In Abschnitt 10.3 werden wir eine andere, etwas elegantere Methode verwenden und sie für zwei beliebige Drehimpulse verallgemeinern.

10.2.2 Die Eigenwerte von S_z und ihre Entartungen

Die Observablen $\boldsymbol{S}_1^2$ und $\boldsymbol{S}_2^2$ sind leicht zu behandeln: Alle Vektoren des Zustandsraums sind Eigenvektoren von $\boldsymbol{S}_1^2$ und $\boldsymbol{S}_2^2$ zum selben Eigenwert $3\hbar^2/4$. Also ist die erste der Gleichungen (10.33) automatisch für alle Ketvektoren $|S, M\rangle$ erfüllt.

Wir haben bereits festgestellt (Gleichungen (10.28) und (10.29)), dass S_z mit den vier Observablen des v. S. k. O. (10.31) vertauscht. Wir erwarten daher, dass die Basisvektoren $\{|\varepsilon_1, \varepsilon_2\rangle\}$ auch Eigenvektoren von S_z sind. Tatsächlich können wir mit Hilfe der Gleichungen (10.23) zeigen, dass

$$S_z\,|\varepsilon_1,\varepsilon_2\rangle = (S_{1z} + S_{2z})\,|\varepsilon_1,\varepsilon_2\rangle = \frac{1}{2}(\varepsilon_1 + \varepsilon_2)\hbar\,|\varepsilon_1,\varepsilon_2\rangle\,; \tag{10.34}$$

$|\varepsilon_1, \varepsilon_2\rangle$ ist also Eigenzustand von S_z mit dem Eigenwert

$$M = \frac{1}{2}(\varepsilon_1 + \varepsilon_2). \tag{10.35}$$

Da ε_1 und ε_2 jeweils gleich ± 1 sein können, kann also M die Werte -1, 0 und $+1$ annehmen.

Die Werte $M = 1$ und $M = -1$ sind *nichtentartet*. Zu ihnen gehört jeweils nur ein Eigenvektor: einmal $|+,+\rangle$ und zum anderen $|-,-\rangle$. Der Wert $M = 0$ hingegen ist *zweifach entartet*: Zu ihm gehören zwei orthogonale Eigenvektoren $|+,-\rangle$ und $|-,+\rangle$.

Jede Linearkombination dieser beiden Vektoren ist Eigenzustand von S_z zum Eigenwert null.

Diese Ergebnisse lassen sich sofort an der Matrix, die S_z in der $\{|\varepsilon_1, \varepsilon_2\rangle\}$-Basis darstellt, ablesen. Wählen wir die Basiszustände in der in Gl. (10.22) angegebenen Reihenfolge, so lautet die Matrix

$$(S_z) = \hbar \begin{pmatrix} 1 & 0 & 0 & 0 \\ 0 & 0 & 0 & 0 \\ 0 & 0 & 0 & 0 \\ 0 & 0 & 0 & -1 \end{pmatrix}. \tag{10.36}$$

10.2.3 Diagonalisierung von S^2

Wir müssen nun die Darstellungsmatrix von $\boldsymbol{S}^2$ in der $\{|\varepsilon_1, \varepsilon_2\rangle\}$-Basis bestimmen und diagonalisieren. Wir wissen im Voraus, dass sie nicht diagonal ist, weil $\boldsymbol{S}^2$ nicht mit S_{1z} und S_{2z} vertauscht.

Berechnung der Darstellungsmatrix von S²

Wir wenden $\boldsymbol{S}^2$ auf jeden Basisvektor an; dazu beachten wir Gl. (10.26) und Gl. (10.27):

$$\boldsymbol{S}^2 = \boldsymbol{S}_1^2 + \boldsymbol{S}_2^2 + 2S_{1z}S_{2z} + S_{1+}S_{2-} + S_{1-}S_{2+}. \tag{10.37}$$

Die vier Vektoren $|\varepsilon_1, \varepsilon_2\rangle$ sind Eigenvektoren von $\boldsymbol{S}_1^2$, $\boldsymbol{S}_2^2$, S_{1z} und S_{2z} (Beziehungen (10.23)), und die Wirkung der Operatoren $S_{1\pm}$ und $S_{2\pm}$ erhalten wir nach Abschnitt 9.2 (Ausdrücke (9.14)):

$$\begin{aligned}
\boldsymbol{S}^2\,|+,+\rangle &= \left(\frac{3}{4}\hbar^2 + \frac{3}{4}\hbar^2\right)|+,+\rangle + \frac{1}{2}\hbar^2\,|+,+\rangle \\
\boldsymbol{S}^2\,|+,+\rangle &= 2\hbar^2\,|+,+\rangle, \\
\boldsymbol{S}^2\,|+,-\rangle &= \left(\frac{3}{4}\hbar^2 + \frac{3}{4}\hbar^2\right)|+,-\rangle - \frac{1}{2}\hbar^2\,|+,-\rangle + \hbar^2\,|-,+\rangle \\
&= \hbar^2\,[|+,-\rangle + |-,+\rangle], \\
\boldsymbol{S}^2\,|-,+\rangle &= \left(\frac{3}{4}\hbar^2 + \frac{3}{4}\hbar^2\right)|-,+\rangle - \frac{1}{2}\hbar^2\,|-,+\rangle + \hbar^2\,|+,-\rangle \\
&= \hbar^2\,[|-,+\rangle + |+,-\rangle], \\
\boldsymbol{S}^2\,|-,-\rangle &= \left(\frac{3}{4}\hbar^2 + \frac{3}{4}\hbar^2\right)|-,-\rangle + \frac{1}{2}\hbar^2\,|-,-\rangle \\
&= 2\hbar^2\,|-,-\rangle.
\end{aligned} \tag{10.38}$$

Die Matrix, die $\boldsymbol{S}^2$ in der Basis der vier Vektoren $|\varepsilon_1, \varepsilon_2\rangle$ in der in Gl. (10.22) angegebenen Reihenfolge darstellt, lautet also

$$(\boldsymbol{S}^2) = \hbar^2 \begin{pmatrix} 2 & 0 & 0 & 0 \\ 0 & 1 & 1 & 0 \\ 0 & 1 & 1 & 0 \\ 0 & 0 & 0 & 2 \end{pmatrix}. \qquad (10.39)$$

Bemerkung
Die Nullen, die in dieser Matrix auftauchen, waren zu erwarten: $\boldsymbol{S}^2$ vertauscht mit S_z, und man erhält daher nichtverschwindende Matrixelemente nur zwischen Eigenvektoren von S_z mit demselben Eigenwert. Nach Abschnitt 10.2.2 sind die einzigen Nichtdiagonalelemente von $\boldsymbol{S}^2$, die von null verschieden sein können, diejenigen, die $|+,-\rangle$ und $|-,+\rangle$ verknüpfen.

Eigenwerte und Eigenvektoren von $\mathbf{S}^2$

Die Matrix (10.39) kann in drei Untermatrizen aufgeteilt werden. Zwei von ihnen sind eindimensional: Die Vektoren $|+,+\rangle$ und $|-,-\rangle$ sind *Eigenvektoren* von $\boldsymbol{S}^2$, wie sich auch aus den Beziehungen (10.38) ersehen lässt; die zugehörigen Eigenwerte sind jeweils gleich $2\hbar^2$.

Wir müssen jetzt die 2×2-Untermatrix

$$(\boldsymbol{S}^2)_0 = \hbar^2 \begin{pmatrix} 1 & 1 \\ 1 & 1 \end{pmatrix} \qquad (10.40)$$

diagonalisieren, die $\boldsymbol{S}^2$ in dem von $|+,-\rangle$ und $|-,+\rangle$ aufgespannten zweidimensionalen Unterraum, das ist der Eigenraum zum Eigenwert $M = 0$ von S_z, darstellt. Die Eigenwerte $\lambda\hbar^2$ der Matrix (10.40) erhält man als Lösungen der charakteristischen Gleichung

$$(1-\lambda)^2 - 1 = 0. \qquad (10.41)$$

Die Wurzeln dieser Gleichung sind $\lambda = 0$ und $\lambda = 2$; die beiden letzten Eigenwerte von $\boldsymbol{S}^2$ sind also 0 bzw. $2\hbar^2$. Eine elementare Rechnung ergibt die entsprechenden Eigenvektoren:

$$\frac{1}{\sqrt{2}}\left[|+,-\rangle + |-,+\rangle\right] \qquad \text{für den Eigenwert } 2\hbar^2,$$
$$\frac{1}{\sqrt{2}}\left[|+,-\rangle - |-,+\rangle\right] \qquad \text{für den Eigenwert } 0 \qquad (10.42)$$

(sie sind natürlich nur bis auf einen globalen Phasenfaktor definiert; die Koeffizienten $1/\sqrt{2}$ stellen die Normierung sicher).

Der Operator $\boldsymbol{S}^2$ besitzt also zwei verschiedene Eigenwerte: 0 und $2\hbar^2$. Der erste ist nichtentartet und gehört zum zweiten Vektor (10.42). Der zweite ist dreifach entartet, und die Vektoren $|+,+\rangle$, $|-,-\rangle$ und der erste Vektor bilden eine Orthonormalbasis des zugehörigen Eigenraums.

10.2.4 Ergebnisse: Triplett und Singulett

Somit haben wir sowohl die Eigenwerte von $\boldsymbol{S}^2$ und S_z als auch ein System von gemeinsamen Eigenvektoren zu diesen beiden Observablen gefunden. Wir fassen die Ergebnisse noch einmal in der Notation von der Gleichungen (10.33) zusammen:

Die Quantenzahl S in den Ausdrücken (10.33) kann zwei Werte annehmen: null und eins. Der erste gehört zu einem einzigen Vektor, dem zweiten der Vektoren (10.42). Er ist Eigenvektor von S_z mit dem Eigenwert null, da es sich um eine Linearkombination von $|+,-\rangle$ und $|-,+\rangle$ handelt; wir bezeichnen diesen Vektor daher mit $|0,0\rangle$,

$$|0,0\rangle = \frac{1}{\sqrt{2}}\left[|+,-\rangle - |-,+\rangle\right]. \tag{10.43}$$

Zu $S = 1$ gehören drei Vektoren, die sich durch die Werte von M unterscheiden:

$$\begin{aligned} |1,1\rangle &= |+,+\rangle, \\ |1,0\rangle &= \frac{1}{\sqrt{2}}\left[|+,-\rangle + |-,+\rangle\right], \\ |1,-1\rangle &= |-,-\rangle. \end{aligned} \tag{10.44}$$

Man kann leicht zeigen, dass die vier Vektoren (10.43) bzw. (10.45) eine Orthonormalbasis bilden. Die Festlegung von Werten für S und M bestimmt eindeutig einen Vektor dieser Basis. Daraus lässt sich zeigen, dass $\boldsymbol{S}^2$ und S_z einen v. S. k. O. bilden (dem man auch $\boldsymbol{S}_1^2$ und $\boldsymbol{S}_2^2$ hinzufügen könnte, was hier allerdings nicht nötig ist).

Wenn also zwei Spins 1/2 ($s_1 = s_2 = 1/2$) addiert werden, kann die Zahl S, die den Eigenwert $S(S+1)\hbar^2$ der Observablen $\boldsymbol{S}^2$ bestimmt, entweder den Wert 0 oder den Wert 1 annehmen. Zu jedem dieser beiden Werte von S gehört eine Familie von $(2S+1)$ orthogonalen Vektoren (drei für $S = 1$, einer für $S = 0$), entsprechend den $(2S+1)$ mit S verträglichen Werten von M.

Bemerkungen

1. Die Familie (10.45) der drei Vektoren $|1,M\rangle$ ($M = 1,0,-1$) bildet ein sogenanntes *Triplett*; der Vektor $|0,0\rangle$ ist ein *Singulett*zustand.

2. Die Triplettzustände sind *symmetrisch* unter dem Austausch von zwei Spins, während der Singulettzustand *antisymmetrisch* ist. Das bedeutet: Ersetzt man jeden Vektor $|\varepsilon_1,\varepsilon_2\rangle$ durch den Vektor $|\varepsilon_2,\varepsilon_1\rangle$, bleiben die Ausdrücke (10.45) invariant, während der Vektor (10.43) das Vorzeichen wechselt. In Kapitel 14 werden wir die Bedeutung dieser Eigenschaft sehen, wenn die beiden Teilchen, deren Spins addiert werden, identisch sind. Außerdem hilft sie die richtige Linearkombination von $|+,-\rangle$ und $|-,+\rangle$ zu finden, die $|+,+\rangle$ und $|-,-\rangle$ (natürlich symmetrisch) zugeordnet werden muss, um das Triplett zu vervollständigen. Der Singulettzustand hingegen ist die antisymmetrische Linearkombination von $|+,-\rangle$ und $|-,+\rangle$, die zur obigen orthogonal ist.

10.3 Addition von zwei beliebigen Drehimpulsen. Allgemeine Methode

10.3.1 Wiederholung der allgemeinen Theorie

Wir betrachten ein beliebiges System mit dem Zustandsraum $\mathscr{H}$ und mit einem Drehimpuls $\boldsymbol{J}$ ($\boldsymbol{J}$ kann ein Teildrehimpuls oder der Gesamtdrehimpuls des Systems sein). In Abschnitt 6.3.3 haben wir gezeigt, dass es immer möglich ist, eine Standardbasis $\{|k, j, m\rangle\}$, die sich aus gemeinsamen Eigenzuständen von $\boldsymbol{J}^2$ und J_z zusammensetzt,

$$\begin{aligned} \boldsymbol{J}^2\,|k, j, m\rangle &= j(j+1)\hbar^2\,|k, j, m\rangle, \\ J_z\,|k, j, m\rangle &= m\hbar\,|k, j, m\rangle, \end{aligned} \tag{10.45}$$

so zu konstruieren, dass die Wirkung der Operatoren J_+ und J_- durch

$$J_\pm\,|k, j, m\rangle = \hbar\sqrt{j(j+1) - m(m \pm 1)}\,|k, j, m \pm 1\rangle \tag{10.46}$$

gegeben wird. Mit $\mathscr{H}(k, j)$ bezeichnen wir den Vektorraum, der durch die Menge der Vektoren mit festen Werten von k und j aufgespannt wird. Es gibt $(2j + 1)$ davon, und nach den Gleichungen (10.45) und (10.46) können sie durch $\boldsymbol{J}^2$, J_z, J_+ und J_- ineinander transformiert werden. Man kann den Zustandsraum als direkte Summe von orthogonalen Unterräumen $\mathscr{H}(k, j)$ auffassen, die die folgenden Eigenschaften besitzen:

1. $\mathscr{H}(k, j)$ ist $(2j + 1)$-dimensional.

2. $\mathscr{H}(k, j)$ ist global invariant unter der Wirkung von $\boldsymbol{J}^2$, J_z, $J_\pm$ und allgemeiner jeder Funktion $F(\boldsymbol{J})$. Anders ausgedrückt haben diese Operatoren nur innerhalb eines Unterraums $\mathscr{H}(k, j)$ nichtverschwindende Matrixelemente.

3. Innerhalb des Unterraums $\mathscr{H}(k, j)$ sind die Matrixelemente jeder Funktion $F(\boldsymbol{J})$ des Drehimpulses $\boldsymbol{J}$ unabhängig von k.

Bemerkung

Wie wir bereits in Abschnitt 6.3.3 festgestellt haben, können wir dem Index k eine konkrete physikalische Bedeutung zuordnen, indem wir als Standardbasis ein System von gemeinsamen Eigenvektoren zu $\boldsymbol{J}^2$, J_z und einer oder mehreren Observablen wählen, die mit den drei Komponenten von $\boldsymbol{J}$ vertauschen und zusammen einen v. S. k. O. bilden. Wenn z. B.

$$[A, \boldsymbol{J}] = 0 \tag{10.47}$$

gilt und die Menge $\{A, \boldsymbol{J}^2, J_z\}$ einen v. S. k. O. bildet, so verlangen wir, dass die Vektoren $|k, j, m\rangle$ Eigenvektoren von A sind:

$$A\,|k, j, m\rangle = a_{k,j}\,|k, j, m\rangle. \tag{10.48}$$

Die Beziehungen (10.45), (10.46) und (10.48) bestimmen in diesem Fall die Standardbasis $\{|k, j, m\rangle\}$. Jeder Raum $\mathscr{H}(k, j)$ ist ein Eigenraum von A, und der Index k beziffert die verschiedenen Eigenwerte $a_{k,j}$, die zu jedem Wert von j gehören.

10.3.2 Problemstellung

Zustandsraum

Wir betrachten ein aus zwei Untersystemen gebildetes physikalisches System (z. B. ein Zweiteilchen-System). Wir verwenden die Indizes 1 und 2 zur Bezeichnung der sich auf die beiden Untersysteme beziehenden Größen.

Wir nehmen an, uns wäre eine Standardbasis $\{|k_1, j_1, m_1\rangle\}$ aus gemeinsamen Eigenvektoren von $\boldsymbol{J}_1^2$ und J_{1z} im Zustandsraum $\mathcal{H}_1$ des Untersystems (1) bekannt, wobei $\boldsymbol{J}_1$ der Drehimpulsoperator des Untersystems (1) ist:

$$\begin{aligned}
\boldsymbol{J}_1^2 \,|k_1, j_1, m_1\rangle &= j_1(j_1+1)\hbar^2 \,|k_1, j_1, m_1\rangle, \\
J_{1z} \,|k_1, j_1, m_1\rangle &= m_1\hbar \,|k_1, j_1, m_1\rangle, \\
J_{1\pm} \,|k_1, j_1, m_1\rangle &= \hbar\sqrt{j_1(j_1+1) - m_1(m_1 \pm 1)}\,|k_1, j_1, m_1 \pm 1\rangle.
\end{aligned} \tag{10.49}$$

Analog wird der Zustandsraum $\mathcal{H}_2$ des Untersystems (2) durch eine Standardbasis $\{|k_2, j_2, m_2\rangle\}$ aufgespannt:

$$\begin{aligned}
\boldsymbol{J}_2^2 \,|k_2, j_2, m_2\rangle &= j_2(j_2+1)\hbar^2 \,|k_2, j_2, m_2\rangle, \\
J_{2z} \,|k_2, j_2, m_2\rangle &= m_2\hbar \,|k_2, j_2, m_2\rangle, \\
J_{2\pm} \,|k_2, j_2, m_2\rangle &= \hbar\sqrt{j_2(j_2+1) - m_2(m_2 \pm 1)}\,|k_2, j_2, m_2 \pm 1\rangle.
\end{aligned} \tag{10.50}$$

Der Zustandsraum des Gesamtsystems ist das Tensorprodukt aus $\mathcal{H}_1$ und $\mathcal{H}_2$,

$$\mathcal{H} = \mathcal{H}_1 \otimes \mathcal{H}_2. \tag{10.51}$$

Wir kennen eine Basis des Gesamtsystems, nämlich das Tensorprodukt der in $\mathcal{H}_1$ bzw. in $\mathcal{H}_2$ gewählten Basen. Die Vektoren dieser Basis bezeichnen wir mit $|k_1, k_2; j_1, j_2; m_1, m_2\rangle$:

$$|k_1, k_2; j_1, j_2; m_1, m_2\rangle = |k_1, j_1, m_1\rangle \otimes |k_2, j_2, m_2\rangle. \tag{10.52}$$

Die Räume $\mathcal{H}_1$ und $\mathcal{H}_2$ können als direkte Summen der Unterräume $\mathcal{H}_1(k_1, j_1)$ bzw. $\mathcal{H}_2(k_2, j_2)$, die die in Abschnitt 10.3.1 wiederholten Eigenschaften haben, angesehen werden:

$$\begin{aligned}
\mathcal{H}_1 &= \sum_{\oplus} \mathcal{H}_1(k_1, j_1), \\
\mathcal{H}_2 &= \sum_{\oplus} \mathcal{H}_2(k_2, j_2).
\end{aligned} \tag{10.53}$$

Folglich ist $\mathcal{H}$ die direkte Summe der Unterräume $\mathcal{H}(k_1, k_2; j_1, j_2)$, die die Tensorprodukte eines Raums $\mathcal{H}_1(k_1, j_1)$ mit einem Raum $\mathcal{H}_2(k_2, j_2)$ sind:

$$\mathcal{H} = \sum_{\oplus} \mathcal{H}(k_1, k_2; j_1, j_2) \tag{10.54}$$

mit

$$\mathcal{H}(k_1, k_2; j_1, j_2) = \mathcal{H}_1(k_1, j_1) \otimes \mathcal{H}_2(k_2, j_2). \tag{10.55}$$

Die Dimension des Unterraums $\mathcal{H}(k_1, k_2; j_1, j_2)$ ist $(2j_1 + 1)(2j_2 + 1)$. Dieser Unterraum ist global invariant unter der Wirkung irgendeiner Funktion von $\boldsymbol{J}_1$ und $\boldsymbol{J}_2$ ($\boldsymbol{J}_1$ und $\boldsymbol{J}_2$ bezeichnen hier die Erweiterungen der ursprünglich in $\mathcal{H}_1$ bzw. $\mathcal{H}_2$ definierten Drehimpulsoperatoren auf $\mathcal{H}$).

Gesamtdrehimpuls. Vertauschungsrelationen

Der Gesamtdrehimpuls des betrachteten Systems ist definiert durch

$$\boldsymbol{J} = \boldsymbol{J}_1 + \boldsymbol{J}_2, \tag{10.56}$$

wobei $\boldsymbol{J}_1$ und $\boldsymbol{J}_2$, die Erweiterungen der in den verschiedenen Räumen $\mathcal{H}_1$ bzw. $\mathcal{H}_2$ wirkenden Operatoren, vertauschen. Natürlich erfüllen die Komponenten von $\boldsymbol{J}_1$ und $\boldsymbol{J}_2$ jeweils für sich die charakteristischen Drehimpulsvertauschungsrelationen. Man kann zeigen, dass diese Relationen auch von den Komponenten von $\boldsymbol{J}$ erfüllt werden (die Rechnung ist dieselbe wie in Gl. (10.25)).

Da sowohl $\boldsymbol{J}_1$ als auch $\boldsymbol{J}_2$ jeweils mit $\boldsymbol{J}_1^2$ und $\boldsymbol{J}_2^2$ vertauschen, gilt dies auch für $\boldsymbol{J}$. Insbesondere vertauschen $\boldsymbol{J}^2$ und J_z mit $\boldsymbol{J}_1^2$ und $\boldsymbol{J}_2^2$:

$$\begin{aligned} \left[J_z, \boldsymbol{J}_1^2\right] &= \left[J_z, \boldsymbol{J}_2^2\right] = 0, \\ \left[\boldsymbol{J}^2, \boldsymbol{J}_1^2\right] &= \left[\boldsymbol{J}^2, \boldsymbol{J}_2^2\right] = 0. \end{aligned} \tag{10.57}$$

Außerdem vertauschen J_{1z} und J_{2z} offensichtlich mit J_z,

$$[J_{1z}, J_z] = [J_{2z}, J_z] = 0, \tag{10.58}$$

jedoch nicht mit $\boldsymbol{J}^2$, da dieser Operator als Funktion von $\boldsymbol{J}_1$ und $\boldsymbol{J}_2$ ausgedrückt werden kann,

$$\boldsymbol{J}^2 = \boldsymbol{J}_1^2 + \boldsymbol{J}_2^2 + 2\boldsymbol{J}_1 \cdot \boldsymbol{J}_2, \tag{10.59}$$

und (s. Gl. (10.30)) J_{1z} und J_{2z} nicht mit $\boldsymbol{J}_1 \cdot \boldsymbol{J}_2$ vertauschen. Den Ausdruck für $\boldsymbol{J}^2$ können wir auch schreiben

$$\boldsymbol{J}^2 = \boldsymbol{J}_1^2 + \boldsymbol{J}_2^2 + 2J_{1z}J_{2z} + J_{1+}J_{2-} + J_{1-}J_{2+}. \tag{10.60}$$

Basiswechsel

Ein Vektor $|k_1, k_2; j_1, j_2; m_1, m_2\rangle$ der Basis (10.52) ist ein gemeinsamer Eigenzustand der Observablen

$$\boldsymbol{J}_1^2, \boldsymbol{J}_2^2, J_{1z}, J_{2z} \tag{10.61}$$

mit den Eigenwerten $j_1(j_1 + 1)\hbar^2$, $j_2(j_2 + 1)\hbar^2$, $m_1\hbar$ bzw. $m_2\hbar$. Die Wahl der Basis (10.52) ist für die Untersuchung der einzelnen Drehimpulse $\boldsymbol{J}_1$ und $\boldsymbol{J}_2$ der beiden Teilsysteme besonders geeignet.

Nach den Gleichungen (10.57) vertauschen auch die Observablen

$$\boldsymbol{J}_1^2, \boldsymbol{J}_2^2, \boldsymbol{J}^2, J_z \tag{10.62}$$

paarweise. Wir werden ein Orthonormalsystem aus gemeinsamen Eigenzuständen dieser Observablen konstruieren: Diese neue Basis eignet sich vor allem für die Untersuchung des Gesamtdrehimpulses des Systems. Sie wird sich von der vorhergehenden unterscheiden, da $\boldsymbol{J}^2$ mit J_{1z} und J_{2z} nicht vertauscht (s. vorheriger Abschnitt).

Bemerkung
Um den Indizes k_1 und k_2 eine physikalische Bedeutung zu geben, nehmen wir an (Bemerkung in Abschnitt 10.3.1), wir würden einen v. S. k. O. in $\mathcal{H}_1$, $\{A_1, \boldsymbol{J}_1^2, J_{1z}\}$, kennen, worin A_1 mit den drei Komponenten von $\boldsymbol{J}_1$ vertauscht, und ebenso einen v. S. k. O. in $\mathcal{H}_2$, $\{A_2, \boldsymbol{J}_2^2, J_{2z}\}$, worin A_2 mit den drei Komponenten von $\boldsymbol{J}_2$ vertauscht. Als Standardbasis $\{|k_1, j_1, m_1\rangle\}$ können wir das Orthonormalsystem von gemeinsamen Eigenvektoren zu A_1, $\boldsymbol{J}_1^2$ und J_{1z} wählen, und entsprechend als Standardbasis $\{|k_2, j_2, m_2\rangle\}$ das Orthonormalsystem von gemeinsamen Eigenvektoren zu A_2, $\boldsymbol{J}_2^2$ und J_{2z}. Die Menge

$$\{A_1, A_2; \boldsymbol{J}_1^2, \boldsymbol{J}_2^2; J_{1z}, J_{2z}\} \tag{10.63}$$

bildet dann einen v. S. k. O. in $\mathcal{H}$, dessen Eigenvektoren die Ketvektoren (10.52) sind. Da die Observable A_1 mit den Komponenten von $\boldsymbol{J}_1$ und $\boldsymbol{J}_2$ vertauscht, vertauscht sie ebenso mit $\boldsymbol{J}$ und insbesondere mit $\boldsymbol{J}^2$ und J_z. Dasselbe gilt natürlich auch für A_2. Folglich vertauschen die Observablen

$$A_1,\ A_2,\ \boldsymbol{J}_1^2,\ \boldsymbol{J}_2^2,\ \boldsymbol{J}^2,\ J_z \tag{10.64}$$

paarweise. Wir werden sehen, dass sie sogar einen v. S. k. O. bilden; die neue Basis, die wir zu finden versuchen, ist das Orthonormalsystem von Eigenvektoren dieses v. S. k. O.

Der in Gl. (10.55) definierte Unterraum $\mathcal{H}(k_1, k_2; j_1, j_2)$ ist global invariant unter der Wirkung von allen Operatoren, die Funktionen von $\boldsymbol{J}_1$ und $\boldsymbol{J}_2$ und damit auch des Gesamtdrehimpulses $\boldsymbol{J}$ sind. Es folgt, dass die Observablen $\boldsymbol{J}^2$ und J_z, die wir diagonalisieren wollen, nur zwischen Vektoren aus demselben Unterraum $\mathcal{H}(k_1, k_2; j_1, j_2)$ nichtverschwindende Matrixelemente haben. Die (im Allgemeinen unendlichdimensionalen) Darstellungsmatrizen von $\boldsymbol{J}^2$ und J_z in der Basis (10.52) sind „blockdiagonal“, d. h. sie können in eine Reihe von Untermatrizen aufgespalten werden, die jeweils zu einem bestimmten Unterraum $\mathcal{H}(k_1, k_2; j_1, j_2)$ gehören. Das Problem reduziert sich folglich auf einen Basiswechsel *innerhalb* dieser einzelnen Unterräume $\mathcal{H}(k_1, k_2; j_1, j_2)$, die von endlicher Dimension $(2j_1 + 1)(2j_2 + 1)$ sind.

Außerdem sind die Matrixelemente in der Basis (10.52) jeder Funktion von $\boldsymbol{J}_1$ und $\boldsymbol{J}_2$ unabhängig von k_1 und k_2, was daher auch für die Matrixelemente von $\boldsymbol{J}^2$ und J_z gilt. Das Problem der Diagonalisierung von $\boldsymbol{J}^2$ und J_z ist daher in allen Unterräumen $\mathcal{H}(k_1, k_2; j_1, j_2)$, die zu denselben Werten von j_1 und j_2 gehören, dasselbe. Aus diesem Grund spricht man üblicherweise von der *Addition der Drehimpulse j_1 und j_2*, ohne die anderen Quantenzahlen zu spezifizieren. Zur Vereinfachung der Notation werden wir daher im Folgenden die Indizes k_1 und k_2 weglassen. Den Unterraum $\mathcal{H}(k_1, k_2; j_1, j_2)$ bezeichnen wir mit $\mathcal{H}(j_1, j_2)$, und die Vektoren der Basis (10.52), die zu diesem Unterraum gehören, mit $|j_1, j_2; m_1, m_2\rangle$:

$$\begin{aligned} \mathcal{H}(j_1, j_2) &\equiv \mathcal{H}(k_1, k_2; j_1, j_2), \\ |j_1, j_2; m_1, m_2\rangle &\equiv |k_1, k_2; j_1, j_2; m_1, m_2\rangle. \end{aligned} \tag{10.65}$$

Da $\boldsymbol{J}$ ein Drehimpuls und $\mathcal{H}(j_1, j_2)$ global invariant unter der Wirkung einer Funktion von $\boldsymbol{J}$ ist, sind die oben (Abschnitt 10.3.1) wiederholten Ergebnisse des Kapitels 6 anwendbar. Folglich ist $\mathcal{H}(j_1, j_2)$ eine direkte Summe von orthogonalen Unterräumen $\mathcal{H}(k, J)$, die alle unter der Wirkung von $\boldsymbol{J}^2$, J_z, J_+ und J_- global invariant sind:

$$\mathcal{H}(j_1, j_2) = \sum_{\oplus} \mathcal{H}(k, J). \tag{10.66}$$

Es bleiben also die folgenden zwei Probleme:

1. Wie lauten bei gegebenen Werten von j_1 und j_2 die Werte von J, die in Gl. (10.66) auftauchen, und wie viele verschiedene Unterräume $\mathcal{H}(k, J)$ gehören jeweils zu ihnen?

2. Wie können die zu $\mathcal{H}(j_1, j_2)$ gehörenden Eigenwerte von $\boldsymbol{J}^2$ und J_z in der $\{|j_1, j_2; m_1, m_2\rangle\}$-Basis entwickelt werden?

Die beiden Fragen werden wir in Abschnitt 10.3.3 bzw. 10.3.4 beantworten.

Bemerkungen

1. Wir haben $\boldsymbol{J}_1$ und $\boldsymbol{J}_2$ als Drehimpulse von zwei verschiedenen Unterräumen eingeführt. Zum Beispiel (Abschnitt 10.1.2) werden wir daran interessiert sein, den Bahn- und den Spindrehimpuls desselben Teilchens zu addieren. Alle Überlegungen und Ergebnisse dieses Abschnitts sind auf diesen Fall anwendbar, indem man einfach $\mathcal{H}_1$ und $\mathcal{H}_2$ durch $\mathcal{H}_{\boldsymbol{r}}$ und $\mathcal{H}_S$ ersetzt.

2. Um mehrere Drehimpulse zu addieren, addiert man zunächst die ersten beiden, zum Ergebnis davon den dritten usw., bis der letzte addiert worden ist.

10.3.3 Eigenwerte von J^2 und J_z

Spezieller Fall mit zwei Spins 1/2

Betrachten wir zunächst noch einmal das einfachere, in Abschnitt 10.2 behandelte Problem. Die Räume $\mathcal{H}_1$ und $\mathcal{H}_2$ enthalten in diesem Fall nur je einen invarianten Unterraum, und der Tensorproduktraum $\mathcal{H}$ dementsprechend einen einzigen Unterraum $\mathcal{H}(j_1, j_2)$, für den $j_1 = j_2 = 1/2$ gilt.

Mit den in Abschnitt 10.3.1 wiederholten Ergebnissen lassen sich die Werte der zum Gesamtspin gehörenden Quantenzahl S leicht finden: Der Raum $\mathcal{H} = \mathcal{H}(1/2, 1/2)$ muss die direkte Summe von $(2S + 1)$-dimensionalen Unterräumen $\mathcal{H}(k, S)$ sein. Jeder Unterraum enthält einen Eigenvektor von S_z, und jedem Wert von M mit $|M| \leq S$ entspricht jeweils genau ein Vektor. Wir wissen aber (s. Abschnitt 10.2.2), dass M nur die Werte 1, -1 und 0 annehmen kann, wobei die ersten beiden nichtentartet und der dritte zweifach entartet ist. Daraus können wir die folgenden Schlüsse ziehen:

1. Werte von S größer als eins sind ausgeschlossen. Damit z. B. $S = 2$ möglich wäre, müsste es mindestens einen Eigenvektor von S_z mit dem Eigenwert $2\hbar$ geben.

2. Der Wert $S = 1$ tritt auf (weil dasselbe für $M = 1$ gilt), und zwar nur einmal: $M = 1$ ist nichtentartet.

3. Dasselbe gilt für $S = 0$. Der durch $S = 1$ gegebene Unterraum enthält nur einen Vektor mit $M = 0$, und dieser Wert von M ist im Raum $\mathcal{H}(1/2, 1/2)$ zweifach entartet.

Der vierdimensionale Raum $\mathcal{H}(1/2, 1/2)$ kann daher in einen zu $S = 1$ gehörenden (dreidimensionalen) Unterraum und einen zu $S = 0$ gehörenden (eindimensionalen) Unterraum aufgespaltet werden.

Mit einer analogen Überlegung werden wir nun die möglichen Werte von J für beliebige j_1 und j_2 bestimmen.

Eigenwerte von J_z und ihre Entartungen

Im Anschluss an die Ergebnisse in Abschnitt 10.3.2 betrachten wir einen wohldefinierten Unterraum $\mathcal{H}(j_1, j_2)$ der Dimension $(2j_1+1)(2j_2+1)$. Wir nehmen an, j_1 und j_2 seien so gewählt, dass

$$j_1 \geq j_2. \tag{10.67}$$

Die Vektoren $|j_1, j_2; m_1, m_2\rangle$ sind bereits Eigenzustände von J_z,

$$\begin{aligned} J_z\,|j_1, j_2; m_1, m_2\rangle &= (J_{1z} + J_{2z})\,|j_1, j_2; m_1, m_2\rangle \\ &= (m_1 + m_2)\hbar\,|j_1, j_2; m_1, m_2\rangle, \end{aligned} \tag{10.68}$$

und für die entsprechenden Eigenwerte $M\hbar$ gilt

$$M = m_1 + m_2. \tag{10.69}$$

Also kann M die Werte annehmen

$$j_1 + j_2\,,\; j_1 + j_2 - 1\,,\; j_1 + j_2 - 2\,,\; \ldots\,,\; -(j_1 + j_2). \tag{10.70}$$

Um die Entartungen $g_{j_1,j_2}(M)$ dieser Werte zu finden, können wir die folgende geometrische Konstruktion verwenden: In einem zweidimensionalen Diagramm ordnen wir jedem Vektor $|j_1, j_2; m_1, m_2\rangle$ den Punkt mit der Abszisse m_1 und der Ordinate m_2 zu. Alle Punkte liegen innerhalb oder auf dem Rand eines Rechtecks mit den Ecken (j_1, j_2), $(j_1, -j_2)$, $(-j_1, -j_2)$ und $(-j_1, j_2)$. In Abb. 10.1 sind die fünfzehn zu den Basisvektoren für $j_1 = 2$ und $j_2 = 1$ gehörenden Punkte dargestellt (die Werte von m_1 und m_2 werden neben jedem Punkt angegeben). Alle Punkte, die sich auf derselben gestrichelten Linie (der Steigung -1) befinden, haben denselben Wert von $M = m_1 + m_2$. Die Anzahl dieser Punkte ist also gleich der Entartung $g_{j_1,j_2}(M)$ dieses Wertes von M.

Wir betrachten nun die verschiedenen Werte von M in absteigender Folge, indem wir die durch sie definierten Linien verfolgen (Abb. 10.1): $M = j_1 + j_2$ ist nichtentartet, da die zugehörige Linie nur die obere rechte Ecke mit den Koordinaten (j_1, j_2) trifft:

$$g_{j_1,j_2}(j_1 + j_2) = 1; \tag{10.71}$$

$M = j_1 + j_2 - 1$ ist zweifach entartet, da die zugehörige Linie die Punkte $(j_1, j_2 - 1)$ und $(j_1 - 1, j_2)$ trifft,

$$g_{j_1,j_2}(j_1 + j_2 - 1) = 2. \tag{10.72}$$

Die Entartung vergrößert sich also um eins, wenn M um eins kleiner wird, bis die untere rechte Ecke des Rechtecks $(m_1 = j_1, m_2 = -j_2)$, d. h. der Wert $M = j_1 - j_2$ erreicht ist. Die Anzahl der Punkte auf einer Linie erreicht dann ein Maximum und ist

$$g_{j_1,j_2}(j_1 - j_2) = 2j_2 + 1. \tag{10.73}$$

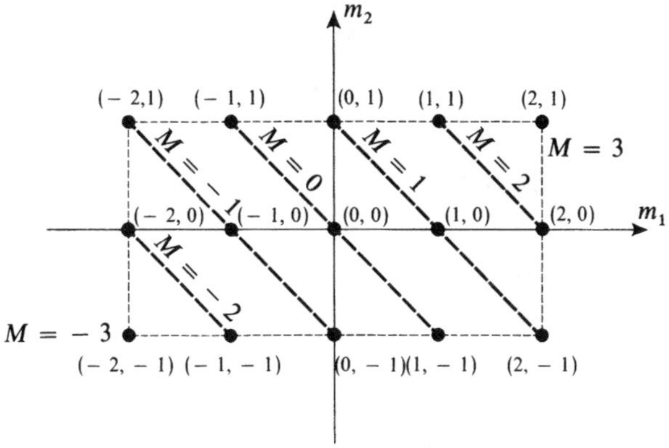

Abb. 10.1 Paare möglicher Werte (m_1, m_2) für die Ketvektoren $|j_1, j_2; m_1, m_2\rangle$. Es ist der Fall $j_1 = 2$ und $j_2 = 1$ dargestellt. Die Punkte, die zu einem vorgegebenen Wert von $M = m_1 + m_2$ gehören, befinden sich auf einer geraden Linie der Steigung -1 (gestrichelte Linien).

Wenn M unter $j_1 - j_2$ fällt, bleibt $g_{j_1,j_2}(M)$ zunächst gleich seinem maximalen Wert, solange die zu M gehörende Linie die gesamte Höhe des Rechtecks durchmisst, d. h. bis sie die obere linke Ecke des Rechtecks $(m_1 = -j_1, m_2 = j_2)$ trifft,

$$g_{j_1,j_2}(M) = 2j_2 + 1 \quad \text{für} \quad -(j_1 - j_2) \leq M \leq j_1 - j_2. \tag{10.74}$$

Für M kleiner als $-(j_1 - j_2)$ schließlich schneidet die entsprechende Linie die obere horizontale Seite des Rechtecks nicht mehr, und $g_{j_1,j_2}(M)$ nimmt so wie M um eins ab und erreicht für $M = -(j_1 + j_2)$ wieder den Wert eins (untere linke Ecke des Rechtecks). Folglich gilt

$$g_{j_1,j_2}(-M) = g_{j_1,j_2}(M). \tag{10.75}$$

Diese Ergebnisse sind für $j_1 = 2$ und $j_2 = 1$ in Abb. 10.2 zusammengefasst, in der $g_{2,1}(M)$ als Funktion von M aufgetragen ist.

Eigenwerte von J^2

Wir stellen zunächst fest, dass die Werte (10.70) von M alle ganzzahlig sind, wenn j_1 und j_2 beide ganz- oder halbzahlig sind, bzw. halbzahlig, wenn einer von ihnen ganz- und der andere halbzahlig ist. Ebenso werden die entsprechenden Werte von J im ersten Fall alle ganz- und im zweiten Fall alle halbzahlig sein.

Da der maximale von M angenommene Wert gleich $j_1 + j_2$ ist, findet sich in $\mathscr{H}(j_1, j_2)$ kein größerer Wert von J als $j_1 + j_2$, und dementsprechend taucht auch in der direkten Summe (10.66) kein solcher Wert auf. Zu $J = j_1 + j_2$ gehört genau ein invarianter Unterraum (da $M = j_1 + j_2$ existiert und nichtentartet ist). In diesem Unterraum $\mathscr{H}(J = j_1 + j_2)$ gibt es genau einen Vektor, der zu $M = j_1 + j_2 - 1$ gehört ; dieser Wert von M ist in $\mathscr{H}(j_1, j_2)$ zweifach entartet, der Wert $J = j_1 + j_2 - 1$ tritt daher ebenfalls auf und ihm entspricht ein invarianter Unterraum $\mathscr{H}(J = j_1 + j_2 - 1)$.

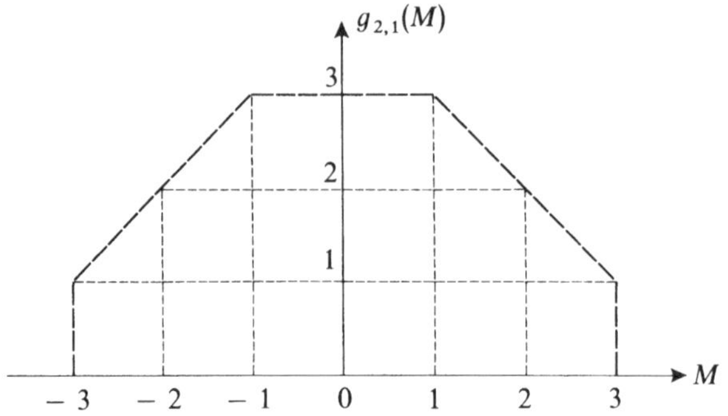

Abb. 10.2 Entartung $g_{j_1,j_2}(M)$ als Funktion von M. Wie in Abb. 10.1 zeigen wir den Fall $j_1 = 2$ und $j_2 = 1$. Die Entartung $g_{j_1,j_2}(M)$ erhält man einfach durch Abzählen der Punkte auf der entsprechenden gestrichelten Linie in Abb. 10.1.

Wir bezeichnen nun allgemeiner die Anzahl der zu einem gegebenen Wert von J gehörenden Unterräume $\mathcal{H}(k, J)$ von $\mathcal{H}(j_1, j_2)$ mit $p_{j_1,j_2}(J)$, das ist die Anzahl der verschiedenen Werte von k für diesen Wert von J (j_1 und j_2 waren von Beginn an festgelegt); $p_{j_1,j_2}(J)$ und $g_{j_1,j_2}(M)$ hängen auf einfache Weise zusammen: Betrachten wir einen bestimmten Wert von M, so gehört zu ihm in jedem Unterraum $\mathcal{H}(k, J)$ genau ein Vektor mit $J \geq |M|$. Seine Entartung $g_{j_1,j_2}(M)$ in $\mathcal{H}(j_1, j_2)$ lässt sich dann wie folgt schreiben:

$$g_{j_1,j_2}(M) = p_{j_1,j_2}(J = |M|) + p_{j_1,j_2}(J = |M| + 1) + p_{j_1,j_2}(J = |M| + 2) + \cdots . \qquad (10.76)$$

Umgekehrt erhalten wir $p_{j_1,j_2}(J)$ in Abhängigkeit von $g_{j_1,j_2}(M)$:

$$\begin{aligned} p_{j_1,j_2}(J) &= g_{j_1,j_2}(M = J) - g_{j_1,j_2}(M = J + 1) \\ &= g_{j_1,j_2}(M = -J) - g_{j_1,j_2}(M = -J - 1). \end{aligned} \qquad (10.77)$$

Mit den Ergebnissen des vorhergehenden Unterabschnitts können wir nun die in $\mathcal{H}(j_1, j_2)$ tatsächlich auftretenden Werte der Quantenzahl J und die Anzahl der zu ihnen gehörenden invarianten Unterräume $\mathcal{H}(k, J)$ leicht bestimmen. Zunächst gilt offensichtlich

$$p_{j_1,j_2}(J) = 0 \quad \text{für } J > j_1 + j_2, \qquad (10.78)$$

da $g_{j_1,j_2}(M)$ für $|M| > j_1 + j_2$ verschwindet. Außerdem folgt aus Gl. (10.71) und Gl. (10.72)

$$\begin{aligned} p_{j_1,j_2}(J = j_1 + j_2) &= g_{j_1,j_2}(M = j_1 + j_2) = 1, \\ p_{j_1,j_2}(J = j_1 + j_2 - 1) &= g_{j_1,j_2}(M = j_1 + j_2 - 1) - g_{j_1,j_2}(M = j_1 + j_2) \\ &= 1. \end{aligned} \qquad (10.79)$$

Durch Iteration finden wir so alle Werte $p_{j_1,j_2}(J)$:

$$p_{j_1,j_2}(J = j_1 + j_2 - 2) = 1, \ldots , p_{j_1,j_2}(J = j_1 - j_2) = 1 \qquad (10.80)$$

und schließlich mit Gl. (10.74)

$$p_{j_1,j_2}(J) = 0 \quad \text{für } j < j_1 - j_2. \tag{10.81}$$

Bei festen Werten von j_1 und j_2, d. h. in einem gegebenen Raum $\mathscr{H}(j_1, j_2)$, sind also die Eigenwerte von $\boldsymbol{J}^2$ die, für die

$$J = j_1 + j_2,\ j_1 + j_2 - 1,\ j_1 + j_2 - 2,\ \ldots,\ |j_1 - j_2| \tag{10.82}$$

ist.[3] Zu jedem Wert gehört ein *einziger* invarianter Unterraum $\mathscr{H}(J)$, so dass der in Gl. (10.66) auftauchende Index k überflüssig ist. Das heißt insbesondere, dass es zu einem festen Wert J aus der Menge (10.82) und einem zugehörigen Wert von M genau einen Vektor in $\mathscr{H}(j_1, j_2)$ gibt: Eine Wahl von J bestimmt den Unterraum $\mathscr{H}(J)$, in dem dann die Festlegung von M genau einen Vektor definiert. Anders ausgedrückt bilden also $\boldsymbol{J}^2$ und J_z einen v. S. k. O. in $\mathscr{H}(j_1, j_2)$.

Bemerkung
Man kann zeigen, dass die Anzahl der Paare (J, M) in $\mathscr{H}(j_1, j_2)$ tatsächlich gleich der Dimension $(2j_1 + 1)(2j_2 + 1)$ dieses Raums ist. Diese Zahl ist (für $j_1 \geq j_2$) gleich

$$\sum_{J=j_1-j_2}^{j_1+j_2} (2J + 1). \tag{10.83}$$

Setzen wir

$$J = j_1 - j_2 + i, \tag{10.84}$$

so lässt sich die Summe (10.83) leicht berechnen:

$$\begin{aligned}\sum_{J=j_1-j_2}^{j_1+j_2} (2J + 1) &= \sum_{i=0}^{2j_2} [2(j_1 - j_2 + i) + 1] \\ &= [2(j_1 - j_2) + 1]\,(2j_2 + 1) + 2\frac{2j_2(2j_2 + 1)}{2} \\ &= (2j_2 + 1)(2j_1 + 1). \end{aligned} \tag{10.85}$$

10.3.4 Gemeinsame Eigenvektoren von $\boldsymbol{J}^2$ und J_z

Mit $|J, M\rangle$ wollen wir die zum Raum $\mathscr{H}(j_1, j_2)$ gehörenden gemeinsamen Eigenvektoren von $\boldsymbol{J}^2$ und J_z bezeichnen. Um genau zu sein, müßten wir in dieser Notation noch die Werte von j_1 und j_2 zufügen. Wir verzichten jedoch auf deren explizite Angabe, da es dieselben sind wie bei den Vektoren (10.65) und $|J, M\rangle$ eine Linearkombination dieser Vektoren ist. Die Indizes J und M bezeichnen natürlich die Eigenwerte von $\boldsymbol{J}^2$ und J_z,

$$\begin{aligned}\boldsymbol{J}^2\,|J, M\rangle &= J(J + 1)\hbar^2\,|J, M\rangle, \\ J_z\,|J, M\rangle &= M\hbar\,|J, M\rangle,\end{aligned} \tag{10.86}$$

und die Vektoren $|J, M\rangle$ sind wie alle Vektoren des Raums $\mathscr{H}(j_1, j_2)$ Eigenvektoren von $\boldsymbol{J}_1^2$ und $\boldsymbol{J}_2^2$ mit den Eigenwerten $j_1(j_1 + 1)\hbar^2$ bzw. $j_2(j_2 + 1)\hbar^2$.

[3] Bisher haben wir immer $j_1 \geq j_2$ angenommen; natürlich lassen sich die Überlegungen sofort auf den Fall $j_1 < j_2$ erweitern: Es müssen nur die Indizes 1 und 2 vertauscht werden.

Spezieller Fall mit zwei Spins 1/2

Zunächst werden wir zeigen, wie man mit Hilfe der allgemeinen Ergebnisse für Drehimpulse auf den in Abschnitt 10.2.3 erhaltenen Ausdruck für die Vektoren $|S, M\rangle$ geführt wird. Man braucht dafür die Matrix, die $\boldsymbol{S}^2$ darstellt, nicht zu diagonalisieren. In Verallgemeinerung dieser Methode werden wir dann die Vektoren $|J, M\rangle$ für den Fall beliebiger j_1 und j_2 konstruieren.

Der Unterraum $\mathscr{H}(S = 1)$. Im Zustandsraum $\mathscr{H} = \mathscr{H}(1/2, 1/2)$ ist der Ketvektor $|+,+\rangle$ der einzige Eigenvektor von S_z mit $M = 1$. Da $\boldsymbol{S}^2$ und S_z vertauschen und der Wert $M = 1$ nichtentartet ist, ist $|+,+\rangle$ auch Eigenvektor von $\boldsymbol{S}^2$ (Abschnitt 2.4.3). Nach Abschnitt 10.3.3 muss der entsprechende Wert von S gleich eins sein. Wir können also die Phase des Vektors $|S = 1, M = 1\rangle$ so wählen, dass gilt

$$|1,1\rangle = |+,+\rangle. \tag{10.87}$$

Es ist dann leicht, die anderen Zustände des Tripletts zu finden, wissen wir doch aus der allgemeinen Theorie der Drehimpulse

$$\begin{aligned} S_-\,|1,1\rangle &= \hbar\sqrt{1(1+1)-1(1-1)}\,|1,0\rangle \\ &= \hbar\sqrt{2}\,|1,0\rangle, \end{aligned} \tag{10.88}$$

also

$$|1,0\rangle = \frac{1}{\hbar\sqrt{2}}\,S_-\,|+,+\rangle. \tag{10.89}$$

Um den Vektor $|1,0\rangle$ explizit in der Basis $\{|\varepsilon_1, \varepsilon_2\rangle\}$ zu berechnen, erinnern wir uns, dass aus der Definition des Gesamtspins (10.24) folgt

$$S_- = S_{1-} + S_{2-}; \tag{10.90}$$

damit erhalten wir

$$\begin{aligned} |1,0\rangle &= \frac{1}{\hbar\sqrt{2}}\,(S_{1-} + S_{2-})\,|+,+\rangle \\ &= \frac{1}{\hbar\sqrt{2}}\,[\hbar\,|-,+\rangle + \hbar\,|+,-\rangle] \\ &= \frac{1}{\sqrt{2}}\,[|-,+\rangle + |+,-\rangle]\,. \end{aligned} \tag{10.91}$$

Schließlich können wir erneut S_- auf $|1,0\rangle$, d. h. $(S_{1-} + S_{2-})$ auf Gl. (10.91) anwenden. Das ergibt

$$\begin{aligned} |1,-1\rangle &= \frac{1}{\hbar\sqrt{2}}\,S_-\,|1,0\rangle \\ &= \frac{1}{\hbar\sqrt{2}}\,(S_{1-} + S_{2-})\,\frac{1}{\sqrt{2}}\,[|-,+\rangle + |+,-\rangle] \\ &= \frac{1}{2\hbar}\,[\hbar\,|-,-\rangle + \hbar\,|-,-\rangle] \\ &= |-,-\rangle. \end{aligned} \tag{10.92}$$

Natürlich hätten wir dieses Ergebnis auch direkt erhalten können, indem wir eine analoge Überlegung wie oben bei $|+,+\rangle$ anwenden. Unsere Rechnung hat jedoch einen kleinen Vorteil: Sie ermöglicht es, in Übereinstimmung mit den allgemeinen Vereinbarungen aus Abschnitt 6.3.3 die Phasenfaktoren, die in $|1,0\rangle$ und $|1,-1\rangle$ auftreten können, in Bezug auf den in Gl. (10.87) für $|1,1\rangle$ gewählten festzulegen.

Der Zustand $|S = 0, M = 0\rangle$. Der eine Vektor $|S = 0, M = 0\rangle$ des Unterraums $\mathcal{H}(S = 0)$ wird bis auf einen konstanten Faktor durch die Bedingung festgelegt, dass er orthogonal zu den drei Vektoren $|1, M\rangle$ ist, die wir soeben konstruiert haben.

Da $|0,0\rangle$ orthogonal zu $|1,1\rangle = |+,+\rangle$ und $|1,-1\rangle = |-,-\rangle$ ist, muss er eine Linearkombination von $|+,-\rangle$ und $|-,+\rangle$ sein:

$$|0,0\rangle = \alpha\,|+,-\rangle + \beta\,|-,+\rangle; \tag{10.93}$$

dieser Vektor ist normiert für

$$\langle 0,0\,|\,0,0\rangle = |\alpha|^2 + |\beta|^2 = 1. \tag{10.94}$$

Wir verlangen nun, dass sein Skalarprodukt mit $|1,0\rangle$ (s. Gl. (10.91)) gleich null ist:

$$\frac{1}{\sqrt{2}}(\alpha + \beta) = 0. \tag{10.95}$$

Die Koeffizienten sind also ihrem Absolutwert nach gleich und von entgegengesetztem Vorzeichen. Mit Gl. (10.94) sind sie damit bis auf einen Phasenfaktor bestimmt,

$$\alpha = -\beta = \frac{1}{\sqrt{2}}\,\mathrm{e}^{\mathrm{i}\chi}, \tag{10.96}$$

worin χ eine beliebige reelle Zahl ist. Wir wählen $\chi = 0$ und erhalten

$$|0,0\rangle = \frac{1}{\sqrt{2}}\,[|+,-\rangle - |-,+\rangle]\,. \tag{10.97}$$

Wir haben also die vier Vektoren $|S, M\rangle$ berechnet, ohne die Matrix, die $\boldsymbol{S}^2$ in der $\{|\varepsilon_1, \varepsilon_2\rangle\}$-Basis darstellt, explizit angeben zu müssen.

Allgemeiner Fall (beliebige j_1 und j_2)

Wie wir in Abschnitt 10.3.3 zeigten, kann $\mathcal{H}(j_1, j_2)$ in folgender Weise in eine direkte Summe invarianter Unterräume $\mathcal{H}(J)$ zerlegt werden:

$$\mathcal{H}(j_1, j_2) = \mathcal{H}(j_1 + j_2) \oplus \mathcal{H}(j_1 + j_2 - 1) \oplus \cdots \oplus \mathcal{H}(|j_1 - j_2|). \tag{10.98}$$

Wir wollen nun die Vektoren $|J, M\rangle$ bestimmen, die diese Unterräume aufspannen.

Der Unterraum $\mathcal{H}(J = j_1 + j_2)$. In $\mathcal{H}(j_1, j_2)$ ist $|j_1, j_2; m_1 = j_1, m_2 = j_2\rangle$ der einzige Eigenvektor von J_z zu $M = j_1 + j_2$. Da $\boldsymbol{J}^2$ und J_z vertauschen und der Wert $M = j_1 + j_2$ nichtentartet ist, ist $|j_1, j_2; m_1 = j_1, m_2 = j_2\rangle$ auch Eigenvektor von $\boldsymbol{J}^2$.

Nach Gl. (10.98) kann der zugehörige Wert von J nur gleich $j_1 + j_2$ sein. Wir wählen die Phase des Vektors

$$|J = j_1 + j_2, M = j_1 + j_2\rangle \tag{10.99}$$

so, dass gilt

$$|j_1 + j_2, j_1 + j_2\rangle = |j_1, j_2; j_1, j_2\rangle. \tag{10.100}$$

Durch die wiederholte Anwendung des Operators J_- auf diesen Ausdruck können wir die Familie der Vektoren $|J, M\rangle$ mit $J = j_1 + j_2$ vervollständigen. Nach den Ergebnissen des Abschnitt 6.3.3 (Gleichungen (6.66)) gilt

$$J_- |j_1 + j_2, j_1 + j_2\rangle = \hbar\sqrt{2(j_1 + j_2)}\, |j_1 + j_2, j_1 + j_2 - 1\rangle. \tag{10.101}$$

Wir können also den zu $J = j_1 + j_2$ und $M = j_1 + j_2 - 1$ gehörenden Vektor durch Anwendung des Operators $J_- = J_{1-} + J_{2-}$ auf den Vektor $|j_1, j_2; j_1, j_2\rangle$ erhalten:

$$\begin{aligned} |j_1 + j_2, j_1 + j_2 - 1\rangle &= \frac{1}{\hbar\sqrt{2(j_1 + j_2)}} J_- |j_1 + j_2, j_1 + j_2\rangle \\ &= \frac{1}{\hbar\sqrt{2(j_1 + j_2)}} (J_{1-} + J_{2-}) |j_1, j_2; j_1, j_2\rangle \\ &= \frac{1}{\hbar\sqrt{2(j_1 + j_2)}} \Big[\hbar\sqrt{2j_1}\, |j_1, j_2; j_1 - 1, j_2\rangle \\ &\qquad + \hbar\sqrt{2j_2}\, |j_1, j_2; j_1, j_2 - 1\rangle, \end{aligned} \tag{10.102}$$

d. h.

$$\begin{aligned} |j_1 + j_2, j_1 + j_2 - 1\rangle &= \sqrt{\frac{j_1}{j_1 + j_2}}\, |j_1, j_2; j_1 - 1, j_2\rangle \\ &\qquad + \sqrt{\frac{j_2}{j_1 + j_2}}\, |j_1, j_2; j_1, j_2 - 1\rangle. \end{aligned} \tag{10.103}$$

Wir erhalten auf diese Weise tatsächlich eine Linearkombination der beiden Basisvektoren, die zu $M = j_1 + j_2 - 1$ gehören, und diese Kombination ist bereits normiert.

Nun wiederholen wir diesen Schritt: Wir konstruieren $|j_1 + j_2, j_1 + j_2 - 2\rangle$, indem wir J_- auf beide Seiten von Gl. (10.103) anwenden (für die rechte Seite nehmen wir diesen Operator in der Form $J_{1-} + J_{2-}$) usw., bis wir den Vektor $|j_1 + j_2, -(j_1 + j_2)\rangle$ erhalten, der gleich $|j_1, j_2; -j_1, -j_2\rangle$ ist.

Wir wissen nun, wie wir die ersten $[2(j_1 + j_2) + 1]$ Vektoren der $\{|J, M\rangle\}$-Basis berechnen, die zu $J = j_1 + j_2$ und $M = j_1 + j_2,\ j_1 + j_2 - 1, \ldots, -(j_1 + j_2)$ gehören und den Unterraum $\mathscr{H}(J = j_1 + j_2)$ von $\mathscr{H}(j_1, j_2)$ aufspannen.

Die anderen Unterräume $\mathcal{H}(J)$. Wir betrachten nun den Raum $\mathcal{S}(j_1 + j_2)$, das ist die Ergänzung von $\mathcal{H}(j_1 + j_2)$ auf $\mathcal{H}(j_1, j_2)$. Nach Gl. (10.98) kann $\mathcal{S}(j_1 + j_2)$ zerlegt werden in

$$\mathcal{S}(j_1+j_2) = \mathcal{H}(j_1+j_2-1) \oplus \mathcal{H}(j_1+j_2-2) \oplus \cdots \oplus \mathcal{H}(|j_1-j_2|). \quad (10.104)$$

Wir können also auf diesen Raum dieselbe Überlegung wie oben anwenden.

In $\mathcal{S}(j_1 + j_2)$ ist die Entartung $g'_{j_1,j_2}(M)$ eines gegebenen Werts von M um eins kleiner als $g_{j_1,j_2}(M)$, da es in $\mathcal{H}(j_1 + j_2)$ genau einen Vektor zu diesem Wert von M gibt,

$$g'_{j_1,j_2}(M) = g_{j_1,j_2}(M) - 1. \quad (10.105)$$

Das bedeutet insbesondere, dass der Wert $M = j_1 + j_2$ in $\mathcal{S}(j_1 + j_2)$ nicht mehr auftritt und dass der neue maximale Wert $M = j_1 + j_2 - 1$ nichtentartet ist. Darum muß der entsprechende Vektor zu $|J = j_1 + j_2 - 1, M = j_1 + j_2 - 1\rangle$ proportional sein. Es ist leicht, seine Entwicklung in der $\{|j_1, j_2; m_1, m_2\rangle\}$-Basis zu finden, da er aufgrund seines Werts von M sicher die Form

$$|j_1+j_2-1, j_1+j_2-1\rangle = \alpha\,|j_1, j_2; j_1, j_2-1\rangle + \beta\,|j_1, j_2; j_1-1, j_2\rangle \quad (10.106)$$

mit

$$|\alpha|^2 + |\beta|^2 = 1 \quad (10.107)$$

hat, um die Normierung sicherzustellen. Außerdem muss er orthogonal zu dem durch Gl. (10.103) gegebenen Vektor $|j_1 + j_2, j_1 + j_2 - 1\rangle$ sein, da dieser zu $\mathcal{H}(j_1 + j_2)$ gehört. Die Koeffizienten α und β müssen also die Gleichung

$$\alpha\sqrt{\frac{j_2}{j_1 + j_2}} + \beta\sqrt{\frac{j_1}{j_1 + j_2}} = 0 \quad (10.108)$$

erfüllen. Durch Gl. (10.107) und Gl. (10.108) werden α und β bis auf einen Phasenfaktor festgelegt. Wir wählen α und β reell und beispielsweise α positiv. Mit diesen Vereinbarungen gilt

$$\begin{aligned}|j_1 + j_2 - 1, j_1 + j_2 - 1\rangle = & \sqrt{\frac{j_1}{j_1 + j_2}}\,|j_1, j_2; j_1, j_2 - 1\rangle \\ & - \sqrt{\frac{j_2}{j_1 + j_2}}\,|j_1, j_2; j_1 - 1, j_2\rangle. \end{aligned} \quad (10.109)$$

Damit haben wir den ersten Vektor einer neuen Familie erhalten, die durch $J = j_1 + j_2 - 1$ charakterisiert wird. Wie oben können wir die anderen durch mehrfaches Anwenden von J_- ableiten. Auf diese Weise erhalten wir $[2(j_1 + j_2 - 1) + 1]$ Vektoren $|J, M\rangle$

entsprechend den Werten

$$\begin{aligned} J &= j_1 + j_2 - 1, \\ M &= j_1 + j_2 - 1,\ j_1 + j_2 - 2, \ldots, -(j_1 + j_2 - 1), \end{aligned} \tag{10.110}$$

die den Unterraum $\mathscr{H}(J = j_1 + j_2 - 1)$ aufspannen.

Betrachten wir nun den Raum $\mathcal{S}(j_1 + j_2, j_1 + j_2 - 1)$, das ist die Ergänzung der direkten Summe $\mathscr{H}(j_1 + j_2) \oplus \mathscr{H}(j_1 + j_2 - 1)$ auf $\mathscr{H}(j_1, j_2)$:[4]

$$\mathcal{S}(j_1 + j_2, j_1 + j_2 - 1) = \mathscr{H}(j_1 + j_2 - 2) \oplus \ldots \oplus \mathscr{H}(|j_1 - j_2|). \tag{10.111}$$

In $\mathcal{S}(j_1+j_2, j_1+j_2-1)$ ist die Entartung aller Werte von M gegenüber der in $\mathcal{S}(j_1+j_2)$ wiederum um eins verkleinert. Insbesondere ist der maximale Wert von M jetzt gleich j_1+j_2-2, und er ist nichtentartet. Der zugehörige Vektor in $\mathcal{S}(j_1+j_2, j_1+j_2-1)$ muss daher gleich $|J = j_1 + j_2 - 2, M = j_1 + j_2 - 2\rangle$ sein. Um ihn in der $\{|j_1, j_2; m_1, m_2\rangle\}$-Basis zu berechnen, genügt die Feststellung, dass er eine Linearkombination der drei Vektoren $|j_1, j_2; j_1, j_2-2\rangle$, $|j_1, j_2; j_1-1, j_2-1\rangle$ und $|j_1, j_2; j_1-2, j_2\rangle$ ist; die Koeffizienten dieser Kombination werden bis auf einen Phasenfaktor durch die drei Bedingungen festgelegt, dass er normiert und orthogonal zu $|j_1+j_2, j_1+j_2-2\rangle$ und $|j_1+j_2-1; j_1+j_2-2\rangle$ (die wir bereits kennen) ist. Schließlich findet man durch die Anwendung von J_- die anderen Vektoren dieser dritten Familie und kann somit $\mathscr{H}(j_1 + j_2 - 2)$ definieren.

Dieser Vorgang kann ohne Schwierigkeiten wiederholt werden, bis alle Werte von M größer oder gleich $|j_1 - j_2|$ (und damit nach Gl. (10.75) auch alle kleiner oder gleich $-|j_1 - j_2|$) erschöpft sind; wir kennen dann alle gewünschten Vektoren $|J, M\rangle$. Wir werden diese Methode in Abschnitt 10.4 anhand von zwei Beispielen erläutern.

Clebsch-Gordan-Koeffizienten

In jedem Raum $\mathscr{H}(j_1, j_2)$ sind die Eigenvektoren von $\boldsymbol{J}^2$ und J_z Linearkombinationen der ursprünglichen $\{|j_1, j_2; m_1, m_2\rangle\}$-Basis,

$$|J, M\rangle = \sum_{m_1=-j_1}^{j_1} \sum_{m_2=-j_2}^{j_2} |j_1, j_2; m_1, m_2\rangle\langle j_1, j_2; m_1, m_2 \mid J, M\rangle. \tag{10.112}$$

Die Koeffizienten $\langle j_1, j_2; m_1, m_2 \mid J, M\rangle$ dieser Entwicklung heißen *Clebsch-Gordan-Koeffizienten.*

Bemerkung

Um genau zu sein, müssten wir die Vektoren $|j_1, j_2; m_1, m_2\rangle$ und $|J, M\rangle$ in der Form $|k_1, k_2; j_1, j_2; m_1, m_2\rangle$ bzw. $|k_1, k_2; j_1, j_2; J, M\rangle$ schreiben (die Werte von k_1 und k_2 wären dann wie die von j_1 und j_2 auf beiden Seiten von Gl. (10.112) dieselben). In den Bezeichnungen für Clebsch-Gordan-Koeffizienten werden wir jedoch k_1 und k_2 nicht mitführen, da diese Koeffizienten von k_1 und k_2 unabhängig sind.

Es ist nicht möglich, einen allgemeinen Ausdruck für die Clebsch-Gordan-Koeffizienten anzugeben; die vorgestellte Methode ermöglicht es aber, sie für jeden Wert von j_1 und j_2 zu berechnen. Für praktische Anwendungen liegen numerische Tafeln vor.

[4] Natürlich existiert $\mathcal{S}(j_1 + j_2, j_1 + j_2 - 1)$ nur, wenn $j_1 + j_2 - 2$ nicht bereits kleiner als $|j_1 - j_2|$ ist.

Zur eindeutigen Festlegung der Clebsch-Gordan-Koeffizienten müssen *Phasenkonventionen* getroffen werden (im Zusammenhang mit Gl. (10.100) und Gl. (10.109) haben wir darauf hingewiesen). Clebsch-Gordan-Koeffizienten sollen immer reell sein. Die Wahl betrifft dann die Vorzeichen von bestimmten Koeffizienten (offensichtlich sind die relativen Vorzeichen der Koeffizienten, die in der Entwicklung ein und desselben Vektors $|J, M\rangle$ auftreten, festgelegt; nur das Vorzeichen vor der Entwicklung kann willkürlich gewählt werden).

Wie die Ergebnisse des vorigen Abschnitts zeigen, ist $\langle j_1, j_2; m_1, m_2 \mid J, M\rangle$ nur dann von null verschieden, wenn gilt

$$\begin{aligned} M &= m_1 + m_2, \\ |j_1 - j_2| &\leq J \leq j_1 + j_2, \end{aligned} \tag{10.113}$$

wobei J vom selben Typ (ganz- oder halbzahlig) wie $j_1 + j_2$ und $|j_1 - j_2|$ ist. Die zweite Beziehung wird oft *Dreiecksregel* genannt: Es muss möglich sein, aus den drei Geradenstücken mit den Längen j_1, j_2 und J ein Dreieck zu bilden.

Da auch die Vektoren $|J, M\rangle$ eine Orthonormalbasis des Raums $\mathcal{H}(j_1, j_2)$ bilden, kann man als Umkehrung von Gl. (10.112) schreiben

$$|j_1, j_2; m_1, m_2\rangle = \sum_{J=|j_1-j_2|}^{j_1+j_2} \sum_{M=-J}^{J} |J, M\rangle\langle J, M \mid j_1, j_2; m_1, m_2\rangle. \tag{10.114}$$

Weil die Clebsch-Gordan-Koeffizienten alle reell gewählt wurden, gilt für die in Gl. (10.114) auftretenden Skalarprodukte

$$\langle J, M \mid j_1, j_2; m_1, m_2\rangle = \langle j_1, j_2; m_1, m_2 \mid J, M\rangle. \tag{10.115}$$

Mit Hilfe der Clebsch-Gordan-Koeffizienten können wir also die Vektoren der alten Basis $\{| j_1, j_2; m_1, m_2\rangle\}$ in Abhängigkeit von denen der neuen Basis $\{|J, M\rangle\}$ darstellen.

Auf einige Eigenschaften der Clebsch-Gordan-Koeffizienten gehen wir in Abschnitt 10.5 ein.

Ergänzungen zu Kapitel 10

In Abschnitt 10.4 erläutern wir die Ergebnisse dieses Kapitels an einfachen Beispielen: zwei Drehimpulse mit dem Wert 1, ein ganzzahliger Drehimpuls l zusammen mit einem Spin $1/2$. (*Leicht, als Übung zur Methode der Addition von Drehimpulsen empfohlen*)

Die Abschnitte 10.5 und 10.6 enthalten technische Ergänzungen, in denen nützliche mathematische Zusammenhänge dargestellt werden. Abschnitt 10.5 behandelt die Clebsch-Gordan-Koeffizienten, die in physikalischen Problemen im Zusammenhang mit Drehimpulsen und der Drehinvarianz häufig auftreten. In Abschnitt 10.6 beweisen wir eine Gleichung für das Produkt von Kugelflächenfunktionen, die für einige der folgenden Ergänzungen und Aufgaben von Nutzen ist.

In den Abschnitten 10.7 und 10.8 werden physikalische Begriffe eingeführt (Vektorobservablen, Multipolmomente), die in zahlreichen Problemen der Physik eine wichtige Rolle spielen.

In Abschnitt 10.7 untersuchen wir Vektoroperatoren und beweisen das Wigner-Eckart-Theorem. (*Theoretischer, aber wegen seiner zahlreichen Anwendungen vor allem in der Atomphysik – Vektor-Modell, Berechnung von Landé-Faktoren usw. – empfohlen*)

Der Abschnitt 10.8 stellt Definition und Eigenschaften der elektrischen Multipolmomente klassischer oder quantenmechanischer Systeme vor und befasst sich mit den Auswahlregeln (Multipolmomente finden in der Atom- und Kernphysik häufige Anwendung). (*Von mittlerer Schwierigkeit*)

Abschnitt 10.9 kann als eine Aufgabe mit Lösung angesehen werden, die das grundlegende Problem des Vektormodells von Atomen behandelt: die zeitliche Entwicklung von zwei Drehimpulsen $\boldsymbol{J}_1$ und $\boldsymbol{J}_2$, die über die Wechselwirkung $W = a\boldsymbol{J}_1 \cdot \boldsymbol{J}_2$ gekoppelt sind. Dieser dynamische Ansatz vervollständigt die bisherigen Resultate dieses Kapitels in Bezug auf die Eigenzustände von W. (*Verhältnismäßig leicht*)

Abschnitt 10.10 enthält die Aufgaben zu diesem Kapitel, wobei die Aufgaben 7 bis 10 schwieriger als die übrigen sind. Die Aufgaben 7, 8 und 9 können als Erweiterungen der Abschnitte 10.7 und 10.9 angesehen werden (Begriff der Standardkomponente und des irreduziblen Tensoroperators, Wigner-Eckart-Theorem). Aufgabe 10 greift das Problem der Kopplungsmöglichkeiten für drei Drehimpulse auf.

10.4 Beispiele für die Addition von Drehimpulsen

Zur Erläuterung der in diesem Kapitel behandelten allgemeinen Methode der Addition von Drehimpulsen wenden wir sie im Folgenden auf zwei Beispiele an.

10.4.1 Addition von $j_1 = 1$ und $j_2 = 1$

Wir betrachten zunächst den Fall $j_1 = j_2 = 1$. Er tritt z. B. in einem Zweiteilchensystem auf, in dem beide Bahndrehimpulse gleich eins sind. Da dann jedes der Teilchen in einem p-Zustand ist, spricht man von einer p^2-*Konfiguration*.

Der Zustandsraum $\mathscr{H}(1,1)$, mit dem wir es hier zu tun haben, hat die Dimension $3 \times 3 = 9$. Eine Basis aus gemeinsamen Eigenzuständen zu $\boldsymbol{J}_1^2$, $\boldsymbol{J}_2^2$, J_{1z} und J_{2z} sei bekannt,

$$\{|1,1;m_1,m_2\rangle\} \quad \text{mit} \quad m_1,m_2 = 1,0,-1, \tag{10.116}$$

und wir suchen die $\{|J,M\rangle\}$-Basis gemeinsamer Eigenvektoren von $\boldsymbol{J}_1^2$, $\boldsymbol{J}_2^2$, $\boldsymbol{J}^2$ und J_z, worin $\boldsymbol{J}$ der Gesamtdrehimpuls ist.

Nach Abschnitt 10.3.3 sind die folgenden Werte für die Quantenzahl J möglich:

$$J = 2,1,0. \tag{10.117}$$

Daher müssen wir drei Familien von Vektoren $|J,M\rangle$ konstruieren, die fünf, drei bzw. einen Vektor der neuen Basis enthalten.

Der Unterraum $\mathscr{H}(J=2)$

Der Ketvektor $|J=2,M=2\rangle$ kann einfach geschrieben werden

$$|2,2\rangle = |1,1;1,1\rangle. \tag{10.118}$$

Wenn wir J_- auf ihn anwenden, finden wir den Vektor $|J=2,M=1\rangle$:

$$\begin{aligned}
|2,1\rangle &= \frac{1}{2\hbar} J_- |2,2\rangle \\
&= \frac{1}{2\hbar} (J_{1-} + J_{2-}) |1,1;1,1\rangle \\
&= \frac{1}{2\hbar} \left[\hbar\sqrt{2}\,|1,1;0,1\rangle + \hbar\sqrt{2}\,|1,1;1,0\rangle\right] \\
&= \frac{1}{\sqrt{2}} [|1,1;1,0\rangle + |1,1;0,1\rangle]\,.
\end{aligned} \tag{10.119}$$

Wir verwenden erneut J_-, um $|J=2,M=0\rangle$ zu berechnen; nach einfacher Rechnung erhalten wir

$$|2,0\rangle = \frac{1}{\sqrt{6}} [|1,1;1,-1\rangle + 2|1,1;0,0\rangle + |1,1;-1,1\rangle]\,, \tag{10.120}$$

dann

$$|2,-1\rangle = \frac{1}{\sqrt{2}} [|1,1;0,-1\rangle + |1,1;-1,0\rangle] \tag{10.121}$$

und schließlich

$$|2,-2\rangle = |1,1;-1,-1\rangle. \tag{10.122}$$

Der Unterraum $\mathscr{H}(J=1)$

Wir wenden uns nun dem Unterraum $\mathscr{H}(J=1)$ zu. Der Vektor $|J=1,M=1\rangle$ muss eine Linearkombination der beiden Basisvektoren $|1,1;1,0\rangle$ und $|1,1;0,1\rangle$ (der einzigen mit $M=1$) sein,

$$|1,1\rangle = \alpha\,|1,1;1,0\rangle + \beta\,|1,1;0,1\rangle \tag{10.123}$$

mit

$$|\alpha|^2 + |\beta|^2 = 1. \tag{10.124}$$

Damit er orthogonal zum Vektor $|2, 1\rangle$ ist, muss notwendig (s. Gl. (10.119))

$$\alpha + \beta = 0 \tag{10.125}$$

gelten. Wir wählen α und β reell und nach Konvention α positiv.[5] Damit erhalten wir

$$|1, 1\rangle = \frac{1}{\sqrt{2}} \left[|1, 1; 1, 0\rangle - |1, 1; 0, 1\rangle\right]. \tag{10.126}$$

Die Anwendung von J_- ermöglicht es jetzt wieder, die Vektoren $|1, 0\rangle$ und $|1, -1\rangle$ zu berechnen. Mit demselben Verfahren wie oben finden wir leicht

$$|1, 0\rangle = \frac{1}{\sqrt{2}} \left[|1, 1; 1, -1\rangle - |1, 1; -1, 1\rangle\right], \tag{10.127}$$

$$|1, -1\rangle = \frac{1}{\sqrt{2}} \left[|1, 1; 0, -1\rangle - |1, 1; -1, 0\rangle\right]. \tag{10.128}$$

Die Entwicklung (10.127) enthält den Vektor $|1, 1; 0, 0\rangle$ nicht, obwohl auch er zu $M = 0$ gehört; der entsprechende Clebsch-Gordan-Koeffizient verschwindet also:

$$\langle 1, 1; 0, 0 \,|\, 1, 0\rangle = 0. \tag{10.129}$$

Der Vektor $|J = 0, M = 0\rangle$

Schließlich muss noch der letzte Vektor der $\{|J, M\rangle\}$-Basis, der zu $J = M = 0$ gehört, berechnet werden. Er ist eine Linearkombination der drei Basisvektoren mit $M = 0$,

$$|0, 0\rangle = a\,|1, 1; 1, -1\rangle + b\,|1, 1; 0, 0\rangle + c\,|1, 1; -1, 1\rangle \tag{10.130}$$

mit

$$|a|^2 + |b|^2 + |c|^2 = 1. \tag{10.131}$$

Außerdem muss er zu $|2, 0\rangle$ (Gl. (10.120)) und $|1, 0\rangle$ (Gl. (10.127)) orthogonal sein. Daraus erhalten wir zwei Bedingungen:

$$\begin{aligned} a + 2b + c &= 0, \\ a - c &= 0, \end{aligned} \tag{10.132}$$

also ist

$$a = -b = c. \tag{10.133}$$

Wir wählen a, b und c wieder reell und a positiv (s. obige Fußnote) und erhalten so mit Gl. (10.131) und Gl. (10.133)

$$|0, 0\rangle = \frac{1}{\sqrt{3}} \left[|1, 1; 1, -1\rangle - |1, 1; 0, 0\rangle + |1, 1; -1, 1\rangle\right]. \tag{10.134}$$

Damit ist die $\{|J, M\rangle\}$-Basis für den Fall $j_1 = j_2 = 1$ vollständig bestimmt.

---

[5] Die Komponente des Vektors $|J, J\rangle$ in Richtung des Vektors $|j_1, j_2; m_1 = j_1, m_2 = J - j_1\rangle$ wird generell reell und positiv gewählt (s. Abschnitt 10.5.2).

Bemerkung
Handelt es sich bei dem betrachteten physikalischen Problem um die p^2-Konfiguration eines Zweiteilchensystems, so sind die Wellenfunktionen, die die Zustände der ursprünglichen Basis darstellen, von der Form

$$\langle \boldsymbol{r}_1, \boldsymbol{r}_2 \,|\, 1, 1; m_1, m_2 \rangle = R_{k_1,1}(r_1) R_{k_2,1}(r_2) Y_1^{m_1}(\theta_1, \varphi_1) Y_1^{m_2}(\theta_2, \varphi_2), \tag{10.135}$$

worin $\boldsymbol{r}_1(r_1, \theta_1, \varphi_1)$ und $\boldsymbol{r}_2(r_2, \theta_2, \varphi_2)$ die Positionen der beiden Teilchen bezeichnen. Da die Radialfunktionen unabhängig von den Quantenzahlen m_1 und m_2 sind, sind die Linearkombinationen, die die zu den Ketvektoren $|J, M\rangle$ gehörenden Wellenfunktionen ergeben, nur Funktionen der Winkelvariablen. Zum Beispiel schreibt sich Gl. (10.134) in der $\{|\boldsymbol{r}_1, \boldsymbol{r}_2\rangle\}$-Darstellung

$$\begin{aligned} \langle \boldsymbol{r}_1, \boldsymbol{r}_2 \,|\, 0, 0 \rangle \;=\; & R_{k_1,1}(r_1) R_{k_2,1}(r_2) \frac{1}{\sqrt{3}} \big[Y_1^1(\theta_1, \varphi_1) Y_1^{-1}(\theta_2, \varphi_2) \\ & - Y_1^0(\theta_1, \varphi_1) Y_1^0(\theta_2, \varphi_2) + Y_1^{-1}(\theta_1, \varphi_1) Y_1^1(\theta_2, \varphi_2) \big]. \end{aligned} \tag{10.136}$$

10.4.2 Addition eines ganzzahligen Bahndrehimpulses l und eines Spins $1/2$

Betrachten wir die Addition eines Bahndrehimpulses ($j_1 = l$, ganzzahlig) mit einem Spin $1/2$ ($j_2 = 1/2$). Auf dieses Problem stößt man z. B. bei der Beschreibung des Gesamtdrehimpulses eines Spin-$1/2$-Teilchens wie etwa des Elektrons.

Der hier betrachtete Raum $\mathscr{H}(l, 1/2)$ ist $2(2l+1)$-dimensional, und wir kennen bereits eine Basis,[6]

$$\{|l, 1/2; m, \varepsilon\rangle\} \quad \text{mit } m = l, l-1, \ldots, -l \text{ und } \varepsilon = \pm, \tag{10.137}$$

die aus den Eigenzuständen der Observablen $\boldsymbol{L}^2$, $\boldsymbol{S}^2$, L_z und S_z gebildet wird, wobei $\boldsymbol{L}$ und $\boldsymbol{S}$ der betrachtete Drehimpuls bzw. Spin ist. Wir wollen nun die Eigenvektoren $|J, M\rangle$ von $\boldsymbol{J}^2$ und J_z konstruieren, wobei $\boldsymbol{J}$ für den Gesamtdrehimpuls des Systems steht:

$$\boldsymbol{J} = \boldsymbol{L} + \boldsymbol{S}. \tag{10.138}$$

Zunächst sehen wir, dass die Lösung des Problems für l gleich null offensichtlich ist: Man zeigt leicht, dass in diesem Fall die Vektoren $|0, 1/2; 0, \varepsilon\rangle$ auch Eigenvektoren von $\boldsymbol{J}^2$ und J_z mit den Eigenwerten $J = 1/2$ und $M = \varepsilon/2$ sind. Ist dagegen l nicht null, gibt es zwei mögliche Werte von J:

$$J = l + \frac{1}{2}, \; l - \frac{1}{2}. \tag{10.139}$$

---

[6]Wollten wir uns streng an die oben in diesem Kapitel verwendete Notation halten, müssten wir in den Basisvektoren $\pm 1/2$ anstelle von ε schreiben. Wir hatten uns allerdings in Kapitel 4 und 9 darauf geeinigt, die Eigenvektoren von S_z im Spinzustandsraum mit $|+\rangle$ bzw. $|-\rangle$ zu bezeichnen.

Der Unterraum $\mathcal{H}(J = l + 1/2)$

Die $2l + 1$ Vektoren, die den Unterraum $\mathcal{H}(J = l + 1/2)$ aufspannen, erhalten wir, wenn wir die allgemeine Methode anwenden. Zunächst haben wir

$$|l + \frac{1}{2}, l + \frac{1}{2}\rangle = |l, \frac{1}{2}; l, +\rangle. \tag{10.140}$$

Das Anwenden von J_- ergibt $|l + 1/2, l - 1/2\rangle$:[7]

$$\begin{aligned} |l + \frac{1}{2}, l - \frac{1}{2}\rangle &= \frac{1}{\hbar\sqrt{2l+1}} J_- |l + \frac{1}{2}, l + \frac{1}{2}\rangle \\ &= \frac{1}{\hbar\sqrt{2l+1}} (L_- + S_-) |l, \frac{1}{2}; l, +\rangle \\ &= \frac{1}{\hbar\sqrt{2l+1}} \left[\hbar\sqrt{2l}\, |l, \frac{1}{2}; l-1, +\rangle + \hbar\, |l, \frac{1}{2}; l, -\rangle\right] \\ &= \sqrt{\frac{2l}{2l+1}}\, |l, \frac{1}{2}; l-1, +\rangle + \frac{1}{\sqrt{2l+1}}\, |l, \frac{1}{2}; l, -\rangle. \end{aligned} \tag{10.141}$$

Wir wenden erneut J_- an; eine ähnliche Rechnung ergibt

$$|l + \frac{1}{2}, l - \frac{3}{2}\rangle = \frac{1}{\sqrt{2l+1}}\left[\sqrt{2l-1}|l, \frac{1}{2}; l-2, +\rangle + \sqrt{2}|l, \frac{1}{2}; l-1, -\rangle\right]. \tag{10.142}$$

Allgemeiner wird also der Vektor $|l + 1/2, M\rangle$ eine Linearkombination der beiden einzigen zu M gehörenden Basisvektoren sein: dies sind $|l, 1/2; M - 1/2, +\rangle$ und $|l, 1/2; M + 1/2, -\rangle$ (M ist natürlich halbzahlig). Wenn wir die Gleichungen (10.140) bis (10.142) vergleichen, können wir erraten, dass es sich bei der gesuchten Linearkombination um die folgende handelt:

$$\begin{aligned} |l + \frac{1}{2}, M\rangle = \frac{1}{\sqrt{2l+1}}\Bigg[&\sqrt{l + M + \frac{1}{2}}\, |l, \frac{1}{2}; M - \frac{1}{2}, +\rangle \\ &+ \sqrt{l - M + \frac{1}{2}}\, |l, \frac{1}{2}; M + \frac{1}{2}, -\rangle\Bigg] \end{aligned} \tag{10.143}$$

mit

$$M = l + \frac{1}{2}, l - \frac{1}{2}, l - \frac{3}{2}, \ldots, -l + \frac{1}{2}, -\left(l + \frac{1}{2}\right). \tag{10.144}$$

[7] Um die in den folgenden Gleichungen auftretenden numerischen Koeffizienten zu bestimmen, können wir einfach die Relation $j(j+1) - m(m-1) = (j+m)(j-m+1)$ verwenden.

Wir können rekursiv zeigen, dass diese Beziehung richtig ist, ergibt doch die Anwendung von J_- auf beide Seiten von Gl. (10.143)

$$
\begin{aligned}
|l+\frac{1}{2}, M-1\rangle &= \frac{1}{\hbar\sqrt{\left(l+M+\frac{1}{2}\right)\left(l-M+\frac{3}{2}\right)}} J_- |l+\frac{1}{2}, M\rangle \\
&= \frac{1}{\hbar\sqrt{\left(l+M+\frac{1}{2}\right)\left(l-M+\frac{3}{2}\right)}} \frac{1}{\sqrt{2l+1}} \\
&\quad \times \left[\sqrt{l+M+\frac{1}{2}}\,\hbar\sqrt{\left(l+M-\frac{1}{2}\right)\left(l-M+\frac{3}{2}\right)}\, |l, \frac{1}{2}; M-\frac{3}{2}, +\rangle \right. \\
&\quad + \sqrt{l+M+\frac{1}{2}}\,\hbar\, |l, \frac{1}{2}; M-\frac{1}{2}, -\rangle \\
&\quad \left. + \sqrt{l-M+\frac{1}{2}}\,\hbar\sqrt{\left(l+M+\frac{1}{2}\right)\left(l-M+\frac{1}{2}\right)}\, |l, \frac{1}{2}; M-\frac{1}{2}, -\rangle \right] \\
&= \frac{1}{\sqrt{2l+1}} \left[\sqrt{l+M-\frac{1}{2}}\, |l, \frac{1}{2}; M-\frac{3}{2}, +\rangle \right. \\
&\qquad \left. + \sqrt{l-M+\frac{3}{2}}\, |l, \frac{1}{2}; M-\frac{1}{2}, -\rangle \right]. \qquad (10.145)
\end{aligned}
$$

Wir erhalten also tatsächlich denselben Ausdruck wie in Gl. (10.143), wobei M durch $M-1$ ersetzt ist.

Der Unterraum $\mathscr{H}(J = l - 1/2)$

Wir wollen jetzt den Ausdruck für die $2l$ zu $J = l - 1/2$ gehörenden Vektoren $|J, M\rangle$ bestimmen. Bei demjenigen, der dem maximalen Wert $l - 1/2$ von M entspricht, handelt es sich um eine normierte Linearkombination der Vektoren $|l, 1/2; l-1, +\rangle$ und $|l, 1/2; l, -\rangle$, und er muss außerdem orthogonal sein zu $|l + 1/2, l - 1/2\rangle$ (Gl. (10.141)). Indem wir den Koeffizienten von $|l, 1/2; l, -\rangle$ reell und positiv wählen (s. Fußnote 5 in diesem Abschnitt), finden wir leicht

$$
|l-\frac{1}{2}, l-\frac{1}{2}\rangle = \frac{1}{\sqrt{2l+1}} \left[\sqrt{2l}\, |l, \frac{1}{2}; l, -\rangle - |l, \frac{1}{2}; l-1, +\rangle \right]. \qquad (10.146)
$$

Mit Hilfe des Operators J_- können wir nun schrittweise alle anderen der zu $J = l - 1/2$ gehörenden Vektoren errechnen. Da es zu einem gegebenen Wert von M nur zwei Basisvektoren gibt und $|l - 1/2, M\rangle$ orthogonal zu $|l + 1/2, M\rangle$ ist, erwarten wir anhand von Gl. (10.143) die folgende Beziehung:

$$|l-\frac{1}{2},M\rangle = \frac{1}{\sqrt{2l+1}}\left[\sqrt{l+M+\frac{1}{2}}\,|l,\frac{1}{2};M+\frac{1}{2},-\rangle - \sqrt{l-M+\frac{1}{2}}\,|l,\frac{1}{2};M-\frac{1}{2},+\rangle\right], \tag{10.147}$$

wobei

$$M = l-\frac{1}{2},\, l-\frac{3}{2},\, \ldots,\, -l+\frac{3}{2},\, -\left(l-\frac{1}{2}\right). \tag{10.148}$$

Ähnlich wie oben kann auch diese Beziehung durch Rekursion nachgewiesen werden.

Bemerkungen

1. Die Zustände $|l,1/2;m,\varepsilon\rangle$ eines Spin-1/2-Teilchens lassen sich durch zweikomponentige Spinoren der folgenden Form darstellen:

$$\begin{aligned}\left[\psi_{l,1/2;m,+}\right](\boldsymbol{r}) &= R_{k,l}(r)Y_l^m(\theta,\varphi)\begin{pmatrix}1\\0\end{pmatrix},\\ \left[\psi_{l,1/2;m,-}\right](\boldsymbol{r}) &= R_{k,l}(r)Y_l^m(\theta,\varphi)\begin{pmatrix}0\\1\end{pmatrix}.\end{aligned} \tag{10.149}$$

Wie die vorhergehenden Überlegungen zeigen, schreiben sich dann die zu den Zuständen $|J,M\rangle$ gehörenden Spinoren

$$\begin{aligned}\left[\psi_{l+1/2,M}\right](\boldsymbol{r}) &= \frac{1}{\sqrt{2l+1}}R_{k,l}(r)\begin{pmatrix}\sqrt{l+M+\frac{1}{2}}\,Y_l^{M-1/2}(\theta,\varphi)\\ \sqrt{l-M+\frac{1}{2}}\,Y_l^{M+1/2}(\theta,\varphi)\end{pmatrix},\\ \left[\psi_{l-1/2,M}\right](\boldsymbol{r}) &= \frac{1}{\sqrt{2l+1}}R_{k,l}(r)\begin{pmatrix}-\sqrt{l-M+\frac{1}{2}}\,Y_l^{M-1/2}(\theta,\varphi)\\ \sqrt{l+M+\frac{1}{2}}\,Y_l^{M+1/2}(\theta,\varphi)\end{pmatrix}.\end{aligned} \tag{10.150}$$

2. Für den speziellen Fall $l = 1$ ergeben die Gleichungen (10.140), (10.143), (10.146) und (10.147)

$$\begin{aligned}|\frac{3}{2},\frac{3}{2}\rangle &= |1,\frac{1}{2};1,+\rangle,\\ |\frac{3}{2},\frac{1}{2}\rangle &= \sqrt{\frac{2}{3}}\,|1,\frac{1}{2};0,+\rangle + \frac{1}{\sqrt{3}}\,|1,\frac{1}{2};1,-\rangle,\\ |\frac{3}{2},-\frac{1}{2}\rangle &= \frac{1}{\sqrt{3}}\,|1,\frac{1}{2};-1,+\rangle + \sqrt{\frac{2}{3}}\,|1,\frac{1}{2};0,-\rangle,\\ |\frac{3}{2},-\frac{3}{2}\rangle &= |1,\frac{1}{2};-1,-\rangle\end{aligned} \tag{10.151}$$

und

$$
\begin{aligned}
|\frac{1}{2},\frac{1}{2}\rangle &= \sqrt{\frac{2}{3}}\,|1,\frac{1}{2};1,-\rangle - \frac{1}{\sqrt{3}}\,|1,\frac{1}{2};0,+\rangle, \\
|\frac{1}{2},-\frac{1}{2}\rangle &= \frac{1}{\sqrt{3}}\,|1,\frac{1}{2};0,-\rangle - \sqrt{\frac{2}{3}}\,|1,\frac{1}{2};-1,+\rangle.
\end{aligned} \tag{10.152}
$$

10.5 Clebsch-Gordan-Koeffizienten

Die Clebsch-Gordan-Koeffizienten sind in Abschnitt 10.3.4 eingeführt worden: Es sind die Koeffizienten $\langle j_1, j_2; m_1, m_2 \mid J, M\rangle$, die in der Entwicklung des Vektors $|J, M\rangle$ in der $\{|j_1, j_2; m_1, m_2\rangle\}$-Basis auftreten:

$$
|J, M\rangle = \sum_{m_1=-j_1}^{j_1} \sum_{m_2=-j_2}^{j_2} \langle j_1, j_2; m_1, m_2 \mid J, M\rangle |j_1, j_2; m_1, m_2\rangle. \tag{10.153}
$$

In diesem Abschnitt leiten wir Eigenschaften der Clebsch-Gordan-Koeffizienten her, die wir zum Teil bereits angegeben hatten.

Es ist zu beachten, dass Gl. (10.153) nicht ausreicht, um die $\langle j_1, j_2; m_1, m_2 | J, M\rangle$ vollständig zu definieren. Der normierte Vektor $|J, M\rangle$ ist durch seine Eigenwerte $J(J+1)\hbar^2$ und $M\hbar$ nur bis auf einen Phasenfaktor bestimmt, und wir müssen uns auf eine Phasenkonvention einigen, um die Definition zu vervollständigen. Oben benutzten wir die Wirkung der Operatoren J_- und J_+, um die relative Phase der $2J+1$ zu demselben Wert von J gehörenden Vektoren $|J, M\rangle$ festzulegen. In diesem Abschnitt vervollständigen wir dies, indem wir eine Konvention für die Phasen der Vektoren $|J, J\rangle$ einführen. Wir werden dann zeigen können, dass alle Clebsch-Gordan-Koeffizienten reell sind.

Bevor wir uns jedoch in Abschnitt 10.5.2 dem Problem der Phasenwahl für die $\langle j_1, j_2; m_1, m_2 \mid J, M\rangle$ zuwenden, untersuchen wir in Abschnitt 10.5.1 die Eigenschaften, die in der Quantenmechanik besonders nützlich sind und von dieser Phasenkonvention nicht abhängen. In Abschnitt 10.5.3 schließlich geben wir verschiedene Beziehungen an, die wir in anderen Ergänzungen brauchen werden.

10.5.1 Eigenschaften der Clebsch-Gordan-Koeffizienten

Auswahlregeln

Zwei wichtige Auswahlregeln, die unmittelbar aus den oben erhaltenen Ergebnissen über die Addition von Drehimpulsen folgen, sind bereits angegeben worden: Der Clebsch-Gordan-Koeffizient $\langle j_1, j_2; m_1, m_2 \mid J, M\rangle$ verschwindet, wenn die beiden folgenden Bedingungen nicht gleichzeitig erfüllt sind:

$$
M = m_1 + m_2, \tag{10.154}
$$

$$
|j_1 - j_2| \leq J \leq j_1 + j_2. \tag{10.155}
$$

Die Ungleichung (10.155) wird oft *Dreiecksregel* genannt. Sie besagt, dass aus drei Strecken der Längen j_1, j_2 und J ein Dreieck gebildet werden kann (s. Abb. 10.3). Diese drei Zahlen treten hier symmetrisch auf, und Ungleichung (10.155) kann auch in der folgenden Form angegeben werden:

$$|J - j_1| \leq j_2 \leq J + j_1 \tag{10.156}$$

oder

$$|J - j_2| \leq j_1 \leq J + j_2. \tag{10.157}$$

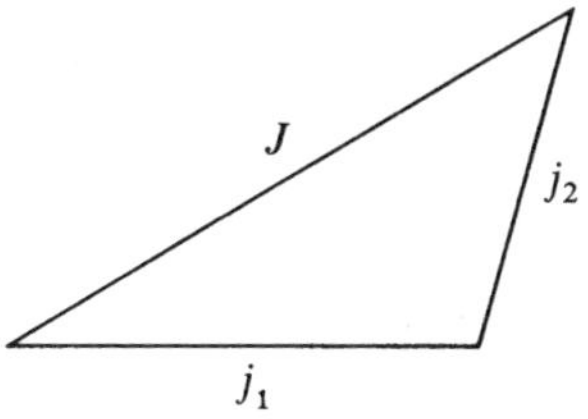

Abb. 10.3 Dreiecksregel: Der Koeffizient $\langle j_1, j_2; m_1, m_2 \mid J, M \rangle$ kann nur dann von null verschieden sein, wenn es möglich ist, aus den drei Strecken der Längen j_1, j_2 und J ein Dreieck zu bilden.

Darüber hinaus verlangen die allgemeinen Eigenschaften des Drehimpulses, dass der Vektor $|J, M\rangle$ und damit auch der Koeffizient $\langle j_1, j_2; m_1, m_2 \mid J, M \rangle$ nur definiert ist für

$$M = J,\ J-1,\ J-2,\ \ldots,\ -J. \tag{10.158}$$

Ebenso muss gelten

$$\begin{aligned} m_1 &= j_1,\ j_1 - 1,\ \ldots,\ -j_1, \\ m_2 &= j_2,\ j_2 - 1,\ \ldots,\ -j_2. \end{aligned} \tag{10.159}$$

Treffen diese Bedingungen nicht zu, sind die Clebsch-Gordan-Koeffizienten nicht definiert. Allerdings wird sich die Annahme als nützlich erweisen, dass sie für alle Werte von m_1, m_2 und M existieren, wobei sie den Wert null annehmen, wenn mindestens eine der Bedingungen (10.158), (10.159) nicht erfüllt ist. Diese spielen somit die Rolle neuer Auswahlregeln für die Clebsch-Gordan-Koeffizienten.

Orthogonalitätsrelationen

Indem wir die Vollständigkeitsrelation[8]

$$\sum_{m_1=-j_1}^{j_1} \sum_{m_2=-j_2}^{j_2} |j_1, j_2; m_1, m_2\rangle\langle j_1, j_2; m_1, m_2| = 1 \tag{10.160}$$

[8]Diese Vollständigkeitsrelation gilt für einen Unterraum $\mathcal{H}(k_1, k_2; j_1, j_2)$ (s. Abschnitt 10.3.2).

in die Orthogonalitätsrelation der Vektoren $|J, M\rangle$

$$\langle J, M | J', M' \rangle = \delta_{JJ'} \delta_{MM'} \tag{10.161}$$

einsetzen, erhalten wir

$$\sum_{m_1=-j_1}^{j_1} \sum_{m_2=-j_2}^{j_2} \langle J, M \mid j_1, j_2; m_1, m_2 \rangle \langle j_1, j_2; m_1, m_2 \mid J', M' \rangle = \delta_{JJ'} \delta_{MM'}. \tag{10.162}$$

Wie wir unten sehen werden (s. Gl. (10.176)), sind die Clebsch-Gordan-Koeffizienten reell, so dass wir diese Beziehung schreiben können als

$$\sum_{m_1=-j_1}^{j_1} \sum_{m_2=-j_2}^{j_2} \langle j_1, j_2; m_1, m_2 \mid J, M \rangle \langle j_1, j_2; m_1, m_2 \mid J', M' \rangle = \delta_{JJ'} \delta_{MM'}. \tag{10.163}$$

Damit haben wir eine erste *Orthogonalitätsrelation* für die Clebsch-Gordan-Koeffizienten gefunden. Hierbei ist zu beachten, dass die auftretende Summation tatsächlich nur über einen Index ausgeführt wird: Damit die Koeffizienten auf der linken Seite von null verschieden sind, müssen m_1 und m_2 Gl. (10.154) gehorchen.

Ebenso fügen wir die Vollständigkeitsrelation

$$\sum_{J=|j_1-j_2|}^{j_1+j_2} \sum_{M=-J}^{J} |J, M\rangle\langle J, M| = 1 \tag{10.164}$$

in die Orthogonalitätsrelation der Vektoren $|j_1, j_2; m_1, m_2\rangle$ ein; wir erhalten

$$\sum_{J=|j_1-j_2|}^{j_1+j_2} \sum_{M=-J}^{J} \langle j_1, j_2; m_1, m_2 \mid J, M \rangle \langle J, M \mid j_1, j_2; m'_1, m'_2 \rangle = \delta_{m_1 m'_1} \delta_{m_2 m'_2}, \tag{10.165}$$

d. h. unter Beachtung von Gl. (10.176)

$$\sum_{J=|j_1-j_2|}^{j_1+j_2} \sum_{M=-J}^{J} \langle j_1, j_2; m_1, m_2 \mid J, M \rangle \langle j_1, j_2; m'_1, m'_2 \mid J, M \rangle = \delta_{m_1 m'_1} \delta_{m_2 m'_2}. \tag{10.166}$$

Wieder wird die Summation nur über einen Index ausgeführt: Da $M = m_1 + m_2$ gilt, reduziert sich die Summation über M auf einen einzigen Term.

Rekursionsbeziehungen

In diesem Abschnitt machen wir von der Tatsache Gebrauch, dass die Vektoren $|j_1, j_2; m_1, m_2\rangle$ eine Standardbasis bilden. Es gilt also

$$\begin{aligned} J_{1\pm}\,|j_1, j_2; m_1, m_2\rangle &= \hbar\sqrt{j_1(j_1+1) - m_1(m_1 \pm 1)}\,|j_1, j_2; m_1 \pm 1, m_2\rangle, \\ J_{2\pm}\,|j_1, j_2; m_1, m_2\rangle &= \hbar\sqrt{j_2(j_2+1) - m_2(m_2 \pm 1)}\,|j_1, j_2; m_1, m_2 \pm 1\rangle. \end{aligned} \tag{10.167}$$

Ebenso genügen die Vektoren $|J, M\rangle$ aufgrund ihrer Konstruktion der Beziehung

$$J_\pm\,|J, M\rangle = \hbar\sqrt{J(J+1) - M(M \pm 1)}\,|J, M \pm 1\rangle. \tag{10.168}$$

Wir wenden also den Operator J_- auf Gl. (10.153) an: Wegen $J_- = J_{1-} + J_{2-}$ erhalten wir (für $M > -J$)

$$\begin{aligned} \sqrt{J(J+1) - M(M-1)}\,|J, M-1\rangle &= \sum_{m_1'=-j_1}^{j_1} \sum_{m_2'=-j_2}^{j_2} \langle j_1, j_2; m_1', m_2' \,|\, J, M\rangle \\ \times \Big[\sqrt{j_1(j_1+1) - m_1'(m_1'-1)}\,&|j_1, j_2; m_1' - 1, m_2'\rangle \\ + \sqrt{j_2(j_2+1) - m_2'(m_2'-1)}\,&|j_1, j_2; m_1', m_2' - 1\rangle\Big]. \end{aligned} \tag{10.169}$$

Indem wir diese Gleichung mit dem Bravektor $\langle j_1, j_2; m_1, m_2|$ multiplizieren, finden wir

$$\begin{aligned} &\sqrt{J(J+1) - M(M-1)}\langle j_1, j_2; m_1, m_2 \,|\, J, M-1\rangle \\ &= \sqrt{j_1(j_1+1) - m_1(m_1+1)}\langle j_1, j_2; m_1 + 1, m_2 \,|\, J, M\rangle \\ &\quad + \sqrt{j_2(j_2+1) - m_2(m_2+1)}\langle j_1, j_2; m_1, m_2 + 1 \,|\, J, M\rangle. \end{aligned} \tag{10.170}$$

Ist der Wert von M gleich $-J$, so gilt $J_-|J, -J\rangle = 0$ und Gl. (10.170) bleibt gültig, wenn wir die oben eingeführte Konvention beachten, nach der $\langle j_1, j_2; m_1, m_2|J, M\rangle$ für $|M| > J$ gleich null ist.

Ebenso gelangt man durch Anwendung des Operators $J_+ = J_{1+} + J_{2+}$ auf Gl. (10.153) zu

$$\begin{aligned} &\sqrt{J(J+1) - M(M+1)}\langle j_1, j_2; m_1, m_2 \,|\, J, M+1\rangle \\ &= \sqrt{j_1(j_1+1) - m_1(m_1-1)}\langle j_1, j_2; m_1 - 1, m_2 \,|\, J, M\rangle \\ &\quad + \sqrt{j_2(j_2+1) - m_2(m_2-1)}\langle j_1, j_2; m_1, m_2 - 1 \,|\, J, M\rangle \end{aligned} \tag{10.171}$$

(die linke Seite dieser Gleichung verschwindet für $M = J$). Mit Gl. (10.170) und Gl. (10.171) erhalten wir Rekursionsbeziehungen für die Clebsch-Gordan-Koeffizienten.

10.5.2 Phasenkonventionen

Wie wir gesehen haben, legt Gl. (10.169) die relativen Phasen der zum selben Wert von J gehörenden Vektoren $|J, M\rangle$ fest. Um die Definition der Clebsch-Gordan-Koeffizienten, wie sie sich in Gl. (10.153) ausdrückt, zu vervollständigen, müssen wir eine Phase für die verschiedenen Vektoren $|J, J\rangle$ wählen. Dazu untersuchen wir zunächst einige Eigenschaften der Koeffizienten $\langle j_1, j_2; m_1, m_2 \mid J, J\rangle$.

Die Koeffizienten $\langle j_1, j_2; m_1, m_2 \mid J, J\rangle$; Phase des Vektors $|J, J\rangle$

Der maximale Wert von m_1 im Koeffizienten $\langle j_1, j_2; m_1, m_2 \mid J, J\rangle$ ist $m_1 = j_1$. Nach der Auswahlregel Gl. (10.154) ist dann m_2 gleich $J - j_1$ (dessen Betrag nach der Relation (10.156) sicher kleiner als j_2 ist). Wenn m_1 jeweils in Einerschritten von seinem Maximalwert abnimmt, so nimmt m_2 entsprechend zu, bis es sein Maximum $m_2 = j_2$ erreicht (m_1 ist dann gleich $J - j_2$, dessen Betrag nach Ungleichung (10.157) sicher kleiner als j_1 ist). Theoretisch kann es also $j_1 + j_2 - J + 1$ nichtverschwindende Clebsch-Gordan-Koeffizienten $\langle j_1, j_2; m_1, m_2 \mid J, J\rangle$ geben. Wir wollen nun zeigen, dass tatsächlich keiner von ihnen je den Wert null annimmt.

Setzen wir in Gl. (10.171) $M = J$, erhalten wir

$$\begin{aligned}&\langle j_1, j_2; m_1 - 1, m_2 \mid J, J\rangle \\ &= -\sqrt{\frac{j_2(j_2+1) - m_2(m_2-1)}{j_1(j_1+1) - m_1(m_1-1)}}\langle j_1, j_2; m_1, m_2 - 1 \mid J, J\rangle. \qquad (10.172)\end{aligned}$$

Solange die in dieser Gleichung auftretenden Clebsch-Gordan-Koeffizienten die Bedingungen (10.159) erfüllen, kann der Radikand auf der rechten Seite dieser Gleichung weder verschwinden noch unendlich groß werden. Aus Gl. (10.172) folgt daher, dass beim Verschwinden von $\langle j_1, j_2; j_1, J - j_1 \mid J, J\rangle$ auch der Koeffizient $\langle j_1, j_2; j_1 - 1, J - j_1 + 1 \mid J, J\rangle$ gleich null wäre und ebenso alle folgenden Koeffizienten $\langle j_1, j_2; m_1, J - m_1 \mid J, J\rangle$. Das ist aber unmöglich, da der normierte Vektor $|J, J\rangle$ nicht gleich null sein kann. Darum sind alle Koeffizienten $\langle j_1, j_2; m_1, J - m_1 \mid J, J\rangle$ (mit $j_1 \geq m_1 \geq J - j_2$) von null verschieden.

Insbesondere ist der Koeffizient $\langle j_1, j_2; j_1, J - j_1 \mid J, J\rangle$, bei dem m_1 seinen Maximalwert annimmt, nicht gleich null. Um die Phase des Vektors $|J, J\rangle$ festzulegen, verlangen wir, dass dieser Koeffizient die folgende Bedingung erfüllt:

$$\langle j_1, j_2; j_1, J - j_1 \mid J, J\rangle \qquad \text{reell und positiv.} \qquad (10.173)$$

Aus Gl. (10.172) folgt dann rekursiv, dass alle Koeffizienten

$$\langle j_1, j_2; m_1, J - m_1 \mid J, J\rangle$$

reell sind (mit dem Vorzeichen $(-1)^{j_1 - m_1}$).

Bemerkung

Durch die Wahl dieser Phasenkonvention für den Vektor $|J, J\rangle$ spielen die Drehimpulse $\boldsymbol{J}_1$ und $\boldsymbol{J}_2$ eine asymmetrische Rolle. Es hängt jetzt von der Reihenfolge ab, in der die Quantenzahlen j_1 und j_2 im Clebsch-Gordan-Koeffizienten auftreten: Vertauscht man j_1 und j_2, so ist die Phase des Vektors $|J, J\rangle$ festgelegt durch die Bedingung

$$\langle j_2, j_1; j_2, J - j_2 \mid J, J\rangle \qquad \text{reell und positiv,} \qquad (10.174)$$

was *a priori* nicht zur Bedingung (10.173) äquivalent ist (die durch die Bedingungen (10.173) und (10.174) definierten Phasen der Vektoren $|J, J\rangle$ können verschieden sein). Wir werden darauf in Abschnitt 10.5.3 zurückkommen.

Weitere Clebsch-Gordan-Koeffizienten

Mit Hilfe von Gl. (10.170) können wir alle Koeffizienten $\langle j_1, j_2; m_1, m_2 \mid J, J-1\rangle$ in Abhängigkeit von $\langle j_1, j_2; m_1, m_2 \mid J, J\rangle$ ausdrücken, ebenso alle Koeffizienten $\langle j_1, j_2; m_1, m_2 \mid J, J-2\rangle$ usw. Aufgrund dieser Beziehung, die keine imaginären Zahlen enthält, müssen also alle Clebsch-Gordan-Koeffizienten reell sein:

$$\langle j_1, j_2; m_1, m_2 \mid J, M\rangle^* = \langle j_1, j_2; m_1, m_2 \mid J, M\rangle, \tag{10.175}$$

was wir auch schreiben können als

$$\langle j_1, j_2; m_1, m_2 \mid J, M\rangle = \langle J, M \mid j_1, j_2; m_1, m_2\rangle. \tag{10.176}$$

Das Vorzeichen von $\langle j_1, j_2; m_1, m_2 \mid J, M\rangle$ gehorcht allerdings für $M \neq J$ keiner einfachen Regel.

10.5.3 Einige nützliche Beziehungen

In diesem Abschnitt geben wir, ergänzend zum Abschnitt 10.5.1, einige nützliche Beziehungen an. Um sie zu beweisen, beginnen wir damit, die Vorzeichen bestimmter Clebsch-Gordan-Koeffizienten zu untersuchen.

Vorzeichen einiger Koeffizienten

Die Koeffizienten $\langle j_1, j_2; m_1, m_2 \mid j_1 + j_2, M\rangle$. Die Konvention (10.173) verlangt, dass der Koeffizient $\langle j_1, j_2; j_1, j_2 \mid j_1 + j_2, j_1 + j_2\rangle$ reell und positiv ist; er ist darüber hinaus gleich eins (s. Abschnitt 10.3.4). Setzen wir in Gl. (10.170) $M = J = j_1 + j_2$, so sehen wir, dass die Koeffizienten $\langle j_1, j_2; m_1, m_2 \mid j_1 + j_2, j_1 + j_2 - 1\rangle$ positiv sind. Durch Rekursion lässt sich dann leicht zeigen, dass gilt

$$\langle j_1, j_2; m_1, m_2 \mid j_1 + j_2, M\rangle \geq 0. \tag{10.177}$$

Koeffizienten für den Maximalwert von m_1. Wir betrachten den Koeffizienten $\langle j_1, j_2; m_1, m_2 \mid J, M\rangle$. Theoretisch ist der Maximalwert von m_1 gleich j_1. Dann ist jedoch $m_2 = M - j_1$, was nach den Gleichungen (10.159) nur für $M - j_1 \geq -j_2$, d. h.

$$M \geq j_1 - j_2 \tag{10.178}$$

möglich ist. Gilt andererseits

$$M \leq j_1 - j_2, \tag{10.179}$$

so entspricht der Maximalwert von m_1 dem Minimalwert von m_2 ($m_2 = -j_2$), und es ist daher $m_1 = M + j_2$.

Wir zeigen nun, dass alle Clebsch-Gordan-Koeffizienten, bei denen m_1 seinen Maximalwert annimmt, ungleich null und positiv sind. Dazu setzen wir in Gl. (10.170) $m_1 = j_1$; wir finden

$$\begin{aligned}&\sqrt{J(J+1) - M(M-1)}\langle j_1, j_2; j_1, m_2 \mid J, M-1\rangle \\ &\quad = \sqrt{j_2(j_2+1) - m_2(m_2+1)}\langle j_1, j_2; j_1, m_2 + 1 \mid J, M\rangle.\end{aligned} \tag{10.180}$$

Mit Hilfe dieser Beziehung lässt sich von von der Beziehung (10.173) ausgehend rekursiv zeigen, dass alle Koeffizienten $\langle j_1, j_2; j_1, M - j_1 \mid J, M\rangle$ positiv sind (und ungleich null, wenn M Gl. (10.178) erfüllt). Indem wir in Ungleichung (10.171) $m_2 = -j_2$ setzen, könnten wir ebenfalls zeigen, dass alle Koeffizienten $\langle j_1, j_2; M + j_2, -j_2 \mid J, M\rangle$ positiv sind (wenn M die Ungleichung (10.179) erfüllt).

Die Koeffizienten $\langle j_1, j_2; m_1, m_2 \mid J, J\rangle$ und $\langle j_1, j_2; m_1, m_2 \mid J, -J\rangle$. Wie wir in Abschnitt 10.5.2 sahen, hat $\langle j_1, j_2; m_1, m_2 \mid J, J\rangle$ das Vorzeichen $(-1)^{j_1 - m_1}$. Insbesondere hat

$$\langle j_1, j_2; J - j_2, j_2 \mid J, J\rangle \text{ das Vorzeichen } (-1)^{j_1 + j_2 - J}. \tag{10.181}$$

Um das Vorzeichen von $\langle j_1, j_2; m_1, m_2 \mid J, -J\rangle$ zu bestimmen, können wir in Gl. (10.170) $M = -J$ setzen, wobei dann die linke Seite der Gleichung verschwindet. Das Vorzeichen von $\langle j_1, j_2; m_1, m_2 \mid J, -J\rangle$ wechselt also, wenn sich m_1 (oder m_2) um ± 1 ändert. Da, wie oben gesehen, $\langle j_1, j_2; j_2 - J, -j_2 \mid J, -J\rangle$ positiv ist, ist das Vorzeichen von $\langle j_1, j_2; m_1, m_2 \mid J, -J\rangle$ folglich $(-1)^{m_2 + j_2}$ und insbesondere hat

$$\langle j_1, j_2; -j_1, -J + j_1 \mid J, -J\rangle \text{ das Vorzeichen } (-1)^{j_1 + j_2 - J}. \tag{10.182}$$

Vertauschen der Reihenfolge von j_1 und j_2

Mit den von uns gewählten Konventionen hängt die Phase des Vektors $|J, J\rangle$ von der Reihenfolge ab, in der die beiden Drehimpulse j_1 und j_2 im Clebsch-Gordan-Koeffizienten auftreten (s. Bemerkung in Abschnitt 10.5.2). Ist ihre Reihenfolge j_1, j_2, so ist die Komponente von $|J, J\rangle$ in Richtung von $|j_1, j_2; j_1, J - j_1\rangle$ positiv. Das bedeutet nach Bedingung (10.181), dass das Vorzeichen der Komponente in Richtung von $|j_1, j_2; J - j_2, j_2\rangle$ gleich $(-1)^{j_1 + j_2 - J}$ ist. Nehmen wir dagegen die Reihenfolge j_2, j_1, so zeigt Bedingung (10.174), dass diese Komponente positiv ist. Unter Vertauschung von j_1 und j_2 wird also $|J, J\rangle$ mit $(-1)^{j_1 + j_2 - J}$ multipliziert. Dasselbe gilt für die Vektoren $|J, M\rangle$, die sich aus $|J, J\rangle$ durch Anwendung des Operators J_- ergeben, wobei die Reihenfolge von j_1 und j_2 keine Rolle spielt. Der Austausch von j_1 und j_2 führt also auf die Beziehung

$$\langle j_2, j_1; m_2, m_1 \mid J, M\rangle = (-1)^{j_1 + j_2 - J} \langle j_1, j_2; m_1, m_2 \mid J, M\rangle. \tag{10.183}$$

Wechsel des Vorzeichens von M, m_1 und m_2

Wir haben in diesem Kapitel alle Vektoren $|J, M\rangle$ (und damit die Clebsch-Gordan-Koeffizienten) aus den Vektoren $|J, J\rangle$ konstruiert, indem wir den Operator J_- angewandt haben. Wir können umgekehrt mit dem Vektor $|J, -J\rangle$ beginnen und J_+ verwenden. Die weiteren Überlegungen sind dann genau gleich, und für die Vektoren $|J, -M\rangle$ finden wir dieselben Koeffizienten in der Entwicklung nach den $|j_1, j_2; -m_1, -m_2\rangle$ wie für die Vektoren $|J, M\rangle$, wenn sie nach den $|j_1, j_2; m_1, m_2\rangle$ entwickelt werden. Der einzige Unterschied, der auftreten kann, hängt mit den Phasenkonventionen für die Vektoren $|J, M\rangle$ zusammen, da die zur Bedingung (10.173) analoge Beziehung dann verlangt, dass

$\langle j_1, j_2; -j_1, -J + j_1 \mid J, -J\rangle$ reell und positiv ist. Nach (10.182) ist aber das Vorzeichen dieses Koeffizienten tatsächlich gleich $(-1)^{j_1+j_2-J}$. Also gilt

$$\langle j_1, j_2; -m_1, -m_2 \mid J, -M\rangle = (-1)^{j_1+j_2-J} \langle j_1, j_2; m_1, m_2 \mid J, M\rangle. \tag{10.184}$$

Setzen wir insbesondere $m_1 = m_2 = 0$, so sehen wir, dass der Koeffizient $\langle j_1, j_2; 0, 0 \mid J, 0\rangle$ verschwindet, wenn $j_1 + j_2 - J$ eine ungerade Zahl ist.

Die Koeffizienten $\langle j, j; m, -m \mid 0, 0\rangle$

Der Ungleichung (10.155) folgend kann J nur null sein, wenn j_1 und j_2 gleich sind. Wir setzen daher in Gl. (10.170) die Werte $j_1 = j_2 = j$, $m_1 = m$, $m_2 = -m - 1$ und $J = M = 0$ ein; wir erhalten

$$\langle j, j; m + 1, -(m + 1) \mid 0, 0\rangle = -\langle j, j; m, -m \mid 0, 0\rangle. \tag{10.185}$$

Alle Koeffizienten $\langle j, j; m, -m \mid 0, 0\rangle$ haben daher den gleichen Betrag. Ihr Vorzeichen wechselt, wenn m sich um eins ändert, und wird durch $(-1)^{j-m}$ gegeben, da $\langle j, j; j, -j \mid 0, 0\rangle$ positiv ist. Unter Verwendung der Orthogonalitätsrelation (10.163), aus der

$$\sum_{m=-j}^{j} \langle j, j; m, -m \mid 0, 0\rangle^2 = 1 \tag{10.186}$$

folgt, finden wir

$$\langle j, j; m, -m \mid 0, 0\rangle = \frac{(-1)^{j-m}}{\sqrt{2j+1}}. \tag{10.187}$$

10.6 Addition von Kugelflächenfunktionen

In diesem Abschnitt verwenden wir die Eigenschaften der Clebsch-Gordan-Koeffizienten, um Gleichungen aufzustellen, die später, insbesondere in den Abschnitten 10.8 und 13.4, von Nutzen sein werden: Es sind die Additionsrelationen für die Kugelflächenfunktionen. Zu diesem Zweck beginnen wir mit der Einführung und Untersuchung der Funktionen zweier Sätze von Polarwinkeln Ω_1 und Ω_2, den Funktionen $\Phi_J^M(\Omega_1; \Omega_2)$.

10.6.1 Die Funktionen $\Phi_J^M(\Omega_1; \Omega_2)$

Wir betrachten zwei Teilchen (1) und (2) mit den Zustandsräumen $\mathcal{H}_r^1$ und $\mathcal{H}_r^2$ und den Bahndrehimpulsen $\boldsymbol{L}_1$ und $\boldsymbol{L}_2$. Für den Raum $\mathcal{H}_r^1$ wählen wir eine Standardbasis, gebildet durch die Vektoren $\{|\varphi_{k_1,l_1,m_1}\rangle\}$, mit den entsprechenden Wellenfunktionen

$$\varphi_{k_1,l_1,m_1}(\boldsymbol{r}_1) = R_{k_1,l_1}(r_1) Y_{l_1}^{m_1}(\Omega_1) \tag{10.188}$$

(Ω_1 bezeichnet den Satz der Polarwinkel $\{\theta_1, \varphi_1\}$ des ersten Teilchens). In gleicher Weise wählen wir für $\mathscr{H}_{\boldsymbol{r}}^2$ eine Standardbasis $\{|\varphi_{k_2,l_2,m_2}\rangle\}$. Wir wollen im Folgenden die Zustände der Teilchen auf die Unterräume $\mathscr{H}(k_1, l_1)$ und $\mathscr{H}(k_2, l_2)$ beschränken, wobei k_1, l_1, k_2 und l_2 fest vorgegeben sind und die Radialfunktionen $R_{k_1,l_1}(r_1)$ und $R_{k_2,l_2}(r_2)$ keine Rolle spielen.

Der Drehimpuls des Gesamtsystems (1) + (2) ist

$$\boldsymbol{J} = \boldsymbol{L}_1 + \boldsymbol{L}_2. \tag{10.189}$$

Wir können eine Basis von $\mathscr{H}(k_1, l_1) \otimes \mathscr{H}(k_2, l_2)$ konstruieren, die aus den gemeinsamen Eigenvektoren $|\Phi_J^M\rangle$ von $\boldsymbol{J}^2$ (Eigenwert $J(J+1)\hbar^2$) und J_z (Eigenwert $M\hbar$) gebildet wird. Diese Vektoren haben die Form

$$|\Phi_J^M\rangle = \sum_{m_1=-l_1}^{l_1} \sum_{m_2=-l_2}^{l_2} \langle l_1, l_2; m_1, m_2 \mid J, M\rangle |\varphi_{k_1,l_1,m_1}(1)\rangle \otimes |\varphi_{k_2,l_2,m_2}(2)\rangle, \tag{10.190}$$

wobei der umgekehrte Basiswechsel gegeben wird durch

$$|\varphi_{k_1,l_1,m_1}(1)\rangle \otimes |\varphi_{k_2,l_2,m_2}(2)\rangle = \sum_{J=|l_1-l_2|}^{l_1+l_2} \sum_{M=-J}^{J} \langle l_1, l_2; m_1, m_2 \mid J, M\rangle |\Phi_J^M\rangle. \tag{10.191}$$

Wie Gl. (10.190) zeigt, wird die Winkelabhängigkeit der Zustände $|\Phi_J^M\rangle$ durch die folgenden Funktionen beschrieben:

$$\Phi_J^M(\Omega_1; \Omega_2) = \sum_{m_1=-l_1}^{l_1} \sum_{m_2=-l_2}^{l_2} \langle l_1, l_2; m_1, m_2 \mid J, M\rangle\, Y_{l_1}^{m_1}(\Omega_1) Y_{l_2}^{m_2}(\Omega_2). \tag{10.192}$$

Analog folgt aus Gl. (10.191)

$$Y_{l_1}^{m_1}(\Omega_1) Y_{l_2}^{m_2}(\Omega_2) = \sum_{J=|l_1-l_2|}^{l_1+l_2} \sum_{M=-J}^{J} \langle l_1, l_2; m_1, m_2 \mid J, M\rangle \Phi_J^M(\Omega_1; \Omega_2). \tag{10.193}$$

Im Raum der Wellenfunktionen entsprechen die Observablen $\boldsymbol{L}_1$ und $\boldsymbol{L}_2$ Differentialoperatoren, die auf die Variablen $\Omega_1 = \{\theta_1, \varphi_1\}$ und $\Omega_2 = \{\theta_2, \varphi_2\}$ wirken; insbesondere gilt

$$\begin{aligned} L_{1z} &\Longrightarrow \frac{\hbar}{\mathrm{i}} \frac{\partial}{\partial \varphi_1}, \\ L_{2z} &\Longrightarrow \frac{\hbar}{\mathrm{i}} \frac{\partial}{\partial \varphi_2}. \end{aligned} \tag{10.194}$$

Da nach Konstruktion der Vektor $|\Phi_J^M\rangle$ ein Eigenvektor von $J_z = L_{1z} + L_{2z}$ ist, können wir schreiben

$$\frac{\hbar}{\mathrm{i}}\left(\frac{\partial}{\partial\varphi_1} + \frac{\partial}{\partial\varphi_2}\right)\Phi_J^M(\theta_1,\varphi_1;\theta_2,\varphi_2) = M\hbar\,\Phi_J^M(\theta_1,\varphi_1;\theta_2,\varphi_2). \tag{10.195}$$

Darüber hinaus gilt

$$J_\pm\,|\Phi_J^M\rangle = \hbar\sqrt{J(J+1) - M(M\pm1)}\,|\Phi_J^{M\pm1}\rangle, \tag{10.196}$$

woraus folgt (mit den Ergebnissen von Abschnitt 6.4.1, Gleichungen (6.86) bis (6.88))

$$\begin{aligned}&\left\{\mathrm{e}^{\pm\mathrm{i}\varphi_1}\left[\pm\frac{\partial}{\partial\theta_1} + \mathrm{i}\cot\theta_1\frac{\partial}{\partial\varphi_1}\right] + \mathrm{e}^{\pm\mathrm{i}\varphi_2}\left[\pm\frac{\partial}{\partial\theta_2} + \mathrm{i}\cot\theta_2\frac{\partial}{\partial\varphi_2}\right]\right\}\\ &\qquad\qquad\qquad\qquad\times\Phi_J^M(\theta_1,\varphi_1;\theta_2,\varphi_2)\\ &\qquad = \sqrt{J(J+1)-M(M\pm1)}\,\Phi_J^{M\pm1}(\theta_1,\varphi_1;\theta_2,\varphi_2).\end{aligned} \tag{10.197}$$

10.6.2 Die Funktionen $F_l^m(\Omega)$

Wir führen die Funktionen F_l^m ein, die definiert sind durch

$$F_l^m(\theta,\varphi) \equiv F_l^m(\Omega) = \Phi_{J=l}^{M=m}(\Omega_1 = \Omega; \Omega_2 = \Omega); \tag{10.198}$$

F_l^m hängt nur von einem Paar von Polarwinkeln $\Omega = \{\theta,\varphi\}$ ab und kann daher die Winkelabhängigkeit einer Wellenfunktion beschreiben, die zu einem Teilchen mit dem Zustandsraum $\mathcal{H}_r$ und dem Drehimpuls $\boldsymbol{L}$ gehört . Wir werden sehen, dass F_l^m keine neue Funktion, sondern proportional zur Kugelflächenfunktion Y_l^m ist.

Um das zu beweisen, zeigen wir, dass F_l^m Eigenfunktion von $\boldsymbol{L}^2$ und L_z mit den Eigenwerten $l(l+1)\hbar^2$ und $m\hbar$ ist. Wir beginnen damit, die Wirkung von L_z auf F_l^m zu berechnen: Nach Gl. (10.198) hängt F_l^m von θ und φ über $\Omega_1 = \{\theta_1,\varphi_1\}$ und $\Omega_2 = \{\theta_2,\varphi_2\}$ ab, die beide gleich Ω gesetzt werden. Unter Anwendung der Kettenregel für die Differentiation von Funktionen erhalten wir

$$\begin{aligned}L_z\,F_l^m(\theta,\varphi) &= \frac{\hbar}{\mathrm{i}}\frac{\partial}{\partial\varphi}\,F_l^m(\theta,\varphi)\\ &= \frac{\hbar}{\mathrm{i}}\left\{\left[\frac{\partial}{\partial\varphi_1} + \frac{\partial}{\partial\varphi_2}\right]\Phi_{J=l}^{M=m}(\Omega_1;\Omega_2)\right\}_{\Omega_1=\Omega_2=\Omega};\end{aligned} \tag{10.199}$$

Gleichung (10.195) ergibt dann

$$L_z\,F_l^m(\theta,\varphi) = m\hbar\,F_l^m(\theta,\varphi), \tag{10.200}$$

womit ein Teil des gewünschten Nachweises geführt ist. Um die Wirkung von $\boldsymbol{L}^2$ auf F_l^m zu berechnen, verwenden wir die Beziehung

$$\boldsymbol{L}^2 = \frac{1}{2}\left(L_+L_- + L_-L_+\right) + L_z^2. \tag{10.201}$$

Indem wir nun ähnlich wie bei der Ableitung von Gl. (10.199) und Gl. (10.200) argumentieren, führt uns Gl. (10.197) auf

$$L_\pm \, F_l^m(\theta, \varphi) = \hbar \sqrt{l(l+1) - m(m \pm 1)} \, F_l^{m\pm 1}(\theta, \varphi). \tag{10.202}$$

Damit ergibt dann Gl. (10.201)

$$\begin{aligned} \boldsymbol{L}^2 \, F_l^m(\theta, \varphi) &= \frac{\hbar^2}{2} \Big\{ [l(l+1) - m(m-1)] \\ &\qquad + [l(l+1) - m(m+1)] + 2m^2 \Big\} F_l^m(\theta, \varphi) \\ &= l(l+1)\hbar^2 \, F_l^m(\theta, \varphi). \end{aligned} \tag{10.203}$$

Die Funktion F_l^m, die nach Gl. (10.200) Eigenfunktion von L_z mit dem Eigenwert $m\hbar$ ist, ist also auch Eigenfunktion von $\boldsymbol{L}^2$ mit dem Eigenwert $l(l+1)\hbar^2$. Da $\boldsymbol{L}^2$ und L_z einen v. S. k. O. im Raum der Funktionen von θ und φ bilden, ist F_l^m notwendig proportional zur Kugelflächenfunktion Y_l^m. Mit Hilfe von Gl. (10.202) können wir leicht zeigen, dass der Proportionalitätskoeffizient nicht von m abhängt,

$$F_l^m(\theta, \varphi) = \lambda(l) \, Y_l^m(\theta, \varphi). \tag{10.204}$$

Den Proportionalitätsfaktor $\lambda(l)$ müssen wir nun berechnen. Dazu wählen wir eine bestimmte Raumrichtung, nämlich die z-Richtung ($\theta = 0$, φ unbestimmt). Auf der z-Achse verschwinden alle Kugelflächenfunktionen Y_l^m bis auf die für $m = 0$ (da Y_l^m proportional zu $\mathrm{e}^{\mathrm{i}m\varphi}$ ist, müssen sie gleich null sein, damit der Wert von Y_l^m auf der z-Achse eindeutig bestimmt ist; s. dazu auch Abschnitt 6.5.2, Gleichungen (6.242), (6.243) und (6.245)). Für $m = 0$ ist die Kugelflächenfunktion $Y_l^m(\theta = 0, \varphi)$ (s. Abschnitt 6.5.2, Gl. (6.234) und Gl. (6.236))

$$Y_l^0(\theta = 0, \varphi) = \sqrt{\frac{2l+1}{4\pi}}. \tag{10.205}$$

Indem wir diese Ergebnisse in Gl. (10.192) und Gl. (10.198) einsetzen, finden wir

$$F_l^{m=0}(\theta = 0, \varphi) = \langle l_1, l_2; 0, 0 \,|\, l, 0 \rangle \frac{\sqrt{(2l_1+1)(2l_2+1)}}{4\pi}. \tag{10.206}$$

Außerdem gilt nach Gl. (10.204) und Gl. (10.205)

$$F_l^{m=0}(\theta = 0, \varphi) = \lambda(l) \sqrt{\frac{2l+1}{4\pi}}, \tag{10.207}$$

so dass wir erhalten

$$\lambda(l) = \sqrt{\frac{(2l_1+1)(2l_2+1)}{4\pi(2l+1)}} \langle l_1, l_2; 0, 0 \,|\, l, 0 \rangle. \tag{10.208}$$

10.6.3 Entwicklung eines Produkts von Kugelflächenfunktionen

Mit den Gleichungen (10.198), (10.204) und (10.208) folgt aus Gl. (10.192) und Gl. (10.193)

$$Y_l^m(\Omega) = \left[\sqrt{\frac{(2l_1+1)(2l_2+1)}{4\pi(2l+1)}}\langle l_1, l_2; 0, 0 \mid l, 0\rangle\right]^{-1} \times \sum_{m_1}\sum_{m_2}\langle l_1, l_2; m_1, m_2 \mid l, m\rangle\, Y_{l_1}^{m_1}(\Omega) Y_{l_2}^{m_2}(\Omega) \tag{10.209}$$

und

$$Y_{l_1}^{m_1}(\Omega) Y_{l_2}^{m_2}(\Omega) = \sum_{l=|l_1-l_2|}^{l_1+l_2}\sum_{m=-l}^{l}\sqrt{\frac{(2l_1+1)(2l_2+1)}{4\pi(2l+1)}}\langle l_1, l_2; 0, 0 \mid l, 0\rangle \times\langle l_1, l_2; m_1, m_2 \mid l, m\rangle\, Y_l^m(\Omega). \tag{10.210}$$

Diese letzten Beziehungen (in der die Summation über m eigentlich unnötig ist, da die einzigen nichtverschwindenden Terme notwendig $m = m_1 + m_2$ erfüllen) werden *Additionsrelationen für Kugelflächenfunktionen* genannt. Nach Gl. (10.184) ist der Clebsch-Gordan-Koeffizient $\langle l_1, l_2; 0, 0 \mid l, 0\rangle$ nur dann von null verschieden, wenn $l_1 + l_2 - l$ gerade ist. Das Produkt $Y_{l_1}^{m_1}(\Omega) Y_{l_2}^{m_2}(\Omega)$ kann daher nur in Kugelflächenfunktionen der Ordnungen

$$l = l_1 + l_2\,,\ l_1 + l_2 - 2\,,\ l_1 + l_2 - 4\,,\ \ldots\,,\ |l_1 - l_2| \tag{10.211}$$

entwickelt werden. In Gl. (10.210) ist die Parität $(-1)^l$ der Terme in der Entwicklung auf der rechten Seite tatsächlich gleich $(-1)^{l_1+l_2}$, also gleich der Parität des Produkts, das die linke Seite bildet.

Wir wollen die Additionsrelationen für die Kugelflächenfunktionen verwenden, um das Integral

$$I = \int Y_{l_1}^{m_1}(\Omega) Y_{l_2}^{m_2}(\Omega) Y_{l_3}^{m_3}(\Omega)\, \mathrm{d}\Omega \tag{10.212}$$

zu berechnen. Setzen wir Gl. (10.210) in (10.212) ein, so erhalten wir Ausdrücke vom Typ

$$K(l, m; l_3, m_3) = \int Y_l^m(\Omega) Y_{l_3}^{m_3}(\Omega)\, \mathrm{d}\Omega\,, \tag{10.213}$$

die sich mit Hilfe der Konjugationsrelationen für Kugelflächenfunktionen und den Orthogonalitätsrelationen (s. Abschnitt 6.5.2, Gl. (6.231) und Gl. (6.221)) zu

$$K(l, m; l_3, m_3) = (-1)^m \delta_{l l_3}\delta_{m,-m_3} \tag{10.214}$$

ergeben. Für den Wert von I erhalten wir daher

$$\int Y_{l_1}^{m_1}(\Omega) Y_{l_2}^{m_2}(\Omega) Y_{l_3}^{m_3}(\Omega)\, \mathrm{d}\Omega = (-1)^{m_3}\sqrt{\frac{(2l_1+1)(2l_2+1)}{4\pi(2l_3+1)}} \times\langle l_1, l_2; 0, 0 \mid l_3, 0\rangle\langle l_1, l_2; m_1, m_2 \mid l_3, -m_3\rangle. \tag{10.215}$$

Dieses Integral ist nur dann von null verschieden,

1. wenn $m_1 + m_2 + m_3 = 0$ gilt, was man auch direkt hätte sehen können, wenn man die Integration über φ in Gl. (10.212) ausführt:

$$\int_0^{2\pi} \mathrm{d}\varphi\, \mathrm{e}^{\mathrm{i}(m_1+m_2+m_3)\varphi} = \delta_{0,m_1+m_2+m_3};$$

2. wenn sich aus den drei Strecken der Längen l_1, l_2 und l_3 ein Dreieck bilden lässt;

3. wenn $l_1 + l_2 - l_3$ gerade ist (das ist notwendig, damit $\langle l_1, l_2; 0, 0 \,|\, l_3, 0\rangle$ ungleich null ist), d. h. wenn das Produkt der drei Kugelflächenfunktionen $Y_{l_1}^{m_1}$, $Y_{l_2}^{m_2}$ und $Y_{l_3}^{m_3}$ eine gerade Funktion ist (offensichtlich eine notwendige Bedingung, damit das Integral über alle Raumrichtungen nicht verschwindet).

Durch Gl. (10.215) wird für den speziellen Fall der Kugelflächenfunktionen ein allgemeineres Theorem ausgedrückt, das sogenannte Wigner-Eckart-Theorem.

10.7 Das Wigner-Eckart-Theorem

In Abschnitt 6.6.5 führten wir den Begriff eines skalaren Operators ein: Man versteht darunter einen Operator A, der mit dem Drehimpuls des betrachteten Systems vertauscht. Eine wichtige Eigenschaft dieser Operatoren ist (s. Abschnitt 6.6.6), dass in einer Standardbasis $\{|k, j, m\rangle\}$ die nichtverschwindenden Matrixelemente $\langle k, j, m \,|\, A \,|\, k', j', m'\rangle$ eines skalaren Operators die Bedingungen $j = j'$ und $m = m'$ erfüllen müssen; darüber hinaus hängen diese Matrixelemente nicht von m ab,[9] weshalb wir schreiben können

$$\langle k, j, m \,|\, A \,|\, k', j', m'\rangle = a_j(k, k')\delta_{jj'}\delta_{mm'}. \tag{10.216}$$

Insbesondere erhalten wir für feste Werte von k und j, also für die „Einschränkung" von A (s. Abschnitt 2.8.3) auf den Unterraum $\mathcal{H}(k, j)$, aufgespannt durch die $(2j + 1)$ Vektoren $|k, j, m\rangle$ $(m = -j, -j + 1, \ldots, +j)$, eine sehr einfache $(2j + 1) \times (2j + 1)$-Matrix: Sie ist diagonal, und die Diagonalelemente sind alle gleich.

Betrachten wir nun einen anderen skalaren Operator B. Die zugehörige Matrix im Unterraum $\mathcal{H}(k, j)$ besitzt dieselbe Eigenschaft: Sie ist proportional zur Einheitsmatrix. Die zu B gehörende Matrix kann daher leicht aus der zu A gehörenden gewonnen werden, indem man alle (diagonalen) Matrixelemente mit derselben Konstanten multipliziert. Wie wir sehen, sind die Einschränkungen zweier skalarer Operatoren auf einen Unterraum $\mathcal{H}(k, j)$ immer proportional zueinander. Wenn wir den Projektor auf den Unterraum $\mathcal{H}(k, j)$ mit $P(k, j)$ bezeichnen, können wir dieses Ergebnis schreiben als[10]

$$P(k, j)\, B\, P(k, j) = \lambda(k, j)\, P(k, j)\, A\, P(k, j). \tag{10.217}$$

Gegenstand dieses Abschnitts ist es, andere Operatoren zu untersuchen, die ähnliche Eigenschaften wie die soeben wiederholten aufweisen: die Vektoroperatoren. Wir werden

---

[9] Der Beweis dieser Eigenschaften wurde in Abschnitt 6.6 gegeben. Wir werden auf diesen Punkt in Abschnitt 10.7.3 zurückkommen, wo wir die Matrixelemente eines skalaren Hamilton-Operators untersuchen.

[10] Für zwei gegebene Operatoren A und B hängt der Proportionalitätskoeffizient im Allgemeinen vom Unterraum $\mathcal{H}(k, j)$ ab; deshalb schreiben wir $\lambda(k, j)$.

sehen, dass die Matrixelemente der Vektoren V und V' Auswahlregeln gehorchen, die wir beweisen wollen. Darüber hinaus werden wir zeigen, dass die Einschränkungen von V und V' auf $\mathcal{H}(k, j)$ immer proportional zueinander sind:

$$P(k, j)\, V'\, P(k, j) = \mu(k, j)\, P(k, j)\, V\, P(k, j). \tag{10.218}$$

Diese Aussagen stellen das Wigner-Eckart-Theorem für Vektoroperatoren dar.

Bemerkung

Das Wigner-Eckart-Theorem ist eigentlich eine sehr viel allgemeinere Aussage. Zum Beispiel erlaubt es uns, Auswahlregeln für die Matrixelemente von V zwischen zwei Vektoren, die zu unterschiedlichen Unterräumen $\mathcal{H}(k, j)$ und $\mathcal{H}(k', j')$ gehören, zu erhalten oder diese Elemente mit den entsprechenden Elementen von V' in Verbindung zu setzen. Das Wigner-Eckart-Theorem kann auch auf eine ganze Klasse von Operatoren angewendet werden, von denen Skalare und Vektoren nur Spezialfälle sind: die irreduziblen Tensoroperatoren (s. Aufgabe 8 in Abschnitt 10.10), die wir hier allerdings nicht behandeln wollen.

10.7.1 Definition von Vektoroperatoren

Wie wir in Abschnitt 6.6.5 zeigten, handelt es sich bei einer Observablen V um einen Vektor, wenn ihre drei Komponenten V_x, V_y und V_z in einem orthonormalen x, y, z-Koordinatensystem die folgenden Vertauschungsrelationen erfüllen:

$$\begin{aligned} [J_x, V_x] &= 0, \\ [J_x, V_y] &= \mathrm{i}\hbar\, V_z, \\ [J_x, V_z] &= -\mathrm{i}\hbar\, V_y, \end{aligned} \tag{10.219}$$

zusammen mit den sich durch zyklisches Vertauschen der Indizes x, y und z ergebenden Relationen.

Wir geben einige Beispiele für Vektoroperatoren an:

1. Der Drehimpuls $\boldsymbol{J}$ ist selbst ein Vektor; ersetzt man in den Ausdrücken (10.219) V durch $\boldsymbol{J}$, erhält man die definierenden Eigenschaften für einen Drehimpuls (s. Kapitel 6).

2. Für ein spinloses Teilchen, dessen Zustandsraum $\mathcal{H}_{\boldsymbol{r}}$ ist, gilt $\boldsymbol{J} = \boldsymbol{L}$. Man kann dann zeigen, dass $\boldsymbol{R}$ und $\boldsymbol{P}$ Vektoroperatoren sind. So gilt z. B.

$$\begin{aligned} [L_x, X] &= [YP_z - ZP_y, X] = 0, \\ [L_x, Y] &= [-ZP_y, Y] = \mathrm{i}\hbar\, Z, \\ [L_x, Z] &= [YP_z, Z] = -\mathrm{i}\hbar\, Y. \end{aligned} \tag{10.220}$$

3. Für ein Teilchen mit dem Spin $\boldsymbol{S}$, dessen Zustandsraum $\mathcal{H}_{\boldsymbol{r}} \otimes \mathcal{H}_S$ ist, wird $\boldsymbol{J}$ durch $\boldsymbol{J} = \boldsymbol{L} + \boldsymbol{S}$ gegeben. In diesem Fall sind die Operatoren $\boldsymbol{L}$, $\boldsymbol{R}$, $\boldsymbol{S}$, $\boldsymbol{P}$ Vektoren. Beachten wir, dass alle Spinoperatoren (die nur in $\mathcal{H}_S$ wirken) mit den Bahnoperatoren (die nur in $\mathcal{H}_{\boldsymbol{r}}$ wirken) vertauschen, so folgt der Beweis dieser Eigenschaft sofort aus (1) und (2).

Andererseits sind Operatoren des Typs $\boldsymbol{L}^2$, $\boldsymbol{L} \cdot \boldsymbol{S}$ usw. keine Vektoren, sondern Skalare (s. Abschnitt 6.6.5). Aus den angegebenen Operatoren können wir jedoch weitere Vektoroperatoren erhalten: $\boldsymbol{R} \times \boldsymbol{S}$, $(\boldsymbol{L} \cdot \boldsymbol{S})\boldsymbol{P}$ usw.

4. Betrachten wir das System (1) + (2), das aus der Vereinigung zweier Systeme gebildet wird: (1) mit dem Zustandsraum $\mathscr{H}_1$ und (2) mit dem Zustandsraum $\mathscr{H}_2$. Wenn $\boldsymbol{V}(1)$ ein nur in $\mathscr{H}_1$ wirkender Vektoroperator ist (d. h. er erfüllt die Vertauschungsrelationen (10.219) mit dem Drehimpuls $\boldsymbol{J}_1$ des ersten Systems), dann ist die Erweiterung von $\boldsymbol{V}(1)$ auf $\mathscr{H}_1 \otimes \mathscr{H}_2$ ebenfalls ein Vektor. Zum Beispiel sind für ein Zweielektronensystem die Operatoren $\boldsymbol{L}_1$, $\boldsymbol{R}_1$, $\boldsymbol{S}_1$ usw. Vektoren.

10.7.2 Das Wigner-Eckart-Theorem für Vektoroperatoren

Nichtverschwindende Matrixelemente von V

Wir führen die Operatoren V_+, V_-, J_+ und J_- ein, die definiert werden durch

$$\begin{aligned} V_\pm &= V_x \pm \mathrm{i} V_y, \\ J_\pm &= J_x \pm \mathrm{i} J_y. \end{aligned} \tag{10.221}$$

Mit Hilfe der Gleichungen (10.219) zeigen wir leicht

$$\begin{aligned} [J_x, V_\pm] &= \mp\hbar\, V_z, \\ \left[J_y, V_\pm\right] &= -\mathrm{i}\hbar\, V_z, \\ [J_z, V_\pm] &= \pm\hbar\, V_\pm, \end{aligned} \tag{10.222}$$

woraus die Vertauschungsrelationen von $J_\pm$ und $V_\pm$ folgen:

$$\begin{aligned} [J_+, V_+] &= 0, \\ [J_+, V_-] &= 2\hbar\, V_z, \\ [J_-, V_+] &= -2\hbar\, V_z, \\ [J_-, V_-] &= 0. \end{aligned} \tag{10.223}$$

Wir betrachten nun die Matrixelemente von $\boldsymbol{V}$ in einer Standardbasis. Wie wir sehen werden, folgt aus der Tatsache, dass $\boldsymbol{V}$ ein Vektoroperator ist, dass eine große Anzahl von ihnen verschwindet. Zunächst werden wir zeigen, dass die Matrixelemente $\langle k, j, m \,|\, V_z \,|\, k', j', m' \rangle$ notwendig verschwinden, wenn m von m' verschieden ist. Dazu genügt die Feststellung, dass V_z und J_z vertauschen (was sich nach zyklischer Vertauschung der Indizes aus der ersten der Gleichungen (10.219) ergibt). Aus diesem Grund sind die Matrixelemente von V_z zwischen zwei Vektoren $|k, j, m\rangle$, die verschiedenen Eigenwerten $m\hbar$ von J_z entsprechen, gleich null (s. Abschnitt 2.4.3).

Für die Matrixelemente $\langle k, j, m \,|\, V_\pm \,|\, k', j', m' \rangle$ von $V_\pm$ werden wir zeigen, dass sie nur dann von null verschieden sind, wenn $m - m' = \pm 1$ gilt. Aus den Gleichungen (10.222) erhalten wir

$$J_z V_\pm = V_\pm J_z \pm \hbar\, V_\pm . \tag{10.224}$$

Wenden wir beide Seiten dieser Beziehung auf den Vektor $|k', j', m'\rangle$ an, so ergibt sich

$$\begin{aligned} J_z \left(V_\pm |k', j', m'\rangle\right) &= V_\pm J_z\, |k', j', m'\rangle \pm \hbar\, V_\pm\, |k', j', m'\rangle \\ &= (m' \pm 1)\hbar\, V_\pm\, |k', j', m'\rangle . \end{aligned} \tag{10.225}$$

Aus dieser Gleichung folgt, dass $V_\pm |k', j', m'\rangle$ Eigenvektor von J_z mit dem Eigenwert $(m' \pm 1)\hbar$ ist. Da zwei Eigenvektoren des hermiteschen Operators J_z mit unterschiedlichen Eigenwerten orthogonal sind, muss demnach das Skalarprodukt $\langle k, j, m \mid V_\pm \mid k', j', m'\rangle$ für $m \neq m' \pm 1$ gleich null sein.[11]

Zusammenfassend erhalten wir also die folgenden Auswahlregeln für die Matrixelemente des Operators $\boldsymbol{V}$:

$$\begin{aligned} V_z &\implies \Delta m = m - m' = 0, \\ V_+ &\implies \Delta m = m - m' = +1, \\ V_- &\implies \Delta m = m - m' = -1. \end{aligned} \tag{10.226}$$

Aus diesen Ergebnissen können wir leicht auf die Form der Matrizen schließen, die die Einschränkungen der Komponenten von $\boldsymbol{V}$ auf einen Unterraum $\mathcal{H}(k, j)$ darstellen. Die zu V_z gehörende Matrix ist diagonal, und die zu $V_\pm$ gehörenden haben nur unmittelbar über und unter der Hauptdiagonalen nichtverschwindende Matrixelemente.

Proportionalität zwischen Matrixelementen von $\boldsymbol{J}$ und $\boldsymbol{V}$

Matrixelemente von V_+ und V_-. Da das Matrixelement des ersten Kommutators (10.223) zwischen dem Bravektor $\langle k, j, m+2|$ und dem Ketvektor $|k, j, m\rangle$ verschwindet, können wir schreiben

$$\langle k, j, m+2 \mid J_+ V_+ \mid k, j, m\rangle = \langle k, j, m+2 \mid V_+ J_+ \mid k, j, m\rangle. \tag{10.227}$$

Auf beiden Seiten dieser Gleichung fügen wir zwischen den Operatoren J_+ und V_+ die Vollständigkeitsrelation

$$\sum_{k', j', m'} |k', j', m'\rangle\langle k', j', m'| = 1 \tag{10.228}$$

ein. So erhalten wir die Matrixelemente $\langle k, j, m \mid J_+ \mid k', j', m'\rangle$ von J_+; aufgrund der Konstruktion der Standardbasis $\{|k, j, m\rangle\}$ sind sie nur dann von null verschieden, wenn $k = k'$, $j = j'$ und $m = m' + 1$ gilt. Die Summationen über k', j' und m' sind daher überflüssig und Gl. (10.227) lautet dann

$$\begin{aligned} &\langle k, j, m+2 \mid J_+ \mid k, j, m+1\rangle\langle k, j, m+1 \mid V_+ \mid k, j, m\rangle \\ &\quad = \langle k, j, m+2 \mid V_+ \mid k, j, m+1\rangle\langle k, j, m+1 \mid J_+ \mid k, j, m\rangle, \end{aligned} \tag{10.229}$$

d. h.

$$\frac{\langle k, j, m+1 \mid V_+ \mid k, j, m\rangle}{\langle k, j, m+1 \mid J_+ \mid k, j, m\rangle} = \frac{\langle k, j, m+2 \mid V_+ \mid k, j, m+1\rangle}{\langle k, j, m+2 \mid J_+ \mid k, j, m+1\rangle} \tag{10.230}$$

[11] Man sollte nicht folgern, dass $V_\pm |k, j, m\rangle$ notwendig proportional zu $|k, j, m \pm 1\rangle$ ist. Die obige Argumentation zeigt nur, dass gilt

$$V_\pm |k, j, m\rangle = \sum_{k'} \sum_{j'} c_{k', j'} |k', j', m \pm 1\rangle.$$

Damit wir z. B. die Summation über j' weglassen dürften, wäre es notwendig, dass $V_\pm$ mit $\boldsymbol{J}^2$ vertauscht, was im Allgemeinen nicht der Fall ist.

(solange die in dieser Gleichung auftretenden Bra- und Ketvektoren existieren, d. h. wenn $j-2 \geq m \geq -j$ gilt, lässt sich sofort zeigen, dass der Nenner nie null werden kann). Indem wir die so erhaltene Gleichung für $m = -j, -j+1, \ldots, j-2$ niederschreiben, erhalten wir

$$\begin{aligned}\frac{\langle k,j,-j+1\,|\,V_+\,|\,k,j,-j\rangle}{\langle k,j,-j+1\,|\,J_+\,|\,k,j,-j\rangle} &= \frac{\langle k,j,-j+2\,|\,V_+\,|\,k,j,-j+1\rangle}{\langle k,j,-j+2\,|\,J_+\,|\,k,j,-j+1\rangle} = \cdots \\ &= \frac{\langle k,j,m+1\,|\,V_+\,|\,k,j,m\rangle}{\langle k,j,m+1\,|\,J_+\,|\,k,j,m\rangle} = \cdots \\ &= \frac{\langle k,j,j\,|\,V_+\,|\,k,j,j-1\rangle}{\langle k,j,j\,|\,J_+\,|\,k,j,j-1\rangle},\end{aligned} \tag{10.231}$$

d. h. wenn wir den gemeinsamen Wert dieser Verhältnisse mit $\alpha_+(k,j)$ bezeichnen,

$$\langle k,j,m+1\,|\,V_+\,|\,k,j,m\rangle = \alpha_+(k,j)\,\langle k,j,m+1\,|\,J_+\,|\,k,j,m\rangle, \tag{10.232}$$

wobei $\alpha_+(k,j)$ von k und j, aber nicht von m abhängt.

Außerdem folgt aus der zweiten Auswahlregel (10.226), dass alle Matrixelemente $\langle k,j,m\,|\,V_+\,|\,k,j,m'\rangle$ und $\langle k,j,m\,|\,J_+\,|\,k,j,m'\rangle$ für $\Delta m = m - m' \neq +1$ verschwinden. Damit erhalten wir für beliebige m und m'

$$\langle k,j,m\,|\,V_+\,|\,k,j,m'\rangle = \alpha_+(k,j)\,\langle k,j,m\,|\,J_+\,|\,k,j,m'\rangle. \tag{10.233}$$

Dieses Ergebnis drückt die Tatsache aus, dass alle Matrixelemente von V_+ innerhalb $\mathcal{H}(k,j)$ proportional zu denen von J_+ sind.

Eine analoge Überlegung lässt sich auf das Matrixelement des vierten Kommutators (10.223) zwischen dem Bravektor $\langle k,j,m-2|$ und dem Ketvektor $|k,j,m\rangle$ anwenden. Das führt uns auf

$$\langle k,j,m\,|\,V_-\,|\,k,j,m'\rangle = \alpha_-(k,j)\,\langle k,j,m\,|\,J_-\,|\,k,j,m'\rangle; \tag{10.234}$$

diese Gleichung drückt aus, dass die Matrixelemente von V_- und J_- innerhalb von $\mathcal{H}(k,j)$ proportional zueinander sind.

Matrixelemente von V_z. Um die Matrixelemente von V_z mit denen von J_z zu verknüpfen, betrachten wir nun den dritten Kommutator (10.223) zwischen dem Bravektor $\langle k,j,m|$ und dem Ketvektor $|k,j,m\rangle$:

$$\begin{aligned}-2\hbar\langle k,j,m\,|\,V_z\,|\,k,j,m\rangle &= \langle k,j,m\,|\,(J_-V_+ - V_+J_-)\,|\,k,j,m\rangle \\ &= \hbar\sqrt{j(j+1)-m(m+1)}\langle k,j,m+1\,|\,V_+\,|\,k,j,m\rangle \\ &\quad -\hbar\sqrt{j(j+1)-m(m-1)}\langle k,j,m\,|\,V_+\,|\,k,j,m-1\rangle.\end{aligned} \tag{10.235}$$

Mit Gl. (10.233) erhalten wir

$$\begin{aligned}
&\langle k, j, m \mid V_z \mid k, j, m\rangle \\
&\quad = -\frac{1}{2}\alpha_+(k,j)\Big\{\sqrt{j(j+1)-m(m+1)}\langle k, j, m+1 \mid J_+ \mid k, j, m\rangle \\
&\qquad\qquad - \sqrt{j(j+1)-m(m-1)}\langle k, j, m \mid J_+ \mid k, j, m-1\rangle\Big\} \\
&\quad = -\frac{\hbar}{2}\alpha_+(k,j)\{j(j+1)-m(m+1)-j(j+1)+m(m-1)\}, \qquad (10.236)
\end{aligned}$$

d. h.

$$\langle k, j, m \mid V_z \mid k, j, m\rangle = m\hbar\,\alpha_+(k,j). \qquad (10.237)$$

Ausgehend vom zweiten Kommutator (10.223) und Gl. (10.234) führt uns analoges Vorgehen auf

$$\langle k, j, m \mid V_z \mid k, j, m\rangle = m\hbar\,\alpha_-(k,j). \qquad (10.238)$$

Wie Gl. (10.237) und Gl. (10.238) zeigen, sind $\alpha_+(k,j)$ und $\alpha_-(k,j)$ notwendig gleich, und wir werden von nun an ihren gemeinsamen Wert mit $\alpha(k,j)$ bezeichnen:

$$\alpha(k,j) = \alpha_+(k,j) = \alpha_-(k,j). \qquad (10.239)$$

Außerdem folgt aus diesen Beziehungen

$$\langle k, j, m \mid V_z \mid k, j, m'\rangle = \alpha(k,j)\langle k, j, m \mid J_z \mid k, j, m'\rangle. \qquad (10.240)$$

Verallgemeinerung auf eine beliebige Komponente von $\boldsymbol{V}$. Jede Komponente von $\boldsymbol{V}$ ist eine Linearkombination von V_+, V_- und V_z. Wir können daher die Beziehungen nach den Gleichungen (10.239), (10.233), (10.234) und (10.240) zusammenfassen und schreiben

$$\langle k, j, m \mid \boldsymbol{V} \mid k, j, m'\rangle = \alpha(k,j)\langle k, j, m \mid \boldsymbol{J} \mid k, j, m'\rangle. \qquad (10.241)$$

Also sind *innerhalb* von $\mathcal{H}(k,j)$ alle Matrixelemente von $\boldsymbol{V}$ *proportional* zu denen von $\boldsymbol{J}$. Dieses Ergebnis stellt das Wigner-Eckart-Theorem für einen speziellen Fall dar. Indem wir die „Einschränkungen“ von $\boldsymbol{V}$ und $\boldsymbol{J}$ auf $\mathcal{H}(k,j)$ einführen (s. Abschnitt 2.8.3), können wir auch

$$P(k,j)\,\boldsymbol{V}\,P(k,j) = \alpha(k,j)\,P(k,j)\,\boldsymbol{J}\,P(k,j) \qquad (10.242)$$

schreiben.

Bemerkung

Der Operator $\boldsymbol{J}$ vertauscht mit $P(k,j)$ (s. Gl. (10.243)); da darüber hinaus

$$[P(k,j)]^2 = P(k,j)$$

gilt, können wir einen Projektionsoperator $P(k,j)$ auf der rechten Seite von Gl. (10.242) weglassen.

Das Projektionstheorem

Wir betrachten den Operator $\boldsymbol{J} \cdot \boldsymbol{V}$; seine Einschränkung auf $\mathscr{H}(k, j)$ wird durch $P(k, j)\, \boldsymbol{J} \cdot \boldsymbol{V}\, P(k, j)$ gegeben. Um diesen Ausdruck umzuformen, benutzen wir die Beziehung

$$[\boldsymbol{J}, P(k, j)] = 0. \tag{10.243}$$

Ihre Gültigkeit zeigen wir, indem wir auf einen beliebigen Vektor der $\{|k, j, m\rangle\}$-Basis die Kommutatoren $[J_z, P(k, j)]$ und $[J_\pm, P(k, j)]$ anwenden. Mit Gl. (10.242) erhalten wir dann

$$\begin{aligned} P(k, j)\, \boldsymbol{J} \cdot \boldsymbol{V}\, P(k, j) &= \boldsymbol{J} \cdot [P(k, j)\, \boldsymbol{V}\, P(k, j)] \\ &= \alpha(k, j)\, \boldsymbol{J}^2\, P(k, j) \\ &= \alpha(k, j)\, j(j+1)\hbar^2\, P(k, j). \end{aligned} \tag{10.244}$$

Die Einschränkung des Operators $\boldsymbol{J} \cdot \boldsymbol{V}$ auf den Raum $\mathscr{H}(k, j)$ ist also gleich dem mit $\alpha(k, j) j(j+1)\hbar^2$ multiplizierten Einheitsoperator.[12] Daher ist, wenn wir einen beliebigen normierten Zustand des Unterraums $\mathscr{H}(k, j)$ mit $|\psi_{k,j}\rangle$ bezeichnen, der Erwartungswert $\langle \boldsymbol{J} \cdot \boldsymbol{V} \rangle_{k,j}$ unabhängig vom gewählten Vektor $|\psi_{k,j}\rangle$,

$$\langle \boldsymbol{J} \cdot \boldsymbol{V} \rangle_{k,j} = \langle \psi_{k,j} \,|\, \boldsymbol{J} \cdot \boldsymbol{V} \,|\, \psi_{k,j} \rangle = \alpha(k, j)\, j(j+1)\hbar^2. \tag{10.245}$$

Setzen wir dies in Gl. (10.242) ein, so sehen wir, dass *innerhalb* des Unterraums $\mathscr{H}(k, j)$ gilt[13]

$$\boldsymbol{V} = \frac{\langle \boldsymbol{J} \cdot \boldsymbol{V} \rangle_{k,j}}{\langle \boldsymbol{J}^2 \rangle_{k,j}}\, \boldsymbol{J} = \frac{\langle \boldsymbol{J} \cdot \boldsymbol{V} \rangle_{k,j}}{j(j+1)\hbar^2}\, \boldsymbol{J}. \tag{10.246}$$

Dieses Resultat wird oft als *Projektionstheorem* bezeichnet: Unabhängig vom betrachteten physikalischen System und solange wir es nur mit Zuständen desselben Unterraums $\mathscr{H}(k, j)$ zu tun haben, können wir alle Vektoroperatoren proportional zu $\boldsymbol{J}$ annehmen.

Man kann die folgende klassische physikalische Interpretation dieser Eigenschaft angeben: Wenn $\boldsymbol{j}$ den Gesamtdrehimpuls eines isolierten physikalischen Systems bezeichnet, präzessieren alle physikalischen Größen des Systems um den konstanten Vektor $\boldsymbol{j}$ (s. Abb. 10.4). Insbesondere verbleibt für eine vektorielle Größe $\boldsymbol{v}$ nach Mittelung über die Zeit nur ihre Projektion $\boldsymbol{v}_\parallel$ auf $\boldsymbol{j}$, d. i. ein Vektor parallel zu $\boldsymbol{j}$,

$$\boldsymbol{v}_\parallel = \frac{\boldsymbol{j} \cdot \boldsymbol{v}}{\boldsymbol{j}^2}\, \boldsymbol{j}; \tag{10.247}$$

diese Gleichung ist analog zu Gl. (10.246).

[12] Da $\boldsymbol{J} \cdot \boldsymbol{V}$ ein Skalar ist, war zu erwarten, dass seine Einschränkung proportional zum Einheitsoperator ist.

[13] Wir sagen, eine Operatorrelation sei nur innerhalb eines gegebenen Unterraums gültig, wenn sie nur für die Einschränkungen der betrachteten Operatoren auf diesen Unterraum gilt. Um ganz genau zu sein, müssten wir also beide Seiten von Gl. (10.246) zwischen zwei Projektoren $P(k, j)$ setzen.

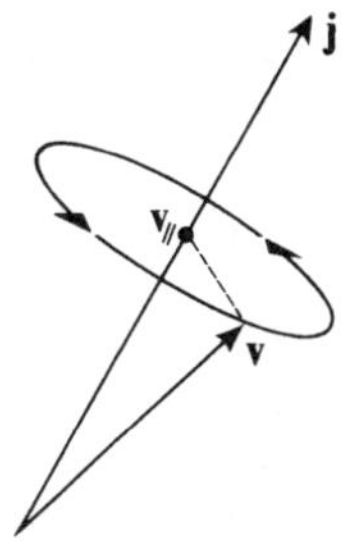

Abb. 10.4 Klassische Deutung des Projektionstheorems: Da der Vektor $\boldsymbol{v}$ sehr schnell um den Gesamtdrehimpuls $\boldsymbol{j}$ präzessiert, ist nur seine statische Komponente $\boldsymbol{v}_{\|}$ beobachtbar.

Bemerkungen

1. Man kann aus Gl. (10.246) nicht schließen, dass $\boldsymbol{V}$ und $\boldsymbol{J}$ im gesamten Zustandsraum (der direkten Summe aller Unterräume $\mathcal{H}(k, j)$) proportional zueinander sind. Es ist zu beachten, dass die Proportionalitätskonstante $\alpha(k, j)$ (oder $\langle \boldsymbol{J} \cdot \boldsymbol{V} \rangle_{k,j}$) vom gewählten Unterraum $\mathcal{H}(k, j)$ abhängt. Außerdem kann ein Vektoroperator $\boldsymbol{V}$ nichtverschwindende Matrixelemente zwischen Vektoren, die zu verschiedenen Unterräumen $\mathcal{H}(k, j)$ gehören, besitzen, während die entsprechenden Matrixelemente von $\boldsymbol{J}$ immer verschwinden.

2. Wir betrachten einen zweiten Vektoroperator $\boldsymbol{W}$. Seine Einschränkung auf $\mathcal{H}(k, j)$ ist proportional zu $\boldsymbol{J}$ und damit auch zu der Einschränkung von $\boldsymbol{V}$. Daher sind *innerhalb* eines Unterraums $\mathcal{H}(k, j)$ *alle* Vektoroperatoren zueinander *proportional.*

Um jedoch den Proportionalitätskoeffizienten von $\boldsymbol{V}$ und $\boldsymbol{W}$ zu berechnen, können wir nicht einfach in Gl. (10.246) $\boldsymbol{J}$ durch $\boldsymbol{W}$ ersetzen (was den Wert $\langle \boldsymbol{V} \cdot \boldsymbol{W} \rangle_{k,j} / \langle \boldsymbol{W}^2 \rangle_{k,j}$ ergäbe). Zur Herleitung von Gl. (10.246) verwenden wir in Gl. (10.244) die Tatsache, dass $\boldsymbol{J}$ mit $P(k, j)$ vertauscht, was für $\boldsymbol{W}$ im Allgemeinen nicht der Fall ist. Um den Proportionalitätsfaktor richtig zu bestimmen, müssen wir beachten, dass innerhalb eines Unterraums $\mathcal{H}(k, j)$

$$\boldsymbol{W} = \frac{\langle \boldsymbol{J} \cdot \boldsymbol{W} \rangle_{k,j}}{\langle \boldsymbol{J}^2 \rangle_{k,j}} \boldsymbol{J} \tag{10.248}$$

gilt; daraus folgt mit Gl. (10.246)

$$\boldsymbol{V} = \frac{\langle \boldsymbol{J} \cdot \boldsymbol{V} \rangle_{k,j}}{\langle \boldsymbol{J} \cdot \boldsymbol{W} \rangle_{k,j}} \boldsymbol{W}. \tag{10.249}$$

10.7.3 Anwendung: Berechnung des Landé-Faktors

In diesem Abschnitt wollen wir das Wigner-Eckart-Theorem anwenden, um den Einfluss eines magnetischen Felds $\boldsymbol{B}$ auf die Energieniveaus eines Atoms zu berechnen. Wir werden sehen, dass sich mit diesem Theorem die Rechnungen beträchtlich vereinfachen und wir ganz allgemein vorhersagen können, dass ein magnetisches Feld Entartungen aufhebt und stattdessen äquidistante Energieniveaus erzeugt (in erster Ordnung in B). Die Energiedifferenz dieser Zustände ist proportional zu B und zu einer Konstanten g_J (dem Landé-Faktor), die wir berechnen werden.

Es sei $\boldsymbol{L}$ der Gesamtbahndrehimpuls der Elektronen eines Atoms (die Summe der einzelnen Bahndrehimpulse $\boldsymbol{L}_i$) und $\boldsymbol{S}$ ihr Gesamtspin (die Summe der einzelnen Spins $\boldsymbol{S}_i$).

Der gesamte innere Drehimpuls (unter der Annahme, dass der Spin des Atomkerns null ist) ist dann

$$\boldsymbol{J} = \boldsymbol{L} + \boldsymbol{S}. \tag{10.250}$$

Bei Abwesenheit des Magnetfelds bezeichnen wir den Hamilton-Operator des Atoms mit H_0; H_0 vertauscht mit $\boldsymbol{J}$.[14] Wir nehmen an, dass H_0, $\boldsymbol{L}^2$, $\boldsymbol{S}^2$, $\boldsymbol{J}^2$ und J_z einen v. S. k. O. bilden und bezeichnen ihre gemeinsamen Eigenvektoren zu den Eigenwerten E_0, $L(L+1)\hbar^2$, $S(S+1)\hbar^2$, $J(J+1)\hbar^2$ bzw. $M\hbar$ mit $|E_0, L, S, J, M\rangle$.

Diese Annahme ist für eine gewisse Zahl von leichten Atomen erfüllt, für die die Drehimpulskopplung vom $\boldsymbol{L}\cdot\boldsymbol{S}$-Typ ist (s. Abschnitt 14.6). Bei anderen Atomen jedoch, die eine andere Art der Kopplung aufweisen (z. B. bei den Edelgasen außer Helium), ist das nicht der Fall. Auf dem Wigner-Eckart-Theorem basierende Rechnungen können ähnlich wie hier durchgeführt werden, die physikalischen Grundideen bleiben gleich. Der Einfachheit halber beschränken wir uns hier auf den Fall, dass L und S für den zu untersuchenden Atomzustand gute Quantenzahlen sind.

Rotationsentartungen. Multipletts

Wir betrachten den Vektor $J_\pm|E_0, L, S, J, M\rangle$. Nach unserer Voraussetzung vertauscht $J_\pm$ mit H_0; daher ist $J_\pm|E_0, L, S, J, M\rangle$ Eigenvektor von H_0 mit dem Eigenwert E_0. Nach den allgemeinen Eigenschaften von Drehimpulsen und ihrer Addition haben wir außerdem

$$J_\pm\,|E_0, L, S, J, M\rangle = \hbar\sqrt{J(J+1) - M(M\pm 1)}\,J_\pm\,|E_0, L, S, J, M\pm 1\rangle. \tag{10.251}$$

Diese Beziehung zeigt, dass wir aus einem Zustand $|E_0, L, S, J, M\rangle$ andere Zustände mit derselben Energie konstruieren können: diejenigen mit $-J \leq M \leq J$. Daraus folgt, dass der Eigenwert E_0 mindestens $(2J+1)$-fach entartet ist. Dabei handelt es sich um eine wesentliche Entartung, da sie mit der Drehinvarianz von H_0 zusammenhängt (eine zufällige Entartung kann zusätzlich auftreten). In der Atomphysik wird das entsprechende $(2J+1)$-fach entartete Energieniveau Multiplett genannt. Den zugehörigen Eigenraum, der von den Vektoren $|E_0, L, S, J, M\rangle$ mit $M = J, J-1, \ldots, -J$ aufgespannt wird, bezeichnen wir mit $\mathcal{H}(E_0, L, S, J)$.

Aufhebung der Entartung durch ein Magnetfeld

In Gegenwart eines Magnetfelds $\boldsymbol{B}$ parallel zur z-Achse wird der Hamilton-Operator des Systems (s. Abschnitt 7.7)

$$H = H_0 + H_1 \tag{10.252}$$

[14] Diese allgemeine Eigenschaft folgt aus der Invarianz der Energie des Atoms gegenüber einer Drehung aller Elektronen um eine Achse durch den Ursprung (den Ort des ruhenden Atomkerns). Der Operator H_0, der bei Drehungen invariant ist, vertauscht daher mit $\boldsymbol{J}$ (H_0 ist ein skalarer Operator; s. Abschnitt 6.6.5).

mit

$$H_1 = \omega_L(L_z + 2S_z) \tag{10.253}$$

(der Faktor 2 vor S_z stammt vom gyromagnetischen Verhältnis des Elektronenspins). Die *Larmor-Frequenz* ω_L des Elektrons wird in Abhängigkeit von seiner Masse m und der Ladung q mit

$$\omega_L = -\frac{qB}{2m} = -\frac{\mu_B}{\hbar}B \tag{10.254}$$

definiert, worin μ_B das Bohr-Magneton ist.

Um den Einfluss des Magnetfelds auf die Energieniveaus des Atoms zu berechnen, untersuchen wir nur die Matrixelemente von H_1 innerhalb des zum betrachteten Multiplett gehörenden Unterraums $\mathcal{H}(E_0, L, S, J)$. Die Störungstheorie, auf die wir in Kapitel 11 eingehen werden, rechtfertigt dieses Vorgehen, solange B nicht zu groß ist.

Im Unterraum $\mathcal{H}(E_0, L, S, J)$ gilt nach dem Projektionstheorem (s. Abschnitt 10.7.2)

$$\begin{aligned}\boldsymbol{L} &= \frac{\langle \boldsymbol{L}\cdot\boldsymbol{J}\rangle_{E_0,L,S,J}}{J(J+1)\hbar^2}\boldsymbol{J},\\ \boldsymbol{S} &= \frac{\langle \boldsymbol{S}\cdot\boldsymbol{J}\rangle_{E_0,L,S,J}}{J(J+1)\hbar^2}\boldsymbol{J},\end{aligned} \tag{10.255}$$

worin $\langle \boldsymbol{L}\cdot\boldsymbol{J}\rangle_{E_0,L,S,J}$ und $\langle \boldsymbol{S}\cdot\boldsymbol{J}\rangle_{E_0,L,S,J}$ die Erwartungswerte der Operatoren $\boldsymbol{L}\cdot\boldsymbol{J}$ bzw. $\boldsymbol{S}\cdot\boldsymbol{J}$ für die zu $\mathcal{H}(E_0, L, S, J)$ gehörenden Zustände des Systems sind. Nun ist

$$\boldsymbol{L}\cdot\boldsymbol{J} = \boldsymbol{L}\cdot(\boldsymbol{L}+\boldsymbol{S}) = \boldsymbol{L}^2 + \frac{1}{2}\left(\boldsymbol{J}^2 - \boldsymbol{L}^2 - \boldsymbol{S}^2\right) \tag{10.256}$$

sowie

$$\boldsymbol{S}\cdot\boldsymbol{J} = \boldsymbol{S}\cdot(\boldsymbol{L}+\boldsymbol{S}) = \boldsymbol{S}^2 + \frac{1}{2}\left(\boldsymbol{J}^2 - \boldsymbol{L}^2 - \boldsymbol{S}^2\right). \tag{10.257}$$

Daraus folgt

$$\langle \boldsymbol{L}\cdot\boldsymbol{J}\rangle_{E_0,L,S,J} = L(L+1)\hbar^2 + \frac{\hbar^2}{2}\left[J(J+1) - L(L+1) - S(S+1)\right] \tag{10.258}$$

und

$$\langle \boldsymbol{S}\cdot\boldsymbol{J}\rangle_{E_0,L,S,J} = S(S+1)\hbar^2 + \frac{\hbar^2}{2}\left[J(J+1) - L(L+1) - S(S+1)\right]. \tag{10.259}$$

Setzt man Gl. (10.258) und Gl. (10.259) in die Gleichungen (10.255) und dann in Gl. (10.253) ein, so wird der Operator H_1 im Unterraum $\mathcal{H}(E_0, L, S, J)$ durch

$$H_1 = g_J\omega_L J_z \tag{10.260}$$

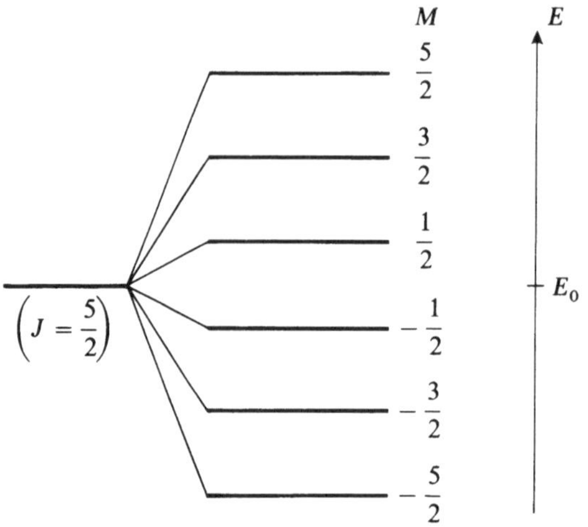

Abb. 10.5 Energiediagramm, das die Aufhebung der $(2J+1)$-fachen Entartung eines Multipletts (hier $J = 5/2$) durch ein statisches Magnetfeld zeigt. Der Abstand zweier benachbarter Niveaus ist proportional zu $|\boldsymbol{B}|$ und zum Landé-Faktor g_J.

gegeben, wobei sich der Landé-Faktor g_J des betrachteten Multipletts als

$$g_J = \frac{3}{2} + \frac{S(S+1) - L(L+1)}{2J(J+1)}. \tag{10.261}$$

ergibt.

Aus Gl. (10.260) folgt, dass im Unterraum $\mathcal{H}(E_0, L, S, J)$ die Eigenzustände von H_1 die Basisvektoren $|E_0, L, S, J, M\rangle$ mit den Eigenwerten

$$E_1(M) = g_J M \hbar\omega_{\mathrm{L}} \tag{10.262}$$

sind. Wir sehen also, dass das Magnetfeld die Entartung des Multipletts vollständig aufhebt. Wie in Abb. 10.5 dargestellt, entsteht ein Satz von $(2J+1)$ äquidistanten Energieniveaus, die zu den einzelnen möglichen Werten von M gehören. Ein solches Diagramm erlaubt die Verallgemeinerung unserer früheren Untersuchungen der Polarisation und Frequenz optischer Linien, die von einem gedachten Atom mit einem einzelnen spinlosen Elektron („normaler" Zeeman-Effekt, s. Abschnitt 7.7) abgestrahlt werden, auf Atome mit mehreren Elektronen, deren Spin berücksichtigt werden muss.

10.8 Elektrische Multipolmomente

Wir betrachten ein System $\mathcal{S}$ aus N geladenen Teilchen, die sich in einem elektrostatischen Potential $U(\boldsymbol{r})$ befinden. In dieser Ergänzung wollen wir zeigen, wie man die Wechselwirkungsenergie des Systems $\boldsymbol{S}$ mit dem Potential $U(\boldsymbol{r})$ berechnet, indem wir die elektrischen Multipolmomente von $\mathcal{S}$ einführen. Dazu erinnern wir uns zunächst, wie diese Momente in der klassischen Physik definiert sind. Dann konstruieren wir die entsprechenden quantenmechanischen Operatoren, unter deren Verwendung in einer Vielzahl der Fälle die Untersuchung der elektrostatischen Eigenschaften eines quantenmechanischen Systems beträchtlich vereinfacht wird. Der Grund dafür ist, dass diese Operatoren, unabhängig von dem gerade untersuchten System, allgemeine Eigenschaften besitzen, z. B. erfüllen sie gewisse Auswahlregeln. Hat beispielsweise das betrachtete System $\mathcal{S}$ einen Drehimpuls j (d. h. es gibt einen Eigenvektor von $\boldsymbol{J}^2$ mit dem Eigenwert $j(j+1)\hbar^2$), so werden die Erwartungswerte aller Multipoloperatoren von höherer Ordnung als $2j$ notwendig verschwinden.

10.8.1 Definition von Multipolmomenten

Entwicklung des Potentials nach Kugelflächenfunktionen

Der Einfachheit halber beginnen wir mit der Untersuchung eines Systems $\mathcal{S}$, das aus einem Einzelteilchen am Ort $\boldsymbol{r}$ mit der Ladung q unter dem Einfluss des Potentials $U(\boldsymbol{r})$ besteht. Wir werden dann die gewonnenen Ergebnisse auf ein N-Teilchensystem verallgemeinern.

Fall eines Einzelteilchens. In der klassischen Physik wird die potentielle Energie des Teilchens gegeben durch

$$V(\boldsymbol{r}) = q\,U(\boldsymbol{r}). \tag{10.263}$$

Da die Kugelflächenfunktionen eine Basis für die Funktionen von θ und φ bilden, können wir $U(\boldsymbol{r})$ entwickeln:

$$U(\boldsymbol{r}) = \sum_{l=0}^{\infty}\sum_{m=-l}^{l} f_{l,m}(r)\,Y_l^m(\theta,\varphi). \tag{10.264}$$

Wir wollen annehmen, dass sich die das elektrische Potential erzeugenden Ladungen außerhalb des Raumbereichs befinden, in dem sich das untersuchte Teilchen bewegen kann. In diesem Bereich gilt dann

$$\Delta U(\boldsymbol{r}) = 0. \tag{10.265}$$

Wir wissen (s. Abschnitt 7.1.1, Gl. (7.15)), dass der Laplace-Operator Δ in folgender Weise mit dem auf die Variablen θ und φ wirkenden Differentialoperator $\boldsymbol{L}^2$ zusammenhängt:

$$\Delta = \frac{1}{r}\frac{\partial^2}{\partial r^2}r - \frac{\boldsymbol{L}^2}{\hbar^2 r^2}. \tag{10.266}$$

Außerdem gilt nach der Definition der Kugelflächenfunktionen

$$\boldsymbol{L}^2\,Y_l^m(\theta,\varphi) = l(l+1)\hbar^2\,Y_l^m(\theta,\varphi). \tag{10.267}$$

Wir können daher leicht den Laplace-Operator auf die Entwicklung (10.264) anwenden. Setzen wir nach Gl. (10.265) jeden Term gleich null, so erhalten wir

$$\left[\frac{1}{r}\frac{\partial^2}{\partial r^2}r - \frac{l(l+1)}{r^2}\right] f_{l,m}(r) = 0. \tag{10.268}$$

Diese Gleichung hat zwei linear unabhängige Lösungen: r^l und $r^{-(l+1)}$. Da $U(\boldsymbol{r})$ für $r = 0$ nicht divergiert, muss gelten

$$f_{l,m}(r) = \sqrt{\frac{4\pi}{2l+1}}\, c_{l,m}\, r^l, \tag{10.269}$$

wobei die Koeffizienten $c_{l,m}$ vom betrachteten Potential abhängen (wie später klar werden wird, ist der Faktor $\sqrt{4\pi/(2l+1)}$ der Bequemlichkeit halber eingeführt worden).

Wir können also Gl. (10.264) in der folgenden Form schreiben:

$$V(\boldsymbol{r}) = q\,U(\boldsymbol{r}) = \sum_{l=0}^{\infty}\sum_{m=-l}^{l} c_{l,m}\,\mathcal{Q}_l^m(\boldsymbol{r}), \tag{10.270}$$

worin die Funktionen $\mathcal{Q}_l^m(\boldsymbol{r})$ durch einen Ausdruck in Kugelkoordinaten definiert sind:

$$\mathcal{Q}_l^m(\boldsymbol{r}) = q\sqrt{\frac{4\pi}{2l+1}}\, r^l\, Y_l^m(\theta,\varphi). \tag{10.271}$$

Dieselbe Art der Entwicklung ist in der Quantenmechanik möglich: Der Operator der potentiellen Energie des Teilchens ist $V(\boldsymbol{R}) = qU(\boldsymbol{R})$, und seine Matrixelemente in der $\{|\boldsymbol{r}\rangle\}$-Darstellung lauten (s. Abschnitt 2.8.4)

$$\langle \boldsymbol{r}\,|\,qU(\boldsymbol{R})\,|\,\boldsymbol{r}'\rangle = qU(\boldsymbol{r})\,\delta(\boldsymbol{r}-\boldsymbol{r}'); \tag{10.272}$$

Gleichung (10.270) ergibt dann

$$V(\boldsymbol{R}) = qU(\boldsymbol{R}) = \sum_{l=0}^{\infty}\sum_{m=-l}^{l} c_{l,m}\,Q_l^m, \tag{10.273}$$

wobei die Operatoren Q_l^m durch

$$\begin{aligned}\langle \boldsymbol{r}\,|\,Q_l^m\,|\,\boldsymbol{r}'\rangle &= \mathcal{Q}_l^m(\boldsymbol{r})\,\delta(\boldsymbol{r}-\boldsymbol{r}')\\ &= q\sqrt{\frac{4\pi}{2l+1}}\, r^l\, Y_l^m(\theta,\varphi)\,\delta(\boldsymbol{r}-\boldsymbol{r}')\end{aligned} \tag{10.274}$$

definiert sind. Die Q_l^m heißen *elektrische Multipoloperatoren*.

Verallgemeinerung auf N Teilchen. Wir betrachten nun N Teilchen an den Orten $\boldsymbol{r}_1, \boldsymbol{r}_2, \ldots, \boldsymbol{r}_N$ mit den Ladungen $q_1, q_2, \ldots, q_N$. Ihre Kopplungsenergie mit dem äußeren Potential $U(\boldsymbol{r})$ ist

$$V(\boldsymbol{r}_1, \boldsymbol{r}_2, \ldots, \boldsymbol{r}_N) = \sum_{n=1}^{N} q_n\, U(\boldsymbol{r}_n). \tag{10.275}$$

Die Überlegungen des vorangegangenen Unterabschnitts lassen sich sofort verallgemeinern:

$$V(\boldsymbol{r}_1, \boldsymbol{r}_2, \ldots, \boldsymbol{r}_N) = \sum_{l=0}^{\infty} \sum_{m=-l}^{l} c_{l,m}\, \mathcal{Q}_l^m(\boldsymbol{r}_1, \boldsymbol{r}_2, \ldots, \boldsymbol{r}_N), \tag{10.276}$$

wobei die Koeffizienten $c_{l,m}$ (die vom Potential $U(\boldsymbol{r})$ abhängen) dieselben Werte wie oben haben und die Funktionen $\mathcal{Q}_l^m$ in Polarkoordinaten ausgedrückt werden:

$$\mathcal{Q}_l^m(\boldsymbol{r}_1, \boldsymbol{r}_2, \ldots, \boldsymbol{r}_N) = \sqrt{\frac{4\pi}{2l+1}} \sum_{n=1}^{N} q_n\, (r_n)^l\, Y_l^m(\theta_n, \varphi_n) \tag{10.277}$$

(θ_n und φ_n sind die Polarwinkel von $\boldsymbol{r}_n$). Die Multipolmomente des Gesamtsystems sind daher einfach die Summen der zu den einzelnen Teilchen gehörenden Momente.

Analog wird in der Quantenmechanik die Kopplungsenergie der N Teilchen mit dem äußeren Potential durch den Operator beschrieben

$$V(\boldsymbol{R}_1, \boldsymbol{R}_2, \ldots, \boldsymbol{R}_N) = \sum_{l=0}^{\infty} \sum_{m=-l}^{l} c_{l,m}\, Q_l^m \tag{10.278}$$

mit

$$\begin{aligned} &\langle \boldsymbol{r}_1, \boldsymbol{r}_2, \ldots, \boldsymbol{r}_N \mid Q_l^m \mid \boldsymbol{r}'_1, \boldsymbol{r}'_2, \ldots, \boldsymbol{r}'_N \rangle \\ &\quad = \mathcal{Q}_l^m(\boldsymbol{r}_1, \boldsymbol{r}_2, \ldots, \boldsymbol{r}_N)\, \delta(\boldsymbol{r}_1 - \boldsymbol{r}'_1)\, \delta(\boldsymbol{r}_2 - \boldsymbol{r}'_2) \ldots \delta(\boldsymbol{r}_N - \boldsymbol{r}'_N). \end{aligned} \tag{10.279}$$

Physikalische Interpretation von Multipoloperatoren

Der Operator Q_0^0; die Gesamtladung des Systems. Da Y_0^0 eine Konstante ist ($Y_0^0 = 1/\sqrt{4\pi}$), folgt aus der Definition (10.277)

$$\mathcal{Q}_0^0 = \sum_{n=1}^{N} q_n. \tag{10.280}$$

Der Operator Q_0^0 ist demnach eine Konstante, die gleich der Gesamtladung des Systems ist.

Der erste Term der Entwicklung (10.276) gibt unter der Voraussetzung, dass sich alle Teilchen im Ursprung befinden, die Kopplungsenergie des Systems mit dem Potential $U(\boldsymbol{r})$ an. Dabei handelt es sich offenbar um eine gute Näherung, wenn der relative Wert des Potentials über Abstände, die vergleichbar mit denen der Teilchen vom Ursprung sind, nicht stark variiert (ist das System $\mathcal{S}$ um den Ursprung zentriert, entspricht dieser Abstand der Größenordnung der Ausdehnung von $\mathcal{S}$). Darüber hinaus gibt es einen Spezialfall, für den die Entwicklung (10.276) exakt durch den ersten Term gegeben wird: wenn das Potential $U(\boldsymbol{r})$ konstant und daher proportional zur Kugelflächenfunktion mit $l = 0$ ist.

Die Operatoren Q_1^m; das elektrische Dipolmoment. Nach Gl. (10.277) und dem Ausdruck für die Kugelflächenfunktionen Y_1^m (s. Abschnitt 6.5.1, Gleichungen (6.208)) haben wir

$$\begin{aligned} \mathcal{Q}_1^1 &= -\frac{1}{\sqrt{2}} \sum_n q_n (x_n + \mathrm{i} y_n), \\ \mathcal{Q}_1^0 &= \sum_n q_n z_n, \\ \mathcal{Q}_1^{-1} &= \frac{1}{\sqrt{2}} \sum_n q_n (x_n - \mathrm{i} y_n). \end{aligned} \tag{10.281}$$

Diese drei Größen können als die Komponenten eines Vektors in der komplexen Basis von drei Vektoren $\boldsymbol{e}_1$, $\boldsymbol{e}_0$ und $\boldsymbol{e}_{-1}$ aufgefasst werden:

$$\boldsymbol{\mathcal{D}} = -\mathcal{Q}_1^{-1}\, \boldsymbol{e}_1 + \mathcal{Q}_1^0\, \boldsymbol{e}_0 - \mathcal{Q}_1^1\, \boldsymbol{e}_{-1} \tag{10.282}$$

mit

$$\boldsymbol{e}_1 = -\frac{1}{\sqrt{2}} \left(\boldsymbol{e}_x + \mathrm{i}\boldsymbol{e}_y\right) ; \quad \boldsymbol{e}_0 = \boldsymbol{e}_z ; \quad \boldsymbol{e}_{-1} = \frac{1}{\sqrt{2}} \left(\boldsymbol{e}_x - \mathrm{i}\boldsymbol{e}_y\right) \tag{10.283}$$

(worin $\boldsymbol{e}_x, \boldsymbol{e}_y, \boldsymbol{e}_z$ die Einheitsvektoren in x-, y-, z-Richtung sind). Die Komponenten des Vektors $\boldsymbol{\mathcal{D}}$ in der x, y, z-Basis lauten dann

$$\begin{aligned} \mathcal{Q}_1^x &= \frac{1}{\sqrt{2}} \left[\mathcal{Q}_1^{-1} - \mathcal{Q}_1^1\right] &&= \sum_n q_n\, x_n, \\ \mathcal{Q}_1^y &= \frac{\mathrm{i}}{\sqrt{2}} \left[\mathcal{Q}_1^{-1} + \mathcal{Q}_1^1\right] &&= \sum_n q_n\, y_n, \\ \mathcal{Q}_1^z &= \mathcal{Q}_1^0 &&= \sum_n q_n\, z_n. \end{aligned} \tag{10.284}$$

Wir erkennen hier die drei Komponenten des elektrischen Gesamtdipolmoments des Systems $\mathcal{S}$ in Bezug auf den Ursprung O,

$$\boldsymbol{\mathcal{D}} = \sum_{n=1}^{N} q_n\, \boldsymbol{r}_n. \tag{10.285}$$

Bei den Operatoren Q_1^m handelt es sich daher um die Komponenten des elektrischen Dipols $\boldsymbol{D} = \sum_n q^n\, \boldsymbol{R}_n$.

Mit Hilfe der Beziehungen (10.281) können wir die $l = 1$-Terme der Entwicklung (10.276) in der folgenden Form schreiben:

$$\begin{aligned} \sum_{m=-1}^{+1} c_{1,m}\, \mathcal{Q}_1^m = &-\frac{1}{\sqrt{2}} (c_{1,1} - c_{1,-1}) \sum_n q_n\, x_n \\ &-\frac{\mathrm{i}}{\sqrt{2}} (c_{1,1} + c_{1,-1}) \sum_n q_n\, y_n + c_{1,0} \sum_n q_n\, z_n. \end{aligned} \tag{10.286}$$

Wir wollen nun zeigen, dass die Kombinationen der Koeffizienten $c_{1,m}$, die in dieser Beziehung auftreten, die Komponenten des Gradienten des Potentials $U(\boldsymbol{r})$ bei $\boldsymbol{r} = 0$ sind: Bilden wir den Gradienten der Entwicklung (10.270) von $U(\boldsymbol{r})$, so verschwindet der (konstante) $l = 0$-Term; der $l = 1$-Term kann in eine zu Gl. (10.286) analoge Form gebracht werden und liefert

$$[\nabla U(\boldsymbol{r})]_{\boldsymbol{r}=0} = -\frac{1}{\sqrt{2}}(c_{1,1} - c_{1,-1})\,\boldsymbol{e}_x - \frac{\mathrm{i}}{\sqrt{2}}(c_{1,1} + c_{1,-1})\,\boldsymbol{e}_y + c_{1,0}\,\boldsymbol{e}_z. \quad (10.287)$$

Bei den $l > 1$-Termen handelt es sich wie in Gl. (10.270) um Polynome in x, y, z von einem Grad größer als eins (s. die nächsten beiden Unterabschnitte), die zu dem Gradienten bei $\boldsymbol{r} = 0$ nicht beitragen. Der $l = 1$-Term der Entwicklung (10.276) kann daher mit Hilfe von Gl. (10.285) und Gl. (10.287) geschrieben werden

$$\left(\sum_{n=1}^{N} q_n\,\boldsymbol{r}_n\right)(\nabla U)_{\boldsymbol{r}=0} = -\boldsymbol{\mathcal{D}} \cdot \boldsymbol{\mathcal{E}}(\boldsymbol{r} = 0), \quad (10.288)$$

worin

$$\boldsymbol{\mathcal{E}}(\boldsymbol{r}) = -\nabla U(\boldsymbol{r}) \quad (10.289)$$

das elektrische Feld am Punkt $\boldsymbol{r}$ ist. In Gl. (10.288) erkennen wir den wohlbekannten Ausdruck für die Kopplungsenergie zwischen einem elektrischen Dipol und dem Feld $\boldsymbol{\mathcal{E}}$ wieder.

Bemerkungen

1. In der Physik haben wir es oft mit Systemen zu tun, deren Gesamtladung null ist (z. B. Atome); $\mathcal{Q}_0^0$ verschwindet dann, und der erste Multipoloperator, der in der Entwicklung (10.276) einen Beitrag liefert, ist das elektrische Dipolmoment. Man kann diese Entwicklung oft auf die $l = 1$-Terme (also Gl. (10.288)) beschränken, da die Terme mit $l \geq 2$ im Allgemeinen viel kleiner sind (das ist z. B. der Fall, wenn das elektrische Feld über Distanzen, die vergleichbar mit dem Abstand der Teilchen vom Ursprung sind, nur wenig variiert; die $l \geq 2$-Terme sind darüber hinaus in einem Spezialfall exakt gleich null, nämlich wenn das elektrische Feld konstant ist; s. die nächsten beiden Unterabschnitte).

2. Für ein System $\mathcal{S}$ aus zwei Teilchen entgegengesetzter Ladung $+q$ und $-q$ (ein elektrischer Dipol) ist das Dipolmoment $\boldsymbol{\mathcal{D}}$ gegeben durch

$$\boldsymbol{\mathcal{D}} = q(\boldsymbol{r}_1 - \boldsymbol{r}_2). \quad (10.290)$$

Sein Wert, der mit der Position des zu dem System $\mathcal{S}$ gehörenden „Relativteilchens“ (s. Abschnitt 7.2) in Verbindung steht, hängt daher nicht von der Wahl des Ursprungs O ab. Es handelt sich dabei um eine allgemeinere Eigenschaft: Man zeigt leicht, dass das elektrische Dipolmoment eines elektrisch neutralen Systems $\mathcal{S}$ von der Wahl des Ursprungs O unabhängig ist.

Die Operatoren $\mathcal{Q}_2^m$; elektrisches Quadrupolmoment. Mit Hilfe des expliziten Ausdrucks für die Y_2^m (s. Abschnitt 6.5.1, Beziehungen (6.209)) ließe sich ohne Schwierigkeiten zeigen, dass gilt

$$\begin{aligned}
\mathcal{Q}_2^{\pm 2} &= \frac{\sqrt{6}}{4} \sum_n q_n (x_n + \mathrm{i} y_n)^2, \\
\mathcal{Q}_2^{\pm 1} &= \mp \frac{\sqrt{6}}{2} \sum_n q_n \, z_n (x_n + \mathrm{i} y_n), \\
\mathcal{Q}_2^{0} &= \frac{1}{2} \sum_n q_n (3 z_n^2 - r_n^2).
\end{aligned} \tag{10.291}$$

So erhalten wir also die fünf Komponenten des elektrischen Quadrupolmoments des Systems $\mathcal{S}$. Während die Gesamtladung von $\mathcal{S}$ ein Skalar und sein Dipolmoment $\boldsymbol{\mathcal{D}}$ ein Vektor ist, kann man zeigen, dass es sich beim Quadrupolmoment um einen Tensor zweiter Stufe handelt. Außerdem könnten wir mit einer analogen Überlegung wie oben die $l = 2$-Terme der Entwicklung (10.276) schreiben

$$\sum_{m=-2}^{+2} c_{2,m} \, \mathcal{Q}_2^m = \frac{1}{2} \sum_{i,j} \left[\frac{\partial^2 U}{\partial x^i \partial x^j} \right]_{r=0} \sum_{n=1}^{N} q_n \, x_n^i x_n^j \tag{10.292}$$

(mit $x^i, x^j = x, y$ oder z). Diese Terme beschreiben die Kopplung zwischen dem elektrischen Quadrupolmoment des Systems $\mathcal{S}$ und dem Gradienten des Felds $\boldsymbol{\mathcal{E}}(\boldsymbol{r})$ am Punkt $\boldsymbol{r} = 0$.

Verallgemeinerung: elektrisches l-Polmoment. Man kann die vorstehenden Überlegungen verallgemeinern: Mit Hilfe des allgemeinen Ausdrucks für die Kugelflächenfunktionen (s. Abschnitt 6.5.1, Gl. (6.202) oder Gl. (6.206)) lässt sich zeigen, dass
– die Größen $\mathcal{Q}_l^m$ Polynome (die homogen in x, y und z sind) l-ten Grades sind;
– der Beitrag der l-Terme zur Entwicklung (10.276) Ableitungen l-ter Ordnung des Potentials $U(\boldsymbol{r})$ bei $\boldsymbol{r} = 0$ enthält.

Der Ausdruck (10.276) für das Potential kann daher als Taylor-Reihenentwicklung um den Ursprung angesehen werden. Je komplizierter die Änderungen des Potentials $U(\boldsymbol{r})$ im Bereich des Systems $\mathcal{S}$ werden, desto höher wird die Ordnung der Terme, die zur Entwicklung beitragen. Ist $U(\boldsymbol{r})$ z. B. konstant, so haben wir gesehen, dass nur der $l = 0$-Term erforderlich ist. Ist das Feld $\boldsymbol{\mathcal{E}}(\boldsymbol{r})$ konstant, müssen die $l = 1$-Terme mit hinzugenommen werden. Ist der Gradient des Felds $\boldsymbol{\mathcal{E}}$ konstant, tragen die Terme $l \leq 2$ bei, usw.

Parität der Multipoloperatoren

Zum Abschluss wollen wir die Parität der Q_l^m betrachten: Wie wir bereits wissen, ist die Parität der Kugelflächenfunktionen Y_l^m gleich $(-1)^l$ (s. Abschnitt 6.4.1, Gl. (6.111)). Also (s. Abschnitt 2.12.2) hat auch der elektrische Multipoloperator Q_l^m eine definierte Parität, nämlich $(-1)^l$ unabhängig von m. Diese Eigenschaft wird sich im Folgenden als nützlich erweisen.

Andere Möglichkeit der Einführung von Multipolmomenten

Wir betrachten dasselbe System N geladener Teilchen wie oben, interessieren uns aber nicht für die Wechselwirkungsenergie dieses Systems mit einem gegebenen äußeren Potential $U(\boldsymbol{r})$, sondern berechnen das Potential $W(\boldsymbol{\rho})$, das diese Teilchen in einem entfernten Punkt $\boldsymbol{\rho}$ erzeugen (s. Abb. 10.6).

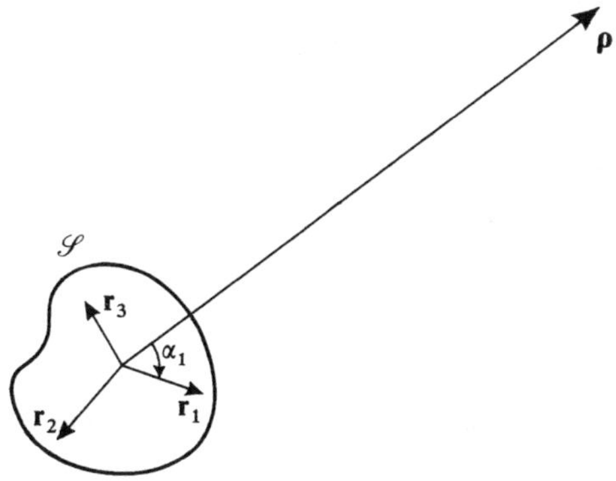

Abb. 10.6 Das Potential $W(\boldsymbol{\rho})$, das von einem System N geladener Teilchen (an den Orten $\boldsymbol{r}_1, \boldsymbol{r}_2, \ldots$) in einem entfernten Punkt erzeugt wird, kann in Abhängigkeit von den Multipolmomenten von $\mathcal{S}$ ausgedrückt werden.

Der Einfachheit halber verwenden wir zur Lösung dieses Problems die klassische Mechanik. Das Potential $W(\boldsymbol{\rho})$ lautet dann

$$W(\boldsymbol{\rho}) = \frac{1}{4\pi\varepsilon_0} \sum_{n=1}^{N} \frac{q_n}{|\boldsymbol{\rho} - \boldsymbol{r}_n|}. \tag{10.293}$$

Für $|\boldsymbol{\rho}| \gg |\boldsymbol{r}_n|$ lässt sich nun zeigen, dass

$$\frac{1}{|\boldsymbol{\rho} - \boldsymbol{r}_n|} = \frac{1}{\rho} \sum_{l=0}^{\infty} \left(\frac{r_n}{\rho}\right)^l P_l(\cos\alpha_n), \tag{10.294}$$

worin α_n den Winkel $(\boldsymbol{\rho}, \boldsymbol{r}_n)$ bezeichnet und P_l das Legendre-Polynom l-ter Ordnung ist. Mit Hilfe des Additionstheorems der Kugelflächenfunktionen (s. Abschnitt 6.5.2) können wir schreiben

$$P_l(\cos\alpha_n) = \frac{4\pi}{2l+1} \sum_{m=-l}^{+l} (-1)^m \, Y_l^{-m}(\theta_n, \varphi_n) \, Y_l^m(\Theta, \Phi) \tag{10.295}$$

(wobei Θ und Φ die Polarwinkel von $\boldsymbol{\rho}$ sind). Indem wir Gl. (10.294) und Gl. (10.295) in Gl. (10.293) einsetzen, erhalten wir schließlich

$$W(\boldsymbol{\rho}) = \frac{1}{4\pi\varepsilon_0} \sum_{l=0}^{\infty} \sum_{m=-l}^{l} \sqrt{\frac{4\pi}{2l+1}} (-1)^m \mathcal{Q}_l^{-m} \frac{1}{\rho^{l+1}} Y_l^m(\Theta, \Phi), \tag{10.296}$$

worin $\mathcal{Q}_l^m(\boldsymbol{r}_1, \boldsymbol{r}_2, \ldots, \boldsymbol{r}_N)$ durch Gl. (10.277) definiert ist.

Die Beziehung (10.296) zeigt, dass die Angabe der $\mathcal{Q}_l^m$ das von dem Teilchensystem $\mathcal{S}$ in Raumbereichen außerhalb dieses Systems erzeugte Potential vollständig definiert. Dieses Potential $W(\boldsymbol{\rho})$ kann somit als die Summe einer unendlichen Anzahl von Termen angesehen werden:

1. Der $l = 0$-Term liefert den Beitrag der Gesamtladung des Systems. Dieser Term ist isotrop (er hängt nicht von Θ und Φ ab) und lautet

$$W_0(\boldsymbol{\rho}) = \frac{1}{4\pi\varepsilon_0} \frac{1}{\rho} \sum_n q_n. \tag{10.297}$$

Wir erkennen hier das $1/\rho$-Potential, das die Ladungen erzeugen würden, wenn sie sich alle im Ursprung O befänden. Es ist gleich null, wenn das System insgesamt neutral ist.

2. Der $l = 1$-Term liefert den Beitrag des elektrischen Dipolmoments $\boldsymbol{\mathcal{D}}$ des Systems. Analog zu den Umformungen der vorangegangenen Abschnitte können wir zeigen, dass er lautet

$$W_1(\boldsymbol{\rho}) = \frac{1}{4\pi\varepsilon_0} \frac{\boldsymbol{\mathcal{D}} \cdot \boldsymbol{\rho}}{\rho^3}. \tag{10.298}$$

Dieses Potential fällt mit steigendem ρ wie $1/\rho^2$.

3. Die $l = 2, 3, \ldots$-Terme liefern in gleicher Weise die Beiträge der folgenden Multipolmomente des betrachteten Systems zum Potential $W(\boldsymbol{\rho})$. Mit steigendem ρ fällt jeder Beitrag wie $1/\rho^{l+1}$, und seine Winkelabhängigkeit wird durch eine Kugelflächenfunktion l-ter Ordnung beschrieben. Außerdem können wir an Gl. (10.296) und der Definition (10.277) ablesen, dass das Potential der Multipolmomente $\mathcal{Q}_l$ höchstens von der Größenordnung $W_0(\rho) \times (d/\rho)^l$ ist, worin d der maximale Abstand der Teilchen des Systems $\mathcal{S}$ vom Ursprung ist. Betrachten wir daher das Potential an einem Punkt $\boldsymbol{\rho}$ mit $\rho \gg d$, so fallen die Terme $W_l(\boldsymbol{\rho})$ mit wachsendem l sehr schnell ab, so dass der Fehler klein ist, wenn wir in Gl. (10.296) nur die niedrigsten Ordnungen von l berücksichtigen.

Bemerkung

Wenn wir das von einem System bewegter Ladungen erzeugte Magnetfeld berechnen wollen, können wir in analoger Weise die magnetischen Multipolmomente des Systems einführen: das magnetische Dipolmoment[15], das magnetische Quadrupolmoment usw. Die Paritäten der magnetischen Momente sind denen der entsprechenden elektrischen Momente entgegengesetzt: Das magnetische Dipolmoment ist gerade, das magnetische Quadrupolmoment ungerade usw. Das kommt daher, dass das elektrische Feld ein polarer Vektor ist, während es sich beim Magnetfeld um einen axialen Vektor handelt.

---

[15] Es gibt kein magnetisches Multipolmoment von der Ordnung $l = 0$ (magnetischer Monopol). Diese Tatsache hängt damit zusammen, dass der Strom des magnetischen Felds, dessen Divergenz den Maxwell-Gleichungen zufolge verschwindet, erhalten bleibt.

10.8.2 Matrixelemente elektrischer Multipolmomente

Wir betrachten erneut der Einfachheit halber ein aus einem einzelnen spinlosen Teilchen bestehendes System. Die Verallgemeinerung auf N-Teilchensysteme bietet keine theoretischen Schwierigkeiten.

Der Zustandsraum $\mathcal{H}_{\boldsymbol{r}}$ des Teilchens wird durch eine orthonormale Basis aufgespannt, $\{|\chi_{n,l,m}\rangle\}$, die aus gemeinsamen Eigenvektoren von $\boldsymbol{L}^2$ zum Eigenwert $l(l+1)\hbar^2$ und L_z zum Eigenwert $m\hbar$ besteht. Wir wollen die Matrixelemente eines Multipoloperators Q_l^m in einer solchen Basis berechnen.

Allgemeiner Ausdruck für die Matrixelemente

Entwicklung der Matrixelemente. Nach Kapitel 7 sind die zu den Zuständen $|\chi_{n,l,m}\rangle$ gehörenden Wellenfunktionen notwendig von der Form

$$\chi_{n,l,m}(\boldsymbol{r}) = R_{n,l}(r)\, Y_l^m(\theta,\varphi). \tag{10.299}$$

Das Matrixelement von Q_l^m kann daher mit Gl. (10.274) geschrieben werden

$$\begin{aligned}
&\langle \chi_{n_1,l_1,m_1} \mid Q_l^m \mid \chi_{n_2,l_2,m_2}\rangle \\
&= \int_0^\infty r^2\,\mathrm{d}r \int_0^\pi \sin\theta\,\mathrm{d}\theta \\
&\qquad \times \int_0^{2\pi} \mathrm{d}\varphi\, \chi^*_{n_1,l_1,m_1}(r,\theta,\varphi)\, \mathcal{Q}_l^m(r,\theta,\varphi)\, \chi_{n_2,l_2,m_2}(r,\theta,\varphi) \\
&= q\sqrt{\frac{4\pi}{2l+1}} \int_0^\infty r^2\,\mathrm{d}r\, R^*_{n_1,l_1}(r)\, R_{n_2,l_2}(r)\, r^l \int_0^\pi \sin\theta\,\mathrm{d}\theta \\
&\qquad \times \int_0^{2\pi} \mathrm{d}\varphi\, Y_{l_1}^{m_1 *}(\theta,\varphi)\, Y_l^m(\theta,\varphi)\, Y_{l_2}^{m_2}(\theta,\varphi).
\end{aligned} \tag{10.300}$$

Darin tritt eine Radial- und eine Winkelintegration auf. Diese kann weiter vereinfacht werden: Mit den Konjugationsbeziehungen für Kugelflächenfunktionen (s. Abschnitt 6.4.1, Gl. (6.112)) und Gl. (10.215) (das Wigner-Eckart-Theorem) können wir zeigen, dass

$$\begin{aligned}
&(-1)^{m_1} \int_0^\pi \sin\theta\,\mathrm{d}\theta \int_0^{2\pi} \mathrm{d}\varphi\, Y_{l_1}^{-m_1}(\theta,\varphi)\, Y_l^m(\theta,\varphi)\, Y_{l_2}^{m_2}(\theta,\varphi) \\
&= \sqrt{\frac{(2l+1)(2l_2+1)}{4\pi(2l_1+1)}}\, \langle l_2, l; 0, 0 \mid l_1, 0\rangle \langle l_2, l; m_2, m \mid l_1, m_1\rangle.
\end{aligned} \tag{10.301}$$

Schließlich erhalten wir

$$\begin{aligned}
&\langle \chi_{n_1,l_1,m_1} \mid Q_l^m \mid \chi_{n_2,l_2,m_2}\rangle \\
&= \frac{1}{\sqrt{2l_1+1}} \langle \chi_{n_1,l_1} \,||\, Q_l \,||\, \chi_{n_2,l_2}\rangle \langle l_2, l; m_2, m \mid l_1, m_1\rangle,
\end{aligned} \tag{10.302}$$

wobei das *reduzierte Matrixelement* $\langle \chi_{n_1,l_1} \,||\, Q_l \,||\, \chi_{n_2,l_2}\rangle$ des elektrischen Multipoloperators l-ter Ordnung definiert ist durch

$$\langle \chi_{n_1,l_1} \,||\, Q_l \,||\, \chi_{n_2,l_2}\rangle =$$

$$= q\sqrt{2l_2+1}\,\langle l_2, l; 0, 0 \,|\, l_1, 0\rangle \int_0^\infty \mathrm{d}r\, r^{l+2}\, R^*_{n_1,l_1}(r)\, R_{n_2,l_2}(r). \tag{10.303}$$

Gleichung (10.302) drückt speziell für den elektrischen Dipoloperator ein allgemeines Theorem aus, dessen Anwendung wir für Vektoroperatoren bereits dargestellt haben (s. Abschnitt 10.7): das Wigner-Eckart-Theorem.

Bemerkung

Wir haben uns hier auf ein System $\mathcal{S}$ aus einem spinlosen Einzelteilchen beschränkt. Allerdings können unsere Ergebnisse auf ein System von N Teilchen, die auch einen Spin aufweisen dürfen, verallgemeinert werden. Dazu müssen wir den Gesamtdrehimpuls $\boldsymbol{J}$ des Systems (die Summe der Bahn- und Spindrehimpulse der N Teilchen) einführen und bezeichnen mit $|\chi_{n,j,m}\rangle$ dann die gemeinsamen Eigenvektoren von $\boldsymbol{J}^2$ und J_z. Es lässt sich dann eine zu Gl. (10.302) analoge Beziehung ableiten, in der l_1 und l_2 durch j_1 und j_2 ersetzt sind (s. Abschnitt 10.10, Aufgabe 8). Die Quantenzahlen j_1, j_2, m_1 und m_2 können dann allerdings in Abhängigkeit vom betrachteten physikalischen System ganz- oder halbzahlige Werte annehmen.

Reduziertes Matrixelement. Das reduzierte Matrixelement $\langle \chi_{n_1,l_1} \,||\, Q_l \,||\chi_{n_2,l_2}\rangle$ ist unabhängig von m, m_1 und m_2; es enthält nur den Radialteil $R_{n,l}(r)$ der Wellenfunktionen $\chi_{n,l,m}(r,\theta,\varphi)$. Sein Wert hängt daher von der gewählten $\{|\chi_{n,l,m}\rangle\}$-Basis ab, so dass man schwer allgemeingültige Eigenschaften angeben kann. Man sieht aber, dass der Clebsch-Gordan-Koeffizient $\langle l_2, l; 0, 0 \,|\, l_1, 0\rangle$ in Gl. (10.303) verschwindet, wenn $l_1 + l_2 + l$ ungerade ist (s. Abschnitt 10.5.3); daraus folgt dieselbe Eigenschaft für das reduzierte Matrixelement.

Bemerkung

Diese Eigenschaft hängt mit der Parität $(-1)^l$ des elektrischen Multipoloperators Q_l^m zusammen. Für magnetische Multipoloperatoren haben wir bereits gezeigt, dass ihre Parität $(-1)^{l+1}$ ist; deshalb verschwinden ihre Matrixelemente, wenn $l_1 + l_2 + l$ gerade ist.

Winkelanteil des Matrixelements. In Gl. (10.302) stammt der Clebsch-Gordan-Koeffizient ausschließlich vom Winkelintegral ab, das im Matrixelement Q_l^m (s. Gl. (10.300)) auftritt. Er hängt nur von den Drehimpulsquantenzahlen der betrachteten Zustände ab, während die Radialabhängigkeit $R_{n,l}(r)$ der Wellenfunktionen keine Rolle spielt. Darum tritt er immer dann in Matrixelementen von Multipoloperatoren auf, wenn man eine Basis von gemeinsamen Eigenvektoren von $\boldsymbol{L}^2$ und L_z (oder $\boldsymbol{J}^2$ und J_z für ein System von N Teilchen, möglicherweise mit Spin; s. vorletzte Bemerkung) gewählt hat. Nun wissen wir, dass solche Basen in der Quantenmechanik oft Verwendung finden und dass insbesondere die stationären Zustände eines Teilchens in einem Zentralpotential $W(r)$ in dieser Form gewählt werden können. Die Radialfunktionen $R_{n,l}(r)$, die zu den stationären Zuständen gehören, hängen daher vom betrachteten Potential $W(r)$ ab, was folglich auch für die reduzierten Matrixelemente $\langle \chi_{n_1,l_1} \,||\, Q_l \,||\, \chi_{n_2,l_2}\rangle$ Gültigkeit hat. Das gilt jedoch nicht für die Winkelabhängigkeit der Wellenfunktionen, und für alle $W(r)$ tritt derselbe Clebsch-Gordan-Koeffizient auf; aus diesem Grund kommt ihm eine allgemeine Bedeutung zu.

Auswahlregeln

Den Eigenschaften der Clebsch-Gordan-Koeffizienten (s. Abschnitt 10.5.1) zufolge kann $\langle l_2, l; m_2, m \mid l_1, m_1 \rangle$ nur dann von null verschieden sein, wenn gleichzeitig gilt

$$\begin{aligned} m_1 &= m_2 + m, \\ |l_1 - l_2| &\le l \le l_1 + l_2. \end{aligned} \tag{10.304}$$

Aus Gl. (10.302) folgt daher, dass das Matrixelement $\langle \chi_{n_1,l_1,m_1} \mid Q_l^m \mid \chi_{n_2,l_2,m_2} \rangle$ notwendig verschwindet, wenn mindestens eine dieser Bedingungen nicht erfüllt ist. Damit erhalten wir Auswahlregeln, mit denen man die Suche nach den Darstellungsmatrizen eines beliebigen Multipoloperators Q_l^m ohne Rechnung beträchtlich vereinfachen kann.

Darüber hinaus haben wir oben gesehen, dass das reduzierte Matrixelement eines Multipoloperators eine weitere Auswahlregel erfüllt:

– Für einen elektrischen Multipoloperator

$$l_1 + l_2 + l = \text{gerade Zahl}; \tag{10.305}$$

– für einen magnetischen Multipoloperator:

$$l_1 + l_2 + l = \text{ungerade Zahl}. \tag{10.306}$$

Physikalische Folgerungen

Erwartungswert eines Multipoloperators in wohldefiniertem Drehimpulszustand. Nehmen wir an, bei dem Zustand $|\psi\rangle$ des Teilchens handle es sich um einen Basiszustand $|\chi_{n_1,l_1,m_1}\rangle$, dann ist der Erwartungswert des Operators Q_l^m

$$\langle Q_l^m \rangle = \langle \chi_{n_1,l_1,m_1} \mid Q_l^m \mid \chi_{n_1,l_1,m_1} \rangle. \tag{10.307}$$

Die Bedingungen (10.304) lauten jetzt

$$\begin{aligned} m &= 0, \\ 0 &\le l \le 2l_1. \end{aligned} \tag{10.308}$$

So erhalten wir die folgenden wichtigen Regeln:

– Für $m \neq 0$ verschwinden im Zustand $|\chi_{n_1,l_1,m_1}\rangle$ die Erwartungswerte aller Operatoren Q_l^m :

$$\langle Q_l^m \rangle = 0 \quad \text{für } m \neq 0; \tag{10.309}$$

– im Zustand $|\chi_{n_1,l_1,m_1}\rangle$ verschwinden die Erwartungswerte aller Operatoren Q_l^m der Ordnung l größer als $2l_1$:

$$\langle Q_l^m \rangle = 0 \quad \text{für } l > 2l_1. \tag{10.310}$$

Wir nehmen nun an, dass der Zustand $|\psi\rangle$ nicht durch einen der Zustände $|\chi_{n_1,l_1,m_1}\rangle$, sondern durch eine beliebige Überlagerung solcher Zustände gegeben ist, die alle zu demselben Wert l_1 gehören; es ist leicht zu zeigen, dass die Regel (10.310) dann gültig bleibt (die Regel (10.309) hingegen nicht, da nun im Allgemeinen Matrixelemente mit $m_1 \neq m_2$

zum Erwartungswert $\langle Q_l^m \rangle$ beitragen). Gleichung (10.310) ist also von sehr allgemeiner Bedeutung und kann immer dann angewandt werden, wenn das System ein Eigenzustand von $\boldsymbol{L}^2$ ist.

Darüber hinaus folgt aus den Eigenschaften (10.305) und (10.306), dass der Erwartungswert eines Multipoloperators l-ter Ordnung nur dann von null verschieden sein kann, wenn

– für einen elektrischen Multipoloperator

$$l = \text{gerade Zahl}; \tag{10.311}$$

– für einen magnetischen Multipoloperator

$$l = \text{ungerade Zahl}. \tag{10.312}$$

Die vorstehenden Regeln liefern bereits ohne Rechnung einige physikalische Ergebnisse. Zum Beispiel sind in einem $l = 0$-Zustand (wie dem Grundzustand des Wasserstoffatoms) alle (elektrischen oder magnetischen) Dipolmomente, Quadrupolmomente usw. gleich null. Für einen $l = 1$-Zustand können nur die Multipoloperatoren nullter, erster und zweiter Ordnung von null verschieden sein; wie die Paritätsregeln (10.311) und (10.312) zeigen, handelt es sich dabei um die Gesamtladung, den elektrischen Quadrupol sowie um den magnetischen Dipol des Systems.

Bemerkung

Die Aussagen können für kompliziertere Systeme (z. B. Atome mit mehreren Elektronen) verallgemeinert werden. Ist der Drehimpuls eines solchen Systems gleich j (ganz- oder halbzahlig), so braucht man nur in Gl. (10.310) l_1 durch j zu ersetzen.

Wir wollen die Gleichungen (10.310), (10.311) und (10.312) z. B. auf die Untersuchung der elektrischen Eigenschaften eines Atomkerns anwenden: Wie wir wissen, handelt es sich um ein aus Protonen und Neutronen aufgebautes System, das über Kernkräfte wechselwirkt. Ist der Eigenwert des Quadrats des Drehimpulses im Grundzustand[16] gleich $I(I+1)\hbar^2$, so bezeichnet man die Quantenzahl I als Kernspin. Aus den oben angeführten Regeln folgt, dass

– für $I = 0$ die elektromagnetische Wechselwirkung des Kerns durch seine Gesamtladung gegeben wird, während die anderen Multipolmomente verschwinden. Dieser Fall tritt z. B. für den ^{4}He-Kern (α-*Teilchen*), den ^{20}Ne-Kern usw. auf;

– für $I = 1/2$ der Kern eine elektrische Ladung und ein magnetisches Dipolmoment besitzt (die Paritätsregel (10.311) schließt ein elektrisches Dipolmoment aus). Dies betrifft den ^{3}He- und den ^{1}H-Kern (das Proton) wie auch alle Spin-$1/2$-Teilchen (Elektronen, Myonen, Neutronen usw.);

– für $I = 1$ der Ladung und dem magnetischen Dipolmoment das elektrische Quadrupolmoment hinzugefügt werden muss, z. B. für ^{2}H (Deuterium), ^{6}Li usw.

Diese Überlegung kann für alle beliebigen Werte von I verallgemeinert werden. Tatsächlich haben aber nur sehr wenige Kerne Spins größer als 3 oder 4.

Matrixelemente zwischen Zuständen mit verschiedenen Quantenzahlen. Für beliebige l_1, l_2, m_1 und m_2 müssen die Auswahlregeln in ihrer allgemeinen Form, Gleichungen (10.304), (10.305) und (10.306), angewandt werden. Betrachten wir z. B. ein Teilchen

---

[16] In der Atomphysik geht man im Allgemeinen davon aus, dass sich der Atomkern im Grundzustand befindet; die betrachteten Energien sind zwar groß genug, um die Elektronenwolke des Atoms anzuregen, reichen aber bei weitem nicht zur Anregung des Kerns aus.

der Ladung q unter dem Einfluss eines Zentralpotentials $V_0(r)$, dessen stationäre Zustände gerade die $|\chi_{n,l,m}\rangle$ sind. Wir nehmen an, wir würden nun ein elektrisches Feld $\boldsymbol{\mathcal{E}}$ hinzufügen, das homogen und parallel zur z-Achse ist. In dem entsprechenden Kopplungsterm des Hamilton-Operators ist dann der elektrische Dipolterm der einzige nichtverschwindende Anteil (s. Abschnitt 10.8.1):

$$V(\boldsymbol{R}) = -\boldsymbol{D} \cdot \boldsymbol{\mathcal{E}} = -D_z\, \mathcal{E}. \tag{10.313}$$

Wie wir aufgrund der Beziehungen (10.284) sahen, ist der Operator D_z gleich Q_1^0. Aus den Auswahlregeln (10.304) folgt dann, dass

– die Zustände $|\chi_{n,l,m}\rangle$, die durch den zusätzlichen Beitrag zum Hamilton-Operator $V(\boldsymbol{R})$ gekoppelt werden, notwendig zum selben Wert von m gehören;

– die l-Werte von zwei solchen Zuständen sich notwendig um ± 1 unterscheiden (nach Beziehung (10.305) können sie nicht gleich sein). Wir können also ohne Rechnung vorhersagen, dass eine große Anzahl der Matrixelemente von $V(\boldsymbol{R})$ gleich null ist. Dadurch wird z. B. die Behandlung des Stark-Effekts (s. Abschnitt 12.10) und der Auswahlregeln, die die Emissionsspektren von Atomen beschreiben (s. Abschnitt 13.4), erheblich vereinfacht.

10.9 Entwicklung gekoppelter Drehimpulse

Bei der Beschreibung physikalischer Systeme muss man oft eine Kopplung zwischen zwei Teildrehimpulsen $\boldsymbol{J}_1$ und $\boldsymbol{J}_2$ berücksichtigen. Dabei kann es sich z. B. um die Drehimpulse von zwei Atomelektronen oder um den Bahn- und Spindrehimpuls eines Elektrons handeln. Tritt eine solche Kopplung auf, sind $\boldsymbol{J}_1$ und $\boldsymbol{J}_2$ nicht länger Konstanten der Bewegung, vielmehr vertauscht erst

$$\boldsymbol{J} = \boldsymbol{J}_1 + \boldsymbol{J}_2 \tag{10.314}$$

mit dem Gesamt-Hamilton-Operator des Systems.

Wir wollen annehmen, dass der Term des Hamilton-Operators, der die Kopplung zwischen $\boldsymbol{J}_1$ und $\boldsymbol{J}_2$ beschreibt, von der einfachen Form

$$W = a\, \boldsymbol{J}_1 \cdot \boldsymbol{J}_2 \tag{10.315}$$

mit einer reellen Konstante a ist. Diesen Fall trifft man in der Atomphysik häufig an. In Kapitel 12 werden wir bei der Anwendung der Störungstheorie auf das Wasserstoffspektrum eine Reihe von Beispielen kennenlernen, bei denen die Wechselwirkungen mit dem Elektron- oder Protonspin eine Rolle spielen. Für eine Kopplung von der Form (10.315) sagt die klassische Theorie voraus, dass die klassischen Drehimpulse $\mathcal{J}_1$ und $\mathcal{J}_2$ mit einer Winkelgeschwindigkeit proportional zu a um die Resultierende $\mathcal{J}$ präzessieren (s. Abschnitt 10.9.1). Das *Vektormodell* des Atoms, das in der Entwicklung der Atomphysik eine wichtige Rolle gespielt hat, stützt sich auf dieses Ergebnis. In diesem Abschnitt wollen wir zeigen, wie man aus den gemeinsamen Eigenzuständen von $\boldsymbol{J}^2$ und J_z die zeitliche Entwicklung der Erwartungswerte $\langle \boldsymbol{J}_1 \rangle$ und $\langle \boldsymbol{J}_2 \rangle$ untersuchen und damit wenigstens teilweise die Resultate des Vektormodells erneut herleiten kann (Abschnitte 10.9.2 und

10.9.3). Außerdem wird es dadurch möglich, in einigen einfachen Fällen die Polarisation der in magnetischen Dipolübergängen emittierten oder absorbierten elektromagnetischen Strahlung zu bestimmen. Schließlich (Abschnitt 10.9.4) greifen wir den Fall auf, dass die zwei Drehimpulse $\boldsymbol{J}_1$ und $\boldsymbol{J}_2$ nur während eines Stoßes, also nicht permanent gekoppelt sind. Dieser Fall illustriert auf einfache Weise den wichtigen Begriff der Korrelation zwischen zwei Systemen.

10.9.1 Erinnerung an die klassischen Ergebnisse

Die Bewegungsgleichungen

Bezeichnen wir den Winkel zwischen den klassischen Drehimpulsen $\boldsymbol{\mathcal{J}}_1$ und $\boldsymbol{\mathcal{J}}_2$ mit θ (Abb. 10.7), so beträgt die Kopplungsenergie

$$\mathcal{W} = a\, \boldsymbol{\mathcal{J}}_1 \cdot \boldsymbol{\mathcal{J}}_2 = a\, \mathcal{J}_1 \mathcal{J}_2 \cos\theta. \tag{10.316}$$

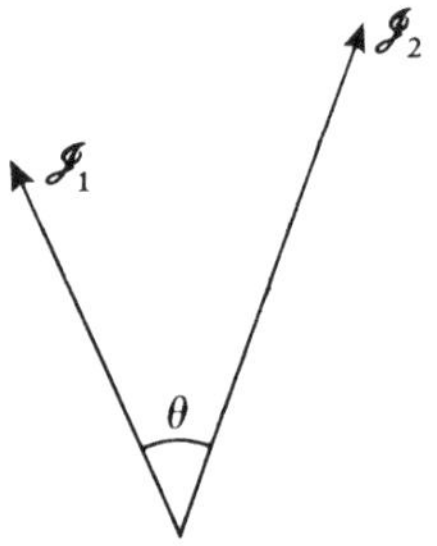

Abb. 10.7 Zwei klassische Drehimpulse $\boldsymbol{\mathcal{J}}_1$ und $\boldsymbol{\mathcal{J}}_2$, die durch die Wechselwirkung $\mathcal{W} = a\, \boldsymbol{\mathcal{J}}_1 \cdot \boldsymbol{\mathcal{J}}_2 = a\, \mathcal{J}_1 \mathcal{J}_2 \cos\theta$ gekoppelt sind.

Es sei $\mathcal{H}_0$ die Energie des Systems ohne Kopplung ($\mathcal{H}_0$ kann z. B. die Summe der kinetischen Rotationsenergie der Systeme (1) und (2) darstellen). Wir wollen annehmen

$$\mathcal{W} \ll \mathcal{H}_0. \tag{10.317}$$

Wir berechnen nun das Drehmoment $\boldsymbol{\mathcal{M}}_1$ der Kräfte, die auf System (1) wirken: Es seien $\boldsymbol{u}$ ein Einheitsvektor und $\mathrm{d}\mathcal{W}$ die Änderung der Kopplungsenergie, wenn das System (1) mit dem Winkel $\mathrm{d}\alpha$ um $\boldsymbol{u}$ gedreht wird. Wir wissen (Prinzip der virtuellen Arbeit), dass gilt

$$\boldsymbol{\mathcal{M}}_1 \cdot \boldsymbol{u} = -\frac{\mathrm{d}\mathcal{W}}{\mathrm{d}\alpha}. \tag{10.318}$$

Aus Gl. (10.316) und Gl. (10.318) erhalten wir dann durch eine einfache Rechnung

$$\begin{aligned} \boldsymbol{\mathcal{M}}_1 &= -a\, \boldsymbol{\mathcal{J}}_1 \times \boldsymbol{\mathcal{J}}_2, \\ \boldsymbol{\mathcal{M}}_2 &= -a\, \boldsymbol{\mathcal{J}}_2 \times \boldsymbol{\mathcal{J}}_1 \end{aligned} \tag{10.319}$$

und damit

$$\frac{\mathrm{d}\mathcal{J}_1}{\mathrm{d}t} = -a\,\mathcal{J}_1 \times \mathcal{J}_2,$$
$$\frac{\mathrm{d}\mathcal{J}_2}{\mathrm{d}t} = -a\,\mathcal{J}_2 \times \mathcal{J}_1. \tag{10.320}$$

Die Bewegung von $\mathcal{J}_1$ und $\mathcal{J}_2$

Addieren wir die beiden Gleichungen (10.320), so erhalten wir

$$\frac{\mathrm{d}}{\mathrm{d}t}(\mathcal{J}_1 + \mathcal{J}_2) = 0, \tag{10.321}$$

woraus folgt, dass der Gesamtdrehimpuls $\mathcal{J}_1 + \mathcal{J}_2$ eine Konstante der Bewegung ist. Darüber hinaus können wir aus den Gleichungen (10.320) leicht schließen, dass gilt

$$\mathcal{J}_1 \cdot \left(\frac{\mathrm{d}\mathcal{J}_1}{\mathrm{d}t}\right) = \mathcal{J}_2 \cdot \left(\frac{\mathrm{d}\mathcal{J}_2}{\mathrm{d}t}\right) = 0 \tag{10.322}$$

und

$$\mathcal{J}_1 \cdot \left(\frac{\mathrm{d}\mathcal{J}_2}{\mathrm{d}t}\right) + \left(\frac{\mathrm{d}\mathcal{J}_1}{\mathrm{d}t}\right) \cdot \mathcal{J}_2 = \frac{\mathrm{d}}{\mathrm{d}t}(\mathcal{J}_1 \cdot \mathcal{J}_2) = 0. \tag{10.323}$$

Somit sind der Winkel zwischen $\mathcal{J}_1$ und $\mathcal{J}_2$ und ihre Beträge zeitlich konstant. Schließlich ist

$$\frac{\mathrm{d}}{\mathrm{d}t}\mathcal{J}_1 = a\,\mathcal{J}_2 \times \mathcal{J}_1 = a\,(\mathcal{J} - \mathcal{J}_1) \times \mathcal{J}_1 = a\,\mathcal{J} \times \mathcal{J}_1. \tag{10.324}$$

Da $\mathcal{J} = \mathcal{J}_1 + \mathcal{J}_2$ konstant ist, zeigt die vorstehende Gleichung, dass $\mathcal{J}_1$ mit einer Winkelgeschwindigkeit $a|\mathcal{J}|$ um $\mathcal{J}$ präzessiert (Abb. 10.8).

Unter dem Einfluss der Kopplung präzessieren die Momente $\mathcal{J}_1$ und $\mathcal{J}_2$ daher mit einer Winkelgeschwindigkeit proportional zu $|\mathcal{J}|$ und der Kopplungskonstanten a um ihre Resultierende $\mathcal{J}$.

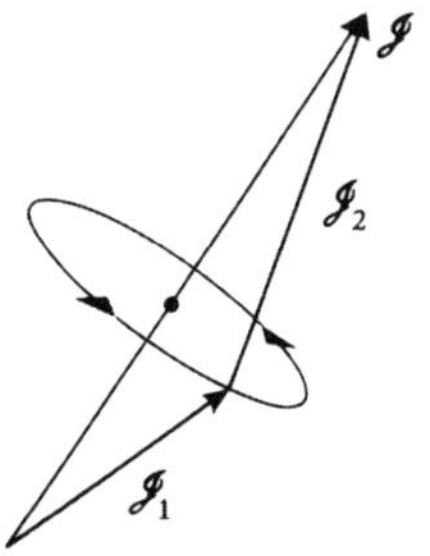

Abb. 10.8 Unter dem Einfluss der Kopplung $\mathcal{W} = a\,\mathcal{J}_1 \cdot \mathcal{J}_2$ präzessieren die Drehmomente $\mathcal{J}_1$ und $\mathcal{J}_2$ um ihre Summe $\mathcal{J}$, die eine Konstante der Bewegung ist.

10.9.2 Bewegungsgleichungen für die Drehimpulserwartungswerte

Berechnung von $d\langle \mathbf{J}_1 \rangle/dt$ und $d\langle \mathbf{J}_2 \rangle/dt$

Wir erinnern uns zunächst daran, dass für die zeitliche Änderung der Observablen A eines quantenmechanischen Systems mit dem Hamilton-Operator H gilt (s. Abschnitt 3.4.1)

$$\frac{\mathrm{d}}{\mathrm{d}t}\langle A\rangle(t) = \frac{1}{\mathrm{i}\hbar}\langle [A, H]\rangle(t). \tag{10.325}$$

Im vorliegenden Fall wird der Hamilton-Operator durch

$$H = H_0 + W \tag{10.326}$$

gegeben, wobei H_0 die Summe der Energien der Systeme (1) und (2) ist und W die Kopplung zwischen $\boldsymbol{J}_1$ und $\boldsymbol{J}_2$, Gl. (10.315), darstellt. Ohne Kopplung sind $\boldsymbol{J}_1$ und $\boldsymbol{J}_2$ Konstanten der Bewegung (sie kommutieren mit H_0). Mit Kopplung haben wir also einfach

$$\frac{\mathrm{d}}{\mathrm{d}t}\langle \boldsymbol{J}_1\rangle = \frac{1}{\mathrm{i}\hbar}\langle [\boldsymbol{J}_1, W]\rangle = \frac{a}{\mathrm{i}\hbar}\langle [\boldsymbol{J}_1, \boldsymbol{J}_1 \cdot \boldsymbol{J}_2]\rangle \tag{10.327}$$

sowie die entsprechende Gleichung für $\frac{\mathrm{d}}{\mathrm{d}t}\langle \boldsymbol{J}_2\rangle$. Die Berechnung des in Gl. (10.327) auftretenden Kommutators bietet keine Schwierigkeiten. So gilt z. B.

$$\begin{aligned}[J_{1x}, \boldsymbol{J}_1 \cdot \boldsymbol{J}_2] &= \left[J_{1x}, J_{1y}J_{2y}\right] + [J_{1x}, J_{1z}J_{2z}] \\ &= \mathrm{i}\hbar\, J_{1z}J_{2y} - \mathrm{i}\hbar\, J_{1y}J_{2z} \\ &= -\mathrm{i}\hbar\, (\boldsymbol{J}_1 \times \boldsymbol{J}_2)_x\,.\end{aligned} \tag{10.328}$$

Daraus erhalten wir schließlich

$$\begin{aligned}\frac{\mathrm{d}}{\mathrm{d}t}\langle \boldsymbol{J}_1\rangle &= -a\,\langle \boldsymbol{J}_1 \times \boldsymbol{J}_2\rangle, \\ \frac{\mathrm{d}}{\mathrm{d}t}\langle \boldsymbol{J}_2\rangle &= -a\,\langle \boldsymbol{J}_2 \times \boldsymbol{J}_1\rangle.\end{aligned} \tag{10.329}$$

Diskussion

Die Beziehungen (10.320) und (10.329) weisen eine enge Analogie auf. Indem wir beide Gleichungen (10.329) addieren, erhalten wir erneut, dass $\boldsymbol{J}$ eine Konstante der Bewegung ist, da

$$\frac{\mathrm{d}}{\mathrm{d}t}\langle \boldsymbol{J}_1\rangle + \frac{\mathrm{d}}{\mathrm{d}t}\langle \boldsymbol{J}_2\rangle = \frac{\mathrm{d}}{\mathrm{d}t}\langle \boldsymbol{J}\rangle = 0. \tag{10.330}$$

Wir müssen jedoch darauf achten, dass im Allgemeinen

$$\langle \boldsymbol{J}_1 \times \boldsymbol{J}_2\rangle \neq \langle \boldsymbol{J}_1\rangle \times \langle \boldsymbol{J}_2\rangle \tag{10.331}$$

gilt. Die Bewegung der Erwartungswerte ist daher nicht unbedingt mit der klassischen Bewegung identisch. Um diesen Punkt genauer zu untersuchen, betrachten wir nun den Spezialfall, dass $\boldsymbol{J}_1$ und $\boldsymbol{J}_2$ zwei Spins 1/2 sind, die wir mit $\boldsymbol{S}_1$ und $\boldsymbol{S}_2$ bezeichnen wollen.

10.9.3 System mit zwei Spins 1/2

Die zeitliche Entwicklung eines quantenmechanischen Systems kann in der Basis der Eigenzustände des Hamilton-Operators leicht berechnet werden. Wir beginnen daher mit der Bestimmung der stationären Zustände des Zweispinsystems.

Stationäre Zustände

Es sei

$$\boldsymbol{S} = \boldsymbol{S}_1 + \boldsymbol{S}_2 \tag{10.332}$$

der Gesamtspin des Systems. Wenn wir beide Seiten von Gl. (10.332) quadrieren, erhalten wir

$$\boldsymbol{S}^2 = \boldsymbol{S}_1^2 + \boldsymbol{S}_2^2 + 2\boldsymbol{S}_1 \cdot \boldsymbol{S}_2, \tag{10.333}$$

so dass wir W schreiben können

$$W = a\,\boldsymbol{S}_1 \cdot \boldsymbol{S}_2 = \frac{a}{2}\left[\boldsymbol{S}^2 - \boldsymbol{S}_1^2 - \boldsymbol{S}_2^1\right] = \frac{a}{2}\left[\boldsymbol{S}^2 - \frac{3}{2}\hbar^2\right] \tag{10.334}$$

(alle Vektoren des Zustandsraums sind Eigenvektoren von $\boldsymbol{S}_1^2$ und $\boldsymbol{S}_2^2$ mit dem Eigenwert $3\hbar^2/4$).

Ohne Kopplung ist der Hamilton-Operator H_0 des Systems sowohl in der $\{|\varepsilon_1, \varepsilon_2\rangle\}$-Basis (mit $\varepsilon_1, \varepsilon_2 = \pm$) von Eigenzuständen zu S_{1z} und S_{2z}, als auch in der $\{|S, M\rangle\}$-Basis (mit $S = 0$ oder 1, $-S \leq M \leq +S$) von Eigenzuständen zu $\boldsymbol{S}^2$ und S_z diagonal. Die verschiedenen Vektoren $|\varepsilon_1, \varepsilon_2\rangle$ und $|S, M\rangle$ sind Eigenvektoren von H_0 mit demselben Eigenwert, den wir als Energienullpunkt wählen wollen.

Berücksichtigen wir zusätzlich die Kopplung W, so sehen wir anhand von Gl. (10.334), dass der Gesamt-Hamilton-Operator $H = H_0 + W$ in der $\{|\varepsilon_1, \varepsilon_2\rangle\}$-Basis nicht mehr diagonal ist. Wir können jedoch schreiben

$$(H_0 + W)\,|S, M\rangle = \frac{a\hbar^2}{2}\left[S(S+1) - \frac{3}{2}\right]|S, M\rangle. \tag{10.335}$$

Die stationären Zustände des Zweispinsystems werden daher in zwei Energieniveaus aufgespalten (Abb. 10.9): in das dreifach entartete $S = 1$-Niveau mit der Energie $E_1 = a\hbar^2/4$ und in das nicht entartete $S = 0$-Niveau mit der Energie $E_0 = -3a\hbar^2/4$. Der Abstand zwischen den beiden Niveaus ist gleich $a\hbar^2$. Setzen wir

$$a\hbar^2 = \hbar\,\Omega, \tag{10.336}$$

so ist $\Omega/2\pi$ die einzige nicht verschwindende Bohr-Frequenz des Zweispinsystems.

Berechnung von $\langle \mathbf{S}_1 \rangle(t)$

Um die Zeitentwicklung des Erwartungswerts $\langle \boldsymbol{S}_1 \rangle(t)$ zu bestimmen, müssen wir zunächst die Matrizen berechnen, die S_{1x}, S_{1y} und S_{1z} (oder einfacher S_{1z} und $S_{1+} =$

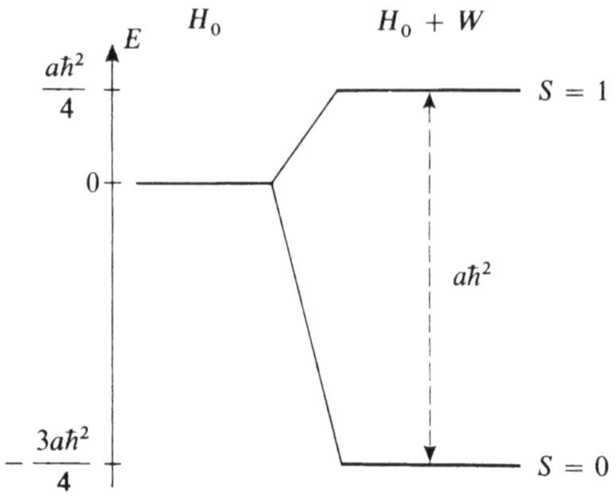

Abb. 10.9 Energieniveaus eines Systems mit zwei Spins $1/2$. Auf der linken Seite der Abbildung ist die Kopplung als null angenommen, und man erhält ein einzelnes Energieniveau, das vierfach entartet ist. Die Kopplung $W = a\,\boldsymbol{S}_1 \cdot \boldsymbol{S}_2$ spaltet es in zwei Niveaus auf, die durch die Energie $a\hbar^2$ voneinander getrennt sind: das Triplettniveau ($S = 1$, dreifach entartet) und das Singulettniveau ($S = 0$, nicht entartet).

$S_{1x} + \mathrm{i}S_{1y}$) in der $\{|S, M\rangle\}$-Basis der stationären Zustände darstellen. Mit Hilfe der Ergebnisse aus Abschnitt 10.2.4 (Gl. (10.43) und Gleichungen (10.44)), die die Entwicklungen der Zustände $|S, M\rangle$ in der $\{|\varepsilon_1, \varepsilon_2\rangle\}$-Basis angeben, ist es leicht möglich, die Wirkung von S_{1z} oder S_{1+} auf die Vektoren $|S, M\rangle$ zu berechnen. Wir finden

$$
\begin{aligned}
S_{1z}\,|1,1\rangle &= \frac{\hbar}{2}\,|1,1\rangle, \\
S_{1z}\,|1,0\rangle &= \frac{\hbar}{2}\,|0,0\rangle, \\
S_{1z}\,|1,-1\rangle &= -\frac{\hbar}{2}\,|1,-1\rangle, \\
S_{1z}\,|0,0\rangle &= \frac{\hbar}{2}\,|1,0\rangle
\end{aligned}
\tag{10.337}
$$

und

$$
\begin{aligned}
S_{1+}\,|1,1\rangle &= 0, \\
S_{1+}\,|1,0\rangle &= \frac{\hbar}{\sqrt{2}}\,|1,1\rangle, \\
S_{1+}\,|1,-1\rangle &= \frac{\hbar}{\sqrt{2}}\,(|1,0\rangle + |0,0\rangle)\,, \\
S_{1+}\,|0,0\rangle &= -\frac{\hbar}{\sqrt{2}}\,|1,1\rangle.
\end{aligned}
\tag{10.338}
$$

Daraus können wir sofort die Matrizen ableiten, die S_{1z} und S_{1+} in der Basis der vier Zustände $|S, M\rangle$ (in der Reihenfolge $|1,1\rangle$, $|1,0\rangle$, $|1,-1\rangle$, $|0,0\rangle$) darstellen,

$$(S_{1z}) = \frac{\hbar}{2}\begin{pmatrix} 1 & 0 & 0 & 0 \\ 0 & 0 & 0 & 1 \\ 0 & 0 & -1 & 0 \\ 0 & 1 & 0 & 0 \end{pmatrix}, \ (S_{1+}) = \frac{\hbar}{\sqrt{2}}\begin{pmatrix} 0 & 1 & 0 & -1 \\ 0 & 0 & 1 & 0 \\ 0 & 0 & 0 & 0 \\ 0 & 0 & 1 & 0 \end{pmatrix}. \tag{10.339}$$

Bemerkung

Man kann zeigen, dass die Einschränkungen der S_{1z}- und S_{1+}-Matrizen auf den $S = 1$-Unterraum proportional (mit demselben Proportionalitätsfaktor) zu den Matrizen sind, die S_z bzw. S_+ in diesem Unterraum darstellen. Dieses Ergebnis hätte man aufgrund des Wigner-Eckart-Theorems für Vektoroperatoren (s. Abschnitt 10.7) vorhersagen können.

Es sei

$$|\psi(0)\rangle = \alpha\,|0,0\rangle + \beta_{-1}\,|1,-1\rangle + \beta_0\,|1,0\rangle + \beta_1\,|1,1\rangle \tag{10.340}$$

der Zustand des Systems zum Zeitpunkt $t = 0$. Daraus folgt der Ausdruck für $|\psi(t)\rangle$ (bis auf den Faktor $\mathrm{e}^{3\mathrm{i}a\hbar t/4}$)

$$|\psi(t)\rangle = \alpha\,|0,0\rangle + [\beta_{-1}\,|1,-1\rangle + \beta_0\,|1,0\rangle + \beta_1\,|1,1\rangle]\,\mathrm{e}^{-\mathrm{i}\Omega t}. \tag{10.341}$$

Mit den Ausdrücken (10.339) erhält man dann

$$\begin{aligned} \langle S_{1z}\rangle(t) &= \langle\psi(t)\,|\,S_{1z}\,|\,\psi(t)\rangle \\ &= \frac{\hbar}{2}\left[|\beta_1|^2 - |\beta_{-1}|^2 + \mathrm{e}^{\mathrm{i}\Omega t}\,\alpha\beta_0^* + \mathrm{e}^{-\mathrm{i}\Omega t}\,\alpha^*\beta_0\right], \\ \langle S_{1+}\rangle(t) &= \langle\psi(t)\,|\,S_{1+}\,|\,\psi(t)\rangle \\ &= \frac{\hbar}{\sqrt{2}}\left[\beta_1^*\beta_0 + \beta_0^*\beta_{-1} - \mathrm{e}^{\mathrm{i}\Omega t}\,\beta_1^*\alpha + \mathrm{e}^{-\mathrm{i}\Omega t}\,\alpha^*\beta_{-1}\right]. \end{aligned} \tag{10.342}$$

Die Erwartungswerte $\langle S_{1x}\rangle(t)$ und $\langle S_{1y}\rangle(t)$ können in Abhängigkeit von $\langle S_{1+}\rangle(t)$ angegeben werden:

$$\begin{aligned} \langle S_{1x}\rangle(t) &= \mathrm{Re}\,\langle S_{1+}\rangle(t), \\ \langle S_{1y}\rangle(t) &= \mathrm{Im}\,\langle S_{1+}\rangle(t). \end{aligned} \tag{10.343}$$

Analoge Rechnungen ergeben die drei Komponenten von $\langle \boldsymbol{S}_2\rangle(t)$.

Diskussion. Polarisation magnetischer Dipolübergänge

Die Untersuchung der Zeitabhängigkeit von $\langle \boldsymbol{S}_1\rangle(t)$ ermöglicht neben einem Vergleich der quantenmechanischen Vorhersagen mit dem Vektormodell des Atoms auch die Bestimmung der Polarisation der elektromagnetischen Wellen, die aufgrund der Bewegung von $\langle \boldsymbol{S}_1\rangle(t)$ abgestrahlt werden.

Die Bohr-Frequenz $\Omega/2\pi$ tritt in den Gleichungen für die Zeitentwicklung von $\langle \boldsymbol{S}_1\rangle(t)$ auf, weil es nichtverschwindende Matrixelemente von S_{1x}, S_{1y} oder S_{1z} zwischen dem Zustand $|0,0\rangle$ und einem der Zustände $|1,M\rangle$ (mit $M = -1, 0, +1$) gibt. Für

Gl. (10.340) oder Gl. (10.341) wollen wir annehmen, dass bei nichtverschwindendem α nur einer der drei Koeffizienten β_{-1}, β_0 oder β_1 von null verschieden ist. Die Untersuchung der Bewegung von $\langle \boldsymbol{S}_1 \rangle(t)$ wird es uns in den drei entsprechenden Fällen dann ermöglichen, die Polarisation der Strahlung der drei magnetischen Dipolübergänge

$$|0,0\rangle \longleftrightarrow |1,0\rangle\,,\ |0,0\rangle \longleftrightarrow |1,1\rangle \ \text{und}\ |0,0\rangle \longleftrightarrow |1,-1\rangle$$

anzugeben. Wir können α immer reell wählen; wir setzen

$$\beta_M = |\beta_M|\,\mathrm{e}^{\mathrm{i}\varphi_M} \qquad (M = -1, 0, 1). \tag{10.344}$$

Bemerkung
Eigentlich werden die magnetischen Wellen von den zu $\boldsymbol{S}_1$ und $\boldsymbol{S}_2$ gehörenden magnetischen Momenten $\boldsymbol{M}_1$ und $\boldsymbol{M}_2$ abgestrahlt (daher der Name: magnetische Dipolübergänge); $\boldsymbol{M}_1$ und $\boldsymbol{M}_2$ sind proportional zu $\boldsymbol{S}_1$ bzw. $\boldsymbol{S}_2$. Um ganz genau zu sein, sollten wir dann die Zeitentwicklung von $\langle \boldsymbol{M}_1 + \boldsymbol{M}_2 \rangle(t)$ untersuchen. Wir wollen hier voraussetzen, dass $\langle \boldsymbol{M}_1 \rangle \gg \langle \boldsymbol{M}_2 \rangle$ gilt. Eine solche Situation liegt z. B. im Grundzustand des Wasserstoffatoms vor: Die Hyperfeinstruktur dieses Zustands entsteht aufgrund der Kopplung zwischen dem Spin des Elektrons und dem des Protons (s. Abschnitt 12.4). Das magnetische Moment des Elektronenspins ist sehr viel größer als das des Protonenspins, so dass die Emission und Absorption elektromagnetischer Wellen mit der Frequenz des Hyperfeinübergangs im Wesentlichen durch die Bewegung des Elektronenspins bestimmt werden. Zögen wir also auch $\langle \boldsymbol{M}_2 \rangle$ in die Betrachtungen mit ein, würden die Rechnungen komplizierter werden, ohne dass sich die Ergebnisse änderten.

Der $|0,0\rangle \leftrightarrow |1,0\rangle$-Übergang ($\beta_1 = \beta_{-1} = 0$). Setzen wir in den Gleichungen (10.342) und (10.343) $\beta_1 = \beta_{-1} = 0$, so erhalten wir

$$\begin{aligned} \langle S_{1x} \rangle(t) &= \langle S_{1y} \rangle(t) = 0, \\ \langle S_{1z} \rangle(t) &= \hbar\alpha\,|\beta_0|\,\cos(\Omega t - \varphi_0). \end{aligned} \tag{10.345}$$

Außerdem gilt

$$\langle S_x \rangle(t) = \langle S_y \rangle(t) = \langle S_z \rangle(t) = 0; \tag{10.346}$$

$\langle \boldsymbol{S}_1 \rangle(t)$ und $\langle \boldsymbol{S}_2 \rangle(t)$ sind also entgegengesetzt gleich und oszillieren in z-Richtung mit der Frequenz $\Omega/2\pi$ (Abb. 10.10). Die von $\langle \boldsymbol{S}_1 \rangle$ emittierten elektromagnetischen Wellen weisen daher ein magnetisches Feld[17] auf, das in z-Richtung linear polarisiert ist (π-*Polarisation*).

Wie wir an diesem Beispiel sehen, ändert sich $(\langle \boldsymbol{S}_1 \rangle)^2$ mit der Zeit und ist darum nicht gleich $\langle \boldsymbol{S}_1^2 \rangle$ (das konstant gleich $3\hbar^2/4$ ist). Dies stellt einen wichtigen Unterschied zu der in Abschnitt 10.9.1 behandelten klassischen Situation dar, in der der Betrag von $\mathcal{S}_1$ zeitlich konstant ist.

[17] Da es sich hier um magnetische Dipolübergänge handelt, haben wir es mit dem magnetischen Feldvektor der emittierten Welle zu tun. Für den Fall eines elektrischen Dipolübergangs (s. Abschnitt 7.7.2) müssten wir dementsprechend das emittierte elektrische Feld betrachten.

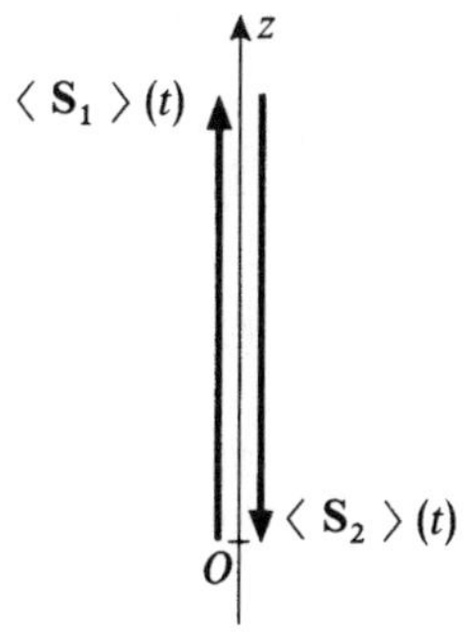

Abb. 10.10 Handelt es sich bei dem Zustand des Zweispinsystems nur um eine Überlagerung der beiden stationären Zustände $|0,0\rangle$ und $|1,0\rangle$, sind $\langle \boldsymbol{S}_1 \rangle$ und $\langle \boldsymbol{S}_2 \rangle$ immer entgegengesetzt gleich und oszillieren in z-Richtung mit der Frequenz $\Omega/2\pi$.

Der $|0,0\rangle \leftrightarrow |1,1\rangle$-Übergang ($\beta_0 = \beta_{-1} = 0$). In diesem Fall ergibt sich

$$\begin{aligned} \langle S_{1z} \rangle(t) &= \frac{\hbar}{2}\,|\beta_1|^2, \\ \langle S_{1x} \rangle(t) &= -\frac{\hbar}{\sqrt{2}}\,\alpha|\beta_1|\,\cos(\Omega t - \varphi_1), \\ \langle S_{1y} \rangle(t) &= -\frac{\hbar}{\sqrt{2}}\,\alpha|\beta_1|\,\sin(\Omega t - \varphi_1). \end{aligned} \tag{10.347}$$

Außerdem kann leicht gezeigt werden, dass gilt

$$\begin{aligned} \langle S_z \rangle(t) &= \hbar\,|\beta_1|^2, \\ \langle S_x \rangle(t) &= \langle S_y \rangle(t) = 0. \end{aligned} \tag{10.348}$$

Daraus lässt sich ablesen (Abb. 10.11), dass $\langle \boldsymbol{S}_1 \rangle(t)$ und $\langle \boldsymbol{S}_2 \rangle(t)$ mit der Winkelgeschwindigkeit Ω im Gegenuhrzeigersinn um ihre Resultierende $\langle \boldsymbol{S} \rangle$, die parallel zur z-Achse verläuft, präzessieren. Die elektromagnetischen Wellen, die von $\langle \boldsymbol{S}_1 \rangle(t)$ im vorliegenden Fall emittiert werden, sind daher rechtshändig polarisiert (*σ_+-Polarisation*). Wir erhalten hier eine Bewegung der Erwartungswerte $\langle \boldsymbol{S}_1 \rangle(t)$ und $\langle \boldsymbol{S}_2 \rangle(t)$, die der klassischen Bewegung entspricht.

Der $|0,0\rangle \leftrightarrow |1,-1\rangle$-Übergang ($\beta_0 = \beta_1 = 0$). Die Rechnungen sind hier vollkommen analog zu denen des vorhergehenden Unterabschnitts und führen auf die folgenden Ergebnisse (Abb. 10.12): $\langle \boldsymbol{S}_1 \rangle(t)$ und $\langle \boldsymbol{S}_2 \rangle(t)$ präzessieren wieder mit der Winkelgeschwindigkeit Ω um die z-Achse, diesmal allerdings im Uhrzeigersinn. Der Erwartungswert $\langle S_z \rangle = -\hbar|\beta_{-1}|^2$ ist jetzt negativ, so dass er relativ zu $\langle \boldsymbol{S} \rangle$ gleich bleibt, obwohl sich der Umlaufsinn von $\langle \boldsymbol{S}_1 \rangle(t)$ und $\langle \boldsymbol{S}_2 \rangle(t)$ um die z-Achse geändert hat. Die von $\langle \boldsymbol{S}_1 \rangle(t)$ emittierten elektromagnetischen Wellen sind jetzt linkshändig polarisiert (*σ_--Polarisation*).

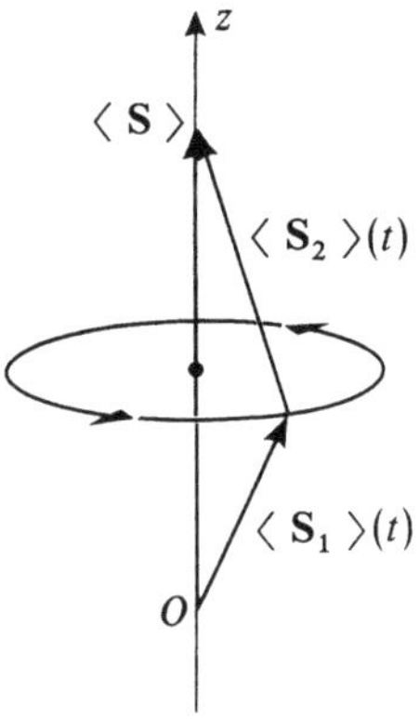

Abb. 10.11 Ist der Zustand des Zweispinsystems nur eine Überlagerung der beiden stationären Zustände $|0,0\rangle$ und $|1,1\rangle$, präzessieren $\langle \boldsymbol{S}_1 \rangle$ und $\langle \boldsymbol{S}_2 \rangle$ mit der Winkelgeschwindigkeit Ω im Gegenuhrzeigersinn um die Resultierende $\langle \boldsymbol{S} \rangle$.

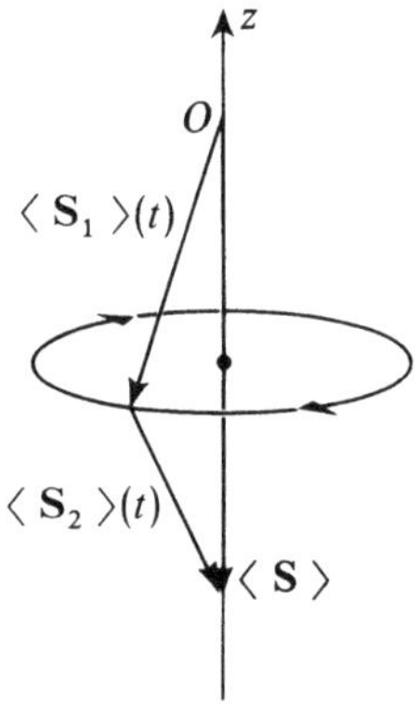

Abb. 10.12 Ist der Zustand des Zweispinsystems nur eine Überlagerung der beiden stationären Zustände $|0,0\rangle$ und $|1,-1\rangle$, präzessieren $\langle \boldsymbol{S}_1 \rangle$ und $\langle \boldsymbol{S}_2 \rangle$ mit der Winkelgeschwindigkeit Ω wieder im Gegenuhrzeigersinn um die Resultierende $\langle \boldsymbol{S} \rangle$, jetzt jedoch entgegengesetzt zur z-Richtung.

Allgemeiner Fall. Für den allgemeinen Fall (beliebiges α, β_{-1}, β_0 und β_1) sehen wir aus den Beziehungen (10.342) und (10.343), dass die drei Komponenten von $\langle \boldsymbol{S}_1 \rangle(t)$ jeweils einen konstanten und einen mit der Frequenz $\Omega/2\pi$ modulierten Anteil aufweisen. Da diese drei auf die Koordinatenachsen projizierten Bewegungen sinusförmig mit derselben Frequenz sind, beschreibt die Spitze von $\langle \boldsymbol{S}_1 \rangle(t)$ eine Ellipse im Raum; da die Summe

$$\langle \boldsymbol{S}_1 \rangle(t) + \langle \boldsymbol{S}_2 \rangle(t) = \langle \boldsymbol{S} \rangle \tag{10.349}$$

konstant ist, beschreibt auch die Spitze von $\langle \boldsymbol{S}_2 \rangle(t)$ eine Ellipse (Abb. 10.13).

Für den allgemeinen Fall finden wir also nur teilweise die Ergebnisse des Vektormodells wieder. Zwar ergibt sich auch hier, dass mit wachsender Kopplungskonstante a die

Präzessionsgeschwindigkeit von $\langle S_1 \rangle(t)$ und $\langle S_2 \rangle(t)$ um $\langle S \rangle$ zunimmt, allerdings ist wie im zuerst behandelten Fall $|\langle S_1 \rangle(t)|$ nicht konstant, und die Spitze von $\langle S_1 \rangle(t)$ beschreibt keinen Kreisbogen.

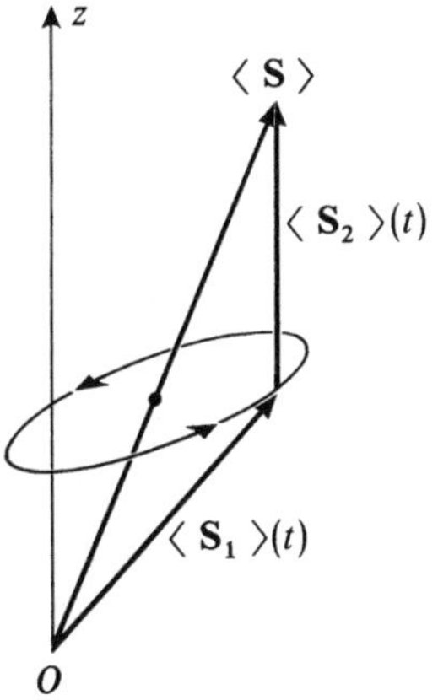

Abb. 10.13 Bewegung von $\langle S_1 \rangle(t)$ und $\langle S_2 \rangle(t)$ im allgemeinen Fall, wenn der Zustand des Zweispinsystems eine Überlagerung der vier stationären Zustände $|0,0\rangle$, $|1,1\rangle$, $|1,0\rangle$ und $|1,-1\rangle$ ist. Die Resultierende $\langle S \rangle$ ist wieder zeitlich konstant, weist aber nicht notwendig in z-Richtung; $\langle S_1 \rangle$ und $\langle S_2 \rangle$ haben keine konstanten Beträge mehr, und ihre Spitzen beschreiben Ellipsen im Raum.

10.9.4 Stoß zwischen zwei Spin-1/2-Teilchen

Beschreibung des Modells

Wir betrachten zwei Spin-$1/2$-Teilchen, für die wir die äußeren Freiheitsgrade klassisch, die inneren Spinfreiheitsgrade dagegen quantenmechanisch beschreiben wollen. Ihre Bahnen sollen geradlinig verlaufen (Abb. 10.14), und die Wechselwirkung zwischen den beiden Spins S_1 und S_2 habe die Form $W = a\, S_1 \cdot S_2$, wobei die Kopplungskonstante a eine Funktion des Abstands r der beiden Teilchen ist, die mit größer werdendem r rasch abfällt.

Mit r ändert sich auch a zeitlich. Den Verlauf von $a(t)$ gibt Abb. 10.15 wieder. Das Maximum entspricht dem Augenblick, in dem der Abstand der beiden Teilchen minimal ist. Um die Rechnungen zu vereinfachen, ersetzen wir den zeitlichen Verlauf nach Abb. 10.15 durch den nach Abb. 10.16.

Das Problem ist das folgende: Vor dem Stoß, d. h. bei $t \to -\infty$, ist der Spinzustand des Zweiteilchensystems gegeben durch

$$|\psi(-\infty)\rangle = |+,-\rangle. \tag{10.350}$$

Wie lautet der Zustand des Systems $|\psi(+\infty)\rangle$ nach dem Stoß?

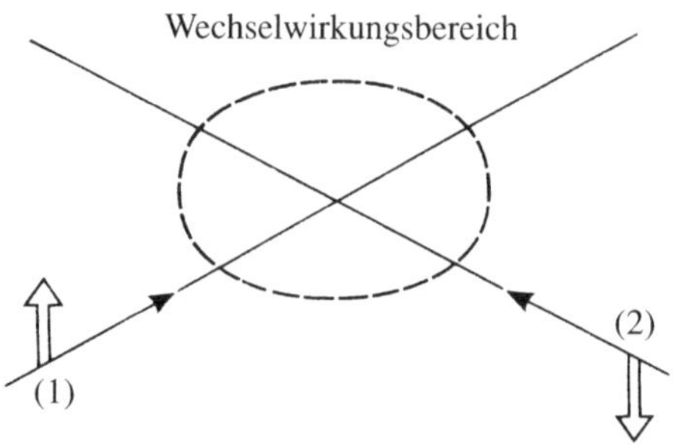

Abb. 10.14 Stoß zwischen zwei Spin-1/2-Teilchen (1) und (2), deren Bahnvariablen klassisch behandelt werden können. Der Spinzustand der Teilchen wird durch einen Doppelpfeil veranschaulicht.

Der Zustand des Systems nach dem Stoß

Da der Hamilton-Operator für $t < 0$ null ist, haben wir

$$|\psi(0)\rangle = |\psi(-\infty)\rangle = |+,-\rangle = \frac{1}{\sqrt{2}}\left[|1,0\rangle + |0,0\rangle\right]. \qquad (10.351)$$

Die Ergebnisse des vorhergehenden Abschnitts für die Eigenzustände und Eigenwerte von $W = a\,\boldsymbol{S}_1 \cdot \boldsymbol{S}_2$ sind für den Zeitraum zwischen 0 und T anwendbar und erlauben die Berechnung von $|\psi(T)\rangle$:

$$|\psi(T)\rangle = \frac{1}{\sqrt{2}}\left[|1,0\rangle\,\mathrm{e}^{-\mathrm{i}E_1 T/\hbar} + |0,0\rangle\,\mathrm{e}^{-\mathrm{i}E_0 T/\hbar}\right]. \qquad (10.352)$$

Wir multiplizieren Gl. (10.352) mit dem Phasenfaktor $\mathrm{e}^{\mathrm{i}(E_0+E_1)T/(2\hbar)}$ (physikalisch ohne Bedeutung), setzen $E_1 - E_0 = \hbar\Omega$ (s. Gl. (10.336)), kehren zur $\{|\varepsilon_1, \varepsilon_2\rangle\}$-Basis zurück und erhalten so

$$|\psi(T)\rangle = \cos\frac{\Omega T}{2}\,|+,-\rangle - \mathrm{i}\,\sin\frac{\Omega T}{2}\,|-,+\rangle. \qquad (10.353)$$

Da der Hamilton-Operator für $t > T$ null ist, erhalten wir schließlich

$$|\psi(+\infty)\rangle = |\psi(T)\rangle. \qquad (10.354)$$

Bemerkung
Die Rechnung hätte auch für eine beliebige Funktion $a(t)$ der in Abb. 10.15 dargestellten Form durchgeführt werden können. Es müsste dann in der vorhergehenden Beziehung $aT = \frac{\Omega T}{2}$ durch $\int_{-\infty}^{+\infty} a(t)\,\mathrm{d}t$ ersetzt werden (s. Aufgabe 2 in Abschnitt 13.8).

Physikalische Diskussion: Korrelation

Wenn die Bedingung

$$\frac{\Omega T}{2} = \frac{\pi}{2} + k\pi, \quad k \text{ eine ganze Zahl ungleich null}, \qquad (10.355)$$

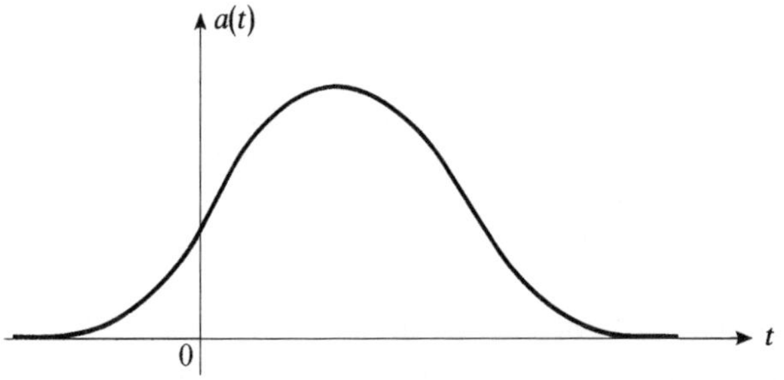

Abb. 10.15 Zeitabhängigkeit der Kopplungskonstanten $a(t)$ während des Stoßes

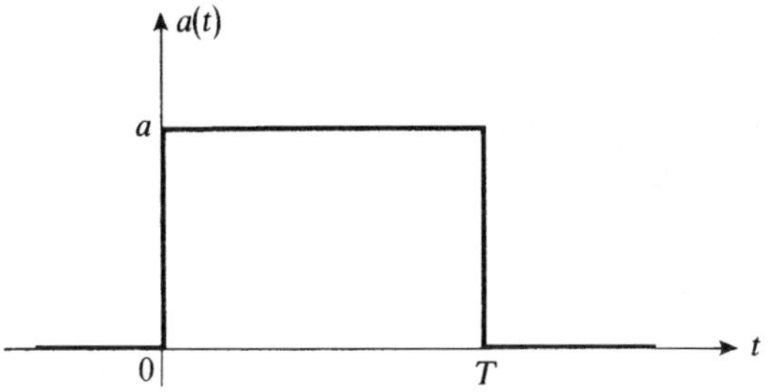

Abb. 10.16 Vereinfachter Verlauf von $a(t)$ während des Stoßes

erfüllt ist, so ergibt Gl. (10.353)

$$|\psi(+\infty)\rangle = |-,+\rangle. \tag{10.356}$$

Die Orientierung der beiden Spins kehrt sich für diesen Fall um.

Gilt andererseits

$$\frac{\Omega T}{2} = k\pi, \quad k \text{ eine ganze Zahl ungleich null,} \tag{10.357}$$

so finden wir

$$|\psi(+\infty)\rangle = |+,-\rangle = |\psi(-\infty)\rangle. \tag{10.358}$$

Für diesen Fall hat also der Stoß keinen Einfluss auf die Orientierung der Spins.

Für andere Werte von T gilt

$$|\psi(+\infty)\rangle = \alpha\,|+,-\rangle + \beta\,|-,+\rangle, \tag{10.359}$$

wobei α und β ungleich null sind. Der Zustand des Zweispinsystems ist durch den Stoß in eine lineare Überlagerung der beiden Zustände $|+,-\rangle$ und $|-,+\rangle$ überführt worden. Der Vektor $|\psi(+\infty)\rangle$ ist daher kein Tensorprodukt mehr, obwohl $|\psi(-\infty)\rangle$ eines war: Die Wechselwirkung der beiden Spins hat zu *Korrelationen* zwischen ihnen geführt.

Um die Bedeutung dieser Aussage zu verstehen, betrachten wir ein Experiment, bei dem ein Beobachter (1) nach dem Stoß S_{1z} misst. Nach Gl. (10.359) beobachtet er mit der Wahrscheinlichkeit $|\alpha|^2$ den Wert $+\hbar/2$ und mit der Wahrscheinlichkeit $|\beta|^2$ den Wert $-\hbar/2$ (nach Gl. (10.353) gilt $|\alpha|^2 + |\beta|^2 = 1$). Nehmen wir an, er fände $-\hbar/2$. Unmittelbar nach dieser Messung befindet sich das ganze System nach dem Postulat der Zustandsreduktion im Zustand $|-,+\rangle$. Wenn in diesem Moment ein zweiter Beobachter (2) S_{2z} misst, wird er immer $+\hbar/2$ finden. Analog kann leicht gezeigt werden, dass es auch umgekehrt so wäre: Hat Beobachter (1) den Wert $+\hbar/2$ gemessen, erhält Beobachter (2) immer den Wert $-\hbar/2$. Das Ergebnis des Beobachters (1) beeinflusst also entscheidend das von Beobachter (2) später erhaltene Resultat, selbst dann, wenn zum Zeitpunkt der Messung die beiden Teilchen weit voneinander entfernt sind. Dieses scheinbar paradoxe Ergebnis (das Einstein-Podolsky-Rosen-Paradoxon) spiegelt eine starke Korrelation zwischen den beiden Spins wider, die ihre Ursache in der Wechselwirkung während des Stoßes hat.

Abschließend bemerken wir: Interessiert man sich nur für einen der beiden Spins, so ist es unmöglich, seinen Zustand nach dem Stoß durch einen Zustandsvektor zu beschreiben, da nach Gl. (10.359) $|\psi(+\infty)\rangle$ kein tensorielles Produkt ist. Der Spin (1) etwa kann in diesem Fall nur durch einen Dichteoperator (s. Abschnitt 3.10) beschrieben werden. Sei also

$$\rho = |\psi(+\infty)\rangle\langle\psi(+\infty)| \tag{10.360}$$

der Dichteoperator des gesamten Zweispinsystems. Nach den Ergebnissen aus Abschnitt 3.10.5 erhält man den Dichteoperator des Spins (1) durch Bilden der Partialspur von ρ in Bezug auf die Spinvariablen von Teilchen (2):

$$\rho(1) = \mathrm{Sp}_2\, \rho, \tag{10.361}$$

und analog

$$\rho(2) = \mathrm{Sp}_1\, \rho. \tag{10.362}$$

Aus der Beziehung (10.359) für $|\psi(+\infty)\rangle$ lässt sich die Matrix, die ρ in der Basis aus den vier Zuständen $\{|+,+\rangle, |+,-\rangle, |-,+\rangle|-,-\rangle\}$ darstellt, leicht berechnen. Wir finden

$$\rho = \begin{pmatrix} 0 & 0 & 0 & 0 \\ 0 & |\alpha|^2 & \alpha\beta^* & 0 \\ 0 & \beta\alpha^* & |\beta|^2 & 0 \\ 0 & 0 & 0 & 0 \end{pmatrix}. \tag{10.363}$$

Wenn wir Gl. (10.361) und Gl. (10.362) anwenden, so erhalten wir

$$\begin{aligned} \rho(1) &= \begin{pmatrix} |\alpha|^2 & 0 \\ 0 & |\beta|^2 \end{pmatrix}, \\ \rho(2) &= \begin{pmatrix} |\beta|^2 & 0 \\ 0 & |\alpha|^2 \end{pmatrix}. \end{aligned} \tag{10.364}$$

Ausgehend von den Gleichungen (10.364) bilden wir dann

$$\rho' = \rho(1) \otimes \rho(2), \tag{10.365}$$

dessen Matrixdarstellung so aussieht

$$\rho' = \begin{pmatrix} |\alpha|^2\,|\beta|^2 & 0 & 0 & 0 \\ 0 & |\alpha|^4 & 0 & 0 \\ 0 & 0 & |\beta|^4 & 0 \\ 0 & 0 & 0 & |\alpha|^2\,|\beta|^2 \end{pmatrix}. \tag{10.366}$$

Wir sehen also, dass ρ' von ρ verschieden ist, eine Folge der Korrelation zwischen den beiden Spins.

10.10 Aufgaben zu Kapitel 10

1. Man betrachte ein Deuteriumatom (bestehend aus einem Atomkern mit Spin $I = 1$ und einem Elektron). Der von dem Elektron herrührende Drehimpuls ist $\boldsymbol{J} = \boldsymbol{L} + \boldsymbol{S}$, wobei $\boldsymbol{L}$ den Bahndrehimpuls und $\boldsymbol{S}$ den Spin des Elektrons bezeichnet. Der Gesamtdrehimpuls des Atoms ist $\boldsymbol{F} = \boldsymbol{J} + \boldsymbol{I}$, wobei $\boldsymbol{I}$ der Spin des Kerns ist. Die Eigenwerte von $\boldsymbol{J}^2$ und $\boldsymbol{F}^2$ sind $J(J+1)\hbar^2$ bzw. $I(I+1)\hbar^2$.

a) Welche Werte haben die Quantenzahlen J und F für ein Deuteriumatom im $1s$-Grundzustand?

b) Welche Werte haben sie im angeregten $2p$-Zustand?

2. Der Kern des Wasserstoffatoms ist ein Proton mit dem Spin $I = 1/2$.

a) Welche Werte haben (in der Notation der vorhergehenden Aufgabe) die Quantenzahlen J und F für ein Wasserstoffatom auf dem $2p$-Niveau?

b) Es seien $\{|n, l, m\rangle\}$ die stationären Zustände des Hamilton-Operators H_0 des in Abschnitt 7.3 behandelten Wasserstoffatoms.

Es sei $\{|n, l, s, J, M_J\rangle\}$ die Basis, die sich durch Addition von $\boldsymbol{L}$ und $\boldsymbol{S}$ zu $\boldsymbol{J}$ ergibt ($M_J\hbar$ ist der Eigenwert von J_z), und sei $\{|n, l, s, J, I, F, M_F\rangle\}$ dementsprechend die Basis, die sich durch Addition von $\boldsymbol{J}$ und $\boldsymbol{I}$ zu $\boldsymbol{F}$ ergibt ($M_F\hbar$ ist der Eigenwert von F_z).

Der Operator des magnetischen Moments des Elektrons lautet

$$\boldsymbol{M} = \mu_B(\boldsymbol{L} + 2\boldsymbol{S})/\hbar.$$

In jedem Unterraum $\mathcal{H}(n = 2, l = 1, s = 1/2, J, I = 1/2, F)$ des $2p$-Niveaus, aufgespannt durch die zu festen Werten für J und F gehörenden $2F + 1$ Vektoren

$$|n = 2, l = 1, s = 1/2, J, I = 1/2, F, M_F\rangle,$$

können wir wegen des Projektionstheorems (s. Abschnitte 10.7.2 und 10.7.3) schreiben

$$\boldsymbol{M} = g_{JF}\, \mu_B\, \boldsymbol{F}/\hbar.$$

Man berechne die verschiedenen möglichen Werte des Landé-Faktors g_{JF} des $2p$-Niveaus.

3. Man betrachte ein System aus zwei Spin-1/2-Teilchen, deren Bahnvariablen nicht berücksichtigt werden sollen. Der Hamilton-Operator des Systems ist

$$H = \omega_1 S_{1z} + \omega_2 S_{2z},$$

worin S_{1z} und S_{2z} die Projektionen der Teilchenspins $\boldsymbol{S}_1$ und $\boldsymbol{S}_2$ auf die z-Achse und ω_1 und ω_2 reelle Konstanten sind.

a) Der Anfangszustand des Systems zur Zeit $t = 0$ sei

$$|\psi(0)\rangle = \frac{1}{\sqrt{2}}[|+-\rangle + |-+\rangle]$$

(in der Notation von Abschnitt 10.2). Zur Zeit t werde $\boldsymbol{S}^2 = (\boldsymbol{S}_1 + \boldsymbol{S}_2)^2$ gemessen. Welche Ergebnisse kann man mit welchen Wahrscheinlichkeiten finden?

b) Welche Bohr-Frequenzen können in der Zeitentwicklung von $\langle \boldsymbol{S}^2 \rangle$ auftreten, wenn der Anfangszustand des Systems beliebig ist, welche für $S_x = S_{1x} + S_{2x}$?

4. Man betrachte ein Teilchen (a) mit Spin 3/2, das in zwei Teilchen (b) mit dem Spin 1/2 und (c) mit dem Spin 0 zerfallen kann. Wir befinden uns im Ruhesystem von (a). Der Gesamtdrehimpuls bleibt während des Zerfalls erhalten.

a) Welche Werte kann der relative Bahndrehimpuls der beiden Produktteilchen annehmen? Man zeige, dass es nur einen möglichen Wert gibt, wenn die Parität des relativen Bahnzustands festgelegt ist. Würde das Ergebnis gültig bleiben, wenn der Spin von Teilchen (a) größer als 3/2 wäre?

b) Man nehme an, das Teilchen (a) sei anfangs in einem Spinzustand mit dem Eigenwert $m_a\hbar$ der z-Komponente des Spins. Wir wissen, dass der End-Bahnzustand wohldefinierte Parität besitzt. Ist es möglich, diese Parität durch die Messung der Wahrscheinlichkeiten, Teilchen (b) entweder im Zustand $|+\rangle$ oder im Zustand $|-\rangle$ zu finden, zu bestimmen (die allgemeinen Beziehungen aus Abschnitt 10.4.2 können benutzt werden)?

5. Es sei $\boldsymbol{S} = \boldsymbol{S}_1 + \boldsymbol{S}_2 + \boldsymbol{S}_3$ der Gesamtdrehimpuls von drei Spin-1/2-Teilchen (deren Bahnvariablen vernachlässigt werden sollen); $|\varepsilon_1, \varepsilon_2, \varepsilon_3\rangle$ seien die gemeinsamen Eigenvektoren von S_{1z}, S_{2z} und S_{3z} mit den Eigenwerten $\varepsilon_1\hbar/2$, $\varepsilon_2\hbar/2$ bzw. $\varepsilon_3\hbar/2$. Man gebe eine Basis von gemeinsamen Eigenzuständen von $\boldsymbol{S}^2$ und S_z in Abhängigkeit von den Vektoren $|\varepsilon_1, \varepsilon_2, \varepsilon_3\rangle$ an. Bilden diese beiden Operatoren einen vollständigen Satz kommutierender Observabler? (Man addiere zunächst zwei Spins, um dann den so erhaltenen Teildrehimpuls zum dritten zu addieren.)

6. Es seien $\boldsymbol{S}_1$ und $\boldsymbol{S}_2$ die inneren Drehimpulse zweier Spin-1/2-Teilchen, $\boldsymbol{R}_1$ und $\boldsymbol{R}_2$ ihre Ortsvariablen und m_1 und m_2 ihre Massen (mit der reduzierten Masse $\mu = m_1 m_2/(m_1 + m_2)$). Man nehme an, dass die Wechselwirkung W zwischen den beiden Teilchen

$$W = U(R) + V(R)\,\frac{\boldsymbol{S}_1 \cdot \boldsymbol{S}_2}{\hbar^2}$$

ist, wobei $U(R)$ und $V(R)$ nur vom Abstand $R = |\boldsymbol{R}_1 - \boldsymbol{R}_2|$ der beiden Teilchen abhängen.

a) Es sei $\boldsymbol{S} = \boldsymbol{S}_1 + \boldsymbol{S}_2$ der Gesamtspin der beiden Teilchen.

α) Man zeige, dass

$$P_1 = \frac{3}{4} + \frac{\boldsymbol{S}_1 \cdot \boldsymbol{S}_2}{\hbar^2},$$
$$P_0 = \frac{1}{4} - \frac{\boldsymbol{S}_1 \cdot \boldsymbol{S}_2}{\hbar^2}$$

die Projektoren auf die Zustände des Gesamtspins $S = 1$ bzw. $S = 0$ sind.

β) Man folgere daraus $W = W_1(R)P_1 + W_0(R)P_0$, wobei $W_1(R)$ und $W_0(R)$ zwei Funktionen von R sind, die in Abhängigkeit von $U(R)$ und $V(R)$ auszudrücken sind.

b) Man gebe den Hamilton-Operator H des „Relativteilchens" im Ruhesystem des Massenmittelpunkts an; der Impuls dieses Relativteilchens werde mit $\boldsymbol{P}$ bezeichnet. Man zeige, dass H mit $\boldsymbol{S}^2$ vertauscht und nicht von S_z abhängt. Man folgere daraus, dass es möglich ist, die zu $S = 1$ und $S = 0$ gehörenden Eigenzustände von H getrennt voneinander zu behandeln.

Man zeige, dass man Eigenzustände von H mit dem Eigenwert E von der folgenden Form finden kann:

$$|\psi_E\rangle = \lambda_{00}\,|\varphi_E^0\rangle|S = 0, M = 0\rangle + \sum_{M=-1}^{+1} \lambda_{1M}\,|S = 1, M\rangle,$$

wobei λ_{00} und λ_{1M} Konstanten und $|\psi_E^0\rangle$ und $|\psi_E^1\rangle$ Vektoren des Zustandsraums $\mathscr{H}_{\boldsymbol{r}}$ des Relativteilchens sind. Man gebe die Eigenwertgleichung für $|\psi_E^0\rangle$ und $|\psi_E^1\rangle$ an.

c) Wir wollen Stöße zwischen den beiden betrachteten Teilchen untersuchen. $E = \hbar^2 k^2/2\mu$ sei die Energie des Systems im Ruhesystem des Massenmittelpunkts. Wir nehmen im Folgenden an, dass vor dem Stoß ein Teilchen im $|+\rangle$-Spinzustand und das andere im $|-\rangle$-Spinzustand ist. Es sei $|\psi_k^{\uparrow\downarrow}\rangle$ der entsprechende stationäre Streuzustand (s. Abschnitt 8.2). Man zeige, dass gilt

$$|\psi_k^{\uparrow\downarrow}\rangle = \frac{1}{\sqrt{2}}\,|\varphi_k^0\rangle|S = 0, M = 0\rangle + \frac{1}{\sqrt{2}}\,|\varphi_k^1\rangle|S = 1, M = 0\rangle,$$

worin $|\varphi_k^0\rangle$ und $|\varphi_k^1\rangle$ die stationären Streuzustände eines spinlosen Teilchens der Masse μ sind, das an einem Potential $W_0(R)$ bzw. $W_1(R)$ gestreut wird.

d) Es seien $f_0(\theta)$ und $f_1(\theta)$ die zu $|\varphi_k^0\rangle$ und $|\varphi_k^1\rangle$ gehörenden Streuamplituden. Man berechne den Streuquerschnitt $\sigma_b(\theta)$ der beiden Teilchen in θ-Richtung bei gleichzeitigem Umklappen der beiden Spins (der Spin geht aus dem $|+\rangle$-Zustand in den $|-\rangle$-Zustand über und umgekehrt) in Abhängigkeit von $f_0(\theta)$ und $f_1(\theta)$.

e) Es seien δ_l^0 und δ_l^1 die Phasenverschiebungen der l zu $W_0(R)$ bzw. $W_1(R)$ gehörenden Partialwellen (s. Abschnitt 8.3.3). Man zeige, dass der totale Wirkungsquerschnitt σ_b für gleichzeitiges Umklappen der beiden Spins gegeben wird durch

$$\sigma_b = \frac{\pi}{k^2} \sum_{l=0}^{\infty} (2l + 1)\,\sin^2\left(\delta_l^1 - \delta_l^0\right).$$

7. Wir definieren die Standardkomponenten eines Vektors $\boldsymbol{V}$ durch die drei Operatoren

$$\begin{aligned} V_1^{(1)} &= -\frac{1}{\sqrt{2}}(V_x + \mathrm{i}V_y), \\ V_0^{(1)} &= V_z, \\ V_{-1}^{(1)} &= \frac{1}{\sqrt{2}}(V_x - \mathrm{i}V_y). \end{aligned}$$

Mit Hilfe der Standardkomponenten $V_p^{(1)}$ und $W_q^{(1)}$ der beiden Vektoroperatoren $\boldsymbol{V}$ und $\boldsymbol{W}$ konstruieren wir die Operatoren

$$\left[V^{(1)} \otimes W^{(1)}\right]_M^{(K)} = \sum_p \sum_q \langle 1,1;p,q \mid K,M\rangle\, V_p^{(1)}\, W_q^{(1)},$$

wobei $\langle 1,1;p,q \mid K,M\rangle$ die Clebsch-Gordan-Koeffizienten sind, die bei der Addition zweier Drehimpulse vom Wert eins auftreten (man kann diese Koeffizienten aus den Ergebnissen aus Abschnitt 10.4.1 erhalten).

a) Man zeige, dass $[V^{(1)} \otimes W^{(1)}]_0^{(0)}$ proportional zu dem Skalarprodukt $\boldsymbol{V} \cdot \boldsymbol{W}$ der beiden Vektoroperatoren ist.

b) Man zeige, dass die drei Operatoren $[V^{(1)} \otimes W^{(1)}]_M^{(1)}$ proportional zu den drei Standardkomponenten des Vektoroperators $\boldsymbol{V} \times \boldsymbol{W}$ sind.

c) Man gebe die fünf Komponenten $[V^{(1)} \otimes W^{(1)}]_M^{(2)}$ in Abhängigkeit von V_z, $V_\pm = V_x \pm \mathrm{i}V_y$, W_z, $W_\pm = W_x \pm \mathrm{i}W_y$ an.

d) Wir wählen $\boldsymbol{V} = \boldsymbol{W} = \boldsymbol{R}$, wobei $\boldsymbol{R}$ die Ortsobservable eines Teilchens ist. Man zeige, dass die fünf Operatoren $[R^{(1)} \otimes R^{(1)}]_M^{(2)}$ proportional zu den fünf Komponenten Q_2^M des Operators des elektrischen Quadrupolmoments dieses Teilchens sind (s. Gleichungen (10.291)).

e) Wir wählen $\boldsymbol{V} = \boldsymbol{W} = \boldsymbol{L}$, wobei $\boldsymbol{L}$ der Bahndrehimpuls des Teilchens ist. Man gebe die fünf Operatoren $[L^{(1)} \otimes L^{(1)}]_M^{(2)}$ in Abhängigkeit von L_z, L_+, L_- an. Wie lauten die Auswahlregeln, die diese fünf Operatoren in einer Standardbasis $\{|k,l,m\rangle\}$ von gemeinsamen Eigenzuständen zu $\boldsymbol{L}^2$ und L_z erfüllen (mit anderen Worten: unter welchen Bedingungen verschwindet das Matrixelement

$$\left\langle k,l,m \,\middle|\, \left[L^{(1)} \otimes L^{(1)}\right]_M^{(2)} \,\middle|\, k',l',m' \right\rangle$$

nicht)?

8. Irreduzible Tensoroperatoren; Wigner-Eckart-Theorem

Nach Definition handelt es sich bei den $2K+1$ Operatoren $T_Q^{(K)}$, worin K eine positive ganze Zahl und

$$Q = -K, -K+1, \ldots, +K$$

ist, um die $2K+1$ Komponenten eines irreduziblen Tensoroperators K-ter Stufe, wenn sie die folgenden Vertauschungsrelationen mit dem Gesamtdrehimpuls $\boldsymbol{J}$ des physikalischen

Systems erfüllen:

$$\left[J_z, T_Q^{(K)}\right] = \hbar Q\, T_Q^{(K)}, \tag{10.367}$$

$$\left[J_+, T_Q^{(K)}\right] = \hbar\sqrt{K(K+1) - Q(Q+1)}\, T_{Q+1}^{(K)}, \tag{10.368}$$

$$\left[J_-, T_Q^{(K)}\right] = \hbar\sqrt{K(K+1) - Q(Q-1)}\, T_{Q-1}^{(K)}. \tag{10.369}$$

a) Man zeige, dass ein skalarer Operator ein irreduzibler Tensoroperator $K = 0$-ter Stufe ist und dass die drei Standardkomponenten eines Vektoroperators (s. Aufgabe 7) die Komponenten eines irreduziblen Tensoroperators $K = 1$-ter Stufe sind.

b) Es sei $\{|k, J, M\rangle\}$ eine Standardbasis gemeinsamer Eigenzustände von $\boldsymbol{J}^2$ und J_z. Indem man ausnutzt, dass beide Seiten von Gl. (10.367) dieselben Matrixelemente zwischen $|k, J, M\rangle$ und $|k', J', M'\rangle$ haben, zeige man, dass das Matrixelement $\langle k, J, M \mid T_Q^{(K)} \mid k', J', M'\rangle$ verschwindet, wenn M nicht gleich $Q + M'$ ist.

c) Indem man in gleicher Weise mit Gl. (10.368) und Gl. (10.369) verfährt, zeige man, dass die $(2J + 1)(2K + 1)(2J' + 1)$ zu festen Werten von k, J, K, k', J' gehörenden Matrixelemente $\langle k, J, M \mid T_Q^{(K)} \mid k', J', M'\rangle$ Rekursionsrelationen erfüllen, die mit den für die $(2J + 1)(2K + 1)(2J' + 1)$ zu festen Werten von J, K, J' gehörenden Clebsch-Gordan-Koeffizienten $\langle J', K; M', Q \mid J, M\rangle$ (s. Abschnitte 10.5.1 und 10.5.2) geltenden identisch sind.

d) Man zeige

$$\langle k, J, M \mid T_Q^{(K)} \mid k', J', M'\rangle = \alpha \langle J', K; M', Q \mid J, M\rangle, \tag{10.370}$$

wobei α eine Konstante ist, die nur von k, J, K, k', J' abhängt und häufig in der Form geschrieben wird

$$\alpha = \frac{1}{\sqrt{2J+1}} \langle k, J \,||\, T^{(K)} \,||\, k', J'\rangle.$$

e) Man zeige umgekehrt, dass die $(2K + 1)$ Operatoren $T_Q^{(K)}$ die Beziehungen (10.367), (10.368) und (10.369) erfüllen, d. h. dass sie die $(2K + 1)$ Komponenten eines irreduziblen Tensoroperators K-ter Stufe bilden, wenn für sie Gl. (10.370) für alle $|k, J, M\rangle$ und $|k', J', M'\rangle$ gilt.

f) Man zeige, dass die in Abschnitt 10.8 eingeführten elektrischen Multipoloperatoren Q_l^m eines spinlosen Teilchens im Zustandsraum $\mathcal{H}_{\boldsymbol{r}}$ irreduzible Tensoroperatoren l-ter Stufe sind. Man zeige zusätzlich, dass die Operatoren Q_l^m irreduzible Tensoroperatoren im Zustandsraum $\mathcal{H}_{\boldsymbol{r}} \otimes \mathcal{H}_S$ (wobei $\mathcal{H}_S$ der Spinzustandsraum ist) bleiben, wenn man die Spinfreiheitsgrade mit beachtet.

g) Man leite die Auswahlregeln ab, die die Operatoren Q_l^m in einer Standardbasis $\{|k, l, J, M_J\rangle\}$ erfüllen, die sich aus der Addition des Bahndrehimpulses $\boldsymbol{L}$ und des Spins $\boldsymbol{S}$ des Teilchens zum Gesamtdrehimpuls $\boldsymbol{J} = \boldsymbol{L} + \boldsymbol{S}$ ergibt ($l(l+1)\hbar^2$, $J(J+1)\hbar^2$ und $M_J\hbar$ sind die Eigenwerte von $\boldsymbol{L}^2$, $\boldsymbol{J}^2$ bzw. J_z).

9. Es sei $A_{Q_1}^{(K_1)}$ ein irreduzibler Tensoroperator (Aufgabe 8) K_1-ter Stufe, der in einem Zustandsraum $\mathscr{H}_1$ wirkt, und $B_{Q_2}^{(K_2)}$ ein irreduzibler Tensoroperator K_2-ter Stufe in einem Zustandsraum $\mathscr{H}_2$. Aus $A_{Q_1}^{(K_1)}$ und $B_{Q_2}^{(K_2)}$ konstruieren wir den Operator

$$C_Q^{(K)} = \left[A^{(K_1)} \otimes B^{(K_2)}\right]_Q^{(K)} = \sum_{Q_1 Q_2} \langle K_1, K_2; Q_1, Q_2 \mid K, Q\rangle\, A_{Q_1}^{(K_1)} B_{Q_2}^{(K_2)}.$$

a) Man zeige mit Hilfe der Rekursionsbeziehungen für Clebsch-Gordan-Koeffizienten (s. Abschnitt 10.5), dass die Operatoren $C_Q^{(K)}$ die Vertauschungsrelationen (10.367), (10.368) und (10.369) aus Aufgabe 8 erfüllen, wobei $\boldsymbol{J} = \boldsymbol{J}_1 + \boldsymbol{J}_2$ der Gesamtdrehimpuls des Systems ist. Man zeige, dass die $C_Q^{(K)}$ die Komponenten eines irreduziblen Tensoroperators K-ter Stufe sind.

b) Man zeige, dass der Operator $\sum_Q (-1)^Q A_Q^{(K)} B_{-Q}^{(K)}$ ein skalarer Operator ist (die Ergebnisse von Abschnitt 10.5.3 dürfen benutzt werden).

10. Addition von drei Drehimpulsen

Es seien $\mathscr{H}(1)$, $\mathscr{H}(2)$ und $\mathscr{H}(3)$ die Zustandsräume dreier Systeme (1), (2) und (3) mit den Drehimpulsen $\boldsymbol{J}_1$, $\boldsymbol{J}_2$ und $\boldsymbol{J}_3$. Mit $\boldsymbol{J} = \boldsymbol{J}_1 + \boldsymbol{J}_2 + \boldsymbol{J}_3$ bezeichnen wir den Gesamtdrehimpuls. $\{|k_a, j_a, m_a\rangle\}$, $\{|k_b, j_b, m_b\rangle\}$, $\{|k_c, j_c, m_c\rangle\}$ seien die Standardbasen von $\mathscr{H}(1)$, $\mathscr{H}(2)$ bzw. $\mathscr{H}(3)$. Zur Vereinfachung der Notation lassen wir wie oben die Indizes k_a, k_b, k_c weg.

Wir interessieren uns für die Eigenzustände und Eigenwerte des Gesamtdrehimpulses in dem Unterraum $\mathscr{H}(j_a, j_b, j_c)$, aufgespannt durch die Vektoren

$$\begin{aligned} &\{|j_a m_a\rangle |j_b m_b\rangle |j_c m_c\rangle\} \quad \text{mit} \\ &-j_a \le m_a \le j_a\,, \; -j_b \le m_b \le j_b\,, \; -j_c \le m_c \le j_c\,. \end{aligned} \tag{10.371}$$

Wir wollen j_a, j_b, j_c so zusammensetzen, dass ein Eigenzustand von $\boldsymbol{J}^2$ und J_z mit den Quantenzahlen j_f und m_f entsteht. Wenn man zuerst j_b und j_c addiert und dann zu ihrer Summe j_e den Drehimpuls j_a addiert, so nennen wir den entstehenden normierten Zustand $|j_f m_f\rangle$

$$|j_a, (j_b j_c) j_e; j_f m_f\rangle. \tag{10.372}$$

Man kann ebenso zunächst aus j_a und j_b die Summe j_g bilden und hierzu j_c addieren, um den Zustand $|j_f m_f\rangle$ zu erhalten; diesen schreiben wir dann

$$|(j_a j_b) j_g, j_c; j_f m_f\rangle. \tag{10.373}$$

a) Man zeige, dass das System der zu den verschiedenen möglichen Werten von j_e, j_f, m_f gehörenden Vektoren (10.372) in $\mathscr{H}(j_a, j_b, j_c)$ eine Orthonormalbasis bildet. Dieselbe Frage beantworte man für das System von Vektoren (10.373) zu den verschiedenen Werten von j_g, j_f, m_f.

b) Man zeige unter Verwendung der Operatoren $J_\pm$, dass das Skalarprodukt $\langle (j_a j_b) j_g, j_c; j_f m_f \mid j_a, (j_b j_c) j_e; j_f m_f\rangle$ nicht von m_f abhängt, so dass man ein solches Skalarprodukt als $\langle (j_a j_b) j_g, j_c; j_f \mid j_a, (j_b j_c) j_e; j_f\rangle$ schreibt.

c) Man zeige

$$|j_a,(j_bj_c)j_e;j_fm_f\rangle \\ = \sum_{j_g}\langle (j_aj_b)j_g,j_c;j_f \mid j_a,(j_bj_c)j_e;j_f\rangle |(j_aj_b)j_g,j_c;j_fm_f\rangle . \quad (10.374)$$

d) Man gebe unter Verwendung der Clebsch-Gordan-Koeffizienten die Entwicklungen der Vektoren (10.372) und (10.373) in der Basis (10.371) an. Man zeige

$$\sum_{m_e}\langle j_b,j_c;m_b,m_c \mid j_e,m_e\rangle\langle j_a,j_e;m_a,m_e \mid j_f,m_f\rangle \\ = \sum_{j_gm_g}\langle j_a,j_b;m_a,m_b \mid j_g,m_g\rangle\langle j_g,j_c;m_g,m_c \mid j_f,m_f\rangle \\ \times\langle (j_aj_b)j_g,j_c;j_f \mid j_a,(j_bj_c)j_e;j_f\rangle . \quad (10.375)$$

e) Ausgehend von Gl. (10.375) beweise man unter Verwendung der Orthogonalitätsrelationen für Clebsch-Gordan-Koeffizienten die folgenden Beziehungen:

$$\sum_{m_am_bm_e}\langle j_b,j_c;m_b,m_c \mid j_e,m_e\rangle\langle j_a,j_e;m_a,m_e \mid j_f,m_f\rangle\langle j_d,m_d \mid j_a,j_b;m_a,m_b\rangle \\ = \langle j_d,j_c;m_d,m_c \mid j_f,m_f\rangle\langle (j_aj_b)j_d,j_c;j_f \mid j_a,(j_bj_c)j_e;j_f\rangle \quad (10.376)$$

und

$$\langle (j_aj_b)j_d,j_c;j_f \mid j_a,(j_bj_c)j_e;j_f\rangle \\ = \frac{1}{2j_f+1}\sum_{m_am_bm_cm_dm_em_f}\langle j_b,j_c;m_b,m_c \mid j_e,m_e\rangle \\ \times\langle j_a,j_e;m_a,m_e \mid j_f,m_f\rangle\langle j_d,m_d \mid j_a,j_b;m_a,m_b\rangle\langle j_f,m_f \mid j_d,j_c;m_d,m_c\rangle . \quad (10.377)$$

11 Stationäre Störungstheorie

Die quantenmechanische Behandlung konservativer physikalischer Systeme (das sind Systeme mit Hamilton-Funktionen, die nicht explizit von der Zeit abhängen) beruht auf der Untersuchung der Eigenwertgleichung des Hamilton-Operators. Wir haben bereits zwei wichtige Beispiele von physikalischen Systemen behandelt (den harmonischen Oszillator und das Wasserstoffatom), deren Hamilton-Operatoren so einfach waren, dass wir ihre Eigenwertgleichungen exakt lösen konnten. Im Allgemeinen ist die Gleichung jedoch zu kompliziert, als dass man ihre Lösungen in analytischer Form bestimmen könnte.[1] Zum Beispiel wissen wir bei Mehrelektronenatomen (selbst beim Helium) nicht, wie sie sich exakt behandeln lassen. Außerdem trägt die Theorie des Wasserstoffatoms, wie wir sie in Abschnitt 7.3 entwickelt haben, nur der elektrostatischen Wechselwirkung zwischen dem Proton und dem Elektron Rechnung; erweitert man sie um relativistische Korrekturen (wie Magnetkräfte), so können auch die Gleichungen für das Wasserstoffatom nicht länger analytisch gelöst werden. Wir müssen dann auf numerische Lösungen zurückgreifen, häufig unter Verwendung eines Computers. Es gibt jedoch auch *Näherungsmethoden*, mit denen wir in bestimmten Fällen analytische Näherungen für die Lösung der zugrundeliegenden Eigenwertgleichung finden können. In diesem Kapitel wollen wir eine dieser Methoden, die *stationäre Störungstheorie*[2], entwickeln. (In Kapitel 13 behandeln wir die *zeitabhängige Störungstheorie*, mit deren Hilfe sich Systeme mit explizit zeitabhängigen Hamilton-Operatoren behandeln lassen.)

Die stationäre Störungstheorie findet in der Quantenphysik vielfache Verwendung, da sie der Art und Weise, wie Physiker üblicherweise an Probleme herangehen, sehr gut entspricht. Bei der Untersuchung eines Phänomens oder eines physikalischen Systems beginnt man damit, die grundsätzlichen Effekte zu isolieren, die für die wesentlichen Eigenschaften dieses Phänomens oder Systems verantwortlich sind. Hat man diese verstanden, versucht man die „feineren“ Details zu erklären, indem man weniger wichtige Effekte, die in der ersten Näherung vernachlässigt wurden, mit in Betracht zieht. Bei der Behandlung dieser sekundären Effekte bedient man sich normalerweise der Störungstheorie. In Kapitel 12 werden wir z. B. die Bedeutung der Störungstheorie für die Atomphysik kennenlernen: Mit ihrer Hilfe werden wir in der Lage sein, die relativistischen Korrekturen für das Wasserstoffatom zu berechnen. Ähnlich werden wir in Abschnitt 14.6 bei der Behandlung des Heliumatoms sehen, wie man mit der Störungstheorie Vielelektronenatome behandeln kann. Zahlreiche andere Anwendungen der Störungstheorie finden sich in den Ergänzungen zu diesem und den nächsten Kapiteln.

---

[1] Natürlich gilt das nicht nur für die Quantenmechanik; es gibt in allen Bereichen der Physik nur sehr wenige Fälle, die vollständig analytisch behandelt werden können.

[2] Eine Störungstheorie gibt es auch in der klassischen Mechanik, und sie ist mit der hier im Folgenden entwickelten weitgehend identisch.

Schließlich wollen wir noch eine andere oft benutzte Näherungsmethode erwähnen: die Variationsmethode, die wir in Abschnitt 11.8 vorstellen. Es werden außerdem ihre Anwendungen in der Festkörperphysik (Abschnitt 11.9) und der Molekülphysik (Abschnitt 11.10) kurz besprochen.

11.1 Beschreibung der Methode

11.1.1 Problemstellung

Die Störungstheorie lässt sich anwenden, wenn der Hamilton-Operator des untersuchten Systems in die Form

$$H = H_0 + W \tag{11.1}$$

gebracht werden kann, wobei die Eigenzustände und Eigenwerte von H_0 bekannt sind und W viel kleiner als H_0 ist. Der zeitunabhängige Operator H_0 wird als *ungestörter Hamilton-Operator* und W als die *Störung* bezeichnet. Wenn W nicht zeitabhängig ist, sprechen wir von einer *stationären Störung*: mit diesem Fall wollen wir uns in diesem Kapitel befassen (zeitabhängige Störungen werden in Kapitel 13 behandelt). Unsere Aufgabe besteht darin, die Änderungen der Energieniveaus und der stationären Zustände des Systems zu bestimmen, die durch die Addition der Störung W verursacht werden.

Wenn wir sagen, W sei viel kleiner als H_0, so meinen wir damit, dass die Matrixelemente von W viel kleiner als die von H_0 sind.[3] Um das deutlicher zu machen, nehmen wir W als proportional zu einem reellen Parameter λ mit der Dimension eins an, der viel kleiner als eins ist:

$$\begin{aligned} W &= \lambda \hat{W}, \\ \lambda &\ll 1 \end{aligned} \tag{11.2}$$

(wobei $\hat{W}$ ein Operator ist, dessen Matrixelemente vergleichbar mit denen von H_0 sind). Die Störungstheorie stellt eine Entwicklung der Eigenwerte und Eigenzustände von H in Potenzen von λ dar, wobei man nur eine endliche Anzahl von Termen (oft nur einen oder zwei) betrachtet.

Die Eigenzustände und Eigenwerte des ungestörten Hamilton-Operators H_0 seien bekannt. Außerdem setzen wir voraus, dass die *ungestörten Energien* ein *diskretes Spektrum* bilden, und nummerieren sie mit einem ganzzahligen Index p: E_p^0. Die entsprechenden Eigenzustände bezeichnen wir mit $|\varphi_p^i\rangle$, wobei wir mit Hilfe des zusätzlichen Index i im Fall eines entarteten Eigenwerts E_p^0 zwischen den verschiedenen Vektoren einer Orthonormalbasis des zugehörigen Eigenraums unterscheiden können. Wir schreiben also

$$H_0 \, |\varphi_p^i\rangle = E_p^0 \, |\varphi_p^i\rangle, \tag{11.3}$$

[3] Genauer gesagt müssen die Matrixelemente von W viel kleiner als die Differenzen zwischen den Eigenwerten von H_0 sein (s. Bemerkung in Abschnitt 11.2.1).

wobei die Menge der Vektoren $|\varphi_p^i\rangle$ eine Orthonormalbasis des Zustandsraums bildet:

$$\begin{aligned}&\langle\varphi_p^i\,|\,\varphi_{p'}^{i'}\rangle = \delta_{pp'}\delta_{ii'},\\&\sum_p\sum_i|\varphi_p^i\rangle\langle\varphi_p^i| = 1.\end{aligned} \tag{11.4}$$

Wenn wir Gl. (11.2) in Gl. (11.1) einsetzen, so können wir den Hamilton-Operator des Systems als stetig vom Störparameter λ abhängig betrachten:

$$H(\lambda) = H_0 + \lambda\,\hat{W}. \tag{11.5}$$

Für λ gleich null erhalten wir den ungestörten Hamilton-Operator H_0. Die Eigenwerte $E(\lambda)$ von $H(\lambda)$ hängen im Allgemeinen von λ ab; in Abb. 11.1 sind mögliche Formen ihrer Abhängigkeiten von λ dargestellt.

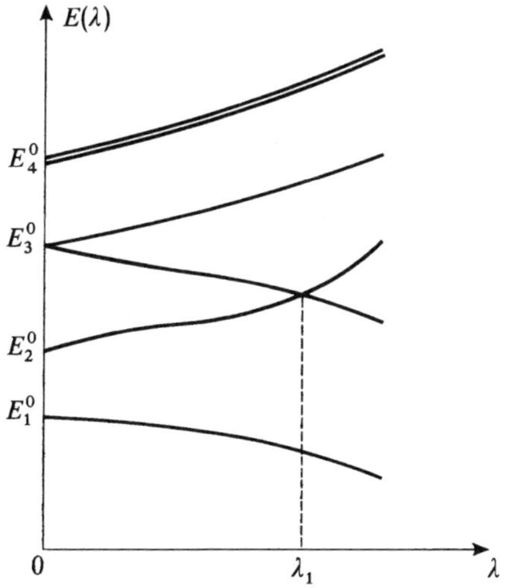

Abb. 11.1 Abhängigkeit der Eigenwerte $E(\lambda)$ des Hamiltonoperators $H(\lambda) = H_0 + \lambda\hat{W}$ von λ. Jede Kurve entspricht einem Eigenzustand von $H(\lambda)$. Für $\lambda = 0$ ergibt sich das Spektrum von H_0. Wir haben hier angenommen, dass die Eigenwerte E_3^0 und E_4^0 zweifach entartet sind; die Wirkung der Störung $\lambda\hat{W}$ hebt die Entartung von E_3^0, aber nicht die von E_4^0 auf. Für $\lambda = \lambda_1$ tritt eine zusätzliche zweifache Entartung auf.

Zu jeder Kurve in Abb. 11.1 gehört ein Eigenvektor von $H(\lambda)$. Für einen gegebenen Wert von λ bilden diese Vektoren eine Basis des Zustandsraums ($H(\lambda)$ ist eine Observable). Wenn λ viel kleiner als eins ist, liegen die Eigenwerte $E(\lambda)$ und die Eigenvektoren $|\psi(\lambda)\rangle$ sehr dicht bei denen von $H_0 = H(\lambda = 0)$ und gehen für $\lambda \to 0$ in diese über.

Natürlich kann $H(\lambda)$ einen oder mehrere entartete Eigenwerte haben. Zum Beispiel stellt in Abb. 11.1 die doppelte Kurve eine zweifach entartete Energie dar (die für $\lambda \to 0$ den Wert E_4^0 erreicht), zu der für alle λ ein zweidimensionaler Eigenraum gehört. Dieselbe ungestörte Energie E_p^0 kann für $\lambda \to 0$ auch von mehreren unterschiedlichen

Eigenwerten $E(\lambda)$ angenommen werden (dies tritt in Abb. 11.1 für E_3^0 auf).[4] Wir sagen dann, die Störung hebe die Entartung des entsprechenden Eigenwerts von H_0 auf.

Im folgenden Abschnitt wollen wir eine Näherungslösung der Eigenwertgleichung von $H(\lambda)$ für $\lambda \ll 1$ angeben.

11.1.2 Näherungsweise Lösung der Eigenwertgleichung von $H(\lambda)$

Wir suchen die Eigenzustände $|\psi(\lambda)\rangle$ und die Eigenwerte $E(\lambda)$ des hermiteschen Operators $H(\lambda)$:

$$H(\lambda)\,|\psi(\lambda)\rangle = E(\lambda)\,|\psi(\lambda)\rangle. \tag{11.6}$$

Wir wollen annehmen,[5] dass sich $E(\lambda)$ und $|\psi(\lambda)\rangle$ in Potenzen von λ entwickeln lassen:

$$\begin{aligned} E(\lambda) &= \varepsilon_0 + \lambda\varepsilon_1 + \cdots + \lambda^q \varepsilon_q + \cdots, \\ |\psi(\lambda)\rangle &= |0\rangle + \lambda\,|1\rangle + \cdots + \lambda^q\,|q\rangle + \cdots. \end{aligned} \tag{11.7}$$

Wir setzen diese Entwicklungen zusammen mit der Definition (11.5) von $H(\lambda)$ in Gl. (11.6) ein,

$$(H_0 + \lambda\,\hat{W})\left[\sum_{q=0}^{\infty} \lambda^q\,|q\rangle\right] = \left[\sum_{q'=0}^{\infty} \lambda^{q'} \varepsilon_{q'}\right]\left[\sum_{q=0}^{\infty} \lambda^q\,|q\rangle\right], \tag{11.8}$$

und verlangen, dass diese Gleichung für kleine, aber beliebige λ erfüllt ist. Der Koeffizientenvergleich (hinsichtlich gleicher Potenzen in λ) liefert dann

– für die Terme nullter Ordnung in λ

$$H_0\,|0\rangle = \varepsilon_0\,|0\rangle, \tag{11.9}$$

– für die Terme erster Ordnung

$$(H_0 - \varepsilon_0)|1\rangle + (\hat{W} - \varepsilon_1)|0\rangle = 0, \tag{11.10}$$

– für die Terme zweiter Ordnung

$$(H_0 - \varepsilon_0)|2\rangle + (\hat{W} - \varepsilon_1)|1\rangle - \varepsilon_2\,|0\rangle = 0, \tag{11.11}$$

– für die Terme q-ter Ordnung

$$(H_0 - \varepsilon_0)|q\rangle + (\hat{W} - \varepsilon_1)|q-1\rangle - \varepsilon_2\,|q-2\rangle - \cdots - \varepsilon_q\,|0\rangle = 0. \tag{11.12}$$

Wir wollen uns hier auf die Untersuchung der ersten drei Gleichungen beschränken, d. h. wir vernachlässigen in der Entwicklung (11.7) Terme von höherer als zweiter Ordnung in λ.

---

[4] Es ist nicht ausgeschlossen, dass für bestimmte endliche Werte von λ zusätzliche Entartungen auftreten (Schnittpunkt bei $\lambda = \lambda_1$ in Abb. 11.1). Wir wollen hier λ als klein genug voraussetzen, damit solche Situationen vermieden werden.

[5] Aus mathematischer Sicht ist das nicht offensichtlich, da sich die Frage nach der Konvergenz der Reihe (11.7) stellt.

Wie wir wissen, legt die Eigenwertgleichung (11.6) den Vektor $|\psi(\lambda)\rangle$ nur bis auf einen konstanten Faktor fest. Wir können daher die Norm und die Phase von $|\psi(\lambda)\rangle$ frei wählen: Wir verlangen, dass der Vektor $|\psi(\lambda)\rangle$ normiert ist und legen seine Phase so fest, dass das Skalarprodukt $\langle 0|\psi(\lambda)\rangle$ reell ist. In nullter Ordnung sehen wir dann, dass der mit $|0\rangle$ bezeichnete Vektor normiert sein muss,

$$\langle 0|0\rangle = 1. \tag{11.13}$$

Seine Phase jedoch bleibt willkürlich; wir werden in den Abschnitten 11.2 und 11.3 sehen, wie sie in jedem einzelnen Fall festgelegt werden kann. In erster Ordnung lässt sich das Quadrat der Norm von $|\psi(\lambda)\rangle$ schreiben als

$$\begin{aligned}\langle\psi(\lambda)\,|\,\psi(\lambda)\rangle &= [\langle 0| + \lambda\,\langle 1|]\,[|0\rangle + \lambda\,|1\rangle] + \mathcal{O}\left(\lambda^2\right) \\ &= \langle 0|0\rangle + \lambda\,[\langle 1|0\rangle + \langle 0|1\rangle] + \mathcal{O}\left(\lambda^2\right)\end{aligned} \tag{11.14}$$

(wobei $\mathcal{O}\left(\lambda^p\right)$ für alle Terme der Ordnungen größer oder gleich p steht). Mit Gl. (11.13) sehen wir, dass dieser Ausdruck in erster Ordnung gleich eins ist, wenn der Term mit λ verschwindet. Aus der Wahl der Phasen folgt aber, dass das Skalarprodukt $\langle 0|1\rangle$ reell ist (da λ reell ist). Wir erhalten somit

$$\langle 0|1\rangle = \langle 1|0\rangle = 0. \tag{11.15}$$

Eine analoge Überlegung ergibt für die zweite Ordnung in λ

$$\langle 0|2\rangle = \langle 2|0\rangle = -\frac{1}{2}\,\langle 1|1\rangle \tag{11.16}$$

und für die q-te Ordnung

$$\begin{aligned}\langle 0|q\rangle &= \langle q|0\rangle \\ &= -\frac{1}{2}\,[\langle q-1|1\rangle + \langle q-2|2\rangle + \cdots + \langle 2|q-2\rangle + \langle 1|q-1\rangle]\,.\end{aligned} \tag{11.17}$$

Wenn wir uns auf die zweite Ordnung in λ beschränken, werden die Störungsgleichungen also durch die Gleichungen (11.9), (11.10) und (11.11) gegeben. Nach den vereinbarten Konventionen müssen wir noch die Bedingungen (11.13), (11.15) und (11.16) hinzufügen.

Durch Gl. (11.9) wird ausgedrückt, dass $|0\rangle$ ein Eigenvektor von H_0 mit dem Eigenwert ε_0 ist, also ε_0 zum Spektrum von H_0 gehört. Das war zu erwarten, da schließlich jeder Eigenwert von $H(\lambda)$ für $\lambda \to 0$ gegen eine der ungestörten Energien geht. Wir betrachten nun einen bestimmten Wert von ε_0, d. h. einen Eigenwert E_n^0 von H_0. Wie Abb. 11.1 zeigt, kann es eine oder mehrere verschiedene Energien $E(\lambda)$ von $H(\lambda)$ geben, die für $\lambda \to 0$ den Wert E_n^0 erreichen.

Die Menge der Eigenzustände von $H(\lambda)$ zu den verschiedenen Eigenwerten $E(\lambda)$, die für $\lambda \to 0$ gegen E_n^0 gehen, spannen einen Unterraum auf, dessen Dimension sich offensichtlich nicht sprunghaft ändern kann, wenn man λ in der Nähe von null ändert. Sie muss daher gleich der Entartung g_n von E_n^0 sein. Insbesondere kann es zu einer nichtentarteten Energie E_n^0 nur eine einzige Energie $E(\lambda)$ geben, die ebenfalls nichtentartet ist.

Um den Einfluss der Störung W zu untersuchen, betrachten wir die Fälle nichtentarteter und entarteter Energieniveaus von H_0 getrennt.

11.2 Störung eines nichtentarteten Niveaus

Wir betrachten einen bestimmten nichtentarteten Eigenwert E_n^0 des ungestörten Hamilton-Operators H_0. Zu ihm gehört ein Eigenvektor $|\varphi_n\rangle$, der bis auf einen konstanten Faktor eindeutig bestimmt ist. Wir wollen die Veränderungen untersuchen, die diese ungestörte Energie und der entsprechende stationäre Zustand durch die Addition der Störung W zum Hamilton-Operator erfahren.

Dazu verwenden wir die Störungsgleichungen (11.9) bis (11.12) mit den Bedingungen (11.13) und (11.15) bis (11.17). Für den Eigenwert von $H(\lambda)$, der für $\lambda \to 0$ gegen E_n^0 geht, gilt

$$\varepsilon_0 = E_n^0, \tag{11.18}$$

woraus mit Gl. (11.9) folgt, dass $|0\rangle$ proportional zu $|\varphi_n\rangle$ sein muss. Die Vektoren $|0\rangle$ und $|\varphi_n\rangle$ sind beide normiert (s. Gl. (11.13)), und wir wählen

$$|0\rangle = |\varphi_n\rangle. \tag{11.19}$$

Für $\lambda \to 0$ erhalten wir also wieder den ungestörten Zustand $|\varphi_n\rangle$ mit derselben Phase.

Mit $E_n(\lambda)$ bezeichnen wir den Eigenwert von $H(\lambda)$, der für $\lambda \to 0$ gegen den Eigenwert E_n^0 von H_0 geht. Dabei sei λ als genügend klein angenommen, damit dieser Eigenwert nichtentartet bleibt, d. h. dass zu ihm nur ein einzelner Eigenvektor $|\psi_n(\lambda)\rangle$ gehört (für das $n = 2$-Niveau von Abb. 11.1 ist das für $\lambda < \lambda_1$ erfüllt). Wir wollen nun den ersten Term der Entwicklungen von $E_n(\lambda)$ und $|\psi_n(\lambda)\rangle$ in Potenzen von λ berechnen.

11.2.1 Korrekturen erster Ordnung

Wir beginnen mit der Bestimmung von ε_1 und dem Vektor $|1\rangle$ aus Gl. (11.10) mit der Bedingung (11.15).

Energiekorrekturen

Wenn wir Gl. (11.10) auf den Vektor $|\varphi_n\rangle$ projizieren, erhalten wir

$$\langle\varphi_n \,|\, (H_0 - \varepsilon_0) \,|\, 1\rangle + \langle\varphi_n \,|\, (\hat{W} - \varepsilon_1) \,|\, 0\rangle = 0. \tag{11.20}$$

Der erste Term verschwindet, da $|\varphi_n\rangle = |0\rangle$ ein Eigenvektor des hermiteschen Operators H_0 mit dem Eigenwert $E_n^0 = \varepsilon_0$ ist. Mit Gl. (11.20) ergibt sich dann aus Gl. (11.19)

$$\varepsilon_1 = \langle\varphi_n \,|\, \hat{W} \,|\, 0\rangle = \langle\varphi_n \,|\, \hat{W} \,|\, \varphi_n\rangle. \tag{11.21}$$

Für den Fall eines nichtentarteten Niveaus E_n^0 erhält man also den zugehörigen Eigenwert $E_n(\lambda)$ von H bis zur ersten Ordnung in der Störung $W = \lambda\hat{W}$:

$$E_n(\lambda) = E_n^0 + \langle\varphi_n \,|\, W \,|\, \varphi_n\rangle + \mathcal{O}\left(\lambda^2\right). \tag{11.22}$$

Die Korrektur erster Ordnung zu einer nichtentarteten Energie ist einfach gleich dem Erwartungswert des Störungsterms W im ungestörten Zustand $|\varphi_n\rangle$.

Korrekturen zum Eigenvektor

Die Projektion (11.20) nutzt offensichtlich nicht die gesamte Information, die in der Störungsgleichung (11.10) enthalten ist. Wir müssen nun diese Gleichung noch auf alle von $|\varphi_n\rangle$ verschiedenen Vektoren der $\{|\varphi_p^i\rangle\}$-Basis projizieren. Mit Gl. (11.18) und Gl. (11.19) erhalten wir

$$\langle\varphi_p^i\,|\,(H_0 - E_n^0)\,|\,1\rangle + \langle\varphi_p^i\,|\,(\hat{W} - \varepsilon_1)\,|\,\varphi_n\rangle = 0 \quad (p \neq n) \tag{11.23}$$

(da die Eigenwerte E_p^0 im Unterschied zu E_n^0 entartet sein können, müssen wir hier den Entartungsindex i beibehalten). Da die Eigenvektoren von H_0 zu verschiedenen Eigenwerten orthogonal sind, ist der letzte Term $\varepsilon_1\langle\varphi_p^i|\varphi_n\rangle$ gleich null. Außerdem können wir im ersten Term H_0 nach links auf $\langle\varphi_p^i|$ wirken lassen. Gleichung (11.23) wird dann

$$(E_p^0 - E_n^0)\langle\varphi_p^i\,|\,1\rangle + \langle\varphi_p^i\,|\,\hat{W}\,|\,\varphi_n\rangle = 0, \tag{11.24}$$

woraus sich die Koeffizienten der gewünschten Entwicklung des Vektors $|1\rangle$ auf alle ungestörten Basiszustände außer $|\varphi_n\rangle$ ergeben:

$$\langle\varphi_p^i\,|\,1\rangle = \frac{1}{E_n^0 - E_p^0}\,\langle\varphi_p^i\,|\,\hat{W}\,|\,\varphi_n\rangle \quad (p \neq n). \tag{11.25}$$

Der noch fehlende letzte Koeffizient $\langle\varphi_n\,|\,1\rangle$ ist nach Bedingung (11.15), die wir noch nicht benutzt haben, gleich null (nach Gl. (11.19) ist $|\varphi_n\rangle$ gleich $|0\rangle$),

$$\langle\varphi_n\,|\,1\rangle = 0. \tag{11.26}$$

Wir kennen also jetzt den Vektor $|1\rangle$, da wir seine Entwicklung in der $\{|\varphi_p^i\rangle\}$-Basis bestimmt haben:

$$|1\rangle = \sum_{p\neq n}\sum_i \frac{\langle\varphi_p^i\,|\,\hat{W}\,|\,\varphi_n\rangle}{E_n^0 - E_p^0}\,|\varphi_p^i\rangle. \tag{11.27}$$

Folglich können wir in erster Ordnung in der Störung $W = \lambda\hat{W}$ den zum ungestörten Zustand $|\varphi_n\rangle$ gehörenden Eigenvektor $|\psi_n(\lambda)\rangle$ von H schreiben als

$$|\psi_n(\lambda)\rangle = |\varphi_n\rangle + \sum_{p\neq n}\sum_i \frac{\langle\varphi_p^i\,|\,W\,|\,\varphi_n\rangle}{E_n^0 - E_p^0}\,|\varphi_p^i\rangle + \mathcal{O}\left(\lambda^2\right). \tag{11.28}$$

Die Korrektur erster Ordnung zum Zustandsvektor ist eine lineare Überlagerung aller von $|\varphi_n\rangle$ verschiedenen ungestörten Zustände: Man sagt, die Störung W erzeuge eine „Mischung" des Zustands $|\varphi_n\rangle$ mit den anderen Eigenzuständen von H_0. Der Beitrag eines gegebenen Zustands $|\varphi_p^i\rangle$ ist null, wenn das Matrixelement der Störung W zwischen $|\varphi_n\rangle$ und $|\varphi_p^i\rangle$ verschwindet. Allgemein ist die Mischung mit $|\varphi_p^i\rangle$ umso größer, je stärker die durch W induzierte Kopplung zwischen $|\varphi_n\rangle$ und $|\varphi_p^i\rangle$ (charakterisiert durch das Matrixelement $\langle\varphi_p^i|W|\varphi_n\rangle$) ist und je enger die Niveaus E_p^0 und E_n^0 zusammenliegen.

Bemerkung
Wir haben angenommen, dass die Störung W viel kleiner als der ungestörte Hamilton-Operator H_0 ist, d. h. dass die Matrixelemente von W viel kleiner als die von H_0 sind. Es kann passieren, dass diese Annahme nicht ausreicht: Die Korrektur erster Ordnung zum Zustandsvektor ist nur klein, wenn die nichtdiagonalen Matrixelemente von W viel kleiner als die entsprechenden ungestörten Energiedifferenzen sind.

11.2.2 Korrekturen zweiter Ordnung

Die Korrekturen zweiter Ordnung ergeben sich aus der Störungsgleichung (11.11) und der Bedingung (11.16) mit derselben Methode wie oben.

Energiekorrekturen

Um ε_2 zu berechnen, projizieren wir Gl. (11.11) auf den Vektor $|\varphi_n\rangle$ und verwenden Gl. (11.18) und Gl. (11.19):

$$\langle\varphi_n \,|\, (H_0 - E_n^0) \,|\, 2\rangle + \langle\varphi_n \,|\, (\hat{W} - \varepsilon_1) \,|\, 1\rangle - \varepsilon_2\langle\varphi_n \,|\, \varphi_n\rangle = 0. \tag{11.29}$$

Aus demselben Grund wie oben verschwindet der erste Term in dieser Gleichung. Das gilt ebenso für $\varepsilon_1\langle\varphi_n|1\rangle$, da nach Gl. (11.26) $|1\rangle$ orthogonal zu $|\varphi_n\rangle$ ist. Wir erhalten also

$$\varepsilon_2 = \langle\varphi_n \,|\, \hat{W} \,|\, 1\rangle, \tag{11.30}$$

d. h. wenn wir für den Vektor $|1\rangle$ den Ausdruck (11.27) einsetzen,

$$\varepsilon_2 = \sum_{p\neq n}\sum_i \frac{|\langle\varphi_p^i \,|\, \hat{W} \,|\, \varphi_n\rangle|^2}{E_n^0 - E_p^0}. \tag{11.31}$$

Mit diesem Ergebnis können wir die Energie $E_n(\lambda)$ bis zur zweiten Ordnung in der Störung $W = \lambda\hat{W}$ schreiben:

$$E_n(\lambda) = E_n^0 + \langle\varphi_n \,|\, W \,|\, \varphi_n\rangle + \sum_{p\neq n}\sum_i \frac{|\langle\varphi_p^i \,|\, W \,|\, \varphi_n\rangle|^2}{E_n^0 - E_p^0} + \mathcal{O}\left(\lambda^3\right). \tag{11.32}$$

Bemerkung
Die Energiekorrektur zweiter Ordnung für den Zustand $|\varphi_n\rangle$ aufgrund der Anwesenheit des Zustands $|\varphi_p^i\rangle$ hat das Vorzeichen von $E_n^0 - E_p^0$. Wir können daher sagen, dass in zweiter Ordnung der Zustand $|\varphi_p^i\rangle$ den Zustand $|\varphi_n\rangle$ umso stärker „abstößt", je enger diese beiden Zustände beisammen liegen und je stärker die Kopplung $|\langle\varphi_p^i|W|\varphi_n\rangle|$ ist.

Korrekturen zum Eigenvektor

Indem man Gl. (11.11) auf die Menge der von $|\varphi_n\rangle$ verschiedenen Basisvektoren $|\varphi_p^i\rangle$ projiziert und die Bedingungen (11.16) verwendet, könnte man den Ausdruck für den Vektor $|2\rangle$ und damit den Eigenvektor bis zur zweiten Ordnung erhalten. Diese Rechnung enthält keine theoretischen Schwierigkeiten und soll hier nicht ausgeführt werden.

Bemerkung
In Gl. (11.21) wird die Energiekorrektur erster Ordnung in Abhängigkeit vom Eigenvektor nullter Ordnung ausgedrückt. Analog enthält die Energiekorrektur zweiter Ordnung, Gl. (11.30), den Eigenvektor erster Ordnung (was die Ähnlichkeit von Gl. (11.27) und Gl. (11.31) erklärt). Dabei handelt es sich um ein allgemeines Ergebnis: Indem man Gl. (11.12) auf $|\varphi_n\rangle$ projiziert, bringt man den ersten Term zum Verschwinden, womit man ε_q in Abhängigkeit von den Korrekturen $(q-1)$-ter, $(q-2)$-ter, ... Ordnung zum Eigenvektor erhält. Das ist der Grund, warum wir in der Entwicklung der Energie immer einen Term mehr behalten als in der des Eigenvektors; z. B. wird die Energie in zweiter Ordnung und der Eigenvektor in erster Ordnung angegeben.

Majorisierung von ε_2

Wenn wir die Entwicklung der Energie auf die erste Ordnung in λ beschränken, können wir eine näherungsweise Aussage über den Fehler machen, wenn wir den Term zweiter Ordnung berechnen.

Wir betrachten den Ausdruck (11.31) für ε_2. Er enthält eine Summe von (im Allgemeinen unendlich vielen) Termen, deren Zähler positiv oder null sind. Mit ΔE bezeichnen wir den Betrag der Differenz der Energie E_n^0 des untersuchten Niveaus zu dem nächstliegenden Niveau. Für alle n gilt dann offensichtlich

$$|E_n^0 - E_p^0| \geq \Delta E. \tag{11.33}$$

Damit können wir ε_2 majorisieren:

$$|\varepsilon_2| \leq \frac{1}{\Delta E} \sum_{p \neq n} \sum_i |\langle \varphi_p^i \,|\, \hat{W} \,|\, \varphi_n \rangle|^2 \tag{11.34}$$

und weiter

$$\begin{aligned} |\varepsilon_2| &\leq \frac{1}{\Delta E} \sum_{p \neq n} \sum_i \langle \varphi_n \,|\, \hat{W} \,|\, \varphi_p^i \rangle \langle \varphi_p^i \,|\, \hat{W} \,|\, \varphi_n \rangle \\ &\leq \frac{1}{\Delta E} \langle \varphi_n \,|\, \hat{W} \left[\sum_{p \neq n} \sum_i |\varphi_p^i\rangle\langle\varphi_p^i| \right] \hat{W} \,|\, \varphi_n \rangle. \end{aligned} \tag{11.35}$$

Der Operator, der hier in den Klammern auftaucht, unterscheidet sich vom Einheitsoperator nur durch den Projektor auf den Zustand $|\varphi_n\rangle$, da die Basis der ungestörten Zustände die Vollständigkeitsrelation

$$|\varphi_n\rangle\langle\varphi_n| + \sum_{p \neq n} \sum_i |\varphi_p^i\rangle\langle\varphi_p^i| = 1 \tag{11.36}$$

erfüllt. Die Ungleichung (11.35) wird daher

$$\begin{aligned} |\varepsilon_2| &\leq \frac{1}{\Delta E} \langle \varphi_n \,|\, \hat{W} [|1 - |\varphi_n\rangle\langle\varphi_n|] \hat{W} \,|\, \varphi_n \rangle \\ &\leq \frac{1}{\Delta E} [\langle \varphi_n \,|\, \hat{W}^2 \,|\, \varphi_n \rangle - (\langle \varphi_n \,|\, \hat{W} \,|\, \varphi_n \rangle)^2]. \end{aligned} \tag{11.37}$$

Wenn wir die Beziehung (11.37) mit λ^2 multiplizieren, erhalten wir eine obere Schranke für den Term zweiter Ordnung in der Entwicklung von $E_n(\lambda)$:

$$|\lambda^2 \varepsilon_2| \leq \frac{1}{\Delta E} (\Delta W)^2, \tag{11.38}$$

wobei ΔW die Standardabweichung der Störung W im ungestörten Zustand $|\varphi_n\rangle$ ist. Das liefert eine Abschätzung für die Größenordnung des Fehlers, wenn man nur die Korrekturen erster Ordnung berücksichtigt.

11.3 Störung eines entarteten Niveaus

Wir nehmen nun an, dass das Energieniveau E_n^0, dessen Störung wir untersuchen wollen, g_n-fach entartet ist (wobei g_n größer als eins aber endlich ist). Mit $\mathcal{H}_n^0$ bezeichnen wir den zugehörigen Eigenraum von H_0. In diesem Fall reicht die Wahl

$$\varepsilon_0 = E_n^0 \tag{11.39}$$

nicht aus, um den Vektor $|0\rangle$ festzulegen, da Gl. (11.9) theoretisch durch jede Linearkombination der g_n Vektoren $|\varphi_n^i\rangle$ $(i = 1, 2, \ldots, g_n)$ erfüllt werden kann. Wir wissen lediglich, dass $|0\rangle$ zu dem durch sie aufgespannten Eigenraum gehört.

Wir werden sehen, dass sich diesmal das Niveau E_n^0 unter der Wirkung der Störung W im Allgemeinen in mehrere verschiedene *Unterniveaus* aufspaltet, deren Anzahl f_n zwischen 1 und g_n liegt. Ist f_n kleiner als g_n, so sind einige Unterniveaus entartet, da die Gesamtzahl orthogonaler Eigenvektoren von H, die zu den f_n Unterniveaus gehören, immer gleich g_n ist. Bei der Berechnung der Eigenwerte und Eigenzustände des gesamten Hamilton-Operators H beschränken wir uns wie üblich für die Energien auf die erste Ordnung und für die Eigenvektoren auf die nullte Ordnung in λ.

Um ε_1 und $|0\rangle$ zu bestimmen, können wir Gl. (11.10) auf die g_n Basisvektoren $|\varphi_n^i\rangle$ projizieren. Da die $|\varphi_n^i\rangle$ Eigenvektoren von H_0 mit dem Eigenwert $E_n^0 = \varepsilon_0$ sind, erhalten wir die g_n Beziehungen

$$\langle \varphi_n^i \mid \hat{W} \mid 0\rangle = \varepsilon_1 \langle \varphi_n^i | 0\rangle. \tag{11.40}$$

Zwischen dem Operator $\hat{W}$ und dem Vektor $|0\rangle$ fügen wir die Vollständigkeitsrelation der $\{|\varphi_p^i\rangle\}$-Basis ein:

$$\sum_p \sum_{i'} \langle \varphi_n^i \mid \hat{W} \ |\varphi_p^{i'}\rangle \langle \varphi_p^{i'} \mid 0\rangle = \varepsilon_1 \langle \varphi_n^i | 0\rangle. \tag{11.41}$$

Der Vektor $|0\rangle$, der zum Eigenraum von E_n^0 gehört, ist orthogonal zu allen Basisvektoren $|\varphi_p^{i'}\rangle$, bei denen p verschieden von n ist. Folglich reduziert sich die Summe über p auf der linken Seite von Gl. (11.41) auf einen einzigen Term $(p = n)$:

$$\sum_{i'=1}^{g_n} \langle \varphi_n^i \mid \hat{W} \ |\varphi_n^{i'}\rangle \langle \varphi_n^{i'} \mid 0\rangle = \varepsilon_1 \langle \varphi_n^i | 0\rangle. \tag{11.42}$$

Wir ordnen die g_n^2 Zahlen $\langle\varphi_n^i \mid \hat{W} \mid\varphi_n^{i'}\rangle$ (worin n fest und $i, i' = 1, 2, \ldots, g_n$ ist) in einer $g_n \times g_n$-Matrix mit Reihenindex i und Spaltenindex i' an. Diese quadratische Matrix, die wir mit $(\hat{W}^{(n)})$ bezeichnen, ist sozusagen aus der Matrix, die $\hat{W}$ in der $\{|\varphi_p^i\rangle\}$-Basis darstellt, herausgeschnitten; $(\hat{W}^{(n)})$ ist der Teil, der zu $\mathcal{H}_n^0$ gehört. System (11.42) zeigt dann, dass der Spaltenvektor mit den Elementen $\langle\varphi_n^i|0\rangle$ $(i = 1, 2, \ldots, g_n)$ Eigenvektor von $(\hat{W}^{(n)})$ mit dem Eigenwert ε_1 ist.

Das Gleichungssystem (11.42) kann darüber hinaus in eine Vektorgleichung *innerhalb* $\mathcal{H}_n^0$ transformiert werden. Dazu müssen wir nur den Operator $\hat{W}^{(n)}$ definieren, die *Einschränkung* von $\hat{W}$ auf den Unterraum $\mathcal{H}_n^0$. $\hat{W}^{(n)}$ wirkt nur in $\mathcal{H}_n^0$, und er wird in diesem Unterraum dargestellt durch die Matrix mit den Elementen $\langle\varphi_n^i \mid \hat{W} \mid\varphi_n^{i'}\rangle$, d. h. durch $(\hat{W}^{(n)})^*$.[6] Das Gleichungssystem (11.42) ist daher äquivalent zu der Vektorgleichung

$$\hat{W}^{(n)}\,|0\rangle = \varepsilon_1\,|0\rangle. \tag{11.43}$$

Wir weisen darauf hin, dass der Operator $\hat{W}^{(n)}$ und der Operator $\hat{W}$, dessen Einschränkung er ist, verschieden sind: Gl. (11.43) ist eine Eigenwertgleichung in $\mathcal{H}_n^0$ und nicht im gesamten Raum.

Um also die Eigenwerte (in erster Ordnung) und Eigenzustände (in nullter Ordnung) des Hamilton-Operators zu berechnen, die zu einem entarteten ungestörten Energieniveau E_n^0 gehören, muss die Matrix $(\hat{W}^{(n)})$ diagonalisiert werden, die die Störung[7] W in dem zur Energie E_n^0 gehörenden Eigenraum $\mathcal{H}_n^0$ darstellt.

Wir untersuchen die Effekte erster Ordnung in der Störung W auf das entartete Niveau E_n^0 etwas genauer. Es seien ε_1^j $(j = 1, 2, \ldots, f_n^{(1)})$ die verschiedenen Wurzeln der charakteristischen Gleichung von $(\hat{W}^{(n)})$. Da $(\hat{W}^{(n)})$ hermitesch ist, sind ihre Eigenwerte reell, und die Summe ihrer Entartungen ist gleich g_n $(g_n \geq f_n^{(1)})$. Jeder Eigenwert ergibt eine verschiedene Energiekorrektur. Unter dem Einfluss der Störung $W = \lambda\hat{W}$ spaltet sich also in erster Ordnung das entartete Niveau in $f_n^{(1)}$ verschiedene Unterniveaus auf, deren Energien sich zu

$$E_{n,j}(\lambda) = E_n^0 + \lambda\varepsilon_1^j, \quad j = 1, 2, \ldots, f_n^{(1)} \leq g_n \tag{11.44}$$

ergeben. Wenn $f_n^{(1)} = g_n$ gilt, so hebt die Störung W in erster Ordnung die Entartung des Niveaus E_n^0 vollständig auf. Für $f_n^{(1)} < g_n$ ist die Entartung in erster Ordnung nur teilweise aufgehoben (oder gar nicht für $f_n^{(1)} = 1$).

Wir betrachten nun einen Eigenwert ε_1^j von $\hat{W}^{(n)}$. Ist er nichtentartet, so ist der zugehörige Eigenvektor $|0\rangle$ durch Gl. (11.43) (oder das äquivalente System (11.42)) bis auf einen Phasenfaktor eindeutig bestimmt. Es gibt dann einen einzigen Eigenwert $E(\lambda)$ von $H(\lambda)$, der in erster Ordnung gleich $E_n^0 + \lambda\varepsilon_1^j$ ist, und dieser Eigenwert ist nichtentartet.[8]

[6]Wenn P_n der Projektor auf den Unterraum $\mathcal{H}_n^0$ ist, kann (s. Abschnitt 2.8.3) $\hat{W}^{(n)} = P_n\,\hat{W}\,P_n$ geschrieben werden.

[7]Die Störung $(W^{(n)})$ ist gleich $\lambda(\hat{W}^{(n)})$; daher ergeben ihre Eigenwerte direkt die Korrekturen $\lambda\varepsilon_1$.

[8]Der Beweis dieser Aussage verläuft analog zu dem Beweis, dass aus einem nichtentarteten Niveau von H_0 nur ein nichtentartetes Niveau von $H(\lambda)$ enstehen kann (s. das Ende von Abschnitt 11.1.2).

Ist andererseits der Eigenwert ε_1^j von $\hat{W}^{(n)}$ q-fach entartet, so lässt sich aus Gl. (11.43) nur folgern, dass der Vektor $|0\rangle$ zu dem entsprechenden q-dimensionalen Unterraum $\mathcal{F}_j^{(1)}$ gehört.

Diese Eigenschaft von ε_1^j kann sehr verschiedene Situationen widerspiegeln. Man kann zwischen ihnen unterscheiden, indem man die Störungsrechnung zu höheren Ordnungen weiterführt und überprüft, ob die verbleibende Entartung aufgehoben wird. Im Einzelnen können die folgenden beiden Fälle auftreten:

1. Wir nehmen an, dass es genau eine Energie $E(\lambda)$ gibt, die in erster Ordnung gleich $E_n^0 + \lambda\varepsilon_1^j$ ist und die q-fach entartet ist (in Abb. 11.1 ist z. B. die Energie $E(\lambda)$, die für $\lambda \to 0$ gegen E_4^0 geht, für jeden Wert von λ zweifach entartet). Zum Eigenwert $E(\lambda)$ gehört dann für jeden beliebigen Wert von λ ein q-dimensionaler Eigenraum, so dass die Entartung der genäherten Eigenwerte in keiner Ordnung von λ aufgehoben wird.

In diesem Fall kann der Eigenvektor $|0\rangle$ nullter Ordnung von $H(\lambda)$ nicht eindeutig festgelegt werden, da die einzige Bedingung an den Vektor $|0\rangle$ ist, dass er zu einem Unterraum gehört, der der Limes des zu $E(\lambda)$ gehörenden q-dimensionalen Eigenraums von $H(\lambda)$ für $\lambda \to 0$ ist. Dieser Limes ist nichts anderes als der Eigenraum $\mathcal{F}_j^{(1)}$ von $(\hat{W}^{(n)})$, der zu dem betrachteten Eigenwert ε_1^j gehört.

Dieser erste Fall tritt oft auf, wenn H_0 und W gleiche Symmetrieeigenschaften besitzen, die eine wesentliche Entartung von $H(\lambda)$ zur Folge haben. Eine solche Entartung bleibt in allen Ordnungen der Störungstheorie bestehen.

2. In der umgekehrten Situation sind mehrere verschiedene Energien $E(\lambda)$ in erster Ordnung gleich $E_n^0 + \lambda\varepsilon_1^j$ (der Unterschied ist dann wenigstens von zweiter Ordnung und kann sich dann bei einer Störungsrechnung höherer Ordnung bemerkbar machen).

In diesem Fall ist der durch Diagonalisierung von $(\hat{W})^{(n)}$ erhaltene Unterraum $\mathcal{F}_j^{(1)}$ nur die direkte Summe der Grenzwerte für $\lambda \to 0$ der zu den verschiedenen Energien $E(\lambda)$ gehörenden Eigenräume. Anders ausgedrückt streben alle Eigenvektoren von $H(\lambda)$, die zur Energie $E(\lambda)$ gehören, gegen einen Vektor von $\mathcal{F}_j^{(1)}$. Umgekehrt ist aber ein bestimmter Vektor aus $\mathcal{F}_j^{(1)}$ nicht notwendig der Grenzwert $|0\rangle$ eines Eigenvektors von $H(\lambda)$.

Wenn man in einer solchen Situation zu höheren Ordnungen übergeht, so lassen sich nicht nur die Energien, sondern auch die Vektoren nullter Ordnung genauer bestimmen. In der Praxis wird allerdings der in Gl. (11.43) enthaltene Teil der Information oft als ausreichend angesehen.

Bemerkungen

1. Sollen alle Energien des Spektrums[9] von H_0 störungstheoretisch behandelt werden, so müssen wir die Störung W in jedem der zu diesen Energien gehörenden Eigenräume $\mathcal{H}_n^0$ diagonalisieren. Das Problem ist dabei sehr viel einfacher als das ursprüngliche, das eine Diagonalisierung des Hamilton-Operators im gesamten Zustandsraum nötig macht. Die Störungstheorie ermöglicht es, Matrixelemente von W zwischen Zuständen, die zu verschiedenen Unterräumen $\mathcal{H}_n^0$ gehören, vollständig zu ignorieren. Dann genügt es, statt einer im Allgemeinen unendlichen Matrix für jede uns

[9]Die Störung eines nichtentarteten Zustands (Abschnitt 11.2) kann als Spezialfall eines entarteten Zustands aufgefasst werden.

interessierende Energie E_n^0 nur eine Matrix geringerer (meist endlicher) Dimension zu diagonalisieren.

2. Die Matrix $(\hat{W}^{(n)})$ hängt natürlich von der eingangs in diesem Unterraum $\mathscr{H}_n^0$ gewählten Basis $\{|\varphi_n^i\rangle\}$ ab (wogegen die Eigenwerte und Eigenvektoren von $\hat{W}^{(n)}$ offensichtlich nicht von ihr abhängen). Bevor wir mit der Störungsrechnung anfangen, ist es daher vorteilhaft, eine Basis zu finden, die die Form von $(\hat{W}^{(n)})$ für diesen Unterraum und damit die Suche nach ihren Eigenwerten und Eigenvektoren so weit wie möglich vereinfacht (der einfachste Fall ist offensichtlich der, dass sich die Matrix direkt in Diagonalform ergibt). Um eine solche Basis zu finden, benutzt man oft Observable, die mit H_0 und W vertauschen.[10] Nehmen wir also an, wir hätten eine Observable A, die mit H_0 und W vertauscht. Dann können wir als Basisvektoren $|\varphi_n^i\rangle$ die gemeinsamen Eigenzustände von H_0 und A wählen. Außerdem verschwinden, da der Operator W mit A vertauscht, seine Matrixelemente zwischen Eigenvektoren von A zu unterschiedlichen Eigenwerten. Die Matrix $(\hat{W}^{(n)})$ enthält dann zahlreiche Nullen, wodurch ihre Diagonalisierung vereinfacht wird.

3. Genau wie für nichtentartete Niveaus (s. die Bemerkung in Abschnitt 11.2.1) ist die in diesem Abschnitt beschriebene Methode nur dann möglich, wenn die Matrixelemente der Störung viel kleiner sind als die Differenzen zwischen der Energie des untersuchten Niveaus und den Energien der anderen Niveaus (dieser Umstand wäre offensichtlich, wenn wir Korrekturen höherer Ordnung berechnet hätten). Es ist jedoch auch möglich, diese Methode auf eine Gruppe von ungestörten Niveaus auszudehnen, die (voneinander verschieden) sehr dicht beieinander liegen, sich aber weit weg von den anderen Niveaus des betrachteten Systems befinden. Das bedeutet natürlich, dass die Matrixelemente der Störung W von derselben Größenordnung wie die Energiedifferenzen innerhalb dieser Gruppe, aber vernachlässigbar im Vergleich zum Abstand eines Niveaus dieser Gruppe zu einem außerhalb liegenden Niveau sind. Wir können dann den Einfluss der Störung W näherungsweise bestimmen, indem wir die Darstellungsmatrix von $H = H_0 + W$ innerhalb dieser Gruppe von Niveaus diagonalisieren. Durch eine Näherung dieser Art können wir in bestimmten Fällen die Untersuchung auf die eines Systems reduzieren, das nur zwei Zustände besitzt (s. Abschnitt 4.3).

[10] Man beachte, dass dies nicht bedeutet, dass H_0 und W vertauschen.

Ergänzungen zu Kapitel 11

In den Abschnitten 11.4 bis 11.7 wird die Methode der Störungstheorie an einigen einfachen und wichtigen Beispielen erläutert.

In Abschnitt 11.4 untersuchen wir einen eindimensionalen harmonischen Oszillator, der durch Potentiale in x, x^2, x^3 gestört wird. (*Einfach, beim ersten Lesen empfohlen*)

Das letzte Beispiel (Störpotential in x^3) ermöglicht die Untersuchung des anharmonischen Anteils in der Schwingung eines zweiatomigen Moleküls.

Abschnitt 11.5 kann als Aufgabe mit Lösung verstanden werden, die die Störungstheorie für nichtentartete und auch entartete Niveaus anwendet. Der Leser wird mit der Dipol-Dipol-Wechselwirkung zwischen den magnetischen Momenten zweier Spin-$1/2$-Teilchen vertraut gemacht. (*Einfach*)

In Abschnitt 11.6 untersuchen wir die langreichweitigen Kräfte zwischen zwei neutralen Atomen mit Hilfe der Störungstheorie (Van-der-Waals-Kräfte). Der Schwerpunkt liegt auf der physikalischen Interpretation der Ergebnisse. (*Etwas weniger einfach als die obigen Ergänzungen; kann beim ersten Lesen übergangen werden*)

In Abschnitt 11.7 bestimmen wir den Einfluss des endlichen Kernvolumens auf die Energieniveaus wasserstoffähnlicher Atome. (*Einfach; kann als Fortsetzung von Abschnitt 7.4 verstanden werden*)

In Abschnitt 11.8 stellen wir eine andere Näherungsmethode vor: die Variationsmethode. (*Wichtig, da die Variationsmethode zahlreiche Anwendungen findet*)

In den Abschnitten 11.9 und 11.10 finden sich zwei Anwendungen der Variationsmethode.

In Abschnitt 11.9 wird mit Hilfe der Näherung der starken Bindung der Begriff des erlaubten Energiebands für die Elektronen eines Festkörpers eingeführt. Der Schwerpunkt liegt in der Interpretation der Ergebnisse. (*Wichtig aufgrund seiner zahlreichen Anwendungen. Von mittlerer Schwierigkeit*)

In Abschnitt 11.10 untersuchen wir das Phänomen der chemischen Bindung für den einfachsten Fall, das (ionisierte) H_2^+-Molekül. Es wird gezeigt, wie die anziehende Kraft zwischen zwei Atomen mit überlappenden elektronischen Wellenfunktionen quantenmechanisch erklärt werden kann. Wir beweisen auch das Virialtheorem. (*Grundlegend für die physikalische Chemie. Von mittlerer Schwierigkeit*)

Abschnitt 11.11 enthält die Aufgaben zu diesem Kapitel.

11.4 Gestörter harmonischer Oszillator

Zur Anwendung der in diesem Kapitel entwickelten allgemeinen Methoden der stationären Störungstheorie wollen wir hier den Einfluss eines Störpotentials in x, x^2 oder x^3 auf die Energieniveaus eines eindimensionalen harmonischen Oszillators untersuchen (kein Niveau ist entartet, s. Kapitel 5).

Die ersten beiden Fälle (eines Störpotentials in x und x^2) sind exakt lösbar. Wir können daher für diese beiden Beispiele zeigen, dass die Störungsentwicklung mit der Entwicklung der exakten Lösung bezüglich des Parameters übereinstimmt, der die Stärke der Störung angibt. Der letzte Fall (Störpotential in x^3) ist in der Praxis aus folgendem Grund von großer Bedeutung: Betrachten wir ein Potential $V(x)$ mit einem Minimum bei $x = 0$, so kann in erster Näherung $V(x)$ durch den ersten Term seiner Taylor-Entwicklung (ein x^2-Term) ersetzt werden; wir haben es dann mit einem harmonischen Oszillator und damit mit einem exakt lösbaren Problem zu tun. Der nächste Term in der Entwicklung von $V(x)$, proportional zu x^3, stellt dann die erste Korrektur dieser Näherung dar. Die Berechnung des Einflusses dieses x^3-Terms ist daher notwendig, wenn wir die anharmonischen Anteile der Schwingungen eines physikalischen Systems untersuchen wollen. Wir können dann z. B. die Abweichungen des Schwingungsspektrums eines zweiatomigen Moleküls von den Vorhersagen des (rein harmonischen) Modells von Abschnitt 5.5 berechnen.

11.4.1 Störung durch ein lineares Potential

Wir verwenden die Bezeichnungen aus Kapitel 5. Es sei

$$H_0 = \frac{P^2}{2m} + \frac{1}{2}m\omega^2 X^2 \tag{11.45}$$

der Hamilton-Operator eines eindimensionalen harmonischen Oszillators mit den Eigenvektoren $|\varphi_n\rangle$ und den Eigenwerten[11]

$$E_n^0 = \left(n + \frac{1}{2}\right)\hbar\omega, \quad n = 0, 1, 2, \ldots . \tag{11.46}$$

Zu diesem Hamilton-Operator addieren wir die Störung

$$W = \lambda \, \hbar\omega \, \hat{X}, \tag{11.47}$$

wobei λ eine reelle Konstante (mit der Dimension eins) sehr viel kleiner als eins ist, und $\hat{X}$ wie in Kapitel 5 durch $\hat{X} = \sqrt{m\omega/\hbar}X$ gegeben wird (da $\hat{X}$ von der Ordnung eins ist, ist $\hbar\omega\hat{X}$ von der Ordnung von H_0 und entspricht somit dem oben in diesem Kapitel verwendeten Operator $\hat{W}$). Das Problem besteht in der Berechnung der Eigenzustände $|\varphi_n\rangle$ und der Eigenwerte E_n des Hamilton-Operators

$$H = H_0 + W. \tag{11.48}$$

Die exakte Lösung

Wir haben bereits ein Beispiel für eine lineare Störung in X kennengelernt: Wenn der als geladen angenommene Oszillator in ein homogenes elektrisches Feld $\mathcal{E}$ gebracht wird, müssen wir zu H_0 den elektrostatischen Hamilton-Operator

$$W = -q\mathcal{E}X = -q\mathcal{E}\sqrt{\frac{\hbar}{m\omega}}\,\hat{X} \tag{11.49}$$

[11] Um deutlich zu machen, dass wir hier den ungestörten Hamilton-Operator betrachten, fügen wir dem Eigenwert von H_0 wieder den Index 0 bei.

addieren, wobei q die Ladung des Oszillators ist. Die Auswirkung eines solchen Terms auf die stationären Zustände des harmonischen Oszillators ist in Abschnitt 5.10 ausführlich untersucht worden. Wir können daher die dortigen Ergebnisse verwenden, um die Eigenzustände und Eigenvektoren des Hamilton-Operators (11.48) zu bestimmen; wir nehmen die folgende Substitution vor:

$$\lambda\hbar\omega \longleftrightarrow -q\mathcal{E}\sqrt{\frac{\hbar}{m\omega}} \tag{11.50}$$

und finden sofort (s. Abschnitt 5.10.3, Gl. (5.368))

$$E_n = \left(n + \frac{1}{2}\right)\hbar\omega - \frac{\lambda^2}{2}\hbar\omega. \tag{11.51}$$

Außerdem lesen wir ab (nachdem wir den Operator P durch die Erzeugungs- und Vernichtungsoperatoren $a^\dagger$ und a ausgedrückt haben, s. Abschnitt 5.10.3, Gl. (5.369))

$$|\psi_n\rangle = \mathrm{e}^{-\lambda(a^\dagger - a)/\sqrt{2}}\,|\varphi_n\rangle. \tag{11.52}$$

Die Entwicklung der Exponentialfunktion ergibt dann

$$\begin{aligned} |\psi_n\rangle &= \left[1 - \frac{\lambda}{\sqrt{2}}(a^\dagger - a) + \cdots\right]|\varphi_n\rangle \\ &= |\varphi_n\rangle - \lambda\sqrt{\frac{n+1}{2}}\,|\varphi_{n+1}\rangle + \lambda\sqrt{\frac{n}{2}}\,|\varphi_{n-1}\rangle + \cdots. \end{aligned} \tag{11.53}$$

Die Störungsentwicklung

Wir ersetzen in Gl. (11.47) $\hat{X}$ durch $\frac{1}{\sqrt{2}}(a^\dagger + a)$ (s. Abschnitt 5.2.1, Gl. (5.27) und Gl. (5.28)) und erhalten

$$W = \lambda\frac{\hbar\omega}{\sqrt{2}}(a^\dagger + a). \tag{11.54}$$

Die Störung W mischt dann den Zustand $|\varphi_n\rangle$ nur mit den beiden Zuständen $|\varphi_{n+1}\rangle$ und $|\varphi_{n-1}\rangle$. Die einzigen nichtverschwindenden Matrixelemente von W sind daher

$$\begin{aligned} \langle\varphi_{n+1}\,|\,W\,|\,\varphi_n\rangle &= \lambda\sqrt{\frac{n+1}{2}}\,\hbar\omega, \\ \langle\varphi_{n-1}\,|\,W\,|\,\varphi_n\rangle &= \lambda\sqrt{\frac{n}{2}}\,\hbar\omega. \end{aligned} \tag{11.55}$$

Nach den allgemeinen Ergebnissen dieses Kapitels haben wir also (s. Abschnitt 11.2.2, Gl. (11.32))

$$E_n = E_n^0 + \langle\varphi_n\,|\,W\,|\,\varphi_n\rangle + \sum_{n'\neq n}\frac{|\langle\varphi_{n'}\,|\,W\,|\,\varphi_n\rangle|^2}{E_n^0 - E_{n'}^0} + \cdots. \tag{11.56}$$

Setzen wir die Gleichungen (11.55) in Gl. (11.56) ein und ersetzen $E_n^0 - E_{n'}^0$ durch $(n - n')\hbar\omega$, so ergibt sich

$$\begin{aligned} E_n &= E_n^0 + 0 - \frac{\lambda^2(n+1)}{2}\hbar\omega + \frac{\lambda^2 n}{2}\hbar\omega + \cdots \\ &= \left(n + \frac{1}{2}\right)\hbar\omega - \frac{\lambda^2}{2}\hbar\omega + \cdots . \end{aligned} \tag{11.57}$$

Daraus erkennen wir, dass die Störungsentwicklung des Eigenwerts bis zur zweiten Ordnung in λ mit der exakten Lösung (11.51) identisch[12] ist.

Entsprechend ergibt sich (s. Abschnitt 11.2.2, Gl. (11.28))

$$|\psi_n\rangle = |\varphi_n\rangle + \sum_{n' \neq n} \frac{\langle \varphi_{n'} \mid W \mid \varphi_n \rangle}{E_n^0 - E_{n'}^0} |\varphi_{n'}\rangle + \cdots , \tag{11.58}$$

woraus wir

$$|\psi_n\rangle = |\varphi_n\rangle - \lambda\sqrt{\frac{n+1}{2}}\,|\varphi_{n+1}\rangle + \lambda\sqrt{\frac{n}{2}}\,|\varphi_{n-1}\rangle + \cdots \tag{11.59}$$

erhalten, also einen Ausdruck, der mit der Entwicklung (11.53) der exakten Lösung übereinstimmt.

11.4.2 Störung durch ein quadratisches Potential

Wir nehmen nun an, W habe die Form

$$W = \frac{1}{2}\rho\hbar\omega\hat{X}^2 = \frac{1}{2}\rho m\omega^2 X^2, \tag{11.60}$$

wobei ρ ein reeller Parameter (mit der Dimension eins) sehr viel kleiner als eins ist. Der Hamilton-Operator lautet dann

$$H = H_0 + W = \frac{P^2}{2m} + \frac{1}{2}m\omega^2(1+\rho)X^2. \tag{11.61}$$

In diesem Fall besteht also die Wirkung der Störung lediglich in einer Änderung der Richtgröße des harmonischen Oszillators. Wenn wir

$$\omega'^2 = \omega^2(1+\rho) \tag{11.62}$$

setzen, so sehen wir, dass es sich bei H wieder um einen harmonischen Oszillator handelt, dessen Kreisfrequenz jetzt gleich ω' ist.

In diesem Abschnitt wollen wir uns auf die Untersuchung der Eigenwerte von H beschränken. Nach Gl. (11.61) und Gl. (11.62) ist

$$E_n = \left(n + \frac{1}{2}\right)\hbar\omega' = \left(n + \frac{1}{2}\right)\hbar\omega\sqrt{1+\rho}, \tag{11.63}$$

---

[12] Man kann zeigen, dass alle Terme der Störungsentwicklung von höherer als zweiter Ordnung gleich null sind.

d. h. nach Entwicklung der Wurzel

$$E_n = \left(n + \frac{1}{2}\right)\hbar\omega\left[1 + \frac{\rho}{2} - \frac{\rho^2}{8} + \cdots\right]. \tag{11.64}$$

Leiten wir nun das Ergebnis (11.64) mit Hilfe der stationären Störungstheorie ab, so kann Gl. (11.60) auch als

$$\begin{aligned} W &= \frac{1}{4}\rho\hbar\omega(a^\dagger + a)^2 = \frac{1}{4}\rho\hbar\omega(a^{\dagger 2} + a^2 + aa^\dagger + a^\dagger a) \\ &= \frac{1}{4}\rho\hbar\omega(a^{\dagger 2} + a^2 + 2a^\dagger a + 1) \end{aligned} \tag{11.65}$$

geschrieben werden. Daraus ergeben sich die einzigen nichtverschwindenden Matrixelemente von W mit $|\varphi_n\rangle$:

$$\begin{aligned} \langle\varphi_n \,|\, W \,|\, \varphi_n\rangle &= \frac{1}{2}\rho\left(n + \frac{1}{2}\right)\hbar\omega, \\ \langle\varphi_{n+2} \,|\, W \,|\, \varphi_n\rangle &= \frac{1}{4}\rho\,[(n+1)(n+2)]^{1/2}\,\hbar\omega, \\ \langle\varphi_{n-2} \,|\, W \,|\, \varphi_n\rangle &= \frac{1}{4}\rho\,[(n(n-1))]^{1/2}\,\hbar\omega. \end{aligned} \tag{11.66}$$

Mit Hilfe dieses Ergebnisses berechnen wir die verschiedenen Terme der Entwicklung (11.56) und finden

$$\begin{aligned} E_n &= E_n^0 + \frac{\rho}{2}\left(n + \frac{1}{2}\right)\hbar\omega - \frac{\rho^2}{16}(n+1)(n+2)\frac{\hbar\omega}{2} + \frac{\rho^2}{16}n(n-1)\frac{\hbar\omega}{2} + \cdots \\ &= E_n^0 + \left(n + \frac{1}{2}\right)\hbar\omega\frac{\rho}{2} - \left(n + \frac{1}{2}\right)\hbar\omega\frac{\rho^2}{8} + \cdots \\ &= \left(n + \frac{1}{2}\right)\hbar\omega\left[1 + \frac{\rho}{2} - \frac{\rho^2}{8} + \cdots\right], \end{aligned} \tag{11.67}$$

was in der Tat mit der Entwicklung (11.64) übereinstimmt.

11.4.3 Störung durch ein Potential in x^3

Wir addieren zu H_0 jetzt die Störung

$$W = \sigma\,\hbar\omega\,\hat{X}^3, \tag{11.68}$$

wobei σ ein reeller Parameter (mit der Dimension eins) sehr viel kleiner als eins ist.

Der anharmonische Oszillator

Abbildung 11.2 stellt den Verlauf des Gesamtpotentials $\frac{1}{2}m\omega^2x^2 + W(x)$, in dem sich das Teilchen bewegt, in Abhängigkeit von x dar. Die gestrichelte Kurve gibt das parabolische Potential $\frac{1}{2}m\omega^2x^2$ des „ungestörten" harmonischen Oszillators wieder. Wir haben $\sigma < 0$

gewählt, so dass das Gesamtpotential (die durchgezogene Kurve) für $x > 0$ langsamer ansteigt als für $x < 0$.

Behandelt man das Problem in der klassischen Mechanik, so oszilliert ein Teilchen mit der Gesamtenergie E zwischen den Punkten x_A und x_B (Abb. 11.2), die jetzt nicht mehr symmetrisch in Bezug auf den Ursprung O liegen. Diese Bewegung verläuft weiterhin periodisch, ist aber nicht mehr sinusförmig: In der Fourier-Entwicklung von $x(t)$ treten die höheren Harmonischen der Grundfrequenz auf. Aus diesem Grund wird ein solches System als *anharmonischer Oszillator* bezeichnet. Schließlich weisen wir darauf hin, dass im Gegensatz zum harmonischen Oszillator die Periode der Bewegung von der Energie E abhängt.

Die Störungsentwicklung

Matrixelemente der Störung W. Wir ersetzen in Gl. (11.68) den Operator $\hat{X}$ durch $\frac{1}{\sqrt{2}}(a^\dagger + a)$. Mit Hilfe der Ergebnisse aus Abschnitt 5.2.1 (Gleichungen (5.30), (5.38) und (5.39)) können wir dann nach kurzer Rechnung schreiben

$$W = \frac{\sigma \hbar \omega}{2^{3/2}}[a^{\dagger 3} + a^3 + 3Na^\dagger + 3(N+1)a], \tag{11.69}$$

wobei $N = a^\dagger a$ wie in Abschnitt 5.2.1, Gl. (5.34), definiert ist.

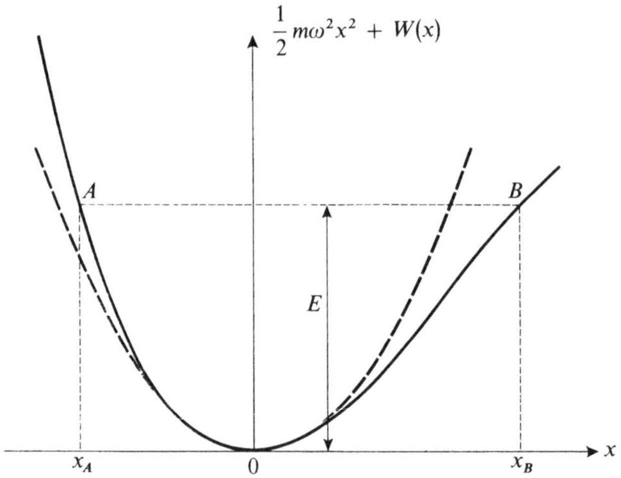

Abb. 11.2 Verlauf des Potentials eines anharmonischen Oszillators in Abhängigkeit von x. Wir behandeln die Differenz zwischen dem tatsächlichen Potential (durchgezogene Linie) und dem harmonischen Potential (gestrichelte Linie) des ungestörten Hamilton-Operators als Störung (x_A und x_B sind die Grenzen der klassischen Bewegung mit der Energie E).

Daraus können wir unmittelbar die nichtverschwindenden Matrixelemente von W mit $|\varphi_n\rangle$ ableiten:

$$
\begin{aligned}
\langle\varphi_{n+3} \,|\, W \,|\, \varphi_n\rangle &= \sigma \left[\frac{(n+3)(n+2)(n+1)}{8}\right]^{1/2} \hbar\omega, \\
\langle\varphi_{n-3} \,|\, W \,|\, \varphi_n\rangle &= \sigma \left[\frac{n(n-1)(n-2)}{8}\right]^{1/2} \hbar\omega, \\
\langle\varphi_{n+1} \,|\, W \,|\, \varphi_n\rangle &= 3\sigma \left(\frac{n+1}{2}\right)^{3/2} \hbar\omega, \\
\langle\varphi_{n-1} \,|\, W \,|\, \varphi_n\rangle &= 3\sigma \left(\frac{n}{2}\right)^{3/2} \hbar\omega.
\end{aligned} \tag{11.70}
$$

Berechnung der Energien. Wir setzen das Ergebnis (11.70) in die Störungsentwicklung von E_n, Gl. (11.56), ein. Da das Diagonalmatrixelement von W null ist, gibt es keine Korrektur erster Ordnung; die vier Matrixelemente (11.70) gehen jedoch in die Korrektur zweiter Ordnung ein. Eine einfache Rechnung ergibt dann

$$
E_n = \left(n + \frac{1}{2}\right)\hbar\omega - \frac{15}{4}\sigma^2\left(n + \frac{1}{2}\right)^2 \hbar\omega - \frac{7}{16}\sigma^2\hbar\omega + \cdots . \tag{11.71}
$$

Die Störung W bewirkt also eine Absenkung der Energieniveaus (unabhängig vom Vorzeichen von σ). Je größer n ist, desto größer ist auch die Verschiebung des entsprechenden Niveaus (s. Abb. 11.3). Die Differenz zwischen zwei benachbarten Niveaus beträgt

$$
E_n - E_{n-1} = \hbar\omega\left[1 - \frac{15}{2}\sigma^2 n\right]; \tag{11.72}
$$

sie ist im Gegensatz zum harmonischen Oszillator nicht mehr unabhängig von n. Die Energieniveaus sind nicht mehr äquidistant und rücken mit wachsendem n dichter zusammen.

Berechnung der Eigenzustände. Setzen wir die Ausdrücke (11.70) in die Entwicklung (11.58) ein, so erhalten wir

$$
\begin{aligned}
|\psi_n\rangle = |\varphi_n\rangle &- 3\sigma\left(\frac{n+1}{2}\right)^{3/2} |\varphi_{n+1}\rangle + 3\sigma\left(\frac{n}{2}\right)^{3/2} |\varphi_{n-1}\rangle \\
&- \frac{\sigma}{3}\left[\frac{(n+3)(n+2)(n+1)}{8}\right]^{1/2} |\varphi_{n+3}\rangle \\
&+ \frac{\sigma}{3}\left[\frac{n(n-1)(n-2)}{8}\right]^{1/2} |\varphi_{n-3}\rangle + \cdots .
\end{aligned} \tag{11.73}
$$

Unter dem Einfluss der Störung W mischt der Zustand $|\varphi_n\rangle$ mit den Zuständen $|\varphi_{n+1}\rangle$, $|\varphi_{n-1}\rangle$, $|\varphi_{n+3}\rangle$ und $|\varphi_{n-3}\rangle$.

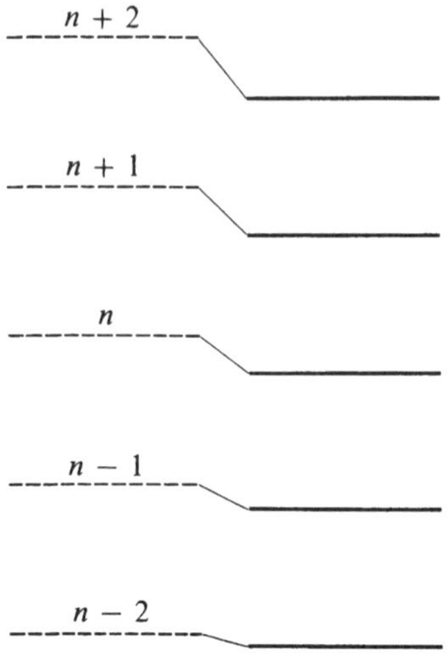

Abb. 11.3 Energieniveaus von H_0 (gestrichelte Linien) und H (durchgezogene Linien). Unter dem Einfluss der Störung W werden die Niveaus von H_0 abgesenkt, und zwar ist die Verschiebung umso größer, je höher n ist.

Anwendung: Schwingungen eines zweiatomigen Moleküls

In Abschnitt 5.5 sahen wir, dass ein heteropolares zweiatomiges Molekül elektromagnetische Strahlung absorbieren oder emittieren kann, deren Frequenz der Schwingung der beiden Atomkerne des Moleküls um ihre Gleichgewichtslage entspricht. Wenn wir die Auslenkung $r - r_e$ der beiden Kerne aus ihrer Gleichgewichtslage r_e mit x bezeichnen, kann das elektrische Dipolmoment des Moleküls geschrieben werden

$$D(x) = d_0 + d_1 x + \cdots . \tag{11.74}$$

Die Schwingungsfrequenzen dieses Dipols sind also die Bohr-Frequenzen, die in dem Ausdruck für $\langle X \rangle(t)$ auftreten können. Für den harmonischen Oszillator besagen die Auswahlregeln für X, dass nur eine Bohr-Frequenz auftreten kann, nämlich die Frequenz $\omega/2\pi$ (s. Abschnitt 5.5).

Wenn wir die Störung W berücksichtigen, werden die Zustände $|\varphi_n\rangle$ des Oszillators „gemischt" (s. Gl. (11.73)), und durch X können Zustände $|\psi_n\rangle$ und $|\psi_{n'}\rangle$ gekoppelt werden, für die $n' - n \neq \pm 1$ gilt: Das Molekül kann also neue Frequenzen absorbieren oder emittieren.

Um dieses Phänomen genauer zu untersuchen, wollen wir annehmen, das Molekül befinde sich anfangs in seinem Schwingungsgrundzustand $|\psi_0\rangle$ (das ist bei normalen Temperaturen T praktisch immer der Fall, da dann $\hbar\omega \gg kT$ gilt). Mit Hilfe von Gl. (11.73) können wir in erster Ordnung[13] in σ die Matrixelemente von $\hat{X}$ zwischen dem Zustand

[13] Es wäre inkorrekt, in der Rechnung Terme von höherer als erster Ordnung mitzunehmen, da die Entwicklung (11.73) nur bis zur ersten Ordnung in σ gültig ist.

$|\psi_0\rangle$ und einem beliebigen Zustand $|\psi_n\rangle$ berechnen. Nach einer einfachen Rechnung erhält man so die folgenden Matrixelemente (alle anderen verschwinden in erster Ordnung in σ):

$$\begin{aligned}\langle\psi_1 \,|\, \hat{X} \,|\, \psi_0\rangle &= \frac{1}{\sqrt{2}},\\ \langle\psi_2 \,|\, \hat{X} \,|\, \psi_0\rangle &= \frac{1}{\sqrt{2}}\sigma,\\ \langle\psi_0 \,|\, \hat{X} \,|\, \psi_0\rangle &= -\frac{3}{2}\sigma.\end{aligned} \tag{11.75}$$

Daraus können wir die Übergangsfrequenzen bestimmen, die im Absorptionsspektrum des Grundzustands beobachtbar sind; es ergibt sich die Frequenz

$$\nu_1 = \frac{E_1 - E_0}{h}, \tag{11.76}$$

der die größte Intensität zufällt, da nach der ersten Gleichung (11.75) das Matrixelement $\langle\psi_1 \,|\, \hat{X} \,|\, \psi_0\rangle$ von nullter Ordnung in σ ist. Dann finden wir mit viel kleinerer Intensität die Frequenz

$$\nu_2 = \frac{E_2 - E_0}{h}, \tag{11.77}$$

die oft die zweite Harmonische genannt wird (obwohl sie nicht exakt gleich zwei ν_1 ist).

Bemerkung

Die dritte Beziehung von (11.75) besagt, dass der Erwartungswert von $\hat{X}$ im Grundzustand nicht verschwindet. Das ist aus Abb. 11.2 leicht verständlich, da die oszillatorische Bewegung nicht mehr symmetrisch zum Ursprung O verläuft. Wenn σ negativ ist (wie in Abb. 11.2), verbringt der Oszillator mehr Zeit im Bereich mit $x > 0$ als im Bereich mit $x < 0$, und der Erwartungswert von X muss daher positiv sein. Das erklärt das Vorzeichen, das in der angesprochenen Beziehung auftritt.

Die Rechnung ergibt also nur eine neue Linie im Absorptionsspektrum. Allerdings könnte die Störungsrechnung bis zu höheren Ordnungen in σ fortgeführt werden, indem man sowohl in der Entwicklung des Dipolmoments, Gl. (11.74), höhere Terme mitnimmt, als auch in der Entwicklung des Potentials um $x = 0$ Terme in x^4, x^5, ... berücksichtigt. Für das Absorptionsspektrum des Moleküls fände man dann alle Frequenzen

$$\nu_n = \frac{E_n - E_0}{h} \tag{11.78}$$

mit $n = 3, 4, 5, \ldots$ (mit Intensitäten, die mit wachsendem n rasch abfallen). Damit ergäbe sich schließlich für dieses Spektrum eine Form wie in Abb. 11.4, und ein solches Spektrum wird auch tatsächlich beobachtet. Es ist ersichtlich, dass die verschiedenen Spektrallinien von Abb. 11.4 nicht äquidistant sind, da ja nach Gl. (11.72) gilt

$$\begin{aligned} \nu_1 - 0 &= \frac{E_1 - E_0}{h} = \frac{\omega}{2\pi}\left(1 - \frac{15}{2}\sigma^2\right), \\ \nu_2 - \nu_1 &= \frac{E_2 - E_1}{h} = \frac{\omega}{2\pi}\left(1 - 15\sigma^2\right), \\ \nu_3 - \nu_2 &= \frac{E_3 - E_2}{h} = \frac{\omega}{2\pi}\left(1 - \frac{45}{2}\sigma^2\right), \end{aligned} \tag{11.79}$$

woraus die Beziehung

$$(\nu_2 - \nu_1) - \nu_1 = (\nu_3 - \nu_2) - (\nu_2 - \nu_1) = -\frac{15\omega}{4\pi}\sigma^2 \tag{11.80}$$

folgt. Wir sehen also, dass die Messung der genauen Lage der Linien des Absorptionsspektrums es ermöglicht, den Parameter σ zu bestimmen.

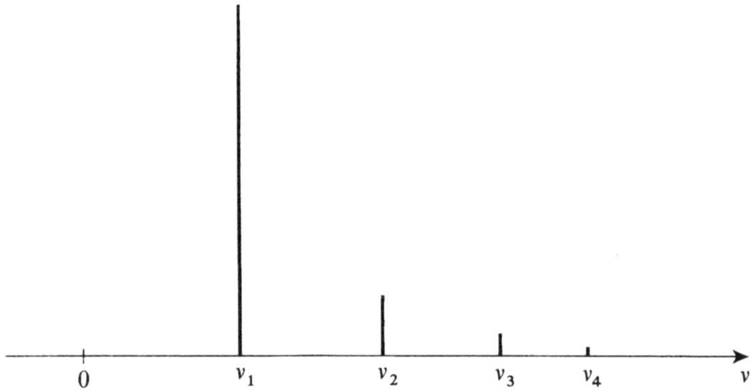

Abb. 11.4 Form des Schwingungsspektrums eines heteropolaren zweiatomigen Moleküls. Wegen der anharmonischen Anteile des Potentials und der Terme höherer Ordnung in der Potenzreihenentwicklung des molekularen Dipolmonents $D(x)$ nach x (dem Abstand der beiden Atome), tritt zusätzlich zur Grundfrequenz ν_1 eine Serie von „Harmonischen" $\nu_2, \nu_3, \ldots, \nu_n, \ldots$ auf. Man beachte, dass die entsprechenden Linien nicht äquidistant sind und dass ihre Intensität mit wachsendem n rasch abfällt.

Bemerkungen

1. Die Konstante ξ, die in Abschnitt 7.9.3 (Gl. (7.387)) aufgetreten war, kann mit Hilfe von Gl. (11.71) berechnet werden. Vergleicht man die entsprechenden Beziehungen von Abschnitt 7.9.3

mit Gl. (11.71) und ersetzt n durch v, so ergibt sich

$$\xi = -\frac{15}{4}\sigma^2. \tag{11.81}$$

Nun ist das Störpotential, das in Abschnitt 7.9 betrachtet wurde, gleich $-gx^3$, während wir es hier gleich $\sigma\hbar\omega\hat{x}^3$, d. h. gleich

$$\sigma\left(\frac{m^3\omega^5}{\hbar}\right)^{1/2} x^3 \tag{11.82}$$

gewählt haben. Es ist daher

$$\sigma = -g\left(\frac{\hbar}{m^3\omega^5}\right)^{1/2}, \tag{11.83}$$

was eingesetzt in Gl. (11.81) schließlich ergibt

$$\xi = -\frac{15}{4}\frac{g^2\hbar}{m^3\omega^5}. \tag{11.84}$$

2. In der Entwicklung des Potentials um $x = 0$ ist der x^4-Term sehr viel kleiner als der x^3-Term, jedoch korrigiert er die Energien in erster Ordnung, während der x^3-Term nur in zweiter Ordnung eingeht. Wenn das Spektrum von Abb. 11.4 daher genau untersucht werden soll, ist es notwendig, beide Korrekturen gleichzeitig zu berechnen (sie können vergleichbar groß sein).

11.5 Wechselwirkung zwischen magnetischen Dipolen

In diesem Abschnitt wollen wir die stationäre Störungstheorie anwenden, um die Energieniveaus eines Systems von zwei Spin-$1/2$-Teilchen zu untersuchen, die sich in einem statischen Magnetfeld $\boldsymbol{B}_0$ befinden und über eine magnetische Dipol-Dipol-Wechselwirkung gekoppelt sind.

Es gibt solche Systeme in der Natur: Zum Beispiel nehmen in einem Gips-Monokristall ($CaSO_4 \cdot 2\,H_2O$) die beiden Protonen eines Kristallisationswassermoleküls feste Positionen im Raum ein, und die Dipol-Dipol-Wechselwirkung zwischen ihnen erzeugt eine Feinstruktur im nuklearen magnetischen Resonanzspektrum.

Auch im Wasserstoffatom gibt es eine Dipol-Dipol-Wechselwirkung zwischen den Spins des Elektrons und des Protons. In diesem Fall bewegen sich jedoch die beiden Teilchen relativ zueinander, und wir werden sehen, dass der Effekt der Dipol-Dipol-Wechselwirkung aufgrund der Symmetrie des $1s$-Grundzustands verschwindet. Die Hyperfeinstruktur dieses Zustands entsteht durch andere Wechselwirkungen (Kontaktwechselwirkung; s. Abschnitte 12.2.2, 12.4.2 und 12.6).

11.5.1 Der Wechselwirkungs-Hamilton-Operator

Die Form des Hamilton-Operators W. Physikalische Interpretation

Es seien $\boldsymbol{S}_1$ und $\boldsymbol{S}_2$ die Spins der Teilchen (1) und (2) und $\boldsymbol{M}_1$ und $\boldsymbol{M}_2$ die entsprechenden magnetischen Momente:

$$\begin{aligned} \boldsymbol{M}_1 &= \gamma_1 \boldsymbol{S}_1 , \\ \boldsymbol{M}_2 &= \gamma_2 \boldsymbol{S}_2 \end{aligned} \tag{11.85}$$

(wobei γ_1 und γ_2 die gyromagnetischen Verhältnisse von (1) und (2) sind).

Mit W bezeichnen wir die Wechselwirkung des magnetischen Moments $\boldsymbol{M}_2$ mit dem durch $\boldsymbol{M}_1$ bei (2) hervorgerufenen Magnetfeld. Wenn wir $\boldsymbol{n}$ für den Einheitsvektor auf der Verbindungslinie der beiden Teilchen und r für ihren Abstand schreiben (Abb. 11.5), nimmt W die folgende Form an:

$$W = \frac{\mu_0}{4\pi} \gamma_1 \gamma_2 \frac{1}{r^3} \left[\boldsymbol{S}_1 \cdot \boldsymbol{S}_2 - 3(\boldsymbol{S}_1 \cdot \boldsymbol{n})(\boldsymbol{S}_2 \cdot \boldsymbol{n}) \right] . \tag{11.86}$$

In Abschnitt 11.6 werden wir den Ausdruck für die Wechselwirkung zwischen zwei elektrischen Dipolen ableiten. Diese Rechnung verläuft in jeder Hinsicht analog zu der Ableitung von Gl. (11.86).

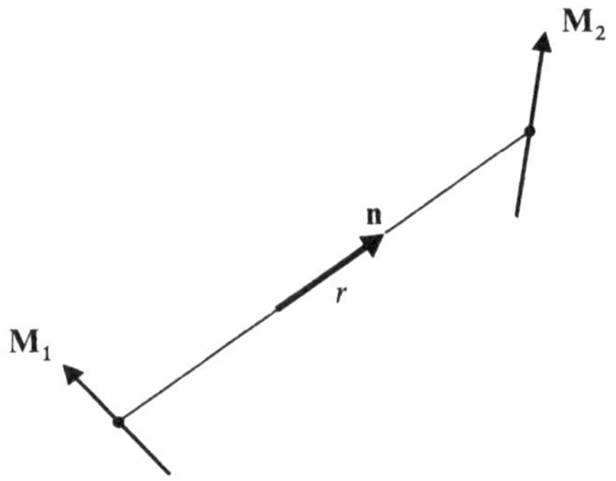

Abb. 11.5 Relative Anordnung der magnetischen Momente $\boldsymbol{M}_1$ und $\boldsymbol{M}_2$ der Teilchen (1) und (2) zueinander (r ist der Abstand zwischen den beiden Teilchen und $\boldsymbol{n}$ der Einheitsvektor auf der Verbindungslinie zwischen ihnen).

Ein äquivalenter Ausdruck für W

Es seien θ und φ die Polarwinkel von $\boldsymbol{n}$. Wenn wir

$$\xi(r) = -\frac{\mu_0}{4\pi} \frac{\gamma_1 \gamma_2}{r^3} \tag{11.87}$$

setzen, erhalten wir

$$\begin{aligned}W &= \xi(r)\{3\left[S_{1z}\cos\theta + \sin\theta(S_{1x}\cos\varphi + S_{1y}\sin\varphi)\right] \\ &\quad\times\left[S_{2z}\cos\theta + \sin\theta(S_{2x}\cos\varphi + S_{2y}\sin\varphi)\right] - \boldsymbol{S}_1\cdot\boldsymbol{S}_2\} \\ &= \xi(r)\left\{3\left[S_{1z}\cos\theta + \frac{1}{2}\sin\theta(S_{1+}\,\mathrm{e}^{-\mathrm{i}\varphi} + S_{1-}\,\mathrm{e}^{\mathrm{i}\varphi})\right]\right. \\ &\quad\left.\times\left[S_{2z}\cos\theta + \frac{1}{2}\sin\theta(S_{2+}\,\mathrm{e}^{-\mathrm{i}\varphi} + S_{2-}\,\mathrm{e}^{\mathrm{i}\varphi}\right] - \boldsymbol{S}_1\cdot\boldsymbol{S}_2\right\},\end{aligned} \tag{11.88}$$

d. h.

$$W = \xi(r)\left[T_0 + T_0' + T_1 + T_{-1} + T_2 + T_{-2}\right], \tag{11.89}$$

wobei

$$\begin{aligned}T_0 &= (3\cos^2\theta - 1)S_{1z}S_{2z}, \\ T_0' &= -\frac{1}{4}(3\cos^2\theta - 1)\,(S_{1+}S_{2-} + S_{1-}S_{2+}), \\ T_1 &= \frac{3}{2}\sin\theta\cos\theta\,\mathrm{e}^{-\mathrm{i}\varphi}\,(S_{1z}S_{2+} + S_{1+}S_{2z}), \\ T_{-1} &= \frac{3}{2}\sin\theta\cos\theta\,\mathrm{e}^{\mathrm{i}\varphi}\,(S_{1z}S_{2-} + S_{1-}S_{2z}), \\ T_2 &= \frac{3}{4}\sin^2\theta\,\mathrm{e}^{-2\mathrm{i}\varphi}S_{1+}S_{2+}, \\ T_{-2} &= \frac{3}{4}\sin^2\theta\,\mathrm{e}^{2\mathrm{i}\varphi}S_{1-}S_{2-}.\end{aligned} \tag{11.90}$$

Alle Terme T_q (oder T_q'), die in Gl. (11.89) auftreten, sind, wie wir aus Gleichungssystem (11.90) ersehen, das Produkt einer Funktion von θ und φ, die proportional zu einer Kugelflächenfunktion zweiter Ordnung Y_2^q ist, und eines Operators, der nur auf die Spinfreiheitsgrade wirkt (die Raum- und Spinoperatoren des Systems (11.90) sind Tensoren zweiter Stufe; W wird aus diesem Grund oft als *Tensorwechselwirkung* bezeichnet).

Auswahlregeln

Die Variablen r, θ und φ sind die Polarkoordinaten des Relativteilchens, das dem System der beiden Teilchen (1) und (2) zugeordnet ist. Der Operator W wirkt nur auf diese Variablen und auf die Spinfreiheitsgrade der beiden Teilchen. Es sei $\{|\varphi_{n,l,m}\rangle\}$ eine Standardbasis des Zustandsraums $\mathscr{H}_{\boldsymbol{r}}$ des Relativteilchens und $\{|\varepsilon_1, \varepsilon_2\rangle\}$ eine Basis des Spinzustandsraums ($\varepsilon_1 = \pm, \varepsilon_2 = \pm$) aus gemeinsamen Eigenvektoren von S_{1z} und S_{2z}. Der Zustandsraum, in dem W wirkt, wird aufgespannt durch die Basis $\{|\varphi_{n,l,m}\rangle \otimes |\varepsilon_1, \varepsilon_2\rangle\}$; in dieser Basis fällt es mit Gl. (11.89) und den Gleichungen (11.90) leicht, die Auswahlregeln für die Matrixelemente von W zu bestimmen.

Spinfreiheitsgrade.

– T_0 ändert weder ε_1 noch ε_2.

– T_0' klappt beide Spins um,

$$|+,-\rangle \to |-,+\rangle \quad \text{und} \quad |-,+\rangle \to |+,-\rangle.$$

– T_1 dreht einen Spin nach oben,

$$|-,\varepsilon_2\rangle \to |+,\varepsilon_2\rangle \quad \text{oder} \quad |\varepsilon_1,-\rangle \to |\varepsilon_1,+\rangle.$$

– T_{-1} dreht einen Spin nach unten,

$$|+,\varepsilon_2\rangle \to |-,\varepsilon_2\rangle \quad \text{oder} \quad |\varepsilon_1,+\rangle \to |\varepsilon_1,-\rangle.$$

– Schließlich klappen T_2 und T_{-2} beide Spins nach oben bzw. unten um,

$$|-,-\rangle \to |+,+\rangle \quad \text{und} \quad |+,+\rangle \to |-,-\rangle.$$

Bahnfreiheitsgrade. Bei der Berechnung des Matrixelements von $\xi(r)T_q$ zwischen den Zuständen $|\varphi_{n,l,m}\rangle$ und $|\varphi_{n',l',m'}\rangle$ tritt das Winkelintegral

$$\int Y_{l'}^{m'*}(\theta,\varphi)\, Y_2^q(\theta,\varphi)\, Y_l^m(\theta,\varphi)\, \mathrm{d}\Omega \tag{11.91}$$

auf, das nach den Ergebnissen aus Abschnitt 10.6 nur von null verschieden ist für

$$\begin{aligned} l' &= l,\, l-2,\, l+2, \\ m' &= m+q. \end{aligned} \tag{11.92}$$

Zu beachten ist, dass der Fall $l' = l = 0$ ausgeschlossen ist, obwohl er nicht im Widerspruch zur ersten Beziehung (11.92) steht. Aus den Seiten l, l' und 2 muss immer ein Dreieck konstruierbar sein, was für $l' = l = 0$ unmöglich ist. Es ist notwendig

$$l,\, l' \geq 1. \tag{11.93}$$

11.5.2 Dipol-Dipol-Wechselwirkung und Zeeman-Unterniveaus

In diesem Abschnitt nehmen wir an, dass die beiden Teilchen im Raum fixiert sind. Wir quantisieren daher nur die Spinfreiheitsgrade und betrachten die Größen r, θ und φ als vorgegebene Parameter.

Die beiden Teilchen befinden sich in einem statischen Magnetfeld $\boldsymbol{B}_0$ parallel zur z-Achse. Der Zeeman-Hamilton-Operator H_0, der die Wechselwirkung der beiden magnetischen Momente mit $\boldsymbol{B}_0$ beschreibt, lautet dann

$$H_0 = \omega_1 S_{1z} + \omega_2 S_{2z} \tag{11.94}$$

mit

$$\begin{aligned} \omega_1 &= -\gamma_1 B_0, \\ \omega_2 &= -\gamma_2 B_0. \end{aligned} \tag{11.95}$$

Mit der Dipol-Dipol-Wechselwirkung W wird der Gesamt-Hamilton-Operator des Systems

$$H = H_0 + W. \tag{11.96}$$

Wir nehmen an, dass das Feld B_0 groß genug ist, um W als Störung behandeln zu können.

Zwei verschiedene magnetische Momente

Zeeman-Niveaus und Resonanzspektrum ohne Wechselwirkung. Nach Gl. (11.94) gilt

$$H_0 \,|\varepsilon_1, \varepsilon_2\rangle = \frac{\hbar}{2}(\varepsilon_1\omega_1 + \varepsilon_2\omega_2)\,|\varepsilon_1, \varepsilon_2\rangle. \tag{11.97}$$

In Abb. 11.6a sind die Energieniveaus des Zwei-Spin-Systems ohne Dipol-Dipol-Wechselwirkung dargestellt (wobei wir $\omega_1 > \omega_2 > 0$ angenommen haben). Wegen $\omega_1 \neq \omega_2$ sind alle Niveaus nichtentartet.

Legen wir ein oszillierendes Feld $\boldsymbol{B}_1 \cos\omega t$ in x-Richtung an, so erhalten wir eine Serie von magnetischen Resonanzlinien. Die Frequenzen dieser Resonanzen entsprechen den verschiedenen Bohr-Frequenzen, die in der Zeitentwicklung von $\langle\gamma_1 S_{1x} + \gamma_2 S_{2x}\rangle$ auftreten können (das oszillierende Feld wechselwirkt mit der x-Komponente des magnetischen Gesamtmoments). Die durchgezogenen (bzw. gestrichelten) Pfeile in Abb. 11.6a verbinden Zustände, zwischen denen das Matrixelement von S_{1x} (bzw. S_{2x}) nicht verschwindet. Wir sehen also, dass es zwei verschiedene Bohr-Frequenzen ω_1 und ω_2 gibt, die den Resonanzen der Spins (1) bzw. (2) entsprechen.

Änderungen durch die Wechselwirkung. Da alle Niveaus von Abb. 11.6a nichtentartet sind, kann man den Einfluss der Wechselwirkung W in erster Ordnung erhalten, wenn man die Diagonalmatrixelemente von W, $\langle\varepsilon_1, \varepsilon_2|W|\varepsilon_1, \varepsilon_2\rangle$, berechnet. Aus den Gleichungen (11.89) und (11.90) ist klar, dass nur der Term T_0 einen nichtverschwindenden Beitrag zu diesem Matrixelement liefern kann; er ist gleich

$$\langle\varepsilon_1, \varepsilon_2 \,|\, W \,|\, \varepsilon_1, \varepsilon_2\rangle = \xi(r)(3\cos^2\theta - 1)\frac{\varepsilon_1\varepsilon_2\hbar^2}{4} = \varepsilon_1\varepsilon_2\,\hbar\Omega \tag{11.98}$$

mit

$$\Omega = \frac{\hbar}{4}\xi(r)(3\cos^2\theta - 1) = \frac{-\hbar\mu_0}{16\pi}\frac{\gamma_1\gamma_2}{r^3}(3\cos^2\theta - 1). \tag{11.99}$$

Da W sehr viel kleiner als H_0 ist, gilt

$$\Omega \ll \omega_1 - \omega_2. \tag{11.100}$$

Daraus können wir unmittelbar die Verschiebungen der Niveaus in erster Ordnung in W erhalten: $\hbar\Omega$ für $|+,+\rangle$ und $|-,-\rangle$ und $-\hbar\Omega$ für $|+,-\rangle$ und $|-,+\rangle$ (Abb. 11.6b).

Was geschieht nun mit dem magnetischen Resonanzspektrum von Abb. 11.7a? Wenn wir es nur mit Linien zu tun haben, deren Intensitäten von nullter Ordnung in W sind (das sind diejenigen, die für W gegen null gegen die Linien von Abb. 11.6a gehen), können wir

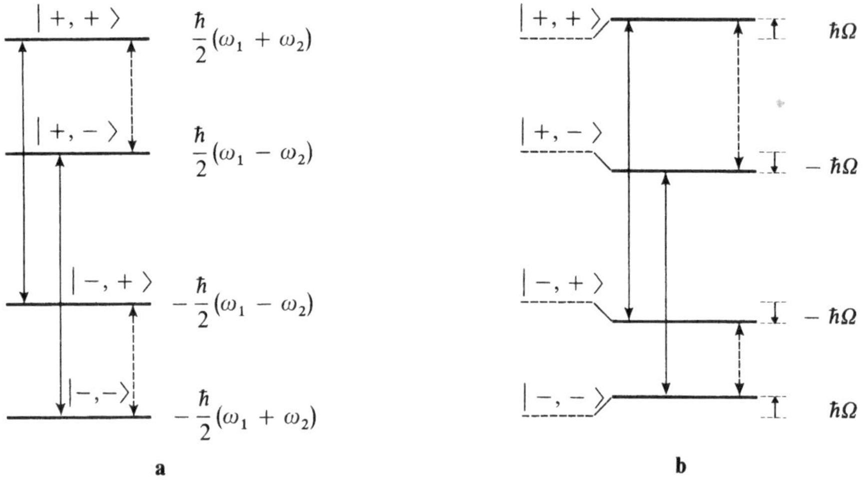

Abb. 11.6 Energieniveaus für zwei Spin-1/2-Teilchen in einem statischen Magnetfeld $\boldsymbol{B}_0$ parallel zur z-Achse. Die beiden Larmor-Kreisfrequenzen $\omega_1 = -\gamma_1 B_0$ und $\omega_2 = -\gamma_2 B_0$ wurden als verschieden angenommen. In (**a**) sind die Energieniveaus ohne Dipol-Dipol-Wechselwirkung W zwischen den beiden Spins dargestellt, während sie in (**b**) berücksichtigt ist. Die Niveaus durchlaufen hier eine Verschiebung, deren Größe rechts in der Abbildung näherungsweise, in erster Ordnung in W, angegeben ist. Die durchgezogenen Pfeile verbinden die Niveaus, zwischen denen S_{1x} ein nichtverschwindendes Matrixelement hat, und die gestrichelten Pfeile diejenigen, bei denen das für S_{2x} gilt.

zur Berechnung der Bohr-Frequenzen, die in $\langle S_{1x} \rangle$ und $\langle S_{2x} \rangle$ auftreten, die Ausdrücke nullter Ordnung für die Eigenvektoren benutzen.[14] Es treten dann dieselben Übergänge auf (man vergleiche die Pfeile von Abb. 11.6a und 11.6b). Wir sehen allerdings, dass die beiden Linien, die in Abwesenheit der Kopplung (durchgezogene Pfeile) zur Frequenz ω_1 gehören, jetzt unterschiedliche Frequenzen aufweisen: $\omega_1 + 2\Omega$ und $\omega_1 - 2\Omega$. Analog haben die beiden zu ω_2 gehörenden Linien (gestrichelte Pfeile) jetzt die Frequenzen $\omega_2 + 2\Omega$ und $\omega_2 - 2\Omega$. Das magnetische Resonanzspektrum besteht also aus zwei *Dubletts* symmetrisch zu ω_1 und ω_2, wobei der Abstand zwischen den beiden Komponenten eines Dubletts gleich 4Ω ist (Abb. 11.7b).

Die Dipol-Dipol-Wechselwirkung führt folglich zu einer Feinstruktur im magnetischen Resonanzspektrum, für die man eine einfache physikalische Erklärung geben kann: Das zu $\boldsymbol{S}_1$ gehörende magnetische Moment $\boldsymbol{M}_1$ erzeugt ein „lokales Feld" $\boldsymbol{b}$ am Ort des Teilchens (2). Da wir $\boldsymbol{B}_0$ als sehr groß annehmen, präzessiert $\boldsymbol{S}_1$ sehr schnell um die z-Achse, so dass wir nur die Komponente S_{1z} zu berücksichtigen brauchen (das lokale Feld, das durch die anderen Komponenten erzeugt wird, oszilliert zu schnell, um einen merklichen Effekt auszuüben). Die Richtung des lokalen Felds $\boldsymbol{b}$ hängt daher davon ab, ob sich der

[14] Hätten wir für die Eigenvektoren Ausdrücke höherer Ordnung verwendet, würden andere Linien mit geringerer Intensität auftreten (sie verschwinden für $W \to 0$).

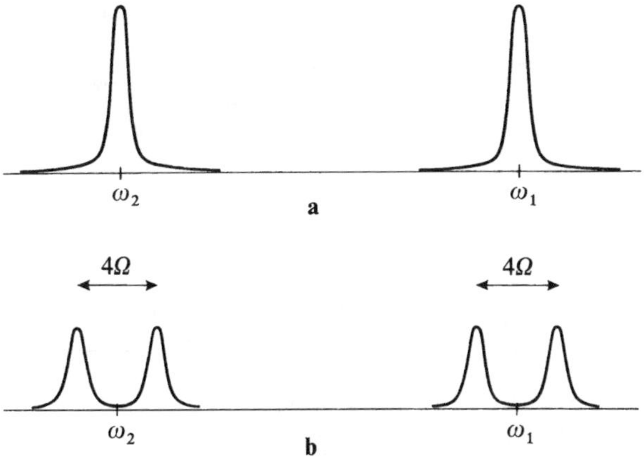

Abb. 11.7 Aus den Bohr-Frequenzen, die in der Zeitentwicklung von $\langle S_{1x}\rangle$ und $\langle S_{2x}\rangle$ auftreten, ergeben sich die Positionen der magnetischen Resonanzlinien, die bei einem Zwei-Spin-System beobachtet werden können (die Übergänge entsprechen den Pfeilen von Abb. 11.6). In Abwesenheit einer Dipol-Dipol-Wechselwirkung erhält man zwei Resonanzen, die jeweils zu einem der beiden Spins gehören (**a**). Die Dipol-Dipol-Wechselwirkung drückt sich in einer Aufspaltung der beiden Linien aus (**b**).

Spin im Zustand $|+\rangle$ oder $|-\rangle$ befindet, ob er also nach oben oder nach unten zeigt. Daraus folgt, dass das vom Teilchen (2) „gesehene" Gesamtfeld, die Summe aus $\boldsymbol{B}_0$ und $\boldsymbol{b}$, zwei mögliche Werte annehmen kann.[15] Das erklärt das Auftreten der beiden Resonanzfrequenzen für den Spin (2). Mit demselben Argument könnten wir natürlich auch das Auftreten des Dubletts um ω_1 erklären.

Zwei gleiche magnetische Momente

Zeeman-Niveaus und Resonanzspektrum ohne Kopplung. Gleichung (11.97) behält ihre Gültigkeit, wenn wir für ω_1 und ω_2 denselben Wert wählen. Wir setzen

$$\omega_1 = \omega_2 = \omega = -\gamma B_0. \tag{11.101}$$

Die Energieniveaus sind in Abb. 11.8a dargestellt. Das obere und untere Niveau, $|+,+\rangle$ und $|-,-\rangle$, der Energien $\hbar\omega$ bzw. $-\hbar\omega$ sind nichtentartet. Das mittlere Niveau der Energie 0 ist jedoch zweifach entartet: Zu ihm gehören die beiden Eigenzustände $|+,-\rangle$ und $|-,+\rangle$.

Die Frequenzen der magnetischen Resonanzlinien ergeben sich als die Bohr-Frequenzen, die in der Zeitentwicklung von $\langle S_{1x} + S_{2x}\rangle$ auftreten (das magnetische Gesamtmoment ist jetzt proportional zum Gesamtspin $\boldsymbol{S} = \boldsymbol{S}_1 + \boldsymbol{S}_2$). So finden wir leicht die vier Übergänge, die durch die Pfeile in Abb. 11.8a dargestellt werden; sie entsprechen derselben Kreisfrequenz ω. Daraus ergibt sich schließlich das Spektrum von Abb. 11.9a.

[15]Tatsächlich spielt wegen $|\boldsymbol{B}_0| \gg |\boldsymbol{b}|$ nur die Komponente von $\boldsymbol{b}$ längs $\boldsymbol{B}_0$ eine Rolle.

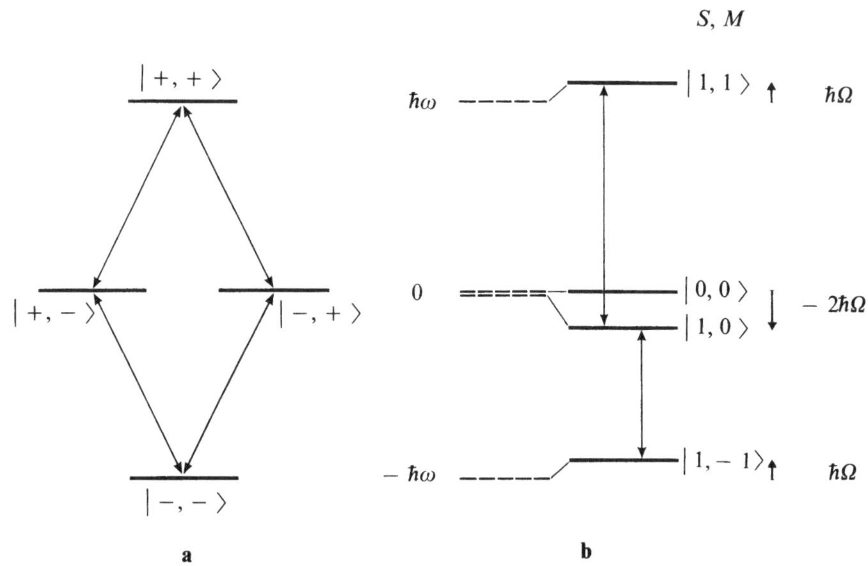

Abb. 11.8 Die beiden Spin-1/2-Teilchen haben gleiche magnetische Momente und demzufolge dieselbe Larmor-Frequenz $\omega = -\gamma B_0$. Ohne Dipol-Dipol-Wechselwirkung erhalten wir drei Niveaus, von denen eines zweifach entartet ist (**a**). Unter dem Einfluss der Dipol-Dipol-Wechselwirkung (**b**) werden diese Niveaus verschoben, wobei die Größe dieser Verschiebungen näherungsweise (in erster Ordnung in W) rechts in der Abbildung angegeben ist. In nullter Ordnung in W sind die stationären Zustände Eigenzustände $|S, M\rangle$ des Gesamtspins. Die Pfeile verbinden die Zustände, zwischen denen $S_{1x} + S_{2x}$ ein nichtverschwindendes Matrixelement hat.

Änderungen durch die Wechselwirkung. Die Verschiebungen der nichtentarteten Niveaus $|+,+\rangle$ und $|-,-\rangle$ ergeben sich wie oben und sind beide gleich $\hbar\Omega$ (allerdings müssen wir im Ausdruck für Ω, Gl. (11.99), γ_1 und γ_2 durch γ ersetzen).

Da das mittlere Niveau zweifach entartet ist, erhalten wir die Wirkung von W auf dieses Niveau, indem wir die Matrix, die die Einschränkung von W auf den Unterraum $\{|+,-\rangle, |-,+\rangle\}$ darstellt, diagonalisieren. Die Berechnung der Diagonalelemente erfolgt wie oben und ergibt

$$\langle +,- \,|\, W \,|\, +,- \rangle = \langle -,+ \,|\, W \,|\, -,+ \rangle = -\hbar\Omega. \tag{11.102}$$

Für das Nichtdiagonalelement $\langle +,- \,|\, W \,|\, -,+ \rangle$ ersehen wir aus den Gleichungen (11.89) und (11.90) leicht, dass nur der Term T_0' einen Beitrag leistet:

$$\begin{aligned} \langle +,- \,|\, W \,|\, -,+ \rangle &= -\frac{\xi(r)}{4}\left(3\cos^2\theta - 1\right)\langle +,- \,|\,(S_{1+}S_{2-} + S_{1-}S_{2+})\,|\, -,+ \rangle \\ &= -\xi(r)\frac{\hbar^2}{4}(3\cos^2\theta - 1) = -\hbar\Omega. \end{aligned} \tag{11.103}$$

Wir müssen also die Matrix

$$-\hbar\Omega \begin{pmatrix} 1 & 1 \\ 1 & 1 \end{pmatrix} \tag{11.104}$$

diagonalisieren; sie hat die Eigenwerte $-2\hbar\Omega$ und 0, zu denen die Eigenvektoren gehören

$$|\psi_1\rangle = \frac{1}{\sqrt{2}}\left(|+,-\rangle + |-,+\rangle\right) \quad \text{bzw.} \quad |\psi_2\rangle = \frac{1}{\sqrt{2}}\left(|+,-\rangle - |-,+\rangle\right).$$

In Abb. 11.8b sind die Energieniveaus eines Systems aus zwei gekoppelten Spins dargestellt. Die Energien werden in erster Ordnung in W durch die Eigenzustände in nullter Ordnung gegeben. Diese Eigenzustände sind nichts anderes als die gemeinsamen Eigenzustände zu $\boldsymbol{S}^2$ und S_z, $|S, M\rangle$, wobei $\boldsymbol{S} = \boldsymbol{S}_1 + \boldsymbol{S}_2$ der Gesamtspin des Systems ist. Da der Operator S_x mit $\boldsymbol{S}^2$ vertauscht, kann er nur die Triplettzustände koppeln, d. h. $|1, 0\rangle$ mit $|1, 1\rangle$ und $|1, 0\rangle$ mit $|1, -1\rangle$. Daraus ergeben sich die beiden in Abb. 11.8b durch die Pfeile angedeuteten Übergänge, die den Bohr-Frequenzen $\omega + 3\Omega$ und $\omega - 3\Omega$ entsprechen. Das magnetische Resonanzspektrum besteht daher aus einem um ω zentrierten Dublett, dessen Komponenten einen Abstand von 6Ω aufweisen (Abb. 11.9b).

Abb. 11.9 Verlauf des magnetischen Resonanzspektrums, das bei einem System mit zwei Spin-1/2-Teilchen mit demselben gyromagnetischen Verhältnis in einem statischen Magnetfeld B_0 beobachtet werden kann. Ohne Dipol-Dipol-Wechselwirkung beobachten wir eine einzige Resonanz (**a**). In Gegenwart der Wechselwirkung (**b**) spaltet sich die Linie auf. Der Abstand 6Ω zwischen den beiden Komponenten des Dubletts ist proportional zu $3\cos^2\theta - 1$, wobei θ der Winkel zwischen dem statischen Feld B_0 und der Verbindungslinie der beiden Teilchen ist.

Beispiel: Das magnetische Resonanzspektrum von Gips

Der oben untersuchte Fall entspricht dem von zwei Protonen eines Kristallisationswassermoleküls in einem Gipsmonokristall ($CaSO_4 \cdot 2H_2O$). Die beiden Protonen haben identische magnetische Momente und können als im Kristall an festen Positionen fixiert aufgefasst werden. Darüber hinaus befinden sie sich in sehr viel kürzerem Abstand zueinander als zu anderen Protonen (die zu anderen Wassermolekülen gehören). Da die Dipol-Dipol-Wechselwirkung mit wachsendem Abstand sehr schnell abfällt (wie $1/r^3$), können wir die Wechselwirkungen zwischen Protonen verschiedener Wassermoleküle vernachlässigen.

Im magnetischen Resonanzspektrum beobachtet man tatsächlich ein Dublett mit einem vom Winkel θ zwischen dem Feld $\boldsymbol{B}_0$ und der Verbindungslinie der beiden Protonen abhängenden Abstand der Komponenten (in einem Gipsmonokristall liegen zwei verschiedene Orientierungen der Wassermoleküle vor, und man beobachtet zwei zu den beiden möglichen Werten von θ gehörende Dubletts). Wenn wir den Kristall in Bezug auf $\boldsymbol{B}_0$ drehen, ändern sich dieser Winkel und der Abstand. Daraus können wir die Orte der Wassermoleküle relativ zu den Kristallachsen bestimmen.

Wenn es sich bei der untersuchten Probe nicht um einen Monokristall, sondern um ein aus kleinen, zufällig orientierten Monokristallen zusammengesetztes Pulver handelt, nimmt θ alle möglichen Werte an. Aufgrund der Überlagerung der Dubletts mit unterschiedlichen Abständen beobachten wir dann ein breites Band.

11.5.3 Einfluss der Wechselwirkung bei einem gebundenen Zustand

Wir wollen annehmen, dass die beiden Teilchen (1) und (2) nicht an einem Ort im Raum fixiert sind, sondern sich gegeneinander bewegen können.

Wir betrachten z. B. den Fall des Wasserstoffatoms. Berücksichtigen wir nur die elektrostatischen Kräfte, so wird der Grundzustand (im Schwerpunktsystem) durch den Vektor $|\varphi_{1,0,0}\rangle$ mit den Quantenzahlen $n = 1$, $l = 0$, $m = 0$ beschrieben (s. Kapitel 7). Proton und Elektron sind Spin-1/2-Teilchen. Der Grundzustand ist daher vierfach entartet, und eine mögliche Basis des Unterraums wird durch die vier Vektoren

$$\{|\varphi_{1,0,0}\rangle \otimes |\varepsilon_1, \varepsilon_2\rangle\} \tag{11.105}$$

gebildet, worin ε_1 und ε_2 (gleich $+$ oder $-$) für die Eigenwerte von S_z bzw. I_z stehen ($\boldsymbol{S}$ und $\boldsymbol{I}$ sind die Spins des Elektrons bzw. des Protons).

Wie sieht der Einfluss der Dipol-Dipol-Wechselwirkung zwischen $\boldsymbol{S}$ und $\boldsymbol{I}$ auf diesen Grundzustand aus? Die Matrixelemente von W sind sehr viel kleiner als die Energiedifferenz zwischen dem $1s$-Niveau und den angeregten Niveaus, so dass die Wirkung von W mit der Störungstheorie behandelt werden kann. In erster Ordnung kann sie durch die Diagonalisierung der 4×4-Matrix mit den Elementen $\langle \varphi_{1,0,0}\, \varepsilon_1'\, \varepsilon_2' \,|\, W \,|\, \varphi_{1,0,0}\, \varepsilon_1\, \varepsilon_2 \rangle$ berechnet werden. Die Bestimmung dieser Matrixelemente führt nach den Gleichungen (11.89) und (11.90) auf Winkelintegrale der Form

$$\int Y_0^{0*}(\theta, \varphi)\, Y_2^q(\theta, \varphi)\, Y_0^0(\theta, \varphi)\, \mathrm{d}\Omega\,, \tag{11.106}$$

die nach den Auswahlregeln in Abschnitt 11.5.1 gleich null sind (für diesen Fall lässt sich zeigen, dass das Integral (11.106) null ist: Da Y_0^0 eine Konstante ist, ist der Ausdruck (11.106) proportional zum Skalarprodukt von Y_2^q und Y_0^0, das aufgrund der Orthogonalitätsrelationen der Kugelflächenfunktionen verschwindet).

Die Grundzustandsenergie wird daher in erster Ordnung durch die Dipol-Dipol-Wechselwirkung nicht geändert. Diese spielt jedoch bei der (Hyperfein-)Struktur angeregter Zustände mit $l \geq 1$ eine Rolle. Dann müssen die Matrixelemente $\langle \varphi_{n,l,m'} \varepsilon_1' \varepsilon_2' \,|\, W \,|\, \varphi_{n,l,m} \varepsilon_1 \varepsilon_2 \rangle$, d. h. die Integrale

$$\int Y_l^{m'*}(\theta, \varphi)\, Y_2^q(\theta, \varphi)\, Y_l^m(\theta, \varphi)\, \mathrm{d}\Omega \tag{11.107}$$

berechnet werden, die wegen der Beziehung (11.93) mit $l \geq 1$ ungleich null sind.

11.6 Van-der-Waals-Kräfte

Die Art der Kräfte, die zwischen zwei neutralen Atomen wirken, hängt von der Größenordnung ihres Abstands R ab.

Wir betrachten z. B. zwei Wasserstoffatome. Ist R von der Größenordnung atomarer Dimensionen (d. h. von der Größe des Bohr-Radius a_0), so überlappen die elektronischen Wellenfunktionen und die beiden Atome ziehen sich an; sie streben danach, ein H_2-Molekül zu bilden. Die potentielle Energie des Systems weist für einen bestimmten Wert R_e des Abstands zwischen den Atomen ein Minimum auf.[16] Der physikalische Ursprung dieser Anziehung (und damit der chemischen Bindung) liegt darin, dass die Elektronen zwischen den beiden Atomen oszillieren können (s. Abschnitte 4.3.2 und 4.3.3). Die stationären Wellenfunktionen der beiden Elektronen sind nicht länger um nur einen der beiden Kerne lokalisiert, wodurch die Energie des Grundzustands gesenkt wird (s. Abschnitt 11.10).

Bei größeren Abständen treten grundsätzlich verschiedene Phänomene auf. Die Elektronen können sich nicht mehr von einem Atom zum anderen bewegen, da die Wahrscheinlichkeitsamplitude für einen solchen Prozess mit der kleiner werdenden Überlappung der Wellenfunktionen, d. h. exponentiell mit dem Abstand abnimmt. Der dominierende Effekt ist dann die elektrostatische Wechselwirkung zwischen den elektrischen Dipolmomenten der beiden neutralen Atome. Dadurch wird ein anziehendes Gesamtpotential erzeugt, das nicht exponentiell, sondern mit $1/R^6$ abfällt. Das ist der Ursprung der *Van-der-Waals-Kräfte*, die wir in dieser Ergänzung mit Hilfe der stationären Störungstheorie untersuchen wollen (wobei wir uns der Einfachheit halber auf den Fall von zwei Wasserstoffatomen beschränken).

Es sollte klar sein, dass Van-der-Waals-Kräfte denselben Ursprung wie die für die chemische Bindung verantwortlichen Kräfte haben; in beiden Fällen ist der Hamilton-Operator elektrostatischer Natur. Nur wegen der unterschiedlichen Abhängigkeit der Energie der stationären Quantenzustände von R können wir zwischen diesen beiden Arten von Kräften unterscheiden.

Van-der-Waals-Kräfte spielen in der physikalischen Chemie eine wichtige Rolle, insbesondere wenn die beiden Atome keine Valenzelektronen haben (Kräfte zwischen Edelgasatomen, stabilen Molekülen usw.). Sie sind teilweise für die Unterschiede im Verhalten von realen und idealen Gasen verantwortlich. Schließlich handelt es sich bei ihnen um langreichweitige Kräfte; daher sind sie für die Stabilität von Kolloiden von Bedeutung.

Wir wollen mit der Bestimmung des Ausdrucks für den Hamilton-Operator der Dipol-Dipol-Wechselwirkung zwischen zwei Wasserstoffatomen beginnen (Abschnitt 11.6.1). Wir werden dann in der Lage sein, die Van-der-Waals-Kräfte zwischen zwei Atomen im $1s$-Zustand (Abschnitt 11.6.2) oder zwischen einem Atom im $2p$- und einem im $1s$-Zustand (Abschnitt 11.6.3) zu untersuchen. Schließlich zeigen wir (Abschnitt 11.6.4), dass ein Wasserstoffatom im $1s$-Zustand von seinem elektrischen Spiegelbild in einer perfekt leitenden Wand angezogen wird.

[16] Bei sehr kurzen Abständen dominiert immer die Abstoßung zwischen den beiden Atomkernen.

11.6.1 Hamilton-Operator der elektrostatischen Wechselwirkung

Notationen

Für die beiden Protonen der beiden Wasserstoffatome nehmen wir an, dass sie an den Punkten A bzw. B ruhen (Abb. 11.10). Wir setzen

$$\begin{aligned} \boldsymbol{R} &= OB - OA, \\ R &= |\boldsymbol{R}|, \\ \boldsymbol{n} &= \frac{\boldsymbol{R}}{|\boldsymbol{R}|}; \end{aligned} \tag{11.108}$$

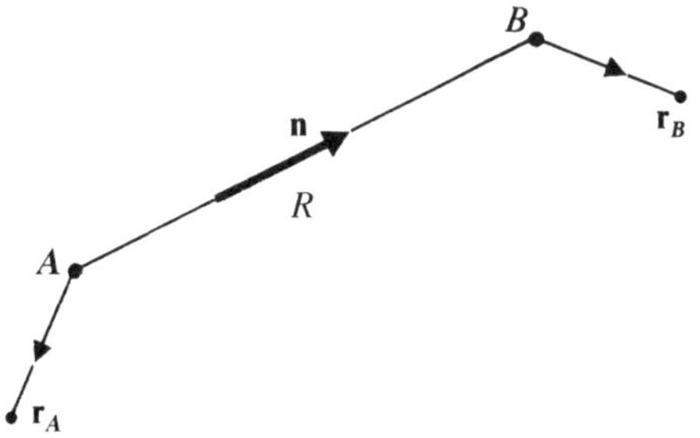

Abb. 11.10 Relative Anordnung der beiden Wasserstoffatome. R ist der Abstand zwischen den beiden Protonen, die sich bei A und B befinden, und $\boldsymbol{n}$ ist der Einheitsvektor auf der Verbindungslinie zwischen ihnen; $\boldsymbol{r}_A$ und $\boldsymbol{r}_B$ sind die Ortsvektoren der beiden Elektronen in Bezug auf die Punkte A bzw. B.

R ist der Abstand zwischen den beiden Atomen und $\boldsymbol{n}$ der Einheitsvektor auf der Verbindungslinie zwischen ihnen. $\boldsymbol{r}_A$ sei der Ortsvektor des zum Atom (A) gehörenden Elektrons in Bezug auf den Punkt A und $\boldsymbol{r}_B$ entsprechend der Ortsvektor des zum Atom (B) gehörenden Elektrons in Bezug auf den Punkt B. Mit

$$\begin{aligned} \mathfrak{D}_A &= q\boldsymbol{r}_A, \\ \mathfrak{D}_B &= q\boldsymbol{r}_B \end{aligned} \tag{11.109}$$

bezeichnen wir die elektrischen Dipolmomente der beiden Atome (q ist die Ladung des Elektrons).

Wir wollen in diesem Abschnitt voraussetzen, dass

$$R \gg |\boldsymbol{r}_A|, |\boldsymbol{r}_B|. \tag{11.110}$$

Obwohl die Elektronen der beiden Atome identisch sind, sind sie voneinander getrennt, und ihre Wellenfunktionen überlappen nicht. Es ist daher nicht notwendig, das Symmetrisierungspostulat (s. Abschnitt 14.4.2) anzuwenden.

Berechnung der elektrostatischen Wechselwirkungsenergie

Das Atom (A) erzeugt bei (B) ein elektrostatisches Potential U, mit dem die Ladungen von (B) wechselwirken. Dadurch wird eine Wechselwirkungsenergie $\mathcal{W}$ erzeugt.

Wie wir in Abschnitt 10.8 gesehen haben, kann U in Abhängigkeit von R, $\boldsymbol{n}$ und den Multipolmomenten des Atoms (A) berechnet werden. Da (A) neutral ist, wird der wichtigste Beitrag zu U vom elektrischen Dipolmoment $\mathcal{D}_A$ kommen. Analog stammt, da auch (B) neutral ist, der wichtigste Term in $\mathcal{W}$ aus der Wechselwirkung zwischen dem Dipolmoment $\mathcal{D}_B$ von (B) und dem elektrischen Feld $\boldsymbol{E} = -\nabla U$, das im Wesentlichen von $\mathcal{D}_A$ erzeugt wird. Daraus erklärt sich der Name „Dipol-Dipol-Wechselwirkung" für den dominierenden Term von $\mathcal{W}$. Es gibt natürlich auch kleinere Terme (Dipol-Quadrupol, Quadrupol-Quadrupol usw.), und für $\mathcal{W}$ können wir schreiben

$$\mathcal{W} = \mathcal{W}_{dd} + \mathcal{W}_{dq} + \mathcal{W}_{qd} + \mathcal{W}_{qq} + \cdots . \tag{11.111}$$

Um $\mathcal{W}_{dd}$ zu berechnen, beginnen wir mit dem Ausdruck für das in (B) durch $\mathcal{D}_A$ erzeugte elektrostatische Potential:

$$U(\boldsymbol{R}) = \frac{1}{4\pi\varepsilon_0}\frac{\mathcal{D}_A \cdot \boldsymbol{R}}{R^3}, \tag{11.112}$$

woraus wir

$$\boldsymbol{E} = -\nabla_{\boldsymbol{R}} U = -\frac{q}{4\pi\varepsilon_0}\frac{1}{R^3}\left[\boldsymbol{r}_A - 3(\boldsymbol{r}_A \cdot \boldsymbol{n})\boldsymbol{n}\right] \tag{11.113}$$

erhalten und damit

$$\mathcal{W}_{dd} = -\boldsymbol{E} \cdot \mathcal{D}_B = \frac{e^2}{R^3}\left[\boldsymbol{r}_A \cdot \boldsymbol{r}_B - 3(\boldsymbol{r}_A \cdot \boldsymbol{n})(\boldsymbol{r}_B \cdot \boldsymbol{n})\right]. \tag{11.114}$$

Wir haben $e^2 = q^2/4\pi\varepsilon_0$ gesetzt und die Ausdrücke (11.109) für $\mathcal{D}_A$ und $\mathcal{D}_B$ verwendet. In dieser Ergänzung wählen wir die z-Achse parallel zu $\boldsymbol{n}$, so dass Gl. (11.114) geschrieben werden kann

$$\mathcal{W}_{dd} = \frac{e^2}{R^3}\left(x_A x_B + y_A y_B - 2 z_A z_B\right). \tag{11.115}$$

Wir gehen von $\mathcal{W}_{dd}$ zum Operator W_{dd} über, indem wir in Gl. (11.115) x_A, y_A, ..., z_B durch die entsprechenden Observablen X_A, Y_A, ..., Z_B ersetzen (diese wirken in den Zustandsräumen $\mathcal{H}_A$ und $\mathcal{H}_B$ der beiden Wasserstoffatome):[17]

$$W_{dd} = \frac{e^2}{R^3}\left(X_A X_B + Y_A Y_B - 2 Z_A Z_B\right). \tag{11.116}$$

[17] Die externen Translationsfreiheitsgrade der beiden Atome sind nicht quantisiert; der Einfachheit halber nehmen wir die beiden Protonen als unendlich schwer und bewegungslos an. In Gl. (11.116) ist $\boldsymbol{R}$ daher ein Parameter und keine Observable.

11.6.2 Zwei Wasserstoffatome im Grundzustand

Existenz eines anziehenden Potentials der Form $A - C/R^6$

Prinzipielles Vorgehen. Der Hamilton-Operator des Systems lautet

$$H = H_{0A} + H_{0B} + W_{dd}, \tag{11.117}$$

wobei H_{0A} und H_{0B} die Energien der isoliert betrachteten Atome (A) bzw. (B) sind.

In Abwesenheit von W_{dd} sind die Eigenzustände von H durch die Gleichung

$$(H_{0A} + H_{0B})\,|\varphi^A_{n,l,m};\varphi^B_{n',l',m'}\rangle = (E_n + E_{n'})\,|\varphi^A_{n,l,m};\varphi^B_{n',l',m'}\rangle \tag{11.118}$$

gegeben, wobei die Zustände $|\varphi_{n,l,m}\rangle$ und die Energien E_n in Abschnitt 7.3 berechnet wurden. Der Grundzustand von $H_{0A} + H_{0B}$ ist $|\varphi^A_{1,0,0};\varphi^B_{1,0,0}\rangle$ und hat die Energie $-2E_{\mathrm{I}}$. Er ist nichtentartet (wir lassen die Spins außer Betracht).

Unsere Aufgabe ist es, die Verschiebung des Grundzustands aufgrund von W_{dd} und insbesondere ihre R-Abhängigkeit zu bestimmen. Diese Verschiebung stellt die potentielle Wechselwirkungsenergie der beiden Atome im Grundzustand dar.

Da W_{dd} sehr viel kleiner als H_{0A} und H_{0B} ist, können wir diesen Effekt mit der stationären Störungstheorie berechnen.

Einfluss der Dipol-Dipol-Wechselwirkung in erster Ordnung. Wir wollen zeigen, dass die Korrektur erster Ordnung,

$$\varepsilon_1 = \langle\varphi^A_{1,0,0};\varphi^B_{1,0,0}\,|\,W_{dd}\,|\,\varphi^A_{1,0,0};\varphi^B_{1,0,0}\rangle \tag{11.119}$$

verschwindet. Die Energie ε_1 enthält dem Ausdruck (11.116) für W_{dd} zufolge Produkte der Form $\langle\varphi^A_{1,0,0}\,|\,X_A\,|\,\varphi^A_{1,0,0}\rangle\langle\varphi^B_{1,0,0}\,|\,X_B\,|\,\varphi^B_{1,0,0}\rangle$ (und analoge Terme, bei denen X_A durch Y_A, Z_A und X_B durch Y_B, Z_B ersetzt sind); sie verschwinden, da in einem stationären Zustand des Atoms die Erwartungswerte der Komponenten des Ortsoperators gleich null sind.

Bemerkung

Die anderen Terme der Entwicklung (11.111), $W_{dq}, W_{qd}, W_{qq}, \ldots$, enthalten Produkte zweier Multipolmomente (eines in Bezug auf (A) und das andere in Bezug auf (B)), von denen mindestens eins von höherer als erster Ordnung ist. Auch ihre Beiträge verschwinden in erster Ordnung: Sie lassen sich als Erwartungswerte von Multipolmomenten von einer Ordnung größer oder gleich eins im Grundzustand ausdrücken, und wir wissen (s. Abschnitt 10.8.2), dass diese Erwartungswerte in einem $l = 0$-Zustand verschwinden (Dreiecksregel für Clebsch-Gordan-Koeffizienten). Wir müssen daher den Einfluss der zweiten Ordnung von W_{dd} berechnen, der dann den wichtigsten Beitrag zur Energiekorrektur bildet.

Einfluss der Dipol-Dipol-Wechselwirkung in zweiter Ordnung. Nach den Ergebnissen dieses Kapitels ist die Energiekorrektur zweiter Ordnung

$$\varepsilon_2 = \sum_{\substack{nlm\\ n'l'm'}}{}' \frac{|\langle\varphi^A_{n,l,m};\varphi^B_{n',l',m'}\,|\,W_{dd}\,|\,\varphi^A_{1,0,0};\varphi^B_{1,0,0}\rangle|^2}{-2E_{\mathrm{I}} - E_n - E_{n'}}, \tag{11.120}$$

wobei die Schreibweise $\sum'$ bedeutet, dass der Zustand $|\varphi^A_{1,0,0};\varphi^B_{1,0,0}\rangle$ bei der Summation ausgeschlossen ist.[18]

Da W_{dd} proportional zu $1/R^3$ ist, ist ε_2 proportional zu $1/R^6$. Außerdem sind alle Energienenner negativ, da wir vom Grundzustand ausgehen. Die Dipol-Dipol-Wechselwirkung erzeugt also eine negative Energie proportional zu $1/R^6$:

$$\varepsilon_2 = -\frac{C}{R^6}. \tag{11.121}$$

Van-der-Waals-Kräfte sind also anziehend und verhalten sich wie $1/R^7$.

Schließlich wollen wir die Entwicklung des Grundzustands in erster Ordnung in W_{dd} berechnen. Nach Abschnitt 11.2.1, Gl. (11.28), ergibt sich

$$\begin{aligned} |\psi_0\rangle &= |\varphi^A_{1,0,0};\varphi^B_{1,0,0}\rangle \\ &+ \sum_{\substack{nlm \\ n'l'm'}}{}' |\varphi^A_{n,l,m};\varphi^B_{n',l',m'}\rangle \frac{\langle\varphi^A_{n,l,m};\varphi^B_{n',l',m'}\,|\,W_{dd}\,|\,\varphi^A_{1,0,0};\varphi^B_{1,0,0}\rangle}{-2E_{\mathrm{I}} - E_n - E_{n'}} \\ &+ \ldots \end{aligned} \tag{11.122}$$

Bemerkung

Die Matrixelemente, die in Gl. (11.120) und (11.122) auftreten, enthalten Terme der Form $\langle\varphi^A_{n,l,m}\,|\,X_A\,|\,\varphi^A_{1,0,0}\rangle\langle\varphi^B_{n',l',m'}\,|\,X_B\,|\,\varphi^B_{1,0,0}\rangle$ (und analoge Terme, bei denen X_A und X_B durch Y_A und Y_B oder Z_A und Z_B ersetzt sind); sie sind nur für $l = 1$ und $l' = 1$ von null verschieden. Diese Größen sind proportional zu Produkten von Winkelintegralen

$$\left[\int Y_l^{m*}(\Omega_A)\,Y_1^q(\Omega_A)\,Y_0^0(\Omega_A)\,\mathrm{d}\Omega_A\right]\times\left[\int Y_{l'}^{m'*}(\Omega_B)\,Y_1^{q'}(\Omega_B)\,Y_0^0(\Omega_B)\,\mathrm{d}\Omega_B\right],$$

die nach den Ergebnissen von Abschnitt 10.6 null sind, falls $l \neq 1$ oder $l' \neq 1$. Wir können daher in Gl. (11.120) und Gl. (11.122) l und l' durch 1 ersetzen.

Näherungsweise Berechnung der Konstanten *C*

Nach Gl. (11.120) und Gl. (11.116) ist die in Gl. (11.121) auftretende Konstante C gegeben durch

$$C = e^4 \sum_{\substack{lmn \\ l'm'n'}}{}' \frac{|\langle\varphi^A_{n,l,m};\varphi^B_{n',l',m'}\,|\,(X_AX_B + Y_AY_B - 2Z_AZ_B)\,|\,\varphi^A_{1,0,0};\varphi^B_{1,0,0}\rangle|^2}{2E_{\mathrm{I}} + E_n + E_{n'}}. \tag{11.123}$$

Dabei muss $n \geq 2$ und $n' \geq 2$ sein. Für gebundene Zustände ist $|E_n| = E_{\mathrm{I}}/n^2$ kleiner als E_{I}, und der Fehler, der sich ergibt, wenn man in Gl. (11.123) E_n und $E_{n'}$ durch 0 ersetzt, ist vernachlässigbar. Für Zustände des kontinuierlichen Spektrums variiert E_n zwischen 0 und $+\infty$. Sobald jedoch E_n eine merkliche Größe erreicht, werden die

[18] Die Summation wird nicht nur über die gebundenen Zustände, sondern auch über das kontinuierliche Spektrum von $H_{0A} + H_{0B}$ ausgeführt.

Matrixelemente des Zählers klein, da dann in dem Bereich, in dem $\varphi_{1,0,0}(\boldsymbol{r})$ von null verschieden ist, zahlreiche räumliche Oszillationen auftreten.

Um die Größenordnung von C abzuschätzen, können wir daher die Energienenner von Gl. (11.123) durch $2E_\mathrm{I}$ ersetzen. Mit Hilfe der Vollständigkeitsrelation und unter Ausnutzung der Tatsache, dass das Diagonalmatrixelement von W_{dd} verschwindet, ergibt sich dann

$$C \approx \frac{e^4}{2E_\mathrm{I}} \langle \varphi^A_{1,0,0}; \varphi^B_{1,0,0} \,|\, (X_A X_B + Y_A Y_B - 2Z_A Z_B)^2 \,|\, \varphi^A_{1,0,0}; \varphi^B_{1,0,0} \rangle. \tag{11.124}$$

Dieser Ausdruck lässt sich leicht berechnen: Wegen der Kugelsymmetrie des $1s$-Zustands sind die Erwartungswerte der gemischten Terme des Typs $X_A Y_A$, $X_B Y_B$, ... gleich null. Aus dem gleichen Grund sind die Größen

$$\langle \varphi^A_{1,0,0} \,|\, X_A^2 \,|\, \varphi^A_{1,0,0} \rangle, \ \langle \varphi^A_{1,0,0} \,|\, Y_A^2 \,|\, \varphi^A_{1,0,0} \rangle, \ \ldots, \ \langle \varphi^B_{1,0,0} \,|\, Z_B^2 \,|\, \varphi^B_{1,0,0} \rangle \tag{11.125}$$

alle gleich einem Drittel des Erwartungswerts von $\boldsymbol{R}_A^2 = X_A^2 + Y_A^2 + Z_A^2$. Somit erhalten wir unter Verwendung des Ausdrucks für die Wellenfunktion $\varphi_{1,0,0}(\boldsymbol{r})$ schließlich

$$C \approx \frac{e^4}{2E_\mathrm{I}} \times 6 \left| \langle \varphi^A_{1,0,0} \,|\, \frac{\boldsymbol{R}_A^2}{3} \,|\, \varphi^A_{1,0,0} \rangle \right|^2 = 6e^2 a_0^5 \tag{11.126}$$

(wobei a_0 der Bohr-Radius ist) und damit

$$\varepsilon_2 \approx -6e^2 \frac{a_0^5}{R^6} = -6\frac{e^2}{R}\left(\frac{a_0}{R}\right)^5. \tag{11.127}$$

Die Rechnung setzt $a_0 \ll R$ voraus (keine Überlappung der Wellenfunktionen). Wir sehen also, dass ε_2 von der Größenordnung der elektrostatischen Wechselwirkung zwischen zwei Ladungen q und $-q$ ist, multipliziert mit dem Verkleinerungsfaktor $(a_0/R)^5 \ll 1$.

Diskussion

„Dynamische" Interpretation der Van-der-Waals-Kräfte. Zu einem bestimmten Zeitpunkt hat das elektrische Dipolmoment (wir wollen einfacher vom Dipol sprechen) eines Atoms im Grundzustand $|\varphi^A_{1,0,0}\rangle$ oder $|\varphi^B_{1,0,0}\rangle$ den Erwartungswert null. Das bedeutet nicht, dass jede Einzelmessung einer Komponente dieses Dipols null ergibt. Bei einer solchen Messung finden wir vielmehr im Allgemeinen einen nichtverschwindenden Wert, wobei jedoch mit derselben Wahrscheinlichkeit der entgegengesetzt gleiche Wert gemessen wird. Man kann sich daher den Dipol eines Wasserstoffatoms ständigen Fluktuationen unterworfen vorstellen.

Vernachlässigen wir zunächst den Einfluss des einen Dipols auf die Bewegung des anderen. Da die beiden Dipole dann zufällig und unabhängig voneinander fluktuieren, ist ihre mittlere Wechselwirkung gleich null. Daraus erklärt sich, dass W_{dd} in erster Ordnung keinen Effekt verursacht.

Tatsächlich sind die beiden Dipole aber nicht wirklich unabhängig voneinander. Betrachten wir das elektrostatische Feld, das vom Dipol (A) bei (B) erzeugt wird. Dieses Feld folgt den Fluktuationen des Dipols (A). Der in (B) induzierte Dipol ist daher mit dem Dipol (A) korreliert, so dass das elektrostatische Feld, das nach (A) „zurückkehrt", nicht mehr unkorreliert zu der Bewegung von (A) ist. Obwohl also die Bewegung des Dipols (A) zufällig ist, hat seine Wechselwirkung mit seinem eigenem Feld, das von (B) zu ihm „reflektiert" wird, einen Erwartungswert ungleich null. So lässt sich der Effekt zweiter Ordnung von W_{dd} physikalisch erklären.

Der dynamische Gesichtspunkt hilft den Ursprung der Van-der-Waals-Kräfte zu verstehen. Würden wir uns die beiden Wasserstoffatome im Grundzustand als zwei kugelsymmetrische und „statische" Wolken negativer Ladung (mit einer positiven Punktladung im Zentrum jeder Wolke) vorstellen, würden wir auf eine exakt verschwindende Wechselwirkungsenergie geführt werden.

Korrelationen zwischen den beiden Dipolen. Wir wollen genauer zeigen, dass eine Korrelation zwischen den beiden Dipolen existiert.

Wenn wir W_{dd} berücksichtigen, ist der Grundzustand des Systems nicht mehr $|\varphi^A_{1,0,0};\varphi^B_{1,0,0}\rangle$, sondern $|\psi_0\rangle$ (s. Gl. (11.122)). Eine einfache Rechnung ergibt dann

$$\langle\psi_0\,|\,X_A\,|\,\psi_0\rangle = \cdots = \langle\psi_0\,|\,Z_B\,|\,\psi_0\rangle = 0 \qquad (11.128)$$

für die erste Ordnung in W_{dd}.

Betrachten wir z. B. $\langle\psi_0\,|\,X_A\,|\,\psi_0\rangle$. Der Term nullter Ordnung,

$$\langle\varphi^A_{1,0,0};\varphi^B_{1,0,0}\,|\,X_A\,|\,\varphi^A_{1,0,0};\varphi^B_{1,0,0}\rangle, \qquad (11.129)$$

ist null, da er gleich dem Erwartungswert von X_A im Grundzustand $|\varphi^A_{1,0,0}\rangle$ ist. In erster Ordnung muss die Summation von Gl. (11.122) ausgeführt werden. Da W_{dd} nur Produkte der Form X_AX_B enthält, sind die Koeffizienten der Vektoren $|\varphi^A_{1,0,0};\varphi^B_{n',l',m'}\rangle$ und $|\varphi^A_{n,l,m};\varphi^B_{1,0,0}\rangle$ in dieser Summation gleich null. Die Terme erster Ordnung, die von null verschieden sein könnten, sind also proportional zu

$$\langle\varphi^A_{n,l,m};\varphi^B_{n',l',m'}\,|\,X_A\,|\,\varphi^A_{1,0,0};\varphi^B_{1,0,0}\rangle \quad \text{mit } l \neq 0 \text{ und } l' \neq 0.$$

Auch diese Terme verschwinden alle, da X_A auf $|\varphi^B_{1,0,0}\rangle$ nicht wirkt und für $l' \neq 0$ $\langle\varphi^B_{n',l',m'}|\varphi^B_{1,0,0}\rangle = 0$ gilt.

Auch in Gegenwart der Wechselwirkung sind also die Erwartungswerte der Komponenten eines Dipols gleich null. Das ist nicht überraschend: In der oben angegebenen Interpretation fluktuiert der durch das Feld des Dipols (A) in (B) induzierte Dipol wie dieses Feld statistisch und hat folglich den Erwartungswert null.

Wir wollen nun andererseits zeigen, dass die beiden Dipole korreliert sind, indem wir den Erwartungswert des Produkts zweier Komponenten, eine bezüglich (A) und die andere bezüglich (B), berechnen, z. B.

$$\langle\psi_0\,|\,(X_AX_B + Y_AY_B - 2Z_AZ_B)\,|\,\psi_0\rangle,$$

was nach Gl. (11.116) $\dfrac{R^3}{e^2}\langle\psi_0\,|\,W_{dd}\,|\,\psi_0\rangle$ ist. Aus Gl. (11.122) und unter Verwendung von Gl. (11.119) und Gl. (11.120) ergibt sich dann unmittelbar

$$\langle\psi_0\,|\,(X_AX_B + Y_AY_B - 2Z_AZ_B)\,|\,\psi_0\rangle = 2\varepsilon_2\frac{R^3}{e^2} \neq 0. \qquad (11.130)$$

Die Erwartungswerte der Produkte $X_A X_B$, $Y_A Y_B$ und $Z_A Z_B$ sind nach Gl. (11.128) und im Gegensatz zu den Produkten der Erwartungswerte $\langle X_A\rangle\langle X_B\rangle$, $\langle Y_A\rangle\langle Y_B\rangle$, $\langle Z_A\rangle\langle Z_B\rangle$ nicht null. Das beweist eine Korrelation zwischen den beiden Dipolen.

Modifizierung der Van-der-Waals-Kräfte in großen Abständen. Aufgrund der obigen Interpretation können wir verstehen, dass die Rechnungen nicht mehr gültig sind, wenn die beiden Atome zu weit voneinander entfernt sind. Das von (A) produzierte und von (B) reflektierte Feld kehrt mit einer Zeitverzögerung aufgrund der Ausbreitung entlang des Weges (A)⟶(B)⟶(A) nach (A) zurück, während wir die Wechselwirkungen als augenblicklich annahmen.

Diese Laufzeit kann nicht mehr vernachlässigt werden, wenn sie die Größenordnung der charakteristischen Zeit der atomaren Schwingung erreicht, d. h. von der Größenordnung $2\pi/\omega_{n1}$ ist, wobei $\omega_{n1} = (E_n - E_1)/\hbar$ die zugehörige Bohr-Frequenz ist. Mit anderen Worten setzen also die in diesem Abschnitt durchgeführten Rechnungen voraus, dass der Abstand R zwischen zwei Atomen sehr viel kleiner als die Wellenlängen $2\pi c/\omega_{n1}$ des Spektrums dieser Atome (um 1×10^{-5} cm) ist.

Eine Rechnung, die Laufzeiteffekte mit in Betracht zieht, ergibt eine Wechselwirkungsenergie, die bei großen Abständen wie $1/R^7$ abfällt. Die von uns gefundene $1/R^6$-Abhängigkeit findet daher für den Bereich mittlerer Abstände Verwendung, die weder zu groß (wegen der Zeitverzögerung) noch zu klein (um eine Überlappung der Wellenfunktionen auszuschließen) sind.

11.6.3 Van-der-Waals-Kräfte zwischen zwei Wasserstoffatomen

Energien der stationären Zustände. Resonanzeffekt

Der erste angeregte Zustand des ungestörten Hamilton-Operators $H_{0A} + H_{0B}$ ist achtfach entartet. Der zugehörige Eigenunterraum wird durch die acht Zustände

$$\{|\varphi_{1,0,0}^A; \varphi_{2,0,0}^B\rangle;\ |\varphi_{2,0,0}^A; \varphi_{1,0,0}^B\rangle;\ |\varphi_{1,0,0}^A; \varphi_{2,1,m}^B\rangle \text{ mit } m = -1, 0, +1;$$
$$|\varphi_{2,1,m'}^A; \varphi_{1,0,0}^B\rangle \text{ mit } m' = -1, 0, +1\}$$

aufgespannt; dies entspricht einem System aus einem Atom im Grundzustand und einem Atom in einem Zustand des $n = 2$-Niveaus.

Um den Effekt erster Ordnung der Störung W_{dd} zu berechnen, haben wir nach der Störungstheorie eines entarteten Zustands die 8×8-Matrix zu diagonalisieren, die die Einschränkung von W_{dd} auf den Eigenunterraum darstellt. Wir wollen zeigen, dass die einzigen nichtverschwindenden Matrixelemente von W_{dd} diejenigen sind, die einen Zustand $|\varphi_{1,0,0}^A; \varphi_{2,1,m}^B\rangle$ mit einem Zustand $|\varphi_{2,1,m}^A; \varphi_{1,0,0}^B\rangle$ verknüpfen. Die Operatoren X_A, Y_A, Z_A, die im Ausdruck für W_{dd} vorkommen, sind ungerade und können daher $|\varphi_{1,0,0}^A\rangle$ nur mit $|\varphi_{2,1,m}^A\rangle$ koppeln, was analog auch für X_B, Y_B, Z_B gilt. Schließlich ist die Dipol-Dipol-Wechselwirkung invariant unter einer Drehung der beiden Atome um die sie verbindende z-Achse; W_{dd} vertauscht daher mit $L_{Az} + L_{Bz}$ und kann damit nur Zustände verknüpfen, für die die Summe der Eigenwerte von L_{Az} und L_{Bz} gleich sind.

Die oben angesprochene 8×8-Matrix kann somit in vier 2×2-Matrizen aufgespalten werden. Eine von ihnen verschwindet vollständig (die zu den $2s$-Zuständen), und die anderen drei sind von der Form

$$\begin{pmatrix} 0 & k_m/R^3 \\ k_m/R^3 & 0 \end{pmatrix}, \tag{11.131}$$

wobei wir

$$\langle \varphi^A_{1,0,0}; \varphi^B_{2,1,m} \mid W_{dd} \mid \varphi^A_{2,1,m}; \varphi^B_{1,0,0} \rangle = \frac{k_m}{R^3} \tag{11.132}$$

gesetzt haben; k_m ist eine berechenbare Konstante von der Größenordnung $e^2 a_0^2$, auf die wir hier nicht näher eingehen wollen.

Die Matrix (11.131) können wir sofort diagonalisieren und erhalten als Eigenwerte $+k_m/R^3$ und $-k_m/R^3$, die zu den Eigenzuständen

$$\frac{1}{\sqrt{2}} \left(|\varphi^A_{1,0,0}; \varphi^B_{2,1,m}\rangle + |\varphi^A_{2,1,m}; \varphi^B_{1,0,0}\rangle \right)$$

und

$$\frac{1}{\sqrt{2}} \left(|\varphi^A_{1,0,0}; \varphi^B_{2,1,m}\rangle - |\varphi^A_{2,1,m}; \varphi^B_{1,0,0}\rangle \right)$$

gehören. Damit ergeben sich die folgenden wichtigen Ergebnisse:

– Die Wechselwirkungsenergie verhält sich wie $1/R^3$ und nicht wie $1/R^6$, da W_{dd} die Energien nun in erster Ordnung verändert. Die Van-der-Waals-Kräfte spielen eine größere Rolle, als es zwischen zwei Wasserstoffatomen im $1s$-Zustand der Fall war (Resonanzeffekt zwischen zwei verschiedenen Zuständen des Gesamtsystems mit gleicher ungestörter Energie).

– Das Vorzeichen der Wechselwirkung kann positiv oder negativ sein (Eigenwerte $+k_m/R^3$ und $-k_m/R^3$). Es gibt daher beim System aus zwei Atomen Zustände, für die Anziehung, und andere, für die Abstoßung vorliegt.

Übertragung der Anregung von einem Atom auf das andere

Die beiden Zustände $|\varphi^A_{1,0,0}; \varphi^B_{2,1,m}\rangle$ und $|\varphi^A_{2,1,m}; \varphi^B_{1,0,0}\rangle$ haben dieselben ungestörten Energien und sind durch eine nichtdiagonale Störung gekoppelt. Aufgrund der allgemeinen Ergebnisse von Abschnitt 4.3 (System mit zwei Zuständen) wissen wir, dass es Oszillationen des Systems von einem Zustand zum anderen mit einer Frequenz proportional zur Stärke der Kopplung gibt.

Wenn das System also zum Zeitpunkt $t = 0$ im Zustand $|\varphi^A_{1,0,0}; \varphi^B_{2,1,m}\rangle$ startet, ist es nach einer gewissen Zeit (je größer R, desto länger diese Zeit) im Zustand $|\varphi^A_{2,1,m}; \varphi^B_{1,0,0}\rangle$. Die Anregung geht demnach von (B) nach (A) über, kehrt dann zu (B) zurück usw.

Bemerkung
Wenn die beiden Atome nicht fixiert sind, sondern z. B. an Stößen teilnehmen, ändert sich R mit der Zeit, und der Übergang von einem Atom zum anderen verläuft nicht mehr periodisch. Die entsprechenden Stöße, sogenannte Resonanzstöße, spielen bei der Verbreiterung von Spektrallinien eine wichtige Rolle.

11.6.4 Wasserstoffatom an einer leitenden Wand

Wir betrachten nun ein einzelnes Wasserstoffatom (A), das sich im Abstand d vor einer ideal leitenden Wand befindet. Als z-Achse wählen wir die Senkrechte auf der Wand, die durch (A) geht (Abb. 11.11). Der Abstand d sei sehr viel größer als die atomaren Dimensionen, so dass die atomare Struktur der Wand vernachlässigt werden kann. Wir können annehmen, dass das Atom nur mit seinem elektrischen Spiegelbild auf der anderen Seite dieser Wand (das ist ein symmetrisches Atom mit entgegengesetzten Ladungen) wechselwirkt. Die Dipol-Wechselwirkungsenergie zwischen dem Atom und der Wand kann leicht aus Gl. (11.116) für W_{dd} gewonnen werden, wenn wir die folgenden Substitutionen vornehmen:

$$\begin{aligned} e^2 &\longrightarrow -e^2, \\ R &\longrightarrow 2d, \\ X_B &\longrightarrow X'_A = X_A, \\ Y_B &\longrightarrow Y'_B = Y_A, \\ Z_B &\longrightarrow Z'_A = -Z_A; \end{aligned} \tag{11.133}$$

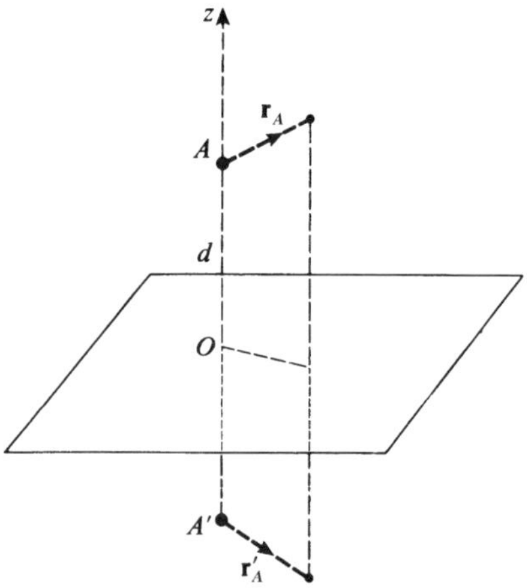

Abb. 11.11 Um die Wechselwirkungsenergie eines Wasserstoffatoms mit einer ideal leitenden Wand zu berechnen, können wir annehmen, das elektrische Dipolmoment $q\,\boldsymbol{r}_A$ des Atoms wechselwirke mit seinem elektrischen Bild $-q\boldsymbol{r}'_A$ (d ist der Abstand zwischen dem Proton A und der Wand).

der Vorzeichenwechsel von e^2 kommt durch den der Bildladung zustande. Außerdem müssen wir durch den Faktor 2 teilen, da das Bild des Dipols fiktiv und das elektrische Feld unterhalb der x, y-Ebene null ist. Wir erhalten dann

$$W = -\frac{e^2}{16d^3}\left(X_A^2 + Y_A^2 + 2Z_A^2\right) \tag{11.134}$$

für die Wechselwirkungsenergie des Atoms mit der Wand (W wirkt nur auf die Freiheitsgrade von (A)).

Für ein Atom im Grundzustand lautet die Energiekorrektur in erster Ordnung in W

$$\varepsilon_1' = \langle \varphi_{1,0,0} \,|\, W \,|\, \varphi_{1,0,0} \rangle . \tag{11.135}$$

Aufgrund der Kugelsymmetrie des $1s$-Zustands ergibt sich

$$\varepsilon_1' = -\frac{e^2}{16d^3}\, 4\langle \varphi_{1,0,0} \,|\, \frac{\boldsymbol{R}_A^2}{3} \,|\, \varphi_{1,0,0} \rangle = -\frac{e^2 a_0^2}{4d^3} . \tag{11.136}$$

Wie wir sehen, wird das Atom von der Wand angezogen; die Wechselwirkungsenergie ändert sich mit $1/d^3$ und die Anziehungskraft daher mit $1/d^4$.

Den Umstand, dass W zu einem Effekt erster Ordnung führt, können wir wegen der oben (Abschnitt 11.6.2) gegebenen Interpretation leicht verstehen. Im vorliegenden Fall liegt vollständige Korrelation zwischen den beiden Dipolen vor, da sie Spiegelbilder voneinander sind.

11.7 Der Volumeneffekt

In Kapitel 7 haben wir die stationären Zustände und die Energieniveaus des Wasserstoffatoms unter der Annahme untersucht, dass es sich bei dem Proton um ein geladenes Punktteilchen handelt, das ein elektrostatisches $1/r$-Coulomb-Potential erzeugt. Diese Annahme ist allerdings nicht ganz richtig: Tatsächlich ist das Proton keine exakte Punktladung; seine Ladung füllt ein Volumen gewisser Größe aus (in der Größenordnung von 1 Fermi $= 10^{-13}$ cm). Wenn sich das Elektron extrem nahe am Zentrum des Protons befindet, „sieht" es kein $1/r$-Potential mehr, sondern eines, das von der räumlichen Ladungsverteilung des Protons abhängt. Das gilt natürlich für alle Atome: Innerhalb des Atomkerns hängt das elektrostatische Potential von der örtlichen Verteilung der Ladungen ab. Wir erwarten daher, dass die atomaren Energieniveaus von dieser Ladungsverteilung beeinflusst werden; man spricht hier vom *Volumeneffekt*. Er ist von Bedeutung, da aus ihm auf die interne Struktur von Atomkernen geschlossen werden kann.

In diesem Abschnitt behandeln wir den Volumeneffekt bei wasserstoffähnlichen Atomen. Um eine Idee von der Größenordnung der Energieverschiebungen zu bekommen, beschränken wir uns auf ein Modell, bei dem der Atomkern durch eine Kugel vom Radius ρ_0 ersetzt wird, in der die Ladung $-Zq$ gleichförmig verteilt ist. Das Potential lautet dann (s. Abschnitt 5.5.4)

$$V(r) = \begin{cases} -\dfrac{Ze^2}{r} & \text{für } r \geq \rho_0, \\ \dfrac{Ze^2}{2\rho_0}\left[\left(\dfrac{r}{\rho_0}\right)^2 - 3\right] & \text{für } r \leq \rho_0 \end{cases} \tag{11.137}$$

(wir haben $e^2 = q^2/4\pi\varepsilon_0$ gesetzt). Der Verlauf von $V(r)$ ist in Abb. 11.12 dargestellt.

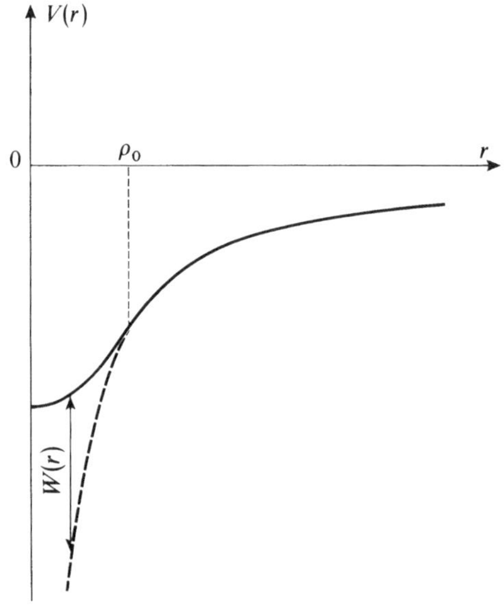

Abb. 11.12 Verlauf des elektrostatischen Potentials $V(r)$, das von einer homogenen Ladungsverteilung $-Zq$ in einer Kugel vom Radius ρ_0 herrührt. Für $r \leq \rho_0$ verläuft das Potential parabolisch. Für $r \geq \rho_0$ ist es coulombartig (die Fortsetzung in den Bereich mit $r \leq \rho_0$ ist durch die gestrichelte Linie dargestellt; $W(r)$ ist die Differenz zwischen $V(r)$ und dem Coulomb-Potential).

Die exakte Lösung der Schrödinger-Gleichung für ein Elektron, das diesem Potential unterliegt, stellt ein kompliziertes Problem dar. Wir wollen uns daher mit einer näherungsweisen Lösung zufriedengeben. In einem ersten Schritt nehmen wir das Potential als Coulomb-Potential an (das wäre der Fall, bei dem wir in Gl. (11.137) $\rho_0 = 0$ setzen). Die Energieniveaus des Wasserstoffatoms entsprechen dann den Ergebnissen von Abschnitt 7.3. Die Differenz $W(r)$ zwischen dem Potential $V(r)$ aus Gl. (11.137) und dem Coulomb-Potential wollen wir als Störung betrachten. Sie verschwindet, wenn r größer als der Radius ρ_0 des Atomkerns ist. Daher kann man annehmen, dass die von ihr verursachten Verschiebungen der atomaren Energieniveaus klein sind (die entsprechenden Wellenfunktionen erstrecken sich auf Dimensionen von der Ordnung $a_0 \gg \rho_0$). Eine Behandlung des Problems in erster Ordnung mittels der Störungstheorie ist deshalb gerechtfertigt.

11.7.1 Energiekorrektur erster Ordnung

Berechnung der Korrektur

Nach Definition ist

$$W(r) = \begin{cases} \dfrac{Ze^2}{2\rho_0}\left[\left(\dfrac{r}{\rho_0}\right)^2 + \dfrac{2\rho_0}{r} - 3\right] & \text{für } 0 \leq r \leq \rho_0, \\ 0 & \text{für } r \geq \rho_0. \end{cases} \tag{11.138}$$

Die stationären Zustände des Wasserstoffatoms ohne die Störung W bezeichnen wir mit $|\varphi_{n,l,m}\rangle$. Um den Effekt von W in erster Ordnung zu bestimmen, müssen wir die Matrixelemente

$$\langle\varphi_{n,l,m} \,|\, W \,|\, \varphi_{n,l',m'}\rangle = \int \mathrm{d}\Omega\, Y_l^{m*}(\Omega)\, Y_{l'}^{m'}(\Omega) \times \int_0^\infty r^2\,\mathrm{d}r\, R_{n,l}^*(r)\, R_{n,l'}(r)\, W(r) \tag{11.139}$$

berechnen. Das Winkelintegral in diesem Ausdruck ergibt $\delta_{ll'}\delta_{mm'}$. Zur Vereinfachung des Radialintegrals nehmen wir näherungsweise

$$\rho_0 \ll a_0 \tag{11.140}$$

an,[19] d. h. dass der $r \leq \rho_0$-Bereich, in dem $W(r)$ nicht null ist, sehr viel kleiner als die räumliche Ausdehnung der Funktionen $R_{n,l}(r)$ sein soll. Für $r \leq \rho_0$ gilt dann

$$R_{n,l}(r) \approx R_{n,l}(0), \tag{11.141}$$

und das Radialintegral kann geschrieben werden

$$I = \frac{Ze^2}{2\rho_0}|R_{n,l}(0)|^2 \int_0^{\rho_0} r^2\,\mathrm{d}r \left[\left(\frac{r}{\rho_0}\right)^2 + \frac{2\rho_0}{r} - 3\right]; \tag{11.142}$$

es ergibt sich

$$I = \frac{Ze^2}{10}\,\rho_0^2\,|R_{n,l}(0)|^2 \tag{11.143}$$

und

$$\langle\varphi_{n,l,m} \,|\, W \,|\, \varphi_{n,l',m'}\rangle = \frac{Ze^2}{10}\,\rho_0^2\,|R_{n,l}(0)|^2\,\delta_{ll'}\delta_{mm'}. \tag{11.144}$$

Wie wir sehen, ist die Matrix diagonal, die W in dem zum n-ten Niveau des ungestörten Hamilton-Operators gehörenden Unterraum $\mathcal{H}_n$ darstellt. Die Energiekorrektur erster Ordnung, die sich für jeden Zustand $|\varphi_{n,l,m}\rangle$ ergibt, lautet daher

$$\Delta E_{n,l} = \frac{Ze^2}{10}\,\rho_0^2\,|R_{n,l}(0)|^2. \tag{11.145}$$

[19] Dies ist für das Wasserstoffatom natürlich erfüllt. In Abschnitt 11.7.2 gehen wir auf die Bedingung (11.140) genauer ein.

Diese Korrektur hängt nicht von m ab.[20] Außerdem sind, da $R_{n,l}(0)$ außer für $l = 0$ null ist (s. Abschnitt 7.3.4), nur die s-Zustände ($l = 0$-Zustände) verschoben, und zwar um einen Betrag

$$\begin{aligned} \Delta E_{n,0} &= \frac{Ze^2}{10}\,\rho_0^2\,|R_{n,l}(0)|^2 \\ &= \frac{2\pi Z e^2}{5}\,\rho_0^2\,|\varphi_{n,0,0}(0)|^2 \end{aligned} \tag{11.146}$$

(wir haben $Y_0^0 = 1/\sqrt{4\pi}$ benutzt).

Diskussion

Wir können $\Delta E_{n,0}$ schreiben als

$$\Delta E_{n,0} = \frac{3}{10}\,w\,\mathcal{P}, \tag{11.147}$$

wobei

$$w = \frac{Ze^2}{\rho_0} \tag{11.148}$$

der Betrag der potentiellen Energie des Elektrons im Abstand ρ_0 vom Mittelpunkt des Atomkerns ist und

$$\mathcal{P} = \frac{4}{3}\,\pi\rho_0^3\,|\varphi_{n,0,0}(0)|^2 \tag{11.149}$$

die Wahrscheinlichkeit, das Elektron innerhalb des Kerns zu finden. Die Größen $\mathcal{P}$ und w gehen in Gl. (11.147) ein, weil sich der Effekt der Störung $W(r)$ nur innerhalb des Atomkerns bemerkbar macht.

Damit die Methode, die uns auf Gl. (11.146) und Gl. (11.147) geführt hat, konsistent ist, muss die Korrektur $\Delta E_{n,0}$ sehr viel kleiner als die Energiedifferenzen zwischen den ungestörten Niveaus sein. Da w sehr groß ist (ein Elektron und ein Proton ziehen sich, wenn sie dicht beisammen sind, sehr stark an), muss $\mathcal{P}$ dementsprechend extrem klein sein. Bevor wir im folgenden Abschnitt 11.7.2 eine genauere Rechnung durchführen, wollen wir hier die Größenordnung dieser Terme bestimmen. Es sei

$$a_0(Z) = \frac{\hbar^2}{Zme^2} \tag{11.150}$$

der Bohr-Radius für eine Gesamtladung des Kerns von $-Zq$. Solange n nicht zu groß ist, sind die Wellenfunktionen $\varphi_{n,0,0}(\boldsymbol{r})$ praktisch in einem Raumbereich lokalisiert, dessen Volumen näherungsweise durch $(a_0(Z))^3$ gegeben wird. Das Volumen des Atomkerns ist von der Ordnung ρ_0^3, so dass wir

$$\mathcal{P} \approx \left[\frac{\rho_0}{a_0(Z)}\right]^3 \tag{11.151}$$

[20] Das war zu erwarten, da es sich bei der Störung W, die unter Drehungen invariant ist, um eine skalare Größe handelt (s. Abschnitt 6.6.5).

erhalten. Gleichung (11.147) ergibt dann

$$\Delta E_{n,0} \approx \frac{Ze^2}{\rho_0}\left[\frac{\rho_0}{a_0(Z)}\right]^3$$
$$= \frac{Ze^2}{a_0(Z)}\left[\frac{\rho_0}{a_0(Z)}\right]^2. \tag{11.152}$$

Nun ist $Ze^2/a_0(Z)$ von der Größenordnung der Bindungsenergie $E_\mathrm{I}(Z)$ des ungestörten Atoms. Die relative Größe der Korrektur ist daher

$$\frac{\Delta E_{n,0}}{E_\mathrm{I}(Z)} \approx \left[\frac{\rho_0}{a_0(Z)}\right]^2. \tag{11.153}$$

Wenn die Bedingung (11.140) zutrifft, wird die Korrektur tatsächlich sehr klein sein. Wir wollen sie im Folgenden für einige Spezialfälle genauer berechnen.

11.7.2 Anwendung auf wasserstoffartige Systeme

Das Wasserstoffatom und wasserstoffartige Ionen

Für den Grundzustand des Wasserstoffatoms haben wir (s. Abschnitt 7.3.3, Gleichungen (7.123))

$$R_{1,0}(r) = 2(a_0)^{-3/2}\mathrm{e}^{-r/a_0} \tag{11.154}$$

(wobei sich a_0 aus Gl. (11.150) ergibt, wenn wir $Z = 1$ setzen). Mit Gl. (11.146) folgt dann

$$\Delta E_{1,0} = \frac{2}{5}\frac{e^2}{a_0}\left(\frac{\rho_0}{a_0}\right)^2 = \frac{4}{5}E_\mathrm{I}\left(\frac{\rho_0}{a_0}\right)^2. \tag{11.155}$$

Nun ist für das Wasserstoffatom

$$a_0 \approx 5.3 \times 10^{-11}\mathrm{m}, \tag{11.156}$$

während der Radius ρ_0 des Protons von der Größenordnung

$$\rho_0(\text{Proton}) \approx 1\mathrm{F} = 10^{-15}\mathrm{m} \tag{11.157}$$

ist. Indem wir diese numerischen Werte in Gl. (11.155) einsetzen, erhalten wir

$$\Delta E_{1,0} \approx 4.5 \times 10^{-10} E_\mathrm{I} \approx 6 \times 10^{-9}\,\mathrm{eV}; \tag{11.158}$$

die Korrektur ist also sehr klein.

Bei wasserstoffartigen Ionen hat der Atomkern eine Ladung $-Zq$. Wir können dann Gl. (11.146) anwenden, e^2 wird durch Ze^2 und a_0 durch $a_0(Z) = a_0/Z$ in Gl. (11.155) ersetzt, und erhalten

$$\Delta E_{1,0}(Z) = \frac{2}{5}\frac{Z^2e^2}{a_0}\left[\frac{\rho_0(A,Z)}{a_0} \times Z\right]^2, \tag{11.159}$$

worin $\rho_0(A, Z)$ der Radius des Atomkerns ist, der aus A Nukleonen (Protonen und Neutronen) besteht, von denen Z Protonen sind. In der Realität weicht die Anzahl von Nukleonen in einem Atomkern nicht viel von $2Z$ ab; außerdem drückt sich die konstante Dichte der Kernmaterie in der näherungsweisen Beziehung

$$\rho_0(A, Z) \propto A^{1/3} \propto Z^{1/3} \tag{11.160}$$

aus. Die Abhängigkeit der Energiekorrektur von Z wird dann gegeben durch

$$\Delta E_{1,0}(Z) \propto Z^{14/3} \tag{11.161}$$

oder

$$\frac{\Delta E_{1,0}(Z)}{E_{\mathrm{I}}(Z)} \propto Z^{8/3}. \tag{11.162}$$

$\Delta E_{1,0}(Z)$ ändert sich daher aufgrund einer Reihe sich ergänzender Effekte sehr stark mit Z: Wenn Z wächst, wird a_0 kleiner und ρ_0 größer. Der Volumeneffekt ist daher für schwere wasserstoffartige Ionen wesentlich größer als für Wasserstoff.

Bemerkung

Der Volumeneffekt tritt auch bei allen anderen Atomen auf. Er ist verantwortlich für die Isotopieverschiebung der Linien des Emissionsspektrums: Für zwei verschiedene Isotope desselben chemischen Elements ist die Anzahl Z der Protonen gleich, die Anzahl $A - Z$ der Neutronen jedoch verschieden; die räumlichen Verteilungen der Kernladungen unterscheiden sich somit voneinander.

Tatsächlich wird bei leichten Atomen die Isotopieverschiebung prinzipiell durch die endliche Masse des Atomkerns verursacht (s. Abschnitt 7.4.1). Dieser Effekt ist allerdings für schwere Atome (bei denen sich die reduzierte Masse nur wenig von Isotop zu Isotop ändert) klein, während der Volumeneffekt mit Z anwächst und zum dominierenden Beitrag wird.

Myonenatome

Wir haben bereits einige einfache Eigenschaften myonischer Atome untersucht (s. Abschnitte 5.5.4 und 7.4.2). Insbesondere stellten wir fest, dass ihr Bohr-Radius beträchtlich kleiner als der normaler Atome ist (der Grund dafür ist, dass die Masse des Myons etwa 207-mal so groß wie die des Elektrons ist). Der qualitativen Diskussion aus Abschnitt 11.7.1 zufolge erwarten wir daher für Myonenatome einen großen Volumeneffekt. Wir wollen ihn für zwei Grenzfälle berechnen: ein leichtes myonisches Wasserstoff- und ein schweres myonisches Bleiatom.

Das myonische Wasserstoffatom. Der Bohr-Radius ist

$$a_0(\mu^-, p^+) \approx \frac{a_0}{207}, \tag{11.163}$$

d. h. in der Größenordnung von 250 Fermi. Er ist daher bedeutend größer als ρ_0. Wenn wir in Gl. (11.155) a_0 durch $a_0/207$ ersetzen, ergibt sich

$$\Delta E_{1,0}(\mu^-, p^+) \approx 1.9 \times 10^{-5} \times E_{\mathrm{I}}(\mu^-, p^+) \approx 5 \times 10^{-2}\,\mathrm{eV}. \tag{11.164}$$

Obwohl der Volumeneffekt hier sehr viel größer ist als für das normale Wasserstoffatom, ist die Korrektur der Energieniveaus immer noch klein.

Das myonische Bleiatom. Der Bohr-Radius des myonischen Bleiatoms ist (s. Abschnitt 5.5.4, Gl. (5.160))

$$a_0(\mu^-, \mathrm{Pb}) \approx 3\,\mathrm{F} = 3 \times 10^{-15}\,\mathrm{m}. \tag{11.165}$$

Das μ^--Myon befindet sich sehr dicht am Bleikern und wird daher von den atomaren Elektronen, die sich in sehr viel größerer Entfernung bewegen, praktisch nicht abgestoßen. Wir könnten daher auf die Idee kommen, Gl. (11.146), die wir für wasserstoffartige Atome und Ionen bewiesen haben, sei in diesem Fall direkt anwendbar. Das ist allerdings nicht möglich, da der Radius des Bleikerns

$$\rho_0(\mathrm{Pb}) \approx 8.5\,\mathrm{F} = 8.5 \times 10^{-15}\,\mathrm{m} \tag{11.166}$$

ist, was im Vergleich zu $a_0(\mu^-, \mathrm{Pb})$ nicht klein ist. Gleichung (11.146) würde daher zu großen Korrekturen (mehrere MeV) führen, die von der gleichen Größenordnung wie $E_\mathrm{I}(\mu^-, \mathrm{Pb})$ sind. Wir sehen also, dass für diesen Fall der Volumeneffekt nicht länger als Störung behandelt werden kann (s. die Diskussion von Abschnitt 5.5.4). Um die Energieniveaus zu berechnen, muss man daher das Potential $V(r)$ exakt kennen und die entsprechende Schrödinger-Gleichung lösen.

Das Myon befindet sich öfter innerhalb des Atomkerns als außerhalb, d. h. nach Gl. (11.137) in einem Bereich, in dem das Potential parabolisch ist. In einer ersten Näherung könnten wir das Potential als durchgehend parabolisch annehmen (wie in Abschnitt 5.5) und die Differenz zwischen dem tatsächlichen Potential und dem parabolischen, die sich für $r \geq \rho_0$ ergibt, als Störung behandeln. Doch ist die Ausdehnung der Wellenfunktion bei diesem Potential im Verhältnis zu ρ_0 nicht klein genug, als dass die Näherung zu genauen Ergebnissen führen könnte. Die einzig gültige Methode besteht in der Lösung der Schrödinger-Gleichung für das reale Potential.

11.8 Die Variationsmethode

Die in diesem Kapitel bisher behandelte Störungstheorie ist nicht die einzige allgemeine Näherungsmethode, die auf konservative Systeme angewandt werden kann. Wir wollen hier eine andere Methode kurz beschreiben, die ebenfalls zahlreiche Anwendungen, insbesondere in der Atom- und Molekülphysik, der Kernphysik und der Festkörperphysik findet. In Abschnitt 11.8.1 gehen wir zunächst auf das Prinzip der Variationsmethode ein. Wir zeigen dann am einfachen Beispiel des eindimensionalen harmonischen Oszillators ihre grundlegenden Eigenschaften (Abschnitt 11.8.2) und diskutieren diese in Abschnitt 11.8.3. Die Abschnitte 11.9 und 11.10 wenden die Variationsmethode auf einfache Modelle an, wodurch das Verhalten von Elektronen in einem Festkörper und bei der chemischen Bindung verständlich wird.

11.8.1 Prinzip der Methode

Wir betrachten ein beliebiges physikalisches System, dessen Hamilton-Operator H zeitunabhängig ist. Um die Notation zu vereinfachen, nehmen wir an, dass das vollständige Spektrum von H diskret und nichtentartet ist:

$$H\,|\varphi_n\rangle = E_n\,|\varphi_n\rangle; \quad n = 0, 1, 2, \ldots \tag{11.167}$$

Obwohl der Hamilton-Operator H bekannt ist, trifft das für seine Eigenwerte E_n und die entsprechenden Eigenzustände $|\varphi_n\rangle$ nicht unbedingt zu. Die Variationsmethode erweist sich natürlich in den Fällen als besonders nützlich, in denen wir den Hamilton-Operator nicht exakt diagonalisieren können.

Eigenschaft des Grundzustands eines Systems

Wir wählen einen beliebigen Ketvektor $|\psi\rangle$ im Zustandsraum des Systems. Der Erwartungswert des Hamilton-Operators H ist in diesem Zustand

$$\langle H\rangle = \frac{\langle\psi\mid H\mid\psi\rangle}{\langle\psi\mid\psi\rangle} \geq E_0 \tag{11.168}$$

(E_0 ist der kleinste Eigenwert von H), wobei das Gleichheitszeichen genau dann gilt, wenn $|\psi\rangle$ ein Eigenvektor von H mit dem Eigenwert E_0 ist.

Um die Ungleichung (11.168) zu beweisen, entwickeln wir den Vektor $|\psi\rangle$ in der Basis der Eigenzustände von H:

$$|\psi\rangle = \sum_n c_n\,|\varphi_n\rangle. \tag{11.169}$$

Wir erhalten dann

$$\langle\psi\mid H\mid\psi\rangle = \sum_n |c_n|^2\,E_n \geq E_0 \sum_n |c_n|^2, \tag{11.170}$$

wobei natürlich

$$\langle\psi\mid\psi\rangle = \sum_n |c_n|^2 \tag{11.171}$$

ist; somit ist die Beziehung (11.168) gezeigt. Damit aus Ungleichung (11.170) eine Gleichung wird, ist es notwendig und hinreichend, dass alle Koeffizienten c_n mit Ausnahme von c_0 verschwinden; dann ist $|\psi\rangle$ ein Eigenvektor von H mit dem Eigenwert E_0.

Diese Eigenschaft stellt die Grundlage für die näherungsweise Bestimmung von E_0 dar. Wir wählen (theoretisch beliebig, in der Praxis aber physikalisch sinnvoll) eine Menge von Ketvektoren $|\psi(\alpha)\rangle$, die von einer gewissen Zahl von Parametern abhängen, die wir durch α symbolisieren. Wir berechnen den Erwartungswert $\langle H\rangle(\alpha)$ des Hamilton-Operators H in diesen Zuständen und minimieren dann $\langle H\rangle(\alpha)$ hinsichtlich der Parameter α. Der so erhaltene Wert stellt eine Näherung für die Grundzustandsenergie E_0 des Systems dar. Die Vektoren $|\psi(\alpha)\rangle$ bezeichnet man als *Vergleichsvektoren*, und die Methode selbst als *Variationsmethode*.

Bemerkung
Der vorstehende Beweis lässt sich leicht auf Fälle verallgemeinern, in denen das Spektrum von H entartet ist oder einen kontinuierlichen Anteil enthält.

Verallgemeinerung: Das Ritzsche Theorem

Wir wollen zeigen, dass allgemein der Erwartungswert des Hamilton-Operators H in der Umgebung seiner diskreten Eigenwerte stationär ist.

Wir betrachten den Erwartungswert von H im Zustand $|\psi\rangle$

$$\langle H \rangle = \frac{\langle \psi \mid H \mid \psi \rangle}{\langle \psi \mid \psi \rangle} \tag{11.172}$$

als Funktional des Zustandsvektors $|\psi\rangle$ und berechnen seine Variation $\delta\langle H \rangle$, wenn $|\psi\rangle$ in $|\psi\rangle + |\delta\psi\rangle$ übergeht, wobei $|\delta\psi\rangle$ als infinitesimal klein angenommen wird. Dazu ist es hilfreich, Gl. (11.172) in der Form

$$\langle H \rangle \langle \psi \mid \psi \rangle = \langle \psi \mid H \mid \psi \rangle \tag{11.173}$$

zu schreiben und beide Seiten dieser Gleichung zu differenzieren:

$$\langle \psi \mid \psi \rangle \delta \langle H \rangle + \langle H \rangle \left[\langle \psi \mid \delta\psi \rangle + \langle \delta\psi \mid \psi \rangle \right] = \langle \psi \mid H \mid \delta\psi \rangle + \langle \delta\psi \mid H \mid \psi \rangle . \tag{11.174}$$

Damit wird, da $\langle H \rangle$ eine Zahl ist,

$$\langle \psi \mid \psi \rangle \delta \langle H \rangle = \langle \psi \,|\, [H - \langle H \rangle] \,|\, \delta\psi \rangle + \langle \delta\psi \,|\, [H - \langle H \rangle] \,|\, \psi \rangle . \tag{11.175}$$

Der Erwartungswert $\langle H \rangle$ ist stationär, wenn

$$\delta \langle H \rangle = 0 \tag{11.176}$$

gilt, was nach Gl. (11.175) heißt

$$\langle \psi \,|\, [H - \langle H \rangle] \,|\, \delta\psi \rangle + \langle \delta\psi \,|\, [H - \langle H \rangle] \,|\, \psi \rangle = 0. \tag{11.177}$$

Wir setzen

$$|\varphi\rangle = [H - \langle H \rangle] \,|\psi\rangle , \tag{11.178}$$

womit Gl. (11.177) lautet

$$\langle \varphi \,|\, \delta\psi \rangle + \langle \delta\psi \,|\, \varphi \rangle = 0. \tag{11.179}$$

Diese Beziehung muss für jeden beliebigen infinitesimalen Vektor $|\delta\psi\rangle$ erfüllt sein. Wählen wir insbesondere

$$|\delta\psi\rangle = \delta\lambda \,|\varphi\rangle \tag{11.180}$$

(worin $\delta\lambda$ eine infinitesimale reelle Zahl ist), wird Gl. (11.179) zu

$$2\langle \varphi \,|\, \varphi \rangle \delta\lambda = 0. \tag{11.181}$$

Die Norm des Vektors $|\varphi\rangle$ ist somit null, und folglich muss $|\varphi\rangle$ gleich null sein. Nach Definition (11.178) bedeutet das

$$H\,|\psi\rangle = \langle H\rangle\,|\psi\rangle. \tag{11.182}$$

Der Erwartungswert $\langle H\rangle$ ist also genau dann stationär, wenn der Zustandsvektor $|\psi\rangle$ ein Eigenvektor von H ist und die stationären Werte von H die Eigenwerte des Hamilton-Operators sind.

Die Variationsmethode kann somit verallgemeinert und für die näherungsweise Bestimmung der Eigenwerte des Hamilton-Operators H benutzt werden. Wenn die Funktion $\langle H\rangle(\alpha)$, die sich aus den Vergleichsvektoren $|\psi(\alpha)\rangle$ ergibt, mehrere Extrema hat, so liefern diese die Näherungswerte mehrerer Energien E_n (s. Aufgabe 10 in Abschnitt 11.11).

Spezialfall: Unterraum aus Vergleichsfunktionen

Wir wählen nun für die Menge der zu einem Unterraum $\mathcal{F}$ von $\mathcal{H}$ gehörenden Vektoren Vergleichsvektoren. In diesem Fall reduziert sich die Variationsmethode auf die Lösung der Eigenwertgleichung des Hamilton-Operators H in $\mathcal{F}$, und nicht mehr in ganz $\mathcal{H}$.

Um das einzusehen, folgen wir der Überlegung des obigen Unterabschnitts, beschränken uns aber auf die Vektoren $|\psi\rangle$ des Unterraums $\mathcal{F}$. Die Maxima und Minima von $\langle H\rangle$, charakterisiert durch $\delta\langle H\rangle = 0$, erhält man, wenn $|\psi\rangle$ ein Eigenvektor von H in $\mathcal{F}$ ist. Die entsprechenden Eigenwerte stellen die Approximation für die wahren Eigenwerte von H in $\mathcal{H}$ dar.

Durch die Einschränkung der Eigenwertgleichung von H auf einen Unterraum $\mathcal{F}$ des Zustandsraums $\mathcal{H}$ lässt sich ihre Lösung beträchtlich vereinfachen. Wenn allerdings $\mathcal{F}$ schlecht gewählt ist, kann das Ergebnis stark von den richtigen Eigenwerten und Eigenvektoren von H in $\mathcal{H}$ abweichen (s. Abschnitt 11.8.3). Der Unterraum $\mathcal{F}$ muss also so gewählt werden, dass sich das Problem genügend vereinfacht, ohne aber die physikalische Realität zu sehr zu verfälschen. In bestimmten Fällen ist es möglich, die Untersuchung eines komplexen Systems auf die eines Zwei-Zustand-Systems zu reduzieren (s. Kapitel 4), oder zumindest auf ein System mit einer beschränkten Anzahl von Zuständen. Ein anderes wichtiges Beispiel für diese Vorgehensweise ist die Methode der *linearen Überlagerung von Atomorbitalen*, die in der Molekülphysik breite Verwendung findet. Diese Methode besteht im Wesentlichen (s. Abschnitt 11.10) darin, dass man die Wellenfunktionen der Elektronen in einem Molekül in Form einer linearen Überlagerung der isoliert betrachteten Eigenfunktionen der zu den einzelnen, zum Molekül gehörenden Atome bestimmt. Die Suche nach molekularen Zuständen wird somit auf einen Unterraum eingeschränkt, wobei physikalische Kriterien angewendet werden. Analog wählen wir in Abschnitt 11.9 eine Linearkombination von atomaren Orbitalen der verschiedenen, einen Festkörper bildenden Ionen als Vergleichsfunktionen für ein Elektron in diesem Festkörper.

Bemerkung

Die Störungstheorie erster Ordnung ist in diesem Spezialfall der Variationsmethode enthalten: $\mathcal{F}$ ist dann ein Eigenraum des ungestörten Hamilton-Operators H_0.

11.8.2 Anwendung auf ein einfaches Beispiel

Zur Erläuterung der obigen Diskussion und um einen Eindruck von der Gültigkeit der mit der Variationsmethode erhaltenen Näherungen zu gewinnen, wollen wir sie auf den eindimensionalen harmonischen Oszillator anwenden, dessen Eigenwerte und Eigenvektoren wir bereits kennen (s. Kapitel 5). Wir betrachten den Hamilton-Operator

$$H = -\frac{\hbar^2}{2m}\frac{\mathrm{d}^2}{\mathrm{d}x^2} + \frac{1}{2}m\omega^2 x^2 \tag{11.183}$$

und lösen seine Eigenwertgleichung näherungsweise mit Hilfe der Variationsmethode.

Exponentielle Vergleichsfunktionen

Da der Hamilton-Operator (11.183) gerade ist, kann man leicht zeigen, dass sein Grundzustand notwendig durch eine gerade Wellenfunktion beschrieben wird. Um die Eigenschaften dieses Grundzustands zu bestimmen, wählen wir daher gerade Vergleichsfunktionen. Wir nehmen z. B. die einparametrige Familie von Funktionen

$$\psi_\alpha(x) = \mathrm{e}^{-\alpha x^2}; \quad \alpha > 0. \tag{11.184}$$

Das Quadrat der Norm des Ketvektors $|\psi_\alpha\rangle$ ist

$$\langle\psi_\alpha \mid \psi_\alpha\rangle = \int_{-\infty}^{+\infty} \mathrm{d}x\, \mathrm{e}^{-2\alpha x^2}, \tag{11.185}$$

und wir finden

$$\begin{aligned}\langle\psi_\alpha \mid H \mid \psi_\alpha\rangle &= \int_{-\infty}^{+\infty} \mathrm{d}x\, \mathrm{e}^{-\alpha x^2}\left[-\frac{\hbar^2}{2m}\frac{\mathrm{d}^2}{\mathrm{d}x^2} + \frac{1}{2}m\omega^2 x^2\right]\mathrm{e}^{-\alpha x^2} \\ &= \left[\frac{\hbar^2}{2m}\alpha + \frac{1}{8}m\omega^2\frac{1}{\alpha}\right]\int_{-\infty}^{+\infty} \mathrm{d}x\, \mathrm{e}^{-2\alpha x^2},\end{aligned} \tag{11.186}$$

so dass also

$$\langle H\rangle(\alpha) = \frac{\hbar^2}{2m}\alpha + \frac{1}{8}m\omega^2\frac{1}{\alpha}. \tag{11.187}$$

Die Ableitung der Funktion $\langle H\rangle(\alpha)$ verschwindet für

$$\alpha = \alpha_0 = \frac{1}{2}\frac{m\omega}{\hbar}, \tag{11.188}$$

wobei dann gilt

$$\langle H\rangle(\alpha_0) = \frac{1}{2}\hbar\omega. \tag{11.189}$$

Der minimale Wert von $\langle H\rangle(\alpha)$ ist also genau gleich der Energie des Grundzustands des harmonischen Oszillators. Dieses Ergebnis ergibt sich aufgrund der Einfachheit des Problems: Die Wellenfunktion des Grundzustands entspricht zufälligerweise genau einer der Funktionen der Familie von Vergleichsfunktionen (11.184), nämlich derjenigen zum

Wert (11.188) für den Parameter α. Die Variationsmethode ergibt also für diesen Fall die exakte Lösung des Problems (ein Beispiel für das zu Beginn von Abschnitt 11.8.1 bewiesene Theorem).

Wenn wir den ersten angeregten Zustand E_1 des Hamilton-Operators (11.183) berechnen wollen (theoretisch näherungsweise), sollten wir Vergleichsfunktionen wählen, die orthogonal zu der Wellenfunktion des Grundzustands sind. Das ergibt sich aus der Diskussion zu Beginn von Abschnitt 11.8.1, die zeigt, dass $\langle H \rangle$ statt E_0 die untere Grenze E_1 hat, wenn der Koeffizient c_0 verschwindet. Wir wählen also eine Familie von ungeraden Funktionen als Vergleichsfunktionen:

$$\psi_\alpha(x) = x\,\mathrm{e}^{-\alpha x^2}. \tag{11.190}$$

In diesem Fall ist

$$\langle \psi_\alpha \mid \psi_\alpha \rangle = \int_{-\infty}^{+\infty} \mathrm{d}x\, x^2\, \mathrm{e}^{-2\alpha x^2} \tag{11.191}$$

und

$$\langle \psi_\alpha \mid H \mid \psi_\alpha \rangle = \left[\frac{\hbar^2}{2m} 3\alpha + \frac{1}{2} m\omega^2 \frac{3}{4\alpha}\right] \int_{-\infty}^{+\infty} \mathrm{d}x\, x^2\, \mathrm{e}^{-2\alpha x^2}, \tag{11.192}$$

woraus sich

$$\langle H \rangle(\alpha) = \frac{3\hbar^2}{2m}\alpha + \frac{3}{8} m\omega^2 \frac{1}{\alpha} \tag{11.193}$$

ergibt. Diese Funktion nimmt für denselben Wert wie oben (Gl. (11.188)) ein Minimum mit dem Wert

$$\langle H \rangle(\alpha_0) = \frac{3}{2}\hbar\omega \tag{11.194}$$

an. Wir finden hier wieder exakt die Energie E_1 mit dem zugehörigen Eigenzustand, weil die Familie von Vergleichsfunktionen die richtige Wellenfunktion enthält.

Rationale Wellenfunktionen

Durch die obige Rechnung sind wir mit der Variationsmethode ein wenig vertrauter geworden, ohne dass wir jedoch ihre Effizienz als Näherungsmethode abschätzen konnten, da die gewählte Familie von Vergleichsfunktionen jeweils die exakte Wellenfunktion enthielt. Daher wollen wir jetzt Vergleichsfunktionen einer völlig anderen Art wählen, z. B.[21]

$$\psi_a(x) = \frac{1}{x^2 + a}; \quad a > 0. \tag{11.195}$$

Eine einfache Rechnung ergibt dann

$$\langle \psi_a \mid \psi_a \rangle = \int_{-\infty}^{+\infty} \frac{\mathrm{d}x}{(x^2 + a)^2} = \frac{\pi}{2a\sqrt{a}} \tag{11.196}$$

[21] Unsere Wahl wird hier von dem Wunsch bestimmt, dass die Integrale analytisch berechenbar sind. In realen Fällen wird man natürlich meist numerisch integrieren müssen.

und schließlich

$$\langle H\rangle(a) = \frac{\hbar^2}{4m}\frac{1}{a} + \frac{1}{2}m\omega^2 a. \tag{11.197}$$

Die Funktion nimmt ihren kleinsten Wert für

$$a = a_0 = \frac{1}{\sqrt{2}}\frac{\hbar}{m\omega} \tag{11.198}$$

an und ist gleich

$$\langle H\rangle(a_0) = \frac{1}{\sqrt{2}}\hbar\omega. \tag{11.199}$$

Dieses Minimum ist somit gleich dem $\sqrt{2}$-fachen der exakten Grundzustandsenergie $\hbar\omega/2$. Um den sich ergebenden Fehler zu quantifizieren, können wir das Verhältnis von $\langle H\rangle(a_0) - \hbar\omega/2$ und dem Energiequant $\hbar\omega$ bilden:

$$\frac{\langle H\rangle(a_0) - \hbar\omega/2}{\hbar\omega} = \frac{\sqrt{2}-1}{2} \approx 20\%. \tag{11.200}$$

11.8.3 Diskussion

Wie das vorstehende Beispiel zeigt, lässt sich die Grundzustandsenergie eines Systems leicht ohne großen Fehler bestimmen, wenn man von beliebig gewählten Vergleichsvektoren ausgeht. Das ist einer der grundlegenden Vorteile der Variationsmethode. Da der exakte Eigenwert ein Minimum des Erwartungswerts $\langle H\rangle$ ist, überrascht es nicht, dass sich $\langle H\rangle$ in der Nähe dieses Minimums nicht stark verändert.

Andererseits zeigt dasselbe Beispiel, dass sich der „genäherte" Zustand recht deutlich von dem exakten Eigenzustand unterscheiden kann. In dem obigen Beispiel fällt die Wellenfunktion $1/(x^2+a_0)$ (wobei a_0 durch Gl. (11.198) gegeben ist) für kleine x zu schnell ab, während sie für große x viel zu langsam abfällt. In Tab.11.1 geben wir zu dieser qualitativen Aussage die quantitativen Werte an: Für verschiedene Werte von x^2 sind die Werte der exakten normierten Eigenfunktion

$$\psi_0(x) = (2\alpha_0/\pi)^{1/4}\,\mathrm{e}^{-\alpha_0 x^2}$$

(wobei α_0 durch Gl. (11.188) definiert ist) und der normierten genäherten Eigenfunktion

$$\sqrt{\frac{2}{\pi}}(a_0)^{3/4}\psi_{a_0}(x) = \sqrt{\frac{2}{\pi}}\frac{(a_0)^{3/4}}{x^2+a_0} = \sqrt{\frac{2}{\pi}}\left(2\alpha_0\sqrt{2}\right)^{1/4}\frac{1}{1+2\alpha_0\sqrt{2}\,x^2} \tag{11.201}$$

angegeben.

Tab. 11.1

$x\sqrt{\alpha_0}$	$\left(\frac{2}{\pi}\right)^{1/4} \mathrm{e}^{-\alpha_0 x^2}$	$\sqrt{\frac{2}{\pi}} \frac{(2\sqrt{2})^{1/4}}{1+2\alpha_0\sqrt{2}\,x^2}$
0	0.893	1.034
1/2	0.696	0.605
1	0.329	0.270
3/2	0.094	0.140
2	0.016	0.083
5/2	0.002	0.055
3	0.0001	0.039

Man muss also große Vorsicht walten lassen, wenn man für die Berechnung anderer physikalischer Größen als der Energie vom Näherungszustand ausgeht, den man mit der Variationsmethode erhalten hat. Die Gültigkeit des Ergebnisses hängt stark von der betrachteten physikalischen Größe ab. In dem hier behandelten speziellen Problem weicht z. B. der genäherte Erwartungswert des Operators X^2 nicht wesentlich von seinem exakten Wert ab:[22]

$$\frac{\langle \psi_{a_0} \mid X^2 \mid \psi_{a_0} \rangle}{\langle \psi_{a_0} \mid \psi_{a_0} \rangle} = \frac{1}{\sqrt{2}} \frac{\hbar}{m\omega}, \tag{11.202}$$

was mit $\hbar/2m\omega$ verglichen werden muss. Andererseits ist der Erwartungswert von X^4 für die Wellenfunktionen (11.201) unendlich, während er natürlich für die richtigen Wellenfunktionen endlich ist. Allgemeiner können wir Tab. 11.1 entnehmen, dass die Näherung für alle Eigenschaften sehr schlecht sein wird, die stark von dem Verhalten der Wellenfunktion für $x \geq 2/\sqrt{\alpha_0}$ abhängen.

Der soeben angesprochene Nachteil ist umso gravierender, als es sehr schwierig wenn nicht unmöglich ist, den Fehler einer Variationsrechnung zu bestimmen, ohne die exakte Lösung des Problems zu kennen (und natürlich verwenden wir die Variationsmethode, weil wir diese exakte Lösung nicht kennen).

Die Variationsmethode ist somit eine sehr flexible Näherungsmethode, die auf sehr spezielle Probleme zugeschnitten werden kann und die der physikalischen Intuition bei der Wahl der Vergleichsfunktionen großen Spielraum lässt. Man erhält gute Werte für die Energie, aber die genäherten Zustandsvektoren können einige unvorhersehbare fehlerhafte Eigenschaften aufweisen, und wir haben keine Möglichkeit zur Überprüfung dieser Fehler. Die Methode ist daher besonders wertvoll, wenn wir anhand physikalischer Überlegungen die qualitative oder halbqualitative Form der Lösungen erschließen können.

[22] Der Erwartungswert von X ist automatisch gleich null, wie auch aus unserer Wahl von geraden Vergleichsfunktionen folgt.

11.9 Energiebänder im Festkörper

Ein Kristall besteht aus einer extrem großen Anzahl von Atomen, die in einem dreidimensionalen periodischen Gitter regelmäßig angeordnet sind. Die exakte theoretische Beschreibung eines derart komplexen Systems ist offensichtlich unmöglich, so dass man grundsätzlich zu Näherungen gezwungen ist.

Die erste ist vom selben Typ wie die Born-Oppenheimer-Näherung, der wir bereits in Abschnitt 5.5.1 begegnet sind. Man setzt zunächst voraus, dass die Atomkerne an ihren Gitterplätzen ruhen, bestimmt unter dieser Voraussetzung die stationären Elektronenzustände, um erst dann die Kernbewegung zu berücksichtigen.[23] In diesem Abschnitt wollen wir uns nur mit dem ersten Schritt dieser Rechnung befassen.

Das Problem bleibt trotzdem äußerst verwickelt: Man muss nämlich die Energien eines Systems von Elektronen bestimmen, die sowohl der Wechselwirkung mit den Kernen (sie wird durch ein periodisches Potential beschrieben) als auch der gegenseitigen Wechselwirkung unterworfen sind. Daher wird eine weitere Näherung eingeführt: Man nimmt an, dass jedes Elektron am Ort $\boldsymbol{r}_i$ dem Einfluss eines Potentials $V(\boldsymbol{r}_i)$ unterliegt, das sowohl die von den Atomkernen ausgeübte Anziehung als auch den mittleren Abstoßungseffekt durch die anderen Elektronen berücksichtigt.[24] Auf diese Weise gelangt man zu einem Problem, bei dem sich unabhängige Teilchen in einem Potential mit der Periodizität des Kristallgitters bewegen.

Man könnte nun zunächst vermuten, dass wie bei isolierten Atomen jedes Elektron an einen bestimmten Kern gebunden bleibt. Tatsächlich ergibt sich aber eine gänzlich andere Situation. Durch den Tunneleffekt kann ein Elektron in den anziehenden Bereich des benachbarten Kerns gelangen, von dort dann zum nächsten Kern usw., selbst wenn es anfänglich zu einem bestimmten Kern gehörte. Die stationären Zustände sind nicht mehr in der Umgebung eines Kerns lokalisiert, sondern vollständig delokalisiert: Die Wahrscheinlichkeitsdichte verteilt sich gleichmäßig über alle Kerne.[25] Befindet sich ein Elektron in einem periodischen Potential, so erinnern seine Eigenschaften eher an ein Elektron, das sich frei im Kristall bewegen kann und nicht an ein spezielles Atom gebunden ist. In der klassischen Mechanik gibt es dieses Phänomen nicht: Hier würde ein Teilchen beim Durchqueren des Kristalls seine Richtung ständig ändern (z. B. in der Nähe eines Ions). In der Quantenmechanik bestimmen die Interferenzen der an den Kernen gestreuten Wellen die Ausbreitung eines Elektrons im Kristallinneren.

In Abschnitt 11.9.1 wollen wir uns qualitativ überlegen, wie die Energieniveaus isolierter Atome modifiziert werden, wenn die Atome allmählich dichter zusammenrücken, um eine lineare Kette zu bilden. Wir werden dann in Abschnitt 11.9.2 die Energien und Wellenfunktionen der stationären Zustände genauer berechnen, indem wir uns weiterhin auf eine lineare Kette beschränken. Die Rechnung wird mit der Näherungsmethode der

---

[23] Die Behandlung der Bewegung der Atomkerne führt zur Einführung der Schwingungs-Normalmoden des Kristalls, der Phononen (s. Abschnitt 5.13).

[24] Diese Näherung ist von der Art der Zentralfeld-Näherung für isolierte Atome (s. Abschnitt 14.5.1).

[25] Dabei handelt es sich um ein Phänomen, dem wir ähnlich bereits beim Ammoniakmolekül begegnet sind (s. Abschnitt 4.10): Das Stickstoffatom kann über den Tunneleffekt von der einen Seite der Ebene, in denen die Wasserstoffatome liegen, auf die andere Seite gelangen; die stationären Zustände liefern für beide Positionen die gleiche Wahrscheinlichkeit.

starken Bindung durchgeführt: Wenn sich das Elektron an einer bestimmten Stelle befindet, kann es durch den Tunneleffekt nur zu einem der beiden nächsten Nachbarn gelangen. Man setzt in dieser Näherung der starken Bindung also voraus, dass die Wahrscheinlichkeit für diesen Übergang nur gering ist. Wir werden auf diese Weise eine Reihe von Ergebnissen erhalten (die Delokalisierung der stationären Zustände, das Auftreten erlaubter und verbotener Energiebänder, die Form der Bloch-Funktionen), die auch in realistischeren Modellen gültig bleiben (dreidimensionale Kristalle, Bindungen beliebiger Stärke).

Der „störungstheoretische“ Zugang, den wir hier anwenden wollen, konstruiert die stationären Zustände der Elektronen aus atomaren Wellenfunktionen, die an den verschiedenen Ionen lokalisiert sind. Er hat den Vorteil, den allmählichen Übergang von den atomaren Niveaus zu den Energiebändern des Kristalls aufzuzeigen. Allerdings lässt sich die Existenz von Energiebändern bereits direkt aus der periodischen Struktur des Potentials folgern, in dem sich das Elektron befindet (s. z. B. Abschnitt 3.19, wo die Quantisierung der Energieniveaus eines eindimensionalen periodischen Potentials untersucht wird).

Schließlich weisen wir darauf hin, dass wir hier nur auf die Eigenschaften der einzelnen stationären Zustände der Elektronen eingehen. Zur Konstruktion der stationären Zustände eines Systems aus N Elektronen muss man das Symmetrisierungspostulat anwenden (s. Kapitel 14), weil man es mit einem System identischer Teilchen zu tun hat. Wir werden auf dieses Problem in Abschnitt 14.7 zurückkommen, wenn wir auf die Bedeutung des Ausschließungsprinzips von Pauli für das physikalische Verhalten von Festkörperelektronen eingehen.

11.9.1 Ein erster Zugang: qualitative Diskussion

Wir kehren zum Beispiel des ionisierten H_2^+-Moleküls zurück, das wir in den Abschnitten 4.3.2 und 4.3.3 bereits untersucht haben. Wir betrachten also zwei im Abstand R voneinander ruhende Protonen P_1 und P_2 und ein Elektron, das einem Potential $V(\boldsymbol{r})$ wie in Abb. 11.13 unterliegt. Wir suchen nach den erlaubten Energien und den zugehörigen stationären Zuständen in Abhängigkeit vom Parameter R.

Man beginnt mit der Betrachtung des Grenzfalls $R \gg a_0$ (a_0 ist der Bohr-Radius des Wasserstoffatoms). Der Grundzustand ist dann zweifach entartet: Das Elektron kann entweder mit P_1 oder mit P_2 ein Wasserstoffatom bilden, das von der Anziehung des weit entfernten anderen Protons praktisch nicht beeinflusst wird. Anders ausgedrückt ist die Kopplung zwischen den in Kapitel 4 behandelten Zuständen $|\varphi_1\rangle$ und $|\varphi_2\rangle$ (lokalisierte Zustände in der Nähe von P_1 oder P_2; s. Abb. 4.13) vernachlässigbar, so dass $|\varphi_1\rangle$ und $|\varphi_2\rangle$ als stationäre Zustände angesehen werden können.

Wählen wir jetzt einen Wert von R, der mit a_0 vergleichbar ist, so ist es nicht mehr möglich, die Anziehung durch eines der beiden Protonen zu vernachlässigen. Befindet sich das Elektron zur Zeit $t = 0$ in der Nähe des einen Protons, kann es aufgrund des Tunneleffekts selbst dann, wenn seine Energie niedriger als die Höhe der Potentialbarriere zwischen P_1 und P_2 ist (s. Abb. 11.13), zu dem anderen Proton überwechseln. In Kapitel 4 haben wir die Kopplung zwischen den Zuständen $|\varphi_1\rangle$ und $|\varphi_2\rangle$ untersucht und gezeigt, dass sie zu einer Oszillation des Systems zwischen diesen beiden Zuständen führt (dynamischer Aspekt). Ebenso haben wir gesehen (statischer Effekt), dass diese Kopplung die Entartung des Grundzustands aufhebt und dass die entsprechenden stationären Zustände

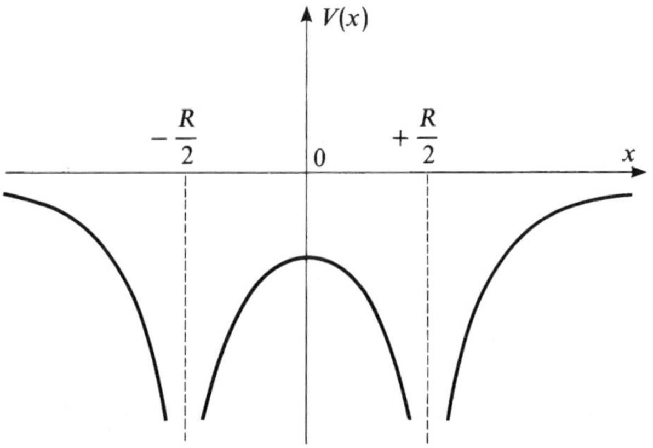

Abb. 11.13 Potential, das das Elektron in einem ionisierten H_2^+-Molekül spürt, wenn es sich auf der durch die Lage der beiden Protonen definierten x-Achse bewegt. Es ergeben sich zwei Potentialtöpfe, die durch eine Barriere getrennt sind. Ist zu einem beliebigen Zeitpunkt das Elektron in einem der beiden Töpfe lokalisiert, kann es aufgrund des Tunneleffekts in den anderen gelangen.

delokalisiert sind (für diese Zustände ist die Wahrscheinlichkeit, das Elektron in der Nähe von P_1 und P_2 zu finden, gleich). In Abb. 11.14 ist der Verlauf der erlaubten Energien des Systems in Abhängigkeit von R dargestellt.[26]

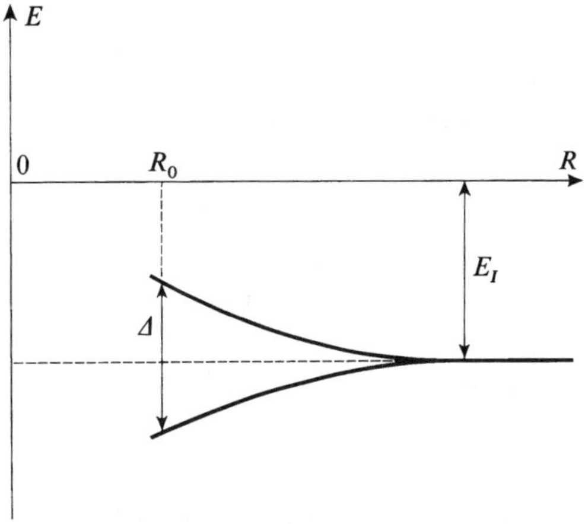

Abb. 11.14 Verlauf der Energie der stationären Zustände in Abhängigkeit vom Abstand R der beiden Protonen des H_2^+-Ions. Für große R liegen zwei entartete Zustände der Energie $-E_\text{I}$ vor. Bei kleiner werdendem R wird diese Entartung aufgehoben; je kleiner R ist, desto größer die Aufspaltung.

[26] Eine detaillierte Untersuchung des H_2^+-Ions wird in Abschnitt 11.10 durchgeführt.

Zwei Effekte treten auf, wenn der Abstand R zwischen P_1 und P_2 verkleinert wird. Zum einen entstehen aus der Energie für $R \to \infty$ mit kleiner werdendem R zwei unterschiedliche Energien (die Differenz zwischen diesen beiden Energien ist bei festem Wert R_0 umso größer, je stärker die Kopplung zwischen den Zuständen $|\varphi_1\rangle$ und $|\varphi_2\rangle$ ist), und zum anderen sind die stationären Zustände delokalisiert.

Man kann sich leicht vorstellen, wie sich ein Elektron unter dem Einfluss von drei identischen anziehenden Teilchen verhält, die sich z. B. auf einer Linie im Abstand R voneinander befinden: Wenn R sehr groß ist, sind die Energieniveaus dreifach entartet, und die stationären Zustände des Elektrons sind in der Nähe eines Teilchens lokalisiert. Wird R verringert, so entstehen aus jedem Niveau drei im Allgemeinen verschiedene Niveaus, und man hat vergleichbare Wahrscheinlichkeiten, das Elektron in einem der drei Potentialtöpfe zu finden. Außerdem bewegt sich das Elektron, das anfangs z. B. im rechten Potentialtopf lokalisiert war, in die anderen Töpfe (s. Aufgabe 8 in Abschnitt 4.12).

Dieselben Überlegungen bleiben auch für eine Kette aus einer beliebigen Anzahl $\mathcal{N}$ von anziehenden Ionen gültig. Das vom Elektron gespürte Potential besteht nun aus $\mathcal{N}$ räumlich regelmäßig angeordneten identischen Potentialtöpfen (im Limes $\mathcal{N} \to \infty$ handelt es sich um ein periodisches Potential). Solange der Abstand R zwischen den Ionen groß ist, sind die Energieniveaus $\mathcal{N}$-fach entartet. Diese Entartung wird aufgehoben, wenn die Ionen dichter zusammengeführt werden: Jedes Niveau spaltet sich in verschiedene Niveaus auf, die, wie in Abb. 11.15 dargestellt, in einem Energieintervall der Breite Δ liegen.

Was geschieht nun, wenn der Wert von $\mathcal{N}$ sehr groß ist? Die erlaubten Energien liegen dann in jedem Intervall Δ so dicht, dass sie praktisch ein Kontinuum bilden: Es ergeben sich *erlaubte Energiebänder*, die durch *verbotene Bänder* getrennt werden. Jedes erlaubte Band enthält $\mathcal{N}$ Niveaus (in Wirklichkeit $2\mathcal{N}$, wenn man den Spin des Elektrons mit in Betracht zieht). Je stärker die Kopplung ist, die das Elektron von einem Potentialtopf zum nächsten wandern lässt, desto größer ist die Breite des Bands. (Folglich erwarten wir, dass die niedrigsten Energiebänder am schmalsten sind, da der Tunneleffekt, der für den Übergang verantwortlich ist, bei kleineren Energien weniger wahrscheinlich ist.) Die stationären Zustände des Elektrons sind alle delokalisiert. Das Analogon zu Abb. 3.26 (Abschnitt 3.17) wird durch Abb. 11.16 gegeben, in der die Energieniveaus dargestellt sind und ein Eindruck von der räumlichen Ausdehnung der entsprechenden Wellenfunktionen gegeben wird. Schließlich stellen wir fest, dass sich das Elektron längs der Kette fortbewegt, falls es sich anfänglich an einem Ende befand.

11.9.2 Genauere Untersuchung an einem einfachen Modell

Berechnung der Energien und der stationären Zustände

Zur Vervollständigung der qualitativen Überlegungen im vorigen Abschnitt wollen wir ein einfaches Modell genauer untersuchen. Die Rechnungen werden analog zu denen aus Abschnitt 4.3 sein, allerdings auf ein System verallgemeinert, das aus einer unendlichen Anzahl von Ionen besteht (anstatt aus zwei Ionen), die regelmäßig in einer linearen Kette angeordnet sind.

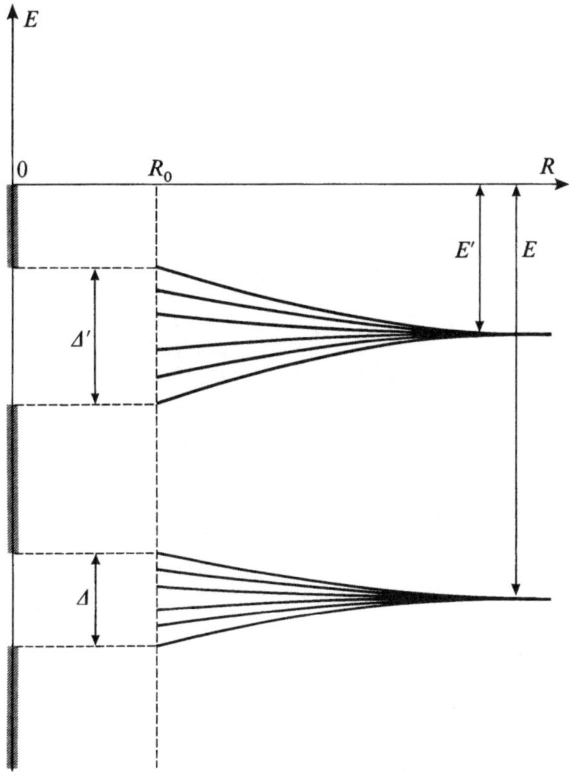

Abb. 11.15 Energieniveaus eines Elektrons unter dem Einfluss $\mathcal{N}$ regelmäßig angeordneter identischer Ionen. Wenn R sehr groß ist, sind die Wellenfunktionen an einem der zahlreichen Ionen lokalisiert, die Energieniveaus entsprechen den atomaren Niveaus und sind $\mathcal{N}$-fach entartet (das Elektron kann mit jedem der $\mathcal{N}$ Ionen ein Atom bilden). In der Abbildung sind zwei solche Niveaus mit den Energien $-E$ bzw. $-E'$ dargestellt. Wenn R kleiner wird, kann das Elektron über den Tunneleffekt von einem Ion zum nächsten wandern, und die Entartung der Niveaus wird aufgehoben. Je kleiner R ist, umso größer ist die Aufspaltung. Für den speziellen Wert R_0 werden die beiden ursprünglich atomaren Niveaus somit in $\mathcal{N}$ sehr dicht beieinander liegende Niveaus aufgespalten. Wenn $\mathcal{N}$ sehr groß ist, liegen sie so dicht beinander, dass sie Energiebänder der Breiten Δ bzw. Δ' ergeben, die durch ein verbotenes Band getrennt sind.

Beschreibung des Modells; vereinfachende Annahmen. Wir betrachten eine unendliche lineare Kette regelmäßig angeordneter positiver Ionen. Wie in Kapitel 4 nehmen wir an, dass das Elektron, wenn es an ein bestimmtes Ion gebunden ist, nur einen möglichen Zustand besitzt; den Zustand des Elektrons, wenn es mit dem n-ten Ion der Kette ein Atom bildet, wollen wir mit $|v_n\rangle$ bezeichnen. Der Einfachheit halber vernachlässigen wir die gegenseitige Überlappung der Wellenfunktionen $v_n(x)$ benachbarter Atome. Wir nehmen die $\{|v_n\rangle\}$-Basis als orthonormal an:

$$\langle v_n|v_p\rangle = \delta_{np}. \tag{11.203}$$

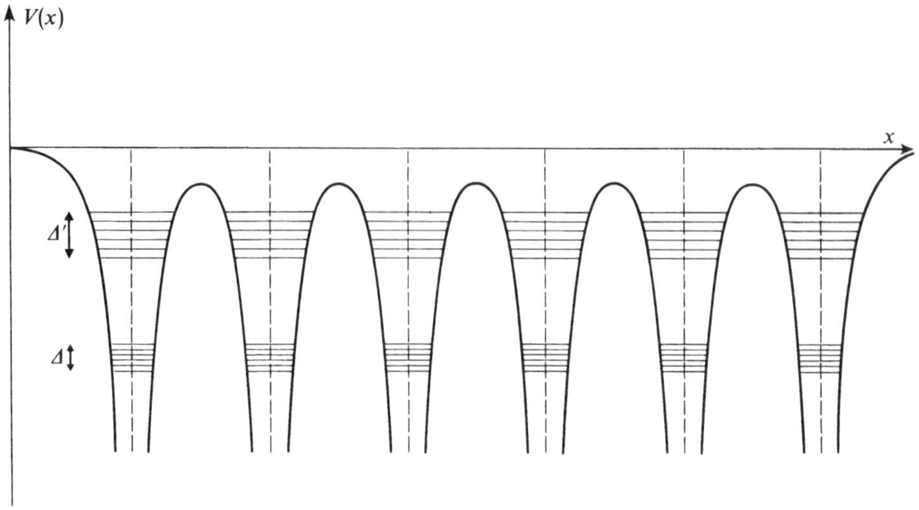

Abb. 11.16 Energieniveaus eines Potentials aus mehreren regelmäßig angeordneten Potentialtöpfen. In der Abbildung sind zwei Bänder mit der Breite Δ und Δ' dargestellt. Je tiefer das Band liegt, umso schmaler ist es, da das Durchtunneln der Barriere dann schwieriger ist.

Außerdem beschränken wir uns auf den Unterraum des Zustandsraums, der durch die Vektoren $|v_n\rangle$ aufgespannt wird. Diese Näherung kann man mit Hilfe der Variationsmethode rechtfertigen (s. Abschnitt 11.8): Diagonalisiert man den Hamilton-Operator H nicht im gesamten Raum, sondern in dem durch die $|v_n\rangle$ aufgespannten Raum, lässt sich zeigen, dass sich für die wirklichen Energien des Elektrons eine gute Näherung ergibt.

Wir betrachten nun die Darstellungsmatrix des Hamilton-Operators in der $\{|v_n\rangle\}$-Basis. Die Diagonalelemente $\langle v_n|H|v_n\rangle$ sind gleich, weil alle Ionen dieselbe Rolle spielen. Die Nichtdiagonalelemente $\langle v_n|H|v_p\rangle$ (mit denen die Kopplung zwischen den verschiedenen Zuständen $|v_n\rangle$, also die Möglichkeit ausgedrückt wird, dass das Elektron von einem Ion zum andern gelangen kann) sind für weit voneinander entfernte Ionen offensichtlich sehr klein, so dass wir nur die Matrixelemente $\langle v_n|H|v_{n\pm1}\rangle$ berücksichtigen müssen; wir setzen sie gleich einer reellen Konstanten $-A$. Unter diesen Voraussetzungen kann die (unendliche) Matrix geschrieben werden

$$(H) = \begin{pmatrix} \ddots & & & & & \\ & E_0 & -A & 0 & 0 & \\ & -A & E_0 & -A & 0 & \\ & 0 & -A & E_0 & -A & \\ & 0 & 0 & -A & E_0 & \\ & & & & & \ddots \end{pmatrix}. \tag{11.204}$$

Um die erlaubten Energien und die zugehörigen stationären Zustände zu bestimmen, müssen wir diese Matrix diagonalisieren.

Erlaubte Energien; Energiebänder. Der Vektor $|\varphi\rangle$ sei ein Eigenvektor von H; wir schreiben ihn in der Form

$$|\varphi\rangle = \sum_{q=-\infty}^{+\infty} c_q \, |v_q\rangle. \tag{11.205}$$

Mit Gl. (11.204) folgt aus der auf $|v_q\rangle$ projizierten Eigenwertgleichung

$$H \, |\varphi\rangle = E \, |\varphi\rangle \tag{11.206}$$

die Beziehung

$$E_0 c_q - A c_{q+1} - A c_{q-1} = E c_q. \tag{11.207}$$

Wenn q alle positiven oder negativen ganzzahligen Werte durchläuft, erhalten wir ein unendliches System linearer Gleichungen, die an die gekoppelten Gleichungen (5.534) aus Abschnitt 5.13.1 erinnern. Wie dort suchen wir nach einfachen Lösungen der Form

$$c_q = \mathrm{e}^{\mathrm{i}kql}, \tag{11.208}$$

worin l der Abstand zweier benachbarter Ionen und k eine Konstante von der Dimension einer inversen Länge ist. Wir verlangen, dass k zur ersten *Brillouin-Zone* gehört, d. h. dass gilt

$$-\frac{\pi}{l} \leq k < +\frac{\pi}{l}. \tag{11.209}$$

Das ist immer möglich, da zwei Werte von k, die sich um $2\pi/l$ unterscheiden, denselben Wert für die Koeffizienten c_q ergeben. Setzen wir Gl. (11.208) in Gl. (11.207) ein, so erhalten wir

$$E_0 \, \mathrm{e}^{\mathrm{i}kql} - A\left[\mathrm{e}^{\mathrm{i}k(q+1)l} + \mathrm{e}^{\mathrm{i}k(q-1)l}\right] = E \, \mathrm{e}^{\mathrm{i}kql}, \tag{11.210}$$

und wenn wir durch $\mathrm{e}^{\mathrm{i}kql}$ teilen,

$$E = E(k) = E_0 - 2A \cos kl. \tag{11.211}$$

Ist diese Bedingung erfüllt, so ist der durch Gl. (11.205) und Gl. (11.208) gegebene Vektor $|\varphi\rangle$ ein Eigenvektor von H; seine Energie hängt, wie in Gl. (11.211) angedeutet, vom Parameter k ab.

In Abb. 11.17 ist die Energie E in Abhängigkeit von k dargestellt. Wie man sieht, befinden sich die erlaubten Energien in dem Intervall $[E_0 - 2A, E_0 + 2A]$. Wir erhalten somit ein erlaubtes Energieband, dessen Breite $4A$ proportional zur Stärke der Kopplung ist.

Stationäre Zustände; Bloch-Funktionen. Wir berechnen die zu dem Zustand $|\varphi_k\rangle$ und der Energie E_k gehörende Wellenfunktion $\varphi_k(x) = \langle x|\varphi_k\rangle$. Aus Gl. (11.205) und Gl. (11.208) ergibt sich

$$|\varphi_k\rangle = \sum_{q=-\infty}^{+\infty} \mathrm{e}^{\mathrm{i}kql} \, |v_q\rangle, \tag{11.212}$$

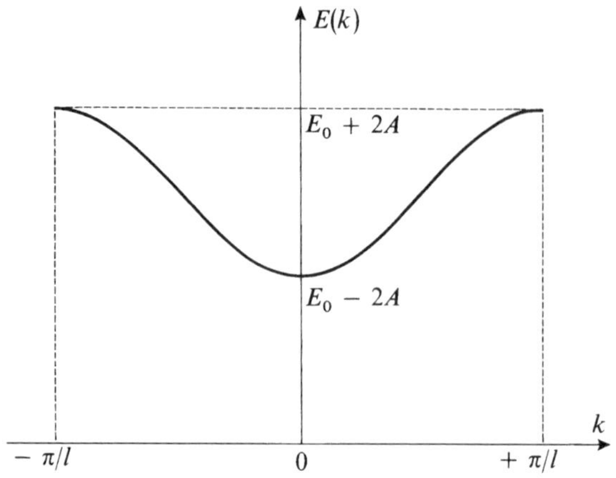

Abb. 11.17 Erlaubte Energien des Elektrons in Abhängigkeit vom Parameter k (er bewegt sich innerhalb der ersten Brillouin-Zone). Es tritt ein Energieband mit einer Breite $4A$ auf, die proportional zur Kopplung zwischen benachbarten Atomen ist.

d. h.

$$\varphi_k(x) = \sum_{q=-\infty}^{+\infty} \mathrm{e}^{\mathrm{i}kql}\, v_q(x), \tag{11.213}$$

wobei

$$v_q(x) = \langle x | v_q \rangle \tag{11.214}$$

die Wellenfunktion des Zustands $|v_q\rangle$ ist. Da der Zustand $|v_q\rangle$ aus dem Zustand $|v_0\rangle$ durch eine Translation um ql hervorgeht, ist

$$v_q(x) = v_0(x - ql), \tag{11.215}$$

so dass Gl. (11.213) geschrieben werden kann

$$\varphi_k(x) = \sum_{q=-\infty}^{+\infty} \mathrm{e}^{\mathrm{i}kql}\, v_0(x - ql). \tag{11.216}$$

Wir berechnen nun $\varphi_k(x + l)$:

$$\begin{aligned} \varphi_k(x + l) &= \sum_{q=-\infty}^{+\infty} \mathrm{e}^{\mathrm{i}kql}\, v_0\,(x - (q-1)l) \\ &= \mathrm{e}^{\mathrm{i}kl} \sum_{q=-\infty}^{+\infty} \mathrm{e}^{\mathrm{i}k(q-1)l}\, v_0\,(x - (q-1)l) \\ &= \mathrm{e}^{\mathrm{i}kl}\, \varphi_k(x). \end{aligned} \tag{11.217}$$

Um diese bemerkenswerte Eigenschaft besser auszudrücken, setzen wir

$$\varphi_k(x) = e^{ikx}\, u_k(x); \tag{11.218}$$

die so definierte Funktion $u_k(x)$ erfüllt dann

$$u_k(x + l) = u_k(x). \tag{11.219}$$

Die Wellenfunktion $\varphi_k(x)$ ist also das Produkt aus e^{ikx} und einer periodischen Funktion mit der Periode l des Gitters. Eine Funktion vom Typ (11.218) bezeichnet man als *Bloch-Funktion*. Es gilt für eine beliebige ganze Zahl n

$$|\varphi_k(x + nl)|^2 = |\varphi_k(x)|^2, \tag{11.220}$$

wodurch die Delokalisierung des Elektrons demonstriert wird: Die Wahrscheinlichkeitsdichte, das Elektron an einem bestimmten Punkt auf der x-Achse zu finden, ist eine periodische Funktion von x.

Bemerkung

Gleichung (11.218) und Gl. (11.219) wurden hier für ein einfaches Modell bewiesen. Diese Eigenschaft ist jedoch allgemeiner und folgt direkt aus den Symmetrien des Hamilton-Operators H (Bloch-Theorem). Um das zu zeigen, bezeichnen wir mit $S(a)$ den unitären Operator der Translation um a in x-Richtung (s. Abschnitt 2.11.3). Da das System unter jeder Translation, die die Ionenkette nicht verändert, invariant ist, muss gelten

$$[H, S(l)] = 0. \tag{11.221}$$

Wir können daher eine Basis von gemeinsamen Eigenzuständen zum Operator $S(l)$ und H finden. Nun definiert Gl. (11.217) gerade die Eigenfunktionen von $S(-l)$ (da dieser Operator unitär ist, können seine Eigenwerte immer in der Form e^{ikl} geschrieben werden, wobei k die Bedingung (11.209) erfüllt; s. Abschnitt 2.9.1). Dann folgt Gl. (11.218) wiederum aus Gl. (11.219) und Gl. (11.217).

Für ein beliebiges a gilt im Allgemeinen

$$[H, S(a)] \neq 0 \tag{11.222}$$

im Unterschied zu einem freien Teilchen (oder einem Teilchen unter dem Einfluss eines konstanten Potentials). Für ein freies Teilchen sind, da H mit allen Operatoren $S(a)$ vertauscht (d. h. mit dem Impuls P_x; s. Abschnitt 2.11.3), die stationären Wellenfunktionen von der Form

$$w_k(x) \propto e^{ikx}. \tag{11.223}$$

Der Umstand, dass in unserem Fall Gl. (11.222) nur für bestimmte Werte von a erfüllt ist, macht deutlich, warum die Form (11.218) weniger einschränkend als Gl. (11.223) ist.

Periodische Randbedingungen. Zu jedem Wert von $k \in [-\pi/l, +\pi/l]$ gibt es daher einen Eigenzustand $|\varphi\rangle$ von H, wobei die Koeffizienten in der Entwicklung (11.205) von $|\varphi\rangle$ durch Gl. (11.208) gegeben werden. Wir erhalten somit ein unendliches Kontinuum stationärer Zustände. Der Grund dafür ist, dass wir eine lineare Kette mit einer unendlichen Anzahl von Ionen betrachtet haben. Was geschieht, wenn wir dagegen eine endliche lineare Kette der Länge L aus einer großen Zahl $\mathcal{N}$ von Ionen betrachten?

Die qualitativen Überlegungen aus Abschnitt 11.9.1 zeigen, dass das Band dann $\mathcal{N}$ Niveaus enthält ($2\mathcal{N}$ wenn der Spin in Betracht gezogen wird). Die entsprechenden $\mathcal{N}$ stationären Zustände exakt zu bestimmen, stellt ein schwieriges Problem dar, da die Randbedingungen an den Enden der Kette beachtet werden müssen. Allerdings ist klar, dass das Verhalten der Elektronen genügend weit von den Enden nur wenig von den „Randeffekten" beeinflusst wird.[27] Aus diesem Grund zieht man es in der Festkörperphysik in der Regel vor, die realen Randbedingungen durch neue zu ersetzen, die trotz ihres künstlichen Charakters auf sehr viel einfachere Rechnungen führen. Dabei bleiben die wichtigsten Eigenschaften erhalten, die für das Verständnis der nicht vom Rand abhängigen Effekte notwendig sind.

Diese neuen Randbedingungen, die sogenannten periodischen Randbedingungen oder *Born-von-Karman-Bedingungen* (B. v. K.-Bedingungen) verlangen, dass die Wellenfunktion an beiden Enden der Kette dieselben Werte annimmt. Wir können uns auch vorstellen, wir würden eine unendliche Anzahl gleicher Ketten, alle von der Länge L, aneinander reihen. Wir verlangen dann, dass die Wellenfunktion des Elektrons periodisch mit einer Periode L ist. Gleichung (11.207) und ihre Lösung (11.208) bleiben dann gültig, aber aus der Periodizität der Wellenfunktion folgt nun

$$\mathrm{e}^{\mathrm{i}kL} = 1. \tag{11.224}$$

Die einzig möglichen Werte von k sind daher von der Form

$$k_n = n\,\frac{2\pi}{L}, \tag{11.225}$$

wobei n eine ganze Zahl ist. Wir wollen nun überprüfen, ob die B. v. K.-Bedingungen das richtige Ergebnis für die Anzahl der in dem Band enthaltenen stationären Zustände ergibt. Dazu müssen wir die Anzahl der erlaubten Werte k_n in der ersten Brillouin-Zone berechnen. Wir erhalten diese Anzahl, indem wir die Breite dieser Zone $2\pi/l$ durch den Abstand $2\pi/L$ zweier benachbarter Werte von k dividieren:

$$\frac{2\pi/l}{2\pi/L} = \frac{L}{l} = \mathcal{N} - 1 \approx \mathcal{N}. \tag{11.226}$$

Ebenso wollen wir zeigen, dass die aus den B. v. K.-Bedingungen folgenden stationären Zustände im erlaubten Band mit derselben Dichte[28] $\rho(E)$ verteilt sind wie die echten Zustände (die zu den realen Randbedingungen gehören). Da die Zustandsdichte $\rho(E)$ für das Verständnis der physikalischen Eigenschaften eines Festkörpers eine sehr wichtige Rolle spielt (wir werden darauf in Abschnitt 14.7 eingehen), ist es wichtig, dass sie durch die neuen Randbedingungen nicht geändert wird. Dass die B. v. K.-Bedingungen tatsächlich auf die richtige Zustandsdichte führen, werden wir in Abschnitt 14.7.1 für das einfache Beispiel eines freien Elektronengases zeigen, das in einem „Käfig" eingeschlossen ist. Für diesen Fall können die wahren stationären Zustände berechnet und mit den aus der Annahme periodischer Randbedingungen folgenden verglichen werden (s. auch Abschnitt 3.19.3).

[27] Für einen dreidimensionalen Kristall läuft das auf die Unterscheidung in „Volumeneffekte" und „Oberflächeneffekte" hinaus.

[28] $\rho(E)\mathrm{d}E$ ist die Anzahl der verschiedenen stationären Zustände mit Energien zwischen E und $E + \mathrm{d}E$.

Diskussion

Ausgehend von einem diskreten, nichtentarteten Niveau bei einem isolierten Atom (z. B. dem Grundzustand) haben wir eine Folge möglicher Energien erhalten, die für die betrachtete Ionenkette in einem erlaubten Band der Breite $4A$ angeordnet sind. Für ein anderes Niveau des Atoms (z. B. den ersten angeregten Zustand) hätten wir ein weiteres Energieband erhalten usw. Jedes atomare Niveau ergibt ein Energieband, wie in Abb. 11.18 gezeigt, und die Reihe erlaubter Bänder sind durch verbotene Bänder voneinander getrennt.

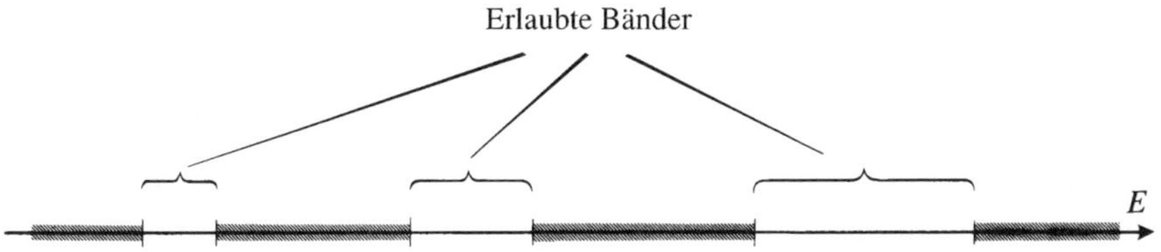

Abb. 11.18 Erlaubte und verbotene Bänder auf der Energieachse.

Aus Gl. (11.208) geht hervor, dass für einen stationären Zustand die Wahrscheinlichkeitsamplitude, das Elektron im Zustand $|v_q\rangle$ anzutreffen, eine oszillierende Funktion von q ist, deren Betrag nicht von q abhängt. Das erinnert an die Eigenschaften von Phononen, den Normalmoden einer unendlichen Anzahl gekoppelter Oszillatoren, die alle mit derselben Amplitude (aber phasenverschoben) an der kollektiven Schwingung teilhaben (s. Abschnitt 5.13).

Wie kann man Zustände erhalten, in denen das Elektron nicht vollständig delokalisiert ist? Für ein freies Elektron zeigten wir in Kapitel 1, wie man aus freien Wellen ein freies Wellenpaket bildet:

$$\hat{\psi}(x,t) = \frac{1}{\sqrt{2\pi}} \int \mathrm{d}k\, \hat{g}(k)\, \mathrm{e}^{\mathrm{i}(kx - E(k)t/\hbar)}. \tag{11.227}$$

Sein Maximum bewegt sich mit der Gruppengeschwindigkeit (s. Abschnitt 1.3)

$$\hat{V}_{\mathrm{G}} = \frac{1}{\hbar}\left[\frac{\mathrm{d}E}{\mathrm{d}k}\right]_{k=k_0} = \frac{\hbar k_0}{m} \tag{11.228}$$

vorwärts (wobei k_0 der Wert von k ist, für den die Funktion $\hat{g}(k)$ ein Maximum aufweist). Im hier vorliegenden Fall haben wir nun Wellenfunktionen vom Typ (11.218) zu überlagern, und der entsprechende Vektor kann geschrieben werden

$$|\psi(t)\rangle = \frac{1}{\sqrt{2\pi}} \int \mathrm{d}k\, g(k)\, \mathrm{e}^{-\mathrm{i}E(k)t/\hbar}\, |\varphi_k\rangle, \tag{11.229}$$

wobei $g(k)$ eine Funktion von k mit einem ausgeprägten Maximum bei $k = k_0$ ist. Wir berechnen die Wahrscheinlichkeitsamplitude, ein Elektron im Zustand $|v_q\rangle$ zu finden: Mit Gl. (11.212) und Gl. (11.203) können wir schreiben

$$\langle v_q \mid \psi(t)\rangle = \frac{1}{\sqrt{2\pi}} \int \mathrm{d}k\, g(k)\, \mathrm{e}^{\mathrm{i}(kql - E(k)t/\hbar)}. \tag{11.230}$$

Ersetzen wir in dieser Beziehung ql durch x, so erhalten wir eine Funktion von x:

$$\chi(x,t) = \frac{1}{\sqrt{2\pi}} \int \mathrm{d}k \, g(k) \, \mathrm{e}^{\mathrm{i}(kx - E(k)t/\hbar)}. \tag{11.231}$$

Nur die Funktionswerte an den Punkten $x = 0, \pm ql, \pm 2ql, \ldots$ usw. sind von nennenswerter Größe, und sie ergeben die gewünschten Wahrscheinlichkeitsamplituden.

Gleichung (11.231) entspricht Gl. (11.227). Mit Gl. (11.228) zeigt man dann, dass $\chi(x,t)$ nur in einem beschränkten Bereich der x-Achse wesentlich von null verschiedene Werte annimmt. Dieser ist um den Punkt zentriert, der sich mit der Geschwindigkeit

$$\hat{V}_\mathrm{G} = \frac{1}{\hbar} \left[\frac{\mathrm{d}E}{\mathrm{d}k} \right]_{k=k_0} \tag{11.232}$$

bewegt. Es folgt, dass die Wahrscheinlichkeitsamplitude $\langle v_q | \psi(t) \rangle$ nur für bestimmte Werte von q groß ist; das Elektron ist somit nicht mehr delokalisiert, sondern bewegt sich mit der Geschwindigkeit (11.232) durch den Kristall.

Mit Gl. (11.211) können wir diese Geschwindigkeit explizit berechnen:

$$V_\mathrm{G} = \frac{2Al}{\hbar} \sin k_0 l. \tag{11.233}$$

Ihr Verlauf ist in Abb. 11.19 dargestellt. Sie verschwindet für $k_0 = 0$, d. h. für minimale Energie; diese Eigenschaft tritt auch bei einem freien Elektron auf. Wenn k_0 jedoch Werte ungleich null annimmt, ergeben sich wichtige Unterschiede im Vergleich zum freien Elektron. Zum Beispiel ist für $k_0 > \pi/2l$ die Gruppengeschwindigkeit keine wachsende Funktion der Energie mehr. Sie wird sogar null, wenn $k_0 = \pm\pi/l$ gilt (an den Rändern der ersten Brillouin-Zone). Daraus ersieht man, dass sich das Elektron im Kristall nicht mehr bewegen kann, wenn seine Energie zu dicht am Maximalwert von $E_0 + 2A$ von Abb. 11.17 liegt. Das optische Analogon zu dieser Situation ist die Bragg-Reflexion. Röntgen-Strahlung, deren Wellenlänge gleich der Einheitslänge des Kristallgitters ist, kann sich in diesem Gitter nicht fortpflanzen: Die Interferenz der an den einzelnen Ionen gestreuten Wellen führt zur Totalreflexion.

11.10 Chemische Bindung: Das H_2^+-Ion

11.10.1 Einleitung

In dieser Ergänzung zeigen wir, wie die Quantenmechanik die *chemische Bindung* erklären kann, die für die Bildung mehr oder weniger komplexer Moleküle aus isolierten Atomen verantwortlich ist. Dabei beschränken wir uns auf den allgemeinen Zusammenhang und gehen auf Einzelheiten nicht näher ein. Darum befassen wir uns auch nur mit dem H_2^+-Ion als dem einfachsten Molekül. Es besteht aus zwei Protonen und einem Elektron. Einige Aspekte dieses Problems wurden bereits diskutiert (s. Abschnitt 4.3.2 und Aufgabe 5 in Abschnitt 1.14); hier wollen wir die Überlegungen genauer und systematischer wieder aufgreifen.

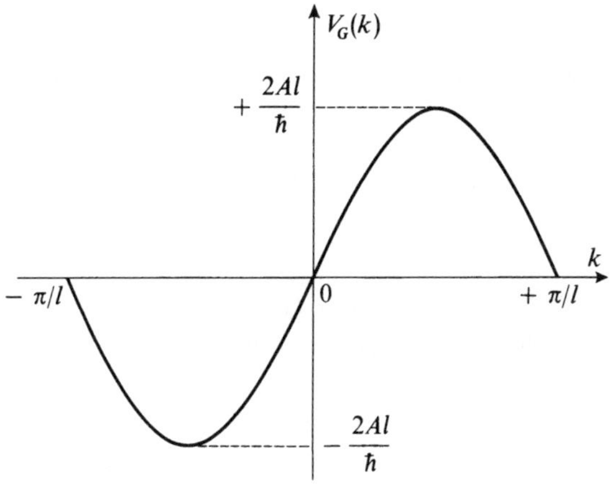

Abb. 11.19 Gruppengeschwindigkeit des Elektrons als Funktion des Parameters k. Diese Geschwindigkeit ist nicht nur für $k = 0$ gleich null (wie beim freien Elektron), sondern auch für $k = \pm\pi/l$ (an den Rändern der ersten Brillouin-Zone).

Allgemeine Methode

Wenn die Protonen weit voneinander entfernt sind, bildet das Elektron mit einem von ihnen ein Wasserstoffatom, während das andere in Form eines H_2^+-Ions isoliert bleibt. Bringt man nun die beiden Protonen dichter zusammen, kann das Elektron von einem zu anderen „springen“. Dadurch wird die Situation entscheidend geändert (s. Abschnitt 4.3.2). Wir wollen die Energieänderung der stationären Zustände des Systems in Abhängigkeit vom Abstand der beiden Protonen untersuchen. Wir werden sehen, dass die Energie des Grundzustands für einen Abstand ein Minimum annimmt, was die Stabilität des H_2^+-Moleküls erklärt.

Um das Problem exakt zu behandeln, müsste man den Hamilton-Operator für ein System aus drei Teilchen aufstellen und seine Eigenwertgleichung lösen. Es ist jedoch mit Hilfe der *Born-Oppenheimer-Näherung* (s. Abschnitt 5.5.1) eine starke Vereinfachung möglich. Da die Bewegung des Elektrons im Molekül sehr viel schneller erfolgt als die der Protonen, kann letztere in erster Näherung vernachlässigt werden. Das Problem ist somit auf die Lösung der Eigenwertgleichung des Hamilton-Operators eines Elektrons unter dem Einfluss der Anziehung der beiden Protonen reduziert, die wir als ruhend voraussetzen. Anders ausgedrückt wird der Abstand R der beiden Protonen nicht als quantenmechanische Variable, sondern als *Parameter* aufgefasst, von dem der elektronische Hamilton-Operator und die Gesamtenergie des Systems abhängen.

Für das H_2^+-Ion ist dann die vereinfachte Gleichung für alle Werte von R exakt lösbar, für komplexere Moleküle jedoch weiterhin nicht. Es muss dann die in Abschnitt 11.8 beschriebene *Variationsmethode* angewendet werden. Im Hinblick auf eine Verallgemeinerung wollen wir uns daher auch beim H_2^+-Ion dieser Methode bedienen.

Bezeichnungen

Mit R bezeichnen wir den Abstand der beiden Protonen, die sich an den Punkten P_1 und P_2 befinden, und mit r_1 und r_2 die Abstände des Elektrons zu dem jeweiligen Proton (Abb. 11.20). Wir setzen diese Abstände in Beziehung zu einer natürlichen atomaren Längeneinheit, dem Bohr-Radius a_0 (s. Abschnitt 7.3.2); wir definieren

$$\rho = \frac{R}{a_0}, \quad \rho_1 = \frac{r_1}{a_0}, \quad \rho_2 = \frac{r_2}{a_0}. \tag{11.234}$$

Die normierten Wellenfunktionen des $1s$-Grundzustands des um das Proton P_1 gebildeten Wasserstoffatoms können dann geschrieben werden

$$\varphi_1 = \frac{1}{\sqrt{\pi a_0^3}} \mathrm{e}^{-\rho_1}. \tag{11.235}$$

Analog drücken wir die Energien in der natürlichen Einheit $E_{\mathrm{I}} = e^2/2a_0$ aus; E_{I} ist die Ionisierungsenergie des Wasserstoffatoms.

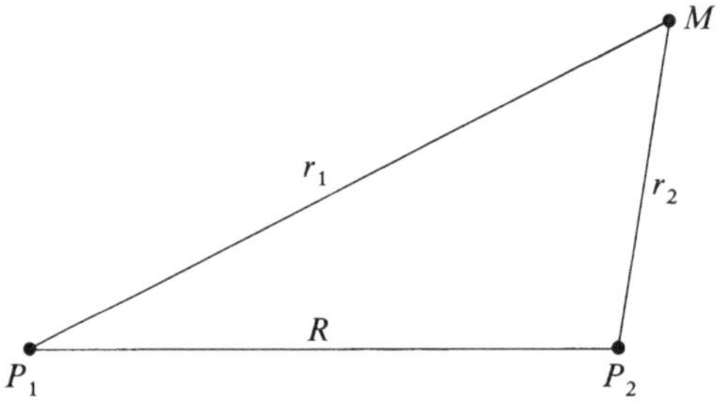

Abb. 11.20 Wir bezeichnen mit r_1 den Abstand zwischen dem Elektron (M) und dem Proton P_1, mit r_2 den Abstand zwischen dem Elektron und dem Proton P_2, und mit R den Abstand der beiden Protonen.

Es wird im Folgenden manchmal von Nutzen sein, elliptische Koordinaten zu verwenden, mit denen ein Raumpunkt M (hier für den Ort des Elektrons) definiert wird durch

$$\begin{aligned} \mu &= \frac{r_1 + r_2}{R} = \frac{\rho_1 + \rho_2}{\rho}, \\ \nu &= \frac{r_1 - r_2}{R} = \frac{\rho_1 - \rho_2}{\rho} \end{aligned} \tag{11.236}$$

und den Winkel φ, der die Orientierung der MP_1P_2-Ebene zur P_1P_2-Achse festlegt (dieser Winkel geht auch in das System von Polarkoordinaten ein, dessen z-Achse durch P_1 und P_2 definiert ist). Legen wir μ und ν fest und ändern φ zwischen 0 und 2π, so beschreibt der Punkt M einen Kreis um die P_1P_2-Achse. Wenn μ (oder ν) und φ festgehalten werden und ν (oder μ) variieren, beschreibt M eine Ellipse (oder Hyperbel) mit den Brennpunkten P_1 und P_2. Man kann leicht zeigen, dass das Volumenelement in diesem System gegeben wird durch

$$\mathrm{d}^3 r = \frac{R^3}{8} \left(\mu^2 - \nu^2\right) \mathrm{d}\mu \, \mathrm{d}\nu \, \mathrm{d}\varphi. \tag{11.237}$$

Dazu berechnen wir die Jacobi-Determinante der Transformation

$$\{x, y, z\} \to \{\mu, \nu, \varphi\}. \tag{11.238}$$

Wenn wir $P_1 P_2$ als z-Achse und die Mitte von P_1 und P_2 als Ursprung wählen, so erhalten wir unmittelbar

$$\begin{aligned} r_1^2 &= x^2 + y^2 + \left(z - \frac{R}{2}\right)^2, \\ r_2^2 &= x^2 + y^2 + \left(z + \frac{R}{2}\right)^2, \\ \tan\varphi &= \frac{y}{x}. \end{aligned} \tag{11.239}$$

Damit ergibt sich

$$\begin{aligned} \frac{\partial\mu}{\partial x} &= \frac{1}{R}\left(\frac{\partial r_1}{\partial x} + \frac{\partial r_2}{\partial x}\right) = \frac{1}{R}\left(\frac{x}{r_1} + \frac{x}{r_2}\right) = \frac{\mu x}{r_1 r_2}, \\ \frac{\partial\nu}{\partial x} &= \frac{1}{R}\left(\frac{\partial r_1}{\partial x} - \frac{\partial r_2}{\partial x}\right) = -\frac{\nu x}{r_1 r_2}, \\ \frac{\partial\mu}{\partial y} &= \frac{\mu y}{r_1 r_2}, \\ \frac{\partial\nu}{\partial y} &= -\frac{\nu y}{r_1 r_2}, \\ \frac{\partial\mu}{\partial z} &= \frac{1}{R}\left(\frac{z - R/2}{r_1} + \frac{z + R/2}{r_2}\right) = \frac{\mu z + \nu R/2}{r_1 r_2}, \\ \frac{\partial\nu}{\partial z} &= \frac{1}{R}\left(\frac{z - R/2}{r_1} - \frac{z + R/2}{r_2}\right) = -\frac{\nu z + \mu R/2}{r_1 r_2}, \\ \frac{\partial\varphi}{\partial x} &= -\frac{y}{x^2 + y^2}, \quad \frac{\partial\varphi}{\partial y} = \frac{x}{x^2 + y^2}, \quad \frac{\partial\varphi}{\partial z} = 0. \end{aligned} \tag{11.240}$$

Die Jacobi-Determinante lautet dann

$$\begin{aligned} J &= \frac{1}{(r_1 r_2)^2} \begin{vmatrix} \mu x & \mu y & \mu z + \nu R/2 \\ -\nu x & -\nu y & -\nu z - \mu R/2 \\ -y/(x^2 + y^2) & x/(x^2 + y^2) & 0 \end{vmatrix} \\ &= \frac{1}{(r_1 r_2)^2} \frac{R}{2} (\mu^2 - \nu^2). \end{aligned} \tag{11.241}$$

Wegen

$$\mu^2 - \nu^2 = \frac{4 r_1 r_2}{R^2} \tag{11.242}$$

erhalten wir schließlich

$$J = \frac{8}{R^3(\mu^2 - \nu^2)}. \tag{11.243}$$

Exakte Rechnung

In der Born-Oppenheimer-Näherung kann die Gleichung, die wir zur Bestimmung der Energieniveaus des Elektrons im Coulomb-Potential der beiden fixierten Protonen lösen müssen, geschrieben werden

$$\left[-\frac{\hbar^2}{2m}\Delta - \frac{e^2}{r_1} - \frac{e^2}{r_2} + \frac{e^2}{R}\right]\varphi(\boldsymbol{r}) = E\varphi(\boldsymbol{r}). \tag{11.244}$$

Wenn wir zu den durch die Beziehungen (11.236) definierten elliptischen Koordinaten übergehen, können die Variablen μ, ν und φ separiert werden. Lösen wir die so erhaltenen Gleichungen, finden wir für jeden Wert von R ein diskretes Spektrum möglicher Energien. Wir führen die Rechnung hier nicht durch, wollen jedoch die Änderung der Grundzustandsenergie in Abhängigkeit von R angeben (die durchgezogene Linie in Abb. 11.21). Dies ermöglicht dann den Vergleich mit der exakten Lösung von Gl. (11.244).

11.10.2 Berechnung der Energien mit der Variationsmethode

Wahl der Vergleichsvektoren

Wir nehmen R sehr viel größer als a_0 an. Wenn wir es mit Werten von r_1 in der Nähe von a_0 zu tun haben, gilt

$$\frac{e^2}{r_2} \approx \frac{e^2}{R} \quad \text{für } R, r_2 \gg a_0. \tag{11.245}$$

Der Hamilton-Operator

$$H = \frac{\boldsymbol{P}^2}{2m} - \frac{e^2}{r_1} - \frac{e^2}{r_2} + \frac{e^2}{R} \tag{11.246}$$

unterscheidet sich dann nicht viel von dem eines Wasserstoffatoms um das Proton P_1. Analoge Ergebnisse erhält man natürlich auch für R sehr viel größer als a_0 und r_2 in der Nähe von a_0. Wenn die beiden Protonen weit voneinander entfernt sind, handelt es sich bei den Eigenfunktionen des Hamilton-Operators (11.246) praktisch um die stationären Wellenfunktionen des Wasserstoffatoms. Das stimmt nicht mehr, wenn a_0 im Vergleich zu R nicht vernachlässigbar ist. Wie wir jedoch sehen, ist es günstig, für alle Werte von R eine Familie von Vergleichsvektoren zu wählen, die aus den um die beiden Protonen zentrierten atomaren Zuständen konstruiert ist. Dies ist die Anwendung einer als *Linearkombination von Atomorbitalen* bekannten allgemeinen Methode auf den speziellen Fall des H_2^+-Ions. Um genau zu sein, wollen wir die Vektoren, die die $1s$-Zustände der beiden Wasserstoffatome beschreiben, mit $|\varphi_1\rangle$ und $|\varphi_2\rangle$ bezeichnen:

$$\begin{aligned} \langle \boldsymbol{r} \mid \varphi_1\rangle &= \frac{1}{\sqrt{\pi a_0^3}}\,\mathrm{e}^{-\rho_1}, \\ \langle \boldsymbol{r} \mid \varphi_2\rangle &= \frac{1}{\sqrt{\pi a_0^3}}\,\mathrm{e}^{-\rho_2}. \end{aligned} \tag{11.247}$$

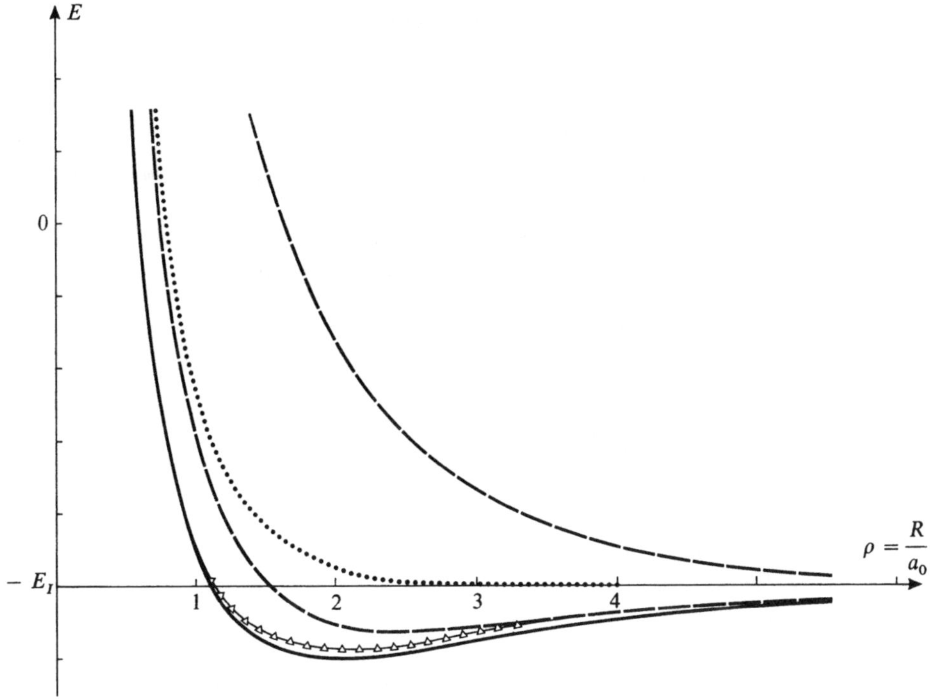

Abb. 11.21 Energieänderung des molekularen H_2^+-Ions mit dem Protonenabstand R.
– Durchgezogene Linie: exakte Gesamtenergie des Grundzustands (die Stabilität des H_2^+-Ions resultiert aus der Existenz eines Minimums in dieser Kurve).
– Gepunktete Linie: Diagonalmatrixelement $H_{11} = H_{22}$ des Hamilton-Operators H (durch dieses Matrixelement kann die chemische Bindung nicht erklärt werden).
– Gestrichelte Linie: Ergebnis der einfachen Variationsrechnung von Abschnitt 11.10.2 für die Bindungs- und Nichtbindungszustände (obwohl sie eine Näherung ist, erklärt diese Rechnung die Stabilität des H_2^+-Ions).
– Dreiecke: Ergebnisse der fortgeschritteneren Variationsrechnung von Abschnitt 11.10.3 (die Verwendung atomarer Orbitale mit variablem Radius verbessert die Genauigkeit erheblich, insbesondere bei kleinen Abständen).

Als Vergleichsvektoren wählen wir alle Vektoren, die zu dem durch diese beiden Vektoren aufgespannten Unterraum $\mathscr{F}$ gehören; das ist die Menge der Vektoren, für die gilt

$$|\psi\rangle = c_1\,|\varphi_1\rangle + c_2\,|\varphi_2\rangle. \tag{11.248}$$

Die Variationsmethode (Abschnitt 11.8) besteht nun in der Bestimmung der stationären Werte von

$$\langle H\rangle = \frac{\langle\psi\mid H\mid\psi\rangle}{\langle\psi\mid\psi\rangle}. \tag{11.249}$$

Da die Vergleichsfunktionen einen Unterraum bilden, wird der Erwartungswert $\langle H\rangle$ minimal oder maximal, wenn $|\psi\rangle$ ein Eigenvektor von H in diesem Unterraum $\mathscr{F}$ ist; die zugehörigen Eigenwerte stellen eine Näherung der wahren Eigenwerte von H im gesamten Zustandsraum dar.

Die Eigenwertgleichung von H im Unterraum $\mathscr{F}$

Die Lösung der Eigenwertgleichung des Hamilton-Operators H im Unterraum $\mathscr{F}$ wird etwas kompliziert, weil $|\varphi_1\rangle$ und $|\varphi_2\rangle$ nicht orthogonal sind.

Jeder Vektor $|\psi\rangle$ aus $\mathscr{F}$ hat die Form (11.248). Damit er ein Eigenvektor von H aus $\mathscr{F}$ mit dem Eigenwert E ist, ist es notwendig und hinreichend, dass

$$\langle\varphi_i \,|\, H \,|\, \psi\rangle = E\,\langle\varphi_i \,|\, \psi\rangle, \quad i = 1, 2, \tag{11.250}$$

d. h.

$$\sum_{j=1}^{2} c_j\,\langle\varphi_i \,|\, H \,|\, \varphi_j\rangle = E \sum_{j=1}^{2} c_j\,\langle\varphi_i \,|\, \varphi_j\rangle. \tag{11.251}$$

Wir setzen

$$\begin{aligned} S_{ij} &= \langle\varphi_i \,|\, \varphi_j\rangle, \\ H_{ij} &= \langle\varphi_i \,|\, H \,|\, \varphi_j\rangle \end{aligned} \tag{11.252}$$

und müssen ein System von zwei linearen homogenen Gleichungen lösen:

$$\begin{aligned} (H_{11} - ES_{11})c_1 + (H_{12} - ES_{12})c_2 &= 0, \\ (H_{21} - ES_{21})c_1 + (H_{22} - ES_{22})c_2 &= 0. \end{aligned} \tag{11.253}$$

Es hat nur dann eine nichttriviale Lösung, wenn gilt

$$\begin{vmatrix} H_{11} - ES_{11} & H_{12} - ES_{12} \\ H_{21} - ES_{21} & H_{22} - ES_{22} \end{vmatrix} = 0. \tag{11.254}$$

Bei den möglichen Eigenwerten von H handelt es sich somit um die Wurzeln einer Gleichung zweiter Ordnung.

Überlappungs-, Coulomb- und Resonanzintegrale

Die Zustände $|\varphi_1\rangle$ und $|\varphi_2\rangle$ sind normiert; daher gilt

$$S_{11} = S_{22} = 1. \tag{11.255}$$

Andererseits sind $|\varphi_1\rangle$ und $|\varphi_2\rangle$ nicht orthogonal. Da die zu diesen Vektoren gehörenden Wellenfunktionen (11.247) reell sind, ist

$$S_{12} = S_{21} = S \tag{11.256}$$

mit

$$S = \langle\varphi_1 \,|\, \varphi_2\rangle = \int \mathrm{d}^3r\; \varphi_1(\boldsymbol{r})\,\varphi_2(\boldsymbol{r}); \tag{11.257}$$

S wird *Überlappungsintegral* genannt, da seine Beiträge nur von Raumpunkten herrühren, in denen die atomaren Wellenfunktionen φ_1 und φ_2 beide von null verschieden sind (solche Punkte existieren, wenn die beiden Atomorbitale teilweise „überlappen"). Eine einfache Rechnung ergibt

$$S = \mathrm{e}^{-\rho}\left[1 + \rho + \frac{1}{3}\rho^2\right]. \tag{11.258}$$

Zu diesem Ergebnis können wir bei Verwendung elliptischer Koordinaten (11.236) gelangen, denn es ist

$$\begin{aligned} \rho_1 &= \frac{\mu + \nu}{2}\,\rho, \\ \rho_2 &= \frac{\mu - \nu}{2}\,\rho. \end{aligned} \tag{11.259}$$

Nach den Ausdrücken (11.247) für die Wellenfunktionen und mit dem Ausdruck für das Volumenelement (11.237) müssen wir

$$\begin{aligned} S &= \frac{1}{\pi a_0^3}\int_1^{+\infty} \mathrm{d}\mu \int_{-1}^{+1} \mathrm{d}\nu \int_0^{2\pi} \mathrm{d}\varphi\, \frac{\rho^3 a_0^3}{8}(\mu^2 - \nu^2)\,\mathrm{e}^{-\mu\rho} \\ &= \frac{\rho^3}{2}\int_1^{+\infty} \mathrm{d}\mu \left(\mu^2 - \frac{1}{3}\right)\mathrm{e}^{-\mu\rho} \end{aligned} \tag{11.260}$$

berechnen, woraus sich Gl. (11.258) ergibt.

Aus Symmetriegründen gilt

$$H_{11} = H_{22}. \tag{11.261}$$

Mit dem Ausdruck (11.246) für den Hamilton-Operator H erhalten wir

$$H_{11} = \langle\varphi_1\,|\left(\frac{\boldsymbol{P}^2}{2m} - \frac{e^2}{r_1}\right)|\,\varphi_1\rangle - \langle\varphi_1\,|\,\frac{e^2}{r_2}\,|\,\varphi_1\rangle + \frac{e^2}{R}\langle\varphi_1\,|\,\varphi_1\rangle. \tag{11.262}$$

Nun ist $|\varphi_1\rangle$ ein normierter Eigenvektor von $\boldsymbol{P}^2/2m - e^2/r_1$. Der erste Term von Gl. (11.262) ist daher gleich der Energie $-E_\mathrm{I}$ des Grundzustands des Wasserstoffatoms und der dritte Term ist gleich e^2/R; wir erhalten also

$$H_{11} = -E_\mathrm{I} + \frac{e^2}{R} - C \tag{11.263}$$

mit

$$C = \langle\varphi_1\,|\,\frac{e^2}{r_2}\,|\,\varphi_1\rangle = \int \mathrm{d}^3r\,\frac{e^2}{r_2}\,(\varphi_1(\boldsymbol{r}))^2\,; \tag{11.264}$$

C wird als *Coulomb-Integral* bezeichnet. Es beschreibt (bis auf das Vorzeichen) die elektrostatische Wechselwirkung zwischen dem Proton P_2 und der Ladungsverteilung des Elektrons im atomaren $1s$-Grundzustand um P_1. Es ergibt sich

$$C = E_\mathrm{I}\,\frac{2}{\rho}\left[1 - \mathrm{e}^{-2\rho}(1 + \rho)\right]. \tag{11.265}$$

Zum Nachweis verwenden wir wiederum elliptische Koordinaten:

$$\begin{aligned} C &= \frac{e^2}{a_0\rho}\frac{1}{\pi a_0^3}\frac{\rho^3 a_0^3}{8}\int(\mu^2-\nu^2)\,\mathrm{d}\mu\,\mathrm{d}\nu\,\mathrm{d}\varphi\,\frac{2}{\mu-\nu}\,\mathrm{e}^{-(\mu+\nu)\rho} \\ &= E_{\mathrm{I}}\rho^2\int_1^{+\infty}\mathrm{d}\mu\int_{-1}^{+1}\mathrm{d}\nu\,(\mu+\nu)\,\mathrm{e}^{-(\mu+\nu)\rho}. \end{aligned} \tag{11.266}$$

Elementare Integration führt dann auf das Ergebnis (11.265).

In Gl. (11.263) kann C als Modifizierung der Abstoßungsenergie e^2/R der beiden Protonen aufgefasst werden: Wenn sich das Elektron im Zustand $|\varphi_1\rangle$ befindet, „schirmt" die zugehörige Ladungsverteilung das Proton P_1 „ab". Da $|\varphi_1(\boldsymbol{r})|^2$ kugelsymmetrisch um P_1 ist, würde die entsprechende Ladungsverteilung von einem Proton P_2 aus betrachtet, das sich weit genug entfernt befindet, wie eine negative Punktladung e bei P_1 aussehen (so dass die Ladung des Protons P_1 vollständig absorbiert wäre). Dieser Effekt tritt aber tatsächlich nur auf, wenn R viel größer als a_0 ist:

$$\lim_{R\to\infty}\left[\frac{e^2}{R}-C\right]=0. \tag{11.267}$$

Für endliche R kann der Abschirmeffekt nur teilweise eintreten, und es muss gelten

$$\frac{e^2}{R}-C>0. \tag{11.268}$$

Der Verlauf der Energie $e^2/R-C$ in Abhängigkeit von R ist in Abb. 11.21 durch die gepunktete Linie dargestellt. Es wird deutlich, dass die Variation von H_{11} (oder H_{22}) mit R die chemische Bindung nicht erklären kann, weil in der Kurve kein Minimum auftritt.

Schließlich wollen wir H_{12} und H_{21} berechnen. Da die Wellenfunktionen $\varphi_1(\boldsymbol{r})$ und $\varphi_2(\boldsymbol{r})$ reell sind, gilt

$$H_{12}=H_{21}. \tag{11.269}$$

Der Ausdruck (11.246) für den Hamilton-Operator ergibt

$$H_{12}=\langle\varphi_1\,|\left(\frac{\boldsymbol{P}^2}{2m}-\frac{e^2}{r_2}\right)|\,\varphi_2\rangle+\frac{e^2}{R}\langle\varphi_1\,|\,\varphi_2\rangle-\langle\varphi_1\,|\,\frac{e^2}{r_1}\,|\,\varphi_2\rangle, \tag{11.270}$$

was nach der Definition (11.257) für S auf

$$H_{12}=-E_{\mathrm{I}}\,S+\frac{e^2}{R}\,S-A \tag{11.271}$$

führt mit

$$A=\langle\varphi_1\,|\,\frac{e^2}{r_1}\,|\,\varphi_2\rangle=\int\mathrm{d}^3r\,\varphi_1(\boldsymbol{r})\,\frac{e^2}{r_1}\,\varphi_2(\boldsymbol{r}). \tag{11.272}$$

Wir bezeichnen A als *Resonanzintegral*[29]. Es ist gleich

$$A=E_{\mathrm{I}}\,2\mathrm{e}^{-\rho}(1+\rho). \tag{11.273}$$

[29] Manche Autoren nennen A ein „Austauschintegral". Wir ziehen es jedoch vor, diesen Ausdruck für eine andere Art von Integralen zu verwenden, wie sie bei der Beschreibung von Vielteilchensystemen auftreten (Abschnitt 14.6.2).

Unter Verwendung elliptischer Koordinaten können wir A in der Form schreiben

$$\begin{aligned} A &= \frac{e^2}{a_0}\frac{1}{\pi a_0^3}\frac{\rho^3 a_0^3}{8}\int (\mu^2 - \nu^2)\,\mathrm{d}\mu\,\mathrm{d}\nu\,\mathrm{d}\varphi\,\frac{2\mathrm{e}^{-\mu\rho}}{(\mu+\nu)\rho} \\ &= \rho^2 E_{\mathrm{I}} \int_1^{+\infty} \mathrm{d}\mu\, 2\mu\,\mathrm{e}^{-\mu\rho}. \end{aligned} \tag{11.274}$$

Die Tatsache, dass H_{12} von null verschieden ist, drückt die Möglichkeit aus, dass das Elektron von einem Proton zum anderen „springen" kann. Wenn sich zu einem gegebenen Zeitpunkt das Elektron im Zustand $|\varphi_1\rangle$ (oder $|\varphi_2\rangle$) befindet, oszilliert es unter dem Einfluss des Nichtdiagonalelements H_{12} mit der Zeit zwischen den beiden Protonen. H_{12} ist somit verantwortlich für das Phänomen der *Quantenresonanz*, die wir qualitativ in Abschnitt 4.3.2 beschrieben haben (daher der Name des Integrals A).

Zusammenfassend haben wir also die folgenden Parameter als Funktionen von R, die in Gl. (11.254) für die Näherungswerte der Energien E auftreten,

$$\begin{aligned} S_{11} &= S_{22} = 1, \\ S_{12} &= S_{21} = S, \\ H_{11} &= H_{22} = -E_{\mathrm{I}} + \frac{e^2}{R} - C, \\ H_{12} &= H_{21} = \left(-E_{\mathrm{I}} + \frac{e^2}{R}\right) S - A, \end{aligned} \tag{11.275}$$

wobei S, C und A durch die Gleichungen (11.258), (11.265) bzw. (11.273) gegeben und in Abb. 11.22 dargestellt sind. Man erkennt, dass die Nichtdiagonalelemente der Determinante (11.254) nur dann merkliche Werte annehmen, wenn die Orbitale $\varphi_1(\boldsymbol{r})$ und $\varphi_2(\boldsymbol{r})$ teilweise überlappen, da sowohl in der Definition (11.272) von A als auch in der von S das Produkt $\varphi_1(\boldsymbol{r})\varphi_2(\boldsymbol{r})$ auftritt.

Bindende und bindungslockernde Zustände

Näherungsweise Berechnung der Energien. Wir setzen

$$E = \varepsilon E_{\mathrm{I}}, \quad A = \alpha E_{\mathrm{I}}, \quad C = \gamma E_{\mathrm{I}}. \tag{11.276}$$

Gleichung (11.254) nimmt dann die folgende Form an:

$$\begin{vmatrix} -1 + \dfrac{2}{\rho} - \gamma - \varepsilon & \left(-1 + \dfrac{2}{\rho}\right) S - \alpha - \varepsilon S \\ \left(-1 + \dfrac{2}{\rho}\right) S - \alpha - \varepsilon S & -1 + \dfrac{2}{\rho} - \gamma - \varepsilon \end{vmatrix} = 0, \tag{11.277}$$

oder

$$\left[\gamma + \varepsilon + 1 - \frac{2}{\rho}\right]^2 = \left[\alpha + \left(\varepsilon + 1 - \frac{2}{\rho}\right) S\right]^2. \tag{11.278}$$

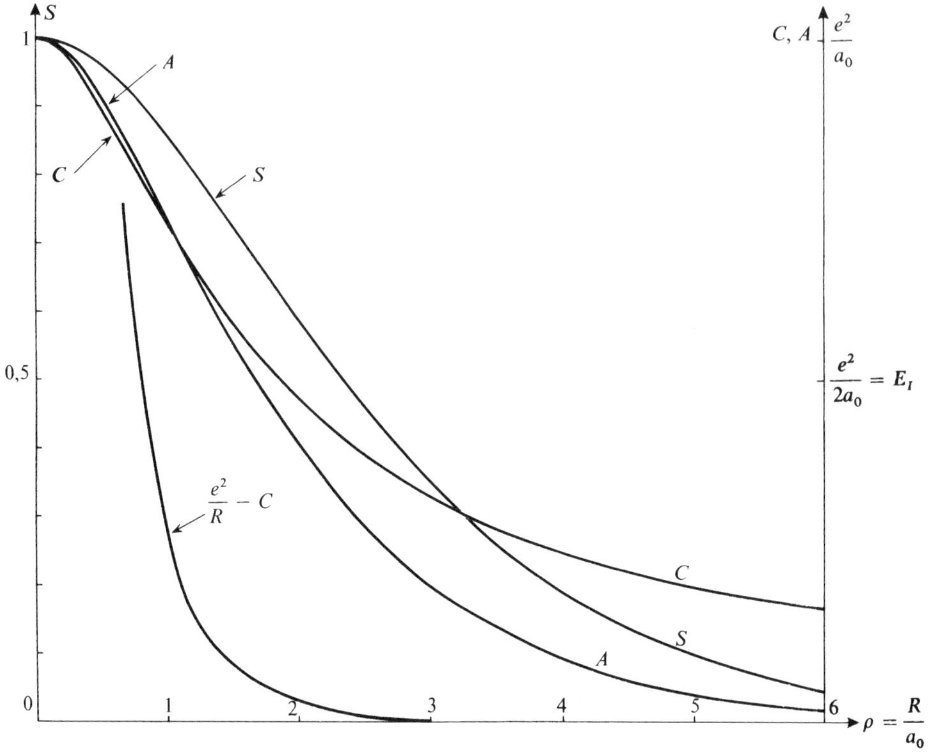

Abb. 11.22 Verlauf von S (Überlappungsintegral), C (Coulomb-Integral) und A (Resonanzintegral) in Abhängigkeit von $\rho = R/a_0$. Für $R \to \infty$ gehen S und A exponentiell gegen null, während C nur wie e^2/R fällt (die „abgeschirmte" Wechselwirkung $e^2/R - C$ des Protons P_1 mit dem Atom am Ort P_2 fällt auch exponentiell ab).

Das ergibt für ε die zwei Werte

$$\begin{aligned}\varepsilon_+ &= -1 + \frac{2}{\rho} + \frac{\alpha - \gamma}{1 - S},\\ \varepsilon_- &= -1 + \frac{2}{\rho} - \frac{\alpha + \gamma}{1 + S}.\end{aligned} \tag{11.279}$$

Sowohl ε_+ als auch ε_- gehen gegen -1, wenn ρ gegen unendlich geht. Das bedeutet, dass die beiden Näherungswerte für die Energien $E_\pm$ wie erwartet (siehe oben) gegen $-E_\mathrm{I}$ streben, also gegen die Grundzustandsenergie eines isolierten Wasserstoffatoms. Es bietet sich an, diesen Wert als Energienullpunkt zu wählen, d. h.

$$\Delta E = E(\rho) - E(\infty) = E + E_\mathrm{I} \tag{11.280}$$

zu setzen. Mit den Gleichungen (11.258), (11.265) und (11.273) können die Energien ΔE_+ und ΔE_- wie folgt geschrieben werden:

$$\Delta E_\pm = E_{\mathrm{I}} \left\{ \frac{2}{\rho} \pm \frac{2\mathrm{e}^{-\rho}(1+\rho) \mp \frac{2}{\rho}\left[1-\mathrm{e}^{-2\rho}(1+\rho)\right]}{1 \mp \mathrm{e}^{-\rho}(1+\rho+\rho^2/3)} \right\}. \tag{11.281}$$

Der Verlauf von $\Delta E_\pm / E_{\mathrm{I}}$ in Abhängigkeit von ρ ist durch die gestrichelte Linie in Abb. 11.21 dargestellt. Wie wir sehen, nimmt ΔE_- für einen bestimmten Wert des Abstands R der beiden Protonen ein negatives Minimum an. Obwohl es sich hierbei um eine Näherung handelt (s. Abb. 11.21), kann so das Auftreten der chemischen Bindung erklärt werden.

Wir haben bereits darauf hingewiesen, dass die Diagonalelemente H_{11} und H_{22} der Determinante (11.254), als Funktion von R aufgefasst, kein Minimum besitzen (gepunktete Linie in Abb. 11.21). Das Minimum von ΔE_- ist daher eine Folge der Nichtdiagonalelemente H_{12} und S_{12}. Das zeigt, dass das Phänomen der chemischen Bindung nur auftritt, wenn sich die Elektronenorbitale der beteiligten Atome ausreichend überlagern.

Eigenzustände von H im Unterraum $\mathscr{F}$. Der zu E_- gehörende Eigenzustand wird als *bindender Zustand* bezeichnet, während man bei dem zu E_+ gehörenden Zustand von einem *bindungslockernden Zustand* spricht, da E_+ immer größer bleibt als die Energie $-E_{\mathrm{I}}$ des aus einem Wasserstoffatom im Grundzustand und einem unendlich weit entfernten Proton gebildeten Systems.

Nach Gl. (11.278) gilt

$$\gamma + \varepsilon + 1 - \frac{2}{\rho} = \pm \left[\alpha + \left(\varepsilon + 1 - \frac{2}{\rho}\right) S\right]. \tag{11.282}$$

Das Gleichungssystem (11.253) ergibt dann

$$c_1 \pm c_2 = 0. \tag{11.283}$$

Die bindenden und bindungslockernden Zustände sind demnach symmetrische bzw. antisymmetrische Linearkombinationen der Zustände $|\varphi_1\rangle$ und $|\varphi_2\rangle$. Um sie zu normieren, müssen wir uns daran erinnern, dass $|\varphi_1\rangle$ und $|\varphi_2\rangle$ nicht orthogonal sind (ihr Skalarprodukt ist gleich S). Wir erhalten somit

$$\begin{aligned} |\psi_+\rangle &= \frac{1}{\sqrt{2(1-S)}}\left(|\varphi_1\rangle - |\varphi_2\rangle\right), \\ |\psi_-\rangle &= \frac{1}{\sqrt{2(1+S)}}\left(|\varphi_1\rangle + |\varphi_2\rangle\right). \end{aligned} \tag{11.284}$$

Der *bindende* Zustand $|\psi_-\rangle$ zur Energie E_- ist *symmetrisch* in Bezug auf den Austausch von $|\varphi_1\rangle$ und $|\varphi_2\rangle$, während der *bindungslockernde* Zustand *antisymmetrisch* ist.

Bemerkung
Man hätte bereits erwarten können, dass die Eigenzustände von H im Unterraum $\mathscr{F}$ symmetrische bzw. antisymmetrische Kombinationen von $|\varphi_1\rangle$ und $|\varphi_2\rangle$ sind: Für gegebene Positionen der beiden Protonen liegt bezüglich der Mittelebene Symmetrie von $P_1 P_2$ vor, und H bleibt gleich, wenn die beiden Protonen ihre Rollen tauschen.

Bindende und bindungslockernde Zustände sind angenäherte stationäre Zustände des untersuchten Systems. Wie wir in Abschnitt 11.8 herausgestellt haben, ergibt die Variationsmethode gute Näherungen für die Energien, während das Ergebnis für die Eigenfunktionen fraglich ist. Es lässt sich jedoch zumindest ein Eindruck vom Mechanismus der chemischen Bindung gewinnen; dazu ist es hilfreich, die Wellenfunktionen des bindenden und des bindungslockernden Zustands, die man oft auch als bindende und bindungslockernde *Molekülorbitale* bezeichnet, grafisch darzustellen. Dazu können wir z. B. die Flächen mit gleichem $|\psi|$ abbilden (auf denen also der Betrag $|\psi|$ der Wellenfunktion einen gegebenen Wert hat). Wenn ψ reell ist, deuten wir durch ein $+$-Zeichen (oder $-$-Zeichen) die Bereiche an, in denen ψ positiv (oder negativ) ist. Diese Art der Veranschaulichung wird in Abb. 11.23 für ψ_+ und ψ_- gezeigt (die Flächen mit gleichem $|\psi|$ sind Rotationsflächen um die Achse $P_1 P_2$, und in Abb. 11.23 ist nur ein Schnitt längs einer Ebene, die $P_1 P_2$ enthält, dargestellt). Die Unterschiede zwischen dem bindenden und dem bindungslockernden Orbital fallen sofort ins Auge. Bei dem ersten „streckt“ sich die Elektronenwolke, um beide Protonen einzuschließen, während beim zweiten die Aufenthaltswahrscheinlichkeit des Elektrons in der Mittelebene von $P_1 P_2$ null ist.

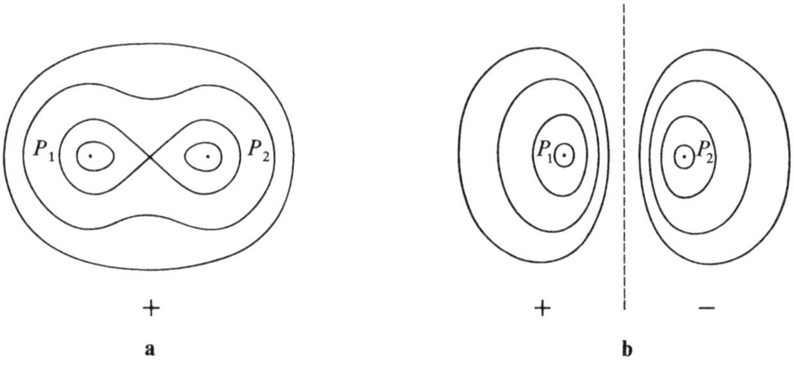

Abb. 11.23 Schematische Darstellung des bindenden Molekülorbitals (**a**) und des bindungslockernden Molekülorbitals (**b**) des H_2^+-Ions. Gezeigt wird der Schnitt entlang einer $P_1 P_2$ enthaltenden Ebene durch eine Familie von Flächen, auf denen $|\psi|$ einen bestimmten Wert hat. Dabei handelt es sich um Rotationsflächen um $P_1 P_2$ (es sind 4 Flächen dargestellt, die 4 verschiedenen Werten von $|\psi|$ entsprechen). Die in der Abbildung angegebenen $+$- und $-$-Zeichen geben den Betrag der (reellen) Wellenfunktion in den entsprechenden Bereichen an. Die gestrichelte Linie ist der Schnitt der Mittelebene zu $P_1 P_2$, bei der es sich um eine Knotenfläche des bindungslockernden Orbitals handelt.

Bemerkung
Wir können den Erwartungswert der potentiellen Energie im Zustand $|\psi_-\rangle$ berechnen; er ergibt sich mit den Gleichungen (11.284), (11.264) und (11.272) zu

$$\begin{aligned}\langle V\rangle &= \langle\psi_-|\left[\frac{e^2}{R}-\frac{e^2}{r_1}-\frac{e^2}{r_2}\right]|\psi_-\rangle \\ &= \frac{e^2}{R}-\frac{1}{1+S}\left[\langle\varphi_1|\frac{e^2}{r_1}|\varphi_1\rangle+\langle\varphi_1|\frac{e^2}{r_1}|\varphi_2\rangle+\langle\varphi_1|\frac{e^2}{r_2}|\varphi_1\rangle+\langle\varphi_1|\frac{e^2}{r_2}|\varphi_2\rangle\right] \\ &= E_{\mathrm{I}}\left[\frac{2}{\rho}-\frac{1}{1+S}(2+2\alpha+\gamma)\right].\end{aligned}\tag{11.285}$$

Ziehen wir dieses Resultat von der zweiten Gleichung aus (11.279) ab, so erhalten wir die kinetische Energie

$$\begin{aligned}\langle T\rangle &= \left\langle\frac{\boldsymbol{P}^2}{2m}\right\rangle=\langle H-V\rangle \\ &= E_{\mathrm{I}}\frac{1}{1+S}(1-S+\alpha).\end{aligned}\tag{11.286}$$

Wir werden später (Abschnitt 11.10.5) diskutieren, wie gut die in Gl. (11.285) und Gl. (11.286) gegebenen Näherungen für die kinetische und potentielle Energie sind.

11.10.3 Mögliche Verbesserungen des Modells

Ergebnisse für kleine *R*

Wie verhalten sich die Energie des gebundenen Zustands und die entsprechende Wellenfunktion, wenn $R \to 0$ geht?

Wie wir aus Abb. 11.22 ersehen, streben für $\rho \to 0$ S, A und C gegen eins, $2E_{\mathrm{I}}$ bzw. $2E_{\mathrm{I}}$. Ziehen wir zur Berechnung der elektronischen Energie den Abstoßungsterm e^2/R der beiden Protonen ab, erhalten wir

$$E_- - \frac{e^2}{R} \stackrel{R\to 0}{\to} -3E_{\mathrm{I}}.\tag{11.287}$$

Außerdem reduziert sich, da $|\varphi_1\rangle$ gegen $|\varphi_2\rangle$ geht, $|\psi_-\rangle$ auf $|\varphi_1\rangle$ (den $1s$-Grundzustand des Wasserstoffatoms).

Dieses Resultat kann offensichtlich nicht richtig sein. Für $R = 0$ haben wir das Äquivalent[30] eines Heliumions He^+ vorliegen. Die Energie des Grundzustands von H_2^+ muss für $R = 0$ mit der des Grundzustands von He^+ übereinstimmen. Da es sich beim Heliumkern um einen Atomkern mit $Z = 2$ handelt, ist diese Energie gleich

$$-Z^2E_{\mathrm{I}} = -4E_{\mathrm{I}}\tag{11.288}$$

(s. Abschnitt 7.4) und nicht $-3E_{\mathrm{I}}$. Außerdem sollte die Wellenfunktion $\psi_-(\boldsymbol{r})$ nicht gegen $\varphi_1(\boldsymbol{r}) = (\pi a_0^3)^{-1/2}\mathrm{e}^{-\rho_1}$, sondern gegen $(\pi a_0^3/Z^3)^{-1/2}\mathrm{e}^{-Z\rho_1}$ mit $Z = 2$ streben (die

[30] Neben den beiden Protonen enthält der Heliumkern natürlich noch ein oder zwei Neutronen.

Bohrsche Bahn ist nur halb so groß). Nun verstehen wir, warum die Differenz zwischen dem exakten Ergebnis und dem Ergebnis von Abschnitt 11.10.2 für kleine Werte von R merkbar wird (Abb. 11.21): Diese Rechnung verwendet Atomorbitale, die eine zu große Ausdehnung haben, wenn die Protonen zu dicht zusammen sind.

Eine Verbesserung, die diesen physikalischen Überlegungen Rechnung trägt, besteht darin, die Familie von Vergleichsvektoren zu vergrößern. Wir betrachten Vektoren der Form

$$|\psi\rangle = c_1\,|\varphi_1(Z)\rangle + c_2\,|\varphi_2(Z)\rangle, \tag{11.289}$$

wobei die Zustände $|\varphi_1(Z)\rangle$ und $|\varphi_2(Z)\rangle$ zu um P_1 bzw. P_2 zentrierten $1s$-Atomorbitalen mit dem Radius a_0/Z gehören. Der Grundzustand entspricht aufgrund von Symmetrieüberlegungen wieder dem Fall $c_1 = c_2$. Wir betrachten nun Z als Variationsparameter, wobei seine Wahl für jeden Wert von R so erfolgt, dass die Energie minimiert wird.

Die Rechnung kann vollständig in elliptischen Koordinaten durchgeführt werden. Es ergibt sich (s. Abb. 11.24), dass der optimale Wert von Z von $Z = 2$ bei $R = 0$ auf $Z = 1$ bei $R \to \infty$ abfällt, wie es sein sollte.

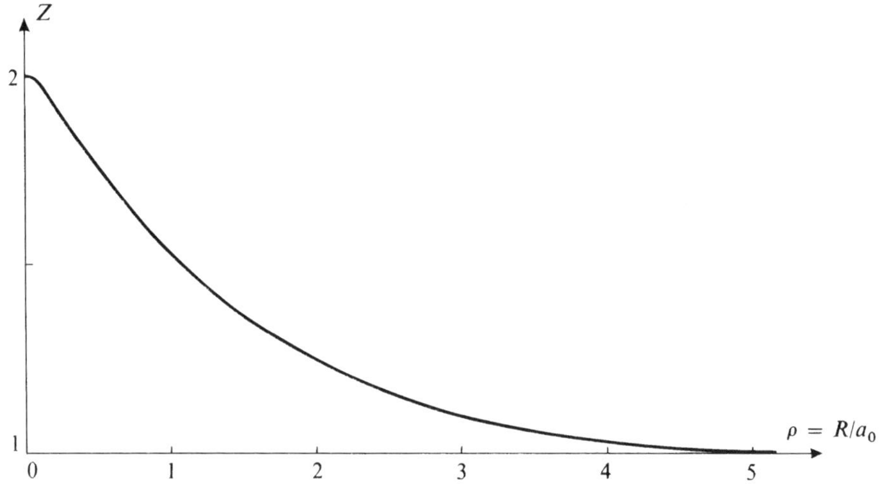

Abb. 11.24 Für jeden Protonenabstand berechnet man den Wert von Z, der die Energie minimiert. $R = 0$ entspricht einem He^+-Ion, und in der Tat ergibt sich $Z = 2$. Für $R \gg a_0$ haben wir es im Wesentlichen mit einem isolierten Wasserstoffatom zu tun, was auf $Z = 1$ führt. Zwischen diesen beiden Extrema ist Z eine fallende Funktion von ρ. Die entsprechenden optimierten Energien sind in Abb. 11.21 durch Dreiecke dargestellt.

Die Kurve, die man für den Verlauf von ΔE_- erhält, liegt sehr viel näher am exakten Ergebnis (s. Abb. 11.21). In Tab. 11.2 sind Lage und Tiefe des Minimums von ΔE_- angegeben, die sich mit den verschiedenen in dieser Ergänzung betrachteten Modellen ergeben. Wir können ablesen, dass die Werte aus der Variationsrechnung immer größer sind als die exakten Energien des Grundzustands; außerdem ist zu erkennen, dass eine Vergrößerung der Familie von Vergleichsvektoren die Ergebnisse verbessert.

Tab. 11.2

	Gleichgewichtsabstand der beiden Protonen (Lage des Minimums von ΔE_-)	Tiefe des Minimums von ΔE_-
Variationsmethode von Abschnitt 11.10.2 ($1s$-Orbitale mit $Z = 1$)	$2.50\ a_0$	1.76 eV
Variationsmethode von Abschnitt 11.10.3, erster Teil ($1s$-Orbitale mit Variabler Z)	$2.00\ a_0$	2.35 eV
Variationsmethode von Abschnitt 11.10.3, zweiter Teil (Hybridorbitale mit Variablen Z, Z' und σ)	$2.00\ a_0$	2.73 eV
Exakte Werte	$2.00\ a_0$	2.79 eV

Ergebnisse für große R

Aus Gl. (11.281) sehen wir, dass E_+ und E_- für $R \to \infty$ exponentiell gegen denselben Wert $-E_I$ streben. Tatsächlich sollte dieser Grenzwert aber nicht so schnell angenommen werden. Um das zu zeigen, verwenden wir einen störungstheoretischen Ansatz wie in Abschnitt 11.6 (Van-der-Waals-Kräfte) oder Abschnitt 12.10 (Stark-Effekt des Wasserstoffatoms). Wir berechnen also die Störung der Energie eines Wasserstoffatoms bei P_2 (im $1s$-Zustand), die durch die Anwesenheit eines Protons P_1 im Abstand R, der sehr viel größer als a_0 ist ($\rho \gg 1$), hervorgerufen wird. In der Nähe von P_2 erzeugt das Proton P_1 ein elektrisches Feld $\boldsymbol{E}$, das mit $1/R^2$ abfällt. Dieses Feld polarisiert das Wasserstoffatom und erzeugt ein zu $\boldsymbol{E}$ proportionales elektrisches Dipolmoment $\boldsymbol{D}$. Die Elektronenwellenfunktion wird verzerrt und der Schwerpunkt der Elektronenladungsverteilung rückt näher an P_1 (Abb. 11.25). Sowohl $\boldsymbol{E}$ als auch $\boldsymbol{D}$ sind proportional zu $1/R^2$ und haben dasselbe Vorzeichen. Die elektrostatische Wechselwirkung zwischen dem Proton P_1 und dem Atom bei P_2 führt daher zur Absenkung der Energie um einen Betrag, der wie $-\boldsymbol{E}\cdot\boldsymbol{D}$ mit $1/R^4$ abfällt (genauer wird die Energie um $-\boldsymbol{E}\cdot\boldsymbol{D}/2$ verringert, s. Abschnitt 12.10.1). Folglich muss das asymptotische Verhalten von ΔE_+ und ΔE_- wie $-a/R^4$ und nicht exponentiell sein (wobei a eine positive Konstante ist).

Dieses Resultat lässt sich auch mit Hilfe der Variationsmethode erhalten. Anstatt $1s$-Orbitale um P_1 und P_2 linear zu überlagern, betrachten wir nun Hybridorbitale χ_1 und χ_2, die nicht kugelsymmetrisch um P_1 und P_2 sind. Zum Beispiel ergibt sich χ_2 als lineare Überlagerung eines $1s$- und eines $2p$-Orbitals, die beide um P_2 zentriert sind:

$$\chi_2(\boldsymbol{r}) = \varphi_{1s}^2(\boldsymbol{r}) + \sigma\,\varphi_{2p}^2(\boldsymbol{r}); \tag{11.290}$$

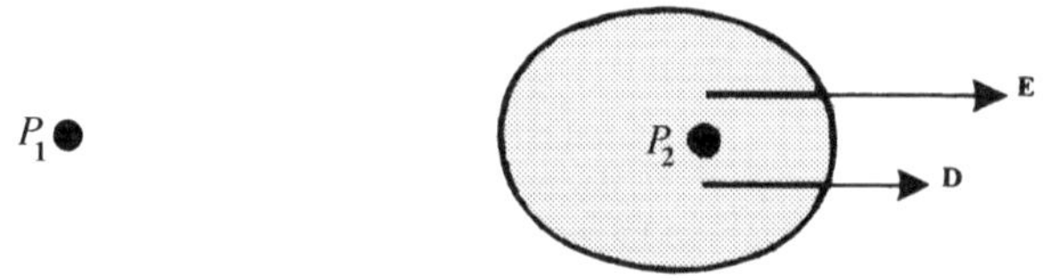

Abb. 11.25 Unter dem Einfluss des vom Proton P_1 erzeugten elektrischen Felds $\boldsymbol{E}$ wird die Elektronenwolke des bei P_2 lokalisierten Atoms verzerrt, so dass ein elektrisches Dipolmoment $\boldsymbol{D}$ erzeugt wird. Es ergibt sich eine Wechselwirkungsenergie, die für wachsende R mit $1/R^4$ abfällt.

die Form ist ähnlich wie in Abb. 11.25.[31] Wir betrachten die Determinante (11.254): Die nichtdiagonalen Elemente $H_{12} = \langle\chi_1|H|\chi_2\rangle$ und $S_{12} = \langle\chi_1|\chi_2\rangle$ gehen weiterhin für $R \to \infty$ exponentiell gegen null. Das liegt daran, dass in den entsprechenden Integralen das Produkt $\chi_1(\boldsymbol{r})\chi_2(\boldsymbol{r})$ auftritt; obwohl sie verzerrt sind, bleiben die Orbitale $\chi_1(\boldsymbol{r})$ und $\chi_2(\boldsymbol{r})$ in der Umgebung von P_1 bzw. P_2, so dass ihre Überlappung für $R \to \infty$ exponentiell gegen null geht. Die beiden Eigenwerte E_+ und E_- streben daher beide gegen $H_{11} = H_{22}$, da die Determinante (11.254) diagonal wird.

Was aber stellt nun H_{22} dar? Wie wir gesehen haben (s. Abschnitt 11.10.2), ist es die Energie eines Wasserstoffatoms bei P_2, das vom Proton P_1 gestört wird. In der Rechnung von Abschnitt 11.10.2 haben wir jegliche Polarisation des elektronischen $1s$-Orbitals durch das vom Proton P_1 erzeugte elektrische Feld vernachlässigt, und aus diesem Grund ergab sich eine Energiekorrektur, die exponentiell mit R abfällt. Wenn wir jedoch wie hier die Polarisation des elektronischen Orbitals berücksichtigen, ergibt sich eine Korrektur in $-a/R^4$. Da wir in Gl. (11.290) nur die Mischung mit dem $2p$-Orbital betrachten, handelt es sich bei dem Wert von a aus der Variationsrechnung um einen Näherungswert (während die Störungsrechnung für die Polarisation alle angeregten Zustände mit einbezieht, s. Abschnitt 12.10).

Die zwei Kurven, die ΔE_+ und ΔE_- darstellen, laufen exponentiell zusammen, da die Differenz zwischen E_+ und E_- nur mit den Nichtdiagonalelementen H_{12} und S_{12} zusammenhängt und ihr gemeinsamer Wert für große R wie $-a/R^4$ gegen null geht (Abb. 11.26).

Die vorstehende Diskussion führt dazu, die polarisierten Orbitale wie (11.290) nicht nur für große R, sondern auch für alle anderen Werte von R zu verwenden. Wir würden damit die Familie der Vergleichsvektoren vergrößern und somit die Genauigkeit verbessern. Wir betrachten dann σ in Gl. (11.290) wie zuvor den Parameter Z, der den Bohr-Radius a_0/Z der $1s$- und $2p$-Orbitale definiert, als Variationsparameter. Zur größeren Flexibilität lassen wir darüber hinaus noch verschiedene Parameter Z und Z' für φ_{1s} und φ_{2p} zu. Für jeden Wert von R minimieren wir dann den Erwartungswert von H im Grundzustand $|\chi_1\rangle + |\chi_2\rangle$ (der aufgrund von Symmetrieüberlegungen immer noch der Grundzustand ist) und erhalten so die optimalen Werte von σ, Z und Z'. Die Übereinstimmung mit den exakten Ergebnissen ist dann ausgezeichnet (s. Tab. 11.2).

[31] Als Symmetrieachse des $2p$-Orbitals wird die Verbindungsachse der beiden Protonen gewählt.

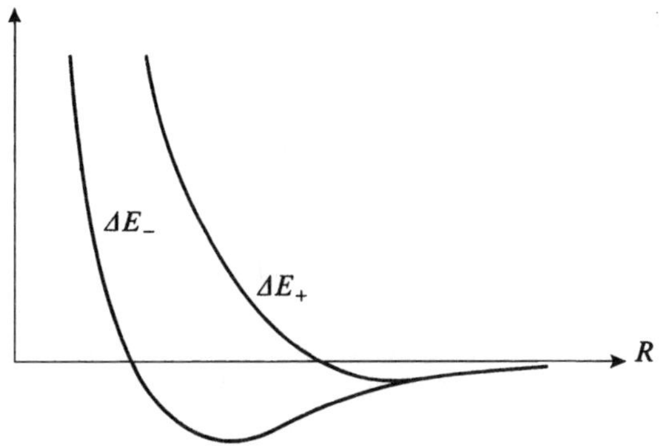

Abb. 11.26 Für $\rho \to \infty$ nähern sich die Energien des bindenden und des bindungslockernden Zustands exponentiell einander an. Ihren Grenzwert erreichen sie jedoch langsamer (wie $1/R^4$).

11.10.4 Andere Molekülorbitale des H_2^+-Ions

In den vorstehenden Abschnitten haben wir mit Hilfe der Variationsmethode ein bindendes und ein bindungslockerndes Molekülorbital konstruiert, indem wir von den $1s$-Grundzuständen der beiden Wasserstoffatome ausgingen, die sich um die Protonen bilden können. Um eine Näherung für den Grundzustand des Gesamtsystems (beide Protonen und Elektron) zu erhalten, war dies von vornherein die beste Wahl. Offensichtlich lassen sich mit der Methode der linearen Überlagerung atomarer Orbitale (Abschnitt 11.10.2) weitere Molekülorbitale höherer Energie konstruieren, wenn man von angeregten Zuständen des Wasserstoffatoms ausgeht. Wir untersuchen diese angeregten Orbitale hauptsächlich, um einen Einblick in die Phänomene zu erhalten, die bei komplizierteren Molekülen eine Rolle spielen. Um z. B. die Eigenschaften eines zweiatomigen Moleküls mit mehreren Elektronen zu verstehen, können wir in erster Näherung annehmen, dass diese isoliert sind, also miteinander nicht in Wechselwirkung stehen. Wir bestimmen also die verschiedenen stationären Zustände für ein Einzelelektron im Coulomb-Feld der Kerne und bringen dann die Elektronen des Moleküls unter Beachtung des Pauli-Prinzips in diesen Zuständen unter (s. Abschnitt 14.4.1), wobei wir die niedrigsten Energiezustände zuerst auffüllen (dieser Vorgang wird in Abschnitt 14.5 für Vielteilchensysteme näher beschrieben). Hier geben wir die prinzipiellen Eigenschaften der angeregten Molekülorbitale des H_2^+-Ions an, wobei wir jeweils die Möglichkeit zur Verallgemeinerung auf kompliziertere Moleküle im Auge behalten.

Symmetrien und Quantenzahlen. Spektroskopische Notation

1. Das von den zwei Protonen erzeugte Potential V ist symmetrisch in Bezug auf die Rotation um die P_1P_2-Achse, die wir als z-Achse wählen wollen. Das bedeutet, dass V und damit der Hamilton-Operator H des Elektrons nicht von der Winkelvariablen φ abhängt, die für einen gegebenen Punkt M die Orientierung der MP_1P_2-Ebene zur z-Achse angibt. Daraus folgt, dass H mit der Komponente L_z des Bahndrehimpulses des Elektrons vertauscht (in der $\{|\boldsymbol{r}\rangle\}$-Darstellung wird L_z durch den Differentialoperator

$\frac{\hbar}{\mathrm{i}}\frac{\partial}{\partial \varphi}$ dargestellt, der mit jedem von φ unabhängigen Operator kommutiert). Wir können dann ein System von Eigenzuständen von H finden, die auch Eigenzustände von L_z sind, und sie nach ihrem Eigenwert $m\hbar$ von L_z klassifizieren.

2. Außerdem ist V invariant bezüglich der Spiegelung an einer beliebigen Ebene, die $P_1 P_2$, d. h. die z-Achse enthält. Ein Eigenzustand von L_z mit dem Eigenwert $m\hbar$ geht unter einer solchen Spiegelung in einen Eigenzustand von L_z mit dem Eigenwert $-m\hbar$ über (die Spiegelung ändert den Umlaufsinn des Elektrons um die z-Achse). Wegen der Invarianz von V hängt die Energie eines stationären Zustands nur von $|m|$ ab.

In der spektroskopischen Notation indizieren wir jedes Molekülorbital in der folgenden Weise mit einem griechischen Buchstaben, der den Wert von $|m|$ angibt:

$$\begin{aligned} |m| = 0 &\longleftrightarrow \sigma, \\ |m| = 1 &\longleftrightarrow \pi, \\ |m| = 2 &\longleftrightarrow \delta \end{aligned} \tag{11.291}$$

(man beachte die Analogie zur atomaren spektroskopischen Notation: σ, π, δ entsprechen s, p, d). Zum Beispiel handelt es sich bei den beiden in den vorangegangenen Abschnitten untersuchten Orbitalen um σ-Orbitale, da der $1s$-Grundzustand des Wasserstoffatoms den Bahndrehimpuls null hat (es lässt sich zeigen, dass dies auch für die exakte stationäre Wellenfunktion und nicht nur für die genäherten Zustände der Variationsmethode gilt).

Bei dieser Notation wird nicht von der Tatsache Gebrauch gemacht, dass die beiden Protonen des H_2^+-Ions die gleiche Ladung haben. Die σ, π, δ-Klassifikation molekularer Orbitale bleibt also auch für heteropolare zweiatomige Moleküle gültig.

3. Für das H_2^+-Ion (und allgemeiner für homöopolare zweiatomige Moleküle) ist das Potential V in Bezug auf eine Spiegelung am Mittelpunkt O der Strecke $P_1 P_2$ invariant. Wir können also die Eigenfunktionen des Hamilton-Operators H so wählen, dass sie bezüglich des Punkts O eine definierte Parität haben. Für ein gerades Orbital fügen wir dem griechischen Index zur Bezeichnung von $|m|$ den Index g (von „gerade“) und für ein ungerades Orbital den Index u („ungerade“) hinzu. Das oben betrachtete aus dem atomaren $1s$-Zustand erhaltene bindende Orbital ist somit ein σ_g-Orbital, während es sich beim bindungslockernden um ein σ_u-Orbital handelt.

4. Schließlich können wir aufgrund der Invarianz von H gegenüber Spiegelung an der Mittelebene von $P_1 P_2$ die stationären Wellenfunktionen so wählen, dass sie unter dieser Operation eine definierte Parität haben, d. h. also eine Parität, die durch den Vorzeichenwechsel nur der einen Variablen z definiert ist. Funktionen, die bei dieser Spiegelung gerade sind, werden mit einem Stern gekennzeichnet. Sie verschwinden notwendig in allen Punkten der Mittelebene von $P_1 P_2$ (s. das Orbital in Abb. 11.23b); es handelt sich um bindungslockernde Orbitale.

Bemerkung

Die Spiegelung an der Mittelebene von $P_1 P_2$ lässt sich durch eine Spiegelung an O, gefolgt von einer Drehung um π um die z-Achse erhalten. Die Parität in (4) ist daher nicht unabhängig von den vorhergehenden Symmetrien (die g-Zustände haben für ungerade $|m|$ einen Stern und für gerade $|m|$ keinen Stern, umgekehrt verhält es sich für u-Zustände). Es ist trotzdem nützlich, diese Parität zu betrachten, da wir mit ihrer Hilfe die bindungslockernden Orbitale sofort bestimmen können.

Konstruktion von Molekülorbitalen aus $2p$-Atomorbitalen

Wenn wir von den angeregten $2s$-Zuständen des Wasserstoffatoms ausgehen, werden wir analog wie oben ein bindendes $\sigma_g(2s)$-Orbital und ein bindungslockerndes $\sigma_u^*(2s)$-Orbital mit einem ähnlichen Aussehen wie die Orbitale in Abb. 11.23 erhalten. Wir wollen uns also stattdessen mit den Molekülorbitalen befassen, die sich aus den angeregten atomaren $2p$-Zuständen ergeben.

Konstruktion von Orbitalen aus $2p_z$-Zuständen. Mit $|\varphi^1_{2p_z}\rangle$ und $|\varphi^2_{2p_z}\rangle$ wollen wir die atomaren $2p_z$-Zustände bezeichnen (s. Abschnitt 7.8.2), die um P_1 bzw. P_2 zentriert sind. Die Form der entsprechenden Orbitale ist in Abb. 11.27 dargestellt (man beachte die Vorzeichenwahl).

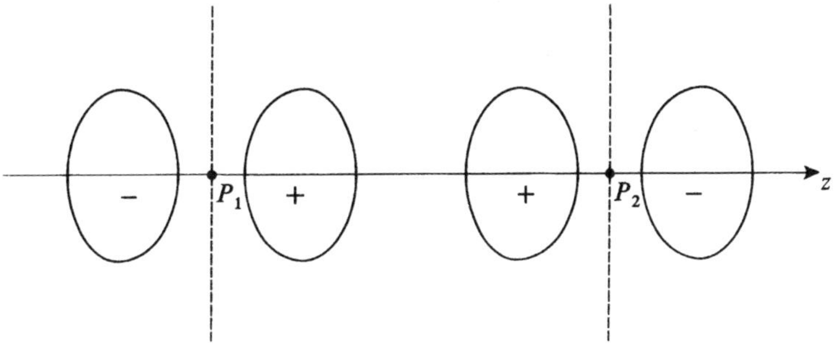

Abb. 11.27 Schematische Darstellung der um P_1 und P_2 zentrierten atomaren $2p_z$-Orbitale (die z-Achse ist entlang P_1P_2 gewählt); diese Orbitale dienen als Basis zur Konstruktion der angeregten Molekülorbitale $\sigma_g(2p_z)$ und $\sigma_u^*(2p_z)$, die in Abb. 11.28 dargestellt sind.

Ausgehend von diesen beiden atomaren Zuständen können wir mit Hilfe einer Variationsrechnung ähnlich der in Abschnitt 11.10.2 zwei genäherte Eigenzustände des Hamilton-Operators (11.246) konstruieren. Aus den oben aufgeführten Symmetrien folgt, dass diese molekularen Zustände bis auf einen Normierungsfaktor lauten

$$\begin{aligned}&|\varphi^1_{2p_z}\rangle + |\varphi^2_{2p_z}\rangle,\\&|\varphi^1_{2p_z}\rangle - |\varphi^2_{2p_z}\rangle.\end{aligned} \tag{11.292}$$

Die Form der so erhaltenen Molekülorbitale lässt sich aus Abb. 11.27 leicht ablesen; sie sind in Abb. 11.28 dargestellt.

Die beiden atomaren $2p_z$-Zustände sind Eigenzustände von L_z mit dem Eigenwert null; dasselbe gilt demzufolge auch für die beiden Zustände (11.292). Das zum ersten Zustand gehörende Molekülorbital ist gerade und wird mit $\sigma_g(2p_z)$ bezeichnet; das zweite ist ungerade, sowohl bei Spiegelung an O als auch bei Spiegelung an der Mittelebene von P_1P_2, und wird demnach mit $\sigma_u^*(2p_z)$ bezeichnet.

Konstruktion von Orbitalen aus $2p_x$- oder $2p_y$-Zuständen. Wir gehen nun von den atomaren Zuständen $|\varphi^1_{2p_x}\rangle$ und $|\varphi^2_{2p_x}\rangle$ aus, zu denen die in Abb. 11.29 dargestellten reellen Wellenfunktionen (s. Abschnitt 7.8.2) gehören (zu beachten ist, dass die Flächen

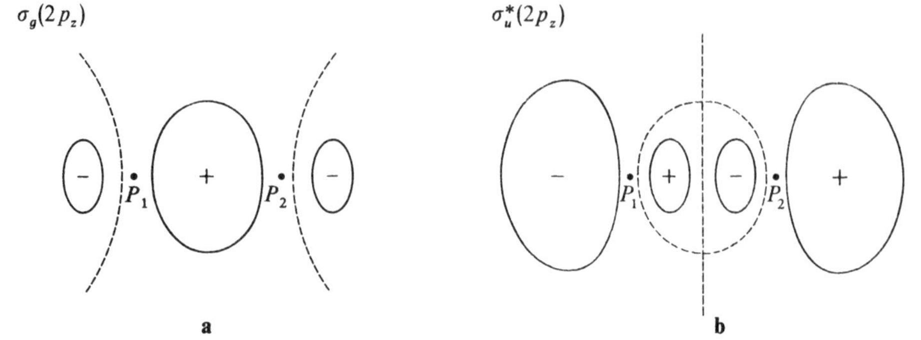

Abb. 11.28 Schematische Darstellung der angeregten Molekülorbitale: das bindende Orbital $\sigma_g(2p_z)$ (**a**) und das bindungslockernde Orbital $\sigma_u^*(2p_z)$ (**b**). Wie in Abb. 11.27 ist der Schnitt durch eine Fläche konstanten Betrags $|\psi|$ längs einer Ebene, die $P_1 P_2$ enthält, abgebildet. Dabei handelt es sich um eine Rotationsfläche in Bezug auf $P_1 P_2$. Das angegebene Vorzeichen ist das der (reellen) Wellenfunktion. Die gestrichelten Kurven sind die Schnitte der Abbildungsebene mit den Knotenflächen ($|\psi| = 0$).

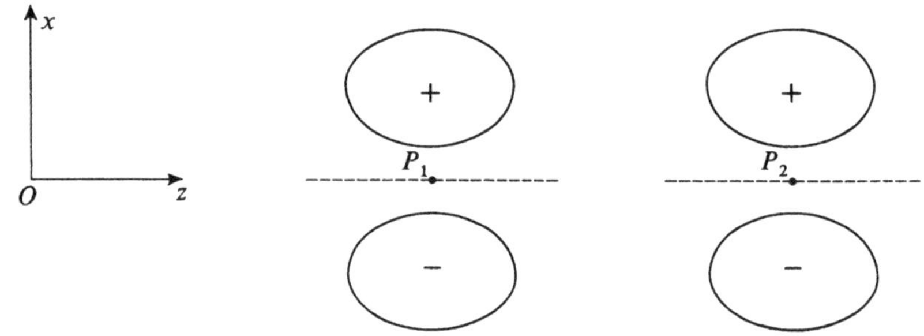

Abb. 11.29 Schematische Darstellung der atomaren $2p_x$-Orbitale, zentriert um P_1 und P_2 (die z-Achse ist längs $P_1 P_2$ gewählt), die als Basis für die Konstruktion der angeregten Molekülorbitale $\pi_u(2p_x)$ und $\pi_g^*(2p_x)$ dienen, Abb. 11.30. Für die beiden Orbitale ist der Schnitt der x, z-Ebene mit einer Fläche mit konstantem $|\psi|$ dargestellt; dabei handelt es sich um eine Rotationsfläche nicht um die z-Achse, sondern um die Parallelen zur x-Achse, die durch P_1 bzw. P_2 gehen.

mit konstantem Wert von $|\psi|$, deren Schnitte mit der x, z-Ebene in Abb. 11.29 dargestellt sind, Rotationsflächen sind, allerdings nicht bezüglich der z-Achse, sondern bezüglich der Parallelen zur x-Achse, die durch P_1 bzw. P_2 laufen). Wir erinnern uns, dass sich die atomaren $2p_x$-Orbitale aus der Linearkombination von Eigenzuständen von L_z mit den Eigenwerten $m = 1$ und $m = -1$ ergeben. Für die aus diesen Atomorbitalen konstruierten Molekülorbitale gilt daher $|m| = 1$; es sind π-Orbitale.

Auch hier entstehen die Molekülzustände wieder als symmetrische oder antisymmetrische Linearkombinationen aus den atomaren $2p_x$-Zuständen:

$$|\varphi^1_{2p_x}\rangle + |\varphi^2_{2p_x}\rangle,$$
$$|\varphi^1_{2p_x}\rangle - |\varphi^2_{2p_x}\rangle. \qquad (11.293)$$

Die qualitative Form dieser Molekülorbitale lässt sich aus Abb. 11.29 leicht ersehen. Die Flächen mit konstantem $|\psi|$ sind keine Rotationsflächen in Bezug auf die z-Achse, sondern sind symmetrisch zur x, z-Ebene. Die Schnitte sind in Abb. 11.30 dargestellt. Wir können dieser Abbildung sofort entnehmen, dass das erste Orbital (11.293) ungerade bezüglich des Mittelpunkts O von $P_1 P_2$ und gerade in Bezug auf die Mittelsenkrechte von $P_1 P_2$ ist; es wird daher mit $\pi_u(2p_x)$ bezeichnet. Das zweite Orbital (11.293) hingegen ist gerade bezüglich O und ungerade bezüglich der Mittelsenkrechten von $P_1 P_2$: Es handelt sich um ein bindungslockerndes Orbital, bezeichnet mit $\pi_g^*(2p_x)$. Es ist zu beachten, dass diese π-Orbitale *Symmetrieflächen* und keine Rotationsachsen wie die σ-Orbitale haben. Die entsprechenden Molekülorbitale, die sich aus den atomaren $2p_y$-Zuständen ergeben, gehen natürlich aus den obigen Orbitalen durch eine Drehung um $\pi/2$ um $P_1 P_2$ hervor. π-Orbitale sind für die Zweifach- oder Dreifachbindungen verantwortlich, wie sie z. B. beim Kohlenstoffatom auftreten (s. Abschnitte 7.8.3 und 7.8.4).

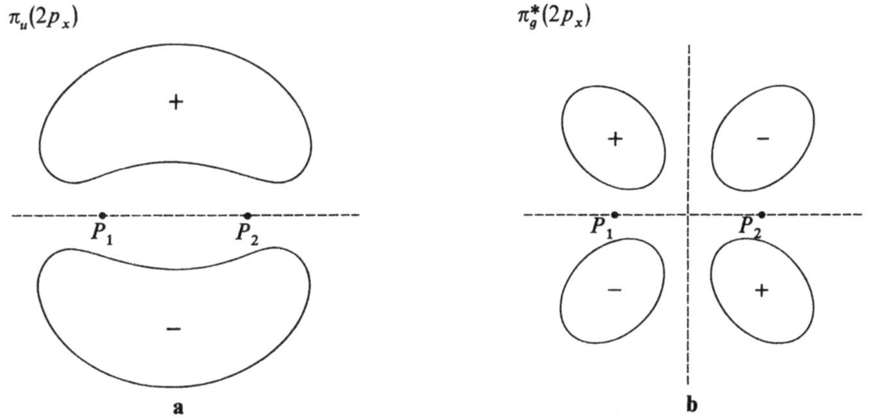

Abb. 11.30 Schematische Darstellung der angeregten Molekülorbitale: das bindende $\pi_u(2p_x)$-Orbital (**a**) und das bindungslockernde $\pi_g^*(2p_x)$-Orbital (**b**). Für jedes Orbital haben wir den Schnitt der x, z-Ebene mit einer Fläche, auf der $|\psi|$ einen gegebenen konstanten Wert hat, dargestellt. Bei dieser Fläche handelt es sich nicht mehr um eine Rotationsfläche, es besteht nur noch Symmetrie zur x, z-Ebene. Die Bedeutung der Vorzeichen und der gestrichelten Linien ist dieselbe wie in den Abbildungen 11.23, 11.27, 11.28, 11.29.

Bemerkung

Wie wir zuvor (Abschnitt 11.10.2) gesehen haben, wird die Energielücke zwischen dem bindenden und dem bindungslockernden Niveau von der Überlappung der atomaren Wellenfunktionen erzeugt. Nun ist für einen gegebenen Abstand R die Überlappung der $\varphi^1_{2p_z}$- und $\varphi^2_{2p_z}$-Orbitale, die zueinander zeigen, größer als die Überlappung der $\varphi^1_{2p_x}$- und $\varphi^2_{2p_x}$-Orbitale, deren Achsen parallel

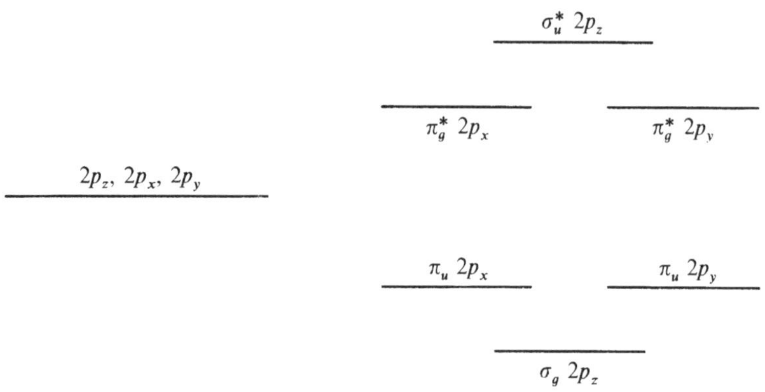

Abb. 11.31 Energien der angeregten Molekülorbitale, die aus den atomaren $2p_z$-, $2p_x$ und $2p_y$-Orbitalen um P_1 und P_2 konstruiert werden (die z-Achse verläuft längs P_1P_2). Aufgrund der Symmetrie sind die Molekülorbitale, die sich aus den atomaren $2p_x$-Orbitalen ergeben, entartet und liegen auf der gleichen Höhe wie die aus den atomaren $2p_y$-Orbitalen. Die Energiedifferenz zwischen dem bindenden und dem bindungslockernden $\pi_\mathrm{u}(2p_{x,y})$- und $\pi_\mathrm{g}^*(2p_{x,y})$-Orbital ist allerdings kleiner als die entsprechende Differenz zwischen den $\sigma_\mathrm{g}(2p_z)$- und $\sigma_\mathrm{u}^*(2p_z)$-Molekülorbitalen. Der Grund hierfür liegt in der größeren Überlappung der beiden $2p_z$-Orbitale.

sind (Abb. 11.27 und Abb. 11.29). Wir sehen also, dass die Energiedifferenz zwischen $\sigma_\mathrm{g}(2p_z)$ und $\sigma_\mathrm{u}^*(2p_z)$ größer ist als die zwischen $\pi_\mathrm{u}(2p_x)$ und $\pi_\mathrm{g}^*(2p_x)$ (oder zwischen $\pi_\mathrm{u}(2p_y)$ und $\pi_\mathrm{g}^*(2p_y)$). Die Anordnung der entsprechenden Niveaus ist in Abb. 11.31 dargestellt.

11.10.5 Ursprung der chemischen Bindung. Virialtheorem

Problemstellung

Mit kleiner werdendem Abstand R der beiden Protonen nimmt ihre elektrostatische Abstoßung e^2/R zu. Da die Gesamtenergie $E_-(R)$ des Bindungszustands zunächst abnimmt (wenn R von großen Werten her kleiner wird) und dann ein Minimum durchläuft, folgt, dass die elektronische Energie zunächst schneller fällt als e^2/R zunimmt (natürlich überwiegt die Abstoßung für kurze Abstände, da dieser Term für $R \to 0$ divergiert). Es stellt sich nun die folgende Frage: Geht die Verringerung der elektronischen Energie, die die chemische Bindung möglich macht, aus einer Verringerung der potentiellen Energie, einer Verringerung der kinetischen Energie oder aus beidem hervor?

In Gl. (11.285) und Gl. (11.286) haben wir bereits die Näherungsausdrücke für die (gesamte) potentielle und die kinetische Energie abgeleitet. Wir könnten nun diese Ausdrücke in Abhängigkeit von R untersuchen. Da, wie wir bereits festgestellt haben, die aus einer Variationsrechnung erhaltenen Eigenfunktionen sehr viel ungenauer als die entsprechenden Energien sind, ist hierbei Vorsicht angebracht; auf dieses Problem werden wir unten genauer eingehen.

Es ist allerdings möglich, diese Frage mit Hilfe des *Virialtheorems*, das exakte Aussagen über die Beziehung zwischen der Gesamtenergie $E(R)$ und den mittleren kinetischen und potentiellen Energien ermöglicht, in Strenge zu beantworten. Wir wollen dieses Theorem beweisen und seine physikalischen Konsequenzen diskutieren. Die sich ergebenden Aussagen gelten allgemein und können nicht nur auf das H_2^+-Ion, sondern auch auf alle anderen Moleküle angewandt werden. Bevor wir nun das Virialtheorem selbst behandeln, stellen wir einige Ergebnisse zusammen, die wir später benötigen werden.

Theoreme

Euler-Theorem. Eine Funktion $f(x_1, x_2, \ldots, x_n)$ mehrerer Variablen $x_1, x_2, \ldots, x_n$ heißt homogen vom Grad s, wenn sie durch Multiplikation aller Variablen mit λ in ihr λ^s-faches übergeht:

$$f(\lambda x_1, \lambda x_2, \ldots, \lambda x_n) = \lambda^s f(x_1, x_2, \ldots, x_n). \tag{11.294}$$

Zum Beispiel ist das Potential eines dreidimensionalen harmonischen Oszillators,

$$V(x, y, z) = \frac{1}{2} m\omega^2 \left(x^2 + y^2 + z^2\right), \tag{11.295}$$

homogen vom Grad 2, und die elektrostatische Wechselwirkungsenergie zweier Teilchen,

$$\frac{e_a e_b}{r_{ab}} = \frac{e_a e_b}{\sqrt{(x_a - x_b)^2 + (y_a - y_b)^2 + (z_a - z_b)^2}}, \tag{11.296}$$

homogen vom Grad -1.

Das Euler-Theorem besagt, dass für eine beliebige homogene Funktion f vom Grad s die folgende Identität gilt:

$$\sum_{i=1}^{n} x_i \frac{\partial f}{\partial x_i} = s\, f(x_1, \ldots, x_i, \ldots, x_n). \tag{11.297}$$

Zum Beweis berechnen wir die Ableitungen beider Seiten von Gl. (11.294) nach λ. Die linke Seite ergibt

$$\sum_i \frac{\partial f}{\partial x_i}(\lambda x_1, \ldots, \lambda x_n) \frac{\partial}{\partial \lambda}(\lambda x_i) = \sum_i x_i \frac{\partial f}{\partial x_i}(\lambda x_1, \ldots, \lambda x_n) \tag{11.298}$$

und die rechte Seite

$$s\, \lambda^{s-1} f(x_1, \ldots, x_n). \tag{11.299}$$

Das Gleichsetzen beider Ausdrücke ergibt für $\lambda = 1$ die Behauptung (11.297).

Das Hellman-Feynman-Theorem. Es sei $H(\lambda)$ ein hermitescher Operator, der von einem reellen Parameter λ abhängt, und $|\psi(\lambda)\rangle$ ein normierter Eigenvektor von $H(\lambda)$ zum Eigenwert $E(\lambda)$:

$$H(\lambda)\,|\psi(\lambda)\rangle = E(\lambda)\,|\psi(\lambda)\rangle, \tag{11.300}$$

$$\langle\psi(\lambda)\,|\,\psi(\lambda)\rangle = 1. \tag{11.301}$$

Die Aussage des Hellman-Feynman-Theorems ist

$$\frac{\mathrm{d}}{\mathrm{d}\lambda} E(\lambda) = \langle \psi(\lambda) \,|\, \frac{\mathrm{d}}{\mathrm{d}\lambda} H(\lambda) \,|\, \psi(\lambda) \rangle. \tag{11.302}$$

Es lässt sich wie folgt beweisen: Nach Gl. (11.300) und Gl. (11.301) gilt

$$E(\lambda) = \langle \psi(\lambda) \,|\, H(\lambda) \,|\, \psi(\lambda) \rangle. \tag{11.303}$$

Leiten wir diese Beziehung nach λ ab, ergibt sich

$$\begin{aligned} \frac{\mathrm{d}}{\mathrm{d}\lambda} E(\lambda) &= \langle \psi(\lambda) \,|\, \frac{\mathrm{d}}{\mathrm{d}\lambda} H(\lambda) \,|\, \psi(\lambda) \rangle \\ &+ \left[\frac{\mathrm{d}}{\mathrm{d}\lambda} \langle \psi(\lambda) \,| \right] H(\lambda) \,|\, \psi(\lambda) \rangle + \langle \psi(\lambda) \,|\, H(\lambda) \left[\frac{\mathrm{d}}{\mathrm{d}\lambda} \,|\, \psi(\lambda) \rangle \right], \end{aligned} \tag{11.304}$$

d. h. mit Hilfe von Gl. (11.300) und der adjungierten Beziehung ($H(\lambda)$ ist hermitesch und $E(\lambda)$ damit reell) wird

$$\begin{aligned} \frac{\mathrm{d}}{\mathrm{d}\lambda} E(\lambda) &= \langle \psi(\lambda) \,|\, \frac{\mathrm{d}}{\mathrm{d}\lambda} H(\lambda) \,|\, \psi(\lambda) \rangle \\ &+ E(\lambda) \left\{ \left[\frac{\mathrm{d}}{\mathrm{d}\lambda} \langle \psi(\lambda) \,| \right] |\psi(\lambda)\rangle + \langle \psi(\lambda)| \left[\frac{\mathrm{d}}{\mathrm{d}\lambda} \,|\, \psi(\lambda) \rangle \right] \right\}. \end{aligned} \tag{11.305}$$

Der Ausdruck in den geschweiften Klammern auf der rechten Seite stellt die Ableitung von $\langle \psi(\lambda) \,|\, \psi(\lambda) \rangle$ dar; sie verschwindet, da $|\psi(\lambda)\rangle$ normiert ist, und es ergibt sich Gl. (11.302).

Erwartungswert von $[H, A]$ in einem Eigenzustand von H. Es sei $|\psi\rangle$ ein normierter Eigenvektor des hermiteschen Operators H mit dem Eigenwert E. Für einen beliebigen Operator A gilt

$$\langle \psi \,|\, [H, A] \,|\, \psi \rangle = 0, \tag{11.306}$$

da sich mit $H|\psi\rangle = E|\psi\rangle$ und $\langle \psi | H = E \langle \psi |$

$$\langle \psi \,|\, (HA - AH) \,|\, \psi \rangle = E \langle \psi \,|\, A \,|\, \psi \rangle - E \langle \psi \,|\, A \,|\, \psi \rangle = 0 \tag{11.307}$$

ergibt.

Anwendung des Virialtheorems auf Moleküle

Die potentielle Energie des Systems. Wir betrachten ein beliebiges aus N Atomkernen und Q Elektronen bestehendes Molekül. Mit $\boldsymbol{r}_k^{\mathrm{n}}$ $(k = 1, 2, \ldots, N)$ bezeichnen wir die klassischen Orte der Kerne und mit $\boldsymbol{r}_i^{\mathrm{e}}$ und $\boldsymbol{p}_i^{\mathrm{e}}$ $(i = 1, 2, \ldots, Q)$ die klassischen Orte bzw. Impulse der Elektronen. Die Komponenten dieser Vektoren schreiben wir $x_k^{\mathrm{n}}, y_k^{\mathrm{n}}, z_k^{\mathrm{n}}$ usw.

Wir wollen hier die Born-Oppenheimer-Näherung anwenden und betrachten die $\boldsymbol{r}_k^{\mathrm{n}}$ als gegebene klassische Parameter. In der quantenmechanischen Rechnung gehen nur die $\boldsymbol{r}_i^{\mathrm{e}}$ und $\boldsymbol{p}_i^{\mathrm{e}}$ in Operatoren $\boldsymbol{R}_i^{\mathrm{e}}$ bzw. $\boldsymbol{P}_i^{\mathrm{e}}$ über. Wir haben also die Eigenwertgleichung

$$H(\boldsymbol{r}_1^{\mathrm{n}},\ldots,\boldsymbol{r}_N^{\mathrm{n}})\,|\psi(\boldsymbol{r}_1^{\mathrm{n}},\ldots,\boldsymbol{r}_N^{\mathrm{n}})\rangle = E(\boldsymbol{r}_1^{\mathrm{n}},\ldots,\boldsymbol{r}_N^{\mathrm{n}})\,|\psi(\boldsymbol{r}_1^{\mathrm{n}},\ldots,\boldsymbol{r}_N^{\mathrm{n}})\rangle \tag{11.308}$$

eines Hamilton-Operators H zu lösen, der von den Parametern $\boldsymbol{r}_1^{\mathrm{n}},\ldots,\boldsymbol{r}_N^{\mathrm{n}}$ abhängt und im Zustandsraum der Elektronen wirkt; H kann geschrieben werden

$$H = T_{\mathrm{e}} + V(\boldsymbol{r}_1^{\mathrm{n}},\ldots,\boldsymbol{r}_N^{\mathrm{n}}), \tag{11.309}$$

wobei T_{e} den Operator der kinetischen Energie der Elektronen bezeichnet,

$$T_{\mathrm{e}} = \sum_{i=1}^{Q} \frac{1}{2m}\left(\boldsymbol{P}_i^{\mathrm{e}}\right)^2, \tag{11.310}$$

und $V(\boldsymbol{r}_1^{\mathrm{n}},\ldots,\boldsymbol{r}_N^{\mathrm{n}})$ den Operator, der sich ergibt, wenn im Ausdruck für die klassische potentielle Energie die $\boldsymbol{r}_i^{\mathrm{e}}$ durch die Operatoren $\boldsymbol{R}_i^{\mathrm{e}}$ ersetzt werden. Bei diesem Potential handelt es sich um die Summe aus der Abstoßungsenergie V_{ee} zwischen den Elektronen, der Anziehungsenergie V_{en} zwischen den Elektronen und den Kernen und schließlich der Abstoßungsenergie V_{nn} der Kerne untereinander, also

$$V(\boldsymbol{r}_1^{\mathrm{n}},\ldots,\boldsymbol{r}_N^{\mathrm{n}}) = V_{\mathrm{ee}} + V_{\mathrm{en}}(\boldsymbol{r}_1^{\mathrm{n}},\ldots,\boldsymbol{r}_N^{\mathrm{n}}) + V_{\mathrm{nn}}(\boldsymbol{r}_1^{\mathrm{n}},\ldots,\boldsymbol{r}_N^{\mathrm{n}}). \tag{11.311}$$

Da V_{nn} nur von den $\boldsymbol{r}_k^{\mathrm{n}}$, nicht aber von den Operatoren $\boldsymbol{R}_i^{\mathrm{e}}$ abhängt, handelt es sich bei V_{nn} um eine Zahl und nicht um einen im Zustandsraum der Elektronen wirkenden Operator. Die Wirkung von V_{nn} besteht daher lediglich in einer gleichen Verschiebung aller Energien, da Gl. (11.308) äquivalent ist zu

$$H_{\mathrm{e}}(\boldsymbol{r}_1^{\mathrm{n}},\ldots,\boldsymbol{r}_N^{\mathrm{n}})\,|\psi(\boldsymbol{r}_1^{\mathrm{n}},\ldots,\boldsymbol{r}_N^{\mathrm{n}})\rangle = E_{\mathrm{e}}(\boldsymbol{r}_1^{\mathrm{n}},\ldots,\boldsymbol{r}_N^{\mathrm{n}})\,|\psi(\boldsymbol{r}_1^{\mathrm{n}},\ldots,\boldsymbol{r}_N^{\mathrm{n}})\rangle. \tag{11.312}$$

Dabei ist

$$H_{\mathrm{e}}(\boldsymbol{r}_1^{\mathrm{n}},\ldots,\boldsymbol{r}_N^{\mathrm{n}}) = T_{\mathrm{e}} + V_{\mathrm{ee}} + V_{\mathrm{en}}(\boldsymbol{r}_1^{\mathrm{n}},\ldots,\boldsymbol{r}_N^{\mathrm{n}}) = H - V_{\mathrm{nn}}(\boldsymbol{r}_1^{\mathrm{n}},\ldots,\boldsymbol{r}_N^{\mathrm{n}}), \tag{11.313}$$

und die elektronische Energie E_{e} hängt mit der Gesamtenergie E über

$$E_{\mathrm{e}}(\boldsymbol{r}_1^{\mathrm{n}},\ldots,\boldsymbol{r}_N^{\mathrm{n}}) = E(\boldsymbol{r}_1^{\mathrm{n}},\ldots,\boldsymbol{r}_N^{\mathrm{n}}) - V_{\mathrm{nn}}(\boldsymbol{r}_1^{\mathrm{n}},\ldots,\boldsymbol{r}_N^{\mathrm{n}}) \tag{11.314}$$

zusammen.

Wir können das Euler-Theorem auf die klassische potentielle Energie anwenden, da es sich dabei um eine homogene Funktion vom Grad -1 der Elektronen- *und* der Kernkoordinaten handelt. Da die Operatoren $\boldsymbol{R}_i^{\mathrm{e}}$ alle untereinander vertauschen, ergibt sich die folgende Beziehung zwischen den quantenmechanischen Operatoren:

$$\sum_{k=1}^{N} \boldsymbol{r}_k^{\mathrm{n}}\cdot\nabla_k^{\mathrm{n}}V + \sum_{i=1}^{Q} \boldsymbol{R}_i^{\mathrm{e}}\cdot\nabla_i^{\mathrm{e}}V = -V, \tag{11.315}$$

worin ∇_k^{n} und ∇_i^{e} für die Operatoren stehen, die sich ergeben, wenn man in den Gradienten bezüglich $\boldsymbol{r}_k^{\mathrm{n}}$ und $\boldsymbol{r}_i^{\mathrm{e}}$, die im klassischen Ausdruck für die potentielle Energie auftreten, die $\boldsymbol{r}_i^{\mathrm{e}}$ durch die $\boldsymbol{R}_i^{\mathrm{e}}$ ersetzt. Gleichung (11.315) wird als Grundlage für unseren Beweis des Virialtheorems dienen.

Beweis des Virialtheorems. Wir wenden Gl. (11.306) auf den Spezialfall

$$A = \sum_{i=1}^{Q} \boldsymbol{R}_i^{\mathrm{e}} \cdot \boldsymbol{P}_i^{\mathrm{e}} \tag{11.316}$$

an. Dazu berechnen wir den Kommutator von H mit A:

$$\begin{aligned} \left[H, \sum_{i=1}^{Q} \boldsymbol{R}_i^{\mathrm{e}} \cdot \boldsymbol{P}_i^{\mathrm{e}}\right] &= \sum_{i=1}^{Q} \sum_{x,y,z} \left\{\left[H, X_i^{\mathrm{e}}\right] P_{xi}^{\mathrm{e}} + X_i^{\mathrm{e}} \left[H, P_{xi}^{\mathrm{e}}\right]\right\} \\ &= \mathrm{i}\hbar \sum_{i=1}^{Q} \left\{-\frac{\left(\boldsymbol{P}_i^{\mathrm{e}}\right)^2}{m} + \boldsymbol{R}_i^{\mathrm{e}} \cdot \nabla_i^{\mathrm{e}} V\right\} \end{aligned} \tag{11.317}$$

(wir haben die Vertauschungsrelationen einer Funktion des Impulses mit dem Ortsoperator und umgekehrt angewandt; s. Abschnitt 2.8.4). Der erste Term in geschweiften Klammern ist proportional zur kinetischen Energie T_{e}. Der zweite Term ist nach Gl. (11.315) gleich

$$-V - \sum_{k=1}^{N} \boldsymbol{r}_k^{\mathrm{n}} \cdot \nabla_k^{\mathrm{n}} V. \tag{11.318}$$

Folglich erhalten wir aus Gl. (11.306)

$$2\langle T_{\mathrm{e}}\rangle + \langle V\rangle + \sum_{k=1}^{N} \boldsymbol{r}_k^{\mathrm{n}} \cdot \langle \nabla_k^{\mathrm{n}} V\rangle = 0, \tag{11.319}$$

d. h., da der Hamilton-Operator nur über V von den Parametern $\boldsymbol{r}_k^{\mathrm{n}}$ abhängt,

$$2\langle T_{\mathrm{e}}\rangle + \langle V\rangle = -\sum_{k=1}^{N} \boldsymbol{r}_k^{\mathrm{n}} \cdot \langle \nabla_k^{\mathrm{n}} H\rangle. \tag{11.320}$$

Die Komponenten $\boldsymbol{r}_k^{\mathrm{n}}$ spielen hier eine ähnliche Rolle wie die Parameter λ in Gl. (11.302). Die Anwendung des Hellman-Feynman-Theorems auf die rechte Seite von Gl. (11.320) ergibt dann

$$2\langle T_{\mathrm{e}}\rangle + \langle V\rangle = -\sum_{k=1}^{N} \boldsymbol{r}_k^{\mathrm{n}} \cdot \nabla_k^{\mathrm{n}} E(\boldsymbol{r}_1^{\mathrm{n}}, \ldots, \boldsymbol{r}_k^{\mathrm{n}}, \ldots, \boldsymbol{r}_N^{\mathrm{n}}). \tag{11.321}$$

Außerdem gilt offensichtlich

$$\langle T_{\mathrm{e}}\rangle + \langle V\rangle = E(\boldsymbol{r}_1^{\mathrm{n}}, \ldots, \boldsymbol{r}_N^{\mathrm{n}}). \tag{11.322}$$

Aus Gl. (11.321) und Gl. (11.322) ergibt sich dann leicht

$$\begin{aligned} \langle T_{\mathrm{e}}\rangle &= -E - \sum_{k=1}^{N} \boldsymbol{r}_k^{\mathrm{n}} \cdot \nabla_k^{\mathrm{n}} E, \\ \langle V\rangle &= 2E + \sum_{k=1}^{N} \boldsymbol{r}_k^{\mathrm{n}} \cdot \nabla_k^{\mathrm{n}} E. \end{aligned} \tag{11.323}$$

Das ist ein sehr einfaches Ergebnis: das Virialtheorem für Moleküle. Mit seiner Hilfe können wir die mittlere kinetische und potentielle Energie berechnen, wenn wir die Abhängigkeit der Gesamtenergie von den Positionen der Atomkerne kennen.

Bemerkung
Die elektronische Gesamtenergie E_e und die potentielle elektronische Energie $\langle V_\mathrm{e}\rangle$ hängen auch über

$$\langle V_\mathrm{e}\rangle = 2E_\mathrm{e} + \sum_{k=1}^{N} \boldsymbol{r}_k^\mathrm{n} \cdot \nabla_k^\mathrm{n} E_\mathrm{e} \tag{11.324}$$

zusammen. Diese Beziehung kann gezeigt werden, wenn man Gl. (11.314) und den expliziten Ausdruck für V_nn in Abhängigkeit von den $\boldsymbol{r}_k^\mathrm{n}$ in die zweite der Gleichungen (11.323) einsetzt. Sie lässt sich jedoch leicht einsehen, wenn man beachtet, dass die potentielle Elektronenenergie $V_\mathrm{e} = V_\mathrm{ee} + V_\mathrm{en}$ wie die potentielle Gesamtenergie eine homogene Funktion vom Grad -1 der Koordinaten ist. Damit kann man die obige Überlegung für H auch auf H_e anwenden, und in den Beziehungen (11.323) E durch E_e und V durch V_e ersetzen.

Ein Spezialfall: das zweiatomige Molekül. Wenn die Anzahl N der Atomkerne gleich zwei ist, hängen die Energien nur vom Abstand R der beiden Kerne ab. Damit werden die Aussagen des Virialtheorems weiter vereinfacht:

$$\begin{aligned}\langle T_\mathrm{e}\rangle &= -E - R\frac{\mathrm{d}E}{\mathrm{d}R},\\ \langle V\rangle &= 2E + R\frac{\mathrm{d}E}{\mathrm{d}R}.\end{aligned} \tag{11.325}$$

Da E nur über R von den Koordinaten der Atomkerne abhängt, ist

$$\frac{\partial E}{\partial x_k^\mathrm{n}} = \frac{\mathrm{d}E}{\mathrm{d}R}\frac{\partial R}{\partial x_k^\mathrm{n}} \tag{11.326}$$

und damit

$$\sum_{k=1,2}\sum_{x,y,z} x_k^\mathrm{n}\frac{\partial E}{\partial x_k^\mathrm{n}} = \frac{\mathrm{d}E}{\mathrm{d}R}\sum_{k=1,2}\sum_{x,y,z} x_k^\mathrm{n}\frac{\partial R}{\partial x_k^\mathrm{n}}. \tag{11.327}$$

Der Abstand R der beiden Kerne ist eine homogene Funktion vom Grad 1 der Kernkoordinaten. Mit der Anwendung des Euler-Theorems auf diese Funktion können wir die auf der rechten Seite von Gl. (11.327) auftretende Doppelsumme durch R ersetzen und erhalten schließlich

$$\sum_{k=1,2} \boldsymbol{r}_k^\mathrm{n} \cdot \nabla_k^\mathrm{n} E = R\frac{\mathrm{d}E}{\mathrm{d}R}. \tag{11.328}$$

Das Einsetzen dieses Ergebnisses in die Gleichungen (11.323) ergibt Gl. (11.325).

In den Gleichungen (11.325) wie in den Gleichungen (11.323) können wir E durch E_e und V durch V_e ersetzen.

Diskussion

Chemische Bindung als Folge der Energieabsenkung. Es sei E_∞ die Gesamtenergie des Systems, wenn die Atomkerne unendlich weit voneinander entfernt sind. Damit durch Annäherung der Atomkerne ein stabiles Molekül gebildet werden kann, muss eine bestimmte relative Anordnung dieser Kerne existieren, bei der die Gesamtenergie E ein Minimum $E_0 < E_\infty$ durchläuft. Für die entsprechenden Werte von $\boldsymbol{r}_k^{\mathrm{n}}$ gilt dann

$$\nabla_k^{\mathrm{n}} E = 0. \tag{11.329}$$

Aus den Gleichungen (11.323) folgt somit, dass in dieser Gleichgewichtslage die kinetische bzw. die potentielle Energie

$$\begin{aligned} \langle T_\mathrm{e}\rangle_0 &= -E_0, \\ \langle V\rangle_0 &= 2E_0 \end{aligned} \tag{11.330}$$

ist. Wenn die Kerne unendlich weit voneinander entfernt sind, besteht das System aus einer gewissen Anzahl von Atomen oder Ionen ohne gegenseitige Wechselwirkung (die Energie hängt nicht mehr von den $\boldsymbol{r}_k^{\mathrm{n}}$ ab). Für jedes Untersystem folgt aus dem Virialtheorem $\langle T_\mathrm{e}\rangle = -E$, $\langle V\rangle = 2E$, und für das Gesamtsystem muss gelten

$$\begin{aligned} \langle T_\mathrm{e}\rangle_\infty &= -E_\infty, \\ \langle V\rangle_\infty &= 2E_\infty. \end{aligned} \tag{11.331}$$

Die Subtraktion der Gleichungen (11.331) von den Gleichungen (11.330) ergibt dann

$$\begin{aligned} \langle T_\mathrm{e}\rangle_0 - \langle T_\mathrm{e}\rangle_\infty &= -(E_0 - E_\infty) > 0, \\ \langle V\rangle_0 - \langle V\rangle_\infty &= 2(E_0 - E_\infty) < 0. \end{aligned} \tag{11.332}$$

Die Bildung eines stabilen Moleküls geht daher immer mit einer Vergrößerung der kinetischen Energie der Elektronen und einer Verringerung der potentiellen Gesamtenergie einher. Die potentielle elektronische Energie muss darüber hinaus noch weiter abgesenkt werden, da der Erwartungswert $\langle V_\mathrm{nn}\rangle$ (die Abstoßung der beiden Kerne), der im Unendlichen null ist, immer einen positiven Beitrag liefert. Somit ist es die Verringerung der potentiellen Energie der Elektronen $\langle V_\mathrm{ee} + V_\mathrm{en}\rangle$, die für das Auftreten der chemischen Bindung verantwortlich ist. Im Gleichgewichtsabstand muss diese Absenkung die Vergrößerung von $\langle T_\mathrm{e}\rangle$ und $\langle V_\mathrm{nn}\rangle$ überwiegen.

Das H_2^+-Ion. 1. Anwendung des Virialtheorems auf die Näherungsenergie der Variationsrechnung: Wir kommen auf die Untersuchung von $\langle T_\mathrm{e}\rangle$ und $\langle V\rangle$ für das H_2^+-Ion zurück. Dabei gehen wir von den Vorhersagen des Variationsmodells von Abschnitt 11.10.2 aus, das auf die Näherungsausdrücke (11.285) und (11.286) führte. Aus der zweiten Beziehung folgern wir

$$\Delta T_\mathrm{e} = \langle T_\mathrm{e}\rangle - \langle T_\mathrm{e}\rangle_\infty = \frac{1}{1+S}(A - 2SE_\mathrm{I}). \tag{11.333}$$

Da S immer größer ist als $A/2E_\mathrm{I}$ (s. Abb. 11.22), könnte man aus dieser Rechnung schließen, dass ΔT_e immer negativ ist. Das lässt sich auch aus Abb. 11.32 ablesen, wo das Verhalten der Ausdrücke (11.285) und (11.286) durch die gestrichelten Linien dargestellt ist.

Insbesondere erkennt man, dass der Variationsrechnung zufolge ΔT_e im Gleichgewichtsabstand ($\rho \approx 2.5$) negativ und ΔV positiv ist. Diese Aussagen sind nach den Gleichungen (11.332) beide falsch. Wir stoßen hier an die Grenzen der Variationsrechnung, die zwar für die Gesamtenergie $\langle T_e + V \rangle$ ein akzeptables Ergebnis lieferte, nicht aber getrennt für $\langle T_e \rangle$ und $\langle V \rangle$. Diese Erwartungswerte hängen zu stark von der Wellenfunktion ab.

Mit Hilfe des Virialtheorems können wir, ohne die in Abschnitt 11.10.1 erwähnte exakte Rechnung durchführen zu müssen, eine sehr viel bessere Näherung für $\langle T_e \rangle$ und $\langle V \rangle$ gewinnen. Dazu brauchen wir nur die exakten Beziehungen (11.325) auf die mit der Variationsmethode berechnete Energie E anzuwenden. Wir können dabei ein recht gutes Resultat erwarten, da die Variationsrechnung nur für die Bestimmung der Gesamtenergie E benutzt wird. Die sich so ergebenden Werte für $\langle T_e \rangle$ und $\langle V \rangle$ sind in Abb. 11.32 durch die kurz gestrichelten Linien dargestellt.

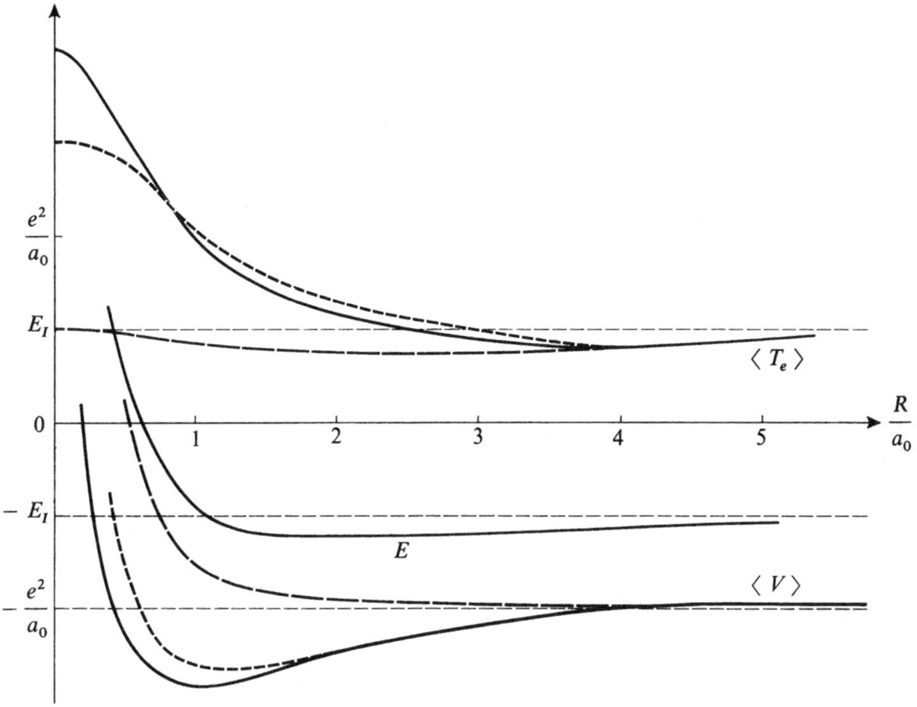

Abb. 11.32 Die elektronische kinetische Energie $\langle T_e \rangle$ und die potentielle Energie $\langle V \rangle$ des H_2^+-Ions als Funktionen von $\rho = R/a_0$ (zum Vergleich ist auch die Gesamtenergie $E = \langle T_e \rangle + \langle V \rangle$ eingezeichnet):
– durchgezogene Linien: die exakten Werte (die chemische Bindung kann zustandekommen, weil $\langle V \rangle$ etwas rascher abfällt als $\langle T_e \rangle$ ansteigt);
– lang gestrichelte Linien: aus der bindenden Wellenfunktion berechnete Erwartungswerte, wie sie sich aus der einfachen Variationsrechnung in Abschnitt 11.10.2 ergaben;
– kurz gestrichelte Linien: die Werte, die sich ergeben, wenn man das Virialtheorem auf die Energie anwendet, die man durch dieselbe (einfache) Variationsrechnung erhält.

Zum Vergleich sind die exakten Werte für $\langle T_e \rangle$ und $\langle V \rangle$ als durchgezogene Linien wiedergegeben (man erhält sie durch Anwendung des Virialtheorems auf die durchgezogene Kurve in Abb. 11.21). Zunächst ersehen wir aus der kurz gestrichelten Kurve für $\rho = 2.5$ wie erwartet, dass ΔT_e positiv und ΔV negativ ist. Der allgemeine Verlauf dieser Kurven folgt außerdem recht genau dem Verlauf der durchgezogenen Linien. Für $\rho \geq 1.5$ ergibt die Anwendung des Virialtheorems auf die Variationsenergie Werte, die sehr gut mit der Wirklichkeit übereinstimmen, was eine wesentliche Verbesserung gegenüber der direkten Berechnung der Erwartungswerte in den genäherten Zuständen darstellt.

2. Das Verhalten von $\langle T \rangle$ und $\langle V \rangle$: Die durchgezogenen Linien in Abb. 11.32 (die exakten Kurven) zeigen, dass für R gegen null $\langle T_e \rangle \to 4E_I$ und $\langle V \rangle \to +\infty$ geht. Tatsächlich haben wir für $R = 0$ das Äquivalent eines He^+-Ions vorliegen, dessen kinetische elektronische Energie gleich $4E_I$ ist. Die Divergenz von $\langle V \rangle$ folgt aus dem Term $\langle V_{nn} \rangle = e^2/R$, der für R gegen null unendlich wird (die potentielle elektronische Energie $\langle V_e \rangle = \langle V \rangle - e^2/R$ bleibt endlich und geht gegen den Wert $-8E_I$, ihren tatsächlichen Wert im He^+-Ion).

Das Verhalten für große R verlangt eine genauere Diskussion. Wir haben oben gesehen (Abschnitt 11.10.3), dass die Energie E_- des Grundzustands sich für $R \gg a_0$ wie

$$E_- \approx -E_I - \frac{a}{R^4} \tag{11.334}$$

verhält, worin a eine Konstante proportional zur Polarisierbarkeit des Wasserstoffatoms ist. Setzen wir diese Beziehung in die Gleichungen (11.325) ein, ergibt sich

$$\begin{aligned} \langle T_e \rangle &\approx E_I - \frac{3a}{R^4}, \\ \langle V \rangle &\approx -2E_I + \frac{2a}{R^4}. \end{aligned} \tag{11.335}$$

Wird also R von großen Werten kommend kleiner, fällt $\langle T_e \rangle$ zunächst mit $1/R^4$ von seinem asymptotischen Wert E_I ab, während $\langle V \rangle$ von $-2E_I$ aus ansteigt. Diese Änderungen wechseln dann ihr Vorzeichen (das muss so sein, da $\langle T_e \rangle_0$ größer als $\langle T_e \rangle_\infty$ und $\langle V \rangle_0$ kleiner als $\langle V \rangle_\infty$ ist): Mit kleiner werdendem R (s. Abb. 11.32) durchläuft $\langle T_e \rangle$ ein Minimum und steigt dann zum Wert $4E_I$ bei $R = 0$ an. Die potentielle Energie $\langle V \rangle$ hingegen durchläuft ein Maximum, fällt dann ab, durchläuft ein Minimum und geht für $R \to 0$ gegen unendlich. Wie lässt sich dieses Verhalten interpretieren?

Wir haben bereits mehrfach festgestellt, dass die nichtdiagonalen Matrixelemente H_{12} und H_{21} der Determinante (11.254) für $R \to \infty$ exponentiell gegen null gehen. Wir können uns daher bei der Diskussion der Energie des H_2^+-Ions für große Abstände der beiden Kerne auf die Betrachtung von H_{11} und H_{22} beschränken. Das Problem reduziert sich dann darauf, die Störung eines sich bei P_2 befindlichen Wasserstoffatoms durch das elektrische Feld des Protons P_1 zu untersuchen. Dieses Feld führt zu einer Verzerrung der elektronischen Orbitale in Form einer Streckung in Richtung von P_1 (s. Abb. 11.25). Die Wellenfunktion wird somit auf ein größeres Volumen ausgedehnt. Nach den Heisenbergschen Unschärferelationen kann die kinetische Energie also abgesenkt werden, wodurch sich das Verhalten von $\langle T_e \rangle$ für große R verstehen lässt.

Ebenso lässt sich durch die Betrachtung von H_{22} das asymptotische Verhalten von $\langle V \rangle$ erklären. Wie die Diskussion in Abschnitt 11.10.3 zeigte, wird für $R \gg a_0$ durch die Polarisation des Wasserstoffatoms bei P_2 die Wechselwirkungsenergie $\langle -e^2/r_1 + e^2/R\rangle$ mit P_1 leicht negativ (proportional zu $-1/R^4$); $\langle V\rangle$ kann nur deshalb positive Werte annehmen, weil die potentielle Energie $\langle -e^2/r_2\rangle$ des Atoms bei P_2, wenn P_1 näher an P_2 rückt, schneller steigt als $\langle -e^2/r_1 + e^2/R\rangle$ abnimmt. Dieser Zuwachs von $\langle -e^2/r_2\rangle$ entsteht dadurch, dass P_1 das Elektron etwas von P_2 wegzieht und somit in Bereiche bringt, in denen das von P_2 erzeugte Potential weniger negativ ist.

Für $R \approx R_0$ (Gleichgewichtsabstand des H_2^+-Ions) ist die Wellenfunktion des Bindungszustands im Bereich zwischen den beiden Protonen stark lokalisiert. Die Abnahme von $\langle V\rangle$ (trotz der Zunahme von e^2/R) entsteht dadurch, dass sich das Elektron in einem Bereich befindet, in dem es gleichzeitig der Anziehung beider Protonen unterliegt; dadurch wird die potentielle Energie abgesenkt (s. Abb. 11.33). Die gleichzeitige Anziehung durch beide Protonen führt außerdem zu einer Verkleinerung der räumlichen Ausdehnung der elektronischen Wellenfunktion, die auf den Zwischenbereich konzentriert wird. Aus diesem Grunde steigt $\langle T_e\rangle$ in der Nähe von R_0 an, wenn R verkleinert wird.

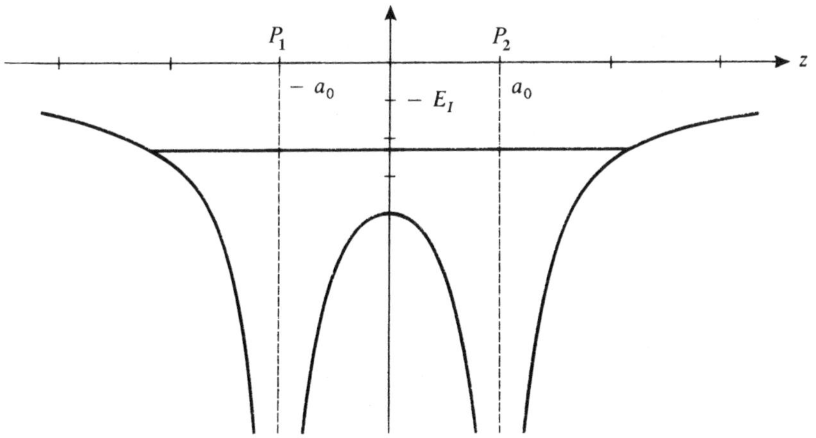

Abb. 11.33 Verlauf der potentiellen Energie V_e des Elektrons, das dem Einfluss der gleichzeitigen Anziehung der beiden Protonen P_1 und P_2 auf der Verbindungsachse P_1P_2 unterliegt. Im Bindungszustand ist die Wellenfunktion im Bereich zwischen P_1 und P_2 konzentriert, und das Elektron wird gleichzeitig von beiden Protonen angezogen.

11.11 Aufgaben zu Kapitel 11

1. Ein Teilchen der Masse m befinde sich in einem unendlich tiefen Potentialtopf der Breite a:

$$V(x) = 0 \qquad \text{für } 0 \le x \le a,$$
$$V(x) = +\infty \qquad \text{sonst.}$$

Es unterliege einer Störung W der Form

$$W(x) = a w_0 \, \delta\left(x - \frac{a}{2}\right),$$

worin w_0 eine reelle Konstante von der Dimension einer Energie ist.

a) Man berechne die durch $W(x)$ an den Energieniveaus des Teilchens hervorgerufenen Änderungen in erster Ordnung in w_0.

b) Das Problem ist exakt lösbar. Man setze $k = \sqrt{2mE/\hbar^2}$ und zeige, dass man die möglichen Energiewerte aus den Gleichungen $\sin(ka/2) = 0$ bzw. $\tan(ka/2) = -\hbar^2 k / m a w_0$ erhält (wie in Aufgabe 2 von Abschnitt 1.15 achte man auf die Sprungstelle der Ableitung der Wellenfunktion bei $x = a/2$).

Man diskutiere die Ergebnisse in Bezug auf das Vorzeichen und die Größe von w_0 und überzeuge sich davon, dass man im Limes $w_0 \to 0$ die Ergebnisse der vorherigen Frage erhält.

2. Man betrachte ein Teilchen der Masse m, das sich in einem unendlich tiefen zweidimensionalen Potentialtopf der Breite a befindet (s. Abschnitt 2.13):

$$\begin{aligned} V(x, y) &= 0 && \text{für } 0 \le x \le a \text{ und } 0 \le y \le a, \\ V(x, y) &= +\infty && \text{sonst.} \end{aligned}$$

Das Teilchen unterliege zusätzlich einer Störung W, beschrieben durch das Potential

$$\begin{aligned} W(x, y) &= w_0 && \text{für } 0 \le x \le \frac{a}{2} \text{ und } 0 \le y \le \frac{a}{2}, \\ W(x, y) &= 0 && \text{sonst.} \end{aligned}$$

a) Man berechne in erster Ordnung in w_0 die gestörte Energie des Grundzustands.

b) Die gleiche Aufgabe löse man für den ersten angeregten Zustand. Man gebe die zugehörigen Wellenfunktionen in nullter Ordnung in w_0 an.

3. Ein Teilchen der Masse m, das sich in der x, y-Ebene bewegen kann, habe den Hamilton-Operator

$$H_0 = \frac{P_x^2}{2m} + \frac{P_y^2}{2m} + \frac{1}{2} m\omega^2 \left(X^2 + Y^2\right)$$

(ein zweidimensionaler harmonischer Oszillator der Frequenz ω). Wir wollen den Einfluss einer Störung W auf das Teilchen untersuchen, die durch

$$W = \lambda_1 W_1 + \lambda_2 W_2$$

gegeben wird, wobei λ_1 und λ_2 Konstanten sind und für W_1 und W_2

$$\begin{aligned} W_1 &= m\omega^2 XY, \\ W_2 &= \hbar\omega \left(\frac{L_z^2}{\hbar^2} - 2\right) \end{aligned}$$

gelte (L_z ist die z-Komponente des Bahndrehimpulses des Teilchens).

In der Störungsrechnung betrachte man nur die Korrekturen erster Ordnung zur Energie und nullter Ordnung für die Zustandsvektoren.

a) Man gebe ohne Rechnung die Eigenwerte von H_0, ihre Entartungen und die zugehörigen Eigenvektoren an.

Im Folgenden betrachte man nur den zweiten angeregten Zustand von H_0, der dreifach entartet ist und die Energie $3\hbar\omega$ hat.

b) Man berechne die Matrizen, die die Einschränkungen von W_1 und W_2 auf den Eigenraum des Eigenwerts $3\hbar\omega$ von H_0 darstellen.

c) Man nehme $\lambda_2 = 0$ und $\lambda_1 \ll 1$ an. Mit Hilfe der Störungstheorie berechne man den Einfluss des Terms $\lambda_1 W_1$ auf den zweiten angeregten Zustand von H_0.

d) Man vergleiche die in c) erhaltenen Ergebnisse mit der beschränkten Entwicklung der exakten Lösung, die sich anhand der in Abschnitt 5.12 beschriebenen Methode ergibt (Normalmoden von zwei gekoppelten harmonischen Oszillatoren).

e) Es sei $\lambda_2 \ll \lambda_1 \ll 1$. Indem man die Ergebnisse von c) als neuen ungestörten Ausgangspunkt ansieht, berechne man den Effekt des Terms $\lambda_2 W_2$.

f) Man nehme nun $\lambda_1 = 0$ und $\lambda_2 \ll 1$ an. Mit Hilfe der Störungstheorie bestimme man den Einfluss des $\lambda_2 W_2$-Terms auf den zweiten angeregten Zustand von H_0.

g) Man vergleiche die in f) erhaltenen Ergebnisse mit der exakten Lösung, die sich in den Diskussionen von Abschnitt 6.8 findet.

h) Schließlich sei $\lambda_1 \ll \lambda_2 \ll 1$. Indem man die Ergebnisse von f) als neuen ungestörten Ausgangspunkt ansieht, berechne man den Effekt des Terms $\lambda_1 W_1$.

4. Man betrachte ein Teilchen P mit der Masse μ, das sich in der x, y-Ebene auf einem Kreis mit dem festen Radius ρ um den Ursprung O bewegen kann (zweidimensionaler Rotator). Die einzige Variable des Systems ist der Winkel α zwischen der x-Achse und der Verbindungslinie OP, und der quantenmechanische Zustand des Teilchens wird durch die Wellenfunktion $\psi(\alpha)$ definiert (das ist die Wahrscheinlichkeitsamplitude, das Teilchen an dem durch den Winkel α bestimmten Punkt des Kreises zu finden). Auf jedem Punkt des Kreises kann $\psi(\alpha)$ nur einen Wert annehmen, also

$$\psi(\alpha + 2\pi) = \psi(\alpha).$$

$\psi(\alpha)$ ist normiert, wenn gilt

$$\int_0^{2\pi} |\psi(\alpha)|^2 \, \mathrm{d}\alpha = 1.$$

a) Man betrachte den Operator $M = \frac{\hbar}{\mathrm{i}} \frac{\mathrm{d}}{\mathrm{d}\alpha}$. Ist M hermitesch? Man berechne die Eigenwerte und die normierten Eigenfunktionen von M. Welche physikalische Bedeutung hat M?

b) Die kinetische Energie des Teilchens kann geschrieben werden als

$$H_0 = \frac{M^2}{2\mu\rho^2}.$$

Man berechne die Eigenwerte und Eigenfunktionen von H_0. Sind die Energien entartet?

c) Für $t = 0$ sei die Wellenfunktion des Teilchens $N \cos^2 \alpha$ (N ist ein Normierungsfaktor). Man diskutiere die Aufenthaltswahrscheinlichkeit des Teilchens auf dem Kreis zu einem späteren Zeitpunkt.

d) Man nehme an, das Teilchen trage eine Ladung q und wechselwirke mit einem elektrischen Feld $\mathcal{E}$ parallel zur x-Achse. Wir müssen also zum Hamilton-Operator H_0 die Störung

$$W = -q\mathcal{E}\rho \cos\alpha$$

addieren.

Man berechne die neuen Wellenfunktionen des Grundzustands zur ersten Ordnung in $\mathcal{E}$. Man bestimme den Proportionalitätskoeffizienten χ (die lineare Suszeptibilität) zwischen dem vom Teilchen angenommenen elektrischen Dipol parallel zur x-Achse und dem Feld $\mathcal{E}$.

e) Man betrachte im Ethanmolekül CH_3–CH_3 die Rotation einer CH_3-Gruppe um die Verbindungsachse der beiden Kohlenstoffatome relativ zur zweiten Gruppe.

In erster Näherung ist diese Rotation frei und der in b) eingeführte Hamilton-Operator H_0 stellt die kinetische Energie der Rotation einer CH_3-Gruppen relativ zur anderen dar (allerdings muss $2\mu\rho^2$ durch λI ersetzt werden, wobei I das Trägheitsmoment der CH_3-Gruppe bezüglich der Drehachse und λ eine Konstante ist). Um der elektrostatischen Wechselwirkung zwischen den beiden CH_3-Gruppen Rechnung zu tragen, addieren wir einen Term der Form

$$W = b\cos 3\alpha$$

zu H_0, wobei b eine reelle Konstante ist.

Man gebe eine physikalische Begründung für die α-Abhängigkeit von W an. Man berechne die Energie und die Wellenfunktion des neuen Grundzustands (für die Wellenfunktion in erster Ordnung in b und für die Energie in zweiter Ordnung). Man interpretiere das Ergebnis physikalisch.

5. Man betrachte ein System mit dem Drehimpuls $\boldsymbol{J}$. Wir beschränken uns in dieser Aufgabe auf einen dreidimensionalen Unterraum, der durch die drei gemeinsamen Eigenzustände $|+1\rangle$, $|0\rangle$, $|-1\rangle$ von $\boldsymbol{J}^2$ (Eigenwert $2\hbar^2$) und J_z (Eigenwerte $+\hbar$, 0, $-\hbar$) aufgespannt wird. Der Hamilton-Operator des Systems ist

$$H_0 = aJ_z + \frac{b}{\hbar}J_z^2,$$

worin a und b zwei positive Konstanten mit der Dimension von Kreisfrequenzen sind.

a) Welche Energieniveaus hat das System? Für welche Werte des Verhältnisses b/a liegt Entartung vor?

b) In Richtung $\boldsymbol{u}$, gegeben durch die Polarwinkel θ und φ, werde ein statisches Magnetfeld $\boldsymbol{B}_0$ angelegt. Die Wechselwirkung von $\boldsymbol{B}_0$ mit dem magnetischen Moment des Systems,

$$\boldsymbol{M} = \gamma\boldsymbol{J}$$

(das gyromagnetische Verhältnis γ sei negativ), wird durch den Hamilton-Operator

$$W = \omega_0 J_u$$

beschrieben, worin $\omega_0 = -\gamma|\boldsymbol{B}_0|$ die Larmor-Frequenz des Systems im Feld $\boldsymbol{B}_0$ ist und mit J_u die Komponente von $\boldsymbol{J}$ in $\boldsymbol{u}$-Richtung bezeichnet wird,

$$J_u = J_z \cos\theta + J_x \sin\theta \cos\varphi + J_y \sin\theta \sin\varphi.$$

Man gebe die Matrix an, die W in der Basis der drei Eigenzustände von H_0 beschreibt.

c) Es sei $a = b$ und $\boldsymbol{u}$ parallel zur x-Achse. Außerdem gelte $\omega_0 \ll a$. Man berechne die Energien in erster Ordnung und die Eigenzustände in nullter Ordnung in ω_0.

d) Man nehme $b = 2a$ und wieder $\omega_0 \ll a$ an, die Richtung von $\boldsymbol{u}$ aber sei beliebig.

Wie lautet die Entwicklung des Grundzustands $|\psi_0\rangle$ von $H_0 + W$ in der Basis $\{|+1\rangle, |0\rangle, |-1\rangle\}$ in erster Ordnung in ω_0?

Man berechne den Erwartungswert $\langle \boldsymbol{M} \rangle$ des magnetischen Moments $\boldsymbol{M}$ des Systems im Zustand $|\psi_0\rangle$. Sind $\langle \boldsymbol{M} \rangle$ und $\boldsymbol{B}_0$ parallel?

Man zeige, dass sich schreiben lässt

$$\langle M_i \rangle = \sum_j \chi_{ij} B_j$$

mit $i, j = x, y, z$. Man berechne die Koeffizienten χ_{ij} (die Komponenten des Suszeptibilitätstensors).

6. Man betrachte ein System aus einem Elektronspin $\boldsymbol{S}$ und zwei Kernspins $\boldsymbol{I}_1$ und $\boldsymbol{I}_2$ ($\boldsymbol{S}$ ist z. B. der Spin des ungepaarten Elektrons eines paramagnetischen zweiatomigen Moleküls, und $\boldsymbol{I}_1$ und $\boldsymbol{I}_2$ sind die Spins der beiden Kerne).

Man nehme an, dass $\boldsymbol{S}, \boldsymbol{I}_1, \boldsymbol{I}_2$ alle den Spin $1/2$ haben. Der Zustandsraum des Systems wird durch die acht orthonormalen gemeinsamen Eigenvektoren $|\varepsilon_S, \varepsilon_1, \varepsilon_2\rangle$ von S_z, I_{1z}, I_{2z} (Eigenwerte $\varepsilon_S\hbar/2$, $\varepsilon_1\hbar/2$ bzw. $\varepsilon_2\hbar/2$ (mit $\varepsilon_S = \pm, \varepsilon_1 = \pm, \varepsilon_2 = \pm$)) aufgespannt. Der Vektor $|+,-,+\rangle$ gehört also zu den Eigenwerten $+\hbar/2$ für S_z, $-\hbar/2$ für I_{1z} und $+\hbar/2$ für I_{2z}.

a) Zunächst vernachlässigen wir jegliche Kopplung zwischen den drei Spins. Wir wollen jedoch annehmen, dass sie sich in einem homogenen Magnetfeld $\boldsymbol{B}$ parallel zur z-Achse befinden. Da die gyromagnetischen Verhältnisse von $\boldsymbol{I}_1$ und $\boldsymbol{I}_2$ gleich sind, lässt sich der Hamilton-Operator H_0 des Systems schreiben

$$H_0 = \Omega S_z + \omega I_{1z} + \omega I_{2z},$$

wobei Ω und ω reelle positive Konstanten proportional zu $|\boldsymbol{B}|$ sind. Man nehme $\Omega > 2\omega$ an.

Welche Energien hat das System und wie sind sie entartet? Man zeichne das Energiediagramm.

b) Wir betrachten nun die Kopplung der Spins, indem wir den Hamilton-Operator durch den Term

$$W = a\boldsymbol{S} \cdot \boldsymbol{I}_1 + a\boldsymbol{S} \cdot \boldsymbol{I}_2$$

erweitern, wobei a eine positive reelle Konstante ist (die direkte Kopplung von $\boldsymbol{I}_1$ und $\boldsymbol{I}_2$ sei vernachlässigbar).

Welche Bedingungen müssen ε_S, ε_1, ε_2, ε'_S, ε'_1, ε'_2 erfüllen, damit $a\boldsymbol{S}\cdot\boldsymbol{I}_1$ ein nichtverschwindendes Matrixelement zwischen $|\varepsilon_S,\varepsilon_1,\varepsilon_2\rangle$ und $|\varepsilon'_S,\varepsilon'_1,\varepsilon'_2\rangle$ besitzt? Dieselbe Frage beantworte man für $a\boldsymbol{S}\cdot\boldsymbol{I}_2$.

c) Man nehme

$$a\hbar^2 \ll \hbar\Omega,\ \hbar\omega$$

an, so dass W in Bezug auf H_0 als Störung angesehen werden kann. Wie lauten die Eigenwerte des Gesamt-Hamilton-Operators $H = H_0 + W$ in erster Ordnung in W? Wie heißen die Eigenzustände von H in nullter Ordnung in W? Man zeichne das Energiediagramm.

d) Man bestimme in der Näherung der vorherigen Frage die Bohr-Frequenzen, die in der zeitlichen Entwicklung von $\langle S_x\rangle$ auftreten können, wenn die Kopplung W der Spins mit in Betracht gezogen wird.

In einem Experiment zur elektronischen paramagnetischen Resonanz sind die beobachteten Resonanzfrequenzen gleich diesen Bohr-Frequenzen. Welche Form hat das Spektrum, das bei einem System aus drei Spins beobachtet wird? Wie lässt sich die Kopplungskonstante a aus diesem Spektrum bestimmen?

e) Das magnetische Feld sei gleich null, also $\Omega = \omega = 0$. Der Hamilton-Operator reduziert sich dann auf W.

α) Es sei $\boldsymbol{I} = \boldsymbol{I}_1 + \boldsymbol{I}_2$ der Gesamtkernspin. Man bestimme die Eigenwerte von $\boldsymbol{I}^2$ und ihre Entartungen. Man zeige, dass W keine von null verschiedenen Matrixelemente zwischen Eigenzuständen von $\boldsymbol{I}^2$ zu unterschiedlichen Eigenwerten hat.

β) Es sei $\boldsymbol{J} = \boldsymbol{S} + \boldsymbol{I}$ der Gesamtspin. Man bestimme die Eigenwerte von $\boldsymbol{J}^2$ mit ihren Entartungen und die Energieeigenwerte des Systems mit ihren Entartungen. Bildet die Menge $\{\boldsymbol{J}^2, J_z\}$ bzw. $\{\boldsymbol{I}^2, \boldsymbol{J}^2, J_z\}$ einen vollständigen Satz kommutierender Observabler?

7. Man betrachte einen Kern mit dem Spin $I = 3/2$, dessen Zustandsraum durch die vier gemeinsamen Eigenvektoren $|m\rangle$ ($m = +3/2, +1/2, -1/2, -3/2$) von $\boldsymbol{I}^2$ (Eigenwert $15\hbar^2/4$) und I_z (Eigenwert $m\hbar$) aufgespannt wird.

Der Kern befinde sich im Koordinatenursprung einem nicht homogenen elektrischen Feld ausgesetzt, das sich aus einem Potential $U(x,y,z)$ ableitet. Die Lage der Koordinatenachsen sei so gewählt, dass im Ursprung

$$\frac{\partial^2 U}{\partial x\partial y} = \frac{\partial^2 U}{\partial y\partial z} = \frac{\partial^2 U}{\partial z\partial x} = 0$$

gelte. Man beachte, dass U die Laplace-Gleichung erfüllt:

$$\Delta U = 0.$$

Wir wollen annehmen, dass der Hamilton-Operator der Wechselwirkung zwischen dem elektrischen Feldgradienten im Ursprung und dem elektrischen Quadrupolmoment des Kerns lautet

$$H_0 = \frac{qQ}{2I(2I-1)}\frac{1}{\hbar^2}\left(a_x I_x^2 + a_y I_y^2 + a_z I_z^2\right),$$

wobei q die Elektronladung, Q eine Konstante mit der Dimension einer Fläche und proportional zum Quadrupolmoment des Kerns ist und

$$a_x = \left(\frac{\partial^2 U}{\partial x^2}\right)_0, \quad a_y = \left(\frac{\partial^2 U}{\partial y^2}\right)_0, \quad a_z = \left(\frac{\partial^2 U}{\partial z^2}\right)_0$$

(der Index 0 besagt, dass die Ableitungen am Ursprung gebildet werden).

a) Man zeige, dass für symmetrisches U in Bezug auf Drehungen um die z-Achse H_0 die Form annimmt

$$H_0 = A\left[3I_z^2 - I(I+1)\hbar^2\right],$$

worin A eine zu bestimmende Konstante ist. Wie lauten die Eigenwerte von H_0, ihre Entartungen und die zugehörigen Eigenzustände?

b) Man zeige, dass im allgemeinen Fall H_0 geschrieben werden kann als

$$H_0 = A\left[3I_z^2 - I(I+1)\hbar^2\right] + B\left(I_+^2 + I_-^2\right),$$

wobei A und B Konstanten sind, die in Abhängigkeit von a_x und a_y auszudrücken sind.

Wie lautet die Matrix, die H_0 in der $\{|m\rangle\}$-Basis darstellt? Man zeige, dass sie in 2×2-Untermatrizen aufgespalten werden kann. Man bestimme die Eigenwerte von H_0, ihre Entartungen und die zugehörigen Eigenzustände.

c) Zusätzlich zu seinem Quadrupolmoment besitzt der Kern ein magnetisches Moment $\boldsymbol{M} = \gamma \boldsymbol{I}$ (γ: gyromagnetisches Verhältnis). Dem elektrostatischen Feld werde ein magnetisches Feld $\boldsymbol{B}_0$ mit beliebiger Richtung $\boldsymbol{u}$ überlagert. Wir setzen $\omega_0 = -\gamma|\boldsymbol{B}_0|$.

Wie lautet der Term W, um den der Hamilton-Operator erweitert werden muss, um die Kopplung zwischen $\boldsymbol{M}$ und $\boldsymbol{B}_0$ zu beschreiben? Man berechne die Energien des Systems in erster Ordnung in B_0.

d) Es sei $\boldsymbol{B}_0$ parallel zur z-Achse und schwach genug, damit die in c) in erster Ordnung in ω_0 bestimmten Energien eine gute Näherung darstellen.

Welche Bohr-Frequenzen können in der zeitlichen Entwicklung von $\langle I_x \rangle$ auftreten? Man schließe auf die Form des kernmagnetischen Resonanzspektrums, das sich mit einem im Radiofrequenzbereich in x-Richtung oszillierenden Feld beobachten lässt.

8. Ein Teilchen der Masse m befinde sich in einem unendlich tiefen Potentialtopf der Breite a:

$$\begin{aligned} V(x) &= 0 \qquad &&\text{für } 0 \leq x \leq a, \\ V(x) &= +\infty &&\text{sonst.} \end{aligned}$$

Man nehme an, dieses Teilchen der Ladung $-q$ unterliege einem homogenen elektrischen Feld $\mathcal{E}$, wobei die entsprechende Störung W gegeben wird durch

$$W = q\mathcal{E}\left(X - \frac{a}{2}\right).$$

a) Es seien ε_1 und ε_2 die Korrekturen erster bzw. zweiter Ordnung in $\mathcal{E}$ zur Grundzustandsenergie.

Man zeige, dass ε_1 gleich null ist. Man gebe den Ausdruck für ε_2 in Form einer Reihe an, deren Glieder in Abhängigkeit von q, $\mathcal{E}$, m, a, $\hbar$ zu berechnen sind (die am Ende dieser Aufgabe angegebenen Integrale können benutzt werden).

b) Indem man die Reihe für ε_2 majorisiert, gebe man eine obere Grenze für ε_2 an (s. Abschnitt 11.2.2). Ebenso gebe man eine untere Grenze für ε_2 an, indem man nur den führenden Term der Reihe betrachtet.

Wie genau können wir anhand dieser beiden Grenzen den exakten Wert für die Verschiebung ΔE des Grundzustands in zweiter Ordnung in $\mathcal{E}$ eingrenzen?

c) Wir wollen nun die Verschiebung ΔE mit der Variationsmethode berechnen. Als Vergleichsfunktion wähle man

$$\psi_\alpha(x) = \sqrt{\frac{2}{a}} \sin\left(\frac{\pi x}{a}\right)\left[1 + \alpha q \mathcal{E}\left(x - \frac{a}{2}\right)\right],$$

wobei α der Variationsparameter ist. Man begründe diese Wahl der Vergleichsfunktionen.

Man berechne die mittlere Energie $\langle H\rangle(\alpha)$ des Grundzustands in zweiter Ordnung in $\mathcal{E}$ (wobei man annimmt, dass die Entwicklung von $\langle H\rangle(\alpha)$ bis zur zweiten Ordnung in $\mathcal{E}$ ausreichend ist). Man bestimme den optimalen Wert von α. Man berechne das Ergebnis ΔE_{var}, das sich aus der Variationsmethode für die Verschiebung in zweiter Ordnung in $\mathcal{E}$ ergibt.

Durch den Vergleich von ΔE_{var} mit den Ergebnissen von b) ermittle man die Genauigkeit der Variationsrechnung für dieses Beispiel.

Wir geben die folgenden Integrale an:

$$\frac{2}{a}\int_0^a \left(x - \frac{a}{2}\right)\sin\left(\frac{\pi x}{a}\right)\sin\left(\frac{2n\pi x}{a}\right)\mathrm{d}x = -\frac{16na}{\pi^2}\frac{1}{(1-4n^2)^2}, \quad n = 1, 2, 3, \ldots,$$

$$\frac{2}{a}\int_0^a \left(x - \frac{a}{2}\right)^2 \sin^2\left(\frac{\pi x}{a}\right)\mathrm{d}x = \frac{a^2}{2}\left(\frac{1}{6} - \frac{1}{\pi^2}\right),$$

$$\frac{2}{a}\int_0^a \left(x - \frac{a}{2}\right)\sin\left(\frac{\pi x}{a}\right)\cos\left(\frac{\pi x}{a}\right)\mathrm{d}x = -\frac{a}{2\pi}.$$

Für alle numerischen Berechnungen verwende man $\pi^2 = 9.87$.

9. Wir wollen die Grundzustandsenergie des Wasserstoffatoms mit Hilfe der Variationsmethode berechnen, indem wir die kugelsymmetrischen Funktionen $\varphi_\alpha(\boldsymbol{r})$ als Vergleichsfunktionen wählen, deren r-Abhängigkeit gegeben ist durch

$$\varphi_\alpha(r) = C\left(1 - \frac{r}{\alpha}\right) \quad \text{für } r \leq a,$$

$$\varphi_\alpha(r) = 0 \quad \text{für } r > a;$$

C ist eine Normierungskonstante und α der Variationsparameter.

a) Man berechne den Erwartungswert der kinetischen und der potentiellen Energie des Elektrons im Zustand $|\varphi_\alpha\rangle$. Man drücke den Erwartungswert der kinetischen Energie in Abhängigkeit von $\nabla\varphi$ aus, um die „Deltafunktionen“ zu vermeiden, die in $\Delta\varphi$ auftreten (da $\nabla\varphi$ nicht stetig ist).

b) Man bestimme den optimalen Wert α_0 von α und vergleiche ihn mit dem Bohr-Radius a_0.

c) Man vergleiche den Näherungswert, der sich für die Grundzustandsenergie ergibt, mit dem exakten Wert $-E_{\mathrm{I}}$.

10. Wir wollen die Variationsmethode für die Bestimmung der Energien eines Teilchens der Masse m in einem unendlich tiefen Potentialtopf,

$$V(x) = 0 \qquad \text{für } -a \leq x \leq a,$$
$$V(x) = +\infty \qquad \text{sonst,}$$

verwenden.

a) Wir beginnen, indem wir die Wellenfunktion des Grundzustands im Intervall $[-a, +a]$ durch das einfachste gerade Polynom annähern, das bei $x = \pm a$ null ist,

$$\psi(x) = a^2 - x^2 \qquad \text{für } -a \leq x \leq a,$$
$$\psi(x) = 0 \qquad \text{sonst}$$

(eine Familie von Variationsfunktionen, die auf eine einzige Vergleichsfunktion reduziert ist).

Man berechne den Erwartungswert des Hamilton-Operators H in diesem Zustand und vergleiche das Ergebnis mit dem exakten Wert.

b) Man vergrößere die Familie von Vergleichsfunktionen durch die Wahl eines geraden Polynoms vierter Ordnung, das bei $x = \pm a$ null ist:

$$\psi_\alpha(x) = (a^2 - x^2)(a^2 - \alpha x^2) \qquad \text{für } -a \leq x \leq a,$$
$$\psi_\alpha(x) = 0 \qquad \text{sonst}$$

(eine Familie von Vergleichsfunktionen, abhängig vom reellen Parameter α).

α) Man zeige, dass für den Erwartungswert von H im Zustand $\psi_\alpha(x)$ die folgende Gleichung gilt:

$$\langle H \rangle(\alpha) = \frac{\hbar^2}{2ma^2} \frac{33\alpha^2 - 42\alpha + 105}{2\alpha^2 - 12\alpha + 42}.$$

β) Man zeige, dass die Werte von α, die $\langle H \rangle(\alpha)$ minimieren oder maximieren, durch die Wurzeln der Gleichung

$$13\alpha^2 - 98\alpha + 21 = 0$$

gegeben werden.

γ) Man zeige, dass der Wert für die Grundzustandsenergie sehr viel genauer als der in a) erhaltene Wert ist, wenn man in $\langle H \rangle(\alpha)$ eine der Wurzeln dieser Gleichung einsetzt.

δ) Welcher andere Eigenwert wird angenähert, wenn man die zweite Wurzel der in β) erhaltenen Gleichung verwendet? Hätte man das erwarten können? Man bestimme die Genauigkeit dieses Werts.

c) Man erläutere, warum das einfachste Polynom, das eine Näherung der Wellenfunktion des ersten angeregten Zustands erlaubt, $x(a^2 - x^2)$ ist.

Welcher Näherungswert ergibt sich dann für die Energie dieses Zustands?

12 Fein- und Hyperfeinstruktur des Wasserstoffatoms

12.1 Einleitung

Die wichtigste in Atomen wirkende Kraft ist die elektrostatische Coulomb-Kraft. Wir trugen ihr in Kapitel 7 Rechnung, indem wir zur Beschreibung des Wasserstoffatoms den Hamilton-Operator

$$H_0 = \frac{\boldsymbol{P}^2}{2\mu} + V(R) \tag{12.1}$$

wählten. Beim ersten Term handelt es sich um die kinetische Energie des Wasserstoffatoms im Ruhesystem des Massenmittelpunkts (μ ist die reduzierte Masse des Systems). Der zweite Term

$$V(R) = -\frac{q^2}{4\pi\varepsilon_0}\frac{1}{R} = -\frac{e^2}{R} \tag{12.2}$$

stellt die elektrostatische Wechselwirkungsenergie zwischen dem Elektron und dem Proton dar (q ist die Elektronenladung). In Abschnitt 7.3 haben wir die Eigenzustände und Eigenwerte von H_0 bestimmt.

Tatsächlich aber ist der Ausdruck (12.1) nur näherungsweise richtig: Es wurden keine relativistischen Effekte berücksichtigt. Insbesondere wurden die magnetischen Effekte vernachlässigt, die mit dem Elektronenspin zusammenhängen. Außerdem haben wir keinen Protonenspin mit den entsprechenden magnetischen Wechselwirkungen eingeführt. In der Praxis ist der dadurch gemachte Fehler sehr klein, da es sich beim Wasserstoffatom um ein schwach relativistisches System handelt (wir erinnern uns, dass im Bohrschen Modell die Geschwindigkeit v der ersten Bahn ($n = 1$) die Beziehung $v/c = e^2/\hbar c = 1/137 \ll 1$ erfüllt). Außerdem ist das magnetische Moment des Protons sehr klein.

Die große Genauigkeit spektroskopischer Experimente macht es trotzdem möglich, Effekte zu beobachten, die sich mit dem Hamilton-Operator (12.1) nicht erklären lassen. Wir wollen daher die soeben angesprochenen Korrekturen berücksichtigen, indem wir den vollständigen Hamilton-Operator des Wasserstoffatoms in der Form

$$H = H_0 + W \tag{12.3}$$

schreiben, wobei H_0 durch Gl. (12.1) gegeben wird und W alle Terme enthält, die bisher vernachlässigt wurden. Da W sehr viel kleiner als H_0 ist, lassen sich die Effekte dieses Terms mit Hilfe der in Kapitel 11 entwickelten Störungstheorie berechnen. Darum soll es in diesem Kapitel gehen. Wir wollen zeigen, dass W sowohl für eine „Feinstruktur“ als auch für eine „Hyperfeinstruktur" der verschiedenen in Kapitel 7 berechneten Energieniveaus verantwortlich ist. Diese Strukturen können experimentell mit großer Genauigkeit gemessen werden (die Hyperfeinstruktur des $1s$-Grundzustands des Wasserstoffatoms ist zur Zeit die physikalische Größe, die mit der größten Zahl von Stellen bekannt ist). Außerdem wollen wir in diesem Kapitel und seinen Ergänzungen den Einfluss eines äußeren statischen magnetischen oder elektrischen Felds auf die Energieniveaus des Wasserstoffatoms untersuchen (Zeeman- und Stark-Effekt).

Wir verfolgen zwei Ziele: Zum einen wollen wir an einem konkreten und realistischen Fall die allgemeine stationäre Störungstheorie aus dem vorangegangenen Kapitel illustrieren, zum anderen werden bei der Untersuchung des Wasserstoffatoms bestimmte, für die Atomphysik fundamentale Konzepte herausgearbeitet. Zum Beispiel ist Abschnitt 12.2 einer eingehenden Diskussion verschiedener relativistischer und magnetischer Korrekturen gewidmet. Dieses Kapitel bildet somit einen wichtigen Beitrag zum besseren Verständnis der Physik der Atome, ohne dass jedoch seine Lektüre für das Verständnis der nachfolgenden beiden Kapitel unbedingt notwendig wäre.

12.2 Zusätzliche Terme im Hamilton-Operator

12.2.1 Der Feinstruktur-Hamilton-Operator

Die Dirac-Gleichung im schwach relativistischen Grenzfall

Wir erwähnten in Kapitel 9, dass der Spin in natürlicher Weise auftritt, wenn man eine Gleichung für das Elektron aufzustellen versucht, die gleichzeitig den speziell-relativistischen wie den quantenmechanischen Postulaten gerecht wird. Eine solche Gleichung gibt es: Es ist die *Dirac-Gleichung*, mit der zahlreiche Phänomene (unter anderem der Spin des Elektrons, die Feinstruktur des Wasserstoffspektrums oder die Existenz des Positrons) beschrieben werden können.

In voller Strenge erhält man den Ausdruck für die relativistischen Korrekturen (die im Term W von Gl. (12.3) auftreten), wenn man die Dirac-Gleichung für ein Elektron niederschreibt, das sich im Coulomb-Feld eines (als unendlich schwer und bewegungslos im Koordinatenursprung angenommenen) Protons bewegt, und dann zum schwach relativistischen Grenzfall übergeht. Dabei ergibt sich, dass die Beschreibung des Elektronenzustands durch einen zweikomponentigen Spinor erfolgen muss (s. Abschnitt 9.3.1), während der Hamilton-Operator die Form (12.3) mit einem Term W annimmt, der als Potenzreihe in v/c vollständig bestimmt werden kann. Beides überschreitet die Grenzen dieser Darstellung. Wir beschränken uns allein darauf, die ersten Glieder der Entwicklung von W anzugeben und sie physikalisch zu interpretieren: Sie lauten

$$H = m_e c^2 + \underbrace{\frac{\boldsymbol{P}^2}{2m_e} + V(R)}_{H_0} - \underbrace{\frac{\boldsymbol{P}^4}{8m_e^3c^2}}_{W_{mv}} + \underbrace{\frac{1}{2m_e^2c^2}\frac{1}{R}\frac{\mathrm{d}V(R)}{\mathrm{d}R}\boldsymbol{L}\cdot\boldsymbol{S}}_{W_{\mathrm{SB}}} + \underbrace{\frac{\hbar^2}{8m_e^2c^2}\Delta V(R)}_{W_{\mathrm{D}}} + \cdots . \tag{12.4}$$

Wir finden mit dem ersten Term die Ruheenergie $m_e c^2$ des Elektrons und mit dem zweiten und dritten Term den nichtrelativistischen Hamilton-Operator H_0 wieder.[1] Die anderen Terme werden Feinstrukturterme genannt.

Bemerkung
Es ist möglich, die Dirac-Gleichung für ein Elektron in einem Coulomb-Potential exakt zu lösen. Man erhält dann die Energieniveaus des Wasserstoffatoms, ohne eine (konvergierende) Entwicklung der Eigenfunktionen und Eigenwerte von H nach Potenzen von v/c bestimmen zu müssen. Vom Standpunkt der Störungstheorie aus können wir die Form und die physikalische Bedeutung der verschiedenen in einem Atom existierenden Wechselwirkungen gut verstehen. Das wird uns später die Verallgemeinerung auf Vielelektronenatome ermöglichen (für die man kein Äquivalent zur Dirac-Gleichung angeben kann).

Interpretation der Feinstrukturterme

Geschwindigkeitsabhängigkeit der Masse (W_{mv}-Term). 1. Der physikalische Ursprung. Der physikalische Ursprung des W_{mv}-Terms ist sehr einfach. Wir entwickeln den relativistischen Ausdruck für die Energie eines klassischen Teilchens mit der Ruhemasse m_e und dem Impuls $\boldsymbol{p}$,

$$E = c\sqrt{\boldsymbol{p}^2 + m_e^2 c^2}, \tag{12.5}$$

nach Potenzen von $|\boldsymbol{p}|/m_e c$ und erhalten

$$E = m_e c^2 + \frac{\boldsymbol{p}^2}{2m_e} - \frac{\boldsymbol{p}^4}{8m_e^3 c^2} + \cdots. \tag{12.6}$$

Zusätzlich zur Ruheenergie ($m_e c^2$) und zur nichtrelativistischen kinetischen Energie ($\boldsymbol{p}^2/2m_e$) erhält man den in Gl. (12.4) angegebenen Term $-\boldsymbol{p}^4/8m_e^3 c^2$. Er stellt die erste Korrektur der Energie dar, die wegen der Geschwindigkeitsabhängigkeit der Masse berücksichtigt werden muss.

2. Größenordnung. Um die Größe dieser Korrektur zu ermitteln, berechnen wir die Größenordnung des Verhältnisses W_{mv}/H_0:

$$\frac{W_{mv}}{H_0} \approx \frac{\boldsymbol{p}^4/8m_e^3 c^2}{\boldsymbol{p}^2/2m_e} = \frac{\boldsymbol{p}^2}{4m_e^2 c^2} = \frac{1}{4}\left(\frac{v}{c}\right)^2 \approx \alpha^2 \approx \left(\frac{1}{137}\right)^2, \tag{12.7}$$

da, wie bereits erwähnt, für das Wasserstoffatom $v/c \approx \alpha$ gilt. Mit $H_0 \approx 10\,\text{eV}$ erhalten wir $W_{mv} \approx 10^{-3}\text{eV}$.

[1] Den Ausdruck (12.4) findet man unter der Annahme eines unendlich schweren Protons. Deshalb tritt die Masse m_e des Elektrons und nicht wie in Gl. (12.1) die reduzierte Masse μ auf. Soweit es H_0 betrifft, wird der Einfluss der endlichen Masse des Protons durch Ersetzen von m_e durch μ kompensiert. Dagegen wollen wir diesen Effekt für die weiteren Terme von H, bei denen es sich bereits um Korrekturen handelt, vernachlässigen. Er wäre außerdem schwierig zu berechnen, da die relativistische Beschreibung eines Systems zweier wechselwirkender Teilchen ernsthafte Probleme aufweist (so genügt es für die weiteren Terme von Gl. (12.4) nicht, einfach m_e durch μ zu ersetzen).

Spin-Bahn-Kopplung (W_{SB}-Term). 1. Der physikalische Ursprung. Das Elektron bewegt sich mit einer Geschwindigkeit $\boldsymbol{v} = \boldsymbol{p}/m_e$ in dem vom Proton erzeugten elektrostatischen Feld $\boldsymbol{E}$. Aus der speziellen Relativitätstheorie folgt dann das Auftreten eines magnetischen Felds $\boldsymbol{B}'$ im Ruhesystem des Elektrons, das zur ersten Ordnung in v/c gegeben wird durch

$$\boldsymbol{B}' = -\frac{1}{c^2}\,\boldsymbol{v} \times \boldsymbol{E}. \tag{12.8}$$

Da das Elektron ein inneres magnetisches Moment $\boldsymbol{M}_S = q\boldsymbol{S}/m_e$ besitzt, wechselwirkt es mit diesem Feld $\boldsymbol{B}'$. Die zugehörige Energie kann in der Form

$$W' = -\boldsymbol{M}_S \cdot \boldsymbol{B}' \tag{12.9}$$

geschrieben werden. Das elektrostatische Feld $\boldsymbol{E}$, das in Gl. (12.8) auftritt, ist gleich $-\frac{1}{q}\frac{\mathrm{d}V(r)}{\mathrm{d}r}\frac{\boldsymbol{r}}{r}$, wobei $V(r) = -e^2/r$ die elektrostatische Energie des Elektrons ist. Damit erhalten wir

$$\boldsymbol{B}' = -\frac{1}{qc^2}\frac{1}{r}\frac{\mathrm{d}V(r)}{\mathrm{d}r}\frac{\boldsymbol{p}}{m_e} \times \boldsymbol{r}. \tag{12.10}$$

Für den entsprechenden quantenmechanischen Operator haben wir

$$\boldsymbol{P} \times \boldsymbol{R} = -\boldsymbol{L}, \tag{12.11}$$

so dass wir schließlich erhalten

$$W' = \frac{1}{m_e^2c^2}\frac{1}{R}\frac{\mathrm{d}V(R)}{\mathrm{d}R}\,\boldsymbol{L}\cdot\boldsymbol{S} = \frac{e^2}{m_e^2c^2}\frac{1}{R^3}\,\boldsymbol{L}\cdot\boldsymbol{S}. \tag{12.12}$$

Bis auf den Faktor $1/2$ finden wir somit den Spin-Bahn-Term W_{SB} aus Gl. (12.4) wieder.[2] Dieser Term beschreibt die Wechselwirkung des magnetischen Moments des Elektronspins mit dem durch die Elektronenbewegung im elektrostatischen Feld des Protons „gesehenen" magnetischen Feld.

2. Größenordnung. Da $\boldsymbol{L}$ und $\boldsymbol{S}$ von der Größenordnung $\hbar$ sind, haben wir

$$W_{SB} \approx \frac{e^2}{m_e^2c^2}\frac{\hbar^2}{R^3}. \tag{12.13}$$

Vergleichen wir also W_{SB} mit H_0, das von der Größenordnung e^2/R ist:

$$\frac{W_{SB}}{H_0} \approx \frac{e^2\hbar^2/m_e^2c^2R^3}{e^2/R} = \frac{\hbar^2}{m_e^2c^2R^2}; \tag{12.14}$$

R ist von der Größe des Bohr-Radius $a_0 = \hbar^2/m_e e^2$. Also wird

$$\frac{W_{SB}}{H_0} \approx \frac{e^4}{\hbar^2c^2} = \alpha^2 = \left(\frac{1}{137}\right)^2. \tag{12.15}$$

[2] Man kann zeigen, dass der Faktor $1/2$ sich daraus ergibt, dass die Bewegung des Elektrons um das Proton nicht geradlinig erfolgt. Der Elektronspin rotiert daher in Bezug auf das Laborsystem (Thomas-Präzession).

Darwin-Term W_D. 1. Der physikalische Ursprung. In der Dirac-Gleichung ist die Wechselwirkung zwischen dem Elektron und dem Coulomb-Feld des Kerns *lokal*; sie hängt nur vom Wert des Felds am Ort des Elektrons $\boldsymbol{r}$ ab. Die nichtrelativistische Näherung (das Abbrechen der Reihenentwicklung in v/c) führt jedoch für den zweikomponentigen Spinor, der den Elektronenzustand beschreibt, auf eine Gleichung, in der die Wechselwirkung zwischen dem Elektron und dem Feld nicht mehr lokal ist. Das Elektron wird darum auch von den Werten des Feldes in einer Umgebung um $\boldsymbol{r}$ beeinflusst, deren Ausdehnung von der Größe der Compton-Wellenlänge $\hbar/m_e c$ des Elektrons ist. Das ist der Ursprung der durch den Darwin-Term beschriebenen Korrektur.

Zum genaueren Verständnis nehmen wir an, dass die potentielle Energie des Elektrons anstatt durch $V(\boldsymbol{r})$ durch einen Ausdruck der Form

$$\int \mathrm{d}^3\rho\, f(\boldsymbol{\rho}) V(\boldsymbol{r} + \boldsymbol{\rho}) \tag{12.16}$$

gegeben ist; $f(\boldsymbol{\rho})$ ist eine Funktion, deren Integral gleich eins ist, die nur von $|\boldsymbol{\rho}|$ abhängt und nur in einem Volumen der Größenordnung $(\hbar/m_e c)^3$ um $\boldsymbol{\rho} = 0$ merklich von null verschieden ist.

Wenn wir die Änderung von $V(\boldsymbol{r})$ auf Entfernungen der Größe $\hbar/m_e c$ vernachlässigen, können wir im Ausdruck (12.16) $V(\boldsymbol{r} + \boldsymbol{\rho})$ durch $V(\boldsymbol{r})$ ersetzen und $V(\boldsymbol{r})$ vor das Integral ziehen. Der Term (12.16) reduziert sich in diesem Fall auf $V(\boldsymbol{r})$.

Eine bessere Näherung besteht darin, in (12.16) $V(\boldsymbol{r} + \boldsymbol{\rho})$ durch seine Taylor-Entwicklung in der Nähe von $\boldsymbol{\rho} = 0$ zu ersetzen. Der Term nullter Ordnung ist gleich $V(\boldsymbol{r})$. Der Term erster Ordnung verschwindet aufgrund der Kugelsymmetrie von $f(\boldsymbol{\rho})$. Der Term zweiter Ordnung enthält die zweiten Ableitungen des Potentials $V(\boldsymbol{r})$ am Punkt $\boldsymbol{r}$ und quadratische Funktionen der Komponenten von $\boldsymbol{\rho}$, gewichtet mit $f(\boldsymbol{\rho})$ und integriert über $\mathrm{d}^3\rho$. Das führt auf ein Ergebnis von der Größenordnung

$$(\hbar/m_e c)^2 \Delta V(\boldsymbol{r}). \tag{12.17}$$

Man erkennt, dass dieser Term zweiter Ordnung der Darwin-Term ist.

2. Größenordnung. Indem wir $V(R)$ durch $-e^2/R$ ersetzen, können wir den Darwin-Term in der Form

$$-e^2 \frac{\hbar^2}{8m_e^2 c^2} \Delta \left(\frac{1}{R}\right) = \frac{\pi e^2 \hbar^2}{2m_e^2 c^2} \delta(\boldsymbol{R}) \tag{12.18}$$

schreiben (dabei haben wir den Ausdruck für den Laplace-Operator von $1/R$ verwendet, s. Anhang, Abschnitt II.4, Gl. (II.61)).

Bilden wir nun den Erwartungswert vom Ausdruck (12.18) in einem atomaren Zustand, so finden wir den Beitrag

$$\frac{\pi e^2 \hbar^2}{2m_e^2 c^2} |\psi(0)|^2, \tag{12.19}$$

wobei $\psi(0)$ den Wert der Wellenfunktion im Ursprung bezeichnet. Der Darwin-Term wirkt sich daher nur auf s-Elektronen aus, da dies die einzigen sind, für die $\psi(0) \neq 0$ gilt (s. Abschnitt 7.3.4). Die Größenordnung von $|\psi(0)|^2$ lässt sich ermitteln, wenn wir fordern, dass das Integral des Betragsquadrats der Wellenfunktion über ein Volumen von der Größe a_0^3 (a_0 ist der Bohr-Radius) gleich eins ist. So ergibt sich

$$|\psi(0)|^2 \approx \frac{1}{a_0^3} = \frac{m_e^3 e^6}{\hbar^6}, \tag{12.20}$$

woraus wir auf die Größenordnung des Darwin-Terms schließen können:

$$W_\mathrm{D} \approx \frac{\pi e^2 \hbar^2}{2m_e^2 c^2}|\psi(0)|^2 \approx m_e c^2 \frac{e^8}{\hbar^4 c^4} = m_e c^2 \alpha^4. \tag{12.21}$$

Da $H_0 \approx m_e c^2 \alpha^2$ gilt, erhalten wir wiederum

$$\frac{W_\mathrm{D}}{H_0} \approx \alpha^2 = \left(\frac{1}{137}\right)^2. \tag{12.22}$$

Somit sind alle Feinstrukturterme etwa 10^4-mal kleiner als der nichtrelativistische Hamilton-Operator in Kapitel 7.

12.2.2 Der Hyperfeinstruktur-Hamilton-Operator

Spin und magnetisches Moment des Protons

Bisher haben wir das Proton physikalisch als einen Massenpunkt mit der Masse M_p aufgefasst, der eine Ladung $q_\mathrm{p} = -q$ trägt. Tatsächlich aber ist das Proton wie das Elektron ein Spin-1/2-Teilchen; die entsprechende Spinobservable wollen wir mit $\boldsymbol{I}$ bezeichnen.

Zum Spin $\boldsymbol{I}$ des Protons gehört ein magnetisches Moment $\boldsymbol{M}_I$. Das gyromagnetische Verhältnis unterscheidet sich allerdings von dem des Elektrons:

$$\boldsymbol{M}_I = g_\mathrm{p}\mu_\mathrm{n}\, \boldsymbol{I}/\hbar, \tag{12.23}$$

wobei μ_n das *Kernmagneton*,

$$\mu_\mathrm{n} = \frac{q_\mathrm{p}\hbar}{2M_\mathrm{p}}, \tag{12.24}$$

und $g_\mathrm{p} \approx 5.585$ ist. Da die Protonenmasse M_p im Nenner der rechten Seite von Gl. (12.24) auftritt, ist μ_n etwa 2000-mal kleiner als das Bohr-Magneton μ_B ($\mu_\mathrm{B} = q\hbar/2m_e$). Obwohl also Protonen- und Elektronendrehimpuls gleich sind, ist wegen des Massenunterschieds der Kernmagnetismus viel unbedeutender als der elektronische Magnetismus. Die magnetische Wechselwirkung aufgrund des Protonenspins $\boldsymbol{I}$ ist demzufolge sehr gering.

Der magnetische Hyperfeinstruktur-Hamilton-Operator

Das Elektron bewegt sich also nicht nur im elektrostatischen Feld des Protons, sondern auch in dem magnetischen Feld, das durch $\boldsymbol{M}_I$ hervorgerufen wird. Führen wir in der

Schrödinger-Gleichung das entsprechende Vektorpotential ein,[3] so ergibt sich, dass wir dem Hamilton-Operator (12.4) mit dem Ausdruck

$$W_{\text{hf}} = -\frac{\mu_0}{4\pi}\left\{\frac{q}{m_e R^3}\boldsymbol{L}\cdot\boldsymbol{M}_I + \frac{1}{R^3}\left[3(\boldsymbol{M}_S\cdot\boldsymbol{n})(\boldsymbol{M}_I\cdot\boldsymbol{n}) - \boldsymbol{M}_S\cdot\boldsymbol{M}_I\right] + \frac{8\pi}{3}\boldsymbol{M}_S\cdot\boldsymbol{M}_I\,\delta(\boldsymbol{R})\right\} \qquad (12.25)$$

weitere Terme hinzufügen müssen (s. Abschnitt 12.6); $\boldsymbol{M}_S$ ist das magnetische Moment des Elektronspins und $\boldsymbol{n}$ der Einheitsvektor auf der Verbindungslinie von Proton und Elektron (s. Abb. 12.1).

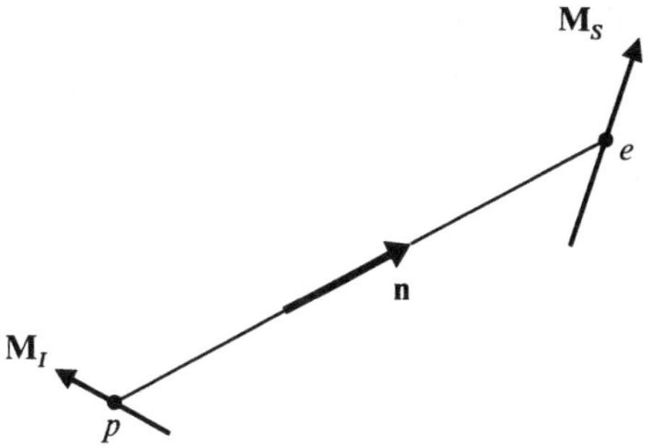

Abb. 12.1 Relative Lage der magnetischen Momente $\boldsymbol{M}_I$ und $\boldsymbol{M}_S$ von Proton und Elektron; $\boldsymbol{n}$ ist der Einheitsvektor auf der Verbindungslinie der beiden Teilchen.

Wir werden sehen, dass W_{hf} Energieverschiebungen hervorruft, die klein sind verglichen mit denen, die W_{f} erzeugt. Aus diesem Grund wird W_{hf} als *Hyperfeinstruktur-Hamilton-Operator* bezeichnet.

Interpretation der verschiedenen Terme von W_{hf}

Der erste Term von W_{hf} beschreibt die Wechselwirkung des magnetischen Moments des Kerns $\boldsymbol{M}_I$ mit dem am Ort des Protons durch die Rotation der Elektronenladung erzeugten Magnetfeld $(\mu_0/4\pi)q\boldsymbol{L}/m_e r^3$.

Der zweite Term stellt die Dipol-Dipol-Wechselwirkung zwischen den magnetischen Momenten von Elektron und Kern dar: Die Wechselwirkung des magnetischen Moments des Elektronspins mit dem von $\boldsymbol{M}_I$ erzeugten Magnetfeld (s. Abschnitt 11.5) und umgekehrt.

Der letzte Term schließlich, der auch als *Kontaktterm* bezeichnet wird, stammt von der Singularität des vom magnetischen Moment des Protons erzeugten Felds bei $r = 0$. In der Realität ist das Proton kein Punkt; es kann gezeigt werden (s. Abschnitt 12.6), dass das magnetische Feld innerhalb des Protons nicht dieselbe Form wie das außerhalb von

[3]Da es sich bei den Hyperfeinstruktur-Wechselwirkungen um sehr kleine Korrekturen handelt, darf man die nichtrelativistische Schrödinger-Gleichung verwenden.

$\boldsymbol{M}_I$ erzeugte hat (das in der Dipol-Dipol-Wechselwirkung betrachtet wird). Durch den Kontaktterm wird die Wechselwirkung des magnetischen Moments des Elektronspins mit dem Magnetfeld innerhalb des Protons beschrieben (die δ-Funktion drückt die Tatsache aus, dass dieser Kontaktterm, wie sein Name andeutet, nur dann auftritt, wenn die Wellenfunktionen des Elektrons und des Protons überlappen).

Größenordnung

Es kann leicht gezeigt werden, dass die Größenordnung der ersten beiden Terme von W_{hf} durch

$$\frac{q^2\hbar^2}{m_e M_{\mathrm{p}} R^3}\frac{\mu_0}{4\pi} = \frac{e^2\hbar^2}{m_e M_{\mathrm{p}} c^2}\frac{1}{R^3} \tag{12.26}$$

gegeben wird. Mit Hilfe von Gl. (12.13) sehen wir, dass diese Terme etwa 2000-mal kleiner als W_{SB} sind.

Gleiches gilt für den letzten Term von Gl. (12.25); er ist 2000-mal kleiner als der Darwin-Term, der auch eine Deltafunktion enthält.

12.3 Feinstruktur des $n = 2$-Niveaus

12.3.1 Formulierung des Problems

Entartung des $n = 2$-Niveaus

Wir stellten in Kapitel 7 fest, dass die Energie des Wasserstoffatoms nur von der Quantenzahl n abhängt. Die $2s(n = 2, l = 0)$- und $2p(n = 2, l = 1)$-Zustände haben also dieselbe Energie

$$-\frac{E_{\mathrm{I}}}{4} = -\frac{1}{8}\,\mu c^2\alpha^2. \tag{12.27}$$

Solange der Spin unberücksichtigt bleibt, besteht die $2s$-Unterschale aus einem Zustand und die $2p$-Unterschale aus drei verschiedenen Zuständen, die sich durch ihren Eigenwert $m_L\hbar$ der Komponente L_z des Bahndrehimpulses $\boldsymbol{L}$ unterscheiden ($m_L = +1, 0, -1$). Aufgrund der Existenz von Elektronen- und Protonenspin ist die Entartung des $n = 2$-Niveaus größer als in Kapitel 7 berechnet. Die Komponenten S_z und I_z der beiden Spins können je zwei Werte annehmen: $m_S = \pm 1/2$, $m_I = \pm 1/2$. Eine mögliche Basis im $n = 2$-Niveau lautet dann

$$\begin{aligned}
&\{|n = 2; l = 0; m_L = 0; m_S = \pm 1/2; m_I = \pm 1/2\rangle\}\\
&(2s\text{-Unterschale, Dimension 4}),\\
&\{|n = 2; l = 1; m_L = -1, 0, +1; m_S = \pm 1/2; m_I = \pm 1/2\rangle\}\\
&(2p\text{-Unterschale, Dimension 12}).
\end{aligned} \tag{12.28}$$

Die Gesamtentartung der $n = 2$-Schale beträgt somit 16.

Nach den Ergebnissen von Abschnitt 11.3 müssen wir, um den Einfluss einer Störung W auf das $n = 2$-Niveau zu berechnen, die 16×16-Matrix diagonalisieren, die die Einschränkung von W auf dieses Niveau beschreibt. Die Eigenwerte dieser Matrix sind die Korrekturen erster Ordnung zur Energie, während die entsprechenden Eigenzustände die Eigenzustände des Hamilton-Operators in nullter Ordnung darstellen.

Störglied

In diesem Abschnitt wollen wir davon ausgehen, dass das Atom keinem äußeren Feld unterliegt. Die Differenz W zwischen dem exakten Hamilton-Operator H und dem Hamilton-Operator H_0 von Abschnitt 7.3 enthält die Feinstrukturterme aus dem obigen Abschnitt 12.2.1,

$$W_\mathrm{f} = W_{mv} + W_\mathrm{SB} + W_\mathrm{D}, \tag{12.29}$$

und die Hyperfeinstrukturterme W_hf aus Abschnitt 12.2.2. Wir haben also

$$W = W_\mathrm{f} + W_\mathrm{hf}. \tag{12.30}$$

Da W_f etwa 2000-mal größer als W_hf ist, haben wir natürlich zunächst den Effekt von W_f auf das $n = 2$-Niveau zu untersuchen, bevor wir W_hf betrachten können. Wir werden sehen, dass die $n = 16$-fache Entartung dieses Niveaus von W_f teilweise aufgehoben wird. Die sich dadurch ergebende Struktur ist die *Feinstruktur*.

Der Term W_hf kann dann die verbleibende Entartung dieser Feinstrukturniveaus aufheben und so innerhalb dieser Niveaus eine *Hyperfeinstruktur* erzeugen.

In diesem Abschnitt wollen wir uns auf die Untersuchung der Feinstruktur des $n = 2$-Niveaus beschränken. Die Rechnungen lassen sich leicht auf andere Niveaus verallgemeinern.

12.3.2 Matrix des Feinstruktur-Hamilton-Operators

Allgemeine Eigenschaften

Wir werden anhand der Eigenschaften von W_f zeigen, dass sich die 16×16-Matrix, durch die W_f im $n = 2$-Niveau dargestellt wird, in eine Reihe quadratischer Untermatrizen kleinerer Dimension aufspalten lässt. Die Bestimmung der Eigenwerte und Eigenvektoren dieser Matrix wird dadurch beträchtlich vereinfacht.

W_f wirkt nicht auf die Spinvariablen des Protons. Wie wir aus Abschnitt 12.2.1 (Gl. (12.4)) sehen, hängen die Feinstrukturterme nicht von $\boldsymbol{I}$ ab. Folglich kann der Protonenspin bei der Untersuchung der Feinstruktur ignoriert werden (wir werden später die sich ergebenden Entartungen mit 2 multiplizieren). Die Dimension der zu diagonalisierenden Matrix reduziert sich so von 16 auf 8.

W_f verbindet die $2s$- und $2p$-Unterschale nicht miteinander. Wir zeigen zunächst, dass $\boldsymbol{L}^2$ mit W_f vertauscht: Der Operator $\boldsymbol{L}^2$ vertauscht mit den verschiedenen Komponenten von $\boldsymbol{L}$, mit R ($\boldsymbol{L}^2$ wirkt nur auf die Winkelvariablen), mit $\boldsymbol{P}^2$ (s. Abschnitt 7.1.1,

Gl. (7.16)) und mit $\boldsymbol{S}$ ($\boldsymbol{L}^2$ wirkt nicht auf die Spinvariablen). Somit vertauscht $\boldsymbol{L}^2$ mit W_{mv} (proportional zu $\boldsymbol{P}^4$), mit W_{SB} (hängt nur von R, $\boldsymbol{L}$, $\boldsymbol{S}$ ab) und mit W_{D} (hängt nur von R ab).

Die $2s$- und $2p$-Zustände sind Eigenzustände von $\boldsymbol{L}^2$ zu verschiedenen Eigenwerten (0 und $2\hbar^2$). Deshalb besitzt der Operator W_{f}, der mit $\boldsymbol{L}^2$ vertauscht, keine nichttrivialen Matrixelemente zwischen einem $2s$- und einem $2p$-Zustand. Die 8×8-Matrix, die W_{f} im $n = 2$-Niveau darstellt, kann also in eine 2×2-Matrix für den $2s$-Zustand und eine 6×6-Matrix für den $2p$-Zustand unterteilt werden:

$$(W_{\mathrm{f}})_{n=2} = \begin{array}{c|c|c|} & 2s & 2p \\ \hline 2s & \begin{matrix} \ddots & \ddots \\ \ddots & \ddots \end{matrix} & 0 \\ \hline 2p & 0 & \begin{matrix} \ddots & \ddots & \ddots \\ \ddots & \ddots & \ddots \\ \ddots & \ddots & \ddots \end{matrix} \\ \hline \end{array} \quad . \tag{12.31}$$

Bemerkung

Die vorstehende Eigenschaft ergibt sich auch aus der Tatsache, dass W_{f} gerade ist. Bei einer Spiegelung geht $\boldsymbol{R}$ in $-\boldsymbol{R}$ über ($R = |\boldsymbol{R}|$ bleibt gleich), $\boldsymbol{P}$ in $-\boldsymbol{P}$, $\boldsymbol{L}$ in $\boldsymbol{L}$ und $\boldsymbol{S}$ in $\boldsymbol{S}$. Nun zeigt man leicht, dass W_{f} invariant ist und somit keine Matrixelemente zwischen den $2s$- und $2p$-Zuständen haben kann, die von entgegengesetzter Parität sind (s. Abschnitt 2.12).

Matrixdarstellung von W_{f} in der $2s$-Unterschale

Die Dimension 2 des $2s$-Unterraums resultiert aus den zwei möglichen Werten $m_S = \pm 1/2$ von S_z (im Moment unterdrücken wir I_z).

Die Terme W_{mv} und W_{D} hängen nicht von $\boldsymbol{S}$ ab. Die Matrizen dieser beiden Operatoren im $2s$-Unterraum sind daher Vielfache der Einheitsmatrix, wobei die Proportionalitätskoeffizienten durch die reinen Bahnmatrixelemente

$$\langle n = 2; l = 0; m_L = 0 | -\frac{\boldsymbol{P}^4}{8m_e^3c^2} | n = 2; l = 0; m_L = 0 \rangle \tag{12.32}$$

bzw.

$$\langle n = 2; l = 0; m_L = 0 | \frac{\hbar^2}{8m_e^2c^2} \Delta V(R) | n = 2; l = 0; m_L = 0 \rangle \tag{12.33}$$

gegeben werden. Da wir die Eigenfunktionen von H_0 kennen, stellt die Berechnung dieser Matrixelemente theoretisch keine Schwierigkeit dar. Es ergibt sich (s. Abschnitt 12.7)

$$\begin{aligned} \langle W_{mv} \rangle_{2s} &= -\frac{13}{128} m_e c^2 \alpha^4, \\ \langle W_{\mathrm{D}} \rangle_{2s} &= \frac{1}{16} m_e c^2 \alpha^4. \end{aligned} \tag{12.34}$$

Die Berechnung des Matrixelements von W_{SB} enthält „Winkel“-Matrixelemente von der Form $\langle l = 0, m_L = 0 | L_{x,y,z} | l = 0, m_L = 0 \rangle$, die wegen des Wertes $l = 0$ der Quantenzahl l verschwinden; daher wird

$$\langle W_{\mathrm{SB}} \rangle_{2s} = 0. \tag{12.35}$$

Unter dem Einfluss der Feinstrukturterme wird also die $2s$-Unterschale als Ganzes um den Betrag $-5 m_e c^2 \alpha^4 / 128$ gegen den in Kapitel 7 berechneten Wert verschoben.

Matrixdarstellung von W_f in der $2p$-Unterschale

W_{mv}- und W_D-Term. Der W_{mv}- und der W_D-Term vertauschen mit den verschiedenen Komponenten von $\boldsymbol{L}$, da $\boldsymbol{L}$ nur auf die Winkelvariablen wirkt und mit R und $\boldsymbol{P}^2$ (das nur über $\boldsymbol{L}^2$ von diesen Variablen abhängt; s. Kapitel 7) vertauscht. Also vertauscht $\boldsymbol{L}$ mit W_{mv} und W_D. Folglich handelt es sich bei W_{mv} und W_D in Bezug auf die Bahnvariablen um skalare Operatoren (s. Abschnitt 6.6.5). Da W_{mv} und W_D nicht auf die Spinvariablen wirken, sind die Matrizen, die W_{mv} und W_D im $2p$-Unterraum darstellen, Vielfache der Einheitsmatrix. Die Berechnung der Proportionalitätskoeffizienten ist in Abschnitt 12.7 angegeben und führt auf

$$\begin{aligned} \langle W_{mv} \rangle_{2p} &= -\frac{7}{384} m_e c^2 \alpha^4, \\ \langle W_\mathrm{D} \rangle_{2p} &= 0. \end{aligned} \tag{12.36}$$

Die zweite Gleichung folgt daraus, dass W_D proportional zu $\delta(\boldsymbol{R})$ ist und daher nur in s-Zuständen nichtverschwindende Matrixelemente haben kann (für $l \geq 1$ ist die Wellenfunktion im Ursprung gleich null).

W_{SB}-Term. Wir müssen die Matrixelemente

$$\langle n = 2; l = 1; s = 1/2; m_L'; m_S' \mid \xi(R) \boldsymbol{L} \cdot \boldsymbol{S} \mid n = 2; l = 1; s = 1/2; m_L; m_S \rangle \tag{12.37}$$

mit

$$\xi(R) = \frac{e^2}{2 m_e^2 c^2} \frac{1}{R^3} \tag{12.38}$$

berechnen.

Wenn wir die $\{|\boldsymbol{r}\rangle\}$-Darstellung verwenden, können wir den Radialanteil des Matrixelements (12.37) von den Winkel- und Spinanteilen trennen. So erhalten wir

$$\xi_{2p} \langle l = 1; s = 1/2; m_L'; m_S' \mid \boldsymbol{L} \cdot \boldsymbol{S} \mid l = 1; s = 1/2; m_L; m_S \rangle, \tag{12.39}$$

wobei ξ_{2p} eine Zahl gleich dem Radialintegral

$$\xi_{2p} = \frac{e^2}{2 m_e^2 c^2} \int_0^\infty \frac{1}{r^3} |R_{21}(r)|^2 r^2 \, \mathrm{d}r \tag{12.40}$$

ist. Da wir die Radialfunktion $R_{21}(r)$ des $2p$-Zustands kennen, können wir ξ_{2p} berechnen. Wir finden (s. Abschnitt 12.7)

$$\xi_{2p} = \frac{1}{48\hbar^2} m_e c^2 \alpha^4 . \tag{12.41}$$

Die Radialvariablen treten also nicht mehr auf. Mit dem Ausdruck (12.39) ist das Problem auf die Diagonalisierung des Operators $\xi_{2p}\boldsymbol{L}\cdot\boldsymbol{S}$ reduziert, der nur auf die Winkel- und Spinvariablen wirkt. Zu seiner Darstellung können verschiedene Basen gewählt werden:

– zunächst die Basis

$$\{|l = 1; s = 1/2; m_L; m_S\rangle\} , \tag{12.42}$$

die wir bisher benutzt haben und die aus den gemeinsamen Eigenzuständen von $\boldsymbol{L}^2$, $\boldsymbol{S}^2$, L_z, S_z besteht;

– oder mit dem Gesamtdrehimpuls

$$\boldsymbol{J} = \boldsymbol{L} + \boldsymbol{S} \tag{12.43}$$

die aus den gemeinsamen Eigenzuständen von $\boldsymbol{L}^2$, $\boldsymbol{S}^2$, $\boldsymbol{J}^2$, J_z bestehende Basis

$$\{|l = 1; s = 1/2; J; m_J\rangle\} . \tag{12.44}$$

Nach den Ergebnissen von Kapitel 10 kann J wegen $l = 1$ und $s = 1/2$ zwei Werte annehmen: $J = 1 + 1/2 = 3/2$ und $J = 1 - 1/2 = 1/2$. Außerdem wissen wir, wie wir mit Hilfe der Clebsch-Gordan-Koeffizienten von einer Basis zur anderen gelangen können (s. Abschnitt 10.4.2, Gleichungen (10.151) und (10.152)).

Wir wollen nun zeigen, dass die zweite Basis (12.44) dem Problem besser angepasst ist, da der Operator $\xi_{2p}\,\boldsymbol{L}\cdot\boldsymbol{S}$ in dieser Basis diagonal ist. Um das einzusehen, quadrieren wir beide Seiten von Gl. (12.43). Wir erhalten ($\boldsymbol{L}$ und $\boldsymbol{S}$ vertauschen)

$$\boldsymbol{J}^2 = (\boldsymbol{L} + \boldsymbol{S})^2 = \boldsymbol{L}^2 + \boldsymbol{S}^2 + 2\boldsymbol{L}\cdot\boldsymbol{S} \tag{12.45}$$

und damit

$$\xi_{2p}\boldsymbol{L}\cdot\boldsymbol{S} = \frac{1}{2}\xi_{2p}\left(\boldsymbol{J}^2 - \boldsymbol{L}^2 - \boldsymbol{S}^2\right) . \tag{12.46}$$

Jeder Basisvektor (12.44) ist ein Eigenzustand von $\boldsymbol{L}^2$, $\boldsymbol{S}^2$, $\boldsymbol{J}^2$; somit ergibt sich

$$\begin{aligned} &\xi_{2p}\boldsymbol{L}\cdot\boldsymbol{S}\,|l = 1; s = 1/2; J; m_J\rangle \\ &\quad = \frac{1}{2}\xi_{2p}\hbar^2\left[J(J+1) - 2 - \frac{3}{4}\right]|l = 1; s = 1/2; J; m_J\rangle . \end{aligned} \tag{12.47}$$

Wie wir aus Gl. (12.47) sehen, hängen die Eigenwerte von $\xi_{2p}\boldsymbol{L}\cdot\boldsymbol{S}$ nur von J und nicht von m_J ab; sie lauten für $J = 1/2$

$$\frac{1}{2}\xi_{2p}\left[\frac{3}{4} - 2 - \frac{3}{4}\right]\hbar^2 = -\xi_{2p}\hbar^2 = -\frac{1}{48}\,m_e c^2 \alpha^4 \tag{12.48}$$

und für $J = 3/2$

$$\frac{1}{2}\xi_{2p}\left[\frac{15}{4} - 2 - \frac{3}{4}\right]\hbar^2 = +\frac{1}{2}\xi_{2p}\hbar^2 = \frac{1}{96}\,m_e c^2 \alpha^4. \tag{12.49}$$

Die sechsfache Entartung des $2p$-Niveaus wird also von W_{SB} teilweise aufgehoben. Wir erhalten für $J = 3/2$ ein vierfach entartetes und für $J = 1/2$ ein zweifach entartetes Niveau. Bei der $(2J + 1)$-fachen Entartung eines J-Zustands handelt es sich um eine wesentliche Entartung, die mit der Rotationsinvarianz von W_{f} zusammenhängt.

Bemerkungen

1. In dem $2s$-Unterraum ($l = 0, s = 1/2$) kann J nur einen Wert annehmen: $J = 0 + 1/2 = 1/2$.

2. In dem $2p$-Unterraum werden W_{mv} und W_{D} von Vielfachen der Einheitsmatrix dargestellt. Diese Eigenschaft bleibt in jeder beliebigen Basis erhalten, da die Einheitsmatrix gegenüber einem Basiswechsel invariant ist. Die Wahl der Basis (12.44), die aufgrund von W_{SB} erfolgte, ist also auch für den W_{mv}- und W_{D}-Term angemessen.

12.3.3 Ergebnisse: Feinstruktur des $n = 2$-Niveaus

Spektroskopische Notation

Neben den Quantenzahlen n, l (und s) wurde in der vorstehenden Diskussion die Quantenzahl J eingeführt, von der die Energiekorrektur des Spin-Bahn-Terms abhängt.

Für das $2s$-Niveau haben wir $J = 1/2$, für das $2p$-Niveau $J = 1/2$ oder$J = 3/2$. Das Niveau, das zu einem Satz von Werten n, l, J gehört, wird im Allgemeinen durch Hinzufügung eines Index J an das Symbol der (n, l)-Unterschale in der spektroskopischen Notation bezeichnet (s. Abschnitt 7.3.4):

$$n\,l_J, \tag{12.50}$$

wobei l bei $l = 0$ für den Buchstaben s, bei $l = 1$ für p, bei $l = 2$ für d, bei $l = 3$ für f usw. steht. Zum $n = 2$-Niveau des Wasserstoffatoms gehören also die Niveaus $2s_{1/2}$, $2p_{1/2}$ und $2p_{3/2}$.

Lage der $2s_{1/2}$-, $2p_{1/2}$- und $2p_{3/2}$-Niveaus

Mit Hilfe der Ergebnisse der vorhergehenden Abschnitte können wir nun die Lage der $2s_{1/2}$-, $2p_{1/2}$- und $2p_{3/2}$-Niveaus in Bezug auf die in Kapitel 7 zu $-\mu c^2\alpha^2/8$ bestimmte „ungestörte" Energie des $n = 2$-Niveaus berechnen.

Wie wir in Abschnitt 12.3.2 sahen, wird das $2s_{1/2}$-Niveau um den Betrag

$$-\frac{5}{128}m_e c^2 \alpha^4 \tag{12.51}$$

abgesenkt. Auch das $2p_{1/2}$-Niveau wird um

$$\left(-\frac{7}{384}-\frac{1}{48}\right)m_e c^2\alpha^4 = -\frac{5}{128}m_e c^2\alpha^4 \tag{12.52}$$

erniedrigt. Das $2s_{1/2}$- und $2p_{1/2}$-Niveau haben also dieselbe Energie. In der hier vorgestellten Theorie muss diese Entartung im Gegensatz zur wesentlichen $(2J+1)$-fachen Entartung jedes J-Niveaus als zufällig betrachtet werden.

Das $2p_{3/2}$-Niveau schließlich wird um den Betrag von

$$\left(-\frac{7}{384}+\frac{1}{96}\right)m_e c^2\alpha^4 = -\frac{1}{128}m_e c^2\alpha^4 \tag{12.53}$$

abgesenkt. Diese Ergebnisse sind in Abb. 12.2 dargestellt.

Bemerkungen

1. Für die Trennung des $2p_{1/2}$- und $2p_{3/2}$-Niveaus ist ausschließlich die Spin-Bahn-Kopplung verantwortlich, da W_{mv} und W_{D} das $2p$-Niveau als Ganzes um denselben Betrag verschieben.

2. Das Wasserstoffatom kann aus dem $2p$-Zustand durch Aussendung eines Lyman-α-Photons ($\lambda = 1216\,\text{Å}$) in den $1s$-Zustand übergehen. Wie wir nun sehen, besteht die Lyman-α-Linie aufgrund der Spin-Bahn-Kopplung tatsächlich aus zwei benachbarten Linien, $2p_{1/2} \to 1s_{1/2}$ und $2p_{3/2} \to 1s_{1/2}$, die durch die Energiedifferenz von

$$\frac{4}{128}m_e c^2\alpha^4 = \frac{1}{32}m_e c^2\alpha^4 \tag{12.54}$$

voneinander getrennt sind.[4] Bei ausreichender Auflösung weisen die Linien des Wasserstoffatoms deshalb eine „Feinstruktur" auf.

3. Wir ersehen aus Abb. 12.2, dass die beiden Niveaus mit gleichem J dieselbe Energie haben. Dieses Ergebnis ist nicht nur in erster Ordnung von W_{f} gültig, es gilt vielmehr in jeder beliebigen Ordnung. Die exakte Lösung der Dirac-Gleichung ergibt für die Energie eines Niveaus, das durch die Quantenzahlen n, l, s, J bestimmt ist, den Wert

$$E_{n,J} = m_e c^2\left[1+\alpha^2\left(n-J-\frac{1}{2}+\sqrt{(J+1/2)^2-\alpha^2}\right)^{-2}\right]^{-1/2}. \tag{12.55}$$

Sie hängt also nur von n und J, nicht aber von l ab. Entwickeln wir Gl. (12.55) in Potenzen von α, so ergibt sich

$$E_{n,J} = m_e c^2 - \frac{1}{2}m_e c^2\alpha^2\frac{1}{n^2} - \frac{m_e c^2}{2n^4}\left(\frac{n}{J+1/2}-\frac{3}{4}\right)\alpha^4 + \cdots. \tag{12.56}$$

Beim ersten Term handelt es sich um die Ruheenergie des Elektrons. Der zweite Term ergibt sich aus der Theorie in Kapitel 7. Der dritte Term ist die Korrektur in erster Ordnung in W_{f}, wie sie in diesem Kapitel berechnet wurde.

[4] Im Grundzustand ist $l=0$ und $s=1/2$, so dass J nur den Wert $J=1/2$ annehmen kann. Die Entartung des $1s$-Zustands wird daher von W_{f} nicht aufgehoben, und es gibt nur ein Feinstrukturniveau, eben das $1s_{1/2}$-Niveau. Diese Situation stellt einen Spezialfall dar, da nur für den Grundzustand l notwendig gleich null ist. Aus diesem Grund haben wir hier das angeregte $n=2$-Niveau untersucht.

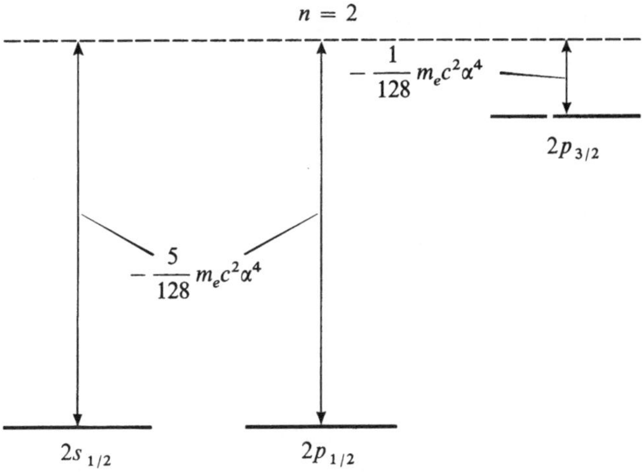

Abb. 12.2 Feinstruktur des $n = 2$-Niveaus des Wasserstoffatoms. Unter dem Einfluss des Feinstruktur-Hamilton-Operators W_f spaltet sich das $n = 2$-Niveau in drei Feinstrukturniveaus auf, die mit $2s_{1/2}$, $2p_{1/2}$ und $2p_{3/2}$ bezeichnet werden. Die numerischen Werte der Verschiebungen, berechnet in erster Ordnung in W_f, sind angegeben. Die Verschiebungen für das $2s_{1/2}$- und $2p_{1/2}$-Niveau sind gleich (was für jede beliebige Ordnung in W_f richtig bleibt). Wenn man zusätzlich die quantenmechanische Natur des elektromagnetischen Felds in Betracht zieht, wird die Entartung zwischen dem $2s_{1/2}$- und dem $2p_{1/2}$-Niveau aufgehoben (Lamb-Shift; s. Abb. 12.4).

4. Selbst bei Abwesenheit eines äußeren Felds und einfallender Photonen muss die Existenz eines fluktuierenden elektromagnetischen Felds im Raum angenommen werden (s. Abschnitt 5.14.3). Dieses Phänomen hängt mit der quantenmechanischen Natur des elektromagnetischen Felds zusammen, das wir hier nicht betrachtet haben. Die Kopplung des Atoms an diese Fluktuationen hebt die Entartung des $2s_{1/2}$- und $2p_{1/2}$-Niveaus auf. Das $2s_{1/2}$-Niveau wird relativ zum $2p_{1/2}$-Niveau um den Betrag der sogenannten „Lamb-Shift", die von der Größenordnung von 1060 MHz ist, angehoben (s. Abb. 12.4). Die theoretische und experimentelle Untersuchung dieses Phänomens, das im Jahr 1949 entdeckt wurde, war für die Physik von großer Bedeutung und führte schließlich zur Formulierung der Quantenelektrodynamik.

12.4 Die Hyperfeinstruktur des $n = 1$-Niveaus

Es erschiene nun logisch, den Einfluss von W_{hf} auf die Feinstrukturniveaus $2s_{1/2}$, $2p_{1/2}$ und $2p_{3/2}$ zu untersuchen und zu sehen, ob die mit dem Protonenspin $\boldsymbol{I}$ zusammenhängenden Wechselwirkungen das Auftreten einer Hyperfeinstruktur in diesen Niveaus verursachen. Da jedoch die Entartung des $1s$-Grundzustands von W_f nicht aufgehoben wurde, fällt es leichter, den Einfluss von W_{hf} auf diesen Zustand zu betrachten. Die für diesen Fall erhaltenen Ergebnisse können für die $2s_{1/2}$-, $2p_{1/2}$- und $2p_{3/2}$-Niveaus verallgemeinert werden.

12.4.1 Formulierung des Problems

Entartung des 1s-Niveaus

Im 1s-Zustand gibt es keine Bahnentartung ($l = 0$). Allerdings können die Komponenten S_z und I_z von $\boldsymbol{S}$ bzw. $\boldsymbol{I}$ immer noch je zwei Werte annehmen: $m_S = \pm 1/2$ und $m_I = \pm 1/2$. Das 1s-Niveau ist demnach vierfach entartet, und eine mögliche Basis dieses Niveaus wird durch die Vektoren

$$\{|n = 1; l = 0; m_L = 0; m_S = \pm 1/2; m_I = \pm 1/2\rangle\} \tag{12.57}$$

gegeben.

Das 1s-Niveau besitzt keine Feinstuktur

Wir wollen zeigen, dass der Term W_f die Entartung des 1s-Niveaus nicht aufhebt. Die W_{mv}- und W_D-Terme wirken nicht auf m_S und m_I und werden im 1s-Unterraum durch Vielfache der Einheitsmatrix dargestellt. Es ergibt sich (s. Ergänzung 12.7)

$$\begin{aligned} \langle W_{mv}\rangle_{1s} &= -\frac{5}{8}\, m_e c^2 \alpha^4, \\ \langle W_\mathrm{D}\rangle_{1s} &= \frac{1}{2}\, m_e c^2 \alpha^4. \end{aligned} \tag{12.58}$$

Zur Berechnung der Matrixelemente des W_SB-Terms benötigen wir schließlich die „Winkelmatrixelemente" $\langle l = 0, m_L = 0|L_{x,y,z}|l = 0, m_L = 0\rangle$, die offensichtlich verschwinden ($l = 0$); also ist

$$\langle W_\mathrm{SB}\rangle_{1s} = 0. \tag{12.59}$$

Zusammenfassend wird also das 1s-Niveau als Ganzes um den Betrag

$$\left(-\frac{5}{8} + \frac{1}{2}\right) m_e c^2 \alpha^4 = -\frac{1}{8}\, m_e c^2 \alpha^4 \tag{12.60}$$

verschoben, ohne dass das Niveau aufgespalten wird. Man hätte dieses Ergebnis vorhersehen können: Da wir $l = 0$ und $s = 1/2$ haben, kann J nur den Wert $J = 1/2$ annehmen, und aus dem 1s-Niveau entsteht folglich nur ein Feinstrukturniveau $1s_{1/2}$.

Da der Hamilton-Operator W_f das 1s-Niveau nicht aufspaltet, können wir nun die Wirkung des W_hf-Terms betrachten. Dazu müssen wir zunächst die Matrixelemente berechnen, die W_hf im 1s-Niveau darstellen.

12.4.2 Matrixdarstellung von W_hf im 1s-Niveau

Terme von W_hf

Wir zeigen, dass die ersten beiden Terme von W_hf (Gl. (12.25)) keinen Beitrag liefern:

Die Berechnung des Beitrags des ersten Terms $-\frac{\mu_0}{4\pi}\frac{q}{m_e R^3}\boldsymbol{L}\cdot\boldsymbol{M}_I$ führt auf die „Winkelmatrixelemente" $\langle l = 0, m_L = 0|\boldsymbol{L}|l = 0, m_L = 0\rangle$, die offensichtlich verschwinden ($l = 0$).

Entsprechend kann gezeigt werden (s. Abschnitt 11.5.3), dass die Matrixelemente des zweiten Terms (der Dipol-Dipol-Wechselwirkung) aufgrund der Kugelsymmetrie des $1s$-Zustands gleich null sind.

Kontaktterm

Die Matrixelemente des letzten Terms von Gl. (12.25), d. h. des Kontaktterms, sind von der Form

$$\langle n = 1; l = 0; m_L = 0; m'_S; m'_I \mid -\frac{2\mu_0}{3} \boldsymbol{M}_S \cdot \boldsymbol{M}_I \delta(\boldsymbol{R}) \mid n = 1; l = 0; m_L = 0; m_S; m_I \rangle. \tag{12.61}$$

Wenn wir in die $\{|\boldsymbol{r}\rangle\}$-Darstellung gehen, können wir die Bahn- und Spinanteile dieses Matrixelements separieren und schreiben

$$\mathcal{A} \langle m'_S; m'_I \mid \boldsymbol{I} \cdot \boldsymbol{S} \mid m_S; m_I \rangle, \tag{12.62}$$

wobei $\mathcal{A}$ eine Zahl ist, die gegeben wird durch

$$\begin{aligned} \mathcal{A} &= \frac{q^2}{3\varepsilon_0 c^2} \frac{g_\text{p}}{m_e M_\text{p}} \langle n = 1; l = 0; m_L = 0 \mid \delta(\boldsymbol{R}) \mid n = 1; l = 0; m_L = 0 \rangle \\ &= \frac{q^2}{3\varepsilon_0 c^2} \frac{g_\text{p}}{m_e M_\text{p}} \frac{1}{4\pi} |R_{10}(0)|^2 \\ &= \frac{4}{3} g_\text{p} \frac{m_e}{M_\text{p}} m_e c^2 \alpha^4 \left(1 + \frac{m_e}{M_\text{p}}\right)^{-3} \frac{1}{\hbar^2}. \end{aligned} \tag{12.63}$$

Das sind die Gleichungen, die $\boldsymbol{M}_S$ und $\boldsymbol{M}_I$ mit $\boldsymbol{S}$ und $\boldsymbol{I}$ verknüpfen (s. Gl. (12.23)) und auch den in Kapitel 7 angegebenen Ausdruck für die Radialfunktion $R_{10}(r)$ verwenden.[5]

Die Bahnvariablen sind somit vollständig verschwunden, und es bleibt das Problem der beiden halbzahligen Spins $\boldsymbol{S}$ und $\boldsymbol{I}$ zu untersuchen, die durch die Wechselwirkung

$$\mathcal{A}\, \boldsymbol{I} \cdot \boldsymbol{S} \tag{12.64}$$

gekoppelt sind; $\mathcal{A}$ ist eine Konstante.

Eigenzustände und Eigenwerte des Kontaktterms

Zur Darstellung des Operators $\mathcal{A}\, \boldsymbol{I} \cdot \boldsymbol{S}$ betrachteten wir bisher nur die Basis

$$\{|s = 1/2; I = 1/2; m_S; m_I\rangle\}, \tag{12.65}$$

die aus gemeinsamen Eigenzuständen von $\boldsymbol{S}^2$, $\boldsymbol{I}^2$, S_z, I_z gebildet wird. Wir können auch mit der Einführung des Gesamtdrehimpulses[6]

$$\boldsymbol{F} = \boldsymbol{S} + \boldsymbol{I} \tag{12.66}$$

---

[5] Der Faktor $(1 + m_e/M_\text{p})^{-3}$ in Gl. (12.63) stellt die reduzierte Masse μ dar, die in $R_{10}(0)$ eingeht. Für den Kontaktterm ist es also richtig, die endliche Kernmasse in dieser Weise zu berücksichtigen.

[6] Eigentlich ist der Gesamtdrehimpuls $\boldsymbol{F} = \boldsymbol{L} + \boldsymbol{S} + \boldsymbol{I}$, also $\boldsymbol{F} = \boldsymbol{J} + \boldsymbol{I}$. Im Grundzustand ist der Bahndrehimpuls jedoch null, so dass sich $\boldsymbol{F}$ auf Gl. (12.66) reduziert.

die Basis

$$\{|s = 1/2; I = 1/2; F; m_F\rangle\} \tag{12.67}$$

verwenden, die aus gemeinsamen Eigenzuständen zu $\boldsymbol{S}^2$, $\boldsymbol{I}^2$, $\boldsymbol{F}^2$ und F_z besteht. Da $s = I = 1/2$ gilt, kann F nur die Werte $F = 0$ und $F = 1$ annehmen. Mit Hilfe der Ergebnisse von Abschnitt 10.2.4 (Gleichungen (10.43) und (10.44)) können wir leicht von einer Basis in die andere wechseln.

Die Basis $\{|F, m_F\rangle\}$ ist zur Untersuchung des Operators $\mathcal{A}\boldsymbol{I} \cdot \boldsymbol{S}$ besser geeignet als die Basis $\{|m_S, m_I\rangle\}$, da er in der $\{|F, m_F\rangle\}$-Basis durch eine Diagonalmatrix dargestellt wird (der Einfachheit halber schreiben wir $s = 1/2$ und $I = 1/2$ nicht explizit aus). Aus Gl. (12.66) ergibt sich nämlich

$$\mathcal{A}\boldsymbol{I} \cdot \boldsymbol{S} = \frac{\mathcal{A}}{2}\left(\boldsymbol{F}^2 - \boldsymbol{I}^2 - \boldsymbol{S}^2\right), \tag{12.68}$$

woraus wir sehen, dass die Zustände $|F, m_F\rangle$ Eigenzustände von $\mathcal{A}\boldsymbol{I} \cdot \boldsymbol{S}$ sind:

$$\mathcal{A}\boldsymbol{I} \cdot \boldsymbol{S}\,|F, m_F\rangle = \frac{\mathcal{A}\hbar^2}{2}\,[F(F+1) - I(I+1) - S(S+1)]\,|F, m_F\rangle. \tag{12.69}$$

Wie wir Gl. (12.69) entnehmen können, hängen die Eigenwerte nur von F und nicht von m_F ab. Sie sind für $F = 1$

$$\frac{\mathcal{A}\hbar^2}{2}\left[2 - \frac{3}{4} - \frac{3}{4}\right] = \frac{\mathcal{A}\hbar^2}{4} \tag{12.70}$$

und für $F = 0$

$$\frac{\mathcal{A}\hbar^2}{2}\left[0 - \frac{3}{4} - \frac{3}{4}\right] = -\frac{3\mathcal{A}\hbar^2}{4}. \tag{12.71}$$

Die vierfache Entartung des $1s$-Niveaus wird also von W_{hf} teilweise aufgehoben: Es ergibt sich ein dreifach entartetes $F = 1$-Niveau und ein nichtentartetes $F = 0$-Niveau. Die $(2F + 1)$-fache Entartung des $F = 1$-Niveaus ist wesentlich und hängt mit der Invarianz von W_{hf} gegenüber Drehungen des Gesamtsystems zusammen.

12.4.3 Die Hyperfeinstruktur des $1s$-Niveaus

Lage der Niveaus

Unter dem Einfluss von W_{f} wird die Energie des $1s$-Niveaus gegenüber dem in Kapitel 7 berechneten Wert von $-\mu c^2\alpha^2/2$ um den Betrag $m_e c^2\alpha^4/8$ abgesenkt. W_{hf} spaltet dann das $1s_{1/2}$-Niveau in zwei Hyperfeinniveaus auf, die durch eine Energie $\mathcal{A}\hbar^2$ getrennt sind (Abb. 12.3); $\mathcal{A}\hbar^2$ wird oft als „Hyperfeinstruktur des Grundzustands“ bezeichnet.

Bemerkung

Für W_{hf} würden wir ebenso finden, dass jedes Feinstrukturniveau $2s_{1/2}$, $2p_{1/2}$ und $2p_{3/2}$ nach den zwischen $J + I$ und $|J - I|$ möglichen Werten von F in eine Folge von Hyperfeinniveaus

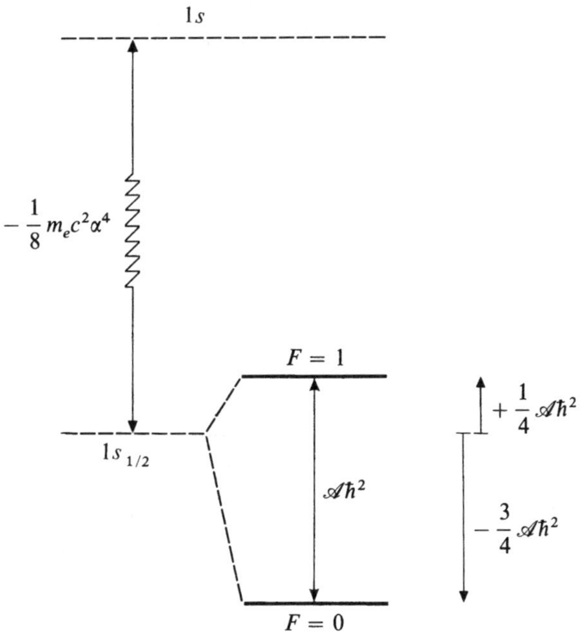

Abb. 12.3 Hyperfeinstruktur des $n = 1$-Niveaus des Wasserstoffatoms. Der Einfluss von W_f besteht in der Verschiebung des $n = 1$-Niveaus als Ganzes um $-m_e c^2 \alpha^4/8$; J kann nur den Wert $J = 1/2$ annehmen. Betrachtet man zusätzlich den Hyperfeinstrukturterm W_{hf}, so wird das $1s_{1/2}$-Niveau in zwei Hyperfeinniveaus aufgespalten entsprechend $F = 1$ und $F = 0$. Der Hyperfeinübergang $F = 1 \leftrightarrow F = 0$ (die in der Radioastronomie betrachtete 21 cm-Linie) tritt mit einer Frequenz auf, die (dank des Wasserstoffmasers) experimentell auf zwölf Stellen genau bekannt ist.

aufspaltet. Für das $2s_{1/2}$- und das $2p_{1/2}$-Niveau ist $J = 1/2$. Also kann F die beiden Werte $F = 1$ und $F = 0$ annehmen. Beim $2p_{3/2}$-Niveau ist $J = 3/2$, und folglich $F = 2$ und $F = 1$ (s. Abb. 12.4).

Bedeutung der Hyperfeinstruktur des 1*s*-Niveaus

Bei der Hyperfeinstruktur des Grundzustands des Wasserstoffatoms handelt es sich um eine physikalische Größe, die derzeit experimentell mit der größten Anzahl von Stellen bekannt ist. In Hertz ausgedrückt ist sie[7]

$$\frac{\mathcal{A}\hbar}{2\pi} = 1\,420\,405\,751.768 \pm 0.001\,\text{Hz}. \tag{12.72}$$

[7] Die in diesem Abschnitt durchgeführten Rechnungen reichen natürlich bei weitem nicht aus, theoretische Vorhersagen dieser Genauigkeit zu erhalten. Selbst mit den fortschrittlichsten Theorien können wir gegenwärtig nicht mehr als fünf oder sechs Stellen von (12.72) erklären.

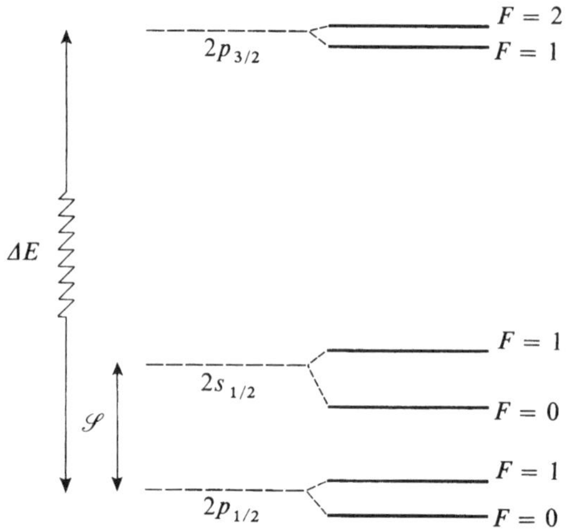

Abb. 12.4 Hyperfeinstruktur des $n = 2$-Niveaus des Wasserstoffatoms. Bei dem Zwischenraum $\mathcal{S}$ zwischen den beiden Niveaus $2s_{1/2}$ und $2p_{1/2}$ handelt es sich um die Lamb-Shift, die etwa zehnmal kleiner als die Feinstrukturaufspaltung ΔE zwischen den beiden Niveaus $2p_{1/2}$ und $2p_{3/2}$ ist ($\mathcal{S} \approx 1057.8$ MHz; $\Delta E \approx 10969.1$ MHz). Aufgrund der Hyperfeinstrukturkopplung W_{hf} wird jedes Niveau in zwei Hyperfeinstrukturniveaus aufgespalten (der entsprechende Wert der Quantenzahl F ist rechts in der Abbildung angegeben). Die Hyperfeinaufspaltung beträgt für das $2p_{3/2}$-Niveau 23.7 MHz, für das $2s_{1/2}$-Niveau 177.56 MHz und für das $2p_{1/2}$-Niveau 59.19 MHz (der Übersichtlichkeit halber ist die Abbildung nicht maßstabsgetreu).

Eine so hohe experimentelle Genauigkeit wurde durch die Entwicklung des *Wasserstoffmasers* im Jahre 1963 möglich; prinzipiell geht man dabei wie folgt vor: Wasserstoffatome, von denen sichergestellt wurde (durch eine magnetische Auswahl nach dem Stern-Gerlach-Prinzip), dass sie sich im oberen $F = 1$-Hyperfeinstrukturniveau befinden, werden in einem Glasbehälter gesammelt (die dabei verwandte Anordnung entspricht der in Abb. 4.23). Auf diese Weise erhält man ein verstärkendes Medium für die Hyperfeinfrequenz $(E(F = 1) - E(F = 0))/h$. Plaziert man diesen Behälter in einen Hohlraum, der auf die Hyperfeinfrequenz abgestimmt ist, und sind seine Verluste geringer als die Gewinne, so wird das System instabil und kann oszillieren: Wir erhalten einen atomaren Oszillator (einen Maser). Die Frequenz dieses Oszillators ist sehr stabil und von großer spektraler Reinheit. Aus ihrer Messung erhält man direkt den Wert der Hyperfeinaufspaltung in Hertz.

Schließlich weisen wir noch darauf hin, dass die Radioastronomie Wasserstoffatome im interstellaren Raum durch Strahlung aufspürt, wie sie spontan beim Übergang aus dem $F = 1$-Hyperfeinniveau in das $F = 0$-Hyperfeinniveau des Grundzustands entsteht (dieser Übergang entspricht einer Wellenlänge von 21 cm). Ein Großteil von dem, was wir über interstellare Wasserstoffwolken wissen, entstammt der Untersuchung dieser 21 cm-Linie.

12.5 Hyperfeinstruktur und Zeeman-Effekt

12.5.1 Formulierung des Problems

Der Zeeman-Hamilton-Operator W_Z

Wir nehmen jetzt an, das Atom befinde sich in einem statischen homogenen Magnetfeld $\boldsymbol{B}_0$, das parallel zur z-Achse gerichtet ist. Dieses Feld tritt mit den verschiedenen magnetischen Momenten des Atoms in Wechselwirkung: dem magnetischen Moment des Bahn- und des Spindrehimpulses des Elektrons, $\boldsymbol{M}_L = q\boldsymbol{L}/2m_e$ und $\boldsymbol{M}_S = q\boldsymbol{S}/m_e$, und dem magnetischen Moment des Atomkerns, $\boldsymbol{M}_I = -qg_\text{p}\boldsymbol{I}/2M_\text{p}$ (s. Gl. (12.23)).

Der Zeeman-Hamilton-Operator W_Z, mit dem die Wechselwirkungsenergie des Atoms mit dem Feld $\boldsymbol{B}_0$ beschrieben wird, ist gegeben durch

$$\begin{aligned} W_Z &= -\boldsymbol{B}_0 \cdot (\boldsymbol{M}_L + \boldsymbol{M}_S + \boldsymbol{M}_I) \\ &= \omega_0(L_z + 2S_z) + \omega_n I_z, \end{aligned} \tag{12.73}$$

wobei ω_0 (die Larmor-Frequenz im Feld $\boldsymbol{B}_0$) ist, und die ω_n definiert sind durch

$$\begin{aligned} \omega_0 &= -\frac{q}{2m_e} B_0, \\ \omega_n &= \frac{q}{2M_\text{p}} g_\text{p} B_0. \end{aligned} \tag{12.74}$$

Da $M_\text{p} \gg m_e$, haben wir offensichtlich

$$|\omega_0| \gg |\omega_n|. \tag{12.75}$$

Bemerkung
Streng genommen enthält W_Z noch einen weiteren Term, der quadratisch in B_0 ist (der diamagnetische Term). Dieser Term wirkt nicht auf die Elektronen- und Kernspinvariablen und verschiebt lediglich das $1s$-Niveau als Ganzes, ohne das Zeeman-Diagramm, das wir später untersuchen werden, zu verändern. Außerdem ist er sehr viel kleiner als die Terme in Gl. (12.73). Eine detaillierte Untersuchung des diamagnetischen Terms haben wir bereits in Abschnitt 7.7 gegeben.

Die vom $1s$-Zustand „gespürte“ Störung

Im diesem Abschnitt untersuchen wir den Einfluss von W_Z auf den $1s$-Grundzustand des Wasserstoffatoms (der Fall des $2s$-Niveaus ist etwas komplizierter, da dieses Niveau auch ohne äußeres Magnetfeld sowohl eine Fein- als auch eine Hyperfeinstruktur besitzt, während das $n = 1$-Niveau nur eine Hyperfeinstruktur aufweist; das Prinzip der Rechnung bleibt jedoch für beide Fälle gleich). Selbst für die stärksten Magnetfelder, die in einem Labor erzeugt werden können, ist W_Z sehr viel kleiner als der Abstand zwischen dem $1s$-Niveau und den benachbarten Zuständen, so dass wir W_Z mit der Störungstheorie behandeln können.

Der Einfluss eines Magnetfelds auf ein atomares Energieniveau wird als *Zeeman-Effekt* bezeichnet. Trägt man B_0 auf der Abszisse und die Energien der verschiedenen erzeugten Unterniveaus auf der Ordinate auf, so erhält man ein *Zeeman-Diagramm*.

Bei ausreichend starkem B_0 kann der Zeeman-Hamilton-Operator W_Z von derselben Größe wie der Hyperfein-Hamilton-Operator W_{hf} oder sogar größer sein.[8] Andererseits gilt für sehr schwache B_0, dass $W_Z \ll W_{hf}$. Es lässt sich also keine allgemeine Aussage über die relative Größe von W_Z und W_{hf} treffen. Um die Energie der verschiedenen Unterniveaus zu berechnen, müssen wir $(W_Z + W_{hf})$ innerhalb des $n = 1$-Niveaus diagonalisieren.

Wie wir in Abschnitt 12.4.2 gesehen haben, kann die Einschränkung von W_{hf} auf das $1s$-Niveau in der Form $\mathcal{A}\boldsymbol{I} \cdot \boldsymbol{S}$ geschrieben werden. Dem Ausdruck (12.73) für W_Z entnehmen wir, dass wir auch Matrixelemente der Form

$$\langle n = 1; l = 0; m_L = 0, m'_S; m'_I \,|\, \omega_0(L_z + 2S_z) + \omega_n I_z \,|\, n = 1; l = 0; m_L = 0, m_S; m_I\rangle \qquad (12.76)$$

zu berechnen haben. Der Beitrag von $\omega_0 L_z$ verschwindet, weil l und m_L gleich null sind. Da der Operator $2\omega_0 S_z + \omega_n I_z$ nur auf die Spinvariablen wirkt, können wir für diesen Term den Bahnanteil des Matrixelements,

$$\langle n = 1; l = 0; m_L = 0 \,|\, n = 1; l = 0; m_L = 0\rangle = 1, \qquad (12.77)$$

und den Spinanteil getrennt betrachten.

Insgesamt müssen wir also, wobei wir die Quantenzahlen n, l, m_L nicht berücksichtigen, den Operator

$$\mathcal{A}\boldsymbol{I} \cdot \boldsymbol{S} + 2\omega_0 S_z + \omega_n I_z \qquad (12.78)$$

diagonalisieren, der nur auf die Spinfreiheitsgrade wirkt. Dazu können wir uns entweder in die $\{|m_S, m_I\rangle\}$- oder in die $\{|F, m_F\rangle\}$-Basis begeben.

Nach der Beziehung (12.75) ist der letzte Term von (12.78) viel kleiner als der zweite Term. Zur Vereinfachung der Überlegungen wollen wir im Folgenden den Term $\omega_n I_z$ vernachlässigen (es wäre allerdings auch möglich, ihn weiter einzubeziehen)[9]. Die vom $1s$-Niveau „gespürte" Störung können wir schließlich also schreiben als

$$\mathcal{A}\boldsymbol{I} \cdot \boldsymbol{S} + 2\omega_0 S_z. \qquad (12.79)$$

Verschiedene Feldstärkebereiche

Mit veränderlichem B_0 lässt sich die Stärke des Zeeman-Terms $2\omega_0 S_z$ kontinuierlich variieren. Wir wollen drei verschiedene Feldstärkebereiche unterscheiden, die durch das jeweilige Größenverhältnis des Hyperfeinstrukturterms und des Zeeman-Terms bestimmt sind:

(a) $\hbar\omega_0 \ll \mathcal{A}\hbar^2$: schwache Felder;
(b) $\hbar\omega_0 \gg \mathcal{A}\hbar^2$: starke Felder;
(c) $\hbar\omega_0 \approx \mathcal{A}\hbar^2$: mittelstarke Felder.

[8] Wir erinnern uns, dass W_f das gesamte $1s$-Niveau verschiebt; somit wird auch das Zeeman-Diagramm als Ganzes verschoben.

[9] Eben das wollen wir in Abschnitt 12.8 tun, wo wir wasserstoffartige Systeme (Myonium, Positronium) untersuchen, bei denen es nicht möglich ist, das magnetische Moment eines der beiden Teilchen zu vernachlässigen.

Wir werden später sehen, dass man den Operator (12.79) exakt diagonalisieren kann. Wir werden jedoch, weil damit die Störungstheorie in einem besonders einfachen Beispiel Anwendung findet, in den Fällen (a) und (b) leicht abweichende Methoden verwenden: Im Fall (a) betrachten wir $2\omega_0 S_z$ als eine Störung von $\mathcal{A}\boldsymbol{I}\cdot\boldsymbol{S}$, während wir im Fall (b) $\mathcal{A}\boldsymbol{I}\cdot\boldsymbol{S}$ als Störung von $2\omega_0 S_z$ ansehen. Anhand der exakten Diagonalisierung der beiden Operatoren, unumgänglich für den Fall (c), werden wir dann unsere Ergebnisse für die ersten beiden Fälle überprüfen können.

12.5.2 Zeeman-Effekt im schwachen Feld

Die Eigenzustände und Eigenwerte von $\mathcal{A}\boldsymbol{I}\cdot\boldsymbol{S}$ sind bereits bestimmt worden (Abschnitt 12.4.2). Wir erhalten zwei unterschiedliche Niveaus: das dreifach entartete Niveau $\{|F=1;m_F=-1,0,+1\rangle\}$ der Energie $\mathcal{A}\hbar^2/4$ und das nicht entartete Niveau $|F=0;m_F=0\rangle$ der Energie $-3\mathcal{A}\hbar^2/4$. Da wir $2\omega_0 S_z$ als Störung von $\mathcal{A}\boldsymbol{I}\cdot\boldsymbol{S}$ auffassen, müssen wir nun die beiden Matrizen, die $2\omega_0 S_z$ in den beiden Niveaus $F=1$ und $F=0$ darstellen, entsprechend den beiden verschiedenen Eigenwerten von $\mathcal{A}\boldsymbol{I}\cdot\boldsymbol{S}$ getrennt voneinander diagonalisieren.

Matrixdarstellung von S_z in der $\{|F,m_F\rangle\}$-Basis

Wir beginnen mit der Bestimmung der Matrix, die S_z in der $\{|F,m_F\rangle\}$-Basis darstellt (für das hiesige Problem reicht es aus, die beiden Untermatrizen in den Unterräumen zu $F=1$ bzw. $F=0$ zu bestimmen).

Mit Hilfe der Ergebnisse aus Abschnitt 10.2.4 (Gleichungen (10.43) und (10.44)) finden wir leicht

$$\begin{aligned}
S_z\,|F=1;m_F=1\rangle &= \frac{\hbar}{2}\,|F=1;m_F=1\rangle,\\
S_z\,|F=1;m_F=0\rangle &= \frac{\hbar}{2}\,|F=0;m_F=0\rangle,\\
S_z\,|F=1;m_F=-1\rangle &= -\frac{\hbar}{2}\,|F=1;m_F=-1\rangle,\\
S_z\,|F=0;m_F=0\rangle &= \frac{\hbar}{2}\,|F=1;m_F=0\rangle
\end{aligned} \tag{12.80}$$

und damit die folgende Matrix, die S_z in der $\{|F,m_F\rangle\}$-Basis darstellt (die Basisvektoren ordnen wir in der Reihenfolge $|1,1\rangle$, $|1,0\rangle$, $|1,-1\rangle$, $|0,0\rangle$ an):

$$(S_z)=\frac{\hbar}{2}\left(\begin{array}{ccc|c}
1 & 0 & 0 & 0\\
0 & 0 & 0 & 1\\
0 & 0 & -1 & 0\\
\hline
0 & 1 & 0 & 0
\end{array}\right). \tag{12.81}$$

Bemerkung
Es ist interessant, diese Matrix mit der zu vergleichen, die F_z in derselben Basis darstellt:

$$(F_z) = \hbar \left(\begin{array}{ccc|c} 1 & 0 & 0 & 0 \\ 0 & 0 & 0 & 0 \\ 0 & 0 & -1 & 0 \\ \hline 0 & 0 & 0 & 0 \end{array} \right). \tag{12.82}$$

Zunächst stellen wir fest, dass die Matrizen nicht proportional zueinander sind: Die Matrix (F_z) ist im Gegensatz zu (S_z) diagonal.

Betrachten wir jedoch die Einschränkungen der beiden Matrizen auf den $F = 1$-Unterraum (in Gl. (12.81) und Gl. (12.82) durch die Linien angedeutet), so sehen wir, dass diese proportional zueinander sind; wenn wir den Projektor auf den $F = 1$-Unterraum mit P_1 bezeichnen (s. Abschnitt 2.8), so gilt

$$P_1 \, S_z \, P_1 = \frac{1}{2} \, P_1 \, F_z \, P_1 . \tag{12.83}$$

Es ist leicht zu zeigen, dass dieselbe Beziehung auch zwischen S_x und F_x bzw. S_y und F_y gilt.

Wir haben somit einen Spezialfall des Wigner-Eckart-Theorems (Abschnitt 10.7) gefunden, das besagt, dass in einem gegebenen Eigenunterraum des Gesamtdrehimpulses alle Matrizen, die Vektoroperatoren darstellen, proportional zueinander sind. Aus dem hier vorliegenden Beispiel wird klar, dass diese Proportionalität nur für die Einschränkungen der Operatoren auf einen bestimmten Eigenunterraum des Gesamtdrehimpulses und nicht für die Operatoren selbst gilt.

Der Proportionalitätskoeffizient 1/2, der in Gl. (12.83) auftritt, ergibt sich sofort aus dem Projektionstheorem: Den Ergebnissen von Abschnitt 10.7.2 (Gl. (10.246)) zufolge ist dieser Koeffizient

$$\frac{\langle \boldsymbol{S} \cdot \boldsymbol{F} \rangle_{F=1}}{\langle \boldsymbol{F}^2 \rangle_{F=1}} = \frac{F(F+1) + S(S+1) - I(I+1)}{2F(F+1)} . \tag{12.84}$$

Da hier $S = I = 1/2$ gilt, finden wir tatsächlich den Faktor $1/2$.

Eigenzustände und Eigenwerte im schwachen Feld

Den vorstehenden Ergebnissen zufolge stellt die folgende Matrix den Operator $2\omega_0 S_z$ im $F = 1$-Niveau dar:

$$\begin{pmatrix} \hbar\omega_0 & 0 & 0 \\ 0 & 0 & 0 \\ 0 & 0 & -\hbar\omega_0 \end{pmatrix} . \tag{12.85}$$

Für $F = 0$ reduziert sich diese Matrix auf eine Zahl, nämlich null.

Da beide Matrizen diagonal sind, lassen sich die Eigenzustände (in nullter Ordnung in ω_0) und Eigenwerte (in erster Ordnung in ω_0) für ein schwaches Feld sofort angeben:

$$
\begin{array}{lcl}
\text{Eigenzustände} & & \text{Eigenwerte} \\
|F=1; m_F=1\rangle & \longleftrightarrow & \dfrac{\mathcal{A}\hbar^2}{4} + \hbar\omega_0, \\
|F=1; m_F=0\rangle & \longleftrightarrow & \dfrac{\mathcal{A}\hbar^2}{4} + 0, \\
|F=1; m_F=-1\rangle & \longleftrightarrow & \dfrac{\mathcal{A}\hbar^2}{4} - \hbar\omega_0, \\
|F=0; m_F=0\rangle & \longleftrightarrow & -3\dfrac{\mathcal{A}\hbar^2}{4} + 0.
\end{array}
\tag{12.86}
$$

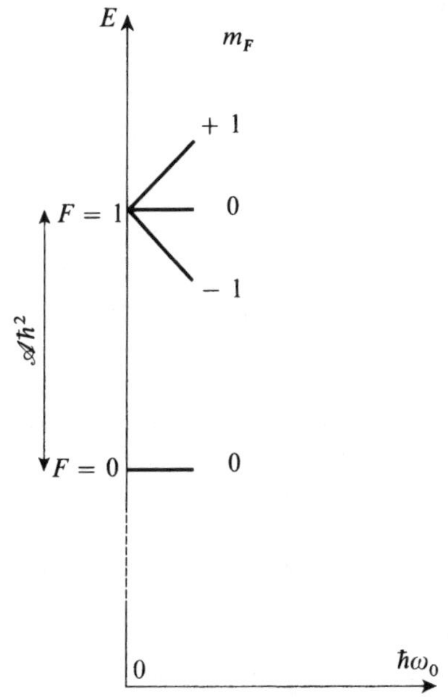

Abb. 12.5 Zeeman-Diagramm des $1s$-Grundzustands des Wasserstoffatoms für ein schwaches Feld. Das $F = 1$-Hyperfeinstrukturniveau wird in drei äquidistante Niveaus aufgespalten, die jeweils einem bestimmten Wert der Quantenzahl m_F entsprechen. Zur ersten Ordnung in ω_0 wird das $F = 0$-Niveau nicht verschoben.

In Abb. 12.5 wird $\hbar\omega_0$ auf der x-Achse und die Energien der vier Zeeman-Unterniveaus auf der y-Achse aufgetragen (Zeeman-Diagramm). Wenn das Feld null ist, gibt es nur die beiden Hyperfeinstrukturniveaus zu $F = 1$ und $F = 0$. Wird das Feld B_0 eingeschaltet, so tritt an dem nicht entarteten $|F = 0, m_F = 0\rangle$-Unterniveau zunächst keine Änderung auf, es verläuft horizontal; die dreifache Entartung des $F = 1$-Niveaus jedoch wird vollständig aufgehoben: Es ergeben sich drei äquidistante Unterniveaus, deren Abstand linear mit $\hbar\omega_0$ wächst und deren Steigung im Diagramm $+1$, 0 bzw. -1 beträgt.

Die vorstehenden Überlegungen bleiben gültig, solange der Abstand $\hbar\omega_0$ von zwei benachbarten Zeeman-Unterniveaus des $F = 1$-Niveaus viel kleiner bleibt als der Abstand zwischen dem $F = 1$- und dem $F = 0$-Niveau im verschwindenden Feld (die Hyperfeinstruktur).

Bemerkung

Mit dem Wigner-Eckart-Theorem lässt sich zeigen, dass für ein gegebenes Niveau F des Gesamtdrehimpulses der Zeeman-Hamilton-Operator $\omega_0(L_z + 2S_z)$ durch eine Matrix dargestellt wird, die proportional zu F_z ist. Es gilt also, wenn wir den Projektor auf das F-Niveau mit P_F bezeichnen,

$$P_F\,[\omega_0(L_z + 2S_z)]\,P_F = g_F\omega_0\,P_F\,F_z\,P_F; \tag{12.87}$$

g_F wird als *Landé-Faktor* des F-Zustands bezeichnet. In unserem Fall ist $g_{F=1} = 1$.

Erwartungswerte und Vergleich mit dem Vektormodell

In diesem Abschnitt wollen wir die verschiedenen Bohr-Frequenzen bestimmen, die in der Zeitentwicklung von $\langle \boldsymbol{F} \rangle$ und $\langle \boldsymbol{S} \rangle$ auftreten. Dabei werden wir sehen, dass sich diese Ergebnisse teilweise schon mit dem Vektormodell des Atoms ergaben (s. Abschnitt 10.9).

Zunächst wiederholen wir die Vorhersagen des Vektormodells des Atoms (die auftretenden Drehmomente werden dabei wie klassische Vektoren behandelt), soweit sie die Hyperfeinkopplung zwischen $\boldsymbol{I}$ und $\boldsymbol{S}$ betreffen. Für ein verschwindendes äußeres Feld ist $\boldsymbol{F} = \boldsymbol{I} + \boldsymbol{S}$ eine Konstante der Bewegung; $\boldsymbol{I}$ und $\boldsymbol{S}$ präzessieren mit einer Winkelgeschwindigkeit proportional zur Kopplungskonstanten $\mathcal{A}$ zwischen $\boldsymbol{I}$ und $\boldsymbol{S}$ um ihre Resultierende $\boldsymbol{F}$. Wird das System in ein schwaches statisches Magnetfeld $\boldsymbol{B}_0$ parallel zur z-Achse gebracht, so wird die schnelle Präzessionsbewegung von $\boldsymbol{I}$ und $\boldsymbol{S}$ um $\boldsymbol{F}$ von einer langsamen Präzessionsbewegung von $\boldsymbol{F}$ um die z-Richtung überlagert (Larmor-Präzession, s. Abb. 12.6). F_z ist somit eine Konstante der Bewegung, während S_z einen statischen Anteil (die Projektion der Komponente von $\boldsymbol{S}$ parallel zu $\boldsymbol{F}$ auf die z-Achse) und einen oszillierenden Anteil (die Projektion der Komponente von $\boldsymbol{S}$ senkrecht zu $\boldsymbol{F}$, die um $\boldsymbol{F}$ rotiert, auf die z-Achse) aufweist, der mit der Frequenz der Hyperfeinstruktur-Präzession moduliert ist.

Wir vergleichen nun diese halbklassischen Vorhersagen mit den oben in diesem Abschnitt gefundenen Ergebnissen der Quantentheorie. Dazu müssen wir die Zeitentwicklung der Erwartungswerte $\langle F_z \rangle$ und $\langle S_z \rangle$ betrachten: Den Ergebnissen in Abschnitt 3.4.2 zufolge enthält der Erwartungswert $\langle G \rangle(t)$ einer physikalischen Größe G eine Reihe von Komponenten, die mit den verschiedenen Bohr-Frequenzen $(E - E')/h$ des Systems oszillieren. Außerdem tritt eine bestimmte Bohr-Frequenz nur dann in $\langle G \rangle(t)$ auf, wenn das Matrixelement von G zwischen den zu den beiden Energien gehörenden Zuständen von null verschieden ist. In dem hier vorliegenden Problem werden die Eigenzustände des Hamilton-Operators des schwachen Felds durch die Zustände $|F, m_F\rangle$ gegeben. Wir betrachten nun die beiden Matrizen (12.81) und (12.82), die S_z und F_z in dieser Basis darstellen: Da F_z nur Diagonalmatrixelemente hat, kann keine von null verschiedene Bohr-Frequenz in $\langle F_z \rangle(t)$ auftreten; $\langle F_z \rangle$ ist somit konstant. Die Matrix von S_z hingegen hat nicht nur Diagonalelemente (zu denen eine statische Komponente von $\langle S_z \rangle$ gehört),

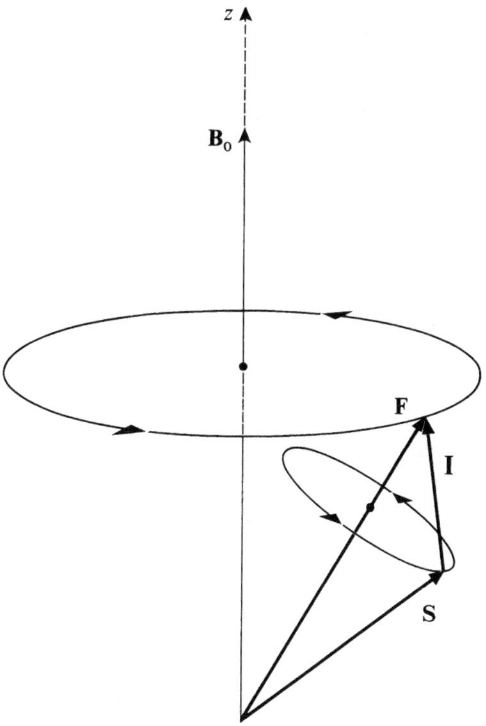

Abb. 12.6 Die Bewegung von $\boldsymbol{S}$, $\boldsymbol{I}$ und $\boldsymbol{F}$ im Vektormodell des Atoms. $\boldsymbol{S}$ und $\boldsymbol{I}$ präzessieren unter dem Einfluss der Hyperfeinkopplung schnell um $\boldsymbol{F}$. In einem schwachen Feld präzessiert $\boldsymbol{F}$ zusätzlich langsam um $\boldsymbol{B}_0$ (Larmor-Präzession).

sondern auch ein Nichtdiagonalelement zwischen den Zuständen $|F = 1, m_F = 0\rangle$ und $|F = 0, m_F = 0\rangle$, deren Energiedifferenz nach den Beziehungen (12.86) (oder Abb. 12.5) gleich $\mathcal{A}\hbar^2$ ist. Folglich hat $\langle S_z \rangle$ zusätzlich zu seiner statischen Komponente auch eine mit der Kreisfrequenz $\mathcal{A}\hbar$ modulierte Komponente. Dieses Ergebnis stimmt mit den Vorhersagen des Vektormodells überein.[10]

Bemerkung
Es lässt sich eine Verbindung zwischen der Störungstheorie und dem Vektormodell des Atoms herstellen: Den Einfluss eines schwachen Felds B_0 auf das $F = 1$- und $F = 0$-Niveau kann man erhalten, indem man im Zeeman-Hamilton-Operator $2\omega_0 S_z$ nur die Matrixelemente in den $F = 1$- und $F = 0$-Niveaus beachtet, während man die Matrixelemente von S_z zwischen $|F = 1, m_F = 0\rangle$ und $|F = 0, m_F = 0\rangle$ „vergisst". Bei einem solchen Vorgehen „vergisst" man auch die oszillie-

[10] Eine ähnliche Analogie könnte auch zwischen den Zeitentwicklungen von $\langle F_x \rangle$, $\langle S_x \rangle$, $\langle F_y \rangle$, $\langle S_y \rangle$ und denen der Projektionen der Vektoren $\boldsymbol{F}$ und $\boldsymbol{S}$ von Abb. 12.6 auf die x- und y-Richtung gefunden werden. Die Bewegung von $\langle \boldsymbol{F} \rangle$ und $\langle \boldsymbol{S} \rangle$ stimmt jedoch nicht vollständig mit der der klassischen Drehimpulse überein. Insbesondere ist der Betrag von $\langle \boldsymbol{S} \rangle$ nicht notwendig konstant (in der Quantenmechanik ist im Allgemeinen $\langle \boldsymbol{S}^2 \rangle \neq \langle \boldsymbol{S} \rangle^2$); s. die Diskussion in Abschnitt 10.9.

rende Komponente von $\langle S_z \rangle$, die proportional zu diesem Matrixelement ist. Wir betrachten also nur die Komponente von $\langle \boldsymbol{S} \rangle$ parallel zu $\langle \boldsymbol{F} \rangle$. Genau das aber geschieht im Vektormodell des Atoms, wenn wir die Wechselwirkungsenergie mit dem Feld $\boldsymbol{B}_0$ berechnen wollen. In einem schwachen Feld präzessiert $\boldsymbol{F}$ sehr viel langsamer um $\boldsymbol{B}_0$ als $\boldsymbol{S}$ um $\boldsymbol{F}$. Die Wechselwirkung von $\boldsymbol{B}_0$ mit der Komponente von $\boldsymbol{S}$ senkrecht auf $\boldsymbol{F}$ wirkt sich daher im Mittel nicht aus; nur die Projektion von $\boldsymbol{S}$ auf $\boldsymbol{F}$ ist von Bedeutung. Auf diese Weise wird z. B. der Landé-Faktor berechnet.

12.5.3 Zeeman-Effekt im starken Feld

Eigenzustände und Eigenwerte des Zeeman-Terms

Dieser Term ist in der $\{|m_S, m_I\rangle\}$-Basis diagonal:

$$2\omega_0 \, S_z \, |m_S, m_I\rangle = 2m_S \, \hbar\omega_0 \, |m_S, m_I\rangle. \tag{12.88}$$

Da $m_S = \pm 1/2$ ist, sind die Eigenwerte gleich $\pm\hbar\omega_0$. Jeder Eigenwert ist also wegen der beiden möglichen Werte für m_I zweifach entartet. Es gilt

$$\begin{aligned} 2\omega_0 \, S_z \, |+, \pm\rangle &= +\hbar\omega_0 \, |+, \pm\rangle, \\ 2\omega_0 \, S_z \, |-, \pm\rangle &= -\hbar\omega_0 \, |-, \pm\rangle \end{aligned} \tag{12.89}$$

(zur Vereinfachung der Bezeichnung schreiben wir oft $|\varepsilon_S, \varepsilon_I\rangle$ statt $|m_S, m_I\rangle$, wobei ε_S und ε_I entweder $+$ oder $-$ sind, je nach den Vorzeichen von m_S und m_I).

Störungstheoretische Behandlung des Hyperfeinstrukturterms

Die Korrektur in erster Ordnung von $\mathcal{A}$ lässt sich berechnen, indem man die Einschränkungen des Operators $\mathcal{A} \, \boldsymbol{I} \cdot \boldsymbol{S}$ auf die beiden Unterräume $\{|+, \pm\rangle\}$ und $\{|-, \pm\rangle\}$, die zu den beiden Eigenwerten von $2\omega_0 S_z$ gehören, diagonalisiert.

Zunächst stellen wir fest, dass in beiden Unterräumen die zwei Basisvektoren $|+, +\rangle$ und $|+, -\rangle$ (oder $|-, +\rangle$ und $|-, -\rangle$) Eigenvektoren von F_z sind, jedoch nicht zum selben Wert von $m_F = m_S + m_I$ gehören. Da der Operator $\mathcal{A} \, \boldsymbol{I} \cdot \boldsymbol{S} = \mathcal{A}(\boldsymbol{F}^2 - \boldsymbol{I}^2 - \boldsymbol{S}^2)/2$ mit F_z vertauscht, besitzt er keine Matrixelemente zwischen den beiden Zuständen $|+, +\rangle$ und $|+, -\rangle$ bzw. $|-, +\rangle$ und $|-, -\rangle$. Die beiden Matrizen, die $\mathcal{A}\boldsymbol{I} \cdot \boldsymbol{S}$ in den Unterräumen $\{|+, \pm\rangle\}$ und $\{|-, \pm\rangle\}$ darstellen, sind dann diagonal, und ihre Eigenwerte sind die Diagonalelemente

$$\langle m_S, m_I \, | \, \mathcal{A}\boldsymbol{I} \cdot \boldsymbol{S} \, | \, m_S, m_I\rangle, \tag{12.90}$$

die mit Hilfe der Relation

$$\boldsymbol{I} \cdot \boldsymbol{S} = I_z S_z + \frac{1}{2}(I_+ S_- + I_- S_+) \tag{12.91}$$

auch in der folgenden Form geschrieben werden können:

$$\langle m_S, m_I \, | \, \mathcal{A}\boldsymbol{I} \cdot \boldsymbol{S} \, | \, m_S, m_I\rangle = \langle m_S, m_I \, | \, \mathcal{A} I_z S_z \, | \, m_S, m_I\rangle = \mathcal{A}\hbar^2 \, m_S m_I. \tag{12.92}$$

Die Eigenzustände (in nullter Ordnung von $\mathcal{A}$) und Eigenwerte (in erster Ordnung von $\mathcal{A}$) in einem starken Feld lauten dann

$$\begin{array}{lcl} \text{Eigenzustände} & & \text{Eigenwerte} \\ |+,+\rangle & \longleftrightarrow & \hbar\omega_0 + \dfrac{\mathcal{A}\hbar^2}{4}, \\ |+,-\rangle & \longleftrightarrow & \hbar\omega_0 - \dfrac{\mathcal{A}\hbar^2}{4}, \\ |-,+\rangle & \longleftrightarrow & -\hbar\omega_0 - \dfrac{\mathcal{A}\hbar^2}{4}, \\ |-,-\rangle & \longleftrightarrow & -\hbar\omega_0 + \dfrac{\mathcal{A}\hbar^2}{4}. \end{array} \tag{12.93}$$

Die durchgezogenen Geraden auf der rechten Seite (für $\hbar\omega_0 \gg \mathcal{A}\hbar^2$) von Abb. 12.7 stellen die Energieniveaus im starken Feld dar: Wir erhalten zwei parallele Geraden mit der Steigung $+1$ und einem Energieabstand $\mathcal{A}\hbar^2/2$ und zwei parallele Geraden mit der Steigung -1 und dem gleichen Abstand $\mathcal{A}\hbar^2/2$. Die störungstheoretischen Zugänge dieses und des vorhergehenden Abschnitts liefern also den asymptotischen Verlauf für ein starkes Feld und den Ausgangspunkt der Energieniveaus (Tangenten im Ursprung).

Bemerkung

Die Aufspaltung $\mathcal{A}\hbar^2/2$ der beiden Zustände $|+,+\rangle$ und $|+,-\rangle$ bzw. $|-,+\rangle$ und $|-,-\rangle$ im starken Feld kann in folgender Weise interpretiert werden: Wir sahen, dass in einem starken Feld nur der Term $I_z S_z$ in Gl. (12.91) für $\boldsymbol{I}\cdot\boldsymbol{S}$ einen Beitrag liefert, wenn also die Hyperfeinstrukturkopplung als Störung des Zeeman-Terms aufgefasst wird. Der Gesamt-Hamilton-Operator kann dann mit (12.79)

$$2\omega_0 S_z + \mathcal{A} I_z S_z = 2\,(\omega_0 + \mathcal{A}\, I_z/2)\, S_z \tag{12.94}$$

geschrieben werden. Das bedeutet, dass der Elektronenspin zusätzlich zum äußeren Feld $\boldsymbol{B}_0$ noch ein schwächeres „inneres Feld" „spürt", das aus der Hyperfeinstrukturkopplung zwischen $\boldsymbol{I}$ und $\boldsymbol{S}$ resultiert und zwei mögliche Werte hat, je nachdem ob der Kernspin nach oben oder nach unten zeigt. Dieses Feld wird zu $\boldsymbol{B}_0$ addiert oder davon subtrahiert und ist für die Energiedifferenz zwischen $|+,+\rangle$ und $|+,-\rangle$ bzw. zwischen $|-,+\rangle$ und $|-,-\rangle$ verantwortlich.

Bohr-Frequenzen in der Entwicklung von $\langle S_z\rangle$

In einem starken Feld ist die Zeeman-Kopplung von $\boldsymbol{S}$ mit $\boldsymbol{B}_0$ wichtiger als die Hyperfeinstrukturkopplung von $\boldsymbol{S}$ mit $\boldsymbol{I}$. Vernachlässigen wir zunächst die Hyperfeinstrukturkopplung, so präzessiert nach dem Vektormodell des Atoms $\boldsymbol{S}$ (sehr schnell, da $|\boldsymbol{B}_0|$ groß ist) um $\boldsymbol{B}_0$, d. h. um die z-Richtung ($\boldsymbol{I}$ bleibt konstant, da wir ω_n als vernachlässigbar angenommen haben).

Der Ausdruck (12.91) für die Hyperfeinstrukturkopplung bleibt für klassische Vektoren gültig. Wegen der sehr raschen Präzession von $\boldsymbol{S}$ oszillieren auch S_+ und S_- sehr schnell und erzielen im Mittel keinen Effekt, so dass nur der Term $I_z S_z$ von Bedeutung ist. Die Wirkung der Hyperfeinstrukturkopplung besteht somit im Hinzufügen eines schwachen Felds in z-Richtung proportional zu I_z (s. die Bemerkung des vorherigen Abschnitts), das die Präzession von $\boldsymbol{S}$ um die z-Richtung beschleunigt oder verlangsamt,

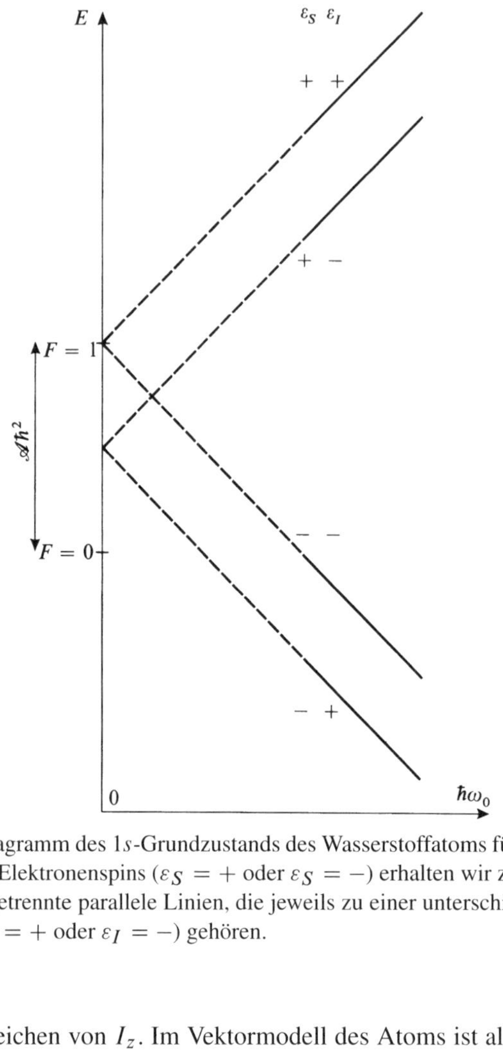

Abb. 12.7 Zeeman-Diagramm des 1s-Grundzustands des Wasserstoffatoms für ein starkes Feld. Für jede Orientierung des Elektronenspins ($\varepsilon_S = +$ oder $\varepsilon_S = -$) erhalten wir zwei durch die Energie $\mathcal{A}\hbar^2/2$ voneinander getrennte parallele Linien, die jeweils zu einer unterschiedlichen Orientierung des Protonenspins ($\varepsilon_I = +$ oder $\varepsilon_I = -$) gehören.

abhängig vom Vorzeichen von I_z. Im Vektormodell des Atoms ist also S_z in einem starken Feld konstant.

Wir werden zeigen, dass die Quantentheorie für den Erwartungswert $\langle S_z \rangle$ der Observablen S_z ein analoges Ergebnis liefert. In einem starken Feld werden die Zustände wohldefinierter Energie durch die Zustände $|m_S, m_I\rangle$ gegeben. In dieser Basis aber hat der Operator S_z nur Diagonalmatrixelemente. Somit kann in $\langle S_z \rangle$ keine von null verschiedene Bohr-Frequenz auftreten; im Gegensatz zum schwachen Feld ist der Erwartungswert also zeitlich konstant (s. Abschnitt 12.5.2).[11]

[11]Die Untersuchung von $\langle S_x \rangle$ und $\langle S_y \rangle$ stellt keine Schwierigkeit dar. Es ergeben sich zwei Bohr-Frequenzen: die eine, $\omega_0 + \mathcal{A}\hbar/2$, etwas größer als ω_0 und die andere, $\omega_0 - \mathcal{A}\hbar/2$, etwas kleiner. Sie entsprechen den beiden möglichen Orientierungen des von I_z erzeugten „inneren Felds", das zum äußeren Feld $\boldsymbol{B}_0$ hinzukommt. Analog ergibt sich, dass $\boldsymbol{I}$ um das von S_z erzeugte „innere Feld" präzessiert.

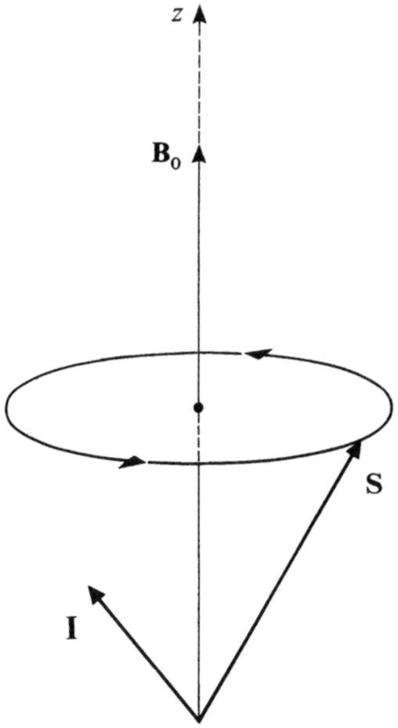

Abb. 12.8 Die Bewegung von $\boldsymbol{S}$ im Vektormodell des Atoms. In einem starken Feld präzessiert $\boldsymbol{S}$ schnell um $\boldsymbol{B}_0$ (wir vernachlässigen hier sowohl die Zeeman-Kopplung zwischen $\boldsymbol{I}$ und $\boldsymbol{B}_0$ als auch die Hyperfeinstrukturkopplung zwischen $\boldsymbol{I}$ und $\boldsymbol{S}$, so dass $\boldsymbol{I}$ konstant bleibt).

12.5.4 Zeeman-Effekt für mittelstarke Felder

Matrix der Gesamtstörung in der $\{|F, m_F\rangle\}$-Basis

Die Zustände $|F, m_F\rangle$ sind Eigenzustände des Operators $\mathcal{A}\boldsymbol{I} \cdot \boldsymbol{S}$. Die Matrix, die diesen Operator in der $\{|F, m_F\rangle\}$-Basis darstellt, ist daher diagonal. Die Diagonalelemente zu $F = 1$ sind gleich $\mathcal{A}\hbar^2/4$ und die zu $F = 0$ gleich $-3\mathcal{A}\hbar^2/4$. Außerdem haben wir mit Gl. (12.81) bereits die Matrixdarstellung von S_z in derselben Basis angegeben und können nun sehr leicht die Matrix, die die Gesamtstörung (12.79) darstellt, angeben: Indem wir die Basisvektoren in der Reihenfolge $|1, 1\rangle$, $|1, -1\rangle$, $|1, 0\rangle$, $|0, 0\rangle$ anordnen, erhalten wir

$$\begin{pmatrix} \hbar\omega_0 + \mathcal{A}\hbar^2/4 & 0 & 0 & 0 \\ 0 & -\hbar\omega_0 + \mathcal{A}\hbar^2/4 & 0 & 0 \\ 0 & 0 & \mathcal{A}\hbar^2/4 & \hbar\omega_0 \\ 0 & 0 & \hbar\omega_0 & -3\mathcal{A}\hbar^2/4 \end{pmatrix}. \tag{12.95}$$

Bemerkung

Die Operatoren S_z und F_z vertauschen; $2\omega_0 S_z$ kann daher nur zwischen Zuständen mit demselben Wert von m_F nichtverschwindende Matrixelemente haben. Wir hätten also alle Nullen der Matrix (12.95) vorhersehen können.

Energiewerte im beliebigen Feld

Die Matrix (12.95) kann in zwei 1×1- und eine 2×2-Matrix aufgespalten werden. Die beiden 1×1-Matrizen ergeben unmittelbar zwei Eigenwerte:

$$\begin{aligned} E_1 &= \hbar\omega_0 + \mathcal{A}\hbar^2/4, \\ E_2 &= -\hbar\omega_0 + \mathcal{A}\hbar^2/4; \end{aligned} \tag{12.96}$$

sie gehören zum Zustand $|1, 1\rangle$ (das ist $|+, +\rangle$) bzw. zum Zustand $|1, -1\rangle$ (das ist $|-, -\rangle$). Die beiden Geraden in Abb. 12.9 mit den Steigungen $+1$ und -1, die den Punkt mit der Ordinate $+\mathcal{A}\hbar^2/4$ für verschwindendes Feld (für das die störungstheoretische Behandlung nur das anfängliche und das asymptotische Verhalten ergab) passieren, stellen also für beliebiges B_0 zwei Zeeman-Unterniveaus dar.

Die Eigenwertgleichung der verbleibenden 2×2-Matrix lautet

$$\left(\frac{\mathcal{A}\hbar^2}{4} - E\right)\left(-\frac{3\mathcal{A}\hbar^2}{4} - E\right) - \hbar^2\omega_0^2 = 0, \tag{12.97}$$

und ihre beiden Wurzeln lassen sich leicht bestimmen:

$$\begin{aligned} E_3 &= -\frac{\mathcal{A}\hbar^2}{4} + \sqrt{\left(\frac{\mathcal{A}\hbar^2}{2}\right)^2 + \hbar^2\omega_0^2}, \\ E_4 &= -\frac{\mathcal{A}\hbar^2}{4} - \sqrt{\left(\frac{\mathcal{A}\hbar^2}{2}\right)^2 + \hbar^2\omega_0^2}. \end{aligned} \tag{12.98}$$

Ändert sich $\hbar\omega_0$, so folgen die beiden Punkte mit der Abszisse $\hbar\omega_0$ und den Ordinaten E_3 bzw. E_4 den beiden Ästen einer Hyperbel (Abb. 12.9). Die Asymptoten dieser Hyperbel werden durch die beiden Geraden

$$E = \pm\hbar\omega_0 - \mathcal{A}\hbar^2/4$$

gegeben, die wir bereits in Abschnitt 12.5.3 fanden. Die beiden Scheitelpunkte der Hyperbel liegen bei $\omega_0 = 0$ mit den Ordinaten $\pm(\mathcal{A}\hbar^2/2) - \mathcal{A}\hbar^2/4$, d. h. bei $\mathcal{A}\hbar^2/4$ und $-3\mathcal{A}\hbar^2/4$. Die Tangenten sind in diesen beiden Punkten horizontal. Das stimmt mit den Ergebnissen von Abschnitt 12.5.2 für die Zustände $|F = 1, m_F = 0\rangle$ und $|F = 0, m_F = 0\rangle$ überein.

Die vorstehenden Ergebnisse sind in Abb. 12.9 zusammengefasst, die das Zeeman-Diagramm des $1s$-Grundzustands darstellt.

Teilweise Hyperfeinstrukturentkopplung

Die Energieeigenzustände sind in einem schwachen Feld die Zustände $|F, m_F\rangle$, in einem starken Feld die Zustände $|m_S, m_I\rangle$; in einem mittelstarken Feld sind es die Eigenzustände der Matrix (12.95), die Zwischenzustände von $|F, m_F\rangle$ und $|m_S, m_I\rangle$ darstellen.

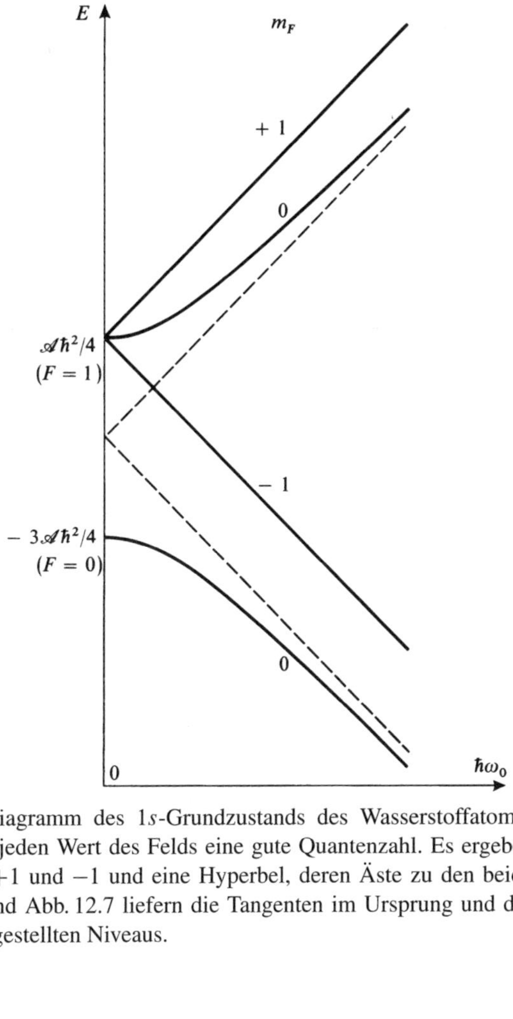

Abb. 12.9 Zeeman-Diagramm des $1s$-Grundzustands des Wasserstoffatoms (für ein beliebiges Feld): m_F bleibt für jeden Wert des Felds eine gute Quantenzahl. Es ergeben sich zwei Geraden mit den Steigungen $+1$ und -1 und eine Hyperbel, deren Äste zu den beiden $m_F = 0$-Niveaus gehören. Abb. 12.5 und Abb. 12.7 liefern die Tangenten im Ursprung und die Asymptoten der in dieser Abbildung dargestellten Niveaus.

Man gelangt also kontinuierlich von einer starken Kopplung zwischen $\boldsymbol{I}$ und $\boldsymbol{S}$ (gekoppelte Basen) zu einer vollständigen Entkopplung (entkoppelte Basen) über den Zwischenbereich einer teilweisen Kopplung.

Bemerkung
Ein analoges Phänomen gibt es auch für den Zeeman-Effekt bei der Feinstruktur. Wenn wir der Einfachheit halber W_{hf} vernachlässigen, so wissen wir (Abschnitt 12.3), dass im verschwindenden äußeren Feld die Zustände $|J, m_J\rangle$ die Eigenzustände des Hamilton-Operators entsprechend einer starken Kopplung zwischen $\boldsymbol{L}$ und $\boldsymbol{S}$ (Spin-Bahn-Kopplung) sind. Diese Eigenschaft bleibt erhalten, solange $W_Z \ll W_f$ gilt. Ist allerdings B_0 stark genug, um den umgekehrten Fall $W_Z \gg W_f$ zu erzeugen, so sind die Zustände $|m_L, m_S\rangle$ die Eigenzustände von H entsprechend einer vollständigen Entkopplung von $\boldsymbol{L}$ und $\boldsymbol{S}$. Der Zwischenbereich ($W_Z \approx W_f$) entspricht einer teilweisen Kopplung von $\boldsymbol{L}$ und $\boldsymbol{S}$. Siehe dazu z. B. Abschnitt 12.9, wo der Zeeman-Effekt beim $2p$-Niveau untersucht wird (unter Vernachlässigung von W_{hf}).

Ergänzungen zu Kapitel 12

In Abschnitt 12.6 stellen wir den Hyperfeinstruktur-Hamilton-Operator auf. Die einzelnen Terme und insbesondere der Kontaktterm werden physikalisch interpretiert. (*Verhältnismäßig schwierig*)

In Abschnitt 12.7 werden einige der in diesem Kapitel im Zusammenhang mit den Energieverschiebungen auftretenden Radialintegrale im Detail berechnet. (*Ohne grundsätzliche Schwierigkeiten*)

Der Abschnitt 12.8 wendet die Überlegungen aus den Abschnitten 12.4 und 12.5 auf zwei wichtige wasserstoffartige Systeme, das Myonium und das Positronium, an, die wir bereits in Abschnitt 7.4 betrachtet haben. Auf experimentelle Methoden zur Untersuchung dieser Systeme wird kurz eingegangen. (*Einfach*)

In Abschnitt 12.9 untersuchen wir den Einfluss des Elektronenspins auf Frequenz und Polarisation der Zeeman-Komponenten in der Resonanzlinie des Wasserstoffs. Die in Abschnitt 7.7 ohne Berücksichtigung des Spins erhaltenen Ergebnisse werden präzisiert. (*Von mittlerer Schwierigkeit*)

In Abschnitt 12.10 untersuchen wir den Einfluss eines statischen Magnetfelds auf den Grundzustand ($n = 1$) und den ersten angeregten Zustand ($n = 2$) des Wasserstoffatoms (Stark-Effekt). (*Verhältnismäßig leicht*)

12.6 Der Hyperfeinstruktur-Hamilton-Operator

In diesem Abschnitt rechtfertigen wir den Ausdruck für den Hyperfeinstruktur-Hamilton-Operator, den wir in Abschnitt 12.2.2 (Gl. (12.25)) lediglich angegeben haben. Auch hier beschränken wir uns auf das Wasserstoffatom, obwohl fast alle Ergebnisse auch für beliebige Atome gültig bleiben. Wir haben bereits darauf hingewiesen, dass der Hyperfeinstruktur-Hamilton-Operator die Kopplung des Elektrons mit dem vom Proton erzeugten elektromagnetischen Feld berücksichtigt. Dieses können wir durch das skalare Potential $U_I(\boldsymbol{r})$ und das Vektorpotential $\boldsymbol{A}_I(\boldsymbol{r})$ beschreiben, und wir beginnen mit der Untersuchung des zugehörigen Hamilton-Operators.

12.6.1 Das Elektron im Feld des Protons

Ort und Impuls des Elektrons bezeichnen wir mit $\boldsymbol{R}$ bzw. $\boldsymbol{P}$, seinen Spin mit $\boldsymbol{S}$, seine Masse mit m_e, seine Ladung mit q; $\mu_\text{B} = q\hbar/2m_e$ ist das Bohr-Magneton. Dann lautet der Hamilton-Operator H des Elektrons im Feld des Protons

$$H = \frac{1}{2m_e}\left[\boldsymbol{P} - q\boldsymbol{A}_I(\boldsymbol{R})\right]^2 + qU_I(\boldsymbol{R}) - \frac{2\mu_\text{B}}{\hbar}\boldsymbol{S}\cdot(\nabla\times\boldsymbol{A}_I(\boldsymbol{R}))\,. \tag{12.99}$$

Dieser Operator ergibt sich, wenn wir zum Hamilton-Operator eines spinlosen Teilchens (s. Abschnitt 3.2.5, Gl. (3.53)) die Kopplungsenergie des aus dem Spin resultierenden magnetischen Moments $2\mu_B \boldsymbol{S}/\hbar$ im Magnetfeld $\nabla \times \boldsymbol{A}_I(\boldsymbol{r})$ addieren.

Zunächst wenden wir uns den Termen von Gl. (12.99) zu, die mit dem Skalarpotential $U_I(\boldsymbol{r})$ zusammenhängen. Nach Abschnitt 10.8 ergibt sich dieses Potential aus der Überlagerung mehrerer Beiträge, die jeweils mit einem der elektrischen Multipolmomente des Kerns zusammenhängen. Für einen beliebigen Atomkern müssen wir betrachten:

1. Die Gesamtladung $-Zq$ des Kerns (das Moment der Ordnung $k = 0$), die eine potentielle Energie

$$V_0(\boldsymbol{r}) = qU_0(\boldsymbol{r}) = -\frac{Zq^2}{4\pi\varepsilon_0 r} \tag{12.100}$$

(für das Proton ist $Z = 1$) ergibt. Der Hamilton-Operator, den wir in Kapitel 7 für die Untersuchung des Wasserstoffatoms verwendet haben, ist aber gerade

$$H_0 = \frac{\boldsymbol{P}^2}{2m_e} + V_0(\boldsymbol{R}), \tag{12.101}$$

so dass $V_0(\boldsymbol{R})$ im anfänglichen Hamilton-Operator H_0 bereits enthalten ist.

2. Das elektrische Quadrupolmoment ($k = 2$) des Kerns. Das entsprechende Potential wird zu V_0 addiert und führt auf einen Term des Hyperfeinstruktur-Hamilton-Operators, den elektrischen Quadrupolterm. Mit Hilfe von Abschnitt 10.8 lässt sich dieser Term ohne Schwierigkeiten angeben. Für das Wasserstoffatom ist er gleich null, da das Proton als Spin-$1/2$-Teilchen kein elektrisches Quadrupolmoment besitzt (s. Abschnitt 10.8.2).

3. Die elektrischen Multipolmomente der Ordnungen $k = 4, 6, \ldots$, die theoretisch für $k \leq 2I$ einen Beitrag liefern. Für das Proton verschwinden sie alle.

Für das Wasserstoffatom gibt der Ausdruck (12.100) daher das Potential vollständig wieder.[12] Es sind keine weiteren Korrekturen notwendig (mit Wasserstoffatom meinen wir hier das Elektron-Proton-System, während Isotope wie etwa Deuterium ausgeschlossen sind: Da der Deuteriumkern den Spin $I = 1$ besitzt, müssten wir bei ihm einen elektrischen Quadrupol-Hyperfeinstrukturterm hinzunehmen, s. Bemerkung 1 am Ende dieses Abschnitts).

Wir betrachten nun die Terme unter Beteiligung des Vektorpotentials $\boldsymbol{A}_I(\boldsymbol{r})$ in Gl. (12.99): Das magnetische Moment des Protons sei $\boldsymbol{M}_I$ (das Proton kann aus demselben Grund wie oben keine magnetischen Multipolmomente einer Ordnung $k > 1$ besitzen). Es ist

$$\boldsymbol{A}_I(\boldsymbol{r}) = \frac{\mu_0}{4\pi}\frac{\boldsymbol{M}_I \times \boldsymbol{r}}{r^3}. \tag{12.102}$$

[12] Wir betrachten hier nur das Potential außerhalb des Kerns, wo eine Multipolentwicklung möglich ist. Innerhalb des Kerns hat das Potential nicht die Form (12.100). Dadurch wird eine Verschiebung der atomaren Niveaus erzeugt; dies ist der sogenannte *Volumeneffekt*. Er wurde in Abschnitt 11.7 behandelt und wird hier nicht mehr berücksichtigt.

Der Hyperfeinstruktur-Hamilton-Operator ist dann, wenn wir in Gl. (12.99) nur die linearen Terme in $\boldsymbol{A}_I$ berücksichtigen,

$$W_{\mathrm{hf}} = -\frac{q}{2m_e}\left[\boldsymbol{P}\cdot\boldsymbol{A}_I(\boldsymbol{R}) + \boldsymbol{A}_I(\boldsymbol{R})\cdot\boldsymbol{P}\right] - \frac{2\mu_{\mathrm{B}}}{\hbar}\boldsymbol{S}\cdot(\nabla\times\boldsymbol{A}_I(\boldsymbol{R})) \tag{12.103}$$

(da bereits W_{hf} nur eine sehr kleine Korrektur der Energieniveaus von H_0 ergibt, ist eine Vernachlässigung des Terms zweiter Ordnung in $\boldsymbol{A}_I$ sicher erlaubt).

12.6.2 Genaue Form des Hyperfeinstruktur-Hamilton-Operators

Kopplung des magnetischen Moments des Protons mit dem Bahndrehimpuls des Elektrons

Zunächst bestimmen wir den ersten Term von Gl. (12.103): Mit Gl. (12.102) finden wir

$$\boldsymbol{P}\cdot\boldsymbol{A}_I(\boldsymbol{R}) + \boldsymbol{A}_I(\boldsymbol{R})\cdot\boldsymbol{P} = \frac{\mu_0}{4\pi}\left\{\boldsymbol{P}\cdot(\boldsymbol{M}_I\times\boldsymbol{R})\frac{1}{R^3} + \frac{1}{R^3}(\boldsymbol{M}_I\times\boldsymbol{R})\cdot\boldsymbol{P}\right\}. \tag{12.104}$$

Wir können die Regel für ein gemischtes Vektorprodukt auf Operatoren anwenden, solange wir nicht die Reihenfolge zweier nichtkommutierender Operatoren ändern. Die Komponenten von $\boldsymbol{M}_I$ vertauschen mit $\boldsymbol{R}$ und $\boldsymbol{P}$, so dass gilt

$$(\boldsymbol{M}_I\times\boldsymbol{R})\cdot\boldsymbol{P} = (\boldsymbol{R}\times\boldsymbol{P})\cdot\boldsymbol{M}_I = \boldsymbol{L}\cdot\boldsymbol{M}_I, \tag{12.105}$$

worin

$$\boldsymbol{L} = \boldsymbol{R}\times\boldsymbol{P} \tag{12.106}$$

der Bahndrehimpuls des Elektrons ist. Man kann zeigen, dass

$$\left[\boldsymbol{L}, \frac{1}{R^3}\right] = 0 \tag{12.107}$$

gilt (eine beliebige Funktion von $|\boldsymbol{R}|$ ist ein skalarer Operator); damit ergibt sich

$$\frac{1}{R^3}(\boldsymbol{M}_I\times\boldsymbol{R})\cdot\boldsymbol{P} = \frac{\boldsymbol{L}\cdot\boldsymbol{M}_I}{R^3}. \tag{12.108}$$

Entsprechend finden wir

$$\boldsymbol{P}\cdot(\boldsymbol{M}_I\times\boldsymbol{R})\frac{1}{R^3} = -\boldsymbol{M}_I\cdot(\boldsymbol{P}\times\boldsymbol{R})\frac{1}{R^3} = \frac{\boldsymbol{M}_I\cdot\boldsymbol{L}}{R^3}, \tag{12.109}$$

da

$$-\boldsymbol{P}\times\boldsymbol{R} = \boldsymbol{L}. \tag{12.110}$$

Zu W_{hf} liefert also der erste Term von Gl. (12.103) den Beitrag

$$W_{\mathrm{hf}}^L = -\frac{\mu_0}{4\pi}\frac{q}{2m_e}2\frac{\boldsymbol{M}_I\cdot\boldsymbol{L}}{R^3} = -\frac{\mu_0}{4\pi}2\mu_{\mathrm{B}}\frac{\boldsymbol{M}_I\cdot(\boldsymbol{L}/\hbar)}{R^3}. \tag{12.111}$$

Physikalisch beschreibt er die Kopplung zwischen dem magnetischen Moment $\boldsymbol{M}_I$ des Kerns und dem Magnetfeld

$$\boldsymbol{B}_L = \frac{\mu_0}{4\pi} \frac{q\boldsymbol{L}}{m_e r^3}, \tag{12.112}$$

das durch die Elektronenbewegung (sie kann als „Kreisstrom“ beschrieben werden) erzeugt wird (s. Abb. 12.10).

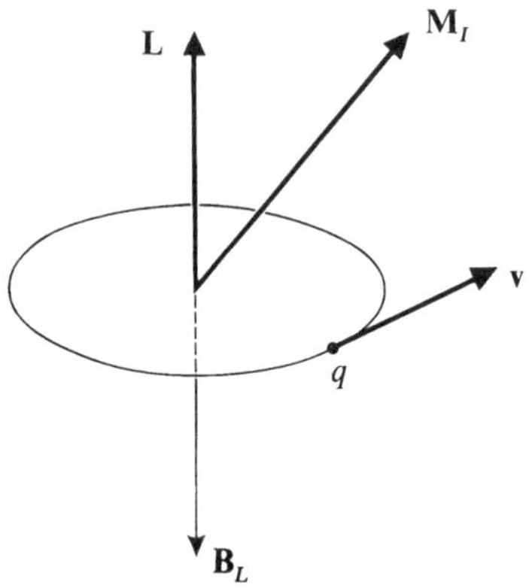

Abb. 12.10 Relative Orientierung des magnetischen Moments $\boldsymbol{M}_I$ des Protons und des Feldes $\boldsymbol{B}_L$; dieses wird von dem Kreisstrom erzeugt, den man der Bewegung der Elektronenladung q mit der Geschwindigkeit $\boldsymbol{v}$ zuordnen kann ($\boldsymbol{B}_L$ ist antiparallel zum Bahndrehimpuls $\boldsymbol{L}$ des Elektrons).

Bemerkung
Das Auftreten des $1/R^3$-Terms in Gl. (12.111) lässt zunächst vermuten, dass sich im Ursprung eine Singularität befindet und somit bestimmte Matrixelemente von W_{hf}^L unendlich sind. Das ist allerdings nicht richtig: Wir betrachten das Matrixelement

$$\langle \varphi_{k,l,m} | W_{\mathrm{hf}}^L | \varphi_{k',l',m'} \rangle,$$

worin $|\varphi_{k,l,m}\rangle$ und $|\varphi_{k',l',m'}\rangle$ die stationären Zustände des Wasserstoffatoms sind, die wir in Kapitel 7 bestimmt haben. In der Ortsdarstellung gilt

$$\langle \boldsymbol{r} \mid \varphi_{k,l,m} \rangle = \varphi_{k,l,m}(\boldsymbol{r}) = R_{k,l}(r) Y_l^m(\theta, \varphi) \tag{12.113}$$

mit (s. Abschnitt 7.1.2, Beziehungen (7.28))

$$R_{k,l}(r) \overset{r \to 0}{\sim} C r^l. \tag{12.114}$$

Beachten wir den $r^2 \mathrm{d}r$-Term im Volumenelement, so sehen wir, dass die über r zu integrierende Funktion sich im Ursprung wie $r^{l+l'+2-3} = r^{l+l'-1}$ verhält. Außerdem folgt aus dem Auftreten des hermiteschen Operators $\boldsymbol{L}$ in Gl. (12.111), dass das Matrixelement

$$\langle \varphi_{k,l,m} | W_{\mathrm{hf}}^L | \varphi_{k',l',m'} \rangle$$

null ist, wenn l oder l' verschwinden. Es ist damit $l + l' \geq 2$, und $r^{l+l'-1}$ bleibt im Ursprung endlich.

Kopplung mit dem Elektronenspin

Beim letzten Term in Gl. (12.103) spielt die Singularität des Vektorpotentials im Ursprung eine Rolle. Deswegen wollen wir zur Untersuchung dieses Terms ein Proton von endlicher Ausdehnung annehmen und erst zum Schluss der Rechnung den Radius gegen null gehen lassen. Vom physikalischen Standpunkt aus wissen wir ohnehin, dass das Proton eine gewisse räumliche Ausdehnung besitzt und dass sein Magnetismus über ein gewisses Volumen verteilt ist. Natürlich sind die Dimensionen des Protons sehr viel kleiner als der Bohr-Radius a_0, was die Behandlung des Protons als Punktteilchen im letzten Schritt der Rechnung rechtfertigt.

Das Magnetfeld des Protons. Wir betrachten das Proton als ein Teilchen mit dem Radius ρ_0 (Abb. 12.11), das sich im Ursprung des Bezugssystems befindet. Die magnetischen Eigenschaften im Inneren des Protons können wir durch ein magnetisches Moment $\boldsymbol{M}_I$ beschreiben, das wir parallel zur z-Achse wählen. In einem weit entfernten Punkt mit $r \gg \rho_0$ erzeugt dieses Moment ein Feld mit den Komponenten

$$\begin{aligned} B_x &= \frac{\mu_0}{4\pi} 3M_I \frac{xz}{r^5}, \\ B_y &= \frac{\mu_0}{4\pi} 3M_I \frac{yz}{r^5}, \\ B_z &= \frac{\mu_0}{4\pi} M_I \frac{3z^2 - r^2}{r^5}, \end{aligned} \tag{12.115}$$

die sich aus dem Ausdruck (12.102) durch Bildung der Rotation ergeben.

Dies bleibt selbst dann gültig, wenn r im Vergleich zu ρ_0 nicht sehr groß ist. Wir haben bereits darauf hingewiesen, dass das Proton, da es ein Spin-1/2-Teilchen ist, keine magnetischen Momente der Ordnung $k > 1$ besitzt. Außerhalb des Protons liegt daher ein reines Dipolfeld vor.

Das Magnetfeld innerhalb des Protons hängt von der genauen magnetischen Verteilung ab. Wir nehmen an, dieses Feld $\boldsymbol{B}_\mathrm{i}$ sei homogen (aus Symmetriegründen muss es dann parallel zu $\boldsymbol{M}_I$ und damit zur z-Richtung sein).

Um das Feld $\boldsymbol{B}_\mathrm{i}$ zu berechnen, beachten wir, dass der Fluss des Magnetfelds durch die geschlossene Oberfläche, die in unserem Fall durch die x, y-Ebene und die obere Halbkugel mit dem Mittelpunkt O und dem unendlichen Radius begrenzt wird, gleich null ist. Da mit $r \to \infty$ das Feld $|\boldsymbol{B}|$ wie $1/r^3$ abfällt, verschwindet der Fluss durch diese Halbkugel. Bezeichnen wir also den Fluss durch die in der x, y-Ebene liegende Kreisscheibe um O mit dem Radius ρ_0 mit $\Phi_\mathrm{i}(\rho_0)$ und den Fluss durch den Rest der x, y-Ebene mit $\Phi_\mathrm{a}(\rho_0)$, so gilt

$$\Phi_\mathrm{i}(\rho_0) + \Phi_\mathrm{a}(\rho_0) = 0. \tag{12.116}$$

Mit Hilfe der Gleichungen (12.115) lässt sich $\Phi_\mathrm{a}(\rho_0)$ leicht berechnen; wir erhalten

$$\begin{aligned} \Phi_\mathrm{a}(\rho_0) &= 2\pi \int_{\rho_0}^{+\infty} r\,\mathrm{d}r \left[-\frac{\mu_0}{4\pi} M_I \frac{1}{r^3} \right] \\ &= -\frac{\mu_0}{4\pi} M_I \frac{2\pi}{\rho_0}. \end{aligned} \tag{12.117}$$

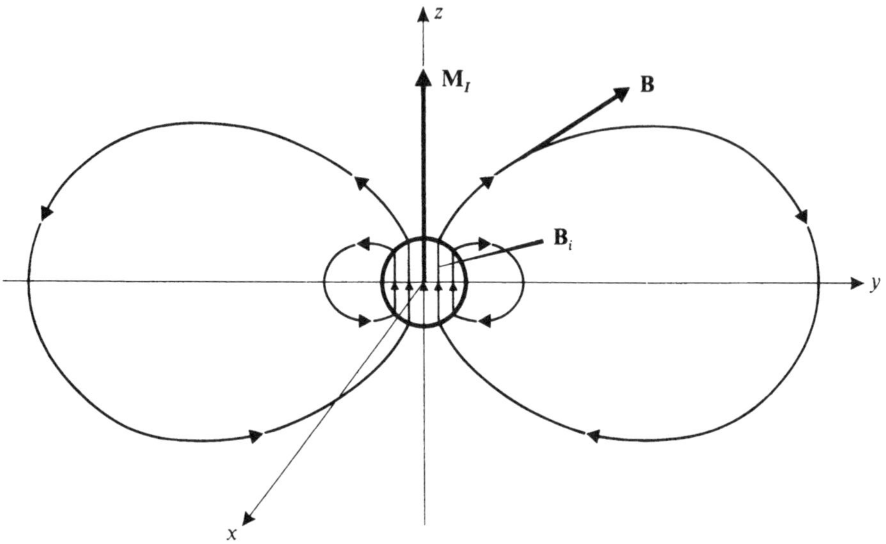

Abb. 12.11 Vom Proton erzeugtes Magnetfeld. Außerhalb des Protons handelt es sich um ein Dipolfeld, innerhalb hängt das Feld von der genauen Verteilung der Magnetisierung ab, die wir in erster Näherung als homogen annehmen können. Der Kontaktterm entspricht der Wechselwirkung zwischen dem magnetischen Moment des Elektronenspins und dem Feld $\boldsymbol{B}_\mathrm{i}$ innerhalb des Protons.

Für den Fluss $\Phi_\mathrm{i}(\rho_0)$ von $\boldsymbol{B}_\mathrm{i}$ gilt

$$\Phi_\mathrm{i}(\rho_0) = \pi\rho_0^2 B_\mathrm{i}, \qquad (12.118)$$

so dass wir aus Gl. (12.116) und Gl. (12.117)

$$B_\mathrm{i} = \frac{\mu_0}{4\pi} M_I \frac{2}{\rho_0^3} \qquad (12.119)$$

erhalten. Damit kennen wir den Wert des vom Proton erzeugten Felds in allen Raumpunkten und können nun den Anteil von W_hf, der mit dem Elektronenspin zusammenhängt, berechnen.[13]

Der magnetische Dipolterm. Setzen wir in den Term $-2\mu_\mathrm{B}(\boldsymbol{S}/\hbar)\cdot(\nabla\times\boldsymbol{A}_I)$ die Ausdrücke (12.115) ein, so erhalten wir den Operator

$$W_\mathrm{hf}^\mathrm{Dip} = -\frac{\mu_0}{4\pi}\frac{2\mu_\mathrm{B} M_I}{\hbar}\left\{3Z\frac{XS_x + YS_y + ZS_z}{R^5} - \frac{S_z}{R^3}\right\}, \qquad (12.120)$$

d. h., weil $\boldsymbol{M}_I$ nach Voraussetzung parallel zur z-Achse ist,

$$W_\mathrm{hf}^\mathrm{Dip} = \frac{\mu_0}{4\pi}\frac{2\mu_\mathrm{B}}{\hbar}\frac{1}{R^3}\left\{\boldsymbol{S}\cdot\boldsymbol{M}_I - 3\frac{(\boldsymbol{S}\cdot\boldsymbol{R})(\boldsymbol{M}_I\cdot\boldsymbol{R})}{R^2}\right\}. \qquad (12.121)$$

[13] Die Überlegungen können auf Fälle verallgemeinert werden, in denen $\boldsymbol{B}_\mathrm{i}$ einen komplizierteren Verlauf hat (s. Bemerkung 2 am Schluss dieses Abschnitts).

Dies ist der Ausdruck für den Hamilton-Operator der Dipol-Dipol-Wechselwirkung zwischen zwei magnetischen Momenten $\boldsymbol{M}_I$ und $\boldsymbol{M}_S = 2\mu_B \boldsymbol{S}/\hbar$ (s. Abschnitt 11.5.1).

Eigentlich ist der Ausdruck (12.115) für das vom Proton erzeugte Feld nur für $r \geq \rho_0$ gültig und Gl. (12.121) sollte nur auf den Teil der Wellenfunktionen angewandt werden, der diese Bedingung erfüllt. Wenn wir ρ_0 jedoch gegen null gehen lassen, tritt in Gl. (12.121) im Ursprung keine Singularität auf; sie gilt daher im gesamten Raum.

Betrachten wir nämlich das Matrixelement

$$\langle \varphi_{k,l,m,\varepsilon} \mid W_{\text{hf}}^{\text{Dip}} \mid \varphi_{k',l',m',\varepsilon'} \rangle$$

(wir fügen den Zuständen $|\varphi_{k,l,m}\rangle$ hier die Indizes ε und ε' hinzu, um die Eigenwerte $\varepsilon\hbar/2$ und $\varepsilon'\hbar/2$ von S_z zu kennzeichnen) und insbesondere das darin auftretende Radialintegral, so verhält sich der Integrand im Ursprung wie $r^{l+l'+2-3} = r^{l+l'-1}$. Nach den Ergebnissen in Abschnitt 11.5.1 (Beziehung (11.93)) ergeben sich nichtverschwindende Matrixelemente nur für $l + l' \geq 2$. Es liegt daher keine Divergenz vor. Im Grenzfall $\rho_0 \to 0$ wird das Integral über r zu einem Integral von 0 bis ∞ und Gl. (12.121) ist im gesamten Raum gültig.

Der Kontaktterm. Um den Beitrag des inneren Felds des Protons zu W_{hf} zu erhalten, setzen wir nun den Ausdruck (12.119) in den letzten Term von Gl. (12.103) ein. Das ergibt einen Operator W_{hf}^{K}, den wir als *Kontaktterm* bezeichnen wollen und dessen Matrixelemente in der $\{|\varphi_{k,l,m,\varepsilon}\rangle\}$-Darstellung lauten

$$\begin{aligned}&\langle \varphi_{k,l,m,\varepsilon} \mid W_{\text{hf}}^{\text{K}} \mid \varphi_{k',l',m',\varepsilon'} \rangle \\ &= -\frac{\mu_0}{4\pi}\frac{2\mu_B M_I}{\hbar}\langle\varepsilon|S_z|\varepsilon'\rangle \frac{2}{\rho_0^3}\int\int\int_{r\leq\rho_0} \mathrm{d}^3r\, \varphi_{k,l,m}^*(\boldsymbol{r})\,\varphi_{k',l',m'}(\boldsymbol{r}).\end{aligned} \tag{12.122}$$

Wenn nun ρ_0 gegen null geht, strebt auch das Integrationsvolumen $4\pi\rho_0^3/3$ gegen null und die rechte Seite von Gl. (12.122) wird

$$-\frac{\mu_0}{4\pi}\frac{2\mu_B M_I}{\hbar}\langle\varepsilon|S_z|\varepsilon'\rangle\frac{8\pi}{3}\varphi_{k,l,m}^*(\boldsymbol{r}=0)\,\varphi_{k',l',m'}(\boldsymbol{r}=0). \tag{12.123}$$

Der Ausdruck für den Kontaktterm lautet somit

$$W_{\text{hf}}^{\text{K}} = -\frac{\mu_0}{4\pi}\frac{8\pi}{3}\boldsymbol{M}_I \cdot \left(\frac{2\mu_B \boldsymbol{S}}{\hbar}\right)\delta(\boldsymbol{R}). \tag{12.124}$$

Der Wert von W_{hf}^{K} bleibt also endlich, auch wenn das Volumen, in dem das interne Magnetfeld (12.119) wirkt, mit $\rho_0 \to 0$ gegen null strebt, da das innere Feld wie $1/\rho_0^3$ gegen unendlich geht.

Bemerkungen

1. Die Funktion $\delta(\boldsymbol{R})$ des Operators $\boldsymbol{R}$ in Gl. (12.124) ist einfach der Projektor

$$\delta(\boldsymbol{R}) = |\boldsymbol{r}=0\rangle\langle\boldsymbol{r}=0|. \tag{12.125}$$

2. Das Matrixelement in Gl. (12.122) ist nur für $l = l' = 0$ von null verschieden. Das ist eine notwendige Bedingung, damit $\varphi_{k,l,m}(\boldsymbol{r}=0)$ und $\varphi_{k',l',m'}(\boldsymbol{r}=0)$ nicht null sind (s. Abschnitt 7.3.4). Der Kontaktterm tritt somit nur für s-Zustände auf.

3. Um die Kopplung zwischen $\boldsymbol{M}_I$ und dem Bahndrehimpuls des Elektrons zu untersuchen, haben wir angenommen, dass der Ausdruck (12.102) für $\boldsymbol{A}_I(\boldsymbol{r})$ im gesamten Raum gilt. Damit haben wir vernachlässigt, dass das Feld $\boldsymbol{B}$ innerhalb des Protons die Form (12.119) hat. Es stellt sich die Frage, ob dies korrekt ist und ob es auch in W_{hf}^{L} einen Kontaktterm gibt.

Das ist nicht der Fall. Der Term mit $\boldsymbol{P} \cdot \boldsymbol{A}_I + \boldsymbol{A}_I \cdot \boldsymbol{P}$ würde uns für das Feld $\boldsymbol{B}_{\text{i}}$ auf einen Operator proportional zu

$$\boldsymbol{B}_{\text{i}} \cdot \boldsymbol{L} = \frac{\mu_0}{4\pi} M_I \frac{2}{\rho_0^3} L_z \tag{12.126}$$

führen. Wir berechnen das Matrixelement dieses Operators in der $\{|\varphi_{k,l,m,\varepsilon}\rangle\}$-Darstellung: Wegen des Operators L_z folgt wie oben $l, l' \geq 1$. Die Radialfunktion, die zwischen 0 und ρ_0 zu integrieren ist, verhält sich im Ursprung wie $r^{l+l'+2}$ und geht daher mindestens wie r^4 gegen null. Trotz des $1/\rho_0^3$-Terms in Gl. (12.126) strebt das Integral von $r = 0$ bis $r = \rho_0$ deshalb für $\rho_0 \to 0$ gegen null.

12.6.3 Schlussfolgerung

Wir bilden nun die Summe aus den Operatoren W_{hf}^{L}, $W_{\text{hf}}^{\text{Dip}}$ und W_{hf}^{K}. Dabei verwenden wir die Tatsache, dass das magnetische Dipolmoment $\boldsymbol{M}_I$ des Protons proportional zu seinem Drehimpuls $\boldsymbol{I}$ ist:

$$\boldsymbol{M}_I = g_{\text{p}}\mu_{\text{n}}\boldsymbol{I}/\hbar \tag{12.127}$$

(s. Abschnitt 12.2.2); es ergibt sich

$$W_{\text{hf}} = -\frac{\mu_0}{4\pi}\frac{2\mu_{\text{B}}\mu_{\text{n}}g_{\text{p}}}{\hbar^2}\left\{\frac{\boldsymbol{I}\cdot\boldsymbol{L}}{R^3} + 3\frac{(\boldsymbol{I}\cdot\boldsymbol{R})(\boldsymbol{S}\cdot\boldsymbol{R})}{R^5} - \frac{\boldsymbol{I}\cdot\boldsymbol{S}}{R^3} + \frac{8\pi}{3}\boldsymbol{I}\cdot\boldsymbol{S}\,\delta(\boldsymbol{R})\right\}. \tag{12.128}$$

Dieser Operator wirkt sowohl im Zustandsraum des Elektrons als auch im Zustandsraum des Protons. Man sieht, dass er mit dem in Abschnitt 12.2.2 (Gl. (12.25)) eingeführten Operator übereinstimmt.

Bemerkungen

1. Wir wollen die Verallgemeinerung von Gl. (12.128) auf den Fall eines Atoms mit einem Kernspin $I > 1/2$ diskutieren:

Für $I = 1$ haben wir bereits gesehen, dass der Kern ein elektrisches Quadrupolmoment haben kann, das zum Potential (12.100) beiträgt. Zusätzlich zum magnetischen Dipolterm (12.128) besitzt der Hyperfeinstruktur-Hamilton-Operator also einen elektrischen Quadrupolterm. Da eine elektrische Wechselwirkung den Elektronenspin nicht direkt beeinflusst, wirkt dieser Quadrupolterm nur auf die Bahnvariablen des Elektrons.

Für $I > 1$ kann es weitere elektrische oder magnetische Momente des Kerns geben, deren Anzahl mit wachsendem I zunimmt. Aus den elektrischen Momenten ergeben sich Hyperfeinstrukturterme, die nur auf die Bahnvariablen des Elektrons wirken, während die magnetischen Terme sowohl auf die Bahn- als auch auf die Spinvariablen wirken. Für große Werte von I weist der Hyperfeinstruktur-Hamilton-Operator somit eine sehr komplexe Struktur auf. In der Praxis kann man allerdings in der überwiegenden Anzahl der Fälle den Hyperfeinstruktur-Hamilton-Operator auf die magnetischen Dipol- und die elektrischen Quadrupolterme beschränken, weil die Multipolmomente des Kerns mit einer Ordnung größer als Zwei nur sehr kleine Modifikationen der Hyperfeinstruktur der Atome ergeben. Das hängt mit der extrem kleinen Größe des Kerns im Vergleich mit der räumlichen Ausdehnung a_0 der Wellenfunktionen zusammen. Diese Effekte lassen sich experimentell nur sehr schwer beobachten.

2. Die vereinfachende Annahme, die wir über das vom Proton erzeugte Feld $\boldsymbol{B}(\boldsymbol{r})$ gemacht haben (ein homogenes Feld innerhalb des Kerns, ein Dipolfeld außerhalb), ist nicht von wesentlicher Bedeutung. Die Form (12.124) des magnetischen Dipol-Hamilton-Operators bleibt für eine beliebige Verteilung der Kernmagnetisierung gültig, die auf kompliziertere innere Felder $\boldsymbol{B}_{\mathrm{i}}(\boldsymbol{r})$ führt, (wobei man allerdings annimmt, dass die räumliche Ausdehnung des Kerns im Vergleich zu a_0 vernachlässigbar ist; s. die folgende Bemerkung). Begründen lässt sich das mit einer direkten Verallgemeinerung der Überlegungen dieses Abschnitts:

Wir betrachten eine Kugel S_ε um den Ursprung, die den Kern enthält und einen Radius $\varepsilon \ll a_0$ besitzt.

Für $I = 1/2$ ist das Feld außerhalb von S_ε von der Form (12.115). Da ε im Vergleich zu a_0 sehr klein ist, führt sein Beitrag auf die Terme (12.111) und (12.121). Der Beitrag des Felds $\boldsymbol{B}(\boldsymbol{r})$ innerhalb von S_ε hängt nur von dem Wert der Elektronen-Wellenfunktionen im Ursprung und vom Integral von $\boldsymbol{B}(\boldsymbol{r})$ innerhalb von S_ε ab. Da der Fluss von $\boldsymbol{B}(\boldsymbol{r})$ durch alle geschlossenenen Oberflächen null ist, kann das Integral jeder Komponente von $\boldsymbol{B}(\boldsymbol{r})$ innerhalb von S_ε in ein Integral außerhalb von S_ε überführt werden, wo $\boldsymbol{B}(\boldsymbol{r})$ die Form (12.115) besitzt. Eine einfache Rechnung führt dann wieder auf den Ausdruck (12.124), der somit unabhängig von der von uns verwendeten vereinfachenden Annahme gültig ist.

Für $I > 1/2$ erzeugt der Beitrag des Kerns zum elektromagnetischen Feld außerhalb von S_ε die in Bemerkung 1 diskutierten Multipolterme im Hyperfeinstruktur-Hamilton-Operator. Andererseits lässt sich leicht zeigen, dass der Beitrag des Felds innerhalb von S_ε nicht auf neue Terme führt; nur der magnetische Dipolterm besitzt einen Kontaktterm.

3. Bei unseren Überlegungen haben wir die Dimensionen des Atomkerns im Vergleich zu den Elektronen-Wellenfunktionen durchgehend vernachlässigt (wir betrachteten den Grenzfall $\rho_0/a_0 \to 0$). Das ist offensichtlich nicht immer realistisch, insbesondere nicht bei schweren Atomen, deren Kerne eine relativ große räumliche Ausdehnung besitzen. Wenn man solche Volumeneffekte berücksichtigt (indem man z. B. Terme niedriger Ordnung in ρ_0/a_0 mitnimmt), tritt im Hamilton-Operator für die Elektron-Kern-Wechselwirkung eine Reihe neuer Terme auf. Wir sind auf diesen Effekt bereits in Abschnitt 11.7 eingegangen, als wir den Einfluss der radialen Kernladungsverteilung untersuchten (Kernmultipolmomente der Ordnung $k = 0$). Analoge Phänomene treten auch aufgrund der räumlichen Verteilung der Kernmagnetisierung auf und führen zu Modifikationen der verschiedenen Terme des Hyperfeinstruktur-Hamilton-Operators (12.128). Insbesondere wird der Kontaktterm (12.124) um einen Term erweitert, wenn die Elektronen-Wellenfunktionen innerhalb des Kerns merklich variieren. Dieser neue Term ist weder zu $\delta(\boldsymbol{R})$ noch zum magnetischen Gesamtmoment des Kerns proportional. Er hängt vielmehr von der räumlichen Verteilung der Kernmagnetisierung ab. Ein solcher Term ist in der Praxis von Interesse, da sich mit Hilfe genauer Messungen der Hyperfeinstruktur schwerer Atome Rückschlüsse auf die Verteilung der Magnetisierung innerhalb des entsprechenden Kerns ziehen lassen.

12.7 Erwartungswerte und Feinstruktur

Für das Wasserstoffatom ist der Feinstruktur-Hamilton-Operator W_f die Summe aus drei Termen,

$$W_\text{f} = W_{mv} + W_\text{SB} + W_\text{D}, \tag{12.129}$$

auf die wir im Einzelnen in Abschnitt 12.2.1 eingegangen sind.

In dieser Ergänzung stellen wir uns die Aufgabe, die Erwartungswerte dieser drei Operatoren im $1s$-, $2s$- und $2p$-Zustand des Wasserstoffatoms zu bestimmen; diese Rechnung haben wir oben zur Vereinfachung ausgelassen. Wir beginnen mit der Berechnung der Erwartungswerte $\langle 1/R\rangle$, $\langle 1/R^2\rangle$ und $\langle 1/R^3\rangle$ in diesen Zuständen.

12.7.1 Berechnung von $\langle 1/R\rangle$, $\langle 1/R^2\rangle$ und $\langle 1/R^3\rangle$

Die Wellenfunktion des stationären Zustands eines Wasserstoffatoms lautet (s. Abschnitt 7.3)

$$\varphi_{n,l,m}(\boldsymbol{r}) = R_{n,l}(r)\, Y_l^m(\theta, \varphi); \tag{12.130}$$

$Y_l^m(\theta, \varphi)$ ist eine Kugelflächenfunktion. Die Ausdrücke für die Radialfunktionen $R_{n,l}(r)$ der $1s$-, $2s$-, $2p$-Zustände werden gegeben durch

$$\begin{aligned} R_{1,0}(r) &= 2(a_0)^{-3/2}\, \mathrm{e}^{-r/a_0}, \\ R_{2,0}(r) &= 2(2a_0)^{-3/2}\left(1 - \frac{r}{2a_0}\right) \mathrm{e}^{-r/2a_0}, \\ R_{2,1}(r) &= (2a_0)^{-3/2}\, 3^{-1/2}\, \frac{r}{a_0}\, \mathrm{e}^{-r/2a_0}, \end{aligned} \tag{12.131}$$

wobei a_0 der Bohr-Radius ist:

$$a_0 = 4\pi\varepsilon_0 \frac{\hbar^2}{m_e q^2} = \frac{\hbar^2}{m_e e^2}. \tag{12.132}$$

Die Funktionen Y_l^m sind bezüglich θ und φ normiert, so dass der Erwartungswert $\langle R^q\rangle$ der q-ten Potenz (q ist eine positive oder negative ganze Zahl) des zu $r = |\boldsymbol{r}|$ gehörenden Operators R im Zustand $|\varphi_{n,l,m}\rangle$ geschrieben werden kann[14]

$$\langle R^q\rangle_{n,l,m} = \int_0^\infty r^{q+2}\, |R_{n,l}(r)|^2\, \mathrm{d}r. \tag{12.133}$$

Er hängt somit nicht von m ab. Setzt man die Ausdrücke (12.131) in Gl. (12.133) ein, so führt das auf Integrale der Form

$$I(k, p) = \int_0^\infty r^k\, \mathrm{e}^{-pr/a_0}\, \mathrm{d}r \tag{12.134}$$

[14]Natürlich existiert dieser Erwartungswert nur für solche Werte von q, für die das Integral (12.133) konvergiert.

mit ganzen Zahlen p und k. Wir wollen hier $k \geq 0$, d. h. $q \geq -2$ annehmen. Partielle Integration ergibt dann

$$\begin{aligned} I(k,p) &= \left[-\frac{a_0}{p}\,\mathrm{e}^{-pr/a_0}\,r^k\right]_0^\infty + \frac{ka_0}{p}\int_0^\infty r^{k-1}\,\mathrm{e}^{-pr/a_0}\,\mathrm{d}r \\ &= \frac{ka_0}{p}\,I(k-1,p). \end{aligned} \tag{12.135}$$

Da außerdem

$$I(0,p) = \int_0^\infty \mathrm{e}^{-pr/a_0}\,\mathrm{d}r = \frac{a_0}{p} \tag{12.136}$$

gilt, erhalten wir durch Rekursion

$$I(k,p) = k!\left(\frac{a_0}{p}\right)^{k+1}. \tag{12.137}$$

Nun wenden wir dieses Ergebnis auf die zu bestimmenden Erwartungswerte an und erhalten

$$\begin{aligned} \langle 1/R\rangle_{1s} &= \frac{4}{a_0^3}\int_0^\infty r\,\mathrm{e}^{-2r/a_0}\,\mathrm{d}r \\ &= \frac{4}{a_0^3}\,I(1,2) = \frac{1}{a_0}, \\ \langle 1/R\rangle_{2s} &= \frac{4}{8a_0^3}\int_0^\infty r\left[1-\frac{r}{2a_0}\right]^2\,\mathrm{e}^{-r/a_0}\,\mathrm{d}r \\ &= \frac{1}{2a_0^3}\left[I(1,1) - \frac{1}{a_0}I(2,1) + \frac{1}{4a_0^2}I(3,1)\right] = \frac{1}{4a_0}, \\ \langle 1/R\rangle_{2p} &= \frac{1}{8a_0^3}\frac{1}{3}\int_0^\infty r\left(\frac{r}{a_0}\right)^2\,\mathrm{e}^{-r/a_0}\,\mathrm{d}r \\ &= \frac{1}{24a_0^5}I(3,1) = \frac{1}{4a_0}. \end{aligned} \tag{12.138}$$

Entsprechend wird

$$\begin{aligned} \langle 1/R^2\rangle_{1s} &= \frac{4}{a_0^3}\,I(0,2) = \frac{2}{a_0^2}, \\ \langle 1/R^2\rangle_{2s} &= \frac{1}{2a_0^3}\left[I(0,1) - \frac{1}{a_0}I(1,1) + \frac{1}{4a_0^2}I(2,1)\right] = \frac{1}{4a_0^2}, \\ \langle 1/R^2\rangle_{2p} &= \frac{1}{24a_0^5}I(2,1) = \frac{1}{12a_0^2}. \end{aligned} \tag{12.139}$$

Es ist klar, dass der Ausdruck für den Erwartungswert von $1/R^3$ für den $1s$- und den $2s$-Zustand keine Bedeutung hat (das Integral (12.133) divergiert). Für den $2p$-Zustand ergibt sich

$$\langle 1/R^3\rangle_{2p} = \frac{1}{24a_0^5}I(1,1) = \frac{1}{24a_0^3}. \tag{12.140}$$

12.7.2 Die Erwartungswerte $\langle W_{mv} \rangle$

Wir bezeichnen den Hamilton-Operator eines Elektrons unter dem Einfluss eines Coulomb-Potentials mit

$$H_0 = \frac{\boldsymbol{P}^2}{2m_e} + V. \tag{12.141}$$

Es ist

$$\boldsymbol{P}^4 = 4m_e^2 \, [H_0 - V]^2 \tag{12.142}$$

mit

$$V = -\frac{e^2}{R}, \tag{12.143}$$

so dass wir erhalten

$$W_{mv} = -\frac{1}{2m_e c^2} \, [H_0 - V]^2 \, . \tag{12.144}$$

Wir berechnen die Erwartungswerte der beiden Seiten dieser Gleichung in einem Zustand $|\varphi_{n,l,m}\rangle$. Da H_0 und V hermitesche Operatoren sind, finden wir

$$\langle W_{mv} \rangle_{n,l,m} = -\frac{1}{2m_e c^2} \left[E_n^2 + 2E_n e^2 \, \langle 1/R \rangle_{n,l} + e^4 \, \langle 1/R^2 \rangle_{n,l} \right]. \tag{12.145}$$

In diesem Ausdruck verwendeten wir

$$E_n = -\frac{E_\mathrm{I}}{n^2} = -\frac{1}{2n^2} \, \alpha^2 m_e c^2 \tag{12.146}$$

mit der Feinstrukturkonstanten

$$\alpha = \frac{e^2}{\hbar c}. \tag{12.147}$$

Wenden wir Gl. (12.145) auf den Fall des $1s$-Zustands an, so erhalten wir mit den Gleichungen (12.138) und (12.139)

$$\langle W_{mv} \rangle_{1s} = -\frac{1}{2m_e c^2} \left[\frac{1}{4} \alpha^4 m_e^2 c^4 - \alpha^2 m_e c^2 \frac{e^2}{a_0} + 2\frac{e^4}{a_0^2} \right], \tag{12.148}$$

und da nach Gl. (12.132) und Gl. (12.147) $e^2/a_0 = \alpha^2 m_e c^2$ gilt,

$$\langle W_{mv} \rangle_{1s} = -\frac{1}{2} \alpha^4 m_e c^2 \left[\frac{1}{4} - 1 + 2 \right] = -\frac{5}{8} \alpha^4 m_e c^2. \tag{12.149}$$

Eine analoge Rechnung führt für den $2s$-Zustand auf

$$\langle W_{mv} \rangle_{2s} = -\frac{1}{2} \alpha^4 m_e c^2 \left[\left(\frac{1}{8} \right)^2 - 2\frac{1}{8}\frac{1}{4} + \frac{1}{4} \right] = -\frac{13}{128} \alpha^4 m_e c^2 \tag{12.150}$$

und für den $2p$-Zustand auf

$$\langle W_{mv} \rangle_{2p} = -\frac{1}{2} \alpha^4 m_e c^2 \left[\left(\frac{1}{8} \right)^2 - 2\frac{1}{8}\frac{1}{4} + \frac{1}{12} \right] = -\frac{7}{384} \alpha^4 m_e c^2. \tag{12.151}$$

12.7.3 Die Erwartungswerte $\langle W_\text{D}\rangle$

Unter Beachtung von Gl. (12.143) und der Relation $\Delta(1/r) = -4\pi\delta(\boldsymbol{r})$ kann der Erwartungswert von W_D geschrieben werden (s. auch Abschnitt 12.2.1, Gl. (12.18))

$$\langle W_\text{D}\rangle_{n,l,m} = \frac{\hbar^2}{8m_e^2c^2}4\pi e^2\,|\varphi_{n,l,m}(\boldsymbol{r}=0)|^2. \tag{12.152}$$

Dieser Ausdruck geht für $\varphi_{n,l,m}(\boldsymbol{r}=0) = 0$ gegen null, also für $l \neq 0$. Daher ist

$$\langle W_\text{D}\rangle_{2p} = 0. \tag{12.153}$$

Für das $1s$- und das $2s$-Niveau erhalten wir mit Gl. (12.130) und Gl. (12.152) und unter Verwendung von $Y_0^0 = 1/\sqrt{4\pi}$

$$\langle W_\text{D}\rangle_{1s} = \frac{\hbar^2}{8m_e^2c^2}e^2\,|R_{1,0}(0)|^2 = \frac{1}{2}\alpha^4 m_e c^2 \tag{12.154}$$

bzw.

$$\langle W_\text{D}\rangle_{2s} = \frac{\hbar^2}{8m_e^2c^2}e^2\,|R_{2,0}(0)|^2 = \frac{1}{16}\alpha^4 m_e c^2. \tag{12.155}$$

12.7.4 Berechnung des Koeffizienten ξ_{2p} für W_SB

In Abschnitt 12.3.2 definierten wir den Koeffizienten

$$\xi_{2p} = \frac{e^2}{2m_e^2c^2}\int_0^\infty \frac{|R_{2,1}(r)|^2}{r}\,\mathrm{d}r. \tag{12.156}$$

Mit der letzten Gleichung (12.131) ergibt sich

$$\xi_{2p} = \frac{e^2}{2m_e^2c^2}\frac{1}{24a_0^5}I(1,1), \tag{12.157}$$

woraus dann mit Gl. (12.137) folgt

$$\xi_{2p} = \frac{e^2}{2m_e^2c^2}\frac{1}{24a_0^3} = \frac{1}{48\hbar^2}\alpha^4 m_e c^2. \tag{12.158}$$

12.8 Hyperfeinstruktur und Zeeman-Effekt für das Myonium und das Positronium

In Abschnitt 7.4 untersuchten wir einige wasserstoffartige Systeme, also Systeme, die aus zwei entgegengesetzt geladenen Teilchen bestehen. Zwei Systeme sind besonders interessant: das Myonium (aus einem Elektron e^- und einem positiven Myon μ^+) und das Positronium (aus einem Elektron e^- und einem Positron e^+). Ihre besondere Bedeutung liegt darin, dass die jeweils beteiligten Teilchen (das Elektron, das Positron und das Myon) im Gegensatz zum Proton nicht der starken Wechselwirkung unterliegen. Die theoretische und experimentelle Untersuchung von Myonium und Positronium ist daher ein sehr präziser Test für die Gültigkeit der Quantenelektrodynamik.

Die genaueste Information, die wir zur Zeit über diese Systeme besitzen, erlangt man aus der Untersuchung der Hyperfeinstruktur ihres $1s$-Grundzustands. Sie ist wie beim Wasserstoffatom das Ergebnis der magnetischen Wechselwirkung zwischen den Spins der beiden Teilchen. In dieser Ergänzung wollen wir einige interessante Eigenschaften der Hyperfeinstruktur und des Zeeman-Effekts für das Myonium und Positronium beschreiben.

12.8.1 Die Hyperfeinstruktur des $1s$-Grundzustands

Den Elektronenspin bezeichnen wir mit $\boldsymbol{S}_1$ und den Spin des anderen Teilchens (das Myon und das Positronium sind beide Spin-$1/2$-Teilchen) mit $\boldsymbol{S}_2$. Der $1s$-Grundzustand ist wie beim Wasserstoffatom vierfach entartet.

Die magnetische Wechselwirkung zwischen $\boldsymbol{S}_1$ und $\boldsymbol{S}_2$ lässt sich mit der stationären Störungstheorie untersuchen; die Rechnung verläuft analog zu der in Abschnitt 12.4. Beide Teilchen haben den Spin $1/2$. Dies führt zu einer Wechselwirkung der Form

$$\mathcal{A}\boldsymbol{S}_1 \cdot \boldsymbol{S}_2, \tag{12.159}$$

wobei $\mathcal{A}$ eine Konstante ist, die von dem betrachteten System abhängt. Mit $\mathcal{A}_\mathrm{H}$, $\mathcal{A}_\mathrm{M}$ und $\mathcal{A}_\mathrm{P}$ wollen wir die drei Werte von $\mathcal{A}$ für Wasserstoff, Myonium bzw. Positronium bezeichnen.

Offensichtlich gilt

$$\mathcal{A}_\mathrm{H} < \mathcal{A}_\mathrm{M} < \mathcal{A}_\mathrm{P}, \tag{12.160}$$

da das magnetische Moment von Teilchen (2) umso größer ist, je kleiner seine Masse ist. Das Positron ist 200-mal leichter als das Myon, das wiederum etwa 10-mal leichter als das Proton ist.

Bemerkung

Die in diesem Kapitel bisher entwickelte Theorie reicht für die extrem genaue Untersuchung der Hyperfeinstruktur von Wasserstoff, Myonium und Positronium nicht aus. Insbesondere beschreibt der in Abschnitt 12.2.2 angegebene Hyperfeinstruktur-Hamilton-Operator W_hf nur einen Teil der Wechselwirkungen zwischen Teilchen (1) und (2). Zum Beispiel spiegelt sich die Tatsache, dass Elektron und Positron ihre jeweiligen Antiteilchen sind (sie können zerstrahlen), in einer zusätzlichen Kopplung wider, die für Wasserstoff und Myonium nicht auftritt. Zusätzlich muss eine Reihe anderer Korrekturen (relativistische Korrekturen, Strahlungskorrekturen, Rückstoßeffekte usw.) berücksichtigt werden; ihre Behandlung ist kompliziert und erfordert die Anwendung der Quantenelektrodynamik. Schließlich treten für das Wasserstoffatom noch Kernkorrekturen auf, die mit der Struktur und der Polarisierbarkeit des Protons zusammenhängen. Es lässt sich jedoch zeigen, dass die Form (12.159) für die Kopplung zwischen $\boldsymbol{S}_1$ und $\boldsymbol{S}_2$ gültig bleibt, wobei allerdings die Konstante $\mathcal{A}$ durch einen sehr viel komplizierteren Ausdruck als in Abschnitt 12.4.2 (Gl. (12.63)) gegeben wird. Die Bedeutung der in dieser Ergänzung untersuchten wasserstoffartigen Systeme liegt gerade darin, dass wir mit ihrer Hilfe den theoretischen Wert von $\mathcal{A}$ mit den experimentellen Ergebnissen vergleichen können.

Die Eigenzustände von $\mathcal{A}\boldsymbol{S}_1 \cdot \boldsymbol{S}_2$ sind die Zustände $|F, m_F\rangle$, wobei F und m_F die Quantenzahlen des Gesamtdrehimpulses

$$\boldsymbol{F} = \boldsymbol{S}_1 + \boldsymbol{S}_2 \tag{12.161}$$

sind. Wie beim Wasserstoffatom kann F zwei Werte annehmen: $F = 1$ und $F = 0$. Diese beiden Niveaus haben die Energie $\mathcal{A}\hbar^2/4$ bzw. $-3\mathcal{A}\hbar^2/4$. Ihr Abstand $\mathcal{A}\hbar^2$ ergibt die Hyperfeinstruktur des $1s$-Grundzustands. In Megahertz ausgedrückt beträgt dieser Abstand für das Myonium

$$\frac{\hbar}{2\pi}\mathcal{A}_{\mathrm{M}} = (4\,463.317 \pm 0.021)\,\mathrm{MHz} \tag{12.162}$$

und für das Positronium

$$\frac{\hbar}{2\pi}\mathcal{A}_{\mathrm{P}} = (203\,403 \pm 12)\,\mathrm{MHz}. \tag{12.163}$$

12.8.2 Der Zeeman-Effekt des $1s$-Grundzustands

Der Zeeman-Hamilton-Operator

Wenn wir ein konstantes Magnetfeld $\boldsymbol{B}_0$ parallel zur z-Achse anlegen, müssen wir zum Hyperfeinstruktur-Hamilton-Operator (12.159) den Zeeman-Hamilton-Operator addieren, der die Kopplung von $\boldsymbol{B}_0$ an die magnetischen Momente

$$\boldsymbol{M}_1 = \gamma_1 \boldsymbol{S}_1 \tag{12.164}$$

und

$$\boldsymbol{M}_2 = \gamma_2 \boldsymbol{S}_2 \tag{12.165}$$

der beiden Spins mit den gyromagnetischen Verhältnissen γ_1 und γ_2 beschreibt. Indem wir

$$\begin{aligned} \omega_1 &= -\gamma_1 B_0, \\ \omega_2 &= -\gamma_2 B_0 \end{aligned} \tag{12.166}$$

setzen, können wir den Zeeman-Hamilton-Operator schreiben

$$\omega_1 S_{1z} + \omega_2 S_{2z}. \tag{12.167}$$

Beim Wasserstoffatom ist das magnetische Moment des zweiten Teilchens, des Protons, sehr viel kleiner als das des Elektrons. Diese Eigenschaft verwendeten wir in Abschnitt 12.5.1, um die Zeeman-Kopplung des Protons im Vergleich zu der des Elektrons vernachlässigen zu können.[15] Diese Näherung ist für das Myonium weniger gut gerechtfertigt, da das magnetische Moment des Myons größer als das des Protons ist. Wir wollen daher beide Terme von (12.167) berücksichtigen. Für das Positronium sind sie sogar gleich wichtig: Das Elektron und das Positron haben gleiche Massen und entgegengesetzte Ladungen, so dass gilt

$$\gamma_1 = -\gamma_2 \tag{12.168}$$

oder

$$\omega_1 = -\omega_2. \tag{12.169}$$

Energien der stationären Zustände

Wenn B_0 nicht null ist, müssen wir zur Bestimmung der Energien der stationären Zustände die Matrix diagonalisieren, die den Gesamt-Hamilton-Operator

$$\mathcal{A}\boldsymbol{S}_1 \cdot \boldsymbol{S}_2 + \omega_1 S_{1z} + \omega_2 S_{2z} \tag{12.170}$$

in einer beliebigen orthonormalen Basis, etwa der $\{|F, m_F\rangle\}$-Basis, darstellt. Eine Rechnung analog zu der in Abschnitt 12.5.4 führt auf die Matrix (die Reihenfolge der Basisvektoren ist $\{|1,1\rangle, |1,-1\rangle, |1,0\rangle, |0,0\rangle\}$)

$$\begin{pmatrix} \frac{\mathcal{A}\hbar^2}{4} + \frac{\hbar}{2}(\omega_1 + \omega_2) & 0 & 0 & 0 \\ 0 & \frac{\mathcal{A}\hbar^2}{4} - \frac{\hbar}{2}(\omega_1 + \omega_2) & 0 & 0 \\ 0 & 0 & \frac{\mathcal{A}\hbar^2}{4} & \frac{\hbar}{2}(\omega_1 - \omega_2) \\ 0 & 0 & \frac{\hbar}{2}(\omega_1 - \omega_2) & -\frac{3\mathcal{A}\hbar^2}{4} \end{pmatrix}. \tag{12.171}$$

Die Matrix (12.171) kann in zwei 1×1- und eine 2×2-Untermatrix aufgespalten werden. Zwei Eigenwerte sind also unmittelbar abzulesen:

$$E_1 = \frac{\mathcal{A}\hbar^2}{4} + \frac{\hbar}{2}(\omega_1 + \omega_2), \tag{12.172}$$

$$E_2 = \frac{\mathcal{A}\hbar^2}{4} - \frac{\hbar}{2}(\omega_1 + \omega_2). \tag{12.173}$$

Sie gehören zu den Zuständen $|1,1\rangle$ bzw. $|1,-1\rangle$, die mit den Zuständen $|+,+\rangle$ und $|-,-\rangle$ aus der $\{|\varepsilon_1, \varepsilon_2\rangle\}$-Basis der gemeinsamen Eigenzustände von S_{1z} und S_{2z} über-

[15] Das gyromagnetische Verhältnis des Elektronenspins ist $\gamma_1 = 2\mu_B/\hbar$ (μ_B: Bohr-Magneton). Setzen wir $\omega_0 = -\mu_B B_0/\hbar$ (Larmor-Frequenz), so ist die in der ersten Gleichung (12.166) definierte Konstante ω_1 gleich $2\omega_0$ (es handelt sich hierbei um die Bezeichnung aus Abschnitt 12.5; um die Ergebnisse jenes Abschnitts zu erhalten, reicht es also aus, in dieser Ergänzung ω_1 durch $2\omega_0$ und ω_2 durch 0 zu ersetzen).

einstimmen. Die anderen beiden Eigenwerte ergeben sich mit der Diagonalisierung der verbleibenden 2×2-Matrix und sind

$$E_3 = -\frac{\mathcal{A}\hbar^2}{4} + \sqrt{\left(\frac{\mathcal{A}\hbar^2}{2}\right)^2 + \frac{\hbar^2}{4}(\omega_1 - \omega_2)^2}, \tag{12.174}$$

$$E_4 = -\frac{\mathcal{A}\hbar^2}{4} - \sqrt{\left(\frac{\mathcal{A}\hbar^2}{2}\right)^2 + \frac{\hbar^2}{4}(\omega_1 - \omega_2)^2}. \tag{12.175}$$

In einem schwachen Feld entsprechen sie den Zuständen $|1, 0\rangle$ bzw. $|0, 0\rangle$ und in einem starken Feld den Zuständen $|+, -\rangle$ und $|-, +\rangle$.

Das Zeeman-Diagramm für das Myonium

Der einzige Unterschied zu den Ergebnissen von Abschnitt 12.5.4 besteht darin, dass wir hier auch die Zeeman-Kopplung des Teilchens (2) mit in Betracht ziehen. Dieser Unterschied wird nur in einem ausreichend starken Feld spürbar.

Betrachten wir also die Ausdrücke für die Energien E_3 und E_4 für $\hbar(\omega_1 - \omega_2) \gg \mathcal{A}\hbar^2$, dann gilt

$$E_3 \approx -\frac{\mathcal{A}\hbar^2}{4} + \frac{\hbar}{2}(\omega_1 - \omega_2), \tag{12.176}$$

$$E_4 \approx -\frac{\mathcal{A}\hbar^2}{4} - \frac{\hbar}{2}(\omega_1 - \omega_2). \tag{12.177}$$

Wir vergleichen nun den Ausdruck (12.176) mit (12.172) und (12.177) mit (12.173): Wir sehen, dass in einem starken Feld die Energieniveaus nicht mehr wie in Abschnitt 12.5.3 durch Paare paralleler Linien dargestellt werden. Die Steigungen der Asymptoten des E_1- und des E_3-Niveaus sind $-\hbar(\gamma_1 + \gamma_2)/2$ bzw. $-\hbar(\gamma_1 - \gamma_2)/2$ und entsprechend die des E_2- und E_4-Niveaus $\hbar(\gamma_1 + \gamma_2)/2$ und $\hbar(\gamma_1 - \gamma_2)/2$. Da die beiden Teilchen (1) und (2) entgegengesetzt geladen sind, haben γ_1 und γ_2 entgegengesetzte Vorzeichen. In einem ausreichend starken Feld wandert demnach das E_3-Niveau (das dann dem Zustand $|+, -\rangle$ entspricht) über das E_1-Niveau (entsprechend dem Zustand $|+, +\rangle$), da seine Steigung $-\hbar(\gamma_1 - \gamma_2)/2$ größer als $-\hbar(\gamma_1 + \gamma_2)/2$ ist.

Der Abstand zwischen E_1 und E_3 hängt somit in folgender Weise von B_0 ab (s. Abb. 12.12): Bei null beginnend steigt er für den Wert B_0 auf ein Maximum, der die Ableitung von

$$E_1 - E_3 = \frac{\mathcal{A}\hbar^2}{2} + f(B_0) \tag{12.178}$$

mit

$$f(B_0) = -\frac{\hbar}{2}(\gamma_1 + \gamma_2)B_0 - \sqrt{\left(\frac{\mathcal{A}\hbar^2}{2}\right)^2 + \frac{\hbar^2 B_0^2}{4}(\gamma_1 - \gamma_2)^2} \tag{12.179}$$

verschwinden lässt. Der Abstand geht dann erneut auf null und steigt schließlich unbegrenzt an. Der Abstand zwischen E_2 und E_4 beginnt mit dem Wert $\mathcal{A}\hbar^2$, fällt für den Wert B_0, bei dem die Ableitung von

$$E_2 - E_4 = \frac{\mathcal{A}\hbar^2}{2} - f(B_0) \tag{12.180}$$

verschwindet, auf ein Minimum und wächst dann wiederum unbegrenzt. Da in Gl. (12.178) und (12.180) dieselbe Funktion $f(B_0)$ auftritt, können wir zeigen, dass derselbe Wert B_0 (derjenige, für den die Ableitung von $f(B_0)$ verschwindet) den Abstand zwischen dem E_1- und E_3-Niveau bzw. dem E_2- und E_4-Niveau entweder minimal oder maximal werden lässt. Diese Eigenschaft lässt sich verwenden, um die Genauigkeit der experimentellen Bestimmung der Hyperfeinstruktur des Myoniums zu erhöhen.

Bremst man polarisierte Myonen (z. B. im Zustand $|+\rangle$) in einem dünnen Gastarget ab, so kann man in einem starken Feld myonische Atome erzeugen, die vorzugsweise in den Zuständen $|+,+\rangle$ und $|-,+\rangle$ vorliegen. Wenn man nun gleichzeitig zwei Radiofrequenzfelder mit Frequenzen bei $(E_1 - E_3)/h$ und $(E_2 - E_4)/h$ anlegt, so werden Resonanzübergänge von $|+,+\rangle$ nach $|+,-\rangle$ und von $|-,+\rangle$ nach $|-,-\rangle$ induziert (Pfeile in Abb. 12.12). Sie werden im Experiment nachgewiesen, da sie einem Umklappen des Myonenspins entsprechen, was sich beim β-Zerfall der Myonen in einer Anisotropieänderung der emittierten Positronen widerspiegelt. Wählt man das Feld B_0 so, dass die Ableitung von $f(B_0)$ verschwindet, so stellen die Inhomogenitäten des Feldes in der Gaszelle kein Problem dar, weil die Resonanzfrequenzen $(E_1 - E_3)/h$ und $(E_2 - E_4)/h$ des Myoniums von einer Magnetfeldänderung nicht in erster Ordnung beeinflusst werden.

Bemerkung

Für den Grundzustand des Wasserstoffatoms erhalten wir entsprechend zu Abb. 12.12 ein Zeeman-Diagramm, wenn wir die Zeeman-Kopplung zwischen dem Protonenspin und dem Feld $\boldsymbol{B}_0$ mit berücksichtigen.

Zeeman-Diagramm für das Positronium

Wenn wir in Gl. (12.172) und (12.173) $\omega_1 = -\omega_2$ setzen (diese Eigenschaft folgt direkt aus der Tatsache, dass das Positron das Antiteilchen des Elektrons ist), so ist das E_1- und das E_2-Niveau von B_0 unabhängig:

$$E_1 = E_2 = \frac{\mathcal{A}\hbar^2}{4}. \tag{12.181}$$

Andererseits erhalten wir aus Gl. (12.174) und (12.175)

$$E_3 = -\frac{\mathcal{A}\hbar^2}{4} + \sqrt{\left(\frac{\mathcal{A}\hbar^2}{2}\right)^2 + \hbar^2\gamma_1^2 B_0^2}, \tag{12.182}$$

$$E_4 = -\frac{\mathcal{A}\hbar^2}{4} - \sqrt{\left(\frac{\mathcal{A}\hbar^2}{2}\right)^2 + \hbar^2\gamma_1^2 B_0^2}. \tag{12.183}$$

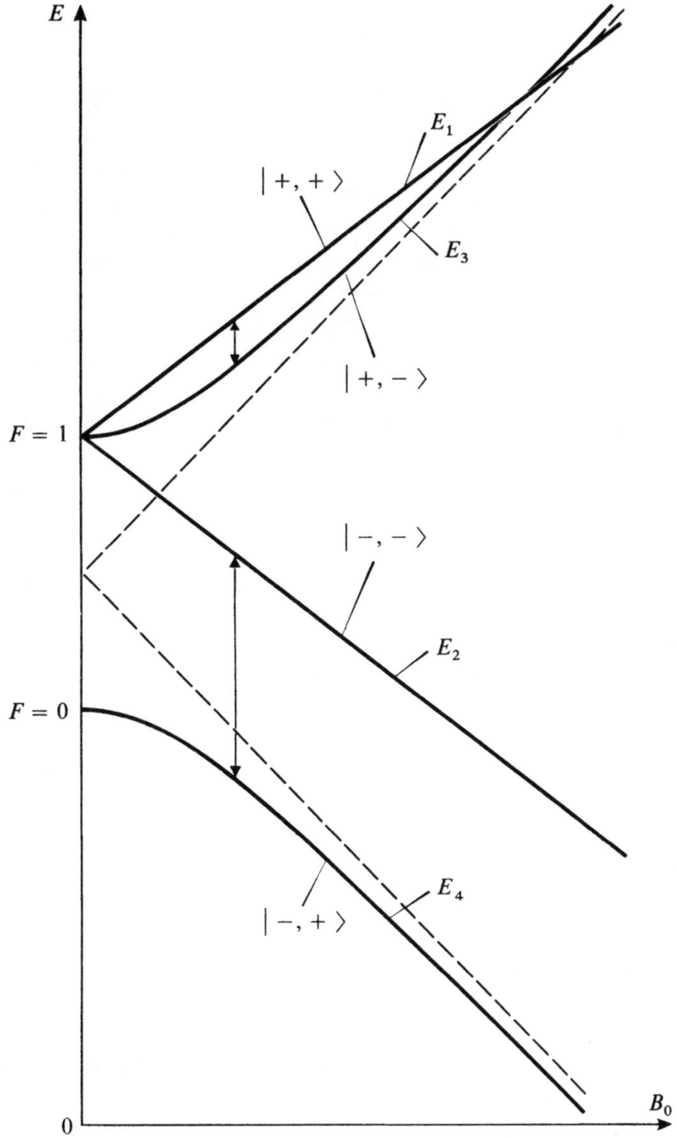

Abb. 12.12 Zeeman-Diagramm des $1s$-Grundzustands von Myonium. Da wir hier die Zeeman-Kopplung zwischen dem magnetischen Moment des Myons und dem konstanten Magnetfeld $\boldsymbol{B}_0$ nicht vernachlässigen, sind die beiden durchgezogenen Linien (die in einem starken Feld derselben Orientierung des Elektronenspins aber entgegengesetzter Orientierung des Myonenspins entsprechen) nicht mehr wie für das Wasserstoffatom parallel (im Zeeman-Diagramm von Abb. 12.9 wurde die Larmor-Frequenz ω_n des Protons vernachlässigt). Für denselben Wert des Felds B_0 wird der Abstand zwischen E_1 und E_3 maximal und zwischen E_2 und E_4 minimal. Die Pfeile stellen die Übergänge dar, die experimentell für diesen Wert B_0 untersucht werden.

Das Zeeman-Diagramm für das Positronium hat daher die in Abb. 12.13 dargestellte Form. Es besteht aus zwei sich überlagernden Geraden parallel zur B_0-Achse und einer Hyperbel.

Das Positronium ist instabil; es zerfällt unter Emission von Photonen. In einem Feld null lässt sich anhand von Symmetrieüberlegungen zeigen, dass der $F = 0$-Zustand (Singulett-Spinzustand oder Parapositronium) beim Zerfall zwei Photonen emittiert. Seine Halbwertszeit beträgt $\tau_0 \approx 1.25 \times 10^{-10}$ s. Der $F = 1$-Zustand (Triplett-Spinzustand oder Orthopositronium) hingegen kann nur durch die Emission von drei Photonen zerfallen (der Zwei-Photonen-Übergang ist verboten). Dieser Prozess ist viel weniger wahrscheinlich und die Halbwertszeit des Tripletts demnach viel größer: $\tau_1 \approx 1.4 \times 10^{-7}$ s.

Wenn man ein konstantes Feld anlegt, behalten das E_1- und das E_2-Niveau dieselbe Lebensdauer, da die entsprechenden Eigenzustände nicht von B_0 abhängen. Der Zustand $|1, 0\rangle$ hingegen ist mit $|0, 0\rangle$ „gemischt" und umgekehrt. Rechnungen analog zu denen von Abschnitt 4.11 zeigen, dass die Lebensdauer des E_3-Niveaus im Vergleich zu ihrem Wert τ_1 im verschwindenden Feld reduziert wird (die des E_4-Niveaus wird im Vergleich zu τ_0 erhöht). Die Positroniumatome im E_3-Niveau zerfallen dann mit einer gewissen Wahrscheinlichkeit unter Emission zweier Photonen.

Der Unterschied in den Lebensdauern der drei Energiezustände E_1, E_2, E_3 in Anwesenheit eines Felds B_0 stellt die Grundlage für die Methoden zur Messung der Hyperfeinstruktur des Positroniums dar. Die Bildung von Positroniumatomen durch den Einfang eines Positrons durch ein Elektron führt allgemein zu einer gleichen Anzahl von Energiezuständen E_1, E_2, E_3, E_4. Bei angelegtem Feld B_0 zerfallen die beiden Zustände E_1 und E_2 langsamer als der E_3-Zustand, so dass sie im stationären Zustand häufiger sind. Legt man nun ein Radiofrequenzfeld mit der Oszillationsfrequenz $(E_3 - E_1)/h = (E_3 - E_2)/h$ an, so werden Resonanzübergänge von den E_1- und E_2-Zuständen in den E_3-Zustand induziert (Pfeil in Abb. 12.13). Dadurch wird die Zerfallsrate über Zwei-Photonen-Emission erhöht und die Beobachtung der Resonanz ermöglicht, wenn (bei festgehaltenem B_0) die Frequenz des oszillierenden Felds variiert wird. Über die Bestimmung von $E_3 - E_1$ bei einem gegebenen Wert B_0 kann dann mit Hilfe von Gl. (12.181) und Gl. (12.182) die Konstante $\mathcal{A}$ ermittelt werden.

Auch in einem verschwindenden Feld könnten Resonanzübergänge zwischen den ungleich besetzten $F = 1$- und $F = 0$-Niveaus induziert werden. Die entsprechende Resonanzfrequenz (12.163) ist allerdings sehr groß und experimentell nicht leicht zu erzeugen. Deshalb arbeitet man lieber mit dem „niederfrequenten" Übergang, der durch den Pfeil in Abb. 12.13 dargestellt ist.

12.9 Elektronenspin und Zeeman-Effekt

12.9.1 Einleitung

Die Aussagen, die wir in Abschnitt 7.7 über den Zeeman-Effekt für die Resonanzlinie des Wasserstoffatoms (der Übergang $1s \leftrightarrow 2p$) getroffen haben, müssen modifiziert werden, wenn zusätzlich der Elektronenspin mit den entsprechenden magnetischen Wechselwir-

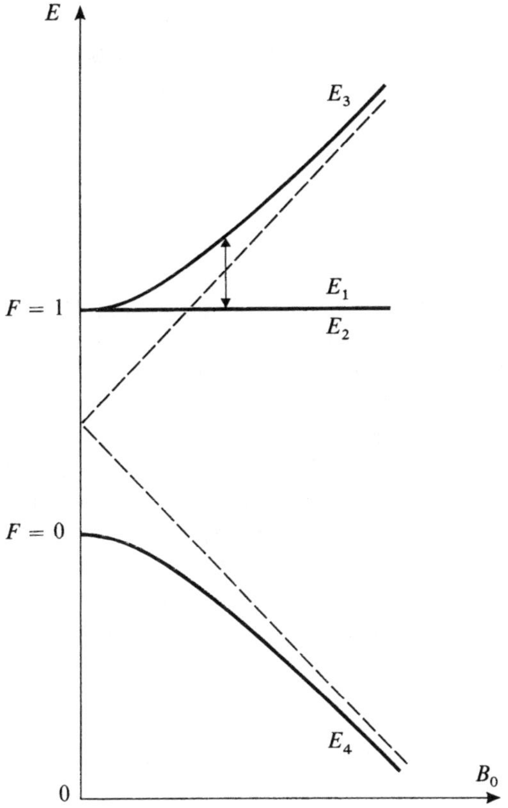

Abb. 12.13 Zeeman-Diagramm des $1s$-Grundzustands des Positroniums. Wie bei Wasserstoff und Myonium besteht das Diagramm aus einer Hyperbel und zwei geraden Linien. Da die gyromagnetischen Verhältnisse von Elektron und Positron entgegengesetzt gleich sind, haben die beiden geraden Linien jedoch die Steigung null und überlagern sich (in den beiden zugehörigen Zuständen mit der Energie E_1 und E_2 ist das magnetische Gesamtmoment null, da Elektronen- und Positronenspin parallel sind). Der Pfeil stellt den experimentell untersuchten Übergang dar.

kungen berücksichtigt werden soll. Unter Verwendung der bisherigen Ergebnisse wollen wir dies jetzt tun.

Zur Vereinfachung vernachlässigen wir Effekte, die mit dem Kernspin zusammenhängen (sie sind sehr viel geringer als die Effekte des Elektronenspins). Wir sehen daher von der Hyperfeinstrukturkopplung W_{hf} (Abschnitt 12.2.2) ab und betrachten einen Hamilton-Operator der Form

$$H = H_0 + W_{\text{f}} + W_{\text{Z}}. \tag{12.184}$$

Dabei bezeichnet H_0 den elektrostatischen Hamilton-Operator aus Abschnitt 7.3, W_{f} ist die Summe der Feinstrukturterme (Abschnitt 12.2.1),

$$W_{\text{f}} = W_{mv} + W_{\text{D}} + W_{\text{SB}}, \tag{12.185}$$

und W_Z ist der Zeeman-Hamilton-Operator (Abschnitt 12.5.1), der die Wechselwirkung des Atoms mit einem Magnetfeld $\boldsymbol{B}_0$ parallel zur z-Achse beschreibt:

$$W_Z = \omega_0(L_z + 2S_z); \tag{12.186}$$

die Larmor-Frequenz ω_0 wird gegeben durch

$$\omega_0 = -\frac{q}{2m_e}B_0 \tag{12.187}$$

(wir vernachlässigen ω_n gegenüber ω_0; s. Abschnitt 12.5.1, Gl. (12.75)).

Wir bestimmen die Eigenwerte und Eigenvektoren von H mit einer ähnlichen Methode wie in Abschnitt 12.5: Wir behandeln W_f und W_Z als Störungen von H_0. Obwohl die $2s$- und die $2p$-Niveaus dieselbe ungestörte Energie haben, können wir sie getrennt untersuchen, da sie weder untereinander, noch mit W_f (Abschnitt 12.3.2) oder W_Z in Zusammenhang stehen. In dieser Ergänzung bezeichnen wir das Magnetfeld $\boldsymbol{B}_0$ als schwach oder stark, je nachdem ob W_Z im Vergleich zu W_f klein oder groß ist. Zu beachten ist dabei, dass die hier als „schwach" bezeichneten Felder solche sind, für die W_Z klein ist verglichen mit W_f aber groß verglichen mit W_{hf}; diese „schwachen Felder" sind somit viel stärker als die in Abschnitt 12.5 betrachteten.

Sind die Eigenwerte und Eigenzustände von H einmal ermittelt, so können wir die zeitliche Entwicklung der Erwartungswerte der drei Komponenten des elektrischen Dipolmoments des Atoms bestimmen. Da eine analoge Rechnung bereits in Abschnitt 7.7 durchgeführt wurde, werden wir sie hier nicht wiederholen. Wir werden lediglich die Frequenzen und Polarisationszustände der verschiedenen Zeeman-Komponenten der Resonanzlinie des Wasserstoffs (der Lyman-α-Linie) für starke und schwache Felder angeben.

12.9.2 Zeeman-Diagramme des 1*s*- und 2*s*-Niveaus

Wie wir in Abschnitt 12.4.1 sahen, verschiebt W_f das $1s$-Niveau insgesamt und erzeugt nur ein Feinstrukturniveau $1s_{1/2}$; dasselbe gilt für das $2s$-Niveau, das zu $2s_{1/2}$ wird. In beiden Niveaus können wir eine Basis

$$\{|n; l = 0; m_L = 0; m_S = \pm 1/2; m_I = \pm 1/2\rangle\} \tag{12.188}$$

aus gemeinsamen Eigenvektoren von H_0, $\boldsymbol{L}^2$, L_z, S_z, I_z wählen (da H nicht auf den Protonenspin wirkt, unterdrücken wir im Folgenden m_I).

Die Vektoren (12.188) sind offensichtlich Eigenvektoren von W_Z mit den Eigenwerten $2m_S\hbar\omega_0$. Jedes $1s_{1/2}$- oder $2s_{1/2}$-Niveau wird demnach in einem Feld B_0 in zwei Zeeman-Unterniveaus der Energien

$$E(n; l = 0; m_L = 0; m_S) = E(ns_{1/2}) + 2m_S\hbar\omega_0 \tag{12.189}$$

aufgespalten, wobei $E(ns_{1/2})$ die in den Abschnitten 12.3.2 und 12.4.1 berechnete Energie des $ns_{1/2}$-Niveaus ohne Feld bezeichnet. Das Zeeman-Digramm des $1s_{1/2}$-Niveaus (und des $2s_{1/2}$-Niveaus) besteht somit aus zwei geraden Linien der Steigungen $+1$ und -1 (Abb. 12.14), die den beiden möglichen Orientierungen des Spins relativ zu $\boldsymbol{B}_0$ ($m_S = +1/2$ bzw. $m_S = -1/2$) entsprechen.

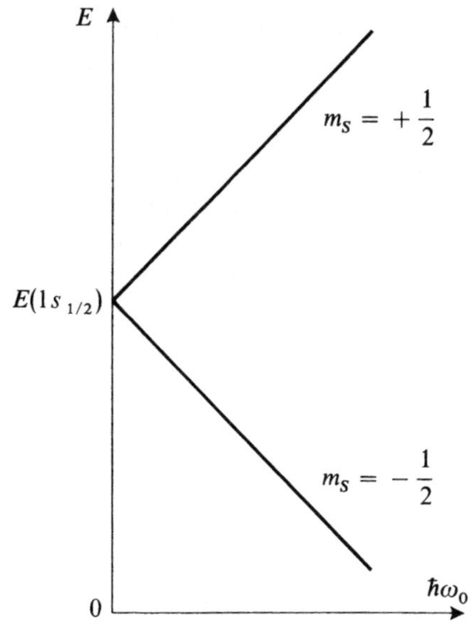

Abb. 12.14 Zeeman-Diagramm des $1s_{1/2}$-Niveaus bei Vernachlässigung der Hyperfeinstrukturkopplung W_{hf}. Die Ordinate des Punkts, in dem sich die beiden Niveaus $m_S = \pm 1/2$ schneiden, ist gleich der Energie des $1s_{1/2}$-Niveaus (das ist der Eigenwert $-E_{\mathrm{I}}$ von H_0, der aufgrund des Feinstruktur-Hamilton-Operators W_{f} insgesamt verschoben ist). Die Modifizierungen dieses Diagramms unter der Wirkung von W_{hf} lassen sich Abb. 12.9 entnehmen.

Der Vergleich von Abb. 12.14 mit Abb. 12.9 zeigt, dass die hier vorausgesetzte Vernachlässigung des Kernspins dazu führt, so große Felder $\boldsymbol{B}_0$ zu betrachten, dass $W_{\mathrm{Z}} \gg W_{\mathrm{hf}}$ gilt. Wir befinden uns dann im asymptotischen Bereich des Diagramms in Abb. 12.9, für den die Aufspaltung der Energieniveaus durch den Protonenspin und die Hyperfeinstrukturkopplung vernachlässigt werden kann.

12.9.3 Zeeman-Diagramme des $2p$-Niveaus

Im sechsdimensionalen $2p$-Unterraum können wir die Basis

$$\{|n = 2; l = 1; m_L; m_S\rangle\} \tag{12.190}$$

oder

$$\{|n = 2; l = 1; J; m_J\rangle\} \tag{12.191}$$

wählen, die den Drehimpulsen $\boldsymbol{L}$ und $\boldsymbol{S}$ bzw. dem Gesamtdrehimpuls $\boldsymbol{J}$ angepasst sind (s. Abschnitt 10.4.2, Gleichungen (10.151) und (10.152)).

Die Terme W_{mv} und W_{D}, die im Ausdruck (12.185) für W_{f} auftreten, verschieben das $2p$-Niveau als Ganzes. Zur Untersuchung der Zeeman-Niveaus des $2p$-Niveaus diagonalisieren wir daher die 6×6-Matrix, die $W_{\mathrm{SB}} + W_{\mathrm{Z}}$ in einer der beiden Basen (12.190) oder (12.191) darstellt. Diese Matrix kann, da W_Z und $W_{SB} = \xi_{2p}\boldsymbol{L} \cdot \boldsymbol{S}$ beide mit $J_z = L_z + S_z$ vertauschen, in ebenso viele Untermatrizen aufgespalten werden, wie es verschiedene Werte von m_J gibt. Es treten somit zwei eindimensionale (entsprechend den Werten $m_J = +3/2$ bzw. $m_J = -3/2$) und zwei zweidimensionale Untermatrizen (entsprechend den Werten $m_J = +1/2$ bzw. $m_J = -1/2$) auf. Die Bestimmung der Eigenwerte und der zugehörigen Eigenvektoren (die der Rechnung in Abschnitt 12.5.4 entspricht) stellt keine Schwierigkeit dar und führt auf das in Abb. 12.15 dargestellte Zeeman-Diagramm. Dieses Diagramm besteht aus zwei Geraden und vier Hyperbelzweigen.

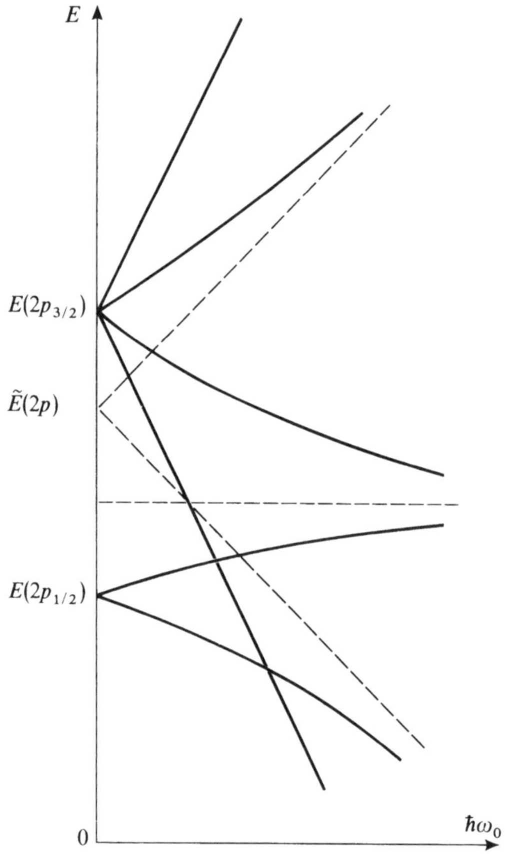

Abb. 12.15 Zeeman-Diagramm des $2p$-Niveaus bei Vernachlässigung der Hyperfeinstrukturkopplung W_{hf}. In einem Feld null liegen die Feinstrukturniveaus $2p_{1/2}$ und $2p_{3/2}$ vor. Das Zeeman-Diagramm besteht aus zwei geraden Linien und zwei Hyperbeln (deren Asymptoten als gestrichelte Linien eingezeichnet sind). Die Hyperfeinstrukturkopplung W_{hf} würde das Diagramm nur in der Nähe von $\omega_0 = 0$ merklich verändern. $\tilde{E}(2p)$ bezeichnet die Energie des $2p$-Niveaus (Eigenwert $-E_I/4$ von H_0), die um die von $W_{mv} + W_D$ erzeugte globale Verschiebung korrigiert ist.

In einem Feld null hängen die Energien nur von J ab. Es ergeben sich die beiden Feinstrukturniveaus $2p_{3/2}$ und $2p_{1/2}$, die wir bereits in Abschnitt 12.3 untersucht haben, mit der Energie

$$\begin{aligned} E(2p_{3/2}) &= \tilde{E}(2p) + \frac{1}{2}\xi_{2p}\hbar^2, \\ E(2p_{1/2}) &= \tilde{E}(2p) - \xi_{2p}\hbar^2; \end{aligned} \tag{12.192}$$

$\tilde{E}(2p)$ ist die Energie des $2p$-Niveaus $E(2p)$, korrigiert um die globale Verschiebung aufgrund von W_{mv} und W_{D}. ξ_{2p} ist die Konstante, die in der Einschränkung $\xi_{2p}\boldsymbol{L}\cdot\boldsymbol{S}$ von W_{SB} auf das $2p$-Niveau auftritt (s. Abschnitt 12.3.2, Gl. (12.40)).

In schwachen Feldern ($W_{\mathrm{Z}} \ll W_{\mathrm{SB}}$) lässt sich die Steigung der Energieniveaus erhalten, wenn man W_{Z} als Störung von W_{f} behandelt. Es sind dann die 4×4- und 2×2-Matrizen zu diagonalisieren, die W_{Z} im $2p_{3/2}$- und $2p_{1/2}$-Niveau darstellen. Rechnungen analog zu denen in Abschnitt 12.5.2 zeigen, dass diese beiden Untermatrizen jeweils proportional zu denen sind, die $\omega_0 J_z$ in denselben Unterräumen darstellen. Die Proportionalitätskoeffizienten, die *Landé-Faktoren* (s. Abschnitt 10.7.3), sind

$$g(2p_{3/2}) = \frac{4}{3} \quad \text{bzw.} \quad g(2p_{1/2}) = \frac{2}{3}. \tag{12.193}$$

In schwachen Feldern spaltet also jedes Feinstrukturniveau in $2J+1$ äquidistante Zeeman-Unterniveaus auf. Die Eigenzustände sind dann Zustände der „gekoppelten" Basis (12.191) mit den Eigenwerten

$$E(J, m_J) = E(2p_J) + m_J\, g(2p_J)\,\hbar\omega_0, \tag{12.194}$$

wobei die $E(2p_J)$ durch die Ausdrücke (12.192) gegeben werden.

In starken Feldern ($W_{\mathrm{Z}} \gg W_{\mathrm{SB}}$) können wir andererseits $W_{\mathrm{SB}} = \xi_{2p}\boldsymbol{L}\cdot\boldsymbol{S}$ als Störung des Operators W_{Z}, der in der Basis (12.190) diagonal ist, betrachten. Wie in Abschnitt 12.5.3 lässt sich leicht zeigen, dass nur die Diagonalelemente von $\xi_{2p}\boldsymbol{L}\cdot\boldsymbol{S}$ beitragen, wenn die Korrekturen in erster Ordnung von W_{SB} berechnet werden. Wir sehen also, dass die Eigenzustände in starken Feldern Zustände der „entkoppelten" Basis (12.190) sind, und die zugehörigen Eigenwerte lauten

$$E(m_L, m_S) = \tilde{E}(2p) + (m_L + 2m_S)\hbar\omega_0 + m_L m_S \hbar^2 \xi_{2p}; \tag{12.195}$$

Gl. (12.195) gibt die Asymptoten des Diagramms in Abb. 12.15 wieder.

Mit dem Ansteigen des Felds B_0 gehen wir kontinuierlich von Basis (12.191) zu Basis (12.190) über. Das magnetische Feld entkoppelt allmählich Bahndrehimpuls und Spin. Diese Situation entspricht der, die wir in Abschnitt 12.5 untersuchten, wo die Drehimpulse $\boldsymbol{S}$ und $\boldsymbol{I}$ entweder ge- oder entkoppelt waren, je nach der relativen Stärke der Hyperfeinstrukturterme und des Zeeman-Terms.

12.9.4 Zeeman-Effekt der Resonanzlinie

Problemstellung

Mit Überlegungen wie in Abschnitt 7.7.2 (s. insbesondere die Bemerkung am Ende von Abschnitt 7.7) lässt sich zeigen, dass der optische Übergang zwischen einem $2p$- und

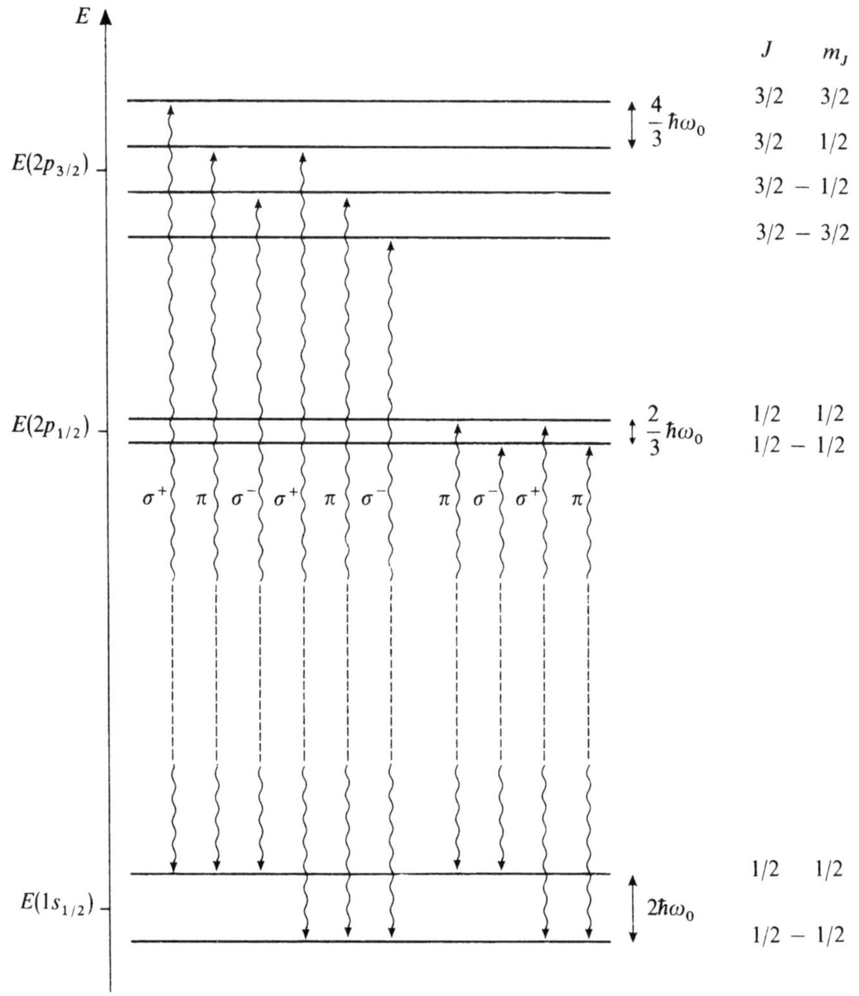

Abb. 12.16 Anordnung der Zeeman-Unterniveaus, die sich aus den Feinstrukturniveaus $1s_{1/2}$, $2p_{1/2}$, $2p_{3/2}$ (deren Energie im Feld null auf der vertikalen Energieskala angegeben ist) im schwachen Feld ergeben. Auf der rechten Seite der Abbildung sind die Aufspaltung zwischen benachbarten Zeeman-Unterniveaus (zur Verdeutlichung ist diese Aufspaltung im Vergleich zur Feinstrukturaufspaltung zwischen dem $2p_{1/2}$- und $2p_{3/2}$-Niveau übertrieben groß dargestellt) und die Werte der Quantenzahlen J und m_J von allen Unterniveaus angegeben. Die Pfeile zeigen die Zeeman-Komponenten der Resonanzlinie, die jeweils eine wohldefinierte Parität σ^+, σ^- oder π haben.

einem $1s$-Zeeman-Unterniveau nur dann möglich ist, wenn das Matrixelement des elektrischen Dipoloperators $q\boldsymbol{R}$ zwischen diesen beiden Zuständen nicht verschwindet (der elektrische Dipol hat als ungerader Operator keine Matrixelemente zwischen dem $1s$- und dem $2s$-Zustand, die beide gerade sind. Deshalb gehen wir auf die $2s$-Zustände hier nicht ein). Die Polarisation des emittierten Lichts ist σ^+, σ^- oder π, je nachdem ob der Operator $q(X + \mathrm{i}Y)$, $q(X - \mathrm{i}Y)$ oder qZ ein nichtverschwindendes Matrixelement zwischen den beiden betrachteten Zeeman-Unterniveaus hat. Wir können somit mit den oben ermittelten Eigenvektoren und Eigenwerten von H die verschiedenen Zeeman-Komponenten der Wasserstoffresonanzlinie und die zugehörigen Polarisationszustände bestimmen.

Bemerkung

Die Operatoren $q(X+\mathrm{i}Y)$, $q(X-\mathrm{i}Y)$ und qZ wirken nur auf den Bahnanteil der Wellenfunktionen und bewirken eine Änderung von m_L um $+1$, -1 bzw. 0 (s. Abschnitt 7.7.2); m_S bleibt unverändert. Da es sich bei $m_J = m_L + m_S$ um eine gute Quantenzahl handelt (für eine beliebige Stärke des Felds B_0), sind $\Delta m_J = +1$-Übergänge σ^+-polarisiert, $\Delta m_J = -1$-Übergänge σ^--polarisiert und $\Delta m_J = 0$-Übergänge π-polarisiert.

Zeeman-Komponenten im schwachen Feld

In Abb. 12.16 sind die verschiedenen Zeeman-Unterniveaus, die aus den $1s_{1/2}$-, $2p_{1/2}$- und $2p_{3/2}$-Niveaus im schwachen Feld resultieren, dargestellt; sie ergeben sich aus den Gleichungen (12.189), (12.194) und (12.193). Die vertikalen Pfeile geben die Zeeman-Komponenten der Resonanzlinie an. Die Polarisationen sind σ^+, σ^- oder π entsprechend $\Delta m_J = +1, -1$ oder 0.

In Abb. 12.17 sind diese Komponenten auf einem Frequenzband relativ zu den Positionen für ein Feld null aufgetragen. Das Ergebnis unterscheidet sich beträchtlich von dem in Abschnitt 7.7.2 (s. Abb. 7.11), wo wir in einer Richtung senkrecht zu $\boldsymbol{B}_0$ drei äquidistante Komponenten der Polarisation σ^+, π, σ^- mit einem Frequenzabstand $\omega_0/2\pi$ gefunden haben.

Zeeman-Komponenten im starken Feld. Paschen-Back-Effekt

Abbildung 12.18 zeigt die verschiedenen Zeeman-Unterniveaus, die sich aus den $1s$- und $2p$-Niveaus im starken Feld ergeben (s. Gl. (12.189) und Gl. (12.195)). In erster Ordnung von W_{SB} wird die Entartung der zwei Zustände $|m_L = -1, m_S = 1/2\rangle$ und $|m_L = 1, m_S = -1/2\rangle$ nicht aufgehoben. Die vertikalen Pfeile geben die Zeeman-Komponenten der Resonanzlinie an. Die Polarisationen sind σ^+, σ^- oder π entsprechend $\Delta m_J = +1, -1$ oder 0 (bei einem elektrischen Dipolübergang wird die Quantenzahl m_S nicht geändert). Das zugehörige optische Spektrum ist in Abb. 12.19 dargestellt. Während die beiden π-Übergänge dieselbe Frequenz aufweisen (s. Abb. 12.18), gibt es zwischen den Frequenzen der beiden σ^+- und σ^--Übergänge eine kleine Aufspaltung $\hbar\xi_{2p}/2\pi$. Der mittlere Abstand zwischen dem σ^+-Dublett und der π-Linie (oder zwischen der π-Linie und dem σ^--Dublett) ist gleich $\omega_0/2\pi$. Das Spektrum von Abb. 12.19 gleicht somit dem Spektrum von Abb. 7.11.

Die Aufspaltung der σ^+- und σ^--Linien aufgrund des Elektronenspins lässt sich leicht verstehen: In starken Feldern sind $\boldsymbol{L}$ und $\boldsymbol{S}$ entkoppelt. Da der $1s \leftrightarrow 2p$-Übergang ein

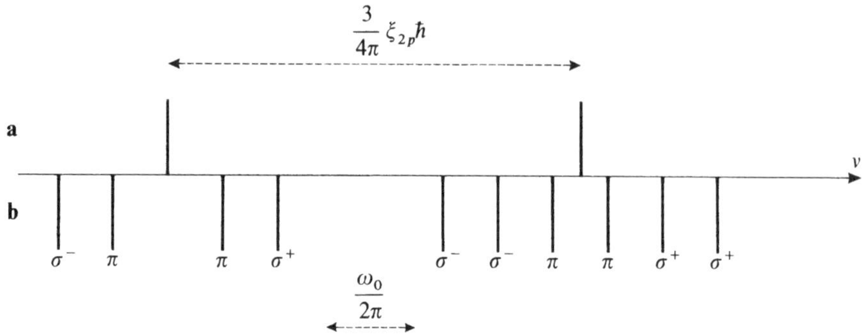

Abb. 12.17 Frequenzen der verschiedenen Zeeman-Komponenten der Wasserstoffresonanzlinie. (**a**) Feld null: Man beobachtet zwei durch das Feinstrukturintervall $3\,\xi_{2p}\hbar/4\pi$ getrennte Linien (ξ_{2p} ist die Spin-Bahn-Kopplungskonstante des $2p$-Niveaus), die zum Übergang $2p_{3/2} \longleftrightarrow 1s_{1/2}$ (rechte Linie) bzw. $2p_{1/2} \longleftrightarrow 1s_{1/2}$ (linke Linie) gehören. (**b**) Schwaches Feld B_0: Jede Linie spaltet in eine Serie von Zeeman-Komponenten mit den angezeigten Polarisationen auf; $\omega_0/2\pi$ ist die Larmor-Frequenz im Feld B_0.

elektrischer Dipolübergang ist, wirkt sich der optische Übergang nur auf den Bahndrehimpuls $\boldsymbol{L}$ des Elektrons aus. Eine Überlegung wie in Abschnitt 12.5.3 zeigt, dass sich die mit dem Spin zusammenhängende magnetische Wechselwirkung durch ein „inneres Feld“, das zum äußeren Feld addiert wird, beschreiben lässt, dessen Vorzeichen davon abhängt, ob der Spin nach oben oder nach unten zeigt. Dieses innere Feld erzeugt die Aufspaltung der σ^+- und σ^--Linien (die π-Linie wird nicht verändert, da ihre Quantenzahl m_L gleich null ist).

12.10 Stark-Effekt des Wasserstoffatoms

Wir betrachten ein Wasserstoffatom in einem statischen Magnetfeld $\boldsymbol{\mathcal{E}}$ parallel zur z-Achse. Zu dem in diesem Kapitel betrachteten Hamilton-Operator müssen wir dann den Stark-Hamilton-Operator W_S addieren, der die Wechselwirkungsenergie des elektrischen Dipolmoments $q\boldsymbol{R}$ des Atoms mit dem Feld $\boldsymbol{\mathcal{E}}$ beschreibt; W_S kann geschrieben werden

$$W_\text{S} = -q\boldsymbol{\mathcal{E}} \cdot \boldsymbol{R} = -q\mathcal{E}Z. \tag{12.196}$$

Selbst für die stärksten in einem Labor erzeugbaren elektrischen Felder gilt $W_\text{S} \ll H_0$. Allerdings kann für entsprechend starke Felder W_S die Größenordnung von W_f oder W_hf erreichen oder sogar übersteigen. Der Einfachheit halber wollen wir in dieser Ergänzung annehmen, dass das Feld $\mathcal{E}$ stark genug ist, um den Einfluss von W_S sehr viel größer als den von W_f oder W_hf zu machen. Wir berechnen also mit Hilfe der Störungstheorie den Einfluss von W_S direkt auf die in Kapitel 7 bestimmten Eigenzustände von H_0 (der nächste Schritt, der hier allerdings nicht mehr durchgeführt wird, bestünde dann in der Berechnung des Einflusses von W_f und dann von W_hf auf die Eigenzustände von $H_0 + W_\text{S}$).

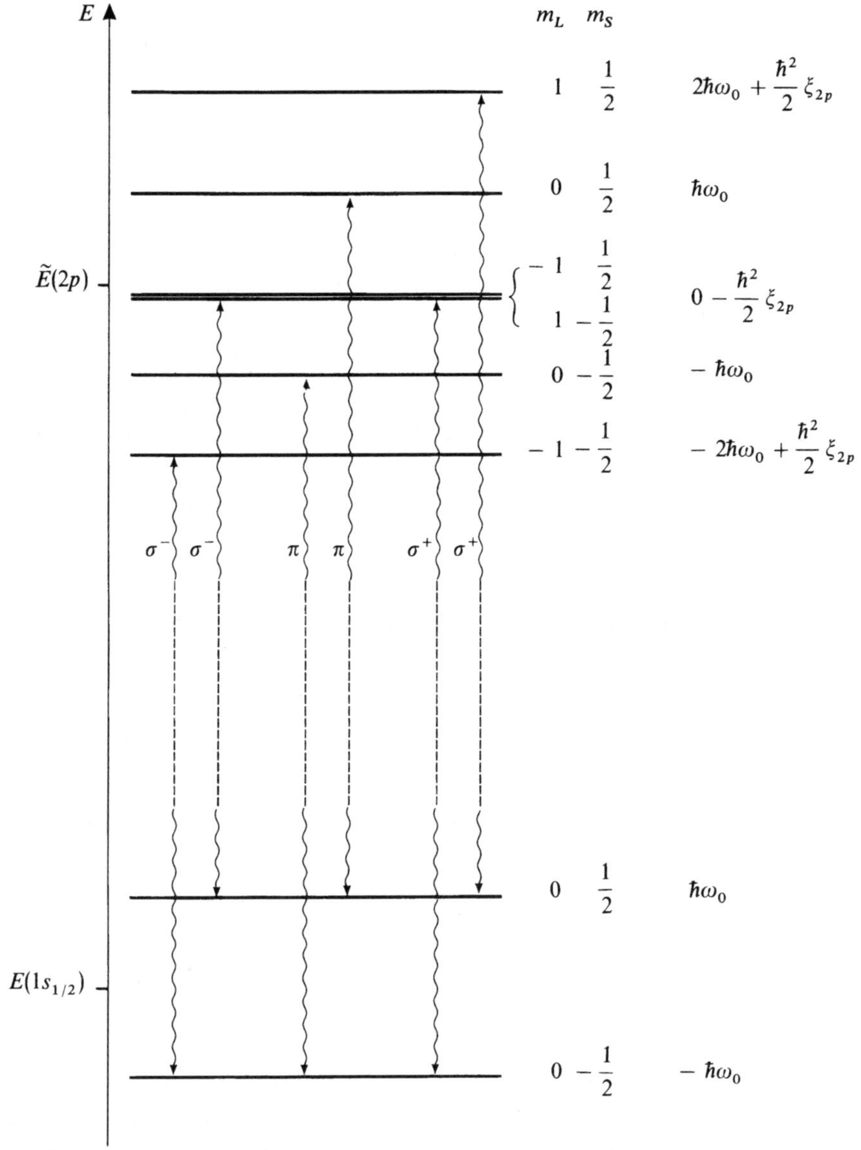

Abb. 12.18 Anordnung der Zeeman-Unterniveaus, die aus den $1s$- und $2p$-Niveaus im starken Feld (entkoppelte Feinstruktur) entstehen. Auf der rechten Seite der Abbildung sind für die einzelnen Zeeman-Unterniveaus die Werte der Quantenzahlen m_L und m_S und die entsprechenden Energien relativ zu $E(1s_{1/2})$ oder $\tilde{E}(2p)$ angegeben. Die vertikalen Pfeile zeigen die Zeeman-Komponenten der Resonanzlinie.

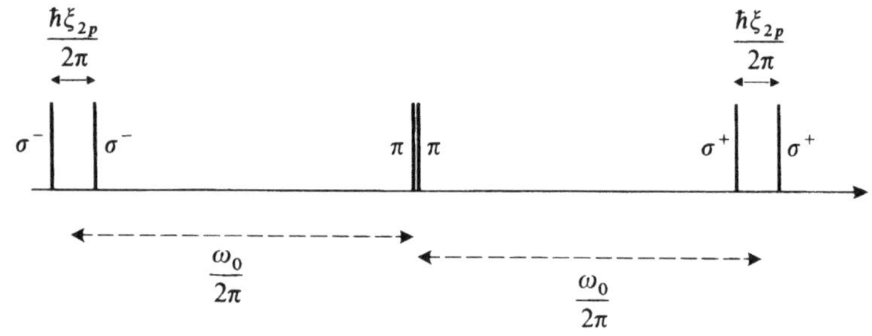

Abb. 12.19 Lage der Zeeman-Komponenten der Wasserstoffresonanzlinie im starken Feld. Abgesehen von der Aufspaltung der σ^+- und σ^--Linien entspricht dieses Spektrum dem aus Abschnitt 7.7, wo die Spineffekte vernachlässigt wurden.

Da weder H_0 noch W_S auf die Spinvariablen wirken, unterdrücken wir die Quantenzahlen m_S und m_I.

12.10.1 Stark-Effekt beim $n = 1$-Niveau

Die Verschiebung des 1s-Zustands ist quadratisch in $\mathcal{E}$

Der Störungstheorie zufolge ergibt sich der Einfluss des elektrischen Felds in erster Ordnung aus der Berechnung des Matrixelements

$$-q\mathcal{E}\langle n = 1, l = 0, m_L = 0 \,|\, Z \,|\, n = 1, l = 0, m_L = 0\rangle .$$

Da der Operator Z ungerade ist und der Grundzustand eine wohldefinierte Parität besitzt (er ist gerade), ist dieses Matrixelement gleich null.

Es gibt daher keinen in $\mathcal{E}$ linearen Effekt, und wir müssen zum nächsten Term der Störungsreihe gehen,

$$\varepsilon_2 = q^2\mathcal{E}^2 \sum_{n\neq 1,l,m} \frac{|\langle 1,0,0 \,|\, Z \,|\, n,l,m\rangle|^2}{E_1 - E_n}, \tag{12.197}$$

wobei $E_n = -E_{\mathrm{I}}/n^2$ der Eigenwert von H_0 zum Eigenzustand $|n,l,m\rangle$ ist (s. Abschnitt 7.3). Die vorstehende Summe verschwindet nicht, da es Zustände $|n,l,m\rangle$ gibt, deren Parität entgegengesetzt zu der von $|1,0,0\rangle$ ist. Wir schließen daher, dass der Stark-Effekt des 1s-Grundzustands in niedrigster Ordnung quadratisch in $\mathcal{E}$ ist. Da $E_1 - E_n$ immer negativ ist, wird der Grundzustand abgesenkt.

Polarisierbarkeit des 1s-Zustands

Wir wiesen bereits darauf hin, dass wegen der Parität die Erwartungswerte der Komponenten des Operators $q\boldsymbol{R}$ im Zustand $|1,0,0\rangle$ (ungestörter Grundzustand) verschwinden.

In Gegenwart eines elektrischen Feldes $\boldsymbol{\mathcal{E}}$ parallel zur z-Achse ist der Grundzustand nicht mehr $|1,0,0\rangle$, sondern

$$|\psi_0\rangle = |1,0,0\rangle - q\mathcal{E} \sum_{n\neq 1,l,m} |n,l,m\rangle \frac{\langle n,l,m \mid Z \mid 1,0,0\rangle}{E_1 - E_n} + \cdots. \tag{12.198}$$

Der Erwartungswert des Operators des elektrischen Dipolmoments $q\boldsymbol{R}$ im gestörten Grundzustand lautet also in erster Ordnung in $\mathcal{E}$: $\langle\psi_0|q\boldsymbol{R}|\psi_0\rangle$. Mit dem Ausdruck (12.198) für $|\psi_0\rangle$ erhalten wir dann

$$\langle\psi_0 \mid q\boldsymbol{R} \mid \psi_0\rangle = -q^2\mathcal{E} \times \sum_{n\neq 1,l,m} \frac{\langle 1,0,0|\boldsymbol{R}|n,l,m\rangle\langle n,l,m|Z|1,0,0\rangle + \langle 1,0,0|Z|n,l,m\rangle\langle n,l,m|\boldsymbol{R}|1,0,0\rangle}{E_1 - E_n}. \tag{12.199}$$

Wie wir sehen, verursacht das Feld $\mathcal{E}$ das Auftreten eines „induzierten" Dipolmoments mit einer Größe proportional zu $\mathcal{E}$. Mit Hilfe der Orthogonalitätsrelation der Kugelflächenfunktionen[16] lässt sich zeigen, dass $\langle\psi_0|qX|\psi_0\rangle$ und $\langle\psi_0|qY|\psi_0\rangle$ null sind und der einzige nichtverschwindende Wert durch

$$\langle\psi_0|qZ|\psi_0\rangle = -2q^2\mathcal{E} \sum_{n\neq 1,l,m} \frac{|\langle n,l,m \mid Z \mid 1,0,0\rangle|^2}{E_1 - E_n} \tag{12.200}$$

gegeben ist. Das induzierte Dipolmoment ist somit parallel zum angelegten Feld $\mathcal{E}$, was wegen der Kugelsymmetrie des $1s$-Zustands nicht überrascht. Der Proportionalitätskoeffizient χ zwischen dem induzierten Dipolmoment und dem Feld wird als lineare elektrische Suszeptibilität bezeichnet. Wir sehen, dass die Quantenmechanik ihre Berechnung für den $1s$-Zustand ermöglicht:

$$\chi_{1s} = -2q^2 \sum_{n\neq 1,l,m} \frac{|\langle n,l,m \mid Z \mid 1,0,0\rangle|^2}{E_1 - E_n}. \tag{12.201}$$

12.10.2 Stark-Effekt beim $n = 2$-Niveau

Der Einfluss von W_S auf das $n = 2$-Niveau ergibt sich in erster Ordnung durch die Diagonalisierung der Einschränkung von W_S auf den durch die vier Vektoren der Basis

$$\{|2,0,0\rangle;\ |2,1,m\rangle,\ m = -1,0,+1\}$$

aufgespannten Unterraum.

[16] Aus dieser Beziehung folgt, dass $\langle 1,0,0|Z|n,l,m\rangle$ nur dann von null verschieden ist, wenn $l = 1$, $m = 0$ gilt (dasselbe Argument verwenden wir unten zu Beginn des Abschnitts 12.10.2 für $\langle 2,1,m|Z|2,0,0\rangle$). Die Summation in den Gleichungen (12.197) bis (12.201) läuft somit eigentlich nur über n (sie enthält außerdem die Zustände des positiven Energiekontinuums).

Der $|2,0,0\rangle$-Zustand ist gerade; die drei $|2,1,m\rangle$-Zustände sind ungerade. Da W_S ungerade ist, sind das Matrixelement $\langle 2,0,0|W_S|2,0,0\rangle$ und die neun Matrixelemente $\langle 2,1,m'|W_S|2,1,m\rangle$ null (s. Abschnitt 2.12). Da andererseits die Zustände $|2,0,0\rangle$ und $|2,1,m\rangle$ entgegengesetzte Parität haben, kann das Matrixelement $\langle 2,1,m|W_S|2,0,0\rangle$ von null verschieden sein.

Wir wollen zeigen, dass nur $\langle 2,1,0|W_S|2,0,0\rangle$ nicht verschwindet: W_S ist proportional zu $Z = R\cos\theta$ und damit zu $Y_1^0(\theta)$. Das Winkelintegral, das in die Matrixelemente $\langle 2,1,m|W_S|2,0,0\rangle$ eingeht, hat daher die Form

$$\int Y_l^{m*}(\Omega) Y_1^0(\Omega) Y_0^0(\Omega)\, \mathrm{d}\Omega\,. \tag{12.202}$$

Da Y_0^0 eine Konstante ist, ist dieses Integral proportional zum Skalarprodukt von Y_1^0 und Y_1^m und somit nur für $m = 0$ ungleich null. Da außerdem Y_1^0, $R_{20}(r)$ und $R_{21}(r)$ reell sind, ist das entsprechende Matrixelement von W_S auch reell. Wir setzen

$$\langle 2,1,0|W_S|2,0,0\rangle = \gamma\mathcal{E}\,, \tag{12.203}$$

ohne uns um den genauen Wert von γ zu kümmern (er könnte ohne Schwierigkeiten berechnet werden, da wir die Wellenfunktionen $\varphi_{2,1,0}(\boldsymbol{r})$ und $\varphi_{2,0,0}(\boldsymbol{r})$ kennen).

Die Matrix, die W_S im $n = 2$-Niveau darstellt, ist somit von der folgenden Form (die Basisvektoren haben die Reihenfolge $|2,1,1\rangle$, $|2,1,-1\rangle$, $|2,1,0\rangle$, $|2,0,0\rangle$):

$$\begin{pmatrix} 0 & 0 & 0 & 0 \\ 0 & 0 & 0 & 0 \\ 0 & 0 & 0 & \gamma\mathcal{E} \\ 0 & 0 & \gamma\mathcal{E} & 0 \end{pmatrix}. \tag{12.204}$$

Daraus ergeben sich sofort die Korrekturen in erster Ordnung in $\mathcal{E}$ und die Eigenzustände nullter Ordnung:

$$\begin{array}{ccc} \text{Eigenzustände} & & \text{Korrekturen} \\ |2,1,1\rangle & \longleftrightarrow & 0, \\ |2,1,-1\rangle & \longleftrightarrow & 0, \\ (|2,1,0\rangle + |2,0,0\rangle)/\sqrt{2} & \longleftrightarrow & \gamma\mathcal{E}, \\ (|2,1,0\rangle - |2,0,0\rangle)/\sqrt{2} & \longleftrightarrow & -\gamma\mathcal{E}. \end{array} \tag{12.205}$$

Die Entartung des $n = 2$-Niveaus wird also teilweise aufgehoben; die Energieverschiebungen sind *linear* in $\mathcal{E}$, also nicht quadratisch. Das Auftreten eines linearen Stark-Effekts folgt aus der Existenz zweier Niveaus entgegengesetzter Parität und gleicher Energie, hier der $2s$- und $2p$-Niveaus. Dies tritt nur beim Wasserstoffatom auf (wegen der l-fachen Entartung der $n \neq 1$-Schalen).

Bemerkung
Die Zustände des $n = 2$-Niveaus sind nicht stabil. Die Lebensdauer des $2s$-Zustands ist allerdings wesentlich größer als die der $2p$-Zustände, da das Atom durch spontane Emission eines Lyman-α-Photons leichter von $2p$ nach $1s$ übergeht (die Lebensdauer ist von der Größenordnung 10^{-9}s), während der Zerfall des $2s$-Zustands die Emission zweier Photonen erfordert (Lebensdauer von der Größenordnung einer Sekunde). Deshalb spricht man bei den $2p$-Zuständen von instabilen und bei den $2s$-Zuständen von metastabilen Zuständen.

Da der Stark-Hamilton-Operator W_S nichtverschwindende Matrixelemente zwischen $2s$- und $2p$-Zuständen besitzt, „vermischt" ein beliebiges (konstantes oder oszillierendes) elektrisches Feld metastabile $2s$- mit instabilen $2p$-Zuständen, was die Lebensdauer der $2s$-Zustände drastisch verringert (s. auch Abschnitt 4.11, wo die Wirkung einer Kopplung zwischen zwei Zuständen unterschiedlicher Lebensdauern untersucht wird).

13 Näherungsmethoden für zeitabhängige Probleme

13.1 Problemstellung

Ein physikalisches Problem werde durch einen Hamilton-Operator H_0 beschrieben. Die Eigenwerte und Eigenvektoren von H_0 bezeichnen wir mit E_n bzw. $|\varphi_n\rangle$:

$$H_0 \, |\varphi_n\rangle = E_n \, |\varphi_n\rangle. \tag{13.1}$$

Der Einfachheit halber nehmen wir an, dass das Spektrum von H_0 diskret und nichtentartet ist; die entsprechenden Gleichungen lassen sich leicht verallgemeinern (s. z. B. Abschnitt 13.3.3). Weiterhin sei H_0 nicht explizit zeitabängig, so dass seine Eigenzustände stationäre Zustände sind.

Zur Zeit $t = 0$ beginne auf das System eine Störung zu wirken. Der Hamilton-Operator lautet dann

$$H(t) = H_0 + W(t) \tag{13.2}$$

mit

$$W(t) = \lambda \hat{W}(t); \tag{13.3}$$

λ ist ein reeller Parameter mit der Dimension eins, der sehr viel kleiner als eins ist, und $\hat{W}(t)$ eine Observable von derselben Größenordnung wie H_0 (sie darf explizit von der Zeit abhängen), die für $t < 0$ verschwindet.

Anfangs befinde sich das System im stationären Zustand $|\varphi_i\rangle$, einem Eigenzustand von H_0 mit der Energie E_i. Mit dem Einschalten der Störung bei $t = 0$ unterliegt das System einer Zeitentwicklung: Der Zustand $|\varphi_i\rangle$ ist im Allgemeinen kein Eigenzustand des gestörten Hamilton-Operators mehr. Wir wollen in diesem Kapitel die Wahrscheinlichkeit $\mathcal{P}_{if}(t)$ berechnen, das System zur Zeit t in einem anderen Eigenzustand $|\varphi_f\rangle$ von H_0 zu finden. Anders ausgedrückt untersuchen wir die Übergänge zwischen den stationären Zuständen des ungestörten Systems, die von der Störung $W(t)$ induziert werden.

Das Vorgehen ist einfach: Zwischen der Zeit 0 und t entwickelt sich das System gemäß der Schrödinger-Gleichung

$$\mathrm{i}\hbar \frac{\mathrm{d}}{\mathrm{d}t} \, |\psi(t)\rangle = [H_0 + \lambda \hat{W}(t)] |\psi(t)\rangle. \tag{13.4}$$

Die Lösung $|\psi(t)\rangle$ dieser Differentialgleichung erster Ordnung, die die Anfangsbedingung

$$|\psi(t = 0)\rangle = |\varphi_i\rangle \tag{13.5}$$

erfüllt, ist eindeutig bestimmt. Die gesuchte Wahrscheinlichkeit $\mathcal{P}_{if}(t)$ lässt sich schreiben als

$$\mathcal{P}_{if}(t) = |\langle \varphi_f | \psi(t) \rangle|^2. \tag{13.6}$$

Das gesamte Problem besteht darin, die Lösung $|\psi(t)\rangle$ von Gl. (13.4) zu finden, die der Anfangsbedingung (13.5) genügt. Dies ist jedoch im Allgemeinen nicht exakt möglich, weshalb wir auf Näherungslösungen zurückgreifen müssen. In diesem Kapitel werden wir zeigen, wie die Lösung $|\psi(t)\rangle$ für hinreichend kleine λ in Form einer konvergierenden Potenzreihenentwicklung in λ gefunden werden kann. Wir werden $|\psi(t)\rangle$ mit der entsprechenden Wahrscheinlichkeit explizit in erster Ordnung in λ berechnen (Abschnitt 13.2). Die allgemeinen Ergebnisse wenden wir dann (Abschnitt 13.3) zur Untersuchung eines wichtigen Spezialfalls an, in dem die Störung einen mit der Zeit sinusförmigen Verlauf hat oder konstant ist (in diesem Zusammenhang wird die Wechselwirkung eines Atoms mit einer elektromagnetischen Welle ausführlich in Abschnitt 13.4 behandelt). Dabei haben wir es mit einem Beispiel für das Phänomen der *Resonanz* zu tun. Wir werden zwei Fälle betrachten: Zum einen ein diskretes Spektrum von H_0 und zum anderen den Fall, bei dem ein Anfangszustand $|\varphi_i\rangle$ mit einem Kontinuum von Endzuständen gekoppelt wird. Dabei beweisen wir eine wichtige als *Fermis goldene Regel* bekannte Formel.

Bemerkung

Das in Abschnitt 4.3.3 behandelte Problem kann als Spezialfall der allgemeineren Fragestellung dieses Kapitels aufgefasst werden. In Kapitel 4 diskutierten wir ein Zweiniveausystem (Zustände $|\varphi_1\rangle$ und $|\varphi_2\rangle$), das zu Anfang im Zustand $|\varphi_1\rangle$ ist und einer zur Zeit $t = 0$ einsetzenden konstanten Störung W unterliegt. Die Wahrscheinlichkeit $\mathcal{P}_{12}(t)$ kann exakt berechnet werden.

Das Problem, das wir hier angehen, ist viel allgemeiner. Wir wollen ein System mit einer beliebigen Anzahl von Niveaus (manchmal wie in Abschnitt 13.3.3 mit einem Kontinuum von Zuständen) unter dem Einfluss einer Störung $W(t)$ betrachten, die eine beliebige Funktion der Zeit sein kann. Daraus wird klar, warum wir im Allgemeinen nur eine Näherungslösung erhalten können.

13.2 Näherungslösung der Schrödinger-Gleichung

13.2.1 Die Schrödinger-Gleichung in der $\{|\varphi_n\rangle\}$-Darstellung

Die Wahrscheinlichkeit $\mathcal{P}_{if}(t)$ enthält explizit die Eigenzustände $|\varphi_i\rangle$ und $|\varphi_f\rangle$ von H_0; es bietet sich daher an, die $\{|\varphi_n\rangle\}$-Darstellung zu wählen.

Differentialgleichungssystem für den Zustandsvektor

Die Komponenten des Ketvektors $|\psi(t)\rangle$ in der $\{|\varphi_n\rangle\}$-Basis bezeichnen wir mit $c_n(t)$, dann ist

$$|\psi(t)\rangle = \sum_n c_n(t)\,|\varphi_n\rangle \tag{13.7}$$

mit

$$c_n(t) = \langle \varphi_n | \psi(t) \rangle; \tag{13.8}$$

$\hat{W}_{nk}(t)$ steht für die Matrixelemente der Observablen $\hat{W}(t)$ in dieser Basis:

$$\langle \varphi_n \mid \hat{W}(t) \mid \varphi_k \rangle = \hat{W}_{nk}(t). \tag{13.9}$$

Der Hamilton-Operator H_0 wird in der $\{|\varphi_n\rangle\}$-Basis durch eine Diagonalmatrix dargestellt,

$$\langle \varphi_n \mid H_0 \mid \varphi_k \rangle = E_n \delta_{nk}. \tag{13.10}$$

Wir wollen beide Seiten der Schrödinger-Gleichung (13.4) auf $|\varphi_n\rangle$ projizieren. Dazu fügen wir die Vollständigkeitsrelation

$$\sum_k |\varphi_k\rangle\langle\varphi_k| = 1 \tag{13.11}$$

ein und verwenden die Gleichungen (13.8) bis (13.10). Es ergibt sich

$$\mathrm{i}\hbar \frac{\mathrm{d}}{\mathrm{d}t} c_n(t) = E_n\, c_n(t) + \sum_k \lambda \hat{W}_{nk}(t)\, c_k(t). \tag{13.12}$$

Dies ist ein System gekoppelter linearer Differentialgleichungen erster Ordnung in t, mit dem es theoretisch möglich ist, die Komponenten $c_n(t)$ von $|\psi(t)\rangle$ zu bestimmen. Die Kopplung zwischen diesen Gleichungen stammt allein von der Störung $\lambda \hat{W}(t)$, die mit ihren Nichtdiagonalelementen die Zeitentwicklung von $c_n(t)$ mit der der anderen Koeffizienten $c_k(t)$ verknüpft.

Wechsel der Funktionen

Wenn $\lambda \hat{W}(t)$ verschwindet, ist das System (13.12) nicht mehr gekoppelt und ihre Lösung ist sehr einfach; sie kann

$$c_n(t) = b_n\, \mathrm{e}^{-\mathrm{i}E_n t/\hbar} \tag{13.13}$$

geschrieben werden; die Konstanten b_n hängen von den Anfangsbedingungen ab.

Wenn nun $\lambda \hat{W}(t)$ nicht null ist, aber aufgrund der Bedingung $\lambda \ll 1$ sehr viel kleiner als H_0 bleibt, werden sich die Lösungen $c_n(t)$ der Gleichungen (13.12) nur sehr wenig von den Lösungen (13.13) unterscheiden. Führen wir also den Funktionenwechsel

$$c_n(t) = b_n(t)\, \mathrm{e}^{-\mathrm{i}E_n t/\hbar} \tag{13.14}$$

durch, so werden die Funktionen $b_n(t)$ relativ langsam veränderliche Funktionen der Zeit sein.

Wir setzen Gl. (13.14) in (13.12) ein und erhalten

$$\begin{aligned} &\mathrm{i}\hbar\, \mathrm{e}^{-\mathrm{i}E_n t/\hbar} \frac{\mathrm{d}}{\mathrm{d}t} b_n(t) + E_n b_n(t)\, \mathrm{e}^{-\mathrm{i}E_n t/\hbar} \\ &\quad = E_n b_n(t)\, \mathrm{e}^{-\mathrm{i}E_n t/\hbar} + \sum_k \lambda \hat{W}_{nk}(t)\, b_k(t)\, \mathrm{e}^{-\mathrm{i}E_k t/\hbar}. \end{aligned} \tag{13.15}$$

Wir multiplizieren jetzt beide Seiten dieser Gleichung mit $e^{iE_n t/\hbar}$ und führen die Bohr-Frequenz

$$\omega_{nk} = \frac{E_n - E_k}{\hbar} \tag{13.16}$$

der Energien E_n und E_k ein; es ergibt sich

$$i\hbar \frac{d}{dt} b_n(t) = \lambda \sum_k e^{i\omega_{nk} t} \, \hat{W}_{nk}(t) \, b_k(t). \tag{13.17}$$

13.2.2 Störungsgleichungen

Das Gleichungssystem (13.17) ist äquivalent zur Schrödinger-Gleichung (13.4). Im Allgemeinen lässt sich dafür keine exakte Lösung finden. Deshalb wollen wir die Tatsache verwenden, dass λ sehr viel kleiner als eins ist, und versuchen, die Lösung in Form einer Potenzreihenentwicklung in λ zu bestimmen (von der wir hoffen können, dass sie für genügend kleine λ rasch konvergiert):

$$b_n(t) = b_n^{(0)}(t) + \lambda \, b_n^{(1)}(t) + \lambda^2 \, b_n^{(2)}(t) + \cdots. \tag{13.18}$$

Setzen wir diese Entwicklung in Gl. (13.17) ein und vergleichen die Koeffizienten mit denselben Potenzen von λ^r, so erhalten wir

1. für $r = 0$

$$i\hbar \frac{d}{dt} b_n^{(0)}(t) = 0, \tag{13.19}$$

da die rechte Seite von Gl. (13.17) einen globalen Faktor λ hat. Gleichung (13.19) drückt aus, dass $b_n^{(0)}$ nicht von t abhängt. Wenn λ gleich null ist, reduziert sich $b_n(t)$ also auf eine Konstante (s. Gl. (13.13));

2. für $r \neq 0$

$$i\hbar \frac{d}{dt} b_n^{(r)}(t) = \sum_k e^{i\omega_{nk} t} \, \hat{W}_{nk}(t) \, b_k^{(r-1)}(t). \tag{13.20}$$

Mit der durch Gl. (13.19) und die Anfangsbedingung festgelegten Lösung nullter Ordnung ermöglicht uns die Rekursionsbeziehung (13.20) die Bestimmung der Lösung erster Ordnung. Sie liefert dann die Lösung zweiter Ordnung in Abhängigkeit von der erster Ordnung und weiter die Lösung zu beliebigem r in Abhängigkeit von der Lösung der Ordnung $r - 1$.

13.2.3 Lösung erster Ordnung

Der Zustand des Systems zur Zeit *t*

Für $t < 0$ befindet sich das System im Zustand $|\varphi_i\rangle$. Als einziger Koeffizient ist also $b_i(t)$ ungleich null (er ist außerdem unabhängig von t, da $\lambda \hat{W}$ dann null ist). Zur Zeit $t = 0$

geht $\lambda \hat{W}(t)$ möglicherweise unstetig von null in den Wert $\lambda \hat{W}(0)$ über. Da $\lambda \hat{W}(t)$ jedoch endlich bleibt, ist die Lösung der Schrödinger-Gleichung bei $t = 0$ stetig; daraus folgt

$$b_n(t = 0) = \delta_{ni}; \tag{13.21}$$

diese Beziehung gilt für jeden beliebigen Wert von λ. Demnach muss für die Koeffizienten der Entwicklung (13.18) gelten

$$b_n^{(0)}(t = 0) = \delta_{ni}, \tag{13.22}$$

$$b_n^{(r)}(t = 0) = 0 \quad \text{für } r \geq 1. \tag{13.23}$$

Gleichung (13.19) ergibt dann für alle positiven t sofort

$$b_n^{(0)}(t) = \delta_{ni}. \tag{13.24}$$

Damit ist die Lösung nullter Ordnung vollständig bestimmt.

Mit Hilfe dieses Ergebnisses können wir nun Gl. (13.20) für $r = 1$ in der Form

$$\begin{aligned} \mathrm{i}\hbar \frac{\mathrm{d}}{\mathrm{d}t} b_n^{(1)}(t) &= \sum_k \mathrm{e}^{\mathrm{i}\omega_{nk} t}\, \hat{W}_{nk}(t)\, \delta_{ki} \\ &= \mathrm{e}^{\mathrm{i}\omega_{ni} t}\, \hat{W}_{ni}(t) \end{aligned} \tag{13.25}$$

schreiben und haben nun eine Gleichung, die ohne Schwierigkeiten integriert werden kann. Unter Beachtung der Anfangsbedingung (13.23) ergibt sich

$$b_n^{(1)}(t) = \frac{1}{\mathrm{i}\hbar} \int_0^t \mathrm{e}^{\mathrm{i}\omega_{ni} t'}\, \hat{W}_{ni}(t')\, \mathrm{d}t'. \tag{13.26}$$

Setzen wir nun Gl. (13.24) und Gl. (13.26) in (13.14) und dann in (13.7) ein, erhalten wir den Zustand $|\psi(t)\rangle$ des Systems zur Zeit t in erster Ordnung in λ.

Die Übergangswahrscheinlichkeit $\mathcal{P}_{if}(t)$

Nach Gl. (13.6) und der Definition (13.8) von $c_f(t)$ ist die Übergangswahrscheinlichkeit $\mathcal{P}_{if}(t)$ gleich $|c_f(t)|^2$, d. h., da $b_f(t)$ und $c_f(t)$ denselben Betrag haben (s. Gl. (13.14)),

$$\mathcal{P}_{if}(t) = |b_f(t)|^2. \tag{13.27}$$

Mit den eben angegebenen Formeln berechnet man $b_f(t)$ aus

$$b_f(t) = b_f^{(0)}(t) + \lambda\, b_f^{(1)}(t) + \cdots. \tag{13.28}$$

Von nun an nehmen wir an, die Zustände $|\varphi_i\rangle$ und $|\varphi_f\rangle$ seien verschieden. Wir haben es also nur mit den von $\lambda \hat{W}(t)$ induzierten Übergängen zwischen zwei unterschiedlichen stationären Zuständen von H_0 zu tun. Es gilt dann $b_f^{(0)}(t) = 0$ und folglich

$$\mathcal{P}_{if}(t) = \lambda^2 |b_f^{(1)}(t)|^2. \tag{13.29}$$

Mit Gl. (13.26) und durch Ersetzen von $\lambda\hat{W}(t)$ durch $W(t)$ (s. Gl. (13.3)) erhalten wir schließlich

$$\mathcal{P}_{if}(t) = \frac{1}{\hbar^2}\left|\int_0^t \mathrm{e}^{\mathrm{i}\omega_{fi}t'}\, W_{fi}(t')\,\mathrm{d}t'\right|^2 . \tag{13.30}$$

Wir betrachten die Funktion $\tilde{W}_{fi}(t')$, die für $t' < 0$ und $t' > t$ verschwindet und im Intervall $0 \leq t' \leq t$ gleich $W_{fi}(t')$ ist (s. Abb. 13.1): $\tilde{W}_{fi}(t')$ ist das Matrixelement der Störung, die das System zwischen $t = 0$ und dem Zeitpunkt der Messung t „spürt", zu dem wir festzustellen versuchen, ob das System im Zustand $|\varphi_f\rangle$ ist. Gleichung (13.30) besagt, dass $\mathcal{P}_{if}(t)$ proportional zum Betragsquadrat der Fourier-Transformierten der tatsächlich „gespürten" Störung $\tilde{W}_{fi}(t')$ ist. Diese Fourier-Transformierte wird für eine Frequenz gleich der Bohr-Frequenz des betrachteten Übergangs berechnet.

Andererseits stellen wir fest, dass die Übergangswahrscheinlichkeit $\mathcal{P}_{if}(t)$ in erster Ordnung null ist, wenn das Matrixelement $W_{fi}(t)$ für alle t verschwindet.

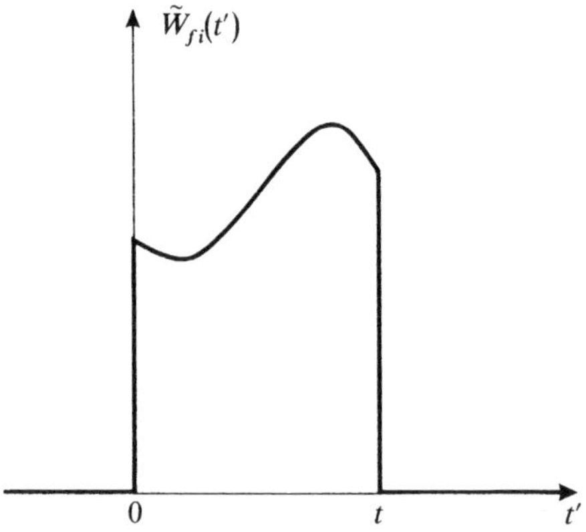

Abb. 13.1 Verlauf der Funktion $\tilde{W}_{fi}(t')$ in Abhängigkeit von t'. Sie stimmt im Intervall $0 \leq t' \leq t$ mit $W_{fi}(t')$ überein und ist außerhalb dieses Intervalls null. Die Fourier-Transformierte von $\tilde{W}_{fi}(t')$ bestimmt die Übergangswahrscheinlichkeit $\mathcal{P}_{if}(t)$ in der niedrigsten Ordnung.

Bemerkung
Wir haben die Bedingungen für die Gültigkeit der Näherung in erster Ordnung in λ nicht diskutiert. Ein Vergleich von Gl. (13.17) mit (13.25) zeigt, dass diese Näherung durch Ersetzen der Koeffizienten $b_k(t)$ auf der rechten Seite von Gl. (13.17) durch $b_k(0)$ besteht. Solange t also klein genug ist, so dass sich $b_k(0)$ nicht zu sehr von $b_k(t)$ unterscheidet, bleibt die Näherung gültig. Für große t andererseits gibt es keinen Grund, warum die Korrekturen in höherer Ordnung in λ vernachlässigbar sein sollten.

13.3 Sinusförmige oder konstante Störung

13.3.1 Anwendung der allgemeinen Gleichungen

Wir wollen nun annehmen, $W(t)$ habe eine der beiden einfachen Formen

$$\hat{W}(t) = \hat{W} \sin \omega t, \tag{13.31}$$
$$\hat{W}(t) = \hat{W} \cos \omega t, \tag{13.32}$$

wobei $\hat{W}$ eine zeitunabhängige Observable und ω eine konstante Winkelgeschwindigkeit ist. Eine solche Situation tritt in der Physik oft auf. In den Abschnitten 13.4 und 13.5 untersuchen wir z. B. die Störung eines physikalischen Systems durch eine elektromagnetische Welle der Kreisfrequenz ω; $\mathcal{P}_{if}(t)$ ist dann die durch die einfallende monochromatische Strahlung induzierte Wahrscheinlichkeit für einen Übergang zwischen dem Anfangszustand $|\varphi_i\rangle$ und dem Endzustand $|\varphi_f\rangle$.

Mit der speziellen Form (13.31) von $\hat{W}(t)$ lassen sich die Matrixelemente $\hat{W}_{fi}(t)$ schreiben

$$\hat{W}_{fi}(t) = \hat{W}_{fi} \sin \omega t = \frac{\hat{W}_{fi}}{2\mathrm{i}} \left(\mathrm{e}^{\mathrm{i}\omega t} - \mathrm{e}^{-\mathrm{i}\omega t} \right), \tag{13.33}$$

wobei $\hat{W}_{fi}$ eine zeitunabhängige komplexe Zahl ist. Wir bestimmen nun den Zustandsvektor des Systems in erster Ordnung in λ: Wenn wir Gl. (13.33) in Gl. (13.26) einsetzen, erhalten wir

$$b_n^{(1)}(t) = -\frac{\hat{W}_{ni}}{2\hbar} \int_0^t \left[\mathrm{e}^{\mathrm{i}(\omega_{ni}+\omega)t'} - \mathrm{e}^{\mathrm{i}(\omega_{ni}-\omega)t'} \right] \mathrm{d}t'. \tag{13.34}$$

Das Integral auf der rechten Seite dieser Gleichung kann leicht berechnet werden und ergibt

$$b_n^{(1)}(t) = \frac{\hat{W}_{ni}}{2\mathrm{i}\hbar} \left[\frac{1 - \mathrm{e}^{\mathrm{i}(\omega_{ni}+\omega)t}}{\omega_{ni} + \omega} - \frac{1 - \mathrm{e}^{\mathrm{i}(\omega_{ni}-\omega)t}}{\omega_{ni} - \omega} \right]. \tag{13.35}$$

Für den hier behandelten Spezialfall wird die allgemeine Beziehung (13.29) zu

$$\mathcal{P}_{if}(t;\omega) = \lambda^2 |b_f^{(1)}(t)|^2 = \frac{|W_{fi}|^2}{4\hbar^2} \left| \frac{1 - \mathrm{e}^{\mathrm{i}(\omega_{fi}+\omega)t}}{\omega_{fi} + \omega} - \frac{1 - \mathrm{e}^{\mathrm{i}(\omega_{fi}-\omega)t}}{\omega_{fi} - \omega} \right|^2 \tag{13.36}$$

(wir haben die Variable ω hinzugefügt, da die Wahrscheinlichkeit von der Frequenz der Störung abhängt).

Wählen wir anstelle der Form (13.31) für $\hat{W}(t)$ die Form (13.32), so erhalten wir nach einer entsprechenden Rechnung

$$\mathcal{P}_{if}(t;\omega) = \frac{|W_{fi}|^2}{4\hbar^2} \left| \frac{1 - \mathrm{e}^{\mathrm{i}(\omega_{fi}+\omega)t}}{\omega_{fi} + \omega} + \frac{1 - \mathrm{e}^{\mathrm{i}(\omega_{fi}-\omega)t}}{\omega_{fi} - \omega} \right|^2. \tag{13.37}$$

Für $\omega = 0$ wird $\hat{W} \cos \omega t$ eine zeitunabhängige Konstante; die von einer konstanten Störung W induzierte Übergangswahrscheinlichkeit $\mathscr{P}_{if}(t)$ ergibt sich also, indem wir in Gl. (13.37) ω durch 0 ersetzen:

$$\begin{aligned} \mathscr{P}_{if}(t) &= \frac{|W_{fi}|^2}{\hbar^2 \omega_{fi}^2} \left|1 - \mathrm{e}^{\mathrm{i}\omega_{fi} t}\right|^2 \\ &= \frac{|W_{fi}|^2}{\hbar^2} F(t, \omega_{fi}) \end{aligned} \tag{13.38}$$

mit

$$F(t, \omega_{fi}) = \left[\frac{\sin(\omega_{fi} t/2)}{\omega_{fi}/2}\right]^2 . \tag{13.39}$$

Um den physikalischen Gehalt der Gleichungen (13.36), (13.37) und (13.38) zu untersuchen, betrachten wir zunächst den Fall, dass $|\varphi_i\rangle$ und $|\varphi_f\rangle$ zu zwei verschiedenen diskreten Niveaus gehören (Abschnitt 13.3.2); danach nehmen wir an, $|\varphi_f\rangle$ gehöre zu einem Kontinuum von Endzuständen (Abschnitt 13.3.3). Im ersten Fall stellt $\mathscr{P}_{if}(t;\omega)$ (oder $\mathscr{P}_{if}(t)$) tatsächlich eine messbare Übergangswahrscheinlichkeit dar, während wir es im zweiten Fall mit einer Wahrscheinlichkeitsdichte zu tun haben (die eigentlich messbaren Größen enthalten dann eine Summation über eine bestimmte Menge von Endzuständen). Aus physikalischer Sicht unterscheiden sich diese beiden Fälle in einem bestimmten Punkt: Wie wir in den Abschnitten 13.6 und 13.7 sehen werden, oszilliert das System im ersten Fall in einem ausreichend großen Zeitintervall zwischen den Zuständen $|\varphi_i\rangle$ und $|\varphi_f\rangle$, während es im zweiten Fall den Zustand $|\varphi_i\rangle$ irreversibel verlässt.

In Abschnitt 13.3.2 wählen wir zur Untersuchung des Resonanzphänomens eine sinusförmige Störung; die so erhaltenen Ergebnisse lassen sich aber leicht auf den Fall einer konstanten Störung übertragen.

13.3.2 Sinusförmige Störung. Resonanz

Resonanzcharakter der Übergangswahrscheinlichkeit

Für einen festen Zeitpunkt t ist die Übergangswahrscheinlichkeit $\mathscr{P}_{if}(t;\omega)$ nur eine Funktion der Variablen ω. Wie wir sehen werden, hat diese Funktion bei

$$\omega \approx \omega_{fi} \quad \text{oder} \quad \omega \approx -\omega_{fi} \tag{13.40}$$

ein Maximum. Es tritt daher Resonanz auf, wenn die Frequenz der Störung mit der Bohr-Frequenz des Zustandspaares $|\varphi_i\rangle$ und $|\varphi_f\rangle$ übereinstimmt. Nehmen wir $\omega \geq 0$ an, so stellen die Beziehungen (13.40) die Resonanzbedingungen für die Fälle $\omega_{fi} > 0$ bzw. $\omega_{fi} < 0$ dar. Im ersten Fall (s. Abb. 13.2a) geht das System vom niedrigeren Energieniveau E_i durch Resonanzabsorption eines Energiequants $\hbar\omega$ in das höhere Niveau E_f über. Im zweiten Fall (s. Abb. 13.2b) induziert die Resonanzstörung den Übergang des Systems aus einem höheren Niveau E_i in das niedrigere Niveau E_f (begleitet durch die induzierte Emission eines Energiequants $\hbar\omega$). In diesem Abschnitt wollen wir ω_{fi}

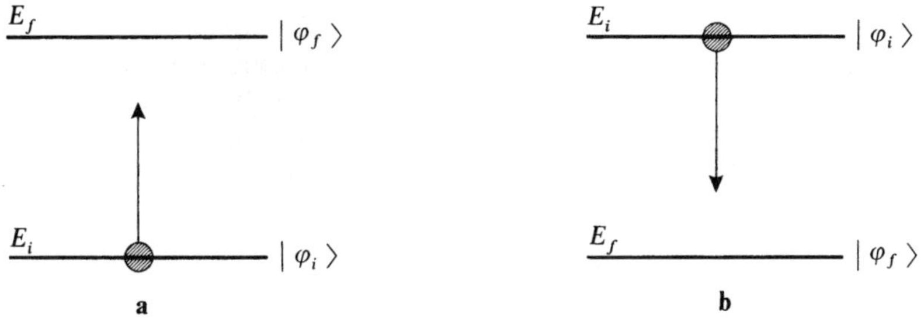

Abb. 13.2 Relative Lage der Energien E_i und E_f der Zustände $|\varphi_i\rangle$ und $|\varphi_f\rangle$. Für $E_i < E_f$ (**a**) tritt der Übergang $|\varphi_i\rangle \to |\varphi_f\rangle$ unter Absorption eines Energiequants $\hbar\omega$ auf. Ist andererseits $E_i > E_f$ (**b**), so ist der Übergang $|\varphi_i\rangle \to |\varphi_f\rangle$ mit der induzierten Emission eines Energiequants $\hbar\omega$ verbunden.

positiv annehmen (wie in Abb. 13.2a); der Fall mit negativem ω_{fi} kann in analoger Weise behandelt werden.

Um das Resonanzverhalten der Übergangswahrscheinlichkeit genauer zu untersuchen, stellen wir zunächst fest, dass Gl. (13.36) und Gl. (13.37) für $\mathcal{P}_{if}(t;\omega)$ das Betragsquadrat einer Summe von zwei komplexen Termen enthält. Der erste dieser Terme ist proportional zu

$$A_+ = \frac{1 - \mathrm{e}^{\mathrm{i}(\omega_{fi}+\omega)t}}{\omega_{fi}+\omega} = -\mathrm{i}\,\mathrm{e}^{\mathrm{i}(\omega_{fi}+\omega)t/2}\,\frac{\sin\left[(\omega_{fi}+\omega)t/2\right]}{(\omega_{fi}+\omega)/2} \tag{13.41}$$

und der zweite zu

$$A_- = \frac{1 - \mathrm{e}^{\mathrm{i}(\omega_{fi}-\omega)t}}{\omega_{fi}-\omega} = -\mathrm{i}\,\mathrm{e}^{\mathrm{i}(\omega_{fi}-\omega)t/2}\,\frac{\sin\left[(\omega_{fi}-\omega)t/2\right]}{(\omega_{fi}-\omega)/2}. \tag{13.42}$$

Der Nenner des Terms A_- geht für $\omega = \omega_{fi}$ und der von A_+ für $\omega = -\omega_{fi}$ gegen null. Für ω in der Nähe von ω_{fi} ist daher nur der Term A_- von Bedeutung; er wird aus diesem Grund als Resonanzterm bezeichnet, während man bei A_+ vom Antiresonanzterm spricht (Für A_+ tritt Resonanz auf, wenn ω für negative ω_{fi} nahe bei $-\omega_{fi}$ liegt).

Wir betrachten nun den Fall

$$|\omega - \omega_{fi}| \ll |\omega_{fi}|, \tag{13.43}$$

indem wir den Antiresonanzterm A_+ vernachlässigen (die Gültigkeit dieser Näherung wird weiter unten diskutiert): Mit Gl. (13.42) erhalten wir dann

$$\mathcal{P}_{if}(t;\omega) = \frac{|W_{fi}|^2}{4\hbar^2}\,F(t,\omega-\omega_{fi}) \tag{13.44}$$

mit

$$F(t,\omega-\omega_{fi}) = \left\{\frac{\sin\left[(\omega-\omega_{fi})t/2\right]}{(\omega-\omega_{fi})/2}\right\}^2. \tag{13.45}$$

In Abb. 13.3 ist der Verlauf von $\mathcal{P}_{if}(t;\omega)$ in Abhängigkeit von ω bei festem t dargestellt. Der Resonanzcharakter der Übergangswahrscheinlichkeit ist deutlich sichtbar. Diese Wahrscheinlichkeit weist bei $\omega = \omega_{fi}$, wo sie den Wert $|W_{fi}|^2 t^2/4\hbar^2$ annimmt, ein ausgeprägtes Maximum auf. Wenn wir uns von ω_{fi} wegbewegen, fällt sie ab und geht für $|\omega - \omega_{fi}| = 2\pi/t$ auf null. Wenn $|\omega - \omega_{fi}|$ weiter zunimmt, oszilliert sie zwischen $|W_{fi}|^2/\hbar^2(\omega - \omega_{fi})^2$ und null („Beugungsmuster").

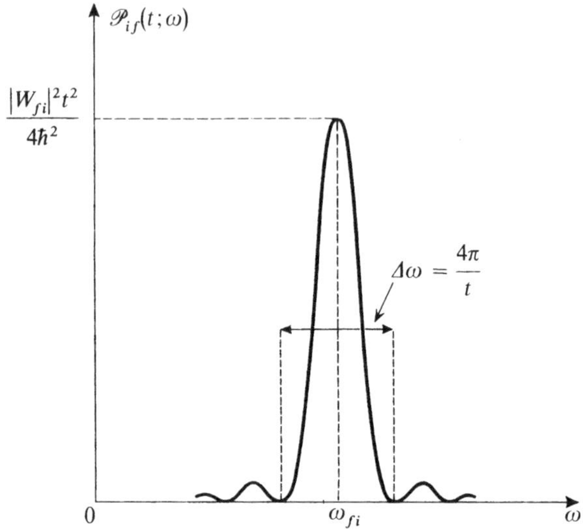

Abb. 13.3 Verlauf der Übergangswahrscheinlichkeit erster Ordnung $\mathcal{P}_{if}(t;\omega)$ einer sinusförmigen Störung der Kreisfrequenz ω bei festem t in Abhängigkeit von ω. Für $\omega \approx \omega_{fi}$ tritt Resonanz mit einer Intensität proportional zu t^2 und einer Breite umgekehrt proportional zu t auf.

Resonanzbreite und Energie-Zeit-Unschärferelation

Die Resonanzbreite $\Delta\omega$ kann näherungsweise als der Abstand der beiden ersten Nullstellen von $\mathcal{P}_{if}(t;\omega)$ um $\omega = \omega_{fi}$ definiert werden. Innerhalb dieses Intervalls nimmt die Übergangswahrscheinlichkeit ihre größten Werte an (das erste Nebenmaximum von $\mathcal{P}_{if}$ bei $(\omega - \omega_{fi})t/2 = 3\pi/2$ ist gleich $|W_{fi}|^2 t^2/9\pi^2\hbar^2$, d. h. weniger als 5% der Übergangswahrscheinlichkeit bei Resonanz). Es gilt dann

$$\Delta\omega \approx \frac{4\pi}{t}. \qquad (13.46)$$

Je größer die Zeit t, desto kleiner wird diese Breite.

Das Ergebnis (13.46) stellt eine gewisse Analogie zur Energie-Zeit-Unschärferelation (s. Abschnitt 3.4.2) dar: Nehmen wir nämlich an, wir wollten die Energiedifferenz $E_f - E_i = \hbar\omega_{fi}$ messen, indem wir eine sinusförmige Störung der Kreisfrequenz ω auf das System wirken lassen und durch Ändern der Frequenz die Resonanzstelle suchen. Wirkt die Störung während einer Zeit t, so ist die Unsicherheit ΔE von $E_f - E_i$ nach Gl. (13.46) von der Größenordnung

$$\Delta E = \hbar \Delta\omega \approx \frac{\hbar}{t}. \tag{13.47}$$

Das Produkt $t \Delta E$ kann somit nicht kleiner als $\hbar$ werden. Damit haben wir wieder die Energie-Zeit-Unschärferelation erhalten, obwohl t hier kein die freie Entwicklung des Systems charakterisierendes Zeitintervall ist, sondern im Gegenteil von außen vorgegeben wurde.

Gültigkeit der störungstheoretischen Behandlung

Wir überprüfen nun die Bedingungen für die Gültigkeit der Rechnungen, die uns auf das Ergebnis (13.44) geführt haben. Dabei gehen wir zunächst auf die Resonanznäherung ein, die in der Vernachlässigung des Antiresonanzterms A_+ besteht, und wenden uns dann der Näherung erster Ordnung in der störungstheoretischen Berechnung des Zustandsvektors zu.

Diskussion der Resonanznäherung. Mit der Annahme $\omega \approx \omega_{fi}$ vernachlässigten wir A_+ relativ zu A_-. Wir werden also die Beträge von A_+ und A_- vergleichen.

Der Verlauf der Funktion $|A_-(\omega)|^2$ ist in Abb. 13.3 dargestellt. Da $|A_+(\omega)|^2 = |A_-(-\omega)|^2$ gilt, ergibt sich der Verlauf von $|A_+(\omega)|^2$ als Spiegelung der obigen Kurve an der vertikalen Achse $\omega = 0$. Wenn beide Kurven der Breite $\Delta\omega$ um Punkte zentriert sind, deren Abstand viel größer als $\Delta\omega$ ist, so ist offensichtlich der Betrag von A_+ in der Nähe von $\omega = \omega_{fi}$ gegenüber dem Betrag von A_- vernachlässigbar. Die Resonanznäherung ist also unter der Bedingung[1]

$$2|\omega_{fi}| \gg \Delta\omega \tag{13.48}$$

erfüllt, d. h. mit Gl. (13.46)

$$t \gg \frac{1}{|\omega_{fi}|} \approx \frac{1}{\omega}. \tag{13.49}$$

Gleichung (13.44) ist somit nur gültig, wenn das Zeitintervall, in dem die sinusförmige Störung wirkt, im Vergleich zu $1/\omega$ groß ist. Die physikalische Bedeutung einer solchen Bedingung ist klar: Während des Intervalls $[0, t]$ muss die Störung zahlreiche Oszillationen durchlaufen, damit sie als sinusförmige Störung auf das System wirkt. Wäre umgekehrt t klein im Vergleich zu $1/\omega$, so hätte die Störung keine Zeit zur Oszillation und wäre somit äquivalent zu einer in der Zeit linearen (für den Fall (13.31)) oder konstanten (für den Fall (13.32)) Störung.

[1] Zu beachten ist, dass Resonanz- und Antiresonanzterm interferieren, wenn die Relation (13.48) nicht erfüllt ist; man darf nicht einfach $|A_+|^2$ und $|A_-|^2$ addieren.

Bemerkung
Für eine konstante Störung kann die Bedingung (13.49) nicht erfüllt sein, da ω null ist. Die Rechnung des vorhergehenden Abschnitts kann jedoch leicht auch auf diesen Fall übertragen werden. Die Übergangswahrscheinlichkeit $\mathcal{P}_{if}(t)$ für eine konstante Störung haben wir bereits berechnet (s. Gl. (13.38)), indem wir in Gl. (13.37) direkt $\omega = 0$ gesetzt haben. Die beiden Terme A_+ und A_- sind dann gleich: Wenn die Bedingung (13.49) nicht erfüllt ist, ist der Antiresonanzterm nicht vernachlässigbar.

Der Verlauf der Wahrscheinlichkeit $\mathcal{P}_{if}(t)$ in Abhängigkeit von der Energiedifferenz $\hbar\omega_{fi}$ (bei fester Zeit t) ist in Abb. 13.4 wiedergegeben. Diese Wahrscheinlichkeit ist für $\omega_{fi} = 0$ maximal, was mit unseren obigen Ergebnissen übereinstimmt: Eine Störung mit der Kreisfrequenz null führt für $\omega_{fi} = 0$ (entartete Niveaus) zur Resonanz. Auch die Überlegungen des vorhergehenden Abschnitts über Resonanzeigenschaften lassen sich auf diesen Fall übertragen.

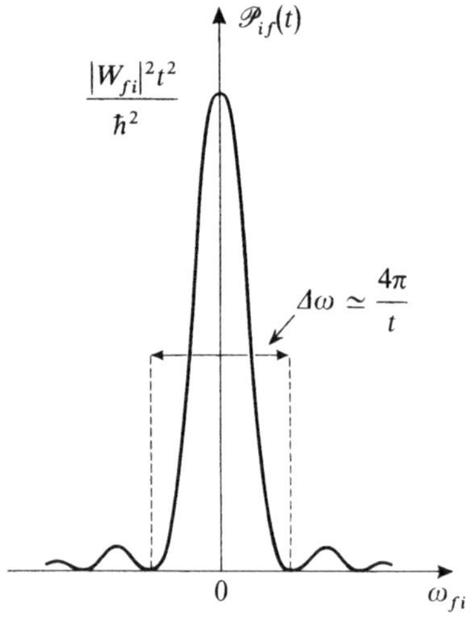

Abb. 13.4 Verlauf der Übergangswahrscheinlichkeit $\mathcal{P}_{if}(t)$ einer konstanten Störung bei festem t in Abhängigkeit von $\omega_{fi} = (E_f - E_i)/\hbar$. Für $\omega_{fi} = 0$ (Energieerhaltung) tritt eine Resonanz derselben Breite aber einer viermal größeren Intensität (aufgrund der konstruktiven Interferenz des Resonanz- und Antiresonanzterms, die für eine konstante Störung gleich groß sind) wie in Abb. 13.3 auf.

Grenzen der Näherung erster Ordnung. Wir haben bereits darauf hingewiesen (s. die Bemerkung am Ende von Abschnitt 13.2.3), dass die Näherung erster Ordnung ihre Gültigkeit verlieren kann, wenn t zu groß wird. Das lässt sich auch aus Gl. (13.44) ablesen, die bei Resonanz lautet

$$\mathcal{P}_{if}(t; \omega = \omega_{fi}) = \frac{|W_{fi}|^2}{4\hbar^2}\, t^2. \tag{13.50}$$

Diese Funktion wird für $t \to \infty$ unendlich; das ist sinnlos, da eine Wahrscheinlichkeit nie größer als eins sein kann.

Praktisch muss, damit die Näherung erster Ordnung bei Resonanz gültig bleibt, die Wahrscheinlichkeit in Gl. (13.50) sehr viel kleiner als eins sein, d. h.[2]

$$t \ll \frac{\hbar}{|W_{fi}|}. \tag{13.51}$$

Um genau zu zeigen, was diese Ungleichung über die Gültigkeit der Näherung erster Ordnung aussagt, muss man von Gl. (13.20) ausgehend Korrekturen höherer Ordnung berechnen und untersuchen, unter welchen Bedingungen sie vernachlässigbar sind. Wir würden dann sehen, dass Bedingung (13.51) notwendig ist, aber nicht in Strenge ausreicht. Zum Beispiel treten in den Termen zweiter oder höherer Ordnung andere Matrixelemente $\hat{W}_{kn}$ von $\hat{W}$ als $\hat{W}_{fi}$ auf, für die bestimmte Bedingungen erfüllt sein müssen, damit die entsprechenden Korrekturen klein sind.

In Abschnitt 13.6 greifen wir die Berechnung der Übergangswahrscheinlichkeit für Werte von t auf, die die Relation (13.51) nicht erfüllen, wobei wir eine andere Näherung (die säkulare Näherung) verwenden werden.

13.3.3 Kopplung mit kontinuierlichen Zuständen

Wenn die Energie E_f zu einem kontinuierlichen Teil des Spektrums von H_0 gehört, d. h. wenn die Endzustände durch einen kontinuierlichen Index bezeichnet werden, können wir die Wahrscheinlichkeit, das System zur Zeit t in einem *wohldefinierten* Zustand $|\varphi_f\rangle$ zu finden, nicht messen. Den Postulaten des Kapitels 3 zufolge handelt es sich für diesen Fall bei der oben (näherungsweise) bestimmten Größe $|\langle\varphi_f|\psi(t)\rangle|^2$ um eine Wahrscheinlichkeitsdichte. Die physikalischen Vorhersagen für eine bestimmte Messung erfordern dann die Integration dieser Wahrscheinlichkeitsdichte über eine gewisse Menge von Endzuständen (die von der durchgeführten Messung abhängt). Wir wollen untersuchen, wie die Ergebnisse des vorhergehenden Abschnitts für diesen Fall umformuliert werden müssen.

Integration über ein Kontinuum von Endzuständen. Zustandsdichte

Beispiel. Zum Verständnis für die Ausführung der Integration über die Endzustände betrachten wir zunächst ein konkretes Beispiel. Wir wollen die Streuung eines spinlosen Teilchens der Masse m an einem Potential $W(\boldsymbol{r})$ diskutieren (s. Kapitel 8). Der Zustand

[2]Damit die Theorie sinnvoll ist, müssen offensichtlich die Bedingungen (13.49) und (13.51) verträglich miteinander sein. Es muss also gelten

$$\frac{1}{|\omega_{fi}|} \ll \frac{\hbar}{|W_{fi}|}.$$

Diese Ungleichung besagt, dass die Energiedifferenz $|E_f - E_i| = \hbar|\omega_{fi}|$ viel größer als die Matrixelemente von $W(t)$ zwischen $|\varphi_i\rangle$ und $|\varphi_f\rangle$ sein muss.

$|\psi(t)\rangle$ des Teilchens zur Zeit t kann in die Zustände $|\boldsymbol{p}\rangle$ wohldefinierter Impulse $\boldsymbol{p}$ und Energien

$$E = \frac{\boldsymbol{p}^2}{2m} \tag{13.52}$$

entwickelt werden. Bei den entsprechenden Wellenfunktionen handelt es sich um die ebenen Wellen

$$\langle \boldsymbol{r}|\boldsymbol{p}\rangle = \left(\frac{1}{2\pi\hbar}\right)^{3/2} \mathrm{e}^{\mathrm{i}\boldsymbol{p}\cdot\boldsymbol{r}/\hbar}. \tag{13.53}$$

Die Wahrscheinlichkeitsdichte einer Messung des Impulses lautet $|\langle \boldsymbol{p}|\psi(t)\rangle|^2$ (dabei wird $|\psi(t)\rangle$ als normiert angenommen).

Der in diesem Experiment verwendete Detektor (s. z. B. Abb. 8.2) gibt ein Signal ab, wenn ein Teilchen mit dem Impuls $\boldsymbol{p}_f$ gestreut wird. Selbstverständlich besitzt dieser Detektor immer eine endliche Winkelauflösung, und auch die Energieauflösung ist nicht perfekt: Es wird immer dann ein Signal ausgelöst, wenn der Impuls $\boldsymbol{p}$ des Teilchens in einen Raumwinkel $\delta\Omega_f$ um $\boldsymbol{p}_f$ zeigt und seine Energie im Intervall δE_f um $E_f = \boldsymbol{p}_f^2/2m$ liegt. Wenn wir den durch diese Bedingungen definierten Bereich des $\boldsymbol{p}$-Raums mit D_f bezeichnen, ist die Wahrscheinlichkeit für ein Ansprechen des Detektors also

$$\delta\mathcal{P}(\boldsymbol{p}_f, t) = \int_{\boldsymbol{p}\in D_f} \mathrm{d}^3 p\, |\langle \boldsymbol{p}|\psi(t)\rangle|^2. \tag{13.54}$$

Um die Ergebnisse der vorhergehenden Abschnitte verwenden zu können, müssen wir einen Variablenwechsel vornehmen, der uns auf ein Integral über die Energien führt. Dieses Ziel erreichen wir leicht, indem wir

$$\mathrm{d}^3 p = p^2\, \mathrm{d}p\, \mathrm{d}\Omega \tag{13.55}$$

schreiben und die Variable p durch die Energie E ersetzen, mit der sie über Gl. (13.52) verknüpft ist. So erhalten wir

$$\mathrm{d}^3 p = \rho(E)\, \mathrm{d}E\, \mathrm{d}\Omega, \tag{13.56}$$

wobei die Funktion $\rho(E)$, die *Zustandsdichte*, mit den Gleichungen (13.52), (13.55) und (13.56) geschrieben werden kann

$$\rho(E) = p^2 \frac{\mathrm{d}p}{\mathrm{d}E} = p^2 \frac{m}{p} = m\sqrt{2mE}. \tag{13.57}$$

Wir erhalten dann für Gl. (13.54)

$$\delta\mathcal{P}(\boldsymbol{p}_f, t) = \int_{\substack{\Omega\in\delta\Omega_f \\ E\in\delta E_f}} \mathrm{d}\Omega\, \mathrm{d}E\, \rho(E)\, |\langle \boldsymbol{p}|\psi(t)\rangle|^2. \tag{13.58}$$

Allgemeiner Fall. Wir nehmen an, für ein bestimmtes Problem würden gewisse Eigenzustände von H_0 durch eine kontinuierliche Menge von Indizes α bezeichnet, so dass die Orthonormierungsbedingung die Form

$$\langle \alpha | \alpha' \rangle = \delta(\alpha - \alpha') \tag{13.59}$$

annimmt. Das System wird zur Zeit t durch den normierten Vektor $|\psi(t)\rangle$ beschrieben. Wir wollen die Wahrscheinlichkeit $\delta\mathcal{P}(\alpha_f, t)$ berechnen, das System bei einer Messung in einer bestimmten Gruppe von Endzuständen zu finden. Diese Gruppe von Zuständen wird durch einen Bereich D_f von Werten des Parameters α, zentriert um einen Wert α_f, charakterisiert, und wir nehmen an, dass ihre Energien ein Kontinuum bilden. Mit den Postulaten der Quantenmechanik folgt dann

$$\delta\mathcal{P}(\alpha_f, t) = \int_{\alpha \in D_f} \mathrm{d}\alpha \, |\langle \alpha | \psi(t) \rangle|^2 . \tag{13.60}$$

Wie im obigen Beispiel wollen wir die Variablen wechseln und die Endzustandsdichte einführen. Anstelle des Parameters α verwenden wir also die Energie E und eine Menge anderer Parameter β (die notwendig sind, wenn H_0 allein keinen vollständigen Satz kommutierender Observabler bildet). Wir können dann $\mathrm{d}\alpha$ durch $\mathrm{d}E$ und $\mathrm{d}\beta$ ausdrücken,

$$\mathrm{d}\alpha = \rho(\beta, E) \, \mathrm{d}\beta \, \mathrm{d}E, \tag{13.61}$$

worin die Endzustandsdichte $\rho(\beta, E)$ auftritt.[3] Wenn wir den durch D_f definierten Wertebereich der Parameter β und E mit $\delta\beta_f$ bzw. δE_f bezeichnen, erhalten wir also

$$\delta\mathcal{P}(\alpha_f, t) = \int_{\substack{\beta \in \delta\beta_f \\ E \in \delta E_f}} \mathrm{d}\beta \, \mathrm{d}E \, \rho(\beta, E) \, |\langle \beta, E | \psi(t) \rangle|^2 , \tag{13.62}$$

wobei wir die Notation $|\alpha\rangle$ durch $|\beta, E\rangle$ ersetzt haben, um die E- und β-Abhängigkeit der Wahrscheinlichkeitsdichte $|\langle \alpha | \psi(t) \rangle|^2$ deutlich zu machen.

Fermis goldene Regel

Beim Vektor $|\psi(t)\rangle$ in Gl. (13.62) handelt es sich um den normierten Zustandsvektor des Systems zur Zeit t. Wie in Abschnitt 13.1 wollen wir ein System betrachten, das sich anfangs in einem Eigenzustand $|\varphi_i\rangle$ von H_0 befindet ($|\varphi_i\rangle$ muss also zum diskreten Spektrum von H_0 gehören, da der Anfangszustand des Systems wie $|\psi(t)\rangle$ normierbar sein muss). Wir ersetzen die Notation $\delta\mathcal{P}(\alpha_f, t)$ durch $\delta\mathcal{P}(\varphi_i, \alpha_f, t)$, um deutlich zu machen, dass das System vom Zustand $|\varphi_i\rangle$ aus startet.

Die Rechnung in Abschnitt 13.2 und ihre Anwendung auf den Fall einer sinusförmigen oder konstanten Störung (Abschnitte 13.3.1 und 13.3.2) bleiben auch für einen Endzustand aus dem kontinuierlichen Spektrum von H_0 gültig. Wenn wir W als konstant

[3] Im allgemeinen Fall hängt die Zustandsdichte ρ sowohl von E als auch von β ab; es tritt jedoch oft der einfachere Fall auf, dass ρ nur von E abhängt (s. obiges Beispiel).

annehmen, können wir somit Gl. (13.38) verwenden, um die Wahrscheinlichkeitsdichte $|\langle\beta, E|\psi(t)\rangle|^2$ in erster Ordnung in W zu berechnen:

$$|\langle\beta, E|\psi(t)\rangle|^2 = \frac{1}{\hbar^2}|\langle\beta, E \mid W \mid \varphi_i\rangle|^2 \, F\,(t, (E - E_i)/\hbar)\,, \tag{13.63}$$

wobei E und E_i die Energien der Zustände $|\beta, E\rangle$ bzw. $|\varphi_i\rangle$ bezeichnen und die Funktion F durch Gl. (13.39) definiert wird. Für $\delta\mathcal{P}(\varphi_i, \alpha_f, t)$ erhalten wir schließlich

$$\delta\mathcal{P}(\varphi_i, \alpha_f, t) = \frac{1}{\hbar^2}\int_{\substack{\beta\in\delta\beta_f \\ E\in\delta E_f}} \mathrm{d}\beta\,\mathrm{d}E\,\rho(\beta, E)\,|\langle\beta, E \mid W \mid \varphi_i\rangle|^2 \, F\,(t, (E - E_i)/\hbar)\,. \tag{13.64}$$

Die Funktion $F\,(t, (E - E_i)/\hbar)$ ändert sich bei $E = E_i$ sehr schnell (s. Abb. 13.4). Für ausreichend große t kann diese Funktion bis auf einen konstanten Faktor durch die Funktion $\delta(E - E_i)$ approximiert werden, da den Ergebnissen des Anhangs II (Ausdrücke (II.11) und (II.20)) zufolge gilt

$$\lim_{t\to\infty} F\,(t, (E - E_i)/\hbar) = \pi t\,\delta\,((E - E_i)/2\hbar) = 2\pi\hbar t\,\delta(E - E_i). \tag{13.65}$$

Andererseits ändert sich die Funktion $\rho(\beta, E)\,|\langle\beta, E \mid W \mid \varphi_i\rangle|^2$ im Allgemeinen sehr viel langsamer mit E. Wir wollen hier t als groß genug annehmen, damit wir die Änderungen dieser Funktion über ein Energieintervall der Breite $4\pi\hbar/t$ um $E = E_i$ vernachlässigen können.[4] Wir können dann in Gl. (13.64) $F\,(t, (E - E_i)/\hbar)$ durch seinen Grenzwert (13.65) ersetzen und die Integration über E sofort ausführen. Ist zusätzlich $\delta\beta_f$ sehr klein, so ist die Integration über β unnötig, und wir erhalten schließlich

– wenn die Energie E_i zum Bereich δE_f gehört,

$$\delta\mathcal{P}(\varphi_i, \alpha_f, t) = \delta\beta_f \frac{2\pi}{\hbar}\, t\,|\langle\beta_f, E_f = E_i \mid W \mid \varphi_i\rangle|^2 \,\rho(\beta_f, E_f = E_i); \tag{13.66}$$

– wenn die Energie E_i nicht zu diesem Bereich gehört,

$$\delta\mathcal{P}(\varphi_i, \alpha_f, t) = 0. \tag{13.67}$$

Wie wir in der Bemerkung am Ende von Abschnitt 13.3.2 gesehen haben, kann eine konstante Störung nur Übergänge zwischen Zuständen gleicher Energie induzieren. Das System muss im Anfangs- und Endzustand (bis auf $2\pi\hbar/t$) dieselbe Energie besitzen. Aus diesem Grund schließt der Bereich δE_f die Energie E_i nicht ein, die Übergangswahrscheinlichkeit ist null.

Die Wahrscheinlichkeit (13.66) steigt linear mit der Zeit an. Die *Übergangswahrscheinlichkeit durch Zeit*, $\delta\mathcal{W}(\varphi_i, \alpha_f)$, die durch

$$\delta\mathcal{W}(\varphi_i, \alpha_f) = \frac{\mathrm{d}}{\mathrm{d}t}\delta\mathcal{P}(\varphi_i, \alpha_f, t) \tag{13.68}$$

[4] Die Funktion $\rho(\beta, E)\,|\langle\beta, E \mid W \mid \varphi_i\rangle|^2$ muss sich langsam genug ändern, damit wir Werte von t finden können, für die die angesprochene Bedingung erfüllt ist, die aber trotzdem klein genug sind, damit die störungstheoretische Behandlung von W gültig bleibt. Wir nehmen hier zusätzlich $\delta E_f \gg 4\pi\hbar/t$ an.

definiert ist, ist daher zeitunabhängig. Wir führen die Übergangswahrscheinlichkeitsdichte durch Zeit und Einheitsintervall der Variablen β_f ein:

$$w(\varphi_i, \alpha_f) = \frac{\delta \mathcal{W}(\varphi_i, \alpha_f)}{\delta\beta_f}. \tag{13.69}$$

Sie lautet

$$w(\varphi_i, \alpha_f) = \frac{2\pi}{\hbar} \left|\langle\beta_f, E_f = E_i \mid W \mid \varphi_i\rangle\right|^2 \rho(\beta_f, E_f = E_i). \tag{13.70}$$

Dieses wichtige Ergebnis ist als *Fermis goldene Regel* bekannt.

Bemerkungen

1. Handelt es sich bei W um eine sinusförmige Störung der Form (13.31) oder (13.32), die einen Zustand $|\varphi_i\rangle$ an ein Kontinuum von Zuständen $|\beta_f, E_f\rangle$ der Energien E_f in der Nähe von $E_f + \hbar\omega$ koppelt, so können wir ausgehend von Gl. (13.44) dieselbe Rechnung wie oben durchführen und erhalten

$$w(\varphi_i, \alpha_f) = \frac{\pi}{2\hbar} \left|\langle\beta_f, E_f = E_i + \hbar\omega \mid W \mid \varphi_i\rangle\right|^2 \rho(\beta_f, E_f = E_i + \hbar\omega). \tag{13.71}$$

2. Wir kehren zum Problem der Streuung eines Teilchens an einem Potential W zurück, dessen Matrixelemente in der $\{|\boldsymbol{r}\rangle\}$-Darstellung gegeben werden durch

$$\langle\boldsymbol{r} \mid W \mid \boldsymbol{r}'\rangle = W(\boldsymbol{r})\,\delta(\boldsymbol{r} - \boldsymbol{r}'). \tag{13.72}$$

Wir nehmen nun an, der Anfangszustand des Systems habe den wohldefinierten Impuls

$$|\psi(t = 0)\rangle = |\boldsymbol{p}_i\rangle \tag{13.73}$$

und berechnen die Wahrscheinlichkeit dafür, dass ein einfallendes Teilchen mit dem Impuls $\boldsymbol{p}_i$ in Zustände mit einem Impuls $\boldsymbol{p}$ in der Nähe von $\boldsymbol{p}_f$ (mit $|\boldsymbol{p}_f| = |\boldsymbol{p}_i|$) gestreut wird: Gl. (13.70) gibt die Streuwahrscheinlichkeit $w(\boldsymbol{p}_i, \boldsymbol{p}_f)$ durch Zeit und Raumwinkel um $\boldsymbol{p} = \boldsymbol{p}_f$ an:

$$w(\boldsymbol{p}_i, \boldsymbol{p}_f) = \frac{2\pi}{\hbar} \left|\langle\boldsymbol{p}_f \mid W \mid \boldsymbol{p}_i\rangle\right|^2 \rho(E_f = E_i). \tag{13.74}$$

Mit Gl. (13.53), Gl. (13.72) und dem Ausdruck (13.57) für $\rho(E)$ ergibt sich dann

$$w(\boldsymbol{p}_i, \boldsymbol{p}_f) = \frac{2\pi}{\hbar}\, m\sqrt{2mE_i} \left(\frac{1}{2\pi\hbar}\right)^6 \left|\int \mathrm{d}^3 r\, \mathrm{e}^{\mathrm{i}(\boldsymbol{p}_i - \boldsymbol{p}_f)\cdot\boldsymbol{r}/\hbar}\, W(\boldsymbol{r})\right|^2; \tag{13.75}$$

auf der rechten Seite dieser Beziehung tritt die Fourier-Transformierte des Potentials $W(\boldsymbol{r})$ am Punkt $\boldsymbol{p} = \boldsymbol{p}_i - \boldsymbol{p}_f$ auf.

Der hier gewählte Anfangszustand $|\varphi_i\rangle$ ist nicht normierbar und stellt somit keinen physikalischen Zustand eines Teilchens dar. Obwohl die Norm von $|\boldsymbol{p}_i\rangle$ nicht existiert, bleibt die rechte Seite von Gl. (13.75) endlich. Wir können demnach erwarten, dass diese Beziehung ein korrektes physikalisches Ergebnis liefert. Wenn wir die sich ergebende Wahrscheinlichkeit durch den nach Gl. (13.53) zum Zustand $|\boldsymbol{p}_i\rangle$ gehörenden Wahrscheinlichkeitsstrom

$$J_i = \left(\frac{1}{2\pi\hbar}\right)^3 \frac{\hbar k_i}{m} = \left(\frac{1}{2\pi\hbar}\right)^3 \sqrt{\frac{2E_i}{m}} \tag{13.76}$$

dividieren, erhalten wir

$$\frac{w(\boldsymbol{p}_i, \boldsymbol{p}_f)}{J_i} = \frac{m^2}{4\pi^2\hbar^4} \left| \int \mathrm{d}^3r \, \mathrm{e}^{\mathrm{i}(\boldsymbol{p}_i - \boldsymbol{p}_f)\cdot\boldsymbol{r}/\hbar} \, W(\boldsymbol{r}) \right|^2 \tag{13.77}$$

und finden also den Ausdruck für den Streuquerschnitt in der Bornschen Näherung wieder (s. Abschnitt 8.2.4).

Obwohl es sich nicht um einen strengen Beweis handelt, zeigt die Rechnung, dass sich der Streuquerschnitt der Born-Näherung mit Fermis goldener Regel auch über einen zeitabhängigen Ansatz erhalten lässt.

Ergänzungen zu Kapitel 13

In Abschnitt 13.4 wenden wir die allgemeinen Überlegungen aus Abschnitt 13.3.2 auf das besonders wichtige Beispiel der Wechselwirkung eines Atoms mit einer sinusförmigen elektromagnetischen Welle an. Dabei werden grundlegende Begriffe wie die Auswahlregeln für Spektrallinien, die Absorption und stimulierte Emission von Strahlung, die Oszillatorstärke usw. eingeführt. (*Von mittlerer Schwierigkeit; wird wegen seiner Bedeutung für die Atomphysik auch für das erste Lesen empfohlen*)

In Abschnitt 13.5 betrachten wir ein einfaches Modell zur Untersuchung von nichtlinearen Effekten, die bei der Wechselwirkung einer elektromagnetischen Welle mit einem atomaren System auftreten (Sättigungseffekt, Mehrquantenübergänge usw.). (*Schwieriger*)

Abschnitt 13.6 untersucht ein System mit diskreten Energieniveaus unter dem Einfluss einer Resonanzstörung für ein langes Zeitintervall. Die Ergebnisse aus Abschnitt 13.3.2, die nur für kurze Zeitintervalle gültig sind, werden vervollständigt. (*Relativ leicht*)

In Abschnitt 13.7 untersuchen wir das Verhalten eines diskreten Zustands, der für ein langes Zeitintervall in Resonanz mit einem Kontinuum von Endzuständen gekoppelt ist. Die Ergebnisse aus Abschnitt 13.3.3 für kurze Zeitintervalle (Fermis goldene Regel) werden vervollständigt. Wir zeigen, dass die Wahrscheinlichkeit, ein Teilchen im diskreten Niveau anzutreffen, exponentiell abfällt und rechtfertigen somit das Konzept der Lebensdauern, das in Abschnitt 3.15 phänomenologisch eingeführt wurde. (*Wichtig wegen der zahlreichen physikalischen Anwendungen; schwieriger*)

Abschnitt 13.8 enthält die Aufgaben zu diesem Kapitel. Aufgabe 10 kann im Anschluss an Abschnitt 13.4 gelöst werden; sie befasst sich mit dem Zusammenhang zwischen den äußeren Freiheitsgraden eines quantenmechanischen Systems und der Absorption elektromagnetischer Strahlung (Doppler-Effekt, Rückstoßenergie, Mößbauer-Effekt). (*Einige Aufgaben (insbesondere 8 und 9) sind schwieriger, aber wichtig*)

13.4 Atom und elektromagnetische Strahlung

In Abschnitt 13.3 untersuchten wir den Spezialfall einer sinusförmigen zeitabhängigen Störung $W(t) = W \sin \omega t$. Dabei stießen wir auf das Resonanzphänomen, das bei Annäherung von ω an eine Bohr-Frequenz $\omega_{fi} = (E_f - E_i)/\hbar$ des betrachteten physikalischen Systems auftritt.

Eine besonders wichtige Anwendung dieser Theorie ist die Untersuchung eines Atoms, das mit einer monochromatischen Welle in Wechselwirkung steht. Dabei gelangt man zu grundlegenden atomphysikalischen Begriffen und Zusammenhängen wie den Auswahlregeln für Spektrallinien, der induzierten Absorption und Emission von Strahlung, der Oszillatorstärke usw.

Wir beschränken uns weiter auf die Störungstheorie erster Ordnung. Erst in Abschnitt 13.5 gehen wir dann auf einige Effekte höherer Ordnung (*nichtlineare* Effekte) ein. Wir untersuchen zunächst die Struktur des Wechselwirkungs-Hamilton-Operators (Abschnitt 13.4.1). Dadurch können wir die elektrischen und magnetischen Dipolterme sowie den elektrischen Quadrupolterm isolieren und die zugehörigen Auswahlregeln untersuchen. Wir berechnen dann das von einer einfallenden Welle außerhalb der Resonanz induzierte elektrische Dipolmoment (Abschnitt 13.4.2) und vergleichen die Ergebnisse mit dem Modell des elastisch gebundenen Elektrons. Schließlich gehen wir auf die Vorgänge der Absorption und der induzierten Emission von Strahlung ein (Abschnitt 13.4.3).

13.4.1 Der Wechselwirkungs-Operator. Auswahlregeln

Felder und Potentiale einer ebenen elektromagnetischen Welle

Wir betrachten eine ebene elektromagnetische Welle[5] mit dem Wellenvektor $\boldsymbol{k}$ (parallel zur y-Achse) und der Kreisfrequenz $\omega = ck$. Das elektrische Feld ist parallel zur z-Richtung, während das magnetische Feld in x-Richtung weist (Abb. 13.5).

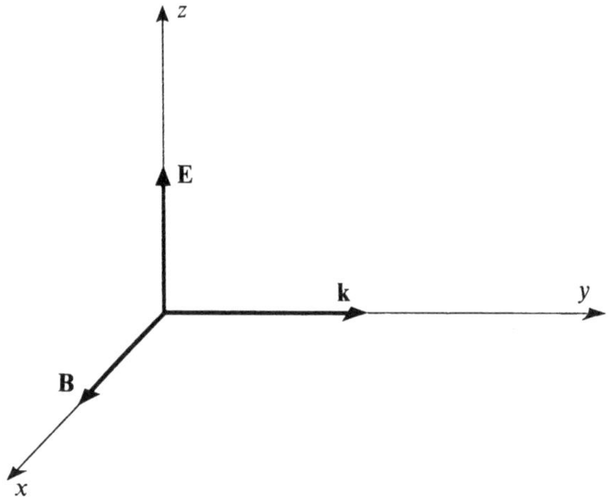

Abb. 13.5 Elektrisches Feld $\boldsymbol{E}$ und magnetisches Feld $\boldsymbol{B}$ einer ebenen Welle mit dem Wellenvektor $\boldsymbol{k}$.

Für diese Welle ist es bei geeigneter Eichung (s. Anhang, Abschnitt III.4) immer möglich, das skalare Potential $U(\boldsymbol{r}, t)$ verschwinden zu lassen. Das Vektorpotential $\boldsymbol{A}(\boldsymbol{r}, t)$ wird dann durch den reellen Ausdruck

$$\boldsymbol{A}(\boldsymbol{r}, t) = \mathcal{A}_0 \, \boldsymbol{e}_z \, \mathrm{e}^{\mathrm{i}(ky - \omega t)} + \mathcal{A}_0^* \, \boldsymbol{e}_z \, \mathrm{e}^{-\mathrm{i}(ky - \omega t)} \tag{13.78}$$

[5] Der Einfachheit halber beschränken wir uns hier auf ebene Wellen. Die Ergebnisse dieser Ergänzung können jedoch auch auf beliebige elektromagnetische Felder verallgemeinert werden.

gegeben, wobei $\mathcal{A}_0$ eine komplexe Konstante ist, deren Argument von der Wahl des Zeitnullpunkts abhängt. Es gilt dann

$$\boldsymbol{E}(\boldsymbol{r},t) = -\frac{\partial}{\partial t}\boldsymbol{A}(\boldsymbol{r},t) = \mathrm{i}\omega\mathcal{A}_0\,\boldsymbol{e}_z\,\mathrm{e}^{\mathrm{i}(ky-\omega t)} - \mathrm{i}\omega\mathcal{A}_0^*\,\boldsymbol{e}_z\,\mathrm{e}^{-\mathrm{i}(ky-\omega t)}, \tag{13.79}$$

$$\boldsymbol{B}(\boldsymbol{r},t) = \nabla\times\boldsymbol{A}(\boldsymbol{r},t) = \mathrm{i}k\mathcal{A}_0\,\boldsymbol{e}_x\,\mathrm{e}^{\mathrm{i}(ky-\omega t)} - \mathrm{i}k\mathcal{A}_0^*\,\boldsymbol{e}_x\,\mathrm{e}^{-\mathrm{i}(ky-\omega t)}. \tag{13.80}$$

Wir wählen den Zeitnullpunkt so, dass die Konstante $\mathcal{A}_0$ rein imaginär wird und setzen

$$\begin{aligned} \mathrm{i}\omega\mathcal{A}_0 &= \mathcal{E}/2,\\ \mathrm{i}k\mathcal{A}_0 &= \mathcal{B}/2, \end{aligned} \tag{13.81}$$

worin $\mathcal{E}$ und $\mathcal{B}$ zwei reelle Größen sind, für die gilt

$$\frac{\mathcal{E}}{\mathcal{B}} = \frac{\omega}{k} = c. \tag{13.82}$$

Wir erhalten dann

$$\boldsymbol{E}(\boldsymbol{r},t) = \mathcal{E}\,\boldsymbol{e}_z\,\cos(ky-\omega t), \tag{13.83}$$

$$\boldsymbol{B}(\boldsymbol{r},t) = \mathcal{B}\,\boldsymbol{e}_x\,\cos(ky-\omega t); \tag{13.84}$$

$\mathcal{E}$ und $\mathcal{B}$ sind demnach die Amplituden des elektrischen bzw. des magnetischen Feldes der betrachteten ebenen Welle.

Schließlich berechnen wir den zu dieser ebenen Welle gehörenden Poynting-Vektor[6] $\boldsymbol{G}$,

$$\boldsymbol{G} = \varepsilon_0 c^2 \boldsymbol{E}\times\boldsymbol{B}. \tag{13.85}$$

Ersetzen wir $\boldsymbol{E}$ und $\boldsymbol{B}$ in Gl. (13.85) durch die Ausdrücke (13.83) und (13.84) und bilden den Zeitmittelwert über eine große Anzahl von Perioden, so erhalten wir mit Gl. (13.82)

$$\overline{\boldsymbol{G}} = \varepsilon_0 c\frac{\mathcal{E}^2}{2}\boldsymbol{e}_y. \tag{13.86}$$

Wechselwirkungs-Hamilton-Operator bei niedrigen Intensitäten

Die ebene elektromagnetische Welle falle auf ein atomares Elektron (mit der Masse m und der Ladung q), das über ein Zentralpotential $V(r)$ im Abstand r von O an einen in O ruhenden Kern gebunden ist. Der Hamilton-Operator dieses Elektrons lautet

$$H = \frac{1}{2m}[\boldsymbol{P} - q\boldsymbol{A}(\boldsymbol{R},t)]^2 + V(R) - \frac{q}{m}\boldsymbol{S}\cdot\boldsymbol{B}(\boldsymbol{R},t). \tag{13.87}$$

Der letzte Term beschreibt die Wechselwirkung des magnetischen Moments des Elektronenspins mit dem oszillierenden Magnetfeld der ebenen Welle. Die Operatoren $\boldsymbol{A}(\boldsymbol{R},t)$ und $\boldsymbol{B}(\boldsymbol{R},t)$ erhält man, indem man in den klassischen Ausdrücken (13.78) und (13.80) die Ortskoordinaten x, y, z durch die Observablen X, Y, Z ersetzt.

[6]Man erinnere sich, dass der Energiefluss durch ein Oberflächenelement $\mathrm{d}S$ senkrecht zum Einheitsvektor $\boldsymbol{n}$ gleich $\boldsymbol{G}\cdot\boldsymbol{n}\,\mathrm{d}S$ ist.

Bei der Berechnung des Quadrats auf der rechten Seite der Gleichung müssen wir grundsätzlich beachten, dass $\boldsymbol{P}$ im Allgemeinen mit einer von $\boldsymbol{R}$ abhängigen Funktion nicht vertauscht. Diese Vorsicht ist hier allerdings nicht nötig, da wegen der Parallelität von $\boldsymbol{A}$ zur z-Achse im gemischten Term nur die P_z-Komponente auftritt; P_z vertauscht aber mit der Y-Komponente von $\boldsymbol{R}$, die als einzige im Ausdruck (13.78) für $\boldsymbol{A}(\boldsymbol{R}, t)$ erscheint. Wir bilden nun

$$H = H_0 + W(t), \tag{13.88}$$

wobei

$$H_0 = \frac{\boldsymbol{P}^2}{2m} + V(R) \tag{13.89}$$

der atomare Hamilton-Operator und

$$W(t) = -\frac{q}{m}\boldsymbol{P} \cdot \boldsymbol{A}(\boldsymbol{R}, t) - \frac{q}{m}\boldsymbol{S} \cdot \boldsymbol{B}(\boldsymbol{R}, t) + \frac{q^2}{2m}\boldsymbol{A}^2(\boldsymbol{R}, t) \tag{13.90}$$

der Operator für die Wechselwirkung mit der einfallenden Welle ist (die Matrixelemente von $W(t)$ gehen für $\mathcal{A}_0 \to 0$ gegen null).

Die ersten beiden Terme auf der rechten Seite von Gl. (13.90) hängen linear von $\mathcal{A}_0$ ab, während der dritte quadratisch in $\mathcal{A}_0$ ist. Bei den üblichen Lichtquellen ist die Intensität ausreichend klein, so dass der Einfluss des $\mathcal{A}_0^2$-Terms gegen den der $\mathcal{A}_0$-Terme vernachlässigt werden kann. Wir schreiben also

$$W(t) \approx W_I(t) + W_{II}(t) \tag{13.91}$$

mit

$$W_I(t) = -\frac{q}{m}\boldsymbol{P} \cdot \boldsymbol{A}(\boldsymbol{R}, t), \tag{13.92}$$

$$W_{II}(t) = -\frac{q}{m}\boldsymbol{S} \cdot \boldsymbol{B}(\boldsymbol{R}, t). \tag{13.93}$$

Wir betrachten nun die relative Größenordnung der Matrixelemente von $W_I(t)$ und $W_{II}(t)$ zwischen zwei Bindungszuständen des Elektrons: Die Matrixelemente von $\boldsymbol{S}$ sind von der Ordnung $\hbar$ und die von $\boldsymbol{B}$ von der Ordnung $k\mathcal{A}_0$ (s. Gl. (13.80)). Also ist

$$\frac{W_{II}(t)}{W_I(t)} \approx \frac{q\hbar k\mathcal{A}_0/m}{qp\mathcal{A}_0/m} = \frac{\hbar k}{p}. \tag{13.94}$$

Aufgrund der Unschärferelation ist $\hbar/p$ höchstens von atomarer Größenordnung (charakterisiert durch den Bohr-Radius $a_0 \approx 0.5 \times 10^{-8}$ cm); k ist gleich $2\pi/\lambda$, wobei λ die Wellenlänge der einfallenden Welle bezeichnet. Diese ist aber im (optischen) Spektralbereich der Atomphysik sehr viel größer als a_0, so dass gilt

$$\frac{W_{II}(t)}{W_I(t)} \approx \frac{a_0}{\lambda} \ll 1. \tag{13.95}$$

Elektrischer Dipol-Hamilton-Operator

Elektrische Dipolnäherung. Physikalische Deutung. Mit Gl. (13.78) für $\boldsymbol{A}(\boldsymbol{R},t)$ können wir $W_I(t)$ in der Form

$$W_I(t) = -\frac{q}{m} P_z \left(\mathcal{A}_0 \, \mathrm{e}^{\mathrm{i}kY} \, \mathrm{e}^{-\mathrm{i}\omega t} + \mathcal{A}_0^* \, \mathrm{e}^{-\mathrm{i}kY} \, \mathrm{e}^{\mathrm{i}\omega t} \right) \tag{13.96}$$

schreiben. Die Entwicklung der Exponentialfunktion $\mathrm{e}^{\pm \mathrm{i}kY}$ in Potenzen von kY lautet

$$\mathrm{e}^{\pm \mathrm{i}kY} = 1 \pm \mathrm{i}kY - \frac{1}{2}k^2Y^2 + \cdots . \tag{13.97}$$

Da Y von atomarer Größenordnung ist, gilt wie oben

$$kY \approx \frac{a_0}{\lambda} \ll 1. \tag{13.98}$$

Wir erhalten demnach eine gute Näherung für W_I, wenn wir nur den ersten Term der Entwicklung (13.97) berücksichtigen. Den Operator, der sich ergibt, wenn wir in Gl. (13.96) $\mathrm{e}^{\pm \mathrm{i}kY}$ durch eins ersetzen, wollen wir mit W_{DE} bezeichnen:

$$W_{\mathrm{DE}}(t) = \frac{q\mathcal{E}}{m\omega} \, P_z \, \sin\omega t; \tag{13.99}$$

$W_{\mathrm{DE}}(t)$ ist der *elektrische Dipol-Hamilton-Operator*. Die elektrische Dipolnäherung, die auf den Bedingungen (13.95) und (13.98) beruht, besteht also in der Vernachlässigung von $W_{II}(t)$ gegenüber $W_I(t)$, wobei dann

$$W(t) \approx W_{\mathrm{DE}}(t). \tag{13.100}$$

ist.

Wenn wir $W(t)$ durch $W_{\mathrm{DE}}(t)$ ersetzen, führt das Elektron Schwingungen aus, als wäre es einem *homogenen* sinusförmigen elektrischen Feld $\mathcal{E}\boldsymbol{e}_z \cos\omega t$ ausgesetzt. Seine Amplitude stimmt mit der des elektrischen Feldes der einfallenden Welle im Ursprung O überein. Physikalisch bedeutet dies, dass die Wellenfunktion des gebundenen Elektrons zu stark bei O lokalisiert ist, um die räumliche Variation des elektrischen Feldes der einfallenden Welle „spüren“ zu können. Wir berechnen daher die zeitliche Entwicklung von $\langle \boldsymbol{R} \rangle(t)$: Das Ehrenfest-Theorem (s. Abschnitt 3.4.1) ergibt

$$\begin{aligned} \frac{\mathrm{d}}{\mathrm{d}t}\langle \boldsymbol{R} \rangle &= \frac{1}{\mathrm{i}\hbar} \langle [\boldsymbol{R}, H_0 + W_{\mathrm{DE}}] \rangle = \frac{\langle \boldsymbol{P} \rangle}{m} + \frac{q\mathcal{E}}{m\omega} \boldsymbol{e}_z \, \sin\omega t, \\ \frac{\mathrm{d}}{\mathrm{d}t}\langle \boldsymbol{P} \rangle &= \frac{1}{\mathrm{i}\hbar} \langle [\boldsymbol{P}, H_0 + W_{\mathrm{DE}}] \rangle = -\langle \nabla V(R) \rangle. \end{aligned} \tag{13.101}$$

Eliminieren wir aus diesen beiden Gleichungen $\langle \boldsymbol{P} \rangle$, so erhalten wir nach einfacher Rechnung

$$m \frac{\mathrm{d}^2}{\mathrm{d}t^2} \langle \boldsymbol{R} \rangle = -\langle \nabla V(R) \rangle + q\mathcal{E} \, \boldsymbol{e}_z \, \cos\omega t, \tag{13.102}$$

womit wir das erwartete Ergebnis gefunden haben: Das Zentrum des dem Elektron zugeordneten Wellenpakets bewegt sich wie ein Teilchen mit der Masse m und der Ladung q, das der (atomaren) Zentralkraft (der erste Term auf der rechten Seite von Gl. (13.102)) und dem Einfluss eines homogenen elektrischen Feldes (zweiter Term in Gl. (13.102)) unterliegt.

Bemerkung

Der Ausdruck (13.99) für den elektrischen Dipol-Hamilton-Operator scheint ziemlich ungewöhnlich für ein Teilchen der Ladung q, das mit einem homogenen elektrischen Feld $\boldsymbol{E} = \mathcal{E}\, \boldsymbol{e}_z \cos\omega t$ in Wechselwirkung steht. Vielmehr erwarten wir hierfür einen Wechselwirkungsoperator der Form

$$W'_{\mathrm{DE}} = -\boldsymbol{D}\cdot\boldsymbol{E} = -q\mathcal{E} Z \cos\omega t, \tag{13.103}$$

wobei $\boldsymbol{D} = q\boldsymbol{R}$ das elektrische Dipolmoment des Elektrons ist.

Die beiden Ausdrücke (13.99) und (13.103) sind jedoch äquivalent. Wir zeigen, dass wir durch eine Eichtransformation (die den physikalischen Gehalt der Quantenmechanik nicht beeinflusst; s. Abschnitt 3.13) von der einen auf die andere Form übergehen können: Die Eichung, mit der sich Gl. (13.99) ergibt, lautet

$$\begin{aligned} \boldsymbol{A}(\boldsymbol{r},t) &= \frac{\mathcal{E}}{\omega}\, \boldsymbol{e}_z \sin(ky-\omega t), \\ U(\boldsymbol{r},t) &= 0 \end{aligned} \tag{13.104}$$

(um die erste Gleichung zu erhalten, haben wir in Gl. (13.78) $\mathcal{A}_0$ durch $\mathcal{E}/2\mathrm{i}\omega$ ersetzt; s. die erste Gleichung (13.81)). Wir betrachten nun die Eichtransformation, die zu der Funktion

$$\chi(\boldsymbol{r},t) = z\frac{\mathcal{E}}{\omega}\sin\omega t \tag{13.105}$$

gehört. Sie lautet

$$\begin{aligned} \boldsymbol{A}' &= \boldsymbol{A} + \nabla\chi = \boldsymbol{e}_z \frac{\mathcal{E}}{\omega}\left[\sin(ky-\omega t) + \sin\omega t\right], \\ U' &= U - \frac{\partial\chi}{\partial t} = -z\mathcal{E}\cos\omega t. \end{aligned} \tag{13.106}$$

Die elektrische Dipolnäherung läuft darauf hinaus, ky durch 0 zu ersetzen. Es gilt dann

$$\boldsymbol{A}' \approx \boldsymbol{e}_z \frac{\mathcal{E}}{\omega}\left[\sin(-\omega t) + \sin\omega t\right] = 0. \tag{13.107}$$

Wenn wir zusätzlich wie oben die mit dem Spin zusammenhängenden magnetischen Wechselwirkungsterme vernachlässigen, erhalten wir für den Hamilton-Operator des Systems

$$\begin{aligned} H' &= \frac{1}{2m}\left(\boldsymbol{P} - q\boldsymbol{A}'\right)^2 + V(R) + qU'(\boldsymbol{R},t) \\ &= \frac{\boldsymbol{P}^2}{2m} + V(R) + qU'(\boldsymbol{R},t) \\ &= H_0 + W'(t), \end{aligned} \tag{13.108}$$

wobei H_0 der durch Gl. (13.89) gegebene atomare Hamilton-Operator ist und wir in

$$W'(t) = qU'(\boldsymbol{R},t) = -qZ\,\mathcal{E}\cos\omega t = W'_{\mathrm{DE}}(t) \tag{13.109}$$

die übliche Form (13.103) des Hamilton-Operators für die elektrische Dipol-Wechselwirkung wiederfinden.

Zu beachten ist, dass das System nicht mehr durch denselben Ketvektor beschrieben wird, wenn wir von der Eichung (13.104) zur Eichung (13.106) übergehen (s. Abschnitt 3.13). Das Ersetzen von $W_{\mathrm{DE}}(t)$ durch $W'_{\mathrm{DE}}(t)$ ist daher mit einem Wechsel des Zustandsvektors verbunden, wobei der physikalische Gehalt der Theorie natürlich nicht geändert wird.

Im Folgenden werden wir weiter die Eichung (13.104) verwenden.

Matrixelemente des elektrischen Dipol-Hamilton-Operators. Später werden wir die Ausdrücke für die Matrixelemente von W_{DE} zwischen Zuständen $|\varphi_i\rangle$ und $|\varphi_f\rangle$, also Eigenzuständen von H_0 mit den Eigenwerten E_i und E_f, benötigen. Nach Gl. (13.99) lauten sie

$$\langle\varphi_f \mid W_{\mathrm{DE}}(t) \mid \varphi_i\rangle = \frac{q\mathcal{E}}{m\omega} \sin\omega t \, \langle\varphi_f|P_z|\varphi_i\rangle. \tag{13.110}$$

Die Matrixelemente von P_z auf der rechten Seite von Gl. (13.110) sind leicht durch Matrixelemente von Z ersetzbar. Da wir alle magnetischen Effekte im atomaren Hamilton-Operator vernachlässigen (s. Gl. (13.89) für H_0), können wir schreiben

$$[Z, H_0] = \mathrm{i}\hbar \frac{\partial H_0}{\partial P_z} = \mathrm{i}\hbar \frac{P_z}{m}, \tag{13.111}$$

woraus sich ergibt

$$\begin{aligned}\langle\varphi_f \mid [Z, H_0] \mid \varphi_i\rangle &= \langle\varphi_f \mid ZH_0 - H_0Z \mid \varphi_i\rangle \\ &= -\left(E_f - E_i\right) \langle\varphi_f \mid Z \mid \varphi_i\rangle = \frac{\mathrm{i}\hbar}{m} \langle\varphi_f \mid P_z \mid \varphi_i\rangle.\end{aligned} \tag{13.112}$$

Führen wir die Bohr-Frequenz $\omega_{fi} = \left(E_f - E_i\right)/\hbar$ ein, erhalten wir also

$$\langle\varphi_f \mid P_z \mid \varphi_i\rangle = \mathrm{i}m\,\omega_{fi} \,\langle\varphi_f \mid Z \mid \varphi_i\rangle \tag{13.113}$$

und damit

$$\langle\varphi_f \mid W_{\mathrm{DE}}(t) \mid \varphi_i\rangle = \mathrm{i}q \,\frac{\omega_{fi}}{\omega}\, \mathcal{E} \sin\omega t \,\langle\varphi_f \mid Z \mid \varphi_i\rangle. \tag{13.114}$$

Die Matrixelemente von $W_{\mathrm{DE}}(t)$ sind somit proportional zu denen von Z.

Bemerkung

In Gl. (13.114) tritt das Matrixelement von Z auf, weil wir ein elektrisches Feld $\boldsymbol{E}(\boldsymbol{r}, t)$ parallel zur z-Achse betrachtet haben. In der Praxis kann es von Vorteil sein, ein x, y, z-System zu wählen, das nicht der Polarisation des Lichts, sondern der Symmetrie der Zustände $|\varphi_i\rangle$ und $|\varphi_f\rangle$ Rechnung trägt. Wenn sich das Atom z. B. in einem homogenen Magnetfeld $\boldsymbol{B}_0$ befindet, ist die günstigste Wahl der Quantisierungsachse zur Untersuchung seiner stationären Zustände $|\varphi_n\rangle$ offensichtlich parallel zu $\boldsymbol{B}_0$. Die Polarisation des elektrischen Feldes $\boldsymbol{E}(\boldsymbol{r}, t)$ kann dann in Bezug auf die z-Richtung beliebig sein. In solchen Fällen ist das Matrixelement von Z in Gl. (13.114) durch das einer Linearkombination von X, Y und Z zu ersetzen.

Auswahlregeln für elektrische Dipolübergänge. Wenn das Matrixelement zwischen den Zuständen $|\varphi_i\rangle$ und $|\varphi_f\rangle$ von null verschieden, d. h. wenn $\langle\varphi_f|Z|\varphi_i\rangle$ ungleich null ist,[7] handelt es sich bei dem Übergang $|\varphi_i\rangle \to |\varphi_f\rangle$ um einen elektrischen Dipolübergang. Zur Untersuchung der Übergänge zwischen $|\varphi_i\rangle$ und $|\varphi_f\rangle$, die von der einfallenden Welle induziert werden, können wir dann $W(t)$ durch $W_{\mathrm{DE}}(t)$ ersetzen. Wenn hingegen

[7] Tatsächlich reicht es aus, dass eine der drei Zahlen $\langle\varphi_f|X|\varphi_i\rangle$, $\langle\varphi_f|Y|\varphi_i\rangle$ oder $\langle\varphi_f|Z|\varphi_i\rangle$ ungleich null ist (s. obige Bemerkung).

das Matrixelement von $W_{\mathrm{DE}}(t)$ zwischen $|\varphi_i\rangle$ und $|\varphi_f\rangle$ verschwindet, müssen wir die Entwicklung von $W(t)$ weiterführen, und bei dem entsprechenden Übergang handelt es sich dann um einen magnetischen Dipolübergang, einen elektrischen Quadrupolübergang usw.[8] (s. die folgenden Abschnitte). Da $W_{\mathrm{DE}}(t)$ sehr viel größer ist als die folgenden Terme der Potenzreihenentwicklung von $W(t)$ in a_0/λ, sind die elektrischen Dipolübergänge mit Abstand die intensivsten; tatsächlich handelt es sich bei den meisten von Atomen emittierten optischen Linien um elektrische Dipolübergänge.

Die zu $|\varphi_i\rangle$ und $|\varphi_f\rangle$ gehörenden Wellenfunktionen seien

$$\begin{aligned} \varphi_{n_i,l_i,m_i}(\boldsymbol{r}) &= R_{n_i,l_i}(r) Y_{l_i}^{m_i}(\theta,\varphi), \\ \varphi_{n_f,l_f,m_f}(\boldsymbol{r}) &= R_{n_f,l_f}(r) Y_{l_f}^{m_f}(\theta,\varphi). \end{aligned} \tag{13.115}$$

Da

$$z = r\cos\theta = \sqrt{\frac{4\pi}{3}}\, r\, Y_1^0(\theta) \tag{13.116}$$

gilt, ist das Matrixelement von Z zwischen $|\varphi_i\rangle$ und $|\varphi_f\rangle$ proportional zum Winkelintegral

$$\int \mathrm{d}\Omega\, Y_{l_f}^{m_f *}(\theta,\varphi)\, Y_1^0(\theta)\, Y_{l_i}^{m_i}(\theta,\varphi). \tag{13.117}$$

Den Ergebnissen aus Abschnitt 10.6 zufolge ist dieses Integral nur für

$$l_f = l_i \pm 1 \tag{13.118}$$

und

$$m_f = m_i \tag{13.119}$$

von null verschieden. Bei einer anderen Wahl der Polarisation des elektrischen Feldes (z. B. parallel zur x- oder y-Achse; s. obige Bemerkung) müsste gelten

$$m_f = m_i \pm 1. \tag{13.120}$$

Aus den Gleichungen (13.118), (13.119) und (13.120) erhalten wir die Auswahlregeln für elektrische Dipolübergänge:

$$\begin{aligned} \Delta l &= l_f - l_i = \pm 1, \\ \Delta m &= m_f - m_i = -1, 0, +1. \end{aligned} \tag{13.121}$$

Bemerkungen

1. Bei Z handelt es sich um einen ungeraden Operator. Er kann nur zwei Zustände unterschiedlicher Parität koppeln. Da die Paritäten von $|\varphi_i\rangle$ und $|\varphi_f\rangle$ die von l_i und l_f sind, muss $\Delta l = l_f - l_i$ ungerade sein in Übereinstimmung mit den Regeln (13.121).

[8] Es kann geschehen, dass alle Terme der Entwicklung verschwindende Matrixelemente haben. Der Übergang wird dann als in allen Ordnungen verboten bezeichnet (man kann zeigen, dass das immer auftritt, wenn sowohl $|\varphi_i\rangle$ als auch $|\varphi_f\rangle$ den Drehimpuls null haben).

2. In Gegenwart einer Spin-Bahn-Kopplung $\xi(r)\boldsymbol{L}\cdot\boldsymbol{S}$ zwischen $\boldsymbol{L}$ und $\boldsymbol{S}$ (s. Abschnitt 12.2.1) werden die stationären Zustände des Elektrons durch die Quantenzahlen l, s, J, m_J bezeichnet (für $\boldsymbol{J} = \boldsymbol{L} + \boldsymbol{S}$). Die Auswahlregeln für elektrische Dipolübergänge ergeben sich dann aus der Untersuchung der nichtverschwindenden Matrixelemente von $\boldsymbol{R}$ in der $\{|l, s, J, m_J\rangle\}$-Basis. Mit Hilfe der Entwicklung dieser Basisvektoren in die Vektoren $|l, m\rangle|s, m_S\rangle$ (s. Abschnitt 10.4.2) erhalten wir ausgehend von den Regeln (13.121) die Auswahlregeln

$$\begin{aligned} \Delta J &= 0, \pm 1, \\ \Delta l &= \pm 1, \\ \Delta m_J &= 0, \pm 1. \end{aligned} \tag{13.122}$$

Ein $\Delta J = 0$-Übergang ist also nicht verboten (außer für $J_i = J_f = 0$; s. obige Fußnote). Das liegt daran, dass J nicht mit der Parität des Zustands zusammenhängt.

Schließlich stellen wir fest, dass die Auswahlregeln (13.122) auf Mehrelektronenatome verallgemeinert werden können.

Magnetischer Dipol- und elektrischer Quadrupol-Hamilton-Operator

Terme höherer Ordnung. Der Operator in Gl. (13.91) kann in der Form

$$W(t) = W_I(t) + W_{II}(t) = W_{\mathrm{DE}}(t) + [W_I(t) - W_{\mathrm{DE}}(t)] + W_{II}(t) \tag{13.123}$$

geschrieben werden. Bis jetzt haben wir nur $W_{\mathrm{DE}}(t)$ untersucht. Wie wir gesehen haben, ist das Verhältnis von $W_I(t) - W_{\mathrm{DE}}(t)$ und $W_{II}(t)$ zu $W_{\mathrm{DE}}(t)$ von der Größenordnung a_0/λ.

Um $W_I(t) - W_{\mathrm{DE}}(t)$ zu berechnen, ersetzen wir in Gl. (13.96) $\mathrm{e}^{\pm ikY}$ durch $\mathrm{e}^{\pm \mathrm{i}kY} - 1 \approx \pm\mathrm{i}kY + \cdots$, was

$$W_I(t) - W_{\mathrm{DE}}(t) = -\frac{q}{m}\left(\mathrm{i}k\mathcal{A}_0\,\mathrm{e}^{-\mathrm{i}\omega t} - \mathrm{i}k\mathcal{A}_0^*\,\mathrm{e}^{\mathrm{i}\omega t}\right) P_z Y + \cdots \tag{13.124}$$

ergibt oder mit den Gleichungen (13.81)

$$W_I(t) - W_{\mathrm{DE}}(t) = -\frac{q}{m}\,\mathcal{B}\,\cos\omega t\; P_z Y + \cdots. \tag{13.125}$$

Wenn wir $P_z Y$ in der Form

$$P_z Y = \frac{1}{2}\left(P_z Y - Z P_y\right) + \frac{1}{2}\left(P_z Y + Z P_y\right) = \frac{1}{2}L_x + \frac{1}{2}\left(P_z Y + Z P_y\right) \tag{13.126}$$

schreiben, erhalten wir schließlich

$$W_I(t) - W_{\mathrm{DE}}(t) = -\frac{q}{2m}L_x\mathcal{B}\cos\omega t - \frac{q}{2m}\mathcal{B}\cos\omega t\left(P_z Y + Z P_y\right) + \cdots. \tag{13.127}$$

Im Ausdruck für $W_{II}(t)$ (Gl. (13.93) und Gl. (13.80)) ist es gerechtfertigt, $\mathrm{e}^{\pm \mathrm{i}kY}$ durch eins zu ersetzen. So erhalten wir einen Term der Ordnung a_0/λ relativ zu $W_I(t)$, d. h. von derselben Größenordnung wie $W_I(t) - W_{\mathrm{DE}}(t)$:

$$W_{II}(t) = -\frac{q}{m}S_x\mathcal{B}\cos\omega t + \cdots. \tag{13.128}$$

Setzen wir die Gleichungen (13.127) und (13.128) in Gl. (13.123) ein und gruppieren die Terme um, so erhalten wir

$$W(t) = W_{\mathrm{DE}}(t) + W_{\mathrm{DM}}(t) + W_{\mathrm{QE}}(t) + \cdots \tag{13.129}$$

mit

$$W_{\mathrm{DM}}(t) = -\frac{q}{2m}(L_x + 2S_x)\,\mathcal{B}\cos\omega t, \tag{13.130}$$

$$W_{\mathrm{QE}}(t) = -\frac{q}{2mc}\left(YP_z + ZP_y\right)\mathcal{E}\cos\omega t \tag{13.131}$$

(in Gl. (13.131) haben wir $\mathcal{B}$ durch $\mathcal{E}/c$ ersetzt). Bei W_{DM} und W_{QE} (die *a priori* dieselbe Größenordnung haben) handelt es sich um den magnetischen Dipol- bzw. den elektrischen Quadrupol-Hamilton-Operator.

Magnetische Dipolübergänge. Die von W_{DM} induzierten Übergänge heißen magnetische Dipolübergänge; W_{DM} beschreibt die Wechselwirkung des magnetischen Gesamtmoments des Elektrons mit dem oszillierenden Magnetfeld der einfallenden Welle.

Die Auswahlregeln der magnetischen Dipolübergänge ergeben sich aus den Bedingungen, die $|\varphi_i\rangle$ und $|\varphi_f\rangle$ erfüllen müssen, damit W_{DM} ein nichtverschwindendes Matrixelement zwischen diesen beiden Zuständen hat. Da weder L_x noch S_x die Quantenzahl l beeinflussen, muss zunächst $\Delta l = 0$ gelten; L_x ändert den Eigenwert m_L von L_z um ± 1, woraus $\Delta m_L = \pm 1$ folgt. Analog ändert S_x den Eigenwert m_S von S_z um ± 1, was $\Delta m_S = \pm 1$ ergibt. Außerdem haben wir zu beachten, dass wir für ein Magnetfeld der einlaufenden Welle parallel zur z-Achse $\Delta m_L = 0$ und $\Delta m_S = 0$ erhalten hätten. Zusammenfassend erhalten wir die Auswahlregeln für magnetische Dipolübergänge:

$$\begin{aligned} \Delta l &= 0, \\ \Delta m_L &= \pm 1, 0, \\ \Delta m_S &= \pm 1, 0. \end{aligned} \tag{13.132}$$

Bemerkung

In Anwesenheit einer Spin-Bahn-Kopplung werden die Eigenzustände von H_0 durch die Quantenzahlen l und J bestimmt. Da L_x und S_x nicht mit $\boldsymbol{J}^2$ vertauschen, kann W_{DM} Zustände mit gleichem l aber unterschiedlichem J koppeln. Unter Verwendung der Additionstheoreme für einen Drehimpuls l und einen Drehimpuls $1/2$ kann leicht gezeigt werden (s. Abschnitt 10.4.2), dass die Auswahlregeln (13.132) dann lauten

$$\begin{aligned} \Delta l &= 0, \\ \Delta J &= \pm 1, 0, \\ \Delta m_J &= \pm 1, 0. \end{aligned} \tag{13.133}$$

Der Hyperfeinübergang $F = 0 \leftrightarrow F = 1$ des Grundzustands des Wasserstoffatoms (s. Abschnitt 12.4) ist ein magnetischer Dipolübergang, da die Komponenten von $\boldsymbol{S}$ nichtverschwindende Matrixelemente zwischen den Zuständen des $F = 1$-Niveaus und dem Zustand $|F = 0, m_F = 0\rangle$ besitzen.

Elektrische Quadrupolübergänge. Mit Gl. (13.111) können wir schreiben

$$\begin{aligned} YP_z + ZP_y &= YP_z + P_yZ = \frac{m}{\mathrm{i}\hbar}\left(Y\,[Z, H_0] + [Y, H_0]\,Z\right) \\ &= \frac{m}{\mathrm{i}\hbar}\left(YZH_0 - H_0YZ\right), \end{aligned} \tag{13.134}$$

woraus wir wie in Gl. (13.113) erhalten

$$\langle\varphi_f \mid W_{\mathrm{QE}}(t) \mid \varphi_i\rangle = \frac{q}{2\mathrm{i}c}\,\omega_{fi}\,\langle\varphi_f \mid YZ \mid \varphi_i\rangle\,\mathcal{E}\cos\omega t. \tag{13.135}$$

Das Matrixelement von $W_{\mathrm{QE}}(t)$ ist somit proportional zu dem von YZ, einer Komponente des elektrischen Quadrupolmoments des Atoms (s. Abschnitt 10.8). Außerdem tritt in Gl. (13.135) die Größe

$$\frac{q\omega_{fi}}{c}\mathcal{E} = q\frac{\omega_{fi}}{\omega}\frac{\omega}{c}\mathcal{E} = q\frac{\omega_{fi}}{\omega}k\mathcal{E} \tag{13.136}$$

auf, die nach Gl. (13.79) von der Größenordnung $q\partial\mathcal{E}_z/\partial y$ ist. Der Operator $W_{\mathrm{QE}}(t)$ kann also als die Wechselwirkung des elektrischen Quadrupolmoments des Atoms mit dem Gradienten[9] des elektrischen Feldes der ebenen Welle interpretiert werden.

Um die Auswahlregeln der elektrischen Quadrupolübergänge zu erhalten, machen wir Gebrauch davon, dass in der Ortsdarstellung YZ eine lineare Überlagerung von $r^2Y_2^1(\theta,\varphi)$ und $r^2Y_2^{-1}(\theta,\varphi)$ ist. In den Matrixelementen $\langle\varphi_f|YZ|\varphi_i\rangle$ treten daher Winkelintegrale

$$\int \mathrm{d}\Omega\, Y_{l_f}^{m_f\,*}(\theta,\varphi)\, Y_2^{\pm1}(\theta,\varphi)\, Y_{l_i}^{m_i}(\theta,\varphi) \tag{13.137}$$

auf, die nach den Ergebnissen von Abschnitt 10.6 nur für $\Delta l = 0, \pm2$ und $\Delta m = \pm1$ von null verschieden sind. Bei einer beliebigen Polarisation der einlaufenden Welle geht diese Beziehung in $\Delta m = \pm2, \pm1, 0$ über, und die Auswahlregeln für elektrische Quadrupolübergänge lauten schließlich

$$\begin{aligned} \Delta l &= 0, \pm2, \\ \Delta m &= 0, \pm1, \pm2. \end{aligned} \tag{13.138}$$

Bemerkungen

1. Bei W_{DM} und W_{QE} handelt es sich um gerade Operatoren, die also in Übereinstimmung mit den Gleichungen (13.132) und (13.138) nur Zustände gleicher Parität koppeln können. Für einen gegebenen Übergang können W_{DM} und W_{QE} nie in Konkurrenz mit W_{DE} treten, wodurch die Beobachtung von magnetischen Dipol- und elektrischen Quadrupolübergängen vereinfacht wird.

Die meisten Übergänge des Mikrowellen- oder Radiofrequenzbereichs, insbesondere magnetische Resonanzübergänge, sind magnetische Dipolübergänge (s. Abschnitt 4.9).

2. Für einen Übergang mit $\Delta l = 0$, $\Delta m = 0, \pm1$ haben die beiden Operatoren W_{DM} und W_{QE} gleichzeitig nichtverschwindende Matrixelemente. Es ist allerdings möglich, experimentelle Bedingungen zu schaffen, so dass nur magnetische Dipolübergänge induziert werden. Anstatt es

[9] Das Auftreten des elektrischen Feldgradienten ist nicht überraschend, da wir $W_{QE}(t)$ über eine Taylor-Entwicklung der Potentiale um O erhalten haben.

einer ebenen Welle auszusetzen, muss man dazu das Atom in einem Hohlraum oder in einer Radiofrequenzschleife an einem Punkt plazieren, wo $\boldsymbol{B}$ groß, aber der Gradient von $\boldsymbol{E}$ vernachlässigbar ist.

3. Bei einem $\Delta l = 2$-Übergang können W_{DM} und W_{QE} nicht in Konkurrenz treten, und es handelt sich um einen reinen Quadrupolübergang. Ein Beispiel für einen Quadrupolübergang ist die grüne Linie des atomaren Sauerstoffs (5 577 Å), die im Polarlichtspektrum auftritt.

4. Hätten wir die Entwicklung von $\mathrm{e}^{+\mathrm{i}kY}$ fortgeführt, würden sich elektrische Oktupolterme, magnetische Quadrupolterme usw. ergeben.

In dieser Ergänzung beschränken wir uns auf elektrische Dipolübergänge, während wir in der folgenden Ergänzung einen magnetischen Dipolübergang betrachten werden.

13.4.2 Anregung außerhalb der Resonanz

In diesem Abschnitt nehmen wir an, dass das Atom sich zu Anfang im Grundzustand $|\varphi_0\rangle$ befindet und durch eine ebene Welle angeregt wird, deren Frequenz ω sich von den möglichen Bohr-Frequenzen unterscheidet.

Das Atom erhält dann ein elektrisches Dipolmoment $\langle \boldsymbol{D} \rangle(t)$, das mit der Frequenz ω oszilliert (also eine erzwungene Schwingung ausführt) und für kleine $\mathcal{E}$ proportional zu $\mathcal{E}$ ist (lineare Antwort). Wir bestimmen dieses induzierte Dipolmoment mit Hilfe der Störungstheorie und werden sehen, dass die Ergebnisse weitgehend mit den Aussagen übereinstimmen, die wir aus dem klassischen Modell des elastisch gebundenen Elektrons erhalten.

Dieses Modell hat bei der Untersuchung der optischen Eigenschaften materieller Stoffe eine wichtige Rolle gespielt. Mit seiner Hilfe lässt sich die von einer ebenen Welle in einem Medium induzierte Polarisation berechnen. Diese linear vom Feld $\mathcal{E}$ abhängende Polarisation verhält sich wie ein Quellenterm für die Maxwell-Gleichungen. Löst man diese Gleichungen, so ergeben sich ebene Wellen, die sich mit einer von der Vakuumlichtgeschwindigkeit c verschiedenen Geschwindigkeit im Medium fortpflanzen. Damit lässt sich die Brechzahl des Mediums in Abhängigkeit von den verschiedenen Eigenschaften elastisch gebundener Elektronen (wie den Eigenfrequenzen, der Anzahldichte der Elektronen usw.) angeben. Darum ist es von großer Bedeutung, die Vorhersagen dieses Modells mit den quantenmechanischen Vorhersagen zu vergleichen.

Klassisches Modell eines elastisch gebundenen Elektrons

Bewegungsgleichung. Wir betrachten ein Elektron unter dem Einfluss einer Rückstellkraft, die zum Punkt O gerichtet und proportional zur Auslenkung ist. In der klassischen Hamilton-Funktion, die Gl. (13.89) entspricht, ist das Potential dann

$$V(r) = \frac{1}{2} m \omega_0^2 r^2, \tag{13.139}$$

wobei ω_0 die Eigenfrequenz des Elektrons ist.

Verwenden wir nun für den klassischen Wechselwirkungsterm dieselben Näherungen, die wir bei der Ableitung des quantenmechanischen Ausdrucks (13.99) für $W_{\mathrm{DE}}(t)$ verwendet haben (also die elektrische Dipolnäherung), so erhalten wir analog zu den obigen Überlegungen die Differentialgleichung (s. Gl. (13.102))

$$\frac{\mathrm{d}^2}{\mathrm{d}t^2} z + \omega_0^2 z = \frac{q\mathcal{E}}{m} \cos \omega t. \tag{13.140}$$

Das ist die Bewegungsgleichung für einen harmonischen Oszillator unter dem Einfluss einer sinusförmigen Kraft.

Allgemeine Lösung. Die allgemeine Lösung von Gl. (13.140) lautet

$$z = A \cos(\omega_0 t - \varphi) + \frac{q\mathcal{E}}{m(\omega_0^2 - \omega^2)} \cos \omega t, \tag{13.141}$$

wobei A und φ von den Anfangsbedingungen abhängende reelle Konstanten sind. Der erste Term in dieser Gleichung, $A \cos(\omega_0 t - \varphi)$, ist die allgemeine Lösung der homogenen Gleichung (freie Bewegung des Elektrons) und der zweite Term eine spezielle Lösung der Gleichung (erzwungene Bewegung des Elektrons).

Bisher haben wir noch keine Dämpfungseffekte berücksichtigt. Ohne ins Detail zu gehen, geben wir die Effekte einer schwachen Dämpfung an: Nach einer gewissen Zeit τ klingt die freie Bewegung ab, und die erzwungene Schwingung wird etwas modifiziert (unter der Voraussetzung, dass $|\omega - \omega_0| \gg 1/\tau$ ist, man also weit genug von der Resonanzstelle entfernt ist). Wir behalten daher nur den zweiten Term

$$z = \frac{q\mathcal{E} \cos \omega t}{m(\omega_0^2 - \omega^2)}. \tag{13.142}$$

Bemerkung

Weit außerhalb der Resonanz spielt der genaue Vorgang der Dämpfung, solange sie schwach ist, keine große Rolle; wir verzichten daher auf seine Beschreibung. Es genügt uns die Tatsache, dass durch ihn die freie Schwingung des Elektrons eliminiert wird.

Bei Resonanzanregung ist die Situation anders: Das induzierte Dipolmoment hängt dann entscheidend vom exakten Mechanismus der Dämpfung ab (spontane Emission, thermische Relaxation usw.). Aus diesem Grund werden wir uns in Abschnitt 13.4.3 nur mit der Berechnung der Übergangsamplituden befassen.

In Abschnitt 13.5 werden wir ein genaues Modell für ein System untersuchen, das sich im Bereich einer elektromagnetischen Welle befindet und gleichzeitig dissipativen Prozessen ausgesetzt ist. Wir können dann das induzierte elektrische Dipolmoment für eine beliebige Anregungsfrequenz berechnen.

Suszeptibilität. Das elektrische Dipolmoment des Systems sei $\mathcal{D} = qz$. Es ist dann mit Gl. (13.142)

$$\mathcal{D} = qz = \frac{q^2}{m(\omega_0^2 - \omega^2)} \mathcal{E} \cos \omega t = \chi \mathcal{E} \cos \omega t, \tag{13.143}$$

wobei die *Suszeptibilität* χ gegeben wird durch

$$\chi = \frac{q^2}{m(\omega_0^2 - \omega^2)}. \tag{13.144}$$

Quantenmechanische Berechnung des induzierten Dipolmoments

Wir beginnen mit der Berechnung des Zustandsvektors $|\psi(t)\rangle$ für das Atom zur Zeit t in erster Ordnung in $\mathcal{E}$. Als Wechselwirkungsoperator verwenden wir den elektrischen Dipoloperator W_{DE}, Gl. (13.99). Außerdem nehmen wir

$$|\psi(t=0)\rangle = |\varphi_0\rangle \tag{13.145}$$

an. Unter Verwendung der Ergebnisse in Abschnitt 13.3.1 ersetzen wir W_{ni} durch $\frac{q\mathcal{E}}{m\omega}\langle\varphi_n|P_z|\varphi_i\rangle$ und $|\varphi_i\rangle$ durch $|\varphi_0\rangle$; wir erhalten[10]

$$|\psi(t)\rangle = \mathrm{e}^{-\mathrm{i}E_0 t/\hbar}\,|\varphi_0\rangle + \sum_{n\neq 0} \lambda\, b_n^{(1)}(t)\,\mathrm{e}^{-\mathrm{i}E_n t/\hbar}\,|\varphi_n\rangle \tag{13.146}$$

oder, indem wir $|\psi(t)\rangle$ mit dem globalen Phasenfaktor $\mathrm{e}^{\mathrm{i}E_0 t/\hbar}$ multiplizieren (der physikalisch keine Bedeutung hat),

$$\begin{aligned} |\psi(t)\rangle \;=\; &|\varphi_0\rangle + \sum_{n\neq 0} \frac{q\mathcal{E}}{2\mathrm{i}m\hbar\omega}\,\langle\varphi_n\,|\,P_z\,|\,\varphi_0\rangle \\ &\times \left\{ \frac{\mathrm{e}^{-\mathrm{i}\omega_{n0}t} - \mathrm{e}^{\mathrm{i}\omega t}}{\omega_{n0}+\omega} - \frac{\mathrm{e}^{-\mathrm{i}\omega_{n0}t} - \mathrm{e}^{-\mathrm{i}\omega t}}{\omega_{n0}-\omega} \right\} |\varphi_n\rangle . \end{aligned} \tag{13.147}$$

Damit berechnen wir $\langle\psi(t)|$ und $\langle D_z\rangle(t) = \langle\psi(t)|qZ|\psi(t)\rangle$. Wir berücksichtigen nur die in $\mathcal{E}$ linearen Glieder und unterdrücken alle Terme, die mit der Frequenz $\pm\omega_{n0}$ oszillieren (weil sie zur freien Bewegung gehören). Wenn wir weiter $\langle\varphi_n|P_z|\varphi_0\rangle$ durch $\langle\varphi_n|Z|\varphi_0\rangle$ ausdrücken, erhalten wir schließlich (s. Gl. (13.113))

$$\langle D_z\rangle(t) = \frac{2q^2}{\hbar}\,\mathcal{E}\,\cos\omega t \sum_n \frac{\omega_{n0}\,|\langle\varphi_n\,|\,Z\,|\,\varphi_0\rangle|^2}{\omega_{n0}^2 - \omega^2}. \tag{13.148}$$

Diskussion. Oszillatorstärke

Der Begriff der Oszillatorstärke. Wir setzen

$$f_{n0} = \frac{2m\,\omega_{n0}\,|\langle\varphi_n\,|\,Z\,|\,\varphi_0\rangle|^2}{\hbar}; \tag{13.149}$$

f_{n0} ist eine reelle Zahl mit der Dimension eins, die den Übergang $|\varphi_0\rangle \leftrightarrow |\varphi_n\rangle$ charakterisiert und als Oszillatorstärke[11] dieses Übergangs bezeichnet wird. Wenn es sich bei $|\varphi_0\rangle$ um den Grundzustand handelt, ist f_{n0} wie ω_{n0} positiv.

Oszillatorstärken erfüllen die Summenregel (von Thomas-Reiche-Kuhn)

$$\sum_n f_{n0} = 1. \tag{13.150}$$

---

[10] Da W_{DE} ungerade ist, ist $\langle\varphi_0|W_{\mathrm{DE}}(t)|\varphi_0\rangle$ gleich null und damit $b_0^{(1)}(t) = 0$.

[11] In Gl. (13.149) geht der Operator Z ein, weil die einfallende Welle in z-Richtung linear polarisiert ist. Es wäre auch möglich, eine allgemeine Definition der Oszillatorstärke, unabhängig von der Polarisation der einlaufenden Welle, anzugeben.

Sie lässt sich wie folgt beweisen: Mit Gl. (13.113) können wir schreiben

$$f_{n0} = \frac{1}{i\hbar}\langle\varphi_0 \,|\, Z \,|\, \varphi_n\rangle\langle\varphi_n \,|\, P_z \,|\, \varphi_0\rangle - \frac{1}{i\hbar}\langle\varphi_0 \,|\, P_z \,|\, \varphi_n\rangle\langle\varphi_n \,|\, Z \,|\, \varphi_0\rangle. \tag{13.151}$$

Die Summation über n lässt sich mit Hilfe der Vollständigkeitsrelation der $\{|\varphi_n\rangle\}$-Basis ausführen, und es ergibt sich

$$\sum_n f_{n0} = \frac{1}{i\hbar}\langle\varphi_0 \,|\, (ZP_z - P_zZ) \,|\, \varphi_0\rangle = \langle\varphi_0|\varphi_0\rangle = 1. \tag{13.152}$$

Quantenmechanische Rechtfertigung des klassischen Modells. Wir setzen die Definition (13.149) in Gl. (13.148) ein und multiplizieren den so erhaltenen Ausdruck mit der Anzahl $\mathcal{N}$ der Atome, die sich in einem Volumen mit einer linearen Ausdehnung sehr viel kleiner als die Wellenlänge λ der Strahlung befinden. Das gesamte in diesem Volumen induzierte elektrische Dipolmoment lautet dann

$$\mathcal{N}\,\langle D_z\rangle(t) = \sum_n \mathcal{N}\, f_{n0}\, \frac{q^2}{m(\omega_{n0}^2 - \omega^2)}\, \mathcal{E} \cos\omega t. \tag{13.153}$$

Wenn wir das Ergebnis (13.153) mit Gl. (13.143) vergleichen, sieht es so aus, als ob wir es mit $\mathcal{N}$ klassischen Oszillatoren zu tun hätten (da nach Gl. (13.150) $\sum_n \mathcal{N} f_{n0} = \mathcal{N}$ ist). Ihre Eigenfrequenzen stimmen mit den Bohr-Frequenzen für den Übergang aus dem Zustand $|\varphi_0\rangle$ überein und sind darum im Allgemeinen voneinander verschieden. Nach Gl. (13.153) ist die relative Anzahl von Oszillatoren mit der Frequenz ω_{n0} gleich f_{n0}.

Für eine Welle außerhalb der Resonanz haben wir somit das klassische Modell eines elastisch gebundenen Elektrons bestätigt. Die Quantenmechanik liefert die Eigenfrequenzen und den jeweiligen Anteil der Oszillatoren. Dies beweist die Bedeutung des Begriffs der Oszillatorstärke und macht im Nachhinein den Erfolg des klassischen Modells verständlich.

13.4.3 Resonanzanregung. Absorption und induzierte Emission

Übergangswahrscheinlichkeit bei einer monochromatischen Welle

Wir betrachten ein Atom, das im Anfangszustand $|\varphi_i\rangle$ von einer elektromagnetischen Welle mit einer Frequenz nahe der Bohr-Frequenz ω_{fi} bestrahlt wird.

Die Ergebnisse aus Abschnitt 13.3.1 (für eine sinusförmige Anregung) sind auf die Berechnung der Übergangswahrscheinlichkeit $\mathcal{P}_{if}(t;\omega)$ direkt anwendbar. Mit Gl. (13.114) (d. h. in der elektrischen Dipolnäherung) ergibt sich

$$\mathcal{P}_{if}(t;\omega) = \frac{q^2}{4\hbar^2}\left(\frac{\omega_{fi}}{\omega}\right)^2 |\langle\varphi_f \,|\, Z \,|\, \varphi_i\rangle|^2\, \mathcal{E}^2\, F(t, \omega - \omega_{fi}) \tag{13.154}$$

mit

$$F(t, \omega - \omega_{fi}) = \left\{\frac{\sin\left[(\omega_{fi} - \omega)t/2\right]}{(\omega_{fi} - \omega)/2}\right\}^2. \tag{13.155}$$

Den Resonanzcharakter von $\mathcal{P}_{if}(t;\omega)$ haben wir bereits weiter oben besprochen. Im Resonanzfall ist $\mathcal{P}_{if}(t;\omega)$ proportional zu $\mathcal{E}^2$, d. h. zum Einfallsfluss der elektromagnetischen Welle (s. Gl. (13.86)).

Bemerkungen

1. Hätten wir statt der Eichung (13.104), die uns auf das Matrixelement (13.114) führte, die Eichung (13.106) verwendet, die den Hamilton-Operator in der Form (13.109) ergibt, würde der Faktor $(\omega_{fi}/\omega)^2$ in Gl. (13.154) fehlen. Das ist nicht überraschend: Die Zustände $|\varphi_f\rangle$ und $|\varphi_i\rangle$ und damit auch $\mathcal{P}_{if}(t;\omega)$ haben in beiden Eichungen unterschiedliche physikalische Bedeutungen.

2. Allerdings geht für $t \to \infty$ die Beugungsfunktion $F(t, \omega - \omega_{fi})$ gegen $\delta(\omega - \omega_{fi})$, während der Faktor $(\omega_{fi}/\omega)^2$ gegen eins strebt. Das führt für beide Eichungen auf dieselbe Wahrscheinlichkeitsdichte $\mathcal{P}_{if}(t;\omega)$. Dieses Ergebnis lässt sich leicht verstehen, wenn wir als einfallende Welle ein fast monochromatisches Wellenpaket mit sehr großer, aber endlicher Ausdehnung anstelle einer ins Unendliche ausgedehnten ebenen Welle betrachten. Für $t \to \pm\infty$ ist das vom Atom „gesehene“ Feld $\boldsymbol{E}$ dann gleich null, und die zur Funktion χ (Gl. (13.105)) gehörende Eichtransformation strebt gegen die Identität. Folglich stellen $|\varphi_i\rangle$ und $|\varphi_f\rangle$ in beiden Eichungen dieselben physikalischen Zustände dar.

3. Offensichtlich ist es auch möglich, die Übergangswahrscheinlichkeit zwischen zwei Zuständen des atomaren Systems mit wohldefinierter Energie in einem endlichen Zeitintervall zu betrachten. Für diesen Fall stellen die beiden Eigenzustände $|\varphi_i\rangle$ und $|\varphi_f\rangle$ des atomaren Hamilton-Operators H_0, Gl. (13.89), nur in der Eichung (13.106), in der $\boldsymbol{A}$ gleich null (s. Gl. (13.107)) und $\boldsymbol{p}^2/2m$ die kinetische Energie ist, Zustände mit wohldefinierter (kinetischer plus potentieller) Energie dar. In der Eichung (13.104) würden dieselben physikalischen Zustände durch $\exp(-\mathrm{i}q\chi(\boldsymbol{r},t)/\hbar)|\varphi_i\rangle$ bzw. $\exp(-\mathrm{i}q\chi(\boldsymbol{r},t)/\hbar)|\varphi_f\rangle$ gegeben. Für endliche t ist die Berechnung in der Eichung (13.106) leichter. Da wir im Weiteren $F(t, \omega - \omega_{fi})$ durch $\delta(\omega - \omega_{fi})$ ersetzen werden (s. Gl. (13.157)), befinden wir uns im Grenzfall $t \to \infty$, für den die eben angesprochenen Probleme verschwinden.

Anregung durch eine breite Linie

In der Praxis ist die Strahlung, die auf das Atom trifft, oft nicht monochromatisch. Mit $\mathcal{I}(\omega)\mathrm{d}\omega$ wollen wir den Einfallsstrom der elektromagnetischen Energie im Intervall $[\omega, \omega + \mathrm{d}\omega]$ bezeichnen. Der Verlauf von $\mathcal{I}(\omega)$ in Abhängigkeit von ω ist in Abb. 13.6 dargestellt; Δ ist die Breite der anregenden Linie. Wenn Δ unendlich ist, sprechen wir von einem „weißen Spektrum“.

Die verschiedenen monochromatischen Wellen, aus denen sich die einfallende Strahlung zusammensetzt, sind im Allgemeinen inkohärent: Zwischen ihren Phasen besteht kein wohldefinierter Zusammenhang. Die Gesamtübergangswahrscheinlichkeit $\overline{\mathcal{P}}_{if}$ ergibt sich daher als Summation der Übergangswahrscheinlichkeiten der einzelnen monochromatischen Wellen. Wir haben demnach in Gl. (13.154) $\mathcal{E}^2$ durch $2\mathcal{I}(\omega)\mathrm{d}\omega/\varepsilon_0 c$ zu ersetzen und über ω zu integrieren. Das ergibt

$$\overline{\mathcal{P}}_{if}(t) = \frac{q^2}{2\varepsilon_0 c\hbar^2}\,|\langle\varphi_f \mid Z \mid \varphi_i\rangle|^2 \int \mathrm{d}\omega \left(\frac{\omega_{fi}}{\omega}\right)^2 \mathcal{I}(\omega)\, F(t, \omega - \omega_{fi}). \qquad (13.156)$$

Wir können dann wie in Abschnitt 13.3.3 vorgehen, um das in Gl. (13.156) auftretende Integral zu berechnen. Verglichen mit einer Funktion von ω, deren Breite viel größer als $4\pi/t$ ist, verhält sich die Funktion $F(t, \omega - \omega_{fi})$ (s. Abb. 13.3) wie $\delta(\omega - \omega_{fi})$. Für Werte

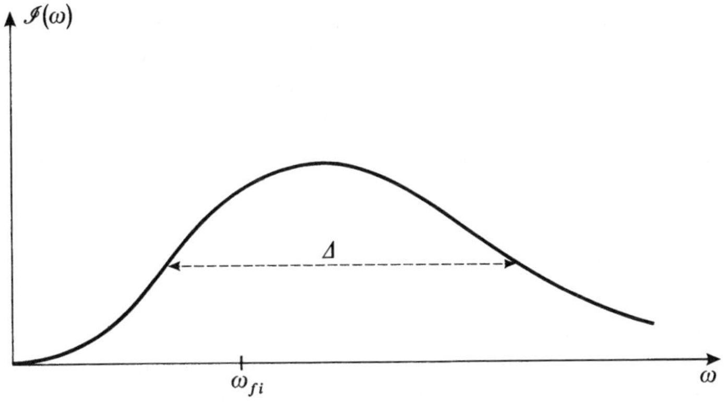

Abb. 13.6 Spektrale Verteilung des Einfallsstroms elektromagnetischer Energie; Δ ist die Breite dieser Spektralverteilung.

von t, die groß genug sind, damit $4\pi/t \ll \Delta$ gilt (Δ: Breite der anregenden Linie), aber klein genug bleiben, damit die störungstheoretische Behandlung ihre Gültigkeit behält, können wir in Gl. (13.156) annähernd

$$F(t, \omega - \omega_{fi}) \approx 2\pi t\, \delta(\omega - \omega_{fi}) \tag{13.157}$$

setzen, womit wir erhalten

$$\overline{\mathcal{P}}_{if}(t) = \frac{\pi q^2}{\varepsilon_0 c \hbar^2} \, |\langle \varphi_f \mid Z \mid \varphi_i \rangle|^2 \, \mathcal{I}(\omega_{fi})\, t. \tag{13.158}$$

Man kann Gl. (13.158) in der Form

$$\overline{\mathcal{P}}_{if}(t) = C_{if}\, \mathcal{I}(\omega_{fi})\, t \tag{13.159}$$

mit

$$C_{if} = \frac{4\pi^2}{\hbar} \, |\langle \varphi_f \mid Z \mid \varphi_i \rangle|^2 \, \alpha \tag{13.160}$$

schreiben, wobei α die Feinstrukturkonstante ist:

$$\alpha = \frac{q^2}{4\pi\varepsilon_0} \frac{1}{\hbar c} = \frac{e^2}{\hbar c} \approx \frac{1}{137}. \tag{13.161}$$

Wir sehen also, dass $\overline{\mathcal{P}}_{if}(t)$ mit der Zeit linear wächst. Die *Übergangswahrscheinlichkeit durch Zeit* $\mathcal{W}_{if}$ ist somit

$$\mathcal{W}_{if} = C_{if}\, \mathcal{I}(\omega_{fi}); \tag{13.162}$$

$\mathcal{W}_{if}$ ist proportional zum Wert der Einfallsintensität bei der Resonanzfrequenz ω_{fi}, zur Feinstrukturkonstanten α und zum Betragsquadrat des Matrixelements von Z, das (über Gl. (13.149)) mit der Oszillatorstärke des $|\varphi_f\rangle \leftrightarrow |\varphi_i\rangle$-Übergangs zusammenhängt.

In dieser Ergänzung haben wir Strahlung betrachtet, die sich entlang einer gegebenen Ausbreitungsrichtung in einem wohldefinierten Polarisationszustand bewegt. Durch Mittelung der Koeffizienten C_{if} über alle Ausbreitungsrichtungen und alle möglichen Polarisationszustände könnten wir analog zu den C_{if} Koeffizienten B_{if} einführen, die die Übergangswahrscheinlichkeit durch Zeit für ein Atom bei isotroper Strahlung definieren. Bei diesen Koeffizienten B_{if} (und B_{fi}) handelt es sich um die Koeffizienten, die Einstein zur Beschreibung von Absorption (und induzierter Emission) eingeführt hatte. Wir haben also gesehen, wie die Quantenmechanik die Berechnung dieser Koeffizienten ermöglicht.

Bemerkung

Einstein hatte einen dritten Koeffizienten A_{fi} eingeführt, um die spontane Emission eines Photons zu beschreiben. Sie tritt auf, wenn ein Atom aus dem energetisch höheren Zustand $|\varphi_f\rangle$ in den niedrigeren Zustand $|\varphi_i\rangle$ zurückfällt. Mit Hilfe der in dieser Ergänzung behandelten Theorie kann spontane Emission nicht erklärt werden. Ohne einfallende Strahlung ist der Wechselwirkungs-Hamilton-Operator gleich null, und bei den Eigenzuständen von H_0 (der dann der gesamte Hamilton-Operator ist) handelt es sich um stationäre Zustände.

Das vorstehende Modell ist unzureichend, weil die atomaren Systeme (die quantisiert sind) und das elektromagnetische Feld (das klassisch betrachtet wird) auf unsymmetrische Weise behandelt werden. Wenn beide Systeme quantisiert werden, ergibt sich, dass selbst in Abwesenheit einfallender Photonen die Kopplung zwischen dem Atom und dem elektromagnetischen Feld beobachtbare Effekte verursacht (eine einfache Interpretation dieser Effekte ist in Abschnitt 5.14 wiedergegeben). Die Eigenzustände von H_0 sind keine stationären Zustände mehr, da H_0 nicht länger der Hamilton-Operator des Gesamtsystems ist, und es lässt sich tatsächlich die Wahrscheinlichkeit durch Zeit für die spontane Emission eines Photons berechnen. Die Quantenmechanik ermöglicht also auch die Berechnung des Einstein-Koeffizienten A_{fi}.

13.5 Zweiniveausystem und sinusförmige Störung

In der vorherigen Ergänzung haben wir die zeitabhängige Störungstheorie erster Ordnung angewendet, um einige Effekte der Wechselwirkung eines atomaren Systems mit einer elektromagnetischen Welle zu beschreiben: das Auftreten eines induzierten Dipolmoments, die Vorgänge der Absorption und der induzierten Emission usw.

Wir wollen nun ein einfaches Beispiel betrachten, für das es möglich ist, die störungstheoretische Behandlung ohne zu große Schwierigkeiten zu höheren Ordnungen fortzuführen. Damit werden wir einige interessante *nichtlineare* Effekte aufzeigen können wie Sättigungseffekte, die nichtlineare Suszeptibilität, die Absorption und die induzierte Emission mehrerer Photonen usw. Außerdem erlaubt das hier vorgestellte Modell die (phänomenologische) Beschreibung der dissipativen Kopplung des atomaren Systems an seine Umgebung (Relaxationsprozess). Wir werden damit die im Rahmen der *linearen Antwort* erhaltenen Ergebnisse vervollständigen können und als Beispiel das induzierte Dipolmoment des Atoms auch für den Resonanzfall berechnen.

Einige Effekte, die wir hier beschreiben werden, sind in der aktuellen Forschung von großem Interesse. Ihre experimentelle Untersuchung erfordert sehr starke elektromagnetische Felder, die erst seit der Entwicklung der Laser zur Verfügung stehen. Ganz neue Forschungsgebiete wie die Quantenelektronik oder die nichtlineare Optik sind dabei entstanden. Die in diesem Abschnitt (für ein sehr einfaches Modell) vorgestellten Rechenmethoden sind auf diese Probleme anwendbar.

13.5.1 Beschreibung des Modells

Bloch-Gleichungen

In Abschnitt 4.9.4 beschrieben wir ein Ensemble aus Spin-1/2-Systemen, das sich in einem statischen Magnetfeld $\boldsymbol{B}_0$ parallel zur z-Achse befindet, mit einem oszillierenden Radiofrequenzfeld in Wechselwirkung steht und Pump- und Relaxationsprozessen unterworfen ist.

Wenn $\mathcal{M}(t)$ die Gesamtmagnetisierung des in der Zelle enthaltenen Spinsystems (s. Abb. 4.23) bezeichnet, so gilt (wie wir in Abschnitt 4.9 zeigten)

$$\frac{\mathrm{d}}{\mathrm{d}t}\mathcal{M}(t) = n\boldsymbol{\mu}_0 - \frac{1}{T_\mathrm{R}}\mathcal{M}(t) + \gamma\mathcal{M}(t) \times \boldsymbol{B}(t). \qquad (13.163)$$

Der erste Term auf der rechten Seite beschreibt die Präparation oder das *Pumpen* des Systems: n Spins treten pro Zeiteinheit neu in die Zelle ein, jeder mit einer elementaren Magnetisierung $\boldsymbol{\mu}_0$ parallel zur z-Achse. Der zweite Term stammt von *Relaxationsprozessen*, die durch die mittlere Zeit T_R charakterisiert werden; T_R ist (im Mittel) die Zeit, nach der ein Spin entweder die Zelle verlassen oder durch Stoß mit den Wänden der Zelle seine Richtung geändert hat. Der letzte Term von Gl. (13.163) schließlich beschreibt die Präzession der Spins um das magnetische Gesamtfeld

$$\boldsymbol{B}(t) = B_0\,\boldsymbol{e}_z + \boldsymbol{B}_1(t); \qquad (13.164)$$

$\boldsymbol{B}(t)$ ist die Summe des statischen Feldes $B_0\boldsymbol{e}_z$ parallel zur z-Achse und des Radiofrequenzfeldes $\boldsymbol{B}_1(t)$ mit der Frequenz ω.

Bemerkungen

1. Bei den Übergängen (zwischen den beiden Zuständen $|+\rangle$ und $|-\rangle$ eines Spins $1/2$), die wir in dieser Ergänzung betrachten, handelt es sich um magnetische Dipolübergänge.

2. Es stellt sich die Frage, warum wir Gl. (13.163) zur Beschreibung der Erwartungswerte und nicht die Schrödinger-Gleichung verwenden. Der Grund liegt darin, dass wir es mit einem statistischen Ensemble von Spins zu tun haben, die (über Stöße mit der Zellwand) an ein thermisches Reservoir gekoppelt sind. Dieses Ensemble kann nicht mit Hilfe eines Zustandsvektors beschrieben werden: Wir müssen einen Dichteoperator verwenden (s. Abschnitt 3.10). Die Bewegungsgleichung dieses Operators ist als „Grundgleichung" zu bezeichnen, und wir können zeigen, dass sie in Strenge äquivalent zu Gl. (13.163) ist (s. Abschnitte 4.9.3, 4.9.4 und 4.8, wo wir zeigen, dass der Erwartungswert der Magnetisierung die Dichtematrix eines Ensembles von Spins $1/2$ vollständig bestimmt).

Die Grundgleichung für den Dichteoperator und die in Abschnitt 13.3.1 untersuchte Schrödinger-Gleichung weisen dieselbe Struktur wie Gl. (13.163) auf: Es handelt sich um lineare Differentialgleichungen mit konstanten oder sich sinusförmig ändernden Koeffizienten. Die Näherungsmethoden, die wir in diesem Kapitel beschreiben, sind somit auf diese Gleichungen anwendbar.

Lösbare und näherungsweise lösbare Fälle

Wenn es sich bei dem Radiofrequenzfeld $\boldsymbol{B}_1$ um ein rotierendes Feld handelt, d. h. wenn gilt

$$\boldsymbol{B}_1(t) = B_1 \left(\boldsymbol{e}_x \cos\omega t + \boldsymbol{e}_y \sin\omega t\right), \tag{13.165}$$

kann Gl. (13.163) exakt gelöst werden (wenn wir uns in das System begeben, das mit $\boldsymbol{B}_1$ rotiert, transformiert sich Gl. (13.163) in ein zeitunabhängiges lineares Differentialgleichungssystem). Die exakte Lösung von Gl. (13.163) für diesen Fall ist in Abschnitt 4.9.4 angegeben.

Hier nehmen wir $\boldsymbol{B}_1$ in x-Richtung linear polarisiert an:

$$\boldsymbol{B}_1(t) = B_1\, \boldsymbol{e}_x \cos\omega t. \tag{13.166}$$

Für diesen Fall ist es nicht möglich, eine strenge analytische Lösung von Gl. (13.163) anzugeben (es gibt keine Transformation, die dem Wechsel in das rotierende System entspricht).[12] Wir werden jedoch sehen, dass sich eine Lösung in Form einer Potenzreihenentwicklung in B_1 angeben lässt.

Bemerkung
Die Rechnungen, die wir hier für Spins $1/2$ durchführen, können auch auf andere Fälle angewandt werden, in denen wir uns auf die Betrachtung zweier Niveaus des Systems beschränken können. Wie wir wissen (s. Abschnitt 4.6), lässt sich einem beliebigen Zweiniveausystem ein fiktiver Spin $1/2$ zuordnen. Bei dem hier betrachteten Problem handelt es sich also um das eines beliebigen Zweiniveausystems unter dem Einfluss einer sinusförmigen Störung.

Antwort des atomaren Systems

Die Terme, die über $\mathcal{M}_x$, $\mathcal{M}_y$, $\mathcal{M}_z$ von B_1 abhängen, stellen die *Antwort* des Atoms auf die elektromagnetische Störung dar. Sie beschreiben das vom Radiofrequenzfeld im Spinsystem induzierte magnetische Dipolmoment. Wir werden sehen, dass dieses Dipolmoment nicht proportional zu B_1 sein muss; bei den Termen in B_1 handelt es sich um die lineare Antwort, während die anderen Terme (in B_1^2, B_1^3 usw.) die *nichtlineare Antwort* beschreiben. Außerdem werden wir sehen, dass das induzierte Dipolmoment nicht nur mit der Frequenz ω oszilliert, sondern dass auch Oberschwingungen $p\,\omega$ $(p = 0, 2, 3, 4, \ldots)$ auftreten.

Es ist leicht einzusehen, warum die Berechnung der Antwort eines atomaren Systems von Interesse ist. Sie spielt in der Theorie der Ausbreitung einer elektromagnetischen Welle in einem Medium oder der Theorie atomarer Oszillatoren, d. h. für *Laser* und *Maser*, eine entscheidende Rolle.

[12] Ein linear polarisiertes Feld ergibt sich als Überlagerung einer rechts- und einer linkszirkular polarisierten Komponente. Für jede Komponente ließe sich getrennt eine exakte Lösung finden. Gleichung (13.163) ist jedoch nichtlinear: Eine Lösung zu Gl. (13.166) lässt sich nicht durch Überlagerung von zwei strengen Lösungen erhalten, wobei eine dieser Lösungen Gl. (13.165) und die andere einem in entgegengesetzter Richtung rotierenden Feld entspricht (im Term $\gamma\, \boldsymbol{\mathcal{M}} \times \boldsymbol{B}$, der auf der rechten Seite von Gl. (13.163) auftritt, hängt $\boldsymbol{\mathcal{M}}$ von $\boldsymbol{B}_1$ ab).

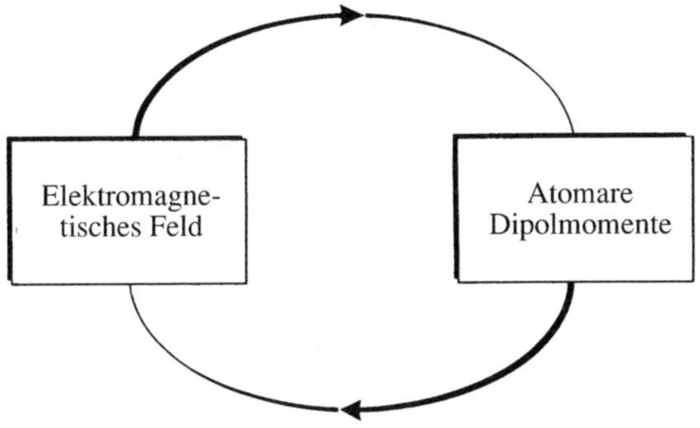

Abb. 13.7 Schematische Darstellung der Berechnung, die bei der Untersuchung der Ausbreitung einer elektromagnetischen Welle in einem Medium (oder der Wirkungsweise eines atomaren Oszillators, eines Lasers oder Masers) durchgeführt werden muss. Man beginnt mit der Berechnung der durch ein gegebenes elektromagnetisches Feld im Medium induzierten Dipolmomente (die Antwort des atomaren Systems). Die zugehörige Polarisation stellt einen Quellenterm in den Maxwell-Gleichungen dar und trägt zur Erzeugung des elektromagnetischen Feldes bei. Das so erhaltene Feld betrachtet man dann als das ursprüngliche Feld.

Wir betrachten ein elektromagnetisches Feld. Aufgrund seiner Kopplung an die atomaren Systeme wird im Medium eine Polarisation erzeugt, die von den atomaren Dipolmomenten herrührt (nach rechts zeigender Pfeil in Abb. 13.7). Diese Polarisation stellt einen Quellenterm für die Maxwell-Gleichungen dar und trägt somit zur Erzeugung des elektromagnetischen Feldes bei (nach links zeigender Pfeil in Abb. 13.7). Wenn dieser „Kreis geschlossen“ wird, d. h. wenn wir das so erzeugte Feld als ursprüngliches betrachten, erhalten wir die Gleichungen für die Wellenausbreitung im Medium (Brechzahl) oder die Oszillatorgleichungen (auch in Abwesenheit äußerer Felder kann im Medium ein elektromagnetisches Feld auftreten, wenn eine ausreichende Verstärkung vorliegt: Das System wird dann instabil und kann spontane Schwingungen ausführen). In dieser Ergänzung werden wir uns nur mit dem ersten Schritt dieser Berechnung (der atomaren Antwort) befassen.

13.5.2 Näherungslösung der Bloch-Gleichungen

Störungsgleichungen

Wie in Abschnitt 4.9 setzen wir

$$\begin{aligned} \omega_0 &= -\gamma B_o, \\ \omega_1 &= -\gamma B_1; \end{aligned} \qquad (13.167)$$

$\hbar\omega_0$ ist die Energiedifferenz der Spinzustände $|+\rangle$ und $|-\rangle$ (Abb. 13.8). Setzen wir Gl. (13.166) in Gl. (13.164) und Gl. (13.164) in Gl. (13.163) ein, so erhalten wir nach einfacher Rechnung

$$\begin{aligned} \frac{\mathrm{d}}{\mathrm{d}t}\mathcal{M}_z &= n\mu_0 - \frac{\mathcal{M}_z}{T_\mathrm{R}} + \mathrm{i}\frac{\omega_1}{2}\cos\omega t\,(\mathcal{M}_- - \mathcal{M}_+)\,, \\ \frac{\mathrm{d}}{\mathrm{d}t}\mathcal{M}_\pm &= -\frac{\mathcal{M}_\pm}{T_\mathrm{R}} \pm \mathrm{i}\omega_0\mathcal{M}_\pm \mp \mathrm{i}\omega_1\cos\omega t\,\mathcal{M}_z \end{aligned} \tag{13.168}$$

mit

$$\mathcal{M}_\pm = \mathcal{M}_x \pm \mathrm{i}\mathcal{M}_y\,. \tag{13.169}$$

Der Quellenterm $n\mu_0$ tritt nur in der Bewegungsgleichung für $\mathcal{M}_z$ auf, weil $\boldsymbol{\mu}_0$ parallel zur z-Achse gerichtet ist. Dies wird als longitudinales Pumpen bezeichnet.[13] Weiterhin halten wir fest, dass die Relaxationszeit für die longitudinalen ($\mathcal{M}_z$) und transversalen Komponenten ($\mathcal{M}_\pm$) der Magnetisierung verschieden sein können. Der Einfachheit halber gehen wir hier jedoch von einer einzigen Relaxationszeit aus.

Die Gl. (13.168), die *Bloch-Gleichungen*, können nicht streng gelöst werden. Wir werden daher ihre Lösungen in Form einer Potenzreihenentwicklung in ω_1 bestimmen,

$$\begin{aligned} \mathcal{M}_z &= {}^{(0)}\mathcal{M}_z + \omega_1\,{}^{(1)}\mathcal{M}_z + \omega_1^2\,{}^{(2)}\mathcal{M}_z + \cdots + \omega_1^n\,{}^{(n)}\mathcal{M}_z + \cdots\,, \\ \mathcal{M}_\pm &= {}^{(0)}\mathcal{M}_\pm + \omega_1\,{}^{(1)}\mathcal{M}_\pm + \omega_1^2\,{}^{(2)}\mathcal{M}_\pm + \cdots + \omega_1^n\,{}^{(n)}\mathcal{M}_\pm + \cdots\,. \end{aligned} \tag{13.170}$$

Wenn wir die Beziehungen (13.170) in die Gleichungen (13.168) einsetzen und die Koeffizienten der Terme in ω_1^n gleichsetzen, erhalten wir die folgenden Störungsgleichungen:

$n = 0:$

$$\begin{aligned} \frac{\mathrm{d}}{\mathrm{d}t}\,{}^{(0)}\mathcal{M}_z &= n\mu_0 - \frac{1}{T_\mathrm{R}}\,{}^{(0)}\mathcal{M}_z\,, \\ \frac{\mathrm{d}}{\mathrm{d}t}\,{}^{(0)}\mathcal{M}_\pm &= -\frac{1}{T_\mathrm{R}}\,{}^{(0)}\mathcal{M}_\pm \pm \mathrm{i}\omega_0\,{}^{(0)}\mathcal{M}_\pm\,; \end{aligned} \tag{13.171}$$

$n \neq 0:$

$$\begin{aligned} \frac{\mathrm{d}}{\mathrm{d}t}\,{}^{(n)}\mathcal{M}_z &= -\frac{1}{T_\mathrm{R}}\,{}^{(n)}\mathcal{M}_z + \frac{\mathrm{i}}{2}\cos\omega t\left({}^{(n-1)}\mathcal{M}_- - {}^{(n-1)}\mathcal{M}_+\right), \\ \frac{\mathrm{d}}{\mathrm{d}t}\,{}^{(n)}\mathcal{M}_\pm &= -\frac{1}{T_\mathrm{R}}\,{}^{(n)}\mathcal{M}_\pm \pm \mathrm{i}\omega_0\,{}^{(n)}\mathcal{M}_\pm \mp \mathrm{i}\cos\omega t\,{}^{(n-1)}\mathcal{M}_z\,. \end{aligned} \tag{13.172}$$

Fourier-Entwicklung der Lösung

Da die zeitabhängigen Terme auf den rechten Seiten der Gleichungen (13.171) und (13.172) sinusförmig verlaufen, sind auch die stabilen Lösungen der Gleichungen

[13] In einigen Experimenten wird auch transversal gepumpt ($\boldsymbol{\mu}_0$ ist senkrecht zu $\boldsymbol{B}_0$), s. Aufgabe 1 in Abschnitt 13.5.4.

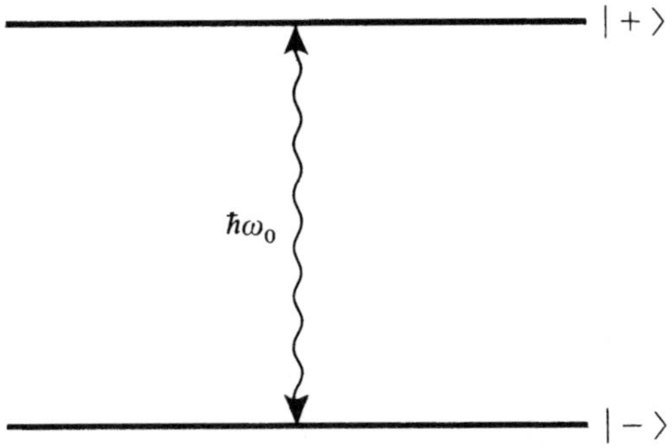

Abb. 13.8 Energieniveaus eines Spins 1/2 in einem statischen Magnetfeld $\boldsymbol{B}_0$; ω_0 bezeichnet die Larmor-Frequenz im Feld $\boldsymbol{B}_0$.

(13.171) und (13.172) mit $2\pi/\omega$ periodisch. Sie können somit in Fourier-Reihen entwickelt werden:

$$\begin{aligned} {}^{(n)}\mathcal{M}_z &= \sum_{p=-\infty}^{+\infty} {}^{(n)}_{p}\mathcal{M}_z\, \mathrm{e}^{\mathrm{i}p\omega t}, \\ {}^{(n)}\mathcal{M}_\pm &= \sum_{p=-\infty}^{+\infty} {}^{(n)}_{p}\mathcal{M}_\pm\, \mathrm{e}^{\mathrm{i}p\omega t}; \end{aligned} \tag{13.173}$$

${}^{(n)}_{p}\mathcal{M}_z$ und ${}^{(n)}_{p}\mathcal{M}_\pm$ sind dabei die $p\,\omega$-Fourier-Komponenten der Lösung n-ter Ordnung.

Wenn wir ${}^{(n)}\mathcal{M}_z$ reell und ${}^{(n)}\mathcal{M}_+$ und ${}^{(n)}\mathcal{M}_-$ als komplex konjugiert zueinander wählen, ergeben sich die Bedingungen

$$\begin{aligned} {}^{(n)}_{p}\mathcal{M}_z &= \left({}^{(n)}_{-p}\mathcal{M}_z\right)^*, \\ {}^{(n)}_{p}\mathcal{M}_\pm &= \left({}^{(n)}_{-p}\mathcal{M}_\mp\right)^*. \end{aligned} \tag{13.174}$$

Setzen wir die Gleichungen (13.173) in die Beziehungen (13.171) und (13.172) ein und die Koeffizienten jeder Exponentialfunktion $\mathrm{e}^{\mathrm{i}p\omega t}$ gleich null, so erhalten wir

$$\begin{aligned} &n = 0: \\ &{}^{(0)}_{0}\mathcal{M}_z = n\mu_0\, T_\mathrm{R}, \\ &{}^{(0)}_{p}\mathcal{M}_z = 0 \quad \text{für } p \neq 0, \\ &{}^{(0)}_{p}\mathcal{M}_\pm = 0 \quad \text{für beliebige } p; \end{aligned} \tag{13.175}$$

$$n \neq 0:$$

$$\begin{aligned}
&\left[\mathrm{i}p\omega + \frac{1}{T_\mathrm{R}}\right] {}^{(n)}_{p}\mathcal{M}_z = \frac{\mathrm{i}}{4}\left[{}^{(n-1)}_{p+1}\mathcal{M}_- + {}^{(n-1)}_{p-1}\mathcal{M}_- - {}^{(n-1)}_{p+1}\mathcal{M}_+ - {}^{(n-1)}_{p-1}\mathcal{M}_+\right],\\
&\left[\mathrm{i}(p\omega \mp \omega_0) + \frac{1}{T_\mathrm{R}}\right] {}^{(n)}_{p}\mathcal{M}_\pm = \mp\frac{\mathrm{i}}{2}\left[{}^{(n-1)}_{p+1}\mathcal{M}_z + {}^{(n-1)}_{p-1}\mathcal{M}_z\right].
\end{aligned} \tag{13.176}$$

Diese algebraischen Gleichungen lassen sich sofort lösen. Es wird

$$\begin{aligned}
{}^{(n)}_{p}\mathcal{M}_z &= \frac{\mathrm{i}}{4(\mathrm{i}p\omega + 1/T_\mathrm{R})}\left[{}^{(n-1)}_{p+1}\mathcal{M}_- + {}^{(n-1)}_{p-1}\mathcal{M}_- - {}^{(n-1)}_{p+1}\mathcal{M}_+ - {}^{(n-1)}_{p-1}\mathcal{M}_+\right],\\
{}^{(n)}_{p}\mathcal{M}_\pm &= \mp\frac{\mathrm{i}}{2\left[\mathrm{i}(p\omega \mp \omega_0) + 1/T_\mathrm{R}\right]}\left[{}^{(n-1)}_{p+1}\mathcal{M}_z + {}^{(n-1)}_{p-1}\mathcal{M}_z\right].
\end{aligned} \tag{13.177}$$

In diesen Beziehungen wird die Lösung n-ter Ordnung explizit durch die Lösung $(n-1)$-ter Ordnung ausgedrückt. Da die Lösung nullter Ordnung bekannt ist (s. Gleichungen (13.175)), ist das Problem im Prinzip vollständig gelöst.

Allgemeine Struktur der Lösung

Die verschiedenen Terme in der Entwicklung lassen sich in einer Tabelle anordnen, wobei in den Spalten die Ordnung n der Störung und in den Zeilen der Grad p der betrachteten Oberschwingung eingetragen wird. In nullter Ordnung ist nur ${}^{(0)}_{0}\mathcal{M}_z$ von null verschieden. Mit den Beziehungen (13.177) lassen sich iterativ die nichtverschwindenden Terme höherer Ordnung erhalten (Abb. 13.9), wobei sich eine „baumartige Struktur" ergibt. Die folgenden Eigenschaften folgen rekursiv aus den Gleichungen (13.177):

1. Für gerade Ordnungen der Störungstheorie wird nur die longitudinale Magnetisierung verändert, für ungerade Ordnungen nur die transversale.
2. Für gerade Ordnungen der Störungstheorie liefern nur die geraden Oberschwingungen einen Beitrag, für ungerade Ordnungen nur die ungeraden.
3. Für einen gegebenen Wert von n gibt es nur die folgenden Werte von p: $n, n-2, \ldots, -n+2, -n$.

Bemerkung

Diese Struktur ergibt sich nur für eine bestimmte Polarisation des Radiofrequenzfeldes $\boldsymbol{B}_1(t)$ (senkrecht zu $\boldsymbol{B}_0$). Für andere Polarisationen lassen sich entsprechende Tabellen aufstellen.

13.5.3 Physikalische Diskussion

Lösung nullter Ordnung: Pumpen und Relaxation

Aufgrund der ersten Beziehung (13.175) ist die einzige nichtverschwindende Komponente nullter Ordnung

$${}^{(0)}_{0}\mathcal{M}_z = n\mu_0 T_\mathrm{R}. \tag{13.178}$$

In Abwesenheit des Radiofrequenzfeldes liegt also nur eine konstante longitudinale Magnetisierung vor ($p = 0$). Da $\mathcal{M}_z$ proportional zur Differenz der Besetzungszahlen der in Abb. 13.8 dargestellten Zustände $|+\rangle$ und $|-\rangle$ ist (s. Abschnitt 4.8), folgt daraus, dass die beiden Zustände durch das Pumpen ungleich besetzt werden.

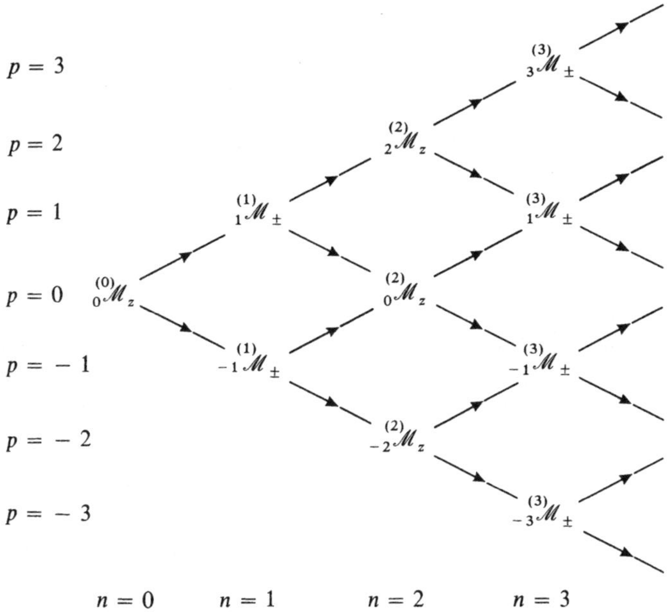

Abb. 13.9 Die $p\omega$-Fourier-Komponenten der Magnetisierung, die in n-ter Ordnung der Störung in ω_1 nicht verschwinden.

Je größer die Zahl der Teilchen ist, die neu in die Zelle eintreten (je effizienter das Pumpen ist) und je größer T_R ist (je langsamer die Relaxation erfolgt), desto größer wird ${}^{(0)}_{0}\mathcal{M}_z$. Die Lösung nullter Ordnung (13.178) beschreibt somit das dynamische Gleichgewicht, das sich als Folge der konkurrierenden Prozesse Pumpen und Relaxation einstellt.

Im Folgenden setzen wir zur Vereinfachung der Bezeichnung

$$\mathcal{M}_0 = {}^{(0)}_{0}\mathcal{M}_z, \qquad \Gamma_R = \frac{1}{T_R}. \tag{13.179}$$

Lösung erster Ordnung: Lineare Antwort

In erster Ordnung ist nur die transversale Magnetisierung $\mathcal{M}_\perp$ von null verschieden. Wegen $\mathcal{M}_+ = \mathcal{M}_-^*$ genügt die Untersuchung von $\mathcal{M}_+$.

Variation der transversalen Magnetisierung. Nach der Tabelle in Abb. 13.9 sind für $n = 1$ die Werte von $p = \pm 1$. Damit und unter Verwendung der Schreibweise (13.179) ergeben die Gleichungen (13.177)

$$\begin{aligned} {}^{(1)}_{1}\mathcal{M}_+ &= \frac{\mathcal{M}_0}{2} \frac{1}{\omega_0 - \omega + \mathrm{i}\Gamma_\mathrm{R}}, \\ {}^{(1)}_{-1}\mathcal{M}_+ &= \frac{\mathcal{M}_0}{2} \frac{1}{\omega_0 + \omega + \mathrm{i}\Gamma_\mathrm{R}}. \end{aligned} \tag{13.180}$$

Setzen wir diese Ausdrücke in die Beziehungen (13.173) und dann in (13.170) ein, so erhalten wir $\mathcal{M}_+$ in erster Ordnung in ω_1:

$$\mathcal{M}_+ = \omega_1 \frac{\mathcal{M}_0}{2} \left(\frac{\mathrm{e}^{\mathrm{i}\omega t}}{\omega_0 - \omega + \mathrm{i}\Gamma_\mathrm{R}} + \frac{\mathrm{e}^{-\mathrm{i}\omega t}}{\omega_0 + \omega + \mathrm{i}\Gamma_\mathrm{R}} \right). \tag{13.181}$$

Der Punkt, der $\mathcal{M}_+$ in der komplexen Ebene darstellt, beschreibt dieselbe Bewegung wie die Projektion $\boldsymbol{\mathcal{M}}_\perp$ von $\boldsymbol{\mathcal{M}}$ auf die Ebene senkrecht zu $\boldsymbol{B}_0$. Nach Gl. (13.181) ergibt sich diese Bewegung aus der Überlagerung zweier kreisförmiger Bewegungen derselben Frequenz, wobei die eine rechtszirkular (der $\mathrm{e}^{\mathrm{i}\omega t}$-Term) und die andere linkszirkular (der $\mathrm{e}^{-\mathrm{i}\omega t}$-Term) erfolgt. Das Ergebnis ist also eine im Allgemeinen elliptische Bewegung.

Existenz von zwei Resonanzen. Die rechtszirkulare Bewegung weist für $\omega_0 = \omega$ eine maximale Amplitude auf, während sie für die linkszirkulare Bewegung bei $\omega_0 = -\omega$ liegt; $\boldsymbol{\mathcal{M}}_\perp$ besitzt somit zwei Resonanzen (während für ein rotierendes Feld nur eine einzige Resonanz vorlag; s. Abschnitt 4.9). Dieses Phänomen lässt sich wie folgt interpretieren: Das lineare Radiofrequenzfeld kann in ein links- und ein rechtszirkulares Feld aufgespalten werden, die beide eine Resonanz erzeugen; da die Rotationsrichtungen entgegengesetzt sind, gilt dasselbe auch für konstante Felder $\boldsymbol{B}_0$, für die diese Resonanzen auftreten.

Lineare Suszeptibilität. In der Nähe einer Resonanz (z. B. bei $\omega_0 \approx \omega$) können wir in Gl. (13.181) den nicht zur Resonanz gehörenden Term vernachlässigen. Es ist dann

$$\mathcal{M}_+ \overset{\omega \approx \omega_0}{\approx} \omega_1 \frac{\mathcal{M}_0}{2} \frac{\mathrm{e}^{\mathrm{i}\omega t}}{\omega_0 - \omega + \mathrm{i}\Gamma_\mathrm{R}}; \tag{13.182}$$

$\mathcal{M}_+$ ist also proportional zu der dieser Resonanz entsprechenden rotierenden Komponente des Radiofrequenzfeldes, also hier $B_1 \mathrm{e}^{\mathrm{i}\omega t}/2$.

Das Verhältnis von $\mathcal{M}_+$ zu dieser Komponente wird als *lineare Suszeptibilität* $\chi(\omega)$ bezeichnet:

$$\chi(\omega) = -\gamma \mathcal{M}_0 \frac{1}{\omega_0 - \omega + \mathrm{i}\Gamma_\mathrm{R}}; \tag{13.183}$$

bei $\chi(\omega)$ handelt es sich wegen des Auftretens einer Phasendifferenz zwischen $\boldsymbol{\mathcal{M}}_\perp$ und der die Resonanz verursachenden rotierenden Komponente des Radiofrequenzfeldes um eine *komplexe Suszeptibilität.*

Das Betragsquadrat von $\chi(\omega)$ weist in der Nähe von $\omega = \omega_0$ die klassische Resonanzform (Abb. 13.10) mit der Breite

$$\Delta\omega = 2\Gamma_R = \frac{2}{T_R} \tag{13.184}$$

auf. Je größer also die Relaxationszeit T_R ist, desto schärfer wird die Resonanz. Für die folgenden Überlegungen nehmen wir an, dass die beiden Resonanzen $\omega_0 = \omega$ und $\omega_0 = -\omega$ vollständig separiert sind, d. h. es gelte

$$\omega/\Gamma_R = \omega T_R \gg 1. \tag{13.185}$$

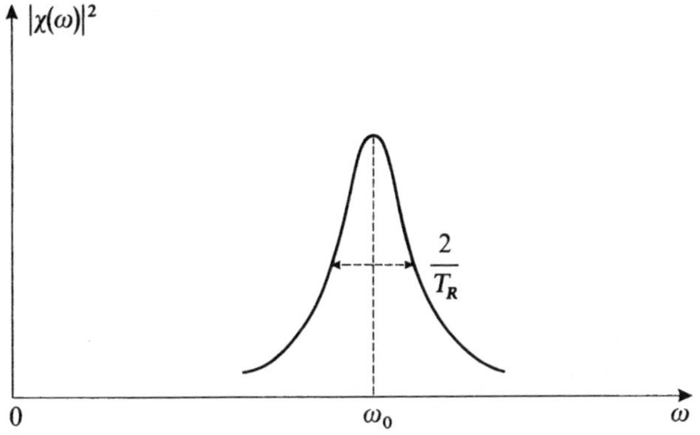

Abb. 13.10 Verlauf des Betragsquadrats $|\chi(\omega)|^2$ der linearen Suszeptibilität des Spinsystems in Abhängigkeit von ω. Bei $\omega = \omega_0$ tritt eine Resonanz der Breite $2/T_R$ auf.

Die Phasendifferenz ändert sich beim Durchgang durch die Resonanzstelle von 0 bis $\pm\pi$. Bei Resonanz ist sie gleich $\pm\pi/2$: $\mathcal{M}_\perp$ und die rotierende Komponente sind dann um $\pi/2$ phasenverschoben, und die Arbeit der vom Feld auf $\mathcal{M}$ ausgeübten Kopplung ist maximal. Das Vorzeichen dieser Arbeit hängt vom Vorzeichen von $\mathcal{M}_0$, d. h. von μ_0 ab: Es kommt darauf an, ob die hinzutretenden Teilchen im Zustand $|+\rangle$ oder $|-\rangle$ sind. In einem Fall (Spins im unteren Niveau) leistet das Feld die Arbeit, und Energie wird vom Feld auf die Spins übertragen (Absorption). Im anderen Fall (Spins im oberen Niveau) ist die Arbeit negativ, und die Spins übertragen Energie auf das Feld (induzierte Emission). Dieser Fall tritt bei atomaren Verstärkern und Oszillatoren (Maser und Laser) auf.

Lösung zweiter Ordnung: Absorption und induzierte Emission

In zweiter Ordnung verschwinden nach der Tabelle in Abb. 13.9 nur ${}^{(2)}_{0}\mathcal{M}_z$ und ${}^{(2)}_{\pm 2}\mathcal{M}_z$ nicht. Zunächst wollen wir ${}^{(2)}_{0}\mathcal{M}_z$, d. h. die statische Besetzungszahldifferenz zwischen den Zuständen $|+\rangle$ und $|-\rangle$ in zweiter Ordnung untersuchen. Danach betrachten wir ${}^{(2)}_{\pm 2}\mathcal{M}_z$, d. h. die Erzeugung der zweiten Oberschwingung.

Änderung der Besetzungszahldifferenz der beiden Zustände. Durch ${}^{(2)}_{0}\mathcal{M}_0$ wird das Ergebnis nullter Ordnung für ${}^{(0)}_{0}\mathcal{M}_0$ korrigiert. Nach den Beziehungen (13.177) und (13.174) gilt

$$\begin{aligned} {}^{(2)}_{0}\mathcal{M}_z &= \frac{\mathrm{i}}{4\Gamma_\mathrm{R}}\big[{}^{(1)}_{1}\mathcal{M}_- + {}^{(1)}_{-1}\mathcal{M}_- - {}^{(1)}_{1}\mathcal{M}_+ - {}^{(1)}_{-1}\mathcal{M}_+\big] \\ &= \frac{\mathrm{i}}{4\Gamma_\mathrm{R}}\big[{}^{(1)}_{-1}\mathcal{M}_+^* + {}^{(1)}_{1}\mathcal{M}_+^* - {}^{(1)}_{1}\mathcal{M}_+ - {}^{(1)}_{-1}\mathcal{M}_+\big], \end{aligned} \tag{13.186}$$

woraus sich mit den Lösungen erster Ordnung, Gleichungen (13.180), ergibt

$${}^{(2)}_{0}\mathcal{M}_z = -\frac{\mathcal{M}_0}{4}\left[\frac{1}{(\omega-\omega_0)^2+\Gamma_\mathrm{R}^2} + \frac{1}{(\omega+\omega_0)^2+\Gamma_\mathrm{R}^2}\right]. \tag{13.187}$$

Berücksichtigen wir in der ersten Gleichung (13.170) die statischen Terme ($p = 0$) bis zur zweiten Ordnung einschließlich, so erhalten wir

$$\mathcal{M}_z(\text{statisch}) = \mathcal{M}_0\left\{1 - \frac{\omega_1^2}{4}\left[\frac{1}{(\omega-\omega_0)^2+\Gamma_\mathrm{R}^2} + \frac{1}{(\omega+\omega_0)^2+\Gamma_\mathrm{R}^2}\right] + \cdots\right\}; \tag{13.188}$$

diese konstante longitudinale Magnetisierung ist in Abb. 13.11 als Funktion von ω_0 dargestellt.

Die Besetzungszahldifferenz wird daher in zweiter Ordnung gegenüber ihrem Wert in Abwesenheit des Radiofrequenzfeldes *verringert*. Diese Verringerung ist proportional zur *Intensität* des Radiofrequenzfeldes. Das lässt sich leicht verstehen: Unter dem Einfluss des einlaufenden Feldes werden Übergänge von $|+\rangle$ nach $|-\rangle$ (induzierte Emission) oder von $|-\rangle$ nach $|+\rangle$ (Absorption) induziert; unabhängig vom Vorzeichen der anfänglichen Besetzungszahldifferenz sind die Übergänge aus dem stärker besetzten Niveau zahlreicher, so dass sie die Besetzungszahldifferenz verkleinern.

Bemerkung

Der Maximalwert von $\omega_1^2|{}^{(2)}_{0}\mathcal{M}_z|$ ist $\mathcal{M}_0\omega_1^2/4\Gamma_\mathrm{R}^2 = \mathcal{M}_0\omega_1^2T_\mathrm{R}^2/4$ (Resonanzamplitude, die in Abb. 13.11 als Senke auftritt). Damit die Störungsentwicklung gültig bleibt, muss daher gelten

$$\omega_1 T_\mathrm{R} \ll 1. \tag{13.189}$$

Erzeugung der zweiten Harmonischen. Nach den Beziehungen (13.177), (13.174) und (13.180) haben wir

$$\begin{aligned} {}^{(2)}_{2}\mathcal{M}_z &= \frac{1}{4(2\omega-\mathrm{i}\Gamma_\mathrm{R})}\big[{}^{(1)}_{-1}\mathcal{M}_+^* - {}^{(1)}_{1}\mathcal{M}_+\big] \\ &= \frac{\mathcal{M}_0}{8(2\omega-\mathrm{i}\Gamma_\mathrm{R})}\left[\frac{1}{\omega_0+\omega-\mathrm{i}\Gamma_\mathrm{R}} - \frac{1}{\omega_0-\omega+\mathrm{i}\Gamma_\mathrm{R}}\right]. \end{aligned} \tag{13.190}$$

Der Beitrag ${}^{(2)}_{2}\mathcal{M}_z$ beschreibt die Vibration des magnetischen Dipols längs der z-Achse mit der Frequenz 2ω. Das System kann also eine Welle der Frequenz 2ω abstrahlen, die (für das magnetische Feld) linear in z-Richtung polarisiert ist.

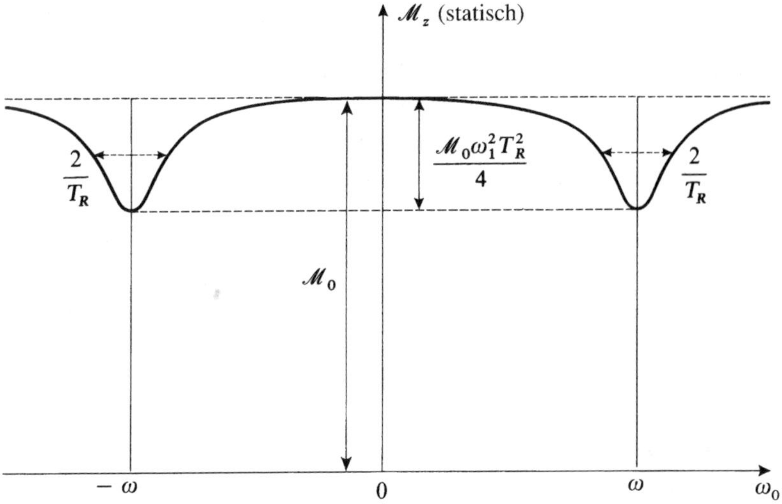

Abb. 13.11 Verlauf der konstanten longitudinalen Magnetisierung in Abhängigkeit von ω_0. In zweiter Ordnung der störungstheoretischen Behandlung treten zwei Resonanzen der Breite $2/T_R$ mit dem Zentrum bei $\omega_0 = \omega$ bzw. bei $\omega_0 = -\omega$ auf. Diese Ergebnisse sind nur richtig, wenn die relative Intensität der Resonanzen klein ist, d. h. wenn $\omega_1 T_R \ll 1$ gilt.

Wir sehen also, dass ein atomares System im Allgemeinen kein lineares System ist; es kann die Anregungsfrequenz verdoppeln, verdreifachen (wie wir unten sehen werden) usw. Ein analoges Phänomen tritt auch in der Optik bei sehr großen Intensitäten auf („nichtlineare Optik"): Ein roter Laserstrahl (z. B. durch einen Rubinlaser erzeugt) trifft auf ein Medium wie etwa einen Quarzkristall und kann so einen ultravioletten Lichtstrahl erzeugen (doppelte Frequenz).

Bemerkung

Es ist nützlich, $|{}_0^{(2)}\mathcal{M}_z|$ und $|{}_2^{(2)}\mathcal{M}_z|$ in der Nähe von $\omega_0 = \omega$ zu vergleichen. Nach Gl. (13.190) gilt für $\omega \approx \omega_0$

$$|{}_2^{(2)}\mathcal{M}_z| \approx \frac{\mathcal{M}_0}{16\omega_0 \Gamma_R}. \tag{13.191}$$

Analog folgt aus Gl. (13.187)

$$|{}_0^{(2)}\mathcal{M}_z| \approx \frac{\mathcal{M}_0}{4\Gamma_R^2}. \tag{13.192}$$

Für $\omega \approx \omega_0$ ergibt sich schließlich mit der Beziehung (13.185)

$$\frac{|{}_2^{(2)}\mathcal{M}_z|}{|{}_0^{(2)}\mathcal{M}_z|} \approx \frac{\Gamma_R}{4\omega_0} = \frac{1}{4\omega_0 T_R} \ll 1. \tag{13.193}$$

Lösung dritter Ordnung: Sättigungseffekte und Mehrquantenübergänge

In dritter Ordnung entnehmen wir Abb. 13.9, dass nur ${}^{(3)}_{\pm 1}\mathcal{M}_\pm$ und ${}^{(3)}_{\pm 3}\mathcal{M}_\pm$ nicht verschwinden; es reicht, ${}^{(3)}\mathcal{M}_+$ zu untersuchen.

Der Term ${}^{(3)}_{1}\mathcal{M}_+$ korrigiert in dritter Ordnung die rechtszirkulare Bewegung von $\boldsymbol{\mathcal{M}}_\perp$, die wir in erster Ordnung gefunden hatten (s. o.). Wir werden sehen, dass ${}^{(3)}_{1}\mathcal{M}_+$ einem Sättigungseffekt der Suszeptibilität des Systems entspricht.

Der Term ${}^{(3)}_{3}\mathcal{M}_+$ stellt eine weitere Komponente der Bewegung von $\boldsymbol{\mathcal{M}}_\perp$ mit einer Frequenz 3ω dar (Erzeugung der dritten Oberschwingung). Der Resonanzverlauf von ${}^{(3)}_{3}\mathcal{M}_+$ in der Nähe von $\omega_0 = 3\omega$ lässt sich als Folge der gleichzeitigen Absorption von drei Radiofrequenzphotonen interpretieren, wobei die Gesamtenergie und der Gesamtdrehimpuls erhalten bleiben.

Sättigung der Suszeptibilität des Systems. Nach der zweiten Gleichung (13.177) gilt

$$ {}^{(3)}_{1}\mathcal{M}_+ = \frac{1}{2}\frac{1}{\omega_0 - \omega + \mathrm{i}\Gamma_\mathrm{R}}\left[{}^{(2)}_{2}\mathcal{M}_z + {}^{(2)}_{0}\mathcal{M}_z\right]. \tag{13.194} $$

Da wir an der Korrektur der oben besprochenen rechtszirkularen Bewegung interessiert sind, die bei $\omega_0 = \omega$ eine Resonanz aufweist, begeben wir uns in die Nähe von $\omega_0 = \omega$. Gleichung (13.193) zufolge können wir dann ${}^{(2)}_{2}\mathcal{M}_z$ gegen ${}^{(2)}_{0}\mathcal{M}_z$ vernachlässigen und erhalten mit Hilfe des Ausdrucks (13.187) für ${}^{(2)}_{0}\mathcal{M}_z$ (unter Vernachlässigung des Terms mit der Resonanz bei $\omega_0 = -\omega$)

$$ {}^{(3)}_{1}\mathcal{M}_+ \approx -\frac{\mathcal{M}_0}{8}\frac{1}{\omega_0 - \omega + \mathrm{i}\Gamma_\mathrm{R}}\frac{1}{(\omega - \omega_0)^2 + \Gamma_\mathrm{R}^2}. \tag{13.195} $$

Die Ergebnisse (13.195) und (13.180) ergeben nach einer Umsortierung der Terme den folgenden Ausdruck für die rechtszirkulare Bewegung von $\mathcal{M}_+$ mit der Frequenz $\omega/2\pi$ in dritter Ordnung in ω_1:

$$ \mathcal{M}_+(\text{rechtszirkular}) = \omega_1 \frac{\mathcal{M}_0}{2}\frac{\mathrm{e}^{\mathrm{i}\omega t}}{\omega_0 - \omega + \mathrm{i}\Gamma_\mathrm{R}}\left[1 - \frac{\omega_1^2}{4}\frac{1}{(\omega - \omega_0)^2 + \Gamma_\mathrm{R}^2}\right]. \tag{13.196} $$

Vergleichen wir Gl. (13.196) mit Gl. (13.182), so sehen wir, dass sich für die Suszeptibilität statt des Ausdrucks (13.183) jetzt

$$ \chi(\omega) = -\gamma\mathcal{M}_0 \frac{1}{\omega_0 - \omega + \mathrm{i}\Gamma_\mathrm{R}}\left[1 - \frac{\omega_1^2}{4}\frac{1}{(\omega - \omega_0)^2 + \Gamma_\mathrm{R}^2}\right] \tag{13.197} $$

ergibt. Sie wird also mit einem Faktor kleiner als eins multipliziert; je größer die Intensität des Radiofrequenzfeldes ist und je dichter wir uns an der Resonanz befinden, desto kleiner wird dieser Faktor. Man sagt dann, das System sei *gesättigt*. Der ω_1^2-Term in Gl. (13.197) wird als *nichtlineare Suszeptibilität* bezeichnet.

Die physikalische Bedeutung dieser Sättigung ist klar: Ein schwaches elektromagnetisches Feld induziert im atomaren System ein Dipolmoment, das proportional zur Stärke des Feldes ist. Wird die Amplitude des Feldes erhöht, kann das Dipolmoment nicht weiter proportional mit dem Feld ansteigen. Die von dem Feld induzierten Absorptions- und Emissionsübergänge verringern die Besetzungszahldifferenz der beteiligten atomaren Zustände; das atomare System reagiert also immer weniger auf das Feld. Außerdem sehen wir, dass der Term in Klammern von Gl. (13.197) mit dem Term übereinstimmt, der die Abnahme der Besetzungszahldifferenz in zweiter Ordnung beschreibt (s. Gl. (13.188), bei der der Resonanzterm bei $\omega_0 = -\omega$ vernachlässigt wurde).

Bemerkung
Die Sättigungsterme spielen in allen Theorien für Maser und Laser eine wichtige Rolle. Wir betrachten erneut Abb. 13.7: Wenn wir im ersten Schritt der Rechnung (nach rechts zeigender Pfeil) nur die linearen Antwortterme beachten, ist das induzierte Dipolmoment proportional zum Feld. Wenn das Medium verstärkend wirkt (und wenn die Verluste des elektromagnetischen Hohlraums genügend klein sind), verursacht die Antwort des Dipols auf das einfallende Feld (nach links zeigender Pfeil) eine Verstärkung des Feldes um einen Beitrag proportional zum Feld. Es ergibt sich so eine lineare Differentialgleichung für das Feld, die auf eine linear mit der Zeit ansteigende Lösung führt.

Die Sättigungsterme verhindern diesen unbegrenzten Anstieg. Sie ergeben eine Gleichung, deren Lösung beschränkt bleibt und einen Grenzwert erreicht, der das konstante Laserfeld im Hohlraum darstellt. Physikalisch drücken diese Sättigungsterme die Tatsache aus, dass das atomare System dem Feld nicht mehr Energie zur Verfügung stellen kann als es der anfangs durch das Pumpen erzeugten Besetzungszahldifferenz entspricht.

Dreiphotonenübergänge. Nach den Gleichungen (13.177) und (13.190) gilt

$$\begin{aligned} {}^{(3)}_{3}\mathcal{M}_+ &= \frac{1}{2}\frac{1}{\omega_0 - 3\omega + \mathrm{i}\Gamma_\mathrm{R}}\, {}^{(2)}_{2}\mathcal{M}_z \\ &= \frac{\mathcal{M}_0}{16}\frac{1}{\omega_0 - 3\omega + \mathrm{i}\Gamma_\mathrm{R}}\frac{1}{2\omega - \mathrm{i}\Gamma_\mathrm{R}}\left[\frac{1}{\omega_0 + \omega - \mathrm{i}\Gamma_\mathrm{R}} - \frac{1}{\omega_0 - \omega + \mathrm{i}\Gamma_\mathrm{R}}\right]. \end{aligned} \tag{13.198}$$

Für diesen Term ${}^{(3)}_{3}\mathcal{M}_+$ gilt dasselbe wie für ${}^{(2)}_{2}\mathcal{M}_z$: Das atomare System erzeugt Oberschwingungen der Anregungsfrequenz (hier die dritte Oberschwingung).

Der Unterschied zur Diskussion des vorhergehenden Abschnitts in Bezug auf ${}^{(2)}_{2}\mathcal{M}_z$ besteht darin, dass eine Resonanz bei $\omega_0 = 3\omega$ auftritt (erster Resonanznenner in Gl. (13.198)).

Für die $\omega_0 = \omega$-Resonanz der vorhergehenden Abschnitte können wir eine Teilchendeutung angeben: Der Spin geht aus dem Zustand $|-\rangle$ in den Zustand $|+\rangle$ über unter Absorption eines Photons (oder Emission eines Photons, je nach relativer Lage der Zustände $|+\rangle$ und $|-\rangle$). Es tritt eine Resonanz auf, wenn die Energie $\hbar\omega$ des Photons gleich der Energie $\hbar\omega_0$ des atomaren Übergangs ist. Für die $\omega_0 = 3\omega$-Resonanz lässt sich eine analoge Teilchendeutung geben: Da $\hbar\omega_0 = 3\hbar\omega$ gilt, ist der Übergang mit der Emission oder Absorption von drei Photonen verbunden, da die Gesamtenergie erhalten bleiben muss.

Wir könnten uns fragen, warum in zweiter Ordnung für $\hbar\omega_0 = 2\hbar\omega$ (Zweiphotonenübergang) keine Resonanz aufgetreten ist. Der Grund hierfür liegt darin, dass auch der

Gesamtdrehimpuls während des Übergangs erhalten bleiben muss. Beim linearen Radiofrequenzfeld handelt es sich um eine Überlagerung von zwei Feldern, die entgegengesetzt zueinander rotieren. Zu jedem Feld gehören Photonen unterschiedlicher Art. Dem rechtszirkularen Feld sind σ^+-Photonen zugeordnet, die in z-Richtung einen Drehimpuls $+\hbar$ tragen; zum linkszirkularen Feld gehören analog σ^--Photonen mit einem Drehimpuls $-\hbar$. Beim Übergang vom $|-\rangle$-Zustand in den $|+\rangle$-Zustand muss der Spin einen Drehimpuls $+\hbar$ bezüglich der z-Achse absorbieren (die Differenz der beiden Eigenwerte von S_z), was durch Absorption eines σ^+-Photons geschehen kann. Außerdem bleibt bei $\omega_0 = \omega$ die Gesamtenergie erhalten, womit sich das Auftreten einer Resonanz bei $\omega_0 = \omega$ erklärt. Ebenso kann durch die Absorption von drei Photonen ein Drehimpuls $+\hbar$ aufgenommen werden (Abb. 13.12): zwei σ^+-Photonen und ein σ^--Photon. Auch für $\omega_0 = 3\omega$ bleiben also Energie und Gesamtdrehimpuls erhalten, was das Auftreten einer $\omega_0 = 3\omega$-Resonanz erklärt. Zwei Photonen können jedoch dem Atom nie einen Drehimpuls $+\hbar$ übertragen: Entweder haben wir zwei σ^+-Photonen mit einer Drehimpulssumme $2\hbar$ oder zwei σ^--Photonen mit insgesamt $-2\hbar$ oder ein σ^+- und ein σ^--Photon mit dem Gesamtdrehimpuls null.

Diese Überlegung kann leicht verallgemeinert werden und es kann gezeigt werden, dass Resonanzen auftreten für $\omega_0 = \omega, 3\omega, 5\omega, 7\omega, \ldots, (2n+1)\omega, \ldots$ entsprechend der Absorption einer ungeraden Anzahl von Photonen. Außerdem können wir der zweiten Gleichung des Systems (13.177) entnehmen, dass ${}^{(2n+1)}_{2n+1}\mathcal{M}_+$ bei $\omega_0 = (2n+1)\omega$ ein Resonanzmaximum aufweist. Für gerade Ordnungen ist kein analoges Verhalten zu beobachten, da wir dann nach Abb. 13.9 die erste Gleichung (13.177) verwenden müssen.

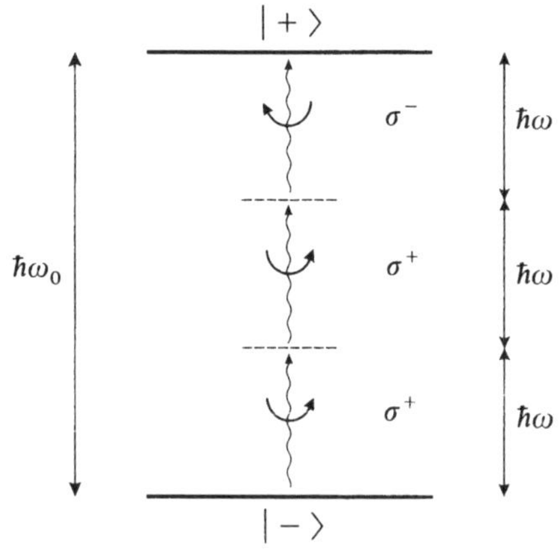

Abb. 13.12 Der Spin kann aus dem $|-\rangle$-Zustand in den $|+\rangle$-Zustand durch Absorption von drei Photonen mit der Energie $\hbar\omega$ übergehen. Die Gesamtenergie bleibt für $\hbar\omega_0 = 3\hbar\omega$ erhalten. Der Gesamtdrehimpuls bleibt erhalten, wenn zwei Photonen σ^+-polarisiert (jedes trägt einen Drehimpuls $+\hbar$ in Bezug auf die z-Richtung) sind und das dritte σ^--polarisiert (mit dem Drehimpuls $-\hbar$) ist.

Bemerkungen

1. Ist $\boldsymbol{B}_1$ ein rotierendes Feld, so gibt es nur σ^+- oder σ^--Photonen. Dieselbe Überlegung zeigt dann, dass nur eine *einzige Resonanz* auftreten kann: für σ^+-Photonen bei $\omega_0 = \omega$ und für σ^--Photonen bei $\omega_0 = -\omega$. Dadurch ist die Rechnung für ein rotierendes Feld viel leichter und führt auf eine strenge Lösung. Man kann die hier vorgestellte Methode auf rotierende Felder anwenden und zeigen, dass die Störungsreihe aufsummiert werden kann und man wieder das in Abschnitt 4.9 direkt gefundene Ergebnis erhält.

2. Wir betrachten ein System mit zwei Zuständen unterschiedlicher Parität unter dem Einfluss eines oszillierenden elektrischen Felds. Der Wechselwirkungsoperator weist dann dieselbe Struktur auf wie der, den wir in dieser Ergänzung untersuchen: S_x hat nur Nichtdiagonalelemente. Entsprechend kann auch der elektrische Dipol-Hamilton-Operator, da er ungerade ist, keine Diagonalelemente haben. Die Rechnung ist im zweiten Fall der obigen sehr ähnlich und führt auf entsprechende Ergebnisse: Resonanzen treten auf für $\omega_0 = \omega, 3\omega, 5\omega, \ldots$ Diese „ungerade" Natur des Spektrums lässt sich wie folgt deuten: Die elektrischen Dipolphotonen haben negative Parität, und das System muss beim Übergang von einem Niveau in ein anderes entgegengesetzter Parität eine ungerade Anzahl dieser Photonen absorbieren.

3. Für den Fall des Spins $1/2$ nehmen wir an, dass das lineare Radiofrequenzfeld weder parallel noch senkrecht zu $\boldsymbol{B}_0$ ist (Abb. 13.13); $\boldsymbol{B}_1$ kann dann in eine Komponente parallel zu $\boldsymbol{B}_0$, $\boldsymbol{B}_{1\parallel}$, zu der π-Photonen gehören (mit dem Drehimpuls null in Bezug auf die z-Richtung), und eine senkrechte Komponente $\boldsymbol{B}_{1\perp}$ mit σ^+- und σ^--Photonen aufgespalten werden. In diesem Fall kann das Atom seinen Drehimpuls bezüglich der z-Achse durch die Absorption zweier Photonen, eines σ^+- und eines π-Photons, um $+\hbar$ erhöhen und aus dem Zustand $|-\rangle$ in $|+\rangle$ übergehen. Mit der hier vorgestellten Methode lässt sich dann zeigen, dass bei dieser Polarisation der Radiofrequenz ein vollständiges (gerades und ungerades) Spektrum an Resonanzen auftritt: $\omega_0 = \omega, 2\omega, 3\omega, 4\omega, \ldots$

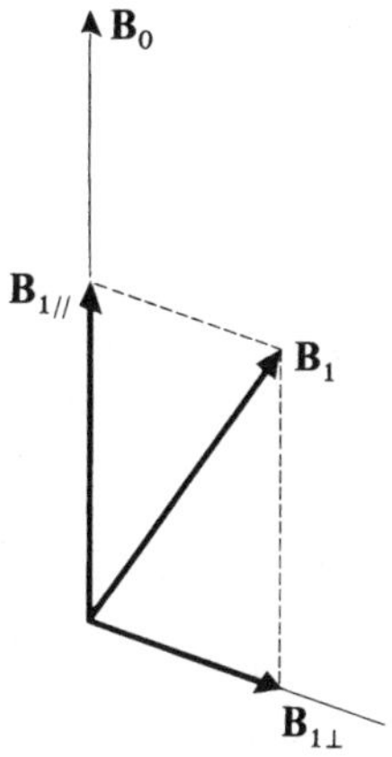

Abb. 13.13 Konstantes Magnetfeld $\boldsymbol{B}_0$ und Radiofrequenzfeld $\boldsymbol{B}_1$ für den Fall, dass $\boldsymbol{B}_1$ weder parallel noch senkrecht zu $\boldsymbol{B}_0$ ist; $\boldsymbol{B}_{1\parallel}$ und $\boldsymbol{B}_{1\perp}$ sind die Komponenten von $\boldsymbol{B}_1$ parallel bzw. senkrecht zu $\boldsymbol{B}_0$.

13.5.4 Aufgaben zu diesem Abschnitt

1. In Gl. (13.163) setze man $\omega_1 = 0$ (keine Radiofrequenz) und wähle $\boldsymbol{\mu}_0$ parallel zur x-Achse (transversales Pumpen).

Man berechne die sich einstellenden konstanten Werte von $\mathcal{M}_x$, $\mathcal{M}_y$ und $\mathcal{M}_z$. Man zeige, dass $\mathcal{M}_x$ und $\mathcal{M}_y$ Resonanzverhalten zeigen, wenn das konstante Feld um null herum geändert wird (Hanle-Effekt). Man gebe eine physikalische Deutung dieser Resonanzen (Pumpen in Konkurrenz mit Larmor-Präzession) und zeige, dass sie die Messung des Produkts γT_{R} erlauben.

2. Wir betrachten ein Spinsystem unter dem Einfluss desselben konstanten Feldes $\boldsymbol{B}_0$ und derselben Pump- und Relaxationsprozesse wie in dieser Ergänzung. Die Spins seien zusätzlich zwei Radiofrequenzfeldern ausgesetzt, einem ersten mit der Frequenz ω und der Amplitude B_1 parallel zur z-Achse und einem zweiten mit der Frequenz ω' und der Amplitude B'_1 parallel zur x-Achse.

Man berechne mit Hilfe der allgemeinen Methoden dieser Ergänzung die Magnetisierung $\mathcal{M}$ des Spinsystems in zweiter Ordnung in $\omega_1 = -\gamma B_1$ und $\omega'_1 = -\gamma B'_1$ (Terme in ω_1^2, $\omega_1'^2$, $\omega_1\omega'_1$). Wir halten $\omega_0 = -\gamma B_0$ und ω_1 fest. Man nehme $\omega_0 > \omega$ an und ändere ω'. Man zeige in dieser Störungsordnung, dass zwei Resonanzen auftreten, eine bei $\omega' = \omega_0 - \omega$ und die andere bei $\omega' = \omega_0 + \omega$.

Man gebe eine physikalische Interpretation dieser Resonanzen (die erste entspricht einer Zweiphotonenabsorption und die zweite dem Raman-Effekt).

13.6 Oszillation zwischen zwei diskreten Zuständen bei einer sinusförmigen Störung

Die Näherungsmethode, die wir in diesem Kapitel zur Berechnung des Effekts einer Resonanzstörung verwendet haben, verliert für lange Zeitintervalle ihre Gültigkeit. Wir wir gesehen haben (s. Abschnitt 13.3.2, Gl. (13.51)), muss t die Bedingung

$$t \ll \frac{\hbar}{|W_{fi}|} \tag{13.199}$$

erfüllen. Wir nehmen nun an, wir wollten das Verhalten eines Systems unter dem Einfluss einer Resonanzstörung über ein längeres Zeitintervall (für das die Bedingung (13.199) nicht erfüllt ist) untersuchen. Da die Lösung erster Ordnung in diesem Fall nicht ausreicht, könnten wir versuchen, eine gewisse Anzahl von Termen höherer Ordnung zu berechnen, um so einen besseren Ausdruck für $\mathcal{P}_{if}(t;\omega)$ zu erhalten:

$$\mathcal{P}_{if}(t;\omega) = |\lambda\, b_f^{(1)}(t) + \lambda^2\, b_f^{(2)}(t) + \lambda^3\, b_f^{(3)}(t) + \cdots|^2. \tag{13.200}$$

Dies erfordert jedoch unnötig lange Rechnungen.

Wir werden sehen, dass das Problem eleganter und schneller gelöst werden kann, wenn wir die Näherungsmethode an den Resonanzcharakter der Störung anpassen. Aus der Resonanzbedingung $\omega \approx \omega_{fi}$ folgt, dass durch $W(t)$ effektiv nur die beiden diskreten Zustände $|\varphi_i\rangle$ und $|\varphi_f\rangle$ gekoppelt sind. Da sich das System anfangs im Zustand $|\varphi_i\rangle$ befindet

($b_i(0) = 1$), kann die Wahrscheinlichkeitsamplitude $b_f(t)$ dafür, das System zur Zeit t im Zustand $|\varphi_f\rangle$ zu finden, groß sein. Alle Koeffizienten $b_n(t)$ (mit $n \neq i, f$) bleiben jedoch sehr viel kleiner als eins, da sie die Resonanzbedingung nicht erfüllen. Das bildet die Grundlage einer Methode, die wir hier anwenden wollen.

13.6.1 Säkularnäherung

Weiter oben (s. Abschnitt 13.2.1, Gl. (13.17)) ersetzten wir alle Komponenten $b_k(t)$ durch ihre Werte $b_k(0)$. Wir gehen jetzt ebenso auch für alle Komponenten mit $k \neq i, f$ vor, behalten jedoch explizit $b_i(t)$ und $b_f(t)$. Zur Bestimmung von $b_i(t)$ und $b_f(t)$ werden wir dann auf das folgende System von Gleichungen geführt (die Störung hat dieselbe Form wie in Abschnitt 13.3.1, Gl. (13.31)):

$$\begin{aligned} i\hbar \frac{d}{dt} b_i(t) &= \frac{1}{2i} \left\{ \left[e^{i\omega t} - e^{-i\omega t} \right] W_{ii}\, b_i(t) + \left[e^{i(\omega-\omega_{fi})t} - e^{-i(\omega+\omega_{fi})t} \right] W_{if}\, b_f(t) \right\}, \\ i\hbar \frac{d}{dt} b_f(t) &= \frac{1}{2i} \left\{ \left[e^{i(\omega+\omega_{fi})t} - e^{-i(\omega-\omega_{fi})t} \right] W_{fi}\, b_i(t) + \left[e^{i\omega t} - e^{-i\omega t} \right] W_{ff}\, b_f(t) \right\}. \end{aligned} \tag{13.201}$$

Auf der rechten Seite haben wir einige Koeffizienten von $b_i(t)$ und $b_f(t)$, die proportional zu $e^{\pm i(\omega-\omega_{fi})t}$ sind, die also für $\omega \approx \omega_{fi}$ langsam oszillieren. Die Koeffizienten proportional zu $e^{\pm i\omega t}$ und $e^{\pm i(\omega+\omega_{fi})t}$ oszillieren hingegen sehr viel schneller. Die Säkularnäherung besteht darin, diesen zweiten Typ von Termen zu vernachlässigen. Bei den verbleibenden Termen, den sogenannten *Säkulartermen*, reduzieren sich die Koeffizienten für $\omega = \omega_{fi}$ auf eine Konstante. Bei der Integration über die Zeit liefern sie zu den Änderungen der Komponenten $b_i(t)$ und $b_f(t)$ wesentliche Beiträge. Dagegen sind die Beiträge der anderen Terme vernachlässigbar, da ihre Änderung zu schnell erfolgt (bei der Integration von $e^{i\Omega t}$ tritt ein Faktor $1/\Omega$ auf, und der Mittelwert von $e^{i\Omega t}$ über eine große Anzahl von Perioden ist praktisch gleich null).

Bemerkung

Damit die vorstehende Überlegung gültig ist, muss die Zeitabhängigkeit von $e^{i\omega t} b_{i,f}(t)$ im Wesentlichen durch die Exponentialfunktion und nicht durch die Komponente $b_{i,f}(t)$ gegeben sein. Da ω sehr dicht bei ω_{fi} liegt, darf also $b_{i,f}(t)$ über ein Zeitintervall der Größenordnung $1/|\omega_{fi}|$ nicht stark variieren. Diese Bedingung ist bei den hier gemachten Annahmen, d. h. für $W \ll H_0$, tatsächlich erfüllt. Die Änderung von $b_i(t)$ und $b_f(t)$ (die für $W = 0$ Konstanten sind) werden durch die Störung W verursacht und für Zeiten von der Größenordnung $\hbar/|W_{if}|$ bemerkbar (das lässt sich anhand der weiter unten abgeleiteten Gleichungen (13.206) und (13.207) direkt nachweisen). Da nach Annahme $|W_{if}| \ll \hbar|\omega_{fi}|$ gilt, ist diese Zeit viel größer als $1/|\omega_{fi}|$.

Zusammenfassend führt also die Säkularnäherung auf das folgende Gleichungssystem:

$$\begin{aligned} \frac{d}{dt} b_i(t) &= -\frac{1}{2\hbar} e^{i(\omega-\omega_{fi})t} W_{if}\, b_f(t), \\ \frac{d}{dt} b_f(t) &= \frac{1}{2\hbar} e^{-i(\omega-\omega_{fi})t} W_{fi}\, b_i(t). \end{aligned} \tag{13.202}$$

Wie wir im nächsten Abschnitt sehen werden, lässt sich die Lösung dieses Systems, obwohl sie fast der von Gl. (13.201) entspricht, leichter bestimmen.

13.6.2 Lösung des Gleichungssystems

Wir beginnen mit $\omega = \omega_{fi}$: Wir leiten die erste der Gleichungen (13.202) ab und setzen die zweite in das Ergebnis ein:

$$\frac{\mathrm{d}^2}{\mathrm{d}t^2}\, b_i(t) = -\frac{1}{4\hbar^2}\, |W_{if}|^2\, b_i(t). \tag{13.203}$$

Da sich das System zur Zeit $t = 0$ im Zustand $|\varphi_i\rangle$ befindet, lauten die Anfangsbedingungen

$$\begin{aligned} b_i(0) &= 1, \\ b_f(0) &= 0, \end{aligned} \tag{13.204}$$

woraus mit den Gleichungen (13.202) folgt

$$\begin{aligned} \frac{\mathrm{d}b_i}{\mathrm{d}t}(0) &= 0, \\ \frac{\mathrm{d}b_f}{\mathrm{d}t}(0) &= \frac{W_{fi}}{2\hbar}. \end{aligned} \tag{13.205}$$

Die Lösung von Gl. (13.203), die die Bedingungen (13.204) und (13.205) erfüllt, lautet dann

$$b_i(t) = \cos\left(\frac{|W_{fi}|t}{2\hbar}\right). \tag{13.206}$$

Aus der ersten Beziehung (13.202) können wir dann b_f berechnen,

$$b_f(t) = \mathrm{e}^{\mathrm{i}\alpha_{fi}}\, \sin\left(\frac{|W_{fi}|t}{2\hbar}\right), \tag{13.207}$$

wobei α_{fi} die Phase von W_{fi} ist. Die Wahrscheinlichkeit $\mathcal{P}_{if}(t;\omega = \omega_{fi})$, das System zur Zeit t im Zustand $|\varphi_f\rangle$ anzutreffen, ist in diesem Fall

$$\mathcal{P}_{if}(t;\omega = \omega_{fi}) = \sin^2\left(\frac{|W_{fi}|t}{2\hbar}\right). \tag{13.208}$$

Wenn ω von ω_{fi} verschieden ist (aber dicht am Resonanzwert bleibt), ist das Differentialgleichungssystem (13.202) immer noch streng lösbar. Es ist vollständig analog zu den Gleichungen, die wir in Abschnitt 4.9.2 (Gleichungen (4.206)) bei der Untersuchung der magnetischen Resonanz eines Spins $1/2$ gefunden hatten. Eine entsprechende Rechnung führt auf ein Analogon zu Rabis Formel (Gl. (4.219)):

$$\mathcal{P}_{if}(t;\omega) = \frac{|W_{if}|^2}{|W_{if}|^2 + \hbar^2(\omega - \omega_{fi})^2}\, \sin^2\left(\frac{t}{2}\sqrt{\frac{|W_{if}|^2}{\hbar^2} + (\omega - \omega_{fi})^2}\right) \tag{13.209}$$

(für $\omega = \omega_{fi}$ reduziert sich dieser Ausdruck auf Gl. (13.208)).

13.6.3 Physikalische Diskussion

Die Diskussion des in Gl. (13.209) erhaltenen Ergebnisses ist dieselbe wie bei der magnetischen Resonanz eines Spins $1/2$ (s. Abschnitt 4.9.2). Bei der Wahrscheinlichkeit $\mathcal{P}_{if}(t;\omega)$ handelt es sich um eine in der Zeit oszillierende Funktion; für bestimmte Werte von t gilt $\mathcal{P}_{if}(t;\omega) = 0$, und das System ist in seinen Anfangszustand $|\varphi_i\rangle$ zurückgekehrt.

Gleichung (13.209) bestimmt die Größenordnung des Resonanzphänomens. Für $\omega = \omega_{fi}$ kann, wie klein die Störung auch sein mag, das System vollständig vom Zustand $|\varphi_i\rangle$ in den Zustand $|\varphi_f\rangle$ übergehen.[14] Ist die Störung andererseits nichtresonant, so bleibt die Wahrscheinlichkeit $\mathcal{P}_{if}(t;\omega)$ immer kleiner als eins.

Schließlich ist es interessant, die Ergebnisse dieser Ergänzung mit den Ergebnissen der Störungstheorie erster Ordnung zu vergleichen: Zunächst stellen wir fest, dass für beliebige Werte von t die in Gl. (13.209) erhaltene Wahrscheinlichkeit $\mathcal{P}_{if}(t;\omega)$ zwischen null und eins liegt. Mit der hier verwendeten Näherungsmethode umgehen wir also die Schwierigkeiten, auf die wir oben in Abschnitt 13.3.2 gestoßen waren. Für t gegen null in Gl. (13.208) reproduzieren wir das in Gl. (13.50) erhaltene Ergebnis. Die Störungstheorie erster Ordnung ist also für ausreichend kleine t tatsächlich gültig (s. die Bemerkung in Abschnitt 13.2.3). Sie entspricht bildlich dem Ersetzen der Sinuskurve, die im Ausdruck für $\mathcal{P}_{if}(t;\omega)$ die Zeitabhängigkeit darstellt, durch eine Parabel.

13.7 Zerfall eines diskreten Zustands in ein Kontinuum

13.7.1 Problemstellung

In Abschnitt 13.3.3 sahen wir, wie die durch eine konstante Störung bewirkte Kopplung eines diskreten Anfangszustands der Energie E_i mit einem Kontinuum von Endzuständen (von denen einige die gleiche Energie E_i besitzen können) den Übergang in diese Endzustände beeinflusst. Es zeigte sich, dass die Wahrscheinlichkeit dafür, das System in einer wohldefinierten Gruppe von kontinuierlichen Zuständen zu finden, mit der Zeit linear wächst. Folglich muss die Wahrscheinlichkeit $\mathcal{P}_{ii}(t)$, das System zur Zeit t noch im Anfangszustand $|\varphi_i\rangle$ zu finden, von ihrem Wert $\mathcal{P}_{ii}(0) = 1$ mit der Zeit linear fallen. Diese Aussage gilt natürlich nur für kurze Zeitabschnitte, da die Extrapolation des linearen Fallens von $\mathcal{P}_{ii}(t)$ auf lange Zeiten zu negativen Werten von $\mathcal{P}_{ii}(t)$ führen würde. Damit stellt sich das Problem, das Verhalten des Systems für große Zeiten zu bestimmen.

Einem analogen Problem sind wir begegnet, als wir die Resonanzübergänge zwischen zwei diskreten Zuständen $|\varphi_i\rangle$ und $|\varphi_f\rangle$ untersuchten, die von einer sinusförmigen Störung bewirkt werden. Die Störungstheorie erster Ordnung sagt ein Fallen von $\mathcal{P}_{ii}(t)$ aus dem Anfangswert $\mathcal{P}_{ii}(0) = 1$ voraus, das proportional zu t^2 ist. Die in Abschnitt 13.6 vorgestellte Methode zeigt, dass das System in Wirklichkeit zwischen den beiden Zuständen $|\varphi_i\rangle$ und $|\varphi_f\rangle$ oszilliert; der in Abschnitt 13.3 gefundene Abfall mit t^2 stellt nur den „Anfang“ der entsprechenden Sinusfunktion dar.

[14] Die Größenordnung der Störung, gegeben durch $|W_{fi}|$, beeinflusst bei Resonanz nur das Zeitintervall, das das System für den Übergang von $|\varphi_i\rangle$ nach $|\varphi_f\rangle$ benötigt. Je kleiner $|W_{fi}|$ ist, desto größer ist diese Zeit.

Wir könnten für das hier vorliegende Problem eine entsprechende Lösung erwarten (Oszillationen des Systems zwischen dem diskreten Zustand und dem Kontinuum). Dies ist aber nicht der Fall: Das System verlässt den Zustand $|\varphi_i\rangle$ *irreversibel*. Es ergibt sich ein exponentielles Abfallen $\mathrm{e}^{-\Gamma t}$ für $\mathcal{P}_{ii}(t)$ (nach der Störungstheorie ist das Verhalten für kurze Zeiten wie $1 - \Gamma t$). Der *kontinuierliche* Charakter der Endzustände hebt die in Abschnitt 13.6 festgestellte Reversibilität auf. Er ist für den *Zerfall* des Anfangszustands verantwortlich, so dass dieser eine *endliche Lebensdauer* erhält: Er wird instabil, s. Abschnitt 3.15).

Dieser Fall ist in der Physik sehr häufig anzutreffen. Zum Beispiel kann ein System, das sich anfangs in einem diskreten Zustand befindet, unter dem Einfluss einer internen Kopplung (die durch einen zeitabhängigen Hamilton-Operator W beschrieben wird) in zwei Teile aufgespalten werden, deren Energien (kinetische Energien für den Fall materieller Teilchen, elektromagnetische für Photonen) von vornherein jeden beliebigen Wert besitzen können; damit haben wir ein Kontinuum von Endzuständen. So geht beim *α-Zerfall* ein Atomkern, der sich zunächst in einem diskreten Zustand befindet, (durch den Tunneleffekt) in ein System über, das aus einem α-Teilchen und einem anderen Atomkern besteht. Aus einem Mehrelektronenatom A, das sich anfangs in einer Konfiguration (s. Abschnitte 14.5 und 14.6) mit mehreren angeregten Elektronen befindet, kann unter dem Einfluss der elektrostatischen Wechselwirkung zwischen den Elektronen ein Ion A^+ und ein freies Elektron entstehen (die Energie der ursprünglichen Konfiguration muss natürlich größer als die Ionisierungsenergie von A sein): Dies ist das Phänomen der *Selbstionisation*. Auch die *spontane Emission* eines Photons durch einen angeregten atomaren (oder nuklearen) Zustand lässt sich hier anführen: Die Wechselwirkung des Atoms mit dem quantisierten elektromagnetischen Feld koppelt den diskreten Anfangszustand (das angeregte Atom ohne Photonen) an ein Kontinuum von Endzuständen (das Atom in einem niedrigeren Niveau mit einem Photon beliebiger Richtung, Polarisation und Energie). Schließlich erwähnen wir den photoelektrischen Effekt, bei dem eine (sinusförmige) Störung den diskreten Zustand eines Atoms A an ein Kontinuum von Endzuständen (das Ion A^+ und das Photoelektron e^-) koppelt. Diese wenigen Beispiele zeigen bereits die Bedeutung der Probleme, die wir in dieser Ergänzung behandeln wollen.

13.7.2 Beschreibung des Modells

Voraussetzungen an den ungestörten Hamilton-Operator H_0

Um die Rechnungen so weit wie möglich zu vereinfachen, treffen wir für das Spektrum des ungestörten Hamilton-Operators H_0 die folgenden Voraussetzungen: Das Spektrum enthält

1. einen diskreten Zustand $|\varphi_i\rangle$ der Energie E_i (nichtentartet),

$$H_0 \, |\varphi_i\rangle = E_i \, |\varphi_i\rangle, \tag{13.210}$$

2. eine Menge von Zuständen $|\alpha\rangle$, die ein Kontinuum bilden,

$$H_0 \, |\alpha\rangle = E \, |\alpha\rangle; \tag{13.211}$$

E kann eine unendliche Menge kontinuierlicher Werte annehmen, die sich über einen Teil der reellen Achse unter Einschluss von E_i verteilen. Wir werden z. B. annehmen, dass E zwischen 0 und $+\infty$ liegt:

$$E \geq 0. \tag{13.212}$$

Jeder Zustand $|\alpha\rangle$ wird durch seine Energie E und einen Satz weiterer Parameter charakterisiert, den wir mit β bezeichnen wollen (wie in Abschnitt 13.3.3); $|\alpha\rangle$ kann daher auch als $|E, \beta\rangle$ geschrieben werden. Es ist (s. Gl. (13.61))

$$\mathrm{d}\alpha = \rho(\beta, E)\, \mathrm{d}\beta\, \mathrm{d}E, \tag{13.213}$$

wobei $\rho(\beta, E)$ die Dichte der Endzustände bezeichnet.

Die Eigenzustände von H_0 erfüllen die folgenden Relationen (Orthogonalitäts- und Vollständigkeitsrelation):

$$\begin{aligned} \langle \varphi_i \mid \varphi_i \rangle &= 1, \\ \langle \varphi_i \mid \alpha \rangle &= 0, \\ \langle \alpha \mid \alpha' \rangle &= \delta(\alpha - \alpha'), \end{aligned} \tag{13.214}$$

$$|\varphi_i\rangle\langle\varphi_i| + \int \mathrm{d}\alpha\, |\alpha\rangle\langle\alpha| = 1. \tag{13.215}$$

Voraussetzungen für die Kopplung W

Wir setzen voraus, dass W nicht explizit zeitabhängig ist und keine von null verschiedenen Diagonalelemente besitzt:

$$\langle \varphi_i \mid W \mid \varphi_i \rangle = \langle \alpha \mid W \mid \alpha \rangle = 0 \tag{13.216}$$

(wenn diese Diagonalelemente nicht verschwinden würden, könnten wir sie immer zu denen von H_0 addieren, was lediglich der Änderung der ungestörten Energie entspräche). Weiter setzen wir voraus, dass W keine zwei Zustände des Kontinuums koppelt:

$$\langle \alpha \mid W \mid \alpha' \rangle = 0. \tag{13.217}$$

Die einzigen nichtverschwindenden Matrixelemente von W koppeln dann den diskreten Zustand $|\varphi_i\rangle$ mit den Zuständen des Kontinuums. Diese Matrixelemente $\langle\alpha|W|\varphi\rangle$ sind verantwortlich für den Zerfall des Zustands $|\varphi_i\rangle$.

Diese Voraussetzungen sind nicht zu einschränkend. Insbesondere die Bedingung (13.217) ist bei den oben angeführten Beispielen sehr oft erfüllt. Der Vorteil dieses Modells liegt darin, dass es die Untersuchung von Zerfallsprozessen erlaubt, ohne dass die Rechnungen zu verwickelt werden. Die wesentlichen physikalischen Schlussfolgerungen würden durch ein komplizierteres Modell nicht geändert.

Bevor wir die neue Lösungsmethode für die Schrödinger-Gleichung vorstellen, geben wir die Ergebnisse der Störungstheorie erster Ordnung für das ursprüngliche Modell an.

Ergebnisse der Störungstheorie erster Ordnung

Nach Abschnitt 13.3.3 können wir (insbesondere über die Regel (13.70)) die Wahrscheinlichkeit bestimmen, das physikalische System (das anfangs im Zustand $|\varphi_i\rangle$ ist) zur Zeit t mit einer beliebigen Energie in einem zu einer Gruppe gehörenden Endzustand zu finden, die durch das Intervall $\delta\beta_f$ um den Wert β_f charakterisiert ist.

Wir fragen hier nach der Wahrscheinlichkeit, das System in irgendeinem Endzustand $|\alpha\rangle$ zu finden: Es werden weder E noch β angegeben. Wir müssen daher die in Fermis goldener Regel auftretende Wahrscheinlichkeitsdichte über β integrieren (die Integration über die Energie haben wir in Abschnitt 13.3.3 (Gl. (13.70)) bereits ausgeführt). Wir führen die Konstante

$$\Gamma = \frac{2\pi}{\hbar} \int \mathrm{d}\beta \, |\langle \beta, E = E_i \mid W \mid \varphi_i \rangle|^2 \, \rho(\beta, E = E_i) \tag{13.218}$$

ein. Die gesuchte Wahrscheinlichkeit ist dann gleich $\Gamma\, t$. Unter Beachtung der Voraussetzungen handelt es sich also um die Wahrscheinlichkeit, dass das System zur Zeit t den Zustand $|\varphi_i\rangle$ verlassen hat. Nennen wir die Wahrscheinlichkeit dafür, dass sich das System noch in diesem Zustand befindet, $\mathcal{P}_{ii}(t)$, so ist

$$\mathcal{P}_{ii}(t) = 1 - \Gamma\, t. \tag{13.219}$$

Für die Diskussion der folgenden Abschnitte ist es wichtig, an die Bedingungen für die Gültigkeit dieser Beziehung zu erinnern:

1. Sie folgt aus der Störungstheorie erster Ordnung, deren Anwendung nur erlaubt ist, wenn $\mathcal{P}_{ii}(t)$ wenig vom Anfangswert $\mathcal{P}_{ii}(0) = 1$ abweicht. Es muss darum gelten

$$t \ll \frac{1}{\Gamma}. \tag{13.220}$$

2. Andererseits gilt die Beziehung nur für genügend lange Zeiten t.

Um die zweite Bedingung zu präzisieren und insbesondere zu prüfen, ob sie mit der Relation (13.220) verträglich ist, kehren wir zu Abschnitt 13.3.3 zurück (β und E sind nicht mehr auf die Intervalle $\delta\beta_f$ und δE_f beschränkt). Im Gegensatz dazu integrieren wir jetzt die Wahrscheinlichkeitsdichte

$$\delta\mathcal{P}(\varphi_i, \alpha_f, t) = \frac{1}{\hbar^2} \int_{\substack{\beta\in\delta\beta_f \\ E\in\delta E_f}} \mathrm{d}\beta \, \mathrm{d}E \, \rho(\beta, E) \, |\langle \beta, E \mid W \mid \varphi_i \rangle|^2 \, F\left(t, (E - E_i)/\hbar\right)$$

zuerst über β und dann über E. Dabei tritt das folgende Integral auf:

$$\frac{1}{\hbar^2} \int_0^\infty \mathrm{d}E \, F\left(t, (E - E_i)/\hbar\right) \, K(E), \tag{13.221}$$

wobei $K(E)$ als Ergebnis der ersten Integration über β gegeben wird durch

$$K(E) = \int \mathrm{d}\beta \, |\langle \beta, E \mid W \mid \varphi_i \rangle|^2 \, \rho(\beta, E); \tag{13.222}$$

$F\left(t, (E - E_i)/\hbar\right)$ ist die um $E = E_i$ zentrierte Beugungsfunktion (s. Abschnitt 13.3.1, Gl. (13.39)) mit der Breite $4\pi\hbar/t$.

Mit $\hbar\Delta$ bezeichnen wir die „Breite" von $K(E)$: $\hbar\Delta$ gibt die Größenordnung der nötigen Variation von E wieder, damit $K(E)$ sich merklich ändert (Abb. 13.14). Sobald t so groß ist, dass

$$t \gg \frac{1}{\Delta} \tag{13.223}$$

gilt, verhält sich $F\,(t, (E - E_i)/\hbar)$ relativ zu $K(E)$ wie eine Deltafunktion. Mit den Ergebnissen aus Abschnitt 13.3.3 (Gl. (13.65)) können wir dann das Integral (13.221) in der Form

$$\frac{2\pi}{\hbar} t \int \mathrm{d}E\, \delta(E - E_f)\, K(E) = \frac{2\pi t}{\hbar} K(E = E_i) = \Gamma t \tag{13.224}$$

schreiben, da der Vergleich von Gl. (13.218) und Gl. (13.222)

$$\frac{2\pi}{\hbar} K(E = E_i) = \Gamma \tag{13.225}$$

ergibt. Wieder erhalten wir, dass der lineare Zusammenhang in Gl. (13.219) nur für solche t gilt, die die Ungleichung (13.223) erfüllen.

Die Bedingungen (13.220) und (13.223) sind offensichtlich miteinander verträglich, wenn

$$\Delta \gg \Gamma \tag{13.226}$$

ist. Somit haben wir eine quantitative Form für die Bedingung gefunden, die wir in der Fußnote 4 in Abschnitt 13.3.3 angegeben hatten. Im Folgenden wollen wir die Ungleichung (13.226) als erfüllt annehmen.

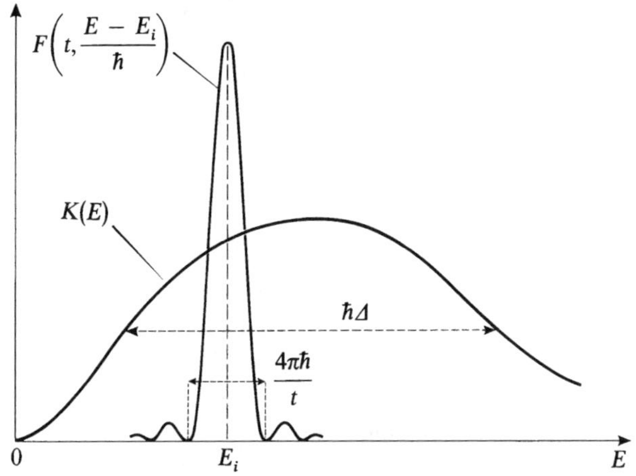

Abb. 13.14 Verlauf der Funktionen $K(E)$ und $F\,(t, (E - E_i)/\hbar)$ in Abhängigkeit von E. Die „Breiten" der beiden Kurven sind von der Größenordnung $\hbar\Delta$ bzw. $4\pi\hbar/t$. Für ausreichend große t verhält sich $F\,(t, (E - E_i)/\hbar)$ relativ zu $K(E)$ wie eine Deltafunktion.

Äquivalente Integrodifferentialgleichung

Die Ergebnisse aus Abschnitt 13.2.1 (Gl. (13.17)) lassen sich leicht auf den hier vorliegenden Fall anwenden.

Der Zustand des Systems zur Zeit t kann in der $\{|\varphi_i\rangle, |\alpha\rangle\}$-Basis entwickelt werden:

$$|\psi(t)\rangle = b_i(t)\,\mathrm{e}^{-\mathrm{i}E_i t/\hbar}\,|\varphi_i\rangle + \int \mathrm{d}\alpha\, b(\alpha,t)\,\mathrm{e}^{-\mathrm{i}Et/\hbar}\,|\alpha\rangle. \tag{13.227}$$

Wenn wir diesen Ausdruck in die Schrödinger-Gleichung einsetzen, erhalten wir unter Beachtung der oben genannten Voraussetzungen nach einer Rechnung, die in allen Punkten dem Vorgehen in Abschnitt 13.2.1 entspricht, die folgenden Bewegungsgleichungen:

$$\mathrm{i}\hbar\frac{\mathrm{d}}{\mathrm{d}t}\,b_i(t) = \int \mathrm{d}\alpha\;\mathrm{e}^{\mathrm{i}(E_i-E)t/\hbar}\,\langle\varphi_i\mid W\mid\alpha\rangle\, b(\alpha,t), \tag{13.228}$$

$$\mathrm{i}\hbar\frac{\mathrm{d}}{\mathrm{d}t}\,b(\alpha,t) = \mathrm{e}^{\mathrm{i}(E-E_i)t/\hbar}\,\langle\alpha\mid W\mid\varphi_i\rangle\, b_i(t). \tag{13.229}$$

Das Problem besteht nun darin, mit Hilfe dieser in Strenge gültigen Gleichungen das Verhalten des Systems nach einer langen Zeit vorherzusagen, wobei die folgenden Anfangsbedingungen zu beachten sind:

$$\begin{aligned} b_i(0) &= 1, \\ b(\alpha,0) &= 0. \end{aligned} \tag{13.230}$$

Aus den vereinfachenden Voraussetzungen für W folgt, dass $\frac{\mathrm{d}}{\mathrm{d}t}b_i(t)$ nur von $b(\alpha,t)$ und $\frac{\mathrm{d}}{\mathrm{d}t}b(\alpha,t)$ nur von $b_i(t)$ abhängt. Somit können wir Gl. (13.229) mit Beachtung der Anfangsbedingung (13.230) integrieren. Wenn wir den so erhaltenen Ausdruck in Gl. (13.228) einsetzen, erhalten wir für die Beschreibung der zeitlichen Entwicklung von $b_i(t)$ die Gleichung

$$\frac{\mathrm{d}}{\mathrm{d}t}\,b_i(t) = -\frac{1}{\hbar^2}\int \mathrm{d}\alpha \int_0^t \mathrm{d}t'\,\mathrm{e}^{\mathrm{i}(E_i-E)(t-t')/\hbar}\,|\langle\alpha\mid W\mid\varphi_i\rangle|^2\, b_i(t'). \tag{13.231}$$

Nun verwenden wir Gl. (13.213) und integrieren über β, was mit Gl. (13.222) auf

$$\frac{\mathrm{d}}{\mathrm{d}t}\,b_i(t) = -\frac{1}{\hbar^2}\int_0^\infty \mathrm{d}E \int_0^t \mathrm{d}t'\,K(E)\,\mathrm{e}^{\mathrm{i}(E_i-E)(t-t')/\hbar}\, b_i(t') \tag{13.232}$$

führt. In dieser Gleichung treten nur noch die $b_i(t)$ auf. Allerdings stellen wir fest, dass es sich bei dieser Gleichung nicht mehr um eine Differentialgleichung, sondern um eine Integrodifferentialgleichung handelt: $\frac{\mathrm{d}}{\mathrm{d}t}b_i(t)$ hängt von der gesamten „Vorgeschichte" des Systems zwischen den Zeitpunkten 0 und t ab.

Gleichung (13.232) ist äquivalent zur Schrödinger-Gleichung, allerdings können wir sie nicht streng lösen. In den folgenden Abschnitten beschreiben wir daher zwei Näherungsmethoden. Die eine ist äquivalent zur Störungstheorie erster Ordnung (Abschnitt 13.7.3); die andere erweist sich als zweckmäßig, wenn man das System für lange Zeiten untersuchen will (Abschnitt 13.7.4).

13.7.3 Näherung für kurze Zeiten

Wenn t nicht zu groß ist, d. h. wenn $b_i(t)$ sich nicht zu sehr von seinem Anfangswert $b_i(0) = 1$ unterscheidet, können wir auf der rechten Seite von Gl. (13.232) $b_i(t')$ durch $b_i(0) = 1$ ersetzen. Diese rechte Seite reduziert sich damit auf ein Doppelintegral über E und t',

$$-\frac{1}{\hbar^2}\int_0^\infty \mathrm{d}E \int_0^t \mathrm{d}t'\, K(E)\, \mathrm{e}^{\mathrm{i}(E_i-E)(t-t')/\hbar}, \tag{13.233}$$

dessen Berechnung keine Schwierigkeiten bietet. Wir führen sie explizit aus, da sie uns die Möglichkeit zur Einführung von zwei Konstanten liefert (eine davon ist die durch Gl. (13.218) definierte Größe Γ), die in der in Abschnitt 13.7.4 vorgestellten Methode eine wichtige Rolle spielen.

Wir beginnen mit der Integration über t': Nach den Ergebnissen aus dem Anhang (Abschnitt II.3 (Gl. (II.47)) stellt der Grenzwert dieses Integrals für $t \to \infty$ die Fourier-Transformierte der Heaviside-Sprungfunktion dar; genauer gilt (wir setzen $t - t' = \tau$)

$$\lim_{t\to\infty}\int_0^t \mathrm{d}\tau\, \mathrm{e}^{\mathrm{i}(E_i-E)\tau/\hbar} = \hbar\left[\pi\,\delta(E_i-E) + \mathrm{i}\mathcal{P}\left(\frac{1}{E_i-E}\right)\right]. \tag{13.234}$$

Es ist nicht unbedingt notwendig, t gegen unendlich gehen zu lassen, um Gl. (13.234) bei der Berechnung von (13.233) verwenden zu können. Es reicht aus, wenn $\hbar/t$ sehr viel kleiner als die „Breite“ $\hbar\Delta$ von $K(E)$, d. h. wenn t sehr viel größer als $1/\Delta$ ist; wieder ergibt sich die Bedingung (13.223). Wenn diese erfüllt ist, lässt sich der Ausdruck (13.233) nach Gl. (13.234) schreiben

$$-\frac{\pi}{\hbar}\, K(E = E_i) - \frac{\mathrm{i}}{\hbar}\mathcal{P}\int_0^\infty \frac{K(E)}{E_i - E}\,\mathrm{d}E. \tag{13.235}$$

Sein erster Term ist nach Gl. (13.225) einfach gleich $-\Gamma/2$. Wir setzen

$$\delta E = \mathcal{P}\int_0^\infty \frac{K(E)}{E_i - E}\,\mathrm{d}E, \tag{13.236}$$

womit sich für das Zweifachintegral (13.233) ergibt

$$-\frac{\Gamma}{2} - \mathrm{i}\frac{\delta E}{\hbar}. \tag{13.237}$$

Wenn wir in Gl. (13.232) $b_i(t')$ durch $b_i(0) = 1$ ersetzen, wird also diese Gleichung (solange die Ungleichung (13.223) erfüllt ist) zu

$$\frac{\mathrm{d}}{\mathrm{d}t}\, b_i(t) = -\frac{\Gamma}{2} - \mathrm{i}\frac{\delta E}{\hbar}. \tag{13.238}$$

Die Lösung von Gl. (13.238) mit der Anfangsbedingung (13.230) ist

$$b_i(t) = 1 - \left(\frac{\Gamma}{2} + \mathrm{i}\frac{\delta E}{\hbar}\right) t. \tag{13.239}$$

Offensichtlich gilt dieses Ergebnis nur, wenn $|b_i(t)|$ in der Nähe von eins liegt, d. h. wenn gilt

$$t \ll \frac{1}{\Gamma}, \frac{\hbar}{\delta E}. \tag{13.240}$$

Wir finden hier die andere Gültigkeitsbedingung (13.220) für die Störungstheorie erster Ordnung wieder.

Mit Gl. (13.239) lässt sich die Wahrscheinlichkeit $\mathcal{P}_{ii}(t) = |b_i(t)|^2$ dafür, dass sich das System zur Zeit t noch im Zustand $|\varphi_i\rangle$ befindet, leicht berechnen. Unter Vernachlässigung von Termen in Γ^2 und δE^2 erhalten wir

$$\mathcal{P}_{ii}(t) = 1 - \Gamma t. \tag{13.241}$$

Alle in diesem Kapitel erhaltenen Ergebnisse lassen sich dann aus Gl. (13.232) ableiten, wenn $b_i(t')$ durch $b_i(0)$ ersetzt wird. Diese Gleichung erlaubte uns auch die Einführung des Parameters δE, dessen physikalische Bedeutung weiter unten diskutiert wird (δE trat bei unseren Überlegungen in diesem Kapitel nicht auf, weil wir uns nur mit der Berechnung der Wahrscheinlichkeit $|b_i(t)|^2$ und nicht mit der der Wahrscheinlichkeitsamplitude $b_i(t)$ selbst befasst hatten).

13.7.4 Eine zweite Näherungsmethode

Wir erhalten eine bessere Näherung, wenn wir in Gl. (13.232) $b_i(t')$ statt durch $b_i(0)$ durch $b_i(t)$ ersetzen. Um das zu zeigen, berechnen wir zunächst das Integral über E auf der rechten Seite der streng gültigen Gl. (13.232). Es ergibt sich dann eine Funktion von E_i und $t - t'$,

$$g(E_i, t - t') = -\frac{1}{\hbar^2} \int_0^\infty \mathrm{d}E\, K(E)\, \mathrm{e}^{\mathrm{i}(E_i - E)(t - t')/\hbar}, \tag{13.242}$$

die offensichtlich nur dann ungleich null ist, wenn $t - t'$ sehr klein ist. In Gl. (13.242) integrieren wir ein Produkt von $K(E)$, das sich mit E langsam ändert (Abb. 13.14), mit einer Exponentialfunktion, deren Periode in Bezug auf die Variable E gleich $2\pi\hbar/(t - t')$ ist. Wenn wir die Werte von t und t' so wählen, dass diese Periode sehr viel kleiner als die Breite $\hbar\Delta$ von $K(E)$ ist, durchläuft diese Funktion zahlreiche Oszillationen und ihr Integral über E ist vernachlässigbar. Der Betrag von $g(E_i, t - t')$ ist folglich für $t - t' \approx 0$ groß und wird für $t - t' \gg 1/\Delta$ vernachlässigbar. Diese Eigenschaft besagt, dass für beliebige t nur die Werte von $b_i(t')$ auf der rechten Seite von Gl. (13.232) einen merklichen Beitrag liefern, für die t' sehr nahe bei t liegt ($t - t' \leq 1/\Delta$). Nach Ausführung der Integration über E wird diese rechte Seite

$$\int_0^t g(E_i, t - t')\, b_i(t)\, \mathrm{d}t', \tag{13.243}$$

und wir sehen, dass das Auftreten von $g(E_i, t - t')$ die Beiträge von $b_i(t')$ praktisch eliminiert, wenn $t - t' \gg 1/\Delta$ gilt.

Die Ableitung $\frac{\mathrm{d}}{\mathrm{d}t} b_i(t)$ hat also nur ein sehr kurzes „Gedächtnis“ für die vorhergehenden Werte von $b_i(t)$ zwischen 0 und t. Sie hängt eigentlich nur von den Werten von b_i für Zeiten unmittelbar vor t ab, und das gilt *für alle* t. Mit Hilfe dieser Eigenschaft können wir die Integrodifferentialgleichung (13.232) in eine Differentialgleichung überführen. Wenn $b_i(t)$ über ein Zeitintervall der Größenordnung $1/\Delta$ nur wenig variiert, machen wir nur einen kleinen Fehler, wenn wir in Gl. (13.243) $b_i(t')$ durch $b_i(t)$ ersetzen. Das ergibt

$$b_i(t) \int_0^t g(E_i, t - t')\,\mathrm{d}t' = -\left(\frac{\Gamma}{2} + \mathrm{i}\frac{\delta E}{\hbar}\right) b_i(t) \tag{13.244}$$

(um die rechte Seite dieser Gleichung zu erhalten, verwendeten wir, dass das Integral von $g(E_i, t - t')$ über t' nach Gl. (13.242) gleich dem Zweifachintegral (13.233) ist, das wir oben in Abschnitt 13.7.3 berechnet haben).

Nun ist nach den Ergebnissen in Abschnitt 13.7.3 (wie wir auch später sehen werden) das für die Zeitentwicklung von $b_i(t)$ charakteristische Zeitintervall von der Größe $1/\Gamma$ oder $\hbar/\delta E$. Die Gültigkeitsbedingung für Gl. (13.244) lautet dann

$$\Gamma,\ \delta E/\hbar \ll \Delta, \tag{13.245}$$

was wir bereits vorausgesetzt hatten (s. Ungleichung (13.226)).

In guter Näherung kann Gl. (13.232) für beliebige t also geschrieben werden

$$\frac{\mathrm{d}}{\mathrm{d}t} b_i(t) = -\left(\frac{\Gamma}{2} + \mathrm{i}\frac{\delta E}{\hbar}\right) b_i(t), \tag{13.246}$$

deren Lösung unter Beachtung von Gl. (13.230) offensichtlich lautet

$$b_i(t) = \mathrm{e}^{-\Gamma t/2}\,\mathrm{e}^{-\mathrm{i}\delta E\, t/\hbar}. \tag{13.247}$$

Es lässt sich zeigen, dass die Entwicklung von Gl. (13.247) in erster Ordnung in Γ und δE Gl. (13.239) ergibt.

Bemerkung
Wir haben keine obere Grenze für t eingeführt. Andererseits ist das in Gl. (13.244) auftretende Integral $\int_0^t g(E_i, t - t')\mathrm{d}t'$ nach Abschnitt 13.7.3 nur für $t \gg 1/\Delta$ gleich $-(\Gamma/2 + \mathrm{i}\delta E/\hbar)$. Für kleine Zeiten treten in dieser Theorie also dieselben Probleme wie bei der Störungstheorie auf; ihr entscheidender Vorteil ist ihre Gültigkeit für lange Zeiten.

Setzen wir nun den Ausdruck (13.247) für $b_i(t)$ in Gl. (13.229) ein, so erhalten wir eine einfache Gleichung, die uns die Bestimmung der Wahrscheinlichkeitsamplitude $b(\alpha, t)$ des Zustands $|\alpha\rangle$ ermöglicht:

$$b(\alpha, t) = \frac{1}{\mathrm{i}\hbar} \langle \alpha \,|\, W \,|\, \varphi_i \rangle \int_0^t \mathrm{e}^{-\Gamma t'/2}\,\mathrm{e}^{\mathrm{i}(E - E_i - \delta E)t'/\hbar}\,\mathrm{d}t', \tag{13.248}$$

d. h.

$$b(\alpha, t) = \frac{\langle \alpha \,|\, W \,|\, \varphi_i \rangle}{\hbar} \frac{1 - \mathrm{e}^{-\Gamma t/2}\,\mathrm{e}^{\mathrm{i}(E - E_i - \delta E)t/\hbar}}{(E - E_i - \delta E)/\hbar + \mathrm{i}\Gamma/2}. \tag{13.249}$$

Gleichungen (13.247) und (13.249) beschreiben den Zerfall des Anfangszustands bzw. das „Auffüllen“ der Endzustände $|\alpha\rangle$. Wir wollen nun den physikalischen Gehalt dieser Gleichungen genauer untersuchen.

13.7.5 Physikalische Diskussion

Lebensdauer des diskreten Zustands

Nach Gl. (13.247) gilt

$$\mathcal{P}_{ii}(t) = |b_i(t)|^2 = \mathrm{e}^{-\Gamma t}; \tag{13.250}$$

$\mathcal{P}_{ii}(t)$ sinkt daher *irreversibel* von $\mathcal{P}_{ii}(0) = 1$ ab und geht für $t \to \infty$ gegen null (Abb. 13.15). Man sagt, der Anfangszustand habe eine *endliche Lebensdauer* τ; τ steht dabei für die in Abb. 13.15 eingezeichnete Zeitkonstante

$$\tau = \frac{1}{\Gamma}. \tag{13.251}$$

Dieses irreversible Verhalten steht im krassen Gegensatz zu den Oszillationen des Systems mit zwei diskreten Zuständen, zwischen denen Resonanzkopplung besteht.

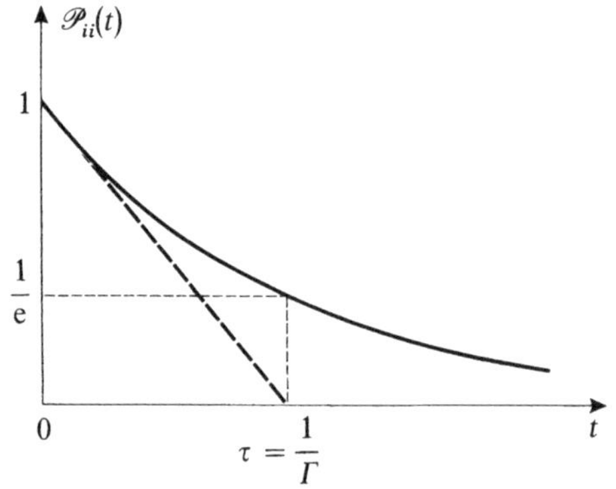

Abb. 13.15 Verlauf der Wahrscheinlichkeit, das System zur Zeit t im diskreten Zustand $|\varphi_i\rangle$ zu finden. Es ergibt sich ein exponentieller Abfall $\mathrm{e}^{-\Gamma t}$, dessen Tangente im Ursprung durch Fermis goldene Regel wiedergegeben wird (diese Tangente ist durch die gestrichelte Linie angedeutet).

Verschiebung des diskreten Niveaus

Wenn wir von den $b_i(t)$ auf die $c_i(t)$ übergehen (s. Abschnitt 13.2.1, Gl. (13.13)), erhalten wir aus Gl. (13.247)

$$c_i(t) = \mathrm{e}^{-\Gamma t/2}\,\mathrm{e}^{-\mathrm{i}(E_i+\delta E)t/\hbar}. \tag{13.252}$$

Ohne Kopplung W hätten wir

$$c_i(t) = \mathrm{e}^{-\mathrm{i}E_i t/\hbar}. \tag{13.253}$$

Zusätzlich zum exponentiellen Abfall $\mathrm{e}^{-\Gamma t/2}$ erzeugt die Kopplung mit dem Kontinuum also eine Verschiebung der Energie des diskreten Zustands von E_i nach $E_i + \delta E$, womit wir die Interpretation der in Abschnitt 13.7.3 eingeführten Größe δE gefunden haben.

Wir analysieren den Ausdruck (13.236) für δE genauer: Setzen wir die Definition (13.222) von $K(E)$ ein, so erhalten wir

$$\delta E = \mathcal{P} \int_0^\infty \frac{\mathrm{d}E}{E_i - E} \int \mathrm{d}\beta\, \rho(\beta, E)\, |\langle \beta, E \,|\, W \,|\, \varphi_i \rangle|^2, \tag{13.254}$$

oder unter Verwendung von Gl. (13.213) und wenn man $\langle \beta, E|$ durch $\langle \alpha|$ ersetzt,

$$\delta E = \mathcal{P} \int \mathrm{d}\alpha\, \frac{|\langle \alpha| \, W \,|\, \varphi_i \rangle|^2}{E_i - E}. \tag{13.255}$$

Ein Zustand $|\alpha\rangle$ des Kontinuums, für den $E \neq E_i$ ist, liefert daher zu diesem Integral den Beitrag

$$\frac{|\langle \alpha| \, W \,|\, \varphi_i \rangle|^2}{E_i - E}. \tag{13.256}$$

Wir erkennen hierin einen bekannten Ausdruck aus der stationären Störungstheorie wieder (s. Abschnitt 11.2.2, Gl. (11.31)): Der Quotient (13.256) stellt die Energieverschiebung des Zustands $|\varphi_i\rangle$ aufgrund der Kopplung mit dem Zustand $|\alpha\rangle$ in zweiter Ordnung in W dar. Die Energie δE ist somit die Summe der Verschiebungen, die mit den verschiedenen Kontinuumszuständen $|\alpha\rangle$ zusammenhängen. Die Zustände $|\alpha\rangle$ mit $E = E_i$ könnte man zunächst für problematisch halten. Durch das Auftreten des Hauptteils $\mathcal{P}$ in Gl. (13.255) kompensiert jedoch der Beitrag der Zustände $|\alpha\rangle$, die unmittelbar über $|\varphi_i\rangle$ liegen, den der unmittelbar darunter liegenden.

Wir fassen zusammen:

1. Die Kopplung von $|\varphi_i\rangle$ mit den Zuständen $|\alpha\rangle$ derselben Energie des Kontinuums ist verantwortlich für die endliche Lebensdauer von $|\varphi_i\rangle$ (die Funktion $\delta(E_i - E)$ aus Gl. (13.234) geht in den Ausdruck für Γ ein).

2. Die Kopplung von $|\varphi_i\rangle$ mit den Zuständen $|\alpha\rangle$ unterschiedlicher Energien verursacht eine Energieverschiebung des Zustands $|\varphi_i\rangle$. Sie lässt sich mit der stationären Störungstheorie berechnen (was nicht von vornherein klar war).

Bemerkung

Für die spontane Emission eines Photons durch ein Atom ist δE die Verschiebung des betrachteten atomaren Niveaus aufgrund der Kopplung mit dem Kontinuum von Endzuständen (ein Atom in einem anderen diskreten Zustand in Gegenwart eines Photons). Die Differenz zwischen den Verschiebungen der Zustände $2s_{1/2}$ und $2p_{1/2}$ des Wasserstoffatoms ist die *Lamb-Shift* (s. die Bemerkungen am Ende von Abschnitt 5.14 und am Ende von Abschnitt 12.3.3).

Energieverteilung der Endzustände

Wenn der diskrete Zustand einmal zerfallen ist, d. h. für $t \gg 1/\Gamma$, gehört der Endzustand des Systems zum Kontinuum von Zuständen $|\alpha\rangle$. Es ist interessant, die Energieverteilung der möglichen Endzustände zu untersuchen. Bei der spontanen Emission eines Photons durch ein Atom entspricht sie beispielsweise der des Photons, das das Atom bei seinem Übergang aus dem angeregten in ein niedrigeres Niveau emittiert (natürliche Breite von Spektrallinien).

Für $t \gg 1/\Gamma$ ist die Exponentialfunktion, die im Zähler von Gl. (13.249) auftritt, praktisch gleich null. Es gilt dann

$$|b(\alpha,t)|^2 \overset{t\gg 1/\Gamma}{\sim} |\langle\alpha \mid W \mid \varphi_i\rangle|^2 \frac{1}{(E - E_i - \delta E)^2 + \hbar^2\Gamma^2/4}; \qquad (13.257)$$

$|b(\alpha,t)|^2$ ist eine Wahrscheinlichkeitsdichte. Die Wahrscheinlichkeit, das System nach dem Zerfall in einer Gruppe von Endzuständen zu finden, die durch die Intervalle $\mathrm{d}\beta_f$ und $\mathrm{d}E_f$ um β_f bzw. E_f gegeben werden, lässt sich direkt aus der Beziehung (13.257) bestimmen: Es ist

$$\mathrm{d}\mathscr{P}(\beta_f, E_f, t) = \\ |\langle\beta_f, E_f \mid W \mid \varphi_i\rangle|^2 \rho(\beta_f, E_f) \frac{1}{(E - E_i - \delta E)^2 + \hbar^2\Gamma^2/4} \mathrm{d}\beta_f \, \mathrm{d}E_f. \qquad (13.258)$$

Da $|\langle\beta_f, E_f \mid W \mid \varphi_i\rangle|^2 \rho(\beta_f, E_f)$ bei der Änderung von E_f in einem Intervall der Breite $\hbar\Gamma$ praktisch konstant bleibt, wird die Änderung der Wahrscheinlichkeitsdichte in Bezug auf E_f im Wesentlichen durch die Funktion

$$\frac{1}{(E_f - E_i - \delta E)^2 + \hbar^2\Gamma^2/4} \qquad (13.259)$$

bestimmt und hat somit die in Abb. 13.16 dargestellte Form. Die Energieverteilung der Endzustände weist ein Maximum bei $E_f = E_i + \delta E$ auf, d. h. wenn die Endzustandsenergie gleich der um die Verschiebung δE korrigierten Energie des Anfangszustands $|\varphi_i\rangle$ ist. Die Energieverteilung hat die Form einer Lorentz-Kurve mit der Breite $\hbar\,\Gamma$, der sogenannten *natürlichen Breite* der Zustände $|\varphi_i\rangle$. Es tritt daher eine Energiedispersion der Endzustände auf; je größer $\hbar\,\Gamma$ ist (d. h. je kleiner die Lebensdauer $\tau = 1/\Gamma$ des diskreten Zustands ist), desto größer ist die Dispersion. Genauer gilt

$$\Delta E_f = \hbar\Gamma = \frac{\hbar}{\tau}. \qquad (13.260)$$

Wir machen erneut auf die Analogie zwischen Gl. (13.260) und der Energie-Zeit-Unschärferelation aufmerksam. Bei einer Kopplung W kann der Zustand $|\varphi_i\rangle$ nur während einer beschränkten Zeit von der Größe seiner Lebensdauer τ beobachtet werden. Wenn wir seine Energie durch die Messung im Endzustand des Systems bestimmen wollen, kann die Unschärfe ΔE des Ergebnisses nicht sehr viel kleiner als $\hbar/\tau$ sein.

13.8 Aufgaben zu Kapitel 13

1. Wir betrachten einen eindimensionalen harmonischen Oszillator mit der Masse m, der Frequenz ω_0 und der Ladung q. Mit $|\varphi_n\rangle$ und $E_n = (n + 1/2)\hbar\omega_0$ bezeichnen wir die Eigenzustände bzw. Eigenenergien seines Hamilton-Operators H_0.

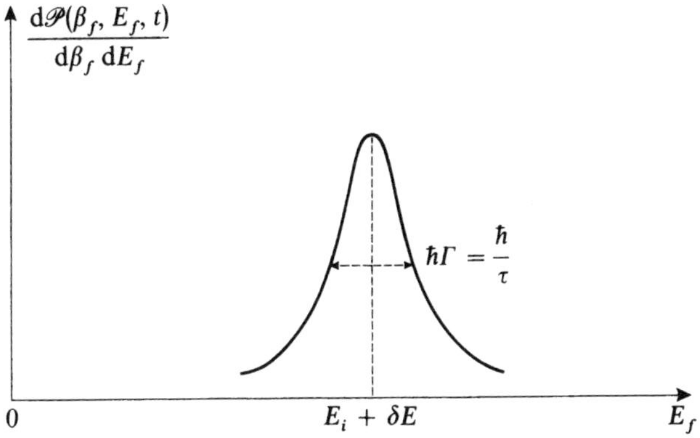

Abb. 13.16 Energieverteilung der Endzustände, die ein System nach dem Zerfall des diskreten Zustands annimmt. Es ergibt sich eine Lorentz-Verteilung um $E_i + \delta E$ (Energie des diskreten Zustands, korrigiert um die Verschiebung δE aufgrund der Kopplung mit dem Kontinuum). Je kleiner die Lebensdauer τ des diskreten Zustands ist, desto breiter ist die Verteilung (Energie-Zeit-Unschärferelation).

Für $t < 0$ befinde sich der Oszillator im Grundzustand $|\varphi_0\rangle$. Bei $t = 0$ wird er einem elektromagnetischen „Puls" der Dauer τ ausgesetzt. Die entsprechende Störung kann geschrieben werden

$$W(t) = \begin{cases} -q\mathcal{E}\, X & \text{für } 0 \le t \le \tau, \\ 0 & \text{für } t < 0 \text{ und } t > \tau; \end{cases}$$

$\mathcal{E}$ steht für die Amplitude des Feldes und X ist die Ortsobservable. Es sei $\mathscr{P}_{0n}$ die Wahrscheinlichkeit, den Oszillator nach dem Puls im Zustand $|\varphi_n\rangle$ zu finden.

a) Man berechne $\mathscr{P}_{01}$ mit Hilfe der zeitabhängigen Störungstheorie erster Ordnung. Wie ändert sich $\mathscr{P}_{01}$ für festes ω_0 mit τ?

b) Man zeige, dass zur Bestimmung von $\mathscr{P}_{02}$ die zeitabhängige Störungstheorie mindestens auf die zweite Ordnung ausgedehnt werden muss. Man berechne $\mathscr{P}_{02}$.

c) Man gebe die genauen Ausdrücke für $\mathscr{P}_{01}$ und $\mathscr{P}_{02}$ an, in denen der in Abschnitt 5.10 verwendete Translationsoperator explizit auftritt. Anhand einer Potenzreihenentwicklung dieser Ausdrücke in $\mathcal{E}$ bestätige man die Ergebnisse der vorhergehenden Fragen.

2. Man betrachte zwei Spins 1/2, $\boldsymbol{S}_1$ und $\boldsymbol{S}_2$, die durch eine Wechselwirkung der Form $a(t)\boldsymbol{S}_1 \cdot \boldsymbol{S}_2$ gekoppelt sind; $a(t)$ ist dabei eine Funktion der Zeit, die für $|t|$ gegen unendlich gegen null geht und nicht vernachlässigbare Werte (der Größenordnung a_0) nur in einem Intervall der Breite τ um $t = 0$ annimmt.

a) Bei $t = -\infty$ befinde sich das System im Zustand $|+,-\rangle$ (ein Eigenzustand von S_{1z} und S_{2z} mit den Eigenwerten $+\hbar/2$ bzw. $-\hbar/2$). Man berechne, ohne Näherungen zu machen, den Zustand des Systems bei $t = +\infty$. Man zeige, dass die Wahrscheinlichkeit $\mathscr{P}(+- \to -+)$, das System bei $t = +\infty$ im Zustand $|-,+\rangle$ zu finden, nur von dem Integral $\int_{-\infty}^{+\infty} a(t)\, dt$ abhängt.

b) Man berechne $\mathcal{P}(+- \to -+)$ mit der zeitabhängigen Störungstheorie erster Ordnung. Man diskutiere anhand eines Vergleichs mit den Ergebnissen der vorigen Frage die Gültigkeit dieser Näherung.

c) Man nehme nun an, dass die beiden Spins auch mit einem statischen Magnetfeld $\boldsymbol{B}_0$ parallel zur z-Achse in Wechselwirkung stehen. Der entsprechende Zeeman-Hamilton-Operator lautet

$$H_0 = -B_0(\gamma_1 S_{1z} + \gamma_2 S_{2z}),$$

wobei γ_1 und γ_2 die gyromagnetischen Verhältnisse der beiden Spins sind, die wir als verschieden annehmen wollen.

Man nehme $a(t) = a_0\,\mathrm{e}^{-t^2/\tau^2}$ an. Man berechne $\mathcal{P}(+- \to -+)$ mit der zeitabhängigen Störungstheorie erster Ordnung. Für festes a_0 und τ diskutiere man die Änderung von $\mathcal{P}(+- \to -+)$ in Bezug auf B_0.

3. Zwei-Photonen-Übergänge zwischen nicht äquidistanten Niveaus

Wir betrachten ein atomares Niveau mit dem Drehimpuls $J = 1$, das sich unter dem Einfluss konstanter elektrischer und magnetischer Felder befindet, die beide in z-Richtung weisen. Es lässt sich zeigen, dass sich drei nicht äquidistante Energieniveaus ergeben; zu ihnen gehören die Eigenzustände $|\varphi_M\rangle$ von J_z $(M = -1, 0, +1)$ mit den Energien E_M. Wir setzen $E_1 - E_0 = \hbar\omega_0$, $E_0 - E_{-1} = \hbar\omega_0'$ $(\omega_0 \neq \omega_0')$.

Außerdem ist das Atom einem Radiofrequenzfeld ausgesetzt, das mit der Frequenz ω in der x, y-Ebene rotiert. Die entsprechende Störung lautet

$$W(t) = \frac{\omega_1}{2}\left(J_+\,\mathrm{e}^{-\mathrm{i}\omega t} + J_-\,\mathrm{e}^{\mathrm{i}\omega t}\right),$$

wobei ω_1 eine zur Amplitude des rotierenden Feldes proportionale Konstante ist.

a) Wir setzen (mit der Notation dieses Kapitels)

$$|\psi(t)\rangle = \sum_{M=-1}^{+1} b_M(t)\,\mathrm{e}^{-\mathrm{i}E_M t/\hbar}\,|\varphi_M\rangle.$$

Man schreibe das Differentialgleichungssystem auf, das die $b_M(t)$ erfüllen.

b) Man nehme an, das System sei zur Zeit $t = 0$ im Zustand $|\varphi_{-1}\rangle$. Man zeige, dass zur Bestimmung von $b_1(t)$ mit Hilfe der zeitabhängigen Störungstheorie die Rechnung mindestens in zweiter Ordnung durchgeführt werden muss. Man berechne $b_1(t)$ in dieser Ordnung.

c) Wie hängt die Wahrscheinlichkeit $\mathcal{P}_{-1,+1}(t) = |b_1(t)|^2$, das System zur Zeit t im Zustand $|\varphi_1\rangle$ zu finden, von ω ab? Man zeige, dass nicht nur für $\omega = \omega_0$ und $\omega = \omega_0'$, sondern auch für $\omega = (\omega_0 + \omega_0')/2$ eine Resonanz auftritt. Man gebe eine Teilchendeutung dieser Resonanz an.

4. Wir kehren zu Aufgabe 5 von Abschnitt 11.11 zurück und verwenden die dortige Notation: Man nehme an, das Feld $\boldsymbol{B}_0$ oszilliert mit einer Frequenz ω und kann in der Form $\boldsymbol{B}_0(t) = \boldsymbol{B}_0 \cos\omega t$ geschrieben werden. Weiter nehme man $b = 2a$ an und setze voraus, dass ω keiner Bohr-Frequenz des Systems entspricht (Anregung außerhalb der Resonanz).

Man führe den Suszeptibilitätstensor χ ein, dessen Komponenten $\chi_{ij}(\omega)$ definiert werden durch

$$\langle M_i \rangle(t) = \sum_j \mathrm{Re}\left[\chi_{ij}(\omega)\, B_{0j}\, \mathrm{e}^{\mathrm{i}\omega t}\right]$$

mit $i, j = x, y, z$. Mit Hilfe einer Methode entsprechend der in Abschnitt 13.4.2 berechne man $\chi_{ij}(\omega)$. Für $\omega = 0$ bestätige man die Ergebnisse der Aufgabe 5 von Abschnitt 11.11.

5. Der Autler-Townes-Effekt

Wir betrachten ein System mit drei Zuständen $|\varphi_1\rangle$, $|\varphi_2\rangle$ und $|\varphi_3\rangle$ und den Energien E_1, E_2 und E_3. Man nehme $E_3 > E_2 > E_1$ und $E_3 - E_2 \ll E_2 - E_1$ an.

Dieses System steht in Wechselwirkung mit einem Magnetfeld, das mit der Frequenz ω oszilliert. Die Zustände $|\varphi_2\rangle$ und $|\varphi_3\rangle$ haben dieselbe Parität, die von $|\varphi_1\rangle$ ist dazu entgegengesetzt, so dass der Hamilton-Operator $W(t)$ der Wechselwirkung mit dem oszillierenden Magnetfeld die Zustände $|\varphi_2\rangle$ und $|\varphi_3\rangle$ an $|\varphi_1\rangle$ koppeln kann. Man nehme an, dass $W(t)$ in der Basis der drei Zustände $|\varphi_1\rangle$, $|\varphi_2\rangle$, $|\varphi_3\rangle$ (in dieser Reihenfolge angeordnet) durch die Matrix

$$\begin{pmatrix} 0 & 0 & 0 \\ 0 & 0 & \omega_1 \sin \omega t \\ 0 & \omega_1 \sin \omega t & 0 \end{pmatrix} \hbar$$

dargestellt wird, wobei ω_1 eine Konstante proportional zur Amplitude des oszillierenden Feldes ist.

a) Man setze (Notation dieses Kapitels)

$$|\psi(t)\rangle = \sum_{i=1}^{3} b_i(t)\, \mathrm{e}^{-\mathrm{i}E_i t/\hbar}\, |\varphi_i\rangle .$$

Man schreibe das Differentialgleichungssystem auf, das die $b_i(t)$ erfüllen.

b) Man nehme an, dass ω sehr nahe bei $\omega_{32} = (E_3 - E_2)/\hbar$ liegt. Man verwende entsprechende Näherungen wie in Abschnitt 13.6 und integriere das vorstehende Gleichungssystem für die Anfangsbedingungen

$$b_1(0) = b_2(0) = 1/\sqrt{2}, \quad b_3(0) = 0$$

(man vernachlässige auf der rechten Seite der Differentialgleichungen die Terme, deren Koeffizienten $\mathrm{e}^{\pm\mathrm{i}(\omega+\omega_{32})t}$ sich mit der Zeit sehr rasch ändern, und behalte nur Terme, deren Koeffizienten konstant sind bzw. sich wie $\mathrm{e}^{\pm\mathrm{i}(\omega-\omega_{32})t}$ nur sehr langsam ändern).

c) Die Komponente D_z des elektrischen Dipolmoments des Systems in z-Richtung wird in der Basis der drei Zustände $|\varphi_1\rangle$, $|\varphi_2\rangle$, $|\varphi_3\rangle$ (in dieser Reihenfolge) durch die Matrix

$$\begin{pmatrix} 0 & d & 0 \\ d & 0 & 0 \\ 0 & 0 & 0 \end{pmatrix}$$

dargestellt, worin d eine reelle Konstante ist (D_z ist ein ungerader Operator und kann nur Zustände verschiedener Parität verknüpfen).

Man berechne $\langle D_z \rangle(t) = \langle \psi(t) | D_z | \psi(t) \rangle$ unter Verwendung des in b) bestimmten Vektors $|\psi(t)\rangle$.

Man zeige, dass die Zeitentwicklung von $\langle D_z \rangle(t)$ durch eine Überlagerung sinusförmiger Terme gegeben wird. Man bestimme die Frequenzen ν_k und die relativen Intensitäten π_k dieser Terme.

Dabei handelt es sich um die Frequenzen, die vom Atom absorbiert werden können, wenn es einem oszillierenden elektrischen Feld parallel zur z-Achse ausgesetzt wird. Man beschreibe die Veränderung dieses Absorptionsspektrums, wenn ω_1 bei festem $\omega = \omega_{32}$ von null beginnend ansteigt. Man zeige, dass durch das magnetische Feld, das mit der Frequenz $\omega_{32}/2\pi$ oszilliert, die Absorptionslinie des elektrischen Dipols mit der Frequenz $\omega_{21}/2\pi$ aufspaltet und dass der Abstand der beiden Komponenten des Dubletts proportional zur Amplitude des oszillierenden Magnetfelds ist (Autler-Townes-Dublett).

Was geschieht, wenn bei festem ω_1 die Differenz $\omega - \omega_{32}$ geändert wird?

6. Streuung eines Teilchens in einem gebundenen Zustand. Formfaktor

Wir betrachten ein Teilchen (a) in einem gebundenen Zustand $|\varphi_0\rangle$, beschrieben durch die Wellenfunktion $\varphi_0(\boldsymbol{r}_a)$, die um den Punkt O lokalisiert ist. Auf dieses Teilchen ist ein Strahl von Teilchen (b) mit der Masse m, dem Impuls $\hbar \boldsymbol{k}_i$, der Energie $E_i = \hbar^2 \boldsymbol{k}_i^2/2m$ und der Wellenfunktion $\mathrm{e}^{\mathrm{i}\boldsymbol{k}_i \cdot \boldsymbol{r}_b}/(2\pi)^{3/2}$ gerichtet. Jedes Teilchen (b) des Strahls wechselwirkt mit dem Teilchen (a). Die entsprechende potentielle Energie W hängt nur von der relativen Lage $\boldsymbol{r}_b - \boldsymbol{r}_a$ der beiden Teilchen ab.

a) Man berechne das Matrixelement

$$\langle a : \varphi_0; b : \boldsymbol{k}_f \mid W(\boldsymbol{R}_b - \boldsymbol{R}_a) \mid a : \varphi_0; b : \boldsymbol{k}_i \rangle$$

von $W(\boldsymbol{R}_b - \boldsymbol{R}_a)$ zwischen zwei Zuständen, in denen Teilchen (a) im selben Zustand $|\varphi_0\rangle$ ist und Teilchen (b) vom Zustand $|\boldsymbol{k}_i\rangle$ in den Zustand $|\boldsymbol{k}_f\rangle$ übergeht. Der Ausdruck für dieses Matrixelement sollte die Fourier-Transformierte $\overline{W}(\boldsymbol{k})$ des Potentials $W(\boldsymbol{r}_b - \boldsymbol{r}_a)$ enthalten:

$$W(\boldsymbol{r}_b - \boldsymbol{r}_a) = \frac{1}{(2\pi)^{3/2}} \int \overline{W}(\boldsymbol{k})\, \mathrm{e}^{\mathrm{i}\boldsymbol{k} \cdot (\boldsymbol{r}_b - \boldsymbol{r}_a)}\, \mathrm{d}^3 k.$$

b) Man betrachte den Streuprozess, bei dem unter dem Einfluss der Wechselwirkung W Teilchen (b) in eine bestimmte Richtung gestreut wird, während Teilchen (a) nach der Streuung im selben Quantenzustand $|\varphi_0\rangle$ bleibt (elastische Streuung).

Mit einer Methode analog zu der in Abschnitt 13.3.3 berechne man in der Bornschen Näherung den elastischen Streuquerschnitt für die Streuung von Teilchen (b) an Teilchen (a) im Zustand $|\varphi_0\rangle$.

Man zeige, dass man zu diesem Streuquerschnitt gelangt, wenn man den Streuquerschnitt für die Streuung am Potential $W(\boldsymbol{r})$ (in der Bornschen Näherung) mit einem Faktor multipliziert, der den Zustand $|\varphi_0\rangle$ charakterisiert, dem sogenannten *Formfaktor*.

7. Ein einfaches Modell des photoelektrischen Effekts

Wir betrachten das eindimensionale Problem eines Teilchens der Masse m, das sich in einem Potential der Form $V(x) = -\alpha\delta(x)$ befindet, wobei α eine reelle positive Konstante ist.

Wir erinnern uns (s. Aufgabe 2 und 3 in Abschnitt 1.14), dass es in diesem Potential einen einzigen gebundenen Zustand mit der negativen Energie $E_0 = -m\alpha^2/2\hbar^2$ gibt, zu dem eine normierte Wellenfunktion

$$\varphi_0(x) = \sqrt{m\alpha/\hbar^2}\, \mathrm{e}^{-(m\alpha/\hbar^2)|x|}$$

gehört. Zu jedem positiven Wert der Energie $E = \hbar^2 k^2/2m$ gibt es andererseits zwei stationäre Wellenfunktionen, die einem von links bzw. einem von rechts einlaufenden Teilchen entsprechen. Der Ausdruck für die erste Eigenfunktion lautet z. B.

$$\chi_k(x) = \begin{cases} \dfrac{1}{\sqrt{2\pi}} \left(\mathrm{e}^{\mathrm{i}kx} - \dfrac{1}{1 + \mathrm{i}\hbar^2 k/m\alpha}\, \mathrm{e}^{-\mathrm{i}kx} \right) & \text{für } x < 0, \\ \dfrac{1}{\sqrt{2\pi}} \dfrac{\mathrm{i}\hbar^2 k/m\alpha}{1 + \mathrm{i}\hbar^2 k/m\alpha}\, \mathrm{e}^{\mathrm{i}kx} & \text{für } x > 0. \end{cases}$$

a) Man zeige, dass $\chi_k(x)$ die Orthonormierungsrelation (im erweiterten Sinn) erfüllt,

$$\langle \chi_k \mid \chi_{k'} \rangle = \delta(k - k').$$

Dabei kann die folgende Beziehung (s. Anhang, Abschnitt II.3, Gl. (II.47)) verwendet werden:

$$\int_{-\infty}^{0} \mathrm{e}^{\mathrm{i}kx}\, \mathrm{d}x = \int_{0}^{\infty} \mathrm{e}^{-\mathrm{i}kx}\, \mathrm{d}x = \lim_{\varepsilon \to 0} \frac{1}{\varepsilon + \mathrm{i}q} = \pi\, \delta(q) - \mathrm{i}\mathcal{P}\left(\frac{1}{q}\right).$$

Man bestimme die Zustandsdichte $\rho(E)$ für positive Energien E.

b) Man berechne das Matrixelement $\langle \chi_k | X | \varphi_0 \rangle$ der Ortsobservablen X zwischen dem gebundenen Zustand $|\varphi_0\rangle$ und dem Zustand positiver Energie $|\chi_k\rangle$, dessen Wellenfunktion oben angegeben ist.

c) Das Teilchen sei geladen (Ladung q) und man betrachte seine Wechselwirkung mit einem mit der Frequenz ω rotierenden elektrischen Feld. Die entsprechende Störung lautet

$$W(t) = -q\mathcal{E}\, X\, \sin \omega t,$$

wobei $\mathcal{E}$ eine Konstante ist.

Das Teilchen befinde sich anfangs im gebundenen Zustand $|\varphi_0\rangle$. Man nehme $\hbar\omega > -E_0$ an. Man berechne mit Hilfe der Ergebnisse in Abschnitt 13.3.3 (s. insbesondere die Bemerkung 1 am Ende dieses Abschnitts) die Übergangswahrscheinlichkeit w durch Zeit in einen beliebigen Zustand positiver Energie (photoelektrischer Effekt oder Photoionisationseffekt). Wie hängt w von ω und $\mathcal{E}$ ab?

8. Umorientierung eines atomaren Niveaus durch Stöße mit Edelgasatomen

Wir betrachten ein im Ursprung des x, y, z-Koordinatensystems (s. Abb. 13.17) ruhendes Atom A. Dieses Atom befinde sich in einem Zustand mit dem Drehimpuls $J = 1$, zu dem die drei orthonormalen Ketvektoren $|M\rangle$ ($M = -1, 0, +1$), Eigenzustände von J_z mit den Eigenwerten $M\hbar$, gehören.

Ein zweites Atom B in einem Zustand mit dem Drehimpuls null bewege sich geradlinig gleichförmig in der x, z-Ebene: Es folge mit der Geschwindigkeit v einer Geraden

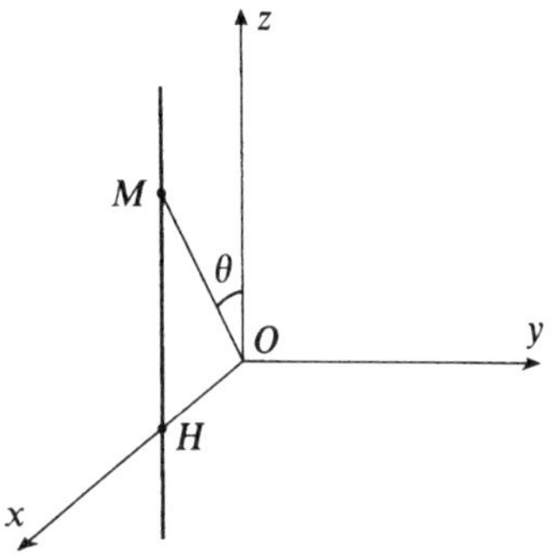

Abb. 13.17

parallel zur z-Achse, die den Abstand b von dieser Achse hat (b ist der *Stoßparameter*). Als Zeitursprung wählen wir den Zeitpunkt, für den Atom B den Punkt H der x-Achse erreicht ($OH = b$). Zur Zeit t befindet sich Atom B also im Punkt M mit $HM = vt$. Den Winkel zwischen der z-Achse und OM bezeichnen wir mit θ.

Dieses Modell, in dem die äußeren Freiheitsgrade der beiden Atome klassisch behandelt werden, erlaubt eine einfache Berechnung der Wirkung eines Stoßes mit Atom B (bei dem es sich z. B. um ein Edelgasatom im Grundzustand handelt) auf die inneren Freiheitsgrade des Atoms A (die quantenmechanisch behandelt werden). Man kann zeigen, dass das Atom A aufgrund der Van-der-Waals-Kräfte (s. Abschnitt 11.6) zwischen den beiden Atomen einer Störung W ausgesetzt ist, die auf die inneren Freiheitsgrade wirkt und gegeben wird durch

$$W = \frac{C}{r^6} J_u^2,$$

wobei C eine Konstante, r der Abstand zwischen den beiden Atomen und J_u die Komponente des Drehimpulses $\boldsymbol{J}$ des Atoms A längs der Verbindungsachse OM der beiden Atome ist.

a) Man drücke W in Abhängigkeit von $C, b, v, t, J_z, J_\pm = J_x \pm \mathrm{i} J_y$ aus. Man führe dabei den Parameter $\tau = vt/b$ mit der Dimension eins ein.

b) Man nehme an, dass kein äußeres Magnetfeld vorliegt, so dass die drei Zustände $|+1\rangle$, $|0\rangle$, $|-1\rangle$ des Atoms A dieselbe Energie haben.

Vor dem Stoß, d. h. bei $t = -\infty$, befinde sich Atom A im Zustand $|-1\rangle$. Mit Hilfe der zeitabhängigen Störungstheorie erster Ordnung berechne man die Wahrscheinlichkeit $\mathcal{P}_{-1,+1}$, das Atom A nach dem Stoß (d. h. für $t \longrightarrow +\infty$) im Zustand $|+1\rangle$ zu finden. Man diskutiere die Abhängigkeit von $\mathcal{P}_{-1,+1}$ von b und v. In entsprechender Weise berechne man $\mathcal{P}_{-1,0}$.

c) Man nehme nun an, es liege ein konstantes Feld $\boldsymbol{B}_0$ parallel zur z-Achse vor, so dass die drei Zustände $|M\rangle$ eine zusätzliche Energie $M\hbar\omega_0$ erhalten (Zeeman-Effekt), wobei ω_0 die Larmor-Frequenz im Feld $\boldsymbol{B}_0$ ist.

α) Für die üblichen Magnetfelder ($B_0 \sim 10^2$ Gauß) ist $\omega_0 \approx 10^9\,\text{rad}\,\text{s}^{-1}$; b betrage ungefähr 5 Å und v $5 \times 10^2\,\text{m}\,\text{s}^{-1}$. Man zeige, dass die in b) erhaltenen Ergebnisse unter diesen Bedingungen gültig bleiben.

β) Man skizziere das Geschehen für sehr viel größere Werte von B_0. Ab welchem Wert für ω_0 (wobei b und v die in α) angegebenen Werte behalten) verlieren die Ergebnisse von b) ihre Gültigkeit?

d) Man erkläre ohne detaillierte Rechnung, wie sich die Umorientierungswahrscheinlichkeiten $\mathscr{P}_{-1,+1}$ und $\mathscr{P}_{-1,0}$ für ein Atom A bestimmen lassen, das sich in einem Gas von Atomen B befindet, die bei der Temperatur T im thermischen Gleichgewicht sind. Die Anzahl n der Atome durch Volumen sei ausreichend klein, so dass nur Zweierstöße betrachtet zu werden brauchen.

Anmerkung: Es ist $\int_{-\infty}^{+\infty} \frac{\mathrm{d}\tau}{(1+\tau^2)^4} = \frac{5\pi}{16}$.

9. Einfaches Relaxationsmodell

Ein physikalisches System unter dem Einfluss einer Störung $W(t)$ befinde sich zur Zeit $t = 0$ im Eigenzustand $|\varphi_i\rangle$ seines Hamilton-Operators H_0. $\mathscr{P}_{if}(t)$ sei die Wahrscheinlichkeit, das System zur Zeit t in einem anderen Eigenzustand $|\varphi_f\rangle$ des Hamilton-Operators zu finden. Die Übergangswahrscheinlichkeit durch Zeit $w_{if}(t)$ ist definiert durch $w_{if}(t) = \frac{\mathrm{d}}{\mathrm{d}t}\mathscr{P}_{if}(t)$.

a) Man zeige, dass in erster Ordnung der Störungstheorie gilt

$$w_{if}(t) = \frac{1}{\hbar^2}\int_0^t \mathrm{e}^{\mathrm{i}\omega_{fi}\tau}\, W_{fi}(t)\, W_{fi}^*(t-\tau)\,\mathrm{d}\tau + \text{k.k.} \tag{13.261}$$

mit $\hbar\omega_{fi} = E_f - E_i$ (Bezeichnungen dieses Kapitels).

b) Man betrachte eine sehr große Anzahl $\mathscr{N}$ von identischen Systemen (k), die nicht miteinander wechselwirken ($k = 1, 2, \ldots, \mathscr{N}$). Jedes System befindet sich in einer anderen mikroskopischen Umgebung und „sieht" somit eine verschiedene Störung $W^{(k)}(t)$. Eine genaue Kenntnis dieser Störungen ist unmöglich; wir können nur statistische Mittelwerte wie

$$\begin{aligned}\overline{W_{fi}(t)} &= \lim_{\mathscr{N}\to\infty} \frac{1}{\mathscr{N}} \sum_{k=1}^{\mathscr{N}} W_{fi}^{(k)}(t),\\ \overline{W_{fi}(t) W_{fi}^*(t-\tau)} &= \lim_{\mathscr{N}\to\infty} \frac{1}{\mathscr{N}} \sum_{k=1}^{\mathscr{N}} W_{fi}^{(k)}(t)\, W_{fi}^{(k)*}(t-\tau)\end{aligned} \tag{13.262}$$

angeben. Eine solche Störung bezeichnet man als *zufällig*.

Die zufällige Störung heißt stationär, wenn die Mittelwerte nicht von der Zeit t abhängen. Der ungestörte Hamilton-Operator H_0 wird dann neu definiert, so dass die $\overline{W}_{fi}$ verschwinden. Wir setzen

$$g_{fi}(\tau) = \overline{W_{fi}(t)\, W_{fi}^*(t-\tau)}; \tag{13.263}$$

$g_{fi}(\tau)$ wird *Korrelationsfunktion* der Störung (für das Zustandspaar $|\varphi_i\rangle$, $|\varphi_f\rangle$) genannt. Die Funktion $g_{fi}(\tau)$ geht im Allgemeinen für $\tau \gg \tau_{\text{K}}$ gegen null, wobei τ_{K} eine charakteristische Zeit für die Störung, die *Korrelationszeit* ist. Die Störung hat also ein „Gedächtnis", das sich nur über ein Intervall der Länge τ_{K} in die Vergangenheit erstreckt.

α) Die $\mathcal{N}$ Systeme seien zur Zeit $t = 0$ alle im Zustand $|\varphi_i\rangle$ und seien einer stationären zufälligen Störung mit der Korrelationsfunktion $g_{fi}(\tau)$ und der Korrelationszeit τ_K ausgesetzt ($\mathcal{N}$ kann in den Rechnungen als unendlich groß angenommen werden).

Man berechne den Anteil $\pi_{if}(t)$ von Systemen, die pro Zeiteinheit in den Zustand $|\varphi_f\rangle$ übergehen. Man zeige, dass nach einer gewissen zu bestimmenden Zeit t_1 der Anteil $\pi_{if}(t)$ nicht mehr von t abhängt.

β) Wie hängt für festes τ_K die Funktion π_{if} von ω_{fi} ab? Man betrachte den Fall, für den $g_{fi}(\tau) = |v_{fi}|^2\, e^{-\tau/\tau_K}$ mit konstantem v_{fi} gilt.

γ) Die vorstehende Theorie gilt in Strenge nur für $t \ll t_2$ (da Gl. (13.261) aus der Störungstheorie stammt). Welche Größenordnung hat t_2? Unter der Annahme $t_2 \gg t_1$ bestimme man die Bedingung, die die Einführung einer von t unabhängigen Übergangswahrscheinlichkeit durch Zeit erlaubt (man verwende dieselbe Form für $g_{fi}(\tau)$ wie in der vorhergehenden Frage). Wäre es möglich, die vorstehende Theorie über $t = t_2$ hinaus auszudehnen?

c) Anwendung auf ein einfaches System: Bei den $\mathcal{N}$ Systemen handle es sich um Spin-1/2-Teilchen mit dem gyromagnetischen Verhältnis γ, die sich in einem konstanten Magnetfeld $\boldsymbol{B}_0$ befinden (man setze $\omega_0 = -\gamma B_0$). Diese Teilchen seien in einer kugelförmigen Zelle mit dem Radius R eingeschlossen. Jedes Teilchen bewege sich ständig zwischen den Wänden der Zelle hin und her, und die mittlere Zeit zwischen zwei Stößen mit der Wand bezeichnen wir als „Flugzeit“ τ_c. Während dieser Zeit „sieht“ das Teilchen nur das Feld $\boldsymbol{B}_0$. Während des Stoßes mit der Wand bleibt jedes Teilchen für eine mittlere Zeit τ_a ($\tau_a \ll \tau_c$) an der Oberfläche adsorbiert, während der es zusätzlich zu $\boldsymbol{B}_0$ ein konstantes mikroskopisches Feld $\boldsymbol{b}$ „spürt“, das von den in der Wand enthaltenen paramagnetischen Unreinheiten herrührt. Die Richtung von $\boldsymbol{b}$ ändert sich zufällig von Stoß zu Stoß; die mittlere Amplitude von $\boldsymbol{b}$ ist b_0.

α) Wie groß ist die Korrelationszeit der von den Spins gesehenen Störung? Man gebe eine physikalische Rechtfertigung für die folgende Form der Korrelationsfunktion der Komponenten des mikroskopischen Feldes $\boldsymbol{b}$ an:

$$\overline{b_x(t)b_x(t-\tau)} = \frac{1}{3} b_0^2 \frac{\tau_a}{\tau_c}\, e^{-\tau/\tau_a} \tag{13.264}$$

und analoge Ausdrücke für die y- bzw. z-Komponenten, während die Kreuzterme $\overline{b_x(t)b_y(t-\tau)}, \ldots$ alle verschwinden.

β) Mit $\mathcal{M}_z$ bezeichnen wir die Komponente der makroskopischen Magnetisierung der $\mathcal{N}$ Teilchen längs der durch das Feld $\boldsymbol{B}_0$ definierten z-Achse. Man zeige, dass unter dem Einfluss der Stöße mit der Wand $\mathcal{M}_z$ mit einer Zeitkonstanten T_1 „relaxiert“:

$$\frac{d\mathcal{M}_z}{dt} = -\frac{\mathcal{M}_z}{T_1}$$

(T_1 wird als longitudinale Relaxationszeit bezeichnet). Man gebe T_1 in Abhängigkeit von γ, B_0, τ_a, τ_c, b_0 an.

γ) Man zeige, dass die Untersuchung der Änderung von T_1 mit B_0 die experimentelle Bestimmung der mittleren Adsorptionszeit τ_a erlaubt.

δ) Es gebe mehrere Zellen mit unterschiedlichen Radien R, die alle aus demselben Material bestehen. Wie können wir durch Messung von T_1 die mittlere Amplitude b_0 des mikroskopischen Feldes an der Wand experimentell bestimmen?

10. Strahlungsabsorption. Doppler-Effekt. Rückstoßenergie. Mößbauer-Effekt
In Abschnitt 13.4 betrachteten wir die Absorption von Strahlung durch ein geladenes Teilchen, das von einem festem Zentrum O angezogen wurde (Wasserstoffatommodell, bei dem der Kern unendlich schwer ist). In dieser Aufgabe wollen wir die realistischere Situation annehmen, dass die einfallende Strahlung von einem System mehrerer Teilchen mit endlichen Massen absorbiert wird, die untereinander wechselwirken und einen gebundenen Zustand bilden. Wir untersuchen also den Einfluss der Freiheitsgrade des Massenmittelpunkts des Systems auf das Absorptionsphänomen.

I. Absorption durch ein freies Wasserstoffatom. Dopplereffekt. Rückstoßenergie

Mit $\boldsymbol{R}_1$ und $\boldsymbol{P}_1$ bzw. $\boldsymbol{R}_2$ und $\boldsymbol{P}_2$ bezeichnen wir die Orts- und Impulsobservablen von zwei Teilchen (1) und (2) mit den Massen m_1 bzw. m_2 und den entgegengesetzten Ladungen q_1 bzw. q_2 (z. B. ein Wasserstoffatom); $\boldsymbol{R}$ und $\boldsymbol{P}$ bzw. $\boldsymbol{R}_\mathrm{G}$ und $\boldsymbol{P}_\mathrm{G}$ seien die Orts- und Impulsobservablen des Relativteilchens bzw. des Massenmittelpunkts (s. Abschnitt 7.2). Die Gesamtmasse ist $M = m_1 + m_2$ und die reduzierte Masse $m = m_1 m_2/(m_1 + m_2)$. Der Hamilton-Operator des Systems lässt sich schreiben als

$$H_0 = H_e + H_\mathrm{i}, \tag{13.265}$$

worin

$$H_e = \frac{1}{2M}\boldsymbol{P}_\mathrm{G}^2 \tag{13.266}$$

die kinetische Translationsenergie des (freien) Atoms ist („äußere“ Freiheitsgrade) und H_i die (nur von $\boldsymbol{R}$ und $\boldsymbol{P}$ abhängende) innere Energie des Atoms („innere“ Freiheitsgrade). Mit $|\boldsymbol{K}\rangle$ bezeichnen wir die Eigenzustände von H_e mit den Eigenwerten $\hbar^2\boldsymbol{K}^2/2M$. Wir betrachten nur zwei Eigenzustände von H_i, $|\chi_a\rangle$ und $|\chi_b\rangle$, mit den Energien E_a und E_b ($E_b > E_a$) und setzen

$$E_b - E_a = \hbar\omega_0. \tag{13.267}$$

a) Welche Energie muss dem Atom zugeführt werden, um es vom Zustand $|\boldsymbol{K}, \chi_a\rangle$ (das Atom im Zustand $|\chi_a\rangle$ mit einem Gesamtimpuls $\hbar\boldsymbol{K}$) in den Zustand $|\boldsymbol{K}', \chi_b\rangle$ zu überführen?

b) Das Atom wechselwirke mit einer ebenen elektromagnetischen Welle mit dem Wellenvektor $\boldsymbol{k}$ und der Frequenz $\omega = ck$, die längs des Einheitsvektors $\boldsymbol{e}$ senkrecht zu $\boldsymbol{k}$ polarisiert ist. Das zugehörige Vektorpotential $\boldsymbol{A}(\boldsymbol{r}, t)$ lautet

$$\boldsymbol{A}(\boldsymbol{r}, t) = \mathcal{A}_0\, \boldsymbol{e}\, \mathrm{e}^{\mathrm{i}(\boldsymbol{k}\cdot\boldsymbol{r} - \omega t)} + \text{k.k.}, \tag{13.268}$$

worin $\mathcal{A}_0$ eine Konstante ist. Der dominierende Term des Hamilton-Operators der Wechselwirkung dieser ebenen Welle mit dem Zwei-Teilchen-System wird gegeben durch (s. Abschnitt 13.4.1)

$$W(t) = -\sum_{i=1}^{2} \frac{q_i}{m_i} \boldsymbol{P}_i \cdot \boldsymbol{A}(\boldsymbol{R}_i, t). \tag{13.269}$$

Man drücke $W(t)$ als Funktion von $\boldsymbol{R}$, $\boldsymbol{P}$, $\boldsymbol{R}_\mathrm{G}$, $\boldsymbol{P}_\mathrm{G}$, m, M und q (mit $q_1 = -q_2 = q$) aus und zeige, dass in der elektrischen Dipolnäherung, die in der Vernachlässigung von $\boldsymbol{k} \cdot \boldsymbol{R}$ (nicht aber $\boldsymbol{k} \cdot \boldsymbol{R}_\mathrm{G}$) gegen eins besteht, gilt

$$W(t) = W\,\mathrm{e}^{-\mathrm{i}\omega t} + W^\dagger\,\mathrm{e}^{\mathrm{i}\omega t} \tag{13.270}$$

mit

$$W = -\frac{q\mathcal{A}_0}{m} \boldsymbol{e} \cdot \boldsymbol{P}\,\mathrm{e}^{\mathrm{i}\boldsymbol{k}\cdot\boldsymbol{R}_\mathrm{G}}. \tag{13.271}$$

c) Man zeige, dass das Matrixelement von W zwischen dem Zustand $|\boldsymbol{K}, \chi_a\rangle$ und dem Zustand $|\boldsymbol{K}', \chi_b\rangle$ nur dann von null verschieden ist, wenn $\boldsymbol{K}, \boldsymbol{k}, \boldsymbol{K}'$ eine bestimmte Relation erfüllen (die anzugeben ist). Man interpretiere diese Relation als Folge der Erhaltung des Gesamtimpulses während der Absorption eines einfallenden Photons durch das Atom.

d) Man zeige, dass bei einer Bestrahlung des Atoms im Zustand $|\boldsymbol{K}, \chi_a\rangle$ durch die ebene Welle (13.268) Resonanz auftritt, wenn die Energie $\hbar\omega$ des zur einfallenden Welle gehörenden Photons sich von der Energie $\hbar\omega_0$ des atomaren Übergangs $|\chi_a\rangle \to |\chi_b\rangle$ um eine Größe δ unterscheidet: Man gebe δ in Abhängigkeit von $\hbar$, ω_0, $\boldsymbol{K}$, $\boldsymbol{k}$, M, c an (da es sich dabei um einen Korrekturterm handelt, können wir im Ausdruck für δ die Frequenz ω durch ω_0 ersetzen). Man zeige, dass δ die Summe von zwei Termen ist, von denen einer (δ_1) von $\boldsymbol{K}$ und dem Winkel zwischen $\boldsymbol{K}$ und $\boldsymbol{k}$ (Doppler-Effekt) abhängt und der andere (δ_2) von $\boldsymbol{K}$ unabhängig ist. Man gebe eine physikalische Deutung von δ_1 und δ_2 an (und zeige dabei, dass δ_2 die Rückstoßenergie ist, die das anfänglich ruhende Atom bei der Absorption des Photons aufgenommen hat).

Man zeige, dass δ_2 gegen δ_1 vernachlässigbar ist, wenn $\hbar\omega_0$ von der Größenordnung 10 eV ist (Energiebereich der Atomphysik). Für M wähle man eine Masse von der Größe des Protons ($Mc^2 \approx 10^9$ eV), und für $|\boldsymbol{K}|$ einen Wert, der der thermischen Geschwindigkeit bei $T = 300°$K entspricht. Wäre dies auch richtig, wenn $\hbar\omega_0$ eine Größenordnung von 10^5 eV hätte (Energiebereich der Kernphysik)?

II. Rückstoßfreie Kernresonanzabsorption. Mößbauer-Effekt

Wir betrachten nun einen Atomkern der Masse M, der mit der Frequenz Ω um seine Gleichgewichtslage in einem Kristallgitter vibriert (Einstein-Modell; s. Abschnitt 5.5.2). Wieder bezeichne $\boldsymbol{R}_\mathrm{G}$ und $\boldsymbol{P}_\mathrm{G}$ den Ort bzw. den Impuls des Massenmittelpunkts dieses Kerns. Seine Vibrationsenergie wird beschrieben durch den Hamilton-Operator für einen dreidimensionalen harmonischen Oszillator:

$$H_e = \frac{1}{2M} \boldsymbol{P}_\mathrm{G}^2 + \frac{1}{2} M\Omega^2 \left(X_\mathrm{G}^2 + Y_\mathrm{G}^2 + Z_\mathrm{G}^2\right)^2. \tag{13.272}$$

Den Eigenzustand von H_e mit dem Eigenwert $(n_x + n_y + n_z + 3/2)\hbar\Omega$ wollen wir mit $|\psi_{n_x,n_y,n_z}\rangle$ bezeichnen. Zusätzlich zu den äußeren besitzt der Kern innere Freiheitsgrade, zu denen Observable gehören, die alle mit $\boldsymbol{R}_\text{G}$ und $\boldsymbol{P}_\text{G}$ kommutieren. Es sei H_i der Hamilton-Operator, der die inneren Freiheitsgrade des Kerns beschreibt. Wie oben betrachten wir nur zwei Eigenzustände von H_i, $|\chi_a\rangle$ und $|\chi_b\rangle$ mit den Energien E_a und E_b und setzen $\hbar\omega_0 = E_b - E_a$. Da $\hbar\omega_0$ im Bereich der γ-Strahlung liegt, gilt offenbar

$$\omega_0 \gg \Omega . \tag{13.273}$$

e) Welche Energie muss dem Kern zugeführt werden, um den Übergang aus dem Zustand $|\psi_{0,0,0}, \chi_a\rangle$ (Kern im durch die Quantenzahlen $n_x = 0, n_y = 0, n_z = 0$ definierten Vibrationszustand und im inneren Zustand $|\chi_a\rangle$) in den Zustand $|\psi_{n,0,0}, \chi_b\rangle$ zu ermöglichen?

f) Der Kern befinde sich in einem elektromagnetischen Feld des Typs (13.268), dessen Wellenvektor $\boldsymbol{k}$ parallel zur x-Achse sei. Es kann gezeigt werden, dass in der elektrischen Dipolnäherung der Hamilton-Operator der Wechselwirkung des Kerns mit dieser ebenen Welle (die verantwortlich für die Absorption der γ-Strahlung ist) eine Form wie Gl. (13.270) hat, wobei jetzt gilt

$$W = \mathcal{A}_0\, S_\text{i}(k)\, \text{e}^{\text{i}kX_\text{G}}; \tag{13.274}$$

$S_\text{i}(k)$ ist ein Operator, der auf die inneren Freiheitsgrade wirkt und folglich mit $\boldsymbol{R}_\text{G}$ und $\boldsymbol{P}_\text{G}$ vertauscht. Man setze $s(k) = \langle\chi_b|S_\text{i}(k)|\chi_a\rangle$.

Der Kern befinde sich anfangs im Zustand $|\psi_{0,0,0}, \chi_a\rangle$. Man zeige, dass unter dem Einfluss der einfallenden Welle immer dann eine Resonanz auftritt, wenn $\hbar\omega$ mit einer der in e) berechneten Energien übereinstimmt, wobei die Intensität der entsprechenden Resonanz proportional zu $|s(k)|^2|\langle\psi_{n,0,0}|\text{e}^{\text{i}kX_\text{G}}|\psi_{0,0,0}\rangle|^2$ ist; der Wert von k ist anzugeben. Man zeige darüber hinaus, dass wir mit Hilfe von Bedingung (13.273) im Ausdruck für die Intensität k durch $k_0 = \omega_0/c$ ersetzen können.

g) Wir setzen

$$\pi_n(k_0) = |\langle\varphi_n\,|\,\text{e}^{\text{i}k_0X_\text{G}}\,|\,\varphi_0\rangle|^2 , \tag{13.275}$$

wobei die Zustände $|\varphi_n\rangle$ die Eigenzustände des eindimensionalen harmonischen Oszillators an der Stelle X_G mit der Masse M und der Frequenz Ω sind.

α) Man berechne $\pi_n(k_0)$ in Abhängigkeit von $\hbar$, M, Ω, k_0, n (s. auch Aufgabe 7 von Abschnitt 5.16). Man setze $\xi = \hbar^2k_0^2/2M\hbar\Omega$. Hinweis: Man leite eine Rekursionsbeziehung zwischen $\langle\varphi_n|\text{e}^{\text{i}k_0X_\text{G}}|\varphi_0\rangle$ und $\langle\varphi_{n-1}|\text{e}^{\text{i}k_0X_\text{G}}|\varphi_0\rangle$ her und drücke sämtliche $\pi_n(k_0)$ in Abhängigkeit von $\pi_0(k_0)$ aus, das sich indirekt aus der Wellenfunktion des Grundzustands des harmonischen Oszillators ergibt. Man zeige, dass die $\pi_n(k_0)$ durch eine Poisson-Verteilung gegeben werden.

β) Man überprüfe, dass gilt $\sum_{n=0}^{\infty} \pi_n(k_0) = 1$.

γ) Man zeige, dass gilt $\sum_{n=0}^{\infty} n\hbar\Omega\, \pi_n(k_0) = \hbar^2\omega_0^2/2Mc^2$.

h) Man nehme $\hbar\Omega \gg \hbar^2\omega_0^2/2Mc^2$ an, d. h. die Vibrationsenergie des Kerns sei viel größer als die Rückstoßenergie (sehr starke kristalline Bindungen). Man zeige, dass das Absorptionsspektrum des Kerns im Wesentlichen aus einer einzelnen Linie der Frequenz ω_0 besteht. Diese Linie wird oft als rückstoßfreie Absorptionslinie bezeichnet. Woher kommt diese Bezeichnung? Warum tritt der Doppler-Effekt nicht auf?

i) Man nehme nun $\hbar\Omega \ll \hbar^2\omega_0^2/2Mc^2$ an (sehr schwache kristalline Bindung). Man zeige, dass das Absorptionsspektrum des Kerns eine sehr große Anzahl äquidistanter Linien enthält, deren Zentrum (das sich aus der Wichtung der Abszisse einer jeden Linie nach ihrer relativen Intensität ergibt) mit der Lage der Absorptionslinie des freien und anfangs ruhenden Kerns übereinstimmt. Welche Größenordnung hat die Breite dieses Spektrums (die Dispersion der Linien um ihr Zentrum)? Man zeige, dass sich im Limes $\Omega \to 0$ die Ergebnisse des Teils I dieser Aufgabe ergeben.

14 Systeme identischer Teilchen

In Kapitel 3 formulierten wir die Postulate der nichtrelativistischen Quantenmechanik und erweiterten sie in Kapitel 9 um die Postulate zur Beschreibung der Spinfreiheitsgrade. Wie wir nun sehen werden (Abschnitt 14.1), sind diese Postulate noch nicht ausreichend, wenn wir Systeme aus vielen identischen Teilchen betrachten wollen, da sie in diesem Fall auf Mehrdeutigkeiten in den physikalischen Vorhersagen führen. Es muss ein weiteres Postulat eingeführt werden, das allein die quantenmechanische Beschreibung von Systemen identischer Teilchen betrifft. Wir werden dieses Postulat in Abschnitt 14.3 formulieren und seine physikalischen Konsequenzen in Abschnitt 14.4 diskutieren. Vorher definieren und untersuchen wir jedoch Permutationsoperatoren (Abschnitt 14.2), mit denen die Überlegungen beträchtlich vereinfacht werden können.

14.1 Problemstellung

14.1.1 Identische Teilchen: Definition

Zwei Teilchen heißen identisch, wenn alle inneren Eigenschaften (Masse, Spin, Ladung, usw.) exakt übereinstimmen: Es gibt kein Experiment, mit dem man die Teilchen voneinander unterscheiden könnte. Alle Elektronen des Universums sind also identisch, ebenso alle Protonen oder alle Wasserstoffatome. Ein Elektron und ein Positron sind andererseits nicht identisch, da sie trotz gleicher Masse und gleichem Spin verschiedene elektrische Ladungen besitzen.

Aus dieser Definition folgt unmittelbar eine wichtige Eigenschaft: Wenn ein physikalisches System zwei identische Teilchen enthält, werden seine Eigenschaften und seine Zeitentwicklung nicht beeinflusst, wenn diese Teilchen ihre Rollen tauschen.

Bemerkung

Diese Definition ist unabhängig von den experimentellen Bedingungen. Selbst wenn in einem bestimmten Experiment die Ladungen der Teilchen nicht gemessen werden, können Elektron und Positron niemals als identische Teilchen behandelt werden.

14.1.2 Identische Teilchen in der klassischen Mechanik

In der klassischen Mechanik stellt es kein besonderes Problem dar, wenn ein System aus identischen Teilchen besteht; dieser Spezialfall wird wie der allgemeine Fall behandelt: Jedes Teilchen bewegt sich längs einer wohldefinierten Bahnkurve, durch die wir die

Teilchen voneinander unterscheiden und sie während ihrer zeitlichen Entwicklung einzeln „verfolgen“ könnten.

Zur Präzisierung dieses Sachverhalts betrachten wir ein System aus zwei identischen Teilchen. Zum Anfangszeitpunkt t_0 ist der physikalische Zustand des Systems durch die Angabe der Orte und der Geschwindigkeiten beider Teilchen definiert; wir bezeichnen sie mit $\{\boldsymbol{r}_0, \boldsymbol{v}_0\}$ und $\{\boldsymbol{r}'_0, \boldsymbol{v}'_0\}$. Um den physikalischen Zustand zu beschreiben und seine zeitliche Entwicklung zu bestimmen, nummerieren wir die beiden Teilchen: $\boldsymbol{r}_1(t)$ und $\boldsymbol{v}_1(t)$ bezeichnen den Ort und die Geschwindigkeit des Teilchens (1) zur Zeit t und entsprechend $\boldsymbol{r}_2(t)$ und $\boldsymbol{v}_2(t)$ die des Teilchens (2). Im Gegensatz zu dem Fall von zwei verschiedenen Teilchen hat diese Kennzeichnung keinerlei physikalischen Hintergrund. Folglich kann der Anfangszustand des Systems von vornherein durch zwei verschiedene „mathematische Zustände“ beschrieben werden, nämlich durch

$$\begin{aligned} \boldsymbol{r}_1(t_0) &= \boldsymbol{r}_0, & \boldsymbol{r}_2(t_0) &= \boldsymbol{r}'_0, \\ \boldsymbol{v}_1(t_0) &= \boldsymbol{v}_0, & \boldsymbol{v}_2(t_0) &= \boldsymbol{v}'_0 \end{aligned} \tag{14.1}$$

oder durch

$$\begin{aligned} \boldsymbol{r}_1(t_0) &= \boldsymbol{r}'_0, & \boldsymbol{r}_2(t_0) &= \boldsymbol{r}_0, \\ \boldsymbol{v}_1(t_0) &= \boldsymbol{v}'_0, & \boldsymbol{v}_2(t_0) &= \boldsymbol{v}_0. \end{aligned} \tag{14.2}$$

Wir betrachten nun die zeitliche Entwicklung des Systems: Wir nehmen an, dass die durch die Anfangsbedingungen (14.1) definierte Lösung der Bewegungsgleichungen lautet

$$\boldsymbol{r}_1(t) = \boldsymbol{r}(t), \quad \boldsymbol{r}_2(t) = \boldsymbol{r}'(t), \tag{14.3}$$

wobei $\boldsymbol{r}(t)$ und $\boldsymbol{r}'(t)$ zwei Vektorfunktionen sind. Da beide Teilchen identisch sind, wird das System nicht geändert, wenn die beiden Teilchen ihre Rollen tauschen. Die Lagrange-Funktion $\mathcal{L}(\boldsymbol{r}_1, \boldsymbol{v}_1; \boldsymbol{r}_2, \boldsymbol{v}_2)$ und die Hamilton-Funktion $\mathcal{H}(\boldsymbol{r}_1, \boldsymbol{p}_1; \boldsymbol{r}_2, \boldsymbol{p}_2)$ des Systems sind demnach invariant unter Austausch der Indizes 1 und 2. Folglich lautet die Lösung der Bewegungsgleichungen zu den Anfangsbedingungen (14.2)

$$\boldsymbol{r}_1(t) = \boldsymbol{r}'(t), \quad \boldsymbol{r}_2(t) = \boldsymbol{r}(t), \tag{14.4}$$

wobei die Funktionen $\boldsymbol{r}(t)$ und $\boldsymbol{r}'(t)$ dieselben wie in den Gleichungen (14.3) sind.

Die beiden möglichen mathematischen Beschreibungen des betrachteten physikalischen Zustands sind also völlig äquivalent, da sie auf dieselben physikalischen Vorhersagen führen. Das Teilchen, das sich zur Zeit t_0 im Zustand $\{\boldsymbol{r}_0, \boldsymbol{v}_0\}$ befand, ist zur Zeit t am Ort $\boldsymbol{r}(t)$ mit der Geschwindigkeit $\boldsymbol{v}(t) = \mathrm{d}\boldsymbol{r}/\mathrm{d}t$, und das im Zustand $\{\boldsymbol{r}'_0, \boldsymbol{v}'_0\}$ beginnende ist zur Zeit t an der Stelle $\boldsymbol{r}'(t)$ mit der Geschwindigkeit $\boldsymbol{v}'(t) = \mathrm{d}\boldsymbol{r}'/\mathrm{d}t$ (Abb. 14.1). Es genügt daher, lediglich einen der beiden möglichen „mathematischen Zustände“ auszuwählen und die Existenz des anderen zu ignorieren: Wir behandeln das System so, wie wenn die beiden Teilchen verschieden wären. Die Zahlen (1) und (2), die wir ihnen zur Zeit t_0 beliebig zugeordnet haben, verhalten sich dann wie innere Eigenschaften der Teilchen, die eine Unterscheidung ermöglichen. Da wir den Teilchen längs ihrer Bahn kontinuierlich folgen können (Pfeile in Abb. 14.1), wissen wir zu jedem Zeitpunkt, wo sich das Teilchen (1) oder das Teilchen (2) befindet.

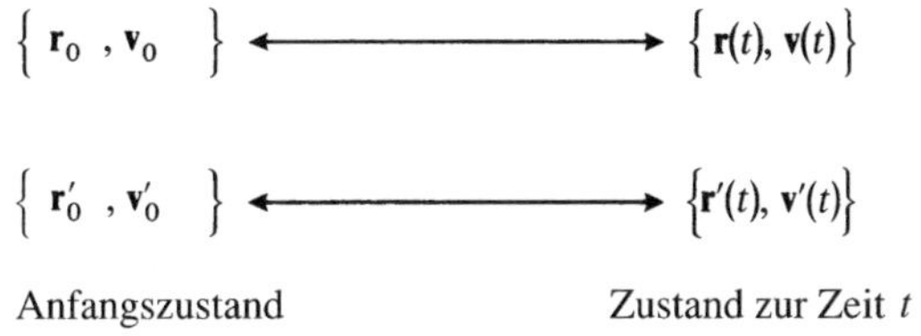

Abb. 14.1 Ort und Geschwindigkeit der beiden Teilchen zum Anfangszeitpunkt t_0 und zur Zeit t.

14.1.3 Identische Teilchen in der Quantenmechanik

Qualitative Diskussion eines einfachen Beispiels

Es leuchtet sofort ein, dass sich die Situation in der Quantenmechanik grundlegend ändert, da man hier den Teilchen keine wohldefinierten Bahnkurven zuweisen kann. Selbst wenn zur Zeit t_0 die zu den beiden identischen Teilchen gehörenden Wellenpakete räumlich vollständig voneinander getrennt sind, können sie sich im weiteren Verlauf überlappen. Man „verliert die Spur" der Teilchen: Weist man ein Teilchen in einem Raumgebiet nach, in dem beide eine nichtverschwindende Aufenthaltswahrscheinlichkeit besitzen, so hat man keine Möglichkeit festzustellen, ob das beobachtete Teilchen das mit (1) oder das mit (2) gekennzeichnete Teilchen ist. Bis auf Sonderfälle (wenn z. B. die beiden Wellenpakete stets getrennt bleiben) wird bei einer Ortsmessung die Nummerierung der beiden Teilchen mehrdeutig: Wir werden nämlich zeigen, dass das System auf verschiedenen „Wegen" aus seinem Anfangszustand in den bei der Messung festgestellten Zustand gelangen kann.

Zur näheren Untersuchung wollen wir als ein konkretes Beispiel den Stoß zweier identischer Teilchen im Ruhesystem ihres Massenmittelpunkts (Abb. 14.2) betrachten.[1] Vor dem Stoß liegen zwei vollständig voneinander getrennte Wellenpakete vor, die sich aufeinander zu bewegen (Abb. 14.2a). Wir können uns z. B. darauf einigen, das Teilchen links mit (1) und das Teilchen rechts mit (2) zu bezeichnen. Während des Stoßes (Abb. 14.2b) überlappen die beiden Wellenpakete. Nach dem Stoß entspricht der Raumbereich, in dem die Wahrscheinlichkeitsdichte der beiden Teilchen ungleich null ist, einer Kugelschale, deren Radius mit der Zeit zunimmt (Abb. 14.2c).

Wir nehmen nun an, dass ein unter dem Winkel θ gegenüber der Einfallsrichtung von Teilchen (1) plazierter Detektor D ein Teilchen nachweist. Aufgrund der Impulserhaltung während des Stoßes wissen wir dann mit Sicherheit, dass sich das andere Teilchen in die entgegengesetzte Richtung bewegt. Es ist jedoch unmöglich festzustellen, ob das in D nachgewiesene Teilchen das anfangs mit (1) oder das mit (2) nummerierte Teilchen ist. Somit gibt es zwei verschiedene „Wege", auf denen das System aus dem in Abb. 14.2a dargestellten Anfangszustand in den bei der Messung festgestellten Endzustand übergegangen sein kann. Diese beiden Wege sind in Abb. 14.3a und Abb. 14.3b schematisch dar-

[1] Die Wellenfunktion für die beiden Teilchen hängt von sechs Variablen ab (den Komponenten der beiden Teilchenkoordinaten $\boldsymbol{r}$ und $\boldsymbol{r}'$) und lässt sich dreidimensional nur ungenügend darstellen. Abbildung 14.2 ist daher sehr schematisch zu verstehen: In den grauen Bereichen liegen die Werte von $\boldsymbol{r}$ und $\boldsymbol{r}'$, für die die Wellenfunktion nicht verschwindende Werte annimmt.

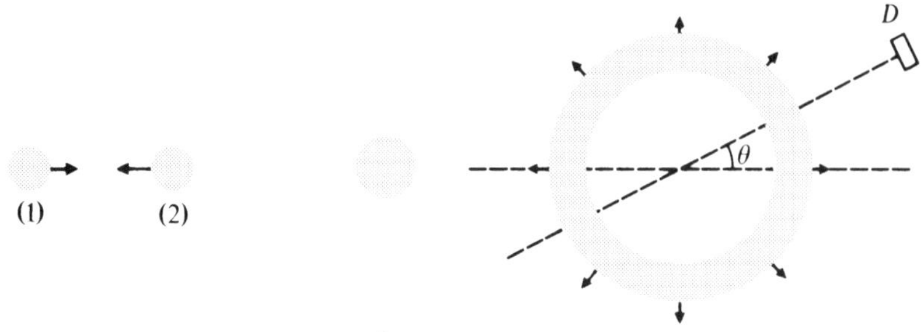

Abb. 14.2 Stoß von zwei identischen Teilchen im Schwerpunktsystem: schematische Darstellung der Wellenfunktion der Teilchen. Vor dem Stoß (**a**) sind die beiden Wellenfunktionen vollständig voneinander getrennt, und man kann ihnen eine „Nummer" zuordnen. Während des Stoßes (**b**) überlappen die beiden Wellenpakete. Nach dem Stoß (**c**) hat der Raumbereich, in dem die Aufenthaltswahrscheinlichkeit ungleich null ist, die Form einer Kugelschale, deren Radius mit der Zeit anwächst. Weil die beiden Teilchen identisch sind, kann man unmöglich feststellen, ob ein in D nachgewiesenes Teilchen vor dem Stoß zum Wellenpaket (1) oder (2) gehörte.

gestellt. Welchen Weg das System aber genommen hat, kann auf keine Weise festgestellt werden.

Dies führt nun in der Quantenmechanik zu einer grundsätzlichen Schwierigkeit, wenn man die Postulate aus Kapitel 3 anwenden will: Zur Berechnung der Wahrscheinlichkeit eines Messergebnisses muss man die Vektoren des Endzustands kennen. Hier gibt es entsprechend Abb. 14.3a bzw. 14.3b zwei solche Vektoren. Sie sind verschieden (und darüber hinaus orthogonal). Trotzdem gehören sie zu einem einzigen physikalischen Zustand, weil eine vollständigere Messung zu ihrer Unterscheidung nicht vorstellbar ist. Soll man unter diesen Bedingungen zur Berechnung der Wahrscheinlichkeit den Weg 14.3a, 14.3b oder beide verwenden? Sollte man im letzten Fall die Wahrscheinlichkeiten der beiden Wege addieren oder die Wahrscheinlichkeitsamplituden (und wenn, dann mit welchen Vorzeichen)? Wir werden rasch erkennen, dass diese verschiedenen Möglichkeiten zu verschiedenen physikalischen Vorhersagen führen.

Die Antwort auf diese Fragen werden wir in Abschnitt 14.4 nach der Formulierung des Symmetrisierungspostulats geben. Vorher untersuchen wir ein weiteres Beispiel, das uns zum Verständnis der mit der Ununterscheidbarkeit zweier Teilchen zusammenhängenden Schwierigkeiten behilflich sein wird.

Austauschentartung

In unserem ersten Beispiel betrachteten wir zwei Wellenpakete, die sich anfangs nicht überlappen, so dass wir ihnen eine Zahl (1) oder (2) beliebig zuordnen konnten. Als wir jedoch den (mathematischen) Ketvektor festzulegen suchten, der bei einer Ortsmessung einen bestimmten Endzustand beschreiben sollte, ergaben sich Mehrdeutigkeiten. Dieselbe Schwierigkeit zeigt sich aber auch bei der Wahl des Ketvektors, der zum physikalischen Anfangszustand gehört. Sie hängt mit dem Begriff der *Austauschentartung* zu-

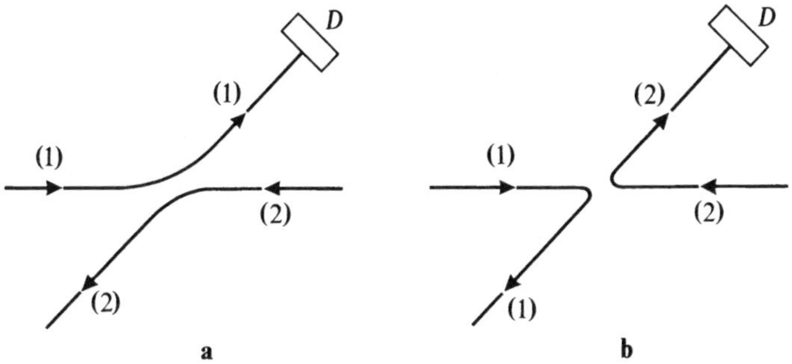

Abb. 14.3 Schematische Darstellung der beiden „Wege“, auf denen das System beim Übergang aus dem Anfangszustand in den bei der Messung festgestellten Zustand gelangt sein könnte. Wegen der Identität der Teilchen kann man nicht entscheiden, welcher Weg tatsächlich gewählt wurde.

sammen, den wir darum in diesem Abschnitt einführen wollen. Zur Vereinfachung der Überlegungen wählen wir zunächst ein anderes Beispiel mit einem endlichdimensionalen Raum. Erst danach verallgemeinern wir diesen Begriff und zeigen, dass er auf alle Quantensysteme anzuwenden ist, die aus identischen Teilchen bestehen.

Austauschentartung für ein System von Spin-1/2-Teilchen. Wir betrachten ein System, das aus zwei identischen Spin-1/2-Teilchen besteht, wobei wir uns auf die Untersuchung der Spinfreiheitsgrade beschränken. Wie in Abschnitt 14.1.2 unterscheiden wir zwischen dem physikalischen Zustand des Systems und seiner mathematischen Beschreibung (einem Ketvektor im Zustandsraum des Systems).

Es erscheint als selbstverständlich, dass durch eine vollständige Messung an beiden Spins auch der physikalische Zustand des Gesamtsystems vollständig bekannt ist. Wir nehmen hier an, dass die z-Komponente des einen Spins $+\hbar/2$ und die des anderen $-\hbar/2$ ist (dies entspricht im ersten Beispiel der Angabe von $\{\boldsymbol{r}_0, \boldsymbol{v}_0\}$ und $\{\boldsymbol{r}'_0, \boldsymbol{v}'_0\}$).

Zur mathematischen Beschreibung des Systems nummerieren wir die beiden Teilchen: Die Spinobservablen bezeichnen wir mit $\boldsymbol{S}_1$ und $\boldsymbol{S}_2$, und $\{|\varepsilon_1, \varepsilon_2\rangle\}$ (wobei ε_1 und ε_2 gleich $+$ oder $-$ sein können) ist die Orthonormalbasis aus den gemeinsamen Eigenvektoren von S_{1z} (Eigenwert $\varepsilon_1\hbar/2$) und S_{2z} (Eigenwert $\varepsilon_2\hbar/2$).

So wie man in der klassischen Mechanik demselben physikalischen Zustand zwei verschiedene „mathematische Zustände“ zuordnen kann, so kann man zunächst auch hier den betrachteten physikalischen Zustand durch einen der beiden orthogonalen Kets

$$\begin{aligned} &|\varepsilon_1 = +, \varepsilon_2 = -\rangle, \\ &|\varepsilon_1 = -, \varepsilon_2 = +\rangle \end{aligned} \tag{14.5}$$

beschreiben. Diese Vektoren spannen einen zweidimensionalen Unterraum auf, dessen normierte Vektoren von der Form

$$\alpha\,|+,-\rangle + \beta\,|-,+\rangle \tag{14.6}$$

mit

$$|\alpha|^2 + |\beta|^2 = 1 \tag{14.7}$$

sind. Wegen des Superpositionsprinzips repräsentieren alle mathematischen Ketvektoren (14.6) denselben physikalischen Zustand wie die beiden Vektoren (14.5) (ein Spin zeigt nach oben und der andere nach unten). Dies bezeichnet man als *Austauschentartung*.

Die Austauschentartung führt zu grundlegenden Schwierigkeiten, da die Anwendung der Postulate aus Kapitel 3 auf die verschiedenen Ketvektoren (14.6) physikalische Vorhersagen ergeben kann, die vom gewählten Vektor abhängen. Wir fragen z. B. nach der Wahrscheinlichkeit dafür, dass die x-Komponenten der beiden Spins gleich $+\hbar/2$ sind. Zu diesem Messergebnis gehört ein einziger Vektor des Zustandsraums. Nach Abschnitt 4.1.2, Gl. (4.20), lautet er

$$\begin{aligned}\frac{1}{\sqrt{2}}(|\varepsilon_1 = +\rangle + |\varepsilon_1 = -\rangle) \otimes \frac{1}{\sqrt{2}}(|\varepsilon_2 = +\rangle + |\varepsilon_2 = -\rangle) \\ = \frac{1}{2}(|+,+\rangle + |-,+\rangle + |+,-\rangle + |-,-\rangle) . \qquad (14.8)\end{aligned}$$

Die gesuchte Wahrscheinlichkeit hat also für den Vektor (14.6) den Wert

$$\left|\frac{1}{2}(\alpha + \beta)\right|^2 . \qquad (14.9)$$

Sie hängt von den Koeffizienten α und β ab. Man kann somit den physikalischen Zustand weder durch die Gesamtheit der Vektoren (14.6) noch durch einen daraus zufällig gewählten Vektor beschreiben. Vielmehr muss man die Austauschentartung aufheben, d. h. eindeutig festlegen, welchen der Kets (14.6) man verwenden will.

Bemerkung

In diesem Beispiel tritt die Austauschentartung nur im Anfangszustand auf, da wir für die beiden Komponenten der Spins im Endzustand dieselben Werte gewählt haben. Im allgemeinen Fall (wenn z. B. das Messergebnis zwei verschiedenen Eigenwerten von S_x entspricht) haben wir es im Anfangs- und Endzustand mit Austauschentartung zu tun.

Verallgemeinerung. Die Schwierigkeiten im Zusammenhang mit der Austauschentartung treten bei der Untersuchung aller Systeme auf, die eine beliebige Anzahl N identischer Teilchen enthalten ($N > 1$).

Betrachten wir z. B. ein Dreiteilchensystem. Zu jedem (getrennt betrachteten) Teilchen gehören ein Zustandsraum und Observable, die in diesem Raum wirken. Das führt uns auf eine Nummerierung der Teilchen: $\mathcal{H}(1)$, $\mathcal{H}(2)$ und $\mathcal{H}(3)$ bezeichnen die drei Einteilchenzustandsräume, und die entsprechenden Observablen werden mit denselben Indizes nummeriert. Der Zustandsraum des Dreiteilchensystems ist das Tensorprodukt

$$\mathcal{H} = \mathcal{H}(1) \otimes \mathcal{H}(2) \otimes \mathcal{H}(3). \qquad (14.10)$$

Wir betrachten nun eine Observable $B(1)$, die ursprünglich in $\mathcal{H}(1)$ definiert ist. Wir nehmen an, dass $B(1)$ für sich einen v. S. k. O. in $\mathcal{H}(1)$ bildet (oder dass $B(1)$ für mehrere Observable steht, die einen v. S. k. O. bilden). Weil die drei Teilchen identisch sind, existieren die Observablen $B(2)$ und $B(3)$ und bilden vollständige Sätze kommutierender Observabler in $\mathcal{H}(2)$ bzw. $\mathcal{H}(3)$; $B(1)$, $B(2)$ und $B(3)$ haben jeweils dasselbe Spektrum $\{b_n; n = 1, 2, \dots\}$. Ausgehend von den Basen, die diese drei Observablen in $\mathcal{H}(1)$, $\mathcal{H}(2)$

bzw. $\mathscr{H}(3)$ definieren, können wir in $\mathscr{H}$ eine Orthonormalbasis angeben: Es ist das Tensorprodukt

$$\{|1 : b_i; 2 : b_j; 3 : b_k\rangle;\ i, j, k = 1, 2, \ldots\}. \tag{14.11}$$

Diese Vektoren sind gemeinsame Eigenvektoren der Erweiterungen von $B(1)$, $B(2)$ und $B(3)$ auf $\mathscr{H}$ mit den Eigenwerten b_i, b_j bzw. b_k.

Da die drei Teilchen identisch sind, können wir nicht $B(1)$ oder $B(2)$ oder $B(3)$ messen, weil die Nummerierung keinen physikalischen Hintergrund hat. Dagegen können wir die physikalische Größe B an jedem der drei Teilchen messen. Wir nehmen an, eine solche Messung habe die drei unterschiedlichen Eigenwerte b_n, b_p und b_q ergeben. Dann tritt Austauschentartung auf, da der Zustand des Systems nach der Messung *a priori* durch einen beliebigen Vektor des Unterraums von $\mathscr{H}$ gegeben werden kann, der durch die folgenden sechs Basisvektoren aufgespannt wird:

$$\begin{aligned} &|1 : b_n; 2 : b_p; 3 : b_q\rangle, \quad |1 : b_q; 2 : b_n; 3 : b_p\rangle, \quad |1 : b_p; 2 : b_q; 3 : b_n\rangle, \\ &|1 : b_n; 2 : b_q; 3 : b_p\rangle, \quad |1 : b_p; 2 : b_n; 3 : b_q\rangle, \quad |1 : b_q; 2 : b_p; 3 : b_n\rangle. \end{aligned} \tag{14.12}$$

Es ist daher nicht möglich, durch eine vollständige Messung an jedem Teilchen einen eindeutigen Ketvektor aus dem Zustandsraum des Systems zu erhalten.

Bemerkung
Die Unbestimmtheit aufgrund der Austauschentartung hat geringere Bedeutung, wenn zwei der bei der Messung gefundenen Eigenwerte gleich sind, und sie verschwindet für den Fall, dass alle drei Ergebnisse gleich sind.

14.2 Permutationsoperatoren

Bevor wir das neue Postulat formulieren, mit dessen Hilfe die mit der Austauschentartung zusammenhängenden Mehrdeutigkeiten beseitigt werden, wollen wir Operatoren untersuchen, die im Gesamtzustandsraum des betrachteten Systems definiert sind und deren Wirkung darin besteht, dass sie die Teilchen dieses Systems miteinander vertauschen. Mit ihrer Verwendung werden die folgenden Überlegungen und Rechnungen einfacher.

14.2.1 Zweiteilchensysteme

Definition des Permutationsoperators P_{21}

Wir betrachten ein aus zwei Teilchen mit demselben Spin s bestehendes System. Die beiden Teilchen müssen nicht identisch sein; es genügt, dass ihre Zustandsräume isomorph sind. So kann z. B. das Teilchen (1) ein Proton und das Teilchen (2) ein Elektron sein.

Wir wählen eine Basis $\{|u_i\rangle\}$ im Zustandsraum $\mathscr{H}(1)$ des Teilchens (1). Da die beiden Teilchen denselben Spin haben, ist $\mathscr{H}(2)$ isomorph zu $\mathscr{H}(1)$ und kann von derselben Basis aufgespannt werden. Durch Bildung des Tensorprodukts konstruieren wir im Zustandsraum $\mathscr{H}$ des Systems die Basis

$$\{|1 : u_i; 2 : u_j\rangle\}. \tag{14.13}$$

Da die Reihenfolge der Vektoren in einem Tensorprodukt keine Rolle spielt, ist

$$|2 : u_j ; 1 : u_i\rangle \equiv |1 : u_i ; 2 : u_j\rangle. \tag{14.14}$$

Jedoch haben wir zu beachten, dass

$$|1 : u_j ; 2 : u_i\rangle \neq |1 : u_i ; 2 : u_j\rangle \quad \text{für } i \neq j. \tag{14.15}$$

Als *Permutationsoperator* P_{21} wird der lineare Operator definiert, dessen Wirkung auf die Basisvektoren durch die Beziehung

$$P_{21}\,|1 : u_i ; 2 : u_j\rangle = |2 : u_i ; 1 : u_j\rangle = |1 : u_j ; 2 : u_i\rangle \tag{14.16}$$

gegeben wird. Die Wirkung auf einen beliebigen Vektor aus $\mathscr{H}$ erhält man dann, indem man diesen nach der Basis (14.13) entwickelt.[2]

Bemerkung

Wählen wir eine Basis aus den gemeinsamen Eigenvektoren der Ortsobservablen $\boldsymbol{R}$ und der Spinkomponente S_z, so kann Gl. (14.16) geschrieben werden

$$P_{21}\,|1 : \boldsymbol{r}, \varepsilon; 2 : \boldsymbol{r}', \varepsilon'\rangle = |1 : \boldsymbol{r}', \varepsilon'; 2 : \boldsymbol{r}, \varepsilon\rangle. \tag{14.17}$$

Ein beliebiger Vektor $|\psi\rangle$ des Zustandsraums $\mathscr{H}$ kann durch eine Menge von $(2s+1)^2$ Funktionen dargestellt werden, die ihrerseits von sechs Variablen abhängen:

$$|\psi\rangle = \sum_{\varepsilon,\varepsilon'} \int \mathrm{d}^3r\, \mathrm{d}^3r'\, \psi_{\varepsilon,\varepsilon'}(\boldsymbol{r}, \boldsymbol{r}')\, |1 : \boldsymbol{r}, \varepsilon; 2 : \boldsymbol{r}', \varepsilon'\rangle \tag{14.18}$$

mit

$$\psi_{\varepsilon,\varepsilon'}(\boldsymbol{r}, \boldsymbol{r}') = \langle 1 : \boldsymbol{r}, \varepsilon; 2 : \boldsymbol{r}', \varepsilon' \,|\, \psi\rangle. \tag{14.19}$$

Es ist dann

$$P_{21}\,|\psi\rangle = \sum_{\varepsilon,\varepsilon'} \int \mathrm{d}^3r\, \mathrm{d}^3r'\, \psi_{\varepsilon,\varepsilon'}(\boldsymbol{r}, \boldsymbol{r}')\, |1 : \boldsymbol{r}', \varepsilon'; 2 : \boldsymbol{r}, \varepsilon\rangle. \tag{14.20}$$

Tauscht man die Namen der Summationsindizes und der Integrationsvariablen,

$$\begin{aligned} \varepsilon &\leftrightarrow \varepsilon', \\ \boldsymbol{r} &\leftrightarrow \boldsymbol{r}', \end{aligned} \tag{14.21}$$

so wird Gl. (14.20) in

$$P_{21}\,|\psi\rangle = \sum_{\varepsilon,\varepsilon'} \int \mathrm{d}^3r\, \mathrm{d}^3r'\, \psi_{\varepsilon',\varepsilon}(\boldsymbol{r}', \boldsymbol{r})\, |1 : \boldsymbol{r}, \varepsilon; 2 : \boldsymbol{r}', \varepsilon'\rangle \tag{14.22}$$

transformiert. Folglich ergeben sich die Funktionen

$$\psi'_{\varepsilon,\varepsilon'}(\boldsymbol{r}, \boldsymbol{r}') = \langle 1 : \boldsymbol{r}, \varepsilon; 2 : \boldsymbol{r}', \varepsilon' \,|\, P_{21} \,|\, \psi\rangle, \tag{14.23}$$

die den Vektor $|\psi'\rangle = P_{21}\,|\psi\rangle$ darstellen, aus den Funktionen (14.19), die den Vektor $|\psi\rangle$ darstellen, durch die Vertauschung von $(\boldsymbol{r}, \varepsilon)$ und $(\boldsymbol{r}', \varepsilon')$,

$$\psi'_{\varepsilon,\varepsilon'}(\boldsymbol{r}, \boldsymbol{r}') = \psi_{\varepsilon',\varepsilon}(\boldsymbol{r}', \boldsymbol{r}). \tag{14.24}$$

[2] Es lässt sich zeigen, dass der so definierte Operator P_{21} nicht von der gewählten Basis $\{|u_i\rangle\}$ abhängt.

Eigenschaften von P_{21}

Aus der Definition (14.16) folgt sofort

$$(P_{21})^2 = 1; \tag{14.25}$$

der Operator P_{21} ist zu sich selbst invers. Weiter kann man zeigen, dass P_{21} hermitesch ist,

$$P_{21}^\dagger = P_{21}. \tag{14.26}$$

In der $\{|1 : u_i ; 2 : u_j\rangle\}$-Basis lauten nämlich die Matrixelemente von P_{21}

$$\langle 1 : u_{i'} ; 2 : u_{j'} \mid P_{21} \mid 1 : u_i ; 2 : u_j\rangle = \langle 1 : u_{i'} ; 2 : u_{j'} \mid 1 : u_j ; 2 : u_i\rangle = \delta_{i'j}\delta_{j'i}. \tag{14.27}$$

Nach Definition sind dann die Matrixelemente von $P_{21}^\dagger$

$$\begin{aligned}\langle 1 : u_{i'} ; 2 : u_{j'} \mid P_{21}^\dagger \mid 1 : u_i ; 2 : u_j\rangle &= \big(\langle 1 : u_i ; 2 : u_j \mid P_{21} \mid 1 : u_{i'} ; 2 : u_{j'}\rangle\big)^* \\ &= \big(\langle 1 : u_i ; 2 : u_j \mid 1 : u_{j'} ; 2 : u_{i'}\rangle\big)^* \\ &= \delta_{ij'}\delta_{ji'}.\end{aligned} \tag{14.28}$$

Jedes Matrixelement von $P_{21}^\dagger$ ist darum gleich dem entsprechenden Matrixelement von P_{21}; daraus folgt Gl. (14.26).

Aus Gl. (14.25) und Gl. (14.26) folgt schließlich, dass P_{21} unitär ist:

$$P_{21}^\dagger P_{21} = P_{21} P_{21}^\dagger = 1. \tag{14.29}$$

Symmetrische und antisymmetrische Vektoren

Nach Gl. (14.26) sind die Eigenwerte von P_{21} reell. Da weiterhin nach Gl. (14.25) ihre Quadrate gleich 1 sind, sind diese Eigenwerte einfach $+1$ und -1. Die Eigenvektoren von P_{21} mit dem Eigenwert $+1$ heißen *symmetrisch*, die mit dem Eigenwert -1 *antisymmetrisch*:

$$\begin{aligned}P_{21}\,|\psi_\mathrm{S}\rangle &= +|\psi_\mathrm{S}\rangle \quad \Rightarrow \quad |\psi_\mathrm{S}\rangle \text{ ist symmetrisch,} \\ P_{21}\,|\psi_\mathrm{A}\rangle &= -|\psi_\mathrm{A}\rangle \quad \Rightarrow \quad |\psi_\mathrm{A}\rangle \text{ ist antisymmetrisch.}\end{aligned} \tag{14.30}$$

Wir betrachten nun die beiden Operatoren

$$\begin{aligned}S &= \frac{1}{2}(1 + P_{21}), \\ A &= \frac{1}{2}(1 - P_{21}).\end{aligned} \tag{14.31}$$

Sie sind Projektoren, da aus Gl. (14.25) folgt

$$\begin{aligned}S^2 &= S, \\ A^2 &= A;\end{aligned} \tag{14.32}$$

außerdem können wir mit Hilfe von Gl. (14.26) zeigen

$$\begin{aligned} S^\dagger &= S, \\ A^\dagger &= A; \end{aligned} \tag{14.33}$$

S und A sind Projektoren auf orthogonale Unterräume, da nach Gl. (14.25) gilt

$$SA = AS = 0. \tag{14.34}$$

Diese Unterräume sind komplementär, da die Definition (14.31) ergibt

$$S + A = 1. \tag{14.35}$$

Für einen beliebigen Vektor $|\psi\rangle$ des Zustandsraums $\mathscr{H}$ ist $S|\psi\rangle$ ein symmetrischer und $A|\psi\rangle$ ein antisymmetrischer Vektor, da wir erneut mit Hilfe von Gl. (14.25) leicht zeigen, dass

$$\begin{aligned} P_{21}\, S|\psi\rangle &= S|\psi\rangle, \\ P_{21}\, A|\psi\rangle &= -A|\psi\rangle. \end{aligned} \tag{14.36}$$

Aus diesem Grund bezeichnet man S als *Symmetrisierungsoperator* und A als *Antisymmetrisierungsoperator*.

Bemerkung
Bei der Anwendung von S auf $P_{21}|\psi\rangle$ oder auf $|\psi\rangle$ selbst ergibt sich derselbe symmetrische Vektor

$$S\, P_{21}|\psi\rangle = S\,|\psi\rangle; \tag{14.37}$$

für den Antisymmetrisierungsoperator gilt entsprechend

$$A\, P_{21}|\psi\rangle = -A\,|\psi\rangle. \tag{14.38}$$

Transformation von Observablen durch Permutation

Wir betrachten eine Observable $B(1)$, die ursprünglich in $\mathscr{H}(1)$ definiert war und dann auf $\mathscr{H}$ erweitert wurde. Es ist immer möglich, die $\{|u_i\rangle\}$-Basis aus Eigenvektoren von $B(1)$ in $\mathscr{H}(1)$ zu konstruieren (die zugehörigen Eigenwerte bezeichnen wir mit b_i). Wir berechnen die Wirkung des Operators $P_{21}\,B(1)\,P_{21}^\dagger$ auf einen beliebigen Basisvektor von $\mathscr{H}$:

$$\begin{aligned} P_{21}\,B(1)\,P_{21}^\dagger\,|1:u_i;2:u_j\rangle &= P_{21}\,B(1)\,|1:u_j;2:u_i\rangle \\ &= b_j\; P_{21}\,|1:u_j;2:u_i\rangle \\ &= b_j\;|1:u_i;2:u_j\rangle. \end{aligned} \tag{14.39}$$

Dasselbe Ergebnis ergäbe sich, wenn wir die Observable $B(2)$ direkt auf den Basisvektor angewandt hätten. Folglich gilt

$$P_{21}\,B(1)\,P_{21}^\dagger = B(2). \tag{14.40}$$

Ebenso zeigt man

$$P_{21}\,B(2)\,P_{21}^\dagger = B(1). \tag{14.41}$$

Darüber hinaus gibt es in $\mathscr{H}$ Observable wie $B(1) + C(2)$ oder $B(1)C(2)$, die beide Indizes enthalten. Offenbar gilt

$$P_{21}\,[B(1) + C(2)]\,P_{21}^{\dagger} = B(2) + C(1); \tag{14.42}$$

analog erhalten wir mit Gl. (14.29)

$$\begin{aligned} P_{21}B(1)C(2)P_{21}^{\dagger} &= P_{21}B(1)P_{21}^{\dagger}P_{21}C(2)P_{21}^{\dagger} \\ &= B(2)C(1). \end{aligned} \tag{14.43}$$

Diese Ergebnisse lassen sich auf sämtliche Observablen in $\mathscr{H}$ verallgemeinern, die als Funktion von Observablen des Typs $B(1)$ oder $C(2)$ ausgedrückt werden können und die wir als $\mathcal{O}(1,2)$ schreiben wollen:

$$P_{21}\mathcal{O}(1,2)P_{21}^{\dagger} = \mathcal{O}(2,1); \tag{14.44}$$

$\mathcal{O}(2,1)$ ist dabei die Observable, die sich aus $\mathcal{O}(1,2)$ durch das Vertauschen aller Indizes 1 und 2 ergibt.

Eine Observable $\mathcal{O}_S(1,2)$ heißt *symmetrisch*, wenn gilt

$$\mathcal{O}_S(2,1) = \mathcal{O}_S(1,2). \tag{14.45}$$

Nach Gl. (14.44) erfüllen alle symmetrischen Observablen die Relation

$$P_{21}\mathcal{O}_S(1,2) = \mathcal{O}_S(1,2)P_{21}, \tag{14.46}$$

d. h.

$$[\mathcal{O}_S(1,2), P_{21}] = 0; \tag{14.47}$$

symmetrische Observable vertauschen mit dem Permutationsoperator.

14.2.2 Systeme mit beliebiger Teilchenzahl

Im Zustandsraum eines Systems, das aus N Teilchen mit demselben Spin besteht (vorerst nehmen wir die Teilchen als verschieden an), lassen sich $N!$ Permutationsoperatoren definieren; einer davon ist der Einheitsoperator. Wenn N größer als zwei ist, sind die Eigenschaften dieser Operatoren komplizierter als die von P_{21}. Um einen Eindruck zu gewinnen, welche Änderungen sich für N größer zwei ergeben, untersuchen wir kurz den Fall $N = 3$.

Definition der Permutationsoperatoren

Wir betrachten also ein System aus drei Teilchen, die nicht unbedingt identisch sind, aber denselben Spin haben. Wie in Abschnitt 14.2.1 konstruieren wir eine Basis des Zustandsraums durch Bildung des Tensorprodukts:

$$\{|1:u_i;2:u_j;3:u_k\rangle\}. \tag{14.48}$$

In diesem Fall gibt es sechs Permutationsoperatoren, die wir schreiben

$$P_{123},\ P_{312},\ P_{231},\ P_{132},\ P_{213},\ P_{321}. \tag{14.49}$$

Die Wirkung des linearen Operators P_{npq} (wobei n, p, q eine beliebige Permutation der Zahlen $1, 2, 3$ ist) auf die Basisvektoren ist nach Definition

$$P_{npq}\,|1:u_i;2:u_j;3:u_k\rangle = |n:u_i;p:u_j;q:u_k\rangle, \tag{14.50}$$

z. B.

$$\begin{aligned} P_{231}\,|1:u_i;2:u_j;3:u_k\rangle &= |2:u_i;3:u_j;1:u_k\rangle \\ &= |1:u_k;2:u_i;3:u_j\rangle. \end{aligned} \tag{14.51}$$

Der Operator P_{123} stimmt also mit dem Einheitsoperator überein. Die Wirkung von P_{npq} auf einen beliebigen Vektor des Zustandsraums ergibt sich aus der Entwicklung dieses Vektors nach der Basis (14.48).

Die $N!$ Permutationsoperatoren eines Systems von N Teilchen mit gleichem Spin lassen sich entsprechend definieren.

Eigenschaften

Die Permutationsoperatoren bilden eine Gruppe. Diese Eigenschaft lässt sich für die Operatoren (14.49) leicht zeigen:

1. Der Operator P_{123} ist der Einheitsoperator.

2. Das Produkt zweier Permutationsoperatoren ist wieder ein Permutationsoperator. Als Beispiel beweisen wir

$$P_{312}P_{132} = P_{321}. \tag{14.52}$$

Dazu wenden wir die rechte Seite auf einen beliebigen Basisvektor an,

$$\begin{aligned} P_{312}P_{132}\,|1:u_i;2:u_j;3:u_k\rangle &= P_{312}\,|1:u_i;3:u_j;2:u_k\rangle \\ &= P_{312}\,|1:u_i;2:u_k;3:u_j\rangle \\ &= |3:u_i;1:u_k;2:u_j\rangle \\ &= |1:u_k;2:u_j;3:u_i\rangle. \end{aligned} \tag{14.53}$$

Die Wirkung von P_{321} führt auf dasselbe Ergebnis,

$$\begin{aligned} P_{321}\,|1:u_i;2:u_j;3:u_k\rangle &= |3:u_i;2:u_j;1:u_k\rangle \\ &= |1:u_k;2:u_j;3:u_i\rangle. \end{aligned} \tag{14.54}$$

3. Jeder Permutationsoperator besitzt ein Inverses, das wieder ein Permutationsoperator ist. Analog wie in 2 zeigt man leicht, dass gilt

$$\begin{aligned} &P_{123}^{-1} = P_{123}; \quad P_{312}^{-1} = P_{231}; \quad P_{231}^{-1} = P_{312}; \\ &P_{132}^{-1} = P_{132}; \quad P_{213}^{-1} = P_{213}; \quad P_{321}^{-1} = P_{321}. \end{aligned} \tag{14.55}$$

Zu beachten ist, dass Permutationsoperatoren *nicht* miteinander vertauschen. Zum Beispiel gilt

$$P_{132} P_{312} = P_{213}, \tag{14.56}$$

was zusammen mit Gl. (14.52) zeigt, dass der Kommutator von P_{132} und P_{312} nicht verschwindet.

Transpositionen. Parität eines Permutationsoperators. Eine *Transposition* ist eine Permutation, bei der nur zwei Teilchen vertauscht werden. Die letzten drei Operatoren (14.49) sind Transpositionsoperatoren.[3] Transpositionsoperatoren sind hermitesch, jeder von ihnen ist zu sich selbst invers, so dass sie auch unitär sind (die Beweise dieser Eigenschaften sind identisch mit denen für die Gleichungen (14.26), (14.25) und (14.29)).

Jeder Permutationsoperator kann in ein Produkt von Transpositionsoperatoren zerlegt werden. Der zweite Operator (14.49) lässt sich z. B. schreiben

$$P_{312} = P_{132} P_{213} = P_{321} P_{132} = P_{213} P_{321} = P_{132} P_{213} (P_{132})^2 = \cdots . \tag{14.57}$$

Diese Zerlegung ist nicht eindeutig. Für eine gegebene Permutation kann man jedoch zeigen, dass die Parität der Anzahl an Transpositionen, in die sie zerlegt werden kann, immer gleich ist: Man nennt sie die *Parität der Permutation*. Die ersten drei Operatoren (14.49) sind z. B. gerade, während die letzten drei ungerade sind. Für beliebiges N gibt es jeweils ebenso viele gerade wie ungerade Permutationen.

Permutationsoperatoren sind unitär. Permutationsoperatoren sind als Produkte von unitären Transpositionsoperatoren ebenfalls unitär. Sie sind jedoch nicht notwendig hermitesch, da Transpositionsoperatoren im Allgemeinen nicht miteinander vertauschen.

Die Adjungierte eines gegebenen Permutationsoperators schließlich hat dieselbe Parität wie der Operator selbst, da sie gleich dem Produkt derselben Transpositionen in der umgekehrten Reihenfolge ist.

Total symmetrische und total antisymmetrische Kets

Da die Permutationsoperatoren für $N > 2$ nicht vertauschen, ist es nicht möglich, eine Basis aus gemeinsamen Eigenvektoren dieser Operatoren zu konstruieren. Wir werden jedoch sehen, dass es bestimmte Vektoren gibt, die gemeinsame Eigenvektoren aller Permutationsoperatoren sind.

Mit P_α wollen wir einen beliebigen Permutationsoperator eines Systems aus N Teilchen mit demselben Spin bezeichnen; α stellt eine beliebige Permutation der ersten N natürlichen Zahlen dar. Ein Vektor $|\psi_S\rangle$, für den bei jeder beliebigen Permutation P_α gilt

$$P_\alpha |\psi_S\rangle = |\psi_S\rangle, \tag{14.58}$$

[3] Offenbar ist für $N = 2$ die einzig mögliche Permutation eine Transposition.

heißt *total symmetrisch*. Entsprechend erfüllt ein *total antisymmetrischer* Vektor $|\psi_A\rangle$ nach Definition[4] die Bedingung

$$P_\alpha |\psi_A\rangle = \varepsilon_\alpha |\psi_A\rangle \tag{14.59}$$

mit

$$\begin{aligned} \varepsilon_\alpha &= +1, \quad \text{wenn } P_\alpha \text{ eine gerade Permutation ist,} \\ \varepsilon_\alpha &= -1, \quad \text{wenn } P_\alpha \text{ eine ungerade Permutation ist.} \end{aligned} \tag{14.60}$$

Die Menge total symmetrischer Vektoren bildet einen Untervektorraum $\mathcal{H}_S$ des Zustandsraums $\mathcal{H}$, die Menge total antisymmetrischer Vektoren analog einen Untervektorraum $\mathcal{H}_A$.

Wir betrachten nun die beiden Operatoren

$$S = \frac{1}{N!} \sum_\alpha P_\alpha, \tag{14.61}$$

$$A = \frac{1}{N!} \sum_\alpha \varepsilon_\alpha P_\alpha, \tag{14.62}$$

wobei die Summationen über alle $N!$ Permutationen der ersten N natürlichen Zahlen auszuführen sind und die ε_α durch die Gleichungen (14.60) definiert werden. Wir wollen zeigen, dass S und A die Projektoren auf $\mathcal{H}_S$ bzw. $\mathcal{H}_A$ sind. Aus diesem Grund werden sie als *Symmetrisierungs-* bzw. *Antisymmetrisierungsoperator* bezeichnet.

Zunächst sind S und A hermitesch,

$$\begin{aligned} S^\dagger &= S, \\ A^\dagger &= A. \end{aligned} \tag{14.63}$$

Die Adjungierte $P_\alpha^\dagger$ eines gegebenen Permutationsoperators ist, wie wir oben gesehen haben, ein anderer Permutationsoperator derselben Parität (und er ist außerdem gleich P_α^{-1}). Die Bildung der Adjungierten der rechten Seiten der Definitionen für S und A entspricht daher einfach einem Wechsel der Reihenfolge der Terme dieser Summen (da die Menge der P_α^{-1} wieder die Permutationsgruppe ist).

Für einen beliebigen Permutationsoperator P_{α_0} gilt außerdem

$$\begin{aligned} P_{\alpha_0} S &= S P_{\alpha_0} = S, \\ P_{\alpha_0} A &= A P_{\alpha_0} = \varepsilon_{\alpha_0} A. \end{aligned} \tag{14.64}$$

Das folgt aus der Tatsache, dass $P_{\alpha_0} P_\alpha$ ebenfalls ein Permutationsoperator ist,

$$P_{\alpha_0} P_\alpha = P_\beta \tag{14.65}$$

mit

$$\varepsilon_\beta = \varepsilon_{\alpha_0} \varepsilon_\alpha. \tag{14.66}$$

[4] Nach den oben angegebenen Eigenschaften kann die Definition auch mittels Transpositionsoperatoren erfolgen: Ein beliebiger Transpositionsoperator lässt einen total symmetrischen Vektor invariant und transformiert einen total antisymmetrischen Vektor in sein Negatives.

Wenn wir bei festgehaltenem P_{α_0} für P_α nach und nach alle Permutationen der Gruppe wählen, so sehen wir, dass die P_β jeweils mit genau einer dieser Permutationen übereinstimmen (natürlich in anderer Reihenfolge). Folglich gilt

$$\begin{aligned} P_{\alpha_0} S &= \frac{1}{N!} \sum_\alpha P_{\alpha_0} P_\alpha = \frac{1}{N!} \sum_\beta P_\beta = S, \\ P_{\alpha_0} A &= \frac{1}{N!} \sum_\alpha \varepsilon_\alpha P_{\alpha_0} P_\alpha = \frac{1}{N!} \varepsilon_{\alpha_0} \sum_\beta \varepsilon_\beta P_\beta = \varepsilon_{\alpha_0} A. \end{aligned} \tag{14.67}$$

Ebenso könnten wir analoge Beziehungen zeigen, bei denen S und A von rechts mit P_{α_0} multipliziert werden.

Aus den Gleichungen (14.64) erhalten wir

$$\begin{aligned} S^2 &= S, \\ A^2 &= A \end{aligned} \tag{14.68}$$

und außerdem

$$AS = SA = 0. \tag{14.69}$$

Das sieht man wie folgt:

$$\begin{aligned} S^2 &= \frac{1}{N!} \sum_\alpha P_\alpha S = \frac{1}{N!} \sum_\alpha S = S, \\ A^2 &= \frac{1}{N!} \sum_\alpha \varepsilon_\alpha P_\alpha A = \frac{1}{N!} \sum_\alpha \varepsilon_\alpha^2 A = A, \end{aligned} \tag{14.70}$$

da jede Summe $N!$ Terme enthält; außerdem ist

$$AS = \frac{1}{N!} \sum_\alpha \varepsilon_\alpha P_\alpha S = \frac{1}{N!} S \sum_\alpha \varepsilon_\alpha = 0, \tag{14.71}$$

da die ε_α zur Hälfte gleich $+1$ und -1 sind.

Die Operatoren S und A sind somit *Projektoren.* Sie projizieren auf $\mathcal{H}_S$ bzw. $\mathcal{H}_A$, da wegen der Beziehungen (14.64) ihre Wirkung auf einen beliebigen Vektor $|\psi\rangle$ des Zustandsraums einen total symmetrischen bzw. einen total antisymmetrischen Vektor ergibt:

$$\begin{aligned} P_{\alpha_0} S |\psi\rangle &= S |\psi\rangle, \\ P_{\alpha_0} A |\psi\rangle &= \varepsilon_{\alpha_0} A |\psi\rangle. \end{aligned} \tag{14.72}$$

Bemerkungen

1. Der total symmetrische Vektor, der sich aus der Wirkung von S auf $P_\alpha|\psi\rangle$ ergibt, wobei P_α eine beliebige Permutation ist, ist derselbe, der sich auch direkt aus $|\psi\rangle$ ergäbe, da nach Gl. (14.64) gilt

$$SP_\alpha |\psi\rangle = S |\psi\rangle. \tag{14.73}$$

Die entsprechenden total antisymmetrischen Vektoren unterscheiden sich höchstens durch ihr Vorzeichen:

$$AP_\alpha |\psi\rangle = \varepsilon_\alpha A |\psi\rangle. \tag{14.74}$$

2. Für $N > 2$ sind die Symmetrisierungs- und Antisymmetrisierungsoperatoren keine Projektoren auf komplementäre Unterräume. Zum Beispiel zeigt man für $N = 3$ leicht (unter Verwendung der Tatsache, dass die ersten drei der Operatoren (14.49) gerade und die anderen ungerade sind) die Beziehung

$$S + A = \frac{1}{3}(P_{123} + P_{231} + P_{312}) \neq 1. \tag{14.75}$$

Der Zustandsraum ist also keine direkte Summe aus den Unterräumen $\mathcal{H}_S$ total symmetrischer Vektoren und $\mathcal{H}_A$ total antisymmetrischer Vektoren.

Transformation von Observablen durch Permutation

Wir haben bereits festgestellt, dass sich jeder Permutationsoperator eines N-Teilchensystems in ein Produkt von Transpositionsoperatoren analog zum Operator P_{21} in Abschnitt 14.2.1 zerlegen lässt. Auf diese Transpositionsoperatoren können wir die dortige Überlegung anwenden, um das Verhalten der verschiedenen Observablen des Systems bei der Multiplikation von links mit einem beliebigen Permutationsoperator P_α bzw. von rechts mit $P_\alpha^\dagger$ zu bestimmen.

Insbesondere kommutieren die Observablen $\mathcal{O}_S(1, 2, \ldots, N)$, die total symmetrisch in Bezug auf den Austausch der Indizes $1, 2, \ldots, N$ sind, mit allen Transpositionsoperatoren und damit mit allen Permutationsoperatoren:

$$[\mathcal{O}_S(1, 2, \ldots, N), P_\alpha] = 0. \tag{14.76}$$

14.3 Das Symmetrisierungspostulat

14.3.1 Formulierung des Postulats

Wenn ein System aus mehreren identischen Teilchen besteht, können nur bestimmte Vektoren seines Zustandsraums seine physikalischen Zustände beschreiben. Die physikalischen Vektoren sind je nach der Natur der identischen Teilchen entweder total symmetrisch oder total antisymmetrisch in Bezug auf die Permutationen dieser Teilchen. Sind die physikalischen Vektoren symmetrisch, so heißen die Teilchen *Bosonen*, sind sie antisymmetrisch, so nennt man sie *Fermionen*.

Das Symmetrisierungspostulat beschränkt also den Zustandsraum eines Systems identischer Teilchen. Er ist nicht wie für verschiedene Teilchen das Tensorprodukt $\mathcal{H}$ der Zustandsräume der einzelnen Teilchen. Vielmehr wird er durch einen Unterraum von $\mathcal{H}$, $\mathcal{H}_S$ oder $\mathcal{H}_A$ gebildet, je nachdem ob es sich bei den Teilchen um Bosonen oder um Fermionen handelt.

Dieses Postulat teilt die in der Natur existierenden Teilchen in zwei Kategorien. Alle zur Zeit bekannten Teilchen erfüllen die folgende *empirische Regel*[5]: Teilchen mit halb-

[5] Mit Hilfe des *Spin-Statistik-Theorems*, das in der Quantenfeldtheorie bewiesen wird, kann man diese Regel als Folge sehr allgemeiner Hypothesen auffassen, die sich auch als falsch erweisen könnten: Die Entdeckung ei-

zahligem Spin (Elektronen, Positronen, Protonen, Neutronen, Myonen usw.) sind Fermionen und Teilchen mit ganzzahligem Spin (Photonen, Mesonen usw.) sind Bosonen.

Bemerkung
Ist diese Regel einmal für Teilchen nachgewiesen, die wir als Elementarteilchen bezeichnen, so gilt sie auch für alle anderen Teilchen, soweit sie aus ihnen aufgebaut sind. Betrachten wir nämlich ein System von mehreren identischen zusammengesetzten Teilchen, so entspricht der Permutation zweier Teilchen die Permutation aller Elementarteilchen, die das erste Teilchen bilden, mit den entsprechenden (und zu den ersten identischen) Elementarteilchen des zweiten zusammengesetzten Teilchens. Diese Permutation lässt den Zustandsvektor unverändert, wenn die zusammengesetzten Teilchen nur aus elementaren Bosonen bestehen oder eine gerade Anzahl von Fermionen enthalten (kein Vorzeichenwechsel bzw. eine gerade Anzahl von Vorzeichenwechseln); in diesem Fall handelt es sich um Bosonen. Enthalten die zusammengesetzten Teilchen andererseits eine ungerade Anzahl an Fermionen, so sind sie selbst Fermionen (ungerade Anzahl an Vorzeichenwechseln durch die Permutation). Im ersten Fall ist der Spin der zusammengesetzten Teilchen notwendig ganzzahlig und im zweiten halbzahlig (s. Abschnitt 10.3.3); sie gehorchen also der oben angegebenen Regel. Zum Beispiel bestehen Atomkerne aus Neutronen und Protonen, die beide Fermionen mit dem Spin $1/2$ sind. Folglich handelt es sich bei Kernen, deren Massenzahl A gerade ist, um Bosonen, und bei Kernen mit ungerader Massenzahl um Fermionen. Der Kern des ^{3}He-Isotops von Helium ist somit ein Fermion, während der des ^{4}He-Isotops ein Boson ist.

14.3.2 Beseitigung der Austauschentartung

Wir zeigen jetzt, wie das neue Postulat die Austauschentartung und die damit zusammenhängenden Schwierigkeiten aufhebt. Die Diskussion in Abschnitt 14.1 lässt sich wie folgt zusammenfassen: Es sei $|u\rangle$ ein Vektor, der mathematisch den physikalischen Zustand eines Systems beschreibt, das aus N identischen Teilchen besteht. Für jeden Permutationsoperator P_α gilt, dass $P_\alpha|u\rangle$ den Zustand ebenso gut wie $|u\rangle$ repräsentieren kann. Dasselbe gilt für jeden Vektor aus dem Raum $\mathcal{H}_u$, der von $|u\rangle$ und den Transformationen $P_\alpha|u\rangle$ aufgespannt wird. Abhängig vom gewählten Vektor $|u\rangle$ kann die Dimension von $\mathcal{H}_u$ zwischen 1 und $N!$ liegen. Ist sie größer als eins, entsprechen demselben physikalischen Zustand mehrere mathematische Vektoren: Es liegt Austauschentartung vor.

Durch das neue Postulat wird die Klasse der mathematischen Vektoren, die den physikalischen Zustand beschreiben können, beträchtlich eingeschränkt: Für Bosonen müssen sie zu $\mathcal{H}_\text{S}$ und für Fermionen zu $\mathcal{H}_\text{A}$ gehören. Die mit der Austauschentartung zusammenhängenden Probleme können wir als gelöst ansehen, wenn $\mathcal{H}_u$ genau *einen* Vektor aus $\mathcal{H}_\text{S}$ oder genau *einen* aus $\mathcal{H}_\text{A}$ enthält.

Um dies zu zeigen, verwenden wir die bereits bewiesenen Beziehungen (14.64) $S = SP_\alpha$ oder $A = \varepsilon_\alpha A P_\alpha$. Es ergibt sich

$$\begin{aligned} S\,|u\rangle &= SP_\alpha\,|u\rangle, \\ A\,|u\rangle &= \varepsilon_\alpha A P_\alpha\,|u\rangle. \end{aligned} \tag{14.77}$$

nes Bosons mit halbzahligem Spin oder eines Fermions mit ganzzahligem Spin bleibt möglich. Es ist auch nicht ausgeschlossen, dass die physikalischen Vektoren für gewisse Teilchen kompliziertere Symmetrieeigenschaften als die hier dargestellten besitzen.

Diese Beziehungen drücken aus, dass die Projektionen aller Vektoren aus $\mathcal{H}_u$ auf $\mathcal{H}_S$ bzw. $\mathcal{H}_A$ kollinear sind. Das Symmetrisierungspostulat gibt damit eindeutig (bis auf einen konstanten Faktor) *den* Vektor von $\mathcal{H}_u$ an, der dem betrachteten physikalischen Zustand zugeordnet werden muss: Das ist $S|u\rangle$ für Bosonen und $A|u\rangle$ für Fermionen; wir nennen ihn den *physikalischen Vektor*.

Bemerkung

Es ist möglich, dass die Projektion aller Vektoren von $\mathcal{H}_u$ auf $\mathcal{H}_A$ (oder $\mathcal{H}_S$) gleich null ist. In diesem Fall schließt das Symmetrisierungspostulat den entsprechenden physikalischen Zustand aus. In Abschnitt 14.3.3 werden wir hierfür im Zusammenhang mit Fermionen Beispiele angeben.

14.3.3 Konstruktion der physikalischen Vektoren

Konstruktionsregel

Die Diskussion des vorangegangenen Abschnitts führt uns unmittelbar auf die folgende Regel zur Konstruktion des *einzigen* (physikalischen) Vektors, der zu einem bestimmten physikalischen Zustand eines Systems aus N identischen Teilchen gehört:

1. Man nummeriere die Teilchen willkürlich und konstruiere den Ketvektor $|u\rangle$, der zu diesem physikalischen Zustand und der gewählten Nummerierung gehört.
2. Sind die identischen Teilchen Bosonen, so wende man S auf $|u\rangle$ an, sind es Fermionen, so wende man A auf diesen Ket an.
3. Man normiere den auf diese Weise erhaltenen Vektor.

Zur Erläuterung dieser Regeln betrachten wir einige einfache Beispiele.

Anwendung auf Systeme mit zwei identischen Teilchen

Ein System bestehe aus zwei identischen Teilchen. Ein Teilchen befinde sich in dem (Einteilchen-)Zustand, der durch den normierten Vektor $|\varphi\rangle$ charakterisiert ist, das andere Teilchen in dem (Einteilchen-)Zustand, der durch den normierten Vektor $|\chi\rangle$ repräsentiert wird.

Zunächst seien die beiden Vektoren $|\varphi\rangle$ und $|\chi\rangle$ verschieden. Die obige Regel wird dann in der folgenden Weise angewendet:

1. Das Teilchen im Zustand $|\varphi\rangle$ erhält z. B. die Nummer 1, das Teilchen im Zustand $|\chi\rangle$ die Nummer 2. Das ergibt

$$|u\rangle = |1:\varphi;2:\chi\rangle. \tag{14.78}$$

2. Sind die Teilchen Bosonen, so symmetrisieren wir $|u\rangle$:

$$S|u\rangle = \frac{1}{2}\left(|1:\varphi;2:\chi\rangle + |1:\chi;2:\varphi\rangle\right); \tag{14.79}$$

sind es Fermionen, so antisymmetrisieren wir $|u\rangle$:

$$A|u\rangle = \frac{1}{2}\left(|1:\varphi;2:\chi\rangle - |1:\chi;2:\varphi\rangle\right). \tag{14.80}$$

3. Die Vektoren (14.79) und (14.80) sind im Allgemeinen nicht normiert. Wenn wir $|\varphi\rangle$ und $|\chi\rangle$ als orthogonal annehmen, ist die Normierungskonstante sehr leicht zu berechnen. Zur Normierung von $S|u\rangle$ und $A|u\rangle$ müssen wir lediglich den Faktor $1/2$ in (14.79) und (14.80) durch $1/\sqrt{2}$ ersetzen. Der normierte physikalische Vektor kann in diesem Fall geschrieben werden

$$|\varphi;\chi\rangle = \frac{1}{\sqrt{2}}\left(|1:\varphi;2:\chi\rangle + \varepsilon\,|1:\chi;2:\varphi\rangle\right) \tag{14.81}$$

mit $\varepsilon = +1$ für Bosonen und $\varepsilon = -1$ für Fermionen.

Wir nehmen nun an, dass die beiden Einzelzustände $|\varphi\rangle$ und $|\chi\rangle$ identisch sind,

$$|\varphi\rangle = |\chi\rangle. \tag{14.82}$$

Dann lautet Gl. (14.78)

$$|u\rangle = |1:\varphi;2:\varphi\rangle, \tag{14.83}$$

d. h. $|u\rangle$ ist bereits symmetrisch. Sind die beiden Teilchen Bosonen, so ist dieser Vektor auch der physikalische Vektor des Zustands, in dem die beiden Bosonen im selben Einzelzustand $|\varphi\rangle$ sind. Sind dagegen die beiden Teilchen Fermionen, so stellt man fest, dass

$$A\,|u\rangle = \frac{1}{2}\left(|1:\varphi;2:\varphi\rangle - |1:\varphi;2:\varphi\rangle\right) = 0 \tag{14.84}$$

ist. Es gibt folglich keinen Vektor aus $\mathscr{H}_\mathrm{A}$, der den physikalischen Zustand von zwei Fermionen beschreiben kann, die sich im selben Einzelzustand $|\varphi\rangle$ befinden. Ein solcher physikalischer Zustand wird somit durch das Symmetrisierungspostulat ausgeschlossen. Für diesen Spezialfall gelangen wir somit zu einem wichtigen Ergebnis, das man das *Paulische Ausschließungsprinzip* oder kürzer das *Pauli-Prinzip* nennt: Zwei *identische* Teilchen können *nicht* im selben Einzelzustand sein. Dieses Prinzip hat weitreichende physikalische Konsequenzen, die wir in Abschnitt 14.4.1 diskutieren werden.

Verallgemeinerung auf eine beliebige Anzahl von Teilchen

Die Ergebnisse lassen sich auf eine beliebige Anzahl N von Teilchen verallgemeinern. Dazu untersuchen wir zunächst den Fall $N = 3$.

Der physikalische Zustand dieses Systems sei durch die Angabe der drei normierten Einzelzustände $|\varphi\rangle$, $|\chi\rangle$ und $|\omega\rangle$ definiert. Der Zustand $|u\rangle$ kann jetzt die Form

$$|u\rangle = |1:\varphi;2:\chi;3:\omega\rangle \tag{14.85}$$

haben. Wir behandeln zunächst den Fall, dass es sich bei den drei identischen Teilchen um Bosonen handelt.

Bosonen. Die Anwendung von S auf $|u\rangle$ ergibt

$$\begin{aligned} S\,|u\rangle &= \frac{1}{3!}\sum_\alpha P_\alpha\,|u\rangle \\ &= \frac{1}{6}\big(|1:\varphi;2:\chi;3:\omega\rangle + |1:\omega;2:\varphi;3:\chi\rangle + |1:\chi;2:\omega;3:\varphi\rangle \\ &\quad + |1:\varphi;2:\omega;3:\chi\rangle + |1:\chi;2:\varphi;3:\omega\rangle + |1:\omega;2:\chi;3:\varphi\rangle\big). \end{aligned} \tag{14.86}$$

Diesen Vektor müssen wir normieren.

Zunächst nehmen wir an, dass die drei Vektoren $|\varphi\rangle$, $|\chi\rangle$ und $|\omega\rangle$ orthogonal sind. Die sechs Vektoren, die auf der rechten Seite von Gl. (14.86) auftreten, sind dann ebenfalls orthogonal. Wir haben also zur Normierung des Vektors (14.86) lediglich den Faktor $1/6$ durch $1/\sqrt{6}$ zu ersetzen.

Sind die beiden Vektoren $|\varphi\rangle$ und $|\chi\rangle$ gleich und außerdem orthogonal zu $|\omega\rangle$, treten auf der rechten Seite von (14.86) nur drei verschiedene Vektoren auf. Man kann dann zeigen, dass der physikalische Vektor

$$|\varphi;\varphi;\omega\rangle = \frac{1}{\sqrt{3}}\big(|1:\varphi;2:\varphi;3:\omega\rangle + |1:\varphi;2:\omega;3:\varphi\rangle + |1:\omega;2:\varphi;3:\varphi\rangle\big) \tag{14.87}$$

lautet. Sind die drei Zustände $|\varphi\rangle$, $|\chi\rangle$, $|\omega\rangle$ schließlich alle gleich, so ist der Vektor

$$|u\rangle = |1:\varphi;2:\varphi;3:\varphi\rangle \tag{14.88}$$

bereits symmetrisch und normiert.

Fermionen. Die Anwendung von A auf $|u\rangle$ ergibt

$$A\,|u\rangle = \frac{1}{3!}\sum_\alpha \varepsilon_\alpha P_\alpha\,|1:\varphi;2:\chi;3:\omega\rangle. \tag{14.89}$$

Die Vorzeichen der verschiedenen Terme der Summe (14.89) gehorchen derselben Regel, die auch bei der Berechnung einer 3×3-Determinante Anwendung findet. Es ist deshalb zweckmäßig, $A|u\rangle$ in Form einer *Slater-Determinante* zu schreiben:

$$A\,|u\rangle = \frac{1}{3!}\begin{vmatrix} |1:\varphi\rangle & |1:\chi\rangle & |1:\omega\rangle \\ |2:\varphi\rangle & |2:\chi\rangle & |2:\omega\rangle \\ |3:\varphi\rangle & |3:\chi\rangle & |3:\omega\rangle \end{vmatrix}. \tag{14.90}$$

Der Vektor $A|u\rangle$ ist null, wenn zwei der Einzelzustände $|\varphi\rangle$, $|\chi\rangle$ oder $|\omega\rangle$ übereinstimmen, da die Determinante (14.90) dann zwei gleiche Spalten aufweist. Wir finden also wieder das Ausschließungsprinzip von Pauli: Derselbe Quantenzustand kann nicht gleichzeitig von mehreren identischen Fermionen besetzt sein.

Schließlich halten wir fest: Sind die drei Zustände $|\varphi\rangle$, $|\chi\rangle$, $|\omega\rangle$ orthogonal, so sind dies auch die sechs Ketvektoren auf der rechten Seite von Gl. (14.89). Zur Normierung von $A|u\rangle$ muss man also nur den Faktor $1/3!$ in Gl. (14.89) bzw. Gl. (14.90) durch $1/\sqrt{3!}$ ersetzen.

Besteht das betrachtete physikalische System aus mehr als drei identischen Fermionen, so tritt keine wesentliche Veränderung ein. Es lässt sich zeigen, dass es für N identische Bosonen stets möglich ist, aus beliebigen Einzelzuständen $|\varphi\rangle, |\chi\rangle, \ldots$ den physikalischen Zustand $S|u\rangle$ zu konstruieren. Für Fermionen kann der physikalische Vektor $A|u\rangle$ in Form einer $N \times N$-Slater-Determinante geschrieben werden; dadurch werden die Fälle ausgeschlossen, für die zwei Einzelzustände übereinstimmen (der Vektor $A|u\rangle$ ist dann null). Die Konsequenzen, die sich aus dem neuen Postulat ergeben, können also für Fermionen und Bosonen ganz verschieden sein. Wir werden darauf in Abschnitt 14.4 zurückkommen.

Konstruktion einer Basis im Raum der physikalischen Zustände

Wir betrachten ein System aus N identischen Teilchen. Ausgehend von einer Basis $\{|u_i\rangle\}$ im Zustandsraum eines einzelnen Teilchens können wir im Tensorproduktraum $\mathcal{H}$ die Basis

$$\{|1 : u_i; 2 : u_j; \ldots; N : u_p\rangle\}$$

konstruieren. Der Raum der physikalischen Zustände ist jedoch nicht $\mathcal{H}$, sondern der Unterraum $\mathcal{H}_\mathrm{S}$ bzw. $\mathcal{H}_\mathrm{A}$. Darum müssen wir in einem dieser Räume eine Basis bestimmen.

Durch Anwendung von S (bzw. A) auf die Basisvektoren

$$\{|1 : u_i; 2 : u_j; \ldots; N : u_p\rangle\}$$

erhalten wir eine Menge von Vektoren, die $\mathcal{H}_\mathrm{S}$ (oder $\mathcal{H}_\mathrm{A}$) aufspannen. Es sei z. B. $|\varphi\rangle$ ein beliebiger Vektor aus $\mathcal{H}_\mathrm{S}$ (der Fall, dass $|\varphi\rangle$ aus $\mathcal{H}_\mathrm{A}$ ist, lässt sich genauso behandeln); $|\varphi\rangle$ gehört zu $\mathcal{H}$ und kann somit entwickelt werden:

$$|\varphi\rangle = \sum_{i,j,\ldots,p} a_{i,j,\ldots,p}\, |1 : u_i; 2 : u_j; \ldots; N : u_p\rangle. \tag{14.91}$$

Weil $|\varphi\rangle$ nach Voraussetzung zu $\mathcal{H}_\mathrm{S}$ gehört, gilt $S|\varphi\rangle = |\varphi\rangle$; wir wenden den Operator S auf beide Seiten von Gl. (14.91) an, um zu zeigen, dass sich $|\varphi\rangle$ in Form einer Linearkombination der Vektoren $S|1 : u_i; 2 : u_j; \ldots; N : u_p\rangle$ ausdrücken lässt.

Dabei müssen wir jedoch beachten, dass die Vektoren $S|1 : u_i; 2 : u_j; \ldots; N : u_p\rangle$ nicht unabhängig voneinander sind. Vertauschen wir die Rollen der einzelnen Teilchen in einem Vektor $|1 : u_i; 2 : u_j; \ldots; N : u_p\rangle$ der ursprünglichen Basis (vor der Symmetrisierung), so führt die Anwendung von S oder A auf diesen neuen Vektor nach Gl. (14.73) und (14.74) auf denselben Vektor in $\mathcal{H}_\mathrm{S}$ bzw. $\mathcal{H}_\mathrm{A}$ (möglicherweise mit einem Vorzeichenwechsel).

Wir führen darum den Begriff der *Besetzungszahl* ein: Bei einem Vektor $|1 : u_i; 2 : u_j; \ldots; N : u_p\rangle$ ist die Besetzungszahl n_k des Einzelzustands $|u_k\rangle$ gleich der Anzahl des Auftretens dieses Zustands in der Folge $\{|u_i\rangle, |u_j\rangle, \ldots, |u_p\rangle\}$, also gleich der Anzahl der Teilchen, die sich im Zustand $|u_k\rangle$ befinden (offenbar gilt $\sum_k n_k = N$). Zwei verschiedene Kets $|1 : u_i; 2 : u_j; \ldots; N : u_p\rangle$, für die alle Besetzungszahlen gleich sind, gehen durch die Wirkung eines Permutationsoperators auseinander hervor. Folglich liefern sie nach Anwendung des Symmetrisierungsoperators S (bzw. des Antisymmetrisierungsoperators A) denselben physikalischen Zustand. Wir bezeichnen ihn mit $|n_1, n_2, \ldots, n_k, \ldots\rangle$:

$$\begin{aligned}&|n_1, n_2, \ldots, n_k, \ldots\rangle \\ &\quad = c\, S\, |\underbrace{1 : u_1; 2 : u_1; \ldots; n_1 : u_1}_{\substack{n_1 \text{ Teilchen} \\ \text{im Zustand } |u_1\rangle}}; \underbrace{n_1 + 1 : u_2; \ldots; n_1 + n_2 : u_2}_{\substack{n_2 \text{ Teilchen} \\ \text{im Zustand } |u_2\rangle}}; \ldots\rangle. \qquad (14.92)\end{aligned}$$

Für Fermionen müssen wir in Gl. (14.92) S durch den Antisymmetrisierungsoperator A ersetzen (c ist ein Normierungsfaktor[6]). Wir wollen die Eigenschaften der Zustände $|n_1, n_2, \ldots, n_k, \ldots\rangle$ hier nicht im Einzelnen untersuchen, sondern nur einige ihrer wichtigsten Eigenschaften angeben:

1. Das Skalarprodukt von $|n_1, n_2, \ldots, n_k, \ldots\rangle$ und $|n'_1, n'_2, \ldots, n'_k, \ldots\rangle$ ist nur dann von null verschieden, wenn alle Besetzungszahlen gleich sind ($n_k = n'_k$ für alle k).

Mit Gl. (14.92) und den Definitionen (14.61) und (14.62) von S und A erhalten wir die Entwicklung der beiden Vektoren in der Orthonormalbasis $\{|1 : u_i; 2 : u_j; \ldots; N : u_p\rangle\}$. Sind die Besetzungszahlen nicht alle gleich, so können die beiden Vektoren nicht gleichzeitig nichtverschwindende Komponenten in Bezug auf denselben Basisvektor haben.

2. Sind die Teilchen Bosonen, so bilden die Kets $|n_1, n_2, \ldots, n_k, \ldots\rangle$ mit beliebigen Besetzungszahlen n_k (mit $\sum_k n_k = N$) eine Orthonormalbasis im Raum der physikalischen Zustände.

Wir zeigen, dass für Bosonen die durch Gl. (14.92) definierten Vektoren nie gleich null sind. Dazu setzen wir für den Operator S seine Definition (14.61) ein. Auf der rechten Seite von Gl. (14.92) treten dann verschiedene orthogonale Vektoren $|1 : u_i; 2 : u_j; \ldots; N : u_p\rangle$ auf, deren Koeffizienten alle positiv sind; $|n_1, n_2, \ldots, n_k, \ldots\rangle$ kann somit nicht gleich dem Nullvektor sein.

Die Vektoren $|n_1, n_2, \ldots, n_k, \ldots\rangle$ bilden in $\mathscr{H}_\text{S}$ eine Basis, denn sie spannen $\mathscr{H}_\text{S}$ auf, sind alle ungleich null und zueinander orthogonal.

3. Besteht das System aus identischen Fermionen, so bilden die Ketvektoren $|n_1, n_2, \ldots, n_k, \ldots\rangle$ (mit n_k gleich null oder eins und $\sum_k n_k = N$) eine Basis im Raum $\mathscr{H}_\text{A}$ der physikalischen Zustände.

Beim Beweis müssen wir jetzt beachten, dass in der Definition (14.62) von A vor den ungeraden Permutationen ein Minuszeichen auftritt. Außerdem wissen wir, dass zwei identische Fermionen nicht denselben Quantenzustand besetzen können: Ist eine Besetzungszahl größer als eins, so ist der durch Gl. (14.92) definierte Vektor gleich null. Dagegen ist er niemals gleich null, wenn alle Besetzungszahlen gleich eins oder null sind. Zwei Teilchen befinden sich dann nämlich nie im selben Einzelzustand, so dass die Ketvektoren $|1 : u_i; 2 : u_j; \ldots; N : u_p\rangle$ und $P_\alpha|1 : u_i; 2 : u_j; \ldots; N : u_p\rangle$ stets voneinander verschieden und orthogonal sind. In diesem Fall wird durch Gl. (14.92) ein nichtverschwindender physikalischer Zustand definiert. Der Rest des Beweises erfolgt wie oben für Bosonen.

---

[6] Für Bosonen ergibt sich $c = \sqrt{N!/n_1!n_2!\ldots}$ und für Fermionen $c = \sqrt{N!}$.

14.3.4 Anwendung der anderen Postulate

Es bleibt die Frage, wie die allgemeinen Postulate der Quantenmechanik bei Berücksichtigung des Symmetrisierungspostulats anzuwenden sind und ob vielleicht Widersprüche auftreten. Wir wollen darum sehen, wie die Messprozesse unter Verwendung von Zustandsvektoren beschrieben werden können, die ausschließlich zum Raum $\mathcal{H}_S$ bzw. $\mathcal{H}_A$ gehören. Wir werden zeigen, dass der Zustandsvektor $|\psi(t)\rangle$ des physikalischen Systems während seiner zeitlichen Entwicklung diesen Unterraum nie verlässt: Der gesamte quantenmechanische Formalismus kann also innerhalb von $\mathcal{H}_S$ bzw. $\mathcal{H}_A$ angewendet werden.

Postulate über den Messprozess

Wahrscheinlichkeit. Wir betrachten eine Messung an einem System aus identischen Teilchen. Der Vektor $|\psi(t)\rangle$, mit dem man den Quantenzustand des Systems vor der Messung beschreibt, gehört nach dem Symmetrisierungspostulat bei einem Bosonensystem zu $\mathcal{H}_\mathrm{S}$ und bei einem Fermionensystem zu $\mathcal{H}_\mathrm{A}$. Zur Berechnung der Wahrscheinlichkeit, mit der wir das System bei einer Messung im Zustand $|u\rangle$ finden, müssen wir nach den Postulaten in Kapitel 3 das Skalarprodukt von $|\psi(t)\rangle$ mit dem Vektor $|u\rangle$ bilden. Dieser Vektor $|u\rangle$ wird nach der Regel in Abschnitt 14.3.3 konstruiert, so dass die Wahrscheinlichkeitsamplitude $\langle u|\psi(t)\rangle$ in Abhängigkeit von zwei Vektoren ausgedrückt wird, die beide zu $\mathcal{H}_\mathrm{S}$ (bzw. $\mathcal{H}_\mathrm{A}$) gehören. In Abschnitt 14.4.2 werden wir Beispiele diskutieren.

Wenn es sich bei der betrachteten Messung um eine *vollständige* Messung handelt (man ermittelt z. B. die Lagen und die z-Komponenten der Spins aller Teilchen), so ist der physikalische Vektor $|u\rangle$ (bis auf einen Faktor) eindeutig. Ist andererseits die Messung *unvollständig* (z. B. eine Messung nur der Teilchenspins, oder eine Messung nur an einem Teilchen), so erhält man mehrere orthogonale physikalische Vektoren und man muss die zugehörigen Wahrscheinlichkeiten summieren.

Physikalische Observable. Invarianz von $\mathcal{H}_\mathrm{S}$ und $\mathcal{H}_\mathrm{A}$. In bestimmten Fällen kann man die Systemobservablen explizit durch die Einzelteilchenobservablen $\boldsymbol{R}_1$, $\boldsymbol{P}_1$, $\boldsymbol{S}_1$, $\boldsymbol{R}_2$, $\boldsymbol{P}_2$, $\boldsymbol{S}_2$ usw. ausdrücken.

Für ein System, das aus drei identischen Teilchen besteht, geben wir einige Beispiele:

– Systemschwerpunkt $\boldsymbol{R}_\mathrm{G}$, Gesamtimpuls $\boldsymbol{P}$ und Gesamtdrehimpuls $\boldsymbol{L}$:

$$\boldsymbol{R}_\mathrm{G} = \frac{1}{3}(\boldsymbol{R}_1 + \boldsymbol{R}_2 + \boldsymbol{R}_3)\,, \tag{14.93}$$

$$\boldsymbol{P} = \boldsymbol{P}_1 + \boldsymbol{P}_2 + \boldsymbol{P}_3, \tag{14.94}$$

$$\boldsymbol{L} = \boldsymbol{L}_1 + \boldsymbol{L}_2 + \boldsymbol{L}_3; \tag{14.95}$$

– elektrostatische Abstoßungsenergie:

$$W = \frac{q^2}{4\pi\varepsilon_0}\left(\frac{1}{|\boldsymbol{R}_1 - \boldsymbol{R}_2|} + \frac{1}{|\boldsymbol{R}_2 - \boldsymbol{R}_3|} + \frac{1}{|\boldsymbol{R}_3 - \boldsymbol{R}_1|}\right); \tag{14.96}$$

– Gesamtspin:

$$\boldsymbol{S} = \boldsymbol{S}_1 + \boldsymbol{S}_2 + \boldsymbol{S}_3. \tag{14.97}$$

In allen Ausdrücken spielen die Observablen der Einzelteilchen eine symmetrische Rolle. Diese wichtige Eigenschaft folgt unmittelbar aus der Identität der drei Teilchen: In Gl. (14.93) z. B. stehen bei $\boldsymbol{R}_1$, $\boldsymbol{R}_2$ und $\boldsymbol{R}_3$ dieselben Koeffizienten, da die drei Teilchen dieselbe Masse besitzen. Die symmetrische Form von Gl. (14.96) beruht auf der Gleichheit der Ladungen. Weil allgemein keine physikalische Eigenschaft des Systems modifiziert wird, wenn man die identischen Teilchen vertauscht, muss jede tatsächlich messbare Observable in Bezug auf die Observablen der N identischen Teilchen symmetrisch sein, und zwar sowohl bei Bosonen- wie Fermionensystemen. Mathematisch ausgedrückt ist die entsprechende Observable G, die wir eine *physikalische* Observable nennen wollen, gegenüber allen Permutationen der N identischen Teilchen invariant. Sie muss daher mit allen Permutationsoperatoren P_α der N Teilchen vertauschen (s. Abschnitt 14.2.2):

$$[G, P_\alpha] = 0 \quad \text{für alle } P_\alpha. \tag{14.98}$$

Besteht ein System aus zwei identischen Teilchen, so ist z. B. die Observable $\boldsymbol{R}_1 - \boldsymbol{R}_2$ (die Differenz der Ortsvektoren der beiden Teilchen) nicht invariant gegenüber der Permutation P_{21} (denn $\boldsymbol{R}_1 - \boldsymbol{R}_2$ ändert sein Vorzeichen), darum also keine physikalische Observable. In der Tat müsste man bei einer Messung von $\boldsymbol{R}_1 - \boldsymbol{R}_2$ voraussetzen, dass Teilchen (1) von Teilchen (2) unterscheidbar ist. Der Abstand $\sqrt{(\boldsymbol{R}_1 - \boldsymbol{R}_2)^2}$ zwischen den beiden Teilchen ist hingegen als symmetrischer Ausdruck messbar.

Aus Gl. (14.98) folgt, dass sowohl $\mathscr{H}_\mathrm{S}$ als auch $\mathscr{H}_\mathrm{A}$ in Bezug auf die Wirkung einer physikalischen Observablen G invariant sind . Wir zeigen, dass mit $|\psi\rangle$ auch $G|\psi\rangle$ zu $\mathscr{H}_\mathrm{A}$ gehört (derselbe Beweis gilt dann auch für $\mathscr{H}_\mathrm{S}$). Gehört $|\psi\rangle$ zu $\mathscr{H}_\mathrm{A}$, so bedeutet das

$$P_\alpha\,|\psi\rangle = \varepsilon_\alpha\,|\psi\rangle. \tag{14.99}$$

Wir berechnen nun $P_\alpha G|\psi\rangle$: Nach Gl. (14.98) und Gl. (14.99) gilt

$$P_\alpha G\,|\psi\rangle = G P_\alpha\,|\psi\rangle = \varepsilon_\alpha G\,|\psi\rangle. \tag{14.100}$$

Weil die Permutation P_α beliebig ist, folgt aus dieser Beziehung, dass $G|\psi\rangle$ total antisymmetrisch ist und zu $\mathscr{H}_\mathrm{A}$ gehört.

Somit können alle Operationen, die man üblicherweise mit einer Observablen vornimmt, insbesondere die Bestimmung von Eigenwerten und Eigenvektoren, vollständig innerhalb des Unterraums $\mathscr{H}_\mathrm{S}$ bzw. $\mathscr{H}_\mathrm{A}$ ausgeführt werden. Man behält nur die zum physikalischen Unterraum gehörenden Eigenvektoren von G mit den zugehörigen Eigenwerten.

Bemerkungen

1. Wenn wir uns auf den Unterraum $\mathscr{H}_\mathrm{S}$ (bzw. $\mathscr{H}_\mathrm{A}$) beschränken, erhalten wir nicht unbedingt alle Eigenwerte von G, die es in $\mathscr{H}$ gibt. Durch das Symmetrisierungspostulat werden (unter Umständen) bestimmte Eigenwerte unterdrückt. Es werden dem Spektrum von G jedoch keine neuen Eigenwerte hinzugefügt, denn wegen der Invarianz von $\mathscr{H}_\mathrm{S}$ (bzw. $\mathscr{H}_\mathrm{A}$) in Bezug auf die Wirkung von G ist jeder Eigenvektor von G in $\mathscr{H}_\mathrm{S}$ (bzw. $\mathscr{H}_\mathrm{A}$) ebenfalls Eigenvektor von G in $\mathscr{H}$ mit demselben Eigenwert.

2. Man kann versuchen, das Problem mathematisch zu behandeln und es in Abhängigkeit von den Observablen $\boldsymbol{R}_1$, $\boldsymbol{P}_1$, $\boldsymbol{S}_1$ usw. auszudrücken. Das ist aber nicht immer leicht. Man kann z. B. für ein System aus drei identischen Teilchen versuchen, die Observable, die zur gleichzeitigen Messung

der drei Orte gehört, in Abhängigkeit von $\boldsymbol{R}_1$, $\boldsymbol{R}_2$ und $\boldsymbol{R}_3$ anzugeben. Hierzu könnte man mehrere physikalische Observable betrachten, die man so wählt, dass bei ihrer Messung eindeutig auf die Lage der Teilchen geschlossen werden kann (ohne dass man jedem Ort ein nummeriertes Teilchen zuzuordnen vermag). Zum Beispiel könnte man die Menge

$$X_1 + X_2 + X_3,\ X_1X_2 + X_2X_3 + X_3X_1,\ X_1X_2X_3$$

(und die entsprechenden Observablen für die Y- und Z-Koordinate) wählen. Allerdings ist ein solches Vorgehen sehr formal. Anstatt zu versuchen, in jedem Fall den Ausdruck für die Observablen anzugeben, ist es einfacher, sich der oben beschriebenen Methode zu bedienen, bei der wir uns auf die Verwendung der physikalischen Eigenvektoren der Messung beschränkt haben.

Postulate über die zeitliche Entwicklung

Der Hamilton-Operator eines Systems aus identischen Teilchen muss eine Observable sein. Wir betrachten z. B. den Hamilton-Operator für die Bewegung der beiden Elektronen im Heliumatom um den als ruhend angenommenen Kern:[7]

$$H(1,2) = \frac{\boldsymbol{P}_1^2}{2m_e} + \frac{\boldsymbol{P}_2^2}{2m_e} - \frac{2e^2}{R_1} - \frac{2e^2}{R_2} + \frac{e^2}{|\boldsymbol{R}_1 - \boldsymbol{R}_2|}. \tag{14.101}$$

Die ersten beiden Terme beschreiben die kinetische Energie des Systems; sie sind symmetrisch, weil die beiden Massen gleich sind. Die nächsten beiden Terme stellen die Anziehung des Kerns dar (dessen Ladung zweimal so groß wie die des Protons ist). Die Elektronen unterliegen dieser Anziehung offensichtlich auf die gleiche Weise. Der letzte Term beschreibt schließlich die gegenseitige Wechselwirkung der Elektronen untereinander. Auch er ist symmetrisch, da keines der beiden Elektronen vor dem anderen ausgezeichnet ist. Offenbar lässt sich diese Überlegung für ein beliebiges System identischer Teilchen verallgemeinern. Folglich vertauschen alle Permutationsoperatoren mit dem Hamilton-Operator des Systems:

$$[H, P_\alpha] = 0. \tag{14.102}$$

Wenn es sich also bei dem Vektor $|\psi(t_0)\rangle$, der das System zu einer gegebenen Zeit t_0 beschreibt, um einen physikalischen Vektor handelt, muss dasselbe auch für den Vektor $|\psi(t)\rangle$ gelten, der sich aus $|\psi(t_0)\rangle$ als Lösung der Schrödinger-Gleichung ergibt. Danach ist

$$|\psi(t + \mathrm{d}t)\rangle = \left(1 + \frac{\mathrm{d}t}{\mathrm{i}\hbar} H\right) |\psi(t)\rangle. \tag{14.103}$$

Wenden wir P_α an und berücksichtigen Gl. (14.102), so erhalten wir

$$P_\alpha |\psi(t + \mathrm{d}t)\rangle = \left(1 + \frac{\mathrm{d}t}{\mathrm{i}\hbar} H\right) P_\alpha |\psi(t)\rangle. \tag{14.104}$$

[7] Wir betrachten hier nur die wichtigsten Terme dieses Hamilton-Operators; s. Abschnitt 14.6 für eine genauere Untersuchung des Heliumatoms.

Wenn also $|\psi(t)\rangle$ Eigenvektor von P_α ist, so ist auch $|\psi(t+\mathrm{d}t)\rangle$ Eigenvektor von P_α zum selben Eigenwert. Da $|\psi(t_0)\rangle$ nach Voraussetzung ein total symmetrischer oder total antisymmetrischer Vektor ist, bleibt diese Eigenschaft zeitlich erhalten.

Das Symmetrisierungspostulat ist also auch mit dem Postulat über die zeitliche Entwicklung eines physikalischen Systems verträglich: Die Schrödinger-Gleichung belässt den Vektor $|\psi(t)\rangle$ in $\mathcal{H}_S$ bzw. $\mathcal{H}_A$.

14.4 Physikalische Diskussion

In diesem abschließenden Abschnitt werden wir auf die Konsequenzen eingehen, die sich aus dem Symmetrisierungspostulat für die physikalischen Eigenschaften eines Systems identischer Teilchen ergeben. Zunächst nennen wir die grundlegenden Unterschiede, die sich durch das Paulische Ausschließungsprinzip zwischen Systemen aus identischen Bosonen und Systemen aus identischen Fermionen ergeben. Danach untersuchen wir die Auswirkungen des Symmetrisierungspostulats auf die Berechnung von Wahrscheinlichkeiten.

14.4.1 Unterschiede zwischen Bosonen und Fermionen

In der Formulierung des Symmetrisierungspostulats mag der Unterschied zwischen Bosonen und Fermionen unbedeutend erscheinen. Der schlichte Vorzeichenwechsel in Bezug auf die Symmetrie des physikalischen Vektors hat jedoch tiefgreifende Konsequenzen. Wie wir in Abschnitt 14.3.3 sahen, schränkt das Symmetrisierungspostulat die Einzelzustände, die einem System identischer Bosonen zugänglich sind, nicht ein. Fermionen müssen jedoch dem Ausschließungsprinzip von Pauli gehorchen: Zwei identische Fermionen können nicht denselben Quantenzustand besetzen.

Das Ausschließungsprinzip wurde ursprünglich formuliert, um die Eigenschaften von Mehrelektronenatomen zu erklären (s. weiter unten und Abschnitt 14.5). Es gilt jedoch nicht nur für Elektronen, sondern ist eine Folgerung aus dem Symmetrisierungspostulat und muss auf alle Systeme aus identischen Fermionen angewendet werden. Es führte zu oft spektakulären Vorhersagen, die aber durchweg experimentell bestätigt werden konnten. Wir wollen einige Beispiele angeben.

Grundzustand eines Systems unabhängiger identischer Teilchen

Der Hamilton-Operator eines Systems aus identischen Bosonen bzw. Fermionen ist immer symmetrisch in Bezug auf Permutationen dieser Teilchen (Abschnitt 14.3.4). Besteht ein solches System aus (zumindest in erster Näherung) voneinander unabhängigen Teilchen, so ist der Hamilton-Operator eine Summe von Einteilchenoperatoren:

$$H(1,2,\ldots,N) = h(1) + h(2) + \cdots + h(N); \tag{14.105}$$

$h(1)$ ist dabei nur eine Funktion der Observablen des mit (1) nummerierten Teilchens. Aus der Identität der Teilchen (also der Symmetrie des Hamilton-Operators $H(1,2,\ldots,N)$)

folgt, dass h für alle N Terme gleich ist. Um die Eigenzustände und Eigenwerte des Gesamt-Hamilton-Operators $H(1, 2, \ldots, N)$ zu bestimmen, genügt es daher, das Problem des Einteilchen-Hamilton-Operators $h(j)$ im Zustandsraum $\mathcal{H}(j)$ zu lösen:

$$h(j)\,|\varphi_n\rangle = e_n\,|\varphi_n\rangle; \quad |\varphi_n\rangle \in \mathcal{H}(j). \tag{14.106}$$

Der Einfachheit halber nehmen wir an, dass das Spektrum von $h(j)$ diskret und nichtentartet ist.

Für ein System aus identischen Bosonen ergeben sich die physikalischen Eigenvektoren des Hamilton-Operators $H(1, 2, \ldots, N)$ durch Symmetrisierung der Tensorprodukte von N beliebigen Einzelzuständen $|\varphi_n\rangle$:

$$|\Phi^{(\mathrm{S})}_{n_1,n_2,\ldots,n_N}\rangle = c \sum_\alpha P_\alpha\,|1:\varphi_{n_1}; 2:\varphi_{n_2}; \ldots; N:\varphi_{n_N}\rangle, \tag{14.107}$$

wobei die zugehörige Energie gleich der Summe der N Einzelenergien ist:

$$E_{n_1,n_2,\ldots,n_N} = e_{n_1} + e_{n_2} + \cdots + e_{n_N} \tag{14.108}$$

(es lässt sich zeigen, dass jeder Vektor auf der rechten Seite von Gl. (14.107) Eigenvektor von H zum Eigenwert (14.108) ist; dasselbe gilt auch für ihre Summe). Bezeichnet insbesondere e_1 den kleinsten Eigenwert von $h(j)$ und $|\varphi_1\rangle$ den zugehörigen Eigenvektor, so erhält man den Grundzustand des Systems, wenn sich alle N identischen Bosonen im Zustand $|\varphi_1\rangle$ befinden. Die Energie dieses Grundzustands ist

$$E_{1,1,\ldots,1} = N\,e_1 \tag{14.109}$$

und sein Zustandsvektor lautet

$$|\Phi^{(\mathrm{S})}_{1,1,\ldots,1}\rangle = |1:\varphi_1; 2:\varphi_1; \ldots; N:\varphi_1\rangle. \tag{14.110}$$

Sind jetzt die N identischen Teilchen Fermionen, so können sie sich nicht mehr im selben Einzelzustand $|\varphi_1\rangle$ befinden: Wir müssen beim Grundzustand des Systems das Paulische Ausschließungsprinzip beachten. Ordnen wir die Einzelenergien in ansteigender Folge an,

$$e_1 < e_2 < \cdots < e_{n-1} < e_n < e_{n+1} < \cdots, \tag{14.111}$$

so hat der Grundzustand die Energie

$$E_{1,2,\ldots,N} = e_1 + e_2 + \cdots + e_N \tag{14.112}$$

und wird durch den normierten physikalischen Vektor

$$|\Phi^{(\mathrm{A})}_{1,2,\ldots,N}\rangle = \frac{1}{\sqrt{N!}} \begin{vmatrix} |1:\varphi_1\rangle & |1:\varphi_2\rangle & \ldots & |1:\varphi_N\rangle \\ |2:\varphi_1\rangle & |2:\varphi_2\rangle & \ldots & |2:\varphi_N\rangle \\ \vdots & & & \\ |N:\varphi_1\rangle & |N:\varphi_2\rangle & \ldots & |N:\varphi_N\rangle \end{vmatrix} \tag{14.113}$$

beschrieben. Die größte Einzelenergie e_N, die im Grundzustand auftritt, wird als *Fermi-Energie* des Systems bezeichnet.

Das Ausschließungsprinzip von Pauli spielt somit in allen Bereichen der Physik eine grundlegende Rolle, in denen Mehrelektronensysteme auftreten, wie etwa in der Atom- und Molekülphysik (s. Abschnitte 14.5 und 14.6) oder in der Festkörperphysik (Abschnitt 14.7). Es muss aber auch in der Kernphysik beachtet werden, in der man es mit Protonen- und Neutronensystemen zu tun hat.[8]

Bemerkung
Häufig sind die Einzelenergien e_n entartet. Sie können dann in der Summe (14.112) so oft auftreten, wie es der Grad der Entartung angibt.

Quantenstatistik

Gegenstand der statistischen Mechanik ist die Untersuchung von Systemen, die aus einer sehr großen Anzahl von Teilchen bestehen (oft sind ihre Wechselwirkungen so gering, dass man sie in erster Ordnung vernachlässigen kann). Da man den mikroskopischen Zustand eines Systems nicht genau kennt, beschränkt man sich auf eine globale Beschreibung anhand makroskopischer Eigenschaften (Druck, Temperatur, Dichte usw.). Ein bestimmter makroskopischer Zustand entspricht dann einer großen Anzahl mikroskopischer Zustände. Man führt darum Wahrscheinlichkeiten ein: Das statistische Gewicht eines makroskopischen Zustands ist proportional zur Anzahl der zu ihm gehörenden verschiedenen mikroskopischen Zustände, und das System befindet sich im thermodynamischen Gleichgewicht, wenn sein makroskopischer Zustand (unter Beachtung der Randbedingungen) der wahrscheinlichste ist. Für die Untersuchung der makroskopischen Eigenschaften eines Systems muss man daher wissen, wie viele mikroskopische Zustände die gegebenen Charakteristika besitzen, insbesondere wie viele eine bestimmte Energie aufweisen.

In der klassischen statistischen Mechanik (Maxwell-Boltzmann-Statistik) behandelt man die N Teilchen des Systems auch dann, wenn sie identisch sind, als unterscheidbar. Der mikroskopische Zustand wird durch die Angabe der Einzelzustände der N Teilchen definiert. Zwei mikroskopische Zustände werden als verschieden angesehen, wenn die N Einzelzustände zwar gleich sind, sie sich aber durch eine Permutation der Teilchen unterscheiden.

In der statistischen Quantenmechanik muss das Symmetrisierungspostulat berücksichtigt werden. Der mikroskopische Zustand eines Systems aus identischen Teilchen wird durch Aufzählung der N Einzelzustände angegeben. Dabei spielt die Anordnung dieser Zustände keine Rolle, da ihr Tensorprodukt symmetrisiert oder antisymmetrisiert werden muss. Die Zählung der mikroskopischen Zustände führt daher nicht auf dasselbe Ergebnis wie in der klassischen statistischen Mechanik. Außerdem sind durch das Pauli-Prinzip Systeme identischer Bosonen und Systeme identischer Fermionen grundlegend anders zu behandeln: Die Anzahl an Teilchen, die einen bestimmten Einzelzustand besetzen, kann für Fermionen eins nicht übersteigen, während sie für Bosonen jeden beliebigen Wert annehmen kann (s. Abschnitt 14.3.3). Daraus ergeben sich unterschiedliche sta-

[8] Der Zustandsvektor für einen Kern muss sowohl in Bezug auf die Neutronen als auch auf die Protonen antisymmetrisch sein.

tistische Eigenschaften: Bosonen gehorchen der *Bose-Einstein-Statistik*, Fermionen der *Fermi-Dirac-Statistik*. Die Bezeichnung „Bosonen“ bzw. „Fermionen“ rührt daher.

Die physikalischen Eigenschaften von Systemen identischer Fermionen bzw. identischer Bosonen sind sehr verschieden. Das lässt sich z. B. bei tiefen Temperaturen beobachten. Für identische Bosonen ist es dann möglich, sich im Einzelzustand der kleinstmöglichen Energie zu sammeln (dieses Phänomen wird als *Bose-Kondensation* bezeichnet), während Fermionen den Einschränkungen des Pauli-Prinzips unterliegen. Die Bose-Kondensation ist die Ursache für die Superfluidität des ^{4}He-Isotops von Helium, während das ^{3}He-Isotop als Fermion (s. die Bemerkung in Abschnitt 14.3.1) ein anderes Verhalten zeigt.

14.4.2 Folgerungen aus der Ununterscheidbarkeit

In der Quantenmechanik werden alle Vorhersagen über die Eigenschaften eines Systems in Form von Wahrscheinlichkeitsamplituden (Skalarprodukte zweier Zustandsvektoren) oder Matrixelementen eines Operators ausgedrückt. Es kann daher nicht überraschen, dass die Symmetrisierung oder Antisymmetrisierung dazu führt, dass in Systemen identischer Teilchen bestimmte *Interferenzeffekte* auftreten. Wir beschreiben zunächst diese Effekte und zeigen dann, dass sie unter gewissen Bedingungen verschwinden (die eigentlich identischen Teilchen verhalten sich dann, wie wenn sie unterscheidbar wären). Zur Vereinfachung der Diskussion beschränken wir uns auf Systeme, die nur zwei identische Teilchen enthalten.

Interferenzen zwischen direkten Prozessen und Austauschprozessen

Vorhersagen für die Messung: direkter Term und Austauschterm. Wir betrachten ein System von zwei identischen Teilchen, wobei sich das eine im Einzelzustand $|\varphi\rangle$ und das andere im Einzelzustand $|\chi\rangle$ befindet. Wir nehmen $|\varphi\rangle$ und $|\chi\rangle$ als orthogonal an, so dass der Zustand des Systems durch den normierten physikalischen Vektor (s. Gl. (14.81))

$$|\varphi;\chi\rangle = \frac{1}{\sqrt{2}}\,(1+\varepsilon P_{21})\,|1:\varphi;2:\chi\rangle \tag{14.114}$$

mit

$$\begin{aligned} \varepsilon &= +1 \qquad \text{für Bosonen,} \\ \varepsilon &= -1 \qquad \text{für Fermionen} \end{aligned} \tag{14.115}$$

beschrieben wird.

Wir messen an jedem Teilchen dieselbe physikalische Größe B, zu der die Observablen $B(1)$ bzw. $B(2)$ gehören. Der Einfachheit halber sei das Spektrum von B diskret und nichtentartet,

$$B\,|u_i\rangle = b_i\,|u_i\rangle. \tag{14.116}$$

Wie groß ist dann die Wahrscheinlichkeit, bestimmte Werte (b_n für das eine Teilchen und $b_{n'}$ für das andere) zu erhalten? Es seien zunächst b_n und $b_{n'}$ verschieden, so dass die

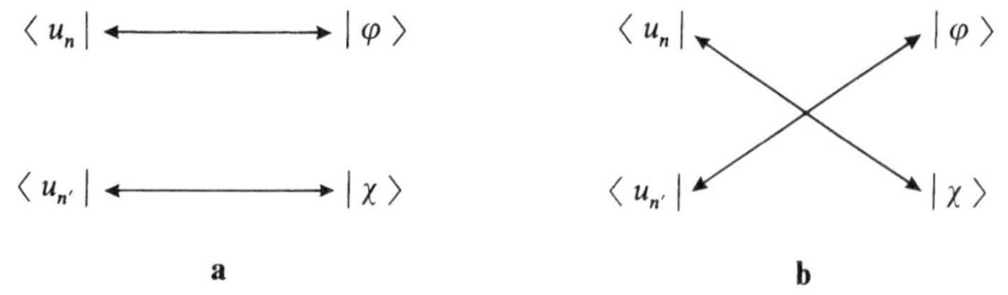

Abb. 14.4 Schematisierung des direkten Terms und des Austauschterms für eine Messung an einem System aus zwei identischen Teilchen. Vor der Messung weiß man, dass sich ein Teilchen im Zustand $|\varphi\rangle$ und das andere im Zustand $|\chi\rangle$ befindet. Das Messergebnis entspricht einer Situation, bei der ein Teilchen im Zustand $|u_n\rangle$ und das andere im Zustand $|u_{n'}\rangle$ ist. Zu einer solchen Messung gehören zwei Wahrscheinlichkeitsamplituden: Sie sind schematisch in (**a**) und (**b**) dargestellt und interferieren für Bosonen mit dem Pluszeichen und für Fermionen mit dem Minuszeichen.

zugehörigen Eigenvektoren $|u_n\rangle$ und $|u_{n'}\rangle$ orthogonal sind. Unter diesen Bedingungen ist der durch das Messergebnis definierte (normierte) physikalische Vektor

$$|u_n; u_{n'}\rangle = \frac{1}{\sqrt{2}}(1 + \varepsilon P_{21})\,|1 : u_n; 2 : u_{n'}\rangle, \tag{14.117}$$

und die Wahrscheinlichkeitsamplitude für dieses Resultat lautet

$$\langle u_n; u_{n'} \,|\, \varphi; \chi\rangle = \frac{1}{2}\langle 1 : u_n; 2 : u_{n'} \,|\, \big(1 + \varepsilon P_{21}^{\dagger}\big)\big(1 + \varepsilon P_{21}\big) \,|\, 1 : \varphi; 2 : \chi\rangle. \tag{14.118}$$

Mit Hilfe der Eigenschaften (14.25) und (14.26) des Operators P_{21} können wir schreiben

$$\frac{1}{2}\big(1 + \varepsilon P_{21}^{\dagger}\big)\big(1 + \varepsilon P_{21}\big) = 1 + \varepsilon P_{21}, \tag{14.119}$$

so dass aus Gl. (14.118) wird

$$\langle u_n; u_{n'} \,|\, \varphi; \chi\rangle = \langle 1 : u_n; 2 : u_{n'} \,|\, (1 + \varepsilon P_{21}) \,|\, 1 : \varphi; 2 : \chi\rangle. \tag{14.120}$$

Lassen wir $1 + \varepsilon P_{21}$ auf den Bravektor wirken, so erhalten wir

$$\begin{aligned}
\langle u_n; u_{n'} \,|\, \varphi; \chi\rangle &= \langle 1 : u_n; 2 : u_{n'} \,|\, 1 : \varphi; 2 : \chi\rangle \\
&\quad + \varepsilon\langle 1 : u_{n'}; 2 : u_n \,|\, 1 : \varphi; 2 : \chi\rangle \\
&= \langle 1 : u_n \,|\, 1 : \varphi\rangle\langle 2 : u_{n'} \,|\, 2 : \chi\rangle \\
&\quad + \varepsilon\langle 1 : u_{n'} \,|\, 1 : \varphi\rangle\langle 2 : u_n \,|\, 2 : \chi\rangle \\
&= \langle u_n \,|\, \varphi\rangle\langle u_{n'} \,|\, \chi\rangle + \varepsilon\langle u_{n'} \,|\, \varphi\rangle\langle u_n \,|\, \chi\rangle.
\end{aligned} \tag{14.121}$$

Die Nummerierung ist aus der Wahrscheinlichkeitsamplitude herausgefallen, und sie wird jetzt direkt mit Hilfe der Skalarprodukte $\langle u_n|\varphi\rangle, \ldots, \langle u_n|\chi\rangle$ ausgedrückt. Sie ist weiter entweder die Summe (für Bosonen) oder die Differenz (für Fermionen) von zwei Termen, denen wir die Diagramme von Abb. 14.4a bzw. 14.4b zuordnen können.

Das Ergebnis (14.121) lässt sich in folgender Weise interpretieren: Die beiden Ketvektoren $|\varphi\rangle$ und $|\chi\rangle$ des Anfangszustands können mit den beiden Bravektoren $\langle u_n|$ und $\langle u_{n'}|$ des Endzustands über zwei verschiedene „Wege" verbunden werden, die schematisch in Abb. 14.4a und 14.4b dargestellt sind. Jedem Weg entspricht eine Wahrscheinlichkeitsamplitude $\langle u_n|\varphi\rangle\langle u_{n'}|\chi\rangle$ bzw. $\langle u_{n'}|\varphi\rangle\langle u_n|\chi\rangle$, die für *Bosonen* mit einem Pluszeichen und für Fermionen mit einem Minuszeichen interferieren. Somit lautet die Antwort auf die oben gestellte Frage: Die Wahrscheinlichkeit $\mathcal{P}(b_n; b_{n'})$ ist gleich dem Betragsquadrat von (14.121):

$$\mathcal{P}(b_n; b_{n'}) = |\langle u_n \mid \varphi\rangle\langle u_{n'} \mid \chi\rangle + \varepsilon\langle u_{n'} \mid \varphi\rangle\langle u_n \mid \chi\rangle|^2. \tag{14.122}$$

Ein Term auf der rechten Seite von Gl. (14.121), zu dem z. B. der Weg 14.4a gehört, wird oft als *direkter Term* bezeichnet; der andere Term heißt *Austauschterm*.

Bemerkung

Was geschieht, wenn die beiden Teilchen nicht identisch, sondern unterscheidbar sind? Wir wählen als Anfangszustand des Systems das Tensorpodukt

$$|\psi\rangle = |1 : \varphi; 2 : \chi\rangle \tag{14.123}$$

und verwenden ein Messinstrument, das die Teilchen (1) und (2) nicht unterscheiden kann: Sind die Ergebnisse b_n und $b_{n'}$, so wissen wir nicht, ob b_n zu Teilchen (1) oder zu Teilchen (2) gehört (z. B. könnte für ein System, das aus einem Myon μ^- und einem Elektron e^- besteht, das Messinstrument nur die Ladung der Teilchen erfassen, während es keine Information über die Massen liefert). Die beiden Eigenzustände $|1 : u_n; 2 : u_{n'}\rangle$ und $|1 : u_{n'}; 2 : u_n\rangle$ (die in diesem Fall unterschiedliche physikalische Zustände darstellen) gehören dann zum selben Messergebnis. Da sie orthogonal sind, müssen wir die Wahrscheinlichkeiten addieren:

$$\begin{aligned}\mathcal{P}'(b_n; b_{n'}) &= |\langle 1 : u_n; 2 : u_{n'}|1 : \varphi; 2 : \chi\rangle|^2 + |\langle 1 : u_{n'}; 2 : u_n|1 : \varphi; 2 : \chi\rangle|^2 \\ &= |\langle u_n|\varphi\rangle|^2|\langle u_{n'}|\chi\rangle|^2 + |\langle u_{n'}|\varphi\rangle|^2|\langle u_n|\chi\rangle|^2.\end{aligned} \tag{14.124}$$

Ein Vergleich von Gl. (14.122) mit Gl. (14.124) macht den wichtigen Unterschied in den quantenmechanischen Vorhersagen für Systeme deutlich, die einerseits aus identischen Teilchen und andererseits aus unterscheidbaren Teilchen bestehen.

Wir betrachten nun den Fall, dass die beiden Zustände $|u_n\rangle$ und $|u_{n'}\rangle$ gleich sind. Sind die beiden Teilchen Fermionen, so ist der entsprechende physikalische Zustand nach dem Pauli-Prinzip ausgeschlossen, und die Wahrscheinlichkeit $\mathcal{P}(b_n; b_n)$ ist gleich null. Für Bosonen haben wir andererseits

$$|u_n; u_n\rangle = |1 : u_n; 2 : u_n\rangle \tag{14.125}$$

und folglich

$$\begin{aligned}\langle u_n; u_n \mid \varphi; \chi\rangle &= \frac{1}{\sqrt{2}}\langle 1 : u_n; 2 : u_n \mid (1 + P_{21}) \mid 1 : \varphi; 2 : \chi\rangle \\ &= \sqrt{2}\,\langle u_n|\varphi\rangle\langle u_n|\chi\rangle,\end{aligned} \tag{14.126}$$

woraus sich ergibt

$$\mathcal{P}(b_n; b_n) = 2|\langle u_n|\varphi\rangle\langle u_n|\chi\rangle|^2. \tag{14.127}$$

Bemerkungen

1. Vergleichen wir dieses Ergebnis mit dem oben betrachteten Fall, bei dem die beiden Teilchen verschieden sind, so müssen wir $|\varphi; \chi\rangle$ durch $|1 : \varphi; 2 : \chi\rangle$ und $|u_n; u_n\rangle$ durch $|1 : u_n; 2 : u_n\rangle$ ersetzen, woraus sich die Wahrscheinlichkeitsamplitude

$$\langle u_n|\varphi\rangle\langle u_n|\chi\rangle \tag{14.128}$$

ergibt; damit ist

$$\mathcal{P}'(b_n; b_n) = |\langle u_n|\varphi\rangle\langle u_n|\chi\rangle|^2. \tag{14.129}$$

2. Für ein System von N identischen Teilchen gibt es im Allgemeinen $N!$ verschiedene Austauschterme, die zur Wahrscheinlichkeitsamplitude addiert (bzw. von ihr subtrahiert) werden müssen. Für ein System aus drei identischen Teilchen in den Einzelzuständen $|\varphi\rangle$, $|\chi\rangle$ und $|\omega\rangle$, bei dem die Messung die Werte b_n, $b_{n'}$ und $b_{n''}$ liefert, sind die möglichen „Wege" in Abb. 14.5 dargestellt.

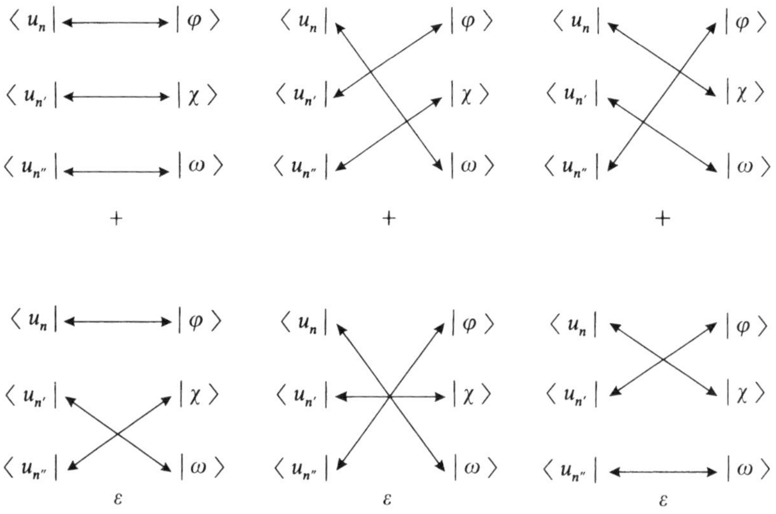

Abb. 14.5 Schematische Darstellung der sechs Wahrscheinlichkeitsamplituden für eine Messung an einem System aus drei identischen Teilchen. Vor der Messung befindet sich ein Teilchen im Zustand $|\varphi\rangle$, ein anderes im Zustand $|\chi\rangle$ und das dritte im Zustand $|\omega\rangle$. Als Ergebnis der Messung ist ein Teilchen im Zustand $|u_n\rangle$, eines im Zustand $|u_{n'}\rangle$ und das dritte im Zustand $|u_{n''}\rangle$. Die sechs Amplituden interferieren mit einem Vorzeichen, das unter jedem Weg angegeben ist ($\varepsilon = +1$ für Bosonen und -1 für Fermionen).

Es gibt sechs Wege (sie sind voneinander verschieden, wenn die drei Eigenwerte b_n, $b_{n'}$ und $b_{n''}$ verschieden sind). Einige tragen zur Wahrscheinlichkeitsamplitude stets mit einem Pluszeichen bei, während andere das Vorzeichen ε haben (+ für Bosonen und − für Fermionen).

Beispiel: Elastischer Stoß. Um die physikalische Bedeutung des Austauschterms zu verdeutlichen, wollen wir uns ein konkretes Beispiel ansehen (auf das wir uns bereits in Abschnitt 14.1.3 bezogen): den elastischen Stoß von zwei identischen Teilchen im

Schwerpunktsystem.[9] Anders als in der oben betrachteten Situation müssen wir hier die zeitliche Entwicklung des Systems zwischen der Anfangszeit, wenn sich das System im Zustand $|\psi_i\rangle$ befindet, und der Zeit t, zu der die Messung erfolgt, beachten. Wir werden allerdings sehen, dass dies das Problem nicht wesentlich ändert und der Austauschterm wie zuvor eingeht.

Im Anfangszustand des Systems (Abb. 14.6a) bewegen sich die beiden Teilchen mit entgegengesetzt gleichen Impulsen aufeinander zu. Wir legen die z-Achse in Impulsrichtung und bezeichnen den Impulsbetrag mit p. Ein Teilchen hat also den Impuls $p\boldsymbol{e}_z$ und das andere den Impuls $-p\boldsymbol{e}_z$ (wobei $\boldsymbol{e}_z$ der Einheitsvektor der z-Achse ist). Den physikalischen Vektor, der diesen Anfangszustand repräsentiert, schreiben wir

$$|\psi_i\rangle = \frac{1}{\sqrt{2}}(1 + \varepsilon P_{21})\,|1 : p\boldsymbol{e}_z; 2 : -p\boldsymbol{e}_z\rangle; \tag{14.130}$$

$|\psi_i\rangle$ ist der Zustand des Systems zur Zeit t_0 vor dem Stoß.

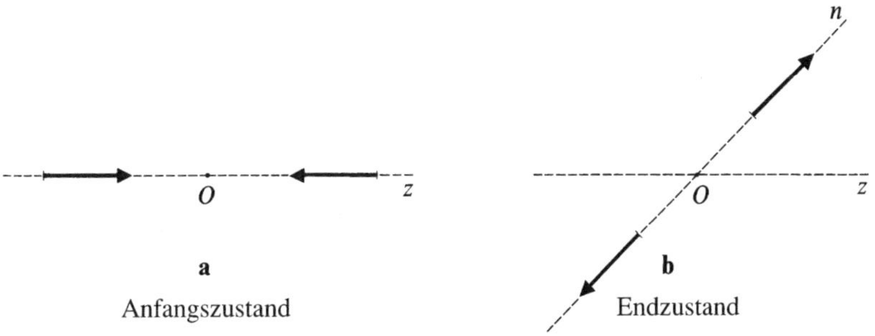

Abb. 14.6 Stoß von zwei identischen Teilchen im Schwerpunktsystem: Es sind die Impulse der beiden Teilchen im Anfangszustand (**a**) und im gemessenen Enzustand (**b**) dargestellt. Der Teilchenspin wird nicht berücksichtigt.

Die Schrödinger-Gleichung ist linear. Folglich gibt es einen vom Hamilton-Operator abhängigen linearen Operator $U(t, t')$, dessen Anwendung auf $|\psi_i\rangle$ den Zustandsvektor zur Zeit t liefert:

$$|\psi(t)\rangle = U(t, t_0)\,|\psi_i\rangle \tag{14.131}$$

(Abschnitt 3.11). Insbesondere wird der Zustand des Systems zur Zeit t_1 nach dem Stoß durch den physikalischen Vektor

$$|\psi(t_1)\rangle = U(t_1, t_0)\,|\psi_i\rangle \tag{14.132}$$

beschrieben. Da der Hamilton-Operator H symmetrisch ist, vertauscht der Zeitentwicklungsoperator U mit dem Permutationsoperator:

$$\left[U(t, t'), P_{21}\right] = 0. \tag{14.133}$$

[9] Wir vereinfachen das Problem, weil wir nur auf den Zusammenhang zwischen dem direkten Term und dem Austauschterm eingehen wollen. Insbesondere wird der Spin der beiden Teilchen nicht berücksichtigt. Die Rechnungen dieses Abschnitts bleiben jedoch für den Fall gültig, dass die Wechselwirkungen nicht spinabhängig sind und die beiden Teilchen sich anfangs im selben Spinzustand befinden.

Wir berechnen nun die Wahrscheinlichkeitsamplitude dafür (s. Abschnitt 14.1.3), dass man die Teilchen in den entgegengesetzten Richtungen der durch den Einheitsvektor $\boldsymbol{n}$ definierten n-Achse nachweist (Abb. 14.6b). Den zu diesem Endzustand gehörenden physikalischen Vektor schreiben wir

$$|\psi_{\text{f}}\rangle = \frac{1}{\sqrt{2}}\,(1 + \varepsilon P_{21})\,|1 : p\boldsymbol{n}; 2 : -p\boldsymbol{n}\rangle. \tag{14.134}$$

Die gesuchte Wahrscheinlichkeitsamplitude ist also

$$\begin{aligned}\langle\psi_{\text{f}}\,|\,\psi(t_1)\rangle &= \langle\psi_{\text{f}}\,|\,U(t_1, t_0)\,|\,\psi_{\text{i}}\rangle \\ &= \frac{1}{2}\,\langle 1 : p\,\boldsymbol{n}; 2 : -p\,\boldsymbol{n}\,|\,\big(1 + \varepsilon P_{21}^{\dagger}\big)\,U(t_1, t_0)\,\big(1 + \varepsilon P_{21}\big)\,|\,1 : p\,\boldsymbol{e}_z; 2 : -p\,\boldsymbol{e}_z\rangle.\end{aligned} \tag{14.135}$$

Mit Gl. (14.133) und unter Verwendung der Eigenschaften des Operators P_{21} erhalten wir schließlich

$$\begin{aligned}&\langle\psi_{\text{f}}\,|\,U(t_1, t_0)\,|\,\psi_{\text{i}}\rangle \\ &\quad= \langle 1 : p\boldsymbol{n}; 2 : -p\boldsymbol{n}\,|\,\big(1 + \varepsilon P_{21}^{\dagger}\big)\,U(t_1, t_0)\,|\,1 : p\boldsymbol{e}_z; 2 : -p\boldsymbol{e}_z\rangle \\ &\quad= \langle 1 : p\boldsymbol{n}; 2 : -p\boldsymbol{n}\,|\,U(t_1, t_0)\,|\,1 : p\boldsymbol{e}_z; 2 : -p\boldsymbol{e}_z\rangle \\ &\qquad+ \varepsilon\langle 1 : -p\boldsymbol{n}; 2 : p\boldsymbol{n}\,|\,U(t_1, t_0)\,|\,1 : p\boldsymbol{e}_z; 2 : -p\boldsymbol{e}_z\rangle.\end{aligned} \tag{14.136}$$

Der direkte Term entspricht z. B. dem Prozess in Abb. 14.7a und der Austauschterm dem in Abb. 14.7b. Die Wahrscheinlichkeitsamplituden müssen addiert bzw. subtrahiert werden. Dadurch tritt, wenn wir das Betragsquadrat des Ausdrucks (14.136) bilden, ein Interferenzterm auf. Wenn wir $\boldsymbol{n}$ durch $-\boldsymbol{n}$ ersetzen, so wird dieser Ausdruck mit ε multipliziert, so dass die zugehörige Wahrscheinlichkeit bei dieser Transformation invariant ist.

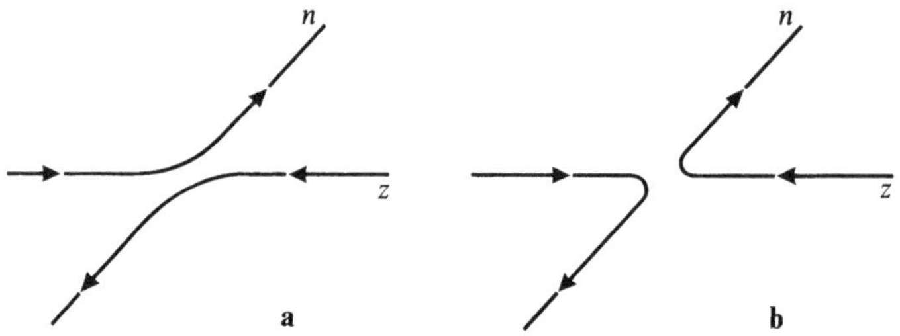

Abb. 14.7 Stoß von zwei identischen Teilchen im Schwerpunktsystem: Schematische Darstellung der physikalischen Prozesse, die dem direkten Term und dem Austauschterm entsprechen. Die Streuamplituden interferieren für Bosonen mit einem Pluszeichen und für Fermionen mit einem Minuszeichen.

Nichtberücksichtigung des Symmetrisierungspostulats

Wäre die Anwendung des Symmetrisierungspostulats immer erforderlich, so wäre es unmöglich, die Eigenschaften eines Systems mit einer beschränkten Anzahl von Teilchen zu untersuchen. Man müsste dann alle mit den Teilchen des Systems identischen Teilchen des Universums mit berücksichtigen. Wir zeigen in diesem Abschnitt, dass das nicht notwendig ist. Unter bestimmten Bedingungen verhalten sich identische Teilchen so, als ob sie verschieden wären, und man kann dann das Symmetrisierungspostulat vernachlässigen und trotzdem zu richtigen physikalischen Vorhersagen gelangen. Nach dem vorherigen Abschnitt können wir erwarten, dass dies immer dann eintritt, wenn die durch das Symmetrisierungspostulat hervorgerufenen Austauschterme verschwinden. Wir geben zwei Beispiele.

Identische Teilchen in zwei getrennten Raumbereichen. Wir betrachten zwei identische Teilchen, wobei sich das eine im Einzelzustand $|\varphi\rangle$ und das andere im Zustand $|\chi\rangle$ befindet. Zur Vereinfachung der Notation vernachlässigen wir ihre Spins. Wir nehmen an, dass die Ausdehnungsbereiche der zu den Zuständen $|\varphi\rangle$ und $|\chi\rangle$ gehörenden Wellenfunktionen räumlich voneinander getrennt sind:

$$\begin{aligned} \varphi(\boldsymbol{r}) &= \langle \boldsymbol{r}|\varphi\rangle = 0 \qquad \text{für } \boldsymbol{r} \notin D, \\ \chi(\boldsymbol{r}) &= \langle \boldsymbol{r}|\chi\rangle = 0 \qquad \text{für } \boldsymbol{r} \notin \Delta \end{aligned} \tag{14.137}$$

mit disjunkten Bereichen D und Δ. Diese Situation entspricht der in der klassischen Mechanik (Abschnitt 14.1.2): Solange sich die Gebiete D und Δ nicht überlappen, können die Teilchen „verfolgt" werden; wir erwarten also, dass die Anwendung des Symmetrisierungspostulats nicht notwendig ist.

Wir betrachten die Messung einer Observablen, die nur zu einem Teilchen gehört. Dazu müssen wir nur das Messinstrument so aufstellen, dass es nicht registriert, was im Bereich D bzw. im Bereich Δ geschieht. Wird D auf diese Weise ausgeschlossen, betrifft die Messung nur das Teilchen in Δ und umgekehrt.

Wir nehmen nun eine Messung an beiden Teilchen gleichzeitig vor. Wir verwenden dazu zwei Messinstrumente, wobei das eine die in Δ auftretenden Phänomene und das andere die in D auftretenden Phänomene nicht registriert. Wie lässt sich die Wahrscheinlichkeit für ein bestimmtes Ergebnis berechnen? Es seien $|u\rangle$ und $|v\rangle$ die Einzelzustände, die zu den Messergebnissen der beiden Instrumente gehören. Da die Teilchen identisch sind, muss grundsätzlich das Symmetrisierungspostulat beachtet werden. In der Wahrscheinlichkeitsamplitude für das Messergebnis ist der direkte Term dann $\langle u|\varphi\rangle\langle v|\chi\rangle$ und der Austauschterm $\langle u|\chi\rangle\langle v|\varphi\rangle$. Aus der räumlichen Trennung der Messinstrumente folgt aber

$$\begin{aligned} u(\boldsymbol{r}) &= \langle \boldsymbol{r}|u\rangle = 0 \qquad \text{für } \boldsymbol{r} \in \Delta, \\ v(\boldsymbol{r}) &= \langle \boldsymbol{r}|v\rangle = 0 \qquad \text{für } \boldsymbol{r} \in D. \end{aligned} \tag{14.138}$$

Nach den Gleichungen (14.137) und (14.138) überlappen die beiden Wellenfunktionen $u(\boldsymbol{r})$ und $\chi(\boldsymbol{r})$ bzw. $v(\boldsymbol{r})$ und $\varphi(\boldsymbol{r})$ nicht, so dass gilt

$$\langle u|\chi\rangle = \langle v|\varphi\rangle = 0. \tag{14.139}$$

Der Austauschterm ist also null. Demnach ist es bei diesem Versuch nicht nötig, das Symmetrisierungspostulat anzuwenden. Das gewünschte Ergebnis lässt sich direkt erhalten, indem wir die Teichen als unterscheidbar auffassen und z. B. dem Teilchen im Bereich D

die Nummer 1 und dem in Δ die Nummer 2 zuordnen. Vor der Messung wird der Zustand des Systems dann durch den Vektor $|1 : \varphi; 2 : \chi\rangle$ beschrieben, und dem Messergebnis entspricht der Vektor $|1 : u; 2 : v\rangle$. Das Skalarprodukt der beiden Vektoren ergibt die Wahrscheinlichkeitsamplitude $\langle u|\varphi\rangle\langle v|\chi\rangle$.

Damit haben wir gezeigt, dass die Existenz identischer Teilchen uns nicht daran hindert, beschränkte Systeme, die aus einer geringen Anzahl von Teilchen bestehen, für sich zu untersuchen.

Bemerkung
In dem gewählten Anfangszustand befinden sich beide Teilchen in zwei verschiedenen Raumbereichen. Außerdem wurde der Zustand des Systems durch die Angabe von zwei Einzelzuständen definiert. Kann man die Teilchen, nachdem das System eine zeitliche Entwicklung durchlaufen hat, immer noch als unabhängig voneinander ansehen? Tatsächlich ist das nur dann möglich, wenn die Teilchen in getrennten Raumbereichen bleiben und außerdem nicht miteinander wechselwirken. Eine Wechselwirkung erzeugt nämlich in jedem Fall Korrelationen zwischen den Teilchen, und es ist dann nicht mehr möglich, jedes Teilchen durch einen individuellen Zustandsvektor zu beschreiben.

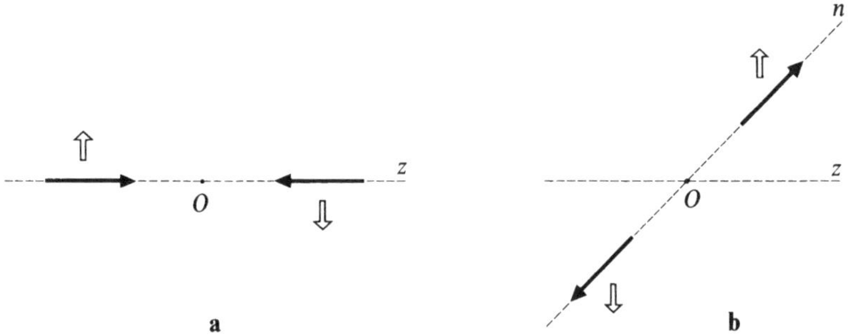

Abb. 14.8 Stoß von zwei identischen Spin-1/2-Teilchen im Schwerpunktsystem: schematische Darstellung der Impulse und der Spins beider Teilchen im Anfangszustand (**a**) und im bei der Messung gefundenen Endzustand (**b**). Sind die Wechselwirkungen zwischen den beiden Teilchen spinunabhängig, so ändern sich die Spinorientierungen während des Stoßes nicht. Sind die beiden Teilchen vor dem Stoß nicht im selben Spinzustand (wie in der Abbildung), so lässt sich der „Weg" des Systems bestimmen, auf dem es in einen gegebenen Endzustand gelangt ist. Zum Beispiel ist der einzige Streuprozess, der auf den Endzustand in Abb. 14.8b führen kann und der eine nichtverschwindende Amplitude hat, von dem in Abb. 14.7a dargestellten Typ.

Unterscheidung von Teilchen nach ihrer Spinrichtung. Wir betrachten den elastischen Stoß zwischen zwei identischen Spin-1/2-Teilchen (z. B. Elektronen), wobei wir annehmen, dass spinabhängige Wechselwirkungen vernachlässigt werden können. Dann bleiben die Spins beider Teilchen während des Stoßes erhalten. Sind diese Spinzustände anfangs orthogonal, so können wir mit ihrer Hilfe die beiden Teilchen zu jeder Zeit unterscheiden, als wären sie nicht identisch. Das Symmetrisierungspostulat sollte demnach auch hier keinen Einfluss haben.

Das lässt sich mit der obigen Rechnung zeigen: Der physikalische Anfangsvektor ist z. B. (Abb. 14.8a)

$$|\psi_{\mathrm{i}}\rangle = \frac{1}{\sqrt{2}}\,(1 - P_{21})\,|1 : p\,\boldsymbol{e}_z, +; 2 : -p\,\boldsymbol{e}_z, -\rangle \tag{14.140}$$

(wobei die Symbole + oder −, die nach den Impulsen angegeben sind, das Vorzeichen der Spinkomponenten längs einer bestimmten Achse angeben). Der betrachtete Endzustand (Abb. 14.8b) wird beschrieben durch

$$|\psi_{\mathrm{f}}\rangle = \frac{1}{\sqrt{2}}\,(1 - P_{21})\,|1 : p\boldsymbol{n}, +; 2 : -p\boldsymbol{n}, -\rangle. \tag{14.141}$$

Unter diesen Umständen ist nur der erste Term von Gl. (14.136) von null verschieden, da sich der zweite schreiben lässt

$$\langle 1 : -p\,\boldsymbol{n}, -; 2 : p\,\boldsymbol{n}, + \,|\, U(t_1, t_0) \,|\, 1 : p\,\boldsymbol{e}_z, +; 2 : -p\,\boldsymbol{e}_z, -\rangle. \tag{14.142}$$

Hier handelt es sich um das Matrixelement eines (nach Voraussetzung) spinunabhängigen Operators zwischen zwei Vektoren, deren Spins orthogonal zueinander sind; es ist demnach gleich null. Wir würden also dasselbe Ergebnis erhalten, wenn wir die beiden Teilchen direkt als verschieden behandelt hätten, d. h. wenn wir die Anfangs- und Endvektoren nicht antisymmetrisieren würden und dem Spinzustand $|+\rangle$ den Index 1 und dem Spinzustand $|-\rangle$ den Index 2 zugeordnet hätten. Natürlich ist das nicht mehr möglich, wenn der Zeitentwicklungsoperator U und damit der Hamilton-Operator H des Systems, spinabhängig sind.

Ergänzungen zu Kapitel 14

In Abschnitt 14.5 stellen wir eine einfache Untersuchung von Mehrelektronenatomen in der Zentralfeldnäherung vor. Die Folgerungen aus dem Pauli-Prinzip werden diskutiert und der Begriff der Konfiguration eingeführt. Wir beschränken uns dabei auf qualitative Aussagen.

In Abschnitt 14.6 betrachten wir am Heliumatom den Effekt der elektrostatischen Abstoßung der Elektronen und der magnetischen Wechselwirkung. Die Begriffe Terme und Multiplett werden eingeführt. (*Kann später gelesen werden*)

In Abschnitt 14.7 untersuchen wir den Grundzustand eines freien Elektronengases, das in einem „Kasten" eingeschlossen ist. Der Begriff der Fermi-Energie und periodische Randbedingungen werden eingeführt. Die Verallgemeinerung auf Elektronen in Festkörpern wird vorgenommen und die Beziehung zwischen elektrischer Leitfähigkeit und der Lage des Fermi-Niveaus qualitativ diskutiert. (*Von mittlerer Schwierigkeit*) Den Schwerpunkt bildet die physikalische Diskussion. Kann als Fortsetzung von Abschnitt 11.9 angesehen werden.

Abschnitt 14.8 enthält schließlich die Aufgaben zu diesem Kapitel.

14.5 Mehrelektronenatome. Konfigurationen

In Kapitel 7 haben wir die Energieniveaus des Wasserstoffatoms ausführlich behandelt. Die Überlegungen waren verhältnismäßig einfach, weil das Wasserstoffatom nur ein einziges Elektron besitzt, so dass das Pauli-Prinzip nicht beachtet werden musste. Außerdem konnten wir das Problem im Schwerpunktsystem auf die Berechnung der Energieniveaus eines einzelnen Teilchens (des Relativteilchens) unter dem Einfluss eines Zentralpotentials zurückführen.

In dieser Ergänzung wollen wir Mehrelektronenatome behandeln, bei denen diese Vereinfachungen nicht vorgenommen werden können. Im Schwerpunktsystem haben wir es jetzt mit mehreren, voneinander abhängigen Teilchen zu tun. Es handelt sich dabei um ein komplexes Problem, für das nur eine näherungsweise Lösung mittels der Zentralfeldnäherung möglich ist. Das Pauli-Prinzip wird dabei eine wichtige Rolle spielen.

14.5.1 Die Zentralfeldnäherung

Wir betrachten ein Atom mit Z Elektronen. Da die Masse seines Kerns sehr viel größer (mehrere tausendmal) als die der Elektronen ist, fällt der Massenmittelpunkt praktisch mit dem Kern zusammen, den wir daher als im Koordinatenursprung ruhend annehmen wollen. Der Hamilton-Operator für die Bewegung der Elektronen lautet unter Vernachlässigung relativistischer Korrekturen, insbesondere der spinabhängigen Terme,

$$H = \sum_{i=1}^{Z} \frac{\boldsymbol{P}_i^2}{2m_e} - \sum_{i=1}^{Z} \frac{Ze^2}{R_i} + \sum_{i<j} \frac{e^2}{|\boldsymbol{R}_i - \boldsymbol{R}_j|}. \tag{14.143}$$

Die Elektronen werden von 1 bis Z beliebig nummeriert, und es ist

$$e^2 = \frac{q^2}{4\pi\varepsilon_0} \tag{14.144}$$

mit der Elektronenladung q. Der erste Term des Hamilton-Operators (14.143) stellt die gesamte kinetische Energie des Systems der Z Elektronen dar. Der zweite Term beschreibt die Anziehung, die der Atomkern mit der positiven Ladung $-Zq$ auf jedes Elektron ausübt. Der letzte Term rührt von der gegenseitigen Abstoßung der Elektronen her (die Summation wird hier über die $Z(Z-1)/2$ Möglichkeiten ausgeführt, die Z Elektronen zu Paaren zusammenzufassen).

Der Hamilton-Operator (14.143) ist selbst im einfachsten Fall des Heliums ($Z = 2$) zu kompliziert, als dass wir seine Eigenwertgleichung exakt lösen könnten.

Wechselwirkung der Elektronen

Ohne den Term $\sum_{i<j} e^2/|\boldsymbol{R}_i - \boldsymbol{R}_j|$ der gegenseitigen Wechselwirkungen der Elektronen in H wären die Elektronen unabhängig voneinander. Es wäre dann leicht, die Energien des Atoms zu bestimmen. Wir müssten lediglich die Energien der Z Elektronen addieren, die sich einzeln im Coulomb-Potential $-Ze^2/r$ befinden, und die Theorie aus Kapitel 7 lieferte sofort das Ergebnis. Die Eigenzustände des Atoms ergäben sich dann durch Antisymmetrisierung des Tensorprodukts der stationären Zustände der verschiedenen Elektronen.

Es ist also dieser Term, der die exakte Lösung des Problems verhindert. Man könnte versuchen, ihn störungstheoretisch zu behandeln. Eine Abschätzung seiner relativen Größenordnung zeigt jedoch, dass sich damit keine gute Näherung erzielen ließe. Der Abstand $|\boldsymbol{R}_i - \boldsymbol{R}_j|$ zwischen zwei Elektronen sollte im Mittel etwa dem Abstand R_i eines Elektrons vom Kern entsprechen. Das Verhältnis ρ des dritten Terms von Gl. (14.143) zum zweiten Term ist demnach näherungsweise

$$\rho \approx \frac{Z(Z-1)/2}{Z^2}; \tag{14.145}$$

ρ liegt zwischen $1/4$ für $Z = 2$ und $1/2$ für $Z \gg 1$. Folglich ergäbe die störungstheoretische Behandlung dieses Terms allenfalls für Helium ($Z = 2$) mehr oder weniger zufriedenstellende Ergebnisse, während sie für andere Atome überhaupt nicht mehr in Frage kommt (für $Z = 3$ ist ρ bereits gleich $1/3$). Wir müssen daher eine andere Näherungsmethode finden.

Prinzip der Methode

Um das Konzept eines Zentralfelds zu verstehen, wollen wir eine halbklassische Überlegung anwenden: Wir betrachten ein bestimmtes Elektron (i). In erster Näherung wird es von den $Z-1$ anderen Elektronen nur beeinflusst, weil ihre Ladungsverteilung teilweise die elektrostatische Anziehung des Kerns kompensiert. In dieser Näherung können wir das Elektron (i) so auffassen, als befände es sich unter dem Einfluss eines Potentials, das nur von seinem Ort $\boldsymbol{r}_i$ abhängt und das den mittleren Abstoßungseffekt durch die anderen Elektronen berücksichtigt. Wir wählen ein Potential $V_c(r_i)$, das nur vom Betrag von $\boldsymbol{r}_i$ abhängt und bezeichnen es als Zentralpotential des betrachteten Atoms. Offenbar kann es sich hier nur um eine Näherung handeln: Da die Bewegung des Elektrons (i) die der anderen $Z-1$ Elektronen beeinflusst, können wir die Korrelationen zwischen ihnen nicht ignorieren. Außerdem überwiegt, wenn sich das Elektron (i) in unmittelbarer Nähe eines anderen Elektrons (j) befindet, dessen Abstoßung die anderen Kräfte, so dass die Kraft nicht mehr zentral ist. In der Quantenmechanik scheint jedoch das Konzept eines mittleren Potentials besser gerechtfertigt zu sein, weil die Delokalisierung der Elektronen zu einer räumlich ausgedehnten Ladungsverteilung führt.

Die Überlegung führt uns dazu, den Hamilton-Operator (14.143) in der Form

$$H=\sum_{i=1}^{Z}\left[\frac{\boldsymbol{P}_i^2}{2m_e}+V_c(R_i)\right]+W \tag{14.146}$$

zu schreiben mit

$$W=-\sum_{i=1}^{Z}\frac{Ze^2}{R_i}+\sum_{i<j}\frac{e^2}{|\boldsymbol{R}_i-\boldsymbol{R}_j|}-\sum_{i=1}^{Z}V_c(R_i). \tag{14.147}$$

Wenn das Zentralpotential $V_c(R_i)$ vernünftig gewählt wird, sollte W im Hamilton-Operator H nur eine kleine Korrektur darstellen. Die Zentralfeldnäherung bedeutet dann ihre Vernachlässigung, d. h. wir verwenden den genäherten Hamilton-Operator

$$H_0=\sum_{i=1}^{Z}\left[\frac{\boldsymbol{P}_i^2}{2m_e}+V_c(R_i)\right]; \tag{14.148}$$

W wird wie eine Störung von H_0 behandelt (s. Abschnitt 14.6.2). Die Diagonalisierung von H_0 führt dann auf ein Problem *unabhängiger* Teilchen: Um die Eigenzustände von H_0 zu erhalten, bestimmen wir einfach die des Hamilton-Operators für ein Elektron,

$$\frac{\boldsymbol{P}^2}{2m_e}+V_c(R). \tag{14.149}$$

Mit den Definitionen (14.146) und (14.147) ist das Zentralpotential $V_c(r)$ natürlich nicht festgelegt, da für alle $V_c(r)$ gilt $H=H_0+W$. Um jedoch W als Störung behandeln zu können, muss $V_c(r)$ geschickt gewählt werden. Wir wollen die Frage nach Existenz und Bestimmung eines solchen optimalen Potentials hier nicht aufgreifen, da es sich dabei um ein komplexes Problem handelt. Das Potential $V_c(r)$, dem ein bestimmtes Elektron ausgesetzt ist, hängt von der räumlichen Verteilung der $Z-1$ anderen Elektronen ab, und diese Verteilung wiederum vom Potential $V_c(r)$, da die Wellenfunktionen der $Z-1$ Elektronen ebenfalls aus $V_c(r)$ berechnet werden müssen. Wir müssen daher nach einer kohärenten Lösung (allgemein spricht man von einer selbstkonsistenten Lösung) suchen, bei der die mit $V_c(r)$ bestimmten Wellenfunktionen eine Ladungsverteilung ergeben, die eben dieses Potential $V_c(r)$ erzeugt.

Energieniveaus des Atoms

Während die exakte Bestimmung des Potentials $V_c(r)$ ziemlich aufwendige Rechnungen erfordert, ist sein Verhalten für kleine und große Abstände leicht vorherzusagen. Wir erwarten, dass sich das Elektron (i) für kleine r innerhalb der Ladungsverteilung der anderen Elektronen befindet, so dass es nur das anziehende Potential des Kerns „spürt". Für große r befindet es sich hingegen außerhalb der von den $Z - 1$ Elektronen gebildeten „Wolke", und wir haben es mit einer einzelnen Punktladung aus der Summe der Kernladung und der Ladung der „Wolke" im Koordinatenursprung zu tun (die $Z - 1$ Elektronen schirmen das Feld des Kerns ab). Es gilt also (s. Abb. 14.9)

$$\begin{aligned} V_c(r) &\approx -\frac{e^2}{r} && \text{für große } r, \\ V_c(r) &\approx -\frac{Ze^2}{r} && \text{für kleine } r. \end{aligned} \tag{14.150}$$

Für mittlere Werte von r ist der Verlauf von $V_c(r)$ abhängig vom betrachteten Atom und entsprechend mehr oder weniger kompliziert.

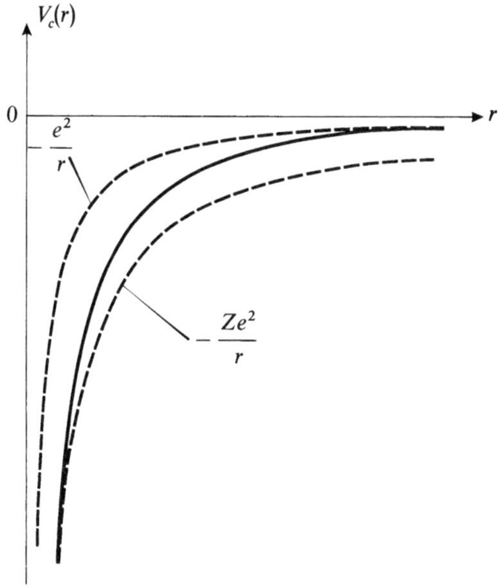

Abb. 14.9 Verlauf des Zentralpotentials $V_c(r)$ in Abhängigkeit von r. Die gestrichelten Kurven zeigen das Verhalten für kleine Abstände $(-Ze^2/r)$ und große Abstände $(-e^2/r)$.

Obwohl nur qualitativ, geben diese Überlegungen einen Eindruck vom Spektrum des Einteilchen-Hamilton-Operators (14.149). Da $V_c(r)$ nicht einfach proportional zu $1/r$ ist, wird die zufällige Entartung beim Wasserstoffatom (s. Abschnitt 7.3.4) nicht mehr beobachtet. Die Eigenwerte des Hamilton-Operators (14.149) hängen von den beiden Quantenzahlen n und l ab (sie bleiben jedoch unabhängig von m, da $V_c(r)$ ein Zentralpotential ist). Mit l wird dabei natürlich der Eigenwert des Operators $\boldsymbol{L}^2$ angegeben, und n ist nach Definition (wie beim Wasserstoffatom) die Summe aus der azimutalen Quantenzahl l und der radialen Quantenzahl k, die bei der Lösung der zu l gehörenden Radialgleichung eingeführt wird; n und l sind daher ganzzahlig und erfüllen die Relation

$$0 \leq l \leq n - 1. \tag{14.151}$$

Offenbar werden die Energien $E_{n,l}$ für einen gegebenen Wert von l mit n größer,

$$E_{n,l} > E_{n',l} \quad \text{für } n > n'. \tag{14.152}$$

Für festes n ist die Energie umso niedriger, je mehr der entsprechende Eigenzustand in den Kern „eindringt", d. h. je größer die Wahrscheinlichkeitsdichte des Elektrons in der Nähe des Kerns ist (den Beziehungen (14.150) zufolge ist der Abschirmeffekt dann schwächer). Die Energien $E_{n,l}$ zu einem Wert von n können demnach in einer Reihe mit steigenden Drehimpulsen angeordnet werden:

$$E_{n,0} < E_{n,1} < \cdots < E_{n,n-1}. \tag{14.153}$$

Die Reihenfolge der Zustände für alle Atome ist offenbar näherungsweise gleich, obwohl die Absolutwerte der entsprechenden Energien mit Z variieren. In Abb. 14.10 ist diese Reihenfolge wie auch die $2(2l + 1)$-fache Entartung der Zustände angegeben (der Faktor 2 stammt vom Elektronenspin). Die verschiedenen Zustände sind in der spektroskopischen Notation dargestellt (s. Abschnitt 7.3.4). Die Zustände innerhalb derselben Klammer liegen sehr dicht beieinander und können in einigen Atomen sogar übereinstimmen (wir machen darauf aufmerksam, dass es sich bei Abb. 14.10 nur um eine schematische Darstellung handelt, die die relative Lage der Eigenwerte $E_{n,l}$ zueinander angibt; es wurde kein Wert darauf gelegt, einen auch nur halbwegs realistischen Energiemaßstab zu verwenden).

Man beachte den großen Unterschied zwischen diesem Energiespektrum und dem des Wasserstoffatoms (Abb. 7.4). Wir haben bereits darauf hingewiesen, dass die Energie hier auch von der Quantenzahl l abhängt, und zusätzlich ist die Reihenfolge der Zustände verschieden. Zum Beispiel entnehmen wir Abb. 14.10, dass die $4s$-Schale eine etwas geringere Energie als die $3d$-Schale hat. Die Ursache dafür ist eine tiefer eindringende $4s$-Wellenfunktion. Analoge Vertauschungen treten für die $n = 4$- und $n = 5$-Schalen usw. auf. Das verdeutlicht die Bedeutung der gegenseitigen elektronischen Abstoßung.

14.5.2 Elektronenkonfigurationen verschiedener Elemente

In der Zentralfeldnäherung sind die Eigenzustände des Hamilton-Operators H_0 des Atoms Slater-Determinanten, die aus den zu den Energieniveaus $E_{n,l}$ gehörenden einzelnen Elektronenzuständen konstruiert werden. Wir finden damit die in Abschnitt 14.4.1 angekündigte Situation vor: Der Grundzustand des Atoms ergibt sich, wenn die Z Elektronen die niedrigsten mit dem Pauli-Prinzip verträglichen Einzelzustände besetzen. Die maximale Anzahl an Elektronen, die eine bestimmte Energie $E_{n,l}$ besitzen können, ist gleich ihrer Entartung $2(2l + 1)$. Die Menge der Einzelzustände zu einer gegebenen Energie $E_{n,l}$ wird als *Schale* bezeichnet. Die Gesamtheit der besetzten Schalen mit Angabe der

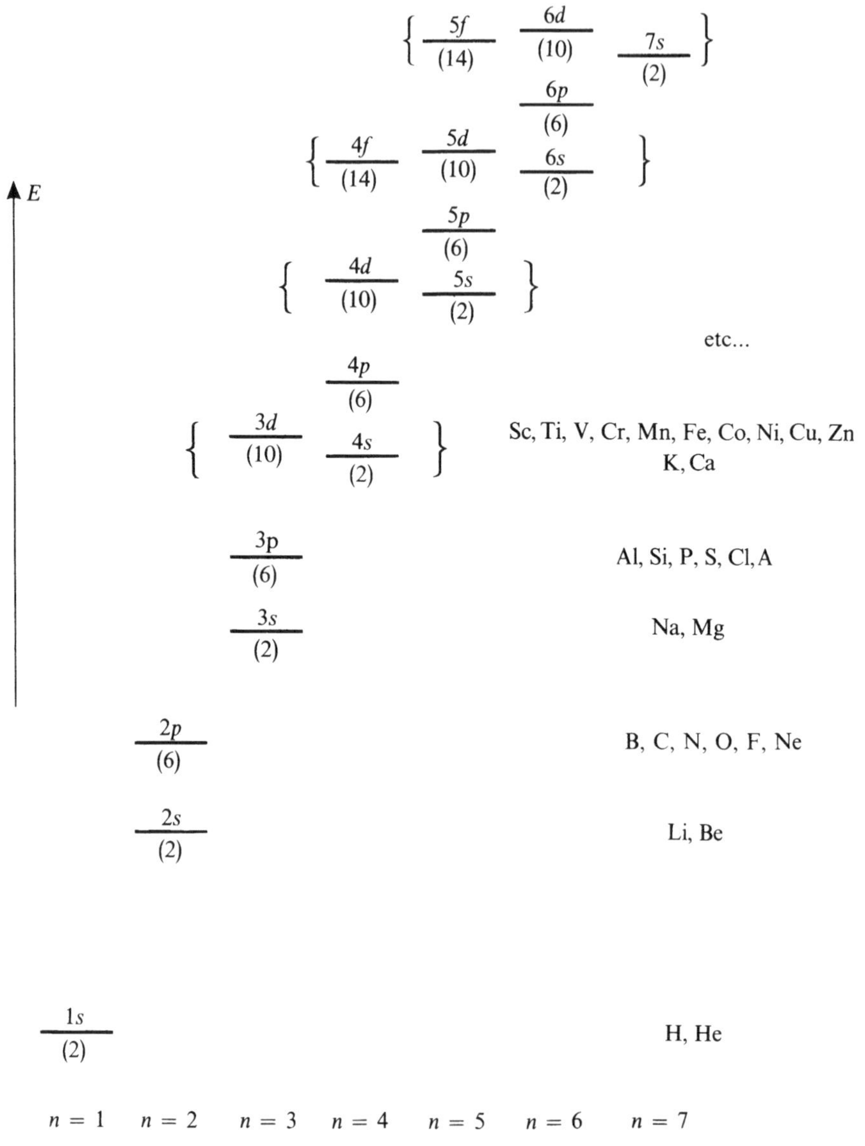

Abb. 14.10 Energieniveauschema (Elektronenschalen) für ein Zentralpotential wie in Abb. 14.9. Bei gegebenem Wert von n wächst die Energie mit l. Die Entartung der Niveaus ist in Klammern angegeben. Die Zustände innerhalb einer Klammer liegen sehr dicht zusammen, ihre relative Lage kann von Atom zu Atom verschieden sein. Auf der rechten Seite sind die chemischen Symbole der Atome angegeben, für die in der Grundzustandskonfiguration die in gleicher Höhe liegende Schale als äußerste noch besetzt ist.

Elektronenanzahl in jeder einzelnen Schale stellt die *Elektronenkonfiguration* des Atoms dar. Die verwendete Notation wird weiter unten an einigen Beispielen erklärt. Die Konfiguration spielt für die chemischen Eigenschaften der Atome eine wichtige Rolle. Die Kenntnis der Wellenfunktionen der verschiedenen Elektronen und der zugehörigen Energien ermöglicht die Interpretation der Anzahl, Stabilität und Geometrie der chemischen Bindungen eines Atoms (s. Abschnitt 7.8).

Um die Elektronenkonfiguration eines bestimmten Atoms im Grundzustand zu bestimmen, „füllen" wir einfach die verschiedenen Schalen nach und nach in der durch Abb. 14.10 angegebenen Reihenfolge auf (ausgehend vom $1s$-Niveau), bis alle Z Elektronen untergebracht sind. Das wollen wir nun in einer knappen Wiederholung des Mendelejewschen Schemas ausführen.

Im Grundzustand des Wasserstoffatoms besetzt das einzige Elektron das $1s$-Niveau. Die Konfiguration des nächsten Elements (Helium, $Z = 2$) lautet

$$\text{He}: \ 1s^2; \tag{14.154}$$

dies bedeutet, dass die beiden Elektronen die beiden orthogonalen Zustände der $1s$-Schale besetzen (gleiche räumliche Wellenfunktion, orthogonale Spinzustände). Dann folgt Lithium ($Z = 3$) mit der Elektronenkonfiguration

$$\text{Li}: \ 1s^2, 2s. \tag{14.155}$$

Die $1s$-Schale kann nur zwei Elektronen aufnehmen, so dass das dritte das nächst höhere Niveau besetzen muss, also nach Abb. 14.10 die $2s$-Schale. Diese Schale kann ein zweites Elektron aufnehmen, womit sich die Elektronenkonfiguration von Beryllium ($Z = 4$) ergibt,

$$\text{Be}: \ 1s^2, 2s^2. \tag{14.156}$$

Für $Z > 4$ wird die $2p$-Schale (s. Abb. 14.10) als nächste schrittweise aufgefüllt usw. Mit steigender Elektronenanzahl Z werden immer höhere Schalen erreicht (auf der rechten Seite von Abb. 14.10 sind den ersten Schalen gegenüber die Symbole der Atome angegeben, für die sie die äußerste besetzte Schale sind). Auf diese Weise ergeben sich die Elektronenkonfigurationen der Grundzustände aller Atome (Mendelejewsches Schema). Man beachte, dass sehr dicht beieinander liegende Niveaus (in Abb. 14.10 in einer Klammer angeordnet) sehr unregelmäßig aufgefüllt werden können. Zum Beispiel besitzt (Abb. 14.10 ordnet der $4s$-Schale eine kleinere Energie als der $3d$-Schale zu) Chrom ($Z = 24$) fünf $3d$-Elektronen, obwohl die $4s$-Schale unvollständig ist. Ähnliche Unregelmäßigkeiten treten bei Kupfer ($Z = 29$), Niob ($Z = 41$) usw. auf.

Bemerkungen

1. Die hier analysierten Elektronenkonfigurationen stellen den Grundzustand der verschiedenen Atome in der Zentralfeldnäherung dar. Die niedrigsten angeregten Zustände des Hamilton-Operators H_0 erhält man, indem ein Elektron in ein über der letzten im Grundzustand besetzten Schale liegendes Energieniveau angehoben wird. In Abschnitt 14.6 werden wir z. B. sehen, dass die erste angeregte Konfiguration des Heliumatoms $1s, 2s$ ist.

2. Zu einer Elektronenkonfiguration, die in einer vollständigen Schale endet, gibt es genau eine nichtverschwindende Slater-Determinante, da es dann ebenso viele orthogonale Einzelzustände wie

Elektronen gibt. Die Grundzustände der Edelgase $(\ldots ns^2, np^6)$ sind demnach nichtentartet; Gleiches gilt für die Erdalkalimetalle $(\ldots, ns^2)$. Wenn die Anzahl der äußeren Elektronen andererseits kleiner ist als die Entartung der äußersten Schale, ist der Grundzustand des Atoms entartet. Bei den Alkalimetallen $(\ldots, ns)$ ist diese Entartung gleich 2; für Kohlenstoff $(1s^2, 2s^2, 2p^2)$ ist sie gleich $C_6^2 = 15$, da zwei Einzelzustände beliebig aus den sechs orthogonalen Zuständen gewählt werden können, die die $2p$-Schale bilden.

3. Man kann zeigen, dass eine vollständige Schale den Gesamtdrehimpuls null hat. Das gilt bereits für den Gesamtbahndrehimpuls und den Gesamtspin (d. h. für die Summe der Bahndrehimpulse bzw. der Spins der Elektronen in dieser Schale). Der Drehimpuls eines Atoms[10] rührt daher nur von seinen äußeren Elektronen her. Der Gesamtdrehimpuls eines Heliumatoms im Grundzustand ist gleich null, der eines Alkalimetalls $1/2$ (ein einzelnes äußeres Elektron mit Bahndrehimpuls null und Spin $1/2$).

14.6 Energieniveaus des Heliumatoms

Im vorhergehenden Abschnitt untersuchten wir Mehrelektronenatome in der Zentralfeldnäherung, in der die Elektronen als voneinander unabhängig angesehen werden. Dadurch konnten wir den Begriff einer Konfiguration einführen. Wir wollen die Korrekturen zu dieser Näherung berechnen, indem wir die gegenseitige elektrostatische Abstoßung der Elektronen genauer betrachten. Der Einfachheit halber beschränken wir uns dabei auf das einfachste Mehrelektronenatom, das Heliumatom. Wir werden zeigen, dass unter dem Einfluss der elektrostatischen Abstoßung die Elektronenkonfigurationen (Abschnitt 14.6.1) dieses Atoms in Spektralterme (Abschnitt 14.6.2) aufgespalten werden. Daraus entstehen Feinstrukturmultipletts (Abschnitt 14.6.3), wenn im atomaren Hamilton-Operator noch kleinere Terme (magnetische Wechselwirkungen) berücksichtigt werden. Die Zusammenhänge lassen sich auf komplexere Atome verallgemeinern.

14.6.1 Zentralfeldnäherung. Konfigurationen

Der elektrostatische Hamilton-Operator

Wie im vorangegangenen Abschnitt betrachten wir zunächst nur die elektrostatischen Kräfte, die durch einen Hamilton-Operator der folgenden Form beschrieben werden (s. Abschnitt 14.3.4, Gl. (14.101)):

$$H = H_0 + W \tag{14.157}$$

mit

$$H_0 = \frac{\boldsymbol{P}_1^2}{2m_e} + \frac{\boldsymbol{P}_2^2}{2m_e} + V_c(R_1) + V_c(R_2) \tag{14.158}$$

[10] Wir diskutieren hier nur den Drehimpuls der Elektronenwolke des Atoms. Der Kern besitzt ebenfalls einen Drehimpuls, der zu diesem addiert werden müsste.

und

$$W = -\frac{2e^2}{R_1} - \frac{2e^2}{R_2} + \frac{e^2}{|\boldsymbol{R}_1 - \boldsymbol{R}_2|} - V_c(R_1) - V_c(R_2). \tag{14.159}$$

Das Zentralpotential $V_c(r)$ ist dabei so gewählt, dass W eine kleine Korrektur zu H_0 darstellt.

Solange W vernachlässigt wird, werden die Elektronen als voneinander unabhängig angesehen (obwohl die mittlere elektrostatische Abstoßung durch das Potential $V_c(r)$ berücksichtigt wird). Die Energieniveaus von H_0 definieren dann die Elektronenkonfiguration, die wir in diesem Abschnitt behandeln werden. Danach werden wir in Abschnitt 14.6.2 mit Hilfe der stationären Störungstheorie den Einfluss von W untersuchen.

Grundzustandskonfiguration und angeregte Konfigurationen

Der Diskussion in Abschnitt 14.5.2 zufolge werden die Konfigurationen des Heliumatoms durch die Quantenzahlen n, l und n', l' der beiden Elektronen (die sich im Zentralpotential $V_c(r)$ befinden) angegeben. Die entsprechenden Energien lauten

$$E_c = E_{n,l} + E_{n',l'}. \tag{14.160}$$

Die Grundzustandskonfiguration $1s^2$ wird erhalten (Abb. 14.11), wenn sich beide Elektronen in der $1s$-Schale befinden; in der ersten angeregten Konfiguration $1s, 2s$ befindet sich ein Elektron in der $1s$-Schale und das andere in der $2s$-Schale. Entsprechend ist die zweite angeregte Konfiguration die Konfiguration $1s, 2p$.

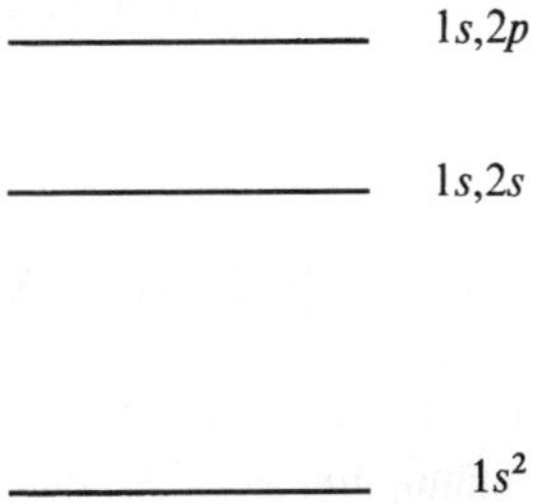

Abb. 14.11 Grundzustandskonfiguration und die ersten zwei angeregten Konfigurationen des Heliumatoms (die Energien sind nicht maßstabsgerecht aufgetragen).

Die angeregten Konfigurationen des Heliumatoms sind von der Form $1s, n'l'$. In Wirklichkeit gibt es auch *zweifach angeregte* Konfigurationen des Typs $nl, n'l'$ (mit $n, n' > 1$). Für Helium ist jedoch ihre Energie größer als die Ionisationsenergie E_I des Atoms (der Grenzwert der Energie der Konfiguration $1s, n'l'$ für $n' \to \infty$). Die meisten entsprechenden Zustände sind daher sehr instabil: Sie dissoziieren sehr schnell in ein Ion und ein Elektron und werden als *selbstionisierende Zustände* bezeichnet. Allerdings gibt es auch Zustände mit zweifach angeregten Konfigurationen, die über die Emission von Photonen zerfallen. Einige der zugehörigen Spektrallinien sind experimentell beobachtet worden.

Entartung der Konfigurationen

Da V_c ein Zentralpotential und nicht spinabhängig ist, hängt die Energie einer Konfiguration nicht von den magnetischen Quantenzahlen m und m' ($-l \leq m \leq l$, $-l' \leq m' \leq l'$) oder den Spinquantenzahlen ε und ε' ($\varepsilon = \pm$, $\varepsilon' = \pm$) der beiden Elektronen ab. Die meisten Konfigurationen sind daher entartet; wir wollen sie im Folgenden bestimmen.

Ein zu einer Konfiguration gehörender Zustand wird durch die Angabe der vier Quantenzahlen (n, l, m, ε) und $(n', l', m', \varepsilon')$ der beiden Elektronen definiert. Da es sich bei den Elektronen um identische Teilchen handelt, ist das Symmetrisierungspostulat zu beachten. Der physikalische Vektor dieses Zustands kann nach Abschnitt 14.3.3 gechrieben werden

$$|n, l, m, \varepsilon; n', l', m', \varepsilon'\rangle = \frac{1}{\sqrt{2}} (1 - P_{21}) \, |1 : n, l, m, \varepsilon; 2 : n', l', m', \varepsilon'\rangle. \quad (14.161)$$

Das Pauli-Prinzip schließt Zustände des Systems aus, bei denen sich beide Elektronen im selben Einzelzustand befinden ($n = n'$, $l = l'$, $m = m'$, $\varepsilon = \varepsilon'$). Wie wir in Abschnitt 14.3.3 gesehen haben, bildet die Menge der nichtverschwindenden (d. h. nicht vom Pauli-Prinzip ausgeschlossenen) physikalischen Vektoren (14.161) mit festem n, l, n', l' eine Orthonormalbasis im zur Konfiguration $nl, n'l'$ gehörenden Unterraum $\mathcal{H}(n, l; n', l')$ von $\mathcal{H}_A$.

Zur Berechnung der Entartung einer Konfiguration $nl, n'l'$ unterscheiden wir zwei Fälle:

1. Die beiden Elektronen befinden sich nicht in derselben Schale (es gilt nicht $n = n'$ und $l = l'$).

Die Einzelzustände der beiden Elektronen können nicht zusammenfallen, und m, m', ε, ε' können unabhängig voneinander jeden beliebigen Wert annehmen. Die Entartung einer solchen Konfiguration ist folglich gleich

$$2(2l + 1) \times 2(2l' + 1) = 4(2l + 1)(2l' + 1). \quad (14.162)$$

Die Konfigurationen $1s, 2s$ und $1s, 2p$ fallen in diese Kategorie; ihre Entartungen sind gleich 4 bzw. 12.

2. Die beiden Elektronen sind in derselben Schale ($n = n'$ und $l = l'$).

In diesem Fall müssen die Zustände mit $m = m'$ und $\varepsilon = \varepsilon'$ ausgeschlossen werden. Da die Anzahl der verschiedenen Einzelzustände gleich $2(2l + 1)$ ist, ist die Entartung der nl^2-Konfiguration gleich der Anzahl an Paaren, die sich aus diesen Einzelzuständen bilden lassen (s. Abschnitt 14.3.3), d. h.

$$C^2_{2(2l+1)} = (2l + 1)(4l + 1). \quad (14.163)$$

Die Konfiguration $1s^2$, die in diese Kategorie fällt, ist also nicht entartet. Es ist interessant, die zu diesem Zustand gehörende Slater-Determinante zu entwickeln. Wenn wir in Gl. (14.161) $n = n' = 1$, $l = l' = m = m' = 0$, $\varepsilon = +$, $\varepsilon' = -$ setzen und den Raumanteil als gemeinsamen Faktor schreiben, erhalten wir

$$|1s^2\rangle = |1 : 1, 0, 0; 2 : 1, 0, 0\rangle \otimes \frac{1}{\sqrt{2}} \left(|1 : +; 2 : -\rangle - |1 : -; 2 : +\rangle\right). \quad (14.164)$$

Im Spinanteil von Gl. (14.164) erkennen wir den Ausdruck für den Singulettzustand $|S = 0, M_S = 0\rangle$, wobei S und M_S die Quantenzahlen des Gesamtspins $\boldsymbol{S} = \boldsymbol{S}_1 + \boldsymbol{S}_2$ (s. Abschnitt 10.2.4) sind. Obwohl der Hamilton-Operator H_0 nicht vom Spin abhängt, folgt aus den Forderungen des Symmetrisierungspostulats, dass der Gesamtspin des Grundzustands den Wert $S = 0$ haben muss.

14.6.2 Einfluss der Elektronenabstoßung

Wir untersuchen nun mit Hilfe der stationären Störungstheorie den Einfluss von W. Dazu müssen wir die Einschränkung von W in dem zur Konfiguration $nl, n'l'$ gehörenden Unterraum $\mathscr{H}(n,l;n',l')$ diagonalisieren. Die Eigenwerte der entsprechenden Matrix geben die Korrekturen der Konfigurationsenergie E_c in erster Ordnung in W an; die zugehörigen Eigenzustände sind die Eigenzustände nullter Ordnung.

Um die Matrix zu berechnen, die W in $\mathscr{H}(n,l;n',l')$ darstellt, können wir eine beliebige Basis wählen, insbesondere die der Vektoren (14.161). Zweckmäßig wäre dabei die Berücksichtigung der Symmetrien von W. So werden wir eine Basis angeben können, in der die Einschränkung von W bereits diagonal ist.

Wahl einer geeigneten Basis in $\mathscr{H}(n,l;n',l')$

Gesamtbahndrehimpuls $\boldsymbol{L}$ und Gesamtspin $\boldsymbol{S}$. Der Operator W vertauscht nicht einzeln mit den Bahndrehimpulsen $\boldsymbol{L}_1$ und $\boldsymbol{L}_2$ der beiden Elektronen. Wie wir allerdings bereits gezeigt haben (s. Abschnitt 10.1.2), gilt für den Gesamtdrehimpuls

$$\boldsymbol{L} = \boldsymbol{L}_1 + \boldsymbol{L}_2 \tag{14.165}$$

die Beziehung

$$[W, \boldsymbol{L}] = \left[\frac{e^2}{R_{12}}, \boldsymbol{L}\right] = 0; \tag{14.166}$$

$\boldsymbol{L}$ ist also eine Konstante der Bewegung.[11] Dasselbe gilt auch für den Gesamtspin $\boldsymbol{S}$, da W nicht auf den Spinzustandsraum wirkt:

$$[W, \boldsymbol{S}] = 0. \tag{14.167}$$

Wir betrachten nun die Menge der vier Operatoren $\boldsymbol{L}^2$, $\boldsymbol{S}^2$, L_z, S_z. Sie vertauschen untereinander und mit W. Wir wollen zeigen, dass sie im Unterraum $\mathscr{H}(n,l;n',l')$ von $\mathscr{H}_A$ einen vollständigen Satz kommutierender Observabler (v. S. k. O.) bilden. Das wird uns weiter unten ermöglichen, die Eigenwerte der Einschränkung von W in diesem Unterraum sofort zu erhalten.

Dazu kehren wir zum Raum $\mathscr{H}$ zurück, dem Tensorprodukt der Zustandsräume $\mathscr{H}(1)$ und $\mathscr{H}(2)$ der beiden (beliebig nummerierten) Elektronen. Der zur Konfiguration $nl, n'l'$

[11] Diese Aussage hängt damit zusammen, dass der Abstand R_{12} in Bezug auf eine Drehung beider Elektronen invariant ist. Das gilt jedoch nicht mehr, wenn nur ein Elektron gedreht wird; deshalb vertauscht W nicht mit $\boldsymbol{L}_1$ oder $\boldsymbol{L}_2$.

gehörende Unterraum $\mathcal{H}(n, l; n', l')$ von $\mathcal{H}_A$ wird erhalten, wenn man die verschiedenen Vektoren des Unterraums $\mathcal{H}_{n,l}(1) \otimes \mathcal{H}_{n',l'}(2)$ von $\mathcal{H}$ antisymmetrisiert.[12] Wählen wir in diesem Unterraum die Basis $|1 : n, l, m, \varepsilon\rangle \otimes |2 : n', l', m', \varepsilon'\rangle$, so ergibt sich die Basis physikalischer Vektoren durch Antisymmetrisierung.

Wie wir jedoch aus den Ergebnissen in Kapitel 10 wissen, können wir in $\mathcal{H}_{n,l}(1) \otimes \mathcal{H}_{n',l'}(2)$ auch eine andere Basis aus gemeinsamen Eigenvektoren von $\boldsymbol{L}^2$, L_z, $\boldsymbol{S}^2$, S_z wählen, die vollständig durch die Angabe der entsprechenden Eigenwerte definiert wird. Diese Basis lautet

$$\{|1 : n, l; 2 : n', l'; L, M_L\rangle \otimes |S, M_S\rangle\} \tag{14.168}$$

mit

$$\begin{aligned} L &= l + l', l + l' - 1, \ldots, |l - l'|, \\ S &= 1, 0. \end{aligned} \tag{14.169}$$

Da $\boldsymbol{L}^2$, L_z, $\boldsymbol{S}^2$, S_z alle symmetrische Operatoren sind (sie vertauschen mit P_{21}), bleiben die Vektoren der Basis (14.168) auch nach der Antisymmetrisierung Eigenvektoren von $\boldsymbol{L}^2$, L_z, $\boldsymbol{S}^2$, S_z mit denselben Eigenwerten (einige von ihnen können natürlich eine verschwindende Projektion auf $\mathcal{H}_A$ haben). Dies ist der Fall, wenn die entsprechenden physikalischen Vektoren durch das Pauli-Prinzip ausgeschlossen sind (s. unten). Die nichtverschwindenden Vektoren, die sich durch die Antisymmetrisierung von (14.168) ergeben, sind demnach orthogonal, da sie zu verschiedenen Eigenwerten wenigstens einer der vier betrachteten Observablen gehören. Da sie $\mathcal{H}(n, l; n', l')$ aufspannen, bilden sie eine Orthonormalbasis dieses Unterraums, die wir schreiben

$$\{|n, l; n', l'; L, M_L; S, M_S\rangle\} \tag{14.170}$$

mit

$$\begin{aligned} &|n, l; n', l'; L, M_L; S, M_S\rangle \\ &\quad = c\,(1 - P_{21})\big(|1 : n, l; 2 : n', l'; L, M_L\rangle \otimes |S, M_S\rangle\big), \end{aligned} \tag{14.171}$$

wobei c eine Normierungskonstante ist. Also bilden $\boldsymbol{L}^2$, L_z, $\boldsymbol{S}^2$, S_z einen v. S. k. O. in $\mathcal{H}(n, l; n', l')$.

Wir führen nun den Permutationsoperator $P_{21}^{(S)}$ im Spinzustandsraum ein,

$$P_{21}^{(S)}\,|1 : \varepsilon; 2 : \varepsilon'\rangle = |1 : \varepsilon'; 2 : \varepsilon\rangle. \tag{14.172}$$

Wir haben in Abschnitt 10.2.4 gezeigt (s. Bemerkung 2), dass gilt

$$P_{21}^{(S)}\,|S, M_S\rangle = (-1)^{S+1}\,|S, M_S\rangle. \tag{14.173}$$

Außerdem ist, wenn wir den Permutationsoperator im Zustandsraum der Bahnvariablen mit $P_{21}^{(B)}$ bezeichnen,

$$P_{21} = P_{21}^{(B)} \otimes P_{21}^{(S)}. \tag{14.174}$$

---

[12] Wir könnten ebenso vom Unterraum $\mathcal{H}_{n',l'}(1) \otimes \mathcal{H}_{n,l}(2)$ ausgehen (s. Bemerkung 1 am Ende von Abschnitt 14.2.2).

Mit Gl. (14.173) und Gl. (14.174) können wir Gl. (14.171) schließlich in der folgenden Form schreiben:

$$|n,l;n',l';L,M_L;S,M_S\rangle$$
$$= c\left\{\left[1-(-1)^{S+1}\,P_{21}^{(\mathrm{B})}\right]|1:n,l;2:n',l';L,M_L\rangle\right\}\otimes|S,M_S\rangle. \qquad (14.175)$$

Einschränkungen durch das Symmetrisierungspostulat. Wie wir gesehen haben, ist die Dimension von $\mathcal{H}(n,l;n',l')$ nicht immer gleich $4(2l+1)(2l'+1)$, d. h. gleich der Dimension von $\mathcal{H}_{n,l}(1)\otimes\mathcal{H}_{n',l'}(2)$. Einige Vektoren von $\mathcal{H}_{n,l}(1)\otimes\mathcal{H}_{n',l'}(2)$ können daher eine Projektion null auf $\mathcal{H}(n,l;n',l')$ haben. Es ist interessant, die Bedingungen für die Basis (14.170) zu untersuchen, die durch das Symmetrisierungspostulat gestellt werden.

Zunächst nehmen wir an, dass die beiden Elektronen nicht dieselbe Schale besetzen. Es ist dann leicht zu zeigen, dass der Bahnanteil von Gl. (14.175) gleich einer Summe oder Differenz von zwei orthogonalen Vektoren und damit niemals null ist.[13] Da dasselbe für $|S,M_S\rangle$ gilt, sind alle möglichen Werte von L und S erlaubt (s. Gl. (14.169)). Für die Konfiguration $1s,2s$ können wir z. B. $S=0$, $L=0$ und $S=1$, $L=0$ haben, für die Konfiguration $1s,2p$ entsprechend $S=0$, $L=1$ und $S=1$, $L=1$ usw.

Wenn wir nun andererseits annehmen, die beiden Elektronen besetzen dieselbe Schale, d. h. es gilt $n=n'$ und $l=l'$, so können einige Vektoren (14.175) null sein. Wir schreiben $|1:n,l;2:n',l';L,M_L\rangle$ in der Form

$$|1:n,l;2:n',l';L,M_L\rangle$$
$$=\sum_m\sum_{m'}\langle l,l';m,m'\,|\,L,M_L\rangle\,|1:n,l,m;2:n',l',m'\rangle. \qquad (14.176)$$

Nach Abschnitt 10.5.3, Gl. (10.183) ist

$$\langle l,l;m,m'\,|\,L,M_L\rangle=(-1)^L\langle l,l;m',m\,|\,L,M_L\rangle. \qquad (14.177)$$

Mit Hilfe von Gl. (14.176) erhalten wir

$$P_{21}^{(\mathrm{B})}\,|1:n,l;2:n,l;L,M_L\rangle=(-1)^L\,|1:n,l;2:n,l;L,M_L\rangle; \qquad (14.178)$$

setzen wir diese Beziehung in Gl. (14.175) ein, so ergibt sich[14]

$$|n,l;n,l;L,M_L;S,M_S\rangle$$
$$=\begin{cases}0 & \text{für } L+S \text{ ungerade},\\ |1:n,l;2:n,l;L,M_L\rangle\otimes|S,M_S\rangle & \text{für } L+S \text{ gerade}.\end{cases} \qquad (14.179)$$

[13]Die Normierungskonstante c ist dann gleich $1/\sqrt{2}$.

[14]Die Normierungskonstante ist dann gleich $1/2$.

Die Werte für L und S sind daher nicht beliebig: $L + S$ muss gerade sein. Insbesondere muss für eine $1s^2$-Konfiguration $L = 0$ gelten, so dass $S = 1$ ausgeschlossen ist. Dieses Ergebnis haben wir oben bereits gefunden.

Schließlich halten wir fest, dass das Symmetrisierungspostulat eine enge Korrelation zwischen der Symmetrie des Bahnanteils und der des Spinanteils des physikalischen Vektors (14.175) herstellt. Da der Gesamtvektor antisymmetrisch sein muss und der Spinanteil, abhängig vom Wert für S, symmetrisch ($S = 1$) oder antisymmetrisch ($S = 0$) ist, muss der Bahnanteil für $S = 1$ antisymmetrisch und für $S = 0$ symmetrisch sein. Wir werden die Bedeutung dieser Tatsache später verstehen.

Spektralterme. Spektroskopische Notation

Der Operator W vertauscht mit den vier Observablen $\boldsymbol{L}^2$, L_z, $\boldsymbol{S}^2$, S_z, die in $\mathscr{H}(n,l;n',l')$ einen v. S. k. O. bilden. Daraus folgt, dass die Einschränkung von W auf $\mathscr{H}(n,l;n',l')$ in der Basis

$$\{|n,l;n',l';L,M_L;S,M_S\rangle\} \tag{14.180}$$

diagonal mit den Eigenwerten

$$\delta(L,S) = \langle n,l;n',l';L,M_L;S,M_S \mid W \mid n,l;n',l';L,M_L;S,M_S\rangle \tag{14.181}$$

ist. Die Energieniveaus hängen weder von M_L noch von M_S ab, da sich aus den Relationen (14.166) und (14.167) ergibt, dass W nicht nur mit L_z und S_z, sondern auch mit $L_\pm$ und $S_\pm$ vertauscht: W ist demnach sowohl im Bahnzustandsraum als auch im Spinzustandsraum ein skalarer Operator (s. Abschnitte 6.6.5 und 6.6.6).

Innerhalb einer $nl, n'l'$-Konfiguration erhalten wir daher die durch ihre Werte von L und S gekennzeichneten Energieniveaus $E_c(n,l;n',l') + \delta(L,S)$. Jedes Niveau ist $(2L + 1)(2S + 1)$-fach entartet. Diese Niveaus werden *Spektralterme* genannt und in der folgenden Weise bezeichnet: Jedem Wert von L wird in der spektroskopischen Notation (s. Abschnitt 7.3.4) ein Buchstabe des Alphabets zugeordnet; wir geben also den entsprechenden Großbuchstaben an und fügen links oben eine Zahl für den Wert von $2S+1$ an. Die $1s^2$-Konfiguration ergibt z. B. einen einzelnen Spektralterm: ^1S (der Term ^3S ist durch das Pauli-Prinzip verboten). Die $1s, 2s$-Konfiguration enthält zwei Terme ^1S (nichtentartet) und ^3S (dreifach entartet), die $1s, 2p$-Konfiguration zwei Terme ^1P (Entartung 3) und ^3P (Entartung 9). Bei komplizierteren Konfigurationen wie z. B. $2p^2$ erhalten wir (s. oben) die Spektralterme ^1S, ^1D und ^3P ($L + S$ muss gerade sein) usw.

Unter dem Einfluss der elektrostatischen Abstoßung wird die Entartung der einzelnen Konfigurationen also teilweise aufgehoben (die $1s^2$-Konfiguration, die nichtentartet ist, wird verschoben). Wir wollen diesen Effekt für den einfachen Fall einer $1s, 2s$-Konfiguration genauer untersuchen. Dabei wird klar werden, warum die beiden sich aus dieser Konfiguration ergebenden Terme ^1S und ^3S, deren Gesamtspins verschiedene Werte aufweisen, unterschiedliche Energien haben, obwohl der Hamilton-Operator rein elektrostatischer Natur ist.

Physikalische Diskussion

Energien der Spektralterme der $1s, 2s$-Konfiguration. Für die $1s, 2s$-Konfiguration gilt $l = l' = L = 0$. Aus Gl. (14.176) erhält man dann den Vektor

$$\begin{aligned} &|1 : n = 1, l = 0; 2 : n' = 2, l' = 0; L = M_L = 0\rangle \\ &\quad = |1 : n = 1, l = m = 0; 2 : n' = 2, l' = m' = 0\rangle, \end{aligned} \tag{14.182}$$

den wir einfacher $|1 : 1s; 2 : 2s\rangle$ schreiben wollen. Bezeichnen wir die Zustände zu den beiden Spektraltermen ${}^3S$ und ${}^1S$ der $1s, 2s$-Konfiguration mit $|{}^3S, M_S\rangle$ bzw. $|{}^1S, 0\rangle$, so erhalten wir durch Einsetzen von Gl. (14.182) in Gl. (14.175)

$$\begin{aligned} |{}^3S, M_S\rangle &= \frac{1}{\sqrt{2}}\left[\left(1 - P_{21}^{(\mathrm{B})}\right)|1 : 1s; 2 : 2s\rangle\right] \otimes |S = 1, M_S\rangle, \\ |{}^1S, 0\rangle &= \frac{1}{\sqrt{2}}\left[\left(1 + P_{21}^{(\mathrm{B})}\right)|1 : 1s; 2 : 2s\rangle\right] \otimes |S = 0, M_S = 0\rangle. \end{aligned} \tag{14.183}$$

Da W nicht auf die Spinvariablen wirkt, können die durch Gl. (14.181) gegebenen Eigenwerte geschrieben werden

$$\begin{aligned} \delta({}^3S) &= \frac{1}{2}\langle 1 : 1s; 2 : 2s\,|\left(1 - P_{21}^{(\mathrm{B})}\right) W \left(1 - P_{21}^{(\mathrm{B})}\right)|1 : 1s; 2 : 2s\rangle, \\ \delta({}^1S) &= \frac{1}{2}\langle 1 : 1s; 2 : 2s\,|\left(1 + P_{21}^{(\mathrm{B})}\right) W \left(1 + P_{21}^{(\mathrm{B})}\right)|1 : 1s; 2 : 2s\rangle \end{aligned} \tag{14.184}$$

(wir haben dabei verwendet, dass $P_{21}^{(\mathrm{B})}$ hermitesch ist). Außerdem vertauscht $P_{21}^{(\mathrm{B})}$ mit W, und das Quadrat von $P_{21}^{(\mathrm{B})}$ ist der Identitätsoperator. Daher gilt

$$\left(1 \pm P_{21}^{(\mathrm{B})}\right) W \left(1 \pm P_{21}^{(\mathrm{B})}\right) = \left(1 \pm P_{21}^{(\mathrm{B})}\right)^2 W = 2\left(1 \pm P_{21}^{(\mathrm{B})}\right) W \tag{14.185}$$

und schließlich

$$\begin{aligned} \delta({}^3S) &= K - J, \\ \delta({}^1S) &= K + J \end{aligned} \tag{14.186}$$

mit

$$K = \langle 1 : 1s; 2 : 2s\,|\,W\,|\,1 : 1s; 2 : 2s\rangle, \tag{14.187}$$

$$\begin{aligned} J &= \langle 1 : 1s; 2 : 2s\,|\,P_{21}^{(\mathrm{B})} W\,|\,1 : 1s; 2 : 2s\rangle \\ &= \langle 1 : 2s; 2 : 1s\,|\,W\,|\,1 : 1s; 2 : 2s\rangle; \end{aligned} \tag{14.188}$$

K stellt also eine gemeinsame Energieverschiebung der beiden Terme dar und führt nicht zur Aufspaltung. Der Term J ist interessanter, da mit ihm eine Energiedifferenz zwischen den Termen ${}^3S$ und ${}^1S$ verbunden ist (s. Abb. 14.12). Wir wollen ihn daher näher untersuchen.

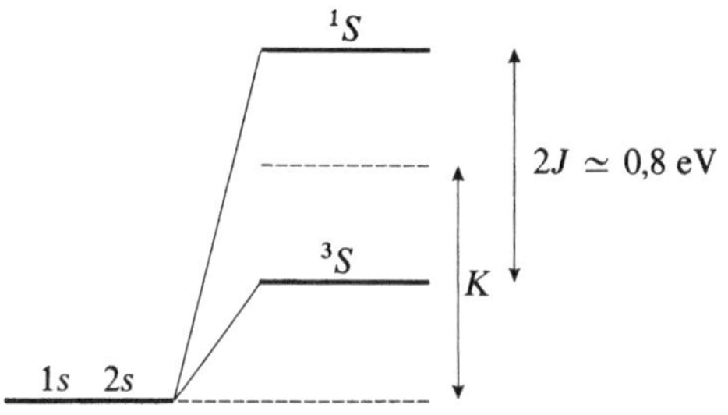

Abb. 14.12 Relative Lage der Spektralterme ^1S und ^3S, die sich aus der $1s, 2s$-Konfiguration des Heliumatoms ergeben. Der Term K stellt eine Gesamtverschiebung der Konfiguration dar. Die Aufhebung der Entartung ist proportional zum Austauschintegral J.

Das Austauschintegral. Wenn wir den Ausdruck (14.159) für W in Gl. (14.188) einsetzen, treten folgende Terme auf

$$\begin{aligned}&\langle 1:2s;2:1s\,|\,V_c(R_1)\,|\,1:1s;2:2s\rangle\\&\quad=\langle 1:2s\,|\,V_c(R_1)\,|1:1s\rangle\langle 2:1s\,|\,2:2s\rangle.\end{aligned}\tag{14.189}$$

Nun ist das Skalarprodukt der beiden orthogonalen Zustände $|2:1s\rangle$ und $|2:2s\rangle$ gleich null; damit verschwindet auch der Ausdruck (14.189). Eine analoge Argumentation zeigt, dass die Terme, die von den Operatoren $V_c(R_2)$, $-2e^2/R_1$, $-2e^2/R_2$ herrühren, ebenfalls verschwinden, da diese Operatoren nur in den Zustandsräumen der einzelnen Elektronen wirken, während die Zustände der beiden Elektronen im Ket- bzw. Bravektor von Gl. (14.188) verschieden sind. Schließlich verbleibt für J nur

$$J=\langle 1:2s;2:1s\,|\,\frac{e^2}{|\boldsymbol{R}_1-\boldsymbol{R}_2|}\,|\,1:1s;2:2s\rangle;\tag{14.190}$$

J hängt also ausschließlich mit der elektrostatischen Abstoßung zwischen den beiden Elektronen zusammen.

Es sei $\varphi_{n,l,m}(\boldsymbol{r})$ die zum Zustand $|n,l,m\rangle$ gehörende Wellenfunktion (die stationären Zustände eines Elektrons im Zentralpotential V_c):

$$\varphi_{n,l,m}(\boldsymbol{r})=\langle\boldsymbol{r}|n,l,m\rangle.\tag{14.191}$$

In der Ortsdarstellung ergibt die Berechnung von J aus Gl. (14.190)

$$J=\int d^3r_1\int d^3r_2\,\varphi^*_{2,0,0}(\boldsymbol{r}_1)\,\varphi^*_{1,0,0}(\boldsymbol{r}_2)\,\frac{e^2}{|\boldsymbol{r}_1-\boldsymbol{r}_2|}\,\varphi_{1,0,0}(\boldsymbol{r}_1)\,\varphi_{2,0,0}(\boldsymbol{r}_2).\tag{14.192}$$

Dieses Integral wird *Austauschintegral* genannt. Wir wollen es hier nicht explizit berechnen, sondern nur darauf hinweisen, dass es positiv ist.

Ursprung der Energiedifferenz zwischen den beiden Termen. Den Ausdrücken (14.183) und (14.184) können wir entnehmen, dass die Energieaufspaltung zwischen den

Termen ^3S und ^1S in der unterschiedlichen Symmetrie der Bahnanteile dieser Terme begründet ist. Wir haben oben bereits festgestellt, dass ein Triplett ($S = 1$) einen in Bezug auf den Austausch der beiden Elektronen antisymmetrischen Bahnanteil besitzen muss; daher stammt das Minuszeichen vor $P_{21}^{(B)}$ in den jeweils ersten Gleichungen (14.183) und (14.184). Ein Singulett ($S = 0$) andererseits hat einen symmetrischen Bahnanteil (Pluszeichen in der jeweils zweiten Gleichungen (14.183) und (14.184)).

Damit erklärt sich die in Abb. 14.12 dargestellte relative Lage der Terme ^3S und ^1S. Die Orbitalwellenfunktion des Singuletts ist symmetrisch in Bezug auf den Austausch der beiden Elektronen, die damit eine nichtverschwindende Wahrscheinlichkeit besitzen, sich am selben Raumpunkt aufzuhalten. Aus diesem Grund wird die Energie des Singulettzustands durch die elektrische Abstoßung merklich vergrößert; die mit dieser Abstoßung verbundene Energie e^2/r_{12} nimmt große Werte an, wenn die Elektronen dicht beisammen sind. Der Triplettzustand hingegen besitzt eine unter dem Austausch der beiden Elektronen antisymmetrische Bahnwellenfunktion: Die Elektronen halten sich dann mit der Wahrscheinlichkeit null am selben Ort auf. Der Erwartungswert der elektrostatischen Abstoßungsenergie ist somit kleiner. Die Energiedifferenz zwischen dem Singulett- und dem Triplettzustand erklärt sich also aus den Korrelationen zwischen den Bahnvariablen der beiden Elektronen, die wegen des Symmetrisierungspostulats vom Wert des Gesamtspins abhängen.

Die Rolle des Symmetrisierungspostulats. Man könnte nun annehmen, die Entartung einer Konfiguration werde durch das Symmetrisierungspostulat vollständig aufgehoben. Wir wollen zeigen,[15] dass das nicht der Fall ist. Das Postulat legt lediglich den Wert des Gesamtspins der Terme fest, die sich aus einer bestimmten Konfiguration ergeben (wegen der gegenseitigen elektrostatischen Abstoßung der Elektronen).

Um das zu zeigen, nehmen wir für einen Augenblick an, dass das Symmetrisierungspostulat nicht angewandt zu werden braucht. Zum Beispiel können wir uns vorstellen, die beiden Elektronen wären durch zwei (natürlich fiktive) Teilchen derselben Masse, Ladung und Spin ersetzt, die aber durch andere innere Eigenschaften unterscheidbar sind (der Hamilton-Operator H des Systems soll dadurch nicht geändert werden; er wird weiter durch Gl. (14.157) gegeben). Da H nicht vom Spin abhängt und das Symmetrisierungspostulat nicht angewendet werden muss, können wir die Spins bis zum Ende der Rechnungen vollständig vernachlässigen und die sich ergebenden Entartungen einfach mit 4 multiplizieren. Das Energieniveau von H_0, das zur Konfiguration $1s, 2s$ gehört, ist bezüglich seines Bahnanteils zweifach entartet, weil es die beiden orthogonalen Zustände $|1 : 1s; 2 : 2s\rangle$ und $|1 : 2s; 2 : 1s\rangle$ enthält (dabei handelt es sich um unterschiedliche physikalische Zustände, da die beiden Teilchen verschieden sind). Um den Einfluss von W zu untersuchen, müssen wir W in dem durch diese beiden Vektoren aufgespannten zweidimensionalen Raum diagonalisieren. Die entsprechende Matrix lautet

$$\begin{pmatrix} K & J \\ J & K \end{pmatrix}, \tag{14.193}$$

[15] Siehe auch die Bemerkung 1 in Abschnitt 14.3.4.

wobei J und K durch Gl. (14.187) und Gl. (14.188) gegeben werden (die beiden Diagonalelemente der Matrix (14.193) sind gleich, da W invariant gegenüber dem Austausch der beiden Teilchen ist). Die Matrix (14.193) kann sofort diagonalisiert werden. Dabei ergeben sich die Eigenwerte $K + J$ und $K - J$, die zu der symmetrischen bzw. antisymmetrischen Linearkombination der beiden Vektoren $|1 : 1s; 2 : 2s\rangle$ und $|1 : 2s; 2 : 1s\rangle$ gehören. Dass diese Bahneigenzustände wohldefinierte Symmetrieeigenschaften bezüglich des Austauschs der beiden Teilchen besitzen, hat nichts mit dem Pauli-Prinzip zu tun, sondern folgt allein aus der Tatsache, dass W mit $P_{21}^{(\mathrm{B})}$ vertauscht (es lassen sich demnach gemeinsame Eigenzustände zu W und $P_{21}^{(\mathrm{B})}$ finden).

Wenn also die beiden Teilchen nicht identisch sind, ergeben sich dieselbe Anordnung der Niveaus und dieselben Bahnsymmetrien wie zuvor. Die Entartung der Niveaus ist jedoch verschieden: Das untere Niveau mit der Energie $K - J$ kann wie das obere einen Gesamtspin von entweder $S = 0$ oder $S = 1$ haben.

Wenn wir nun zum eigentlichen Heliumatom zurückkehren, erkennen wir deutlich die Rolle, die das Pauli-Prinzip spielt. Es ist nicht für die Aufspaltung des Anfangsniveaus $1s, 2s$ in die beiden Energieniveaus $K + J$ und $K - J$ verantwortlich, da diese auch bei unterscheidbaren Teilchen zu beobachten ist. Das symmetrische oder antisymmetrische Verhalten der Bahnanteile der Eigenvektoren hängt mit der Invarianz der elektrostatischen Wechselwirkung in Bezug auf den Austausch der beiden Teilchen zusammen. Das Pauli-Prinzip verbietet lediglich, dass der untere Zustand einen Gesamtspin $S = 0$ und der obere Zustand einen Gesamtspin $S = 1$ besitzt, da die entsprechenden Zustände insgesamt symmetrisch sind. Das ist für Fermionen nicht erlaubt.

Der effektive spinabhängige Hamilton-Operator. Wir ersetzen W durch den Operator

$$\tilde{W} = \alpha + \beta \boldsymbol{S}_1 \cdot \boldsymbol{S}_2, \tag{14.194}$$

worin $\boldsymbol{S}_1$ und $\boldsymbol{S}_2$ die beiden Elektronenspins sind. Es gilt auch

$$\tilde{W} = \alpha - \frac{3\beta\hbar^2}{4} + \frac{\beta}{2}\boldsymbol{S}^2, \tag{14.195}$$

so dass die Eigenzustände von $\tilde{W}$ durch die Triplettzustände mit dem Eigenwert $\alpha + \beta\hbar^2/4$ und die Singulettzustände mit dem Eigenwert $\alpha - 3\beta\hbar^2/4$ gegeben werden. Setzen wir daher

$$\begin{aligned} \alpha &= K - \frac{J}{2}, \\ \beta &= -\frac{2J}{\hbar^2}, \end{aligned} \tag{14.196}$$

so erhalten wir bei der Diagonalisierung von $\tilde{W}$ dieselben Eigenzustände und Eigenwerte, die sich oben ergeben haben.[16] Wir können dann annehmen, $\tilde{W}$ (der „effektive“ Hamilton-Operator) sei für das Auftreten der Terme verantwortlich. Obwohl $\tilde{W}$ dieselbe Form hat

[16] Offenbar müssen wir nur die Eigenvektoren von $\tilde{W}$ behalten, die zu $\mathscr{H}_{\mathrm{A}}$ gehören.

wie der Operator der magnetischen Wechselwirkung zwischen den beiden Spins, darf man nicht schließen, dass die für die Terme verantwortliche Kopplungsenergie magnetischen Ursprungs ist: Zwei magnetische Momente von der Größe, die zwei Elektronen im Abstand von 1×10^{-8} cm haben, hätten eine sehr viel kleinere Wechselwirkungsenergie als J. Wegen seiner einfachen Form wird der effektive Hamilton-Operator $\tilde{W}$ jedoch sehr oft anstelle von W verwendet.

Einer ähnlichen Situation begegnet man bei der Beschreibung ferromagnetischer Stoffe. Darin ordnen sich die Spins der Elektronen parallel zueinander an. Da der Spinzustand dann vollständig symmetrisch ist, verlangt das Pauli-Prinzip einen vollständig antisymmetrischen Bahnzustand. Aus dem gleichen Grund wie beim Heliumatom ist die elektronische Abstoßungsenergie dann minimal. Bei der Beschreibung solcher Phänomene verwendet man oft effektive Hamilton-Operatoren von derselben Form wie in Gl. (14.194). Dabei ist noch einmal darauf hinzuweisen, dass die physikalische Wechselwirkung, die den Ursprung der Kopplung darstellt, elektrostatischer und nicht magnetischer Natur ist.

Bemerkungen

1. Die $1s, 2p$-Konfiguration kann in derselben Weise behandelt werden. Es ist dann $L = 1$, so dass $M_L = +1$, 0 oder -1 sein kann. Wie bei der $1s, 2s$-Konfiguration besetzen die Elektronen verschiedene Schalen, so dass die beiden Terme ^3P und ^1P gleichzeitig existieren. Der erste ist neunfach und der zweite dreifach entartet. Wie oben lässt sich zeigen, dass der ^3P-Term eine geringere Energie als der ^1P-Term hat und ihre Differenz proportional zu einem Austauschintegral ist, das eine analoge Form wie in Gl. (14.192) aufweist. Wir können dann in derselben Weise für alle weiteren Konfigurationen des Typs $1s, n'l'$ vorgehen.

2. Wir haben W wie eine Störung von H_0 behandelt. Damit diese Näherung gerechtfertigt ist, müssen die mit W zusammenhängenden Energieverschiebungen (z. B. das Austauschintegral (14.192)) sehr viel kleiner als die Energiedifferenzen zwischen den Konfigurationen sein. Das ist jedoch nicht der Fall: Für die Konfigurationen $1s, 2s$ und $1s, 2p$ ist z. B. der minimale Abstand zwischen den Niveaus $\Delta E[(1s, 2p)^3P - (1s, 2s)^1S] \approx 0.35\,\text{eV}$, während die Energiedifferenz $\Delta E(^1S - ^3S)$ in der $1s, 2s$-Konfiguration bei 0.8 eV liegt. Man könnte demnach denken, es sei nicht gerechtfertigt, W als Störung von H_0 zu betrachten.

Die hier verwendete Näherung ist jedoch korrekt. Das liegt daran, dass für alle Konfigurationen des Typs $1s, n'l'$ gilt $L = l'$. Die Matrixelemente des Operators W, der nach Gl. (14.166) mit $\boldsymbol{L}$ vertauscht, verschwinden zwischen Zuständen der Konfigurationen $1s, 2s$ und $1s, 2p$, da sie zu verschiedenen Werten von L gehören. Durch W wird daher eine $1s, n'l'$-Konfiguration nur an Konfigurationen mit wesentlich höheren Energien des Typs $1s, n''l''$ mit $l'' = l'$ (nur die Werte von n sind verschieden) oder des Typs $nl, n''l''$ gekoppelt, wobei n und n'' ungleich eins sind (die Drehimpulse l und l'' können sich zu l' addieren).

14.6.3 Feinstrukturniveaus. Multipletts

Bisher haben wir im Hamilton-Operator nur rein elektrostatische Wechselwirkungen betrachtet; die Effekte relativistischen oder magnetischen Ursprungs wurden vernachlässigt. Natürlich treten solche Effekte auf, und wir haben sie bereits für den Fall des Wasserstoffatoms untersucht (s. Abschnitt 12.2.1), wo sie von einer geschwindigkeitsabhängigen Elektronenmasse, von der Spin-Bahn-Kopplung $\boldsymbol{L} \cdot \boldsymbol{S}$ und vom Darwin-Term herrühren. Für Helium wird die Situation wegen der zwei Elektronen komplizierter. Zum Beispiel existiert dann ein magnetischer Spin-Spin-Kopplungsterm (s. Abschnitt 11.5), der sowohl im Spinzustandsraum als auch im Bahnzustandsraum der beiden Elektronen wirkt. Allerdings wird das Problem dadurch stark vereinfacht, dass die mit den Kopplungen relativistischen oder magnetischen Urspungs zusammenhängenden Energien sehr viel kleiner sind als die Abstände von zwei Spektraltermen, so dass der entsprechende Hamilton-Operator (der Feinstruktur-Hamilton-Operator) wie eine Störung behandelt werden kann.

Die genaue Untersuchung der Feinstrukturniveaus von Helium liegt außerhalb der Möglichkeiten dieser Ergänzung. Wir wollen uns darauf beschränken, die Symmetrien des Problems zu beschreiben und anzugeben, wodurch sich die entsprechenden Energieniveaus unterscheiden. Dabei verwenden wir die Tatsache, dass der Feinstruktur-Hamilton-Operator H_f invariant ist gegenüber einer gleichzeitigen Drehung aller Bahn- und Spinvariablen. Wenn wir den Gesamtdrehimpuls der Elektronen mit $\boldsymbol{J}$ bezeichnen,

$$\boldsymbol{J} = \boldsymbol{L} + \boldsymbol{S}, \tag{14.197}$$

so bedeutet das (s. Abschnitt 6.6.6)

$$[H_\mathrm{f}, \boldsymbol{J}] = 0. \tag{14.198}$$

Andererseits ändert sich der Feinstruktur-Hamilton-Operator, wenn die Drehung nur die Bahn- oder nur die Spinvariablen betrifft,

$$[H_\mathrm{f}, \boldsymbol{L}] = -[H_\mathrm{f}, \boldsymbol{S}] \neq 0. \tag{14.199}$$

Diese Eigenschaften lassen sich für die Operatoren $\sum_i \xi(r_i)\boldsymbol{L}_i \cdot \boldsymbol{S}_i$, z. B. für den Hamilton-Operator der magnetischen Dipol-Dipol-Wechselwirkung (s. Ergänzung 11.5), leicht nachweisen.

Der Zustandsraum für einen Term wird durch die in Gl. (14.175) angegebenen Zustandsvektoren $|n, l; n', l'; L, M_L; S, M_S\rangle$ aufgespannt, für die L und S vorgegeben sind; dabei gilt

$$\begin{aligned} -L \leq M_L \leq +L, \\ -S \leq M_S \leq +S. \end{aligned} \tag{14.200}$$

Es lässt sich zeigen, dass in diesem Unterraum $\boldsymbol{J}^2$ und J_z einen v. S. k. O. bilden, der nach Gl. (14.198) mit H_f vertauscht. Die gemeinsamen Eigenvektoren $|J, M_J\rangle$ zu $\boldsymbol{J}^2$ (Eigenwert $J(J+1)\hbar^2$) und J_z (Eigenwert $M_J\hbar$) sind daher notwendig auch Eigenvektoren von H_f mit einem Eigenwert, der von J, aber nicht von M_J abhängt (diese letzte Eigenschaft ergibt sich daraus, dass H_f mit J_+ und J_- vertauscht). Der allgemeinen Theorie für die Addition von Drehimpulsen zufolge lauten die möglichen Werte von J

$$J = L + S, L + S - 1, L + S - 2, \ldots, |L - S|. \tag{14.201}$$

Der Einfluss von H_f besteht daher in einer teilweisen Aufhebung der Entartung. In jedem Term treten so viele verschiedene Niveaus auf, wie es nach Gl. (14.201) verschiedene Werte von J gibt. Jedes Niveau ist $(2J + 1)$-fach entartet und wird als ein *Multiplett* bezeichnet. In der üblichen spektroskopischen Notation bezeichnet man ein Multiplett durch die Angabe des Wertes von J in einem zusätzlichen rechten unteren Index an dem Term, aus dem es entsteht. Der Grundzustand von Helium ist z. B. ein einziges Multiplett $^1S_0$.

Entsprechend ergeben auch die beiden Terme ^1S und ^3S der $1s, 2s$-Konfiguration je ein Multiplett, $^1S_0$ bzw. $^3S_1$. Der ^3P-Term der $1s, 2p$-Konfiguration hingegen besteht aus drei Multipletts, $^3P_2$, $^3P_1$ und $^3P_0$ (s. Abb. 14.13) usw. Wir weisen darauf hin, dass die Messung und die theoretische Berechnung der Feinstruktur des ^3P-Niveaus der $1s, 2p$-Konfiguration von grundlegendem Interesse ist, da sich daraus die Feinstrukturkonstante $\alpha = e^2/\hbar c$ sehr genau bestimmen lässt.

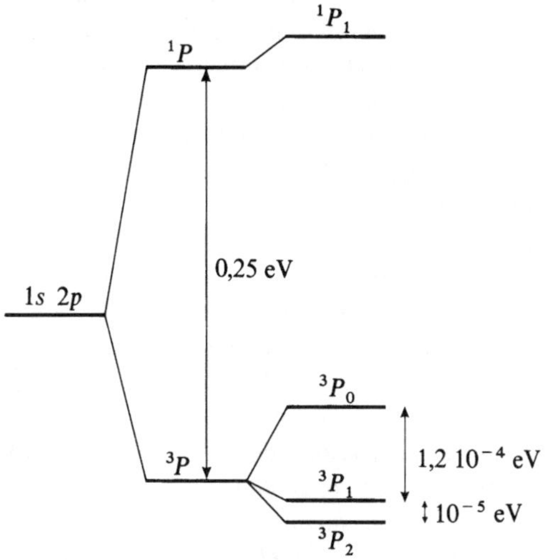

Abb. 14.13 Relative Lage der Spektralterme und der Multipletts der $1s, 2p$-Konfiguration des Heliumatoms (die Aufspaltung der drei Multipletts $^3P_0$, $^3P_1$, $^3P_2$ ist stark übertrieben dargestellt).

Bemerkungen

1. Für viele Atome wird der Feinstruktur-Hamilton-Operator im Wesentlichen gegeben durch

$$H_\mathrm{f} \approx \sum_{i=1}^{N} \xi(R_i) \boldsymbol{L}_i \cdot \boldsymbol{S}_i, \tag{14.202}$$

worin $\boldsymbol{R}_i$, $\boldsymbol{L}_i$ und $\boldsymbol{S}_i$ die Lagen, die Drehimpulse und die Spins der N Elektronen bedeuten. Mit Hilfe des Wigner-Eckart-Theorems (s. Abschnitt 10.7) lässt sich dann zeigen, dass die Energie des Multipletts J proportional zu $J(J+1) - L(L+1) - S(S+1)$ ist. Dieses Ergebnis bezeichnet man manchmal als die *Landé-Abstandsregel.*

Bei Helium liegen die Niveaus $^3P_1$ und $^3P_2$ der $1s, 2p$-Konfiguration sehr viel dichter zusammen, als diese Regel vorhersagt. Das liegt an der Stärke der magnetischen Dipol-Dipol-Kopplung zwischen den Spins beider Elektronen.

2. In dieser Ergänzung haben wir die mit dem Kernspin zusammenhängenden Hyperfeinstruktureffekte (s. Abschnitt 12.2.2) nicht berücksichtigt. Sie existieren nur für das ^{3}He-Isotop, dessen Kern den Spin $I = 1/2$ besitzt (der Kern des ^{4}He-Isotops hat den Spin null). Jedes Multiplett mit einem Elektronendrehimpuls J wird für das ^{3}He in zwei Hyperfeinstrukturniveaus mit dem Gesamtdrehimpuls $F = J \pm 1/2$ aufgespalten, die $(2F+1)$-fach entartet sind (natürlich nur für $J \neq 0$).

14.7 Elektronengas. Anwendung auf Festkörper

In den Ergänzungen 14.5 und 14.6 untersuchten wir unter Beachtung des Symmetrisierungspostulats die Energieniveaus einer kleinen Anzahl unabhängiger Elektronen, die sich in einem Zentralpotential befinden (das Schalenmodell für Mehrelektronenatome). Nun wollen wir Systeme betrachten, die aus sehr viel mehr Elektronen bestehen und zeigen, dass das Pauli-Prinzip auch hier das Verhalten grundlegend bestimmt.

Zur Vereinfachung vernachlässigen wir die Wechselwirkungen zwischen den Elektronen. Darüber hinaus wollen wir zunächst annehmen (Abschnitt 14.7.1), dass sie nur einem äußeren Potential ausgesetzt sind, das sie in einem bestimmten Volumen festhält und nur in unmittelbarer Nähe der Ränder existiert (man spricht von einem in einem „Kasten“ eingeschlossenen freien Elektronengas). Wir werden den wichtigen Begriff der *Fermi-Energie* E_{F} einführen, die nur von der Anzahldichte der Elektronen abhängt. Außerdem werden wir zeigen, dass die physikalischen Eigenschaften eines Elektronengases (spezifische Wärme, magnetische Suszeptibilität usw.) im Wesentlichen durch die Elektronen bestimmt werden, deren Energie in der Nähe der Fermi-Energie liegt.

Durch das Modell freier Elektronen werden die grundlegenden Eigenschaften einiger Metalle recht gut beschrieben. In einem Festkörper unterliegen die Elektronen jedoch einem periodischen Potential, das von den Ionen des Kristallgitters erzeugt wird. Wie wir wissen, sind die Energieniveaus der Elektronen dann in erlaubten Energiebändern angeordnet, die durch verbotene Bänder voneinander getrennt sind (s. Abschnitte 11.9 und 3.19). In Abschnitt 14.7.2 wollen wir qualitativ zeigen, dass die elektrische Leitfähigkeit eines Festkörpers im Wesentlichen durch die Lage des Fermi-Niveaus des Elektronensystems relativ zu den erlaubten Energiebändern bestimmt wird. In Abhängigkeit von dieser Lage handelt es sich bei dem betrachteten Festkörper um einen Leiter oder einen Isolator.

14.7.1 Freies Elektronengas in einem Kasten

Grundzustand eines Elektronengases. Fermi-Energie E_{F}

Wir betrachten ein System von N Elektronen, deren gegenseitige Wechselwirkungen wir vernachlässigen und die außerdem keinem äußerem Potential unterliegen. Sie sollen jedoch in einem Kasten eingeschlossen sein, den wir der Einfachheit halber als einen Würfel der Kantenlänge L annehmen. Da die Elektronen die Wände des Kastens nicht durchdringen können, stellen sie praktisch unendlich hohe Potentialwälle dar. Weil die potentielle Energie der Elektronen innerhalb des Kastens null ist, reduziert sich das Problem auf das eines dreidimensionalen unendlich tiefen Potentialtopfs (s. Abschnitte 2.13 und 1.12). Die stationären Zustände eines Teilchens in diesem Topf werden beschrieben durch die Wellenfunktionen

$$\varphi_{n_x,n_y,n_z}(\boldsymbol{r}) = \left(\frac{2}{L}\right)^{3/2} \sin\left(n_x \frac{\pi x}{L}\right) \sin\left(n_y \frac{\pi y}{L}\right) \sin\left(n_z \frac{\pi z}{L}\right), \quad n_x, n_y, n_z = 1, 2, 3, \ldots \qquad (14.203)$$

(der Ausdruck ist für $0 \leq x, y, z \leq L$ gültig, da die Wellenfunktion außerhalb des Kastens null ist). Die zu φ_{n_x,n_y,n_z} gehörende Energie ist

$$E_{n_x,n_y,n_z} = \frac{\pi^2\hbar^2}{2m_e L^2}\left(n_x^2 + n_y^2 + n_z^2\right). \tag{14.204}$$

Natürlich ist der Elektronenspin zu berücksichtigen: Jede Wellenfunktion (14.203) beschreibt den Raumanteil von zwei verschiedenen stationären Zuständen, die sich durch ihre Spinorientierung unterscheiden, aber dieselbe Energie haben, da der Hamilton-Operator des Problems spinunabhängig ist.

Die Menge dieser stationären Zustände bildet eine diskrete Basis, die uns die Konstruktion eines beliebigen Zustands für ein in diesem Kasten eingeschlossenes Elektron (dessen Wellenfunktion an den Wänden also gleich null ist) erlaubt. Mit einer Vergrößerung des Kastens können wir den Abstand zwischen zwei aufeinanderfolgenden Energien beliebig klein werden lassen, da dieser Abstand umgekehrt proportional zu L^2 ist. Wenn L also ausreichend groß ist, können wir praktisch nicht mehr zwischen dem diskreten Spektrum (14.204) und einem kontinuierlichen Spektrum unterscheiden, das alle positiven Energiewerte enthält.

Den Grundzustand erhält man, wenn man das Tensorprodukt der N Einzelzustände, die zu den niedrigsten mit dem Pauli-Prinzip verträglichen Energien gehören, antisymmetrisiert. Für kleine N kann man die ersten Einzelniveaus (14.204) leicht auffüllen und so das tiefste Niveau, seine Entartung und den zugehörigen antisymmetrisierten Vektor bestimmen. Ist N jedoch sehr viel größer als eins (in einem makroskopischen Festkörper ist N von der Größenordnung 10^{23}), muss man anders vorgehen.

Wir beginnen mit der Berechnung der Anzahl $n(E)$ von Einzelzuständen, deren Energien kleiner sind als ein vorgegebener Wert E. Dazu schreiben wir den Ausdruck (14.204) für die möglichen Energien in der Form

$$E_{n_x,n_y,n_z} = \frac{\hbar^2}{2m_e}\boldsymbol{k}^2_{n_x,n_y,n_z} \tag{14.205}$$

mit

$$\begin{aligned}
\left(\boldsymbol{k}_{n_x,n_y,n_z}\right)_x &= n_x\,\pi/L, \\
\left(\boldsymbol{k}_{n_x,n_y,n_z}\right)_y &= n_y\,\pi/L, \\
\left(\boldsymbol{k}_{n_x,n_y,n_z}\right)_z &= n_z\,\pi/L.
\end{aligned} \tag{14.206}$$

Gleichung (14.203) entnehmen wir, dass zu jeder Funktion $\varphi_{n_x,n_y,n_z}(\boldsymbol{r})$ ein Vektor $\boldsymbol{k}_{n_x,n_y,n_z}$ gehört. Umgekehrt gehört zu jedem Vektor genau eine Funktion φ_{n_x,n_y,n_z}. Die Anzahl der Zustände $n(E)$ ergibt sich dann, indem wir die Anzahl der Vektoren, die einen Betrag kleiner als $\sqrt{2m_e E/\hbar^2}$ haben, mit 2 multiplizieren (der Faktor 2 stammt von den Elektronenspins). Die Endpunkte der Vektoren $\boldsymbol{k}_{n_x,n_y,n_z}$ zerlegen den $\boldsymbol{k}$-Raum in Elementarwürfel mit der Kantenlänge π/L (s. Abb. 14.14, in der der Einfachheit halber statt eines dreidimensionalen ein zweidimensionaler Raum dargestellt ist). Jeder Endpunkt gehört acht benachbarten Würfeln an, und jeder Würfel hat acht Ecken. Wenn wir die elementaren Würfel also als ausreichend klein annehmen (d. h. wenn L ausreichend

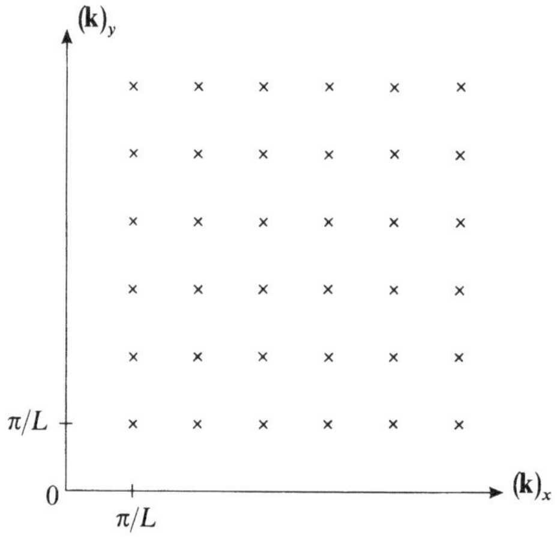

Abb. 14.14 Endpunkte der Vektoren $\boldsymbol{k}_{n_x,n_y}$, die die stationären Wellenfunktionen in einem unendlich tiefen zweidimensionalen Potentialtopf charakterisieren.

groß ist), können wir davon ausgehen, dass es pro Volumenelement $(\pi/L)^3$ des $\boldsymbol{k}$-Raums einen Vektor $\boldsymbol{k}_{n_x,n_y,n_z}$ gibt.

Der vorgegebene Wert von E definiert im $\boldsymbol{k}$-Raum eine Kugel mit dem Radius $\sqrt{2m_e E/\hbar^2}$ um den Ursprung. Dabei liefert nur ein Achtel des Kugelvolumens einen Beitrag, da die Komponenten von $\boldsymbol{k}$ positiv sind (s. Gleichungen (14.203) und (14.206)). Wenn wir dieses Volumen durch das zu einem stationären Zustand gehörende Volumenelement $(\pi/L)^3$ teilen und mit dem Faktor 2 den Spin berücksichtigen, so erhalten wir

$$n(E) = 2\frac{1}{8}\frac{4}{3}\pi\left(\frac{2m_e}{\hbar^2}E\right)^{3/2}\frac{1}{(\pi/L)^3} = \frac{L^3}{3\pi^2}\left(\frac{2m_e}{\hbar^2}E\right)^{3/2}. \tag{14.207}$$

Mit diesem Ergebnis können wir sofort die maximale Energie eines Elektrons im Grundzustand des Systems, d. h. die *Fermi-Energie* E_{F} des Elektronengases berechnen. Für sie gilt

$$n(E_{\text{F}}) = N, \tag{14.208}$$

woraus sich

$$E_{\text{F}} = \frac{\hbar^2}{2m_e}\left(3\pi^2\frac{N}{L^3}\right)^{2/3} \tag{14.209}$$

ergibt. Wie zu erwarten war, hängt die Fermi-Energie nur von der Anzahl N/L^3 der Elektronen in der Volumeneinheit ab. Am absoluten Nullpunkt sind die Energiezustände mit einer Energie kleiner als E_{F} alle besetzt, während die Zustände mit einer Energie größer als E_{F} leer sind. Wir werden im nächsten Abschnitt sehen, wie sich das für Temperaturen größer als null ändert.

Aus Gl. (14.207) lässt sich die *Zustandsdichte* $\rho(E)$ bestimmen: Sie wird als die Anzahl der Zustände definiert, deren Energien zwischen E und $E + \mathrm{d}E$ liegen. Wie wir später sehen werden, ist sie physikalisch von großer Bedeutung. Man erhält sie, indem man $n(E)$ nach E ableitet:

$$\rho(E) = \frac{\mathrm{d}n(E)}{\mathrm{d}E} = \frac{L^3}{2\pi^2}\left(\frac{2m_e}{\hbar^2}\right)^{3/2} E^{1/2}. \tag{14.210}$$

Die Zustandsdichte $\rho(E)$ verhält sich also wie $\sqrt{E}$. Am absoluten Nullpunkt ist die Anzahl der Elektronen mit einer Energie zwischen E und $E + \mathrm{d}E$ (unterhalb von E_F) gleich $\rho(E)\mathrm{d}E$. Mit Hilfe des Ausdrucks (14.209) für die Fermi-Energie E_F können wir $\rho(E)$ in der Form schreiben

$$\rho(E) = \frac{3}{2} N \frac{E^{1/2}}{E_\mathrm{F}^{3/2}}. \tag{14.211}$$

Bemerkung

Gleichung (14.207) zeigt, dass die Dimensionen des Kastens nur über das Volumenelement $(\pi/L)^3$ eingehen, das im $\boldsymbol{k}$-Raum zu einem stationären Zustand gehört. Wenn wir anstelle eines Würfels mit der Kantenlänge L ein Parallelepiped mit den Kantenlängen L_1, L_2, L_3 betrachtet hätten, würden wir ein Volumenelement $\pi^3/L_1L_2L_3$ erhalten: Nur das Volumen $L_1L_2L_3$ des Kastens geht also in die Zustandsdichte ein. Man kann zeigen, dass diese Aussage unabhängig von der exakten geometrischen Form des Kastens gültig bleibt, vorausgesetzt, dass er ausreichend groß ist.

Elektronen mit Energien in der Umgebung von E_F

Die Ergebnisse des vorangegangenen Abschnitts ermöglichen es, die physikalischen Eigenschaften eines freien Elektronengases zu verstehen. Wir zeigen dies an zwei einfachen Beispielen: der spezifischen Wärme und der magnetischen Suszeptibilität des Systems. Dabei beschränken wir uns auf halbquantitative Überlegungen, mit denen wir die herausragende Rolle des Pauli-Prinzips verdeutlichen können.

Spezifische Wärme. Am absoluten Nullpunkt befindet sich das Elektronengas in seinem Grundzustand: Alle Einzelzustände mit einer Energie kleiner als E_F sind besetzt und alle anderen leer. Unter Verwendung von Gl. (14.210) für die Zustandsdichte $\rho(E)$ können wir diese Situation schematisch wie in Abb. 14.15a darstellen: Die Anzahl $\nu(E)\mathrm{d}E$ an Elektronen mit einer Energie zwischen E und $E + \mathrm{d}E$ ist für $E < E_\mathrm{F}$ gleich $\rho(E)\mathrm{d}E$ und für $E > E_\mathrm{F}$ gleich null. Was geschieht, wenn die Temperatur etwas über dem absoluten Nullpunkt liegt?

Nach der klassischen Mechanik nehmen alle Elektronen beim Übergang vom absoluten Nullpunkt zu einer Temperatur T eine Energie von der Größe kT auf (k ist die Boltzmann-Konstante). Die Gesamtenergiedichte des Elektronengases ist danach näherungsweise

$$U_\mathrm{kl}(T) \approx \frac{N}{L^3} kT, \tag{14.212}$$

und die spezifische Wärme $\partial U_\mathrm{kl}/\partial T$ bei konstantem Volumen temperaturunabhängig.

Dies widerspricht der Beobachtung. Wegen des Pauli-Prinzips können die meisten Elektronen keine Energie aufnehmen. Für ein Elektron, dessen ursprüngliche Energie

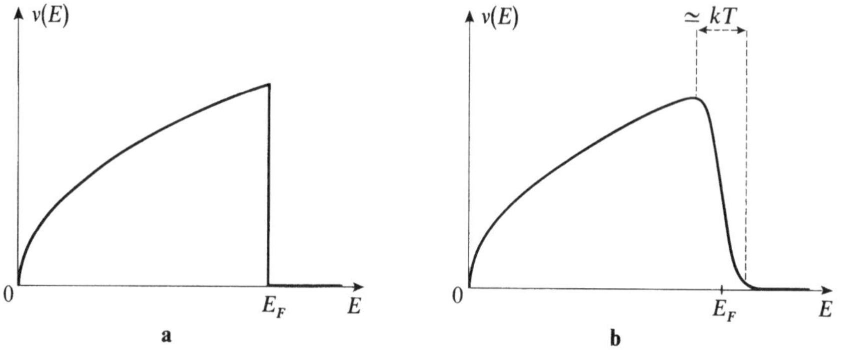

Abb. 14.15 Verlauf von $\nu(E)$ in Abhängigkeit von E ($\nu(E)\mathrm{d}E$ ist die Anzahl der Elektronen mit einer Energie zwischen E und $E + \mathrm{d}E$). Am absoluten Nullpunkt sind alle Niveaus mit einer Energie kleiner als die Fermi-Energie E_F besetzt (**a**). Bei einer etwas höheren Temperatur T treten zwischen freien und besetzten Niveaus über ein Energieintervall von einigen kT Übergänge auf (**b**).

E sehr viel kleiner als die Fermi-Energie E_F ist (wenn also $E_\mathrm{F} - E \gg kT$ ist), sind die Zustände, die es mit einer Energieerhöhung um kT erreichen könnte, bereits besetzt und daher verboten. Nur Elektronen, deren Anfangsenergie E dicht bei E_F liegt, können „erwärmt" werden, s. Abb. 14.15b. Die Anzahl dieser Elektronen ist näherungsweise

$$\Delta N \approx \rho(E_\mathrm{F})kT = \frac{3}{2}N\frac{kT}{E_\mathrm{F}} \tag{14.213}$$

(nach Gl. (14.211)). Da die Energie dieser Elektronen um etwa kT zunimmt, erhalten wir anstelle des klassischen Ausdrucks (14.212) die Gesamtenergiedichte

$$U(T) \approx \frac{N}{L^3}\frac{kT}{E_\mathrm{F}}kT. \tag{14.214}$$

Die spezifische Wärme bei konstantem Volumen ist daher proportional zur absoluten Temperatur T:

$$c_V = \frac{\partial U}{\partial T} \approx \frac{Nk}{L^3}\frac{kT}{E_\mathrm{F}}. \tag{14.215}$$

Bei Metallen, auf die das Modell eines freien Elektronengases angewendet werden kann, ist E_F von der Größenordnung einiger Elektronvolt. Da kT bei normalen Temperaturen bei etwa 0.03 eV liegt, ergibt sich für den auf das Pauli-Prinzip zurückgehenden Faktor kT/E_F eine Größenordnung von $1/100$.

Bemerkungen

1. Zur Berechnung der spezifischen Wärme des Elektronengases benötigen wir die Wahrscheinlichkeit $f(E,T)$ dafür, dass ein Einzelzustand der Energie E besetzt ist, wenn sich das System bei der Temperatur T im thermodynamischen Gleichgewicht befindet. Die Anzahl $\nu(E)\mathrm{d}E$ von Elektronen mit einer Energie zwischen E und $E + \mathrm{d}E$ ist dann gleich

$$\nu(E)\mathrm{d}E = f(E,T)\,\rho(E)\mathrm{d}E. \tag{14.216}$$

In der statistischen Mechanik wird gezeigt, dass die Funktion $f(E, T)$ für Fermionen lautet

$$f(E,T) = \frac{1}{\mathrm{e}^{(E-\mu)/kT}+1}, \tag{14.217}$$

worin μ das *chemische Potential* ist, das auch als *Fermi-Niveau* des Systems bezeichnet wird. Dies ist die *Fermi-Dirac-Verteilung*. Das Fermi-Niveau wird bestimmt durch die Bedingung, dass die Gesamtzahl der Elektronen gleich N sein muss:

$$\int_0^{+\infty} \frac{\rho(E)\mathrm{d}E}{\mathrm{e}^{(E-\mu)/kT}+1} = N; \tag{14.218}$$

μ hängt von der Temperatur ab, aber es lässt sich zeigen, dass diese Abhängigkeit für kleine T nur schwach ist. Der Verlauf der Funktion $f(E, T)$ ist in Abb. 14.16 wiedergegeben. Am absoluten Nullpunkt ist $f(E, 0)$ für $E < \mu$ gleich 1 und für $E > \mu$ gleich 0 („Stufenfunktion"). Für Temperaturen ungleich null hat $f(E, T)$ die Form einer „abgerundeten Stufe" (das Energieintervall, in dem Veränderungen auftreten, ist von der Größenordnung einiger kT, solange $kT \ll \mu$ gilt).

Für ein freies Elektronengas ist ersichtlich, dass das Fermi-Niveau μ am absoluten Nullpunkt mit der oben berechneten Fermi-Energie übereinstimmt. Aus Gl. (14.216) und der Form, die $f(E, T)$ für $T = 0$ hat (Abb. 14.16), lässt sich ablesen, dass μ wie E_F den höchsten besetzten Energiezustand angibt.

Für ein System mit einem diskreten Energiespektrum $(E_1, E_2, E_3, \ldots, E_i, \ldots)$ stimmt andererseits das Fermi-Niveau, das sich aus Gl. (14.218) ergibt, am absoluten Nullpunkt nicht mit dem höchsten im Grundzustand besetzten Energieniveau E_m überein. In diesem Fall setzt sich die Zustandsdichte aus einer Reihe von Deltafunktionen zusammen, die um $E_1, E_2, E_3, \ldots, E_i, \ldots$ zentriert sind; folglich kann am absoluten Nullpunkt μ einen beliebigen Wert zwischen E_m und E_{m+1} annehmen, da nach Gl. (14.216) alle diese Möglichkeiten auf denselben Wert von $\nu(E)$ führen. Wir definieren μ am absoluten Nullpunkt daher als den Grenzwert von $\mu(T)$ für T gegen null. Da bei Temperaturen ungleich null das Niveau E_m etwas geleert wird und umgekehrt das Niveau E_{m+1} sich aufzufüllen beginnt, liefert der Grenzübergang für $\mu(T)$ einen Wert zwischen E_m und E_{m+1} (er liegt genau in der Mitte, wenn die beiden Zustände E_m und E_{m+1} dieselbe Entartung aufweisen).

Entsprechend befindet sich für ein System mit einer Folge von erlaubten Energiebändern, die durch verbotene Bänder voneinander getrennt sind (Elektronen in einem Festkörper, s. Abschnitt 11.9), das Fermi-Niveau μ in einem verbotenen Band, wenn der höchste besetzte Energiezustand am absoluten Nullpunkt mit dem oberen Rand eines erlaubten Bands zusammenfällt. Dagegen ist das Fermi-Niveau μ gleich E_F, wenn E_F in der Mitte eines erlaubten Bands liegt.

2. Das Verhalten der spezifischen Wärme von Metallen bei sehr tiefen Temperaturen ist mit den obigen Ergebnissen zu verstehen. Bei normalen Temperaturen hängt die spezifische Wärme im Wesentlichen mit den Schwingungen des Ionengitters zusammen (s. Abschnitt 5.15), da der Beitrag des Elektonengases praktisch vernachlässigbar ist. Für kleine T geht die spezifische Wärme des Gitters jedoch wie T^3 gegen null, so dass für niedrige Temperaturen (um 1 K) die spezifische Wärme des Elektronengases überwiegt; und tatsächlich wird bei Metallen für diese Temperaturen ein Abfall linear mit T beobachtet.

Magnetische Suszeptibilität. Wir betrachten nun ein freies Elektronengas, das sich in einem homogenen magnetischen Feld $\boldsymbol{B}$ parallel zur z-Achse befindet. Die Energie der stationären Einzelzustände hängt dann von dem entsprechenden Spinzustand ab, da der Hamilton-Operator einen paramagnetischen Spinterm (s. Abschnitt 9.1.2) enthält:

$$W = -2\frac{\mu_\mathrm{B}}{\hbar} B S_z, \tag{14.219}$$

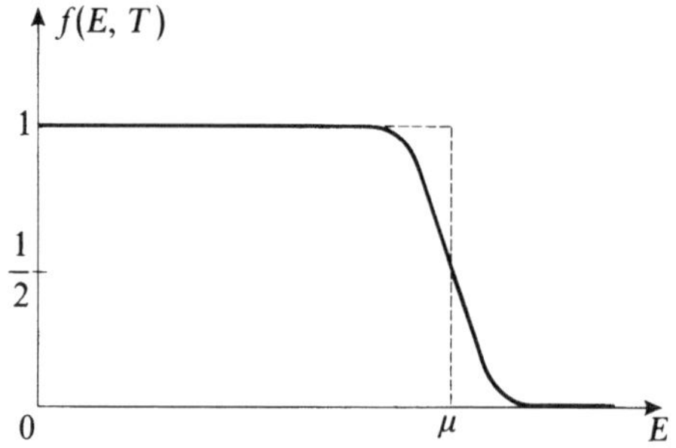

Abb. 14.16 Fermi-Dirac-Verteilung am absoluten Nullpunkt (gestrichelte Kurve) und bei tiefen Temperaturen (durchgezogene Kurve). Für ein Elektronengas am absoluten Nullpunkt fällt μ mit der Fermi-Energie E_F zusammen. Die Kurven aus Abb. 14.15 ergeben sich, indem die Zustandsdichte $\rho(E)$ mit $f(E, T)$ multipliziert wird.

wobei μ_B das Bohr-Magneton

$$\mu_\mathrm{B} = \frac{q\hbar}{2m_e} \tag{14.220}$$

und $\boldsymbol{S}$ der elektronische Spinoperator ist. Vereinfachend nehmen wir an, dass der Term (14.219) der einzige zusätzliche Term im Hamilton-Operator ist (das Verhalten der Wellenfunktion im Ortsraum wurde in Abschnitt 6.9 untersucht). Unter diesen Bedingungen ändern sich die stationären Zustände durch das Magnetfeld nicht, und die entsprechenden Energien werden abhängig vom Spinzustand um $\mu_\mathrm{B} B$ angehoben oder abgesenkt. Die Zustandsdichten $\rho_+(E)$ und $\rho_-(E)$ der Spinzustände $|+\rangle$ bzw. $|-\rangle$ ergeben sich daher in einfacher Weise aus der oben berechneten Zustandsdichte $\rho(E)$:

$$\rho_\pm(E) = \frac{1}{2}\rho(E \pm \mu_\mathrm{B} B). \tag{14.221}$$

Am absoluten Nullpunkt finden wir also eine Situation vor, wie sie in Abb. 14.17 dargestellt ist.

Da die magnetische Energie $|\mu_\mathrm{B}|B$ sehr viel kleiner als E_F ist, wird die Differenz zwischen der Anzahl der Elektronen mit dem Spin parallel und dem Spin antiparallel zu $\boldsymbol{B}$ am absoluten Nullpunkt gegeben durch

$$N_- - N_+ \approx \frac{1}{2}\rho(E_\mathrm{F}) 2|\mu_\mathrm{B}|B. \tag{14.222}$$

Das magnetische Moment M durch Volumen kann somit geschrieben werden

$$\begin{aligned} M &= |\mu_\mathrm{B}|\frac{1}{L^3}(N_- - N_+) \\ &= \mu_\mathrm{B}^2 B \frac{1}{L^3}\rho(E_\mathrm{F}). \end{aligned} \tag{14.223}$$

Es ist proportional zum angelegten Feld, so dass die magnetische Suszeptibilität durch Volumen

$$\chi = \frac{M}{B} = \mu_\mathrm{B}^2 \frac{1}{L^3}\rho(E_\mathrm{F}) \tag{14.224}$$

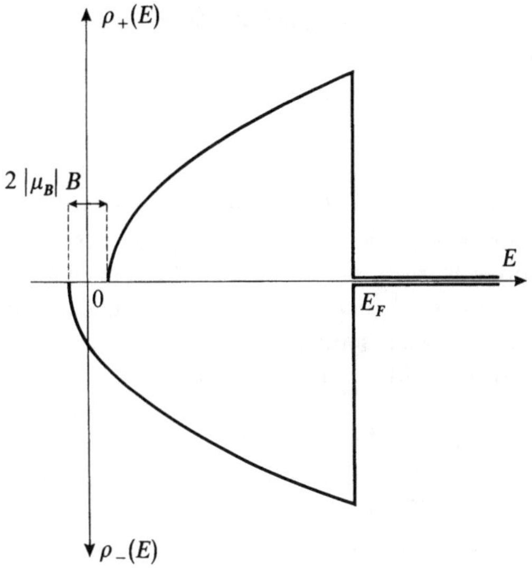

Abb. 14.17 Die Zustandsdichten $\rho_+(E)$ und $\rho_-(E)$ zu den Spinzuständen $|+\rangle$ bzw. $|-\rangle$ (μ_B ist negativ). Am absoluten Nullpunkt sind nur die Zustände mit Energien kleiner als E_F besetzt.

oder unter Verwendung des Ausdrucks (14.211) für $\rho(E)$

$$\chi = \frac{3}{2}\frac{N}{L^3}\frac{\mu_\text{B}^2}{E_\text{F}} \tag{14.225}$$

ist.

Bemerkungen
1. Das Ergebnis (14.225) für ein System am absoluten Nullpunkt bleibt auch für niedrige Temperaturen gültig, da die Änderungen in der Anzahl der besetzten Zustände (Abb. 14.15b) für beide Spinzustände praktisch gleich sind. Damit erhalten wir eine von der Temperatur unabhängige magnetische Suszeptibilität, was bei Metallen auch beobachtet wird.

2. Wie im vorherigen Abschnitt sehen wir auch hier, dass das Verhalten des Systems in Gegenwart eines Magnetfelds im Wesentlichen durch die Elektronen bestimmt wird, deren Energie nahe bei E_F liegt. Wenn das Magnetfeld angelegt wird, streben die Elektronen im Zustand $|+\rangle$ in den energetisch günstigeren Zustand $|-\rangle$. Für die meisten von ihnen ist das jedoch aufgrund des Pauli-Prinzips unmöglich, da die benachbarten $|-\rangle$-Zustände bereits besetzt sind.

Periodische Randbedingungen

Einleitung. Die in Gl. (14.203) angegebenen Funktionen φ_{n_x,n_y,n_z} weisen eine ganz andere Struktur auf als die ebenen Wellen $\text{e}^{\text{i}\boldsymbol{k}\cdot\boldsymbol{r}}$, durch die sonst die stationären Zustände freier Elektronen beschrieben werden. Dieser Unterschied rührt von den Randbedingungen durch die Wände des Kastens. Innerhalb des Kastens erfüllen die ebenen Wellen dieselbe Gleichung wie die φ_{n_x,n_y,n_z}:

$$-\frac{\hbar^2}{2m_e}\Delta\varphi(\boldsymbol{r}) = E\varphi(\boldsymbol{r}). \tag{14.226}$$

Die Funktionen (14.203) sind umständlicher zu handhaben als ebene Wellen, die darum bevorzugt werden. Dafür müssen die Lösungen von Gl. (14.226) neuen, künstlichen Randbedingungen unterworfen werden, mit denen man die ebenen Wellen nicht ausschließt. Das physikalische Problem wir dadurch natürlich geändert. Man erhält jedoch wieder die wesentlichen Eigenschaften des ursprünglichen Systems. Dazu müssen die neuen Randbedingungen auf eine diskrete Menge möglicher Werte von $\boldsymbol{k}$ mit den folgenden Eigenschaften führen:

1. Das System der zu diesen Vektoren $\boldsymbol{k}$ gehörenden ebenen Wellen bildet eine Basis, nach der sich jede beliebige Funktion innerhalb des Kastens entwickeln lässt.

2. Die Zustandsdichte $\rho'(E)$, die zu diesen $\boldsymbol{k}$ gehört, ist gleich der Zustandsdichte $\rho(E)$, die wir oben aus den richtigen stationären Zuständen berechnet haben.

Da sich die neuen Randbedingungen von den reellen Randbedingungen unterscheiden, ist klar, dass sich mit den ebenen Wellen das Verhalten des Systems in der Nähe der Wände nicht beschreiben lässt (Oberflächeneffekte). Wir verstehen jedoch aufgrund von Eigenschaft 2, dass sie auf sehr einfache Weise dem Volumeneffekt Rechnung tragen, der nur von der Zustandsdichte $\rho(E)$ abhängt. Außerdem lässt sich wegen Eigenschaft 1 die Bewegung eines beliebigen Wellenpakets in ausreichender Entfernung von den Wänden durch die Überlagerung ebener Wellen richtig beschreiben, da sich die Wellenpakete zwischen zwei Stößen mit der Wand frei bewegen.

Born-von-Karman-Bedingungen. Wir fordern nun nicht, dass die einzelnen Wellenfunktionen an den Wänden des Kastens gegen null gehen, sondern stattdessen periodisch mit L sind:

$$\varphi(x+L, y, z) = \varphi(x, y, z) \tag{14.227}$$

mit entsprechenden Beziehungen für y und z. Diese Bedingung wird durch ebene Wellen der Form $\mathrm{e}^{\mathrm{i}\boldsymbol{k}\cdot\boldsymbol{r}}$ erfüllt, wenn für die Komponenten des Vektors $\boldsymbol{k}$ gilt

$$\begin{aligned} k_x &= n'_x\frac{2\pi}{L}, \\ k_y &= n'_y\frac{2\pi}{L}, \\ k_z &= n'_z\frac{2\pi}{L}, \end{aligned} \tag{14.228}$$

worin n'_x, n'_y und n'_z *positive oder negative* ganze Zahlen oder null sind. Wir führen also ein neues System von Wellenfunktionen

$$\varphi'_{n'_x,n'_y,n'_z}(\boldsymbol{r}) = \frac{1}{L^{3/2}}\,\mathrm{e}^{\mathrm{i}(2\pi/L)(n'_x x+n'_y y+n'_z z)} \tag{14.229}$$

ein, die im Innern des Kastens normiert sind. Die zugehörige Energie ergibt sich aus Gl. (14.226) zu

$$E_{n'_x,n'_y,n'_z} = \frac{\hbar^2}{2m_e}\frac{4\pi^2}{L^2}(n'^2_x + n'^2_y + n'^2_z). \tag{14.230}$$

Jede Wellenfunktion, die innerhalb des Kastens definiert ist, kann auf eine periodische Funktion von x, y, z mit der Periode L erweitert werden. Da diese sich immer in eine Fourier-Reihe (s. Anhang I.1) entwickeln lässt, bildet das System $\{\varphi'_{n'_x,n'_y,n'_z}(\boldsymbol{r})\}$ für die Wellenfunktionen innerhalb des Kastens eine Basis. Zu jedem Vektor $\boldsymbol{k}_{n'_x,n'_y,n'_z}$, dessen Komponenten durch Gl. (14.228) gegeben werden, gehört ein wohldefinierter Wert der Energie $E_{n'_x,n'_y,n'_z}$ (Gl. (14.230)). Zu beachten ist jedoch, dass die Vektoren $\boldsymbol{k}_{n'_x,n'_y,n'_z}$ jetzt positive, negative oder verschwindende Komponenten haben können und ihre Endpunkte den Raum in doppelt so große Elementarwürfel wie oben (Abschnitt 14.7.1) aufteilen.

Um nachzuweisen, dass die Randbedingungen (14.227) auf dieselben physikalischen Ergebnisse (soweit es Volumeneffekte betrifft) führen, berechnen wir die Anzahl $n'(E)$ stationärer Zustände mit einer Energie kleiner als E und zeigen, dass sich der Wert (14.207) ergibt (die Fermi-Energie E_F und die Zustandsdichte leiten sich direkt aus $n(E)$ ab). Wir bestimmen $n'(E)$ wie in Abschnitt 14.7.1, wobei wir die neuen Eigenschaften der Vektoren $\boldsymbol{k}_{n'_x,n'_y,n'_z}$ beachten müssen. Da die Komponenten von $\boldsymbol{k}$ nun beliebige Vorzeichen haben können, müssen wir das Volumen der Kugel mit dem Radius $\sqrt{2m_e E/\hbar^2}$ nicht mehr durch 8 teilen. Diese Änderung wird jedoch dadurch kompensiert, dass das Volumenelement $(2\pi/L)^3$, das zu jedem der Zustände (14.229) gehört, achtmal größer ist als das entsprechende, zu den obigen Randbedingungen gehörende Volumenelement. Folglich erhalten wir für $n'(E)$ denselben Ausdruck (14.207) wie für $n(E)$.

Mit den periodischen Randbedingungen (14.227) kann man daher den Eigenschaften 1 und 2 genügen. Sie werden allgemein die Born-von-Karman-Bedingungen genannt.

Bemerkung

Wir betrachten ein freies Elektron (das nicht in einem Kasten eingeschlossen ist). Die Eigenfunktionen der drei Komponenten des Impulses $\boldsymbol{P}$ (und damit des Hamilton-Operators $H = \boldsymbol{P}^2/2m_e$) bilden eine „kontinuierliche Basis“

$$\left\{\left(\frac{1}{2\pi\hbar}\right)^{3/2} e^{i\boldsymbol{p}\cdot\boldsymbol{r}/\hbar}\right\}. \tag{14.231}$$

Wir haben bereits mehrfach darauf hingewiesen, dass dies keine physikalischen Zustände sind. Sie dienen aber als mathematische Hilfsmittel bei der Untersuchung von Wellenpaketen, mit denen man physikalische Zustände umschreibt.

Es ist manchmal vorteilhaft, anstelle der kontinuierlichen Basis (14.231) die diskrete Basis (14.229) zu verwenden. Dazu stellen wir uns vor, das Elektron sei in einem fiktiven Kasten mit der Kantenlänge L, die sehr viel größer sein muss als die beim Problem auftretenden Dimensionen, eingeschlossen, und verlangen die Born-Von-Karman-Bedingungen. Dann wird sich jedes Wellenpaket immer innerhalb dieses Kastens befinden und kann genauso gut nach der diskreten Basis (14.229) wie nach der kontinuierlichen Basis (14.231) entwickelt werden. Wieder sind die Funktionen (14.229) ein mathematisches Hilfsmittel, haben allerdings den Vorteil, innerhalb des Kastens normiert zu sein. Nach Berechnung der verschiedenen physikalischen Größen (Übergangswahrscheinlichkeiten, Wirkungsquerschnitte usw.) muss man natürlich überprüfen, dass sie nicht mehr von L abhängen, sobald man L genügend groß wählt.

Offenbar hat die Kantenlänge L für ein wirklich freies Elektron keine physikalische Bedeutung. Sie kann daher beliebig gewählt werden, solange sie ausreichend groß ist, damit die Zustände (14.229) eine Basis bilden können (Eigenschaft 1). Dagegen ist bei dem hier untersuchten Problem L^3 das Volumen, in dem N Elektronen eingeschlossen sind; die Länge L ist damit vorgegeben.

14.7.2 Elektronen in Festkörpern

Erlaubte Bänder

Das Modell eines in einem Kasten eingeschlossenen freien Elektronengases lässt sich recht gut auf die Leitungselektronen eines Metalls anwenden. Diese Metallelektronen können als freibeweglich angesehen werden, wobei die elektrostatische Anziehung des Kristallgitters verhindert, dass sie bei Erreichen der Oberfläche das Metall verlassen. Das Modell kann jedoch nicht erklären, warum einige Festkörper gute elektrische Leiter und andere Isolatoren sind. Dabei handelt es sich um eine bemerkenswerte experimentelle Tatsache: Die elektronischen Eigenschaften aller Kristalle hängen mit den Elektronen der Atome zusammen, aus denen sie aufgebaut sind; die innere Leitfähigkeit variiert jedoch um einen Faktor 10^{30} zwischen einem guten Isolator und einem Metall. Wir werden wenigstens qualitativ zeigen, wie man dies mit dem Pauli-Prinzip und der Existenz von Energiebändern (s. Abschnitte 3.19 und 11.9) erklären kann.

Wenn wir, wie in Abschnitt 11.9 gezeigt, die Elektronen eines Festkörpers in erster Näherung als voneinander unabhängig ansehen, ordnen sich ihre möglichen Energien in *erlaubten Bändern* an, die durch *verbotene Bänder* voneinander getrennt sind. Dies haben wir für den Fall erklärt, bei dem sich jedes Elektron unter dem Einfluss einer linearen Kette aus positiven Ionen befindet. In einem realen dreidimensionalen Kristallgitter ist die Situation natürlich noch komplizierter. Das theoretische Verständnis der Eigenschaften eines Festkörpers erfordert eine genaue Untersuchung der Energiebänder, die wiederum auf den räumlichen Eigenschaften des Kristallgitters beruht. Wir werden darauf nicht im Einzelnen eingehen, sondern uns auf eine qualitative Diskussion der Phänomene beschränken.

Lage des Fermi-Niveaus und elektrische Leitfähigkeit

Wenn wir die Bandstruktur und die Anzahl der Zustände in einem Band kennen, ergibt sich für einen Festkörper der Grundzustand durch sukzessives Auffüllen der Einzelzustände in den erlaubten Bändern, wobei natürlich mit den niedrigsten Energien begonnen wird. Nur am absoluten Nullpunkt befindet sich das System wirklich in seinem Grundzustand. Wie wir jedoch bereits in Abschnitt 14.7.1 festgestellt haben, kann man aus den Eigenschaften dieses Grundzustands halbquantitativ auf das Verhalten des Systems bei Temperaturen ungleich null – oft bis zu normalen Temperaturen – schließen. Wie die thermischen und magnetischen Eigenschaften (s. Abschnitt 14.7.1) werden auch die elektrischen Eigenschaften des Systems grundsätzlich durch die Elektronen bestimmt, deren Energien dicht bei der höchsten Energie E_F liegen. Wenn wir den Festkörper einem elektrischen Feld aussetzen, kann ein Elektron, dessen Energie weit unter E_F liegt, keine Energie durch Beschleunigung aufnehmen, da die Zustände, die es auf diese Weise erreichen würde, bereits besetzt sind. Es ist daher von grundlegender Bedeutung, die Lage von E_F relativ zu den erlaubten Energiebändern zu kennen.

Zunächst nehmen wir an (Abb. 14.18a), E_F falle in die Mitte eines erlaubten Bands. Das Fermi-Niveau μ ist dann gleich E_F (s. Abschnitt 14.7.1). Die Elektronen mit Energien nahe bei E_F können leicht beschleunigt werden, da für sie die etwas höheren Energiezustände frei und damit zugänglich sind. Folglich handelt es sich bei einem Festkörper, bei dem das Fermi-Niveau in die Mitte eines erlaubten Bands fällt, um einen *Leiter*. Die Elektronen mit den höchsten Energien verhalten sich dann annähernd wie freie Teilchen.

Wir betrachten nun andererseits einen Festkörper, bei dem der Grundzustand aus vollständig besetzten erlaubten Bändern besteht (Abb. 14.18b). Die Energie E_F fällt dann mit dem oberen Rand eines erlaubten Bands zusammen, und das Fermi-Niveau μ liegt im anschließenden verbotenen Band. In diesem Fall können keine Elektronen beschleunigt werden, da die direkt über ihnen liegenden Energiezustände verboten sind. Ein Festkörper, bei dem das Fermi-Niveau in die Mitte eines verbotenen Bands fällt, ist daher ein *Isolator*. Je größer der Abstand ΔE zwischen dem letzten besetzten Band und dem ersten leeren Band ist, desto besser ist der Isolator. Wir werden darauf später zurückkommen.

Die tiefen erlaubten Bänder, die vollständig von Elektronen besetzt und deshalb in elektrischer und thermischer Hinsicht träge sind, werden als *Valenzbänder* bezeichnet;

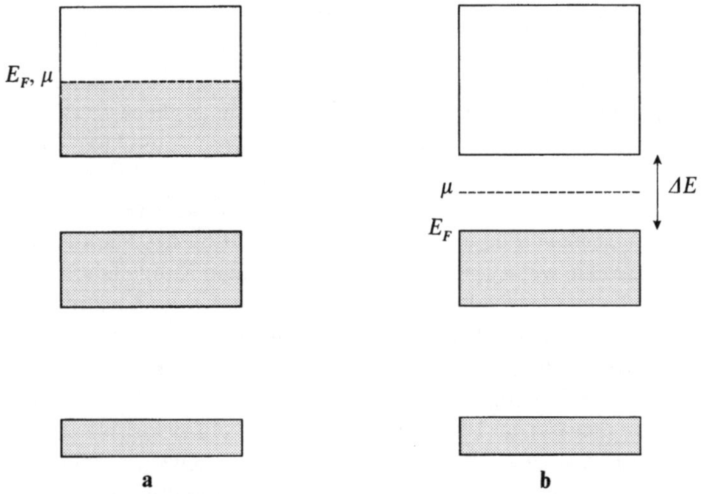

Abb. 14.18 Schematische Darstellung der einzelnen Energieniveaus, die die Elektronen am absoluten Nullpunkt besetzen (grau); E_F ist die größte Einzelenergie. In einem Leiter (**a**) liegt E_F (das mit dem Fermi-Niveau zusammenfällt) in einem erlaubten Energieband, dem sogenannten Leitungsband. Die Elektronen, deren Energien nahe bei E_F liegen, können dann leicht beschleunigt werden, da die etwas höheren Energieniveaus für sie zugänglich sind. In einem Isolator (**b**) liegt E_F am oberen Rand eines erlaubten Bands, des sogenannten Valenzbands (das Fermi-Niveau liegt dann im benachbarten verbotenen Band). Die Elektronen können nur angeregt werden, indem sie das verbotene Band überspringen. Dies erfordert eine Energie, die mindestens gleich der Breite ΔE dieses Bands sein muss.

sie sind im Allgemeinen schmal. Im Modell der starken Bindung (s. Abschnitt 11.9.2) stammen diese Bänder von den niedrigen atomaren Niveaus, die von der Gegenwart der anderen Atome im Kristallgitter nur wenig beeinflusst werden. Die höheren Bänder hingegen sind breiter; ein teilweise besetztes Band ist ein *Leitungsband*.

Bei einem guten Isolator muss das letzte besetzte Band nicht nur im Grundzustand vollständig besetzt sein, sondern vom nächsthöheren erlaubten Band auch durch ein ausreichend breites verbotenes Band getrennt sein. Wie wir bereits gesehen haben (Abschnitt 14.7.1), können bei Temperaturen ungleich null einige Zustände mit Energien kleiner als E_F frei sein, während höhere Zustände besetzt werden (Abb. 14.15b). Damit der Festkörper bei der Temperatur T ein Isolator bleibt, muss die Breite ΔE des verbotenen Bands, das eine Anregung der Elektronen verhindert, sehr viel größer als kT sein. Wenn ΔE kleiner oder von der Größenordnung kT ist, verlassen einige Elektronen das Valenzband und besetzen Zustände des nächsthöheren erlaubten Bands (das am absoluten Nullpunkt vollständig leer ist). Der Kristall besitzt dann eine beschränkte Zahl an Leitungselektronen: Es handelt sich um einen *Halbleiter* mit *Eigenleitung* (s. die Bemerkung weiter unten). Diamant z. B. mit ΔE bei etwa 5 eV bleibt bei normalen Temperaturen ein Isolator; Silicium und Germanium hingegen, obwohl sie Diamant sehr ähnlich sind, sind Halbleiter: Ihre verbotenen Bänder haben eine Breite ΔE von weniger als 1 eV. Aufgrund dieser qualitativen Überlegungen können wir verstehen, warum die elektrische Leitfähigkeit eines Halbleiters mit steigender Temperatur sehr schnell zunimmt; tatsächlich ergeben quantitative Überlegungen eine Temperaturabhängigkeit der Form $e^{-\Delta E/2kT}$.

Das Verhalten von Halbleitern weist ein scheinbar paradoxes Phänomen auf. Zusätzlich zu den Elektronen, die bei einer Temperatur T das verbotene Band der Breite ΔE übersprungen haben, scheint es im Kristallgitter noch eine gleich große Anzahl positiv geladener Teilchen zu geben. Auch diese Teilchen tragen zum elektrischen Strom bei, doch hat ihr Anteil z. B. beim Hall-Effekt[17] das entgegengesetzte Vorzeichen, als man es für Elektronen erwarten würde. Dies lässt sich mit der Bändertheorie sehr gut erklären, und diese Erklärung stellt eine spektakuläre Manifestation des Pauli-Prinzips dar: Das letzte Valenzband kann, wenn es in der Nähe des absoluten Nullpunkts vollständig gefüllt ist, keinen Strom leiten (das Pauli-Prinzip verhindert, dass seine Elektronen beschleunigt werden können). Wenn durch thermische Anregung einige Elektronen in das Leitungsband übertreten, lassen sie im Valenzband freie Zustände zurück. Diese freien Zustände in einem fast vollständig gefüllten Band nennt man *Löcher*. Löcher verhalten sich wie Teilchen mit entgegengesetzter Elektronenladung. Wird ein elektrisches Feld angelegt, so können sich die im Valenzband verbliebenen Elektronen bewegen, ohne dieses Band zu verlassen, und die leeren Zustände besetzen. Sie füllen also die Löcher und hinterlassen dabei wiederum neue Löcher. Löcher bewegen sich daher entgegengesetzt zur Elektronenrichtung, d. h. so als hätten sie eine positive Ladung. Löcher sind, wie eine genauere Untersuchung zeigen würde, in jeder Hinsicht zu positiven Ladungsträgern äquivalent.

---

[17] Wir erinnern uns: In einem stromführenden Leiterstreifen, der sich in einem Magnetfeld senkrecht zu diesem Strom befindet, unterliegen die bewegten Ladungen der Lorentz-Kraft. Im stationären Zustand tritt daher ein transversales elektrisches Feld auf (senkrecht zum Strom und zum Magnetfeld).

Bemerkung
Wir haben bisher nur von chemisch reinen und geometrisch perfekten Kristallen gesprochen. In Wirklichkeit aber weist jeder Festkörper Verunreinigungen und Fehler auf, die oft, insbesondere bei Halbleitern, eine wichtige Rolle spielen.

Betrachten wir z. B. einen Kristall aus vierwertigem Silicium oder Germanium, in dem einige Atome durch fünfwertige Verunreinigungsatome, etwa Phosphor, Arsen oder Antimon ersetzt werden (das geschieht oft ohne gravierende Änderungen der Kristallstruktur). Ein solches Verunreinigungsatom besitzt ein Valenzelektron mehr als die benachbarten Silicium- oder Germaniumatome; es wird als *Donator* bezeichnet. Die Bindungsenergie ΔE_d des zusätzlichen Elektrons ist im Kristall sehr viel kleiner als im freien Atom (von der Größenordnung einiger hundertstel eV), was im Wesentlichen auf die große Dielektrizitätskonstante des Kristalls zurückzuführen ist. Sie reduziert die Coulomb-Kraft (s. Abschnitt 7.4.1). Folglich kann das vom Donatoratom eingebrachte überschüssige Elektron leichter in das Leitungsband übergehen als die „normalen" Elektronen des Valenzbands (Abb. 14.19a). Der Kristall wird somit bei sehr viel niedrigeren Temperaturen zum Leiter, als es bei reinem Silicium oder Germanium der Fall wäre. Diese Leitung aufgrund von Verunreinigungen bezeichnet man als *Störstellenleitung*. Analog verhält sich ein dreiwertiges Verunreinigungsatom (wie Bor, Aluminium oder Gallium) in Silicium oder Germanium wie ein *Akzeptor* von Elektronen: Es kann leicht ein Elektron des Valenzbands einfangen (Abb. 14.19b), wobei dort ein stromleitendes Loch hinterlassen wird. In einem reinen Halbleiter mit Eigenleitung ist die Anzahl an Leitungselektronen immer gleich der Anzahl an Löchern im Valenzband. Ein Störstellenhalbleiter kann jedoch abhängig vom Verhältnis der Anzahl von Donatoren und Akzeptoren mehr Leitungselektronen als Löcher (man spricht dann von Halbleitern vom *Typ n*, da die Mehrzahl der Ladungsträger negativ ist), oder mehr Löcher als Leitungselektronen (*Typ p* mit mehr positiven als negativen Ladungsträgern) enthalten. Diese Eigenschaften bilden die Grundlage für zahlreiche technische Anwendungen (Transistoren, Gleichrichter, photoelektrische Zellen usw.). Verunreinigungen werden oft absichtlich in Halbleiter implantiert, um ihre Eigenschaften zu beeinflussen: Diesen Prozess bezeichnet man als *Dotierung*.

14.8 Aufgaben zu Kapitel 14

1. Es sei h_0 der Hamilton-Operator eines Teilchens. Wir nehmen an, der Operator h_0 wirke nur auf die Bahnvariablen und habe drei äquidistante Niveaus mit den Energien 0, $\hbar\omega_0$, $2\hbar\omega_0$ (wobei ω_0 eine reelle positive Konstante ist), die im Bahnzustandsraum $\mathcal{H}_r$ nichtentartet sind (im Gesamtzustandsraum ist die Entartung jedes Niveaus gleich $2s+1$, wobei s der Spin des Teilchens ist). Wir haben in Bezug auf die Bahnvariablen nur den Unterraum von $\mathcal{H}_r$ zu betrachten, der durch die drei entsprechenden Eigenzustände von h_0 aufgespannt wird.

a) Man betrachte ein System aus drei unabhängigen Elektronen, dessen Hamilton-Operator geschrieben werden kann

$$H = h_0(1) + h_0(2) + h_0(3).$$

Man bestimme die Energieniveaus von H und ihre Entartung.

b) Dieselbe Frage beantworte man für ein System aus drei identischen Bosonen mit dem Spin 0.

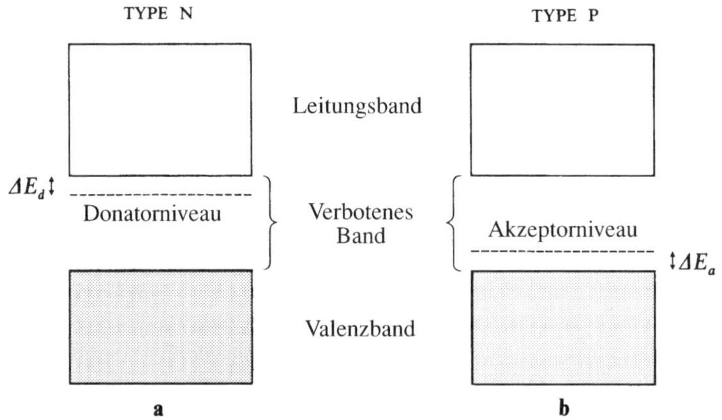

Abb. 14.19 Störstellenhalbleiter: Durch Donatoratome (**a**) werden Elektronen eingebracht, die leichter in das Leitungsband überwechseln, da ihr Grundzustand nur durch eine viel kleinere Energiedifferenz ΔE_d vom Leitungsband getrennt ist. Akzeptoren (**b**) fangen leicht ein Elektron des Valenzbands ein, da diese Elektronen dafür nur eine Anregungsenergie ΔE_a benötigen. Durch diesen Prozess wird im Valenzband ein Loch erzeugt, das Strom leiten kann.

2. Man betrachte ein System von identischen Bosonen mit dem Spin $s = 1$, die sich im selben Zentralpotential $V(r)$ befinden. Wie lauten die Spektralterme (s. Abschnitt 14.6.2), die zu den Konfigurationen $1s^2$, $1s2p$, $2p^2$ gehören?

3. Wir betrachten den Zustandsraum eines Elektrons, der durch die beiden Vektoren $|\varphi_{p_x}\rangle$ und $|\varphi_{p_y}\rangle$, die zwei atomare Orbitale p_x und p_y mit den Wellenfunktionen $\varphi_{p_x}(\boldsymbol{r})$ und $\varphi_{p_y}(\boldsymbol{r})$ darstellen (s. Abschnitt 7.8.2), aufgespannt wird:

$$\begin{aligned}\varphi_{p_x}(\boldsymbol{r}) &= x\,f(r) = \sin\theta\cos\varphi\, r f(r),\\ \varphi_{p_y}(\boldsymbol{r}) &= y\,f(r) = \sin\theta\sin\varphi\, r f(r).\end{aligned}$$

a) Man gebe in Abhängigkeit von $|\varphi_{p_x}\rangle$ und $|\varphi_{p_y}\rangle$ den Zustand $|\varphi_{p_\alpha}\rangle$ für das p_α-Orbital an, das in diejenige Richtung der x, y-Ebene zeigt, die mit der x-Achse einen Winkel α einschließt.

b) Man betrachte zwei Elektronen, deren Spins beide im Zustand $|+\rangle$ (dem Eigenzustand von S_z mit dem Eigenwert $+\hbar/2$) sind.

Man gebe den normierten Zustandsvektor $|\psi\rangle$ an, der das System der beiden Elektronen darstellt, wobei ein Elektron im Zustand $|\varphi_{p_x}\rangle$ und das andere im Zustand $|\varphi_{p_y}\rangle$ ist.

c) Dieselbe Frage beantworte man für ein Elektron im Zustand $|\varphi_{p_\alpha}\rangle$ und ein Elektron im Zustand $|\varphi_{p_\beta}\rangle$, wobei α und β zwei beliebige Winkel sind.

d) Das System befinde sich im Zustand $|\psi\rangle$ von Frage b). Man berechne die Wahrscheinlichkeitsdichte $\mathcal{P}(r,\theta,\varphi;r',\theta',\varphi')$ dafür, ein Elektron bei (r,θ,φ) und das andere bei (r',θ',φ') zu finden. Man zeige, dass die Elektronendichte $\rho(r,\theta,\varphi)$ (die Wahrscheinlichkeitsdichte, ein beliebiges Elektron bei (r,θ,φ) zu finden) symmetrisch ist gegenüber

Drehungen um die z-Achse. Man bestimme die Wahrscheinlichkeitsdichte dafür, dass $\varphi - \varphi' = \varphi_0$ bei gegebenem φ_0 ist. Man diskutiere den Verlauf dieser Wahrscheinlichkeitsdichte in Abhängigkeit von φ_0.

4. Stoß von zwei identischen Teilchen

Wir verwenden die Bezeichnungen aus Abschnitt 14.4.2.

a) Man betrachte zwei Teilchen (1) und (2) mit derselben Masse m, die zunächst als spinlos und unterscheidbar angenommen werden. Diese beiden Teilchen wechselwirken über ein Potential $V(r)$, das nur von ihrem gegenseitigen Abstand r abhängt. Zu einer Anfangszeit t_0 befinde sich das System im Zustand $|1 : p\boldsymbol{e}_z; 2 : -p\boldsymbol{e}_z\rangle$. $U(t, t_0)$ sei der Zeitentwicklungsoperator des Systems. Die Wahrscheinlichkeitsamplitude dafür, das System zur Zeit t_1 im Zustand $|1 : p\boldsymbol{n}; 2 : -p\boldsymbol{n}\rangle$ zu finden, ist

$$F(\boldsymbol{n}) = \langle 1 : p\boldsymbol{n}; 2 : -p\boldsymbol{n} \,|\, U(t_1, t_0) \,|\, 1 : p\boldsymbol{e}_z; 2 : -p\boldsymbol{e}_z\rangle .$$

Mit θ und φ bezeichnen wir die Polarwinkel des Einheitsvektors $\boldsymbol{n}$ in einem orthogonalen x, y, z-System. Man zeige, dass $F(\boldsymbol{n})$ nicht von φ abhängt. Man berechne in Abhängigkeit von $F(\boldsymbol{n})$ die Wahrscheinlichkeit, eines der beiden Teilchen (ohne festzulegen welches) mit dem Impuls $p\boldsymbol{n}$ und das andere mit dem Impuls $-p\,\boldsymbol{n}$ zu finden. Wie ändert sich diese Wahrscheinlichkeit, wenn sich θ in $\pi - \theta$ ändert?

b) Wir betrachten dasselbe Problem (mit demselben spinunabhängigen Wechselwirkungspotential $V(r)$) für zwei identische Teilchen, wobei sich das eine anfangs im Zustand $|p\boldsymbol{e}_z, m_s\rangle$ und das andere im Zustand $|-p\boldsymbol{e}_z, m'_s\rangle$ befindet (die Quantenzahlen m_s und m'_s gehören zu den Eigenwerten $m_s\hbar$ und $m'_s\hbar$ der Spinkomponente in z-Richtung). Es sei $m_s \neq m'_s$. Man gebe in Abhängigkeit von $F(\boldsymbol{n})$ die Wahrscheinlichkeit an, zur Zeit t_1 ein Teilchen mit dem Impuls $p\boldsymbol{n}$ und dem Spin m_s und das andere mit dem Impuls $-p\boldsymbol{n}$ und dem Spin m'_s zu finden. Wie groß ist die Wahrscheinlichkeit, ein Teilchen mit dem Impuls $p\boldsymbol{n}$ und das andere mit dem Impuls $-p\boldsymbol{n}$ zu finden, wenn die Spins nicht gemessen werden? Wie ändern sich diese Wahrscheinlichkeiten, wenn sich θ in $\pi - \theta$ ändert?

c) Man behandle das Problem b) für den Fall $m_s = m'_s$. Insbesondere untersuche man die Richtung $\theta = \pi/2$, indem man Bosonen und Fermionen getrennt behandelt. Man zeige wiederum, dass die Streuwahrscheinlichkeiten in Richtung θ und $\pi - \theta$ gleich sind.

5. Stoß von zwei identischen unpolarisierten Teilchen

Man betrachte den Stoß von zwei identischen Teilchen mit dem Spin s. Man nehme an, ihre anfänglichen Spinzustände seien unbekannt: Beide Teilchen sind mit derselben Wahrscheinlichkeit in einem der $2s+1$ möglichen orthogonalen Spinzustände. Man zeige, dass die Wahrscheinlichkeit, Streuung in Richtung $\boldsymbol{n}$ zu beobachten, gegeben wird durch (in der Notation der vorherigen Aufgabe)

$$|F(\boldsymbol{n})|^2 + |F(-\boldsymbol{n})|^2 + \frac{\varepsilon}{2s+1}\left[F^*(\boldsymbol{n})F(-\boldsymbol{n}) + \text{k.k.}\right]$$

($\varepsilon = +1$ für Bosonen und -1 für Fermionen).

6. Mögliche Werte des Relativdrehimpulses von zwei identischen Teilchen
Man betrachte ein System von zwei identischen Teilchen, die über ein Potential wechselwirken, das nur von ihrem gegenseitigen Abstand abhängt. Dann lautet der Hamilton-Operator des Systems

$$H = \frac{\boldsymbol{P}_1^2}{2m} + \frac{\boldsymbol{P}_2^2}{2m} + V(|\boldsymbol{R}_1 - \boldsymbol{R}_2|).$$

Wie in Abschnitt 7.2 setzen wir

$$\boldsymbol{R}_\mathrm{G} = \frac{1}{2}(\boldsymbol{R}_1 + \boldsymbol{R}_2), \qquad \boldsymbol{P}_\mathrm{G} = \boldsymbol{P}_1 + \boldsymbol{P}_2,$$
$$\boldsymbol{R} = \boldsymbol{R}_1 - \boldsymbol{R}_2, \qquad \boldsymbol{P} = \frac{1}{2}(\boldsymbol{P}_1 - \boldsymbol{P}_2);$$

H wird dann

$$H = H_\mathrm{G} + H_\mathrm{r}$$

mit

$$H_\mathrm{G} = \frac{\boldsymbol{P}_\mathrm{G}^2}{4m},$$
$$H_\mathrm{r} = \frac{\boldsymbol{P}^2}{m} + V(R).$$

a) Zunächst nehme man an, bei den beiden Teilchen handle es sich um identische Bosonen mit dem Spin null (z. B. π-Mesonen).

α) Wir verwenden die Basis $\{|\boldsymbol{r}_\mathrm{G}, \boldsymbol{r}\rangle\}$ des Zustandsraums $\mathscr{H}$ des Systems, die aus gemeinsamen Eigenvektoren der Observablen $\boldsymbol{R}_\mathrm{G}$ und $\boldsymbol{R}$ besteht. Man zeige, dass für den Permutationsoperator P_{21} der beiden Teilchen gilt

$$P_{21}\,|\boldsymbol{r}_\mathrm{G}, \boldsymbol{r}\rangle = |\boldsymbol{r}_\mathrm{G}, -\boldsymbol{r}\rangle.$$

β) Wir wechseln nun in die Basis $\{|\boldsymbol{p}_\mathrm{G}; E_n, l, m\rangle\}$ gemeinsamer Eigenzustände von $\boldsymbol{P}_\mathrm{G}$, H_r, $\boldsymbol{L}^2$ und L_z ($\boldsymbol{L} = \boldsymbol{R} \times \boldsymbol{P}$ ist der Relativdrehimpuls der beiden Teilchen). Man zeige, dass diese neuen Basisvektoren gegeben werden durch Ausdrücke der Form

$$|\boldsymbol{p}_\mathrm{G}; E_n, l, m\rangle = \frac{1}{(2\pi\hbar)^{3/2}} \int \mathrm{d}^3 r_\mathrm{G}\, \mathrm{e}^{\mathrm{i}\boldsymbol{p}_\mathrm{G}\cdot\boldsymbol{r}_\mathrm{G}/\hbar} \int \mathrm{d}^3 r\, R_{n,l}(r) Y_l^m(\theta, \varphi)\, |\boldsymbol{r}_\mathrm{G}, \boldsymbol{r}\rangle.$$

Man zeige, dass gilt

$$P_{21}\,|\boldsymbol{p}_\mathrm{G}; E_n, l, m\rangle = (-1)^l\, |\boldsymbol{p}_\mathrm{G}; E_n, l, m\rangle.$$

γ) Welche Werte von l sind nach dem Symmetrisierungspostulat erlaubt?

b) Bei den beiden betrachteten Teilchen handle es sich nun um Fermionen mit dem Spin $1/2$ (Elektronen oder Protonen).

α) Für den Zustandsraum des Systems verwenden wir zunächst die Basis

$$\{|\boldsymbol{r}_\mathrm{G}, \boldsymbol{r}; S, M\rangle\}$$

gemeinsamer Eigenvektoren von $\boldsymbol{R}_{\mathrm{G}}$, $\boldsymbol{R}$, $\boldsymbol{S}^2$ und S_z, wobei $\boldsymbol{S} = \boldsymbol{S}_1 + \boldsymbol{S}_2$ der Gesamtspin des Systems ist (die Vektoren $|S, M\rangle$ des Spinzustandsraums wurden in Abschnitt 10.2 bestimmt). Man zeige, dass gilt

$$P_{21}\,|\boldsymbol{r}_{\mathrm{G}}, \boldsymbol{r}; S, M\rangle = (-1)^{S+1}\,|\boldsymbol{r}_{\mathrm{G}}, -\boldsymbol{r}; S, M\rangle.$$

β) Wir wechseln nun in die Basis $\{|\boldsymbol{p}_{\mathrm{G}}; E_n, l, m; S, M\rangle\}$ gemeinsamer Eigenzustände von $\boldsymbol{P}_{\mathrm{G}}$, H_{r}, $\boldsymbol{L}^2$, L_z, $\boldsymbol{S}^2$ und S_z.

Wie in Frage a)β) zeige man, dass gilt

$$P_{21}\,|\boldsymbol{p}_{\mathrm{G}}; E_n, l, m; S, M\rangle = (-1)^{S+1}(-1)^l\,|\boldsymbol{p}_{\mathrm{G}}; E_n, l, m; S, M\rangle.$$

γ) Man leite die Werte von l her, die aufgrund des Symmetrisierungspostulats für die jeweiligen Werte von S (Triplett und Singulett) erlaubt sind.

c) (*Etwas schwieriger*) Der totale Wirkungsquerschnitt zweier unterscheidbarer Teilchen, die über ein Potential $V(r)$ wechselwirken, lässt sich im Schwerpunktsystem schreiben

$$\sigma = \frac{4\pi}{k^2}\sum_{l=0}^{\infty}(2l+1)\,\sin^2\delta_l,$$

wobei δ_l die zu $V(r)$ gehörenden Phasenverschiebungen (Streuphasen) sind (s. Abschnitt 8.3.4, Gl. (8.112)).

α) Was geschieht, wenn das Messinstrument auf beide Teilchen gleich anspricht (die beiden Teilchen haben dieselbe Masse)?

β) Man zeige, dass sich für den in Frage a) angegebenen Fall der Ausdruck für σ ändert in

$$\sigma = \frac{8\pi}{k^2}\sum_{l\ \text{gerade}}(2l+1)\,\sin^2\delta_l.$$

γ) Man zeige, dass für zwei unpolarisierte identische Fermionen mit dem Spin $1/2$ (der Fall von Frage b)) gilt

$$\sigma = \frac{2\pi}{k^2}\left\{\sum_{l\ \text{gerade}}(2l+1)\,\sin^2\delta_l + 3\sum_{l\ \text{ungerade}}(2l+1)\,\sin^2\delta_l\right\}.$$

7. Aufenthaltswahrscheinlichkeiten für ein System von zwei identischen Teilchen
Es seien $|\varphi\rangle$ und $|\chi\rangle$ zwei orthogonale normierte Zustände des Bahnzustandsraums $\mathscr{H}_{\boldsymbol{r}}$ eines Elektrons, und $|+\rangle$ und $|-\rangle$ die beiden Eigenvektoren der Komponente S_z seines Spins im Spinzustandsraum $\mathscr{H}_s$.

a) Man betrachte ein System aus zwei Elektronen, wobei sich das eine im Zustand $|\varphi, +\rangle$ und das andere im Zustand $|\chi, -\rangle$ befindet. Es sei $\rho_{\mathrm{II}}(\boldsymbol{r}, \boldsymbol{r}')\mathrm{d}^3r\mathrm{d}^3r'$ die Wahrscheinlichkeit dafür, dass sich ein Elektron im Volumenelement d^3r um $\boldsymbol{r}$ und das andere im Volumenelement d^3r' um $\boldsymbol{r}'$ befindet (Zweiteilchendichtefunktion). Entsprechend sei

$\rho_{\mathrm{I}}(\boldsymbol{r})\mathrm{d}^3r$ die Wahrscheinlichkeit dafür, ein Elektron im Volumenelement d^3r um $\boldsymbol{r}$ zu finden (Einteilchendichtefunktion). Man zeige, dass gilt

$$\begin{aligned}\rho_{\mathrm{II}}(\boldsymbol{r},\boldsymbol{r}') &= |\varphi(\boldsymbol{r})|^2|\chi(\boldsymbol{r}')|^2 + |\varphi(\boldsymbol{r}')|^2|\chi(\boldsymbol{r})|^2,\\ \rho_{\mathrm{I}}(\boldsymbol{r}) &= |\varphi(\boldsymbol{r})|^2 + |\chi(\boldsymbol{r})|^2.\end{aligned}$$

Man zeige, dass diese Ausdrücke auch dann gültig bleiben, wenn $|\varphi\rangle$ und $|\chi\rangle$ in $\mathcal{H}_{\boldsymbol{r}}$ nicht orthogonal sind.

Man berechne die Integrale von $\rho_{\mathrm{I}}(\boldsymbol{r})$ und $\rho_{\mathrm{II}}(\boldsymbol{r},\boldsymbol{r}')$ über den gesamten Raum. Sind sie gleich eins?

Man vergleiche die Ergebnisse mit denen, die sich für ein System von zwei unterscheidbaren Teilchen (beide mit dem Spin $1/2$) ergäben, von denen das eine im Zustand $|\varphi,+\rangle$ und das andere im Zustand $|\chi,-\rangle$ ist; das Messinstrument, das ihre Orte ermittelt, kann nicht zwischen ihnen unterscheiden.

b) Man nehme nun an, dass sich ein Elektron im Zustand $|\varphi,+\rangle$ und das andere im Zustand $|\chi,+\rangle$ befindet. Man zeige, dass dann gilt

$$\begin{aligned}\rho_{\mathrm{II}}(\boldsymbol{r},\boldsymbol{r}') &= |\varphi(\boldsymbol{r})\chi(\boldsymbol{r}') - \varphi(\boldsymbol{r}')\chi(\boldsymbol{r})|^2,\\ \rho_{\mathrm{I}}(\boldsymbol{r}) &= |\varphi(\boldsymbol{r})|^2 + |\chi(\boldsymbol{r})|^2.\end{aligned}$$

Man berechne die Integrale von $\rho_{\mathrm{I}}(\boldsymbol{r})$ und $\rho_{\mathrm{II}}(\boldsymbol{r},\boldsymbol{r}')$ über den gesamten Raum. Wie ändern sich ρ_{I} und ρ_{II}, wenn $|\varphi\rangle$ und $|\chi\rangle$ in $\mathcal{H}_{\boldsymbol{r}}$ nicht mehr orthogonal sind?

c) Dieselbe Frage behandle man für zwei identische Bosonen, die entweder im selben Spinzustand oder in zwei orthogonalen Spinzuständen sind.

8. Diese Aufgabe soll Folgendes deutlich machen: Wurde der Zustandsvektor eines Systems N identischer Bosonen (oder Fermionen) symmetrisiert (oder antisymmetrisiert), so ist es zur Berechnung der Wahrscheinlichkeit für ein bestimmtes Messergebnis nicht nötig, die zur Messung gehörenden Vektoren ebenfalls zu symmetrisieren (oder zu antisymmetrisieren). Anders ausgedrückt können also, vorausgesetzt der Zustandsvektor gehört zu $\mathcal{H}_{\mathrm{S}}$ (oder $\mathcal{H}_{\mathrm{A}}$), physikalische Vorhersagen so berechnet werden, als hätten wir es mit einem System unterscheidbarer Teilchen zu tun, die mit einem Messinstrument beobachtet werden, das keine Unterscheidung zwischen ihnen erlaubt.

Es sei $|\psi\rangle$ der Zustandsvektor eines Systems N identischer Bosonen (die folgende Argumentation gilt ebenso für Fermionen). Es gilt

$$S\,|\psi\rangle = |\psi\rangle. \tag{14.232}$$

I. a) Es sei $|\chi\rangle$ der normierte physikalische Vektor, der zu einer Messung gehört, bei der die N Bosonen in verschiedenen orthonormalen Einzelzuständen $|u_\alpha\rangle, |u_\beta\rangle, \dots, |u_\nu\rangle$ gefunden werden. Man zeige, dass gilt

$$|\chi\rangle = \sqrt{N!}\,S\,|1:u_\alpha; 2:u_\beta; \dots; N:u_\nu\rangle. \tag{14.233}$$

b) Man zeige, dass aufgrund der Symmetrieeigenschaften von $|\psi\rangle$ gilt

$$|\langle 1 : u_\alpha; 2 : u_\beta; \ldots; N : u_\nu \mid \psi\rangle|^2 = |\langle i : u_\alpha; j : u_\beta; \ldots; l : u_\nu \mid \psi\rangle|^2,$$

wobei $i, j, \ldots, l$ eine beliebige Permutation der Zahlen $1, 2, \ldots, N$ ist.

c) Man zeige, dass die Wahrscheinlichkeit, das System im Zustand $|\chi\rangle$ vorzufinden, geschrieben werden kann

$$\begin{aligned} |\langle\chi|\psi\rangle|^2 &= N!\,|\langle 1 : u_\alpha; 2 : u_\beta; \ldots; N : u_\nu \mid \psi\rangle|^2 \\ &= \sum_{\{i,j,\ldots,l\}} |\langle i : u_\alpha; j : u_\beta; \ldots; l : u_\nu \mid \psi\rangle|^2, \end{aligned} \tag{14.234}$$

wobei die Summation über alle Permutationen der Zahlen $1, 2, \ldots, N$ auszuführen ist.

d) Man nehme nun an, die Teilchen, deren Zustand durch den Vektor $|\psi\rangle$ beschrieben wird, seien unterscheidbar. Wie groß ist dann die Wahrscheinlichkeit, eines von ihnen im Zustand $|u_\alpha\rangle$, ein anderes im Zustand $|u_\beta\rangle, \ldots$ und das letzte im Zustand $|u_\nu\rangle$ zu finden?

Man folgere durch einen Vergleich mit den Ergebnissen aus c), dass es für identische Teilchen ausreichend ist, das Symmetrisierungspostulat auf den Zustandsvektor $|\psi\rangle$ des Systems anzuwenden.

e) Wie müsste die vorstehende Überlegung geändert werden, wenn mehrere Einzelzustände, die den Zustand $|\chi\rangle$ bilden, gleich wären? (Der Einfachheit halber betrachte man nur den Fall $N = 3$.)

II. (*Etwas schwieriger*) Wir betrachten nun den allgemeinen Fall, bei dem das Messergebnis nicht mehr durch die Angabe der Einzelzustände definiert wird, da die Messung unter Umständen nicht mehr vollständig ist. Nach den Postulaten dieses Kapitels müssen wir zur Berechnung der entsprechenden Wahrscheinlichkeit in der folgenden Weise vorgehen:

– Zunächst behandeln wir die Teilchen als unterscheidbar und nummerieren sie durch; ihr Zustandsraum ist dann $\mathcal{H}$. Mit $\mathcal{H}_m$ bezeichnen wir den Unterraum von $\mathcal{H}$, der zum betrachteten Messergebnis gehört, wobei die Messung mit Messinstrumenten erfolgt, die die Teilchen nicht unterscheiden können.

– Aus den Vektoren $|\psi_m\rangle$ von $\mathcal{H}_m$ konstruieren wir die Menge der Vektoren $S|\psi_m\rangle$, die einen Vektorraum $\mathcal{H}_m^{\mathrm{S}}$ bilden ($\mathcal{H}_m^{\mathrm{S}}$ ist die Projektion von $\mathcal{H}_m$ auf $\mathcal{H}_{\mathrm{S}}$); wenn die Dimension von $\mathcal{H}_m^{\mathrm{S}}$ größer als eins ist, ist die Messung nicht vollständig.

– Die gesuchte Wahrscheinlichkeit ist dann gleich dem Quadrat der Norm der orthogonalen Projektion des Vektors $|\psi\rangle$, der den Zustand der N identischen Teilchen beschreibt, auf $\mathcal{H}_m^{\mathrm{S}}$.

a) Für einen beliebigen Permutationsoperator P_α der N Teilchen zeige man, dass nach Konstruktion von $\mathcal{H}_m$ gilt

$$P_\alpha\,|\psi_m\rangle \in \mathcal{H}_m.$$

Man zeige, dass $\mathcal{H}_m$ unter der Wirkung von S global invariant ist und dass $\mathcal{H}_m^{\mathrm{S}}$ die Schnittmenge von $\mathcal{H}_{\mathrm{S}}$ und $\mathcal{H}_m$ ist.

b) Wir konstruieren eine Orthonormalbasis in $\mathcal{H}_m$:

$$\{|\varphi_m^1\rangle, |\varphi_m^2\rangle, \ldots, |\varphi_m^k\rangle, |\varphi_m^{k+1}\rangle, \ldots, |\varphi_m^p\rangle\},$$

wobei die ersten k Vektoren eine Basis von $\mathscr{H}_m^{\mathrm{S}}$ bilden sollen. Man zeige, dass es sich bei den Vektoren $S|\varphi_m^n\rangle$ mit $k+1 \leq n \leq p$ um Linearkombinationen der ersten k Vektoren dieser Basis handeln muss. Man zeige, indem man ihr Skalarprodukt mit den Bravektoren $\langle\varphi_m^1|, \langle\varphi_m^2|, \ldots, \langle\varphi_m^k|$ bildet, dass die Vektoren $S|\varphi_m^n\rangle$ (mit $n \geq k+1$) notwendig gleich null sind.

c) Man zeige anhand dieser Ergebnisse, dass aus der Symmetrie von $|\psi\rangle$ folgt

$$\sum_{n=1}^{p} |\langle\varphi_m^n|\psi\rangle|^2 = \sum_{n=1}^{k} |\langle\varphi_m^n|\psi\rangle|^2,$$

d. h.

$$\langle\psi \mid P_m^{\mathrm{S}} \mid \psi\rangle = \langle\psi \mid P_m \mid \psi\rangle,$$

wobei P_m^{S} und P_m die Projektoren auf $\mathscr{H}_m^{\mathrm{S}}$ bzw. $\mathscr{H}_m$ sind.

Schlussfolgerung: Die Wahrscheinlichkeiten der Messergebnisse können aus der Projektion des Vektors $|\psi\rangle$ (der zu $\mathscr{H}_{\mathrm{S}}$ gehört) auf einen Eigenunterraum $\mathscr{H}_m$ berechnet werden, dessen Vektoren nicht alle zu $\mathscr{H}_{\mathrm{S}}$ gehören, in dem aber alle Teilchen dieselbe Rolle spielen.

9. Dichtefunktionen in einem Elektronengas am absoluten Nullpunkt

I. a) Wir betrachten ein System von N Teilchen $1, 2, \ldots, i, \ldots, N$ mit demselben Spin s. Zunächst wollen wir annehmen, dass sie nicht identisch sind. Im Zustandsraum $\mathscr{H}(i)$ des Teilchens (i) stellt der Vektor $|i : \boldsymbol{r}_0, m\rangle$ einen Zustand dar, in dem sich das Teilchen (i) im Spinzustand $|m\rangle$ ($m\hbar$ ist der Eigenwert von S_z) am Ort $\boldsymbol{r}_0$ befindet.

Man betrachte den Operator

$$F_m(\boldsymbol{r}_0) = \sum_{i=1}^{N} \left\{ |i : \boldsymbol{r}_0, m\rangle\langle i : \boldsymbol{r}_0, m| \otimes \prod_{j\neq i} I(j) \right\},$$

wobei $I(j)$ der Einheitsoperator im Raum $\mathscr{H}(j)$ ist.

Es sei $|\psi\rangle$ der Zustand des N-Teilchensystems. Man zeige, dass $\langle\psi|F_m(\boldsymbol{r}_0)|\psi\rangle \mathrm{d}\tau$ die Wahrscheinlichkeit dafür ist, ein Teilchen mit der Spinkomponente $m\hbar$ im infinitesimalen Volumenelement $\mathrm{d}\tau$ um $\boldsymbol{r}_0$ zu finden.

b) Man betrachte den Operator

$$G_{mm'}(\boldsymbol{r}_0, \boldsymbol{r}_0') = \sum_{i=1}^{N} \sum_{j\neq i} \left\{ |i : \boldsymbol{r}_0, m; j : \boldsymbol{r}_0', m'\rangle\langle i : \boldsymbol{r}_0, m; j : \boldsymbol{r}_0', m'| \otimes \prod_{k\neq i,j} I(k) \right\}.$$

Welche physikalische Bedeutung hat $\langle\psi|G_{mm'}(\boldsymbol{r}_0, \boldsymbol{r}_0')|\psi\rangle \mathrm{d}\tau\mathrm{d}\tau'$, worin $\mathrm{d}\tau$ und $\mathrm{d}\tau'$ infinitesimale Volumenelemente bezeichnen?

Die Erwartungswerte $\langle\psi|F_m(\boldsymbol{r}_0)|\psi\rangle$ und $\langle\psi|G_{mm'}(\boldsymbol{r}_0, \boldsymbol{r}_0')|\psi\rangle$ kürzen wir mit $\rho_m^{\mathrm{I}}(\boldsymbol{r}_0)$ bzw. $\rho_{mm'}^{\mathrm{II}}(\boldsymbol{r}_0, \boldsymbol{r}_0')$ ab und bezeichnen sie als Ein- bzw. Zweiteilchendichtefunktionen des N-Teilchensystems.

Die vorstehenden Ausdrücke behalten auch für identische Teilchen ihre Gültigkeit, vorausgesetzt $|\psi\rangle$ stellt den entsprechend symmetrisierten oder antisymmetrisierten Zustandsvektor des Systems dar (s. vorhergehende Aufgabe).

II. Man betrachte ein System von N Teilchen in den normierten und orthogonalen Einzelzuständen $|u_1\rangle, |u_2\rangle, \ldots, |u_N\rangle$.

Der normierte Zustandsvektor des Systems lautet

$$|\psi\rangle = \sqrt{N!}\,T\,|1:u_1;2:u_2;\ldots;N:u_N\rangle,$$

wobei T für Bosonen der Symmetrisierungsoperator und für Fermionen der Antisymmetrisierungsoperator ist. In diesem Teil der Aufgabe wollen wir die Erwartungswerte im Zustand $|\psi\rangle$ von symmetrischen Einteilchenoperatoren des Typs

$$F = \sum_{i=1}^{N} \left\{ f(i) \otimes \prod_{j\neq i} I(j) \right\}$$

und symmetrischen Zweiteilchenoperatoren des Typs

$$G = \sum_{i=1}^{N} \sum_{j\neq i} \left\{ g(i,j) \otimes \prod_{k\neq i,j} I(k) \right\}$$

berechnen.

a) Man zeige, dass gilt

$$\langle\psi\,|\,F\,|\,\psi\rangle = \langle 1:u_1;2:u_2;\ldots;N:u_N\,|\left[\sum_{\alpha} \varepsilon_\alpha P_\alpha\right] F\,|\,1:u_1;2:u_2;\ldots;N:u_N\rangle,$$

wobei für Bosonen $\varepsilon = +1$ und für Fermionen $\varepsilon = +1$ oder -1 ist, je nachdem ob die Permutation P_α gerade oder ungerade ist. Man zeige ferner, dass derselbe Ausdruck für den Operator G gilt.

b) Man leite die folgenden Beziehungen her ($\varepsilon = +1$ für Bosonen und $\varepsilon = -1$ für Fermionen) :

$$\langle\psi\,|\,F\,|\,\psi\rangle = \sum_{i=1}^{N} \langle i:u_i\,|\,f(i)\,|\,i:u_i\rangle,$$

$$\langle\psi\,|\,G\,|\,\psi\rangle = \sum_{i=1}^{N}\sum_{j\neq i} \Big\{ \langle i:u_i;j:u_j\,|\,g(i,j)\,|\,i:u_i;j:u_j\rangle + \varepsilon\langle i:u_j;j:u_i\,|\,g(i,j)\,|\,i:u_i;j:u_j\rangle \Big\}.$$

III. Wir wollen nun die Ergebnisse des Teils II auf die in Teil I eingeführten Operatoren $F_m(\boldsymbol{r}_0)$ und $G_{mm'}(\boldsymbol{r}_0,\boldsymbol{r}'_0)$ anwenden. Bei dem betrachteten physikalischen System handelt es sich um ein Gas von N freien Elektronen am absoluten Nullpunkt, die in einem würfelförmigen Kasten der Kantenlänge L eingeschlossen sind (Abschnitt 14.7.1). Wenn wir das System periodischen Randbedingungen unterwerfen, ergeben sich Einzelzustände der Form $|\varphi_{\boldsymbol{k}}\rangle|\pm\rangle$, wobei die zu $|\varphi_{\boldsymbol{k}}\rangle$ gehörende Wellenfunktion eine ebene Welle $\mathrm{e}^{\mathrm{i}\boldsymbol{k}\cdot\boldsymbol{r}}/L^{3/2}$ ist und die Komponenten von $\boldsymbol{k}$ den Bedingungen (14.228) genügen. Mit $E_{\mathrm{F}} = \hbar^2 k_{\mathrm{F}}^2/2m$ bezeichnen wir die Fermi-Energie des Systems und mit $\lambda_{\mathrm{F}} = 2\pi/k_{\mathrm{F}}$ die Fermi-Wellenlänge.

a) Man zeige, dass für die zwei Einteilchendichtefunktionen $\rho_+^{\mathrm{I}}(\boldsymbol{r}_0)$ und $\rho_-^{\mathrm{I}}(\boldsymbol{r}_0)$

$$\rho_+^{\mathrm{I}}(\boldsymbol{r}_0) = \rho_-^{\mathrm{I}}(\boldsymbol{r}_0) = \sum_{\boldsymbol{k}} |\varphi_{\boldsymbol{k}}(\boldsymbol{r}_0)|^2$$

gilt, wobei die Summation über alle Werte von $\boldsymbol{k}$ mit einem Betrag kleiner als k_{F} auszuführen ist, die den periodischen Randbedingungen genügen. Mit Hilfe von Abschnitt 14.7.1 zeige man, dass gilt

$$\rho_+^{\mathrm{I}}(\boldsymbol{r}_0) = \rho_-^{\mathrm{I}}(\boldsymbol{r}_0) = k_{\mathrm{F}}^3/6\pi^2 = N/2L^3.$$

Hätte man dieses Ergebnis vorhersehen können?

b) Man zeige, dass die beiden Zweiteilchendichtefunktionen $\rho_{+-}^{\mathrm{II}}(\boldsymbol{r}_0, \boldsymbol{r}_0')$ und $\rho_{-+}^{\mathrm{II}}(\boldsymbol{r}_0, \boldsymbol{r}_0')$ gleich

$$\sum_{\boldsymbol{k}} \sum_{\boldsymbol{k}'} |\varphi_{\boldsymbol{k}}(\boldsymbol{r}_0)\varphi_{\boldsymbol{k}'}(\boldsymbol{r}_0')|^2 = N^2/4L^6$$

sind, wobei die Summationen über $\boldsymbol{k}$ und $\boldsymbol{k}'$ wie oben definiert sind. Man gebe eine physikalische Interpretation an.

c) Schließlich betrachte man die Zweiteilchendichtefunktionen $\rho_{++}^{\mathrm{II}}(\boldsymbol{r}_0, \boldsymbol{r}_0')$ und $\rho_{--}^{\mathrm{II}}(\boldsymbol{r}_0, \boldsymbol{r}_0')$. Man zeige, dass sie gleich

$$\sum_{\boldsymbol{k}} \sum_{\boldsymbol{k}'\neq\boldsymbol{k}} \left\{|\varphi_{\boldsymbol{k}}(\boldsymbol{r}_0)\varphi_{\boldsymbol{k}'}(\boldsymbol{r}_0')|^2 - \varphi_{\boldsymbol{k}}^*(\boldsymbol{r}_0')\varphi_{\boldsymbol{k}'}^*(\boldsymbol{r}_0)\varphi_{\boldsymbol{k}}(\boldsymbol{r}_0)\varphi_{\boldsymbol{k}'}(\boldsymbol{r}_0')\right\}$$

sind. Man zeige dann, dass die Beschränkung $\boldsymbol{k} \neq \boldsymbol{k}'$ fallengelassen werden kann und leite das folgende Ergebnis für die Zweiteilchendichtefunktionen ab:

$$\frac{N^2}{4L^6} - \left|\sum_{\boldsymbol{k}} \varphi_{\boldsymbol{k}}^*(\boldsymbol{r}_0)\varphi_{\boldsymbol{k}}(\boldsymbol{r}_0')\right|^2 = \frac{N^2}{4L^6}\left[1 - C^2(k_{\mathrm{F}}d)\right]$$

mit $d = |\boldsymbol{r}_0 - \boldsymbol{r}_0'|$ und einer Funktion $C(x)$, die definiert ist durch

$$C(x) = \frac{3}{x^3}(\sin x + x\cos x)$$

(die Summe $\sum_{\boldsymbol{k}}$ kann durch ein Integral über $\boldsymbol{k}$ ersetzt werden).

Wie hängen die Zweiteilchendichtefunktionen $\rho_{++}^{\mathrm{II}}(\boldsymbol{r}_0, \boldsymbol{r}_0')$ und $\rho_{--}^{\mathrm{II}}(\boldsymbol{r}_0, \boldsymbol{r}_0')$ vom Abstand d zwischen $\boldsymbol{r}_0$ und $\boldsymbol{r}_0'$ ab? Man zeige, dass es praktisch unmöglich ist, zwei Elektronen mit gleichem Spin in einem Abstand sehr viel kleiner als λ_{F} voneinander zu finden.

Anhang

I Fourier-Reihen. Fourier-Transformation

In diesem Anhang erinnern wir an eine Reihe von Definitionen, Gleichungen und Eigenschaften, die für die Quantenmechanik von Nutzen sind. Dabei gehen wir weder auf Einzelheiten noch auf strenge Beweise ein.

I.1 Fourier-Reihen

Periodische Funktionen

Eine Funktion $f(x)$ einer Variablen heißt *periodisch*, wenn es eine reelle Zahl L ungleich null gibt, so dass für alle x gilt

$$f(x+L) = f(x); \tag{I.1}$$

L bezeichnet man als die *Periode* der Funktion $f(x)$.

Ist $f(x)$ periodisch mit der Periode L, so sind auch alle Zahlen nL mit einer ganzen Zahl n ungleich null Perioden von $f(x)$. Die kleinste positive Periode einer solchen Funktion bezeichnet man genauer als *primitive Periode* L_0.

Bemerkung
Aus einer Funktion $f(x)$, die nur im Intervall $[a, b]$ der reellen Achse definiert ist, können wir eine Funktion $f_p(x)$ konstruieren, die in $[a, b]$ gleich $f(x)$ und periodisch mit der Periode $(b - a)$ ist. Diese Funktion $f_p(x)$ ist stetig, wenn f stetig ist und zusätzlich gilt

$$f(b) = f(a). \tag{I.2}$$

Die *trigonometrischen Funktionen* sind periodisch; insbesondere haben

$$\cos 2\pi \frac{x}{L} \quad \text{und} \quad \sin 2\pi \frac{x}{L} \tag{I.3}$$

die Periode L.

Ein anderes wichtiges Beispiel für periodische Funktionen sind die *periodischen Exponentialfunktionen*. Damit eine Exponentialfunktion $\mathrm{e}^{\alpha x}$ die Periode L hat, ist es nach Definition (I.1) notwendig und hinreichend, dass gilt

$$\mathrm{e}^{\alpha L} = 1, \tag{I.4}$$

d. h.

$$\alpha L = 2\,\mathrm{i} n\pi \tag{I.5}$$

mit einer ganzen Zahl n. Es gibt somit zwei Exponentialfunktionen mit der Periode L,

$$e^{\pm 2\mathrm{i}\pi x/L}; \tag{I.6}$$

für sie gilt der folgende Zusammenhang mit den trigonometrischen Funktionen (I.3) derselben Periode:

$$e^{\pm 2\mathrm{i}\pi x/L} = \cos 2\pi \frac{x}{L} \pm \mathrm{i} \sin 2\pi \frac{x}{L}. \tag{I.7}$$

Auch die Funktion $e^{2\mathrm{i}n\pi x/L}$ hat die Periode L, jedoch die primitive Periode L/n.

Entwicklung einer periodischen Funktion in eine Fourier-Reihe

Es sei $f(x)$ eine periodische Funktion mit der Periode L. Wenn diese Funktion bestimmte mathematische Eigenschaften erfüllt (wie das in der Physik praktisch immer der Fall ist), kann sie in eine Reihe imaginärer Exponentialfunktionen oder trigonometrischer Funktionen entwickelt werden.

Die Reihe imaginärer Exponentialfunktionen. Die Funktion $f(x)$ lässt sich als Fourier-Reihe ausdrücken:

$$f(x) = \sum_{n=-\infty}^{+\infty} c_n \, e^{\mathrm{i}k_n x} \tag{I.8}$$

mit

$$k_n = n \frac{2\pi}{L}. \tag{I.9}$$

Die Koeffizienten c_n dieser Reihe sind durch die Beziehung

$$c_n = \frac{1}{L} \int_{x_0}^{x_0+L} \mathrm{d}x \, e^{-\mathrm{i}k_n x} \, f(x) \tag{I.10}$$

bestimmt, worin x_0 eine beliebige reelle Zahl ist.

Zum Beweis von Gl. (I.10) multiplizieren wir Gl. (I.8) mit $e^{-\mathrm{i}k_p x}$ und integrieren von x_0 bis $x_0 + L$:

$$\int_{x_0}^{x_0+L} \mathrm{d}x \, e^{-\mathrm{i}k_p x} \, f(x) = \sum_{n=-\infty}^{+\infty} c_n \int_{x_0}^{x_0+L} \mathrm{d}x \, e^{-\mathrm{i}(k_n - k_p)x}. \tag{I.11}$$

Das Integral auf der rechten Seite ist für $n \neq p$ gleich null und für $n = p$ gleich L. Daraus folgt Gl. (I.10). Es lässt sich zeigen, dass der Wert von c_n unabhängig von der Wahl von x_0 ist.

Die Menge der Werte $|c_n|$ heißt das *Fourier-Spektrum* von $f(x)$. Die Funktion $f(x)$ ist genau dann reell, wenn gilt

$$c_{-n} = c_n^*. \tag{I.12}$$

Kosinus- und Sinusreihe. Wir ordnen die Reihe (I.8) entsprechend den Vorzeichen von n um und erhalten

$$f(x) = c_0 + \sum_{n=1}^{\infty} \left(c_n \, \mathrm{e}^{\mathrm{i}k_n x} + c_{-n} \, \mathrm{e}^{-\mathrm{i}k_n x} \right), \tag{I.13}$$

was mit Gl. (I.7) auf

$$f(x) = a_0 + \sum_{n=1}^{\infty} (a_n \; \cos k_n x + b_n \; \sin k_n x) \tag{I.14}$$

führt mit

$$a_0 = c_0$$

und

$$\left. \begin{aligned} a_n &= c_n + c_{-n}, \\ b_n &= \mathrm{i}\,(c_n - c_{-n}) \end{aligned} \right\} \; n > 0. \tag{I.15}$$

Die Ausdrücke für die Koeffizienten a_n und b_n können demnach aus Gl. (I.10) abgeleitet werden:

$$\begin{aligned} a_0 &= \frac{1}{L} \int_{x_0}^{x_0+L} \mathrm{d}x \; f(x), \\ a_n &= \frac{2}{L} \int_{x_0}^{x_0+L} \mathrm{d}x \; f(x) \; \cos k_n x, \\ b_n &= \frac{2}{L} \int_{x_0}^{x_0+L} \mathrm{d}x \; f(x) \; \sin k_n x. \end{aligned} \tag{I.16}$$

Wenn $f(x)$ eine bestimmte Parität besitzt, ist die Entwicklung (I.14) besonders praktisch, da gilt

$$\begin{aligned} b_n &= 0, \qquad \text{wenn } f(x) \text{ gerade ist,} \\ a_n &= 0, \qquad \text{wenn } f(x) \text{ ungerade ist.} \end{aligned} \tag{I.17}$$

Außerdem sind, wenn $f(x)$ reell ist, auch die Koeffizienten a_n und b_n reell.

Die Parsevalsche Gleichung

Für die Fourier-Reihe (I.8) zeigt man leicht, dass gilt

$$\frac{1}{L} \int_{x_0}^{x_0+L} \mathrm{d}x \; |f(x)|^2 = \sum_{n=-\infty}^{+\infty} |c_n|^2. \tag{I.18}$$

Mit Gl. (I.8) ist nämlich

$$\frac{1}{L} \int_{x_0}^{x_0+L} \mathrm{d}x \; |f(x)|^2 = \sum_{n,p} c_p^* \, c_n \; \frac{1}{L} \int_{x_0}^{x_0+L} \mathrm{d}x \; \mathrm{e}^{-\mathrm{i}(k_n - k_p)x}. \tag{I.19}$$

Wie in Gl. (I.11) ist das Integral auf der rechten Seite gleich $L\delta_{np}$. Damit ist Gl. (I.18) bewiesen.

Wenn die Entwicklung (I.14) verwendet wird, nimmt die Parsevalsche Gleichung (I.18) die Form an

$$\frac{1}{L}\int_{x_0}^{x_0+L} \mathrm{d}x\, |f(x)|^2 = |a_0|^2 + \frac{1}{2}\sum_{n=1}^{\infty}\left(|a_n|^2 + |b_n|^2\right). \tag{I.20}$$

Für zwei Funktionen $f(x)$ und $g(x)$ mit derselben Periode L und den Fourier-Koeffizienten c_n bzw. d_n kann Gl. (I.18) verallgemeinert werden:

$$\frac{1}{L}\int_{x_0}^{x_0+L} \mathrm{d}x\, g^*(x)\, f(x) = \sum_{n=-\infty}^{+\infty} d_n^*\, c_n. \tag{I.21}$$

I.2 Die Fourier-Transformation

Definitionen

Das Fourier-Integral als Grenzwert einer Fourier-Reihe. Wir betrachten nun eine Funktion $f(x)$, die nicht unbedingt periodisch sein muss. Wir definieren die mit der Periode L periodische Funktion $f_L(x)$, die im Intervall $[-L/2, L/2]$ gleich $f(x)$ ist; $f_L(x)$ kann in eine Fourier-Reihe entwickelt werden:

$$f_L(x) = \sum_{n=-\infty}^{+\infty} c_n\, \mathrm{e}^{\mathrm{i}k_n x}, \tag{I.22}$$

wobei k_n durch Gl. (I.9) definiert ist und außerdem gilt

$$c_n = \frac{1}{L}\int_{x_0}^{x_0+L} \mathrm{d}x\, \mathrm{e}^{-\mathrm{i}k_n x}\, f_L(x) = \frac{1}{L}\int_{-L/2}^{+L/2} \mathrm{d}x\, \mathrm{e}^{-\mathrm{i}k_n x}\, f(x). \tag{I.23}$$

Für L gegen unendlich geht $f_L(x)$ in $f(x)$ über. Wir werden daher in den obigen Ausdrücken den Grenzwert L gegen unendlich betrachten.

Aus der Definition (I.9) für k_n folgt dann

$$k_{n+1} - k_n = \frac{2\pi}{L}. \tag{I.24}$$

Wir verwenden nun in Gl. (I.23) für $1/L$ den Ausdruck in $(k_{n+1} - k_n)$ und setzen diesen Wert für c_n in die Reihe (I.22) ein:

$$f_L(x) = \sum_{n=-\infty}^{+\infty} \frac{k_{n+1} - k_n}{2\pi}\, \mathrm{e}^{\mathrm{i}k_n x} \int_{-L/2}^{+L/2} \mathrm{d}\xi\, \mathrm{e}^{-\mathrm{i}k_n \xi}\, f(\xi). \tag{I.25}$$

Für $L \to \infty$ geht $k_{n+1} - k_n$ gegen null (s. Gl. (I.24)), so dass die Summe über n in ein bestimmtes Integral übergeht; $f_L(x)$ wird gleichzeitig zu $f(x)$. Das Integral, das in Gl. (I.25) auftritt, wird eine Funktion der kontinuierlichen Variablen k. Wir setzen

$$\tilde{f}(k) = \frac{1}{\sqrt{2\pi}}\int_{-\infty}^{+\infty} \mathrm{d}x\, \mathrm{e}^{-\mathrm{i}kx}\, f(x) \tag{I.26}$$

und können damit Gl. (I.25) im Grenzwert L gegen unendlich schreiben als

$$f(x) = \frac{1}{\sqrt{2\pi}} \int_{-\infty}^{+\infty} \mathrm{d}k \, \mathrm{e}^{\mathrm{i}kx} \, \tilde{f}(k); \tag{I.27}$$

$f(x)$ und $\tilde{f}(k)$ bezeichnet man als ihre gegenseitigen *Fourier-Transformierten.*

Die Fourier-Transformation in der Quantenmechanik. In der Quantenmechanik verwendet man eine etwas andere Konvention: Wenn $\psi(x)$ eine (eindimensionale) Wellenfunktion bezeichnet, definieren wir ihre Fourier-Transformierte $\bar{\psi}(p)$ als

$$\bar{\psi}(p) = \frac{1}{\sqrt{2\pi\hbar}} \int_{-\infty}^{+\infty} \mathrm{d}x \, \mathrm{e}^{-\mathrm{i}px/\hbar} \, \psi(x); \tag{I.28}$$

die umgekehrte Beziehung lautet

$$\psi(x) = \frac{1}{\sqrt{2\pi\hbar}} \int_{-\infty}^{+\infty} \mathrm{d}p \, \mathrm{e}^{\mathrm{i}px/\hbar} \, \bar{\psi}(p). \tag{I.29}$$

Um von den Gleichungen (I.26) und (I.27) zu den Gleichungen (I.28) und (I.29) zu gelangen, setzen wir

$$p = \hbar k \tag{I.30}$$

(p hat die Dimension eines Impulses, wenn x eine Länge ist) und

$$\bar{\psi}(p) = \frac{1}{\sqrt{\hbar}} \tilde{\psi}(k) = \frac{1}{\sqrt{\hbar}} \tilde{\psi}\left(\frac{p}{\hbar}\right). \tag{I.31}$$

In diesem Anhang wollen wir, wie es in der Quantenmechanik üblich ist, anstelle der klassischen Definition (I.26) die Definition (I.28) für die Fourier-Transformierte verwenden. Wenn wir wieder zur ursprünglichen Definition zurückkehren wollen, haben wir lediglich in allen folgenden Ausdrücken $\hbar$ durch 1 und p durch k zu ersetzen.

Einfache Eigenschaften

Wir schreiben die Gleichungen (I.28) und (I.29) in der kompakten Notation

$$\begin{aligned} \bar{\psi}(p) &= \mathcal{F}\left[\psi(x)\right], \\ \psi(x) &= \bar{\mathcal{F}}\left[\bar{\psi}(p)\right]. \end{aligned} \tag{I.32}$$

Die folgenden Eigenschaften lassen sich leicht zeigen:

1. $$\bar{\psi}(p) = \mathcal{F}\left[\psi(x)\right] \quad \Rightarrow \quad \begin{aligned} \bar{\psi}(p - p_0) &= \mathcal{F}\left[\mathrm{e}^{\mathrm{i}p_0x/\hbar}\,\psi(x)\right], \\ \mathrm{e}^{-\mathrm{i}p_0x/\hbar}\,\bar{\psi}(p) &= \mathcal{F}\left[\psi(x - x_0)\right]. \end{aligned} \tag{I.33}$$

Dies folgt unmittelbar aus der Definition (I.28).

2. $$\bar{\psi}(p) = \mathcal{F}\left[\psi(x)\right] \Rightarrow \mathcal{F}\left[\psi(cx)\right] = \frac{1}{|c|}\bar{\psi}\left(\frac{p}{c}\right). \tag{I.34}$$

Zum Beweis dieser Aussage müssen wir nur einen Wechsel der Integrationsvariablen vornehmen:

$$u = cx. \tag{I.35}$$

Insbesondere gilt

$$\mathcal{F}\left[\psi(-x)\right] = \bar{\psi}(-p). \tag{I.36}$$

Wenn also die Funktion $\psi(x)$ eine bestimmte Parität besitzt, hat ihre Fourier-Transformierte dieselbe Parität.

$$\begin{aligned} &3. \quad \psi(x) \text{ reell} &\Leftrightarrow \quad \left[\bar{\psi}(p)\right]^* = \bar{\psi}(-p), \\ &\quad\;\; \psi(x) \text{ rein imaginär} &\Leftrightarrow \quad \left[\bar{\psi}(p)\right]^* = -\bar{\psi}(-p). \end{aligned} \tag{I.37}$$

Dieselben Ausdrücke gelten, wenn man die Funktionen ψ und $\bar{\psi}$ vertauscht.

4. Mit $f^{(n)}$ bezeichnen wir die n-te Ableitung der Funktion f. Das Ausführen der Ableitungen unter dem Integral ergibt dann nach Gl. (I.28) und Gl. (I.29)

$$\begin{aligned} \mathcal{F}\left[\psi^{(n)}(x)\right] &= \left(\tfrac{\mathrm{i}p}{\hbar}\right)^n \bar{\psi}(p), \\ \bar{\psi}^{(n)}(p) &= \mathcal{F}\left[\left(-\tfrac{\mathrm{i}x}{\hbar}\right)^n \psi(x)\right]. \end{aligned} \tag{I.38}$$

5. Als *Faltung* der Funktion $\psi_1(x)$ mit der Funktion $\psi_2(x)$ definiert man die Funktion

$$\psi(x) = \int_{-\infty}^{+\infty} \mathrm{d}y\, \psi_1(y)\, \psi_2(x-y). \tag{I.39}$$

Ihre Fourier-Transformierte ist proportional zum normalen Produkt der Transformierten von $\psi_1(x)$ und $\psi_2(x)$,

$$\bar{\psi}(p) = \sqrt{2\pi\hbar}\, \bar{\psi}_1(p)\, \bar{\psi}_2(p). \tag{I.40}$$

Das lässt sich wie folgt zeigen: Wir bilden die Fourier-Transformierte des Ausdrucks (I.39),

$$\bar{\psi}(p) = \frac{1}{\sqrt{2\pi\hbar}} \int_{-\infty}^{+\infty} \mathrm{d}x\, \mathrm{e}^{-\mathrm{i}px/\hbar} \int_{-\infty}^{+\infty} \mathrm{d}y\, \psi_1(y)\, \psi_2(x-y), \tag{I.41}$$

und führen den folgenden Wechsel der Integrationsvariablen durch:

$$\{x, y\} \;\rightarrow\; \{u = x - y, y\}. \tag{I.42}$$

Indem wir mit $\mathrm{e}^{\mathrm{i}py/\hbar}$ erweitern, erhalten wir

$$\bar{\psi}(p) = \frac{1}{\sqrt{2\pi\hbar}} \int_{-\infty}^{+\infty} \mathrm{d}y\, \mathrm{e}^{-\mathrm{i}py/\hbar}\, \psi_1(y) \int_{-\infty}^{+\infty} \mathrm{d}u\, \mathrm{e}^{-\mathrm{i}pu/\hbar}\, \psi_2(u), \tag{I.43}$$

womit Gl. (I.40) bewiesen ist.

6. Wenn es sich bei $\psi(x)$ um eine Funktion mit einem ausgeprägten Maximum der Breite Δx handelt, gilt für die Breite Δp von $\bar{\psi}(p)$

$$\Delta x\, \Delta p \geq \hbar \tag{I.44}$$

(in Abschnitt 1.3.2 wird diese Ungleichung analysiert; s. außerdem Abschnitt 3.8).

Die Parsevalsche Gleichung

Die Fourier-Transformierte einer Funktion hat dieselbe Norm wie die Funktion selbst,

$$\int_{-\infty}^{+\infty} \mathrm{d}x\, |\psi(x)|^2 = \int_{-\infty}^{+\infty} \mathrm{d}p\, |\bar{\psi}(p)|^2. \tag{I.45}$$

Zum Beweis brauchen wir nur Gl. (I.28) und Gl. (I.29) in der folgenden Weise zu verwenden:

$$\begin{aligned}\int_{-\infty}^{+\infty} \mathrm{d}x\, |\psi(x)|^2 &= \int_{-\infty}^{+\infty} \mathrm{d}x\, \psi^*(x) \frac{1}{\sqrt{2\pi\hbar}} \int_{-\infty}^{+\infty} \mathrm{d}p\, \mathrm{e}^{\mathrm{i}px/\hbar}\, \bar{\psi}(p) \\ &= \int_{-\infty}^{+\infty} \mathrm{d}p\, \bar{\psi}(p) \frac{1}{\sqrt{2\pi\hbar}} \int_{-\infty}^{+\infty} \mathrm{d}x\, \mathrm{e}^{\mathrm{i}px/\hbar}\, \psi^*(x) \\ &= \int_{-\infty}^{+\infty} \mathrm{d}p\, \bar{\psi}^*(p)\, \bar{\psi}(p). \end{aligned} \tag{I.46}$$

Wie in Abschnitt I.1 kann die Parsevalsche Gleichung verallgemeinert werden:

$$\int_{-\infty}^{+\infty} \mathrm{d}x\, \varphi^*(x)\, \psi(x) = \int_{-\infty}^{+\infty} \mathrm{d}p\, \bar{\varphi}^*(p)\, \bar{\psi}(p). \tag{I.47}$$

Beispiele

Wir wollen uns auf drei Beispiele von Fourier-Transformierten beschränken, die direkt berechnet werden können:

1. die Stufenfunktion

$$\psi(x) = \left\{ \begin{array}{ll} \dfrac{1}{a} & \text{für } -\dfrac{a}{2} < x < \dfrac{a}{2}, \\ 0 & \text{für } |x| > \dfrac{a}{2} \end{array} \right\} \Leftrightarrow \bar{\psi}(p) = \frac{1}{\sqrt{2\pi\hbar}} \frac{\sin(pa/2\hbar)}{pa/2\hbar}; \tag{I.48}$$

2. die fallende Exponentialfunktion

$$\psi(x) = \mathrm{e}^{-|x|/a} \Leftrightarrow \bar{\psi}(p) = \sqrt{\frac{2}{\pi\hbar}} \frac{1/a}{(p^2/\hbar^2) + (1/a^2)}; \tag{I.49}$$

3. die Gauß-Funktion

$$\psi(x) = \mathrm{e}^{-x^2/a^2} \Leftrightarrow \bar{\psi}(p) = \frac{a}{\sqrt{2\hbar}} \mathrm{e}^{-p^2 a^2/4\hbar^2} \tag{I.50}$$

(die Form der Gauß-Funktion bleibt also bei einer Fourier-Transformation erhalten).

Bemerkung

Für alle drei Fälle lassen sich Breiten Δx und Δp für $\psi(x)$ bzw. $\bar{\psi}(p)$ definieren; diese Breiten erfüllen die Ungleichung (I.44).

Die Fourier-Transformation im dreidimensionalen Raum

Für die Wellenfunktionen $\psi(\boldsymbol{r})$, die von den drei Raumkoordinaten x, y, z abhängen, werden Gl. (I.28) und Gl. (I.29) ersetzt durch

$$\begin{aligned} \bar{\psi}(\boldsymbol{p}) &= \frac{1}{(2\pi\hbar)^{3/2}} \int \mathrm{d}^3 r \, \mathrm{e}^{-\mathrm{i}\boldsymbol{p}\cdot\boldsymbol{r}/\hbar} \, \psi(\boldsymbol{r}), \\ \psi(\boldsymbol{r}) &= \frac{1}{(2\pi\hbar)^{3/2}} \int \mathrm{d}^3 p \, \mathrm{e}^{\mathrm{i}\boldsymbol{p}\cdot\boldsymbol{r}/\hbar} \, \bar{\psi}(\boldsymbol{p}). \end{aligned} \tag{I.51}$$

Die oben angegebenen Eigenschaften lassen sich leicht auf drei Dimensionen verallgemeinern.

Wenn ψ nur vom Betrag r des Radiusvektors $\boldsymbol{r}$ abhängt, hängt $\bar{\psi}$ nur vom Betrag p des Impulses ab und kann aus der Formel

$$\bar{\psi}(p) = \frac{1}{\sqrt{2\pi\hbar}} \frac{2}{p} \int_0^\infty r \, \mathrm{d}r \, \sin\frac{pr}{\hbar} \, \psi(r) \tag{I.52}$$

berechnet werden.

Zum Beweis bestimmen wir zunächst mit Hilfe der ersten Gleichung (I.51) den Wert von $\bar{\psi}$ für einen Vektor $\boldsymbol{p}'$, der aus $\boldsymbol{p}$ durch eine beliebige Drehung $\mathcal{R}$ hervorgeht:

$$\begin{aligned} \boldsymbol{p}' &= \mathcal{R}\boldsymbol{p}, \\ \bar{\psi}(\boldsymbol{p}') &= \frac{1}{(2\pi\hbar)^{3/2}} \int \mathrm{d}^3 r \, \mathrm{e}^{-\mathrm{i}\boldsymbol{p}'\cdot\boldsymbol{r}/\hbar} \, \psi(\boldsymbol{r}). \end{aligned} \tag{I.53}$$

In diesem Integral ersetzen wir die Variable $\boldsymbol{r}$ durch

$$\boldsymbol{r}' = \mathcal{R}\boldsymbol{r}; \tag{I.54}$$

das Volumenelement bleibt bei Drehungen erhalten:

$$\mathrm{d}^3 r' = \mathrm{d}^3 r. \tag{I.55}$$

Auch die Funktion ψ bleibt unverändert, da der Betrag von $\boldsymbol{r}'$ unter Drehungen gleich r bleibt. Darüber hinaus gilt

$$\boldsymbol{p}' \cdot \boldsymbol{r}' = \boldsymbol{p} \cdot \boldsymbol{r}, \tag{I.56}$$

da das Skalarprodukt drehinvariant ist. Es ergibt sich also

$$\bar{\psi}(\boldsymbol{p}') = \bar{\psi}(\boldsymbol{p}), \tag{I.57}$$

d. h. $\bar{\psi}$ hängt nur von dem Betrag von $\boldsymbol{p}$ ab und nicht von seiner Richtung.

Zur Berechnung von $\bar{\psi}(p)$ legen wir also $\boldsymbol{p}$ in die z-Richtung:

$$\begin{aligned} \bar{\psi}(p) &= \frac{1}{(2\pi\hbar)^{3/2}} \int \mathrm{d}^3 r \, \mathrm{e}^{-\mathrm{i}pz/\hbar} \, \psi(r) \\ &= \frac{1}{(2\pi\hbar)^{3/2}} \int_0^\infty r^2 \, \mathrm{d}r \, \psi(r) \int_0^{2\pi} \mathrm{d}\varphi \int_0^\pi \mathrm{d}\theta \, \sin\theta \, \mathrm{e}^{-\mathrm{i}pr\cos\theta/\hbar} \end{aligned}$$

$$= \frac{1}{(2\pi\hbar)^{3/2}} \int_0^\infty r^2 \,\mathrm{d}r\, \psi(r)\, 2\pi \frac{2\hbar}{pr} \sin\frac{pr}{\hbar}$$
$$= \frac{1}{\sqrt{2\pi\hbar}} \frac{2}{p} \int_0^\infty r \,\mathrm{d}r\, \psi(r) \sin\frac{pr}{\hbar}, \tag{I.58}$$

womit Gl. (I.52) bewiesen ist.

II Die Diracsche δ-Funktion

Bei der δ-Funktion handelt es sich eigentlich um eine Distribution. Wir werden sie jedoch, wie in der Physik üblich, wie eine normale Funktion behandeln. Dieser Zugang erweist sich für quantenmechanische Anwendungen als ausreichend, obwohl er mathematischer Strenge nicht genügt.

II.1 Einleitung; grundlegende Eigenschaften

Einführung der δ-Funktion

Wir betrachten die Funktion $\delta^{(\varepsilon)}(x)$, die gegeben wird durch (s. Abb. II.1)

$$\delta^{(\varepsilon)}(x) = \begin{cases} \dfrac{1}{\varepsilon} & \text{für } -\dfrac{\varepsilon}{2} < x < \dfrac{\varepsilon}{2}, \\ 0 & \text{für } |x| > \dfrac{\varepsilon}{2}, \end{cases} \tag{II.1}$$

wobei ε eine positive Zahl ist. Wir berechnen das Integral

$$\int_{-\infty}^{+\infty} \mathrm{d}x\, \delta^{(\varepsilon)}(x)\, f(x) \tag{II.2}$$

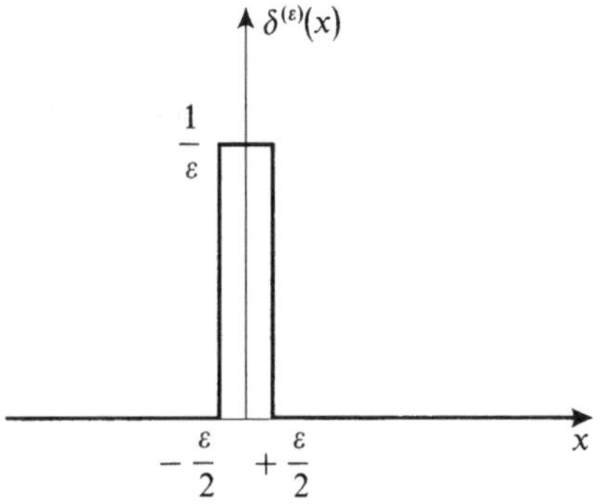

Abb. II.1 Die Funktion $\delta^{(\varepsilon)}(x)$ ist eine Stufenfunktion der Breite ε und der Höhe $1/\varepsilon$, deren Zentrum bei $x = 0$ liegt.

mit einer beliebigen, bei $x = 0$ wohldefinierten Funktion $f(x)$. Für ausreichend kleine Werte von ε ist die Änderung von $f(x)$ im effektiven Integrationsintervall $[-\varepsilon/2, \varepsilon/2]$ vernachlässigbar, und $f(x)$ ist praktisch gleich $f(0)$. Somit ergibt sich

$$\int_{-\infty}^{+\infty} \mathrm{d}x\, \delta^{(\varepsilon)}(x)\, f(x) \approx f(0) \int_{-\infty}^{+\infty} \mathrm{d}x\, \delta^{(\varepsilon)}(x) = f(0). \tag{II.3}$$

Je kleiner ε ist, desto besser ist diese Näherung erfüllt. Wir untersuchen daher den Grenzwert $\varepsilon = 0$ und definieren die δ-Funktion durch die Beziehung

$$\int_{-\infty}^{+\infty} \mathrm{d}x\, \delta(x)\, f(x) = f(0), \tag{II.4}$$

die für jede im Ursprung definierte Funktion gültig ist. Allgemeiner wird $\delta(x - x_0)$ definiert durch

$$\int_{-\infty}^{+\infty} \mathrm{d}x\, \delta(x - x_0)\, f(x) = f(x_0). \tag{II.5}$$

Bemerkungen

1. Eigentlich ist die Integralschreibweise in Gl. (II.5) mathematisch nicht gerechtfertigt; δ ist mathematisch exakt nicht als Funktion, sondern als Distribution definiert. Physikalisch ist diese Unterscheidung von untergeordneter Bedeutung, da es unmöglich ist, zwischen $\delta^{(\varepsilon)}$ und δ zu unterscheiden, sobald ε gegen alle in dem betrachteten Problem auftretenden Längen vernachlässigbar klein wird:[1] Wir können die Änderung über ein Intervall der Länge ε jeder Funktion $f(x)$ vernachlässigen. Wann immer wir auf eine mathematische Schwierigkeit stoßen, betrachten wir anstelle von $\delta(x)$ die Funktion $\delta^{(\varepsilon)}(x)$ (oder eine ähnliche Funktion, wie etwa eine der Funktionen (II.7), (II.8), (II.9), (II.10), (II.11)) mit einem sehr kleinen ε, das jedoch nicht exakt gleich null ist.

2. Für beliebige Integrationsgrenzen a und b gilt

$$\int_{a}^{b} \mathrm{d}x\, \delta(x)\, f(x) = \begin{cases} f(0) & \text{für } 0 \in [a, b], \\ 0 & \text{für } 0 \notin [a, b]. \end{cases} \tag{II.6}$$

Näherungsfunktionen für $\delta(x)$

Es lässt sich leicht zeigen, dass neben der in Gl. (II.1) definierten Funktion $\delta^{(\varepsilon)}(x)$ auch die folgenden Funktionen gegen $\delta(x)$ gehen, d. h. die Bedingung (II.5) erfüllen, wenn der Parameter ε aus dem positiven Bereich gegen null strebt:

1. $$\frac{1}{2\varepsilon}\, \mathrm{e}^{-|x|/\varepsilon}, \tag{II.7}$$
2. $$\frac{1}{\pi} \frac{\varepsilon}{x^2 + \varepsilon^2}, \tag{II.8}$$
3. $$\frac{1}{\varepsilon\sqrt{\pi}}\, \mathrm{e}^{-x^2/\varepsilon^2}, \tag{II.9}$$

[1] Die Genauigkeit heutiger physikalischer Messungen erlaubt in keinem Fall die Untersuchung von Phänomenen, deren Längenskala unter dem Bruchteil eines Fermi (1 Fermi $= 10^{-15}$ m) liegt.

$$4. \qquad \frac{1}{\pi}\frac{\sin(x/\varepsilon)}{x}, \tag{II.10}$$

$$5. \qquad \frac{\varepsilon}{\pi}\frac{\sin^2(x/\varepsilon)}{x^2}. \tag{II.11}$$

Schließlich geben wir eine Identität an, die sich in der Quantenmechanik (insbesondere in der Streutheorie) oft als nützlich erweist:

$$\lim_{\varepsilon\to 0_+} \frac{1}{x \pm \mathrm{i}\varepsilon} = \mathcal{P}\frac{1}{x} \mp \mathrm{i}\pi\delta(x); \tag{II.12}$$

$\mathcal{P}$ bezeichnet dabei den Hauptteil[2] ($f(x)$ ist bei $x = 0$ regulär)

$$\mathcal{P}\int_{-A}^{+B} \frac{\mathrm{d}x}{x}\, f(x) = \lim_{\eta\to 0_+}\left[\int_{-A}^{-\eta} + \int_{+\eta}^{+B}\right]\frac{\mathrm{d}x}{x}\, f(x); \quad A, B > 0. \tag{II.13}$$

Zum Beweis von Gl. (II.12) betrachten wir den Real- und Imaginärteil von $1/(x \pm \mathrm{i}\varepsilon)$ getrennt,

$$\frac{1}{x \pm \mathrm{i}\varepsilon} = \frac{x \mp \mathrm{i}\varepsilon}{x^2 + \varepsilon^2}. \tag{II.14}$$

Der Imaginärteil ist proportional zur Funktion (II.8), also

$$\lim_{\varepsilon\to 0_+} \mp\mathrm{i}\frac{\varepsilon}{x^2 + \varepsilon^2} = \mp\mathrm{i}\pi\,\delta(x). \tag{II.15}$$

Den Realteil multiplizieren wir mit einer im Ursprung regulären Funktion $f(x)$ und integrieren über x:

$$\lim_{\varepsilon\to 0_+}\int_{-\infty}^{+\infty}\frac{x\,\mathrm{d}x}{x^2+\varepsilon^2}\, f(x) = \lim_{\varepsilon\to 0_+}\lim_{\eta\to 0_+}\left[\int_{-\infty}^{-\eta} + \int_{-\eta}^{+\eta} + \int_{+\eta}^{+\infty}\right]\frac{x\,\mathrm{d}x}{x^2+\varepsilon^2}\, f(x). \tag{II.16}$$

Das zweite Integral verschwindet,

$$\lim_{\eta\to 0_+}\int_{-\eta}^{+\eta}\frac{x\,\mathrm{d}x}{x^2+\varepsilon^2}\, f(x) = f(0)\lim_{\eta\to 0_+}\frac{1}{2}\left[\mathrm{Log}\left(x^2+\varepsilon^2\right)\right]_{-\eta}^{+\eta} = 0. \tag{II.17}$$

Wir vertauschen nun die Reihenfolge der Grenzübergänge in Gl. (II.16); der Limes $\varepsilon \to 0$ stellt in den beiden verbleibenden Integralen keine Schwierigkeit dar. So ergibt sich

$$\lim_{\varepsilon\to 0_+}\int_{-\infty}^{+\infty}\frac{x\,\mathrm{d}x}{x^2+\varepsilon^2}\, f(x) = \lim_{\eta\to 0_+}\left[\int_{-\infty}^{-\eta} + \int_{+\eta}^{+\infty}\right]\frac{\mathrm{d}x}{x}\, f(x). \tag{II.18}$$

Damit ist Gl. (II.12) bewiesen.

---

[2] Es finden oft die folgenden Beziehungen Verwendung:

$$\begin{aligned}\mathcal{P}\int_{-A}^{+B}\frac{\mathrm{d}x}{x}\, f(x) &= \int_{-B}^{+B}\mathrm{d}x\,\frac{f_-(x)}{x} + \int_{-A}^{-B}\mathrm{d}x\,\frac{f(x)}{x}\\ &= \int_{-A}^{+B}\mathrm{d}x\,\frac{f(x)-f(0)}{x} + f(0)\,\mathrm{Log}\,\frac{B}{A},\end{aligned}$$

wobei $f_-(x) = [f(x) - f(-x)]/2$ der ungerade Anteil der Funktion $f(x)$ ist. Mit Hilfe dieser Formeln kann die Divergenz im Ursprung explizit eliminiert werden.

Eigenschaften der δ-Funktion

Die Eigenschaften, die wir nun angeben wollen, können mit Hilfe von Gl. (II.5) gezeigt werden: Wenn man die beiden Seiten der folgenden Gleichungen mit einer Funktion $f(x)$ multipliziert und anschließend integriert, erhält man auf beiden Seiten der Gleichung dasselbe Ergebnis:

1. $$\delta(-x) = \delta(x). \tag{II.19}$$

2. $$\delta(cx) = \frac{1}{|c|}\,\delta(x) \tag{II.20}$$

und allgemeiner

$$\delta\,[g(x)] = \sum_j \frac{1}{|g'(x_j)|}\,\delta(x - x_j), \tag{II.21}$$

wobei $g'(x)$ die Ableitung von $g(x)$ ist und x_j die einfachen Nullstellen der Funktion $g(x)$ sind:

$$g(x_j) = 0, \quad g'(x_j) \neq 0. \tag{II.22}$$

Die Summation erfolgt über alle einfachen Nullstellen von $g(x)$. Wenn $g(x)$ vielfache Nullstellen (für die also $g'(x_j)$ null ist) besitzt, ist der Ausdruck $\delta[g(x)]$ nicht definiert.

3. $$x\,\delta(x - x_0) = x_0\,\delta(x - x_0), \tag{II.23}$$

und insbesondere

$$x\,\delta(x) = 0. \tag{II.24}$$

Die Umkehrung gilt ebenso; es lässt sich zeigen, dass die Gleichung

$$x\,u(x) = 0 \tag{II.25}$$

die allgemeine Lösung

$$u(x) = c\,\delta(x) \tag{II.26}$$

besitzt, wobei c eine beliebige Konstante ist.

Allgemeiner gilt

$$g(x)\,\delta(x - x_0) = g(x_0)\,\delta(x - x_0). \tag{II.27}$$

4. $$\int_{-\infty}^{+\infty} \mathrm{d}x\,\delta(x - y)\,\delta(x - z) = \delta(y - z). \tag{II.28}$$

Diese Gleichung lässt sich beweisen, indem man Funktionen $\delta^{(\varepsilon)}(x)$ wie in Abb. II.1 betrachtet. Das Integral

$$F^{(\varepsilon)}(y, z) = \int_{-\infty}^{+\infty} \mathrm{d}x\,\delta^{(\varepsilon)}(x - y)\,\delta^{(\varepsilon)}(x - z) \tag{II.29}$$

verschwindet, solange gilt $|y - z| \geq \varepsilon$, d. h. also solange die beiden Stufenfunktionen nicht überlappen (Abb. II.2).

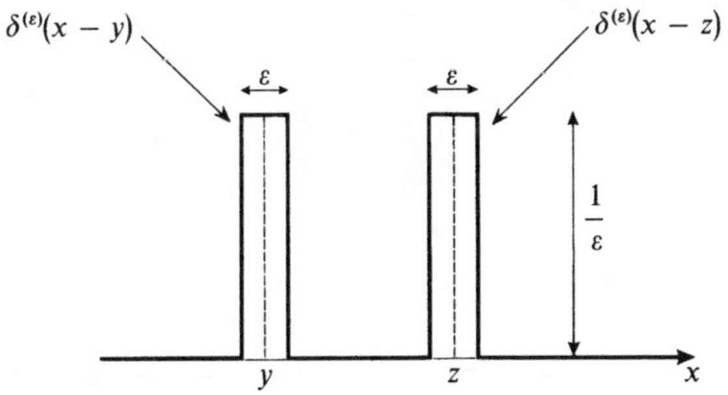

Abb. II.2 Die Funktionen $\delta^{(\varepsilon)}(x-y)$ und $\delta^{(\varepsilon)}(x-z)$ sind zwei Stufenfunktionen der Breite ε und der Höhe $1/\varepsilon$, deren Zentrum bei $x=y$ bzw. bei $x=z$ liegt.

Der Maximalwert des Integrals, der sich für $y=z$ ergibt, ist gleich $1/\varepsilon$. Zwischen diesem Maximum und null hängt $F^{(\varepsilon)}(y,z)$ linear von $y-z$ ab (Abb. II.3). Es ergibt sich unmittelbar, dass $F^{(\varepsilon)}(y,z)$ für $\varepsilon\to 0$ gegen $\delta(y-z)$ geht.

Bemerkung
Eine Summe äquidistanter δ-Funktionen,

$$\sum_{q=-\infty}^{+\infty} \delta(x-qL), \tag{II.30}$$

kann als eine periodische „Funktion" mit der Periode L angesehen werden. Wir können sie unter Anwendung der Formeln (I.8), (I.9) und (I.10) in der Form schreiben

$$\sum_{q=-\infty}^{+\infty} \delta(x-qL) = \frac{1}{L}\sum_{n=-\infty}^{+\infty} \mathrm{e}^{2\mathrm{i}\pi nx/L}. \tag{II.31}$$

II.2 δ-Funktion und Fourier-Transformation

Fourier-Transformation der δ-Funktion

Mit Hilfe der Definition (I.28) und Gl. (II.5) lässt sich die Fourier-Transformierte $\bar{\delta}_{x_0}(p)$ von $\delta(x-x_0)$ direkt berechnen:

$$\bar{\delta}_{x_0}(p) = \frac{1}{\sqrt{2\pi\hbar}}\int_{-\infty}^{+\infty} \mathrm{d}x\,\mathrm{e}^{-\mathrm{i}px/\hbar}\,\delta(x-x_0) = \frac{1}{\sqrt{2\pi\hbar}}\,\mathrm{e}^{-\mathrm{i}px_0/\hbar}. \tag{II.32}$$

Insbesondere handelt es sich bei der Fourier-Transformierten von $\delta(x)$ um eine Konstante:

$$\bar{\delta}_0(p) = \frac{1}{\sqrt{2\pi\hbar}}. \tag{II.33}$$

Die inverse Fourier-Transformation (Gl. (I.29)) führt dann auf

$$\delta(x-x_0) = \frac{1}{2\pi\hbar}\int_{-\infty}^{+\infty} \mathrm{d}p\,\mathrm{e}^{\mathrm{i}p(x-x_0)/\hbar} = \frac{1}{2\pi}\int_{-\infty}^{+\infty} \mathrm{d}k\,\mathrm{e}^{\mathrm{i}k(x-x_0)}. \tag{II.34}$$

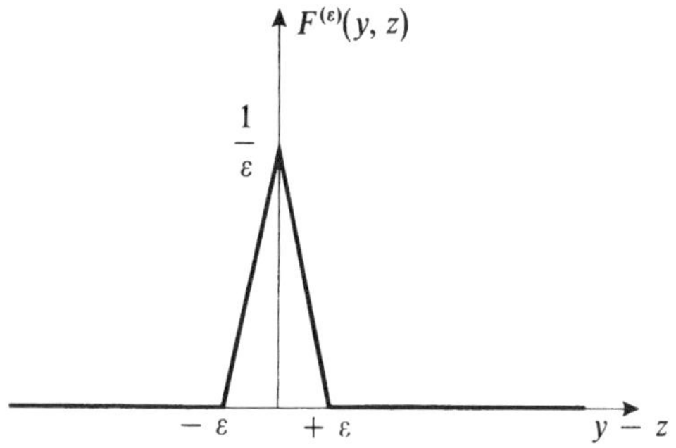

Abb. II.3 Abhängigkeit des Skalarprodukts $F^{(\varepsilon)}(y,z)$ der beiden in Abb. II.2 dargestellten Stufenfunktionen von $y-z$. Es ist gleich null, wenn die beiden Funktionen nicht überlappen ($|y-z| \geq \varepsilon$), und maximal, wenn sie übereinstimmen; $F^{(\varepsilon)}(y,z)$ strebt für $\varepsilon \to 0$ gegen $\delta(y-z)$.

Dasselbe Ergebnis findet man, wenn man von der in Gl. (II.1) definierten Funktion $\delta^{(\varepsilon)}(x)$ oder einer der anderen der oben angegebenen Funktionen ausgeht. Mit Gl. (I.48) können wir z. B. schreiben

$$\delta^{(\varepsilon)}(x) = \frac{1}{2\pi\hbar} \int_{-\infty}^{+\infty} \mathrm{d}p \, \mathrm{e}^{\mathrm{i}px/\hbar} \, \frac{\sin(p\varepsilon/2\hbar)}{p\varepsilon/2\hbar}; \tag{II.35}$$

für ε gegen null ergibt sich dann in der Tat Gl. (II.34).

Anwendungen

Der Ausdruck (II.34) für die δ-Funktion erweist sich oft als sehr nützlich. Beispielsweise wollen wir zeigen, wie sich damit die inverse Fourier-Transformation und die Parsevalsche Gleichung ergibt (Gl. (I.29) und Gl. (I.45)).

Ausgehend von

$$\bar{\psi}(p) = \frac{1}{\sqrt{2\pi\hbar}} \int_{-\infty}^{+\infty} \mathrm{d}x \, \mathrm{e}^{-\mathrm{i}px/\hbar} \, \psi(x) \tag{II.36}$$

berechnen wir

$$\frac{1}{\sqrt{2\pi\hbar}} \int_{-\infty}^{+\infty} \mathrm{d}p \, \mathrm{e}^{\mathrm{i}px/\hbar} \, \bar{\psi}(p) = \frac{1}{2\pi\hbar} \int_{-\infty}^{+\infty} \mathrm{d}\xi \, \psi(\xi) \int_{-\infty}^{+\infty} \mathrm{d}p \, \mathrm{e}^{\mathrm{i}p(x-\xi)/\hbar}. \tag{II.37}$$

Im zweiten Integral erkennen wir $\delta(x-\xi)$; also haben wir

$$\frac{1}{\sqrt{2\pi\hbar}} \int_{-\infty}^{+\infty} \mathrm{d}p \, \mathrm{e}^{\mathrm{i}px/\hbar} \, \bar{\psi}(p) = \int_{-\infty}^{+\infty} \mathrm{d}\xi \, \psi(\xi) \, \delta(x-\xi) = \psi(x), \tag{II.38}$$

die Inversionsformel für die Fourier-Transformation.

Entsprechend berechnen wir

$$|\bar{\psi}(p)|^2 = \frac{1}{2\pi\hbar} \int_{-\infty}^{+\infty} \mathrm{d}x \, \mathrm{e}^{\mathrm{i}px/\hbar} \, \psi^*(x) \int_{-\infty}^{+\infty} \mathrm{d}x' \, \mathrm{e}^{-\mathrm{i}px'/\hbar} \, \psi(x'). \tag{II.39}$$

Wenn wir diesen Ausdruck über p integrieren, so erhalten wir

$$\int_{-\infty}^{+\infty} \mathrm{d}p\, |\bar{\psi}(p)|^2 = \frac{1}{2\pi\hbar} \int_{-\infty}^{+\infty} \mathrm{d}x\, \psi^*(x) \int_{-\infty}^{+\infty} \mathrm{d}x'\, \psi(x') \int_{-\infty}^{+\infty} \mathrm{d}p\, \mathrm{e}^{\mathrm{i}p(x-x')/\hbar}, \tag{II.40}$$

d. h. mit Gl. (II.34) die Parsevalsche Gleichung

$$\begin{aligned} \int_{-\infty}^{+\infty} \mathrm{d}p\, |\bar{\psi}(p)|^2 &= \int_{-\infty}^{+\infty} \mathrm{d}x\, \psi^*(x) \int_{-\infty}^{+\infty} \mathrm{d}x'\, \psi(x')\, \delta(x-x') \\ &= \int_{-\infty}^{+\infty} \mathrm{d}x\, |\psi(x)|^2. \end{aligned} \tag{II.41}$$

Auch die Fourier-Transformation einer Faltung kann in analoger Weise berechnet werden (s. Gl. (I.39) und Gl. (I.40)).

II.3 Integral und Ableitung der δ-Funktion

δ als Ableitung der Heavisideschen Sprungfunktion

Wir berechnen das Integral

$$\theta^{(\varepsilon)}(x) = \int_{-\infty}^{x} \delta^{(\varepsilon)}(x')\, \mathrm{d}x', \tag{II.42}$$

wobei die Funktion $\delta^{(\varepsilon)}(x)$ in Gl. (II.1) definiert ist. Man sieht leicht ein, dass $\theta^{(\varepsilon)}(x)$ gleich 0 ist für $x \leq -\varepsilon/2$, gleich 1 für $x \geq \varepsilon/2$ und gleich $(x+\varepsilon/2)/\varepsilon$ für $-\varepsilon/2 \leq x \leq \varepsilon/2$. Der Verlauf von $\theta^{(\varepsilon)}(x)$ in Abhängigkeit von x ist in Abb. II.4 dargestellt. Für $\varepsilon \to 0$ strebt $\theta^{(\varepsilon)}(x)$ gegen die *Heavisidesche „Sprungfunktion"* $\theta(x)$, die definiert wird durch

$$\theta(x) = \begin{cases} 1 & \text{für } x > 0, \\ 0 & \text{für } x < 0. \end{cases} \tag{II.43}$$

Die Funktion $\delta^{(\varepsilon)}(x)$ ist die Ableitung von $\theta^{(\varepsilon)}(x)$. Im Grenzwert $\varepsilon \to 0$ sehen wir dann, dass es sich bei $\delta(x)$ um die Ableitung von $\theta(x)$ handelt:

$$\frac{\mathrm{d}}{\mathrm{d}x}\theta(x) = \delta(x). \tag{II.44}$$

Wir betrachten nun eine Funktion $g(x)$, die bei $x = 0$ eine Sprungstelle der Höhe σ_0 besitzt,

$$\lim_{x\to 0_+} g(x) - \lim_{x\to 0_-} g(x) = \sigma_0. \tag{II.45}$$

Eine solche Funktion kann in der Form $g(x) = g_1(x)\theta(x) + g_2(x)\theta(-x)$ geschrieben werden, wobei $g_1(x)$ und $g_2(x)$ stetige Funktionen sind, für die die Bedingung $g_1(0) - g_2(0) = \sigma_0$ gilt. Die Ableitung dieses Ausdrucks ergibt mit Gl. (II.44)

$$\begin{aligned} g'(x) &= g_1'(x)\theta(x) + g_2'(x)\theta(-x) + g_1(x)\delta(x) - g_2(x)\delta(-x) \\ &= g_1'(x)\theta(x) + g_2'(x)\theta(-x) + \sigma_0\, \delta(x), \end{aligned} \tag{II.46}$$

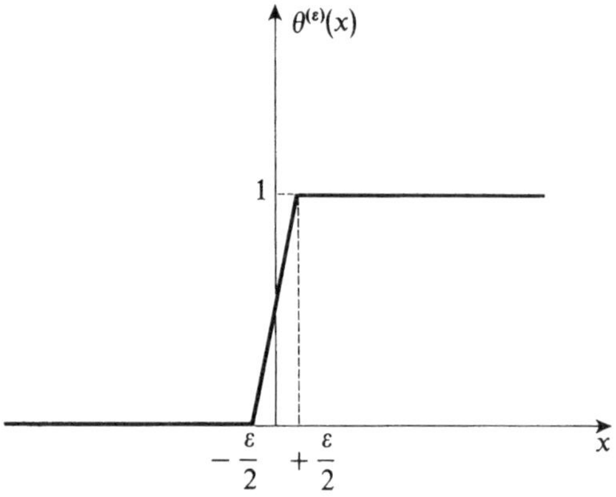

Abb. II.4 Verlauf der Funktion $\theta^{(\varepsilon)}(x)$, deren Ableitung $\delta^{(\varepsilon)}(x)$ in Abb. II.1 dargestellt ist. Für $\varepsilon \to 0$ strebt $\theta^{(\varepsilon)}(x)$ gegen die Heavisidesche Sprungfunktion $\theta(x)$.

wobei wir die Eigenschaften (II.19) und (II.27) der δ-Funktion verwendet haben. Für eine unstetige Funktion wird also die normale Ableitung (die ersten beiden Terme von Gl. (II.46)) um einen Term proportional zur δ-Funktion erweitert, wobei der Proportionalitätsfaktor durch die Höhe der Sprungstelle gegeben wird.[3]

Bemerkung
Die Fourier-Transformierte der Heavisideschen Sprungfunktion $\theta(x)$ kann aus Gl. (II.12) berechnet werden. Es ergibt sich

$$\int_{-\infty}^{+\infty} \mathrm{d}k\, \theta(k)\, \mathrm{e}^{\mathrm{i}kx} = \lim_{\varepsilon \to 0_+} \int_0^{\infty} \mathrm{d}k\, \mathrm{e}^{\mathrm{i}k(x+\mathrm{i}\varepsilon)} = \lim_{\varepsilon \to 0_+} \frac{\mathrm{i}}{x + \mathrm{i}\varepsilon} = \mathrm{i}\mathcal{P}\frac{1}{x} + \pi\delta(x). \quad \text{(II.47)}$$

Ableitungen von δ

In Analogie zum Ausdruck für die partielle Integration wird die Ableitung $\delta'(x)$ der δ-Funktion definiert über die Beziehung[4]

$$\int_{-\infty}^{+\infty} \mathrm{d}x\, \delta'(x)\, f(x) = -\int_{-\infty}^{+\infty} \mathrm{d}x\, \delta(x)\, f'(x) = -f'(0). \quad \text{(II.48)}$$

Aus dieser Definition folgt sofort

$$\delta'(-x) = -\delta'(x) \quad \text{(II.49)}$$

und

$$x\,\delta'(x) = -\delta(x). \quad \text{(II.50)}$$

[3]Wenn die Funktion bei $x = x_0$ unstetig ist, ist der zusätzliche Term natürlich von der Form $[g_1(x_0) - g_2(x_0)]\delta(x - x_0)$.

[4]Der Ausdruck $\delta'(x)$ kann als Grenzwert der Ableitung einer der oben angegebenen Funktionen, die δ approximieren, angesehen werden.

Umgekehrt lässt sich zeigen, dass die allgemeine Lösung der Gleichung

$$x\,u(x) = \delta(x) \tag{II.51}$$

geschrieben werden kann als

$$u(x) = -\delta'(x) + c\,\delta(x), \tag{II.52}$$

wobei der zweite Term von der homogenen Gleichung stammt (s. Gl. (II.25) und (II.26)).

Mit Gl. (II.34) können wir $\delta'(x)$ in der Form schreiben

$$\delta'(x) = \frac{1}{2\pi\hbar}\int_{-\infty}^{+\infty} \mathrm{d}p \left(\frac{\mathrm{i}p}{\hbar}\right) \mathrm{e}^{\mathrm{i}px/\hbar} = \frac{\mathrm{i}}{2\pi}\int_{-\infty}^{+\infty} k\,\mathrm{d}k\, e^{\mathrm{i}kx}. \tag{II.53}$$

Die n-te Ableitung $\delta^{(n)}(x)$ kann in derselben Weise definiert werden:

$$\int_{-\infty}^{+\infty} \mathrm{d}x\, \delta^{(n)}(x)\, f(x) = (-1)^n\, f^{(n)}(0). \tag{II.54}$$

Die Beziehungen (II.49) und (II.50) können dann verallgemeinert werden zu

$$\delta^{(n)}(-x) = (-1)^n\,\delta^{(n)}(x) \tag{II.55}$$

und

$$x\,\delta^{(n)}(x) = -n\,\delta^{(n-1)}(x). \tag{II.56}$$

II.4 Die δ-Funktion im dreidimensionalen Raum

Die δ-Funktion im dreidimensionalen Raum, die wir einfach $\delta(\boldsymbol{r})$ schreiben wollen, wird analog zu Gl. (II.4) definiert durch

$$\int \mathrm{d}^3r\, \delta(\boldsymbol{r})\, f(\boldsymbol{r}) = f(0) \tag{II.57}$$

oder allgemeiner durch

$$\int \mathrm{d}^3r\, \delta(\boldsymbol{r}-\boldsymbol{r}_0)\, f(\boldsymbol{r}) = f(\boldsymbol{r}_0); \tag{II.58}$$

$\delta(\boldsymbol{r}-\boldsymbol{r}_0)$ kann in ein Produkt von drei eindimensionalen δ-Funktionen zerlegt werden,

$$\delta(\boldsymbol{r}-\boldsymbol{r}_0) = \delta(x-x_0)\,\delta(y-y_0)\,\delta(z-z_0), \tag{II.59}$$

bzw. in Polarkoordinaten

$$\begin{aligned}\delta(\boldsymbol{r}-\boldsymbol{r}_0) &= \frac{1}{r^2\sin\theta}\,\delta(r-r_0)\,\delta(\theta-\theta_0)\,\delta(\varphi-\varphi_0)\\ &= \frac{1}{r^2}\,\delta(r-r_0)\,\delta(\cos\theta-\cos\theta_0)\,\delta(\varphi-\varphi_0).\end{aligned} \tag{II.60}$$

Die oben angegebenen Eigenschaften von $\delta(x)$ lassen sich damit leicht auf $\delta(\boldsymbol{r})$ übertragen. Weiterhin geben wir die folgende wichtige Beziehung an:

$$\Delta\left(\frac{1}{r}\right) = -4\pi\,\delta(\boldsymbol{r}), \tag{II.61}$$

worin Δ den Laplace-Operator bezeichnet. Gleichung (II.61) lässt sich leicht verstehen, wenn wir uns daran erinnern, dass in der Elektrostatik eine sich im Ursprung befindliche Punktladung durch die Raumladungsdichte

$$\rho(\boldsymbol{r}) = q\,\delta(\boldsymbol{r}) \tag{II.62}$$

beschrieben werden kann. Den Ausdruck für das elektrostatische Potential, das diese Ladung erzeugt, kennen wir:

$$U(\boldsymbol{r}) = \frac{q}{4\pi\varepsilon_0}\frac{1}{r}. \tag{II.63}$$

Gleichung (II.61) stellt also die Poisson-Gleichung für diesen speziellen Fall dar:

$$\Delta U(\boldsymbol{r}) = -\frac{1}{\varepsilon_0}\,\rho(\boldsymbol{r}). \tag{II.64}$$

Ein strenger Beweis von Gl. (II.61) erfordert die Anwendung der mathematischen Theorie der Distributionen; wir wollen uns hier auf einen elementaren „Beweis“ beschränken:

Zunächst stellen wir fest, dass der Laplace-Operator auf $1/r$ angewandt überall null ergibt außer vielleicht im Ursprung:

$$\left(\frac{\mathrm{d}^2}{\mathrm{d}r^2} + \frac{2}{r}\frac{\mathrm{d}}{\mathrm{d}r}\right)\frac{1}{r} = 0 \qquad \text{für } r \neq 0. \tag{II.65}$$

Wir betrachten nun die Kugel K_ε mit dem Radius ε um den Ursprung. Es sei $g_\varepsilon(\boldsymbol{r})$ eine Funktion, die für $\boldsymbol{r}$ außerhalb K_ε gleich $1/r$ ist, und die innerhalb dieser Kugel solche Werte (von der Größenordnung $1/\varepsilon$) annimmt, dass $g_\varepsilon(\boldsymbol{r})$ hinreichend regulär ist (stetig, differenzierbar usw.). Es sei weiterhin $f(\boldsymbol{r})$ eine beliebige Funktion von $\boldsymbol{r}$, die ebenfalls in allen Raumpunkten regulär ist. Wir berechnen den Grenzwert des Integrals

$$I(\varepsilon) = \int \mathrm{d}^3r\; f(\boldsymbol{r})\,\Delta g_\varepsilon(\boldsymbol{r}) \tag{II.66}$$

für $\varepsilon \to 0$. Nach Gl. (II.65) kann dieses Integral nur Beiträge aus dem Inneren der Kugel K_ε enthalten, so dass wir schreiben können

$$I(\varepsilon) = \int_{r\leq\varepsilon} \mathrm{d}^3r\; f(\boldsymbol{r})\,\Delta g_\varepsilon(\boldsymbol{r}). \tag{II.67}$$

Wir wählen nun ε so klein, dass die Variation von $f(\boldsymbol{r})$ innerhalb K_ε vernachlässigt werden kann. Dann folgt

$$I(\varepsilon) \approx f(0)\int_{r\leq\varepsilon} \mathrm{d}^3r\;\Delta g_\varepsilon(\boldsymbol{r}). \tag{II.68}$$

Wir transformieren dieses Integral in ein Integral über die Oberfläche $\mathcal{S}_\varepsilon$ von K_ε:

$$I(\varepsilon) \approx f(0) \int_{\mathcal{S}_\varepsilon} \nabla g_\varepsilon(\boldsymbol{r}) \cdot \mathrm{d}\boldsymbol{n}. \tag{II.69}$$

Da $g_\varepsilon(\boldsymbol{r})$ auf der Fläche $\mathcal{S}_\varepsilon$ stetig ist, haben wir

$$[\nabla g_\varepsilon(\boldsymbol{r})]_{r=\varepsilon} = \left[-\frac{1}{r^2}\right]_{r=\varepsilon} \boldsymbol{e}_r = -\frac{1}{\varepsilon^2}\boldsymbol{e}_r \tag{II.70}$$

($\boldsymbol{e}_r$ ist der Einheitsvektor $\boldsymbol{r}/r$). Das ergibt

$$I(\varepsilon) \approx f(0)\, 4\pi\varepsilon^2 \left[-\frac{1}{\varepsilon^2}\right] \approx -4\pi f(0), \tag{II.71}$$

d. h.

$$\lim_{\varepsilon\to 0} \int \mathrm{d}^3r\, \Delta g_\varepsilon(\boldsymbol{r})\, f(\boldsymbol{r}) = -4\pi f(0). \tag{II.72}$$

Der Definition (II.57) zufolge entspricht dies Gl. (II.61).

Mit Hilfe von Gl. (II.61) lässt sich z. B. eine Beziehung ableiten, die in der Streutheorie (s. Kapitel 8) nützlich ist:

$$\left(\Delta + k^2\right) \frac{\mathrm{e}^{\pm \mathrm{i}kr}}{r} = -4\pi\, \delta(\boldsymbol{r}). \tag{II.73}$$

Dazu betrachten wir $\mathrm{e}^{\pm \mathrm{i}kr}/r$ als ein Produkt:

$$\Delta \left[\frac{\mathrm{e}^{\pm \mathrm{i}kr}}{r}\right] = \frac{1}{r}\Delta\left(\mathrm{e}^{\pm \mathrm{i}kr}\right) + \mathrm{e}^{\pm \mathrm{i}kr}\,\Delta\left(\frac{1}{r}\right) + 2\nabla\left(\frac{1}{r}\right)\cdot\nabla\left(\mathrm{e}^{\pm \mathrm{i}kr}\right). \tag{II.74}$$

Nun gilt

$$\begin{aligned} \nabla\left(\mathrm{e}^{\pm \mathrm{i}kr}\right) &= \pm \mathrm{i}k\, \mathrm{e}^{\pm \mathrm{i}kr}\frac{\boldsymbol{r}}{r}, \\ \Delta\left(\mathrm{e}^{\pm \mathrm{i}kr}\right) &= -k^2\, \mathrm{e}^{\pm \mathrm{i}kr} \pm \frac{2\mathrm{i}k}{r}\,\mathrm{e}^{\pm \mathrm{i}kr}. \end{aligned} \tag{II.75}$$

Somit erhalten wir schließlich

$$\begin{aligned} \left(\Delta + k^2\right) \frac{\mathrm{e}^{\pm \mathrm{i}kr}}{r} &= \left[-\frac{k^2}{r} \pm \frac{2\mathrm{i}k}{r^2} - 4\pi\delta(\boldsymbol{r}) - \frac{2}{r^2}(\pm \mathrm{i}k) + \frac{k^2}{r}\right]\mathrm{e}^{\pm \mathrm{i}kr} \\ &= -4\pi\, \mathrm{e}^{\pm \mathrm{i}kr}\,\delta(\boldsymbol{r}) \\ &= -4\pi\,\delta(\boldsymbol{r}) \end{aligned} \tag{II.76}$$

nach Gl. (II.27).

Man kann Gl. (II.61) verallgemeinern: Wendet man den Laplace-Operator auf die Funktion $Y_l^m(\theta,\varphi)/r^{l+1}$ an, so tritt darin die l-te Ableitung von $\delta(\boldsymbol{r})$ auf. Wir betrachten z. B. $\cos\theta/r^2$. Wie wir wissen, wird der Ausdruck für das von einem entlang der z-Achse gerichteten elektrischen Dipol $\boldsymbol{D}$ in einem entfernten Punkt erzeugte elektrostatische Potential durch $D \cos\theta/4\pi\varepsilon_0 r^2$ gegeben. Es sei q der Betrag der beiden Ladungen, die den Dipol bilden, und a der Abstand zwischen ihnen; der Betrag D des Dipolmoments ist dann gleich dem Produkt qa, und die entsprechende Ladungsdichte lässt sich schreiben

$$\rho(\boldsymbol{r}) = q\,\delta\left(\boldsymbol{r} - \frac{a}{2}\boldsymbol{e}_z\right) - q\,\delta\left(\boldsymbol{r} + \frac{a}{2}\boldsymbol{e}_z\right) \tag{II.77}$$

($\boldsymbol{e}_z$ ist der Einheitsvektor der z-Achse). Wenn wir a gegen null gehen lassen, während das Produkt $D = qa$ konstant bleibt, wird diese Ladungsdichte zu

$$\rho(\boldsymbol{r}) \overset{a\to 0}{\longrightarrow} D\frac{\partial}{\partial z}\delta(\boldsymbol{r}). \tag{II.78}$$

Im Limes $a \to 0$ ergibt die Poisson-Gleichung (II.64) also

$$\Delta\left(\frac{\cos\theta}{r^2}\right) = -4\pi\frac{\partial}{\partial z}\delta(\boldsymbol{r}). \tag{II.79}$$

Natürlich hätte man diese Gleichung auch wie Gl. (II.61) oder mit Hilfe der Theorie der Distributionen beweisen können. Eine entsprechende Überlegung lässt sich auf die Funktion $Y_l^m(\theta,\varphi)/r^{l+1}$ anwenden, woraus sich das Potential eines sich im Ursprung befindlichen elektrischen Multipolmoments $\mathcal{Q}_l^m$ ergibt (s. Abschnitt 10.8).

III Lagrange- und Hamilton-Funktion

Wir wollen die Definition und die grundlegenden Eigenschaften der Lagrange- und der Hamilton-Funktion in der klassischen Mechanik wiederholen. Dieser Anhang ist nicht als ein Kurs in analytischer Mechanik gedacht, sein Ziel besteht vielmehr darin, die klassische Grundlage anzugeben, von der man zu den Quantisierungsregeln (s. Kapitel 3) gelangen kann. Im Wesentlichen beschränken wir uns dabei auf Systeme von Massenpunkten.

III.1 Die Newtonschen Axiome

Die Dynamik eines Massenpunktes

Die nichtrelativistische klassische Mechanik beruht auf der Hypothese, dass es wenigstens ein geometrisches Bezugssystem gibt, das *Galilei-System* oder *Inertialsystem*, in dem das folgende Axiom gültig ist:

Die Newtonsche Bewegungsgleichung. Ein Massenpunkt erfährt zu jedem Zeitpunkt eine Beschleunigung $\boldsymbol{\gamma}$, die proportional zur resultierenden Kraft $\boldsymbol{F}$ ist, die auf den Massenpunkt einwirkt:

$$\boldsymbol{F} = m\boldsymbol{\gamma}. \tag{III.1}$$

Die Konstante m ist dabei eine innere Eigenschaft des Teilchens, die sogenannte *träge Masse*.

Gibt es ein Galilei-System, so lässt sich leicht zeigen, dass alle Systeme, die sich relativ zu diesem System geradlinig gleichförmig bewegen, ebenfalls Galilei-Systeme sind. Damit werden wir auf das *Galileische Relativitätsprinzip* geführt: Es gibt kein absolutes Bezugssystem; kein Experiment erlaubt es, ein Inertialsystem vor einem anderen auszuzeichnen.

Systeme von Massenpunkten

Wir betrachten ein System aus n Massenpunkten; jedes Teilchen gehorcht der Newtonschen Bewegungsgleichung,[5]

$$m_i \ddot{\boldsymbol{r}}_i = \boldsymbol{F}_i; \qquad i = 1, 2, \ldots, n. \tag{III.2}$$

Die Kräfte, die auf die Teilchen wirken, lassen sich in zwei Kategorien einteilen: *innere* Kräfte, die von den Wechselwirkungen der Teilchen untereinander herrühren, und *äußere* Kräfte, deren Ursprung außerhalb des Systems liegt. Man postuliert, dass die inneren Kräfte dem *Prinzip von Aktion und Reaktion* genügen: Die Kraft, die das Teilchen (i) auf das Teilchen (j) ausübt, ist entgegengesetzt gleich der Kraft, die von Teilchen (j) auf Teilchen (i) ausgeht. Dieses Axiom gilt für Gravitationskräfte und elektrostatische Kräfte, jedoch nicht für magnetische Kräfte (deren Ursprung relativistischer Natur ist).

Wenn sich sämtliche Kräfte aus einem Potential ableiten lassen, können die Bewegungsgleichungen (III.2) geschrieben werden

$$m_i \ddot{\boldsymbol{r}}_i = -\boldsymbol{\nabla}_i V, \tag{III.3}$$

wobei $\boldsymbol{\nabla}_i$ den Gradienten bezüglich der Koordinaten $\boldsymbol{r}_i$ bezeichnet und die potentielle Energie V die Form hat

$$V = \sum_{i=1}^{n} V_i(\boldsymbol{r}_i) + \sum_{i<j} V_{ij}(\boldsymbol{r}_i \boldsymbol{r}_i \boldsymbol{r}_1 \boldsymbol{r}_1 - \boldsymbol{r}_j \boldsymbol{r}_j) \tag{III.4}$$

(der erste Term entspricht den äußeren und der zweite den inneren Kräften). In *kartesischen Koordinaten* wird die Bewegung des Systems demnach durch die $3n$ Differentialgleichungen beschrieben

$$\left.\begin{aligned} m_i \ddot{x}_i &= -\frac{\partial V}{\partial x_i} \\ m_i \ddot{y}_i &= -\frac{\partial V}{\partial y_i} \\ m_i \ddot{z}_i &= -\frac{\partial V}{\partial z_i} \end{aligned}\right\} \quad i = 1, 2, \ldots, n. \tag{III.5}$$

[5] In der Mechanik verwendet man im Allgemeinen eine vereinfachte Bezeichnung für Zeitableitungen; per Definition ist $\dot{u} = \mathrm{d}u/\mathrm{d}t$, $\ddot{u} = \mathrm{d}^2u/\mathrm{d}t^2$ usw.

Grundlegende Sätze

Wir geben zunächst einige Definitionen an. Als *Massenmittelpunkt* eines Systems bezeichnet man den Punkt G mit den Koordinaten

$$\boldsymbol{r}_G = \frac{\sum_{i=1}^n m_i \boldsymbol{r}_i}{\sum_{i=1}^n m_i}. \tag{III.6}$$

Die *kinetische Gesamtenergie* des Systems ist

$$T = \sum_{i=1}^n \frac{1}{2} m_i \dot{\boldsymbol{r}}_i^2, \tag{III.7}$$

wobei $\dot{\boldsymbol{r}}_i$ die Geschwindigkeit des Teilchens (i) ist. Der *Drehimpuls* bezüglich des Ursprungs wird gegeben durch den Vektor

$$\boldsymbol{\mathcal{L}} = \sum_{i=1}^n \boldsymbol{r}_i \times m_i \dot{\boldsymbol{r}}_i. \tag{III.8}$$

Die folgenden Sätze lassen sich dann leicht beweisen:

1. Der Massenmittelpunkt eines Systems bewegt sich wie ein Massenpunkt, dessen Masse gleich der Gesamtmasse des Systems ist und der der Resultierenden aller auf das System wirkenden Kräfte unterliegt:

$$\left[\sum_{i=1}^n m_i\right] \ddot{\boldsymbol{r}}_G = \sum_{i=1}^n \boldsymbol{F}_i. \tag{III.9}$$

2. Die zeitliche Änderung des Drehimpulses ist gleich der Summe der Drehmomente der Kräfte:

$$\dot{\boldsymbol{\mathcal{L}}} = \sum_{i=1}^n \boldsymbol{r}_i \times \boldsymbol{F}_i. \tag{III.10}$$

3. Die Änderung der kinetischen Energie zwischen den Zeiten t_1 und t_2 ist gleich der Arbeit, die die Summe der Kräfte in diesem Zeitraum verrichtet:

$$T(t_2) - T(t_1) = \int_{t_1}^{t_2} \sum_{i=1}^n \boldsymbol{F}_i \cdot \dot{\boldsymbol{r}}_i \, \mathrm{d}t. \tag{III.11}$$

Genügen die inneren Kräfte dem Axiom von Aktion und Reaktion und wirken sie in der Verbindungslinie der wechselwirkenden Teilchen, so verschwindet ihr Beitrag zur resultierenden Kraft (Gl. (III.9)) und zum Drehmoment (Gl. (III.10)). Ist das System außerdem abgeschlossen (d. h. unterliegt es keinen äußeren Kräften), so bleibt der Gesamtdrehimpuls $\boldsymbol{\mathcal{L}}$ erhalten, und der Massenmittelpunkt bewegt sich geradlinig gleichförmig. Damit ist auch der mechanische Gesamtimpuls

$$\sum_{i=1}^n m_i \dot{\boldsymbol{r}}_i \tag{III.12}$$

eine Konstante der Bewegung.

III.2 Lagrange-Funktion und Lagrange-Gleichungen

Wir betrachten ein System aus n Teilchen, bei dem sich die Kräfte aus einem Potential $V(\boldsymbol{r}_i)$ ableiten lassen (s. Gl. (III.4)). Dann ist

$$\begin{aligned} \mathcal{L}(\boldsymbol{r}_i, \dot{\boldsymbol{r}}_i) &= T - V \\ &= \frac{1}{2}\sum_{i=1}^{n} m_i \dot{\boldsymbol{r}}_i^2 - V(\boldsymbol{r}_i) \end{aligned} \tag{III.13}$$

die *Lagrange-Funktion* dieses Systems. Sie hängt von den $6n$ Variablen

$$\{x_i, y_i, z_i; \dot{x}_i, \dot{y}_i, \dot{z}_i; i = 1, 2, \ldots, n\}$$

ab.

Es lässt sich sofort zeigen, dass die Bewegungsgleichungen (III.5) identisch sind mit den *Lagrange-Gleichungen*

$$\begin{aligned} \frac{\mathrm{d}}{\mathrm{d}t}\frac{\partial \mathcal{L}}{\partial \dot{x}_i} - \frac{\partial \mathcal{L}}{\partial x_i} &= 0, \\ \frac{\mathrm{d}}{\mathrm{d}t}\frac{\partial \mathcal{L}}{\partial \dot{y}_i} - \frac{\partial \mathcal{L}}{\partial y_i} &= 0, \\ \frac{\mathrm{d}}{\mathrm{d}t}\frac{\partial \mathcal{L}}{\partial \dot{z}_i} - \frac{\partial \mathcal{L}}{\partial z_i} &= 0. \end{aligned} \tag{III.14}$$

Ein wichtiges Charakteristikum der Lagrange-Gleichungen besteht darin, dass sie unabhängig von den verwendeten Koordinaten stets dieselbe Form haben. Ferner lassen sie sich auch auf allgemeinere Systeme anwenden. Viele physikalische Systeme (wie z. B. ein ausgedehnter Körper) können durch einen Satz von N unabhängigen Parametern q_i ($i = 1, 2, \ldots, N$), die sogenannten *generalisierten Koordinaten* beschrieben werden. Die Kenntnis der q_i erlaubt die Bestimmung der Lage aller Punkte des Systems. Die Bewegung des Systems wird demnach durch die Angabe von N Zeitfunktionen $q_i(t)$ charakterisiert. Die Zeitableitungen $\dot{q}_i(t)$ heißen die *generalisierten Geschwindigkeiten*. Der Zustand eines Systems zu einem Zeitpunkt t_0 wird durch den Satz der $q_i(t_0)$ und $\dot{q}_i(t_0)$ definiert. Wenn sich die am System wirkenden Kräfte aus einem Potential $V(q_1, q_2, \ldots, q_N)$ ableiten lassen, so ist die Lagrange-Funktion $\mathcal{L}(q_1, q_2, \ldots, q_N; \dot{q}_1, \dot{q}_2, \ldots, \dot{q}_N)$ wiederum die Differenz aus der kinetischen Gesamtenergie T und der potentiellen Energie V. Es lässt sich zeigen, dass für eine beliebige Wahl der Koordinaten q_i die Bewegungsgleichungen stets lauten

$$\frac{\mathrm{d}}{\mathrm{d}t}\frac{\partial \mathcal{L}}{\partial \dot{q}_i} - \frac{\partial \mathcal{L}}{\partial q_i} = 0, \tag{III.15}$$

wobei unter $\mathrm{d}/\mathrm{d}t$ die totale Zeitableitung

$$\frac{\mathrm{d}}{\mathrm{d}t} = \frac{\partial}{\partial t} + \sum_{i=1}^{N} \dot{q}_i \frac{\partial}{\partial q_i} + \sum_{i=1}^{N} \ddot{q}_i \frac{\partial}{\partial \dot{q}_i} \tag{III.16}$$

zu verstehen ist. Für die Definition einer Lagrange-Funktion und die Verwendung der Lagrange-Gleichungen ist es nicht unbedingt nötig, dass sich die Kräfte aus einem Potential ableiten lassen (wir werden unten ein Beispiel dafür kennenlernen). Im allgemeinen Fall ist die Lagrange-Funktion eine Funktion der Koordinaten q_i und der Geschwindigkeiten $\dot{q}_i$ und kann außerdem explizit zeitabhängig sein.[6] Wir schreiben sie dann

$$\mathcal{L}(q_i, \dot{q}_i; t)\,. \tag{III.17}$$

Die Lagrange-Gleichungen spielen in der klassischen Mechanik aus mehreren Gründen eine wichtige Rolle. Zum einen haben sie, wie wir gerade gesehen haben, unabhängig von den verwendeten Koordinaten stets dieselbe Form. Weiter sind sie bei komplizierten Systemen leichter zu handhaben als die Newtonschen Gleichungen. Schließlich sind sie auch theoretisch von großer Bedeutung, da sie die Grundlage des Hamilton-Formalismus darstellen und aus einem Variationsprinzip hergeleitet werden können (s. weiter unten). Die ersten beiden Eigenschaften sind, soweit es die Quantenmechanik betrifft, von untergeordneter Bedeutung, da wir es hier fast ausschließlich mit Teilchensystemen zu tun haben und außerdem die Quantisierungsregeln in kartesischen Koordinaten formuliert werden (s. Abschnitt 3.2.5). Die letzte Eigenschaft ist jedoch wesentlich, da der Hamilton-Formalismus den Ausgangspunkt für die Quantisierung physikalischer Systeme darstellt.

III.3 Hamilton-Funktion und kanonische Gleichungen

Für ein System, das durch N generalisierte Koordinaten beschrieben wird, bilden die Lagrange-Gleichungen (III.15) ein System von N gekoppelten Differentialgleichungen zweiter Ordnung für die N unbekannten Funktionen $q_i(t)$. Wir werden sehen, dass dieses System durch ein System von $2N$ Gleichungen erster Ordnung für $2N$ unbekannte Funktionen ersetzt werden kann.

Kanonisch konjugierte Impulse

Der (kanonisch) konjugierte Impuls p_i der generalisierten Koordinate q_i ist definiert durch

$$p_i = \frac{\partial \mathcal{L}}{\partial \dot{q}_i}; \tag{III.18}$$

p_i wird auch als *generalisierter Impuls* bezeichnet. Für den Fall eines Massenpunktsystems, bei dem die Kräfte aus einem Potential abgeleitet werden können, entsprechen die

[6]Die Lagrange-Funktion ist nicht eindeutig bestimmt: Zwei Funktionen $\mathcal{L}(q_i, \dot{q}_i; t)$ und $\mathcal{L}'(q_i, \dot{q}_i; t)$ können mit Gl. (III.15) auf dieselben Bewegungsgleichungen führen. Das ist insbesondere dann der Fall, wenn die Differenz zwischen $\mathcal{L}$ und $\mathcal{L}'$ die totale Zeitableitung einer Funktion $F(q_i; t)$ ist,

$$\mathcal{L}' - \mathcal{L} = \frac{\mathrm{d}}{\mathrm{d}t} F(q_i; t) \equiv \frac{\partial F}{\partial t} + \sum_i \dot{q}_i \frac{\partial F}{\partial q_i}\,.$$

konjugierten Impulse der Ortsvariablen $\boldsymbol{r}_i(x_i, y_i, z_i)$ (s. Gl. (III.13)) den mechanischen Impulsen

$$\boldsymbol{p}_i = m_i \dot{\boldsymbol{r}}_i. \tag{III.19}$$

Wir werden jedoch sehen, dass das in Gegenwart eines Magnetfelds nicht mehr der Fall ist.

Anstatt den Zustand eines Systems zur Zeit t durch die N Koordinaten $q_i(t)$ und die N Geschwindigkeiten $\dot{q}_i(t)$ zu beschreiben, werden wir ihn im Folgenden charakterisieren durch die $2N$ Variablen

$$\{q_i(t), p_i(t); i = 1, 2, \ldots, N\}. \tag{III.20}$$

Dabei nehmen wir an, dass sich aus den $2N$ Parametern $q_i(t)$ und $p_i(t)$ die $\dot{q}_i(t)$ eindeutig bestimmen lassen.

Die kanonischen Hamilton-Gleichungen

Die *klassische Hamilton-Funktion* des Systems ist nach Definition

$$\mathcal{H} = \sum_{i=1}^{N} p_i \dot{q}_i - \mathcal{Z}. \tag{III.21}$$

Darin werden die $\dot{q}_i$ durch die $q_i(t)$ und $p_i(t)$ ausgedrückt. Die Hamilton-Funktion ist also eine Funktion der Koordinaten und ihrer konjugierten Impulse. Wie $\mathcal{Z}$ kann auch $\mathcal{H}$ explizit von der Zeit abhängen:

$$\mathcal{H}(q_i, p_i; t). \tag{III.22}$$

Das totale Differential der Funktion $\mathcal{H}$,

$$\mathrm{d}\mathcal{H} = \sum_i \frac{\partial \mathcal{H}}{\partial q_i}\mathrm{d}q_i + \sum_i \frac{\partial \mathcal{H}}{\partial p_i}\mathrm{d}p_i + \frac{\partial \mathcal{H}}{\partial t}\mathrm{d}t, \tag{III.23}$$

ist unter Verwendung der Definitionen (III.21) und (III.18)

$$\begin{aligned}
\mathrm{d}\mathcal{H} &= \sum_i [p_i \mathrm{d}\dot{q}_i + \dot{q}_i \mathrm{d}p_i] - \sum_i \frac{\partial \mathcal{Z}}{\partial q_i}\mathrm{d}q_i - \sum_i \frac{\partial \mathcal{Z}}{\partial \dot{q}_i}\mathrm{d}\dot{q}_i - \frac{\partial \mathcal{Z}}{\partial t}\mathrm{d}t \\
&= \sum_i \dot{q}_i \mathrm{d}p_i - \sum_i \frac{\partial \mathcal{Z}}{\partial q_i}\mathrm{d}q_i - \frac{\partial \mathcal{Z}}{\partial t}\mathrm{d}t.
\end{aligned} \tag{III.24}$$

Setzen wir Gl. (III.23) und Gl. (III.24) gleich, so sehen wir, dass der Wechsel von den Variablen $\{q_i, \dot{q}_i\}$ zu $\{q_i, p_i\}$ auf

$$\frac{\partial \mathcal{H}}{\partial q_i} = -\frac{\partial \mathcal{Z}}{\partial q_i}, \tag{III.25}$$

$$\frac{\partial \mathcal{H}}{\partial p_i} = \dot{q}_i, \tag{III.26}$$

$$\frac{\partial \mathcal{H}}{\partial t} = -\frac{\partial \mathcal{Z}}{\partial t} \tag{III.27}$$

führt. Weiter können wir die Lagrange-Gleichungen (III.15) mit Gl. (III.18) und Gl. (III.25) in der Form schreiben

$$\frac{\mathrm{d}}{\mathrm{d}t} p_i = -\frac{\partial \mathcal{H}}{\partial q_i}. \tag{III.28}$$

Mit Gl. (III.26) und Gl. (III.28) erhält man die Bewegungsgleichungen

$$\begin{aligned} \frac{\mathrm{d}q_i}{\mathrm{d}t} &= \frac{\partial \mathcal{H}}{\partial p_i}, \\ \frac{\mathrm{d}p_i}{\mathrm{d}t} &= -\frac{\partial \mathcal{H}}{\partial q_i}, \end{aligned} \tag{III.29}$$

die als die kanonischen Hamilton-Gleichungen bezeichnet werden. Dies ist ein System von $2N$ Differentialgleichungen erster Ordnung für die $2N$ unbekannten Funktionen $q_i(t)$ und $p_i(t)$.

Für ein n-Teilchensystem mit der potentiellen Energie $V(\boldsymbol{r}_i)$ erhalten wir nach Gl. (III.13)

$$\begin{aligned} \mathcal{H} &= \sum_{i=1}^{n} \boldsymbol{p}_i \cdot \dot{\boldsymbol{r}}_i - \mathcal{L} \\ &= \sum_{i=1}^{n} \boldsymbol{p}_i \cdot \dot{\boldsymbol{r}}_i - \frac{1}{2} \sum_{i=1}^{n} m_i \dot{\boldsymbol{r}}_i^2 + V(\boldsymbol{r}_i). \end{aligned} \tag{III.30}$$

Wir verwenden Gl. (III.19), um die Hamilton-Funktion in Abhängigkeit von den Variablen $\boldsymbol{r}_i$ und $\boldsymbol{p}_i$ auszudrücken; es ergibt sich

$$\mathcal{H}(\boldsymbol{r}_i, \boldsymbol{p}_i) = \sum_{i=1}^{n} \frac{\boldsymbol{p}_i^2}{2m_i} + V(\boldsymbol{r}_i). \tag{III.31}$$

Die Hamilton-Funktion ist somit gleich der Gesamtenergie des Systems. Die kanonischen Gleichungen

$$\begin{aligned} \frac{\mathrm{d}\boldsymbol{r}_i}{\mathrm{d}t} &= \frac{\boldsymbol{p}_i}{m_i}, \\ \frac{\mathrm{d}\boldsymbol{p}_i}{\mathrm{d}t} &= -\nabla_i V \end{aligned} \tag{III.32}$$

sind äquivalent zu den Newtonschen Gleichungen (III.3).

III.4 Anwendungen des Hamilton-Formalismus

Teilchen in einem Zentralpotential

Wir betrachten ein System aus einem einzelnen Teilchen mit der Masse m, dessen potentielle Energie $V(r)$ nur von seinem Abstand vom Ursprung abhängt. In Polarkoordinaten

(r, θ, φ) lauten die Komponenten seiner Geschwindigkeit in Bezug auf das begleitende Dreibein (s. Abb. III.1)

$$\begin{aligned} v_r &= \dot{r}, \\ v_\theta &= r\,\dot{\theta}, \\ v_\varphi &= r\,\sin\theta\,\dot{\varphi}, \end{aligned} \tag{III.33}$$

so dass die Lagrange-Funktion (III.13) geschrieben werden kann

$$\mathcal{L}(r, \theta, \varphi; \dot{r}, \dot{\theta}, \dot{\varphi}) = \frac{1}{2}m\left[\dot{r}^2 + r^2\dot{\theta}^2 + r^2\sin^2\theta\,\dot{\varphi}^2\right] - V(r). \tag{III.34}$$

Wir können dann die konjugierten Impulse der drei Variablen r, θ, φ berechnen:

$$\begin{aligned} p_r &= \frac{\partial \mathcal{L}}{\partial \dot{r}} = m\dot{r}, \\ p_\theta &= \frac{\partial \mathcal{L}}{\partial \dot{\theta}} = mr^2\dot{\theta}, \\ p_\varphi &= \frac{\partial \mathcal{L}}{\partial \dot{\varphi}} = mr^2\sin^2\theta\,\dot{\varphi}. \end{aligned} \tag{III.35}$$

Zur Berechnung der Hamilton-Funktion des Teilchens greifen wir auf die Definition (III.21) zurück. Wir addieren also $V(r)$ zur kinetischen Energie, die ausgedrückt wird durch r, θ, φ und p_r, p_θ, p_φ; es ergibt sich

$$\mathcal{H}(r, \theta, \varphi; p_r, p_\theta, p_\varphi) = \frac{p_r^2}{2m} + \frac{1}{2mr^2}\left(p_\theta^2 + \frac{p_\varphi^2}{\sin^2\theta}\right) + V(r). \tag{III.36}$$

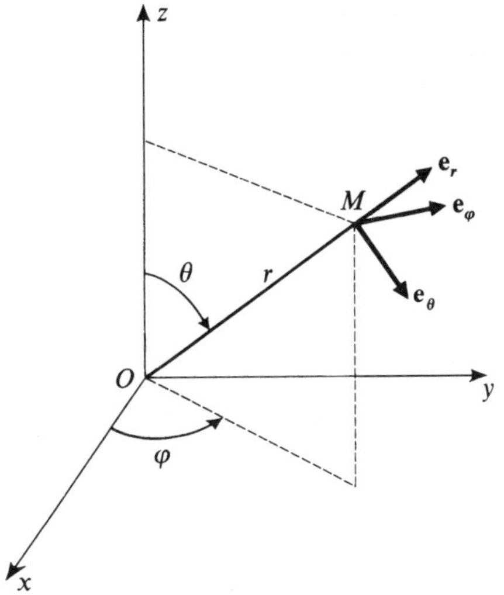

Abb. III.1 Die Einheitsvektoren $\boldsymbol{e}_r$, $\boldsymbol{e}_\theta$, $\boldsymbol{e}_\varphi$ des begleitenden Dreibeins in einem Punkt M, wobei M durch seine Kugelkoordinaten r, θ, φ definiert wird.

Das System der kanonischen Gleichungen (III.29) lautet jetzt

$$\begin{aligned}
\frac{\mathrm{d}r}{\mathrm{d}t} &= \frac{\partial \mathcal{H}}{\partial p_r} = \frac{p_r}{m}, \\
\frac{\mathrm{d}\theta}{\mathrm{d}t} &= \frac{\partial \mathcal{H}}{\partial p_\theta} = \frac{p_\theta}{mr^2}, \\
\frac{\mathrm{d}\varphi}{\mathrm{d}t} &= \frac{\partial \mathcal{H}}{\partial p_\varphi} = \frac{p_\varphi}{mr^2\sin^2\theta}, \\
\frac{\mathrm{d}p_r}{\mathrm{d}t} &= -\frac{\partial \mathcal{H}}{\partial r} = \frac{1}{mr^3}\left(p_\theta^2 + \frac{p_\varphi^2}{\sin^2\theta}\right) - \frac{\partial V}{\partial r}, \\
\frac{\mathrm{d}p_\theta}{\mathrm{d}t} &= -\frac{\partial \mathcal{H}}{\partial \theta} = \frac{p_\varphi^2\cos\theta}{mr^2\sin^3\theta}, \\
\frac{\mathrm{d}p_\varphi}{\mathrm{d}t} &= -\frac{\partial \mathcal{H}}{\partial \varphi} = 0.
\end{aligned} \tag{III.37}$$

Die ersten drei Gleichungen führen auf (III.35); bei den letzten drei handelt es sich hingegen um echte Bewegungsgleichungen.

Wir betrachten nun den Drehimpuls des Teilchens bezüglich des Ursprungs,

$$\boldsymbol{\mathcal{L}} = \boldsymbol{r} \times m\boldsymbol{v}. \tag{III.38}$$

Seine lokalen Komponenten ergeben sich aus den Gleichungen (III.33):

$$\begin{aligned}
\mathcal{L}_r &= 0, \\
\mathcal{L}_\theta &= -mrv_\varphi = -mr^2\sin\theta\,\dot{\varphi} = -\frac{p_\varphi}{\sin\theta}, \\
\mathcal{L}_\varphi &= mrv_\theta = mr^2\dot{\theta}^2 = p_\theta,
\end{aligned} \tag{III.39}$$

so dass gilt

$$\boldsymbol{\mathcal{L}}^2 = p_\theta^2 + \frac{p_\varphi^2}{\sin^2\theta}. \tag{III.40}$$

Bei der Kraft, die sich aus dem Potential $V(r)$ ableitet, handelt es sich um eine Zentralkraft, die also stets kollinear zum Vektor $\boldsymbol{r}$ ist. Der Drehimpulserhaltungssatz besagt dann (Gl. (III.10)), dass $\boldsymbol{\mathcal{L}}$ ein zeitlich konstanter Vektor ist.[7]

Wie ein Vergleich von Gl. (III.36) und Gl. (III.40) zeigt, hängt die Hamilton-Funktion $\mathcal{H}$ nur über die Zwischengröße $\boldsymbol{\mathcal{L}}^2$ von den Winkelvariablen und ihren konjugierten Impulsen ab,

$$\mathcal{H}(r,\theta,\varphi;p_r,p_\theta,p_\varphi) = \frac{p_r^2}{2m} + \frac{1}{2mr^2}\boldsymbol{\mathcal{L}}^2(\theta,p_\theta,p_\varphi) + V(r). \tag{III.41}$$

[7] Diese Schlussfolgerung lässt sich auch aus den letzten beiden Gleichungen (III.37) ableiten, indem man die Zeitableitungen der Komponenten von $\boldsymbol{\mathcal{L}}$ in Richtung der festen x-, y-, z-Achsen bestimmt.

Nehmen wir nun an, der ursprüngliche Drehimpuls des Teilchens sei $\mathcal{L}_0$. Da der Drehimpuls konstant bleibt, sind die Hamilton-Funktion (III.41) und die vierte der Bewegungsgleichungen (III.37) dieselben wie für ein Teilchen der Masse m, das sich bei einem eindimensionalen Problem in einem effektiven Potential

$$V_{\text{eff}}(r) = V(r) + \frac{\mathcal{L}_0^2}{2mr^2} \tag{III.42}$$

befindet.

Geladenes Teilchen im elektromagnetischen Feld

Wir betrachten nun ein Teilchen mit der Masse m und der Ladung q, das sich in einem elektromagnetischen Feld befindet; dieses Feld wird durch den elektrischen Feldvektor $\boldsymbol{E}(\boldsymbol{r},t)$ und den magnetischen Feldvektor $\boldsymbol{B}(\boldsymbol{r},t)$ beschrieben.

Beschreibung des elektromagnetischen Feldes. Eichungen. Die Felder $\boldsymbol{E}(\boldsymbol{r},t)$ und $\boldsymbol{B}(\boldsymbol{r},t)$ genügen den Maxwellschen Gleichungen

$$\begin{aligned} \nabla \cdot \boldsymbol{E} &= \tfrac{\rho}{\varepsilon_0}, \\ \nabla \times \boldsymbol{E} &= -\tfrac{\partial \boldsymbol{B}}{\partial t}, \\ \nabla \cdot \boldsymbol{B} &= 0, \\ \nabla \times \boldsymbol{B} &= \mu_0 \boldsymbol{j} + \varepsilon_0 \mu_0 \tfrac{\partial \boldsymbol{E}}{\partial t}, \end{aligned} \tag{III.43}$$

wobei $\rho(\boldsymbol{r},t)$ und $\boldsymbol{j}(\boldsymbol{r},t)$ die Raumladungsdichte bzw. die Stromdichte sind, durch die das elektromagnetische Feld hervorgerufen wird. Die Felder $\boldsymbol{E}$ und $\boldsymbol{B}$ lassen sich mit Hilfe eines Skalarpotentials $U(\boldsymbol{r},t)$ und eines Vektorpotentials $\boldsymbol{A}(\boldsymbol{r},t)$ beschreiben, da aus der dritten Gl. (III.43) die Existenz eines Vektorfelds $\boldsymbol{A}(\boldsymbol{r},t)$ folgt, für das gilt

$$\boldsymbol{B}(\boldsymbol{r},t) = \nabla \times \boldsymbol{A}(\boldsymbol{r},t). \tag{III.44}$$

Die zweite Maxwellsche Gleichung lässt sich damit schreiben

$$\nabla \times \left[\boldsymbol{E} + \frac{\partial \boldsymbol{A}}{\partial t} \right] = 0. \tag{III.45}$$

Folglich gibt es eine skalare Funktion $U(\boldsymbol{r},t)$, so dass gilt

$$\boldsymbol{E} + \frac{\partial \boldsymbol{A}}{\partial t} = -\nabla U(\boldsymbol{r},t). \tag{III.46}$$

Der Satz der beiden Potentiale $\boldsymbol{A}(\boldsymbol{r},t)$ und $U(\boldsymbol{r},t)$ stellen eine sogenannte *Eichung* bei der Beschreibung des elektromagnetischen Feldes dar. Die elektrischen und magnetischen Felder berechnen sich aus der Eichung $\{\boldsymbol{A}, U\}$ über

$$\begin{aligned} \boldsymbol{B}(\boldsymbol{r},t) &= \nabla \times \boldsymbol{A}(\boldsymbol{r},t), \\ \boldsymbol{E}(\boldsymbol{r},t) &= -\nabla U(\boldsymbol{r},t) - \frac{\partial}{\partial t}\boldsymbol{A}(\boldsymbol{r},t). \end{aligned} \tag{III.47}$$

Ein bestimmtes elektromagnetisches Feld, d. h. ein Paar von Feldern $\boldsymbol{E}(\boldsymbol{r},t)$ und $\boldsymbol{B}(\boldsymbol{r},t)$, kann durch eine unendliche Anzahl von Eichungen beschrieben werden, die aus diesem Grund als äquivalent bezeichnet werden. Wenn wir eine Eichung $\{\boldsymbol{A},U\}$ kennen, die die Felder $\boldsymbol{E}$ und $\boldsymbol{B}$ ergibt, erhält man alle äquivalenten Eichungen $\{\boldsymbol{A}',U'\}$ über eine *Eichtransformation*

$$\begin{aligned} \boldsymbol{A}'(\boldsymbol{r},t) &= \boldsymbol{A}(\boldsymbol{r},t) + \nabla\chi(\boldsymbol{r},t), \\ U'(\boldsymbol{r},t) &= U(\boldsymbol{r},t) - \frac{\partial}{\partial t}\chi(\boldsymbol{r},t), \end{aligned} \tag{III.48}$$

wobei $\chi(\boldsymbol{r},t)$ eine beliebige skalare Funktion ist.

Zunächst folgt aus dem System (III.48)

$$\begin{aligned} &\nabla\times\boldsymbol{A}'(\boldsymbol{r},t) = \nabla\times\boldsymbol{A}(\boldsymbol{r},t), \\ &-\nabla U'(\boldsymbol{r},t) - \frac{\partial}{\partial t}\boldsymbol{A}'(\boldsymbol{r},t) = -\nabla U(\boldsymbol{r},t) - \frac{\partial}{\partial t}\boldsymbol{A}(\boldsymbol{r},t). \end{aligned} \tag{III.49}$$

Jede beliebige Eichung $\{\boldsymbol{A}',U'\}$, die die Gleichungen (III.48) erfüllt, führt daher auf dasselbe elektrische und magnetische Feld wie $\{\boldsymbol{A},U\}$.

Wir wollen umgekehrt zeigen, dass es für zwei äquivalente Eichungen $\{\boldsymbol{A},U\}$ und $\{\boldsymbol{A}',U'\}$ eine Funktion $\chi(\boldsymbol{r},t)$ geben muss, durch die (III.48) erfüllt wird. Nach Voraussetzung gilt

$$\boldsymbol{B}(\boldsymbol{r},t) = \nabla\times\boldsymbol{A}(\boldsymbol{r},t) = \nabla\times\boldsymbol{A}'(\boldsymbol{r},t), \tag{III.50}$$

woraus folgt

$$\nabla\times(\boldsymbol{A}'-\boldsymbol{A}) = 0; \tag{III.51}$$

$\boldsymbol{A}'-\boldsymbol{A}$ muss also der Gradient einer skalaren Funktion sein,

$$\boldsymbol{A}'-\boldsymbol{A} = \nabla\chi(\boldsymbol{r},t). \tag{III.52}$$

Die Funktion $\chi(\boldsymbol{r},t)$ ist bis jetzt nur bis auf eine beliebige Funktion $f(t)$ von t festgelegt. Die Äquivalenz der beiden Eichungen drückt sich in der Gleichung

$$\boldsymbol{E}(\boldsymbol{r},t) = -\nabla U(\boldsymbol{r},t) - \frac{\partial}{\partial t}\boldsymbol{A}(\boldsymbol{r},t) = -\nabla U'(\boldsymbol{r},t) - \frac{\partial}{\partial t}\boldsymbol{A}'(\boldsymbol{r},t) \tag{III.53}$$

aus, d. h. es ist

$$\nabla(U'-U) + \frac{\partial}{\partial t}(\boldsymbol{A}'-\boldsymbol{A}) = 0. \tag{III.54}$$

Nach Gl. (III.52) muss gelten

$$\nabla(U'-U) = -\nabla\frac{\partial}{\partial t}\chi(\boldsymbol{r},t). \tag{III.55}$$

Die Funktionen $U'-U$ und $-\partial\chi(\boldsymbol{r},t)/\partial t$ unterscheiden sich also höchstens um eine Funktion von t. Demnach können wir $f(t)$ so wählen, dass sie gleich sind:

$$U'-U = -\frac{\partial}{\partial t}\chi(\boldsymbol{r},t). \tag{III.56}$$

Damit ist die Bestimmung der Funktion $\chi(\boldsymbol{r},t)$ (bis auf eine additive Konstante) abgeschlossen. Zwei äquivalente Eichungen hängen also über ein System der Form (III.48) zusammen.

Bewegungsgleichungen und Lagrange-Funktion. Das Teilchen unterliegt im elektromagnetischen Feld der *Lorentz-Kraft*

$$\boldsymbol{F} = q[\boldsymbol{E} + \boldsymbol{v} \times \boldsymbol{B}] \tag{III.57}$$

($\boldsymbol{v}$ ist die Geschwindigkeit des Teilchens zur Zeit t). Die Newtonschen Axiome führen daher zur Bewegungsgleichung

$$m\ddot{\boldsymbol{r}} = q\,[\boldsymbol{E}(\boldsymbol{r},t) + \dot{\boldsymbol{r}} \times \boldsymbol{B}(\boldsymbol{r},t)]\,. \tag{III.58}$$

Die Projektion dieser Gleichung auf die x-Achse ergibt mit den Beziehungen (III.47)

$$\begin{aligned} m\ddot{x} &= q\left[E_x + \dot{y}B_z - \dot{z}B_y\right] \\ &= q\left[-\frac{\partial U}{\partial x} - \frac{\partial A_x}{\partial t} + \dot{y}\left(\frac{\partial A_y}{\partial x} - \frac{\partial A_x}{\partial y}\right) - \dot{z}\left(\frac{\partial A_x}{\partial z} - \frac{\partial A_z}{\partial x}\right)\right]. \end{aligned} \tag{III.59}$$

Man zeigt leicht, dass sich diese Gleichungen unter Verwendung der Gleichungen (III.15) aus der folgenden Lagrange-Funktion ergeben:

$$\mathcal{Z}(\boldsymbol{r},\dot{\boldsymbol{r}},t) = \frac{1}{2}m\dot{\boldsymbol{r}}^2 + q\dot{\boldsymbol{r}} \cdot \boldsymbol{A}(\boldsymbol{r},t) - qU(\boldsymbol{r},t). \tag{III.60}$$

Obwohl sich also die Lorentz-Kraft nicht aus einem Potential ableiten lässt, existiert eine Lagrange-Funktion.

Wir wollen zeigen, dass die Lagrange-Gleichungen (III.15) bei Verwendung der Lagrange-Funktion (III.60) tatsächlich auf die Bewegungsgleichungen (III.58) führen. Dazu berechnen wir zunächst

$$\begin{aligned} \frac{\partial \mathcal{Z}}{\partial \dot{x}} &= m\dot{x} + qA_x(\boldsymbol{r},t), \\ \frac{\partial \mathcal{Z}}{\partial x} &= q\dot{\boldsymbol{r}} \cdot \frac{\partial}{\partial x}\boldsymbol{A}(\boldsymbol{r},t) - q\frac{\partial}{\partial x}U(\boldsymbol{r},t). \end{aligned} \tag{III.61}$$

Die Lagrange-Gleichung für die x-Koordinate lautet somit

$$\frac{\mathrm{d}}{\mathrm{d}t}\left[m\dot{x} + qA_x(\boldsymbol{r},t)\right] - q\dot{\boldsymbol{r}} \cdot \frac{\partial}{\partial x}\boldsymbol{A}(\boldsymbol{r},t) + q\frac{\partial}{\partial x}U(\boldsymbol{r},t) = 0. \tag{III.62}$$

Schreiben wir diese Gleichung explizit aus und verwenden Gl. (III.16), so erhalten wir wieder Gl. (III.59):

$$\begin{aligned} m\ddot{x} + q&\left[\frac{\partial A_x}{\partial t} + \dot{x}\frac{\partial A_x}{\partial x} + \dot{y}\frac{\partial A_x}{\partial y} + \dot{z}\frac{\partial A_x}{\partial z}\right] \\ &\qquad -q\left[\dot{x}\frac{\partial A_x}{\partial x} + \dot{y}\frac{\partial A_y}{\partial x} + \dot{z}\frac{\partial A_z}{\partial x}\right] + q\frac{\partial U}{\partial x} = 0, \end{aligned} \tag{III.63}$$

d. h.

$$m\ddot{x} = q\left[-\frac{\partial U}{\partial x} - \frac{\partial A_x}{\partial t} + \dot{y}\left(\frac{\partial A_y}{\partial x} - \frac{\partial A_x}{\partial y}\right) - \dot{z}\left(\frac{\partial A_x}{\partial z} - \frac{\partial A_z}{\partial x}\right)\right]. \tag{III.64}$$

Impuls. Klassische Hamilton-Funktion. Mit Hilfe der Lagrange-Funktion (III.60) können wir die konjugierten Impulse der kartesischen Koordinaten x, y, z des Teilchens berechnen; z. B. finden wir

$$p_x = \frac{\partial \mathcal{Z}}{\partial \dot{x}} = m\dot{x} + qA_x(\boldsymbol{r}, t). \tag{III.65}$$

Der *Impuls des Teilchens*, also nach Definition der Vektor mit den Komponenten (p_x, p_y, p_z), stimmt nicht mehr wie in Gl. (III.19) mit dem mechanischen Impuls $m\dot{\boldsymbol{r}}$ überein. Vielmehr ist

$$\boldsymbol{p} = m\dot{\boldsymbol{r}} + q\boldsymbol{A}(\boldsymbol{r}, t). \tag{III.66}$$

Schließlich wollen wir die klassische Hamilton-Funktion angeben:

$$\begin{aligned} \mathcal{H}(\boldsymbol{r}, \boldsymbol{p}; t) &= \boldsymbol{p} \cdot \dot{\boldsymbol{r}} - \mathcal{Z} \\ &= \boldsymbol{p} \cdot \frac{1}{m}(\boldsymbol{p} - q\boldsymbol{A}) - \frac{1}{2m}(\boldsymbol{p} - q\boldsymbol{A})^2 - \frac{q}{m}(\boldsymbol{p} - q\boldsymbol{A}) \cdot \boldsymbol{A} + qU, \end{aligned} \tag{III.67}$$

d. h.

$$\mathcal{H}(\boldsymbol{r}, \boldsymbol{p}; t) = \frac{1}{2m}\left[\boldsymbol{p} - q\boldsymbol{A}(\boldsymbol{r}, t)\right]^2 + qU(\boldsymbol{r}, t). \tag{III.68}$$

Bemerkung

Wie wir sahen, verwendet man beim Hamilton-Formalismus die Potentiale $\boldsymbol{A}$ und U statt der Felder $\boldsymbol{E}$ und $\boldsymbol{B}$. Als Folge davon hängt die Beschreibung des Teilchens von der gewählten Eichung ab. Da die Lorentz-Kraft mit Hilfe der Felder ausgedrückt wird, kann man jedoch erwarten, dass die physikalischen Vorhersagen für das Teilchen für zwei äquivalente Eichungen gleich sind. Die physikalischen Folgerungen aus dem Hamilton-Formalismus sind also *eichinvariant*. Das Konzept der Eichinvarianz wird in Abschnitt 3.13 besprochen.

III.5 Das Prinzip der kleinsten Wirkung

Die klassische Mechanik lässt sich aus einem Variationsprinzip herleiten, dem Prinzip der kleinsten Wirkung. Neben seiner theoretischen Bedeutung bildet es die Grundlage für die *Lagrange-Formulierung* der Quantenmechanik (s. Abschnitt 3.14). Aus diesem Grund wollen wir dieses Prinzip kurz diskutieren und zeigen, wie sich daraus die Lagrange-Gleichungen ergeben.

Geometrische Darstellung der Bewegung eines Systems

Zunächst betrachten wir ein Teilchen, das sich nur entlang der x-Achse bewegen kann. Dies lässt sich dann als Kurve in der (x, t)-Ebene darstellen.

Wir untersuchen nun allgemeiner ein physikalisches System, das durch N generalisierte Koordinaten q_i beschrieben wird (für ein n-Teilchen-System im dreidimensionalen Raum gilt $N = 3n$). Die q_i kann man als die Koordinaten eines Punktes Q in einem N-dimensionalen Raums R_N ansehen. Es besteht dann ein umkehrbar eindeutiger Zusammenhang zwischen den Zuständen des Systems und den Punkten von R_N. Zu jeder

Bewegung des Systems gehört eine Bewegung des Punkts Q in R_N, die durch die N-dimensionale Vektorfunktion $Q(t)$ mit den Komponenten $q_i(t)$ charakterisiert wird. Wie bei der eindimensionalen Bewegung eines einzelnen Teilchens kann die Bewegung des Punktes Q, also die Bewegung des Systems, durch den Graphen von $Q(t)$ dargestellt werden, bei dem es sich um eine Kurve in einer $(N + 1)$-dimensionalen Raum-Zeit handelt (die Zeitachse wird den N Dimensionen von R_N hinzugefügt).

Das Prinzip der kleinsten Wirkung

Die $q_i(t)$ können beliebig festgelegt werden; damit erhält der Punkt Q und das System eine beliebige Bewegung. Ihr wirkliches Verhalten wird jedoch durch die Anfangsbedingungen und die Bewegungsgleichungen bestimmt. Nehmen wir an, wir wüssten von dem Verlauf einer realen Bewegung, dass Q sich zur Zeit t_1 bei Q_1 und zur Zeit t_2 bei Q_2 befindet (wie schematisch in Abb. III.2 dargestellt):

$$\begin{aligned} Q(t_1) &= Q_1, \\ Q(t_2) &= Q_2. \end{aligned} \tag{III.69}$$

Es gibt eine unendliche Anzahl möglicher Bewegungen, die diese Bedingung erfüllen. Sie werden durch die Kurven oder raum-zeitlichen „Wege“ (auch Pfade oder Weltlinien) dargestellt, die die Punkte (Q_1, t_1) und (Q_2, t_2) verbinden (ausgenommen sind natürlich die Kurven, die für dieselbe Zeit t zwei verschiedene Punkte Q ergeben; s. Abb. III.2).

Wir betrachten also einen Weg Γ in der Raum-Zeit, der durch die Vektorfunktion $Q(t)$ beschrieben wird, die die Bedingung (III.69) erfüllt. Wenn

$$\mathcal{L}(q_1, q_2, \ldots, q_N; \dot{q}_1, \dot{q}_2, \ldots, \dot{q}_N; t) \equiv \mathcal{L}(Q, \dot{Q}; t) \tag{III.70}$$

die Lagrange-Funktion des Systems ist, so ist die zu diesem Weg gehörende *Wirkung* S_Γ definiert durch

$$S_\Gamma = \int_{t_1}^{t_2} \mathrm{d}t\, \mathcal{L}\left[Q_\Gamma(t), \dot{Q}_\Gamma(t); t\right] \tag{III.71}$$

(der Integrand hängt nur von t ab; er ergibt sich, wenn in der Lagrange-Funktion (III.70) die q_i und $\dot{q}_i$ durch die zeitabhängigen Koordinaten $Q_\Gamma(t)$ und $\dot{Q}_\Gamma(t)$ ersetzt werden).

Das *Prinzip der kleinsten Wirkung* lässt sich dann in folgender Weise formulieren: Unter allen Wegen in der Raum-Zeit, die die Punkte (Q_1, t_1) und (Q_2, t_2) verbinden, folgt das System demjenigen Weg, für den die Wirkung minimal wird (dieser Weg beschreibt die reale Bewegung des Systems). Wenn wir also von dem tatsächlich gewählten Weg zu einem infinitesimal nahe benachbarten Pfad wechseln, bleibt die Wirkung in erster Ordnung dieselbe. Bemerkenswert ist hier die Analogie zu anderen Variationsprinzipien, wie etwa dem Fermatschen Prinzip in der Optik.

Die Lagrange-Gleichungen und das Wirkungsprinzip

Abschließend wollen wir zeigen, wie sich die Lagrange-Gleichungen aus dem Prinzip der kleinsten Wirkung ergeben.

Wir nehmen an, die wirkliche Bewegung des untersuchten Systems werde durch die N Funktionen der Zeit $q_i(t)$ beschrieben, d. h. durch den Weg Γ in der Raum-Zeit, der

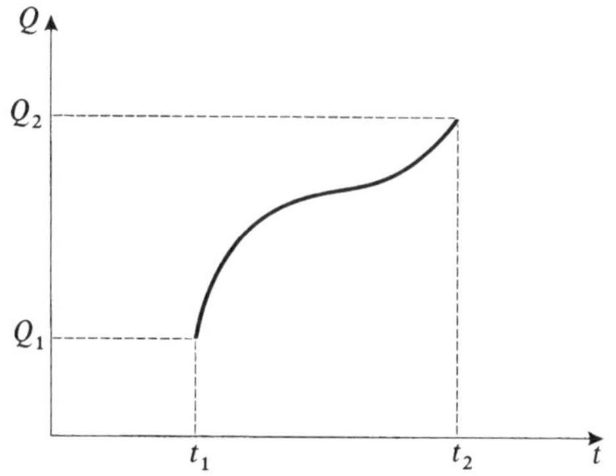

Abb. III.2 Der „Weg“ in der Raum-Zeit, der zu einer bestimmten Bewegung des physikalischen Systems gehört. Auf der Abszisse ist die Zeit und auf der „Ordinate“ Q aufgetragen (diese symbolisiert die Gesamtheit der generalisierten Koordinaten $q_i(t)$).

die Punkte (Q_1, t_1) und (Q_2, t_2) verbindet. Wir betrachten nun einen infinitesimal nahe benachbarten Weg Γ' (Abb. III.3), dessen generalisierte Koordinaten gegeben werden durch

$$q_i'(t) = q_i(t) + \delta q_i(t), \tag{III.72}$$

wobei die $\delta q_i(t)$ infinitesimal klein sind und die Bedingung (III.69) erfüllen,

$$\delta q_i(t_1) = \delta q_i(t_2) = 0. \tag{III.73}$$

Die generalisierten Geschwindigkeiten $\dot{q}_i'(t)$, die zu Γ' gehören, ergeben sich als Ableitung von Gl. (III.72):

$$\dot{q}_i'(t) = \dot{q}_i(t) + \frac{\mathrm{d}}{\mathrm{d}t}\delta q_i(t). \tag{III.74}$$

Ihre Variationen $\delta\dot{q}_i(t)$ sind also

$$\delta\dot{q}_i(t) = \frac{\mathrm{d}}{\mathrm{d}t}\delta q_i(t). \tag{III.75}$$

Wir berechnen nun die Variation der Wirkung beim Übergang vom Weg Γ zum Weg Γ'. Es wird

$$\begin{aligned} \delta S &= \int_{t_1}^{t_2} \mathrm{d}t\, \delta \mathcal{Z} \\ &= \int_{t_1}^{t_2} \mathrm{d}t \left[\sum_i \frac{\partial \mathcal{Z}}{\partial q_i}\delta q_i + \sum_i \frac{\partial \mathcal{Z}}{\partial \dot{q}_i}\delta \dot{q}_i \right] \\ &= \int_{t_1}^{t_2} \mathrm{d}t \left[\sum_i \frac{\partial \mathcal{Z}}{\partial q_i}\delta q_i + \sum_i \frac{\partial \mathcal{Z}}{\partial \dot{q}_i}\frac{\mathrm{d}}{\mathrm{d}t}\delta q_i \right] \end{aligned} \tag{III.76}$$

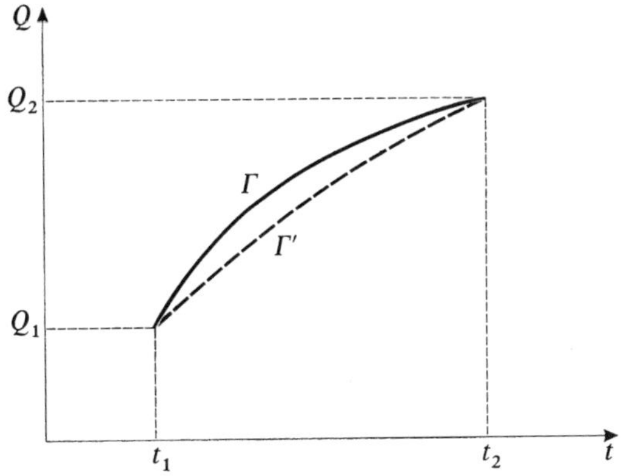

Abb. III.3 Zwei „Wege" in der Raum-Zeit, die die Punkte (Q_1, t_1) und (Q_2, t_2) verbinden: Die durchgezogene Kurve stellt den Weg dar, der der wirklichen Bewegung des Systems entspricht; bei der gestrichelten Kurve handelt es sich um einen anderen, infinitesimal benachbarten Weg.

nach Gl. (III.75). Wir integrieren den zweiten Term partiell und erhalten

$$\begin{aligned}\delta S &= \left[\sum_i \frac{\partial \mathcal{Z}}{\partial \dot{q}_i}\delta q_i\right]_{t_1}^{t_2} + \int_{t_1}^{t_2} \mathrm{d}t \sum_i \delta q_i \left[\frac{\partial \mathcal{Z}}{\partial q_i} - \frac{\mathrm{d}}{\mathrm{d}t}\frac{\partial \mathcal{Z}}{\partial \dot{q}_i}\right] \\ &= \int_{t_1}^{t_2} \mathrm{d}t \sum_i \delta q_i \left[\frac{\partial \mathcal{Z}}{\partial q_i} - \frac{\mathrm{d}}{\mathrm{d}t}\frac{\partial \mathcal{Z}}{\partial \dot{q}_i}\right];\end{aligned} \tag{III.77}$$

der integrierte Term verschwindet wegen der Bedingung (III.73).

Wenn es sich bei Γ um den Weg in der Raum-Zeit handelt, der bei der wirklichen Bewegung des Systems verfolgt wird, verschwindet nach dem Prinzip der kleinsten Wirkung die Variation δS. Damit das geschieht, ist es notwendig und hinreichend, dass gilt

$$\frac{\mathrm{d}}{\mathrm{d}t}\frac{\partial \mathcal{Z}}{\partial \dot{q}_i} - \frac{\partial \mathcal{Z}}{\partial q_i} = 0; \quad i = 1, 2, \dots, N. \tag{III.78}$$

Dass diese Bedingung hinreichend ist, leuchtet unmittelbar ein. Sie ist aber auch notwendig: Wenn es ein Zeitintervall gäbe, in dem der Ausdruck (III.78) für einen bestimmten Wert k des Index i nicht verschwinden würde, könnte man die $\delta q_i(t)$ so wählen, dass die entsprechende Variation δS von null verschieden wäre. (Es reichte z. B., sie so zu wählen, dass das Produkt

$$\delta q_k \left[\frac{\partial \mathcal{Z}}{\partial q_k} - \frac{\mathrm{d}}{\mathrm{d}t}\frac{\partial \mathcal{Z}}{\partial \dot{q}_k}\right]$$

stets positiv oder gleich null ist.) Das Prinzip der kleinsten Wirkung ist somit zu den Lagrange-Gleichungen äquivalent.

Einige Fundamentalkonstanten der Physik

Name	Zahlenwert	SI-Einheit	relative Standardabweichung (in 10^{-6})
Vakuumlichtgeschwindigkeit c	2.99792458×10^{8}	m/s	exakt
Elementarladung e	$1.60217733 \times 10^{-19}$	C	0.30
Ruhemasse des Elektrons m_e	$9.1093897 \times 10^{-31}$	kg	0.59
Ruhemasse des Protons m_p	$1.6726231 \times 10^{-27}$	kg	0.59
Ruhemasse des Neutrons m_n	$1.6749286 \times 10^{-27}$	kg	0.59
Ruhemasse des Myons m_μ	$1.8835327 \times 10^{-28}$	kg	0.61
Ruhemasse Wasserstoff* $m(^1H)$	1.007825035	u	0.011
Ruhemasse Deuterium* $m(^2H)$	2.014101779	u	0.012
Ruhemasse Helium* $m(^4He)$	4.00260324	u	0.012
Spezifische Elektronenladung e/m_e	$1.75881962 \times 10^{11}$	C/kg	0.30
Verhältnis Ruhemasse des Protons zur Ruhemasse des Elektrons m_p/m_e	$1.836152701 \times 10^{3}$		0.020
Elektrische Feldkonstante ε_0	$8.85418781762 \times 10^{-12}$	F/m	exakt
Magnetische Feldkonstante μ_0	$1.25663706143 \times 10^{-6}$	H/m	exakt
Planck-Konstante h	$6.6260755 \times 10^{-34}$	J s	0.60
Compton-Wellenlänge des Elektrons $\lambda_{c,e}$	$2.42631058 \times 10^{-12}$	m	0.089
Avogadro-Konstante N_A	6.0221367×10^{23}	mol^{-1}	0.59
Boltzmann-Konstante k	$1.3806508 \times 10^{-23}$	J/K	1.8
Bohr-Radius a_0	$5.29177249 \times 10^{-11}$	m	0.045
Rydberg-Konstante R_∞	$1.0973731571 \times 10^{7}$	m^{-1}	0.00036
Magnetisches Moment des Elektrons μ_e	$9.2847701 \times 10^{-24}$	J/T	0.34
Magnetisches Moment des Protons μ_p	$1.41060761 \times 10^{-26}$	J/T	0.34
Bohr-Magneton μ_B	$9.2740154 \times 10^{-24}$	J/T	0.34
Kernmagneton μ_N	$5.0507866 \times 10^{-27}$	J/T	0.34
Feinstrukturkonstante α	1/137.0359895		0.045

*Masse in atomaren Masseeinheiten; $1\,u = 1.6605402 \times 10^{-27}$ kg

Koordinatensysteme

Kartesische Koordinaten

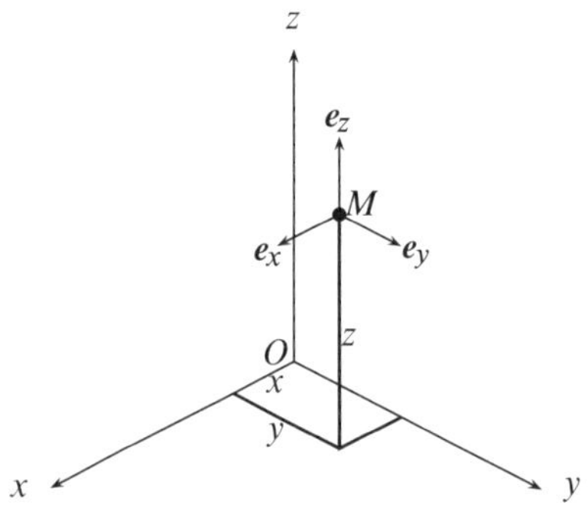

Definition

$$U = U(x, y, z)$$
$$\boldsymbol{A} = A_x \boldsymbol{e}_x + A_y \boldsymbol{e}_y + A_z \boldsymbol{e}_z$$
$$A_x = A_x(x, y, z)$$
$$A_y = A_y(x, y, z)$$
$$A_z = A_z(x, y, z)$$

Gradient

$$\nabla U = (\partial U/\partial x)\boldsymbol{e}_x + (\partial U/\partial y)\boldsymbol{e}_y + (\partial U/\partial z)\boldsymbol{e}_z$$

Laplace-Operator

$$\Delta U = \frac{\partial^2 U}{\partial x^2} + \frac{\partial^2 U}{\partial y^2} + \frac{\partial^2 U}{\partial z^2}$$

Divergenz

$$\nabla \cdot \boldsymbol{A} = \frac{\partial A_x}{\partial x} + \frac{\partial A_y}{\partial y} + \frac{\partial A_z}{\partial z}$$

Rotation

$$\nabla \times \boldsymbol{A} = (\partial A_z/\partial y - \partial A_y/\partial z)\boldsymbol{e}_x + (\partial A_x/\partial z - \partial A_z/\partial x)\boldsymbol{e}_y + (\partial A_y/\partial x - \partial A_x/\partial y)\boldsymbol{e}_z$$

Zylinderkoordinaten

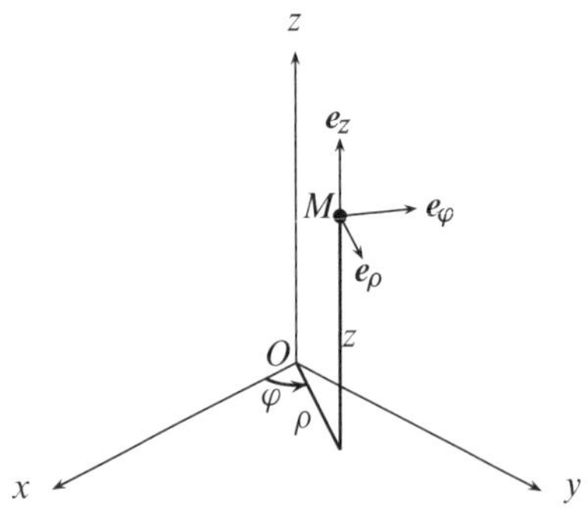

Definition

$$U = U(\rho, \varphi, z)$$
$$\boldsymbol{A} = A_\rho \boldsymbol{e}_\rho + A_\varphi \boldsymbol{e}_\varphi + A_z \boldsymbol{e}_z$$
$$A_\rho = A_x \cos\varphi + A_y \sin\varphi$$
$$A_\varphi = -A_x \sin\varphi + A_y \cos\varphi$$

Gradient

$$(\nabla U)_\rho = \partial U/\partial\rho$$
$$(\nabla U)_\varphi = [\partial U/\partial\varphi]/\rho$$
$$(\nabla U)_z = \partial U/\partial z$$

Laplace-Operator

$$\Delta U = \frac{1}{\rho}\frac{\partial}{\partial\rho}\left(\rho\frac{\partial U}{\partial\rho}\right) + \frac{1}{\rho^2}\frac{\partial^2 U}{\partial\varphi^2} + \frac{\partial^2 U}{\partial z^2}$$

Divergenz

$$\nabla \cdot \boldsymbol{A} = \frac{1}{\rho}\frac{\partial}{\partial\rho}(\rho A_\rho) + \frac{1}{\rho}\frac{\partial A_\varphi}{\partial\varphi} + \frac{\partial A_z}{\partial z}$$

Rotation

$$(\nabla \times \boldsymbol{A})_\rho = (\partial A_z/\partial\varphi)/\rho - \partial A_\varphi/\partial z$$
$$(\nabla \times \boldsymbol{A})_\varphi = \partial A_\rho/\partial z - \partial A_z/\partial\rho$$
$$(\nabla \times \boldsymbol{A})_z = [\partial(\rho A_\varphi)/\partial\rho - \partial A_\rho/\partial\varphi]/\rho$$

Kugelkoordinaten

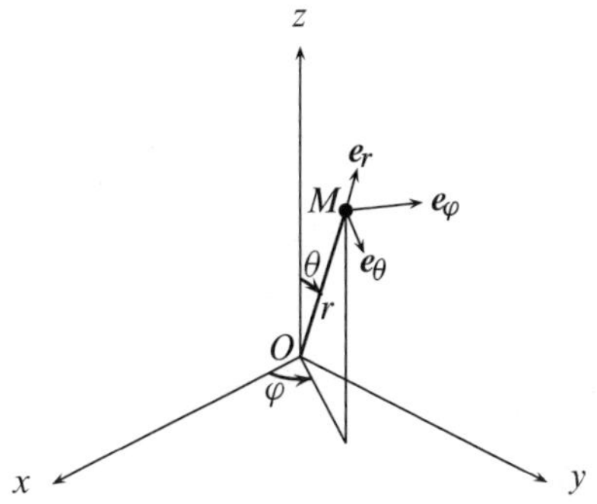

Definition

$U = U(r, \theta, \varphi)$
$\boldsymbol{A} = A_r \boldsymbol{e}_r + A_\theta \boldsymbol{e}_\theta + A_\varphi \boldsymbol{e}_\varphi$
$A_r = A_\rho \sin\theta + A_z \cos\theta$
$A_\theta = A_\rho \cos\theta - A_z \sin\theta$
$A_\varphi = -A_x \sin\varphi + A_y \cos\varphi$

Gradient

$(\nabla U)_r = \partial U / \partial r$
$(\nabla U)_\theta = [\partial U / \partial \theta]/r$
$(\nabla U)_\varphi = [\partial U / \partial \varphi]/(r \sin\theta)$

Laplace-Operator

$$\Delta U = \frac{1}{r}\frac{\partial^2}{\partial r^2}(rU) + \frac{1}{r^2 \sin\theta}\frac{\partial}{\partial\theta}\left(\sin\theta \frac{\partial U}{\partial\theta}\right) + \frac{1}{r^2 \sin^2\theta}\frac{\partial^2 U}{\partial\varphi^2}$$

Divergenz

$$\nabla \cdot \boldsymbol{A} = \frac{1}{r^2}\frac{\partial}{\partial r}(r^2 A_r) + \frac{1}{r \sin\theta}\frac{\partial}{\partial\theta}(\sin\theta A_\theta) + \frac{1}{r \sin\theta}\frac{\partial A_\varphi}{\partial\varphi}$$

Rotation

$(\nabla \times \boldsymbol{A})_r = [\partial(\sin\theta A_\varphi)/\partial\theta - \partial A_\theta / \partial\varphi]/(r \sin\theta)$
$(\nabla \times \boldsymbol{A})_\theta = [\partial A_r / \partial\varphi - \sin\theta \partial(r A_\varphi)/\partial r]/(r \sin\theta)$
$(\nabla \times \boldsymbol{A})_\varphi = [\partial(r A_\theta)/\partial r - \partial A_r / \partial\theta]/r$

Einige nützliche Formeln

U ein Skalarfeld, $\boldsymbol{A}, \boldsymbol{B}, \ldots$ ein Vektorfeld.

$$\nabla \times (\nabla U) = 0 \qquad \nabla \cdot (\nabla U) = \Delta U$$

$$\nabla \cdot (\nabla \times \boldsymbol{A}) = 0 \qquad \nabla \times (\nabla \times \boldsymbol{A}) = \nabla(\nabla \cdot \boldsymbol{A}) - \Delta \boldsymbol{A}$$

$$\boldsymbol{L} = \frac{\hbar}{i} \boldsymbol{r} \times \nabla$$

$$\nabla = \frac{\boldsymbol{r}}{r} \frac{\partial}{\partial r} - \frac{i}{\hbar r^2} \boldsymbol{r} \times \boldsymbol{L}$$

$$\Delta = \frac{1}{r} \frac{\partial^2}{\partial r^2} r - \frac{\boldsymbol{L}^2}{\hbar^2 r^2}$$

$$\boldsymbol{A} \times (\boldsymbol{B} \times \boldsymbol{C}) = (\boldsymbol{A} \cdot \boldsymbol{C})\boldsymbol{B} - (\boldsymbol{A} \cdot \boldsymbol{B})\boldsymbol{C}$$

$$\boldsymbol{A} \times (\boldsymbol{B} \times \boldsymbol{C}) + \boldsymbol{B} \times (\boldsymbol{C} \times \boldsymbol{A}) + \boldsymbol{C} \times (\boldsymbol{A} \times \boldsymbol{B}) = 0$$

$$(\boldsymbol{A} \times \boldsymbol{B}) \cdot (\boldsymbol{C} \times \boldsymbol{D}) = (\boldsymbol{A} \cdot \boldsymbol{C})(\boldsymbol{B} \cdot \boldsymbol{D}) - (\boldsymbol{A} \cdot \boldsymbol{D})(\boldsymbol{B} \cdot \boldsymbol{C})$$

$$\begin{aligned}(\boldsymbol{A} \times \boldsymbol{B}) \times (\boldsymbol{C} \times \boldsymbol{D}) &= [(\boldsymbol{A} \times \boldsymbol{B}) \cdot \boldsymbol{D}]\boldsymbol{C} - [(\boldsymbol{A} \times \boldsymbol{B}) \cdot \boldsymbol{C}]\boldsymbol{D} \\ &= [(\boldsymbol{C} \times \boldsymbol{D}) \cdot \boldsymbol{A}]\boldsymbol{B} - [(\boldsymbol{C} \times \boldsymbol{D}) \cdot \boldsymbol{B}]\boldsymbol{A}\end{aligned}$$

$$\begin{aligned}\nabla(UV) &= U\nabla V + V\nabla U \\ \Delta(UV) &= U\Delta V + 2(\nabla U) \cdot (\nabla V) + V\Delta U \\ \nabla \cdot (U\boldsymbol{A}) &= U\nabla \cdot \boldsymbol{A} + \boldsymbol{A} \cdot \nabla U \\ \nabla \times (U\boldsymbol{A}) &= U\nabla \times \boldsymbol{A} + (\nabla U) \times \boldsymbol{A} \\ \nabla \cdot (\boldsymbol{A} \times \boldsymbol{B}) &= \boldsymbol{B} \cdot (\nabla \times \boldsymbol{A}) - \boldsymbol{A} \cdot (\nabla \times \boldsymbol{B}) \\ \nabla(\boldsymbol{A} \cdot \boldsymbol{B}) &= \boldsymbol{A} \times (\nabla \times \boldsymbol{B}) + \boldsymbol{B} \times (\nabla \times \boldsymbol{A}) + \boldsymbol{B} \cdot \nabla\boldsymbol{A} + \boldsymbol{A} \cdot \nabla\boldsymbol{B} \\ \nabla \times (\boldsymbol{A} \times \boldsymbol{B}) &= \boldsymbol{A}(\nabla\boldsymbol{B}) - \boldsymbol{B}(\nabla \cdot \boldsymbol{A}) + \boldsymbol{B} \cdot \nabla\boldsymbol{A} - \boldsymbol{A} \cdot \nabla\boldsymbol{B}\end{aligned}$$

Man beachte: $\boldsymbol{B} \cdot \nabla\boldsymbol{A}$ ist ein Vektor, dessen Komponenten gegeben sind durch

$$(\boldsymbol{B} \cdot \nabla\boldsymbol{A})_i = B_j \partial_j A_i = \sum_j B_j \frac{\partial}{\partial x_j} A_i \quad (i = x, y, z)$$

Sach- und Namenverzeichnis

Kursive **Seitenzahlen verweisen auf Band 1 (4. Auflage).**